普通高等教育“十一五”国家级规划教材

全 国 高 等 学 校 自 动 化 专 业 系 列 教 材
教育部高等学校自动化专业教学指导分委员会牵头规划

国家精品在线开放课程

Automatic Control Theory (Second Edition)

自动控制原理

(第2版)

张爱民　主编
Zhang Aimin

任志刚　王　勇　杜行俭　编著
Ren Zhigang　Wang Yong　Du Xingjian

清华大学出版社
北 京

内容简介

本书涵盖了经典控制、现代控制和非线性控制理论的基本内容。从控制理论的基础知识入手，较深入地介绍了控制系统的传递函数、方框图、信号流图以及状态空间模型；详细阐述了用于控制系统稳定性、瞬态性能、稳态性能分析时域法、根轨迹法、频域法和状态空间法，以及相应的系统设计方法；讨论了离散控制系统的模型、性能分析和校正方法；并对非线性控制系统的相平面法和描述函数法进行了简要介绍。此外，在相关章节给出了有关控制系统分析设计的 MATLAB 仿真方法和示例。

全书内容全面、逻辑明确、图文并茂，理论与示例有机结合，适于用作高等学校自动化专业以及机械类、能动类、化工类等自动化相关专业的本科教材，同时可供控制工程技术人员自学参考。

图书在版编目（CIP）数据

自动控制原理 / 张爱民主编；任志刚，王勇，杜行俭编著. —2 版. —北京：清华大学出版社，2019（2025.7重印）
（全国高等学校自动化专业系列教材）
ISBN 978-7-302-52291-1

Ⅰ. ①自…　Ⅱ. ①张…　②任…　③王…　④杜…　Ⅲ. ①自动控制理论　Ⅳ. ①TP13

中国版本图书馆 CIP 数据核字（2019）第 028658 号

责任编辑：王一玲　赵　凯
封面设计：傅瑞学
责任校对：焦丽丽
责任印制：宋　林

出版发行：清华大学出版社
网　　址：https://www.tup.com.cn，https://www.wqxuetang.com
地　　址：北京清华大学学研大厦 A 座　　邮　　编：100084
社 总 机：010-83470000　　邮　　购：010-62786544
投稿与读者服务：010-62776969，c-service@tup.tsinghua.edu.cn
质 量 反 馈：010-62772015，zhiliang@tup.tsinghua.edu.cn
印 装 者：三河市铭诚印务有限公司
经　　销：全国新华书店
开　　本：175mm×245mm　　印　张：37.5　　字　数：753 千字
版　　次：2006 年 3 月第 1 版　　2019 年 8 月第 2 版　　印　次：2025 年 7 月第 11 次印刷
定　　价：95.00 元

产品编号：077499-03

出版说明

《全国高等学校自动化专业系列教材》

为适应我国对高等学校自动化专业人才培养的需要，配合各高校教学改革的进程，创建一套符合自动化专业培养目标和教学改革要求的新型自动化专业系列教材，“教育部高等学校自动化专业教学指导分委员会”（简称“教指委”）联合了“中国自动化学会教育工作委员会”“中国电工技术学会高校工业自动化教育专业委员会”“中国系统仿真学会教育工作委员会”和“中国机械工业教育协会电气工程及自动化学科委员会”四个委员会，以教学创新为指导思想，以教材带动教学改革为方针，设立专项资助基金，采用全国公开招标方式，组织编写出版了一套自动化专业系列教材——《全国高等学校自动化专业系列教材》。

本系列教材主要面向本科生，同时兼顾研究生；覆盖面包括专业基础课、专业核心课、专业选修课、实践环节课和专业综合训练课；重点突出自动化专业基础理论和前沿技术；以文字教材为主，适当包括多媒体教材；以主教材为主，适当包括习题集、实验指导书、教师参考书、多媒体课件、网络课程脚本等辅助教材。力求做到符合自动化专业培养目标、反映自动化专业教育改革方向、满足自动化专业教学需要；努力创造使之成为具有先进性、创新性、适用性和系统性的特色品牌教材。

本系列教材在“教指委”的领导下，从2004年起，通过招标机制，计划用3~4年时间出版50本左右教材，2006年开始陆续出版问世。为满足多层面、多类型的教学需求，同类教材可能出版多种版本。

本系列教材的主要读者群是自动化专业及相关专业的本科生和研究生，以及相关领域和部门的科学工作者和工程技术人员。我们希望本系列教材既能为在校大学生和研究生的学习提供内容先进、论述系统和适于教学的教材或参考书，也能为广大科学工作者和工程技术人员的知识更新与继续学习提供适合的参考资料。感谢使用本系列教材的广大教师、学生和科技工作者的热情支持，并欢迎提出批评和意见。

《全国高等学校自动化专业系列教材》编审委员会

2005年10月于北京

《全国高等学校自动化专业系列教材》编审委员会

序

FOREWORD

自动化学科有着光荣的历史和重要的地位，20世纪50年代我国政府就十分重视自动化学科的发展和自动化专业人才的培养。五十多年来，自动化科学技术在众多领域发挥了重大作用，如航空、航天等，两弹一星的伟大工程就包含了许多自动化科学技术的成果。自动化科学技术也改变了我国工业整体的面貌，不论是石油化工、电力、钢铁，还是轻工、建材、医药等领域都要用到自动化手段，在国防工业中自动化的作用更是巨大的。现在，世界上有很多非常活跃的领域都离不开自动化技术，比如机器人、月球车等。另外，自动化学科对一些交叉学科的发展同样起到了积极的促进作用，例如网络控制、量子控制、流媒体控制、生物信息学、系统生物学等学科就是在系统论、控制论、信息论的影响下得到不断的发展。在整个世界已经进入信息时代的背景下，中国要完成工业化的任务还很重，或者说我们正处在后工业化的阶段。因此，国家提出走新型工业化的道路和“信息化带动工业化，工业化促进信息化”的科学发展观，这对自动化科学技术的发展是一个前所未有的战略机遇。

机遇难得，人才更难得。要发展自动化学科，人才是基础、是关键。高等学校是人才培养的基地，或者说人才培养是高等学校的根本。作为高等学校的领导和教师始终要把人才培养放在第一位，具体对自动化系或自动化学院的领导和教师来说，要时刻想着为国家关键行业和战线培养和输送优秀的自动化技术人才。

影响人才培养的因素很多，涉及教学改革的方方面面，包括如何拓宽专业口径、优化教学计划、增强教学柔性、强化通识教育、提高知识起点、降低专业重心、加强基础知识、强调专业实践等，其中构建融会贯通、紧密配合、有机联系的课程体系，编写有利于促进学生个性发展、培养学生创新能力的教材尤为重要。清华大学吴澄院士领导的《全国高等学校自动化专业系列教材》编审委员会，根据自动化学科对自动化技术人才素质与能力的需求，充分吸取国外自动化教材的优势与特点，在全国范围内，以招标方式，组织编写了这套自动化专业系列教材，这对推动高等学校自动化专业发展与人才培养具有重要的意义。这套系列教材的建设有新思路、新机制，适应了高等学校教学改革与发展的新形势，立足创建精品教材，重视实践性环节在人才培养中的作用，采用了竞争机制，以激励和推动教材建设。在此，我谨向参与本系列教材规划、组织、编写的老师，致以诚挚的感谢，并希望该系列教材在全国高等学校自动化专业人才培养中发挥应有的作用。

吴启迪 教授

2005年10月于教育部

序

FOREWORD

《全国高等学校自动化专业系列教材》编审委员会在对国内外部分大学有关自动化专业的教材做深入调研的基础上，广泛听取了各方面的意见，以招标方式，组织编写了一套面向全国本科生（兼顾研究生）、体现自动化专业教材整体规划和课程体系、强调专业基础和理论联系实际的系列教材，自 2006 年起将陆续面世。全套系列教材共 53 本，涵盖了自动化学科的主要知识领域，大部分教材都配置了包括电子教案、多媒体课件、习题辅导、课程实验指示书等立体化教材配件。此外，为强调落实“加强实践教育，培养创新人才”的教学改革思想，还特别规划的一组专业实验教程,包括《自动控制原理实验教程》《运动控制实验教程》《过程控制实验教程》《检测技术实验教程》和《计算机控制系统实验教程》等。

自动化科学技术是一门应用性很强的学科，面对的是各种各样错综复杂的系统，控制对象可能是确定性的、也可能是随机性的，控制方法可能是常规控制，也可能需要优化控制。这样的学科专业人才应该具有什么样的知识结构，又应该如何通过专业教材来体现，这正是“系列教材编审委员会”规划系列教材时所面临的问题。为此，设立了《自动化专业课程体系结构研究》专项研究课题，成立了由清华大学萧德云教授负责，包括清华大学、上海交通大学、西安交通大学和东北大学等多所院校参与的联合研究小组，对自动化专业课程体系结构进行深入的研究，提出了按“控制理论与工程、控制系统与技术、系统理论与工程、信息处理与分析、计算机与网络、软件基础与工程、专业课程实验”等知识板块构建的课程体系结构。以此为基础，组织规划了一套涵盖几十门自动化专业基础课程和专业课程的系列教材。从基础理论到控制技术、从系统理论到工程实践、从计算机技术到信号处理、从设计分析到课程实验，涉及的知识单元多达数百个、知识点几千个，介入的学校 50 多所、参与的教授 120 多人，是一项庞大的系统工程。从编制招标要求、公布招标公告，到组织投标和评审，最后商定教材大纲，凝聚着全国近百名教授的心血，为的是编写出版一套具有一定规模、富有特色的、既考虑研究型大学又考虑应用型大学的自动化专业创新型系列教材。

然而，如何进一步构建完善的自动化专业教材体系结构？如何建设基础知识与最新知识有机融合的教材？如何利用现代技术，适应现代大学生的接受习惯，改变教材形态单一，建设数字化、电子化等多元形态、开放性的“广义教材”？等等。这些都还有待我们进行更深入的研究。

本套系列教材的出版，对更新自动化专业的知识体系、改善教学条件、创造个性的教与学环境，一定会起到积极的作用。但是由于受各方面条件所限，该套教材从整体结构到每本书的知识组成都可能存在许多不当甚至谬误之处，还望使用本套教材的教师、学生及各界人士不吝批评指正。

吴澄院士

2005年10月于清华大学

第 2 版前言

PREFACE

编者多年来一直从事与自动控制理论及相关的教学与科研工作，并于 2006 年编写出版了本书。经过十余年在多所高等院校的应用，我们收到了很多有益建议；此外，随着我国社会经济的发展，人才需求也发生了较大变化。有鉴于此，我们在保持原有特色的同时，对本书进行了修订。第二版更加注重培养学生解决工程实际问题的能力，因此进一步强化了对自动控制思想、概念和方法的描述，适当简化了繁杂的数学推导；增加了对阻尼器、齿轮系等机械部件工作原理的描述，以帮助学生建立理论与工程之间的关联，使其能够将理论与实际有机结合，融会贯通；扩充了基于 MATLAB 的控制系统分析的相关内容，包括 MATLAB 中控制系统的描述方法以及关键的控制系统分析函数的说明和示例。此外，每章均增加了大量习题，并根据习题的难易程度和综合性，将其分为基础型和综合型两类，以引导读者合理选择、有效学习；最后，对全书语言进行了润色修改，使其更加严谨、统一。

本书的参考学时为 90 学时，但可根据专业需要和课时限制，自行组合，加以取舍。对于 48 学时的课程，可讲授第 1、2、3、4、5、7、8 章，其内容包括经典控制理论中对线性定常系统的分析和设计。对于 64 学时的课程，可讲授第 1、2、3、4、5、6、7 章，其内容由经典控制理论中对线性定常连续系统的分析和设计以及现代控制理论中的状态空间分析法组成。对于 72 学时的课程，可讲授第 1、2、3、4、5、7、8、9 章，其内容包括经典控制理论中对线性定常连续、离散和非线性系统的分析和设计方法。

第二版是在第一版的基础上改编而成，第 1、2、6 章由张爱民编写，第 4、7、8 章由任志刚编写，第 3、9 章由王勇编写，第 5 章由杜行俭编写，全书由张爱民统稿审定。

本书从第一稿至今，在编写和出版过程中，得到了许多老师和出版社编辑的帮助，在此一并表示衷心的感谢。

由于编者水平有限，书中难免还存在一些缺点和错误，殷切希望广大读者批评指正。

编　者

2019 年 3 月

第 1 版前言

PREFACE

本书旨在阐明控制理论中时域和频域分析与设计方法的基本概念和基本原理。全书涵盖了经典控制理论和现代控制理论的基本内容：控制系统的传递函数、框图、信号流图和状态空间模型；线性控制系统分析的时域法、根轨迹法、频域法以及状态空间法；线性离散系统的稳定性、瞬态和稳态性能分析；非线性控制系统的相平面法和描述函数法。此外，在线性控制系统的设计中除了介绍常用的校正装置外，还引入了工业上常用的比例积分微分控制器（即 PID 控制器）。同时，结合控制系统的分析与设计，在相关章节详细介绍了 MATLAB 的仿真方法，并给出了大量的 MATLAB 仿真例题，以帮助学生加深对基本概念的理解。

书中内容按照控制理论的逐步发展过程组织编排，由浅入深，图文并茂。在加强基本概念、基本理论和基本方法的基础上，注重理论的物理背景及物理概念的建立，强调控制理论的工程意识和工程实用性。通过导弹航向控制系统和倒立摆控制系统的分析和设计举例在相关章节中的引入，使各章节内容得到了有机的联系，从而使学生思考问题和解决问题的能力得到系统的培养。

本书的参考学时为 90 学时，但可根据专业需要和课时限制，自行组合并加以取舍。对于 48 学时的课程，可讲授第 1、2、3、4、5、7 章，其内容只包括经典控制理论中对线性定常连续系统的分析和设计。对于 64 学时的课程，可讲授第 1、2、3、4、5、6、7 章，其内容由经典控制理论中对线性定常连续系统的分析和设计以及现代控制理论中的状态空间分析法组成。对于 72 学时的课程，可讲授第 1、2、3、4、5、7、8、9 章，其内容有经典控制理论中对线性定常连续、离散和非线性系统的分析和设计方法。

本书是在编者教学讲义的基础上编写而成的，第 1、2、6、7 章由张爱民编写，第 3、4 章由葛思擘编写，第 5 章由杜行俭编写，第 8、9 章由王勇编写，全书由张爱民统稿审定，由西安交通大学黄永宣教授主审。在编写过程中，还得到了韩九强教授和教研室其他许多老师的关心及支持，在此，一并向他们表示衷心的感谢。

由于编者水平有限，书中难免还存在一些缺点和错误，殷切希望广大读者批评指正。

编　者

2005年10月

目　录

CONTENTS

第1章 绪　论

1.1 引言

控制技术的广泛应用，将人们从繁重的体力劳动和大量重复性操作中解放出来。作为解放人类生产力的重要手段，控制技术已经渗透到人们生产生活的各个方面，极大地促进了社会经济的发展。

本章将从自动控制的基本概念出发，介绍自动控制系统的基本结构、工作原理、控制方式以及分类情况。在后续章节对控制系统进行深入分析之前，先明确自动控制原理的研究内容和对控制系统的基本要求。最后给出本书的结构体系。

1.2 自动控制的基本概念

“控制”是一个人们在日常生活中经常使用的术语，自然界中的任何事物都会受到不同程度的控制。但在自动控制原理中，“控制”是指为了达到预期的目标，克服各种扰动的影响，对生产机械或过程中的某一个或某一些物理量进行的操作。例如，在日常生活中涉及的对房屋的室内温度、汽车的方向和速度的控制；工业生产过程中遇到的对电网电压、电机转速、锅炉的温度和压力的控制；生物工程中，对人体温度和血压的控制；经济领域中对商品质量和价格的控制；航空航天工业中，对航天飞机的发射、飞行器的姿态的控制，以及两个航天器在空间交会对接时，对这两个高速运动的飞行器的相对位置的控制；还有对网络流量、交通网络以及机器人的控制等。在这里，把房屋、汽车、电网、电机、锅炉、航天飞机、飞行器等称为被控对象，把室内的温度、汽车的方向和速度、电网的电压、电机的转速、航天飞机发射时的角度和速度、飞行器的姿态等称为被控变量（简称被控量），而把所有对被控变量产生不利影响的因素称为干扰。

在对被控量进行控制时，按照系统中是否有人参与，可将控制系统分为人工控制系统和自动控制系统。若由人参与完成对被控量的控制，称为人工控制系统；若由自动控制装置代替人来完成这种操作，称为自动控制系统。

图 1.2.1 给出的恒值水位系统是人工控制系统。水池中的水源源不断地经出水管流出，以供用户使用。随着用水量的增多，水池中的水位必然下降。这时，若要保持水位高度不变，就得开大进水阀门，增加进水量以作补充。在本例中，若由人参与来完成对水位的控制，就需要操作者根据实际水位的高低（它反映出用水量的大小）来调节进水阀门的开启程度（简称开度）。具体操作步骤如下：首先，操作者用眼睛测量实际水位，与期望水位进行比较，得到误差值；然后根据误差的大小和正负，由大脑指挥手去正确地调节进水阀门的开度。其控制目标是要尽量减小误差，使被控量尽可能地保持在期望值附近。

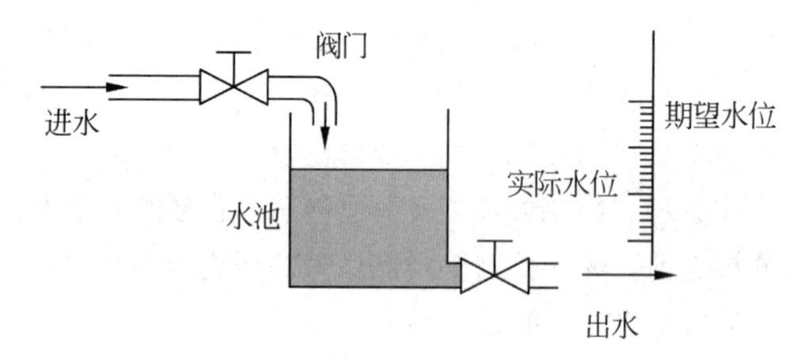

图 1.2.1　人工控制的恒值水位系统

在图 1.2.1 所示的恒值水位系统中，若用杠杆机构代替人工来进行操作，就变为自动控制系统，如图 1.2.2 所示。图中用浮子代替人的眼睛来测量水位的高低；用杠杆机构代替人的大脑和手来计算误差，并调节阀门开度。具体操作步骤如下：杠杆的一端由浮子带动，另一端则连向进水阀门。当用水量增大时，水位开始下降，浮子也随之降低，通过杠杆的作用，进水阀门上提，开度增大，进水量增

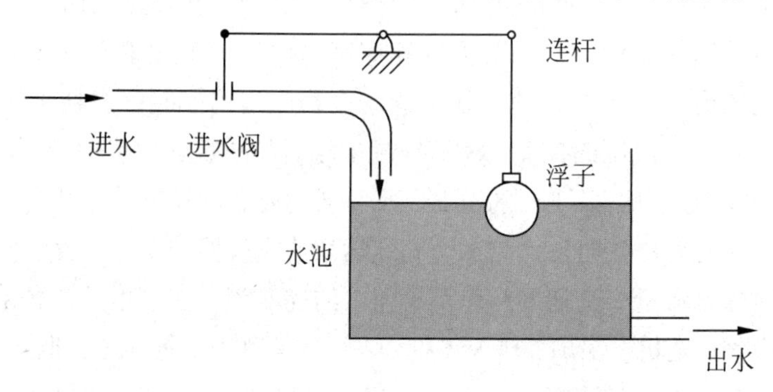

图 1.2.2　水位自动控制系统

加，使水位回至期望值附近。反之，若用水量变小，水位及浮子上升，进水阀门关小，进水量减少，使水位自动下降到期望值附近。其结果是，无论出水量多还是少，实际水位的高度总是在期望值附近。

上述自动控制系统和人工控制系统的区别在于，在自动控制系统中某些装置被有机地组合在一起，代替了人工控制系统中人的操作。由于这些装置担负着控制的功能，通常称为控制器。因此，自动控制系统可定义为，由被控对象和控制器按一定方式连接起来，完成某种自动控制任务的有机整体。

1.3　自动控制系统的基本形式

自动控制系统种类繁多，包括机械的、电子的、液压的、气动的等。虽然这些控制系统的功能和复杂程度都各不相同，但就其基本结构形式而言，可分为两种类型：开环控制系统和闭环控制系统。

1.3.1　开环控制系统

在控制系统中，若不将系统的输出量（即被控量）返回到系统的输入端，则称为开环控制系统。图 1.3.1 所示的汽车怠速控制系统就属于开环控制系统。

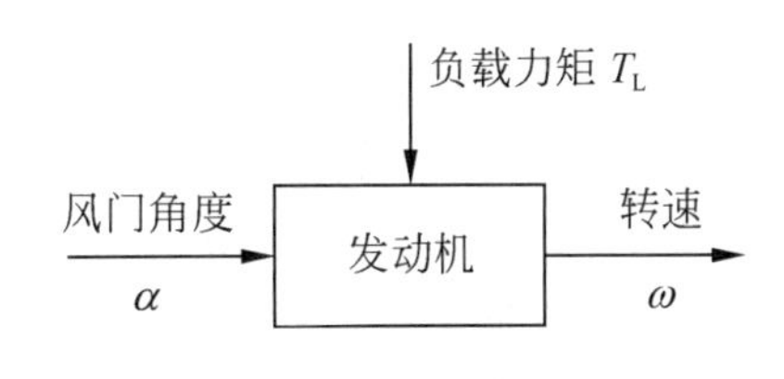

图 1.3.1　汽车怠速控制系统

为了节省燃料，对于汽车怠速控制系统而言，不管发动机负载如何变化，都要尽量将汽车发动机转速维持在较低水平。如果没有对转速的控制，那么负载的突然增加，将引起发动机转速急剧下降，从而导致发动机熄火。因此，怠速控制系统的主要目的，就是消除或减小由于负载引起的速度变化，维持发动机转速为较低的期望值。

如图 1.3.1 所示，在怠速控制系统中，风门角度 α 和发动机转速 ω 分别是系统的输入量和输出量，它们之间存在着一一对应的关系。负载力矩 T_L 称为扰动（或干扰），它包括开启空调、刹车等操作引起的力矩变化。扰动是不希望的系统输入量，在这个系统中它的存在将使发动机的转速偏离期望值。

通常，发动机转速处于期望值附近。当负载力矩 T_L 增加时，发动机转速将下降。对于图 1.3.1 这样的开环控制系统，发动机转速的下降无法反映到系统输入端从而对风门角度 α 产生影响，因此也就无法消除负载力矩 T_L 的变化对发动机转速的影响。这就是开环控制系统的缺陷，它无法消除由于系统内部参数变化或外部扰动对系统被控量的影响。

归纳起来，开环控制系统的结构如图 1.3.2 所示。由于在开环控制系统中，控制器与被控对象之间只有顺向作用而无反向联系，系统的被控变量对控制作用没有任何影响，系统的控制精度完全取决于所用元器件的精度和特性调整的准确度。因此开环系统只有在输出量难以测量且控制精度要求不高以及扰动的影响较小或扰动的作用可以预先加以补偿的场合，才得以应用。

对于开环控制系统，只要被控对象稳定，系统就能稳定地工作。

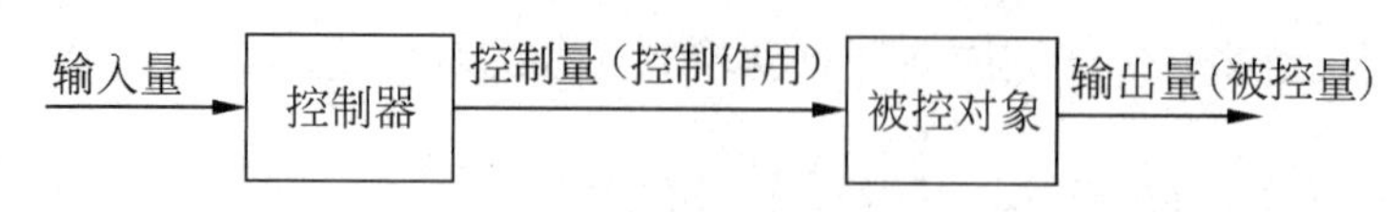

图 1.3.2　开环控制系统结构图

1.3.2　闭环控制系统

通常，在实际控制系统中，扰动是不可避免的。为了克服开环控制系统的缺陷，提高系统的控制精度以及在扰动作用下系统的性能，人们在控制系统中将被控量反馈到系统输入端，对控制作用产生影响，这就构成了闭环控制系统。

图 1.3.3 所示为闭环的汽车怠速控制系统的原理方块图。其中参考输入ω_r给出了系统的期望转速，汽车发动机的转速ω（即被控量），通过速度传感器被反馈到系统输入端。理想情况下，怠速控制系统将汽车发动机的转速维持在较低的期望值附近。如果负载力矩 T_L变化引起发动机转速ω发生变化，则这种转速的变化将通过转速传感器反馈到系统输入端，与参考输入比较，产生误差信号ω_e。控制器将根据误差信号对风门角度α进行调节，以消除发动机转速与期望值之间的误差，使发动机转速维持在期望值附近。

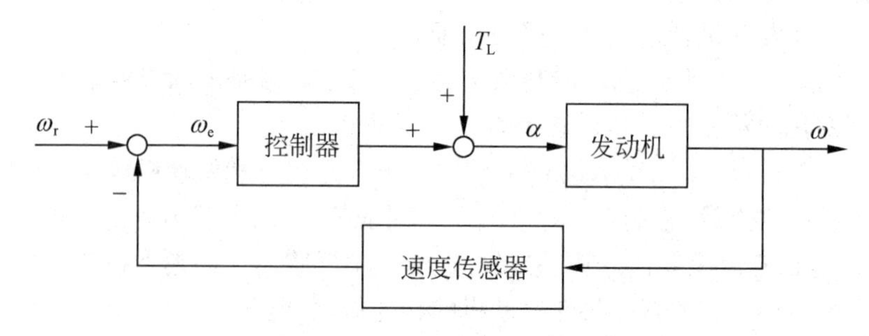

图 1.3.3　汽车怠速控制系统的原理方块图

这种通过负反馈产生偏差，并根据偏差的信息进行控制，以达到最终消除偏差或使偏差减小到容许范围内的控制原理，被称为负反馈控制原理，简称反馈控制原理。因此闭环控制系统又被称为反馈控制系统或偏差控制系统。

通常，在闭环控制系统中，从系统输入量到系统被控量之间的通道称为前向通道，从被控量到输入端的反馈信号（用以减少或增加输入量的作用）之间的通道称为反馈通道。

例 1.3.1　电机转速的开环和闭环控制系统原理图分别如图 1.3.4（a）和（b）所示。控制目标是保持电机的转速为恒定值。

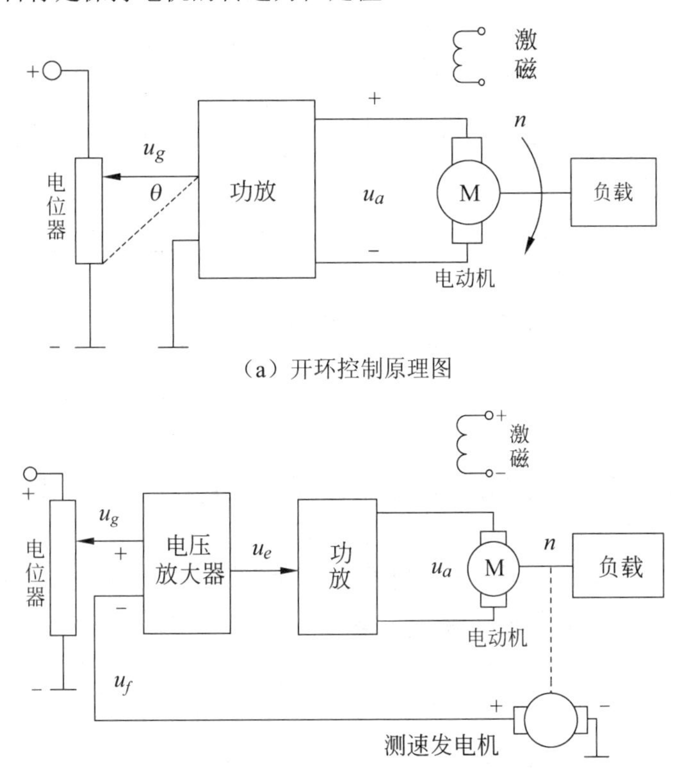

（a）开环控制原理图

（b）闭环控制原理图

图 1.3.4　电机转速控制系统原理图

对于图 1.3.4（a）所示的电机转速开环控制系统而言，当负载发生变化时，由于系统的输入电压 u_g 保持不变，从而就会使电机转速偏离期望值。

对于图 1.3.4（b）所示的闭环控制系统，当负载变化使转速 n 下降时，由于测速发电机的输出电压 u_f 将随着转速 n 的下降而减小，则当系统的输入电压 u_g 保持不变时，电压放大器的输入电压 $u_e=u_g-u_f$ 会增大。这样，经过电压放大器和功率放大器放大后，加到电机电枢两端的电压就会增大，从而使电机转速上升，减小或消除由负载变化引起的转速变化，使其保持在恒定值附近。

1.3.3　闭环控制系统的组成

虽然闭环控制系统根据被控对象和具体用途的不同，可以有各种不同类的结构形式，但是，就其工作原理而言，闭环控制系统是由给定装置、比较元件、校正装置、放大元件、执行机构、检测元件和被控对象组成的。其原理结构图如图 1.3.5 所示。图中的每一个方块都代表着一个具有特定功能的装置或元件。

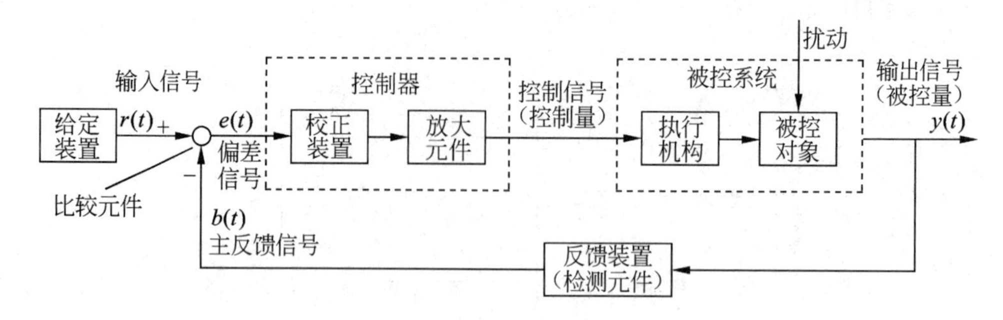

图 1.3.5 闭环控制系统典型方块图

（1）给定装置。其功能是给出与期望的被控量相对应的系统输入量（即参考输入信号或给定值）。

（2）比较元件。其功能是将检测元件测量到的被控量的实际值，与给定装置提供的给定值进行比较，求出它们之间的偏差。

（3）放大元件。比较元件通常位于低功率的输入端，提供的偏差信号通常很微弱，因此须用放大元件将其放大，以便推动执行机构去控制被控对象。如果偏差是电信号，则可用集成电路和晶闸管等元器件所构成的电压放大器和功率放大器来进行放大。

（4）执行机构。其功能是执行控制作用并驱动被控对象，使被控量按照预定的规律变化。

（5）检测元件。其功能是测量被控制的物理量，并将其反馈到系统输入端。在闭环控制系统中检测元件及相关的元器件构成系统的反馈装置。如果被测量的物理量为电量，一般用电阻、电位器、电流互感器和电压互感器等来测量；如果被测量的物理量为非电量，通常检测元件应将其转换为电量，以便于与输入信号进行比较。

（6）校正装置。如果被控对象和执行机构的性能不满足要求，在构成控制系统时，通常需要引入校正装置对其性能进行校正。校正装置的功能是对偏差信号进行加工处理和运算，以形成合适的控制作用或形成适当的控制规律，从而使系统的被控量按预定的规律变化。在控制系统中，通常将校正装置和放大器组合在一起，称为控制器，将控制器的输出信号称为控制信号或控制量。在有计算机参与的控制系统中，往往用计算机（或微处理器）作为控制器。校正装置的设计方法将在第 7 章中详细讨论。

下面给出图 1.3.5 所示的闭环控制系统中各信号的定义。

输入信号：是指参考输入，又称给定量、给定值或输入量，它是控制输出量的指令信号。

输出信号：是指被控对象中要求按一定规律变化的物理量，又称被控量或输出量，它与输入信号之间满足一定的函数关系。

反馈信号：由系统（或元件）输出端取出并反向送回系统（或元件）输入端的信号称为反馈信号。反馈有主反馈和局部反馈、正反馈和负反馈之分。在反馈通道中，当主反馈信号与输出信号相等时，称为单位反馈。

偏差信号：是指输入信号与主反馈信号之差，简称偏差。

误差信号：是指系统被控量的期望值与实际值之差，简称误差。在单位反馈情况下，误差值也就是偏差值，二者是相等的。在非单位反馈情况下，两者存在着一定的关系。

扰动信号：简称扰动或干扰，它与控制作用相反，是一种不希望的、影响系统输出的不利因素。扰动信号既可来自系统内部，又可来自系统外部；前者称为内部扰动，后者称为外部扰动。

1.3.4　闭环控制系统的特点

为了进一步说明闭环控制系统的特点，可将图 1.3.5 所示的系统方块图简化为图 1.3.6 所示的方块图。图中，r 和 y 分别表示系统的输入和输出信号；e 为系统的偏差信号；b 为系统的主反馈信号；假设参量 G 和 H 分别是前向通道和反馈通道的增益，亦即放大系数。

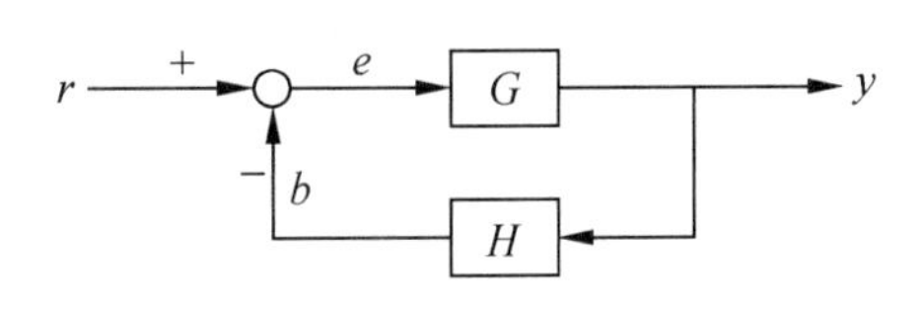

图 1.3.6　闭环控制系统

由图 1.3.6 可得出如下关系：

$$e = r - b \tag{1.3.1}$$

$$b = H \cdot y \tag{1.3.2}$$

$$y = G \cdot e \tag{1.3.3}$$

将式（1.3.3）和式（1.3.2）代入式（1.3.1），整理后可得出输入信号与输出信号之间的关系为

$$M = \frac{y}{r} = \frac{G}{1 + GH} \tag{1.3.4}$$

这一关系式将有助于理解闭环控制系统的一些特性。概括起来，闭环控制系统有如下特点：

（1）闭环控制系统利用负反馈作用来减小系统误差。

在闭环控制系统中，控制器与被控对象之间不仅有正向的控制作用，而且还有反馈连接，因而信号的传递形成一个闭合回路，闭环控制系统也因此而得名。当输出量偏离期望值时，这个偏差将被检测出来，对控制作用产生影响，从而使系统具有自动修正被控量偏离期望值的能力，减小系统的误差。

（2）闭环控制系统能够有效地抑制被反馈通道包围的前向通道中各种扰动对系统输出量的影响。

从上面列举的控制系统中可以看出，扰动实际上是制约控制系统性能的一个重要因素，因而克服扰动的影响是控制系统的一项重要任务。对于闭环控制系统而言，由于引入了负反馈的控制作用，因而使得作用在被反馈通道包围的前向通道中各环节（如被控对象或控制装置）上的任何形式的扰动，包括已知的或未知的，只要它们使系统的被控量偏离期望值而出现偏差，就可以被检测出来，产生相应的控制作用去减小或消除这些偏差，使被控量的实际值与期望值趋于一致。故闭环控制系统能够抑制扰动的影响，从而提高系统的控制精度。

分析图 1.3.7 所示的闭环控制系统也可得出相同的结论。在图 1.3.7 中，n 为系统扰动，k_1 和 k_2 分别为输入到扰动作用点之间以及扰动作用点到输出之间的增益，h 为反馈通道的增益。

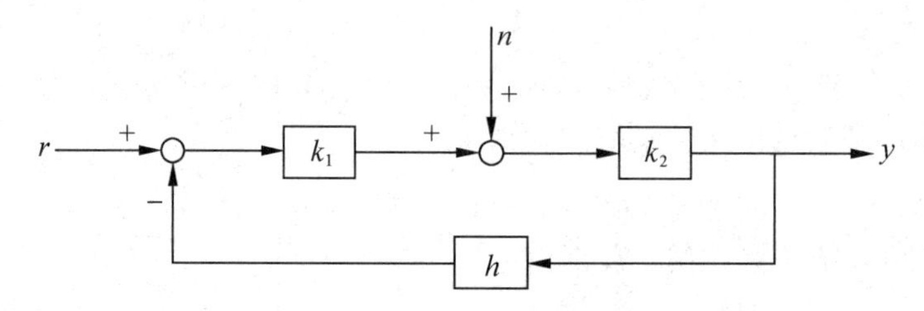

图 1.3.7　带扰动的闭环控制系统

当系统是开环控制系统，并且输入 $r=0$ 时，有

$$y=k_2 n \tag{1.3.5}$$

而对于图 1.3.7 所示的闭环控制系统，当输入 $r=0$ 时，有

$$y=\frac{k_2}{1+k_1k_2h}n \tag{1.3.6}$$

比较式（1.3.5）和式（1.3.6）可知，当 $1+k_1k_2h>1$ 时，在闭环控制系统中由扰动引起的输出部分被减小了 $1+k_1k_2h$ 倍，也即闭环控制系统具有抑制扰动的能力。

（3）闭环控制系统可以减小被控对象的参数变化对输出量的影响。

为了讨论参数变化的影响，首先给出系统灵敏度的概念。系统增益 M 对于被

控对象增益G变化的灵敏度定义为

$$S_G^M = \frac{\partial M / M}{\partial G / G} \tag{1.3.7}$$

将式（1.3.4）代入式（1.3.7），有

$$S_G^M = \frac{\partial M}{\partial G} \cdot \frac{G}{M} = \frac{1}{1+GH} \tag{1.3.8}$$

根据式（1.3.8），当$GH > 0$时，灵敏度函数的幅值小于 1，并将随着GH的增大而减小，这表明系统增益M对被控对象G变化的敏感程度将随着增益GH的增大而降低。对于开环控制系统而言，有$S_G^M = 1$。

对于实际控制系统，通常G和H并不是常量，而是频率的函数。因此并不能保证对于所有的频率范围都有$GH > 0$，但在人们所关心的频率范围内，常常有GH远大于 1。因此，可以说在闭环控制系统中，输出量对被控对象的灵敏度低于开环控制系统。正是由于闭环控制系统的这一特点，使得闭环控制系统对被控对象参数的要求不像开环控制系统那样苛刻。

下面讨论系统增益M对于反馈装置增益H变化的灵敏度。其定义如下

$$S_H^M = \frac{\partial M / M}{\partial H / H} = \frac{\partial M}{\partial H} \cdot \frac{H}{M} = \frac{-GH}{1+GH} \tag{1.3.9}$$

由式（1.3.9）可看出，当GH很大时，灵敏度式（1.3.9）的幅值约为 1，这说明反馈装置增益H的变化将直接影响系统输出。因此，保持反馈装置参数不因环境的变化而变化，或者说保证反馈增益为常数是非常重要的。

由上面的分析可知，闭环控制系统由于有了反馈的作用，确实克服了开环控制系统的缺点，带来了很多优势，但同时也带来了一些问题。

（1）由于增加了反馈通道，闭环控制系统中元器件的数目和系统的复杂程度有所增加。

（2）闭环控制系统用增益的损失换取了系统对参数变化和干扰灵敏度的降低，亦即换取了对系统响应的控制能力。说明如下：

对于开环控制系统，开环增益为G。而由式（1.3.4）知，单位反馈控制系统的闭环增益为$\dfrac{G}{1+G}$。由此可知，单位反馈控制系统的增益比开环控制系统减小了$\dfrac{1}{1+G}$倍，也即闭环控制系统损失了系统增益。

（3）闭环控制系统带来了系统稳定性问题。对于开环控制系统，只要被控对象稳定，系统就能稳定地工作。而在闭环控制系统中，输出信号被反馈到系统输入端，与参考输入比较后形成偏差信号，控制器再按照偏差信号的大小对被控对象进行控制。在这个过程中，由于控制系统的惯性，可能引起超调，造成系统的等幅或增幅振荡，使系统变成不稳定，从而产生了闭环控制系统的稳定性问题。

关于稳定性问题详见第3章。

1.4 自动控制系统分类

对于种类繁多的自动控制系统，根据不同的分类原则会得出不同的分类结果。为便于学习，现介绍几种常用的分类方法。

1.4.1 按输入信号特征分类

1. 恒值控制系统（又称自动调节系统）

这类系统的特点是输入信号为某个恒定不变的常数，要求系统的被控量尽可能保持在期望值附近；系统面临的主要问题是存在使被控量偏离期望值的扰动；这样，控制器的任务就是要增强系统的抗扰动能力，使扰动作用于系统时，被控量尽快地恢复到期望值附近。因此恒值控制系统又称为自动调节系统。前面图1.2.2所示的水位控制系统和图1.3.3所示的汽车怠速控制系统均为恒值控制系统。实际上，工业生产过程中广泛应用的温度、压力、流量等参数的控制，都是采用恒值控制系统来实现的。

例 1.4.1 图1.4.1（a）给出的蒸汽机转速控制系统，采用瓦特发明的离心调速器对进入蒸汽机的蒸汽流量进行调节，可以确保引擎工作时速度大致均匀，这是当时反馈调节器最成功的应用。试叙述该转速控制系统的工作原理，指出被控对象和被控量，并画出其原理方块图。

解：对于如图1.4.1（a）所示的蒸汽机转速控制系统，蒸汽机工作时带动负载转动，并通过圆锥齿轮带动一对飞锤水平旋转。飞锤通过铰链带动套筒上下滑动，拨动杠杆，以调节供汽阀门的开度，从而改变进入蒸汽机的蒸汽流量，达到控制蒸汽机转速的目的。在蒸汽机正常运行时，飞锤旋转所产生的离心力与给定装置给出的弹簧的反弹力相平衡，套筒保持某个高度，使阀门处于一个平衡位置。如果负载增大使蒸汽机转速 n 下降，则飞锤因离心力减小而使套筒向下滑动，通过杠杆增大供汽阀门的开度，从而使蒸汽机的转速 n 回升。同理，如果负载减小使蒸汽机的转速 n 增加，则飞锤因离心力增加而使套筒上滑，通过杠杆减小供汽阀门的开度，迫使蒸汽机转速回落。这样，离心调速器就能自动地抵制负载变化对转速的影响，使蒸汽机的转速 n 保持在某个期望值附近。

在本系统中，蒸汽机是被控对象，蒸汽机的转速 n 是被控量。其原理方块图如图1.4.1（b）所示。

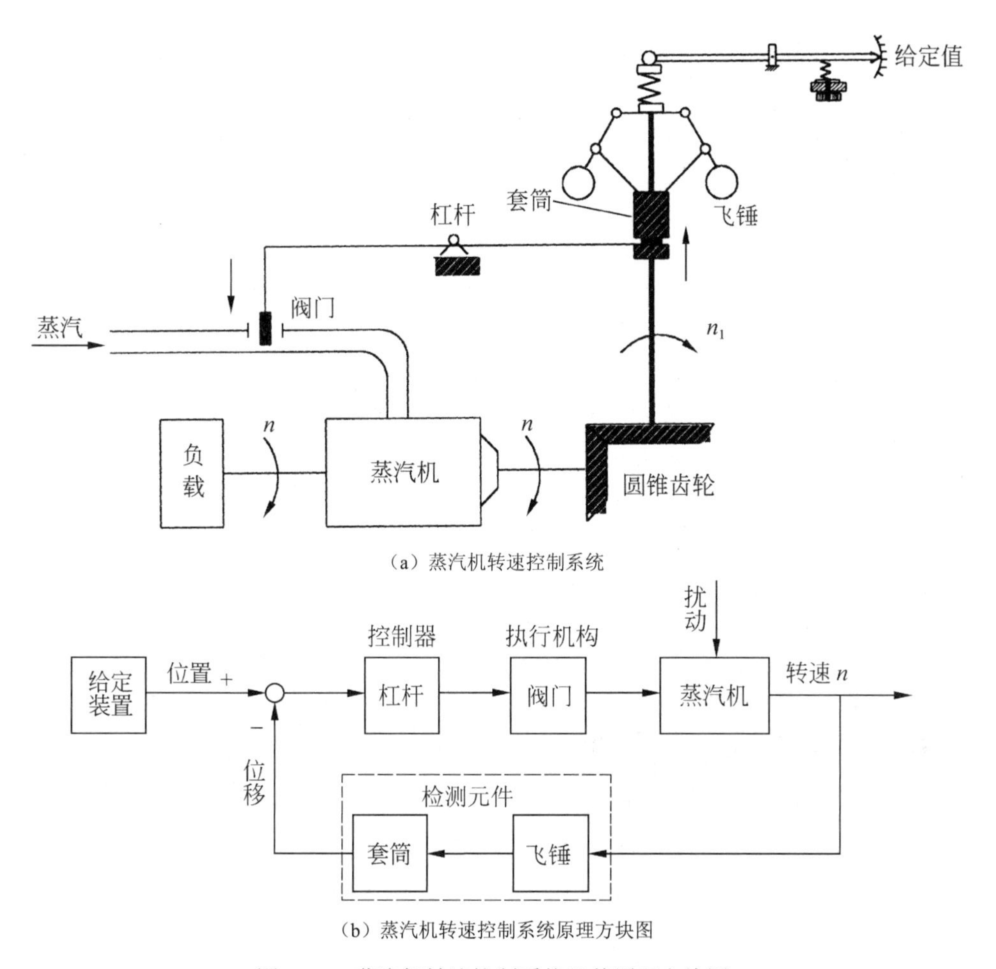

（a）蒸汽机转速控制系统

（b）蒸汽机转速控制系统原理方块图

图 1.4.1　蒸汽机转速控制系统及其原理方块图

例 1.4.2　某导弹航向自动控制系统如图 1.4.2（a）所示。试简述该系统的工作原理，并绘制其原理方块图。

解：在图 1.4.2（a）所示的导弹航向控制系统中，陀螺仪作为给定装置给出导弹的航行角度 θ_i。理想情况下，导弹机体的航行角度 θ_o 与给定角度 θ_i 一致，电位器输出电压 u_e 为零，电动机不转动，导弹机体维持理想航向。如果由于系统内部参数变化、气流或气压等扰动的影响，使导弹偏离给定航向，则电位器输出电压 u_e 不等于零，u_e 经放大后带动电动机转动，并通过减速器改变方向舵的位置，使导弹机体恢复到给定航向。

根据以上工作原理，可绘制出导弹航向控制系统的原理方块图，如图 1.4.2(b) 所示。

例 1.4.3　如图 1.4.3（a）所示为安装在马达驱动车上的一阶倒立摆，它可以作为航天飞机发射时固体助推器的姿态控制模型。图 1.4.3（b）是等待发射的某型航天飞机。航天飞机在发射时固体助推器需要垂直起飞，这与车载倒立摆的控制类似，它们都是不稳定系统，如果没有适当的控制力 u，它们将随时可能向任何方向倾倒。因此，倒立摆系统控制的目的是使倒立摆或固体助推器与竖直方向的夹角 θ 为零。此时，控制系统的输入是期望的系统输出，即 θ 为零。因此，这实际上是一个恒值控制系统。

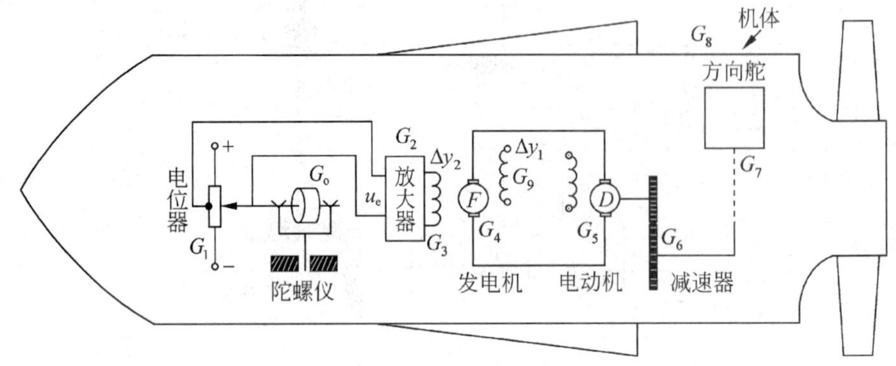

（a）导弹航向控制系统原理图

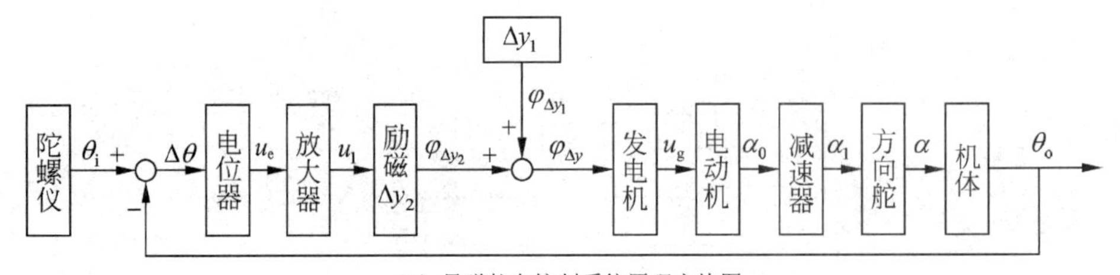

（b）导弹航向控制系统原理方块图

图 1.4.2　导弹航向控制系统及原理方块图

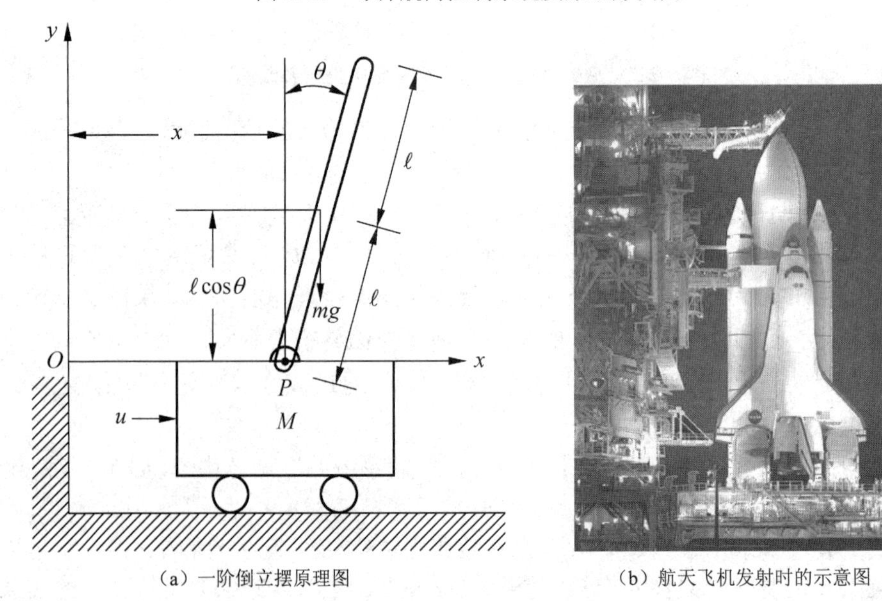

（a）一阶倒立摆原理图　　（b）航天飞机发射时的示意图

图 1.4.3　航天飞机发射时的示意图及其控制模型

2．随动控制系统（又称伺服系统）

这类系统的特点是：输入信号是随时间任意变化的函数，要求系统的输出信号紧紧跟随输入信号的变化而变化；系统面临的主要矛盾是，被控对象和执行机构因惯性等因素的影响，使得系统的输出信号不能紧紧跟随输入信号的变化而变化；这样，控制器的任务就是提高系统的跟踪能力，使系统的输出信号能跟随难以预知的输入信号的变化。

在随动控制系统中也存在着各种扰动的影响，但是系统的主要任务是提高跟踪能力，抑制扰动的影响则是次要任务；而恒值控制系统的主要任务则是抑制扰动的影响，这是两者的主要差别。

跟踪飞行器的雷达天线控制系统，以及导弹的自动跟踪系统均属于随动控制系统。

例 1.4.4　船舶驾驶舵角位置跟踪系统如图 1.4.4（a）所示。试分析该系统的工作原理，并画出其原理方块图。

解：该系统的控制任务是使船舶舵角位置 θ_o 跟踪操纵杆角位置 θ_i 的变化。船舵是被控对象，船舵的角位置 θ_o 和操纵杆角位置 θ_i 分别是被控量（输出量）和给定量（输入量）。理想情况下，$\theta_o = \theta_i$，两环形电位计组成的桥式电路处于平衡状态，输出电压 u_e=0，电动机不转动，被控量维持在角位置 θ_o。

如果操纵杆角度 θ_i 改变了，而船舵仍处于原位，则电位计组输出电压 $u_e \neq 0$，u_e 经放大后带动电动机转动，并通过减速器连同船舵和输出电位计滑臂一起做跟随给定值 θ_i 的运动。当 $\theta_o = \theta_i$ 时，电动机停转，系统达到新的平衡状态，从而实现角位置跟踪的目的。

根据以上分析可以画出该系统的原理方块图如图 1.4.4（b）所示。其中操纵杆是给定装置；电位计组同时完成测量和比较的任务；电压放大器、功率放大器作为放大元件，对其信号进行放大；电动机和减速器作为执行机构，带动被控对象船舵运动。

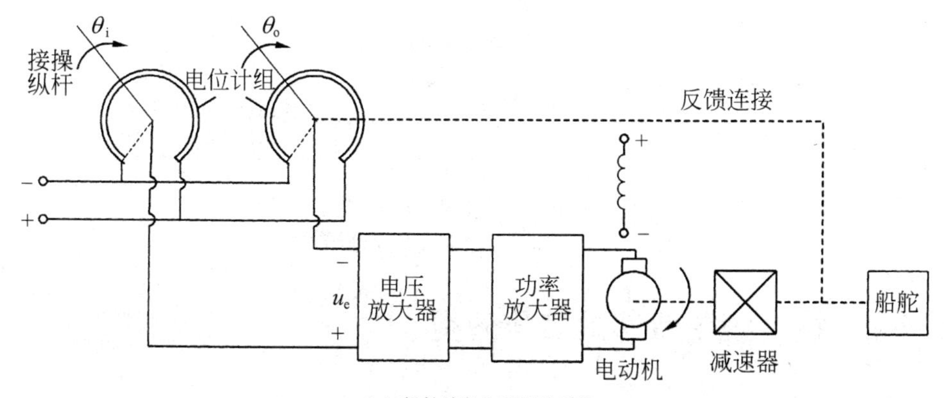

（a）船舶舵角位置跟踪系统

图 1.4.4　船舶舵角位置跟踪系统及原理方块图

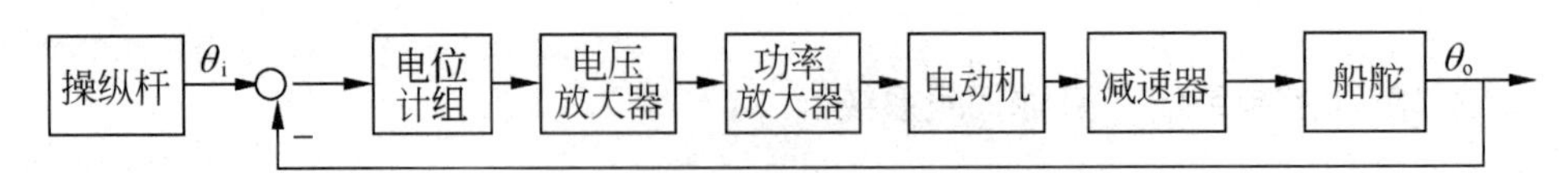

（b）船舶舵角位置跟踪系统原理方块图

图 1.4.4 （续）

3. 程序控制系统

这类系统的特点是：输入信号按照预先规定的函数关系发生变化。如热处理炉温度控制系统中的升温、保温、降温等过程，都是按照预先设定的规律进行的；用于机械加工的数控机床也是典型的程序控制系统。

例 1.4.5　全自动钥匙机示意图及其原理结构图如图 1.4.5 所示。试分析该系统的工作原理。

解：如图 1.4.5 所示，在配置钥匙时，欲配钥匙和钥匙坯被分别固定于全自动钥匙机的卡具 A 和卡具 B 处。欲配钥匙的齿形作为系统输入，由卡具 A 处的量规给出。当钥匙机工作时，卡具 A 处的量规由电动机带动，沿着欲配钥匙的齿尖曲线运动，因为卡具 B 与卡具 A 之间采用连杆连接，所以当卡具 A 运动时，卡具 B 连同钥匙坯一起做同样的运动，这样固定在 B 处的刀具就在钥匙坯上铣出与欲配钥匙相同的齿形。

由以上分析可以看出，该系统的输入信号是按照已知函数（即欲配钥匙的齿形）变化的，因此属于程序控制系统。

由图 1.4.5（b）给出的原理结构图还可以看出，该系统属于开环控制系统。

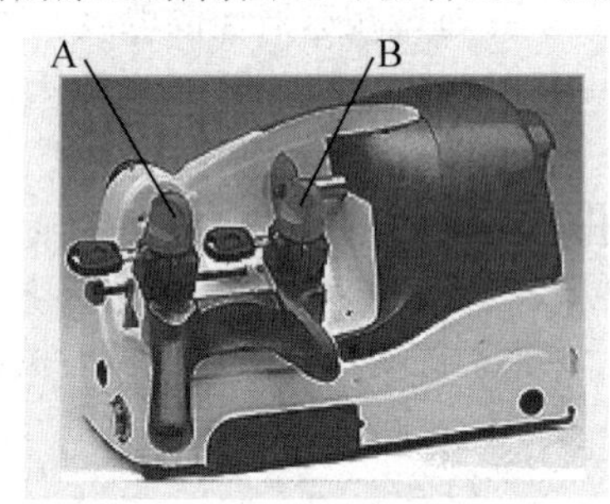

（a）全自动钥匙机

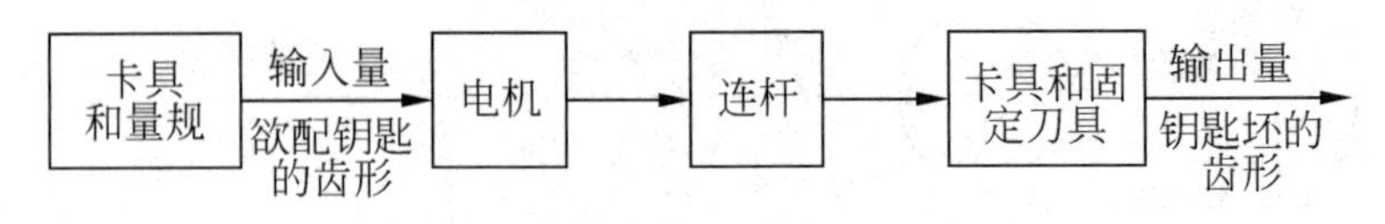

（b）全自动钥匙机的原理结构图

图 1.4.5　全自动钥匙机及其原理结构图

1.4.2　按系统中传递的信号分类

1. 连续控制系统

连续控制系统的特点是：系统中各环节间传递的信号均是时间 t 的连续函数。

连续控制系统的运动规律可用微分方程描述。上述蒸汽机转速控制系统和船舶舵角位置跟踪系统均属连续控制系统。

2. 离散控制系统

离散控制系统的特点是：系统中某处或某几处的信号是脉冲序列或数字编码的形式。离散控制系统的运动规律可用差分方程描述。

凡是有计算机参与的自动控制系统均属离散控制系统。近年来，随着计算机应用技术的迅猛发展，自动控制系统都采用计算机作为控制器。在计算机被引入控制系统后，控制系统就由连续系统变成离散系统了。因此，随着计算机在控制系统中的广泛应用，离散控制系统理论显得尤为重要。

1.4.3 按系统特性分类

1. 线性控制系统

凡是同时满足叠加性与均匀性（或齐次性）的系统均为线性控制系统。

叠加性是指当几个输入信号同时作用于系统时，系统的响应等于每个输入信号单独作用于系统时所产生的响应之和。例如，已知某系统对应于输入信号 $r_1(t)$ 时的系统响应为 $y_1(t)$，对应于输入信号 $r_2(t)$ 时的响应为 $y_2(t)$，则当系统满足叠加性，且系统的输入信号为 $r_1(t)+r_2(t)$ 时，系统的响应为 $y_1(t)+y_2(t)$。

均匀性是指当输入信号按倍数变化时，系统的响应也按同一倍数变化。例如：对于某系统当输入信号为 $r_1(t)$ 时，系统的响应为 $y_1(t)$。如果该系统满足均匀性，则当输入信号为 $kr_1(t)$ 时，系统的响应为 $ky_1(t)$。

值得注意的是，线性控制系统的上述特性将大大简化系统分析。例如，大多数实际控制系统都并非是单输入单输出的系统，而往往是多输入单输出系统。如果能把系统近似为线性系统，就可以应用叠加原理先考虑每个输入单独作用时系统引起的响应，然后将它们叠加，从而将多输入单输出问题转化为单输入系统问题来讨论。又如实际系统输入信号的幅值各不相同，运算很不方便。如果能把系统近似为线性系统，就可以应用均匀性将输入信号的幅值取为 1（或其他便于计算的值），这样得到的响应和实际输入信号所产生响应的变化特性完全相同，所不同的只是在幅值上按比例缩小或放大而已。因此，在第 3 章分析系统性能时，将系统各类输入信号的幅值均取为 1。

线性控制系统可用线性函数来描述其特性，对于线性单变量连续系统，则可用下列线性微分方程描述：

$$
\begin{aligned}
&\frac{\mathrm{d}^n y(t)}{\mathrm{d}t^n}+a_{n-1}\frac{\mathrm{d}^{n-1} y(t)}{\mathrm{d}t^{n-1}}+\cdots+a_1\frac{\mathrm{d}y(t)}{\mathrm{d}t}+a_0 y(t)\\
&=b_m\frac{\mathrm{d}^m r(t)}{\mathrm{d}t^m}+b_{m-1}\frac{\mathrm{d}^{m-1} r(t)}{\mathrm{d}t^{m-1}}+\cdots+b_1\frac{\mathrm{d}r(t)}{\mathrm{d}t}+b_0 r(t)
\end{aligned}
\qquad (1.4.1)
$$

式中，$r(t)$ 和 $y(t)$ 分别为系统的输入量和输出量。系数 a_i 和 b_j（$i=0, 1, \cdots, n-1$；$j=0, 1, \cdots, m$）为常数或时间的函数。

2. 非线性控制系统

凡是不同时满足叠加性和均匀性的系统均为非线性控制系统。典型的非线性特性有饱和特性、死区特性、间隙特性、继电特性、磁滞特性等。

实际上，自然界中任何物理系统的特性都是非线性的。但是，为了使所研究的问题得到简化，在一定的条件下可将许多非线性系统在其工作点附近近似为线性系统，从而利用线性系统理论对其进行研究。

1.4.4 按系统参数分类

1. 定常系统

如果描述系统运动的微分或差分方程的系数均为常数，则称这类系统为定常系统，又称为时不变系统。这类系统的特点是：系统的响应特性只取决于输入信号的形状和系统的特性，而与输入信号施加的时刻无关。若系统在输入信号 $r(t)$ 作用下的响应为 $y(t)$，则当输入信号延迟一段时间 τ 作用于系统时，系统的响应也延迟同一时间 τ，且形状保持不变，如图 1.4.6 所示。定常系统的这一特性给分析研究带来了很大的方便。

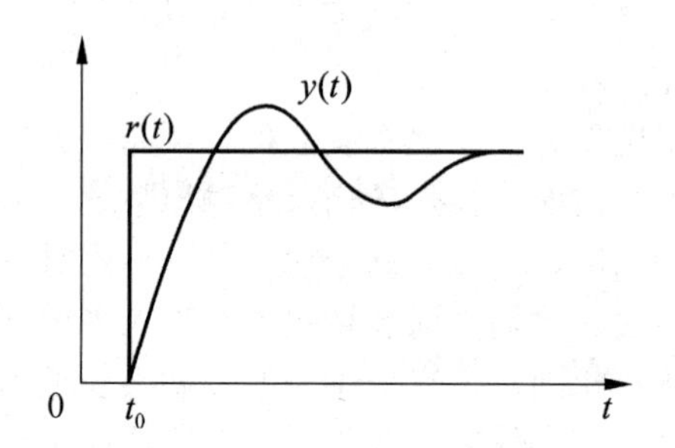

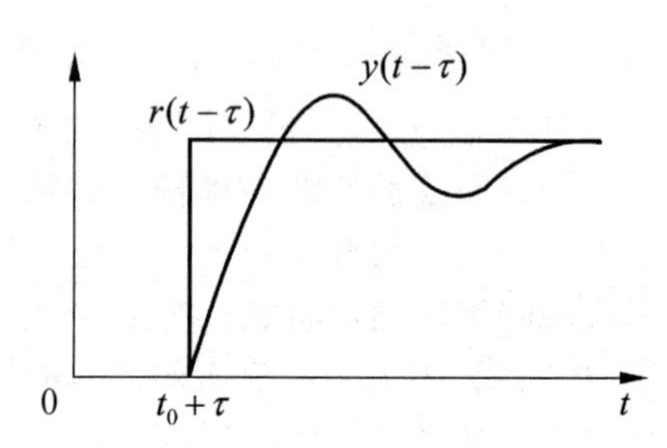

图 1.4.6 线性定常系统时间响应

对于式（1.4.1）描述的线性系统，如果微分方程系数 a_i 和 b_j（$i=0, 1, \cdots, n-1$；$j=0, 1, \cdots, m$）均为常数，则该类系统为线性定常连续系统。这类系统是本书研究的主要对象。

2. 时变系统

如果系统的参数或结构随时间变化，则称这类系统为时变系统。这类系统的特点是：系统的响应特性不仅取决于输入信号的形状和系统的特性，而且还与输入信号施加的时刻有关。对于同一个时变系统，当相同的输入信号 $r(t)$ 在不同时刻作用于系统时，系统的响应是不同的，如图 1.4.7 所示。时变系统的这一特性给系统的分析研究带来了困难。

对于式（1.4.1）描述的线性系统，若微分方程系数 a_i 和 b_j（$i=0, 1, \cdots, n-1$； $j=0, 1, \cdots, m$）是时间的函数，则称该类系统为线性时变连续系统。

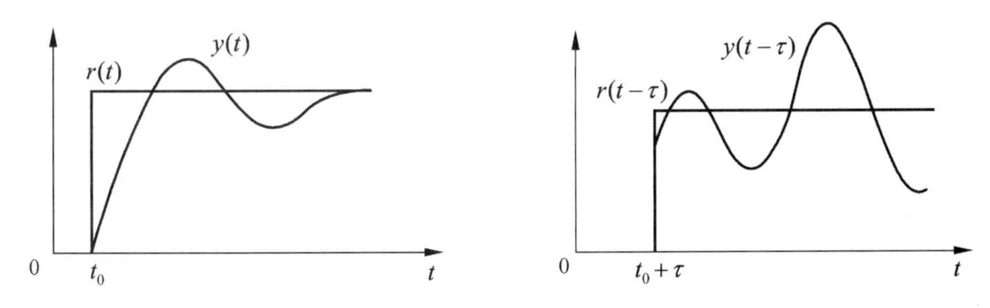

图 1.4.7　线性时变系统的时间响应

1.5　对自动控制系统的基本要求

自动控制系统的基本任务是：根据被控对象和环境的特性，在各种扰动因素作用下，使系统的被控量能够按照预定的规律变化。具体地，对于恒值控制系统，要求系统的被控量维持在期望值附近；对于随动控制系统，要求系统的被控量紧紧跟随输入量的变化而变化。但是，无论是哪一类控制系统，当系统受到扰动的作用或者输入量发生变化后，如果控制系统稳定，那么，系统的响应过程均可分为瞬态响应过程和稳态响应过程。因此，对系统的基本要求也都是相同的，可以归结为稳定性、快速性和准确性，即稳、快、准的基本要求。

1．稳定性

稳定性是保证控制系统能够正常工作的先决条件。对于稳定的系统而言，当系统受到扰动的作用或者输入量发生变化时，被控量会发生变化，偏离给定值。由于控制系统中一般都含有储能元件或惯性元件，而储能元件的能量不可能突变，因此，被控量不可能马上恢复到期望值，或者达到一个新的平衡状态，而总是要经过一定的过渡过程。其过程如图 1.5.1（a）和（b）所示。我们把这个过渡过程称为瞬态响应过程，而把被控量达到的平衡状态称为稳态。

通常，被控量的具体响应过程可归结为四类，如图 1.5.1 所示。

图 1.5.1（a）和（b）描述的系统，被认为是稳定的；而图 1.5.1（c）和（d）描述的系统，其被控量的响应过程或者呈现等幅振荡，或者呈现发散振荡的现象，被认为是不稳定的。

不稳定的系统是无法使用的，系统激烈而持久的振荡会导致功率元件过载，甚至使设备损坏，这是绝对不允许的。

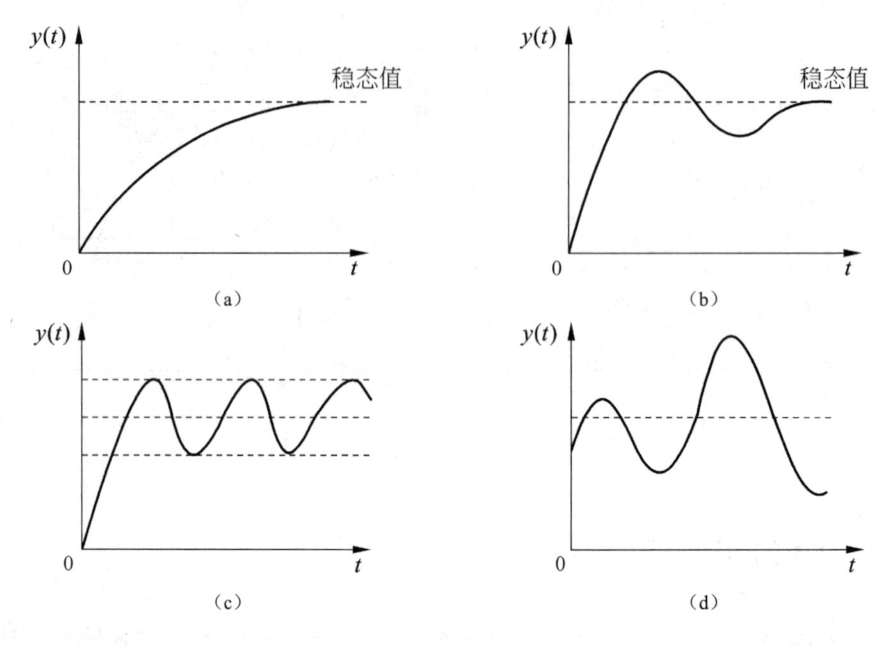

图 1.5.1　被控量变化的动态特性

2．快速性

为了很好地完成控制任务，仅要求控制系统稳定是不够的，还必须对其瞬态响应过程的形式和快慢（即瞬态性能）提出要求。通常希望系统的瞬态响应过程既要快（即快速性好）又要平稳（即平稳性高）。

3．准确性

对于一个稳定的系统而言，当瞬态响应过程结束后，将进入稳态响应过程。此时，系统被控量的实际值与期望值之差称为稳态误差，它是衡量系统稳态精度的重要指标。通常希望系统的稳态误差尽可能地小，即希望系统具有较高的控制精度。

1.6　自动控制原理的研究内容及本书的结构体系

自动控制原理研究的主要内容是控制系统分析和控制系统设计。所谓系统分析，是指在已知系统结构和参数的情况下，根据系统被控量对于某种典型输入信号作用的响应，求出评价系统性能的性能指标：稳定性、瞬态性能和稳态性能。

如果对给定系统进行分析，得到的性能指标满足要求，则不需要对控制系统进行设计。如果经过分析得到的性能指标不满足要求，而又不能改变被控对象本身，则控制系统设计的任务就是改变系统的某些参数或加入某种控制装置，使其满足预期的性能指标要求。其实，系统设计的最简单的办法是改变被控对象本身，但这往往受到很多因素的制约，因此，多数情况下需要附加校正装置来改变控制系统的性能。这个过程称为系统校正。

系统分析和系统设计通常是相互联系、交替进行的。往往不是单纯为了分析而分析，而是为了改造原有的系统而进行系统分析。分析系统的目的在于了解和认识已有的系统。对于从事自动控制的工程技术人员而言，更重要的工作是设计系统以及改造那些性能未达到要求的系统。

为了达到上述目的，本书的中心内容是介绍经典控制理论和现代控制理论中，控制系统分析和设计的一些基本原理和方法。全书共分三个部分：控制系统的数学模型、系统分析和系统设计。

第 2 章将介绍控制系统的数学模型。涉及的数学模型有：微分方程、传递函数、方块图、信号流图和状态空间模型。这部分内容将为后续学习控制系统分析和设计方法打下基础。

第 3 章到第 6 章主要介绍控制系统的分析方法。第 3 章时域分析法，重点讲解线性控制系统渐近稳定性的概念；标准一阶、二阶系统的瞬态性能指标及使系统性能得到改善的方法；稳态误差的概念、分析稳态误差的方法以及提高稳态性能的方法。第 4 章根轨迹法，重点讲解绘制常规和参量根轨迹的方法以及运用系统的根轨迹分析系统的稳定性、瞬态性能和稳态性能的方法。第 5 章频域分析法，主要知识点是伯德图、极坐标图、奈奎斯特稳定判据、最小相位系统、稳定裕度、控制系统的闭环特性。重点讲解运用伯德图、极坐标图分析系统性能的方法。第 6 章线性控制系统的状态空间分析法，重点介绍利用状态空间法对线性定常系统进行分析和设计的方法。主要知识点包括，线性定常系统的线性变换、时间响应和状态转移矩阵、系统的能控性和能观测性、状态反馈与极点配置以及状态估计与状态观测器。

上述这些分析系统性能的方法各有其优缺点。其中时域分析法、根轨迹法、频域分析法属于经典控制理论，而状态空间分析法属于现代控制理论范畴。

第 7 章将介绍控制系统的设计方法。主要涉及基于伯德图和根轨迹的超前、滞后、滞后超前校正装置的设计方法；工业控制中常用的比例积分微分（即 PID）控制器的特性及其对控制系统的作用。

第 2 章到第 7 章研究的对象是线性定常连续系统。

第 8 章和第 9 章将分别介绍对于离散控制系统和非线性控制系统的分析方法。主要知识点包括信号采样与保持、z 变换及反变换、差分方程、脉冲传递函数、相平面法、描述函数法。

另外，本书还将介绍利用MATLAB软件进行控制系统分析和设计的方法。

习题

1.1 在下列过程中，哪些是开环控制？哪些是闭环控制？指出各控制系统的输入量和输出量。

（1）机器人踢足球；（2）人的体温控制系统；

（3）十字路口红绿灯控制；（4）空调制冷。

1.2 试比较开环控制系统和闭环控制系统的优缺点。

1.3 自动控制系统的主要特征是什么？

1.4 对自动控制系统的基本要求是什么？试叙述增大系统增益对闭环控制系统性能的影响。

1.5 工业上常见的炉温控制系统如图E1.1所示。指出系统的输入量和被控量，区分被控对象和控制器，画出系统的原理方块图，并简述其工作原理。

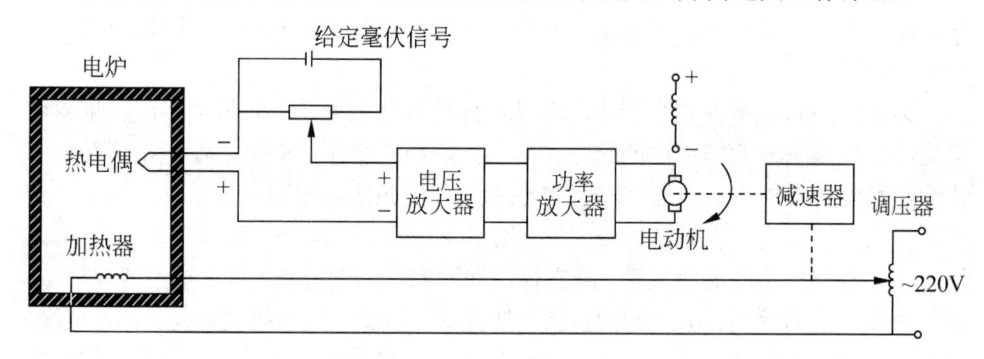

图E1.1 炉温控制系统

1.6 水箱热水电加热器系统如图E1.2所示。为了保持希望的温度，由温控开关接通或断开电加热器的电源。在使用热水时，水箱中流出热水并补充冷水。试说明该系统的被控对象、输出量、输入量，简述系统的工作原理，并画出系统原理方块图。

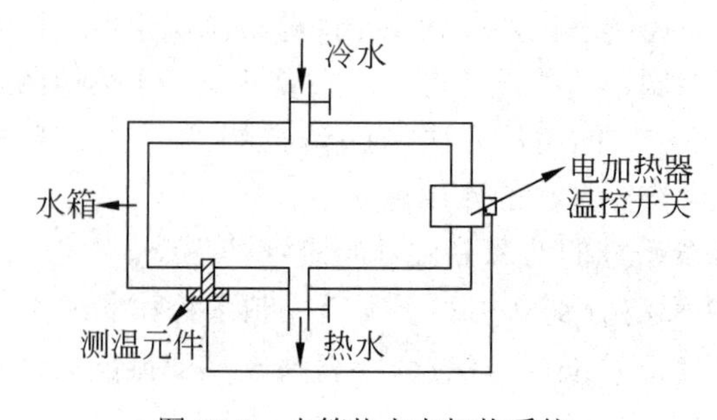

图E1.2 水箱热水电加热系统

1.7 仓库大门自动开闭系统原理示意图如图 E1.3 所示。试说明自动控制大门开闭的工作原理，并画出原理方块图。

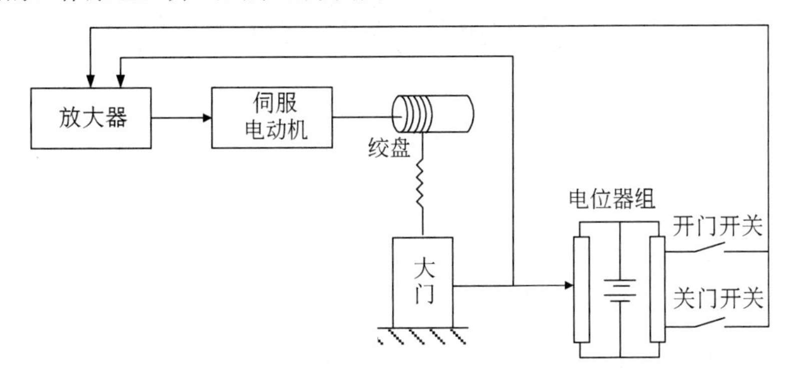

图 E1.3 仓库大门自动开闭控制系统

1.8 位置随动系统如图 E1.4 所示，试回答以下问题。

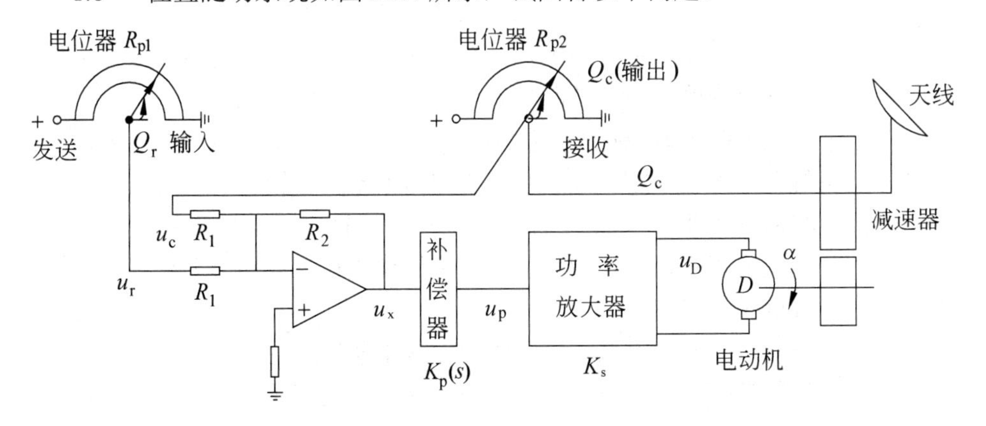

图 E1.4 位置随动系统

（1）说明该系统的以下①～⑩各是什么？

① 被控制对象；②被控制量；③给定元件；④给定量；⑤主反馈元件；⑥主反馈量；⑦ 误差量；⑧负载；⑨积分元件；⑩执行元件。

（2）画出系统的原理框图，标明各环节的输入量和输出量。

（3）判断（在括号内对的上面打“√”）

① 该系统是（开环、闭环）控制系统；

② 该系统的输入量是(Q_r， u_r)；

③ 该系统的输出量是(Q_c， u_c)。

第2章 控制系统的数学模型

2.1 引言

在对控制系统进行分析和设计时，首先要建立系统的数学模型。而控制系统的数学模型是描述系统中各元件的特性以及各种信号（变量）的传递和转换关系的数学表达式。因此，它可使我们避开系统不同的物理特性，在一般意义下研究控制系统的普遍规律。

在自动控制原理中，数学模型有多种形式。时域中常用的数学模型有微分方程、差分方程和状态空间模型；频域中有传递函数、方块图和频率特性。对于线性系统，可以利用拉普拉斯变换和傅里叶变换，将时域模型转换为频域模型。这两种模型在控制系统分析和设计中都有着重要的作用。

如果需要着重描述的是系统输入量和输出量之间的关系，则所建立的数学模型称为输入输出模型；如果需要着重描述的是系统输入量与内部状态之间以及内部状态和输出量之间的关系，则所建立的数学模型称为状态空间模型。

通常，可以采用分析法和实验法建立控制系统的数学模型。所谓分析法是指当控制系统结构和参数已知时，根据系统各元件所依据的物理规律、化学规律以及其他自然规律来建立相应运动方程的方法。例如，在电学系统中利用分析法建立系统的数学模型时，是根据系统中所遵循的基尔霍夫定律来进行的。在力学系统中是根据牛顿定律，而在热力学系统中则是根据热力学定律，来建立系统数学模型的。而当控制系统结构和参数部分已知，或全部未知时，则可以采用实验法建立控制系统的数学模型。实验法是根据系统对施加的某种测试信号的响应或其他实验数据，来建立数学模型的。这种方法又称为系统辨识。系统辨识在自适应控制中发挥着重要作用。系统辨识作为一门独立的课程，将由专门的课程讲解，这里不做介绍。

无论是用分析法还是实验法建立的数学模型，都存在着模型精度和复杂性之间的矛盾，控制系统的数学模型越准确，其复杂性就越大，微分方程的阶数也越高，与此相应对控制系统进行分析和设计也就越困难。因此，在工程上，总是在满足一定精度要求的前提下，尽量使数学模型简单。为此，在建立数学模型时，常做许多假设和简化，最后得到的都是具有一定精度的近似的数学模型。

本章将介绍利用分析法建立线性定常连续系统的微分方程、传递函数、方块图、信号流图以及状态空间模型的方法。

2.2　微分方程

微分方程是描述各种控制系统输入量与输出量之间关系的最基本的数学工具，也是后面讨论的各种数学模型的基础。因此，本节将着重介绍控制系统微分方程的建立及非线性微分方程的线性化问题。

在建立控制系统的微分方程时，为了得到近似的数学模型，需要根据实际情况，对物理系统作一些理想化的假设，忽略一些次要因素。例如，可以将一个电子放大器看成理想的线性放大器件，而忽略它的非线性因素；还可以将质量—弹簧—阻尼器系统中的壁摩擦假定为粘性摩擦，即摩擦力与质量运动速度成比例，而忽略成为干性摩擦（摩擦力是质量运动速度的非线性函数，而且在速度零点附近呈现出不连续特性）的可能性。

然后，从输入端开始，依次写出控制系统中各元件输入量与输出量之间的微分方程。在列写系统各元件的微分方程时，一是应注意信号传递的单向性，即前一个元件的输出是后一个元件的输入，一级一级地单向传送；二是应注意前后连接的两个元件中，后级对前级的负载效应。例如，无源网络输入阻抗对前级的影响，齿轮系对电动机转动惯量的影响等。

最后，在选定系统的输入量和输出量的情况下，将各元件的微分方程联立起来，消去中间变量，得到的输出量与输入量之间的关系，就是控制系统的微分方程。

下面分类举例说明建立控制系统微分方程的方法。

2.2.1　机械系统

牛顿第二定律是机械系统遵循的基本规律，可以应用于任何机械系统。在建立机械系统的数字模型时，通常使用质量、弹簧、阻尼器和转动惯量这样一些理想化的元件。通常，油压阻尼器由活塞和油缸组成，活塞与油缸之间的任何相对运动都会受到油液的阻滞，因为油液必须沿着活塞周围的缝隙，或者通过活塞上面的小孔，从活塞的一侧流向另一侧。因此，油压阻尼器是一种能够提供粘性摩擦或者阻尼的装置，它不贮存任何动能和势能。

例 2.2.1 某质量、弹簧、阻尼器系统如图 2.2.1（a）（b）所示，假设图（a）中的壁摩擦和图（b）中的阻尼器的摩擦都为粘性摩擦，外作用力 $r(t)$是系统输入量，质量 M 的位移 $y(t)$是系统的输出量。位移 $y(t)$从无外力作用时的平衡位置开始计算。试建立图（a）和（b）系统的微分方程。

解：图（a）和（b）中的质量 M 的受力情况相同，都如图 2.2.1（c）所示。由牛顿第二定律可得

$$r(t)-b\frac{\mathrm{d}y}{\mathrm{d}t}-ky=M\frac{\mathrm{d}^2y}{\mathrm{d}t^2} \tag{2.2.1}$$

则两系统的微分方程均为

$$M\frac{\mathrm{d}^2y}{\mathrm{d}t^2}+b\frac{\mathrm{d}y}{\mathrm{d}t}+ky=r(t) \tag{2.2.2}$$

其中，k 是理想弹簧元件的弹性系数，b 为粘性摩擦的摩擦系数，方程（2.2.2）是一个二阶线性微分方程。

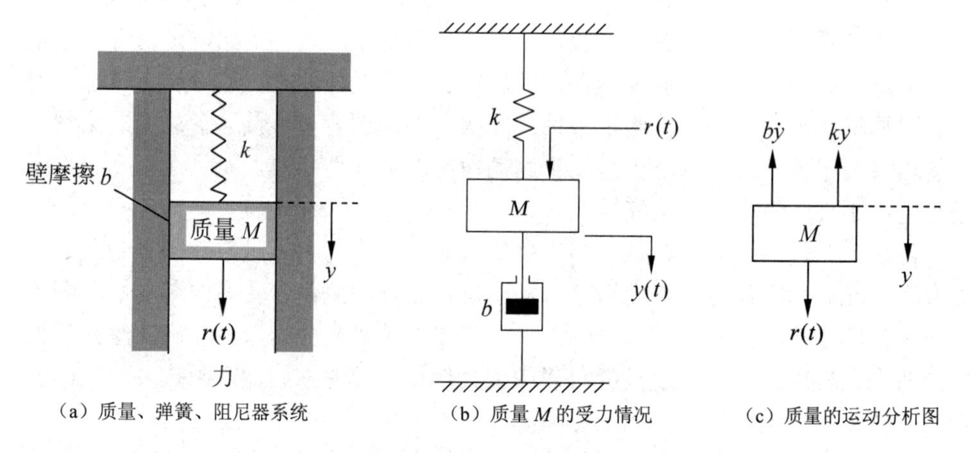

（a）质量、弹簧、阻尼器系统　（b）质量 M 的受力情况　（c）质量的运动分析图

图 2.2.1　质量、弹簧、阻尼器系统及运动分析图

在上例中，由于假定壁摩擦和阻尼器的摩擦都是粘性摩擦，因此两系统中的输入量和输出量之间的关系都是线性的。但在实际系统中，非线性关系是不可避免的。通常可以采用近似线性化的方法将非线性微分方程在其工作点附近线性化。

所谓近似线性化，就是假定系统工作在平衡点 (x_0, y_0) 附近，将非线性函数 $y=f(x)$ 在 x_0 点的邻域内按泰勒级数展开，有

$$y=f(x_0)+\frac{\mathrm{d}y}{\mathrm{d}x}\Big|_{x_0}(x-x_0)+\frac{1}{2!}\frac{\mathrm{d}^2y}{\mathrm{d}x^2}\Big|_{x_0}(x-x_0)^2+\cdots \tag{2.2.3}$$

忽略方程中的高阶项后得到

$$y\approx f(x_0)+\frac{\mathrm{d}y}{\mathrm{d}x}\Big|_{x_0}(x-x_0) \tag{2.2.4}$$

令 $y_0 = f(x_0)$，$K = \left.\dfrac{\mathrm{d}y}{\mathrm{d}x}\right|_{x_0}$，则式（2.2.4）可改写为

$$y - y_0 = K(x - x_0) \tag{2.2.5}$$

式（2.2.5）表明，$y - y_0$ 与 $x - x_0$ 成正比。式（2.2.5）就是由方程 $y = f(x)$ 描述的非线性系统在平衡点附近的线性方程。

例 2.2.2　例 1.4.3 给出的航天飞机发射时固体助推器的姿态控制模型如图 2.2.2（a）所示。假设摆杆的重心位于其几何中心处，作用于小车上的控制力 u 是该系统的输入量，试建立系统的微分方程。

解： 首先简化物理模型。

这个系统实际上是一个空间起飞助推器的姿态控制模型，姿态控制问题的目标是把助推器保持在垂直位置，即保持摆杆的偏离角 θ 为零。倒立摆是不稳定的，如果没有适当的控制力作用在它上面，它将随时可能向任何方向倾倒。为了简化分析，这里我们只考虑二维问题，认为倒立摆只在图 2.2.2 所示的平面内运动。

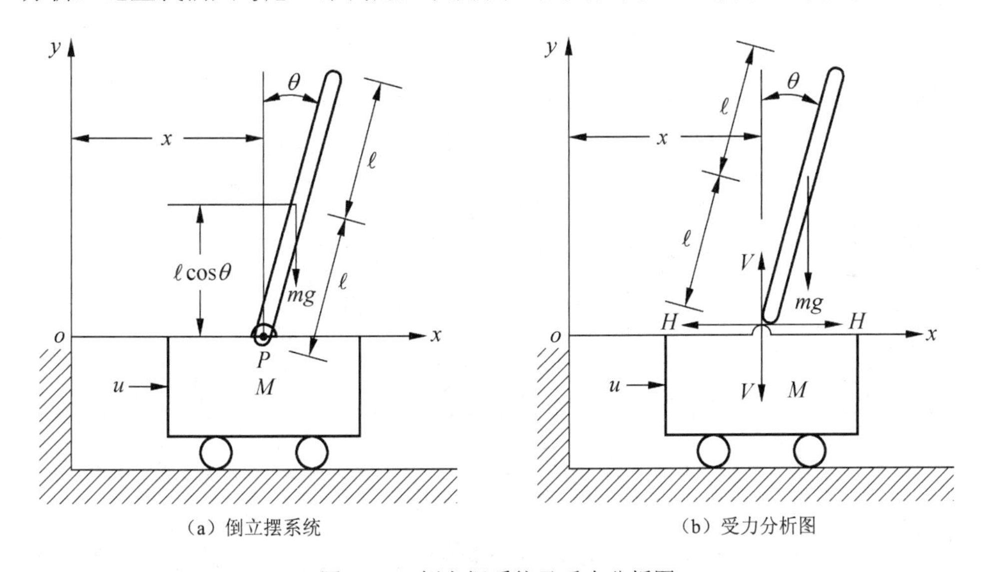

（a）倒立摆系统　　（b）受力分析图

图 2.2.2　倒立摆系统及受力分析图

现在列写控制系统各部分的微分方程。

假设摆杆偏离垂线角度为 θ，摆杆重心坐标为 (x_0, y_0)。于是

$$x_0 = x + \ell \sin\theta$$

$$y_0 = \ell \cos\theta$$

现考虑图 2.2.2（b）表示的隔离体受力分析图。摆杆围绕其重心的转动运动方程为

$$I\ddot{\theta} = V\ell \sin\theta - H\ell \cos\theta \tag{2.2.6}$$

式中，I 为摆杆围绕其重心的转动惯量。

摆杆重心的水平运动方程为

$$m\frac{\mathrm{d}^2}{\mathrm{d}t^2}(x+\ell\sin\theta)=H \tag{2.2.7}$$

摆杆重心的垂直运动方程则为

$$m\frac{\mathrm{d}^2}{\mathrm{d}t^2}(\ell\cos\theta)=V-mg \tag{2.2.8}$$

小车的水平运动方程为

$$M\frac{\mathrm{d}^2x}{\mathrm{d}t^2}=u-H \tag{2.2.9}$$

因为控制目标是保持倒立摆垂直，所以可以假设 $\theta(t)$ 和 $\dot{\theta}(t)$ 都很小，也就是说可以假设倒立摆工作在平衡点附近。于是，可以得到在平衡点附近，有

$$\sin\theta=\theta-\frac{1}{3!}\theta^3+\frac{1}{5!}\theta^5-\cdots\approx\theta$$

$$\cos\theta=1+\frac{1}{2!}\theta^2+\frac{1}{4!}\theta^4+\cdots\approx 1$$

$$\dot{\theta}\theta^2\approx 0$$

式（2.2.6）至式（2.2.8）线性化后的方程为

$$I\ddot{\theta}=V\ell\theta-H\ell \tag{2.2.10}$$

$$m(\ddot{x}+\ell\ddot{\theta})=H \tag{2.2.11}$$

$$V-mg=0 \tag{2.2.12}$$

最后，联立式（2.2.9）～式（2.2.12），消去中间变量 V 和 H，得到系统的微分方程为

$$(M+m)\ddot{x}+m\ell\ddot{\theta}=u \tag{2.2.13}$$

$$(I+m\ell^2)\ddot{\theta}+m\ell\ddot{x}=mg\ell\theta \tag{2.2.14}$$

式（2.2.13）和式（2.2.14）描述了车载倒立摆系统的运动，成为系统的数学模型。这是一个单输入两输出的系统，输出量分别为偏离角 θ 和小车的位置坐标 x。

2.2.2 电路系统

电路系统的基本元素是电阻、电容和电感，而基尔霍夫电流和电压定律是所有电路系统遵循的基本规律。

例 2.2.3　由电阻 R 、电感 L 和电容 C 组成的无源网络如图 2.2.3 所示，试建立该网络以电压 $u_i(t)$ 为输入量，以电容两端电压 $u_o(t)$ 为输出量的微分方程。

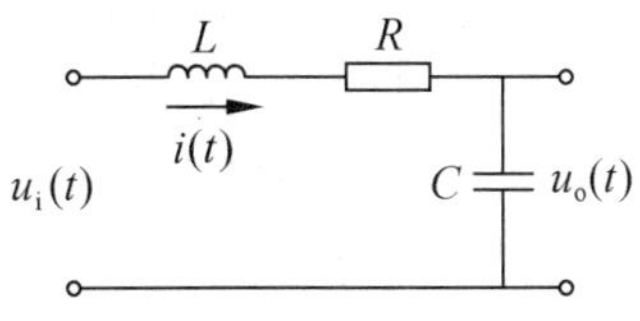

图 2.2.3　RLC 无源网络

解：假设回路电流为 $i(t)$，由基尔霍夫定律可知回路电压方程为

$$L\frac{\mathrm{d}i(t)}{\mathrm{d}t}+\frac{1}{C}\int i(t)\mathrm{d}t+Ri(t)=u_i(t)$$

$$u_o(t)=\frac{1}{C}\int i(t)\mathrm{d}t$$

消去中间变量 $i(t)$，可得该无源网络的微分方程为

$$LC\frac{\mathrm{d}^2u_o(t)}{\mathrm{d}t^2}+RC\frac{\mathrm{d}u_o(t)}{\mathrm{d}t}+u_o(t)=u_i(t) \tag{2.2.15}$$

显然，这也是一个二阶线性微分方程。

比较式（2.2.15）与式（2.2.2）可知，尽管图 2.2.1 与图 2.2.3 表示的是不同类型的两个系统，但描述这两个系统输入量与输出量之间关系的微分方程却具有相同的形式，都是二阶线性微分方程式。这里称这样两个不同的物理系统为相似系统。相似系统揭示了不同物理现象间的相似关系，因此，可以使用一个简单的系统去研究与其相似的另一个复杂系统。同时，也可以将在一个系统上得到的分析结果或实验结论推广至它的所有相似系统。这给控制理论的研究带来了很大的方便。

例 2.2.4　图 2.2.4（a）表示一有源模拟电路，其中的运算放大器经常在传感器电路中放大信号时使用。利用运算放大器构成的电路可以用来作为控制器或校正装置使用。下面将分析该电路输出电压 u_o 与输入电压 u_i 之间的关系。

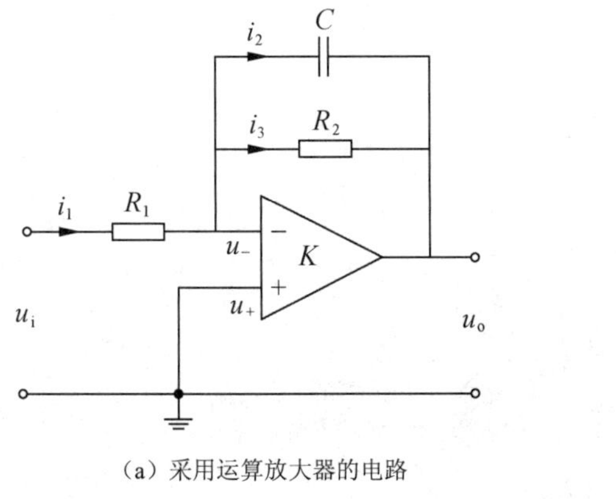

（a）采用运算放大器的电路

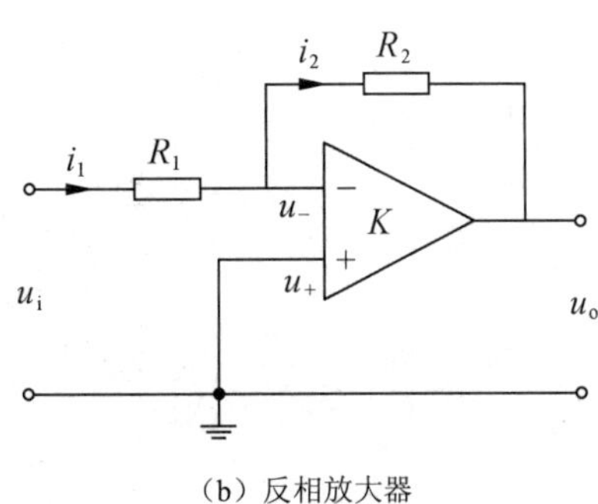

（b）反相放大器

图 2.2.4　有源电路

解：首先假设放大器为工作在线性区域的理想放大器，也就是说假设放大器的放大倍数和输入阻抗很大；输出阻抗很小。于是，对于理想放大器如图 2.2.4（b）所示，可以忽略流进放大器的电流；并且由于 $K(u_+ - u_-) = u_o$，其中 $K >> 1$，所以 $u_+ - u_-$ 必然趋近于零，即有 $u_- \approx u_+$；而对于图 2.2.4（b）的放大器有 V_+=0。

根据上述对理想放大器的讨论，对于图 2.2.4（a）所示的有源电路，有

$$i_1 = i_2 + i_3 \tag{2.2.16}$$

$$u_- = u_+ = 0 \tag{2.2.17}$$

将 $i_1 = \dfrac{u_i - u_-}{R_1}$，$i_2 = C\dfrac{d(u_- - u_o)}{dt}$，$i_3 = \dfrac{u_- - u_o}{R_2}$，式（2.2.17）代入式（2.2.16），可得到图 2.2.4（a）所示有源网络的微分方程为

$$-C\frac{du_o}{dt} - \frac{u_o}{R_2} = \frac{u_i}{R_1} \tag{2.2.18}$$

2.2.3 机电系统

电动机作为控制系统的执行机构，是机电系统的基本元件，这里作为重点进行讨论。

电动机主要分为直流电动机和交流电动机两类。直流电动机因其结构简单，易于控制，在控制系统中得到广泛使用。对于图 2.2.5（a）所示的直流电动机，控制电压既可以作用于励磁磁场两端，也可以作用于电枢两端。当励磁磁场不处于饱和状态时，气隙磁通 Φ 与励磁电流 $i_f(t)$成正比，其关系为

$$\Phi = k_f i_f(t)$$

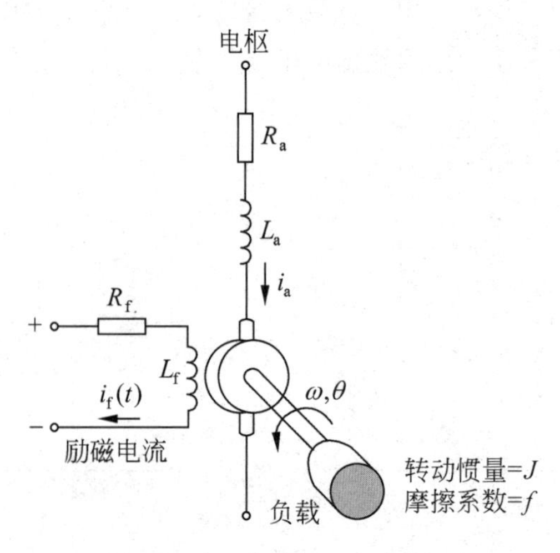

（a）电动机的线路示意图

图 2.2.5 直流电动机原理图

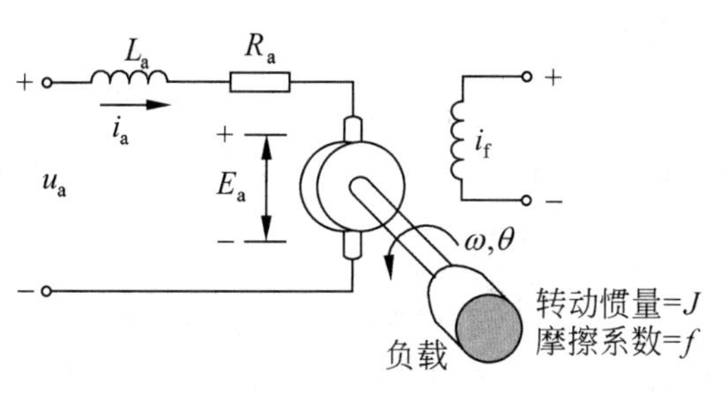

（b）电枢控制式直流电动机

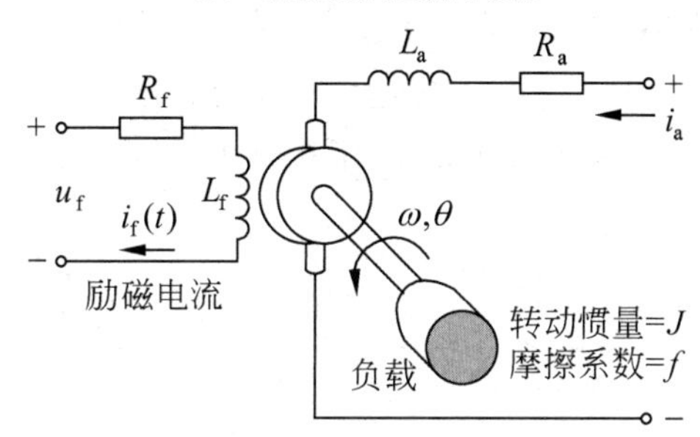

（c）磁场控制式直流电动机

图 2.2.5 （续）

当忽略电动机电刷两端的电压降落和磁滞回线等非线性因素时，可假设电动机的电磁转矩 M 与磁通 Φ 和电枢电流 $i_a(t)$ 之间为线性关系

$$M = k_1 \Phi i_a(t) = k_1 k_f i_f(t) i_a(t)$$

则当其中一个电流保持恒定时，另一个电流便成为控制量。下面分别讨论直流电动机在这两种控制方式时系统的微分方程。

例 2.2.5 电枢控制式直流电动机原理图如图 2.2.5（b）所示。试建立以电枢电压 $u_a(t)$ 为输入量，电动机转速 $\omega(t)$ 为输出量的直流电动机的微分方程。其中励磁磁通 Φ 为常数，R_a、L_a 分别是电枢回路的电阻和电感，M_c 是折合到电动机轴上的总负载转矩。

解：电动机的工作实质是将输入的电能转换为机械能。对于图 2.2.5（b）所示的电枢控制式直流电动机，其工作过程为，输入的电枢电压 $u_a(t)$ 在电枢回路中产生电枢电流 $i_a(t)$，流过电枢电流 $i_a(t)$ 的闭合线圈与磁场相互作用产生电磁转矩 $M(t)$，带动负载转动。因此，电枢控制式直流电动机的运动方程可由以下三部分组成：

电枢回路电压平衡方程

$$u_a(t) = L_a \frac{di_a(t)}{dt} + R_a i_a(t) + E_a \tag{2.2.19}$$

式中，E_a 是电枢反电势，它是电枢旋转时产生的反电势，其大小与励磁磁通及转速成正比，方向与电枢电压 $u_a(t)$ 相反，可表示为 $E_a = C_e \omega(t)$，C_e 是反电势系数。

电磁转矩方程

$$M(t)=C_{\mathrm{m}}i_{\mathrm{a}}(t) \tag{2.2.20}$$

式中，C_{m} 是电枢控制式电动机转矩系数；$M(t)$ 是电枢电流产生的电磁转矩。

电动机轴上的转矩平衡方程

$$J\frac{\mathrm{d}\omega(t)}{\mathrm{d}t}+f\omega(t)=M(t)-M_{\mathrm{c}}(t) \tag{2.2.21}$$

式中，f 是电动机和负载折合到电动机轴上的粘性摩擦系数；J 是电动机和负载折合到电动机轴上的转动惯量；$M_{\mathrm{c}}(t)$ 是扰动转矩。

根据上述推导，电枢控制式直流电动机各变量之间的关系，可以用图 2.2.6 所示的方块图来表示。方块图将在 2.2.4 节中详细讲解。

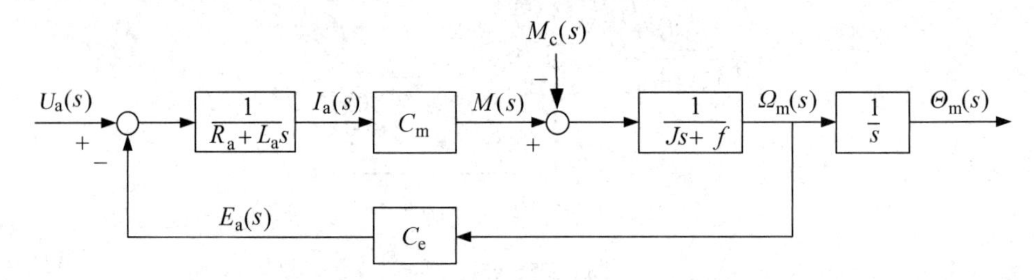

图 2.2.6　电枢控制式直流电动机方块图

联立式（2.2.19）～式（2.2.21），消去中间变量 $i_{\mathrm{a}}(t)$、E_{a} 及 $M(t)$，便可得到以 $\omega(t)$ 为输出量、$u_{\mathrm{a}}(t)$ 为输入量的电枢控制式直流电动机微分方程为

$$\begin{aligned}&L_{\mathrm{a}}J\frac{\mathrm{d}^2\omega(t)}{\mathrm{d}t^2}+\left(L_{\mathrm{a}}f+R_{\mathrm{a}}J\right)\frac{\mathrm{d}\omega(t)}{\mathrm{d}t}+\left(R_{\mathrm{a}}f+C_{\mathrm{m}}C_{\mathrm{e}}\right)\omega(t)\\&=C_{\mathrm{m}}u_{\mathrm{a}}(t)-L_{\mathrm{a}}\frac{\mathrm{d}M_{\mathrm{c}}(t)}{\mathrm{d}t}-R_{\mathrm{a}}M_{\mathrm{c}}(t)\end{aligned} \tag{2.2.22}$$

在工程应用中，由于电枢回路电感 L_{a} 较小，通常忽略不计，因而式（2.2.22）可简化为

$$T_{\mathrm{m}}\frac{\mathrm{d}\omega(t)}{\mathrm{d}t}+\omega(t)=K_1u_{\mathrm{a}}(t)-K_2M_{\mathrm{c}}(t) \tag{2.2.23}$$

式中，$T_{\mathrm{m}}=R_{\mathrm{a}}J/\left(R_{\mathrm{a}}f+C_{\mathrm{m}}C_{\mathrm{e}}\right)$ 是电动机机电时间常数，$K_1=C_{\mathrm{m}}/\left(R_{\mathrm{a}}f+C_{\mathrm{m}}C_{\mathrm{e}}\right)$，$K_2=R_{\mathrm{a}}/\left(R_{\mathrm{a}}f+C_{\mathrm{m}}C_{\mathrm{e}}\right)$ 是电动机传递系数。

如果电枢电阻 R_{a} 和电动机的转动惯量都很小，可忽略不计，并且忽略扰动转矩 $M_{\mathrm{c}}(t)$，则式（2.2.23）可进一步简化为

$$C_{\mathrm{e}}\omega(t)=u_{\mathrm{a}}(t) \tag{2.2.24}$$

这时，电动机的转速 $\omega(t)$ 与电枢电压 $u_{\mathrm{a}}(t)$ 成正比。

例 2.2.6　磁场控制式直流电动机原理图如图 2.2.5（c）所示。试建立以励磁

电压 $u_{\mathrm{f}}(t)$ 为输入量，电动机转速 $\omega(t)$ 为输出量的直流电动机的微分方程。其中电枢电流 $i_{\mathrm{a}}(t)$ 为常数。R_{f} 和 L_{f} 分别是励磁回路的电阻和电感，M_{c} 的含义与例 2.2.5 相同。

解： 与例 2.2.5 类似，磁场控制式直流电动机的运动方程也由三部分组成。

励磁回路电压平衡方程

$$u_{\mathrm{f}}(t)=L_{\mathrm{f}}\frac{\mathrm{d}i_{\mathrm{f}}(t)}{\mathrm{d}t}+R_{\mathrm{f}}i_{\mathrm{f}}(t) \tag{2.2.25}$$

电磁转矩方程

$$M(t)=k_{\mathrm{m}}i_{\mathrm{f}}(t) \tag{2.2.26}$$

式中，k_{m} 是磁场控制式电动机转矩系数；$M(t)$ 是电动机产生的电磁转矩。

电动机轴上的转矩平衡方程

$$J\frac{\mathrm{d}\omega(t)}{\mathrm{d}t}+f\omega(t)=M(t)-M_{\mathrm{c}}(t) \tag{2.2.27}$$

式中，f 、J 和 $M_{\mathrm{c}}(t)$ 的含义与例 2.2.5 相同。

联立方程（2.2.25）、（2.2.26）和（2.2.27），简化过程同例 2.2.5，可得到以 $\omega(t)$ 为输出量，$u_{\mathrm{f}}(t)$ 为输入量的磁场控制式直流电动机微分方程为

$$\begin{aligned}&L_{\mathrm{f}}J\frac{\mathrm{d}^2\omega(t)}{\mathrm{d}t^2}+\left(L_{\mathrm{f}}f+R_{\mathrm{f}}J\right)\frac{\mathrm{d}\omega(t)}{\mathrm{d}t}+R_{\mathrm{f}}f\omega(t)\\&=k_{\mathrm{m}}u_{\mathrm{f}}(t)-L_{\mathrm{f}}\frac{\mathrm{d}M_{\mathrm{c}}(t)}{\mathrm{d}t}-R_{\mathrm{f}}M_{\mathrm{c}}(t)\end{aligned} \tag{2.2.28}$$

当忽略扰动转矩 $M_{\mathrm{c}}(t)$ 时，上式可简化为

$$L_{\mathrm{f}}J\frac{\mathrm{d}^2\omega(t)}{\mathrm{d}t^2}+\left(L_{\mathrm{f}}f+R_{\mathrm{f}}J\right)\frac{\mathrm{d}\omega(t)}{\mathrm{d}t}+R_{\mathrm{f}}f\omega(t)=k_{\mathrm{m}}u_{\mathrm{f}}(t) \tag{2.2.29}$$

例 2.2.7　试建立图 2.2.7 所示速度控制系统以转速 ω 为输出量，给定电压 u_{i} 为输入量的微分方程。

解： 图 2.2.7 所示速度控制系统由给定电位器、运算放大器 I（含比较作用）、运算放大器 II（含 RC 校正网络）、功率放大器、直流电动机、测速发电机、减速器等部分组成。现分别列写各部分的微分方程。

运算放大器 I：给定电压 u_{i} 与速度反馈电压 u_{t} 在此相比较，产生偏差电压并进行放大，即

$$u_1=-K_1(u_{\mathrm{i}}-u_{\mathrm{t}})=-K_1u_{\mathrm{e}} \tag{2.2.30}$$

式中，$K_1=R_2/R_1$ 是运算放大器 I 的比例系数。

运算放大器 II：考虑 RC 校正网络，有

$$u_2=-K_2\left(\tau\frac{\mathrm{d}u_1}{\mathrm{d}t}+u_1\right) \tag{2.2.31}$$

式中，$K_2 = R_3 / R_4$ 是运算放大器Ⅱ的比例系数；$\tau = R_4 C$ 是微分时间常数。

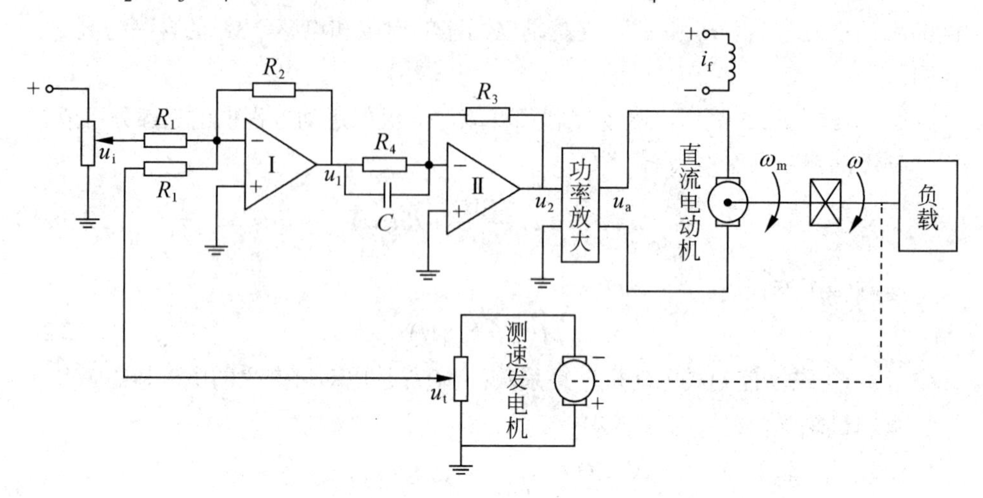

图 2.2.7　速度控制系统

功率放大器：其输入输出方程为

$$u_a = K_3 u_2 \tag{2.2.32}$$

式中，K_3 为比例系数。

直流电动机：由例 2.2.5 知电枢控制式直流电动机的微分方程为

$$T_m \frac{d\omega_m(t)}{dt} + \omega_m(t) = K_m u_a - K_c M_c \tag{2.2.33}$$

式中，T_m，K_m，K_c 和 M_c 均是考虑齿轮系和负载后，折算到电动机轴上的等效值。

齿轮系：通常，控制系统中的电动机与负载之间通过齿轮系进行运动传递以达到减速和增大力矩的目的。在图 2.2.8 所示的齿轮系中，齿轮 1 和齿轮 2 的转速、齿数和半径分别表示为ω_1，N_1，r_1 和ω_2，N_2，r_2。由于两个啮合齿轮的线速度相同，因此可得到关系式

$$\omega_1 r_1 = \omega_2 r_2 = v$$

这样，

$$\frac{\omega_1}{\omega_2} = \frac{r_2}{r_1} = \frac{N_2}{N_1} = n$$

同理，转角

$$\frac{\theta_1}{\theta_2} = \frac{\omega_1}{\omega_2} = \frac{N_2}{N_1}$$

对于图 2.2.7 所示的系统，设齿轮系的速比为 $K' = \dfrac{N_2}{N_1}$，则有

$$\omega = \frac{1}{K'} \omega_m \tag{2.2.34}$$

测速发电机：测速发电机的输出电压u_t与其转速ω成正比，即

$$u_t = K_t\omega \tag{2.2.35}$$

式中，K_t是测速发电机比例系数。

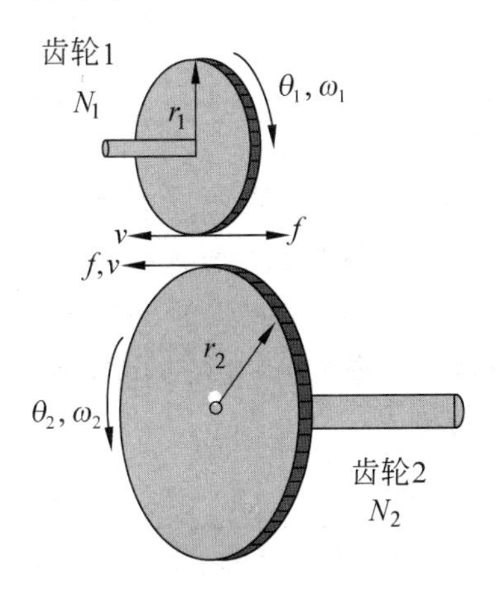

图 2.2.8　齿轮系

联立上述各方程，消去中间变量u_t，u_1，u_2，u_a和ω_m，便可得到该速度控制系统的微分方程为

$$T_m'\frac{d\omega}{dt} + \omega = K_g'\frac{du_i}{dt} + K_g u_i - K_c' M_c \tag{2.2.36}$$

式中，$T_m' = (K'T_m + K_1K_2K_3K_mK_t\tau)/(K' + K_1K_2K_3K_mK_t)$；

$K_g' = K_1K_2K_3K_m\tau/(K' + K_1K_2K_3K_mK_t)$；

$K_g = K_1K_2K_3K_m/(K' + K_1K_2K_3K_mK_t)$；

$K_c' = K_c/(K' + K_1K_2K_3K_mK_t)$。

2.3　传递函数

前面曾经提到，在建立系统的数学模型时，经常要在模型的精度和复杂程度之间进行折衷。模型的精确程度越高，描述系统的微分方程的阶数就越高，相对应的求解过程也就越复杂。拉普拉斯变换可以将时域中的微分方程变换为复频域中的代数方程，从而可以简化微分方程的求解过程。这种复频域的输入输出关系的数学模型就是传递函数。

2.3.1　传递函数定义

传递函数定义为：零初始条件下，系统输出量的拉普拉斯变换与输入量的拉

普拉斯变换之比。

通常线性定常系统由下述 n 阶线性微分方程描述：

$$a_n \frac{\mathrm{d}^n y(t)}{\mathrm{d}t^n} + a_{n-1} \frac{\mathrm{d}^{n-1} y(t)}{\mathrm{d}t^{n-1}} + \cdots + a_1 \frac{\mathrm{d}y(t)}{\mathrm{d}t} + a_0 y(t)$$

$$= b_m \frac{\mathrm{d}^m r(t)}{\mathrm{d}t^m} + b_{m-1} \frac{\mathrm{d}^{m-1} r(t)}{\mathrm{d}t^{m-1}} + \cdots + b_1 \frac{\mathrm{d}r(t)}{\mathrm{d}t} + b_0 r(t) \tag{2.3.1}$$

式中，$y(t)$ 表示系统输出量；$r(t)$ 表示系统输入量；$a_i (i = 0, 1, 2, \cdots, n)$ 和 $b_j (j = 0, 1, 2, \cdots, m)$ 是与系统结构和参数有关的常系数。

在零初始条件下，即 $y(t)$，$r(t)$ 及其各阶导数在 $t = 0$ 时的值均为零，对方程（2.3.1）进行拉普拉斯变换，并令 $Y(s) = L[y(t)]$，$R(s) = L[r(t)]$，则由定义可得线性定常系统的传递函数为

$$G(s) = \frac{Y(s)}{R(s)} = \frac{b_m s^m + b_{m-1} s^{m-1} + \cdots + b_1 s + b_0}{a_n s^n + a_{n-1} s^{n-1} + \cdots + a_1 s + a_0} \tag{2.3.2}$$

对于传递函数有以下几点说明：

（1）传递函数只适用于描述线性定常系统。

（2）传递函数是在初始条件为零时定义的。控制系统的初始条件为零有两个含义：一是指输入量是在时间 $t = 0^-$ 以后才开始作用于系统的。因此，系统输入量及其各阶导数在 $t = 0^-$ 时的值均为零；二是指输入量作用于系统之前，系统是相对静止的。因此，系统输出量及其各阶导数在 $t = 0^-$ 时的值也均为零。实际的控制系统多属于此类情况。

（3）传递函数是复变量 $s(s = \sigma + \mathrm{j}\omega)$ 的有理真分式函数，它具有复变函数的所有性质。其分子和分母多项式的系数均为实数，且都是由系统的物理参数决定的。分子多项式的阶次 m 也总是低于或等于分母多项式的阶次 n，即 $n \geqslant m$。这是因为系统（或元部件）具有惯性的缘故。

（4）传递函数是描述系统（或元部件）动态特性的一种数学表达式，它只取决于系统（或元部件）的结构和参数，而与系统（或元部件）的输入量和输出量的形式和大小无关。并且传递函数只反映系统的动态特性，而不反映系统物理性能上的差异。对于物理性质截然不同的系统，只要它们的动态特性相同（如相似系统），其传递函数就具有相同的形式。

（5）传递函数的拉普拉斯反变换是系统的脉冲响应 $g(t)$。推导如下：

脉冲响应是在零初始条件下，线性系统对理想的单位脉冲输入信号的输出响应。此时，输入量 $R(s) = L[\delta(t)] = 1$，所以其脉冲响应

$$g(t) = L^{-1}[Y(s)] = L^{-1}[G(s) \cdot R(s)] = L^{-1}[G(s)]$$

通常，在已知系统的脉冲响应的情况下，可以根据拉普拉斯变换的卷积定理求出系统的输出

$$\begin{aligned} y(t) &= L^{-1}\left[Y(s)\right] = L^{-1}\left[G(s)\cdot R(s)\right] \\ &= \int_0^t r(\tau)\cdot g(t-\tau)\mathrm{d}\tau \\ &= \int_0^t r(t-\tau)\cdot g(\tau)\mathrm{d}\tau \end{aligned} \tag{2.3.3}$$

（6）可以将式（2.3.2）所示的传递函数表示为零、极点和时间常数形式的传递函数。

式（2.3.2）中的传递函数的分子和分母多项式经因式分解后可表示为

$$G(s) = \frac{b_m(s+z_1)(s+z_2)\cdots(s+z_m)}{a_n(s+p_1)(s+p_2)\cdots(s+p_n)} = K^* \frac{\prod_{i=1}^{m}(s+z_i)}{\prod_{j=1}^{n}(s+p_j)} \tag{2.3.4}$$

其中，$-z_i(i=1,\ 2,\ \cdots,\ m)$ 是分子多项式的零点，被称为传递函数的零点；$-p_j(j=1,2,\ \cdots,\ n)$ 是分母多项式的零点，被称为传递函数的极点；而 $K^*=\dfrac{b_m}{a_n}$ 被称为系统的根轨迹增益。这种用零点和极点表示的传递函数在根轨迹中使用较多。传递函数的零点和极点可同时表示在复平面上，通常用符号“ o ”表示传递函数的零点，用符号“×”表示传递函数的极点。假设传递函数为

$$G(s) = \frac{k(s+2)(s+3)}{s(s+4)^2(s^2+2s+2)}$$

其在复平面上零、极点的分布情况如图 2.3.1 所示。

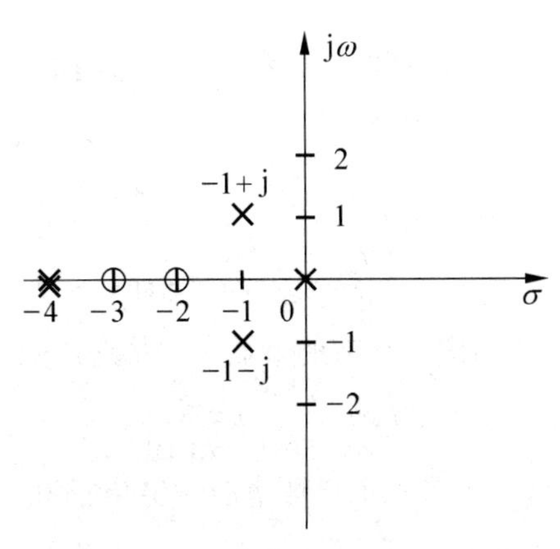

图 2.3.1 传递函数的零、极点分布图

式（2.3.2）中的传递函数的分子和分母多项式经因式分解后还可表示为

$$G(s)=\frac{K(\tau_1 s+1)(\tau_2^2 s^2+2\zeta\tau_2 s+1)\cdots(\tau_i s+1)}{(T_1 s+1)(T_2^2 s^2+2\zeta T_2 s+1)\cdots(T_j s+1)} \tag{2.3.5}$$

其中，一次因子对应于实数零、极点，二次因子对应于共轭复数零、极点，将 τ_i 和 T_j 称为时间常数，$K=\dfrac{b_0}{a_0}=K^*\cdot\dfrac{\prod_{i=1}^{m}(+z_i)}{\prod_{j=1}^{n}(+p_j)}$ 称为开环增益。传递函数的这种时间常数表示形式在频域分析法中使用较多。

2.3.2 典型环节传递函数

控制系统是由各种元部件相互连接组成的。虽然不同的控制系统所用的元部件都各不相同，如机械的、电子的、液压的、气压的和光电的等，但描述系统动态特性的传递函数均可表示为式（2.3.2）。为了方便控制系统的分析和设计，常常将一个系统的传递函数分解成由若干个与实际构成该系统的元部件所对应的传递函数相乘的形式。其实，这些典型的元部件就是构成系统的一些基本环节，它们在系统的分析和设计中起着重要的作用。概括起来，这些典型环节有比例环节、惯性环节、积分环节、微分环节、振荡环节和滞后环节。

1. 比例环节

比例环节（又称放大环节）的输出量与输入量成比例关系，即

$$y(t)=Kr(t)$$

其传递函数为

$$G(s)=\frac{Y(s)}{R(s)}=K \tag{2.3.6}$$

如例 2.2.7 中，所使用的运算放大器和齿轮变速箱都可看作比例环节。

2. 惯性环节

惯性环节的微分方程为

$$T\frac{\mathrm{d}y(t)}{\mathrm{d}t}+y(t)=Kr(t) \tag{2.3.7}$$

式中，T 为时间常数；K 为惯性环节的增益。其传递函数为

$$G(s)=\frac{Y(s)}{R(s)}=\frac{K}{Ts+1} \tag{2.3.8}$$

当输入信号 $r(t)=1(t)$ [①]时，不难求出该环节的输出响应为

注：① 符号 1(t)表示单位阶跃函数，其定义为

$$1(t)=\begin{cases}0, & t<0\\ 1, & t\geqslant 0\end{cases}$$

$$y(t)=K\left(1-\mathrm{e}^{-t/T}\right) \tag{2.3.9}$$

由图 2.3.2 可以看出，当输入信号由 0 突变到 1 时，输出信号不能立即响应，而是逐渐增大。这是因为惯性环节中含有储能元件的缘故。

由式（2.2.18）和式（2.2.23）可知，例 2.2.4 中的有源电路以及例 2.2.5 中的电枢控制直流电动机当忽略电枢回路的电感时，都可看作惯性环节。

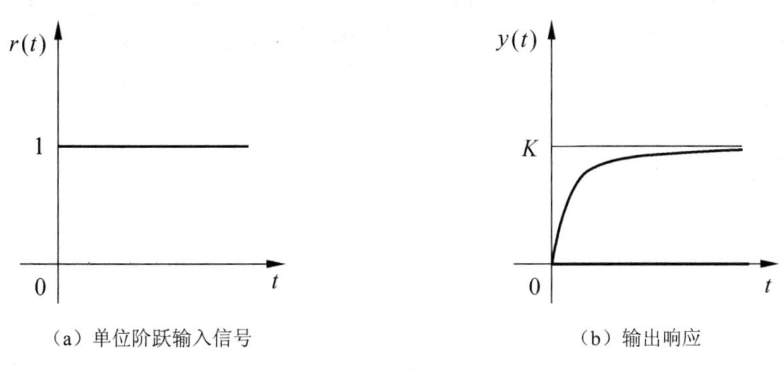

（a）单位阶跃输入信号　　（b）输出响应

图 2.3.2　惯性环节的输入和输出

3．积分环节

积分环节的微分方程为

$$y(t)=\frac{1}{T}\int_0^t r(\tau)\mathrm{d}\tau \tag{2.3.10}$$

其传递函数为

$$G(s)=\frac{1}{Ts}=\frac{K}{s} \tag{2.3.11}$$

式中，T 称为积分时间常数；K 称为积分环节增益。当 $r(t)=1(t)$ 时，由式（2.3.10）得

$$y(t)=t/T\,,\qquad t>0$$

其单位阶跃响应如图 2.3.3 所示。由图可知，当有输入信号作用时，积分环节的单位阶跃响应随时间线性增长，增长的速度取决于增益 $K=\dfrac{1}{T}$，并且 K 越大（积分时间常数越小），增长得越快。当输入信号突然移去后，输出量维持在原值上不变，这说明积分环节具有记忆功能。

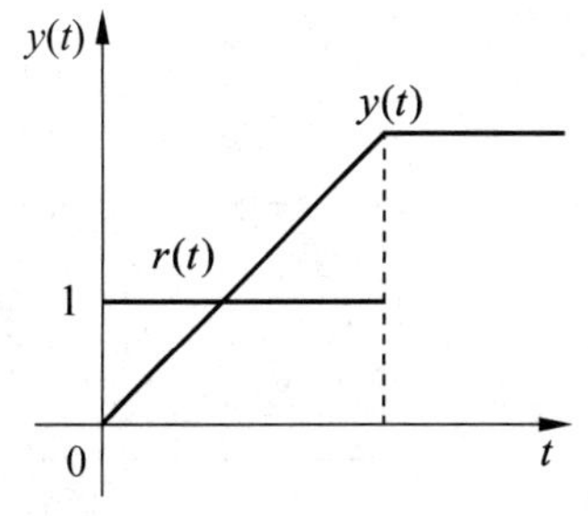

图 2.3.3　积分环节的单位阶跃响应

对于例 2.2.5 中的电枢控制式直流电动机，由式（2.2.24）知

$$C_{\mathrm{e}}\omega=u_{\mathrm{a}}(t)$$

将 $\omega = \dfrac{\mathrm{d}\theta}{\mathrm{d}t}$ 代入得

$$C_\mathrm{e}\frac{\mathrm{d}\theta}{\mathrm{d}t} = u_\mathrm{a}(t) \tag{2.3.12}$$

因此，例 2.2.5 中的电枢控制式直流电动机，当忽略电枢回路电感 L_a 和电阻 R_a 以及电动机转动惯量时，如果将电动机转角作为输出量，那么，系统的输出量与输入量电枢电压之间就具有积分关系，此时，直流电动机可看作积分环节。

4．微分环节

理想的纯微分环节的微分方程为

$$y(t) = \tau\frac{\mathrm{d}r(t)}{\mathrm{d}t} \tag{2.3.13}$$

其传递函数为

$$G(s) = \tau s \tag{2.3.14}$$

式中，τ 为微分时间常数。

理想的一阶和二阶微分环节的传递函数分别为

$$G(s) = 1 + \tau s \tag{2.3.15}$$

和

$$G(s) = 1 + 2\zeta\tau s + \tau^2 s^2 \tag{2.3.16}$$

当 $r(t) = 1(t)$ 时，由式（2.3.13）可知

$$y(t) = \tau \cdot \delta(t)$$

它是一个幅值为无穷大而时间宽度为零的理想脉冲信号。

在实际物理系统中，上述这些理想的微分环节是不存在的。实际的微分环节可由图 2.3.4 所示的 RC 电路代替。图 2.3.4（a）所示的 RC 电路的传递函数为

$$G(s) = \frac{RCs}{RCs + 1}$$

当 $RC \ll 1$ 时，则有 $G(s) \approx RCs$ 。

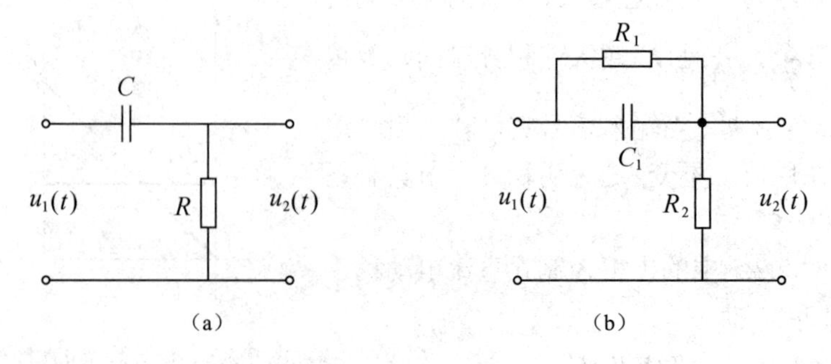

图 2.3.4 实际微分环节

图 2.3.4（b）所示的 RC 电路的传递函数为

$$G(s)=\frac{K(\tau_1 s+1)}{\tau_2 s+1}$$

式中，$K=\frac{R_2}{R_1+R_2}$ 为 RC 电路增益，$\tau_1=R_1C_1$ 和 $\tau_2=\frac{R_1R_2}{R_1+R_2}C_1$ 为时间常数。当 $\tau_2<<1$ 时，则有

$$G(s)=K(\tau_1 s+1)$$

5．振荡环节

振荡环节的微分方程为

$$T^2\frac{\mathrm{d}^2y(t)}{\mathrm{d}t^2}+2\zeta T\frac{\mathrm{d}y(t)}{\mathrm{d}t}+y(t)=r(t) \tag{2.3.17}$$

其传递函数为

$$G(s)=\frac{1}{T^2s^2+2\zeta Ts+1}=\frac{\omega_\mathrm{n}^2}{s^2+2\zeta\omega_\mathrm{n}s+\omega_\mathrm{n}^2} \tag{2.3.18}$$

式中，T 为时间常数；ζ 为阻尼比；$\omega_\mathrm{n}=\frac{1}{T}$ 为无阻尼振荡频率。

由式（2.2.2）和式（2.2.15）知，例 2.2.1 中的质量、弹簧、阻尼器系统和例 2.2.3 中的 RLC 无源网络都属于振荡环节。它们的共同特点是都具有两个储能元件。

6．滞后环节

滞后环节又称为延迟环节。滞后环节的特点是它的输出要经过一段时间的延时后才能复现输入信号，即

$$y(t)=r(t-\tau)$$

式中，τ 称为滞后时间。其传递函数为

$$G(s)=\mathrm{e}^{-\tau s} \tag{2.3.19}$$

很多系统都含有滞后环节。例如工业加热炉系统中就含有滞后环节。

2.3.3　举例说明建立传递函数的方法

例 2.3.1　重新考虑例 2.2.5 中的电枢控制式直流电动机，试建立以电枢控制电压 $u_\mathrm{a}(t)$ 为输入量、电动机转角 θ 为输出量的传递函数。

解： 在例 2.2.5 中，已给出各部分的微分方程如下

$$u_\mathrm{a}(t)=L_\mathrm{a}\frac{\mathrm{d}i_\mathrm{a}(t)}{\mathrm{d}t}+R_\mathrm{a}i_\mathrm{a}(t)+E_\mathrm{a}$$

$$E_\mathrm{a}=C_\mathrm{e}\omega(t)$$

$$M(t)=C_{m}i_{a}(t)$$

$$J\frac{d\omega(t)}{dt}+f\omega(t)=M(t)-M_{c}(t)$$

而电动机转角θ 与转速 ω之间的关系为

$$\omega(t)=\frac{d\theta(t)}{dt}$$

分别对上述五个微分方程式进行拉普拉斯变换，并令所有变量的初始条件为零，有

$$U_{a}(s)=L_{a}sI_{a}(s)+R_{a}I_{a}(s)+E_{a} \tag{2.3.20}$$

$$E_{a}=C_{e}\omega(s) \tag{2.3.21}$$

$$M(s)=C_{m}I_{a}(s) \tag{2.3.22}$$

$$Js\omega(s)+f\omega(s)=M(s)-M_{c}(s) \tag{2.3.23}$$

$$\omega(s)=s\theta(s) \tag{2.3.24}$$

在上述五个代数方程中消去中间变量$I_{a}(s)$，E_{a}，$M(s)$和$\omega(s)$，便可得到当扰动$M_{c}(t)$为零时的传递函数

$$G(s)=\frac{\theta(s)}{U_{a}(s)}=\frac{C_{m}}{s[(L_{a}s+R_{a})(Js+f)+C_{e}C_{m}]} \tag{2.3.25}$$

对于许多直流电动机，电枢时间常数$\tau_{a}=L_{a}/R_{a}$都可以忽略不计，因此有

$$G(s)=\frac{\theta(s)}{U_{a}(s)}=\frac{C_{m}}{s[R_{a}(Js+f)+C_{e}C_{m}]}=\frac{K_{1}}{s(T_{m}s+1)}$$

式中K_{1}和T_{m}的含义见例2.2.5。

如果电枢电阻R_{a}和电动机的转动惯量都很小，可以忽略不计时，则上述方程可简化为

$$G(s)=\frac{K_{1}}{s} \tag{2.3.26}$$

这时，可将直流电动机看作积分环节。

例2.3.2 重新考虑例2.2.6中的磁场控制式直流电动机，试建立以励磁电压$u_{f}(t)$为输入量，电动机转角θ为输出量的传递函数。

解：在例2.2.6中，已给出各部分的微分方程，现重写如下：

$$u_{f}(t)=L_{f}\frac{di_{f}(t)}{dt}+R_{f}i_{f}(t)$$

$$M(t)=k_{m}i_{f}(t)$$

$$J\frac{d\omega(t)}{dt}+f\omega(t)=M(t)-M_{c}(t)$$

而电动机转角θ 与角速度 ω 有如下关系

$$\omega(t) = \frac{\mathrm{d}\theta(t)}{\mathrm{d}t}$$

与例 2.3.1 相同，分别对上述四个方程进行拉普拉斯变换，令所有变量的初始条件为零，并对所得到的代数方程进行简化，最后可得到当扰动 $M_{\mathrm{c}}(t)$ 为零时的传递函数为

$$G(s) = \frac{\theta(s)}{U_{\mathrm{f}}(s)} = \frac{k_{\mathrm{m}}}{s(L_{\mathrm{f}}s + R_{\mathrm{f}})(Js + f)} = \frac{k'_{\mathrm{m}}}{s(T_{\mathrm{m}}s + 1)(T_{\mathrm{f}}s + 1)} \tag{2.3.27}$$

其中，$T_{\mathrm{m}} = \dfrac{J}{f}$ 和 $T_{\mathrm{f}} = \dfrac{L_{\mathrm{f}}}{R_{\mathrm{f}}}$ 分别为磁场控制式直流电动机的惯性摩擦元件和励磁回路的时间常数；$k'_{\mathrm{m}} = \dfrac{k_{\mathrm{m}}}{R_{\mathrm{f}} \cdot f}$ 为电动机的放大系数。

通常，励磁绕组的电感 L_{f} 不能忽略不计，因此磁场控制式直流电动机的传递函数是三阶的。

例 2.3.3　重新考虑例 2.2.2 中的倒立摆系统，试建立该系统的传递函数。

解：在例 2.2.2 中已得到描述倒立摆系统运动的微分方程式为

$$(M + m)\ddot{x} + m\ell\ddot{\theta} = u$$

$$(I + m\ell^2)\ddot{\theta} + m\ell\ddot{x} = mg\ell\theta$$

分别对上述两个微分方程进行拉普拉斯变换，并令所有变量的初始条件为零，可得

$$(M + m)s^2X(s) + m\ell s^2\theta(s) = U(s) \tag{2.3.28}$$

$$(I + m\ell^2)s^2\theta(s) + m\ell s^2X(s) = mg\ell\theta(s) \tag{2.3.29}$$

联立代数方程式（2.3.28）和式（2.3.29），消去中间变量 $X(s)$，可得倒立摆系统的传递函数为

$$G(s) = \frac{\theta(s)}{U(s)} = \frac{-\dfrac{m\ell}{M + m}}{\left[\left(I + m\ell^2\right) - \dfrac{m^2\ell^2}{M + m}\right]s^2 - mg\ell} \tag{2.3.30}$$

例 2.3.4　倒立摆系统如图 2.3.5 所示，试建立该系统的传递函数。

解：在图 2.3.5 所示的倒立摆系统中，假设摆杆质量可以忽略不计，系统的质量集中在杆的顶端，因此重心就是摆球的中心。对于这种情况，倒立摆围绕其重心的转动惯量很小，因此可假设式（2.3.30）中 $I = 0$。当 $m \ll M$ 时，根据式（2.3.30）可得到图 2.3.5 所示的倒立摆系统的传递函数为

$$G(s)=\frac{\theta(s)}{U(s)}=\frac{-1}{M\ell s^2-\left(M+m\right)g} \tag{2.3.31}$$

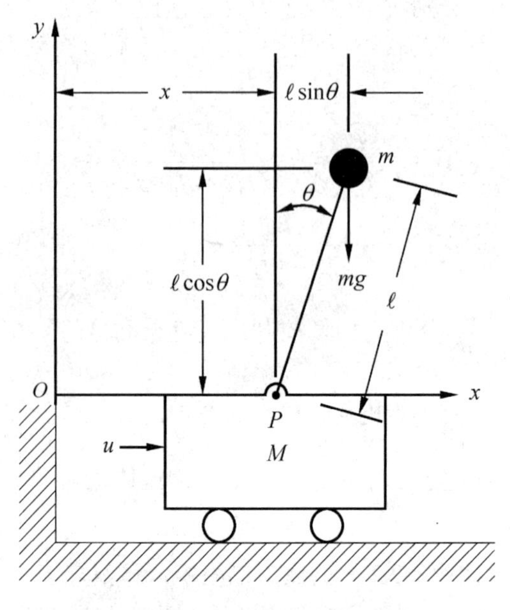

图 2.3.5　倒立摆系统

例 2.3.5　比例、积分、微分（亦即 PID）控制器如图 2.3.6 所示，试建立该控制器的传递函数。

解：在图 2.3.6 中，假设运算放大器为理想放大器，于是有

$$\frac{U(s)}{U_{\mathrm{i}}(s)}=-\frac{Z_2}{Z_1}$$

其中，$Z_1=\dfrac{R_1}{1+R_1C_1s}$，$Z_2=\dfrac{1+R_2C_2s}{C_2s}$。因此，有

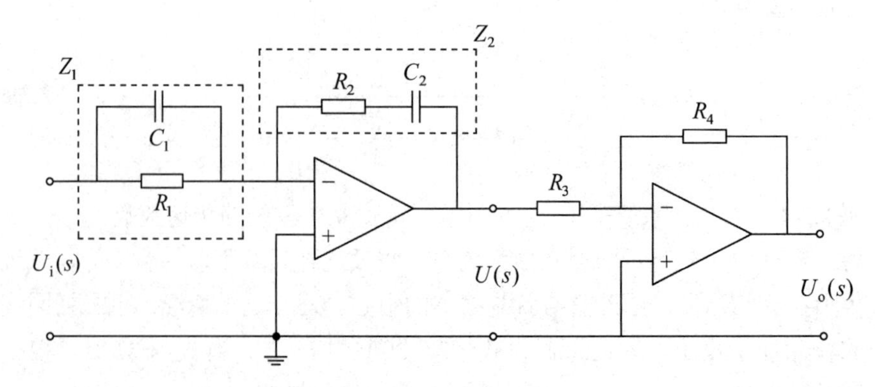

图 2.3.6　PID 控制器

$$\frac{U(s)}{U_i(s)}=-\left(\frac{1+R_2C_2s}{C_2s}\right)\left(\frac{1+R_1C_1s}{R_1}\right)$$

由图 2.3.6 可知

$$\frac{U_o(s)}{U(s)}=-\frac{R_4}{R_3}$$

由此可得 PID 控制器的传递函数为

$$\begin{aligned}G(s)&=\frac{U_o(s)}{U_i(s)}=\frac{U_o(s)}{U(s)}\cdot\frac{U(s)}{U_i(s)}=\frac{R_2R_4}{R_3R_1}\frac{(1+R_2C_2s)(1+R_1C_1s)}{R_2C_2s}\\&=K_p\left(1+\frac{T_i}{s}+T_ds\right)\end{aligned}\tag{2.3.32}$$

式中，$K_p=\dfrac{R_4\left(R_1C_1+R_2C_2\right)}{R_3R_1C_2}$被称为比例增益；$T_i=\dfrac{1}{R_1C_1+R_2C_2}$被称为积分时间常数；$T_d=\dfrac{R_1C_1R_2C_2}{R_1C_1+R_2C_2}$被称为微分时间常数。PID 控制器的传递函数还可表示为

$$G(s)=\frac{U_o(s)}{U_i(s)}=K_p+\frac{K_i}{s}+K_ds\tag{2.3.33}$$

此时，K_p、K_i、K_d分别为比例增益、积分增益、微分增益。

例 2.3.6　重新考虑例 1.4.2 中的导弹航向控制系统。试建立以陀螺仪角度θ_i为输入量，导弹机体航向角度θ_o为输出量的系统传递函数。

解：将图 1.4.2（b）所示的导弹航向控制系统的原理方块图重新绘于图 2.3.7，假设环节G_1、G_2、G_3、G_4以及G_6、G_7、G_8均为比例环节，其传递函数分别为k_1、k_2、k_3、k_4以及k_6、k_7、k_8；电动机为磁场控制方式，则根据例 2.3.2 可知，电动机的传递函数为

$$G_5(s)=\frac{\alpha_o(s)}{U_g(s)}=\frac{k_m'}{s(T_ms+1)(T_fs+1)}\tag{2.3.34}$$

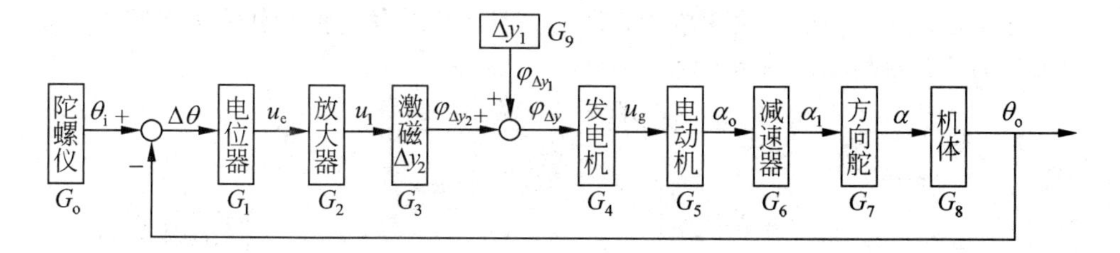

图 2.3.7　导弹航向控制系统原理方块图

由方块图 2.3.7 知，从偏差角度$\Delta\theta(s)$到导弹机体航向角度θ_o之间的传递函数为

$$G'(s)=\frac{\theta_{\mathrm{o}}(s)}{\Delta\theta(s)}=\frac{k_1k_2k_3k_4k'_{\mathrm{m}}k_6k_7k_8}{s(T_{\mathrm{m}}s+1)(T_{\mathrm{f}}s+1)}$$

$$=\frac{k}{s(T_{\mathrm{m}}s+1)(T_{\mathrm{f}}s+1)} \tag{2.3.35}$$

其中，$k=k_1k_2k_3k_4k'_{\mathrm{m}}k_6k_7k_8$。根据关系式

$$\Delta\theta(s)=\theta_{\mathrm{i}}(s)-\theta_{\mathrm{o}}(s) \tag{2.3.36}$$

将式（2.3.35）中的关系 $\Delta\theta(s)=\dfrac{\theta_{\mathrm{o}}(s)}{G'(s)}$ 代入式（2.3.36），可得

$$\left[\theta_{\mathrm{i}}(s)-\theta_{\mathrm{o}}(s)\right]G'(s)=\theta_{\mathrm{o}}(s)$$

整理后得

$$\theta_{\mathrm{o}}(s)=\frac{G'(s)}{1+G'(s)}\theta_{\mathrm{i}}(s)$$

由此可得出导弹航向控制系统的传递函数为

$$G(s)=\frac{\theta_{\mathrm{o}}(s)}{\theta_{\mathrm{i}}(s)}=\frac{G'(s)}{1+G'(s)}=\frac{k}{s(T_{\mathrm{m}}s+1)(T_{\mathrm{f}}s+1)+k}$$

2.4 方块图

控制系统的方块图是描述系统各元部件之间信号传递关系的数学图示模型，它表示系统中各变量之间的因果关系以及对各变量所进行的运算，是控制理论中描述复杂系统的一种简便方法。它不仅适用于线性，也适用于非线性系统。

2.4.1 方块图的组成和绘制

方块图由信号线、分支点、相加点和方块图单元组成，如图 2.4.1 所示。

图 2.4.1（d）中的方块图单元表示对信号进行数学变换，其输出量等于方块图单元的输入量与传递函数的乘积，即

$$X_2=G(s)X_1$$

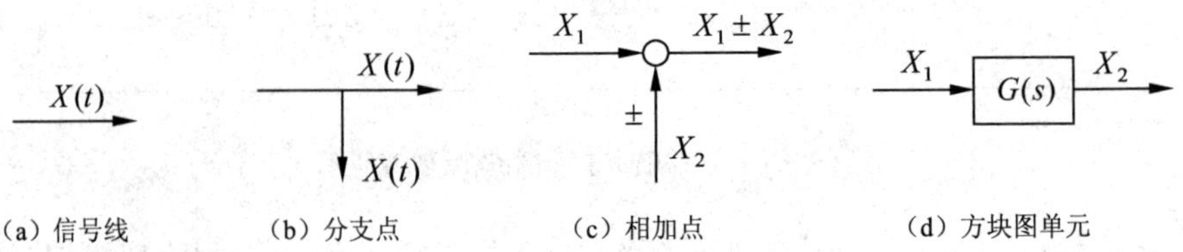

（a）信号线　（b）分支点　（c）相加点　（d）方块图单元

图 2.4.1　方块图的基本组成单元

作为例子，图 2.4.2（a）给出了闭环控制系统的方块图，图 2.4.2（b）为单位反馈系统的方块图。其中，$G(s)$ 表示前向通道传递函数，$H(s)$ 表示反馈通道传递函数。

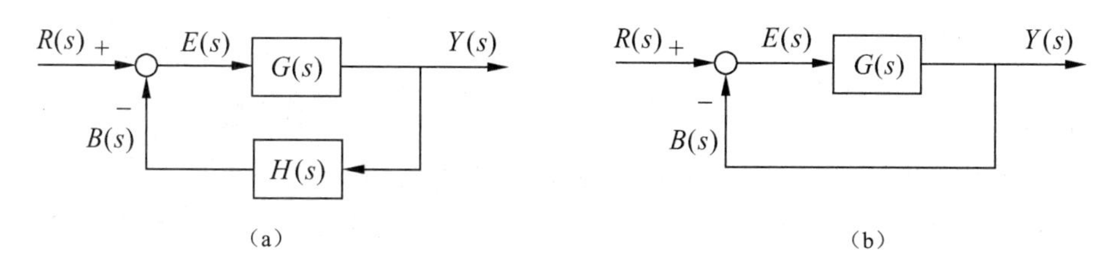

图 2.4.2　闭环控制系统方块图

在绘制控制系统方块图时，首先应分别建立系统各元部件的微分方程式和传递函数，将它们用方块图单元表示出来；然后，根据各元部件的信号流向，用信号线依次将各方块图单元连接起来，便可得到系统的方块图。

系统的方块图实质上就是系统的原理结构图与其各元部件数学方程的结合，因此它既补充了原理结构图所缺少的定量描述，又避免了纯数学表示的抽象运算。而且从方块图上还可以直观地了解各元部件的相互关系及其在系统中所起的作用。

在许多控制系统中，元部件之间存在着负载效应。因此，在绘制系统方块图时，应考虑这种元部件之间的负载效应。如图 2.4.3（a）所示，两个 RC 电路直接连接在一起，在这种情况下，第二级电路（R_2C_2 部分）将对第一级（R_1C_1 部分）产生负载效应。假定初始条件为零，该系统的回路方程为

$$U_{\mathrm{i}}(s)=R_1I_1(s)+\frac{1}{C_1s}\left[I_1(s)-I_2(s)\right] \tag{2.4.1}$$

$$\frac{1}{C_1s}\left[I_1(s)-I_2(s)\right]=R_2I_2(s)+\frac{1}{C_2s}I_2(s) \tag{2.4.2}$$

$$\frac{1}{C_2s}I_2(s)=U_{\mathrm{o}}(s) \tag{2.4.3}$$

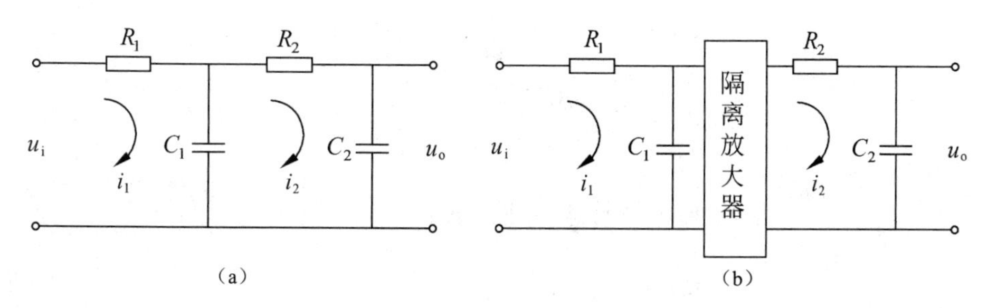

图 2.4.3　电路系统

从式（2.4.1）～式（2.4.3）中消去中间变量 $I_1(s)$ 和 $I_2(s)$，可得传递函数为

$$\frac{U_o(s)}{U_i(s)}=\frac{1}{(1+R_1C_1s)(1+R_2C_2s)+R_1C_2s} \tag{2.4.4}$$

由式（2.4.4）可知，图 2.4.3（a）所示电路系统的传递函数，并不等于图 2.4.3（b）中所示两个 RC 电路串联连接时的传递函数 $\dfrac{1}{(1+R_1C_1s)(1+R_2C_2s)}$。这是因为当我们推导图 2.4.3（b）中所示的带隔离电路的两个 RC 网络传递函数时，无形中假设了第一级 RC 电路是无负载的，即假设了负载阻抗为无穷大，在第一级 RC 电路输出端上没有能量被损耗。但是，对于图 2.4.3（a）所示的电路系统，当第二个 RC 电路直接连接到第一个 RC 电路的输出端时，就会有一部分能量被损耗，从而使第一级电路无负载这种假设不成立。因此，只有当元件的输出不受其后的元件的影响时，在方块图中才能够把它们直接串联连接起来。

下面举例说明系统方块图的绘制方法。

例 2.4.1 RLC 电路系统如图 2.4.4 所示，试绘制以电压 $u_i(t)$ 为输入，电压 $u_o(t)$ 为输出的系统方块图。

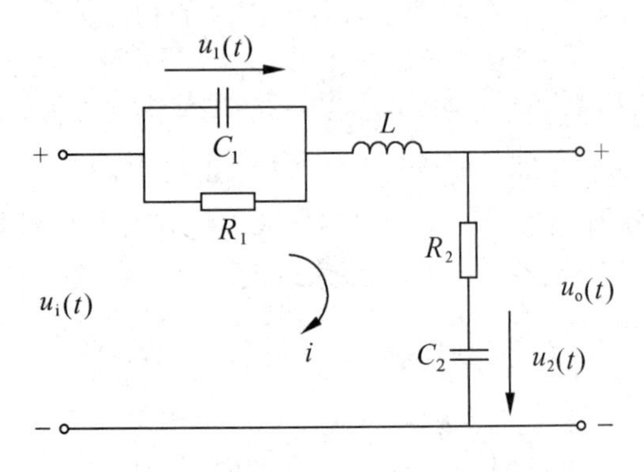

图 2.4.4 电路系统

解：由基尔霍夫电压和电流定律可知，该电路系统的微分方程式为

$$u_i(t)=u_1(t)+L\frac{\mathrm{d}i(t)}{\mathrm{d}t}+R_2i(t)+u_2(t) \tag{2.4.5}$$

$$i(t)=C_1\frac{\mathrm{d}u_1(t)}{\mathrm{d}t}+\frac{u_1(t)}{R_1} \tag{2.4.6}$$

$$u_2(t)=\frac{1}{C_2}\int i(t)\mathrm{d}t \tag{2.4.7}$$

$$u_o(t)=R_2i(t)+u_2(t) \tag{2.4.8}$$

假设所有变量的初始条件为零，对上述方程组进行拉普拉斯变换，整理后可得到

$$I(s)=\frac{1}{Ls+R_2}\left[U_i(s)-U_1(s)-U_2(s)\right] \tag{2.4.9}$$

$$U_1(s)=\frac{R_1}{1+R_1C_1s}I(s) \tag{2.4.10}$$

$$U_2(s)=\frac{1}{C_2s}I(s) \tag{2.4.11}$$

$$U_o(s)=R_2I(s)+U_2(s) \tag{2.4.12}$$

与上述各方程对应的方块图单元如图 2.4.5 所示。按照各变量间的关系将各元部件的方块图单元连接起来，便可得到该电路系统的方块图如图 2.4.6 所示。

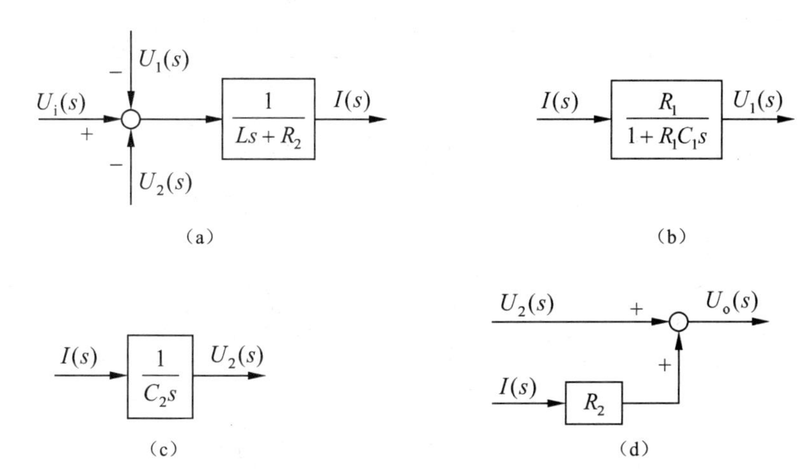

图 2.4.5　各元部件的方块图

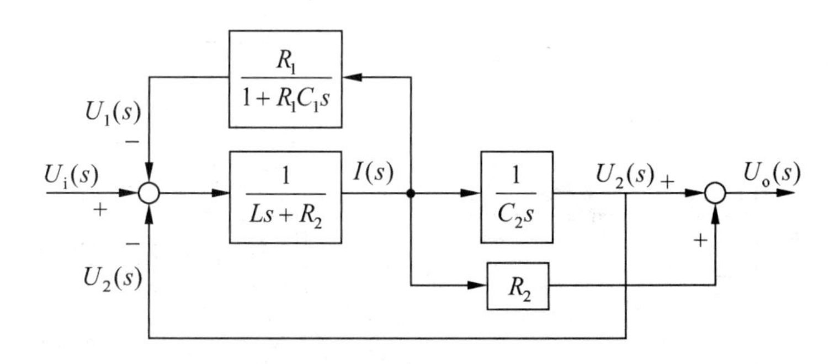

图 2.4.6　图 2.4.4 所示电路系统的方块图

2.4.2　方块图简化

通常，可以按照方块图的简化规则对控制系统方块图进行简化，将多回路的复杂结构的方块图简化为结构简单的方块图。由于传递函数是线性系统的数学描

述，它满足结合律。因此当两个方块图单元串联连接时（如表 2.4.1 第 1 项所示），各变量之间的关系可表示为

$$X_3(s)=G_2(s)X_2(s)=G_2(s)G_1(s)X_1(s)$$

表 2.4.1 给出了进行方块图简化的基本规则，它们是通过有关变量的代数方程运算推导出来的，满足变换前后其输出量与输入量间的传递函数保持不变的原则。例如，图 2.4.2（a）所示的闭环控制系统方块图（见表 2.4.1 中第 7 项），偏差信号 $E(s)$ 满足如下方程

$$E(s)=R(s)-B(s)=R(s)-H(s)Y(s) \tag{2.4.13}$$

表 2.4.1 方块图的基本变换规则

变　换	初始方块图	等效方块图
1．串联环节合并	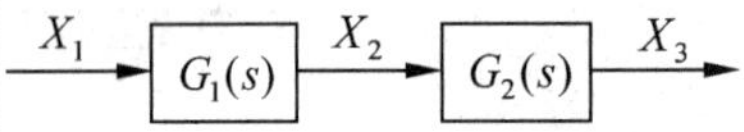 X_1 → $G_1(s)$ → X_2 → $G_2(s)$ → X_3	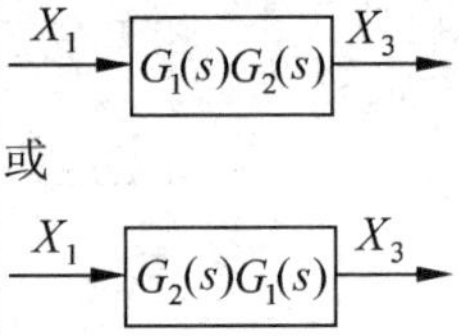 X_1 → $G_1(s)G_2(s)$ → X_3 或 X_1 → $G_2(s)G_1(s)$ → X_3
2．并联环节合并	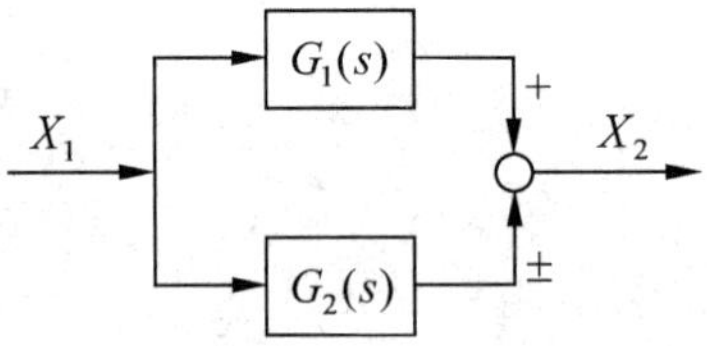 X_1 → $G_1(s)$（+）、$G_2(s)$（±）→ 相加点 → X_2	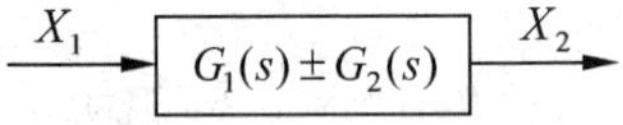 X_1 → $G_1(s)\pm G_2(s)$ → X_2
3．相加点后移	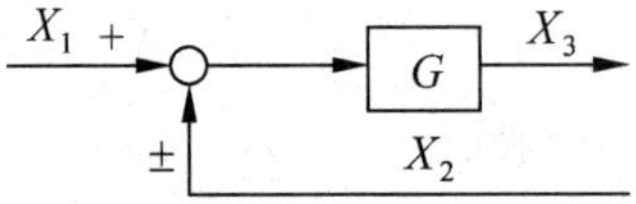 X_1 + → 相加点（± X_2）→ G → X_3	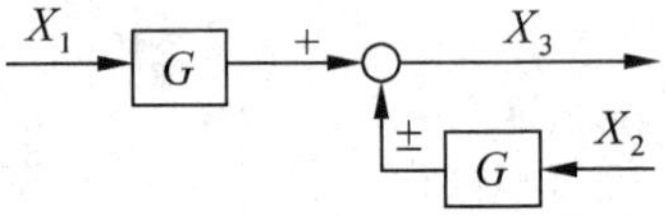 X_1 → G → + 相加点 → X_3；X_2 → G → ±
4．分支点前移	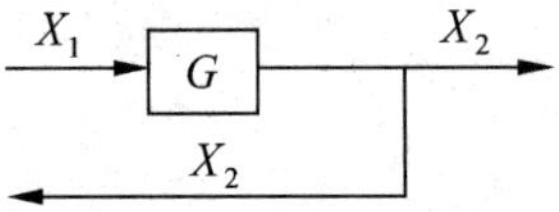 X_1 → G → X_2；分支 X_2	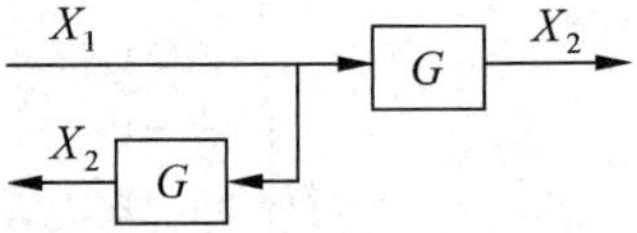 X_1 → G → X_2；分支 → G → X_2
5．分支点后移	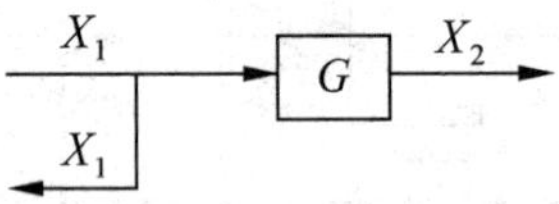 X_1 → G → X_2；分支 X_1	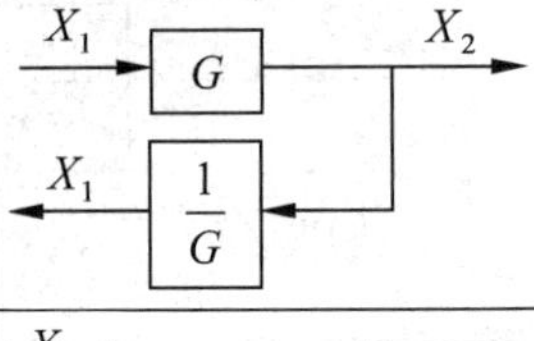 X_1 → G → X_2；分支 → $\frac{1}{G}$ → X_1
6．相加点前移	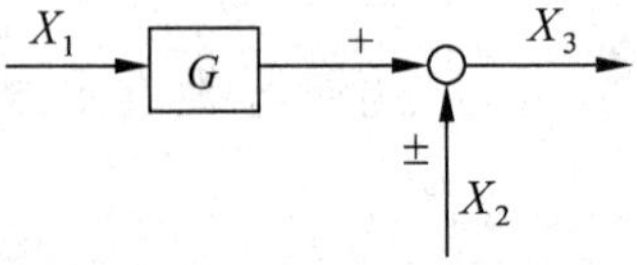 X_1 → G → + 相加点（± X_2）→ X_3	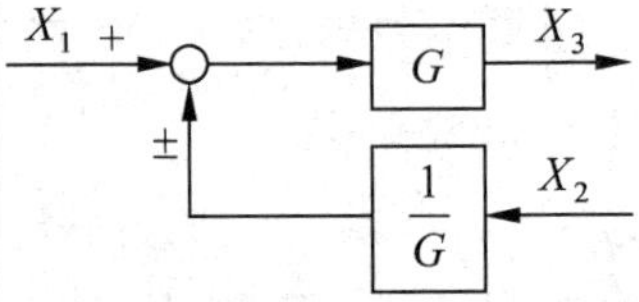 X_1 + → 相加点 → G → X_3；X_2 → $\frac{1}{G}$ → ±
7．消去反馈回路	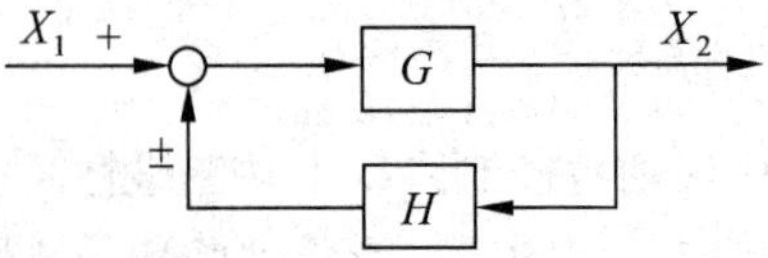 X_1 + → 相加点 → G → X_2；H 反馈 ±	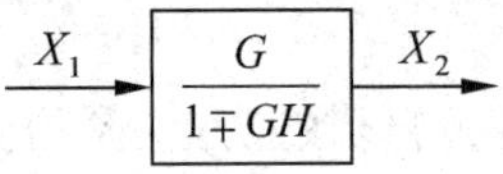 X_1 → $\frac{G}{1\mp GH}$ → X_2

输出量$Y(s)$与$E(s)$之间存在关系

$$Y(s)=G(s)E(s) \tag{2.4.14}$$

于是

$$Y(s)=G(s)\left[R(s)-H(s)Y(s)\right] \tag{2.4.15}$$

求解$Y(s)$，可得

$$Y(s)\left[1+G(s)H(s)\right]=G(s)R(s) \tag{2.4.16}$$

因此，该闭环系统的传递函数为

$$\varPhi(s)=\frac{Y(s)}{R(s)}=\frac{G(s)}{1+G(s)H(s)} \tag{2.4.17}$$

由式（2.4.17）可将图 2.4.2(a)中的闭环系统方块图简化为只有一个方块图单元的方块图，如图 2.4.7 所示。

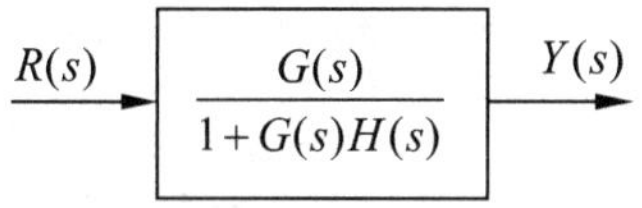

$R(s)$ → $\dfrac{G(s)}{1+G(s)H(s)}$ → $Y(s)$

图 2.4.7　图 2.4.2 所示方块图简化

例 2.4.2　图 2.4.8 给出的是一个多回路控制系统的方块图，试对其进行简化。

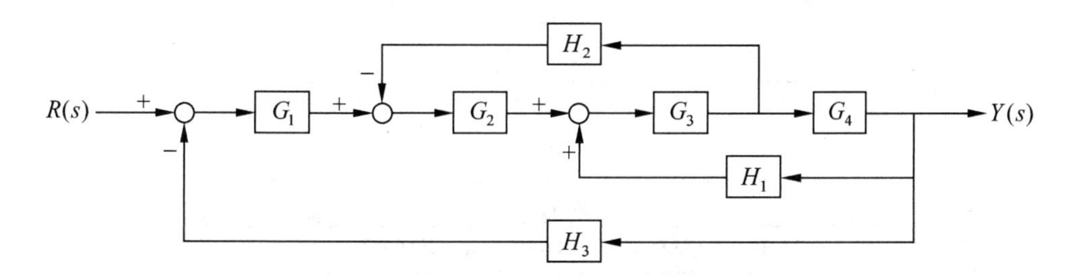

图 2.4.8　多回路控制系统

解：对于图 2.4.8 所示的多回路控制系统，

第一步，利用表 2.4.1 所示的规则 5 将方块H_2前面的分支点移到方块G_4的后面，如图 2.4.9（a）所示。

第二步，利用规则 7 消去方块G_3、G_4、H_1组成的正反馈回路，如图 2.4.9（b）所示。

第三步，消去含有方块H_2/G_4的内回路，如图 2.4.9（c）所示。

最后，消去含有方块 H_3 的回路，便得到闭环系统的传递函数如图 2.4.9（d）所示。

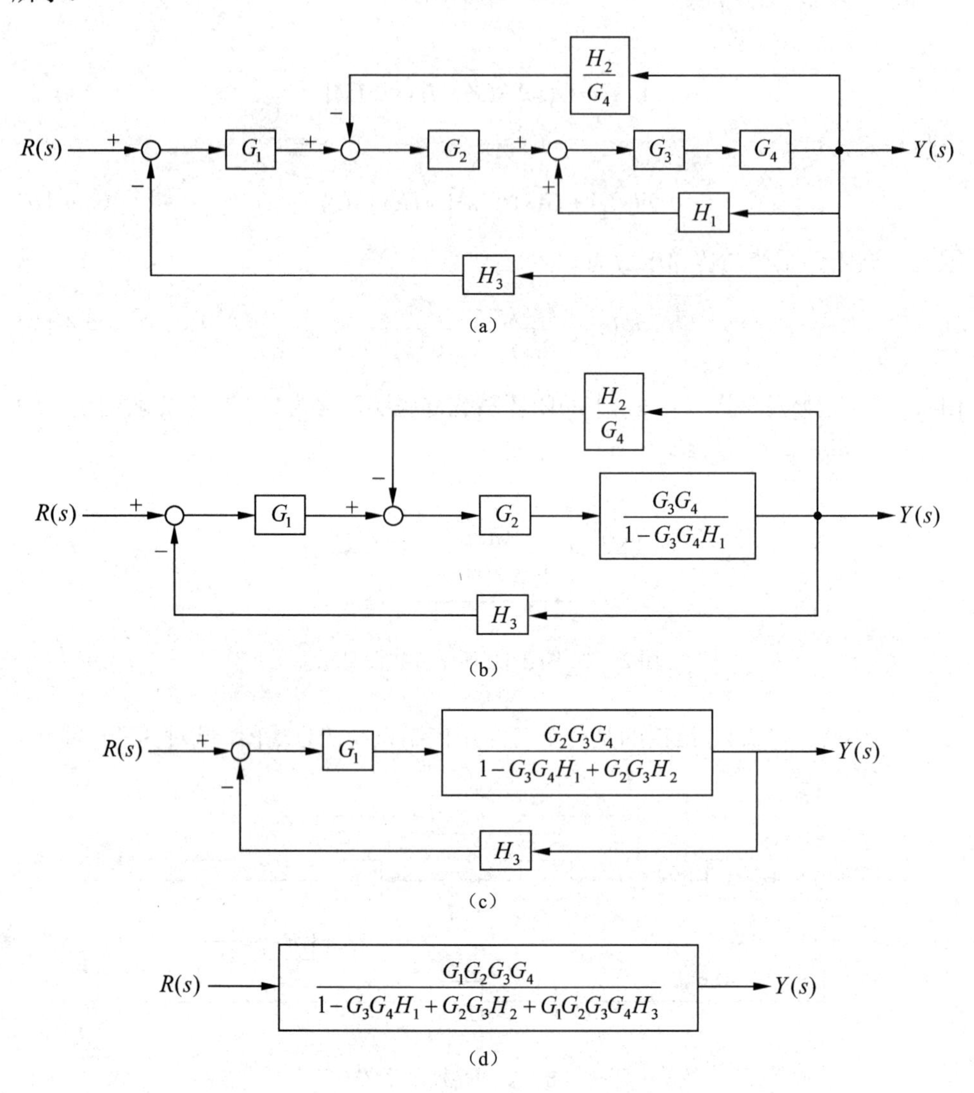

图 2.4.9　图 2.4.8 系统方块图的简化过程

例 2.4.3　图 2.4.10 给出了图 2.4.3 所示电网络的方块图。试对其进行简化，建立该系统的传递函数 $\Phi(s)=\dfrac{U_o(s)}{U_i(s)}$。

解：对图 2.4.10 所示的方块图，可以采用不同的简化方法对其进行简化。本例的重点在于给出分支点与相加点互换的方法，因此采用的简化方法不是最简单的。

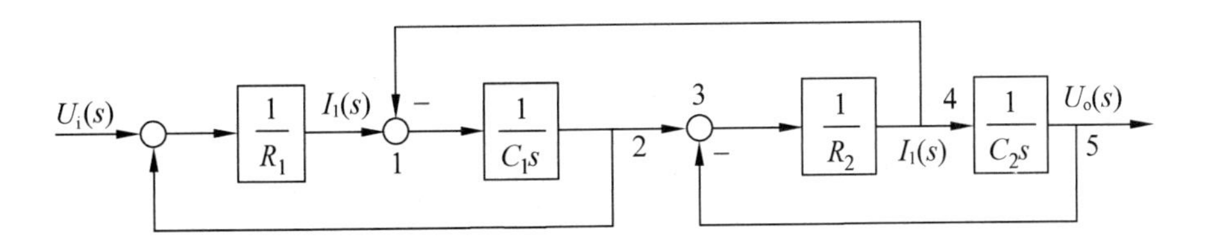

图 2.4.10　图 2.4.3 电网络的方块图

第 1 步，利用表 2.4.1 所示的规则 4 将分支点 4 前移，如图 2.4.11（a）所示。

第 2 步，将分支点 4 与相加点 3 互换，如图 2.4.11（b）所示。这里需注意，在对分支点 4 与相加点 3 进行互换时，只有增加带有方块 $\frac{1}{R_2}$ 支路后，才能满足等效变换的原则。

第 3 步，利用规则 7 消去反馈回路 $\frac{1}{C_1 s}\cdot\frac{1}{R_2}$ 和 $\frac{1}{R_2}\cdot\frac{1}{C_2 s}$，如图 2.4.11（c）所示。

第 4 步，利用规则 4 将图（c）中的分支点 5 前移，如图 2.4.11（d）所示。

第 5 步，继续利用规则 7 消去反馈回路，如图 2.4.11（e）所示。

最后，利用规则 1，有

$$\Phi(s)=\frac{U_o(s)}{U_i(s)}=\frac{1}{(1+R_1C_1s)(1+R_2C_2s)+R_1C_2s}$$

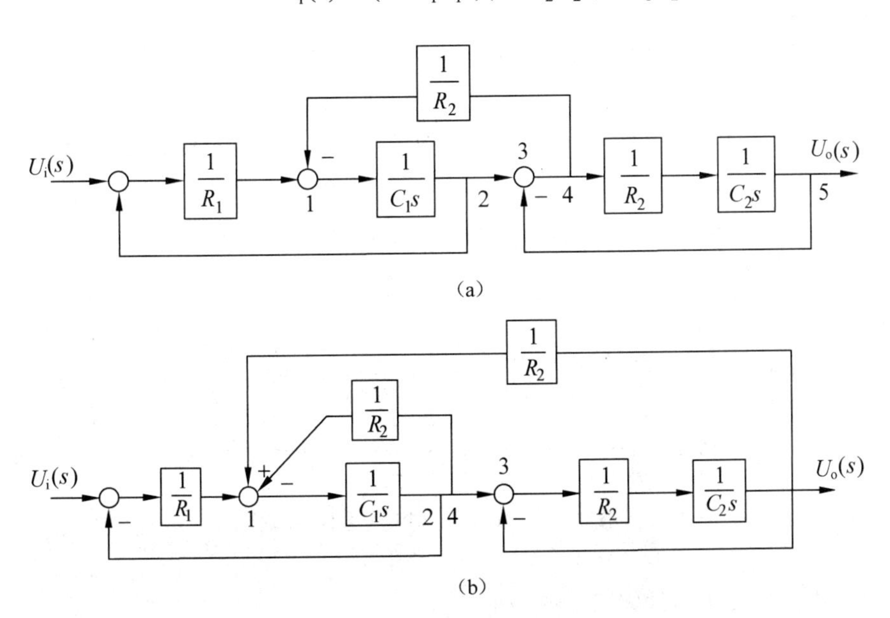

(a)

(b)

图 2.4.11　图 2.4.10 方块图的简化过程

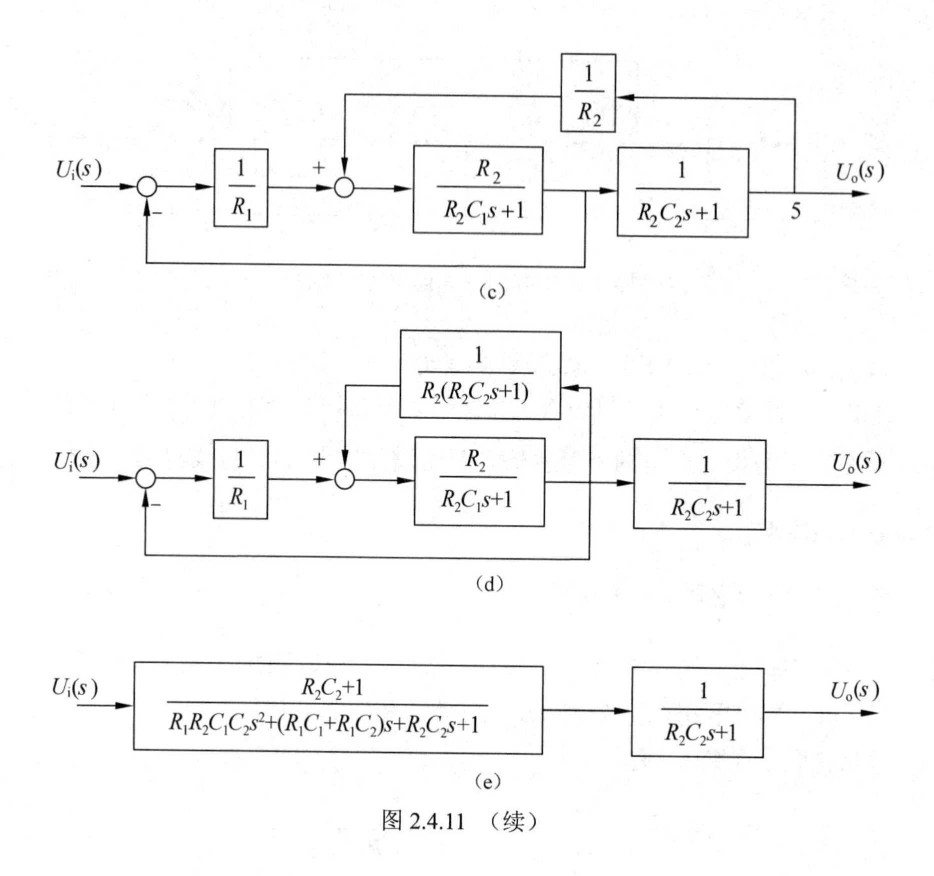

图 2.4.11 （续）

2.4.3　闭环系统的传递函数

典型的闭环控制系统的方块图如图 2.4.12 所示。图中 $R(s)$ 为系统的输入量、$N(s)$ 为扰动量，$Y(s)$ 为输出量。为了研究输入量和扰动量对系统输出量的影响，需要建立不同情况下的传递函数。下面分别进行讨论。

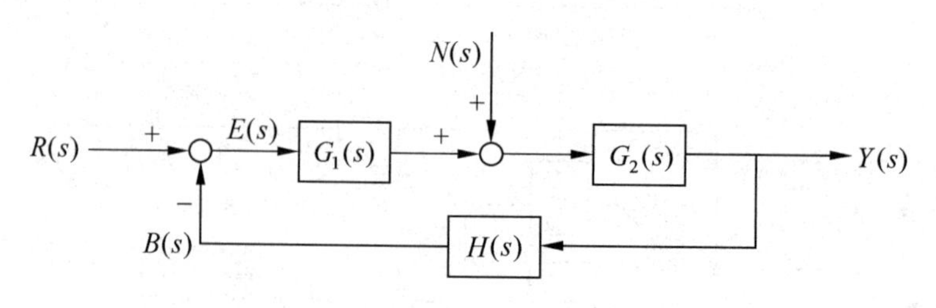

图 2.4.12　闭环控制系统方块图

1. 输入量作用下的闭环传递函数

对于线性系统，当两个输入 $R(s)$ 和 $N(s)$ 同时作用于系统时，可应用叠加原理分别对每一个输入量进行单独处理，然后对其响应进行叠加，即可得到系统的总输出量。

当只讨论输入量对系统输出的影响时，可令扰动量 $N(s)=0$，于是闭环传递函数为

$$\Phi(s)=\frac{Y(s)}{R(s)}=\frac{G_1(s)G_2(s)}{1+G_1(s)G_2(s)H(s)} \tag{2.4.18}$$

2. 扰动量作用下的闭环传递函数

应用叠加原理，令输入量 $R(s)=0$，于是扰动量作用下的闭环传递函数为

$$\Phi_{\mathrm{n}}(s)=\frac{Y(s)}{N(s)}=\frac{G_2(s)}{1+G_1(s)G_2(s)H(s)} \tag{2.4.19}$$

显然，当输入量和扰动量同时作用于系统时的输出量为

$$\begin{aligned}Y(s)&=\Phi(s)R(s)+\Phi_{\mathrm{n}}(s)N(s)\\&=\frac{1}{1+G_1(s)G_2(s)H(s)}\left[G_1(s)G_2(s)R(s)+G_2(s)N(s)\right]\end{aligned} \tag{2.4.20}$$

如果满足 $|G_1(s)G_2(s)H(s)|>>1$ 和 $|G_1(s)H(s)|>>1$ 的条件，则式（2.4.20）可简化为

$$Y(s)=\frac{1}{H(s)}R(s)+\frac{1}{G_1(s)H(s)}N(s)\approx\frac{1}{H(s)}R(s) \tag{2.4.21}$$

式（2.4.21）表明，在一定条件下，系统的输出只取决于反馈通道传递函数 $H(s)$ 和系统的输入，而与前向通道的传递函数无关，也不受前向通道中扰动量作用的影响。特别是当 $H(s)=1$，单位反馈时，有 $Y(s)\approx R(s)$，即系统的输出信号是对输入信号近似地复现，这也表明系统对扰动具有较强的抑制能力。

3. 闭环系统的误差传递函数

闭环系统在输入量和扰动量作用时，以误差信号 $E(s)$ 作为输出量的传递函数被称为误差传递函数。由图 2.4.12 知

$$\Phi_{\mathrm{er}}(s)=\frac{E(s)}{R(s)}=\frac{1}{1+G_1(s)G_2(s)H(s)} \tag{2.4.22}$$

$$\Phi_{\mathrm{en}}(s)=\frac{E(s)}{N(s)}=\frac{-G_2(s)H(s)}{1+G_1(s)G_2(s)H(s)} \tag{2.4.23}$$

值得注意的是，比较式（2.4.18）、式（2.4.19）、式（2.4.22）和式（2.4.23）可知，图 2.4.12 所示的系统在各种情况下的闭环系统传递函数的分母均相同，都等于多项式 $1+G_1(s)G_2(s)H(s)$。于是把 $1+G_1(s)G_2(s)H(s)$ 称为闭环系统的特征多项式；而称特征多项式构成的方程式

$$1+G_1(s)G_2(s)H(s)=0 \tag{2.4.24}$$

为闭环系统的特征方程式；称特征方程的解为系统的特征值；称 $G_1(s)G_2(s)H(s)$ 为系统的开环传递函数，通常用 $G_k(s)$ 或 $G(s)$ 来表示，它等效于主反馈信号断开时，从输入信号 $R(s)$ 到反馈信号 $B(s)$ 之间的传递函数。如例 2.3.6 中的导弹航向控制系统，当主反馈断开时，从输入信号 $\theta_i(s)$ 到反馈信号 $\theta_o(s)$ 之间的传递函数就等于从 $\Delta\theta(s)$ 到 $\theta_o(s)$ 之间的传递函数 $G'(s)$，也即系统的开环传递函数为

$$G_k(s)=\frac{k}{s(T_m s+1)(T_f s+1)} \tag{2.4.25}$$

而闭环传递函数为

$$\Phi(s)=\frac{k}{s(T_m s+1)(T_f s+1)+k} \tag{2.4.26}$$

2.5 信号流图

信号流图是一种表示线性代数方程式的图示方法。与方块图相同，它也是一种描述系统内部信号传递关系的数学图示模型。相比较而言，信号流图比方块图更简便明了，不用对其进行简化，就可利用梅森增益公式直接求出系统的传递函数。只是信号流图只能用来描述线性系统。

2.5.1 信号流图的组成和建立

信号流图由节点和支路组成，如图 2.5.1 所示。节点用来表示系统中的变量，在图中用符号“○”表示。支路是连接两个节点的定向线段。增益是两个变量之间的因果关系式，标在相应支路的旁边，实际上这里的增益就是两个变量之间的传递函数。

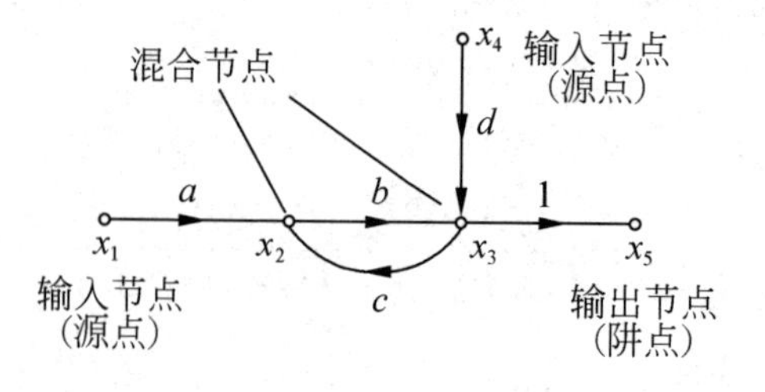

图 2.5.1　信号流图

在图 2.5.1 中，节点 x_1 和 x_4 只有输出支路，没有输入支路，用来表示系统的输入变量，把这样的节点称为输入节点或源点。而节点 x_5 只有输入支路，没有输出支路，用来表示系统的输出变量，把这样的节点称为输出节点或阱点。节点 x_2

和 x_3 既有输入支路，又有输出支路，把它们称为混合节点。对于混合节点 x_3，可采用增加一条增益为 1 的支路的办法，将其转换为输出节点。

当信号从输入节点向输出节点传递时，对任何节点只通过一次的通路（如 $x_1x_2x_3x_5$），被称为前向通路。而把前向通路上的各支路增益之积称为前向通路增益。如果信号传递时，其通路的起点和终点是同一节点，且信号通过任何一个节点不多于一次的闭合通路（如 $x_2x_3x_2$），被称为回路。同样，把回路中各支路增益的乘积称为回路增益。如果回路之间没有任何公共节点，则称此种回路为不接触回路。

如果已经建立了系统的方块图，那么可以很方便地画出对应的信号流图。图 2.5.2 给出了一些简单的方块图和与之对应的信号流图。

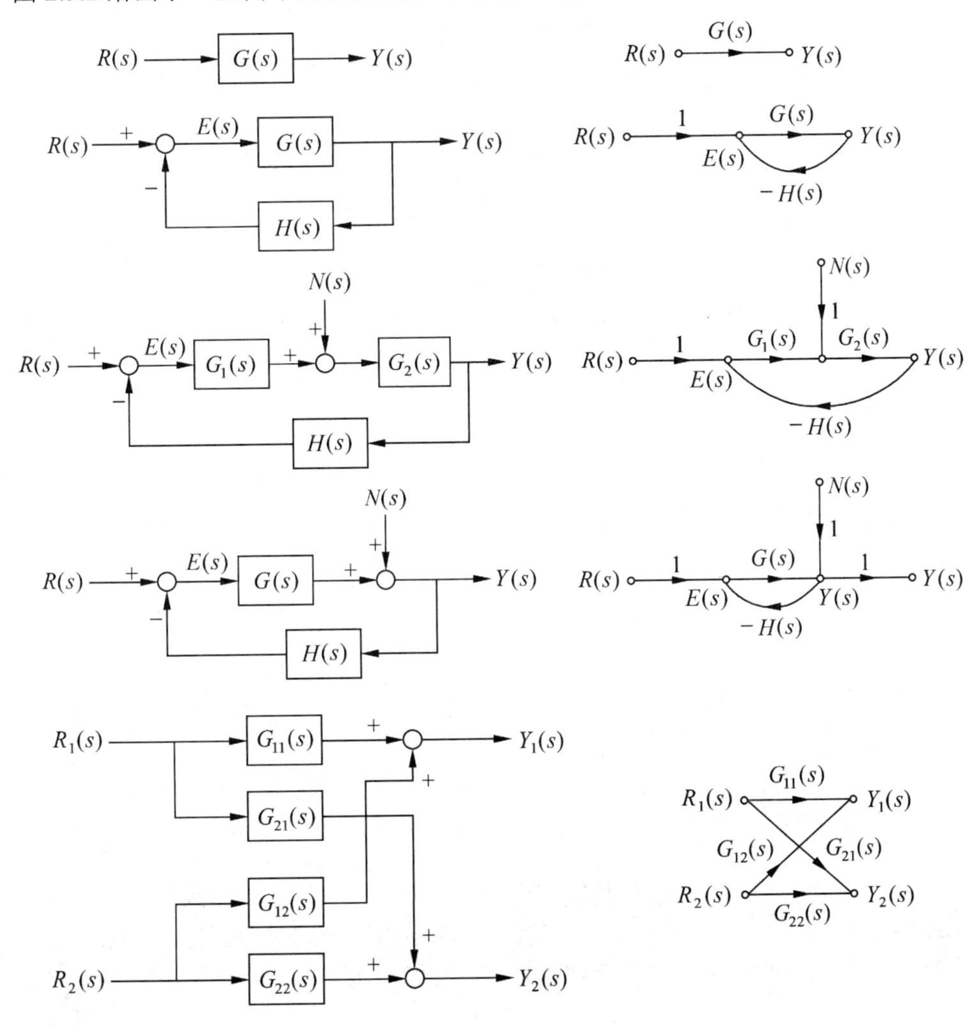

图 2.5.2　方块图和与之相应的信号流图

由图 2.5.2 可以看出，信号流图中的节点与方块图中的相加点和分支点的作用相同。

如果已经建立了系统的微分方程式，那么也可以从系统的微分方程开始，绘制系统的信号流图。

例 2.5.1 重新考虑例 2.2.5 中的电枢控制式直流电动机，画出该系统的信号流图。

解： 分别对例 2.2.5 中建立的电枢回路电压平衡方程式、电磁转矩方程式和转矩平衡方程式进行拉普拉斯变换，整理后得

$$I_a(s)=\frac{1}{L_a s+R_a}\left(U_a(s)-E_a\right)$$

$$E_a=C_e\omega(s)$$

$$M(s)=C_m I_a(s)$$

$$\omega(s)=\frac{1}{Js+f}\left(M(s)-M_c(s)\right)$$

而转角为

$$\theta(s)=\frac{1}{s}\omega(s)$$

选择 $I_a(s)$、$M(s)$、$\omega(s)$ 作为节点变量，$U_a(s)$ 和 $\theta(s)$ 分别作为输入和输出节点，$M_c(s)$ 为扰动。根据上述方程可得到电枢控制式直流电动机系统的信号流图，如图 2.5.3 所示。

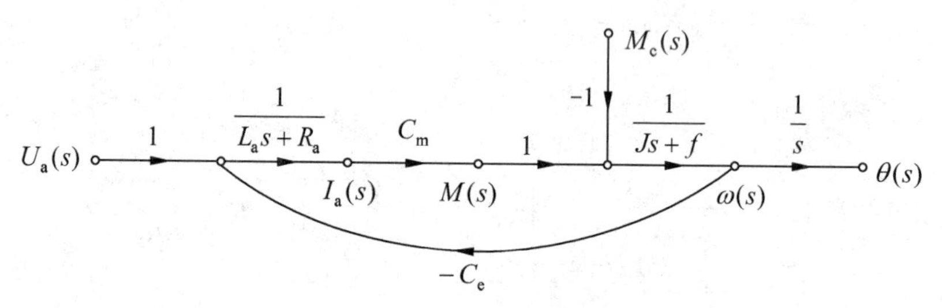

图 2.5.3 电枢控制式直流电动机的信号流图

2.5.2 梅森增益公式

对于控制系统而言，可以利用方块图简化来建立系统的传递函数，也可以在系统的信号流图上，直接利用梅森增益公式来达到同样的目的。计算从输入节点到输出节点之间的总增益的梅森增益公式，可以表示为

$$P=\frac{1}{\Delta}\sum_k P_k\Delta_k \tag{2.5.1}$$

式中，

P_k 是第 k 条前向通路的增益；

Δ 称为信号流图的特征式，具体有

$\Delta=1-$（所有不同回路的回路增益之和）+（每两个互不接触回路增益乘积之和）−（每三个互不接触回路增益乘积之和）+⋯

$$=1-\sum_a L_a+\sum_{b,c} L_b L_c-\sum_{d,e,f} L_d L_e L_f+\cdots;$$

$\sum_a L_a=$ 所有不同回路的回路增益之和；

$\sum_{b,c} L_b L_c=$ 每两个互不接触回路增益乘积之和；

$\sum_{d,e,f} L_d L_e L_f=$ 每三个互不接触回路增益乘积之和；

Δ_k 等于在除去与第 k 条前向通路相接触的回路后的信号流图中，第 k 条前向通路特征式的余因式，具体可以从 Δ 中除去与通路 P_k 相接触的回路增益后计算得到。

注意，上述求和过程，应该包括从输入节点到输出节点的全部可能的通路。并且，还需注意，式（2.5.1）表示的是从输入节点到输出节点之间的传递函数。因此，如果要利用式（2.5.1）确定混合节点与输入节点之间的传递函数，则需要从混合节点增加一条增益为 1 的支路，将混合节点变为输出节点。如果要确定输出节点或混合节点与混合节点之间的传递函数，则不能直接使用梅森增益式（2.5.1）。

实际上梅森增益公式（2.5.1）中的 P 就是闭环系统的传递函数，而 Δ 也就是闭环系统的特征多项式。

下面举例说明梅森增益公式的应用。

例 2.5.2　画出与图 2.4.8 所示方块图对应的信号流图，并利用梅森增益公式求该系统的传递函数。

解：根据方块图与信号流图的对应关系，可得到图 2.4.8 中方块图对应的信号流图如图 2.5.4 所示。

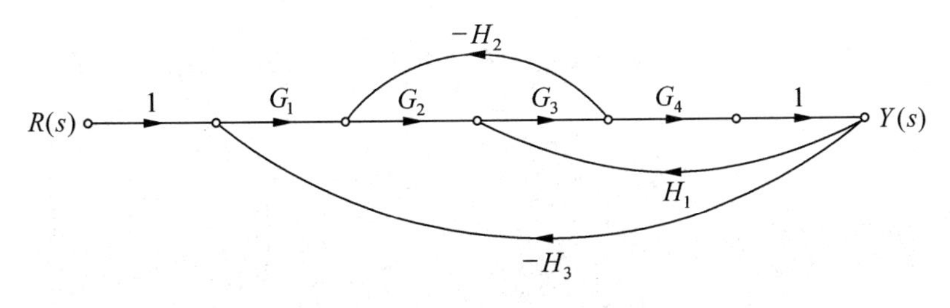

图 2.5.4　图 2.4.8 方块图对应的信号流图

由图 2.5.4 可知，该系统有 1 条前向通路和 3 个回路，其中前向通路增益为

$P_1=G_1G_2G_3G_4$，回路增益分别为

$$L_1=-G_2G_3H_2\,,\qquad L_2=G_3G_4H_1\,,\qquad L_3=-G_1G_2G_3G_4H_3$$

该信号流图没有互不接触回路，且所有回路都与前向通路 P_1 相接触，因此，$\Delta_1=1$。于是系统的闭环传递函数为

$$\Phi(s)=\frac{Y(s)}{R(s)}=\frac{P_1\Delta_1}{1-L_1-L_2-L_3}=\frac{G_1G_2G_3G_4}{1+G_2G_3H_2-G_3G_4H_1+G_1G_2G_3G_4H_3} \tag{2.5.2}$$

例 2.5.3 一系统的信号流图如图 2.5.5 所示。试利用梅森增益公式确定系统的传递函数。

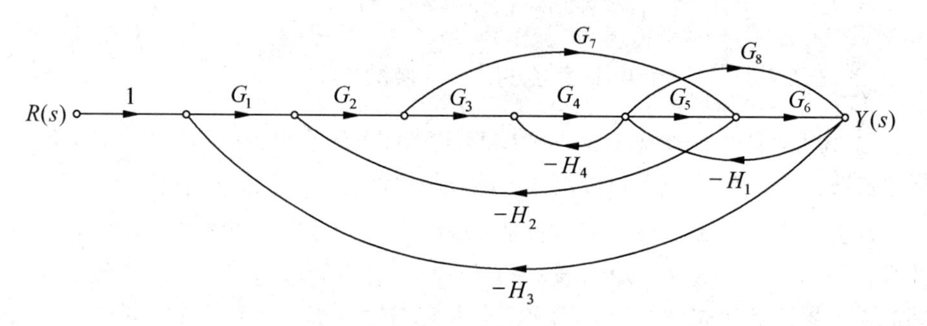

图 2.5.5 系统的信号流图

解：由图 2.5.5 可知，系统有 3 条前向通路和 8 个回路，其中前向通路增益分别为

$$P_1=G_1G_2G_3G_4G_5G_6\,,\qquad P_2=G_1G_2G_7G_6\,,\qquad P_3=G_1G_2G_3G_4G_8$$

回路增益分别为

$$L_1=-G_2G_3G_4G_5H_2\,,\quad L_2=-G_5G_6H_1\,,\quad L_3=-G_8H_1\,,$$
$$L_4=-G_7H_2G_2\,,\quad L_5=-G_4H_4\,,\quad L_6=-G_1G_2G_3G_4G_5G_6H_3\,,$$
$$L_7=-G_1G_2G_7G_6H_3\,,\quad L_8=-G_1G_2G_3G_4G_8H_3$$

在图 2.5.5 中，回路 L_5 与 L_4 和 L_7 都互不接触，L_3 与 L_4 也互不接触，因此信号流图特征式为

$$\Delta=1-(L_1+L_2+L_3+L_4+L_5+L_6+L_7+L_8)+(L_5L_7+L_5L_4+L_3L_4)$$

余因式为

$$\Delta_1=\Delta_3=1\,,\quad \Delta_2=1-L_5=1+G_4H_4$$

于是可得到系统的传递函数为

$$\Phi(s)=\frac{Y(s)}{R(s)}=\frac{P_1+P_2\Delta_2+P_3}{\Delta}$$

例 2.5.4 一系统的信号流图如图 2.5.6 所示，试求增益 y_6/y_1，y_3/y_1，y_5/y_2。

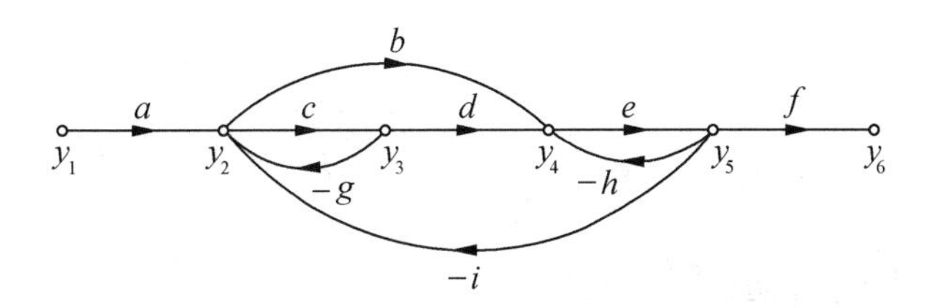

图 2.5.6 例 2.5.4 的信号流图

解：该系统的信号流图中有 4 个回路，其回路增益分别为

$$L_a = -cg\,,\quad L_b = -cdei\,,\quad L_c = -bei\,,\quad L_d = -eh$$

在这 4 个回路中，有两个互不接触的回路 L_a 和 L_d。于是，系统的特征多项式为

$$\Delta = 1 + cg + cdei + bei + eh + cgeh$$

下面分别讨论 y_6/y_1，y_3/y_1 和 y_5/y_2。

（1）计算增益 y_6/y_1。

由图 2.5.6 知，从输入节点 y_1 到输出节点 y_6 有两条前向通路，其通路增益分别为

$$P_1 = acdef\,,\qquad P_2 = abef$$

这两条通路的余因式分别为

$$\Delta_1 = 1\,,\qquad \Delta_2 = 1$$

于是，根据梅森增益公式，有

$$\begin{aligned}\frac{y_6}{y_1} &= \frac{1}{\Delta}\left(P_1\Delta_1 + P_2\Delta_2\right)\\ &= \frac{acdef + abef}{\Delta}\end{aligned}$$

（2）计算增益 y_3/y_1。

由图 2.5.6 知，节点 y_3 是混合节点。前面已经提到，要利用梅森增益公式计算增益 y_3/y_1，需要将混合节点 y_3 变为输出节点。这样，从输入节点 y_1 到输出节点 y_3 有一条前向通路，通路增益为 $P_1 = ac$，余因式 $\Delta_1 = 1 + eh$。于是由梅森增益公式知

$$\frac{y_3}{y_1} = \frac{P_1\Delta_1}{\Delta} = \frac{ac(1+eh)}{\Delta}$$

（3）计算增益 y_5/y_2 时。

前面已经提到，梅森增益公式给出的是输出节点与输入节点之间增益的关系式。而这里 y_2 是混合节点，因此不能直接应用梅森增益公式计算增益 y_5/y_2，可以先应用梅森增益公式分别求出增益 y_5/y_1 和 y_2/y_1，然后再计算 y_5/y_2，其结

果为

$$\frac{y_5}{y_2}=\frac{y_5/y_1}{y_2/y_1}=\frac{cde+be}{1+eh}$$

2.6 状态空间模型

通常，控制系统的数学模型有两种：输入输出模型和状态空间模型。系统的输入输出模型描述的是系统的外部特性，即输入量与输出量之间的关系，如前面研究的微分方程和传递函数都属于这种数学模型。输入输出模型是后面将要研究的时域分析法、根轨迹法和频域分析法的基础。由于这种模型只反映了外部变量即输入和输出变量间的因果关系，而没有给出系统内部变量以及内部结构的任何信息，因此，这种模型是对系统的一种不完全描述。

例如，采用电枢电压 $u(t)$ 控制的直流电动机的传递函数为

$$G(s)=\frac{\omega(s)}{U(s)}=\frac{C_{\mathrm{m}}}{\left(L_{\mathrm{a}}s+R_{\mathrm{a}}\right)\left(Js+f\right)+C_{\mathrm{e}}C_{\mathrm{m}}}$$

它只描述了输出转速 $\omega(t)$ 和电枢电压之间的关系，并不涉及系统内部变量诸如电枢电流等的信息；另外，前面已提到，具有完全不同内部结构的两个系统，如相似系统，也可以具有完全相同的外部特性——传递函数。因此，这种输入输出模型不是对系统的完全描述。

而系统的状态空间模型不仅描述了系统的外部特性，也给出了系统的内部信息。这种模型是分两段来描述输入输出之间的信息传递的。第一段，描述的是系统输入量对系统内部变量即状态变量的影响；第二段，描述的是系统的输入量和内部变量对输出变量的影响。很显然，这种模型可以深入到系统的内部，表征了系统的所有动力学特征，是对系统的一种完全的描述。

2.6.1 基本概念

状　　态 动态系统的状态是指完全描述系统时域行为的一个最小变量组。

上述定义中的“动态系统”是指有动态过程的系统，也就是指有储能元件的系统；“完全描述”的含义是指一旦给出了 $t \geqslant t_0$ 时的输入 $u(t)$ 和 $t=t_0$ 时的这组变量的值，就能利用这组变量间的关系确定 $t>t_0$ 时的系统的时域行为；“最小变量组”是指这组变量之间是相互独立的。

状态变量 最小变量组中的变量称为状态变量，记为 $x_1(t)$，$x_2(t)$，…，$x_n(t)$，$t \geqslant t_0$，其中 t_0 为初始时刻，n 等于系统的阶数，是正整数。

状态向量　由状态变量构成的向量

$$\mathrm{x}(t)=\begin{bmatrix}x_1(t) & x_2(t) & \cdots & x_n(t)\end{bmatrix}^{\mathrm{T}} \tag{2.6.1}$$

称为系统的状态向量或简称状态。

状态空间　状态向量的取值空间称为状态空间，它是n维空间。

状态轨迹　对于某一确定的时刻，状态向量表示为状态空间中的一个点。随着时间的变化，状态向量将构成状态空间中的一条轨迹，这条轨迹称为状态轨迹。

状态方程　描述系统状态变量与输入变量之间关系的一阶微分方程组，称为系统的状态方程。状态方程表征了系统由输入量引起的内部状态变量的变化情况，其矩阵形式为

$$\dot{\boldsymbol{x}}=\boldsymbol{A}(t)\boldsymbol{x}+\boldsymbol{B}(t)\boldsymbol{u} \tag{2.6.2}$$

式中

$$\boldsymbol{x}=\begin{bmatrix}x_1\\x_2\\\vdots\\x_n\end{bmatrix}$$　为n维状态向量，n为系统阶数

$$\boldsymbol{u}=\begin{bmatrix}u_1\\u_2\\\vdots\\u_r\end{bmatrix}$$　为r维输入向量，r为输入变量的个数

$$\boldsymbol{A}(t)=\begin{bmatrix}a_{11}(t) & a_{12}(t) & \cdots & a_{1n}(t)\\a_{21}(t) & a_{22}(t) & \cdots & a_{2n}(t)\\\vdots & \vdots & \cdots & \vdots\\a_{n1}(t) & a_{n2}(t) & \cdots & a_{nn}(t)\end{bmatrix}$$

为$n\times n$维方阵，它表明了系统内部状态变量之间的联系，称为系统矩阵

$$\boldsymbol{B}(t)=\begin{bmatrix}b_{11}(t) & b_{12}(t) & \cdots & b_{1r}(t)\\\vdots & \vdots & \cdots & \vdots\\b_{n1}(t) & b_{n2}(t) & \cdots & b_{nr}(t)\end{bmatrix}$$　为$n\times r$维矩阵，称为输入矩阵

输出方程　描述输出变量与状态变量和输入变量之间关系的代数方程组，称为输出方程。用矩阵形式表示为

$$\boldsymbol{y}=\boldsymbol{C}(t)\boldsymbol{x}+\boldsymbol{D}(t)\boldsymbol{u} \tag{2.6.3}$$

式中

$$\boldsymbol{y}=\begin{bmatrix}y_1\\y_2\\\vdots\\y_m\end{bmatrix}$$　为m维输出向量，m表示输出变量的个数

$$C(t)=\begin{bmatrix} c_{11}(t) & c_{12}(t) & \cdots & c_{1n}(t) \\ \vdots & \vdots & \cdots & \vdots \\ c_{m1}(t) & c_{m2}(t) & \cdots & c_{mn}(t) \end{bmatrix}$$ 为 $m\times n$ 维矩阵，称为输出矩阵

$$D(t)=\begin{bmatrix} d_{11}(t) & d_{12}(t) & \cdots & d_{1r}(t) \\ \vdots & \vdots & \cdots & \vdots \\ d_{m1}(t) & d_{m2}(t) & \cdots & d_{mr}(t) \end{bmatrix}$$ 为 $m\times r$ 维矩阵，称为前馈矩阵

状态空间表达式 状态方程和输出方程的组合，称为状态空间表达式或动态方程。

对于线性时变连续系统，式（2.6.2）和式（2.6.3）中的矩阵 $\boldsymbol{A}(t)$，$\boldsymbol{B}(t)$，$\boldsymbol{C}(t)$，$\boldsymbol{D}(t)$ 的元素是时间 t 的函数。

对于线性定常连续系统，这些矩阵的元素均为实常数，可表示为

$$\dot{\boldsymbol{x}}=\boldsymbol{A}\boldsymbol{x}+\boldsymbol{B}\boldsymbol{u} \tag{2.6.4}$$

$$\boldsymbol{y}=\boldsymbol{C}\boldsymbol{x}+\boldsymbol{D}\boldsymbol{u} \tag{2.6.5}$$

系统可简记为 $\{\boldsymbol{A},\ \boldsymbol{B},\ \boldsymbol{C},\ \boldsymbol{D}\}$ 或 $\sum=(\boldsymbol{A},\ \boldsymbol{B},\ \boldsymbol{C},\ \boldsymbol{D})$。

对于单变量即单输入单输出线性定常系统，其状态空间表达式为

$$\dot{\boldsymbol{x}}=\boldsymbol{A}\boldsymbol{x}+\boldsymbol{b}u \tag{2.6.6}$$

$$y=\boldsymbol{c}\boldsymbol{x}+du \tag{2.6.7}$$

式中，$\boldsymbol{b}$ 为列向量，$\boldsymbol{c}$ 为行向量，d 为标量。

线性系统的方块图 通常采用图 2.6.1 所示的方块图表示线性连续系统的状态空间表达式。

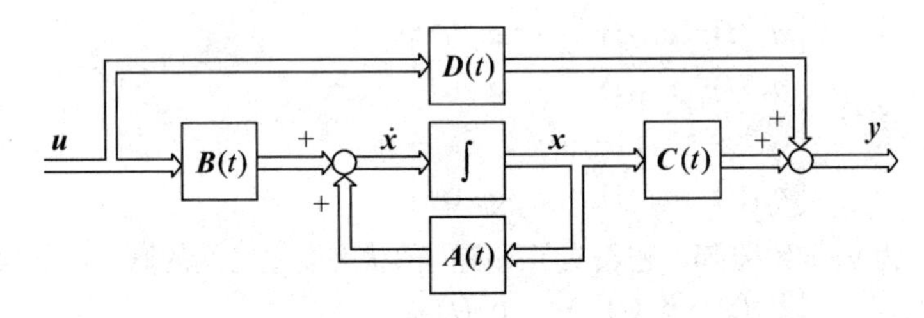

图 2.6.1 线性连续系统的方块图

从方块图 2.6.1 中可以看出，前馈矩阵 $\boldsymbol{D}(t)$ 描述了系统输入 $\boldsymbol{u}$ 对输出 $\boldsymbol{y}$ 的直接影响，它并不影响系统内部的动态过程，实际上它是系统外部模型的一部分。因此，当利用状态变量模型来分析系统动态行为时，常常假设 $\boldsymbol{D}(t)=0$，这样并不失对问题讨论的一般性，而且也符合大多数系统的实际情况。

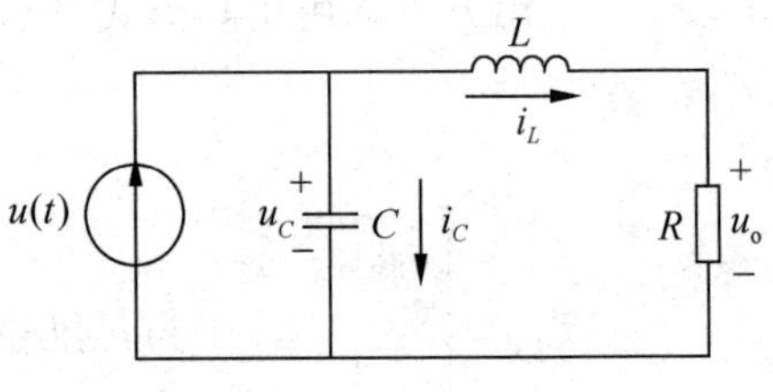

图 2.6.2 RLC 电路

下面举例说明状态的基本概念。

例 2.6.1 RLC 电路如图 2.6.2 所示，$u(t)$ 是电流源。试选取状态变量，并建立

系统的状态空间表达式。

解：对于图 2.6.2 所示的电路，由基尔霍夫定律可得

$$i_C = C\frac{\mathrm{d}u_C}{\mathrm{d}t} = u(t) - i_L \tag{2.6.8}$$

$$L\frac{\mathrm{d}i_L}{\mathrm{d}t} = -Ri_L + u_C \tag{2.6.9}$$

系统的输出为

$$u_o = Ri_L(t) \tag{2.6.10}$$

由式（2.6.8）～式（2.6.10）可知，如果已知系统输入 $u(t)$（$t \geqslant t_0$，t_0 为初始时刻），以及 $i_L(t_0)$ 和 $u_C(t_0)$，那么就可以确定将来任何时刻系统的时域行为，即系统的状态和输出。因此由状态的定义知，可选取电容电压 $u_C(t)$ 和电感电流 $i_L(t)$ 为系统的状态变量。于是，令

$$x_1 = u_C(t)$$

$$x_2 = i_L(t)$$

将 x_1 和 x_2 代入式（2.6.8）～式（2.6.10），经整理可得到系统的状态空间表达式为

$$\frac{\mathrm{d}x_1}{\mathrm{d}t} = -\frac{1}{C}x_2 + \frac{1}{C}u(t)$$

$$\frac{\mathrm{d}x_2}{\mathrm{d}t} = \frac{1}{L}x_1 - \frac{R}{L}x_2$$

$$y(t) = u_o = Rx_2$$

矩阵形式可表示为

$$\dot{\boldsymbol{x}} = \begin{bmatrix} 0 & -\dfrac{1}{C} \\ \dfrac{1}{L} & -\dfrac{R}{L} \end{bmatrix}\boldsymbol{x} + \begin{bmatrix} \dfrac{1}{C} \\ 0 \end{bmatrix}u(t) \tag{2.6.11}$$

$$y = \begin{bmatrix} 0 & R \end{bmatrix}\boldsymbol{x} \tag{2.6.12}$$

通过该例题可以看出，系统的状态实际上可以理解为系统的记忆，它能将系统过去的输入记忆下来，也就是说 $t = t_0$ 时刻的状态（初始状态）能够记忆系统在 $t < t_0$ 时的全部输入对系统的影响。因此初始状态加上 $t \geqslant t_0$ 时的输入，就代表了系统过去、现在及未来的全部输入，也就是说决定了系统在 $t \geqslant t_0$ 时的全部行为，即系统的状态及输出响应。

值得注意的是，描述系统的状态变量不是唯一的。例如上述 RLC 电路，如果已知 $u_C(t_0)$、$u_L(t_0)$ 和给定输入 $u(t)$，$t \geqslant t_0$，也可以完全确定 $t \geqslant t_0$ 时的系统状态

和输出。因此，$u_C(t)$和$u_L(t)$也可作为该系统的状态变量。事实上对任意一组状态变量，其非奇异线性变换的结果，都可以作为系统的状态变量。由此可见，状态变量在系统的分析中是一个辅助变量，它可以是具有物理意义的量，也可以是没有物理意义，只具有数学意义的量。在一个系统的几组状态变量中，通常选择容易测量的一组变量作为状态变量。

2.6.2 状态空间表达式的建立

建立系统的状态空间表达式主要有两种方法：一是根据系统的物理机理直接建立状态空间表达式；二是由已知的系统的输入输出模型，如微分方程、传递函数和方块图等，转化为系统的状态空间表达式。

1. 根据系统物理机理建立状态空间表达式

根据系统的物理机理建立状态空间表达式时，通常选取独立的储能元件的变量作为系统的状态变量。例如，选取弹簧的位移、质量块的运动速度、电感的电流和电容两端的电压等作为系统的状态变量。

在选取状态变量时，应注意储能元件的独立性。例如电网络系统中，如果有下述两种情况之一，即（1）纯电容回路或者由电容和独立电压源组成的回路；（2）纯电感割集或者由电感和独立电流源组成的割集，那么构成的纯电容回路的储能元件电容上的电压变量或者构成的纯电感割集的电感上的电流变量就不是相互独立的。这时，电网络系统的独立的状态变量个数n满足下列关系式

$$n = n_{CL} - (n_C + n_L)$$

其中：n_{CL}为电网络系统中电容和电感元件的总数；

n_C为纯电容回路数（包括由电容和独立电压源构成的回路数）；

n_L为纯电感割集数（包括由电感和独立电流源构成的割集数）。

例如图 2.6.3 所示的电网络系统，由网络结构可知，电感L_1和电感L_2两条支路构成一个纯电感割集，电容C_1、电容C_2和电压源u构成一个纯电容回路。于是，对于图 2.6.3，有$n_{CL}=5$，$n_C=1$，$n_L=1$，$n=5-(1+1)=3$。也就是说在这个电网络系统的 5 个储能元件中，只有 3 个储能元件是相互独立的。因此只能选择相互独立的 3 个储能元件的变量作为状态变量。

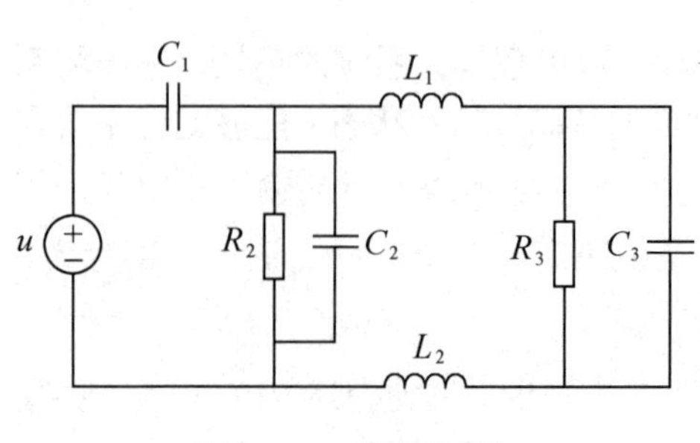

图 2.6.3 电网络系统

下面举例说明根据物理机理建立状态空间表达式的方法。

例 2.6.2 一机械运动系统的模型如图 2.6.4 所示。M_1，M_2 分别为质量块 1 和质量块 2 的质量；k_1，k_2 分别为弹簧 1 和弹簧 2 的弹性系数；B_1，B_2 分别为阻尼器 1 和阻尼器 2 的阻尼系数。试建立以力 f 为输入，质量块 1 和质量块 2 的位移 y_1 和 y_2 为输出的状态空间表达式。

解：图 2.6.4 所示的机械系统有 4 个储能元件，它们是相互独立的。因此，可以选择这 4 个储能元件的变量作为状态变量。为了运算方便，这里选择质量块 1 和 2 的位移 y_1、y_2 和速度 v_1、v_2 作为状态变量。

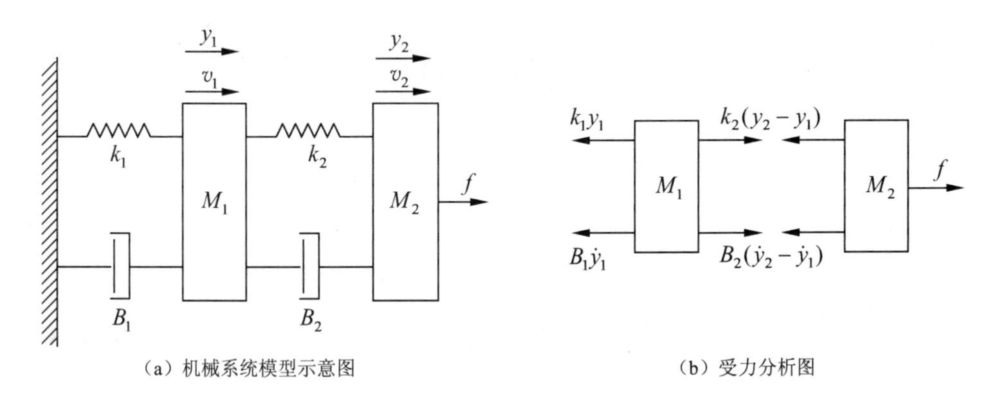

（a）机械系统模型示意图　　（b）受力分析图

图 2.6.4 机械系统模型图和受力分析图

于是，令

$$x_1 = y_1$$

$$x_2 = y_2$$

$$x_3 = v_1 = \frac{dy_1}{dt}$$

$$x_4 = v_2 = \frac{dy_2}{dt}$$

对于质量块 1 和质量块 2，根据牛顿定律，有

$$M_1\frac{dv_1}{dt} = k_2(y_2 - y_1) + B_2\left(\frac{dy_2}{dt} - \frac{dy_1}{dt}\right) - k_1y_1 - B_1\frac{dy_1}{dt} \tag{2.6.13}$$

$$M_2\frac{dv_2}{dt} = f - k_2(y_2 - y_1) - B_2\left(\frac{dy_2}{dt} - \frac{dy_1}{dt}\right) \tag{2.6.14}$$

将状态变量代入上述两式，整理后可以得到

$$\dot{x}_1 = x_3$$
$$\dot{x}_2 = x_4$$
$$\dot{x}_3 = -\frac{1}{M_1}(k_1 + k_2)x_1 + \frac{k_2}{M_1}x_2 - \frac{1}{M_1}(B_1 + B_2)x_3 + \frac{B_2}{M_1}x_4$$
$$\dot{x}_4 = \frac{k_2}{M_2}x_1 - \frac{k_2}{M_2}x_2 + \frac{B_2}{M_2}x_3 - \frac{B_2}{M_2}x_4 + \frac{1}{M_2}f$$

写成矩阵形式为

$$\begin{bmatrix} \dot{x}_1 \\ \dot{x}_2 \\ \dot{x}_3 \\ \dot{x}_4 \end{bmatrix} = \begin{bmatrix} 0 & 0 & 1 & 0 \\ 0 & 0 & 0 & 1 \\ -\frac{k_1 + k_2}{M_1} & \frac{k_2}{M_1} & \frac{-1}{M_1}(B_1 + B_2) & \frac{B_2}{M_1} \\ \frac{k_2}{M_2} & -\frac{k_2}{M_2} & \frac{B_2}{M_2} & -\frac{B_2}{M_2} \end{bmatrix} \begin{bmatrix} x_1 \\ x_2 \\ x_3 \\ x_4 \end{bmatrix} + \begin{bmatrix} 0 \\ 0 \\ 0 \\ \frac{1}{M_2} \end{bmatrix} f \qquad (2.6.15)$$

输出方程为

$$\begin{bmatrix} y_1 \\ y_2 \end{bmatrix} = \begin{bmatrix} 1 & 0 & 0 & 0 \\ 0 & 1 & 0 & 0 \end{bmatrix} \begin{bmatrix} x_1 \\ x_2 \\ x_3 \\ x_4 \end{bmatrix} \qquad (2.6.16)$$

例 2.6.3 试建立例 2.3.4 中图 2.3.5 所示倒立摆系统的状态空间表达式。

解：在例 2.3.4 中已说明对于图 2.3.5 所示的倒立摆系统，可以假设其转动惯量 $I = 0$。于是，可得到图 2.3.5 所示倒立摆系统的微分方程式为

$$(M + m)\ddot{x} + m\ell\ddot{\theta} = u \qquad (2.6.17)$$

$$m\ell^2\ddot{\theta} + m\ell\ddot{x} = mg\ell\theta \qquad (2.6.18)$$

由这一组方程式可知，倒立摆系统是一个 4 阶系统。需定义 4 个状态变量

$$x_1 = x$$
$$x_2 = \dot{x}$$
$$x_3 = \theta$$
$$x_4 = \dot{\theta}$$

由于 θ 表示摆杆绕 P 点的转动角度，x 表示小车的位移，它们都是容易测量的量，因此，可把 x 和 θ 作为系统的输出量

$$\boldsymbol{y} = \begin{bmatrix} y_1 \\ y_2 \end{bmatrix} = \begin{bmatrix} x \\ \theta \end{bmatrix} = \begin{bmatrix} x_1 \\ x_3 \end{bmatrix}$$

根据状态变量的定义以及方程（2.6.17）和（2.6.18），可以得到

$$\dot{x}_1 = x_2$$

$$\dot{x}_2 = -\frac{m}{M} g x_3 + \frac{1}{M} u$$

$$\dot{x}_3 = x_4$$

$$\dot{x}_4 = \frac{M+m}{Ml} g x_3 - \frac{1}{Ml} u$$

表示成矩阵形式，则有

$$\begin{bmatrix} \dot{x}_1 \\ \dot{x}_2 \\ \dot{x}_3 \\ \dot{x}_4 \end{bmatrix} = \begin{bmatrix} 0 & 1 & 0 & 0 \\ 0 & 0 & \dfrac{M+m}{Ml} g & 0 \\ 0 & 0 & 0 & 1 \\ 0 & 0 & -\dfrac{m}{M} g & 0 \end{bmatrix} \begin{bmatrix} x_1 \\ x_2 \\ x_3 \\ x_4 \end{bmatrix} + \begin{bmatrix} 0 \\ \dfrac{1}{M} \\ 0 \\ -\dfrac{1}{Ml} \end{bmatrix} u$$

$$\begin{bmatrix} y_1 \\ y_2 \end{bmatrix} = \begin{bmatrix} 1 & 0 & 0 & 0 \\ 0 & 0 & 1 & 0 \end{bmatrix} \begin{bmatrix} x_1 \\ x_2 \\ x_3 \\ x_4 \end{bmatrix}$$

在这里，应当指出，系统的状态空间表达式不是唯一的。

例 2.6.4　重新考虑例 2.2.5 中的电枢控制直流电动机，试建立该系统的状态空间表达式。

解：在例 2.2.5 中，已给出该系统各部分的微分方程为

$$L_{\mathrm{a}} \frac{\mathrm{d}i_{\mathrm{a}}(t)}{\mathrm{d}t} + R_{\mathrm{a}} i_{\mathrm{a}}(t) + C_{\mathrm{e}} \omega(t) = u_{\mathrm{a}}(t)$$

$$J \frac{\mathrm{d}\omega(t)}{\mathrm{d}t} + f \omega(t) = C_{\mathrm{m}} i_{\mathrm{a}}(t) - M_{\mathrm{c}}(t)$$

假设扰动转矩 $M_{\mathrm{c}}(t)$ 为零，并分别选择电感电流 $i_{\mathrm{a}}(t)$ 和转速 $\omega(t)$ 作为状态变量

$$x_1 = i_{\mathrm{a}}(t)$$

$$x_2 = \omega(t)$$

于是，状态方程为

$$\frac{\mathrm{d}i_{\mathrm{a}}(t)}{\mathrm{d}t} = -\frac{R_{\mathrm{a}}}{L_{\mathrm{a}}} i_{\mathrm{a}}(t) - \frac{C_{\mathrm{e}}}{L_{\mathrm{a}}} \omega(t) + \frac{1}{L_{\mathrm{a}}} u_{\mathrm{a}}(t)$$

$$\frac{\mathrm{d}\omega(t)}{\mathrm{d}t} = \frac{C_{\mathrm{m}}}{J} i_{\mathrm{a}}(t) - \frac{f}{J} \omega(t)$$

若选择转速 $\omega(t)$ 为系统的输出量，则输出方程为

$$y(t) = \omega(t)$$

用矩阵形式可以表示为

$$\begin{bmatrix}\dot{x}_1\\ \dot{x}_2\end{bmatrix}=\begin{bmatrix}-\dfrac{R_a}{L_a} & -\dfrac{C_e}{L_a}\\ \dfrac{C_m}{J} & -\dfrac{f}{J}\end{bmatrix}\begin{bmatrix}x_1\\ x_2\end{bmatrix}+\begin{bmatrix}\dfrac{1}{L_a}\\ 0\end{bmatrix}u_a(t)$$

$$y=\begin{bmatrix}0 & 1\end{bmatrix}\begin{bmatrix}x_1\\ x_2\end{bmatrix}$$

若选择电动机的转角 θ 为系统的输出量，则上述选择的状态变量不能全面描述系统的时域行为，因此，需要增加一个状态变量 x_3

$$x_3=\theta$$

新增加的状态变量与已选择的状态变量之间的关系为

$$\frac{\mathrm{d}\theta}{\mathrm{d}t}=\omega(t)$$

这样，系统的状态方程为

$$\begin{bmatrix}\dot{x}_1\\ \dot{x}_2\\ \dot{x}_3\end{bmatrix}=\begin{bmatrix}-\dfrac{R_a}{L_a} & -\dfrac{C_e}{L_a} & 0\\ \dfrac{C_m}{J} & -\dfrac{f}{J} & 0\\ 0 & 1 & 0\end{bmatrix}\begin{bmatrix}x_1\\ x_2\\ x_3\end{bmatrix}+\begin{bmatrix}\dfrac{1}{L_a}\\ 0\\ 0\end{bmatrix}U_a(t)$$

输出方程为

$$y=\begin{bmatrix}0 & 0 & 1\end{bmatrix}\begin{bmatrix}x_1\\ x_2\\ x_3\end{bmatrix}$$

从上述的例题可以看出，对于结构和参数都已知的系统，可以根据系统所遵循的物理规律建立其微分方程式，选择独立的储能元件的物理量作为状态变量，进而建立系统的状态空间表达式。当系统的结构和参数未知时，通常只能采用系统辨识的方法确定其数学模型。这种方法在这里不做介绍。

下面给出建立系统状态空间表达式的另外一种方法——根据系统的传递函数和微分方程建立其状态空间表达式。

2. 根据系统的输入输出模型——传递函数建立状态空间表达式

由传递函数建立状态空间模型的过程称为系统的“实现”。因为只要已知系统的状态空间模型，就可以利用计算机或模拟计算机仿真这个实际系统了。显然，由于状态变量选取的非唯一性，系统的实现也不是唯一的。其中维数最低的实现称为该系统的最小实现。

下面讨论由传递函数建立状态空间表达式的几种方法。

（1）直接分解法

这种方法适用于没有将传递函数的分子、分母多项式分解成因式的情况。用这种方法建立状态空间表达式时，具体步骤如下：首先，根据梅森增益公式建立与传递函数相对应的信号流图，同时，在信号流图中将每个积分器的输出定义为状态变量；然后，根据信号流图中的信号传递关系，列写状态空间表达式。

现以 4 阶系统为例加以说明。假设一四阶系统的传递函数为

$$G(s)=\frac{b_3s^3+b_2s^2+b_1s+b_0}{s^4+a_3s^3+a_2s^2+a_1s+a_0} \tag{2.6.19}$$

分别用 s^{-4} 乘以式（2.6.19）的分子和分母多项式，得

$$G(s)=\frac{b_3s^{-1}+b_2s^{-2}+b_1s^{-3}+b_0s^{-4}}{1+a_3s^{-1}+a_2s^{-2}+a_1s^{-3}+a_0s^{-4}} \tag{2.6.20}$$

因为状态方程是状态变量的一阶导数与状态变量和输入变量之间的函数关系式，因此在画信号流图时，可以使用积分器表示式（2.6.20）中的因子 s^{-1}。如果令积分器的输出为状态变量，那么，积分器的输入就是状态变量的一阶导数。因为式（2.6.20）中 s 的最高次幂是 s^{-4}，因此可用 4 个积分器来表示 s^{-4}，如果令这 4 个积分器的输出分别为 x_1、x_2、x_3、x_4，则各积分器的输入就是 $\dot{x}_1$、$\dot{x}_2$、$\dot{x}_3$、$\dot{x}_4$，如图 2.6.5 所示。

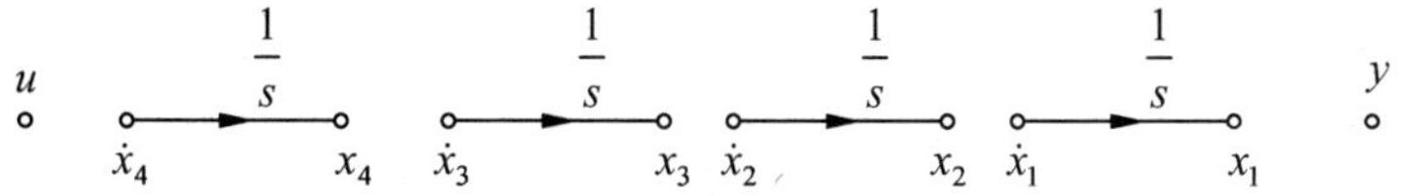

图 2.6.5　信号流图中的节点变量和积分器

下面分析如何根据传递函数式（2.6.20）得到其相应的信号流图。

由前面 2.5 节中的梅森增益公式可知

$$G(s)=\frac{Y(s)}{U(s)}=\frac{\sum\limits_k P_k\Delta_k}{\Delta} \tag{2.6.21}$$

式中，分子是前向通路参数，分母是反馈回路参数。当所有的反馈回路互相接触，以及所有的前向通路都与反馈回路接触时，式（2.6.21）可写为

$$G(s)=\frac{\sum P_k}{1-\sum\limits_{q=1}^{N}Lq} \tag{2.6.22}$$

也即

$$G(s)=\frac{\text{前向通路增益之和}}{1-\text{反馈回路增益之和}} \tag{2.6.23}$$

比较式（2.6.23）和式（2.6.20）可知，在传递函数式（2.6.20）对应的信号流图中应包括4条前向通路和4个反馈回路。对应的信号流图如图2.6.6所示。

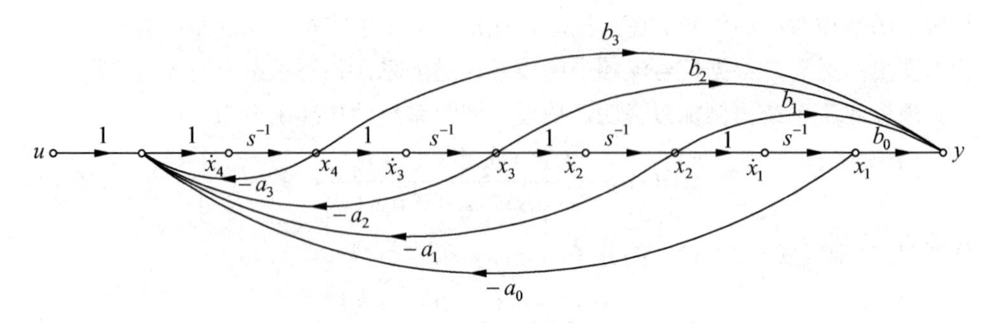

图2.6.6　式（2.6.20）对应的信号流图

根据图2.6.6所示的信号流图可写出状态方程为

$$\begin{aligned}\dot{x}_1&=x_2\\ \dot{x}_2&=x_3\\ \dot{x}_3&=x_4\\ \dot{x}_4&=-a_0x_1-a_1x_2-a_2x_3-a_3x_4+u\end{aligned}$$

输出方程为

$$y=b_0x_1+b_1x_2+b_2x_3+b_3x_4$$

写成矩阵形式为

$$\begin{bmatrix}\dot{x}_1\\ \dot{x}_2\\ \dot{x}_3\\ \dot{x}_4\end{bmatrix}=\begin{bmatrix}0&1&0&0\\ 0&0&1&0\\ 0&0&0&1\\ -a_0&-a_1&-a_2&-a_3\end{bmatrix}\begin{bmatrix}x_1\\ x_2\\ x_3\\ x_4\end{bmatrix}+\begin{bmatrix}0\\ 0\\ 0\\ 1\end{bmatrix}u \tag{2.6.24}$$

$$y=\begin{bmatrix}b_0&b_1&b_2&b_3\end{bmatrix}\begin{bmatrix}x_1\\ x_2\\ x_3\\ x_4\end{bmatrix} \tag{2.6.25}$$

仔细观察图2.6.6可知，节点$\dot{x}_1$和x_2、$\dot{x}_2$和x_3、$\dot{x}_3$和x_4可以分别合并为一个节点，如图2.6.7所示。于是，在已知系统的传递函数，建立状态空间表达式时，可省略上述推导过程，直接根据传递函数表达式（2.6.20）得到图2.6.7所示的信号流图。图2.6.7所示的信号流图被称为相变量型信号流图。

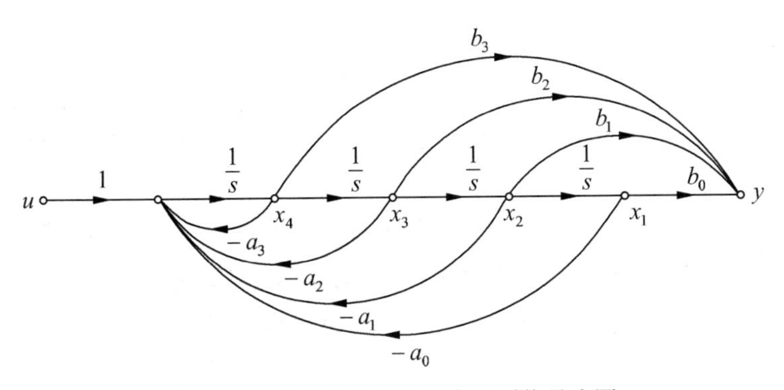

图 2.6.7　节点合并后的相变量型信号流图

对于 n 阶系统，其传递函数为

$$G(s)=\frac{b_{n-1}s^{n-1}+b_{n-2}s^{n-2}+\cdots+b_1s+b_0}{s^n+a_{n-1}s^{n-1}+a_{n-2}s^{n-2}+\cdots+a_1s+a_0}$$

采用上述方法，可直接画出系统的信号流图如图 2.6.8 所示。

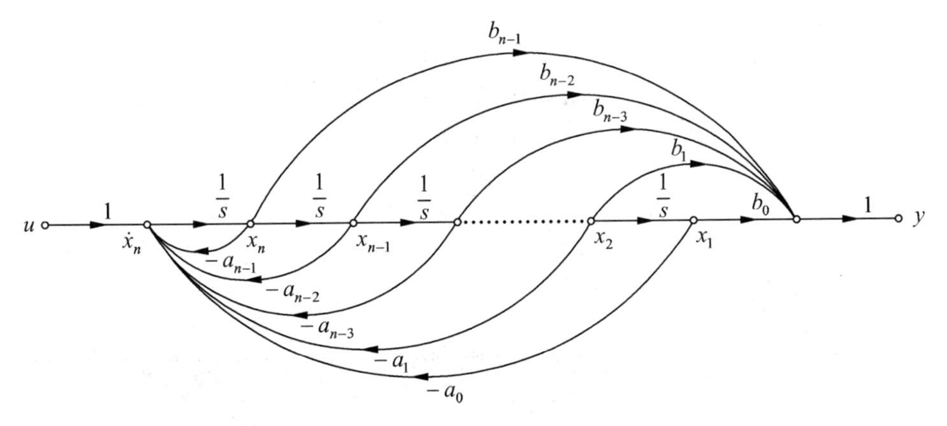

图 2.6.8　n 阶系统的相变量型信号流图

由此可得到系统的状态空间表达式为

$$\boldsymbol{A}=\begin{bmatrix} 0 & 1 & 0 & \cdots & 0 \\ 0 & 0 & 1 & \cdots & 0 \\ \vdots & \vdots & \vdots & \ddots & \vdots \\ 0 & 0 & 0 & \cdots & 1 \\ -a_0 & -a_1 & -a_2 & \cdots & -a_{n-1} \end{bmatrix} \tag{2.6.26}$$

$$\boldsymbol{b}=\begin{bmatrix} 0 \\ 0 \\ \vdots \\ 0 \\ 1 \end{bmatrix}$$

$$c=\begin{bmatrix}b_0 & b_1 & b_2 & b_3 & \cdots & b_{n-1}\end{bmatrix}$$
$$d=0$$

按直接分解法得到的如式（2.6.26）所示的状态空间模型被称为能控标准型，或者相变量型状态空间表达式。

其实，图 2.6.7 所示的相变量型信号流图并非式（2.6.20）描述的传递函数的唯一表示。图 2.6.9 所示的输入前馈形式的信号流图是传递函数表达式（2.6.20）的又一种表示。由图 2.6.9 可得到各状态变量间的关系为

$$\dot{x}_1=-a_3x_1+x_2+b_3u$$
$$\dot{x}_2=-a_2x_1+x_3+b_2u$$
$$\dot{x}_3=-a_1x_1+x_4+b_1u$$
$$\dot{x}_4=-a_0x_1+b_0u$$
$$y=x_1$$

用矩阵形式表示，可得到输入前馈形式的状态空间表达式为

$$\frac{\mathrm{d}\boldsymbol{x}}{\mathrm{d}t}=\begin{bmatrix}-a_3 & 1 & 0 & 0\\ -a_2 & 0 & 1 & 0\\ -a_1 & 0 & 0 & 1\\ -a_0 & 0 & 0 & 0\end{bmatrix}\boldsymbol{x}+\begin{bmatrix}b_3\\ b_2\\ b_1\\ b_0\end{bmatrix}u(t)$$
$$y=\begin{bmatrix}1 & 0 & 0 & 0\end{bmatrix}\boldsymbol{x}$$

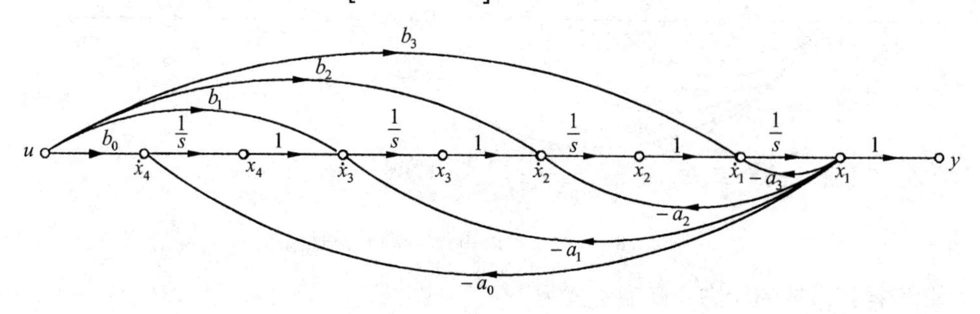

图 2.6.9 输入前馈形式的信号流图

如果重新定义图 2.6.9 中的状态变量，如图 2.6.10 所示，则有

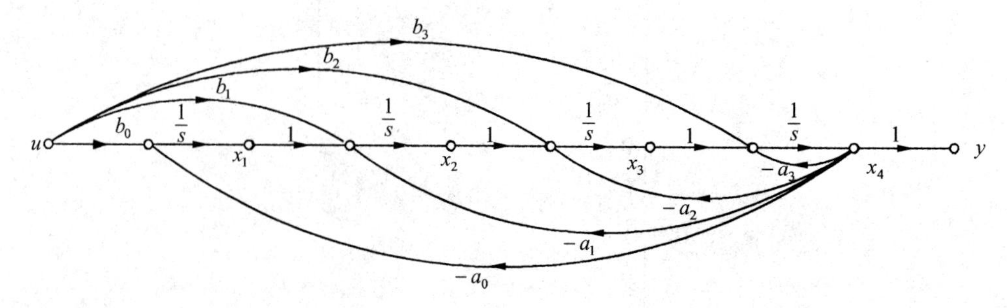

图 2.6.10 重新定义状态变量后的输入前馈形式的信号流图

$$\begin{aligned}
\dot{x}_1 &= -a_0 x_4 + b_0 u \\
\dot{x}_2 &= x_1 - a_1 x_4 + b_1 u \\
\dot{x}_3 &= x_2 - a_2 x_4 + b_2 u \\
\dot{x}_4 &= x_3 - a_3 x_4 + b_3 u \\
y &= x_4
\end{aligned}$$

用矩阵形式可以表示为

$$\begin{cases} \dot{\boldsymbol{x}} = \begin{bmatrix} 0 & 0 & 0 & -a_0 \\ 1 & 0 & 0 & -a_1 \\ 0 & 1 & 0 & -a_2 \\ 0 & 0 & 1 & -a_3 \end{bmatrix} \boldsymbol{x} + \begin{bmatrix} b_0 \\ b_1 \\ b_2 \\ b_3 \end{bmatrix} u \\ y = \begin{bmatrix} 0 & 0 & 0 & 1 \end{bmatrix} \boldsymbol{x} \end{cases} \tag{2.6.27}$$

由输入前馈形式的信号流图得到的式（2.6.27）称为能观测标准型。

很显然，由直接分解法得到的相变量形式和输入前馈形式的信号流图，虽然它们的传递函数是相同的，但其结构和选择的状态变量却是不同的。这说明同一个传递函数可以有多个状态空间表达式与之对应。这也正是状态空间描述非唯一性的体现。

（2）串联分解法

串联分解法适用于已经把传递函数分解为因式的情况，如

$$G(s) = \frac{k(s+z_1)(s+z_2)}{(s+p_1)(s+p_2)(s+p_3)} \tag{2.6.28}$$

显然，可以将传递函数表达式（2.6.28）看作 3 个一阶系统的串联，即

$$G(s) = \frac{k}{s+p_1} \cdot \left(1 + \frac{z_1 - p_2}{s+p_2}\right) \cdot \left(1 + \frac{z_2 - p_3}{s+p_3}\right) \tag{2.6.29}$$

根据直接分解法可画出与式（2.6.29）中的每个一阶传递函数相对应的信号流图，然后将这 3 个一阶环节串联起来，如图 2.6.11 所示。图 2.6.11 中的信号流图就是传递函数表达式（2.6.28）对应的信号流图。

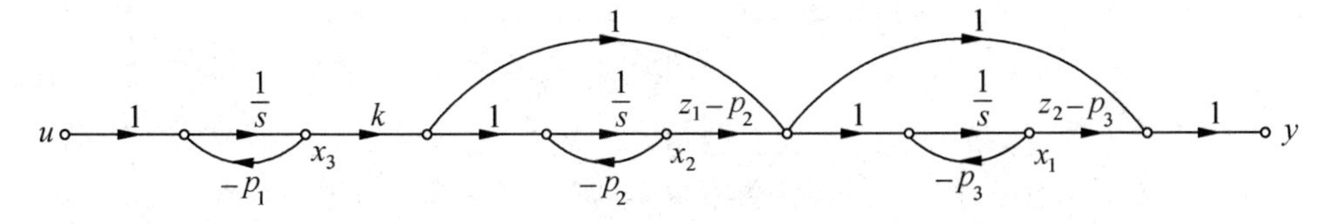

图 2.6.11　串联分解的信号流图

在图 2.6.11 中令积分器的输出分别为状态变量 x_1、x_2、x_3，可以得到系统的状态方程和输出方程分别为

$$\begin{cases}\begin{bmatrix}\dot{x}_1\\ \dot{x}_2\\ \dot{x}_3\end{bmatrix}=\begin{bmatrix}-p_3 & z_1-p_2 & k\\ 0 & -p_2 & k\\ 0 & 0 & -p_1\end{bmatrix}\begin{bmatrix}x_1\\ x_2\\ x_3\end{bmatrix}+\begin{bmatrix}0\\ 0\\ 1\end{bmatrix}u\\ y=\begin{bmatrix}z_2-p_3 & z_1-p_2 & k\end{bmatrix}\begin{bmatrix}x_1\\ x_2\\ x_3\end{bmatrix}\end{cases} \tag{2.6.30}$$

由于实际的物理系统常常是由一些元部件串联组成的，因此采用串联分解法所确定的状态变量有着明显的物理含义。

（3）并联分解法

并联分解法适用于已经将传递函数的分母多项式分解成因式的情况，如

$$G(s)=\frac{Q(s)}{(s+p_1)(s+p_2)(s+p_3)} \tag{2.6.31}$$

用并联分解法建立状态空间表达式时，首先，应将传递函数展开成部分分式的形式。这里分两种情况进行讨论。

第一种情况，当 $-p_1$、$-p_2$、$-p_3$ 为传递函数 $G(s)$ 的互不相同的极点时，式（2.6.31）可表示为

$$G(s)=\frac{k_1}{s+p_1}+\frac{k_2}{s+p_2}+\frac{k_3}{s+p_3} \tag{2.6.32}$$

式中 k_1、k_2、k_3 可表示为

$$k_i=\lim_{s\to -p_i}G(s)(s+p_i),\qquad i=1,\ 2,\ 3 \tag{2.6.33}$$

可以将表达式(2.6.32)看作3个一阶环节的并联，与之对应的信号流图如图2.6.12所示。

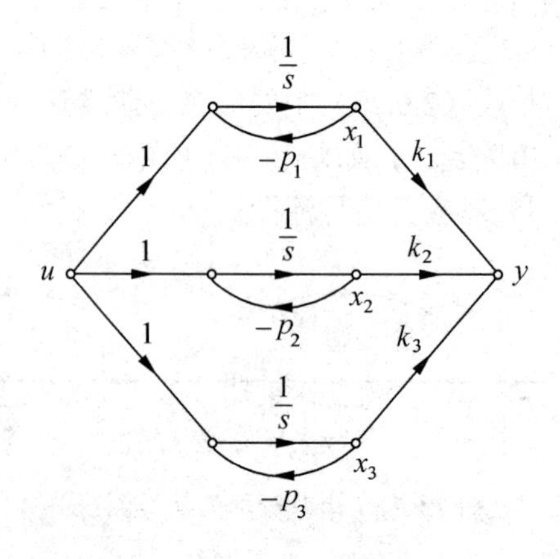

图2.6.12　并联分解的信号流图

由图2.6.12可以得出状态空间表达式为

$$\begin{bmatrix} \dot{x}_1 \\ \dot{x}_2 \\ \dot{x}_3 \end{bmatrix} = \begin{bmatrix} -p_1 & 0 & 0 \\ 0 & -p_2 & 0 \\ 0 & 0 & -p_3 \end{bmatrix} \begin{bmatrix} x_1 \\ x_2 \\ x_3 \end{bmatrix} + \begin{bmatrix} 1 \\ 1 \\ 1 \end{bmatrix} u \tag{2.6.34}$$

$$y = \begin{bmatrix} k_1 & k_2 & k_3 \end{bmatrix} \begin{bmatrix} x_1 \\ x_2 \\ x_3 \end{bmatrix} \tag{2.6.35}$$

对于图 2.6.12 中的增益 k_1、k_2、k_3，也可以将其放到积分器的前面，此时，状态空间表达式为

$$\begin{bmatrix} \dot{x}_1 \\ \dot{x}_2 \\ \dot{x}_3 \end{bmatrix} = \begin{bmatrix} -p_1 & 0 & 0 \\ 0 & -p_2 & 0 \\ 0 & 0 & -p_3 \end{bmatrix} \begin{bmatrix} x_1 \\ x_2 \\ x_3 \end{bmatrix} + \begin{bmatrix} k_1 \\ k_2 \\ k_3 \end{bmatrix} u \tag{2.6.36}$$

$$y = \begin{bmatrix} 1 & 1 & 1 \end{bmatrix} \begin{bmatrix} x_1 \\ x_2 \\ x_3 \end{bmatrix} \tag{2.6.37}$$

第二种情况，当 $-p_1$、$-p_2$ 是传递函数 $G(s)$ 的重极点时，可以将传递函数表达式（2.6.31）写成

$$G(s) = \frac{Q(s)}{(s+p_1)^2(s+p_3)} = \frac{k_{11}}{(s+p_1)^2} + \frac{k_{12}}{(s+p_1)} + \frac{k_3}{s+p_3} \tag{2.6.38}$$

为不失一般性，对于 n 阶系统，可以假设 $G(s)$ 具有 n 重极点 $-p$。此时，

$$G(s) = \frac{Q(s)}{(s+p)^n} = \frac{k_{11}}{(s+p)^n} + \frac{k_{12}}{(s+p)^{n-1}} + \cdots + \frac{k_{1n}}{s+p} \tag{2.6.39}$$

其中系数为

$$k_{1i} = \lim_{s \to -p} \frac{1}{(i-1)!} \frac{\mathrm{d}^{i-1}}{\mathrm{d}s^{i-1}} [G(s)(s+p)^n], \qquad i = 1, 2, \cdots, n \tag{2.6.40}$$

于是，传递函数表达式（2.6.38）的信号流图如图 2.6.13 所示。

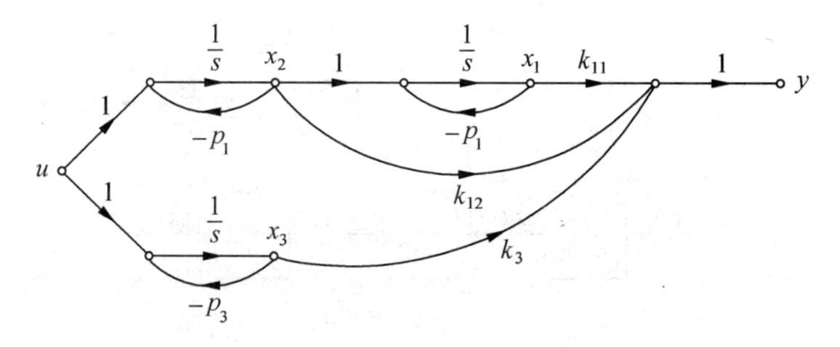

图 2.6.13　式（2.6.38）对应的信号流图

这里应注意，第一个积分器被两个通道所公用，这样做的目的是为了使系统中所含积分器的数目为最小。

图 2.6.13 所示信号流图对应的状态空间表达式为

$$\begin{bmatrix} \dot{x}_1 \\ \dot{x}_2 \\ \dot{x}_3 \end{bmatrix} = \begin{bmatrix} -p_1 & 1 & 0 \\ 0 & -p_1 & 0 \\ 0 & 0 & -p_3 \end{bmatrix} \begin{bmatrix} x_1 \\ x_2 \\ x_3 \end{bmatrix} + \begin{bmatrix} 0 \\ 1 \\ 1 \end{bmatrix} u \tag{2.6.41}$$

$$y = \begin{bmatrix} k_{11} & k_{12} & k_3 \end{bmatrix} \begin{bmatrix} x_1 \\ x_2 \\ x_3 \end{bmatrix} \tag{2.6.42}$$

当上述传递函数的极点互异时，可以得到如式（2.6.34）所示的状态方程。该状态方程表明该系统中的状态变量之间没有耦合关系，即每个状态变量只能与它本身和输入量有关，而与其他状态变量无关。通常将这种形式的状态方程称为对角线标准型。而将式（2.6.41）所示的状态方程称为约当标准型。因此，当系统的传递函数极点互不相同时，可以利用并联分解法建立系统的对角线标准型。而当系统的传递函数有重极点时，可以利用并联分解法得到系统的约当标准型。

例 2.6.5　已知水箱液位系统如图 2.6.14（a）所示，其方块图如图 2.6.14（b）所示。该系统的传递函数为

$$G(s) = \frac{1}{s^3 + 10s^2 + 31s + 30}$$

试利用上述三种方法画出其信号流图，并建立相应的状态空间表达式。

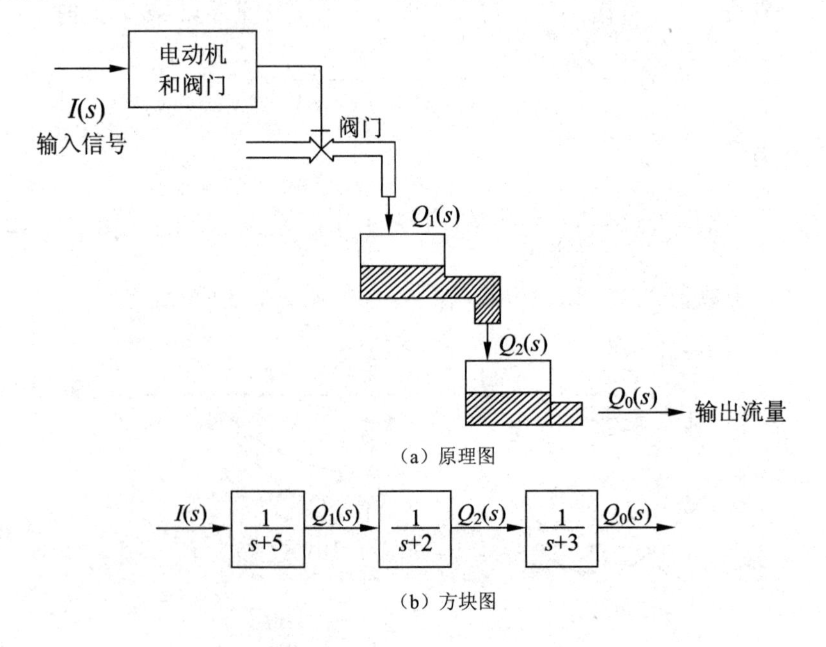

（a）原理图

（b）方块图

图 2.6.14　两水箱液位系统

解：（1）采用直接分解法建立系统的能控标准型或相变量型的状态空间表达式。为此，需将传递函数变换为

$$G(s)=\frac{s^{-3}}{1+10s^{-1}+31s^{-2}+30s^{-3}}$$

根据梅森增益公式得到的信号流图如图 2.6.15 所示。

在图 2.6.15 中，令积分器的输出分别为状态变量 x_1、x_2、x_3，知

$$\begin{aligned}&\dot{x}_1=x_2\\&\dot{x}_2=x_3\\&\dot{x}_3=-30x_1-31x_2-10x_3+u\\&y=x_1\end{aligned}$$

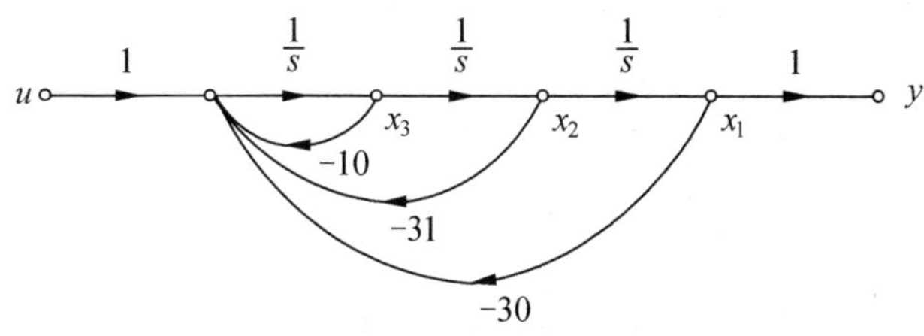

图 2.6.15 例 2.6.5 系统的信号流图（1）

于是，可以得到系统的能控标准型为

$$\dot{\boldsymbol{x}}=\begin{bmatrix}0&1&0\\0&0&1\\-30&-31&-10\end{bmatrix}\boldsymbol{x}+\begin{bmatrix}0\\0\\1\end{bmatrix}u$$

$$y=\begin{bmatrix}1&0&0\end{bmatrix}\boldsymbol{x}$$

（2）采用串联分解法建立系统的状态空间表达式。为此，需将传递函数变换为

$$\begin{aligned}G(s)&=\frac{1}{(s+5)(s+2)(s+3)}=\frac{1}{s+5}\cdot\frac{1}{s+2}\cdot\frac{1}{s+3}\\&=\frac{s^{-1}}{1+5s^{-1}}\cdot\frac{s^{-1}}{1+2s^{-1}}\cdot\frac{s^{-1}}{1+3s^{-1}}\end{aligned}$$

由此可画出与之对应的系统的信号流图如图 2.6.16 所示。

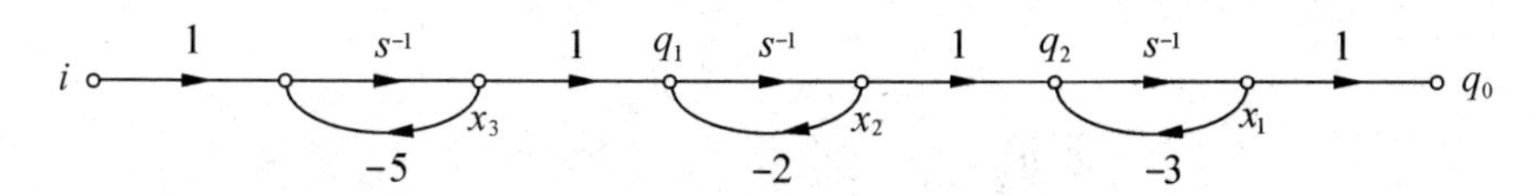

图 2.6.16 例 2.6.5 系统的信号流图（2）

由图 2.6.16 可写出状态空间表达式为

$$\dot{\boldsymbol{x}} = \begin{bmatrix} -3 & 1 & 0 \\ 0 & -2 & 1 \\ 0 & 0 & -5 \end{bmatrix} \boldsymbol{x} + \begin{bmatrix} 0 \\ 0 \\ 1 \end{bmatrix} u$$

$$y = \begin{bmatrix} 1 & 0 & 0 \end{bmatrix} \boldsymbol{x}$$

（3）采用并联分解法建立系统的对角线标准型。为此，需将传递函数变换为

$$G(s) = \frac{1}{(s+5)(s+2)(s+3)}$$

$$= \frac{\frac{1}{6}}{s+5} + \frac{\frac{1}{3}}{s+2} + \frac{-\frac{1}{2}}{s+3}$$

由此可画出与之对应的信号流图如图 2.6.17 所示。

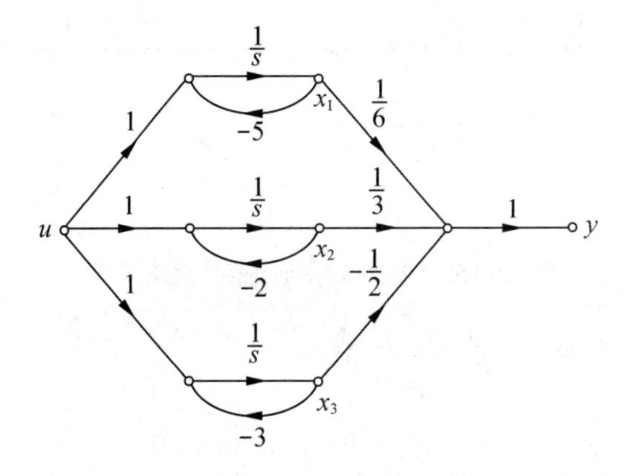

图 2.6.17　例 2.6.5 系统的信号流图（3）

由图 2.6.17 可以得到系统的状态空间表达式为

$$\dot{\boldsymbol{x}} = \begin{bmatrix} -5 & 0 & 0 \\ 0 & -2 & 0 \\ 0 & 0 & -3 \end{bmatrix} \boldsymbol{x} + \begin{bmatrix} 1 \\ 1 \\ 1 \end{bmatrix} u$$

$$y = \begin{bmatrix} \frac{1}{6} & \frac{1}{3} & -\frac{1}{2} \end{bmatrix} \boldsymbol{x}$$

3. 根据系统的输入输出模型——微分方程建立状态空间表达式

对于 n 阶线性定常连续系统，微分方程可表示为

$$\begin{aligned} & y^{(n)} + a_{n-1} y^{(n-1)} + a_{n-2} y^{(n-2)} + \cdots + a_1 y' + a_0 y \\ & = b_m u^{(m)} + b_{m-1} u^{(m-1)} + \cdots + b_1 u' + b_0 u \end{aligned} \tag{2.6.43}$$

根据微分方程式（2.6.43）建立状态空间表达式时，可以先求出与之对应的传递函数，然后再利用上述方法得到其状态空间表达式。对于微分方程不含输入 u 的各阶导数项的情况时，也可以选择相变量作为状态变量，直接建立其状态空间

表达式。

此时，微分方程式为

$$y^{(n)} + a_{n-1}y^{(n-1)} + a_{n-2}y^{(n-2)} + \cdots + a_1 y' + a_0 y = b_0 u \tag{2.6.44}$$

对于式（2.6.44），如果给定初始条件 $y(0)$，$\dot{y}(0)$，…，$y^{(n-1)}(0)$ 及 $t \geqslant 0$ 时的输入 $u(t)$，微分方程的解是唯一的。也就是说，可以完全确定该系统的时域行为。这样，我们可以选取 $y(t)$，$\dot{y}(t)$，…，$y^{(n-1)}(t)$ 等 n 个变量作为状态变量。即

$$\begin{aligned} x_1 &= y \\ x_2 &= \dot{y} \\ &\vdots \\ x_n &= y^{(n-1)} \end{aligned}$$

于是，可以得到状态方程为

$$\begin{aligned} \dot{x}_1 &= \dot{y} = x_2 \\ \dot{x}_2 &= \ddot{y} = x_3 \\ &\vdots \\ \dot{x}_n &= -a_0 x_1 - a_1 x_2 \cdots - a_{n-1} x_n + b_0 u \end{aligned}$$

输出方程为

$$y = x_1$$

写成矩阵形式为

$$\dot{\boldsymbol{x}} = \boldsymbol{A}\boldsymbol{x} + \boldsymbol{b}u \tag{2.6.45}$$

$$y = \boldsymbol{c}\boldsymbol{x} \tag{2.6.46}$$

式中

$$\begin{cases} \boldsymbol{x} = \begin{bmatrix} x_1 \\ x_2 \\ \vdots \\ x_n \end{bmatrix} \\ \boldsymbol{A} = \begin{bmatrix} 0 & 1 & 0 & \cdots & 0 \\ 0 & 0 & 1 & \cdots & 0 \\ \vdots & \vdots & \vdots & \cdots & \vdots \\ 0 & 0 & 0 & \cdots & 1 \\ -a_0 & -a_1 & -a_2 & \cdots & -a_{n-1} \end{bmatrix} \\ \boldsymbol{b} = \begin{bmatrix} 0 \\ 0 \\ \vdots \\ b_0 \end{bmatrix} \\ \boldsymbol{c} = \begin{bmatrix} 1 & 0 & 0 & \cdots & 0 \end{bmatrix} \end{cases} \tag{2.6.47}$$

这里应注意，上述选取的状态变量是输出 y 以及输出 y 的各阶导数，通常把这组变量称为相变量。在数学上称形如式（2.6.47）的矩阵为友矩阵或相伴矩阵。

2.6.3 传递函数与状态空间表达式之间的关系

假设多输入多输出系统的状态空间表达式为

$$\dot{\boldsymbol{x}} = \boldsymbol{A}\boldsymbol{x} + \boldsymbol{B}\boldsymbol{u} \tag{2.6.48}$$

$$\boldsymbol{y} = \boldsymbol{C}\boldsymbol{x} + \boldsymbol{D}\boldsymbol{u} \tag{2.6.49}$$

其中，$\boldsymbol{x}$ 为 n 维状态向量；$\boldsymbol{y}$ 为 m 维输出向量；$\boldsymbol{u}$ 为 r 维输入向量。

对式（2.6.48）和式（2.6.49）进行拉普拉斯变换，有

$$s\boldsymbol{X}(s) - \boldsymbol{x}(0) = \boldsymbol{A}\boldsymbol{X}(s) + \boldsymbol{B}\boldsymbol{U}(s) \tag{2.6.50}$$

$$\boldsymbol{Y}(s) = \boldsymbol{C}\boldsymbol{X}(s) + \boldsymbol{D}\boldsymbol{U}(s) \tag{2.6.51}$$

经过整理可以得到

$$\boldsymbol{X}(s) = \left[s\boldsymbol{I} - \boldsymbol{A}\right]^{-1}\boldsymbol{B}\boldsymbol{U}(s) + \left[s\boldsymbol{I} - \boldsymbol{A}\right]^{-1}\boldsymbol{x}(0)$$

$$\boldsymbol{Y}(s) = \boldsymbol{C}\left[s\boldsymbol{I} - \boldsymbol{A}\right]^{-1}\boldsymbol{B}\boldsymbol{U}(s) + \boldsymbol{C}\left[s\boldsymbol{I} - \boldsymbol{A}\right]^{-1}\boldsymbol{x}(0) + \boldsymbol{D}\boldsymbol{U}(s)$$

令所有变量的初始条件为零，可以得到系统的传递函数为

$$\boldsymbol{G}(s) = \frac{\boldsymbol{Y}(s)}{\boldsymbol{U}(s)} = \boldsymbol{C}\left[s\boldsymbol{I} - \boldsymbol{A}\right]^{-1}\boldsymbol{B} + \boldsymbol{D} \tag{2.6.52}$$

显然，$\boldsymbol{G}(s)$ 是 $m \times r$ 维矩阵，称为传递函数阵，具体有

$$\boldsymbol{G}(s) = \begin{bmatrix} G_{11}(s) & G_{12}(s) & \cdots & G_{1r}(s) \\ G_{21}(s) & G_{22}(s) & \cdots & G_{2r}(s) \\ \vdots & \vdots & \ddots & \vdots \\ G_{m1}(s) & G_{m2}(s) & \cdots & G_{mr}(s) \end{bmatrix}$$

其中，$\boldsymbol{G}_{ij}(s)$ 表示第 i 个输出对第 j 个输入的传递函数。

当系统输入和输出的维数 $r = m = 1$，即单输入单输出系统时，传递函数 $\boldsymbol{G}(s)$ 只有一个元素。此时，式（2.6.52）可表示为

$$G(s) = \frac{Q(s)}{\left|s\boldsymbol{I} - \boldsymbol{A}\right|}$$

式中 $Q(s)$ 是以 s 为变量的多项式。因此，$\left|s\boldsymbol{I} - \boldsymbol{A}\right|$ 是传递函数 $G(s)$ 的特征多项式，也即矩阵 $\boldsymbol{A}$ 的特征方程式 $\left|s\boldsymbol{I} - \boldsymbol{A}\right| = 0$ 就是系统的特征方程式，而 $\boldsymbol{A}$ 的特征值也就是系统的特征根。

2.6.4　组合系统的状态空间表达式

在实际的物理系统中，一个系统往往是由若干个子系统相互连接构成的。通常，把两个或两个以上的子系统按一定方式相互连接而构成的系统称为组合系统。对于组合系统，基本的连接方式是：并联、串联和反馈，如图 2.6.18 所示。

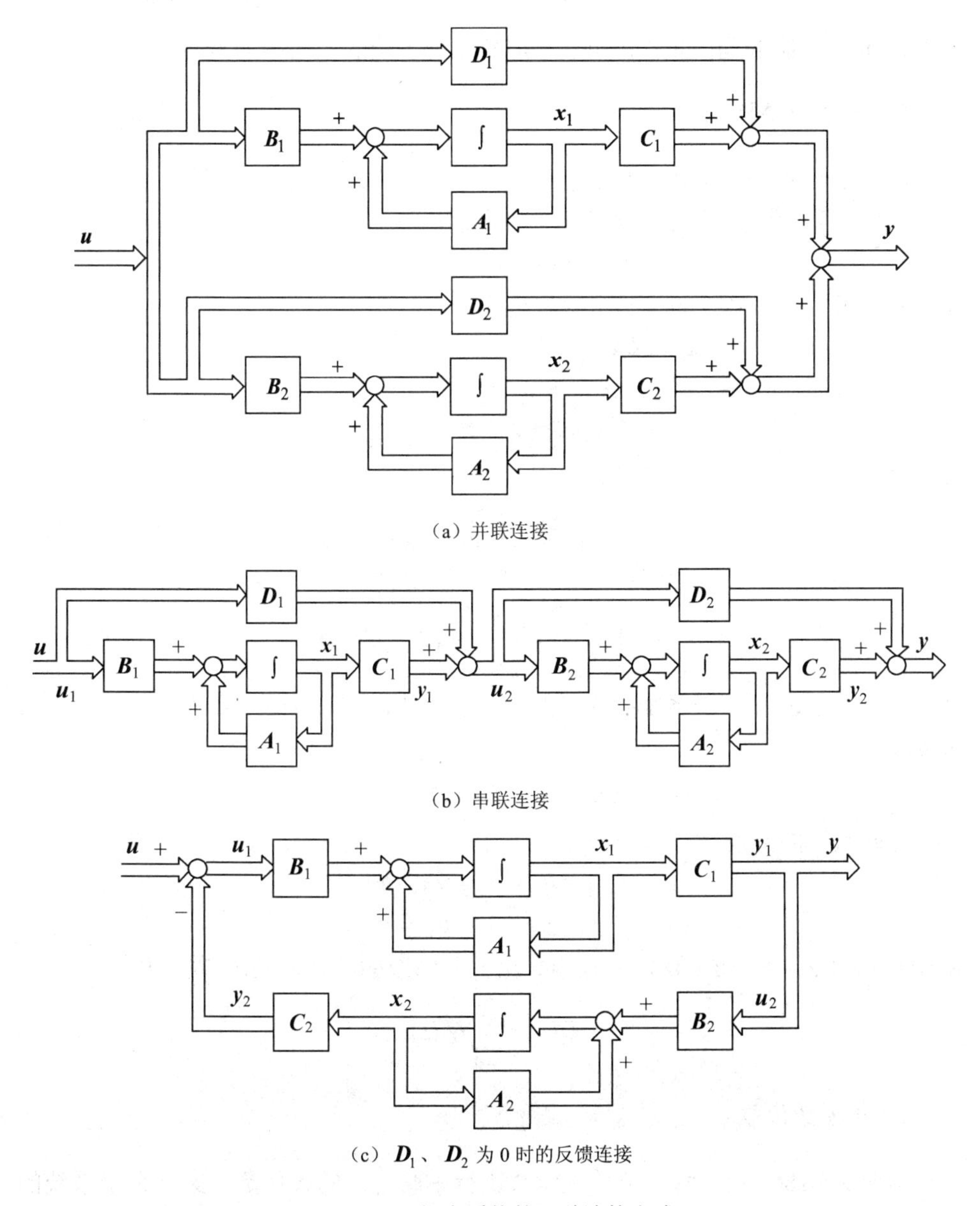

图 2.6.18　组合系统的三种连接方式

现在分别讨论这样三种连接形式的状态空间表达式和传递函数矩阵。假设两个线性定常子系统 $S_i(i=1,\ 2)$，其状态方程和输出方程分别为

$$S_i:\quad \dot{\boldsymbol{x}}_i = \boldsymbol{A}_i\boldsymbol{x}_i + \boldsymbol{B}_i\boldsymbol{u}_i \tag{2.6.53}$$

$$\boldsymbol{y}_i = \boldsymbol{C}_i\boldsymbol{x}_i + \boldsymbol{D}_i\boldsymbol{u}_i,\quad i=1,\ 2 \tag{2.6.54}$$

并且假设子系统 S_1 的状态向量 $\boldsymbol{x}_1$ 是 n_1 维的，子系统 S_2 的状态向量 $\boldsymbol{x}_2$ 是 n_2 维的。$\boldsymbol{u}_i$ 和 $\boldsymbol{y}_i$ 分别是子系统 S_i 的输入和输出向量。组合系统的状态向量记为 $\boldsymbol{x}=\begin{bmatrix}\boldsymbol{x}_1^{\mathrm{T}} & \boldsymbol{x}_2^{\mathrm{T}}\end{bmatrix}^{\mathrm{T}}$，$\boldsymbol{x}$ 是 $n=n_1+n_2$ 维的列向量。$\boldsymbol{u}$ 和 $\boldsymbol{y}$ 分别是组合系统的输入和输出向量。

1．子系统并联

由图 2.6.18（a）可知，两个子系统能够进行并联连接的条件是：两个子系统的输入向量和输出向量的维数应分别相等。并联系统的特点是

$$\boldsymbol{u}_1 = \boldsymbol{u}_2 = \boldsymbol{u}\,,\quad \boldsymbol{y}_1 + \boldsymbol{y}_2 = \boldsymbol{y} \tag{2.6.55}$$

经过并联组合后，系统的状态空间表达式为

$$\begin{aligned}\dot{\boldsymbol{x}}_1 &= \boldsymbol{A}_1\boldsymbol{x}_1 + \boldsymbol{B}_1\boldsymbol{u}\\ \dot{\boldsymbol{x}}_2 &= \boldsymbol{A}_2\boldsymbol{x}_2 + \boldsymbol{B}_2\boldsymbol{u}\\ \boldsymbol{y} &= \boldsymbol{y}_1 + \boldsymbol{y}_2 = \boldsymbol{C}_1\boldsymbol{x}_1 + \boldsymbol{C}_2\boldsymbol{x}_2 + \boldsymbol{D}_1\boldsymbol{u} + \boldsymbol{D}_2\boldsymbol{u}\end{aligned}$$

或写成

$$\begin{bmatrix}\dot{\boldsymbol{x}}_1\\ \dot{\boldsymbol{x}}_2\end{bmatrix} = \begin{bmatrix}\boldsymbol{A}_1 & 0\\ 0 & \boldsymbol{A}_2\end{bmatrix}\begin{bmatrix}\boldsymbol{x}_1\\ \boldsymbol{x}_2\end{bmatrix} + \begin{bmatrix}\boldsymbol{B}_1\\ \boldsymbol{B}_2\end{bmatrix}\boldsymbol{u} \tag{2.6.56}$$

$$\boldsymbol{y} = \begin{bmatrix}\boldsymbol{C}_1 & \boldsymbol{C}_2\end{bmatrix}\begin{bmatrix}\boldsymbol{x}_1\\ \boldsymbol{x}_2\end{bmatrix} + \begin{bmatrix}\boldsymbol{D}_1 + \boldsymbol{D}_2\end{bmatrix}\boldsymbol{u} \tag{2.6.57}$$

进一步可推导出 N 个子系统并联时的传递函数矩阵。先假设子系统 S_i 的传递函数矩阵为

$$\boldsymbol{G}_i(s) = \boldsymbol{C}_i(s\boldsymbol{I} - \boldsymbol{A}_i)^{-1}\boldsymbol{B}_i + \boldsymbol{D}_i\,,\quad i=1,2,\cdots,N \tag{2.6.58}$$

根据并联系统的特点

$$\begin{aligned}\boldsymbol{u}_1 = \boldsymbol{u}_2 = \cdots = \boldsymbol{u}_N = \boldsymbol{u}\\ \boldsymbol{y}_1 + \boldsymbol{y}_2 + \cdots + \boldsymbol{y}_N = \boldsymbol{y}\end{aligned}$$

和 $\boldsymbol{G}(s) = \boldsymbol{C}(s\boldsymbol{I} - \boldsymbol{A})^{-1}\boldsymbol{B} + \boldsymbol{D}$，不难推导出并联系统的传递函数阵 $\boldsymbol{G}(s)$ 为

$$\boldsymbol{G}(s) = \sum_{i=1}^{N}\boldsymbol{G}_i(s) \tag{2.6.59}$$

2．子系统串联

由图 2.6.18(b)知，两个子系统能够进行串联连接的条件是：第一个子系统的输出向量 $\boldsymbol{y}_1$ 的维数与第二个子系统的输入向量 $\boldsymbol{u}_2$ 的维数相等。

两个子系统串联后构成的组合系统的状态空间表达式为

$$\begin{bmatrix} \dot{\boldsymbol{x}}_1 \\ \dot{\boldsymbol{x}}_2 \end{bmatrix} = \begin{bmatrix} \boldsymbol{A}_1 & 0 \\ \boldsymbol{B}_2\boldsymbol{C}_1 & \boldsymbol{A}_2 \end{bmatrix} \begin{bmatrix} \boldsymbol{x}_1 \\ \boldsymbol{x}_2 \end{bmatrix} + \begin{bmatrix} \boldsymbol{B}_1 \\ \boldsymbol{B}_2\boldsymbol{D}_1 \end{bmatrix} \boldsymbol{u} \tag{2.6.60}$$

$$\boldsymbol{y} = \begin{bmatrix} \boldsymbol{D}_2\boldsymbol{C}_1 & \boldsymbol{C}_2 \end{bmatrix} \begin{bmatrix} \boldsymbol{x}_1 \\ \boldsymbol{x}_2 \end{bmatrix} + \begin{bmatrix} \boldsymbol{D}_2\boldsymbol{D}_1 \end{bmatrix} \boldsymbol{u} \tag{2.6.61}$$

传递函数矩阵为

$$\boldsymbol{G}(s) = \boldsymbol{G}_2(s)\boldsymbol{G}_1(s)$$

对于 N 个子系统的串联，即满足

$$\boldsymbol{u}_1 = \boldsymbol{u}\,,\quad \boldsymbol{u}_2 = \boldsymbol{y}_1\,,\quad \cdots\,,\quad \boldsymbol{u}_N = \boldsymbol{y}_{N-1}\,,\quad \boldsymbol{y} = \boldsymbol{y}_N$$

时，传递函数矩阵可表示为

$$\boldsymbol{G}(s) = \boldsymbol{G}_N(s)\boldsymbol{G}_{N-1}(s)\cdots\boldsymbol{G}_1(s) \tag{2.6.62}$$

应当注意的是，在串联组合系统的传递函数矩阵中，子系统的串联顺序不能随意互换。

例 2.6.6　已知某控制系统的微分方程为

$$\dddot{y} + a_2\ddot{y} + a_1\dot{y} = b_1\dot{u} + b_0 u \tag{2.6.63}$$

$$c_2\ddot{z} + c_1\dot{z} + c_0 z = y \tag{2.6.64}$$

试建立其状态空间表达式。

解：通过分析这个系统的微分方程式，我们可以把这个系统看作是两个子系统的串联连接，可以用如图 2.6.19 所示方块图表示。

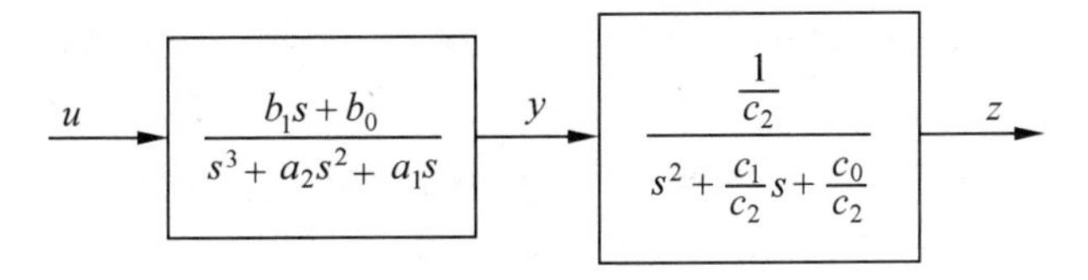

图 2.6.19　例 2.6.6 系统的方块图

对于图 2.6.19 中的每一个子系统，根据 2.6.2 节中给出的直接分解法，可以画出与之对相应的信号流图。于是，整个组合系统的信号流图如图 2.6.20 所示。

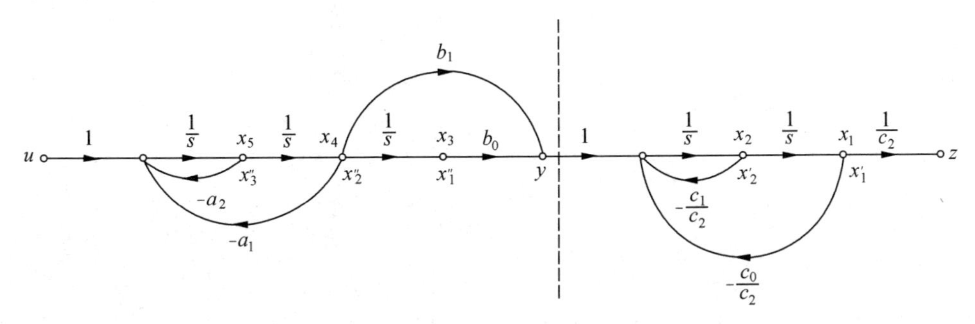

图 2.6.20　图 2.6.19 中系统的信号流图

可以采用两种方法得到该系统的状态空间表达式。

（1）直接根据图2.6.20中给出的信号流图上各信号之间的传递关系，建立系统的状态空间表达式。

由图2.6.20所示的信号流图可得

$$\boldsymbol{A}=\begin{bmatrix} 0 & 1 & 0 & 0 & 0 \\ \dfrac{-c_0}{c_2} & -\dfrac{c_1}{c_2} & b_0 & b_1 & 0 \\ 0 & 0 & 0 & 1 & 0 \\ 0 & 0 & 0 & 0 & 1 \\ 0 & 0 & 0 & -a_1 & -a_2 \end{bmatrix}$$

$$\boldsymbol{b}=\begin{bmatrix} 0 \\ 0 \\ 0 \\ 0 \\ 1 \end{bmatrix}$$

$$\boldsymbol{c}=\begin{bmatrix} \dfrac{1}{c_2} & 0 & 0 & 0 & 0 \end{bmatrix}$$

$$d=0$$

（2）先建立每一个子系统的状态空间表达式，然后按照两个子系统的串联连接，即可得到组合系统的状态空间表达式。为此，令两个子系统的状态变量分别为x_1''，x_2''，x_3''和x_1'，x_2'，再将两个子系统的$\boldsymbol{A}_i$，$\boldsymbol{B}_i$，$\boldsymbol{C}_i$，$\boldsymbol{D}_i(i=1,\ 2)$代入式（2.6.60）和式（2.6.61），便可得到该系统的状态空间表达式为

$$\boldsymbol{A}=\begin{bmatrix} 0 & 1 & 0 & 0 & 0 \\ 0 & 0 & 1 & 0 & 0 \\ 0 & -a_1 & -a_2 & 0 & 0 \\ 0 & 0 & 0 & 0 & 1 \\ b_0 & b_1 & 0 & -\dfrac{c_0}{c_2} & -\dfrac{c_1}{c_2} \end{bmatrix}$$

$$\boldsymbol{b}=\begin{bmatrix} 0 \\ 0 \\ 1 \\ 0 \\ 0 \end{bmatrix}$$

$$\boldsymbol{c}=\begin{bmatrix} 0 & 0 & 0 & \dfrac{1}{c_2} & 0 \end{bmatrix}$$

$$d = 0$$

这里应注意，由于两种方法选择的状态变量不同，因此得到的状态空间表达式也不相同。

3. 子系统的反馈连接

由图 2.6.18（c）可知，两个子系统能够进行反馈连接的条件是：输入向量 $\boldsymbol{u}_1$，$\boldsymbol{u}$ 以及输出向量 $\boldsymbol{y}_2$ 的维数相同，输入向量 $\boldsymbol{u}_2$ 与输出向量 $\boldsymbol{y}_1$ 的维数相同。反馈连接的特点是

$$\boldsymbol{u}_1 = \boldsymbol{u} - \boldsymbol{y}_2, \quad \boldsymbol{y}_1 = \boldsymbol{y} = \boldsymbol{u}_2$$

为简单起见，假设在子系统的状态空间表达式（2.6.54）中，有 $\boldsymbol{D}_i = 0 (i = 1,\ 2)$。这样经过反馈连接构成的组合系统的状态空间表达式为

$$\begin{aligned} \dot{\boldsymbol{x}}_1 &= \boldsymbol{A}_1\boldsymbol{x}_1 + \boldsymbol{B}_1\boldsymbol{u} - \boldsymbol{B}_1\boldsymbol{C}_2\boldsymbol{x}_2 \\ \dot{\boldsymbol{x}}_2 &= \boldsymbol{A}_2\boldsymbol{x}_2 + \boldsymbol{B}_2\boldsymbol{C}_1\boldsymbol{x}_1 \\ \boldsymbol{y} &= \boldsymbol{C}_1\boldsymbol{x}_1 \end{aligned}$$

可用矩阵表示为

$$\begin{bmatrix} \dot{\boldsymbol{x}}_1 \\ \dot{\boldsymbol{x}}_2 \end{bmatrix} = \begin{bmatrix} \boldsymbol{A}_1 & -\boldsymbol{B}_1\boldsymbol{C}_2 \\ \boldsymbol{B}_2\boldsymbol{C}_1 & \boldsymbol{A}_2 \end{bmatrix} \begin{bmatrix} \boldsymbol{x}_1 \\ \boldsymbol{x}_2 \end{bmatrix} + \begin{bmatrix} \boldsymbol{B}_1 \\ 0 \end{bmatrix} \boldsymbol{u} \tag{2.6.65}$$

$$\boldsymbol{y} = \begin{bmatrix} \boldsymbol{C}_1 & 0 \end{bmatrix} \begin{bmatrix} \boldsymbol{x}_1 \\ \boldsymbol{x}_2 \end{bmatrix} \tag{2.6.66}$$

现在，进一步来推导这个组合系统的传递函数矩阵。由于子系统的传递函数矩阵为

$$\boldsymbol{G}_i(s) = \boldsymbol{C}_i(s\boldsymbol{I} - \boldsymbol{A}_i)^{-1}\boldsymbol{B}_i, \quad i = 1,\ 2$$

于是，根据图 2.6.18（c），有

$$\begin{aligned} \boldsymbol{Y}(s) = \boldsymbol{Y}_1(s) &= \boldsymbol{G}_1(s)[\boldsymbol{U}(s) - \boldsymbol{G}_2(s)\boldsymbol{Y}(s)] \\ &= \boldsymbol{G}_1(s)\boldsymbol{U}(s) - \boldsymbol{G}_1(s)\boldsymbol{G}_2(s)\boldsymbol{Y}(s) \end{aligned}$$

整理后，可以得到

$$[\boldsymbol{I} + \boldsymbol{G}_1(s)\boldsymbol{G}_2(s)]\boldsymbol{Y}(s) = \boldsymbol{G}_1(s)\boldsymbol{U}(s)$$

如果 $\det[\boldsymbol{I} + \boldsymbol{G}_1(s)\boldsymbol{G}_2(s)] \neq 0$，那么反馈组合系统的传递函数矩阵可以表示为

$$\boldsymbol{G}(s) = [\boldsymbol{I} + \boldsymbol{G}_1(s)\boldsymbol{G}_2(s)]^{-1}\boldsymbol{G}_1(s) \tag{2.6.67}$$

类似地，根据图 2.6.18（c），也可以得到

$$\begin{aligned} \boldsymbol{U}_1(s) = \boldsymbol{U}(s) - \boldsymbol{Y}_2(s) &= \boldsymbol{U}(s) - \boldsymbol{G}_2(s)\boldsymbol{U}_2(s) \\ &= \boldsymbol{U}(s) - \boldsymbol{G}_2(s)\boldsymbol{Y}_1(s) \\ &= \boldsymbol{U}(s) - \boldsymbol{G}_2(s)\boldsymbol{G}_1(s)\boldsymbol{U}_1(s) \end{aligned}$$

和

$$\boldsymbol{Y}(s)=\boldsymbol{Y}_1(s)=\boldsymbol{G}_1(s)\boldsymbol{U}_1(s)$$

从而当 $\det\left[\boldsymbol{I}+\boldsymbol{G}_2(s)\boldsymbol{G}_1(s)\right]\neq 0$ 时，可以得到反馈组合系统的传递函数矩阵的另一种表示形式：

$$\boldsymbol{G}(s)=\boldsymbol{G}_1(s)[\boldsymbol{I}+\boldsymbol{G}_2(s)\boldsymbol{G}_1(s)]^{-1} \tag{2.6.68}$$

事实上，根据矩阵理论也可以直接证明

$$\boldsymbol{G}_1(s)[\boldsymbol{I}+\boldsymbol{G}_2(s)\boldsymbol{G}_1(s)]^{-1}=[\boldsymbol{I}+\boldsymbol{G}_1(s)\boldsymbol{G}_2(s)]^{-1}\boldsymbol{G}_1(s)$$

例 2.6.7 试计算图2.6.21所示的两输入两输出系统的传递函数矩阵。

解：由题目给出的系统的方块图可知，控制器的传递函数为

$$\boldsymbol{G}_{\mathrm{c}}(s)=\begin{bmatrix}1 & 0\\ 0 & 1\end{bmatrix}$$

被控对象的传递函数矩阵 $\boldsymbol{G}_{\mathrm{p}}$ 可表示为

$$\boldsymbol{G}_{\mathrm{p}}(s)=\begin{bmatrix}\dfrac{1}{s+1} & 0\\ \dfrac{1}{s+1} & \dfrac{1}{s+1}\end{bmatrix}$$

反馈通道的传递函数矩阵 $H(s)$ 为

$$\boldsymbol{H}(s)=\begin{bmatrix}1 & 0\\ 0 & 1\end{bmatrix}$$

根据反馈组合系统的传递函数表达式（2.6.67）知，该系统的传递函数矩阵可表示为

$$\begin{aligned}\boldsymbol{G}(s)&=\left[I+\boldsymbol{G}_{\mathrm{p}}(s)\boldsymbol{G}_{\mathrm{c}}(s)\boldsymbol{H}(s)\right]^{-1}\boldsymbol{G}_{\mathrm{p}}(s)\boldsymbol{G}_{\mathrm{c}}(s)\\ &=\left[\begin{bmatrix}1 & 0\\ 0 & 1\end{bmatrix}+\begin{bmatrix}\dfrac{1}{s+1} & 0\\ \dfrac{1}{s+1} & \dfrac{1}{s+1}\end{bmatrix}\begin{bmatrix}1 & 0\\ 0 & 1\end{bmatrix}\begin{bmatrix}1 & 0\\ 0 & 1\end{bmatrix}\right]^{-1}\begin{bmatrix}\dfrac{1}{s+1} & 0\\ \dfrac{1}{s+1} & \dfrac{1}{s+1}\end{bmatrix}\begin{bmatrix}1 & 0\\ 0 & 1\end{bmatrix}\end{aligned}$$

化简后得到

$$\boldsymbol{G}(s)=\begin{bmatrix}\dfrac{1}{s+2} & 0\\ \dfrac{s+1}{(s+2)^2} & \dfrac{1}{s+2}\end{bmatrix}$$

由上式可将系统的输出量 $\boldsymbol{Y}_1(s)$，$\boldsymbol{Y}_2(s)$ 分别表示为

$$\boldsymbol{Y}_1(s)=\frac{1}{s+2}\boldsymbol{U}_1(s)$$

$$Y_2(s)=\frac{s+1}{(s+2)^2}U_1(s)+\frac{1}{s+2}U_2(s)$$

显然，图 2.6.21 所示系统的输入和输出之间存在着耦合现象。如果想要消除这种耦合现象，系统的传递函数矩阵必须是一个对角线的方阵。这种消除耦合关系的过程称为解耦。

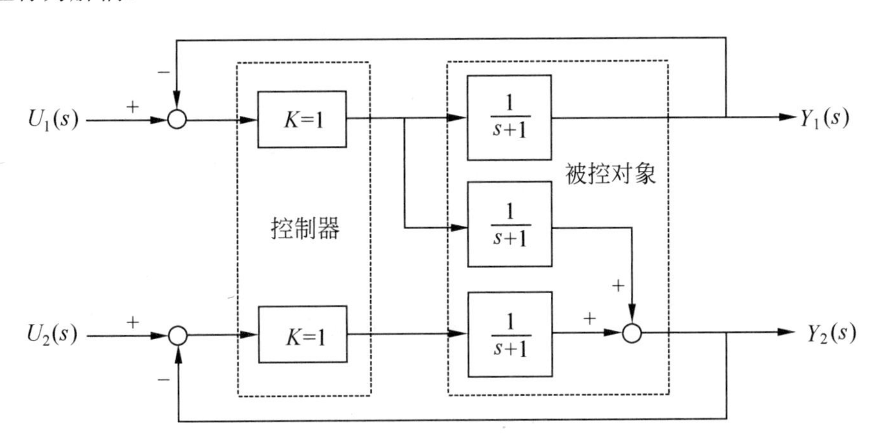

图 2.6.21　例 2.6.7 系统的方块图

习题

基础型

2.1　求图 E2.1 所示弹簧、质量和阻尼器系统的微分方程、传递函数和状态空间表达式。其中，$x(t)$ 为基底相对于惯性空间的位移，$y(t)$ 为质量 m 相对于惯

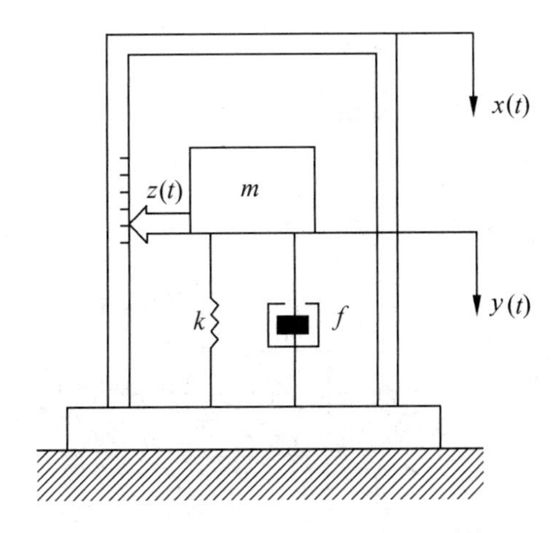

图 E2.1　弹簧、质量和阻尼器系统

性空间的位移。$z(t)=y(t)-x(t)$ 为基底和质量 m 之间的相对位移。$z(t)$ 由记录得到。$x(t)$ 和 $z(t)$ 分别为输入量和输出量。

2.2　试建立图 E2.2 所示两质量块系统的微分方程，假设地面光滑，系统输出变量为 $y_2(t)$ 。

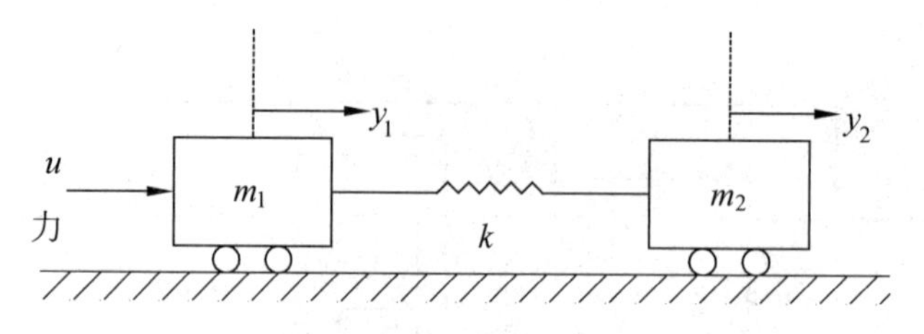

图 E2.2　两质量块系统

2.3　机械系统如图 E2.3 所示，$r(t)$ 为外力，M_1 和 M_2 为质量块，b_1 和 b_2 为阻尼器的阻尼系数，k 为弹簧的弹性系数。求以质量块 M_1 的速度 v_1 和位移 x_1 为输出，$r(t)$ 为输入时系统的传递函数。

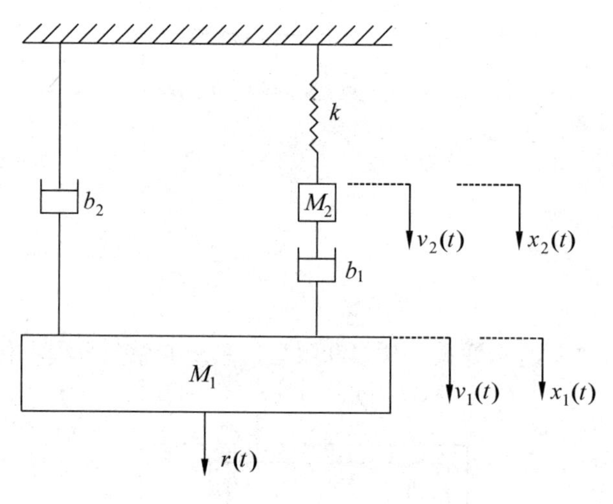

图 E2.3　机械系统

2.4　求图 E2.4 所示机械系统的传递函数，设 $X_c(t)$ 为输出位移，$f_c(t)$ 为输入作用力，m 为质量，k 为弹性系数。

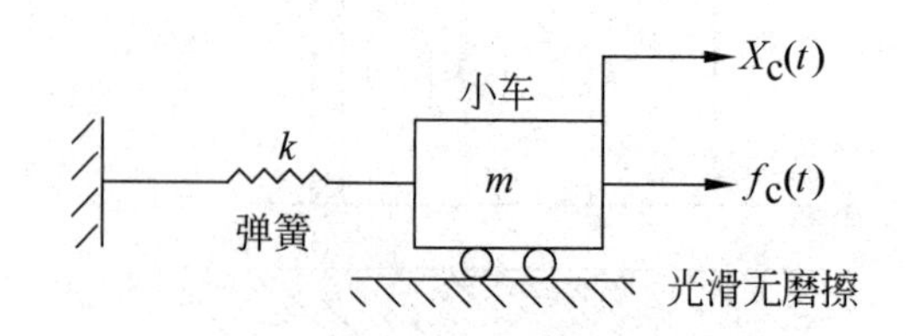

图 E2.4　机械系统

2.5　证明图 E2.5（a）和（b）表示的系统是相似系统。

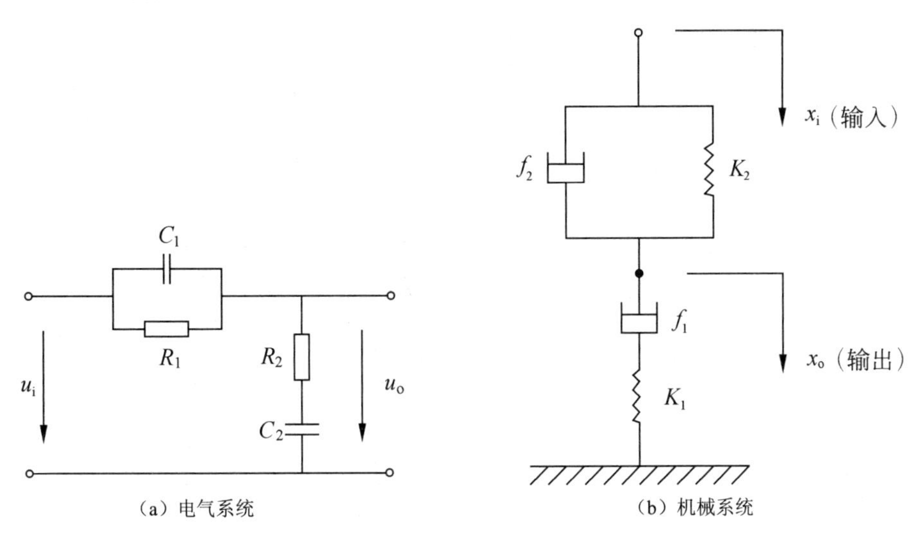

图 E2.5　相似系统

2.6　已知滤波电路如图 E2.6 所示，试建立此电路的微分方程、状态空间表达式和传递函数。

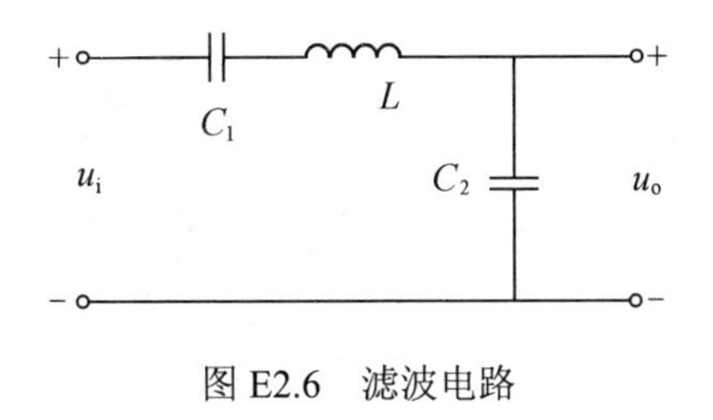

图 E2.6　滤波电路

2.7　假设图 E2.7 中的运算放大器是理想运算放大器，试建立该电路的微分方程和传递函数。

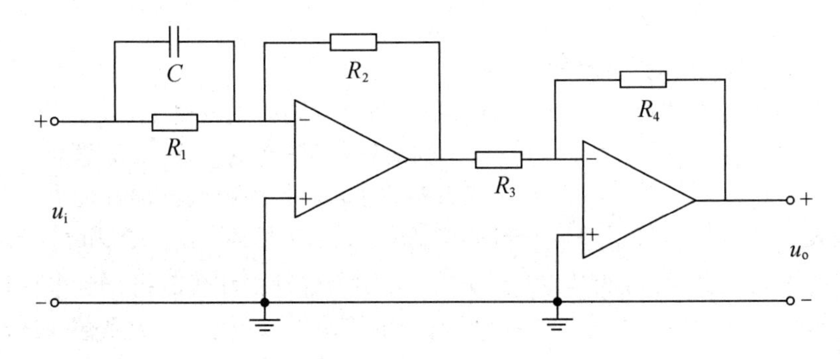

图 E2.7　有源电路

2.8　一运算放大器如图 E2.8 所示，则

（1）求传递函数 $\dfrac{U_o(s)}{U_i(s)}$；

（2）建立状态方程。

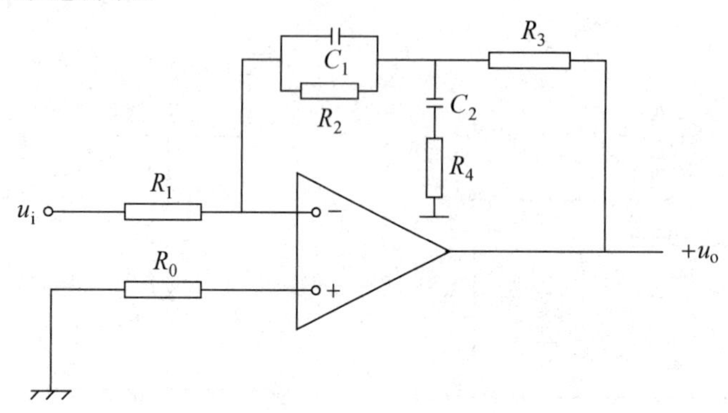

图 E2.8　运算放大器

2.9　转速控制系统如图 E2.9 所示，系统输出为角速度 ω，参考输入为 u_r，扰动输入为负载转矩 M_L，试列写该系统的微分方程，并求出 ω 与 u_r 之间的传递函数。

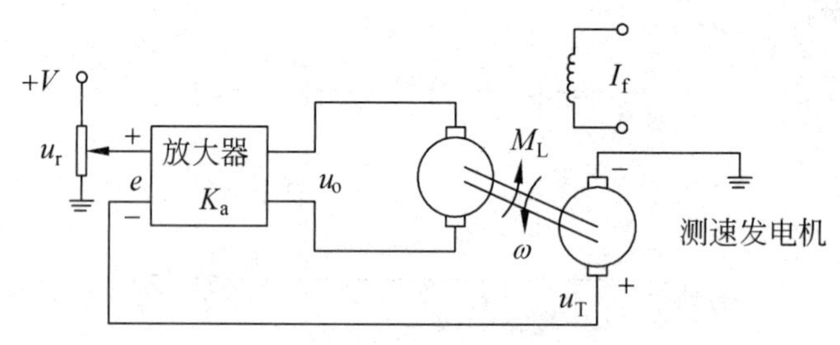

图 E2.9　转速控制系统

2.10　已知机电系统如图 E2.10 所示，试求其传递函数和状态空间表达式。假定电磁线圈的反电势 $e_b = k_1 \dfrac{dx}{dt}$，线圈电流 i_2 对衔铁 M 产生的力是 $F_0 = k_2 i_2$，衔铁 M 产生的位移 x 为系统输出。

2.11　图 E2.11 所示是一个随动系统。两个相同的电位器 1，2 作为误差检测器，由相同的直流电源供电。电位器 1 的滑臂由手柄转动。两电位器的滑臂位置分别用 θ_i 和 θ_o 表示。偏差电压 u_e 经放大器放大后，作为电动机励磁绕组的控制电压。假设 k_1 为电位计式误差检测器的增益；k_2 为放大器增益；R_f 和 L_f 分别为励磁绕组的电阻和电感；n 为传动比；J 和 f 分别为电动机和负载折合到电动机轴上的等效转动惯量和粘性摩擦系数；k_m 为磁场控制式电动机的转矩系数。试建立以 θ_i 为输入量，θ_o 为输出量的系统传递函数。

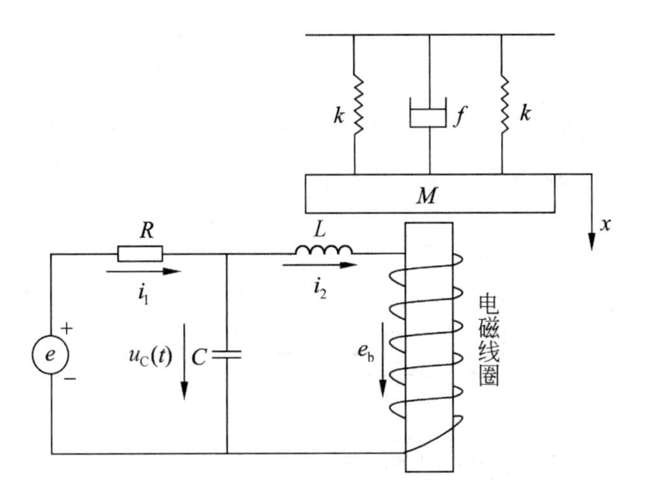

图 E2.10　机电系统

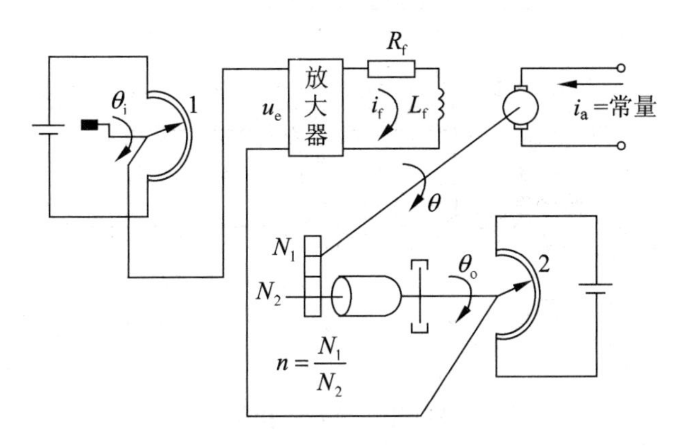

图 E2.11　随动系统

2.12　如图 E2.12 所示复合控制系统，则

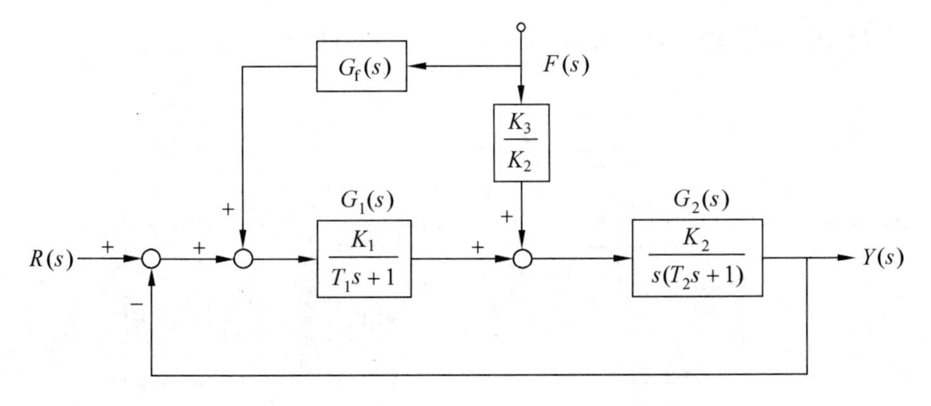

图 E2.12　复合控制系统

（1）求 $\dfrac{Y(s)}{R(s)}$，$\dfrac{Y(s)}{F(s)}$；

（2）选择传递函数 $G_f(s)$，以补偿由于 $F(s)$ 的干扰对系统输出的影响。

2.13　分别用方块图简化和梅森增益公式求图 E2.13 所示系统的传递函数。

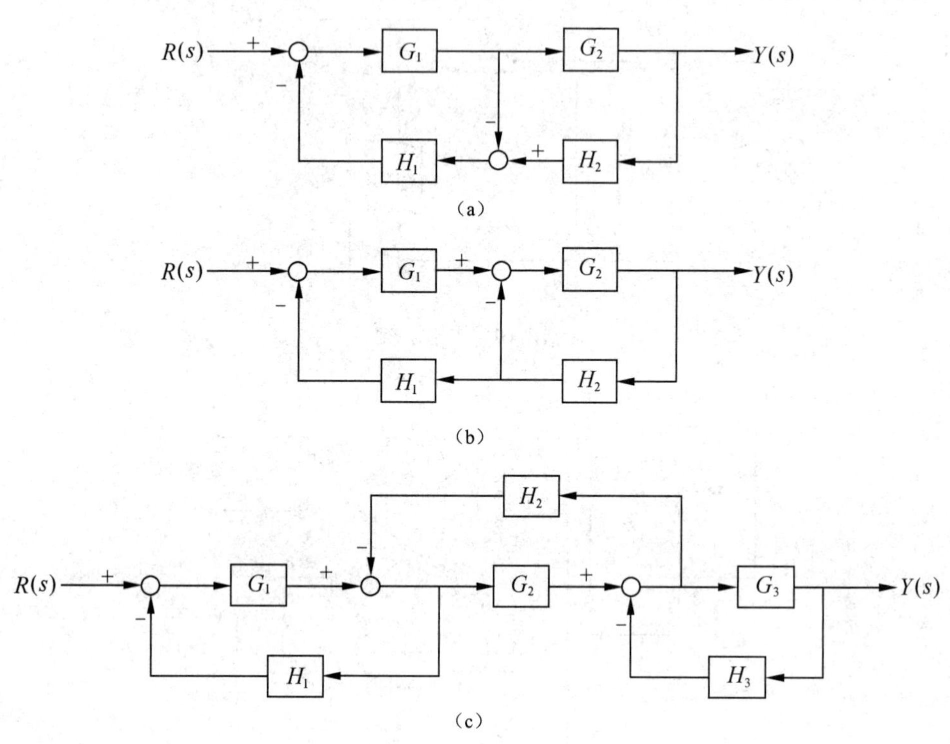

图 E2.13　系统方块图

2.14　系统的结构图如图 E2.14 所示。求

（1）$\dfrac{Y(s)}{R(s)}$，$\dfrac{Y(s)}{E(s)}$ 和 $\dfrac{Y(s)}{N(s)}$，假设误差 $E(s)=Y(s)-R(s)$。

（2）试以两个输入 $R(s)$ 和 $N(s)$ 来表示输出 $Y(s)$ 的表达式。

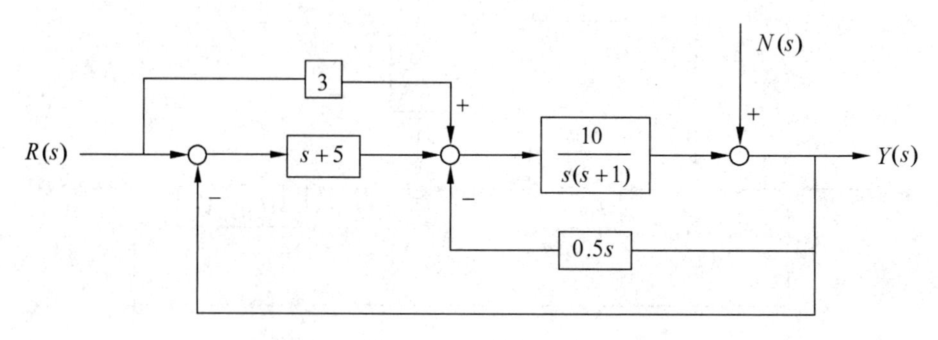

图 E2.14　系统结构图

2.15　已知系统的信号流图如图 E2.15 所示，试计算其传递函数。

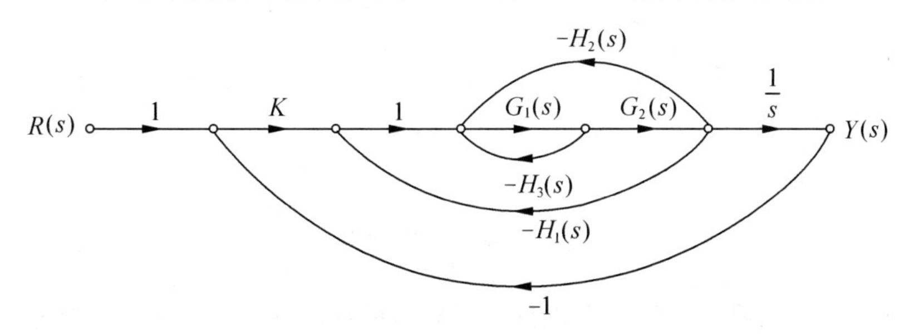

图 E2.15　系统的信号流图

2.16　画出图 E2.16 中系统的方块图对应的信号流图，并利用梅森增益公式求其传递函数。

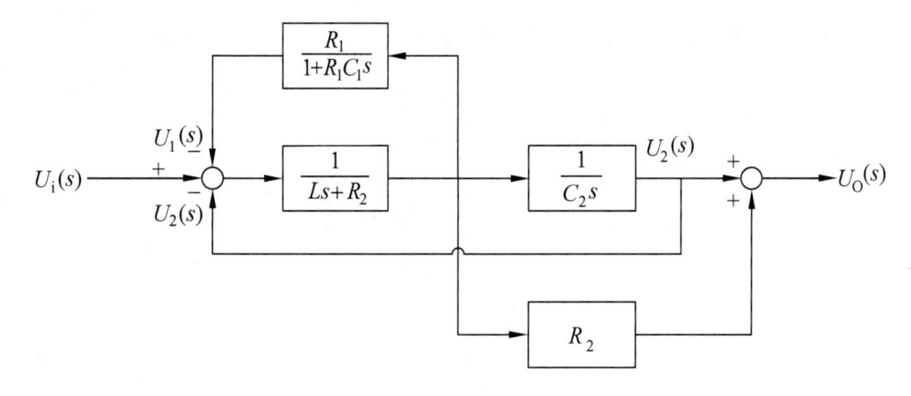

图 E2.16　系统的方块图

2.17　设某系统方块图如图 E2.17 所示，试画出对应的信号流图，求其传递函数，并说明在什么条件下，输出 $Y(s)$ 不受扰动 $P(s)$ 的影响。

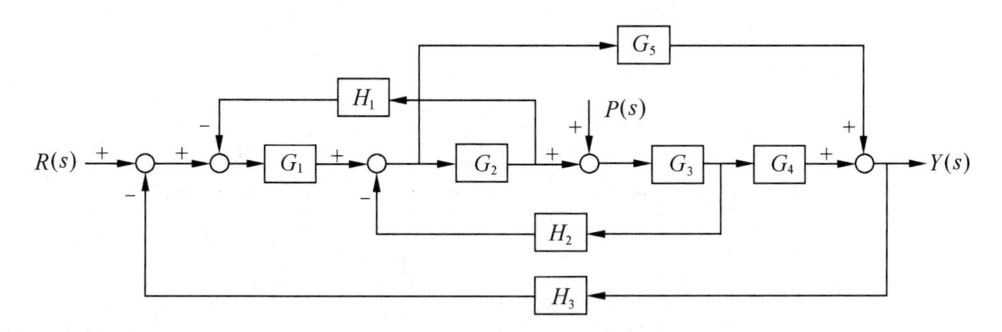

图 E2.17　系统的方块图

2.18　试求如图 E2.18 所示信号流图中系统的传递函数。

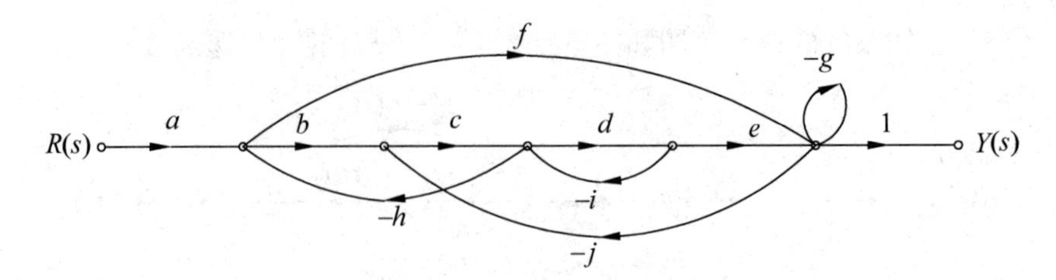

图 E2.18　信号流图

2.19　分别用直接分解、串联分解和并联分解法建立下列系统的状态空间表达式。

（1）$G(s)=\dfrac{6(s+1)}{s(s+2)(s+3)}$；

（2）$\ddot{y}+6\dot{y}+5y=2\dot{u}+u$。

2.20　已知系统方块图如图 E2.19 所示，试建立其状态空间表达式。

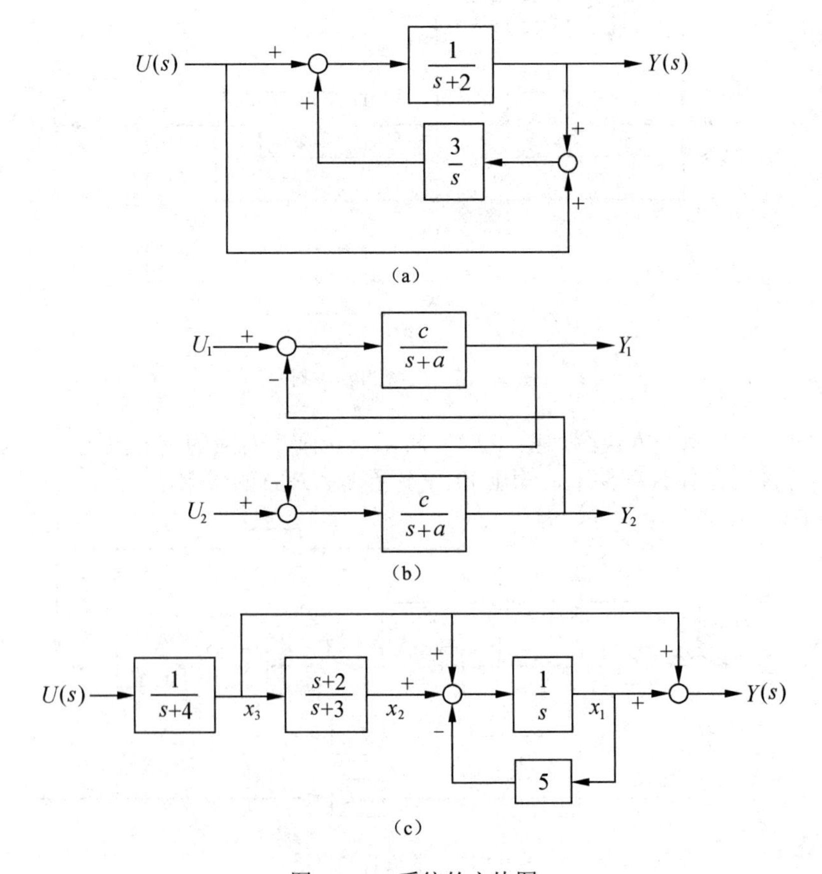

图 E2.19　系统的方块图

2.21　已知闭环控制系统如图 E2.20 所示，试用直接分解法和串联分解法建立其状态空间表达式。

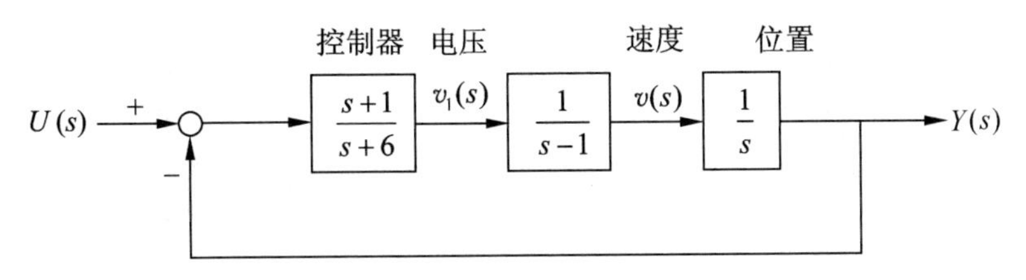

图 E2.20　闭环系统方块图

2.22　一单输入单输出系统的状态空间表达式为

$$\dot{x}=\begin{bmatrix}0 & 1\\ -3 & -4\end{bmatrix}x+\begin{bmatrix}0\\ 1\end{bmatrix}u$$

$$y=\begin{bmatrix}10 & 0\end{bmatrix}\boldsymbol{x}$$

采用下列方法求传递函数 $\boldsymbol{G}(s)=\boldsymbol{Y}(s)/\boldsymbol{U}(s)$：（1）信号流图；（2）矩阵运算。

2.23　求图 E2.21 所示反馈系统的传递函数阵，其中

$$\boldsymbol{G}(s)=\begin{bmatrix}\frac{1}{s+1} & -\frac{1}{s}\\ 2 & \frac{1}{s+2}\end{bmatrix}$$

$$\boldsymbol{H}(s)=\begin{bmatrix}1 & 0\\ 0 & 1\end{bmatrix}$$

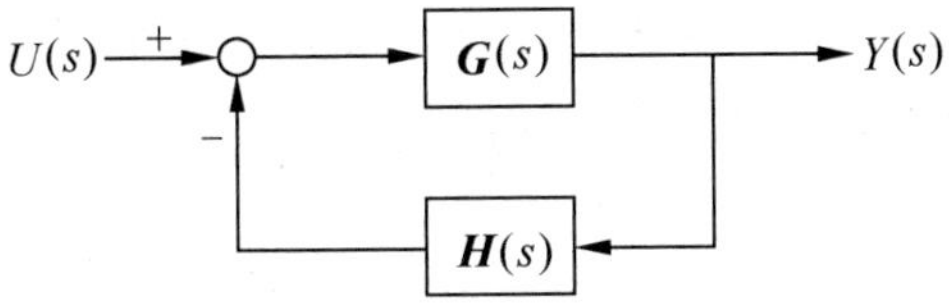

$U(s)$ + − $\boldsymbol{G}(s)$ $Y(s)$ $\boldsymbol{H}(s)$

图 E2.21　反馈系统

2.24　线性系统的方块图如图 E2.22 所示。试建立其状态空间表达式和传递函数矩阵。

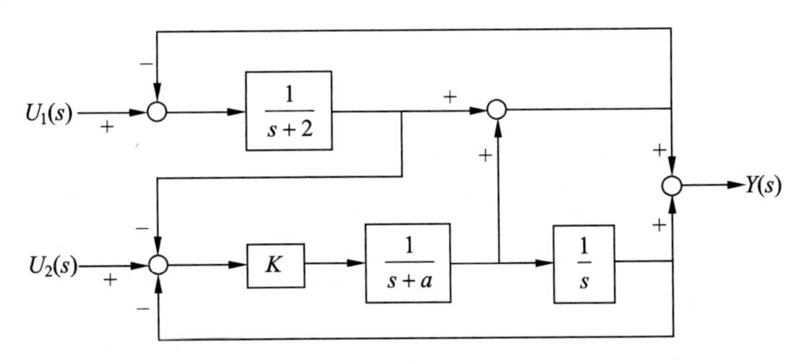

图 E2.22　线性系统方块图

综合型

2.25　一机械系统如图 E2.23 所示，假设摆杆长度为 L，角度为 θ。当角度 θ

很小时，试建立该系统的微分方程、传递函数和状态方程。

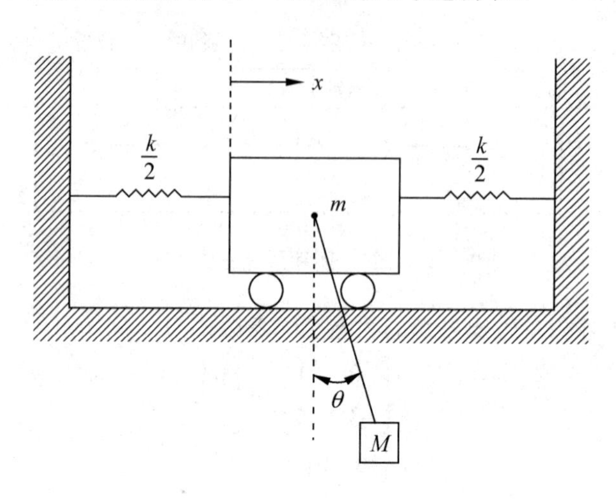

图 E2.23　机械系统

2.26　建立图 E2.24 所示的力学系统的微分方程、传递函数，以及状态空间表达式。如图所示，该系统受u_1和u_2两个力的作用，系统的输出y_1和y_2分别是两个质量块M_1和M_2的位移。

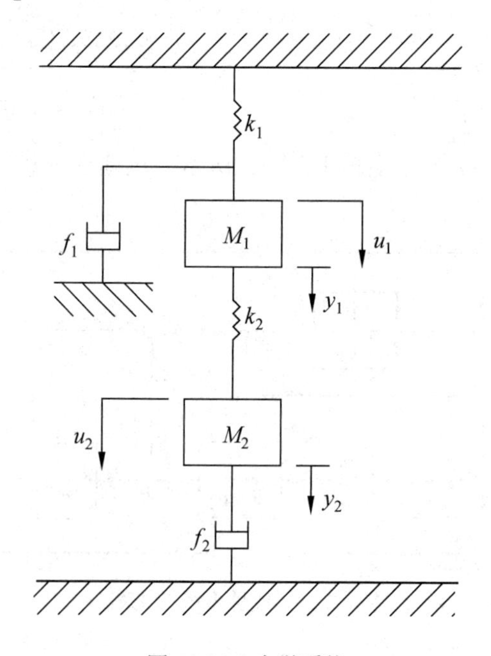

图 E2.24　力学系统

2.27　电路图如图 E2.25 所示。（1）建立微分方程和传递函数；（2）建立状态方程。

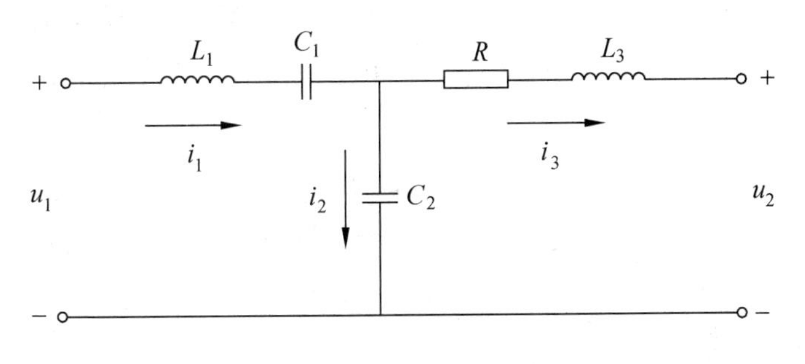

图 E2.25　电路图

2.28　建立如图 E2.26 所示电路系统的微分方程、传递函数，以及状态空间表达式，其中输出是电流 i_2。

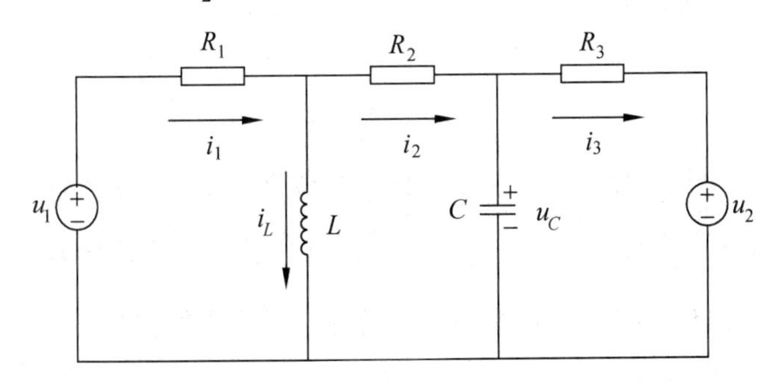

图 E2.26　两输入的 RLC 电路

2.29　控制器电路如图 E2.27，假设运算放大器为理想运放。
推导其传递函数（以 V_i 为输入，V_o 为输出）。

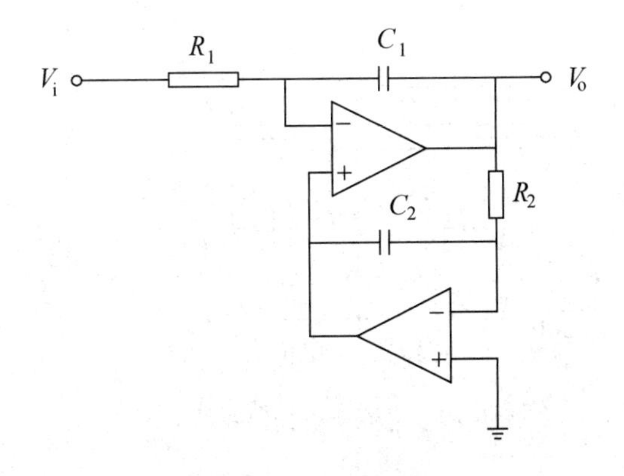

图 E2.27　控制器电路图

2.30　交磁放大机是一种旋转式放大器，常在机电系统中用作大功率放大器。

含有交磁放大机和伺服电机的电路如图 E2.28 所示，假设 $u_{\mathrm{d}}=u_{34}=k_2 i_{\mathrm{q}}$，$u_{\mathrm{q}}=u_{12}=k_1 i_{\mathrm{c}}$，试以电压 $u_{\mathrm{c}}(t)$ 为输入，电机的转角 $\theta(t)$ 为输出，建立其传递函数。

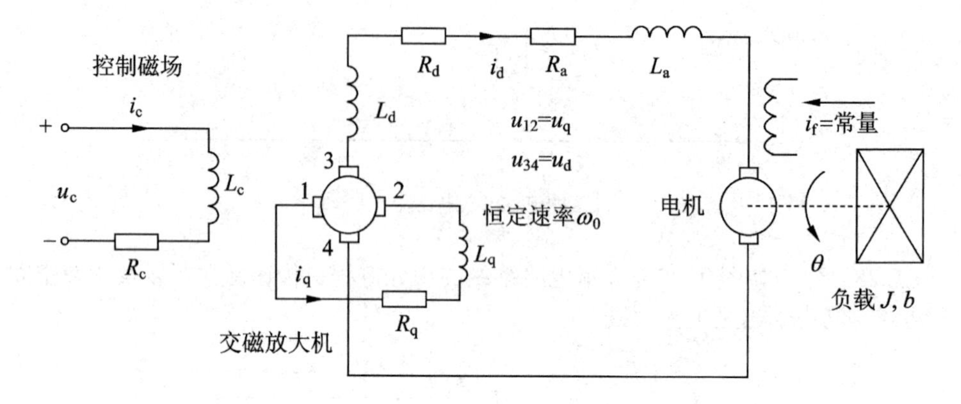

图 E2.28　交磁放大机与电枢控制电机

2.31　直流电机控制系统原理图如图 E2.29 所示，电机转矩 $T=K_i i_a$，反电势 $e_b=K_b\dot{\theta}_c$，图中常数如下：$K_s=\dfrac{V_s}{2\pi}$，$V_s=2\pi(\mathrm{V})$，$K=9$，$R=0.1(\Omega)$，$R_s=0.15(\Omega)$，$K_b=1$，$K_i=1$，$J=0.01$（所有量的单位已换算好，不用再换算）。

（1）画出系统的方块图；

（2）列写系统的状态方程，θ_r 为输入，θ_c 为输出，取 $x_1=\theta_c$，$x_2=\dot{\theta}_c$。

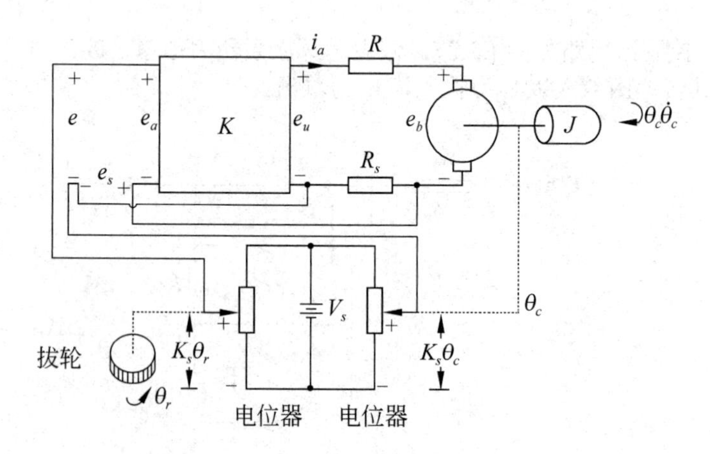

图 E.29　直流电机控制系统原理图

2.32　三个位置随动系统分别如图 E2.30（a），（b），（c）所示，其中，被控对象是一样的，各控制参数 k_1、k_2 也相同，试问它们对阶跃输入 $r(t)=1(t)$ 的响应有什么异同？

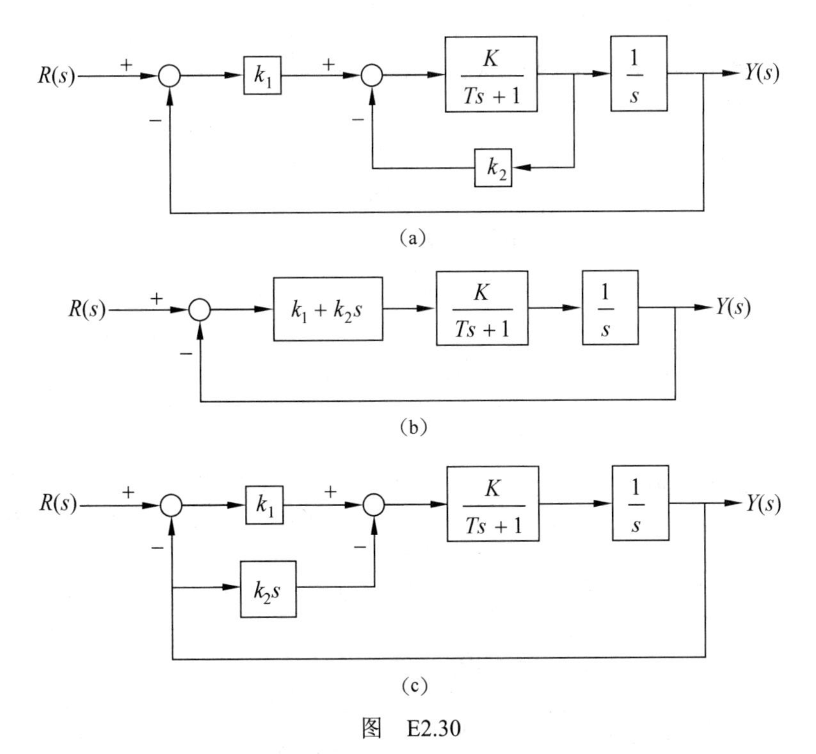

图　E2.30

2.33　已知线性控制系统结构图如图 E2.31 所示，其中 $G(s)$ 是控制对象的传递函数；$A(s)$ 和 $H(s)$ 为控制器的传递函数；$R(s)$ 为给定输入；$N(s)$ 为扰动输入；$Y(s)$ 为系统输出。

（1）求 $\left.\dfrac{Y(s)}{R(s)}\right|_{N(s)=0}$ 和 $\left.\dfrac{Y(s)}{N(s)}\right|_{R(s)=0}$；

（2）当 $A(s)=G(s)$ 时，求 $\left.\dfrac{Y(s)}{R(s)}\right|_{N(s)=0}$；

（3）当 $G(s)=A(s)=\dfrac{100}{(s+1)(s+2)}$，$r(t)=0$，$n(t)=1(t)$ 时，选择 $H(s)$ 使 $\lim\limits_{t\to\infty} y(t)=0$。

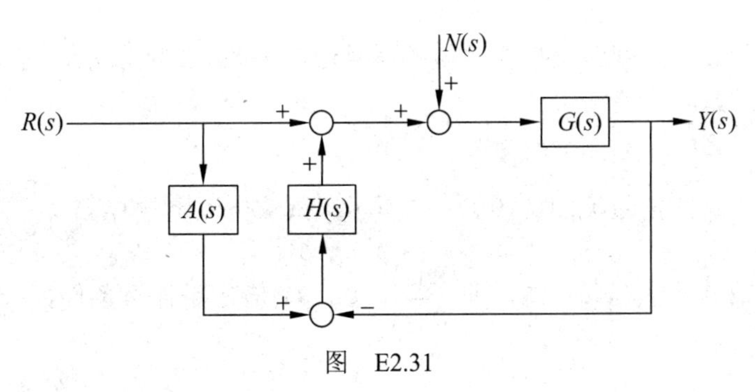

图　E2.31

2.34　系统的结构图如图 E2.32 所示，试求 $\dfrac{Y(s)}{R(s)}$。

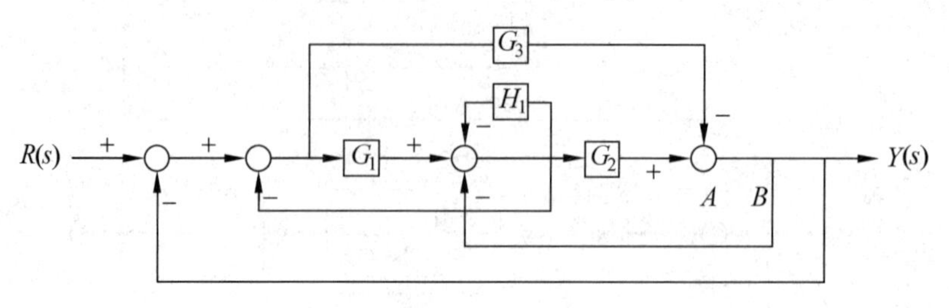

图 E2.32　系统结构图

2.35　系统结构图如图 E2.33 所示。试求：$\dfrac{Y_1(s)}{R_1(s)}$ 和 $\dfrac{Y_1(s)}{R_2(s)}$，$\dfrac{Y_2(s)}{R_1(s)}$ 和 $\dfrac{Y_2(s)}{R_2(s)}$。

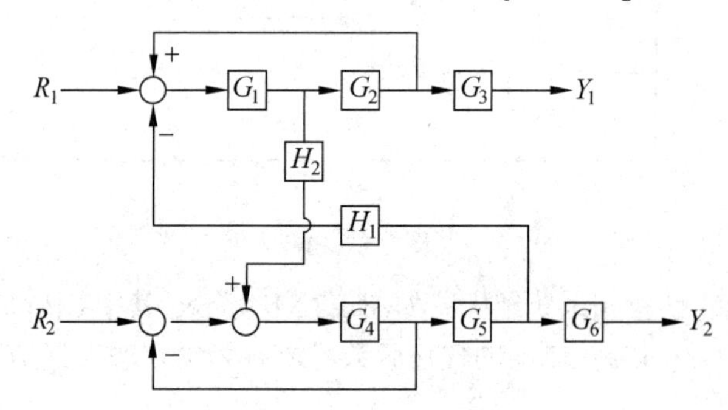

图 E2.33　系统结构图

2.36　试由下列微分方程式绘制系统的结构图，并求 $\dfrac{Y(s)}{R(s)}$ 和 $\dfrac{Y(s)}{N(s)}$。

$$\begin{cases} x_1 + n = y \\ \dot{x}_2 = rk_1 - T_2 y \\ \dot{x}_1 + T_1 x_1 = rk_2 + x_2 - (T_1 n + \dot{n}) \end{cases}$$

其中，r 为输入量；n 为干扰量；y 为输出量；x_1，x_2 为中间变量；k_1，k_2，T_1，T_2 均为常数。

2.37　双输入、双输出控制系统的信号流图如图 E2.34 所示，当 $R_2(s)=0$ 时，试求 $\dfrac{Y_1(s)}{R_1(s)}$ 和 $\dfrac{Y_2(s)}{R_1(s)}$。

2.38　系统的信号流图如图 E2.35 所示。试求传递函数 $G(s)=\dfrac{Y_2(s)}{R_1(s)}$。如果希望 $Y_2(s)$ 和 $R_1(s)$ 处于解耦状态，即 $\dfrac{Y_2(s)}{R_1(s)}=0$，G_5 应满足什么条件。

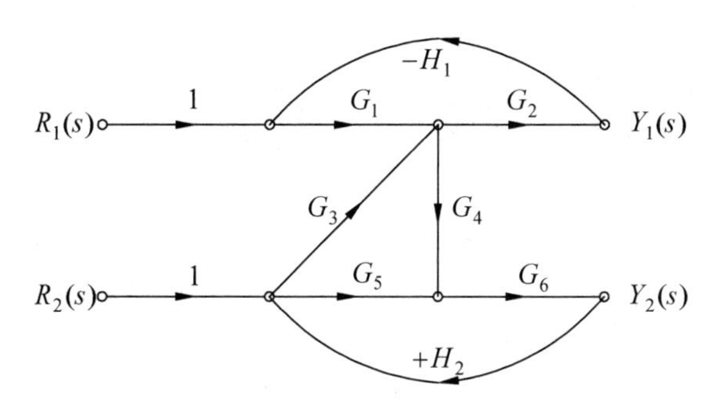

图 E2.34　双输入双输出系统的信号流图

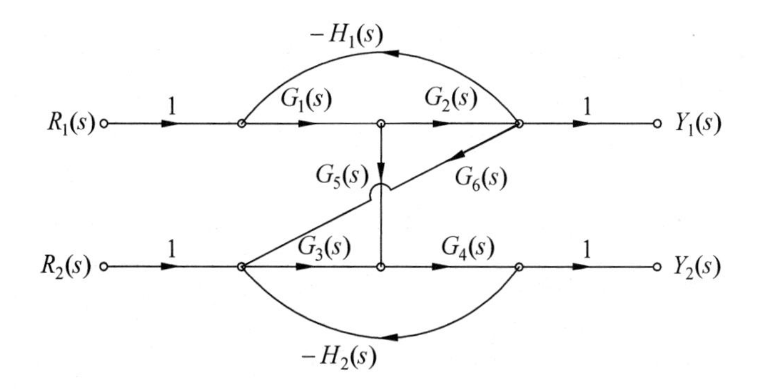

图 E2.35　系统的信号流图

2.39　系统的微分方程式如下：

$$x_1 = k(r - y)$$
$$x_2 = \tau\dot{r}$$
$$\dot{x}_3 = x_1 + x_2 - x_3$$
$$T\dot{x}_4 + x_4 = x_3 + x_5$$
$$y = x_4 - n$$
$$x_5 = T\dot{n} + n$$

其中，r 为输入量；n 为干扰量；y 为输出量；$x_i(i=1\sim5)$ 为中间变量；k，τ，T 为常数。试求 $\dfrac{Y(s)}{R(s)}$ 和 $\dfrac{Y(s)}{N(s)}$。

2.40　已知系统结构图如图 E2.36 所示。

（1）给出相应的信号流图；

（2）求传递函数 $\dfrac{Y(s)}{R(s)}$。

2.41　信号流图如图 E2.37 所示，试建立（1）传递函数；（2）状态方程。

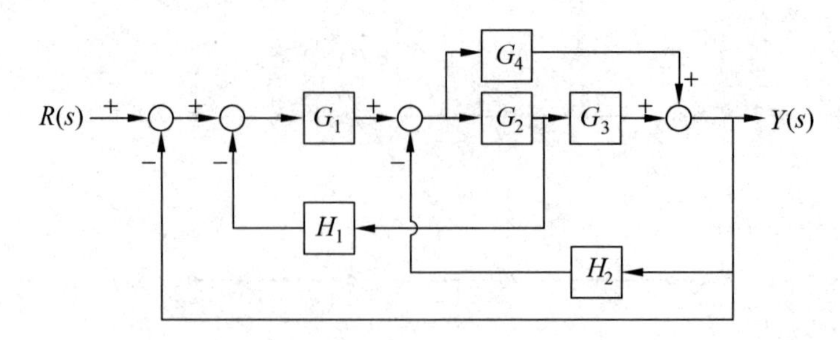

图 E2.36　系统结构图

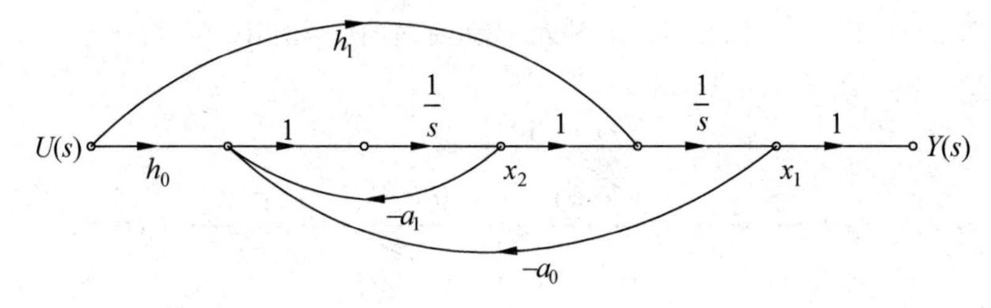

图 E2.37　二阶系统的信号流图

第3章 线性系统的时域分析法

3.1 引言

第 2 章中介绍了建立自动控制系统各种数学模型的方法，这些数学模型包括微分方程、传递函数、方块图、信号流图和状态空间模型。建立和研究这些数学模型的目的在于用它们来分析控制系统的稳定性、瞬态性能和稳态性能，并且找出改善控制系统性能的方法。

对于线性控制系统，工程上常用的分析方法有时域分析法、根轨迹分析法和频域分析法等。本章讨论时域分析法。所谓时域分析，是指控制系统在一定的输入信号作用下，根据系统输出量的时域表达式，分析系统的稳定性、瞬态和稳态性能。时域分析法是一种在时间域中对系统进行分析的方法，具有直观和准确的优点。由于系统输出量的时域表达式是时间 t 的函数，所以系统输出量的时域表达式又称为系统的时间响应。

由于控制系统的传递函数与微分方程之间具有确定的关系，因此常常利用传递函数来研究控制系统的特性。借助传递函数这一数学模型评价系统的特性，可以简便、快速地得到系统的各种时域性能指标。

3.1.1 典型输入信号及其拉普拉斯变换

线性系统的性能指标，可以通过在输入信号作用下系统的瞬态和稳态过程来评价。系统的瞬态和稳态过程不仅取决于系统本身的特性，还与外加输入信号的形式有关。在很多情况下，实际控制系统的外加输入信号具有随机性而无法预先知道，例如随动跟踪系统的输入信号就是如此。只有在一些特殊情况下，控制系统的输入信号才是确知的。因此在分析和设计控制系统时，需要确定一个对各种控制系统的性能进行比较的基础，这个基础就是采用预先规定的一些具有特殊形式的测试信号作为系统的输入信号，然后比较各种系统对这些输入信号的响应。

选取测试信号时必须考虑下列各项原则：首先，选取的输入信号的典型形式应反映系统工作时的大部分实际情况；其次，选取的输入信号的形式应尽可能简单，易于在实验室获得，以便于数学分析和实验研究；最后，应选取那些能充分激励系统特性的输入信号作为典型的测试信号。基于上述原则，在控制工程中采用下列五种信号作为典型输入信号。

1．脉冲信号

理想单位脉冲信号的定义为

$$\delta(t)=\begin{cases}0, & t\neq 0\\ \infty, & t=0\end{cases} \tag{3.1.1}$$

$$\int_{-\infty}^{+\infty}\delta(t)\mathrm{d}t=1$$

理想单位脉冲信号在时间轴上的积分面积为 1，称为单位脉冲，如式（3.1.1）所示。可将脉冲强度为 A，出现在 τ 时刻的脉冲信号表示为

$$A\delta(t-\tau)=\begin{cases}0, & t\neq \tau\\ \infty, & t=\tau\end{cases} \tag{3.1.2}$$

$$\int_{-\infty}^{+\infty}A\delta(t-\tau)\mathrm{d}t=A$$

由 $\delta(t)$ 所描述的理想脉冲信号在工程实际中是不存在的。在工程上一般用实际脉冲信号来近似表示理想脉冲信号，如图 3.1.1（a）所示。实际单位脉冲信号可视为一个持续时间极短的方波信号，其数学表达式为

$$\delta_{\Delta}(t)=\begin{cases}0, & t<0,\ t>\Delta\\ \dfrac{1}{\Delta}, & 0\leqslant t\leqslant\Delta\end{cases} \tag{3.1.3}$$

式中，Δ 为脉冲宽度或脉冲持续时间；$1/\Delta$ 为脉冲高度。实际单位脉冲信号的脉冲强度为

$$\int_{-\infty}^{+\infty}\delta_{\Delta}(t)\mathrm{d}t=\Delta\times\frac{1}{\Delta}=1$$

显然，当 $\Delta\to 0$ 时，实际脉冲信号 $\delta_{\Delta}(t)$ 即为理想脉冲信号 $\delta(t)$。单位理想脉冲信号的拉普拉斯变换为

$$L[\delta(t)]=1 \tag{3.1.4}$$

2．阶跃信号

阶跃信号定义为

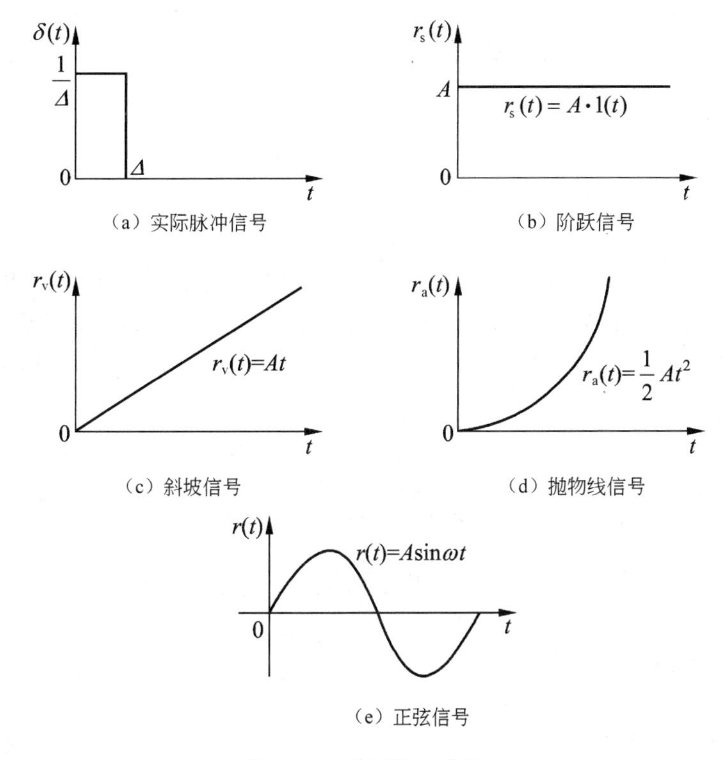

图 3.1.1　典型输入信号

$$r_s(t)=\begin{cases}0, & t<0\\ A\cdot 1(t), & t\geqslant 0\end{cases}\tag{3.1.5}$$

式中，A 为阶跃强度。阶跃输入信号是一个瞬间突变的信号，如图 3.1.1（b）所示。若 A=1，则被称为单位阶跃输入信号，其拉普拉斯变换为

$$L[1(t)]=\frac{1}{s}\tag{3.1.6}$$

3．斜坡信号（速度阶跃信号）

斜坡信号定义为

$$r_v(t)=\begin{cases}0, & t<0\\ At, & t\geqslant 0\end{cases}\tag{3.1.7}$$

式中，A 为速度阶跃强度。斜坡输入信号的特点是：信号的大小由零值开始随时间增加而线性增加，如图 3.1.1（c）所示。由于该信号在 t>0 时的一阶导数为常量 A，故斜坡信号又称为速度阶跃信号。若 $A=1$，则称该信号为单位斜坡信号，其拉普拉斯变换为

$$L[t]=\frac{1}{s^2}\tag{3.1.8}$$

4．抛物线信号（加速度阶跃信号）

抛物线信号定义为

$$r_{\mathrm{a}}(t)=\begin{cases}0, & t<0\\ \dfrac{1}{2}At^2, & t\geqslant 0\end{cases} \tag{3.1.9}$$

式中，A 为加速度阶跃强度。抛物线输入信号的特点是：信号的大小随时间增加以等加速度增加，如图 3.1.1（d）所示。由于该信号在 $t>0$ 的二阶导数为常量 A，故抛物线信号又称为加速度阶跃信号。若 $A=1$，则称该信号为单位抛物线信号。其拉普拉斯变换为

$$L\left[\frac{1}{2}t^2\right]=\frac{1}{s^3} \tag{3.1.10}$$

单位脉冲、单位阶跃、单位斜坡和单位加速度信号四者之间的关系如下

$$\delta(t)=\frac{\mathrm{d}}{\mathrm{d}t}[1(t)]=\frac{\mathrm{d}^2}{\mathrm{d}t^2}[t]=\frac{\mathrm{d}^3}{\mathrm{d}t^3}\left[\frac{1}{2}t^2\right] \tag{3.1.11}$$

5．正弦信号

正弦信号定义为

$$r(t)=\begin{cases}0, & t<0\\ A\sin\omega t, & t\geqslant 0\end{cases} \tag{3.1.12}$$

式中，A 为正弦信号的幅值；ω 为正弦信号的角频率。正弦信号如图 3.1.1（e）所示。控制工程中常利用正弦信号作为输入信号讨论系统的频率响应，详见第 5 章讨论。幅值 $A=1$ 的正弦信号，其拉普拉斯变换为

$$L[\sin\omega t]=\frac{\omega}{s^2+\omega^2} \tag{3.1.13}$$

3.1.2　瞬态响应和稳态响应

在典型输入信号的作用下，任何一个线性系统的时间响应都由瞬态响应和稳态响应两部分组成。

（1）瞬态响应：又称为瞬态过程或过渡过程，是指系统在典型输入信号的作用下，系统的输出量从初始状态到最终状态的响应过程。由于实际的控制系统存在惯性、阻尼及其他一些因素，系统的输出量不可能完全复现输入量的变化，瞬态过程曲线可能表现为衰减振荡、等幅振荡和发散等形式。显然，一个可以稳定运行的控制系统，其瞬态过程必须是衰减的。瞬态过程包含了瞬态响应的各种运动特性，这些特性称为系统的瞬态性能。

（2）稳态响应：又称为稳态过程，是指系统在典型输入信号的作用下，当时

间趋近于无穷大时，系统的输出响应状态。稳态过程反映了系统输出量最终复现输入量的能力，包含了输出响应的稳态性能。从理论上说，只有当时间趋于无穷大时，才能进入稳态过程，但这在工程应用中是无法实现的。因此在工程上，只讨论典型输入信号加入后基本接近稳态过程前的一段时间里的瞬态过程，在这段时间里，反映了系统主要的瞬态性能指标。而在这段时间之后，就认为系统进入了稳态过程。

3.1.3　瞬态性能指标和稳态性能指标

控制系统在典型输入信号的作用下的性能指标，由瞬态性能指标和稳态性能指标两部分组成。由于稳定是控制系统能够正常运行的首要条件，因此只有当瞬态过程收敛（衰减）时，研究系统的瞬态和稳态性能才有意义。在工程应用上，通常使用单位阶跃信号作为输入信号，来计算系统输出在时间域的瞬态和稳态性能。一般认为，阶跃信号对系统来说是最严峻的工作状态。如果系统在阶跃信号作用下的性能指标能满足要求，那么系统在其他形式的输入信号作用下，其性能一般都可满足要求。

1. 控制系统的瞬态性能指标

稳定的系统在单位阶跃信号作用下，瞬态过程随时间 t 的变化状况的性能指标，称为瞬态性能指标，或称为动态性能指标。为了便于分析和比较，假定系统在单位阶跃输入信号作用前处于静止状态，而且系统的输出量及其各阶导数均等于零。对于大多数控制系统来说，这种假设是符合实际情况的。

稳定的控制系统的单位阶跃响应曲线有衰减振荡和单调上升有上界两种类型。

具有衰减振荡类型的单位阶跃响应曲线 $y(t)$ 如图 3.1.2 所示。图中，$y(\infty)$ 表示单位阶跃响应的稳态值，其表达式为 $y(\infty)=\lim\limits_{t\to\infty}y(t)$，$y_{\max}$ 表示单位阶跃响应的最大值。瞬态性能指标定义如下：

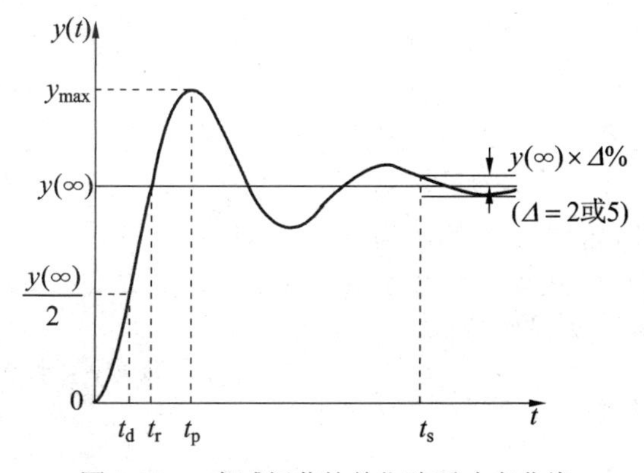

图 3.1.2　衰减振荡的单位阶跃响应曲线

（1）上升时间t_r：单位阶跃响应第一次达到稳态值的时间。上升时间是系统响应速度的一种度量。上升时间越短，响应速度越快。

（2）延迟时间t_d：单位阶跃响应第一次达到稳态值的50%所需的时间。

（3）峰值时间t_p：单位阶跃响应到达第一个峰值所需的时间。

（4）最大超调量$\delta\%$：单位阶跃响应的最大值y_{max}（即最大峰值$y(t_p)$）与稳态值$y(\infty)$的差与稳态值$y(\infty)$之比的百分数，即

$$\delta\% = \frac{y(t_p) - y(\infty)}{y(\infty)} \times 100\% \tag{3.1.14}$$

若对于$t \geqslant 0$，恒有$y(t) \leqslant y(\infty)$，则单位阶跃响应无超调。最大超调量简称为超调量。

（5）调整时间t_s：当$y(t)$和$y(\infty)$之间误差的绝对值达到规定的允许值$y(\infty) \times \Delta\%$，且以后不再超过此值所需的最小时间称为调整时间。即当$t \geqslant t_s$后有

$$|y(t) - y(\infty)| \leqslant y(\infty) \times \Delta\%$$

式中，Δ为误差带宽度。如何选取误差带宽度的大小，取决于系统的设计目的。工程上常取$\Delta = 2$或$\Delta = 5$。调整时间又称为过渡过程时间或瞬态过程时间。工程上认为，当$t \leqslant t_s$时，响应为瞬态过程。当$t > t_s$后，响应进入了稳态过程。

（6）振荡次数N：在$0 \leqslant t \leqslant t_s$时间内，单位阶跃响应$y(t)$穿越其稳态值$y(\infty)$次数的一半，定义为振荡次数。

利用上述几个瞬态性能指标，基本上可以体现系统瞬态过程的特征。通常用上升时间t_r或峰值时间t_p评价系统的响应速度，称为快速性指标；用超调量$\delta\%$、振荡次数N评价系统的阻尼或相对稳定程度，反映了瞬态过程振荡的激烈程度，称为振荡性指标；而t_s是同时反映响应速度和阻尼特性的综合性指标。在实际工程应用中，常用的瞬态性能指标为超调量$\delta\%$和调整时间t_s。

具有单调上升有上界类型的单位阶跃响应曲线$y(t)$如图3.1.3所示。这种响应没有超调量，所以只用调整时间t_s表示瞬态过程的快速性，调整时间的定义同上所述。有时也用上升时间t_r这一指标，需要说明的是，这种情况下，上升时间的定义应修改为由稳态值的10%上升到90%所需的时间。

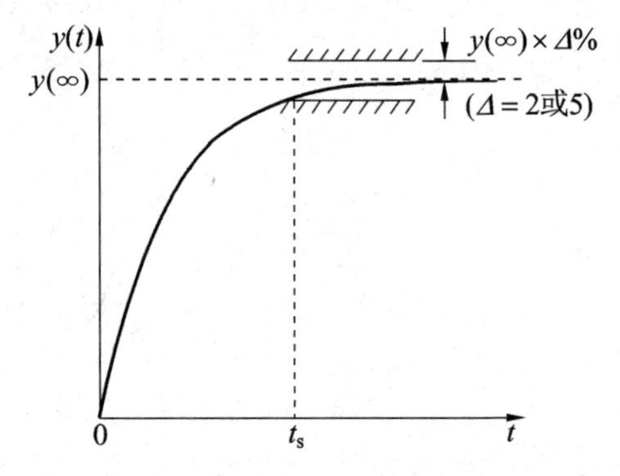

图3.1.3 单调上升的单位阶跃响应曲线

2. 稳态性能指标

当响应时间$t > t_s$时，系统的输出响应进入稳态过程。稳态过程的性能指标主

要是稳态误差，详见 3.6 节。当时间 t 趋于无穷大时，若系统的输出量不等于输入量，则系统存在稳态误差。稳态误差是控制系统精度或抗干扰能力的一种度量。

3.2　典型一阶系统的瞬态性能

可以用一阶微分方程描述的系统称为一阶系统，它是工程中最基本、最简单的系统。

3.2.1　一阶系统的数学模型

一阶系统的微分方程为

$$T\frac{\mathrm{d}y(t)}{\mathrm{d}t}+y(t)=r(t),\quad t\geqslant 0 \tag{3.2.1}$$

在零初始条件下，可得一阶系统的传递函数为

$$\varPhi(s)=\frac{Y(s)}{R(s)}=\frac{1}{Ts+1} \tag{3.2.2}$$

式中 T 称为时间常数，$T>0$。从式（3.2.2）看出，一阶系统的特征方程是关于复变量 s 的一次代数方程。一阶系统的典型方块图如图 3.2.1 所示，其中 $K=1/T$。

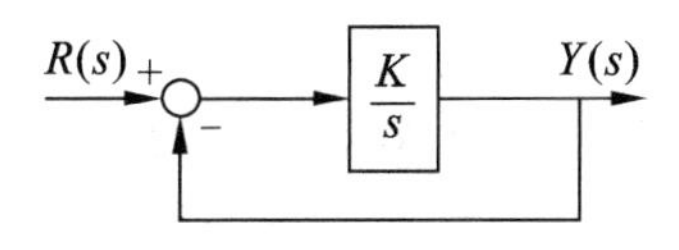

图 3.2.1　一阶系统的典型方块图

3.2.2　一阶系统的单位脉冲响应

设一阶系统的输入信号为单位脉冲信号 $r(t)=\delta(t)$，其拉普拉斯变换为 $R(s)=1$，则系统的输出为

$$Y(s)=\frac{R(s)}{Ts+1}=\frac{1}{Ts+1}=\frac{1/T}{s+1/T}$$

上式的拉普拉斯反变换称为一阶系统的单位脉冲响应，其表达式为

$$y(t)=\frac{1}{T}\mathrm{e}^{-\frac{t}{T}},\quad t\geqslant 0 \tag{3.2.3}$$

一阶系统的单位脉冲响应曲线如图 3.2.2 所示。图中，曲线 1 和曲线 2 分别表示系统的时间常数等于 T 和 $2T$ 时的单位脉冲响应曲线。由图 3.2.2 可见，一阶系统的单位脉冲响应曲线为单调下降有下界的指数曲线，时间常数 T 越大，响应曲线下降越慢，表明系统受到脉冲输入信号作用后，恢复到初始状态的时间越

长。反之，曲线下降越快，恢复到初始状态的时间越短。不论 T 取何值，单位脉冲响应的稳态值均为零。

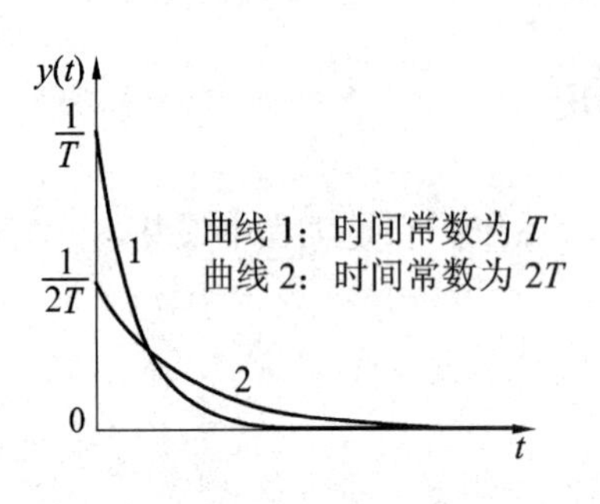

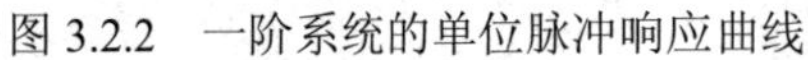
图 3.2.2 一阶系统的单位脉冲响应曲线

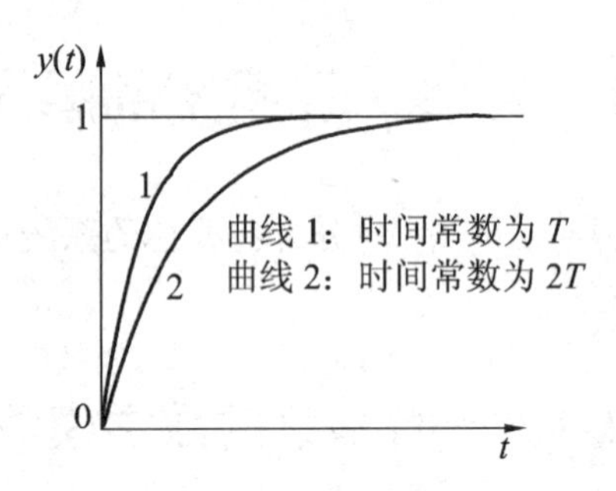

图 3.2.3 一阶系统的单位阶跃响应曲线

3.2.3 一阶系统的单位阶跃响应

设一阶系统的输入信号为单位阶跃信号 $r(t)=1(t)$，其拉普拉斯变换为 $R(s)=1/s$。系统的输出为

$$Y(s)=\frac{R(s)}{Ts+1}=\frac{1}{s(Ts+1)}=\frac{1}{s}-\frac{1}{s+1/T}$$

对上式进行拉普拉斯反变换，可得一阶系统的单位阶跃响应为

$$y(t)=1-\mathrm{e}^{-\frac{t}{T}},\quad t\geqslant 0 \tag{3.2.4}$$

由式（3.2.4）可见，一阶系统的单位阶跃响应 $y(t)$ 是单调上升有上界的指数曲线，如图 3.2.3 所示。图中，曲线 1 和曲线 2 分别表示系统的时间常数等于 T 和 $2T$ 时的单位阶跃响应曲线。一阶系统的单位阶跃响应有如下特点：

（1）单位阶跃响应曲线是单调上升有上界的指数曲线，为非周期响应。

（2）时间常数 T 反映了系统的惯性。时间常数越大，表示系统的惯性越大，响应速度越慢，系统跟踪单位阶跃信号越慢，单位阶跃响应曲线上升越平缓。反之，惯性越小，响应速度越快，系统跟踪单位阶跃信号越快，单位阶跃响应曲线上升就越陡峭。由于一阶系统具有这样的特点，工程上常称一阶系统为惯性环节或非周期环节。

（3）单位阶跃响应曲线的斜率为

$$y'(t)=\frac{1}{T}\mathrm{e}^{-\frac{t}{T}} \tag{3.2.5}$$

显然在 $t\to 0^{+}$ 处的斜率为 $1/T$，并且随时间的增加斜率变小。表 3.2.1 表示了单位阶跃响应曲线上各点的值、斜率与时间常数 T 之间的关系。

表 3.2.1　单位阶跃响应曲线上各点的值、斜率与时间常数 T 之间的关系

时间 t	0	T	$2T$	$3T$	…	∞
输出量	0	0.632	0.865	0.950	…	1.0
斜率	$1/T$	$0.368/T$	$0.135/T$	$0.050/T$	…	0.0

根据这一特点，可用实验的方法测定一阶系统的时间常数，或测定系统是否属于一阶系统。

（4）形如式（3.2.2）所示的一阶系统跟踪单位阶跃输入信号时，输出量和输入量之间的位置误差随时间减小，最后趋于零。输出量和输入量之间的位置误差为

$$e(t)=1(t)-y(t)=\mathrm{e}^{-\frac{t}{T}} \tag{3.2.6}$$

稳态位置误差为

$$\lim_{t\to\infty}e(t)=\lim_{t\to\infty}\mathrm{e}^{-\frac{t}{T}}=0 \tag{3.2.7}$$

3.2.4　一阶系统的单位斜坡响应

若一阶系统的输入信号为单位斜坡信号 $r(t)=t$，其拉普拉斯变换为 $R(s)=1/s^2$，则系统的输出为

$$Y(s)=\frac{R(s)}{Ts+1}=\frac{1}{Ts+1}\cdot\frac{1}{s^2}=\frac{1}{s^2}-\frac{T}{s}+\frac{T}{s+1/T}$$

对上式进行拉普拉斯反变换，整理后得

$$y(t)=t-T\left(1-\mathrm{e}^{-\frac{t}{T}}\right),\quad t\geqslant 0 \tag{3.2.8}$$

式（3.2.8）称为一阶系统的单位斜坡响应，其响应曲线如图 3.2.4 所示。图中，曲线 1 表示输入单位斜坡信号 $r(t)=t$，曲线 2 和曲线 3 分别表示系统时间常数等于 T 和 $2T$ 时的单位斜坡响应曲线。

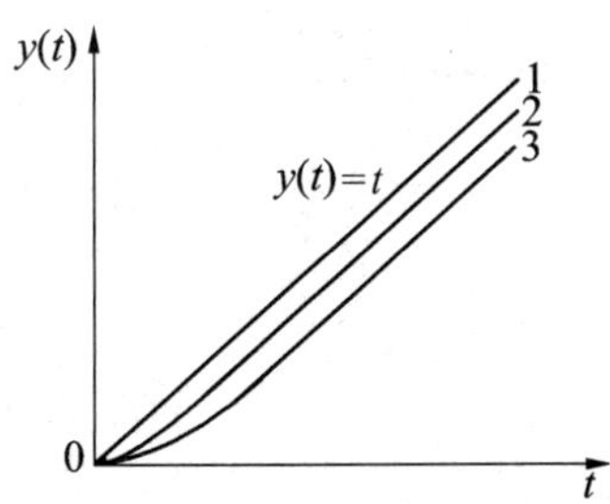

图 3.2.4　一阶系统的单位加速度响应曲线

一阶系统的单位斜坡响应有如下特点：

（1）一阶系统在跟踪单位斜坡输入信号时，总是存在位置误差，并且位置误差的大小随时间而增大，最后趋于常值 T。同时，位置误差的大小与系统的时间常数 T 也有关，T 越大，位置误差越大，跟踪精度越低。反之，位置误差越小，跟踪精度越高。系统的输入量和输出量之间的位置误差为

$$e(t)=r(t)-y(t)=T\left(1-\mathrm{e}^{-\frac{t}{T}}\right) \tag{3.2.9}$$

当时间趋向于无穷大时，系统的稳态位置误差为

$$\lim_{t\to\infty} e(t) = \lim_{t\to\infty} T\left(1 - \mathrm{e}^{-\frac{t}{T}}\right) = T \tag{3.2.10}$$

（2）单位斜坡响应曲线的斜率为

$$y'(t) = 1 - \mathrm{e}^{-\frac{t}{T}} \tag{3.2.11}$$

显然在 $t = 0$ 时其斜率为零，并且随时间的增加斜率变大，最大斜率为 1。

3.2.5 一阶系统的单位加速度响应

设一阶系统的输入信号为单位加速度信号 $r(t)=t^2/2$，其拉普拉斯变换为 $R(s)=1/s^3$，则系统的输出为

$$Y(s) = \frac{R(s)}{Ts+1} = \frac{1}{Ts+1}\cdot\frac{1}{s^3} = \frac{1}{s^3} - \frac{T}{s^2} + \frac{T^2}{s} - \frac{T^2}{s+1/T}$$

对上式进行拉普拉斯反变换，整理后可得

$$y(t) = \frac{1}{2}t^2 - Tt + T^2\left(1 - \mathrm{e}^{-\frac{t}{T}}\right),\quad t \geqslant 0 \tag{3.2.12}$$

式（3.2.12）称为一阶系统的单位加速度响应。单位加速度响应曲线如图 3.2.5 所示。图中，曲线 1 表示输入信号 $r(t) = t^2/2$，曲线 2 和曲线 3 分别表示系统时间常数等于 T 和 $2T$ 时的单位加速度响应曲线。一阶系统的单位加速度响应有如下特点：一阶系统在跟踪单位加速度信号时，总是存在位置误差，而且位置误差随时间而增大，最后趋于无穷大。因此，一阶系统不能实现对单位加速度输入信号的跟踪。

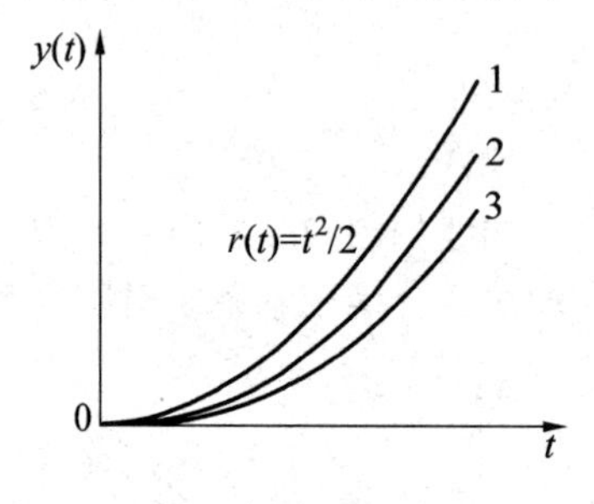

图 3.2.5 一阶系统的单位加速度响应曲线

系统的输入量和输出量之间的位置误差为

$$e(t) = r(t) - y(t) = Tt - T^2\left(1 - \mathrm{e}^{-\frac{t}{T}}\right) \tag{3.2.13}$$

当时间趋向于无穷大时，系统的稳态位置误差为

$$\lim_{t\to\infty} e(t) = \lim_{t\to\infty} Tt - T^2\left(1 - \mathrm{e}^{-\frac{t}{T}}\right) = \infty \tag{3.2.14}$$

为使用方便，现将一阶系统对各典型输入信号的响应归纳于表 3.2.2 中。

表 3.2.2　一阶系统对典型输入信号的响应

输入信号	输出响应	输入信号	输出响应
$\delta(t)$	$\mathrm{e}^{-t/T}/T$，$t\geqslant 0$	t	$t-T+T\mathrm{e}^{-t/T}$，$t\geqslant 0$
$1(t)$	$1-\mathrm{e}^{-t/T}$，$t\geqslant 0$	$t^2/2$	$t^2/2-Tt+T^2\left(1-\mathrm{e}^{-t/T}\right)$，$t\geqslant 0$

由前面的讨论可知，典型输入信号单位脉冲、单位阶跃、单位斜坡和单位加速度信号之间满足式（3.1.11），即单位脉冲信号与单位阶跃信号的一阶导数、单位斜坡信号的二阶导数和单位加速度信号的三阶导数相等。从上述表 3.2.2 中可看出，单位脉冲响应与单位阶跃响应的一阶导数，单位斜坡响应的二阶导数和单位加速度响应的三阶导数也相等。这个结果表明：一阶系统对输入信号导数的响应，等于一阶系统对该输入信号响应的导数。

这个性质是线性定常系统的一个重要特性，适用于所有的线性定常系统，而线性时变系统和非线性系统则不具有这个特性。因此，研究线性定常系统的时间响应，不必对每种输入信号都进行计算，往往只取其中一种典型输入信号进行研究即可。在工程上，通常选择单位阶跃信号作为输入信号讨论系统的时间响应特性。

3.2.6　一阶系统的瞬态性能指标

根据一阶系统的单位阶跃响应表达式（3.2.4）和系统瞬态性能指标的定义，可以计算出一阶系统的瞬态性能指标如下。

1．延迟时间 t_d

延迟时间定义为输出响应第一次达到稳态值的50%所需的时间，则有

$$0.5=1-\mathrm{e}^{-\frac{t_\mathrm{d}}{T}}$$

解上式得

$$t_\mathrm{d}\approx 0.693T \tag{3.2.15}$$

2．上升时间 t_r

设一阶系统输出响应达到10%稳态值的时间为 t_1，达到90%稳态值的时间为 t_2，则有

$$0.1=1-\mathrm{e}^{-\frac{t_1}{T}} \quad 及 \quad 0.9=1-\mathrm{e}^{-\frac{t_2}{T}}$$

解得

$$t_1\approx 0.10536T\text{，}\quad t_2\approx 2.30259T$$

根据定义，上升时间为$t_{\mathrm{r}}=t_2-t_1$，即

$$t_{\mathrm{r}}\approx 2.197T \tag{3.2.16}$$

3．调整时间 t_{s}

假设系统的误差带宽度为$\varDelta$，则根据调整时间的定义有

$$\left|y(t_{\mathrm{s}})-y(\infty)\right|=\left|1-\mathrm{e}^{-\frac{t_{\mathrm{s}}}{T}}-1\right|\leqslant \varDelta\%$$

解上式得

$$t_{\mathrm{s}}=-T\ln\varDelta\%\approx\begin{cases}4T，\ \varDelta=2\\3T，\ \varDelta=5\end{cases} \tag{3.2.17}$$

4．峰值时间 t_{p} 和超调量 $\delta\%$

由于一阶系统的单位阶跃响应曲线为单调上升有上界的指数曲线，没有振荡，所以峰值时间t_{p}和超调量$\delta\%$均不存在。

3.2.7 减小一阶系统时间常数的措施

从上面的讨论可以看出，一阶系统的时间常数T对系统性能起着非常重要的作用，时间常数不仅影响一阶系统的响应速度，还影响系统跟踪输入信号的精度。综合来说，对于不同的输入信号，时间常数越大，系统的响应速度越慢，跟踪精度越低。对于大多数的实际工程系统，通常希望有较小的时间常数。对于传递函数为

$$G(s)=\frac{1}{Ts+1}$$

的一阶系统，可以通过负反馈来减小时间常数，如图3.2.6所示。

由图3.2.6可得反馈后系统的闭环传递函数为

$$\varPhi(s)=\frac{\dfrac{1}{Ts+1}}{1+\dfrac{\alpha}{Ts+1}}=\frac{\dfrac{1}{1+\alpha}}{\dfrac{T}{1+\alpha}s+1}=\frac{K'}{T's+1}$$

式中，$K'=1/(1+\alpha)$，$T'=K'T$。由$K'=1/(1+\alpha)<1$可知，通过负反馈使得系统的时间常数变为T'，减小了$\dfrac{1}{K'}$倍，但是付出的代价是使得系统的放大系数也减小了$\dfrac{1}{K'}$倍，而放大系数的减小带来了稳态误差的增大。对于如图3.2.1所示的一阶

系统，还可以采用调整系统的开环放大系数的方法来减小系统的时间常数，即在系统的前向通道上串联一个比例环节α，如图 3.2.7 所示。

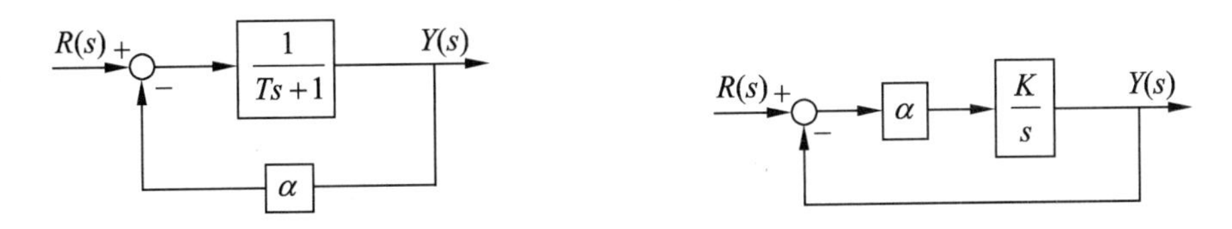

图 3.2.6　通过负反馈减小系统时间常数　　图 3.2.7　通过增加开环放大系数减小系统时间常数

由图 3.2.7 可写出该系统的闭环传递函数为

$$\varPhi(s)=\frac{\dfrac{\alpha K}{s}}{1+\dfrac{\alpha K}{s}}=\frac{1}{\dfrac{1}{\alpha K}s+1}=\frac{1}{\dfrac{T}{\alpha}s+1}=\frac{1}{T's+1}$$

式中，$T'=T/\alpha$。若选择$\alpha>1$，则可确保$T'<T$，即可以通过调整α的大小来减小时间常数T。采用这种方法的优点是通过增加系统的放大系数K减小了系统的时间常数。

3.3　典型二阶系统的瞬态性能

以二阶微分方程描述的系统称为二阶系统。与一阶系统一样，二阶系统也是控制系统最重要的基本形式之一，它不仅在工程应用中比较常见，而且许多高阶系统在一定的条件下也可以近似地简化为二阶系统。本节讨论典型二阶系统的时间响应和瞬态性能指标。

3.3.1　典型二阶系统的数学模型

典型二阶系统的微分方程为

$$T^2\frac{\mathrm{d}^2y(t)}{\mathrm{d}t^2}+2\zeta T\frac{\mathrm{d}y}{\mathrm{d}t}+y(t)=r(t),\ t\geqslant 0 \tag{3.3.1}$$

式中，$y(t)$为系统的输出量；$r(t)$为系统的输入量；T称为二阶系统的时间常数；ζ称为二阶系统的阻尼系数。假设系统的初始条件为零，则系统的传递函数为

$$\frac{Y(s)}{R(s)}=\frac{1}{T^2s^2+2\zeta Ts+1} \tag{3.3.2}$$

若令$T=1/\omega_{\mathrm{n}}$，则式（3.3.2）可以写为

$$\frac{Y(s)}{R(s)}=\frac{{\omega_{\mathrm{n}}}^2}{s^2+2\zeta\omega_{\mathrm{n}}s+{\omega_{\mathrm{n}}}^2} \tag{3.3.3}$$

式中，ω_n称为二阶系统的无阻尼振荡频率或自然频率。式（3.3.1）称为典型二阶系统时间域的数学模型。

由式（3.3.3）可知，典型二阶系统的特征方程为

$$s^2+2\zeta\omega_n s+\omega_n{}^2=(s+p_1)(s+p_2)=0 \tag{3.3.4}$$

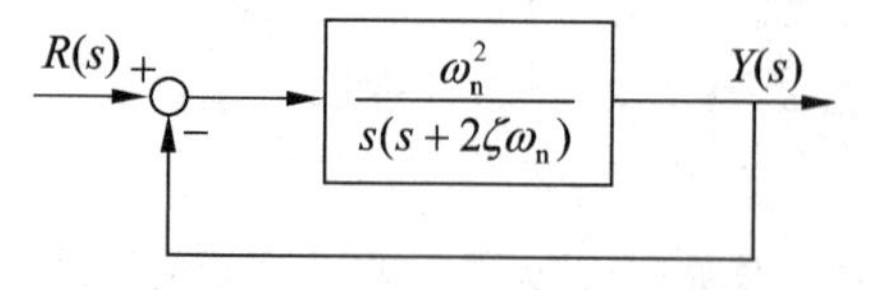

图 3.3.1　二阶系统的典型方块图

是关于复变量s的二次代数方程，其特征根（或称为系统极点）为

$$-p_{1,2}=-\zeta\omega_n\pm\omega_n\sqrt{\zeta^2-1} \tag{3.3.5}$$

二阶系统的典型方块图如图 3.3.1 所示。

3.3.2　典型二阶系统的单位阶跃响应

二阶系统的瞬态性能由系统参数ζ和ω_n决定。由式（3.3.5）可知，由于阻尼系数ζ的不同，导致了系统特征根的表现形式和在s平面上所处位置的不同。如果$0<\zeta<1$，则系统的特征根为一对共轭复根，位于s左半平面，这种系统称为欠阻尼系统。如果$\zeta=1$，则系统称为临界阻尼系统，系统的特征根是一对负重实根，位于s平面的负实轴上。当$\zeta>1$时，系统称为过阻尼系统，系统的特征根是两个互异的负实根，位于s平面的负实轴上。当$\zeta=0$时，系统称为无阻尼系统，系统的特征根是一对共轭虚根，位于s平面的虚轴上。在上述四种情况下，典型二阶系统的时间响应曲线是不同的。若二阶系统的阻尼系数$\zeta<0$，则该系统是不稳定的系统，讨论不稳定系统的响应特性没有意义。下面分别讨论二阶系统在欠阻尼、无阻尼、临界阻尼和过阻尼四种情况下的单位阶跃响应。

1. 欠阻尼$(0<\zeta<1)$二阶系统的单位阶跃响应

在欠阻尼情况下，典型二阶系统的特征根为一对共轭复根

$$-p_{1,2}=-\zeta\omega_n\pm j\omega_n\sqrt{1-\zeta^2}=-\zeta\omega_n\pm j\omega_d \tag{3.3.6}$$

式中，$\omega_d=\omega_n\sqrt{1-\zeta^2}$，称为阻尼振荡频率。在单位阶跃输入信号$R(s)=1/s$的作用下，二阶系统的输出信号为

$$Y(s)=\frac{\omega_n{}^2}{s^2+2\zeta\omega_n s+\omega_n{}^2}\cdot\frac{1}{s} \tag{3.3.7}$$

对式（3.3.7）求拉普拉斯反变换，可得二阶系统的单位阶跃响应为

$$y(t)=L^{-1}\left[\frac{\omega_n{}^2}{s^2+2\zeta\omega_n s+\omega_n{}^2}\cdot\frac{1}{s}\right] \tag{3.3.8}$$

为了求出$Y(s)$的拉普拉斯反变换，可将式（3.3.7）写为

$$Y(s)=\frac{\omega_n{}^2}{s^2+2\zeta\omega_n s+\omega_n{}^2}\cdot\frac{1}{s}=\frac{1}{s}-\frac{s+2\zeta\omega_n}{s^2+2\zeta\omega_n s+\omega_n^2}$$
$$=\frac{1}{s}-\frac{s+\zeta\omega_n}{(s+\zeta\omega_n)^2+\left(\omega_n\sqrt{1-\zeta^2}\right)^2}-\frac{\zeta\omega_n}{(s+\zeta\omega_n)^2+\left(\omega_n\sqrt{1-\zeta^2}\right)^2}$$

由于

$$L^{-1}\left[\frac{s+\zeta\omega_n}{(s+\zeta\omega_n)^2+\left(\omega_n\sqrt{1-\zeta^2}\right)^2}\right]=e^{-\zeta\omega_n t}\cos\omega_n\sqrt{1-\zeta^2}t$$

$$L^{-1}\left[\frac{\zeta\omega_n}{(s+\zeta\omega_n)^2+\left(\omega_n\sqrt{1-\zeta^2}\right)^2}\right]$$
$$=L^{-1}\left[\frac{\frac{\zeta}{\sqrt{1-\zeta^2}}\cdot\omega_n\sqrt{1-\zeta^2}}{(s+\zeta\omega_n)^2+\left(\omega_n\sqrt{1-\zeta^2}\right)^2}\right]=\frac{\zeta}{\sqrt{1-\zeta^2}}e^{-\zeta\omega_n t}\sin\omega_n\sqrt{1-\zeta^2}t$$

因此式（3.3.7）的拉普拉斯反变换为

$$y(t)=1-e^{-\zeta\omega_n t}\left(\cos\omega_n\sqrt{1-\zeta^2}t+\frac{\zeta}{\sqrt{1-\zeta^2}}\sin\omega_n\sqrt{1-\zeta^2}t\right)$$
$$=1-\frac{e^{-\zeta\omega_n t}}{\sqrt{1-\zeta^2}}\sin\left(\omega_n\sqrt{1-\zeta^2}t+\arctan\frac{\sqrt{1-\zeta^2}}{\zeta}\right),\quad t\geqslant 0 \tag{3.3.9}$$

由式（3.3.9）可以看出，在欠阻尼 $(0<\zeta<1)$ 情况下，二阶系统的单位阶跃响应曲线是振荡且随时间推移而衰减的，其振荡频率为阻尼振荡频率 $\omega_d=\omega_n\sqrt{1-\zeta^2}$，其幅值随 ζ 和 ω_n 而发生变化。比较式（3.3.9）和式（3.3.6）可以看出，二阶系统单位阶跃响应的振荡频率等于系统特征根虚部的大小，而幅值与系统特征根负实部的大小有关。当 ζ 减小时，系统特征根沿图形轨迹接近虚轴，远离实轴，即系统特征根的负实部和虚部都增加了，这表明系统阶跃响应振荡的幅值和频率都增大了，阶跃响应振荡得更激烈。因此，系统特征根的负实部决定了系统阶跃响应衰减的快慢，而其虚部决定了阶跃响应的振荡程度。

输入单位阶跃信号和单位阶跃响应之间的误差为

$$e(t)=r(t)-y(t)=1-y(t)$$
$$=\frac{e^{-\zeta\omega_n t}}{\sqrt{1-\zeta^2}}\sin\left(\omega_n\sqrt{1-\zeta^2}t+\arctan\frac{\sqrt{1-\zeta^2}}{\zeta}\right),\quad t\geqslant 0$$

显然，误差也呈阻尼正弦振荡形式。当达到稳态时，即当$t\to\infty$时，有$\lim\limits_{t\to\infty}e(t)=0$，这表明该二阶系统能够完全跟踪输入单位阶跃信号，没有稳态误差。

2. 无阻尼($\zeta=0$)二阶系统的单位阶跃响应

在这种情况下，二阶系统的特征根为一对共轭虚根

$$-p_{1,2}=\pm\mathrm{j}\omega_{\mathrm{n}} \tag{3.3.10}$$

由式（3.3.9）可以看出，在无阻尼($\zeta=0$)情况下，二阶系统的单位阶跃响应为

$$y(t)=1-\cos\omega_{\mathrm{n}}t,\quad t\geqslant 0 \tag{3.3.11}$$

即无阻尼二阶系统的单位阶跃响应呈现等幅振荡形式，振荡过程将以频率为ω_{n}，幅值为1无限地进行下去。

系统输入量和输出量之间的误差为

$$\begin{aligned}e(t)&=r(t)-y(t)=1-y(t)\\&=\cos\omega_{\mathrm{n}}t,\qquad t\geqslant 0\end{aligned}$$

可见，误差曲线也呈现等幅振荡形式，即系统在无阻尼情况下，不能跟踪输入单位阶跃信号。

3. 临界阻尼($\zeta=1$)二阶系统的单位阶跃响应

在这种情况下，二阶系统的特征根是两个相等的负实根

$$-p_{1,2}=-\omega_{\mathrm{n}} \tag{3.3.12}$$

对于单位阶跃输入信号$R(s)=1/s$，系统的输出量表示为

$$Y(s)=\frac{\omega_{\mathrm{n}}^2}{(s+\omega_{\mathrm{n}})^2}\cdot\frac{1}{s}=\frac{1}{s}-\frac{\omega_{\mathrm{n}}}{(s+\omega_{\mathrm{n}})^2}-\frac{1}{s+\omega_{\mathrm{n}}}$$

求上式的拉普拉斯反变换，可得临界阻尼二阶系统的单位阶跃响应为

$$y(t)=1-\mathrm{e}^{-\omega_{\mathrm{n}}t}(1+\omega_{\mathrm{n}}t),\quad t\geqslant 0 \tag{3.3.13}$$

由式（3.3.13）可见，二阶系统的单位阶跃响应为按指数规律单调上升有上界的过程。

系统输入量和输出量之间的误差为

$$\begin{aligned}e(t)&=r(t)-y(t)=1-y(t)\\&=\mathrm{e}^{-\omega_{\mathrm{n}}t}(1+\omega_{\mathrm{n}}t),\qquad t\geqslant 0\end{aligned}$$

随着时间的增加，误差越来越小，到稳态时误差变为零。通常，在临界阻尼情况下，二阶系统的单位阶跃响应称为临界阻尼响应。

4. 过阻尼($\zeta>1$)二阶系统的单位阶跃响应

在这种情况下，二阶系统的两个特征根是两个互异的负实根

$$-p_{1,2}=-\zeta\omega_{\mathrm{n}}\pm\omega_{\mathrm{n}}\sqrt{\zeta^2-1} \tag{3.3.14}$$

对于单位阶跃输入信号 $R(s)=1/s$，系统的输出量可以写为

$$Y(s)=\frac{\omega_n^{\ 2}}{(s+p_1)(s+p_2)}\cdot\frac{1}{s}$$
$$=\frac{\omega_n^{\ 2}}{\left(s+\zeta\omega_n-\omega_n\sqrt{\zeta^2-1}\right)\left(s+\zeta\omega_n+\omega_n\sqrt{\zeta^2-1}\right)}\cdot\frac{1}{s}$$

求上式的拉普拉斯反变换可得过阻尼二阶系统的单位阶跃响应为

$$y(t)=1+\frac{1}{2\sqrt{\zeta^2-1}}\left(\frac{\mathrm{e}^{-\left(\zeta+\sqrt{\zeta^2-1}\right)\omega_n t}}{\zeta+\sqrt{\zeta^2-1}}-\frac{\mathrm{e}^{-\left(\zeta-\sqrt{\zeta^2-1}\right)\omega_n t}}{\zeta-\sqrt{\zeta^2-1}}\right)$$
$$=1+\frac{T_1}{T_2-T_1}\mathrm{e}^{-\frac{t}{T_1}}+\frac{T_2}{T_1-T_2}\mathrm{e}^{-\frac{t}{T_2}},\qquad t\geq 0 \tag{3.3.15}$$

式中

$$T_1=\frac{1}{\omega_n\left(\zeta-\sqrt{\zeta^2-1}\right)},\quad T_2=\frac{1}{\omega_n\left(\zeta+\sqrt{\zeta^2-1}\right)}$$

式（3.3.15）还可以写为

$$y(t)=1-\frac{\omega_n}{2\sqrt{\zeta^2-1}}\left(\frac{\mathrm{e}^{-p_1 t}}{p_1}-\frac{\mathrm{e}^{-p_2 t}}{p_2}\right),\quad t\geq 0$$

式中，$-p_1$ 和 $-p_2$ 为过阻尼二阶系统的特征根，如式（3.3.14）所示。显然，由于 $-p_1$ 和 $-p_2$ 均为负实数，所以过阻尼二阶系统的单位阶跃响应由两个衰减的指数项 $\mathrm{e}^{-p_1 t}/p_1$ 和 $\mathrm{e}^{-p_2 t}/p_2$ 组成，其代数和不会超过稳态值 1，因而过阻尼二阶系统的单位阶跃响应曲线是非振荡的单调上升有上界曲线。当阻尼系数 ζ 远大于 1，即 $-p_1>>-p_2$ 时，在两个衰减的指数项中，后者衰减的速度远远快于前者，即此时二阶系统的瞬态响应主要由前者来决定，或者说主要由极点 $-p_1$ 决定，因而过阻尼二阶系统可以由具有极点 $-p_1$ 的一阶系统来近似表示。近似后一阶系统的传递函数为

$$\frac{Y(s)}{R(s)}=\frac{\omega_n^{\ 2}}{(s+p_1)(s+p_2)}\approx\frac{\omega_n^{\ 2}}{p_2(s+p_1)}$$

当输入为 $R(s)=1/s$ 时，输出量为

$$Y(s)=\frac{\omega_n^{\ 2}/p_2}{s+p_1}\cdot\frac{1}{s}=\frac{1}{s}-\frac{1}{s+p_1}$$

上式的拉普拉斯反变换为

$$y(t)=1-\mathrm{e}^{-p_1 t} \tag{3.3.16}$$

由式（3.3.15）表示的过阻尼二阶系统和由式（3.3.16）所表示的一阶系统的单位阶跃响应曲线是非常接近的。举例说明：假设ζ=2，ω_n=1，由式（3.3.15）可得过阻尼二阶系统的单位阶跃响应为

$$y(t)=1+0.077\mathrm{e}^{-3.732t}-1.077\mathrm{e}^{-0.268t} \tag{3.3.17}$$

由式（3.3.16）得该二阶系统近似为一阶系统后的单位阶跃响应为

$$y(t)=1-\mathrm{e}^{-0.268t} \tag{3.3.18}$$

对应于式（3.3.17）和式（3.3.18）的单位阶跃响应曲线如图 3.3.2 所示。图中，曲线 1 为二阶系统近似为一阶系统以后的单位阶跃响应曲线，曲线 2 为原始二阶系统的单位阶跃响应曲线。由图 3.3.2 可见，两者间的差异仅在响应的起始阶段，并且阻尼系数ζ越大，这种差异就越小。

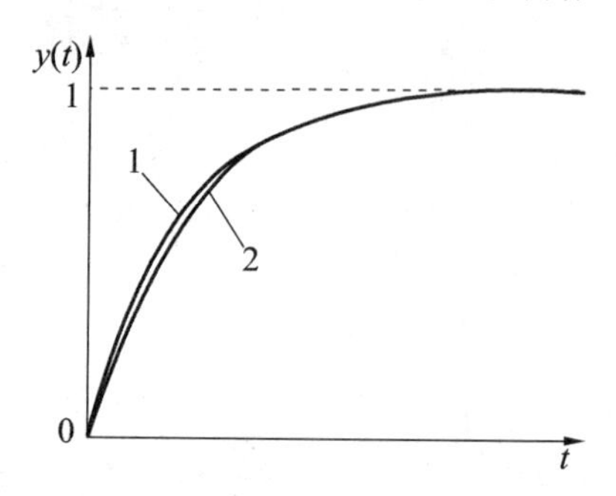

图 3.3.2　过阻尼二阶系统的单位阶跃响应

表 3.3.1 给出了不同阻尼系数ζ值时典型二阶系统特征根和对应的单位阶跃响应曲线的形式。在不同的阻尼系数ζ情况下，二阶系统特征根在 s 平面上的位置分布和单位阶跃响应形式有较大的差异。

表 3.3.1　不同阻尼系数ζ值时典型二阶系统特征根和对应的单位阶跃响应曲线的形式

阻尼系数	特征方程根	特征方程根的位置	单位阶跃响应的形式
无阻尼 $\zeta=0$	$\pm \mathrm{j}\omega_n$	虚轴上的一对共轭虚根	等幅周期振荡
欠阻尼 $0<\zeta<1$	$-\zeta\omega_n \pm \mathrm{j}\omega_n\sqrt{1-\zeta^2}$	s 左半平面的一对共轭复根	衰减振荡
临界阻尼 $\zeta=1$	$-\omega_n$	负实轴上的一对重根	单调上升
过阻尼 $\zeta>1$	$-\zeta\omega_n \pm \omega_n\sqrt{\zeta^2-1}$	负实轴上的两个互异根	单调上升

图 3.3.3 显示了不同阻尼系数$\zeta(\zeta\geqslant 0)$时典型二阶系统的单位阶跃响应曲线，其横坐标为$\omega_n t$。由图 3.3.3 可知，随着ζ的增加，二阶系统的单位阶跃响应由无衰减的正弦运动变为振幅随时间衰减的正弦运动，当$\zeta\geqslant 1$时，单位阶跃响应变成单调上升有上界的运动。除了无阻尼情况之外，典型二阶系统的单位阶跃响应的稳态值都为 1，这表明典型二阶系统单位阶跃响应的稳态误差均为零，即在稳态时，典型二阶系统总是能跟踪上输入的单位阶跃信号。

在欠阻尼二阶系统的单位阶跃响应曲线中，阻尼系数越小，超调量越大，上升时间越短。在过阻尼和临界阻尼二阶系统的单位阶跃响应曲线中，临界阻尼响应具有最短的上升时间，响应速度最快。

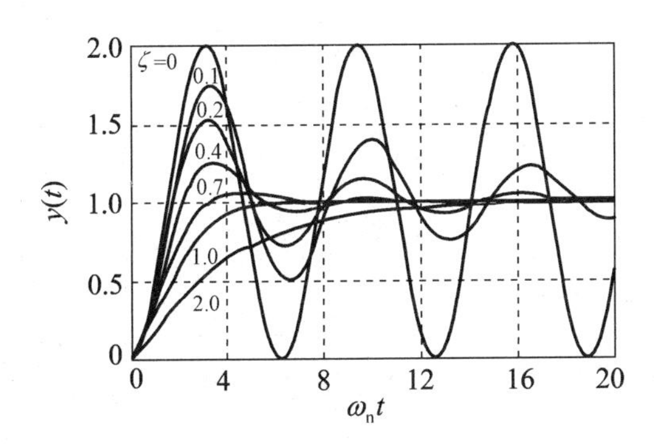

图 3.3.3　不同阻尼系数 ζ 时典型二阶系统的单位阶跃响应曲线

3.3.3　典型二阶系统的瞬态性能指标

通常以单位阶跃响应来讨论控制系统的瞬态性能指标，控制系统瞬态性能指标的定义在 3.1.3 节已有详细的说明。对二阶系统来说，由于阻尼系数的不同，单位阶跃响应曲线呈现衰减振荡和单调上升有上界两种形式。由于欠阻尼二阶系统与过阻尼（含临界阻尼）系统具有不同形式的响应曲线，因此它们的瞬态性能指标的计算方法也不尽相同。本节着重讨论欠阻尼二阶系统瞬态性能指标的计算方法。对于过阻尼（含临界阻尼）二阶系统，由于其瞬态性能指标在推导上的烦琐，只给出工程使用的经验公式。

1. 欠阻尼典型二阶系统的瞬态性能指标

欠阻尼二阶系统的单位阶跃响应曲线呈衰减振荡形式，如图 3.1.2 所示。其数学表达式如式（3.3.9）所示。

（1）上升时间 t_r

上升时间定义为单位阶跃响应第一次达到稳态值的时间。根据定义有

$$y(t_r)=1 \tag{3.3.19}$$

即

$$1-\frac{e^{-\zeta\omega_n t_r}}{\sqrt{1-\zeta^2}}\sin\left(\omega_n\sqrt{1-\zeta^2}\,t_r+\arctan\frac{\sqrt{1-\zeta^2}}{\zeta}\right)=1$$

所以

$$\sin\left(\omega_n\sqrt{1-\zeta^2}\,t_r+\arctan\frac{\sqrt{1-\zeta^2}}{\zeta}\right)=0$$

上式整理得

$$\omega_n\sqrt{1-\zeta^2}t_r+\arctan\frac{\sqrt{1-\zeta^2}}{\zeta}=k\pi，\ k=0,\ 1,\ 2,\ \cdots$$

根据上升时间的定义，由上式计算的系统上升时间应取最小值，即取 $k=0$，于是二阶系统的上升时间为

$$t_r=-\frac{1}{\omega_n\sqrt{1-\zeta^2}}\arctan\frac{\sqrt{1-\zeta^2}}{\zeta}=\frac{1}{\omega_d}\left(-\arctan\frac{\sqrt{1-\zeta^2}}{\zeta}\right) \tag{3.3.20}$$

根据欠阻尼二阶系统特征根在 s 平面上的位置分布情况还可以将上式简化。系统特征根在 s 平面上的位置分布如图 3.3.4 所示。由图可知

$$\tan\beta=\frac{\sqrt{1-\zeta^2}}{\zeta}，\quad \tan(\pi-\beta)=-\frac{\sqrt{1-\zeta^2}}{\zeta}$$

所以

$$\arctan\left(-\frac{\sqrt{1-\zeta^2}}{\zeta}\right)=\pi-\beta$$

将上式代入式（3.3.20），可得上升时间为

$$t_r=\frac{\pi-\beta}{\omega_n\sqrt{1-\zeta^2}}=\frac{\pi-\beta}{\omega_d} \tag{3.3.21}$$

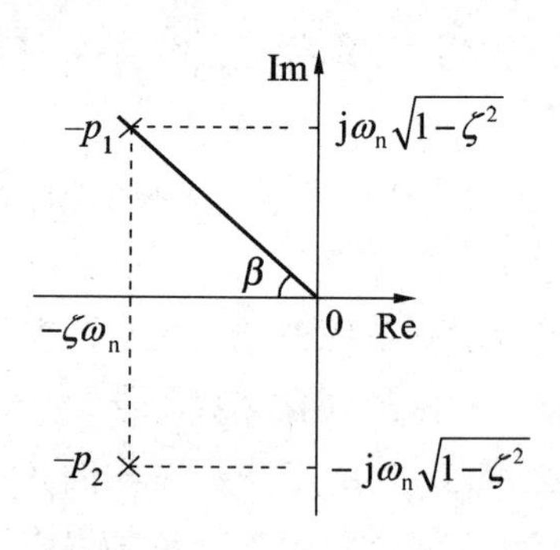

图 3.3.4 系统特征根的位置分布图

式中，β 为二阶系统共轭复数特征根对负实轴的张角。由图 3.3.4 可知，β 与阻尼系数 ζ 之间有确定的关系

$$\beta=\arccos\zeta \tag{3.3.22}$$

β 称为阻尼角。由式（3.3.22）可见，当阻尼系数 ζ 一定时，阻尼角不变，系统的上升时间与 ω_n 成反比。而当阻尼振荡频率 ω_d 一定时，阻尼系数 ζ 越小，上升时间越短。

（2）峰值时间 t_p

峰值时间定义为单位阶跃响应超过其稳态值到达第一个峰值所需的时间，在该时刻有

$$\frac{\mathrm{d}y(t)}{\mathrm{d}t}\bigg|_{t=t_p}=0$$

将式（3.3.9）代入上式，可得

$$\omega_n\sqrt{1-\zeta^2}\cos\left(\omega_n\sqrt{1-\zeta^2}t_p+\beta\right)-\zeta\omega_n\sin\left(\omega_n\sqrt{1-\zeta^2}t_p+\beta\right)=0$$

整理后有

$$\tan\left(\omega_n\sqrt{1-\zeta^2}t_p+\beta\right)=\frac{\sqrt{1-\zeta^2}}{\zeta}=\tan\beta$$

即

$$\omega_n\sqrt{1-\zeta^2}t_p+\beta=k\pi+\beta，\ k=0,\ 1,\ 2,\ \cdots \tag{3.3.23}$$

由于峰值时间 t_p 出现在单位阶跃响应曲线的第一个峰值处，所以取 $k=1$，于是峰值时间 t_p 为

$$t_p=\frac{\pi}{\omega_n\sqrt{1-\zeta^2}}=\frac{\pi}{\omega_d} \tag{3.3.24}$$

式（3.3.24）表明，峰值时间与阻尼振荡频率 ω_d，即系统特征根的虚部成反比。当阻尼系数 ζ 一定时，无阻尼振荡频率 ω_n 越大，系统的峰值时间越短。

（3）超调量 $\delta\%$

超调量定义为单位阶跃响应的最大偏离量 $y(t_p)$ 与稳态值 $y(\infty)$ 之差与稳态值 $y(\infty)$ 之比的百分数。由于超调量发生在峰值时间上，因此可将峰值时间表达式（3.3.24）代入式（3.3.9）中，即可求得单位阶跃响应的最大偏离量 $y(t_p)$ 的表达式为

$$y(t_p)=1-\frac{\mathrm{e}^{-\frac{\zeta\pi}{\sqrt{1-\zeta^2}}}}{\sqrt{1-\zeta^2}}\sin(\pi+\beta)=1+\frac{\mathrm{e}^{-\frac{\zeta\pi}{\sqrt{1-\zeta^2}}}}{\sqrt{1-\zeta^2}}\sin\beta$$

由图 3.3.4 可得 $\sin\beta=\sqrt{1-\zeta^2}$，所以单位阶跃响应的最大偏离量 $y(t_p)$ 为

$$y(t_p)=1+\mathrm{e}^{-\frac{\zeta\pi}{\sqrt{1-\zeta^2}}}$$

将上式代入到超调量定义式（3.1.14）中，并考虑到 $y(\infty)=1$，可得欠阻尼二阶系统的超调量为

$$\delta\%=\frac{y(t_p)-y(\infty)}{y(\infty)}\times100\%=\mathrm{e}^{-\frac{\zeta\pi}{\sqrt{1-\zeta^2}}}\times100\% \tag{3.3.25}$$

式（3.3.25）表明，超调量 $\delta\%$ 仅与阻尼系数 ζ 有关，与无阻尼振荡频率 ω_n 无关。阻尼系数 ζ 越大，超调量越小。超调量 $\delta\%$ 和阻尼系数 ζ 的关系如图 3.3.5 所示。

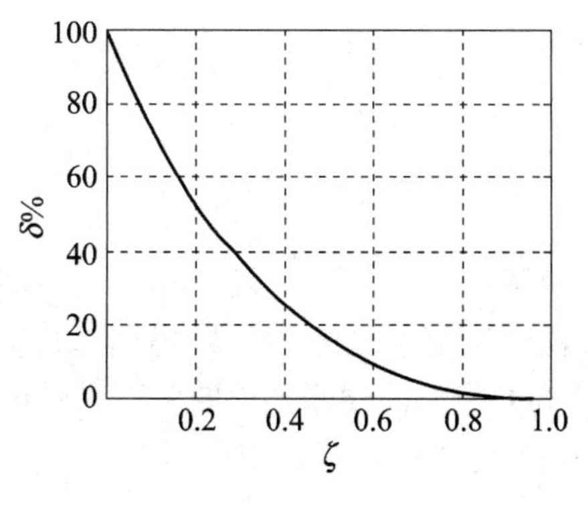

图 3.3.5　欠阻尼二阶系统超调量 $\delta\%$ 和阻尼系数 ζ 的关系

（4）调整时间t_s

调整时间t_s的定义为：当$y(t)$和稳态值$y(\infty)$之间误差的绝对值达到规定的允许值$y(\infty)\times\Delta\%$，且以后不再超过此值所需的最小时间称为调整时间。根据定义知，当$t\geqslant t_s$时，有

$$|y(t)-y(\infty)|\leqslant y(\infty)\times\Delta\%$$

式中，$\Delta=2$或$\Delta=5$。将式（3.3.9）代入上式，并考虑到$y(\infty)=1$，有

$$\left|\frac{e^{-\zeta\omega_n t}}{\sqrt{1-\zeta^2}}\sin\left(\omega_n\sqrt{1-\zeta^2}t+\arctan\frac{\sqrt{1-\zeta^2}}{\zeta}\right)\right|\leqslant\Delta\%$$

上式求解困难，为简便起见，可用$y(t)$的包络线近似代替$y(t)$作为求调整时间t_s的第一次近似。分析式（3.3.9）可知，$y(t)$的包络线方程为

$$y_b(t)=1\pm\frac{e^{-\zeta\omega_n t}}{\sqrt{1-\zeta^2}}\tag{3.3.26}$$

包络线如图3.3.6所示。

由图 3.3.6 可见，单位阶跃响应曲线$y(t)$总是位于这两条包络线之内，二阶系统的调整时间t_s可由包络线方程近似求得。当$t=t_s$时，有

$$1\pm\frac{e^{-\zeta\omega_n t_s}}{\sqrt{1-\zeta^2}}=1\pm\Delta\%$$

由上式可求得二阶系统的调整时间t_s为

$$t_s=-\frac{1}{\zeta\omega_n}\ln\left(0.02\sqrt{1-\zeta^2}\right)，取\ \Delta=2\tag{3.3.27}$$

$$t_s=-\frac{1}{\zeta\omega_n}\ln\left(0.05\sqrt{1-\zeta^2}\right)，取\ \Delta=5\tag{3.3.28}$$

当阻尼系数ζ较小时，可取$\sqrt{1-\zeta^2}\approx1$作为第二次近似，于是调整时间t_s的近似表达式为

$$t_s\approx\frac{4}{\zeta\omega_n}，取\ \Delta=2\tag{3.3.29}$$

$$t_s\approx\frac{3}{\zeta\omega_n}，取\ \Delta=5\tag{3.3.30}$$

以$\omega_n t_s$为纵坐标，根据式（3.3.27）～式（3.3.30）可绘制出$\omega_n t_s$与ζ的关系曲线，如图3.3.7所示。图中，曲线1、2、3和4分别为由式（3.3.27）、式（3.3.28）、式（3.3.29）和式（3.3.30）表示的曲线。由图中可以看出，当阻尼系数ζ较小时，利用式（3.3.29）和式（3.3.30）近似式（3.3.27）和式（3.3.28）具有较高的精度。

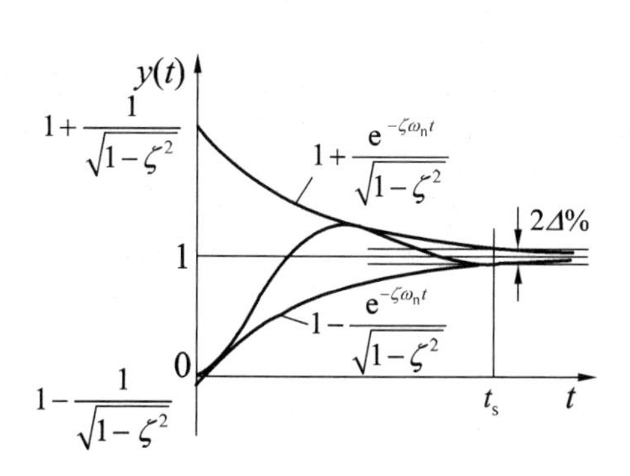

图 3.3.6　典型二阶系统单位阶跃响应的包络线

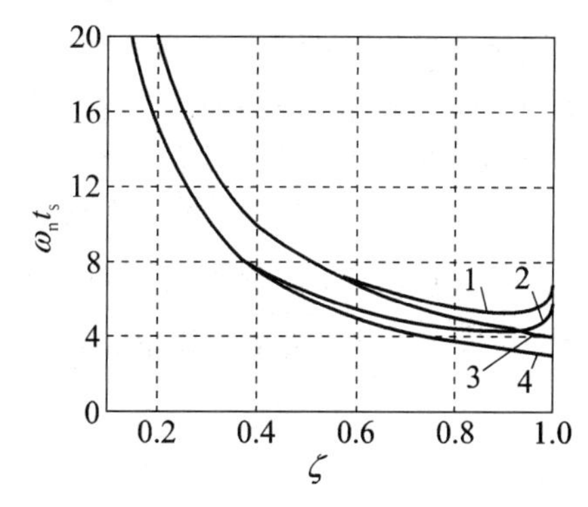

图 3.3.7　$\omega_n t_s$ 与 ζ 的关系曲线

式（3.3.29）和式（3.3.30）表明，调整时间与系统特征根的实部的绝对值成反比。系统的特征根距离虚轴越远，系统的调整时间越短。由于阻尼系数的选取主要是根据对系统超调量的要求来确定的，所以调整时间主要由无阻尼振荡频率 ω_n 决定。若能保持阻尼系数不变而增加无阻尼振荡频率 ω_n 值，则可以在不改变超调量的情况下缩短调整时间。

（5）振荡次数 N

振荡次数 N 定义为在 $0 \leqslant t \leqslant t_s$ 时间内，单位阶跃响应 $y(t)$ 穿越其稳态值 $y(\infty)$ 次数的一半。振荡次数 N 的计算公式为

$$N = \frac{t_s}{t_f}$$

式中，t_f 为阻尼振荡的周期时间

$$t_f = \frac{2\pi}{\omega_d} = \frac{2\pi}{\omega_n \sqrt{1-\zeta^2}} \tag{3.3.31}$$

图 3.3.8 显示了上述几项瞬态性能指标与阻尼系数 ζ 之间关系的示意图。图中，左纵坐标表示超调量 $\delta\%$，右纵坐标分别表示上升时间 t_r、峰值时间 t_p 和调整时间 t_s，横坐标为阻尼系数 ζ。从图中可看出，某些瞬态性能指标之间是互相冲突的。比如超调量和上升时间，两者是不能同时获得比较小的数值的。如果其中一个比较小，那么另一个必然比较大。在工程应用中选择瞬态性能指标时，需要采取合理的折衷方案，以达到满意的综合瞬态性能。

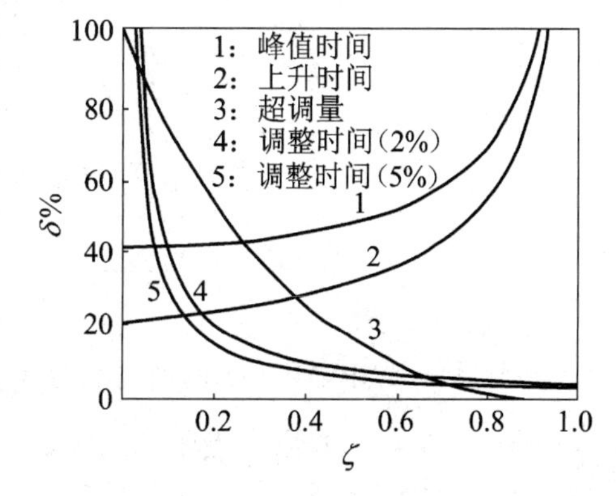

图 3.3.8　二阶系统性能指标与 ζ 的关系

通常希望系统的输出响应既有充分的快速性，又有足够的阻尼。因此，为了获得满意的二阶系统瞬态响应特性，阻尼系数应选择在0.4到0.8之间（从图3.3.8可以得出该结论）。较小的ζ值（$\zeta<0.4$）会造成系统瞬态响应的严重超调，而较大的ζ值（$\zeta>0.8$）将使系统的响应速度变得缓慢。工程上常取阻尼系数$\zeta=\sqrt{2}/2\approx 0.707$作为系统设计的依据，该阻尼系数称为最佳阻尼系数。在这种情况下，如图3.3.1所示的典型二阶系统的超调量为

$$\delta\%=\mathrm{e}^{-\frac{\zeta\pi}{\sqrt{1-\zeta^2}}}\times 100\%\bigg|_{\zeta=\frac{\sqrt{2}}{2}}\approx 4.32\%$$

上升时间t_r为

$$t_\mathrm{r}=\frac{\pi-\beta}{\omega_\mathrm{d}}\bigg|_{\zeta=\frac{\sqrt{2}}{2}}\approx\frac{3.33}{\omega_\mathrm{n}}$$

峰值时间t_p为

$$t_\mathrm{p}=\frac{\pi}{\omega_\mathrm{n}\sqrt{1-\zeta^2}}\bigg|_{\zeta=\frac{\sqrt{2}}{2}}\approx\frac{4.44}{\omega_\mathrm{n}}$$

调整时间t_s为

$$t_\mathrm{s}=\frac{4}{\zeta\omega_\mathrm{n}}\bigg|_{\zeta=\frac{\sqrt{2}}{2}}\approx\frac{5.66}{\omega_\mathrm{n}}，\ 取\ \varDelta=2$$

$$t_\mathrm{s}=\frac{3}{\zeta\omega_\mathrm{n}}\bigg|_{\zeta=\frac{\sqrt{2}}{2}}\approx\frac{4.24}{\omega_\mathrm{n}}，\ 取\ \varDelta=5$$

其单位阶跃响应曲线如图3.3.9所示。

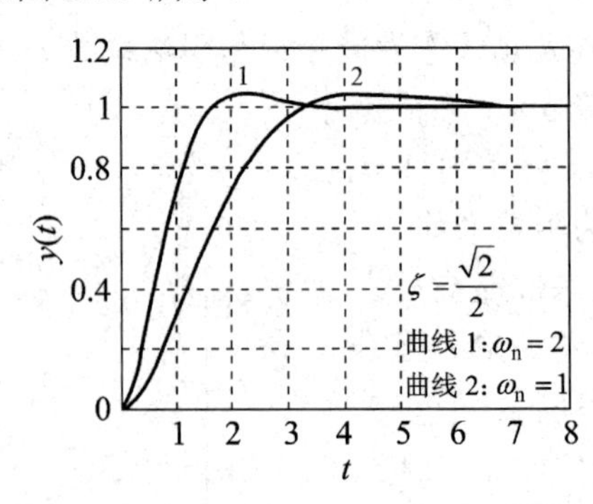

图3.3.9　最佳阻尼系数时，二阶系统的单位阶跃响应

由图3.3.9可以看出，当阻尼系数ζ一定时，无阻尼振荡频率ω_n越大，上升时间、峰值时间和调整时间越短，响应速度 越快。

综上所述，可得出如下结论：

（1）阻尼系数ζ是二阶系统的一个重要参数，用它可以间接地判断一个二阶系统的瞬态品质。对过阻尼二阶系统，瞬态响应特性为单调变化曲线，没有超调和振荡，但调整时间较长，系统反应迟缓。当$\zeta \leqslant 0$时，输出响应作等幅振荡或振荡发散，系统不能稳定工作。

（2）对于欠阻尼$(0<\zeta<1)$二阶系统，若ζ过小，则超调量大，振荡次数多，调整时间长，瞬态控制品质差。注意到超调量只与ζ有关，所以一般根据超调量的要求来选择ζ。

（3）当阻尼系数ζ一定时，ω_n越大，调整时间t_s越小。

（4）为了限制系统的超调量，并使调整时间较小，系统的阻尼系数一般应选择在 0.4 至 0.8 之间，这时二阶系统单位阶跃响应的超调量将在 25.4% 和 1.5% 之间。

需要说明的是，大部分的实际中的控制系统都是欠阻尼的。但是对于一些不允许出现超调（例如液位控制系统，有超调将导致液体溢出）或具有大惯性（例如加热系统）的控制系统，其阻尼系数$\zeta \geqslant 1$，是过阻尼控制系统。

典型二阶系统瞬态过程的主要性能指标完全由ζ和ω_n决定，通常称ζ和ω_n为二阶系统的特征参数。下面讨论系统特征参数和实际系统参数之间的关系，熟悉这些关系对设计、分析和调试系统是大有裨益的。

对于如图 3.3.10 所示的二阶系统，开环传递函数包括三个典型环节：比例、积分和一阶惯性环节。图中K为开环放大系数，T为一阶惯性环节的时间常数，通常称K和T为系统的实际参数。由实际参数表示的系统闭环传递函数为

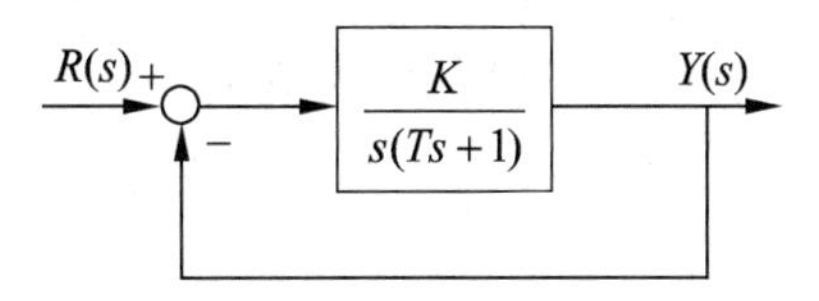

图 3.3.10　控制系统方块图

$$\Phi(s)=\frac{K}{Ts^2+s+K}=\frac{\frac{K}{T}}{s^2+\frac{1}{T}s+\frac{K}{T}}$$

将上式与典型二阶系统的标准形式(3.3.3)比较，可得系统的特征参数ζ、ω_n与实际参数K、T之间的关系为

$$\omega_n=\sqrt{\frac{K}{T}} \tag{3.3.32}$$

$$\zeta=\frac{1}{2\sqrt{KT}} \tag{3.3.33}$$

由式（3.3.32）、式（3.3.33）以及各瞬态性能指标与ζ、ω_n的关系式，可以看出瞬态性能指标与系统实际参数之间的关系。当阻尼系数为$0<\zeta<1$时有如下结论：

（1）当K增大，T一定时，阻尼系数ζ值减小，超调量$\delta\%$上升，调整时间t_s基本不变，振荡次数增加。即K越大，二阶系统振荡越严重。

（2）当K一定，T增大时，阻尼系数ζ值减小，超调量$\delta\%$上升，振荡次数增加。T增大又引起无阻尼振荡频率的减小，ζ、ω_n的减小均引起调整时间t_s的增加，所以T增大时将使调整时间t_s增加。由此可见，T增大对系统瞬态性能是不利的。

例 3.3.1 有一位置随动系统，其方块图如图 3.3.10 所示。其中$K=4$，$T=1$。试求：（1）该系统的无阻尼振荡频率ω_n；（2）系统的阻尼系数ζ；（3）系统的超调量$\delta\%$和调整时间t_s；（4）系统的上升时间t_r；（5）如果要求$\zeta=\sqrt{2}/2$，在不改变时间常数T的情况下，应怎样改变系统开环放大系数K的数值？

解：系统的闭环传递函数为

$$\Phi(s)=\frac{Y(s)}{R(s)}=\frac{\frac{K}{T}}{s^2+\frac{1}{T}s+\frac{K}{T}}=\frac{4}{s^2+s+4}$$

写成典型二阶系统的标准形式，得

$$\Phi(s)=\frac{Y(s)}{R(s)}=\frac{{\omega_n}^2}{s^2+2\zeta\omega_n s+{\omega_n}^2}$$

由上式可得：

（1）无阻尼振荡频率$\omega_n=\sqrt{K/T}=\sqrt{4/1}=2$；

（2）由$2\zeta\omega_n=1$，得阻尼系数$\zeta=1/2\omega_n=0.25$；

（3）超调量为：$\delta\%=\mathrm{e}^{-\pi\zeta/\sqrt{1-\zeta^2}}\times 100\%\approx 44.4\%$

调整时间为：$t_s\approx 4/\zeta\omega_n=8\,\mathrm{s}\,(\Delta=2)$或$t_s\approx 3/\zeta\omega_n=6\,\mathrm{s}\,(\Delta=5)$；

（4）由$\beta=\arccos\zeta=\arccos 0.25\approx 1.318$（rad），得上升时间为

$$t_r=\frac{\pi-\beta}{\omega_n\sqrt{1-\zeta^2}}\approx 0.94\,(\mathrm{s})$$

（5）当要求$\zeta=\sqrt{2}/2$时，$\omega_n=1/2\zeta=1/\sqrt{2}\approx 0.707$，则$K={\omega_n}^2=0.5$。可见要满足二阶工程最佳参数的要求（该例中为增加阻尼系数），必须降低开环放大系数K的值。

2. 过阻尼（包括临界阻尼）二阶系统的瞬态性能指标

当二阶系统的阻尼系数$\zeta\geqslant 1$时，其单位阶跃响应曲线呈现单调上升有上界形式，单位阶跃响应曲线如图 3.3.3 所示，响应表达式如式（3.3.13）和式（3.3.15）所示。从图 3.3.3 可以看出，过阻尼（包括临界阻尼）二阶系统的单位阶跃响应没有振荡，因此系统没有超调量。瞬态性能指标主要考虑上升时间t_r和调整时间t_s。

（1）上升时间t_r

过阻尼（包括临界阻尼）二阶系统的上升时间应定义为由系统稳态值的 10%上升到 90%所需的时间。其经验公式为

$$t_{\mathrm{r}} = \frac{1+1.5\zeta+\zeta^2}{\omega_{\mathrm{n}}}$$

（2）调整时间 t_{s}

对于临界阻尼二阶系统，阻尼系数 $\zeta=1$。由式（3.3.13）知，其单位阶跃响应为 $y(t)=1-\mathrm{e}^{-\omega_{\mathrm{n}}t}(1+\omega_{\mathrm{n}}t)$。当 $t=t_{\mathrm{s}}$ 时，临界阻尼二阶系统的输出值为

$$y(t_{\mathrm{s}})=1-\mathrm{e}^{-\omega_{\mathrm{n}}t_{\mathrm{s}}}(1+\omega_{\mathrm{n}}t_{\mathrm{s}})=1+\varDelta\%$$

或

$$y(t_{\mathrm{s}})=1-\mathrm{e}^{-\omega_{\mathrm{n}}t_{\mathrm{s}}}(1+\omega_{\mathrm{n}}t_{\mathrm{s}})=1-\varDelta\%$$

式中，$\varDelta\%$ 为误差带宽度，$\varDelta=2$ 或 $\varDelta=5$。可以利用牛顿迭代法求解上述非线性方程的根。求解过程如下：对于方程 $f(x)=0$，其根可由迭代式 $x_{k+1}=x_k-f(x_k)/f'(x_k)$ 迭代求出。如果 $f'(x)$ 是连续的，并且待求的根 x 是孤立的，那么在根 x 周围存在一个区域，只要迭代初始值 x_0 位于这个区域内，牛顿迭代一定是收敛的。

若令 $\omega_{\mathrm{n}}t_{\mathrm{s}}=x$，则有

$$1-\mathrm{e}^{-x}(1+x)=1-\varDelta\%$$

令

$$f(x)=\mathrm{e}^{-x}(1+x)-\varDelta\%=0$$

则牛顿迭代式为

$$x_{k+1}=x_k+\frac{\mathrm{e}^{-x_k}(1+x_k)-\varDelta\%}{x_k\mathrm{e}^{-x_k}}$$

由上述迭代式可以解得临界阻尼二阶系统的调整时间 t_{s} 为

$$t_{\mathrm{s}}\approx\begin{cases}5.84/\omega_{\mathrm{n}}, & \varDelta=2\\4.75/\omega_{\mathrm{n}}, & \varDelta=5\end{cases}$$

对于过阻尼二阶系统，阻尼系数 $\zeta>1$，其单位阶跃响应如式（3.3.15）所示。同样可以根据确定的阻尼系数 ζ 值，由牛顿迭代法求得系统的调整时间。比如当 $\zeta=1.25$ 时，由式（3.3.15）可知

$$T_1=\frac{2}{\omega_{\mathrm{n}}},\quad T_2=\frac{1}{2\omega_{\mathrm{n}}}$$

即当

$$T_1=4T_2\quad 或\quad |-p_2|=4|-p_1|$$

时，由牛顿迭代法求得系统的调整时间为

$$t_{\mathrm{s}}\approx\begin{cases}8.4/\omega_{\mathrm{n}}, & \varDelta=2\\6.6/\omega_{\mathrm{n}}, & \varDelta=5\end{cases}$$

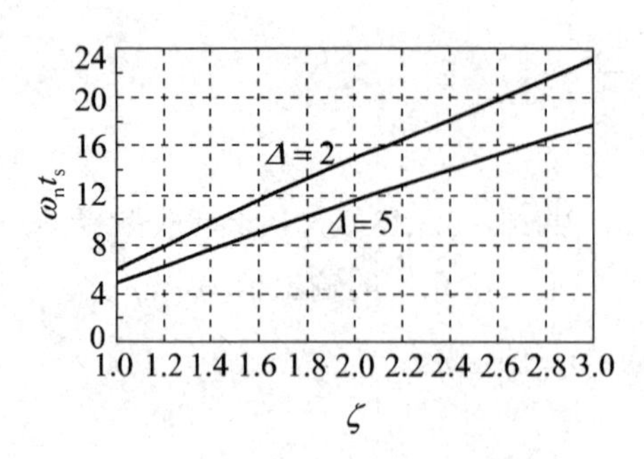

图 3.3.11 过阻尼二阶系统的调节时间

当$\zeta \geqslant 0.6\sqrt{5} \approx 1.342$时，由于二阶系统的两个极点满足：$|-p_2| \geqslant 5|-p_1|$，二阶系统可以简化为极点为$-p_1$的一阶系统。则其调整时间近似为

$$t_s \approx \begin{cases} 4T_1 = 4/p_1, & \Delta = 2 \\ 3T_1 = 3/p_1, & \Delta = 5 \end{cases}$$

式中，$-p_1$为距离虚轴较近的极点，T_1为一阶系统的时间常数，$T_1 = 1/p_1$。过阻尼二阶系统的无因次调整时间曲线如图 3.3.11 所示。

3.3.4 二阶系统瞬态性能的改善

用改变系统开环放大系数的方法（见例 3.3.1），可以部分地改善系统的瞬态性能指标。如果使用该方法还不能使二阶系统的瞬态性能指标满足使用要求，则可以在系统中加入适当的附加装置，通过调整附加装置的参数，来改善系统的瞬态性能指标，这个过程称为系统校正，或称为系统综合。下面介绍两种实用的校正方法。

1. 比例微分校正

以图 3.3.1 所示的典型二阶系统为例进行讨论。比例微分校正又称为比例微分控制，或 PD 控制。所谓比例微分控制，通常是在系统的前向通道上加入比例微分控制环节，该环节由比例环节和微分环节并联而成，其传递函数为

$$G_c(s) = k_p + k_d s \tag{3.3.34}$$

式中，k_p和k_d分别称为比例系数和微分系数。加入比例微分控制环节后系统的方块图如图 3.3.12 所示。

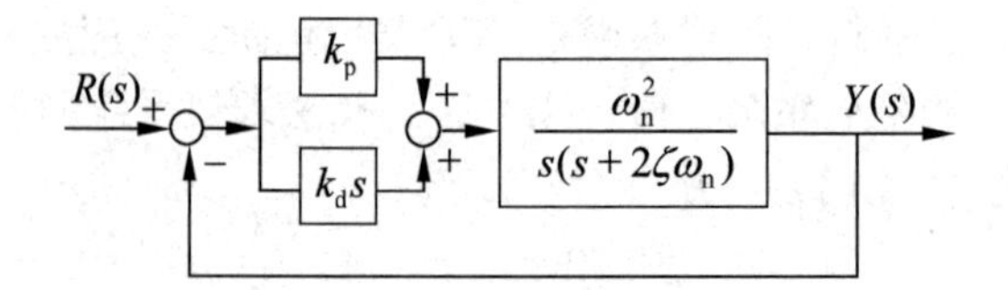

图 3.3.12 具有比例微分校正的二阶系统

由图 3.3.12 可求出具有比例微分校正的二阶系统的闭环传递函数为

$$\Phi(s) = \frac{Y(s)}{R(s)} = \frac{\omega_n^2(k_p + k_d s)}{s^2 + (2\zeta\omega_n + \omega_n^2 k_d)s + \omega_n^2 k_p} \tag{3.3.35}$$

将式（3.3.35）改写为

$$\Phi(s)=\frac{1}{z}\cdot\frac{\omega_{\mathrm{kd}}^{\ 2}(s+z)}{s^2+2\zeta_{\mathrm{kd}}\omega_{\mathrm{kd}}s+\omega_{\mathrm{kd}}^{\ 2}} \tag{3.3.36}$$

式中

$$z=\frac{k_{\mathrm{p}}}{k_{\mathrm{d}}},\quad \omega_{\mathrm{kd}}=\sqrt{k_{\mathrm{p}}}\omega_{\mathrm{n}},\quad \zeta_{\mathrm{kd}}=\left(\zeta+\frac{\omega_{\mathrm{n}}k_{\mathrm{d}}}{2}\right)\bigg/\sqrt{k_{\mathrm{p}}} \tag{3.3.37}$$

由式（3.3.37）可知，二阶系统引进比例微分校正后，当合理选取 k_{d}，k_{p} 时，系统的无阻尼振荡频率和阻尼系数都增大了，这是否表明系统的超调量和调整时间都将减小，从而使系统的瞬态性能得到改善呢？现在还不能下结论，因为式（3.3.36）表示的不是典型二阶系统，而是附加了一个零点的二阶系统。为了叙述方便，可将式（3.3.36）改写为

$$\Phi(s)=\frac{1}{z}\cdot\frac{\omega_{\mathrm{n}}^{\ 2}(s+z)}{s^2+2\zeta\omega_{\mathrm{n}}s+\omega_{\mathrm{n}}^{\ 2}} \tag{3.3.38}$$

其零点和极点在 s 平面上的位置如图 3.3.13 所示。下面讨论附加了一个零点的二阶系统的单位阶跃响应及其瞬态性能指标。

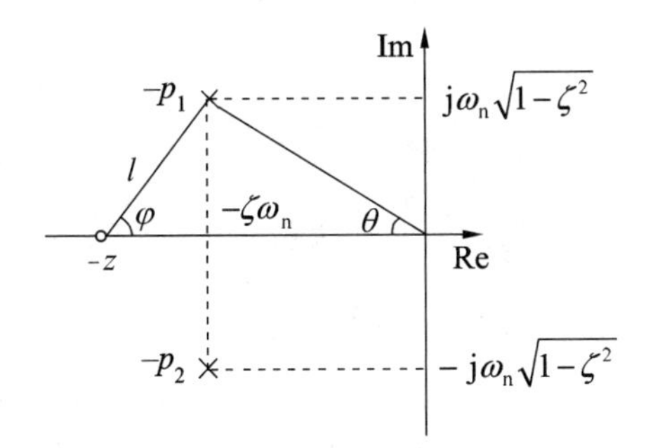

图 3.3.13 具有零点的二阶系统的零、极点位置

当系统的输入为单位阶跃信号 $R(s)=1/s$ 时。由式（3.3.38）可得系统的输出量为

$$\begin{aligned}Y(s)=\Phi(s)\cdot\frac{1}{s}&=\frac{\omega_{\mathrm{n}}^2}{s(s^2+2\zeta\omega_{\mathrm{n}}s+\omega_{\mathrm{n}}^2)}+\frac{1}{z}\cdot\frac{s\omega_{\mathrm{n}}^2}{s(s^2+2\zeta\omega_{\mathrm{n}}s+\omega_{\mathrm{n}}^2)}\\&=Y_1(s)+Y_2(s)\end{aligned} \tag{3.3.39}$$

式中

$$\begin{cases}Y_1(s)=\dfrac{\omega_{\mathrm{n}}^2}{s(s^2+2\zeta\omega_{\mathrm{n}}s+\omega_{\mathrm{n}}^2)}\\[2ex]Y_2(s)=\dfrac{1}{z}\cdot\dfrac{s\omega_{\mathrm{n}}^2}{s(s^2+2\zeta\omega_{\mathrm{n}}s+\omega_{\mathrm{n}}^2)}\end{cases} \tag{3.3.40}$$

对式（3.3.39）取拉普拉斯反变换，并假设 $0<\zeta<1$，可得系统的单位阶跃响应为

$$
\begin{aligned}
y(t) &= y_1(t) + y_2(t) \\
&= 1 - \frac{\mathrm{e}^{-\zeta\omega_n t}}{\sqrt{1-\zeta^2}} \sin\left(\sqrt{1-\zeta^2}\,\omega_n t + \arctan\frac{\sqrt{1-\zeta^2}}{\zeta}\right) \\
&\quad + \frac{1}{z}\cdot\frac{\omega_n}{\sqrt{1-\zeta^2}}\mathrm{e}^{-\zeta\omega_n t}\sin\sqrt{1-\zeta^2}\,\omega_n t, \quad t \geqslant 0
\end{aligned} \tag{3.3.41}
$$

式中

$$
y_1(t) = 1 - \frac{\mathrm{e}^{-\zeta\omega_n t}}{\sqrt{1-\zeta^2}} \sin\left(\sqrt{1-\zeta^2}\,\omega_n t + \arctan\frac{\sqrt{1-\zeta^2}}{\zeta}\right)
$$

$$
y_2(t) = \frac{1}{z}\cdot\frac{\omega_n}{\sqrt{1-\zeta^2}}\mathrm{e}^{-\zeta\omega_n t}\sin\sqrt{1-\zeta^2}\,\omega_n t
$$

分别为典型二阶系统的单位阶跃响应和附加零点引起的分量。又由式（3.3.40）可知

$$
Y_2(s) = \frac{1}{z} s Y_1(s)
$$

即

$$
y_2(t) = \frac{1}{z}\frac{\mathrm{d}y_1(t)}{\mathrm{d}t}
$$

因此，具有附加零点二阶系统的单位阶跃响应还可以写为

$$
y(t) = y_1(t) + \frac{1}{z}\frac{\mathrm{d}y_1(t)}{\mathrm{d}t}
$$

图 3.3.14 绘制出了 $y(t)$、$y_1(t)$ 和 $y_2(t)$ 的曲线。从图上可看出，由于 $y_2(t)$ 的影响，使得具有附加零点的二阶系统比典型二阶系统的单位阶跃响应具有更快的响应速度和更大的超调量（比较图中曲线 $y(t)$ 和 $y_1(t)$）。

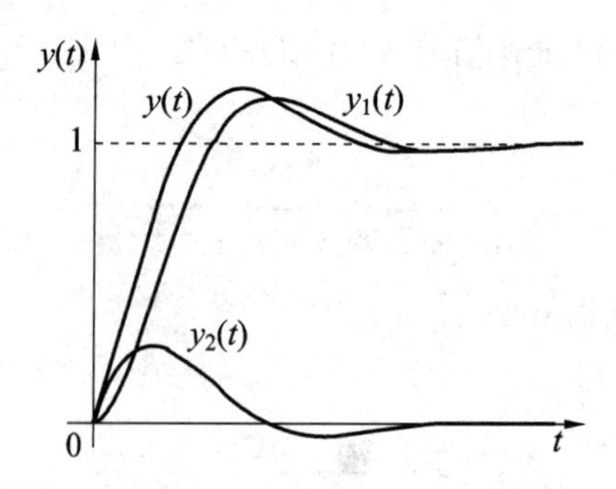

图 3.3.14　具有零点的二阶系统的单位阶跃响应

为了更加清楚地说明附加零点对二阶系统的影响，采用 α 表示附加零点与典型二阶系统复数特征根的实部之比，即

$$
\alpha = \frac{z}{\zeta\omega_n}
$$

并在同一阻尼系数ζ的条件下，绘制出当α为不同值时$y(t)$和$\omega_n t$之间的关系曲线，如图 3.3.15 所示。图 3.3.16 中绘出了当$\zeta=0.5$时的单位阶跃响应曲线，其中$\alpha=\infty$的曲线即为典型二阶系统的单位阶跃响应曲线。由图 3.3.15 可见，随着α的减小，即附加零点越趋向于虚轴，$y(t)$的超调量将明显增大，附加零点对系统的影响愈加显著。

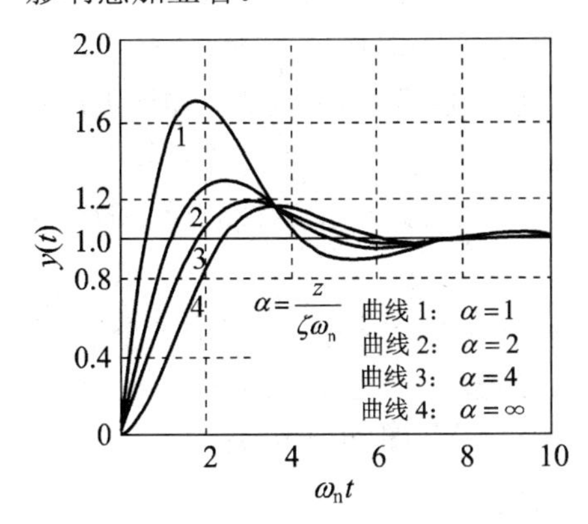

图 3.3.15　附加零点位置对$y(t)$的影响

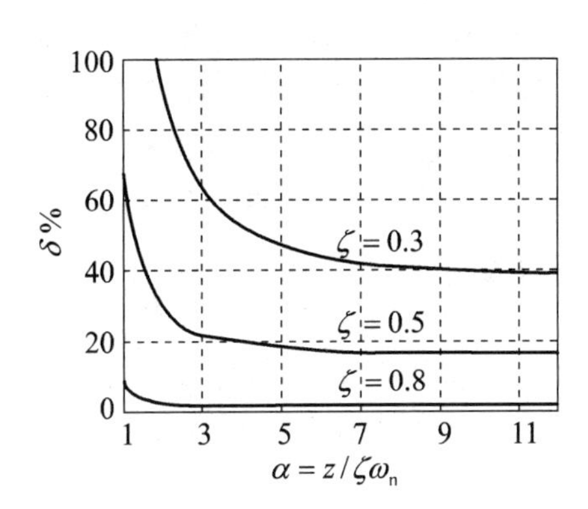

图 3.3.16　α与超调量$\delta\%$的关系图

根据式（3.3.41）还可以写出$y(t)$的紧凑形式为

$$y(t)=1-\frac{\mathrm{e}^{-\zeta\omega_n t}}{\sqrt{1-\zeta^2}}\cdot\frac{l}{z}\cdot\sin\left(\sqrt{1-\zeta^2}\,\omega_n t+\theta+\varphi\right) \tag{3.3.42}$$

式中，l、θ和φ分别如图 3.3.13 所示，其计算公式为

$$\theta=\arctan\frac{\sqrt{1-\zeta^2}}{\zeta},\quad \varphi=\arctan\frac{\omega_n\sqrt{1-\zeta^2}}{z-\zeta\omega_n},\quad l=\sqrt{z^2-2z\zeta\omega_n+\omega_n^{\ 2}}$$

根据式（3.3.42）及瞬态性能指标的定义，可以得出具有附加零点的二阶系统主要性能指标如下。

（1）上升时间t_r

$$t_r=\frac{\pi-(\varphi+\theta)}{\omega_n\sqrt{1-\zeta^2}} \tag{3.3.43}$$

（2）超调量$\delta\%$

$$\delta\%=\frac{\sqrt{\zeta^2-2r\zeta^2+r^2}}{\zeta}\mathrm{e}^{-\frac{\zeta(\pi-\varphi)}{\sqrt{1-\zeta^2}}}\times 100\% \tag{3.3.44}$$

式中，$r=\zeta\omega_n/z$。

（3）调整时间t_s

$$\begin{aligned} t_s&=\left(4+\ln\frac{l}{z}\right)\cdot\frac{1}{\zeta\omega_n},\quad \Delta=2\\ t_s&=\left(3+\ln\frac{l}{z}\right)\cdot\frac{1}{\zeta\omega_n},\quad \Delta=5 \end{aligned} \tag{3.3.45}$$

根据式（3.3.44），可以绘制出阻尼系数分别为$\zeta=0.3$、$\zeta=0.5$和$\zeta=0.8$时，超调量$\delta\%$与α之间的关系曲线，如图3.3.16所示。由图3.3.16可看出，当$\zeta=0.3$，$\alpha\geqslant 7$或$\zeta=0.5$，$\alpha\geqslant 4$时，附加零点对系统超调量的影响可以忽略。

综合上面的讨论可知，典型二阶系统引入比例微分校正后，系统的无阻尼振荡频率ω_n和阻尼系数ζ都可以增加，参见式（3.3.37）。从这个角度说，系统的超调量和调整时间可以减小。但同时系统的表现形式变为附加了一个零点的二阶系统，附加一个零点的二阶系统相对典型二阶系统来说，当阻尼系数ζ和无阻尼自然频率ω_n不变时，超调量增大，响应速度加快。综合起来，典型二阶系统引入比例微分校正后，只要比例系数k_p和微分系数k_d选择恰当，其瞬态性能指标能得到较好的改善。

图3.3.17是引进比例微分校正前后，二阶系统单位阶跃响应曲线的一个例子。图中，曲线1、2分别为未引入和引入比例微分校正后的单位阶跃响应曲线。很显然，引入比例微分校正后，系统的响应速度加快，超调量和调整时间减小。

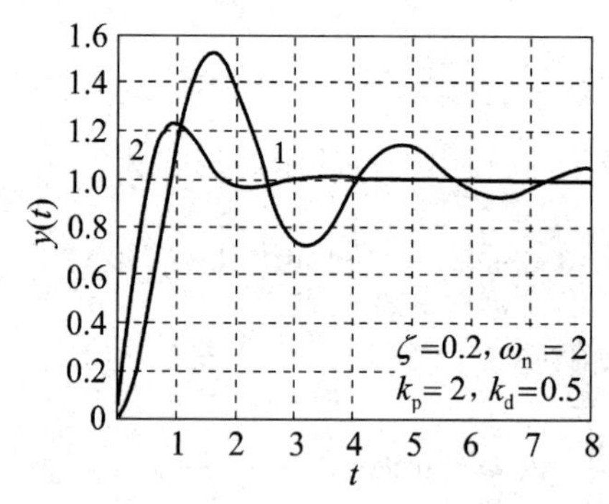

图3.3.17 引进比例微分控制前后二阶系统的单位阶跃响应

例3.3.2 典型二阶系统$\zeta=0.25$，$\omega_n=8$ rad/s。现采用比例微分校正，假设比例系数$k_p=1$，如图3.3.12所示。为使系统的阻尼系数$\zeta_1=0.5$，试确定微分系数k_d的值，并讨论比例微分对系统超调量和调整时间的影响。

解：未加比例微分环节时，典型二阶系统的超调量和调整时间分别为

$$\delta\%=\mathrm{e}^{-\frac{\zeta\pi}{\sqrt{1-\zeta^2}}}\times 100\%=\mathrm{e}^{-\frac{0.25\times 3.1416}{\sqrt{1-0.25^2}}}\times 100\%\approx 44.4\%$$

$$t_s=\frac{4}{\zeta\omega_n}=\frac{4}{0.25\times 8}=2.0,\quad \varDelta=2$$

$$t_s=\frac{3}{\zeta\omega_n}=\frac{3}{0.25\times 8}=1.5,\quad \varDelta=5$$

加入比例微分环节后，根据式（3.3.37）可得微分系数k_d为

$$k_d=\frac{2(\zeta_1-\zeta)}{\omega_n}=\frac{2\times(0.5-0.25)}{8}=0.0625\ \mathrm{s}$$

附加的零点为

$$-z=-\frac{k_{\mathrm{p}}}{k_{\mathrm{d}}}=-16$$

下面计算系统极点。

由于 $\omega_{\mathrm{n1}}=\sqrt{k_{\mathrm{p}}}\omega_{\mathrm{n}}=8$，表明系统加入比例微分环节后，当 $k_{\mathrm{p}}=1$ 时无阻尼振荡频率不变，故

$$-p_{1,2}=-\zeta_1\omega_{\mathrm{n1}}\pm \mathrm{j}\omega_{\mathrm{n1}}\sqrt{1-\zeta_1^{\ 2}}=-0.5\times 8\pm \mathrm{j}8\sqrt{1-0.5^2}=-4\pm \mathrm{j}6.928$$

由图 3.3.13 知，

$$l=\sqrt{z^2-2z\zeta_1\omega_{\mathrm{n1}}+\omega_{\mathrm{n1}}^{\ 2}}=\sqrt{16^2-2\times 16\times 0.5\times 8+8^2}=13.856$$

$$\varphi=\arctan\frac{\omega_{\mathrm{n1}}\sqrt{1-\zeta_1^{\ 2}}}{z-\zeta_1\omega_{\mathrm{n1}}}=\arctan\frac{8\sqrt{1-0.5^2}}{16-0.5\times 8}=30^\circ=\frac{\pi}{6}$$

由式（3.3.44）和式（3.3.45）可得

$$\delta_1\%=\frac{\sqrt{\zeta_1^{\ 2}-2r\zeta_1^{\ 2}+r^2}}{\zeta_1}\mathrm{e}^{-\frac{\zeta(\pi-\varphi)}{\sqrt{1-\zeta_1^2}}}\times 100\%$$

$$=\frac{\sqrt{0.5^2-2\times 0.25\times 0.5^2+0.25^2}}{0.5}\mathrm{e}^{-\frac{0.5(3.1416-3.1416/6)}{\sqrt{1-0.5^2}}}\times 100\%\approx 19.1\%$$

$$t_{\mathrm{s1}}=\left(4+\ln\frac{l}{z}\right)\cdot\frac{1}{\zeta_1\omega_{\mathrm{n1}}}=\left(4+\ln\frac{13.856}{16}\right)\times\frac{1}{0.5\times 8}\approx 0.964,\quad \varDelta=2$$

$$t_{\mathrm{s1}}=\left(3+\ln\frac{l}{z}\right)\cdot\frac{1}{\zeta_1\omega_{\mathrm{n1}}}=\left(3+\ln\frac{13.856}{16}\right)\times\frac{1}{0.5\times 8}\approx 0.714,\quad \varDelta=5$$

由上面的计算可以看出，系统加入比例微分校正环节后，由典型二阶系统转变为有一个附加零点的二阶系统。但是系统的阻尼系数增加，引起系统的超调量和调整时间下降，从而改善了系统的瞬态性能指标。

2. 速度反馈校正

仍然以图 3.3.1 所示的典型二阶系统为例进行讨论。所谓速度反馈校正，实际上是利用系统输出信号 $y(t)$ 的微分作为反馈信号，与输出信号一起同时加到系统的输入端，以产生误差信号，起到增加系统阻尼的目的。系统的方块图如图 3.3.18（a）或图 3.3.18（b）所示。

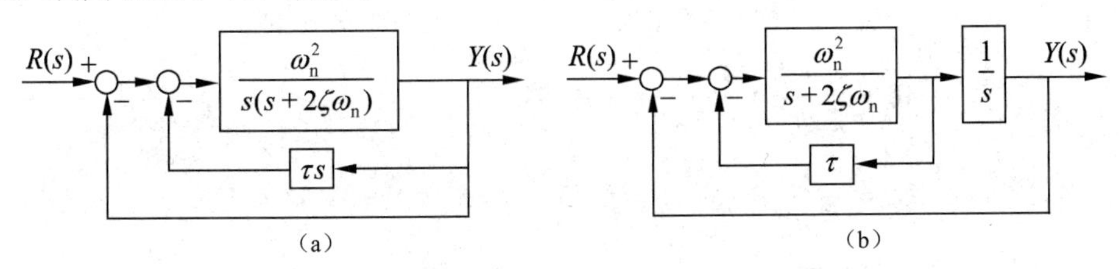

图 3.3.18　具有速度反馈校正的控制系统

具有速度反馈校正的二阶系统的闭环传递函数为

$$\Phi(s)=\frac{Y(s)}{R(s)}=\frac{\omega_{\mathrm{n}}^{2}}{s^{2}+(2\zeta\omega_{\mathrm{n}}+\tau\omega_{\mathrm{n}}^{2})s+\omega_{\mathrm{n}}^{2}} \tag{3.3.46}$$

由式（3.3.46）可写出具有速度反馈校正的二阶系统的特征方程为

$$s^{2}+(2\zeta\omega_{\mathrm{n}}+\tau\omega_{\mathrm{n}}^{2})s+\omega_{\mathrm{n}}^{2}=0 \tag{3.3.47}$$

由式（3.3.47）可以看出，速度反馈具有增大系统阻尼的作用，阻尼系数变为

$$\zeta_{\mathrm{v}}=\zeta+\frac{\tau\omega_{\mathrm{n}}}{2} \tag{3.3.48}$$

值得注意的是，速度反馈校正不影响系统的无阻尼振荡频率。系统对单位阶跃信号响应的超调量可以通过改变阻尼系数ζ_{v}的值加以控制。通过调整速度反馈系数τ，使阻尼系数ζ_{v}落在$0.4\sim0.8$之间，从而减小超调量。图 3.3.19 显示了系统引进速度反馈校正前后的单位阶跃响应曲线，曲线1、2 分别为未引入和引入速度反馈校正后的单位阶跃响应曲线。由图可知，二阶系统引入速度反馈校正以后，可以减小系统的超调量和调整时间，但有时会增大系统的上升时间。

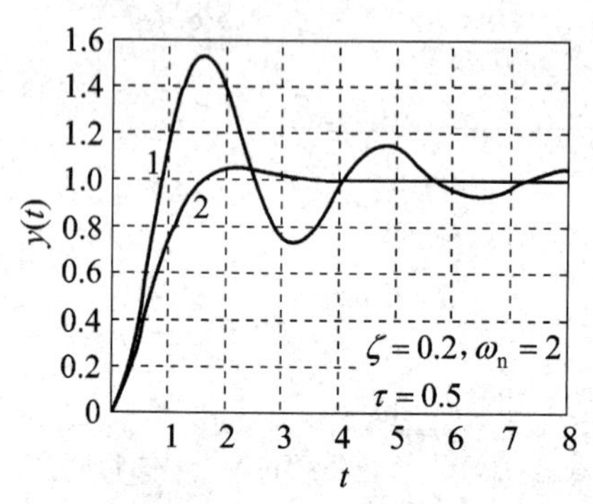

图 3.3.19　引进速度反馈校正前后的单位阶跃响应

例 3.3.3　典型二阶系统$\zeta=0.25$，$\omega_{\mathrm{n}}=8$ rad/s。现采用速度反馈校正，如图 3.3.18（a）所示。为使系统的阻尼系数$\zeta_1=0.5$，试确定速度反馈系数τ的值；并讨论速度反馈对系统超调量和调节时间的影响。

解：典型二阶系统的超调量和调整时间如例 3.3.2 所示。

引入速度反馈校正后，根据式（3.3.48）可得

$$\tau=\frac{2(\zeta_1-\zeta)}{\omega_{\mathrm{n}}}=\frac{2\times(0.5-0.25)}{8}=0.0625\,\mathrm{s}$$

由于不论τ为何值，系统的无阻尼振荡频率都不变，所以系统的超调量和调整时间分别为

$$\delta\%=\mathrm{e}^{-\frac{\zeta_1\pi}{\sqrt{1-\zeta_1^2}}}\times100\%=\mathrm{e}^{-\frac{0.5\times3.1416}{\sqrt{1-0.5^2}}}\times100\%\approx16.3\%$$

$$t_{\mathrm{s}}=\frac{4}{\zeta_1\omega_{\mathrm{n1}}}=\frac{4}{0.5\times8}=1.0\quad\varDelta=2$$

$$t_{\mathrm{s}}=\frac{3}{\zeta_1\omega_{\mathrm{n1}}}=\frac{3}{0.5\times8}=0.75\quad\varDelta=5$$

由上面的计算可以看出，系统加入速度反馈校正环节后，使系统的阻尼系数

增加，但无阻尼振荡频率不变，从而引起系统的超调量和调整时间下降，改善了系统的瞬态性能指标。

3.4　高阶系统的时域分析

由二阶以上微分方程描述的控制系统称为高阶系统。在控制工程中，大量的控制系统都是高阶系统，确定高阶系统的瞬态性能指标是一个比较复杂的工作。对于存在闭环主导极点的高阶系统，工程上常将它们简化为一阶或二阶系统，从而得到高阶系统瞬态性能指标的估算公式。对于不能简化为低阶系统的高阶系统，可采用数值计算的方法进行仿真，得出系统的瞬态性能指标。

本节首先讨论典型三阶系统的瞬态响应，然后进行更具一般形式的高阶系统的瞬态响应分析。从下面的讨论中，可以看到，高阶系统的瞬态响应是由若干个一阶系统和二阶系统的瞬态响应线性叠加而成的。

3.4.1　三阶系统的瞬态响应

典型三阶系统是最简单的高阶系统。若假设系统的所有变量的初始条件为零，则其传递函数为

$$\Phi(s)=\frac{Y(s)}{R(s)}=\frac{\omega_{\mathrm{n}}^{2}}{(s^{2}+2\zeta\omega_{\mathrm{n}}s+\omega_{\mathrm{n}}^{2})(Ts+1)} \tag{3.4.1}$$

由此可见，典型三阶系统是在典型二阶系统的基础上增加了一个极点，或者说增加了一个惯性环节。若将上式改写为

$$\Phi(s)=\frac{Y(s)}{R(s)}=\frac{\omega_{\mathrm{n}}^{2}p_{3}}{(s^{2}+2\zeta\omega_{\mathrm{n}}s+\omega_{\mathrm{n}}^{2})(s+p_{3})}=\frac{K}{(s+p_{1})(s+p_{2})(s+p_{3})} \tag{3.4.2}$$

则当$0<\zeta<1$时，$-p_1$和$-p_2$为一对共轭复数极点，$-p_3$为负实数极点，如式(3.4.3)所示

$$\begin{cases}-p_{1,2}=-\zeta\omega_{\mathrm{n}}\pm\mathrm{j}\omega_{\mathrm{n}}\sqrt{1-\zeta^{2}}\\ -p_{3}=-1/T\end{cases} \tag{3.4.3}$$

式（3.4.2）中的系数K为

$$K=p_1p_2p_3$$

典型三阶系统的极点在s平面上的位置分布如图 3.4.1 所示。

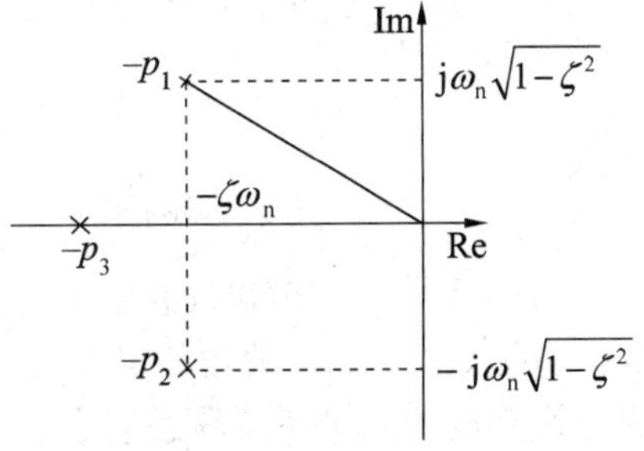

图 3.4.1　典型三阶系统极点分布图

设典型三阶系统的输入信号为单位阶跃信号，则三阶系统的输出量为

$$Y(s)=\frac{\omega_{\mathrm{n}}^2 p_3}{(s^2+2\zeta\omega_{\mathrm{n}}s+\omega_{\mathrm{n}}^2)(s+p_3)}\cdot\frac{1}{s}$$
$$=\frac{A_0}{s}+\frac{A_1 s+A_2}{s^2+2\zeta\omega_{\mathrm{n}}s+\omega_{\mathrm{n}}^2}+\frac{A_3}{s+p_3} \tag{3.4.4}$$

式（3.4.4）中各个待定系数 A_0，A_1，A_2 和 A_3 可按下列方法计算

$$A_0=[sY(s)]|_{s=0}=1$$

由式 $Y(s)\left(s^2+2\zeta\omega_{\mathrm{n}}s+\omega_{\mathrm{n}}^2\right)\Big|_{s=-\zeta\omega\ \pm \mathrm{j}\omega_{\mathrm{n}}\sqrt{1-\zeta^2}}=(A_1 s+A_2)\Big|_{s=-\zeta\omega\ \pm \mathrm{j}\omega_{\mathrm{n}}\sqrt{1-\zeta^2}}$，可求出 A_1，A_2 分别为

$$A_1=\frac{-\zeta^2\beta(\beta-2)}{\zeta^2\beta(\beta-2)+1},\quad A_2=\frac{-\zeta\beta[2\zeta^2(\beta-2)+1]\omega_{\mathrm{n}}}{\zeta^2\beta(\beta-2)+1}$$

式中，β 为负实数极点 $-p_3$ 和共轭复数极点 $-p_{1,2}$ 的相对位置，即为负实数极点 $-p_3$ 数值大小与共轭复数极点 $-p_{1,2}$ 实部数值大小的绝对值的比值

$$\beta=\frac{p_3}{\zeta\omega_{\mathrm{n}}} \tag{3.4.5}$$

同理，可求出系数 A_3 为

$$A_3=[(s+p_3)Y(s)]\Big|_{s=-p_3}=\frac{-1}{\zeta^2\beta(\beta-2)+1}$$

对式（3.4.4）求拉普拉斯反变换，可得典型三阶系统的单位阶跃响应为

$$y(t)=1-\frac{\mathrm{e}^{-p_3 t}}{\zeta^2\beta(\beta-2)+1}-\frac{\mathrm{e}^{-\zeta\omega_{\mathrm{n}}t}}{\zeta^2\beta(\beta-2)+1}\left\{\zeta^2\beta(\beta-2)\cos\omega_{\mathrm{d}}t+\frac{\zeta\beta[\zeta^2(\beta-2)+1]}{\sqrt{1-\zeta^2}}\sin\omega_{\mathrm{d}}t\right\},\quad t\geqslant 0$$

将上式写成紧凑形式，得

$$y(t)=1-\frac{\mathrm{e}^{-p_3 t}}{\zeta^2\beta(\beta-2)+1}-\frac{\zeta\beta\mathrm{e}^{-\zeta\omega_{\mathrm{n}}t}}{\sqrt{1-\zeta^2}\sqrt{\zeta^2\beta(\beta-2)+1}}\sin(\omega_{\mathrm{d}}t+\theta),\quad t\geqslant 0 \tag{3.4.6}$$

式中

$$\omega_{\mathrm{d}}=\omega_{\mathrm{n}}\sqrt{1-\zeta^2},\quad \theta=\arctan\frac{\zeta(\beta-2)\sqrt{1-\zeta^2}}{\zeta^2(\beta-2)+1}$$

由式（3.4.6）可以看出，典型三阶系统的瞬态响应由稳态分量、负实数极点 $-p_3$ 构成的衰减指数项分量和共轭复数极点构成的二阶瞬态响应分量三部分组成。影响典型三阶系统瞬态响应的因素有两个：一个因素是共轭复数极点的实部和另一负实根之比，即 $\beta=p_3/\zeta\omega_{\mathrm{n}}$，该值反映这两种极点在复数 s 平面上的相对位置。当 $\beta>>1$ 时，表示负实极点 $-p_3$ 距虚轴较远，而共轭复根 $-p_{1,2}$ 则离虚轴较近，指数项 $\mathrm{e}^{-p_3 t}$ 随时间的增加很快衰减，故三阶系统呈现二阶系统的特性，即系统的

瞬态特性主要由二阶环节的特征参数ζ和ω_n决定。当$\beta<<1$时，$-p_3$离虚轴较近，而共轭复根$-p_{1,2}$则离虚轴较远，三阶系统瞬态响应主要由$-p_3$决定，由于$e^{-\zeta\omega_n t}$随时间的增加很快衰减，故三阶系统呈现一阶系统特性。在一般情况下，三阶系统的单位阶跃响应与负实极点和共轭复数极点的相对位置有关。另一个影响因素是阻尼系数ζ，它对三阶系统的影响与对二阶系统的影响相似。

图 3.4.2 所示的曲线为当$\zeta=0.5$，以β为参变量时三阶系统的单位阶跃响应曲线。由图可知，当$\beta\to\infty$时，即负实极点远离虚轴时，三阶系统即为ζ=0.5 时典型二阶系统的瞬态响应曲线。在一般情况下，$0<\beta<\infty$，因此具有负实极点的三阶系统，与二阶系统相比较而言，其瞬态响应的振荡性减弱，超调量减小，调整时间增加，也就是相当于系统的惯性增加了。

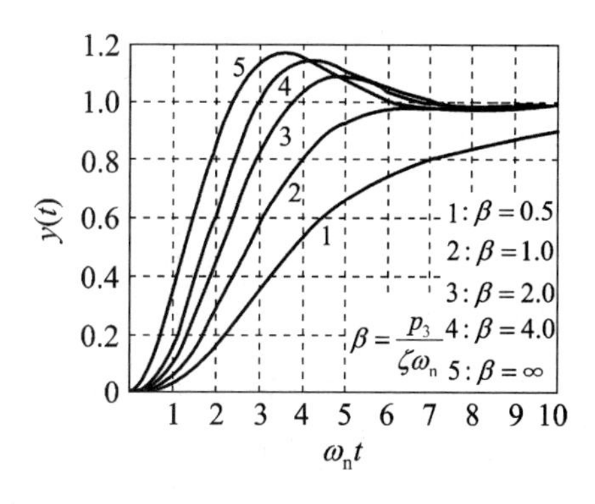

图 3.4.2　三阶系统的单位阶跃响应曲线

3.4.2　高阶系统的瞬态响应

高阶系统传递函数的一般表达式为

$$\Phi(s)=\frac{Y(s)}{R(s)}=\frac{b_m s^m+b_{m-1}s^{m-1}+\cdots+b_0}{a_n s^n+a_{n-1}s^{n-1}+\cdots+a_0},\quad m\leqslant n \tag{3.4.7}$$

为了便于求出高阶系统的单位阶跃响应，需要将式（3.4.7）的分子多项式和分母多项式进行因式分解。可以借助于 MATLAB 等计算机工具软件，对高阶多项式进行因式分解，具体方法参见本章 3.7 节内容。经因式分解后的式（3.4.7）可被表示为因子相乘的形式，即所谓的零、极点形式

$$\Phi(s)=\frac{Y(s)}{R(s)}=\frac{k\prod_{i=1}^{m}(s+z_i)}{\prod_{j=1}^{n_1}(s+p_j)\prod_{l=1}^{n_2}(s^2+2\zeta_l\omega_{nl}s+\omega_{nl}^2)},\quad m\leqslant n \tag{3.4.8}$$

式中，k为比例系数；$-z_i$为实数或复数共轭零点；$n_1+2n_2=n$，n_1为实数极点的个数；n_2为共轭复数极点的对数。当输入为单位阶跃信号$R(s)=1/s$时，高阶系统输出量的拉普拉斯变换式为

$$Y(s)=\frac{k\prod_{i=1}^{m}(s+z_i)}{\prod_{j=1}^{n_1}(s+p_j)\prod_{l=1}^{n_2}(s^2+2\zeta_l\omega_{nl}s+\omega_{nl}^2)}\cdot\frac{1}{s}$$

当所有闭环极点互不相等，且$0<\zeta_l<1$时，$Y(s)$的部分分式展开式为

$$Y(s)=\frac{A_0}{s}+\sum_{j=1}^{n_1}\frac{A_j}{s+p_j}+\sum_{l=1}^{n_2}\frac{B_l(s+\zeta_l\omega_{nl})+C_l\omega_{nl}\sqrt{1-\zeta_l^2}}{s^2+2\zeta_l\omega_{nl}s+\omega_{nl}^2} \tag{3.4.9}$$

式中，A_0 是 $Y(s)$ 在 $s=0$ 处的留数，A_j 是 $Y(s)$ 在实数极点 $(s=-p_j)$ 处的留数，它们的值分别为

$$A_0=\lim_{s\to 0}sY(s)=\frac{b_0}{a_0}=\frac{k\prod_{i=1}^{m}z_i}{\prod_{j=1}^{n_1}p_j\cdot\prod_{l=1}^{n_2}\omega_{nl}^2}$$

$$A_j=\lim_{s\to -p_j}(s+p_j)Y(s),\ j=1,2,\cdots,\ n_1$$

B_l 和 C_l 分别为 $Y(s)$ 在共轭复数极点 $-\zeta_l\omega_{nl}\pm \mathrm{j}\omega_{nl}\sqrt{1-\zeta_l^2}$ 处留数的实部和虚部。将式（3.4.9）进行拉普拉斯反变换，并假设所有变量的初始条件全部为零，可得高阶系统的单位阶跃响应为

$$y(t)=A_0+\sum_{j=1}^{n_1}A_j\mathrm{e}^{-p_jt}+\sum_{l=1}^{n_2}B_l\mathrm{e}^{-\zeta_l\omega_{nl}t}\cos\omega_{nl}\sqrt{1-\zeta_l^2}t$$
$$+\sum_{l=1}^{n_2}C_l\mathrm{e}^{-\zeta_l\omega_{nl}t}\sin\omega_{nl}\sqrt{1-\zeta_l^2}t,\ t\geqslant 0 \tag{3.4.10}$$

由式（3.4.10）可以看出，高阶系统的单位阶跃响应由稳态分量、实数极点构成的指数函数项和共轭复数极点构成的二阶正弦函数项三部分的线性组合而成。也就是说，高阶系统的阶跃响应是由多个一阶和二阶瞬态响应分量组成的。

如果高阶系统的所有极点都是负实数或具有负实部，即所有极点都位于 s 左半平面，那么随着时间 t 的增加，式（3.4.10）中的指数函数项和二阶正弦函数项均趋于零，高阶系统是稳定的，其稳态输出值为 A_0。

式（3.4.10）中各瞬态响应分量的形式仅与极点 $-p_j$ 和 $-\zeta_l\omega_{nl}\pm \mathrm{j}\omega_{nl}\sqrt{1-\zeta_{nl}^2}$ 有关。其大小不仅与极点有关，而且与各项系数 A_0、A_j、B_l 及 C_l 有关，这些系数是 $Y(s)$ 在各极点处的留数，显然系统的零点和极点都影响这些系数的大小和符号。

下面定性讨论极点和零点对高阶系统单位阶跃响应的影响。对于极点全部位于左半 s 平面上的高阶系统，极点决定了单位阶跃响应各瞬态响应分量的性质，每个极点相对应的瞬态响应分量或为衰减指数函数项或为衰减正弦函数项。负实数极点 $-p_j$ 和共轭复数极点的负实部 $-\zeta_l\omega_{nl}$ 绝对值越大，则指数函数项 e^{-p_jt} 和 $\mathrm{e}^{-\zeta_l\omega_{nl}t}$ 随时间的推移衰减得越迅速，反之衰减得越缓慢。即各瞬态响应分量随时间衰减的快慢取决于极点离虚轴的距离，离虚轴愈远的极点相对应的瞬态响应分量衰减的愈快。同时，距虚轴近的极点相对应的瞬态分量系数大，而距虚轴远的极点相对应的瞬态分量系数小。所以，距虚轴近的极点对系统瞬态响应影响大。

零点不影响单位阶跃响应的形式，只影响各瞬态分量系数的大小。

这里还涉及到偶极子的概念。若有一对相距很近的零、极点，它们之间的距离比它们的模值小一个数量级，则这一对零点、极点被称为偶极子。偶极子对系统瞬态响应的影响可以忽略不计，但会影响系统的稳态特性。

总结上面的讨论，可知高阶系统单位阶跃响应表达式（3.4.10）中的各瞬态响应分量的系数取决于高阶系统的极点和零点在 s 平面的分布，主要有以下几种情况：

（1）若某极点远离原点，则其相应瞬态响应分量的系数很小；

（2）若某极点接近一零点，而又远离其他极点和原点，则相应瞬态响应分量的系数很小；

（3）若某极点远离零点而又接近原点或其他极点，则相应瞬态响应分量系数比较大。

显然，系数大而且衰减慢的那些瞬态响应分量在瞬态响应过程中起主要作用，系数小而且衰减快的那些瞬态响应分量对瞬态响应过程的影响小。因此在控制工程中对高阶系统进行性能估算时，通常将系数小而且衰减快的那些瞬态响应分量略去。

3.4.3　主导极点

在高阶系统中，满足下列条件的极点称为系统的主导极点：

（1）离虚轴最近且周围没有零点；

（2）其他极点与虚轴的距离比该极点与虚轴的距离大 5 倍以上。

主导极点在单位阶跃响应中对应的瞬态响应分量衰减最慢且系数很大。因此它对高阶系统瞬态响应起主导作用，单位阶跃响应的形式和瞬态性能指标主要由它决定。主导极点可以是一个负实数极点，也可以是一对具有负实部的共轭复数极点。除主导极点外，所有其他极点由于其对应的瞬态响应分量随时间的推移而迅速衰减，对系统的时间响应影响甚微，因而通称为非主导极点。

具有主导极点的高阶系统可以近似地用主导极点所描述的一阶或二阶系统表示，也就是说，具有主导极点的高阶系统可以简化为一阶或二阶系统，其性能指标可以由一阶或二阶系统的性能指标进行估算。高阶系统简化为低阶系统的具体步骤是，首先确定系统的主导极点，然后将高阶开环或闭环传递函数写为时间常数形式，再将小时间常数项略去即可。经过这样的处理，可以确保简化前后的系统具有基本一致的瞬态性能和相同的稳态性能。

例如，某高阶系统的闭环传递函数为

$$\Phi(s)=\frac{10\omega_n^2}{(s^2+2\zeta\omega_n s+\omega_n^2)(s+p)} \tag{3.4.11}$$

如果系统各极点在 s 平面的位置分布满足

$$\frac{p}{\zeta\omega_{\rm n}}>5$$

则该系统主导极点为$-p_{1,2}=-\zeta\omega_{\rm n}\pm {\rm j}\omega_{\rm n}\sqrt{1-\zeta^2}$，该系统可简化为

$$\varPhi(s)=\frac{10\omega_{\rm n}^2}{p\left(s^2+2\zeta\omega_{\rm n}s+\omega_{\rm n}^2\right)\left(1+\frac{1}{p}s\right)}\approx\frac{10\omega_{\rm n}^2}{p\left(s^2+2\zeta\omega_{\rm n}s+\omega_{\rm n}^2\right)} \tag{3.4.12}$$

简化前后系统的稳态值应是相等的。简化之前三阶系统的稳态值为（假设输入信号为单位阶跃信号）

$$\lim_{s\to 0}s\cdot\frac{1}{s}\cdot\frac{10\omega_{\rm n}^2}{(s^2+2\zeta\omega_{\rm n}s+\omega_{\rm n}^2)(s+p)}=\frac{10}{p}$$

简化之后二阶系统的稳态值为

$$\lim_{s\to 0}s\cdot\frac{1}{s}\cdot\frac{10\omega_{\rm n}^2}{(s^2+2\zeta\omega_{\rm n}^2+\omega_{\rm n}^2)p}=\frac{10}{p}$$

显然，两者是相等的。若系统的具体参数分别为$\zeta=0.5$，$\omega_n=2$，$p=10$，则$p=10\zeta\omega_{\rm n}$，可见复数极点$-\zeta\omega_{\rm n}\pm{\rm j}\omega_{\rm n}\sqrt{1-\zeta^2}$为系统的主导极点。如图3.4.3（a）所示，曲线1和曲线2分别表示按照式（3.4.11）和式（3.4.12）绘出的单位阶跃响应曲线，即系统简化前后的单位阶跃响应曲线。从图上可看出，简化前后系统的上升时间分别为1.34s和1.22s，峰值时间分别为1.93s和1.74s，调整时间和超调量基本不变，分别为3.6s和16%，稳态值均为1。从这个结果看，这样简化的精确度是能够满足工程实际要求的。

上例中，如果系统各极点在s平面上的位置分布满足

$$\frac{\zeta\omega_{\rm n}}{p}>5$$

则该系统的主导极点为$-p$，该系统可简化为一阶系统

$$\varPhi(s)\approx\frac{10}{\left(\frac{s^2}{{\omega_{\rm n}}^2}+\frac{2\zeta}{\omega_{\rm n}}s+1\right)(s+p)}\approx\frac{10}{s+p} \tag{3.4.13}$$

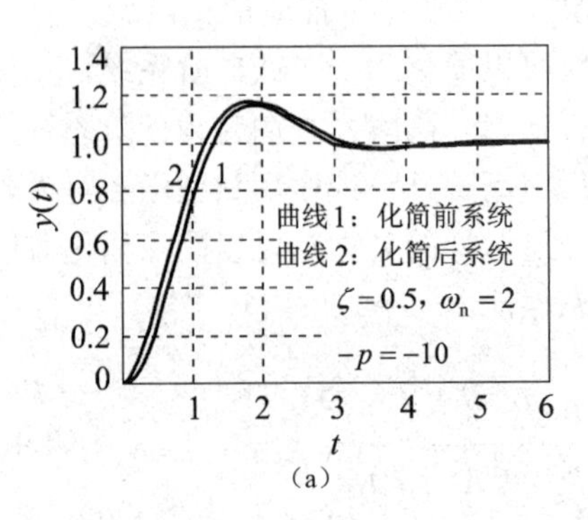

（a）

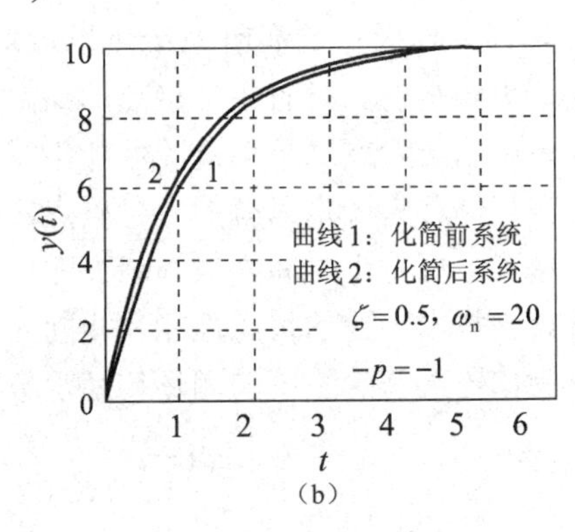

（b）

图3.4.3　高阶系统简化为低阶系统前后单位阶跃响应的比较

若系统的参数为$\zeta = 0.5$，$\omega_n = 20$，$p = 1$，则$\zeta\omega_n = 10p$，可见负实数极点$-p$为系统的主导极点。如图 3.4.3（b）所示，曲线 1 和曲线 2 分别表示按照式（3.4.11）和式（3.4.13）绘出的单位阶跃响应曲线，即系统简化前后的单位阶跃响应曲线。由图可知，两者具有基本一致的上升时间和调整时间。

3.5　线性控制系统的稳定性分析

在设计和分析线性反馈控制系统时，首先要考虑的是控制系统的稳定性。稳定是一个线性控制系统能够正常工作的首要条件。由于控制系统在实际运行中，不可避免地会受到外界或内部一些扰动因素的影响，比如系统负载或能源的波动、系统参数和环境条件的变化等，从而会使系统各物理量偏离原来的工作状态。如果系统是稳定的，那么随着时间的推移，系统的各物理量就会恢复到原来的工作状态。如果系统不稳定，即使扰动很微弱，也会使系统中的各物理量随着时间的推移而发散，即使在扰动因素消失后，系统也不可能再恢复到原来的工作状态，显然不稳定的控制系统是无法正常工作的。因此，如何分析系统的稳定性并提出保证系统稳定的措施，是自动控制理论研究的基本任务之一。

3.5.1　线性控制系统的稳定性

由于稳定性的研究角度不同，线性控制系统稳定性在不同意义下的描述不尽相同，但是不同意义下稳定性描述的本质是相同的。当线性系统用输入输出模型（微分方程或传递函数）表示时，其稳定性的定义通常有如下两种：

第一种描述为：如果线性系统受到扰动的作用而使被控量产生偏差，当扰动消失后，随着时间的推移，该偏差逐渐减小并趋向于零，即被控量趋向于原来的工作状态，则称该系统稳定。反之，若在扰动的影响下，系统的被控量随时间的推移而发散，则称系统不稳定。该定义说明，由于扰动的作用而使系统的被控量发生变化后，如果系统的被控量能恢复到原来的工作状态，则系统是稳定的。这种稳定性被称为渐近稳定性。

第二种描述是在有界输入有界输出（Bounded-Input-Bounded-Output）意义下的稳定性。有界输入有界输出稳定性的描述是考虑在输入影响下控制系统的行为。简述如下：若线性系统在有界的输入量或干扰量的作用下，其输出量的幅值也是有界的，则称系统是稳定的，否则如果系统在有界输入作用下，产生无界的输出，则称系统是不稳定的。

应当指出，尽管在描述稳定性时提到了输入作用和扰动作用，但对线性定常系统来说，系统稳定与否完全取决于系统本身的结构和参数，稳定性是系统本身的一种特性，而与输入作用无关。在 3.5.2 节关于系统稳定性充要条件的推导中可以看到，线性系统稳定性的判断只取决于系统的极点，即系统特征方程的根，而系统的极点是由系统的结构和参数决定的，与系统的输入作用无关。本节在讨论稳定性时，是基于输入输出模型而进行的，只考虑了系统输出值在输入量消失或有界时是否收敛到有限值，因此把这种稳定性称为输入输出稳定性。

上面所讨论的稳定性，指的是系统的绝对稳定性，具有绝对稳定性的系统称为稳定的系统。对一个稳定的系统，还可以用相对稳定性来进一步衡量系统的稳定程度。

3.5.2　线性控制系统稳定性的充分必要条件

3.5.1 节给出的两种稳定性描述虽然表述不同，但是在本质上是一致的，都是基于输入输出模型的。由于线性控制系统的稳定性与外界条件无关，因此，可以假设线性控制系统的初始条件为零，输入作用为单位脉冲信号 $\delta(t)$，这时系统的输出 $y_\delta(t)$ 便是单位脉冲响应。这相当于在扰动信号作用下，输出信号偏离原来工作状态的情形。根据第一种稳定性描述，若时间趋于无穷大时，脉冲响应收敛于原来的工作状态，即

$$\lim_{t\to\infty} y_\delta(t)=0 \tag{3.5.1}$$

则线性控制系统是稳定的。下面就来讨论线性控制系统稳定性与系统极点之间的关系。

设线性控制系统的闭环传递函数如式（3.4.8）所示。系统有 n_1 个实数极点，n_2 对共轭复数极点，$n_1+2n_2=n$。由于系统的输入为单位脉冲信号 $R(s)=1$，则系统的输出量为

$$Y_\delta(s)=\frac{k\prod\limits_{i=1}^{m}(s+z_i)}{\prod\limits_{j=1}^{n_1}(s+p_j)\prod\limits_{l=1}^{n_2}(s^2+2\zeta_l\omega_{nl}s+\omega_{nl}^2)} \tag{3.5.2}$$

将式（3.5.2）展开为部分分式形式，有

$$Y_\delta(s)=\sum_{j=1}^{n_1}\frac{A_j}{s+p_j}+\sum_{l=1}^{n_2}\frac{B_l(s+\zeta_l\omega_{nl})+C_l\omega_{nl}\sqrt{1-\zeta_l^2}}{s^2+2\zeta_l\omega_{nl}s+\omega_{nl}^2} \tag{3.5.3}$$

对式（3.5.3）取拉普拉斯反变换，可得系统的单位脉冲响应为

$$\begin{aligned}y_\delta(t)=&\sum_{j=1}^{n_1}A_j\mathrm{e}^{-p_jt}+\sum_{l=1}^{n_2}B_l\mathrm{e}^{-\zeta_l\omega_{nl}t}\cos\omega_{nl}\sqrt{1-\zeta_l^2}t\\&+\sum_{l=1}^{n_2}C_l\mathrm{e}^{-\zeta_l\omega_{nl}t}\sin\omega_{nl}\sqrt{1-\zeta_l^2}t,\ \ t\geqslant 0\end{aligned} \tag{3.5.4}$$

若 $\lim_{t\to\infty} y_\delta(t)=0$，则式（3.5.4）中 $-p_j$ 和 $-\zeta_l\omega_{nl}$ 应为负实数。而 $-p_j$ 和 $-\zeta_l\omega_{nl}$ 分别为系统特征方程的实数极点和共轭复数根的实部，这说明若要使单位脉冲响应收敛于零，系统的所有特征根均应为负实数或具有负实部的共轭复数。所以线性控制系统渐近稳定的充分必要条件可描述为：系统的所有特征根必须位于 s 左半平面。

线性控制系统的特征根中只要有一个正实根或一对具有正实部的共轭复根，则其脉冲响应函数就呈发散形式，系统输出量不可能再回到原来的工作状态，这样的系统就是不稳定系统。也就是说，对于不稳定系统，特征方程至少有一个根位于 s 右半平面，在这种情况下，系统的输出对任何输入都是不稳定的。如果特征方程有一对特征根在虚轴上 $(s=\pm \mathrm{j}\omega)$，而其他的特征根均位于 s 左半平面，这样的系统称为临界稳定系统。临界稳定系统的输出形式根据输入信号的不同，或等幅振荡或发散。因此，在实际工程中视临界稳定系统为不稳定系统。

本书只重点讨论控制系统的渐近稳定性。因此在后续内容中，如没有特别说明，系统的稳定性均指渐近稳定性。

例 3.5.1　闭环传递函数为

$$\Phi(s)=\frac{2(s-1)}{(s+1)(s+2)}$$

的控制系统是稳定的，因为该系统的闭环极点都在 s 左半平面。

例 3.5.2　闭环传递函数为

$$\Phi(s)=\frac{10(s+2)}{(s+1)(s-3)(s+4)}$$

的系统是不稳定的，因为 $s=+3$ 为正实数极点，与此相对应的瞬态时间响应分量按 e^{3t} 的规律随时间无限增大。

例 3.5.3　闭环传递函数为

$$\Phi(s)=\frac{1}{s^2+1}$$

的系统是临界稳定的系统，它有一对位于虚轴上的闭环极点 $s_{1,2}=\pm \mathrm{j}$，其单位阶跃响应有频率 $\omega=1$ 的等幅振荡，因此在工程上认为该系统是不稳定的。

3.5.3　代数稳定性判据

由于线性系统稳定的充分必要条件是其所有特征根（极点）为负实根或具有负实部的共轭复根，因而对系统稳定性的判别就转化为求解系统特征方程的根，并检验所求的根是否都具有负实部的问题。虽然借助于计算机工具软件，如 MATLAB，可以很方便地求出高阶特征方程的根（见 3.7 节讨论），但是对手工计算而言，求解三阶以上特征方程的根是困难的。因此就提出了这样一个问题：能否不用直接求解特征根，而根据系统特征方程的根与其系数间的关系来判别特征根实部的符号呢？

假设线性控制系统的特征方程为

$$a_n s^n + a_{n-1} s^{n-1} + \cdots + a_1 s + a_0 = 0 \tag{3.5.5}$$

为了确定控制系统的稳定性，必须判断出特征方程是否有根位于 s 右半平面。将式（3.5.5）写成因子相乘的形式为

$$a_n \prod_{i=1}^{n} (s - r_i) = 0 \tag{3.5.6}$$

式中，r_i 为特征方程的第 i 个根。再将所有因子相乘并整理得

$$\begin{aligned} &a_n[s^n - (r_1 + r_2 + \cdots + r_n)s^{n-1} + (r_1 r_2 + r_2 r_3 + r_1 r_3 + \cdots)s^{n-2} \\ &-(r_1 r_2 r_3 + r_1 r_2 r_4 + \cdots)s^{n-3} + \cdots + (-1)^n r_1 r_2 r_3 \cdots r_n] = 0 \end{aligned} \tag{3.5.7}$$

也就是说，对于 n 阶特征方程有

$$\begin{aligned} &a_n[s^n - (\text{所有根之和})s^{n-1} + (\text{所有根两两相乘之和})s^{n-2} \\ &-(\text{所有根每三个根乘积之和})s^{n-3} + \cdots \\ &+(-1)^n(\text{所有根的乘积})] = 0 \end{aligned} \tag{3.5.8}$$

考察式（3.5.7）或式（3.5.8）可以发现，如果系统的特征根都是负实根，或具有负实部的共轭复数根，则其特征方程的各个系数均为正值，且特征方程无缺项。这个条件是线性控制系统稳定的必要条件而非充分条件，换句话说，当这个条件不满足时，可立即判断出系统是不稳定的。而当这个条件满足时，也不能保证系统是稳定的，还需要进一步的判断。

例如一阶系统的特征方程为

$$a_1 s + a_0 = 0$$

特征方程根为 $s = -a_0 / a_1$，可见当系数 a_1 和 a_0 都为正值时，特征方程的根为负实根，系统是稳定的。

二阶系统的特征方程为

$$a_2 s^2 + a_1 s + a_0 = 0$$

特征方程根为

$$s_{1,2} = \frac{-a_1 \pm \sqrt{a_1^2 - 4a_2 a_0}}{2a_2}$$

当系数 a_0、a_1 和 a_2 都为正值时，二阶系统特征根为负实根或具有负实部的共轭复数根，系统也是稳定的。可见对于一阶和二阶系统，系统特征方程的系数均为正值是系统稳定的充分必要条件。但对于三阶以上的系统，系统特征方程的系数均为正值是系统稳定的必要条件，而非充分条件。例如某三阶系统的特征方程为

$$s^3+s^2+2s+8=(s+2)(s^2-s+4)=0 \tag{3.5.9}$$

尽管此时特征方程的系数均为正数，但系统却是不稳定的，因为特征方程具有一对位于 s 右半平面的共轭复数根。

很多学者对线性系统的稳定性以及稳定性检验问题进行了研究，英国数学家劳斯（E. J. Routh）研究了根据多项式的系数决定多项式在 s 右半平面的根的数目，德国数学家赫尔维茨（A. Hurwitz）研究了根据多项式的系数决定多项式的根是否都具有负实部的另一种方法。两位学者的研究成果虽然在形式上不同，但在本质上是一致的。因此这一成果现在也被称为劳斯-赫尔维茨（Routh-Hurwitz）稳定性判据。关于劳斯-赫尔维茨判据的数学论证，这里不作叙述。本节仅介绍与该判据有关的结论及其在判断系统稳定性方面的应用。

1. 劳斯稳定性判据

设线性系统的特征方程如式（3.5.5）所示，注意特征方程是按 s 降幂排列的。将该特征方程的各项系数按照下面的格式排列成劳斯阵列

$$\begin{array}{c|cccc}
s^n & a_n & a_{n-2} & a_{n-4} & \cdots \\
s^{n-1} & a_{n-1} & a_{n-3} & a_{n-5} & \cdots \\
s^{n-2} & b_1 & b_2 & b_3 & \cdots \\
s^{n-3} & c_1 & c_2 & c_3 & \cdots \\
\vdots & \vdots & & & \\
s^2 & d_1 & d_2 & d_3 & \\
s^1 & e_1 & e_2 & & \\
s^0 & f_1 & & &
\end{array}$$

劳斯阵列的前两行元素由特征方程的系数组成，第一行由特征方程的第一、三、五、……项系数组成，第二行由特征方程的第二、四、六、……项系数组成。若特征方程有缺项，则该项系数以零计。劳斯阵列其他各行的元素按照下列公式计算

$$b_1=\frac{-1}{a_{n-1}}\begin{vmatrix} a_n & a_{n-2} \\ a_{n-1} & a_{n-3} \end{vmatrix},\quad b_2=\frac{-1}{a_{n-1}}\begin{vmatrix} a_n & a_{n-4} \\ a_{n-1} & a_{n-5} \end{vmatrix},\quad b_3=\frac{-1}{a_{n-1}}\begin{vmatrix} a_n & a_{n-6} \\ a_{n-1} & a_{n-7} \end{vmatrix},\quad \cdots$$

$$c_1=\frac{-1}{b_1}\begin{vmatrix} a_{n-1} & a_{n-3} \\ b_1 & b_2 \end{vmatrix},\quad c_2=\frac{-1}{b_1}\begin{vmatrix} a_{n-1} & a_{n-5} \\ b_1 & b_3 \end{vmatrix},\quad c_3=\frac{-1}{b_1}\begin{vmatrix} a_{n-1} & a_{n-7} \\ b_1 & b_4 \end{vmatrix},\quad \cdots$$

用相同的方法，可以求得劳斯阵列中其余行的各元素，一直到$n+1$行计算完为止。

劳斯判据指出，系统特征方程具有正实部根的数目与劳斯阵列第一列元素中符号变化的次数相等。根据这个判据可以得出线性系统稳定的充分必要条件为：由系统特征方程系数组成的劳斯阵列的第一列元素没有符号变化。若劳斯阵列第一列元素的符号有变化，其变化的次数等于该特征方程的根在s右半平面的个数，表明相应的线性系统不稳定。

例 3.5.4 设三阶系统的特征方程为$a_3s^3+a_2s^2+a_1s+a_0=0$，试讨论其稳定的条件。

解：列出该系统的劳斯阵列如下：

$$
\begin{array}{c|cc}
s^3 & a_3 & a_1 \\
s^2 & a_2 & a_0 \\
s^1 & \dfrac{a_2a_1-a_3a_0}{a_2} & 0 \\
s^0 & a_0 & 0
\end{array}
$$

因此，三阶系统稳定的充要条件是特征方程的全部系数$a_i(i=0\sim3)$符号均为正，并且$a_2a_1-a_3a_0>0$。

例 3.5.5 试用劳斯判据验证由式（3.5.9）所示的三阶系统是不稳定的，并说明该系统处于s右半平面的极点数。

解：列出该系统的劳斯阵列如下：

$$
\begin{array}{c|cc}
s^3 & 1 & 2 \\
s^2 & 1 & 8 \\
s^1 & -6 & 0 \\
s^0 & 8 & 0
\end{array}
$$

由于劳斯阵列第一列元素出现两次符号变化，于是可以判定特征方程有两个根在s右半平面上，系统是不稳定的。

需要指出的是，为了简化计算，可以用一个正数去乘或除劳斯阵列的某一整行，这样的处理不会改变系统的稳定性结论。在例 3.5.5 中，将s^1和s^0行分别除以6和8，该两行变为－1和0以及1和0，根据劳斯判据可知，该系统不稳定且有两个特征根位于s右半平面，与处理前的结果一样。

在运用劳斯稳定性判据分析线性系统的稳定性时，有时可能会碰到以下两种特殊情况，导致劳斯阵列无法正常排列，因此需要进行相应的数学处理，处理的原则是不影响劳斯稳定性判据的判别结果。

（1）劳斯阵列某一行中的第一列元素等于零，而该行的其余各列元素不为零或不全为零。这时计算劳斯阵列下一行的第一列元素时，将出现无穷大，导致劳斯阵列无法继续排列下去。

解决的办法是用一个小正数 ε 来代替该行第一列元素零，据此算出其余各项元素，完成劳斯阵列的排列。如果 ε 与其上项或下项元素的符号相反，则计作一次符号变化。如果劳斯阵列第一列元素的符号有变化，其变化的次数就等于该系统在 s 右半平面上特征根的数目，表明该系统不稳定。

例 3.5.6　已知控制系统的特征方程为

$$s^4+3s^3+s^2+3s+4=0$$

试利用劳斯判据判断该系统的稳定性。

解：根据特征方程列出劳斯阵列如下：

$$\begin{array}{c|ccc} s^4 & 1 & 1 & 4 \\ s^3 & 3 & 3 & 0 \\ s^2 & 0 & 4 & 0 \\ s^1 & \infty & & \end{array}$$

由于 s^2 行第一列元素为零，导致 s^1 行第一列元素为无穷大，劳斯阵列不能正常排列。为了解决这个问题，可利用小正数 ε 代替 s^2 行第一列零元素，使得劳斯判据能正常使用。

$$\begin{array}{c|ccc} s^4 & 1 & 1 & 4 \\ s^3 & 3 & 3 & 0 \\ s^2 & 0(\varepsilon) & 4 & 0 \\ s^1 & \dfrac{3\varepsilon-12}{\varepsilon} & 0 & 0 \\ s^0 & 4 & 0 & 0 \end{array}$$

由于 ε 为小正数，所以 $(3\varepsilon-12)/\varepsilon$ 为负数，劳斯阵列第一列元素出现两次符号变化，表明系统在 s 右半平面有两个特征根，系统不稳定。

事实上，该系统的特征根分别为–1、–2.8455 和 $0.4227\pm \mathrm{j}\,1.1077$，这也验证了用劳斯判据所得稳定性结论的正确性。

（2）劳斯阵列某一行的所有元素全部为零

这种情况表明系统的特征方程存在着大小相等而径向位置相反的根，至少存在下述几种特征根之一：存在大小相等、符号相反的一对实根；或共轭虚根；或对称于虚轴的两对共轭复根。这说明系统是临界稳定或不稳定的。

当劳斯阵列中出现元素全为零的行时，可利用该全零行的上一行元素构造一个辅助方程，并将该辅助方程对复变量 s 求导，用求导以后方程的系数取代全零行元素，继续劳斯阵列的排列。辅助方程的次数通常为偶数，它的根即为那些大小相等而径向位置相反的根。

例 3.5.7 已知控制系统的特征方程为

$$s^6+2s^5+8s^4+12s^3+20s^2+16s+16=0$$

试利用劳斯判据判断该系统的稳定性。

解：列劳斯阵列如下：

$$\begin{array}{c|cccc} s^6 & 1 & 8 & 20 & 16 \\ s^5 & 2 & 12 & 16 & 0 \\ s^4 & 2 & 12 & 16 & 0 \\ s^3 & 0 & 0 & 0 & 0 \end{array}$$

由于 s^3 行的元素全为零，致使劳斯阵列无法继续往下排列。现用 s^4 行的系数构造辅助方程

$$2s^4+12s^2+16=0 \tag{3.5.10}$$

上式对 s 求导，得

$$8s^3+24s=0$$

用系数 8 和 24 代替 s^3 行中相应的零系数，并继续向下计算剩余行的元素，完成劳斯阵列的排列。完整的劳斯阵列为

$$\begin{array}{c|cccc} s^6 & 1 & 8 & 20 & 16 \\ s^5 & 2 & 12 & 16 & 0 \\ s^4 & 2 & 12 & 16 & 0 \\ s^3 & 8 & 24 & 0 & 0 \\ s^2 & 6 & 16 & 0 & 0 \\ s^1 & 8/3 & 0 & 0 & 0 \\ s^0 & 16 & 0 & 0 & 0 \end{array}$$

由劳斯阵列可知，第一列元素没有符号变化，表明该系统在 s 右半平面没有特征根，但是具有共轭虚根。解辅助方程式（3.5.10）可得共轭虚根为 $\pm \mathrm{j}\sqrt{2}$ 和 $\pm \mathrm{j}2$。由于辅助方程是特征方程的部分因子，因此可以应用长除法求得其余的两个特征根为 $-1\pm \mathrm{j}$。显然该系统是临界稳定的。

2. 赫尔维茨稳定性判据

设线性系统的特征方程如式（3.5.5）所示，且 $a_n>0$。由特征方程的各项系数构造赫尔维茨行列式，构造方法是：主对角线上各项元素为特征方程第二项系数 a_{n-1} 至最后一项系数 a_0，在主对角线以下的各行中各项元素的下标逐次增加，而在主对角线以上的各行中各项元素的下标逐次减小。当元素的下标大于 n 或小

于 0 时，行列式中的项取 0。显然，赫尔维茨行列式的阶数为系统特征方程的阶数，如下所示：

$$\Delta_n = \begin{vmatrix} a_{n-1} & a_{n-3} & a_{n-5} & a_{n-7} & \cdots & 0 \\ a_n & a_{n-2} & a_{n-4} & a_{n-6} & \cdots & 0 \\ 0 & a_{n-1} & a_{n-3} & a_{n-5} & \cdots & 0 \\ 0 & a_n & a_{n-2} & a_{n-4} & \cdots & 0 \\ \vdots & \vdots & \vdots & \vdots & \vdots & \vdots \\ 0 & 0 & 0 & 0 & \cdots & a_0 \end{vmatrix}$$

线性系统稳定的充分必要条件是：$a_n > 0$，并且由特征方程各项系数构成的赫尔维茨行列式的各主子行列式全部为正值，即

$$\Delta_1 = a_{n-1} > 0$$

$$\Delta_2 = \begin{vmatrix} a_{n-1} & a_{n-3} \\ a_n & a_{n-2} \end{vmatrix} > 0$$

$$\Delta_3 = \begin{vmatrix} a_{n-1} & a_{n-3} & a_{n-5} \\ a_n & a_{n-2} & a_{n-4} \\ 0 & a_{n-1} & a_{n-3} \end{vmatrix} > 0$$

$$\vdots$$

$$\Delta_n > 0$$

例 3.5.8　四阶控制系统的特征方程为

$$a_4 s^4 + a_3 s^3 + a_2 s^2 + a_1 s + a_0 = 0$$

试用赫尔维茨稳定性判据确定系统稳定的条件。

解：首先构造赫尔维茨行列式

$$\Delta_4 = \begin{vmatrix} a_3 & a_1 & 0 & 0 \\ a_4 & a_2 & a_0 & 0 \\ 0 & a_3 & a_1 & 0 \\ 0 & a_4 & a_2 & a_0 \end{vmatrix}$$

根据赫尔维茨稳定性判据，系统稳定的充分必要条件为 $a_4 > 0$ 以及赫尔维茨行列式的各主子行列式均大于零，即

$$\Delta_1 = a_3 > 0$$

$$\Delta_2 = \begin{vmatrix} a_3 & a_1 \\ a_4 & a_2 \end{vmatrix} = a_3 a_2 - a_4 a_1 > 0$$

$$\Delta_3 = \begin{vmatrix} a_3 & a_1 & 0 \\ a_4 & a_2 & a_0 \\ 0 & a_3 & a_1 \end{vmatrix} = a_1 \Delta_2 - a_0 a_3^2 > 0$$

$$\Delta_4=\begin{vmatrix} a_3 & a_1 & 0 & 0 \\ a_4 & a_2 & a_0 & 0 \\ 0 & a_3 & a_1 & 0 \\ 0 & a_4 & a_2 & a_0 \end{vmatrix}=a_0\Delta_3>0$$

当系统特征方程的次数较高时，应用赫尔维茨判据的计算工作量较大。下面给出赫尔维茨判据的另一种形式，也称为林纳特-戚伯特（Lienard-Chipard）稳定判据：在系统特征方程所有系数均大于零的条件下，线性系统稳定的充分必要条件是所有奇数顺序或所有偶数顺序的赫尔维茨行列式的各子行列式均大于零。即若 $a_i>0\ (i=0\sim n)$，$\Delta_j>0\ (j=1,\ 3,\ 5,\ \cdots$ 或 $j=2,\ 4,\ 6,\ \cdots)$，则线性系统稳定。利用这一结论可以减小一半的计算工作量。

例 3.5.9 设系统的特征方程为

$$s^4+50s^3+200s^2+400s+1000=0$$

试用赫尔维茨判据判别系统的稳定性。

解： 系统特征方程的各项系数均大于零，由特征方程各项系数构成的赫尔维茨行列式为

$$\Delta_4=\begin{vmatrix} 50 & 400 & 0 & 0 \\ 1 & 200 & 1000 & 0 \\ 0 & 50 & 400 & 0 \\ 0 & 1 & 200 & 1000 \end{vmatrix}$$

各主子行列式为

$$\Delta_1=50>0$$

$$\Delta_2=50\times200-1\times400>0$$

$$\Delta_3=400\times200\times50-400^2\times1-50^2\times1000>0$$

$$\Delta_4=1000\times\Delta_3>0$$

根据赫尔维茨稳定性判据可知系统稳定。

3. 劳斯-赫尔维茨稳定性判据的应用

（1）分析系统参数变化对稳定性的影响

劳斯-赫尔维茨稳定性判据的主要作用是判别线性系统的稳定性，还可以分析系统参数变化对系统稳定性的影响，以及确定为使系统稳定这些参数的可取值范围。

例 3.5.10 重新考虑例 2.3.6 所示的导弹航向控制系统。其方块图如图 3.5.1 所示，图中，$T_{\mathrm{m}}>0$，$T_{\mathrm{f}}>0$，试确定系统稳定时放大系数 K 的取值范围。

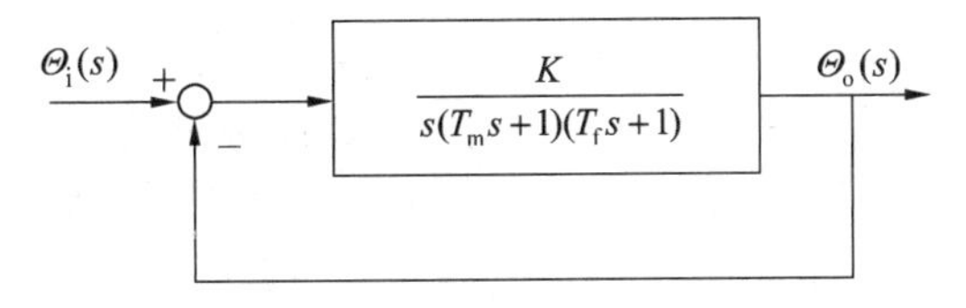

图 3.5.1　控制系统的方块图

解：由图 3.5.1 可得系统的闭环传递函数为

$$\Phi(s)=\frac{\Theta_o}{\Theta_i}=\frac{K}{T_m T_f s^3+(T_m+T_f)s^2+s+K}$$

系统的特征方程为

$$T_m T_f s^3+(T_m+T_f)s^2+s+K=0$$

列出对应的劳斯阵列如下：

$$\begin{array}{c|cc} s^3 & T_m T_f & 1 \\ s^2 & T_m+T_f & K \\ s^1 & \dfrac{T_m+T_f-T_m T_f K}{T_m+T_f} & 0 \\ s^0 & K & 0 \end{array}$$

根据劳斯稳定性判据，当系统稳定时，劳斯阵列第一列元素应无符号变化，则有

$$\frac{T_m+T_f-T_m T_f K}{T_m+T_f}>0 \text{ 及 } K>0$$

整理后可得开环放大系数 K 的取值范围是

$$0<K<\frac{1}{T_m}+\frac{1}{T_f}$$

（2）分析系统相对稳定性

使用劳斯-赫尔维茨判据只能判断控制系统是否稳定，不能指出系统的稳定程度，以及是否具备满意的瞬态性能，即劳斯判据不能表明控制系统的特征根在 s 平面上相对于虚轴的距离。由高阶系统的单位阶跃响应式（3.4.10）可知，若具有负实部的特征根紧靠虚轴，则由于 $|p_j|$ 或 $|\zeta_l\omega_{nl}|$ 的值很小，系统的瞬态过程将具有缓慢的非周期特性或强烈的振荡特性。为了使系统具有良好的瞬态性能，应使在 s 左半平面上的系统特征根与虚轴保持一定的距离。在时域分析中，以最靠近虚轴的特征根距虚轴的距离 σ 表示线性控制系统的相对稳定性，在 s 左半平面上作一条 $s=-\sigma$ 的垂直线，若系统的特征根都在该线的左边，称该系统具有 σ 的稳定裕度，如图 3.5.2（a）所示。

将坐标轴向左移动 σ 个单位，即将新变量 $z=s+\sigma$ 代入控制系统的特征方程，得到一个以 z 为变量的新特征方程，对新特征方程应用劳斯-赫尔维茨判据，若满足稳定性的充分必要条件，则表明系统的特征根均位于 $s=-\sigma$ 的垂线之左，系统具有σ的稳定裕度。

分析系统的相对稳定性，除了要考虑特征根距虚轴的距离外，还要考察系统的振荡情况，即特征根的虚部大小。通常虚部大且实部绝对值小的特征根对应的瞬态分量振荡频率高，振荡激烈，对系统的相对稳定性影响较大。因此，可以用特征方程的共轭复根对负实轴的最大张角β来表征系统的相对稳定性，如图3.5.2（b）所示。$\beta=90°$表示临界振荡情况，$\beta=0°$表示非周期无振荡情况。β越小，系统的相对稳定性越高。

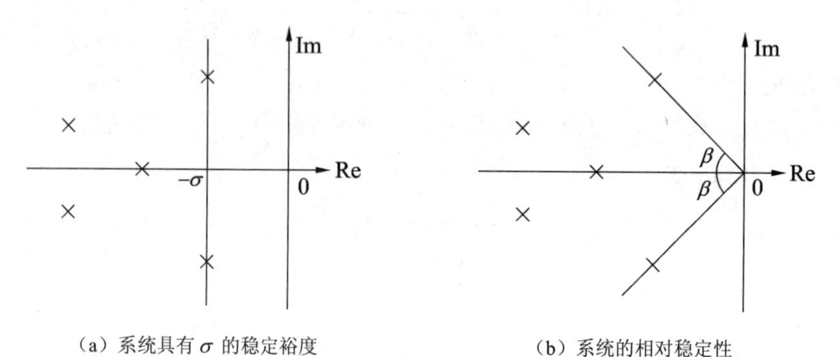

（a）系统具有σ的稳定裕度　　（b）系统的相对稳定性

图3.5.2　系统的稳定裕度和相对稳定性

例3.5.11　控制系统的方块图如图3.5.3所示。图中，前向通道中的环节

$$k_{\mathrm{p}}+\frac{k_{\mathrm{i}}}{s}+k_{\mathrm{d}}s$$

为比例积分微分控制器，简称PID控制器，k_{p}、k_{i}和k_{d}分别为比例、积分和微分系数。（1）当$k_{\mathrm{d}}=0$时，试确定k_{p}和k_{i}的值，使系统稳定；（2）当$k_{\mathrm{i}}=0$时，试确定k_{p}和k_{d}的值，使系统的闭环极点均位于$s=-1$垂线的左边。

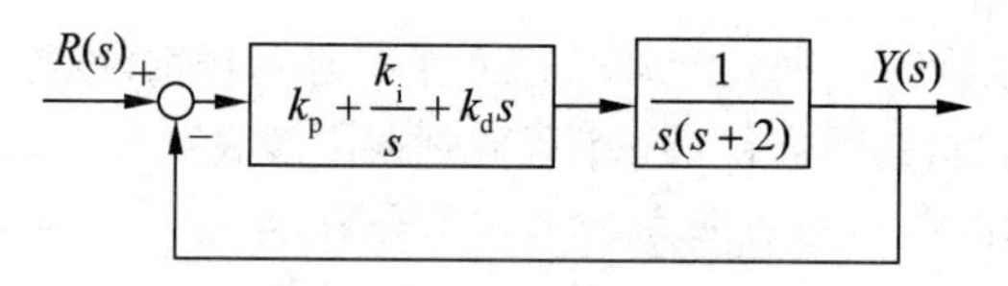

图3.5.3　控制系统的方块图

解：（1）当$k_{\mathrm{d}}=0$时，PID控制器简化为比例-积分控制器。根据图3.5.3可以写出系统的闭环传递函数为

$$\Phi(s)=\frac{k_{\mathrm{p}}s+k_{\mathrm{i}}}{s^3+2s^2+k_{\mathrm{p}}s+k_{\mathrm{i}}}$$

因而闭环特征方程为

$$s^3+2s^2+k_{\mathrm{p}}s+k_{\mathrm{i}}=0$$

列出对应的劳斯阵列如下：

$$\begin{array}{c|cc} s^3 & 1 & k_p \\ s^2 & 2 & k_i \\ s^1 & \dfrac{2k_p - k_i}{2} & 0 \\ s^0 & k_i & 0 \end{array}$$

根据劳斯稳定性判据，当系统稳定时，劳斯阵列第一列元素应无符号变化，于是有

$$k_i > 0, \quad k_p > \frac{k_i}{2}$$

当系统稳定时，比例、积分系数的取值范围如图 3.5.4（a）阴影部分所示。

（2）当 $k_i = 0$ 时，PID 控制器简化为比例-微分控制器。根据图 3.5.3 可以写出系统的闭环传递函数为

$$\Phi(s) = \frac{k_p + k_d s}{s^2 + (2 + k_d)s + k_p}$$

则闭环特征方程为

$$s^2 + (2 + k_d)s + k_p = 0$$

欲使系统的闭环极点均位于 $s = -1$ 垂线的左边，可令 $z = s + 1$，代入上式得

$$z^2 + k_d z - 1 - k_d + k_p = 0$$

列出对应的劳斯阵列如下：

$$\begin{array}{c|cc} z^2 & 1 & -1 - k_d + k_p \\ z^1 & k_d & 0 \\ z^0 & -1 - k_d + k_p & 0 \end{array}$$

根据劳斯稳定性判据，可得

$$k_d > 0, \quad k_p > 1 + k_d$$

所以，当系统的闭环极点均位于 $s = -1$ 垂线的左边时，比例、微分系数的取值范围如图 3.5.4（b）阴影部分所示。

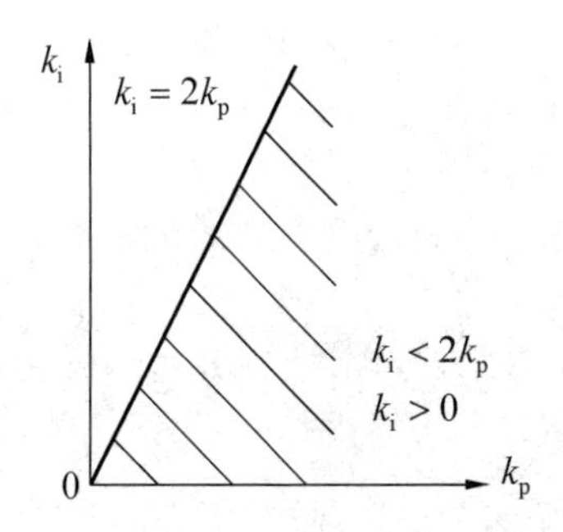

（a）系统稳定时比例积分系数取值范围

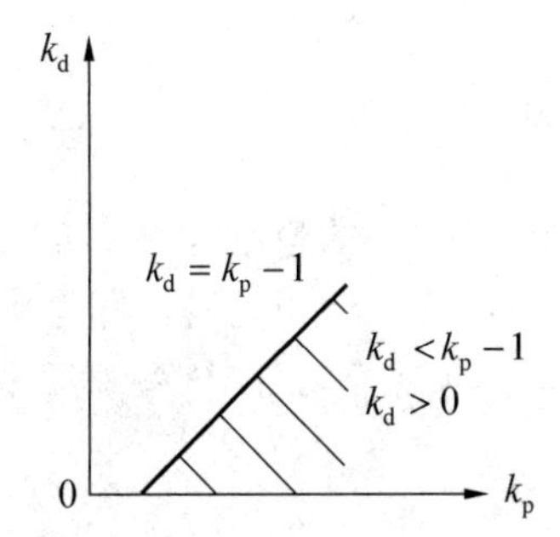

（b）系统具有 1 的稳定裕度时比例微分系数取值范围

图 3.5.4 例 3.5.4 中系统稳定时参数的取值范围

3.6 线性控制系统的稳态性能分析

控制系统的稳态性能指的是系统的稳态误差。稳态误差表示系统跟踪某种典型输入信号响应的准确程度。在控制系统设计中，稳态误差是一项重要的技术指标。稳态误差小，说明系统稳态时的实际输出与希望输出之间的误差小，系统的稳态性能好。

3.6.1 控制系统的误差和稳态误差

1. 控制系统的误差

假设反馈控制系统的典型方块图如图3.6.1所示。图中，$R(s)$为参考输入信号，$Y(s)$为输出信号，$B(s)$为反馈信号。$G(s)$和$H(s)$分别为系统前向通道和反馈通道的传递函数。对于这样的控制系统，定义参考输入信号$R(s)$与输出信号$Y(s)$间的差为控制系统的误差信号，记作$E(s)$，即

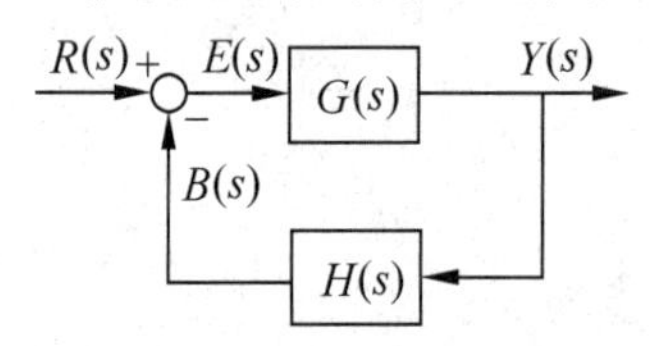

图3.6.1 反馈控制系统典型方块图

$$E(s)=R(s)-Y(s) \tag{3.6.1}$$

但是实际控制系统的参考输入信号$R(s)$与输出信号$Y(s)$通常是不同量纲或不同量程的物理量。比如在转速控制系统中，输入信号为电压，而输出信号为转速。在这种情况下，控制系统的误差不能直接用它们之间的差值来表示，应该将$R(s)$和$Y(s)$转换为相同量纲或相同量程后才能进行运算。假设将$Y(s)$转换为与$R(s)$相同量纲或相同量程的转换系数为$\alpha(s)$，则系统的误差有下列两种定义方式。

从输入端定义

$$E_1(s)=R(s)-\alpha(s)Y(s)$$

从输出端定义

$$E_2(s)=\frac{R(s)}{\alpha(s)}-Y(s)$$

显然，$E_1(s)$的量纲与$R(s)$的量纲相同，$E_2(s)$的量纲与$Y(s)$的量纲相同。当$R(s)$和$Y(s)$的量纲相同时，即在单位反馈的情况下，转换系数$\alpha(s)=1$。在一般情况下，转换系数$\alpha(s)$与系统反馈通路传递函数$H(s)$相等。于是控制系统的误差可表示为

$$E_1(s)=R(s)-H(s)Y(s)=R(s)-B(s) \tag{3.6.2}$$

或

$$E_2(s)=\frac{R(s)}{H(s)}-Y(s) \tag{3.6.3}$$

控制系统误差的这两种表达形式在本质上是相同的，两者之间的关系为

$$E_2(s)=\frac{E_1(s)}{H(s)} \tag{3.6.4}$$

式（3.6.2）和式（3.6.3）为控制系统在频率域的误差信号表达式，对它们求拉普拉斯反变换，可得控制系统误差信号的时域表达式为

$$e_1(t)=L^{-1}[R(s)-H(s)Y(s)] \tag{3.6.5}$$

$$e_2(t)=L^{-1}\left[\frac{R(s)}{H(s)}-Y(s)\right] \tag{3.6.6}$$

比如，若由图 3.6.1 所示的系统为转速控制系统，输入电压 $r(t)$的范围为 0~5V，对应的输出转速信号 $y(t)$的范围为 0~5000r/min，检测装置选择转速为 0~5000r/min 量程，对应的输出电压为 0 ~ 5V 的线性转速传感器。则每一个给定的输入电压 $r(t)$都将对应一个确定的希望输出转速 $y(t)$，这时，用以说明输入电压 $r(t)$与输出转速 $y(t)$ 之间比例关系的系数 $k=\frac{1}{1000}\text{V/(r/min)}$ 便是转换系数 α 。在某一时刻，输入电压 $r(t)=2\text{V}$ ，理想的输出转速应是 $y(t)=2000\text{r/min}$ ，若实际转速为 1900r/min，则其误差为 $e_1(t)=0.1\text{V}$（从输入端定义），或为 $e_2(t)=100\text{r/min}$（从输出端定义）。

在本书以后的叙述中，均采用从输入端定义系统的误差，即使用式（3.6.2）或式（3.6.5）计算和分析系统的误差。于是由图 3.6.1 所示系统的误差信号为

$$E(s)=\frac{R(s)}{1+G(s)H(s)}=\frac{R(s)}{1+G_{\text{k}}(s)} \tag{3.6.7}$$

式中，$G_{\text{k}}(s)=G(s)H(s)$ 为系统的开环传递函数。

对于参考输入信号和扰动信号同时作用的线性控制系统，如图 3.6.2 所示。其误差为 $E(s)=E_1(s)+E_2(s)$，$E_1(s)$ 为由参考输入信号 $R(s)$ 引起的误差，$E_2(s)$ 为由扰动信号 $N(s)$ 引起的误差。两个误差都定义在输入端，即定义在图 3.6.2 中的 A 点处。

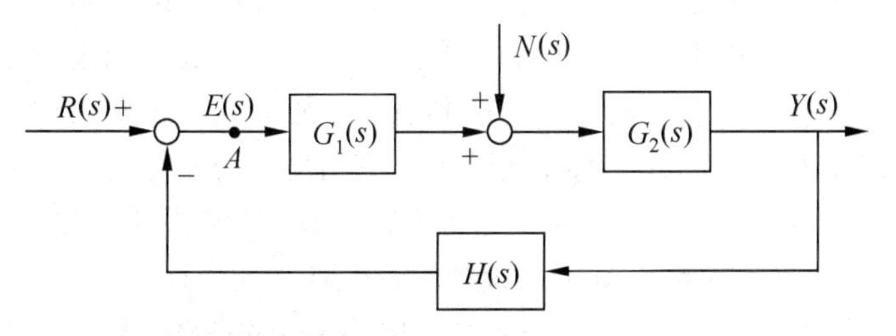

图 3.6.2　参考输入和扰动信号同时作用时系统的误差

令 $N(s)=0$，可列出 $E_1(s)$ 对 $R(s)$ 的传递函数如下：

$$\Phi_R(s)=\frac{E_1(s)}{R(s)}=\frac{1}{1+G_1(s)G_2(s)H(s)}$$

即

$$E_1(s)=\frac{R(s)}{1+G_1(s)G_2(s)H(s)}$$

令 $R(s)=0$，可列出 $E_2(s)$ 对 $N(s)$ 的传递函数如下：

$$\Phi_N(s)=\frac{E_2(s)}{N(s)}=-\frac{G_2(s)H(s)}{1+G_1(s)G_2(s)H(s)}$$

即

$$E_2(s)=-\frac{G_2(s)H(s)N(s)}{1+G_1(s)G_2(s)H(s)}$$

根据线性系统的叠加原理，可求得该系统的总误差为

$$E(s)=E_1(s)+E_2(s)=\frac{R(s)}{1+G_1(s)G_2(s)H(s)}-\frac{G_2(s)H(s)N(s)}{1+G_1(s)G_2(s)H(s)} \tag{3.6.8}$$

对上式求拉普拉斯反变换，可求得该系统总误差的时域表达式为

$$e(t)=L^{-1}[E(s)] \tag{3.6.9}$$

2. 控制系统的稳态误差

如同控制系统的输出信号 $y(t)$ 一样，误差信号 $e(t)$ 也由两个分量——瞬态分量 $e_{ts}(t)$ 和稳态分量 $e_{ss}(t)$ 组成。误差信号 $e(t)$ 的稳态分量 $e_{ss}(t)$ 在时间 t 趋于无穷大时的数值定义为系统的稳态误差，记为 e_{ss}。对于稳定的系统，误差信号 $e(t)$ 的瞬态分量 $e_{ts}(t)$ 在时间 t 趋于无穷大时必定趋于零，因此可将稳定系统的稳态误差写为

$$e_{ss}=\lim_{t\to\infty}e(t) \tag{3.6.10}$$

由系统误差的讨论和稳态误差的定义，可知稳态误差不仅与系统的特性（系统的类型和结构）有关，而且与系统的输入（包括参考输入和扰动输入）信号的特性有关。由系统的类型、结构或输入信号形式所产生的稳态误差称为原理性稳态误差；而由摩擦、间隙、不灵敏区和零位漂移等非线性因素所引起的稳态误差称为附加稳态误差。由于上述因素的存在，控制系统的稳态输出量不可能在任何情况下都与输入信号一致，可以说，控制系统的稳态误差是不可避免的，控制系统设计的重要任务之一是尽量消除或减小系统的稳态误差。

本书只讨论线性系统稳态误差，即原理性误差，不涉及附加稳态误差的计算，由式（3.6.10）计算出的结果就是系统的原理性稳态误差。

需要指出的是，只有当系统稳定时，研究稳态误差才有意义。因此，在计算系统的稳态误差之前，必须判断系统是稳定的。对于不稳定的系统，计算稳态误差是没有意义的。

除了可用定义式（3.6.10）计算稳态误差之外，还可以借助拉普拉斯变换中

的终值定理方便地计算出稳定系统的稳态误差，其表达式为

$$e_{ss}=\lim_{t\to\infty}e(t)=\lim_{s\to 0}sE(s) \tag{3.6.11}$$

式中，$E(s)$ 为系统的误差信号。

例 3.6.1　控制系统方块图如图 3.6.3（a）所示，当输入信号为单位斜坡函数时，试求系统的稳态误差；并回答调整 k 值能使系统的稳态误差小于 0.1 吗？

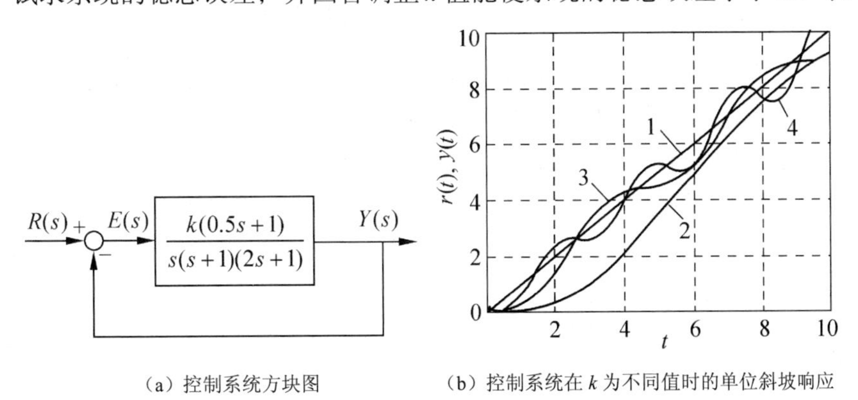

（a）控制系统方块图　　（b）控制系统在 k 为不同值时的单位斜坡响应

图 3.6.3　例 3.6.1 控制系统的方块图及单位斜坡响应

解：只有稳定的系统计算稳态误差才有意义，所以要先确定系统稳定时 k 值的范围。由图 3.6.3（a）可求得系统的闭环特征方程为

$$2s^3+3s^2+(1+0.5k)s+k=0$$

由劳斯稳定性判据可得系统稳定的条件为

$$0<k<6$$

系统的误差传递函数为

$$\frac{E(s)}{R(s)}=\frac{s(s+1)(2s+1)}{s(s+1)(2s+1)+k(0.5s+1)}$$

当输入信号为单位斜坡信号 $R(s)=1/s^2$ 时，误差信号为

$$E(s)=\frac{s(s+1)(2s+1)}{s(s+1)(2s+1)+k(0.5s+1)}\cdot R(s)=\frac{s(s+1)(2s+1)}{s(s+1)(2s+1)+k(0.5s+1)}\cdot\frac{1}{s^2}$$

则系统的稳态误差为

$$e_{ss}=\lim_{s\to 0}sE(s)=\lim_{s\to 0}s\frac{s(s+1)(2s+1)}{s(s+1)(2s+1)+k(0.5s+1)}\cdot\frac{1}{s^2}=\frac{1}{k}$$

由系统稳定的条件 $0<k<6$ 知，当 k 变化时，稳态误差的范围为：$1/6<e_{ss}<\infty$，由于 $1/6>0.1$，所以调整 k 的取值不能使系统的稳态误差小于 0.1。

当 k 取不同值时，分别画出该系统的单位斜坡响应曲线如图 3.6.3（b）所示。图中，曲线 1 为输入信号 $r(t)=t$，曲线 2、3 和 4 分别为 k=1, 6, 10 时，系统的单位斜坡响应曲线。从图中可以看出，$k=1$ 时，系统稳定，系统存在有限稳态误差；

k=6 时，系统处于临界稳定状态，输出响应曲线围绕 $r(t)=t$ 作等幅振荡；当 $k>6$ 时，系统不稳定，输出响应曲线发散，在后两种情况下计算稳态误差没有意义。

3.6.2 稳态误差分析

1. 由参考输入信号引起的稳态误差与静态误差系数

由式（3.6.7）可以看出，典型反馈控制系统由参考输入信号引起的误差，与系统开环传递函数 $G_{\mathrm{k}}(s)$ 的结构和输入信号的形式有关。因此，对于稳定的系统，当输入信号的形式确定时，系统的稳态误差就取决于开环传递函数的结构和类型。通常，由参考输入信号引起的稳态误差称为系统的给定稳态误差。系统的开环传递函数可表示为

$$G_{\mathrm{k}}(s)=\frac{K}{s^{v}}\cdot\frac{\prod_{i=1}^{m_1}(\tau_i s+1)\prod_{k=1}^{m_2}\left(\tau_k{}^2 s^2+2\zeta_k\tau_k s+1\right)}{\prod_{j=1}^{n_1}(T_j s+1)\prod_{l=1}^{n_2}(T_l^2 s^2+2\zeta_l T_l s+1)}=\frac{K}{s^{\nu}}\cdot G_0(s)\text{，}\quad n\geqslant m \tag{3.6.12}$$

式中，K 为开环放大系数；τ_i，τ_k，T_j 和 T_l 为各典型环节的时间常数；ν 为开环系统在 s 平面坐标原点处的极点数，也就是开环系统所含的积分环节个数；$G_0(s)$ 为开环传递函数去掉积分和比例环节以后的剩余部分，显然 $G_0(0)=1$。且有 $m_1+2m_2=m$，$\nu+n_1+2n_2=n$。

通常根据开环系统所含的积分环节个数 ν 来对系统进行分类，当 ν 分别等于 0，1，2，3，…时，系统分别称为 0 型、Ⅰ型、Ⅱ型、Ⅲ型系统，ν 也称为系统的无差度阶数。之所以按照积分环节个数 ν 对系统进行分类，是由于 ν 反映了系统跟踪参考输入信号的能力。

下面分别讨论控制系统在阶跃信号、斜坡信号和抛物线信号输入作用下，不同系统类型所产生的给定稳态误差。假设被研究的控制系统是稳定的，将式（3.6.7）和式（3.6.12）代入式（3.6.11）中得控制系统的给定稳态误差为

$$e_{\mathrm{ssr}}=\lim_{s\to 0}sE(s)=\lim_{s\to 0}\frac{sR(s)}{1+G_{\mathrm{k}}(s)}=\lim_{s\to 0}\frac{sR(s)}{1+\dfrac{K}{s^{\nu}}G_0(s)} \tag{3.6.13}$$

可见控制系统的给定稳态误差与输入信号、开环放大系数 K 和开环系统积分环节的个数 ν（即系统的类型）有关，ν 越大，消除系统稳态误差的能力越强。但 ν 增大容易导致特征方程缺项使系统难以稳定，所以除了特殊情况之外，高于Ⅱ型以上的控制系统很少在实际工程中使用。

（1）参考输入信号为阶跃信号

输入信号为 $R(s)=A/s$，式中 A 为阶跃信号的幅值。将 $R(s)$ 代入式（3.6.13）

中得

$$e_{\text{ssr}} = \lim_{s\to 0} sE(s) = \lim_{s\to 0} \frac{s}{1+G_{\text{k}}(s)} \cdot \frac{A}{s} = \frac{A}{1+\lim\limits_{s\to 0} G_{\text{k}}(s)} \tag{3.6.14}$$

令

$$K_{\text{p}} = \lim_{s\to 0} G_{\text{k}}(s) \tag{3.6.15}$$

K_{p} 称为系统的静态位置误差系数，则系统的给定稳态误差可表示为

$$e_{\text{ssr}} = \frac{A}{1+K_{\text{p}}} \tag{3.6.16}$$

将式（3.6.12）代入式（3.6.15），可得系统静态位置误差系数 K_{p} 与系统类型 ν 之间的关系为

$$K_{\text{p}} = \begin{cases} K, & \nu = 0 \\ \infty, & \nu \geqslant 1 \end{cases} \tag{3.6.17}$$

将式（3.6.17）代入式（3.6.16）可得系统的给定稳态误差为

$$e_{\text{ssr}} = \begin{cases} \dfrac{A}{1+K}, & \nu = 0 \\ 0, & \nu \geqslant 1 \end{cases} \tag{3.6.18}$$

由式（3.6.18）可知，对于 0 型系统，开环放大系数 K 越大，阶跃输入信号作用下系统的稳态误差越小。而对于 I 型及 I 型以上的系统，阶跃输入信号作用下系统的稳态误差为零。如果要求系统对于阶跃输入信号不存在稳态误差，则应该将系统设计为 I 型及 I 型以上的系统。稳态误差为零的系统称为无差系统，稳态误差为有限值的系统称为有差系统。

（2）参考输入信号为斜坡信号（即速度阶跃信号）

输入信号为 $R(s)=B/s^2$，式中 B 为速度阶跃信号强度。将 $R(s)$ 代入式（3.6.13）得

$$e_{\text{ssr}} = \lim_{s\to 0} sE(s) = \lim_{s\to 0} \frac{s}{1+G_{\text{k}}(s)} \cdot \frac{B}{s^2} = \frac{B}{\lim\limits_{s\to 0} sG_{\text{k}}(s)} \tag{3.6.19}$$

令

$$K_{\text{v}} = \lim_{s\to 0} sG_{\text{k}}(s) \tag{3.6.20}$$

K_{v} 称为系统的静态速度误差系数，则系统的给定稳态误差可表示为

$$e_{\text{ssr}} = \frac{B}{K_{\text{v}}} \tag{3.6.21}$$

将式（3.6.12）代入式（3.6.20），可得系统静态速度误差系数 K_{v} 与系统类型 ν 之间的关系为

$$K_{\text{v}} = \begin{cases} 0, & \nu = 0 \\ K, & \nu = 1 \\ \infty, & \nu \geqslant 2 \end{cases} \tag{3.6.22}$$

将式（3.6.22）代入式（3.6.21）可得系统的给定稳态误差为

$$e_{\mathrm{ssr}}=\begin{cases}\infty, & \nu=0\\ \dfrac{B}{K}, & \nu=1\\ 0, & \nu\geqslant 2\end{cases} \tag{3.6.23}$$

由式（3.6.22）和式（3.6.23）可知，随着系统类型ν的增加，系统的静态速度误差系数K_{v}增加，相应的给定稳态误差减小。对于0型系统，静态速度误差系数K_{v}为零，稳态误差为无穷大，表明0型系统不能正常跟踪斜坡输入信号。

（3）参考输入信号为抛物线信号（即加速度阶跃信号）

输入信号为$R(s)=C/s^3$，式中C为加速度阶跃信号强度。将$R(s)$代入式（3.6.13）得

$$e_{\mathrm{ssr}}=\lim_{s\to 0}sE(s)=\lim_{s\to 0}\frac{s}{1+G_{\mathrm{k}}(s)}\cdot\frac{C}{s^3}=\frac{C}{\lim\limits_{s\to 0}s^2G_{\mathrm{k}}(s)} \tag{3.6.24}$$

令

$$K_{\mathrm{a}}=\lim_{s\to 0}s^2G_{\mathrm{k}}(s) \tag{3.6.25}$$

K_{a}称为系统的静态加速度误差系数，则系统的给定稳态误差可表示为

$$e_{\mathrm{ssr}}=\frac{C}{K_{\mathrm{a}}} \tag{3.6.26}$$

将式（3.6.12）代入式（3.6.25），可得系统静态加速度误差系数K_{a}与系统类型的关系为

$$K_{\mathrm{a}}=\begin{cases}0, & \nu=0,1\\ K, & \nu=2\\ \infty, & \nu\geqslant 3\end{cases} \tag{3.6.27}$$

将式（3.6.27）代入式（3.6.26），可得系统的给定稳态误差为

$$e_{\mathrm{ssr}}=\begin{cases}\infty, & \nu=0,1\\ \dfrac{C}{K}, & \nu=2\\ 0, & \nu\geqslant 3\end{cases} \tag{3.6.28}$$

由式（3.6.27）和式（3.6.28）可见，随着系统类型ν的增加，系统的静态加速度误差系数K_{a}增加，相应的给定稳态误差减小。对于0型和Ⅰ型系统，静态加速度误差系数K_{a}为零，稳态误差为无穷大，表明0型和Ⅰ型系统不能正常跟踪抛物线输入信号。

（4）参考输入信号是阶跃、斜坡和抛物线信号的线性组合

输入信号为

$$R(s)=\frac{A}{s}+\frac{B}{s^2}+\frac{C}{s^3}$$

利用线性系统的叠加性质，可得系统的给定稳态误差为

$$e_{ssr}=\frac{A}{1+K_p}+\frac{B}{K_v}+\frac{C}{K_a} \tag{3.6.29}$$

由以上的分析可知，减小或消除由参考输入信号引起的给定稳态误差的有效方法是提高系统的开环放大系数 K 或提高系统的型数 ν。但是这两种方法都影响甚至破坏系统的稳定性，因而其取值受到系统稳定性的影响。

为了使用方便，可将 0 型、Ⅰ型和Ⅱ型系统在阶跃、斜坡和抛物线输入信号作用下的给定稳态误差和各静态误差系数列于表 3.6.1 中。

表 3.6.1　典型参考输入下系统的给定稳态误差和静态误差系数

系统型别	静态误差系数			阶跃输入 $r(t)=A\cdot 1(t)$	斜坡输入 $r(t)=Bt$	抛物线输入 $r(t)=Ct^2/2$
	K_p	K_v	K_a	位置误差 $e_{ss}=A/(1+K_p)$	速度误差 $e_{ss}=B/K_v$	加速度误差 $e_{ss}=C/K_a$
0	K	0	0	$A/(1+K)$	∞	∞
Ⅰ	∞	K	0	0	B/K	∞
Ⅱ	∞	∞	K	0	0	C/K

由表 3.6.1 可以得出系统在参考输入信号的作用下，其给定稳态误差有如下结论：

（1）稳态误差与外加输入信号有关。对同一系统引入不同的输入信号，稳态误差不同。

（2）稳态误差与开环放大系数（或称开环增益）K 有关。对有差系统，K 增加，则稳态误差减小，但同时系统的稳定性和瞬态特性会有改变。

（3）稳态误差与开环系统的积分环节的个数（无差度阶数）ν 有关。积分环节的个数增加，稳态误差减小，但同时系统的稳定性和瞬态特性会受到影响。

由此可见，对控制系统稳态性能（即稳态误差）的要求往往与系统的稳定性和瞬态特性的要求是相互制约的。因此在进行系统设计时，应该折中选择系统的参数，使系统的瞬态特性和稳态性能都能满足要求。

例 3.6.2　计算典型一阶系统和二阶系统在单位阶跃、单位斜坡和单位加速度信号输入下的稳态误差。

解： 典型一阶系统的方块图如图 3.2.1 所示。其开环传递函数为 K/s，在单位阶跃、单位斜坡和单位加速度信号输入作用下，静态位置、速度和加速度误差系数分别为

$$\begin{cases}K_p=\lim\limits_{s\to 0}G_k(s)=\infty\\ K_v=\lim\limits_{s\to 0}sG_k(s)=K\\ K_a=\lim\limits_{s\to 0}s^2G_k(s)=0\end{cases} \tag{3.6.30}$$

则一阶系统的给定稳态误差分别为

$$e_{\mathrm{ssr}}=\begin{cases}1/(1+K_{\mathrm{p}})=0, & R(s)=1/s\\ 1/K_{\mathrm{v}}=1/K, & R(s)=1/s^2\\ 1/K_{\mathrm{a}}=\infty, & R(s)=1/s^3\end{cases}\tag{3.6.31}$$

典型二阶系统的方块图如图 3.3.1 所示。其开环传递函数为

$$G_{\mathrm{k}}(s)=\frac{\omega_{\mathrm{n}}^2}{s(s+2\zeta\omega_{\mathrm{n}})}$$

典型二阶系统在单位阶跃、单位斜坡和单位加速度信号输入作用下，其静态位置、速度和加速度误差系数分别为

$$\begin{cases}K_{\mathrm{p}}=\lim\limits_{s\to 0}G_{\mathrm{k}}(s)=\infty\\ K_{\mathrm{v}}=\lim\limits_{s\to 0}sG_{\mathrm{k}}(s)=\dfrac{\omega_{\mathrm{n}}}{2\zeta}\\ K_{\mathrm{a}}=\lim\limits_{s\to 0}s^2G_{\mathrm{k}}(s)=0\end{cases}\tag{3.6.32}$$

则二阶系统稳态误差分别为

$$e_{\mathrm{ssr}}=\begin{cases}1/(1+K_{\mathrm{p}})=0, & R(s)=1/s\\ 1/K_{\mathrm{v}}=2\zeta/\omega_{\mathrm{n}}, & R(s)=1/s^2\\ 1/K_{\mathrm{a}}=\infty, & R(s)=1/s^3\end{cases}\tag{3.6.33}$$

由该例可以看出，典型一阶和二阶系统可以准确跟踪阶跃输入信号，在跟踪斜坡输入信号时存在有限值稳态误差，但不能正常跟踪抛物线输入信号。

例 3.6.3 调速系统的方块图如图 3.6.4 所示，输出信号为转速 $y(t)$，单位为 r/min，若 k_{c}=0.05V/(r/min)，求当输入信号 $r(t)$=1V 时系统的稳态误差。

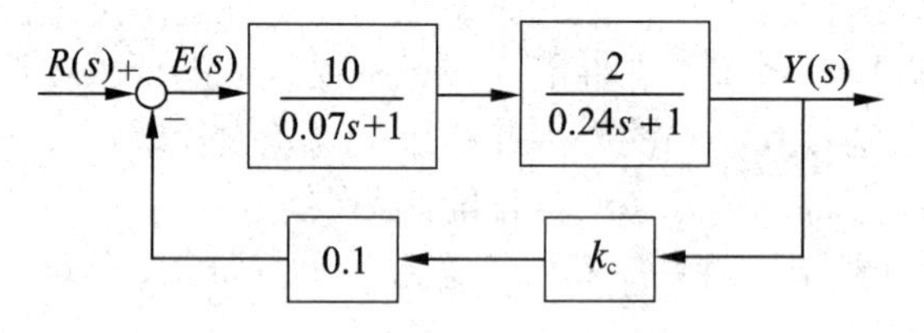

图 3.6.4 调速系统的方块图

解：由图 3.6.4 可得调速系统的开环传递函数为

$$G_{\mathrm{k}}(s)=\frac{2k_{\mathrm{c}}}{(0.07s+1)(0.24s+1)}=\frac{0.1}{(0.07s+1)(0.24s+1)}$$

该系统是 0 型系统，当输入信号为 $r(t)=1\mathrm{V}$ 时，系统的静态位置误差系数为

$$K_{\mathrm{p}}=\lim_{s\to 0}G_{\mathrm{k}}(s)=0.1$$

则系统的稳态误差为

$$e_{\text{ssr}}=\frac{1}{1+K_{\text{p}}}=\frac{1}{1+0.1}\approx 0.9091\text{V}$$

上述稳态误差的量纲为电压 V，若将稳态误差的量纲转化为转速量纲，则其转化系数即为反馈通道传递函数 $H(s)=0.1k_{\text{c}}=0.005\text{V/(r/min)}$，则系统的稳态误差为

$$e_{\text{ssr}}=\frac{0.9091}{H(s)}=\frac{0.9091}{0.005}\approx 181.8\text{r/min}$$

例 3.6.4　试讨论典型二阶系统引入速度反馈和比例微分环节以后，稳态误差的变化情况。

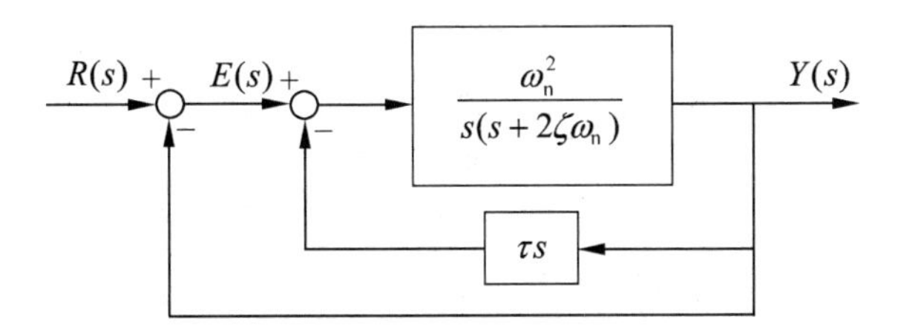

图 3.6.5　具有速度反馈环节的典型二阶系统

解：典型二阶系统引入速度反馈环节以后（如图 3.6.5 所示），其开环传递函数为

$$G_{\text{k}}(s)=\frac{\omega_{\text{n}}^2}{s(s+2\zeta\omega_{\text{n}}+\tau\omega_{\text{n}}^2)}$$

该系统为 I 型系统，$\nu=1$。系统的闭环传递函数为

$$\Phi(s)=\frac{\omega_{\text{n}}^2}{s^2+(2\zeta\omega_{\text{n}}+\tau\omega_{\text{n}}{}^2)s+\omega_{\text{n}}{}^2}$$

由劳斯稳定性判据知，当满足 $2\zeta\omega_{\text{n}}+\tau\omega_{\text{n}}^2>0$ 时，该系统是稳定的。在系统稳定的条件下，当输入信号分别为单位阶跃、单位斜坡和单位加速度信号时，系统的静态误差系数分别为

$$\begin{cases}K_{\text{p}}=\lim\limits_{s\to 0}G_{\text{k}}(s)=\infty\\ K_{\text{v}}=\lim\limits_{s\to 0}sG_{\text{k}}(s)=\dfrac{\omega_{\text{n}}}{2\zeta+\tau\omega_{\text{n}}}\\ K_{\text{a}}=\lim\limits_{s\to 0}s^2G_{\text{k}}(s)=0\end{cases}\tag{3.6.34}$$

则由单位阶跃、单位斜坡和单位加速度信号输入引起的稳态误差分别为

$$e_{\text{ssr}}=\begin{cases}1/(1+K_{\text{p}})=0, & R(s)=1/s\\ 1/K_{\text{v}}=2\zeta/\omega_{\text{n}}+\tau, & R(s)=1/s^2\\ 1/K_{\text{a}}=\infty, & R(s)=1/s^3\end{cases}\tag{3.6.35}$$

典型二阶系统引入比例微分环节以后（如图 3.6.6 所示），其开环传递函数为

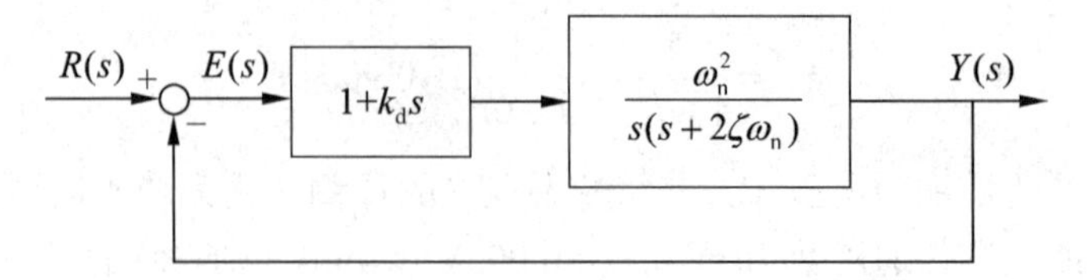

图 3.6.6 具有比例微分环节的典型二阶系统

$$G_{\mathrm{k}}(s)=\frac{\omega_{\mathrm{n}}^2(1+k_{\mathrm{d}}s)}{s(s+2\zeta\omega_{\mathrm{n}})}$$

该系统为Ⅰ型系统，$v=1$。系统的闭环传递函数为

$$\Phi(s)=\frac{\omega_{\mathrm{n}}^2(1+k_{\mathrm{d}}s)}{s^2+(2\zeta\omega_{\mathrm{n}}+\omega_{\mathrm{n}}^2k_{\mathrm{d}})s+\omega_{\mathrm{n}}^2}$$

由劳斯稳定性判据知，当满足$2\zeta\omega_{\mathrm{n}}+k_{\mathrm{d}}\omega_{\mathrm{n}}^2>0$时，该系统是稳定的。在系统稳定的条件下，当输入信号分别为单位阶跃、单位斜坡和单位加速度信号时，系统的静态误差系数分别为

$$\begin{cases}K_{\mathrm{p}}=\lim\limits_{s\to0}G_{\mathrm{k}}(s)=\infty\\K_{\mathrm{v}}=\lim\limits_{s\to0}sG_{\mathrm{k}}(s)=\dfrac{\omega_{\mathrm{n}}}{2\zeta}\\K_{\mathrm{a}}=\lim\limits_{s\to0}s^2G_{\mathrm{k}}(s)=0\end{cases}\tag{3.6.36}$$

则由单位阶跃、单位斜坡和单位加速度信号输入引起的稳态误差分别为

$$e_{\mathrm{ssr}}=\begin{cases}1/(1+K_{\mathrm{p}})=0, & R(s)=1/s\\1/K_{\mathrm{v}}=2\zeta/\omega_{\mathrm{n}}, & R(s)=1/s^2\\1/K_{\mathrm{a}}=\infty, & R(s)=1/s^3\end{cases}\tag{3.6.37}$$

比较式（3.6.33）、式（3.6.35）和式（3.6.37）可知，典型二阶系统引入速度反馈环节后，跟踪阶跃信号和加速度信号时与原系统有相同的稳态误差，而跟踪斜坡信号时的稳态误差比原系统要大。典型二阶系统引入比例微分环节后不改变原系统的稳态误差。

2. 由扰动信号引起的稳态误差分析

控制系统除承受输入信号作用外，还经常处于各种扰动作用之下。例如，负载转矩的变化，放大器的零位和噪声，电源电压和频率的波动，环境条件的改变等。因此，控制系统在扰动作用下的稳态误差值，反映了系统抗干扰的能力。在理想情况下，希望由扰动产生的稳态误差越小越好。通常，由扰动作用产生的（稳态）误差称为系统的扰动（稳态）误差。

假设控制系统的方块图如图 3.6.2 所示，其中$N(s)$为扰动信号的拉普拉斯变换。令$R(s)=0$，则由扰动信号产生的误差为$-Y(s)H(s)$。由于

$$\frac{Y(s)}{N(s)}=\frac{G_2(s)}{1+G_1(s)G_2(s)H(s)} \tag{3.6.38}$$

所以由扰动信号产生的误差为

$$E(s)=-Y(s)H(s)=-\frac{G_2(s)H(s)}{1+G_1(s)G_2(s)H(s)}N(s) \tag{3.6.39}$$

当 $sE(s)$ 在 s 右半平面及虚轴上解析时，同样可用终值定理计算扰动稳态误差

$$e_{\mathrm{ssn}}=\lim_{t\to\infty}e(t)=\lim_{s\to 0}sE(s)=-\lim_{s\to 0}s\cdot\frac{G_2(s)H(s)}{1+G_1(s)G_2(s)H(s)}N(s) \tag{3.6.40}$$

由上式可见，扰动误差 e_{ssn} 不仅与开环传递函数 $G_{\mathrm{k}}(s)=G_1(s)G_2(s)H(s)$ 和扰动信号 $N(s)$ 有关，还与 $G_2(s)$ 有关（$G_2(s)$ 为扰动信号进入点到输出信号点之间的那部分前向通道传递函数）。

由于参考输入信号和扰动信号作用于系统的不同位置，因此即使系统对于某种形式的参考输入信号作用的稳态误差为零，但对于同一形式的扰动作用，其扰动稳态误差未必是零。考虑如图 3.6.7 所示的两个控制系统，这两个控制系统的开环传递函数均为

$$G_{\mathrm{k}}(s)=\frac{k_1k_2k_3}{s(Ts+1)}$$

因此这两个系统在参考输入信号作用下的给定稳态误差是相同的。若输入作用为单位阶跃信号，由于两个系统的前向通路中存在一个积分环节，则给定稳态误差均为零。但对于扰动作用信号，由于扰动点不同或扰动的前向通道不同，其扰动稳态误差是不同的。

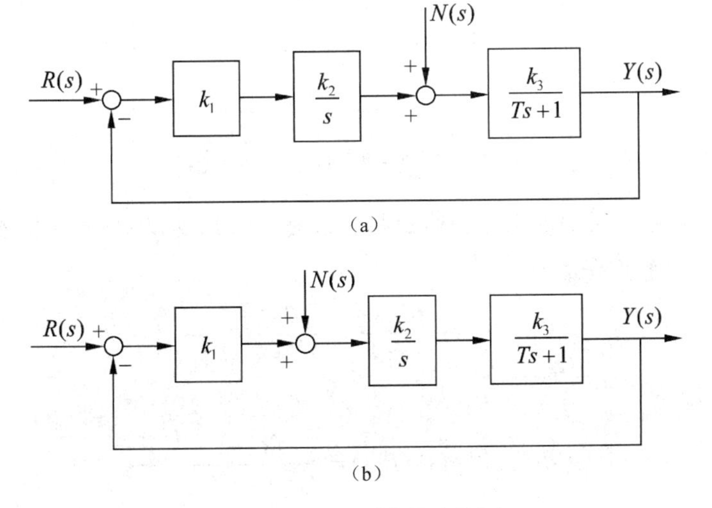

图 3.6.7　控制系统的方块图

当 $R(s)=0$ 时，假设扰动作用为单位阶跃信号 $N(s)=1/s$，则由图 3.6.7（a）所示系统的扰动稳态误差为

$$e_{\text{ssn}}=-\lim_{s\to 0} s\cdot\frac{\dfrac{k_3}{Ts+1}}{1+\dfrac{k_1k_2k_3}{s(Ts+1)}}\cdot\frac{1}{s}=0$$

由图 3.6.7（b）所示系统的扰动稳态误差为

$$e_{\text{ssn}}=-\lim_{s\to 0} s\cdot\frac{\dfrac{k_2k_3}{s(Ts+1)}}{1+\dfrac{k_1k_2k_3}{s(Ts+1)}}\cdot\frac{1}{s}=-\frac{1}{k_1}$$

由上述两式可见，若在扰动作用点和误差信号点之间增加一个积分环节，可减小或消除稳态误差。

对于给定输入和扰动作用同时存在的线性控制系统，系统的总稳态误差等于给定误差和扰动误差的叠加。需要指出的是，给定误差和扰动误差要定义在同一点才可叠加计算。

例 3.6.5 速度控制系统的方块图如图 3.6.8 所示。参考输入和扰动作用均为单位斜坡函数。试求系统的稳态误差。

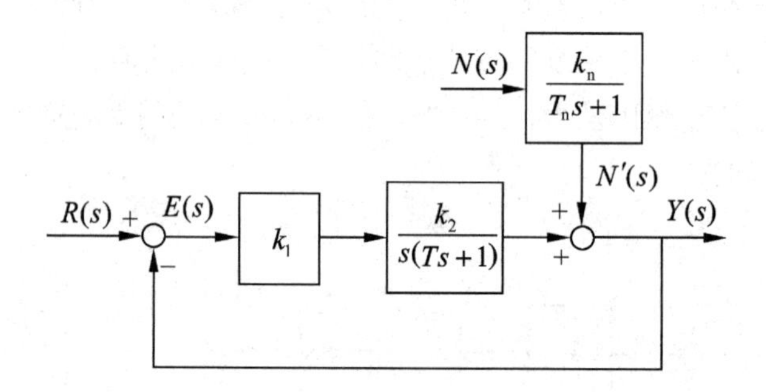

图 3.6.8 速度控制系统的方块图

解：先求由参考输入引起的给定稳态误差。为此令 $N(s)=0$，则参考输入作用时的误差传递函数为

$$\Phi_E(s)=\frac{E(s)}{R(s)}=\frac{Ts^2+s}{Ts^2+s+k_1k_2}$$

误差函数为

$$E(s)=\Phi_E(s)\cdot R(s)=\frac{Ts^2+s}{Ts^2+s+k_1k_2}\cdot\frac{1}{s^2}$$

给定稳态误差为

$$e_{\text{ssr}} = \lim_{s\to 0} sE(s) = \lim_{s\to 0}\frac{Ts+1}{Ts^2+s+k_1k_2} = \frac{1}{k_1k_2}$$

再求由扰动作用引起的扰动稳态误差。令 $R(s)=0$，则扰动输入时的误差传递函数为

$$\frac{Y(s)}{N'(s)} = \frac{1}{1+\dfrac{k_1k_2}{s(Ts+1)}} = \frac{Ts^2+s}{Ts^2+s+k_1k_2}$$

$$Y(s) = \frac{Ts^2+s}{Ts+s+k_1k_2}N'(s) = \frac{Ts^2+s}{Ts^2+s+k_1k_2}\cdot\frac{k_{\text{n}}}{T_{\text{n}}s+1}\cdot N(s)$$

扰动稳态误差为

$$e_{\text{ssn}} = \lim_{s\to 0} s(-Y(s)) = -\lim_{s\to 0} s\frac{Ts^2+s}{Ts^2+s+k_1k_2}\cdot\frac{k_{\text{n}}}{T_{\text{n}}s+1}\cdot\frac{1}{s^2} = -\frac{k_{\text{n}}}{k_1k_2}$$

系统总的稳态误差为

$$e_{\text{ss}} = e_{\text{ssr}} + e_{\text{ssn}} = \frac{1}{k_1k_2} - \frac{k_{\text{n}}}{k_1k_2} = \frac{1-k_{\text{n}}}{k_1k_2}$$

3. 减小或消除稳态误差的措施

由以上的讨论可知，为了减少给定误差，可以增加串联在前向通道中积分环节的个数（即增加系统的型别）或增大系统的开环放大系数。为了减小扰动误差，可以增加误差点到扰动作用点之间积分环节个数或放大系数。但是这两种方法都将影响系统的稳定性，放大系数不能任意增大，积分环节也不能太多（一般少于 2 个），否则系统将会不稳定。也就是说，系统的稳态性能与瞬态性能之间是矛盾的，在系统设计时需要在两者之间进行某种折衷。

工程上采用的减小或消除稳态误差的措施主要有比例积分控制和复合控制等，下面分别介绍这两种措施的控制原理和控制效果。

（1）比例积分（PI）控制

比例积分控制器的时域表达式为

$$u(t) = k_{\text{p}}e(t) + k_{\text{i}}\int_0^t e(t)\text{d}t \tag{3.6.41}$$

式中，$u(t)$ 为 PI 控制器的输出信号；$e(t)$ 为系统的误差信号；k_{p} 为比例系数；k_{i} 为积分系数。比例积分控制器的传递函数为

$$\frac{U(s)}{E(s)} = k_{\text{p}} + \frac{k_{\text{i}}}{s} \tag{3.6.42}$$

比例积分控制器由比例环节和积分环节并联而成，其方块图如图 3.6.9（a）所示。

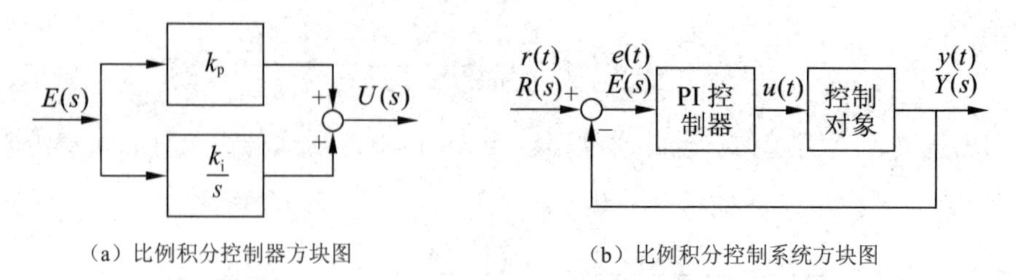

图 3.6.9　PI 控制器方块图及带有 PI 控制器的系统方块图

工程上最常用的方法是将比例积分控制器串联在系统的前向通道上，如图 3.6.9（b）所示。积分系数越大，积分作用越强。积分控制作用可以消除系统的稳态误差，但积分作用太大，会使系统的稳定性下降。

下面以典型二阶系统为例，讨论系统引入比例积分控制后稳态误差的变化。引入比例积分控制以后的系统如图 3.6.10 所示。

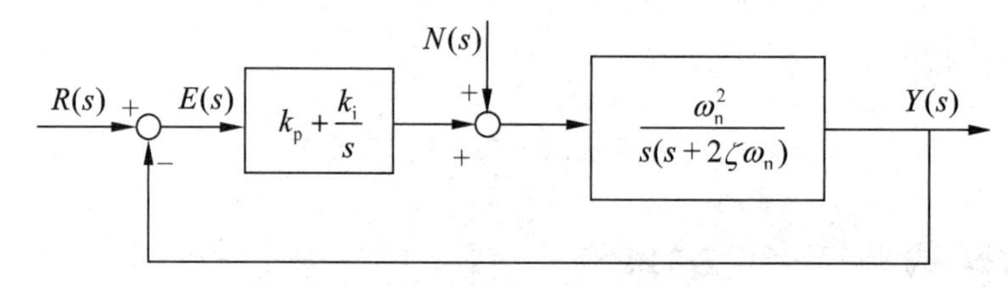

图 3.6.10　引入比例积分环节后的系统

先讨论给定误差。为此令 $N(s)=0$，为突出讨论积分的作用，可假设比例系数 $k_p=1$。于是，系统的开环传递函数为

$$G_k(s)=\frac{\omega_n^2(s+k_i)}{s^2(s+2\zeta\omega_n)}$$

该系统为Ⅱ型系统，$\nu=2$。系统的闭环传递函数为

$$\Phi(s)=\frac{Y(s)}{R(s)}=\frac{\omega_n^2(s+k_i)}{s^3+2\zeta\omega_n s^2+\omega_n^2 s+\omega_n^2 k_i} \tag{3.6.43}$$

由劳斯稳定性判据知，当 $0<k_i<2\zeta\omega_n$ 时，该系统是稳定的。在系统稳定的条件下，当输入信号分别为单位阶跃、单位斜坡和单位加速度信号时，其静态误差系数分别为

$$\begin{cases} K_p=\lim\limits_{s\to 0}G_k(s)=\infty \\ K_v=\lim\limits_{s\to 0}sG_k(s)=\infty \\ K_a=\lim\limits_{s\to 0}s^2G_k(s)=\dfrac{\omega_n k_i}{2\zeta} \end{cases} \tag{3.6.44}$$

则由这些输入信号引起的给定稳态误差分别为

$$e_{ssr}=\begin{cases}1/(1+K_p)=0, & R(s)=1/s\\ 1/K_v=0, & R(s)=1/s^2\\ 1/K_a=2\zeta/\omega_n k_i, & R(s)=1/s^3\end{cases}\tag{3.6.45}$$

比较式（3.6.33）和式（3.6.45）可知，引入比例积分控制后将减小或消除系统给定稳态误差。

再讨论扰动误差。为此令 $R(s)=0$，同样假设比例系数 k_p=1。于是由图 3.6.10 可求得扰动误差传递函数为

$$\Phi_{NE}(s)=\frac{Y(s)}{N(s)}=\frac{\omega_n^2 s}{s^3+2\zeta\omega_n s^2+\omega_n^2 s+\omega_n^2 k_i}\tag{3.6.46}$$

由扰动引起的误差为

$$E_N(s)=-Y(s)=-\frac{\omega_n^2 s}{s^3+2\zeta\omega_n s^2+\omega_n^2 s+\omega_n^2 k_i}N(s)\tag{3.6.47}$$

当扰动信号分别为单位阶跃、单位斜坡和单位加速度信号时，由式（3.6.47）可求得系统的扰动稳态误差分别为 $0, 1/k_i, \infty$。而原系统（即 k_p=1, k_i=0 时）在相同输入情况下的稳态误差分别为 $-1, \infty, \infty$。显然，引入比例积分控制后可减小系统的扰动稳态误差。

总之，控制系统引入比例积分控制后，只要比例系数 k_p 和积分系数 k_i 选择恰当，就能很好地减小或者消除系统的给定和扰动稳态误差。

例 3.6.6　控制系统的方块图如图 3.6.11 所示。当 $r(t)=n(t)=1(t)$时，求系统的稳态误差 e_{ss}；若要求该系统的稳态误差为零，应如何改变系统的结构？

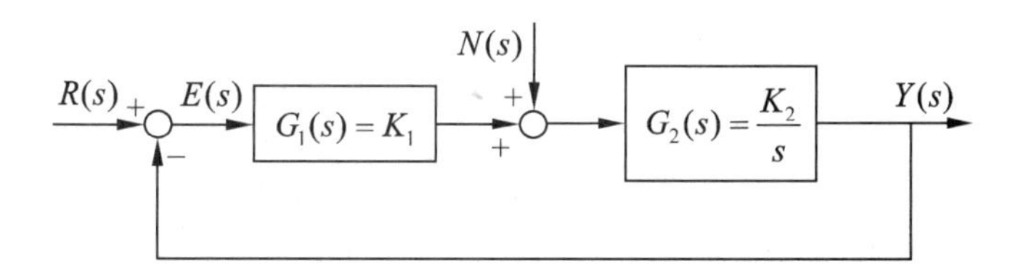

图 3.6.11　控制系统方块图

解： 由劳斯稳定性判据可知，该系统是稳定的。又由于系统属于 I 型系统，因此当给定输入 $R(s)$ 为单位阶跃信号时，系统的给定稳态误差为零，即 $e_{ssr}=0$。但该系统对于扰动输入 $N(s)$ 为单位阶跃信号时的扰动稳态误差 e_{ssn} 并不等于零。令 $R(s)=0$，可求得系统的误差传递函数为

$$\Phi_{NE}(s)=\frac{Y(s)}{N(s)}=\frac{K_2}{s+K_1K_2}$$

系统的扰动稳态误差为

$$e_{\mathrm{ssn}}=-\lim_{s\to 0}sY(s)=-\lim_{s\to 0}s\Phi_{NE}\cdot\frac{1}{s}=-\lim_{s\to 0}\frac{K_2}{s+K_1K_2}=-\frac{1}{K_1}$$

因此，系统的总稳态误差为$e_{\mathrm{ss}}=e_{\mathrm{ssr}}+e_{\mathrm{ssn}}=-1/K_1$。

采用PI控制$G_1(s)$可设为

$$G_1(s)=\frac{K_1(\tau s+1)}{s}$$

这时系统的闭环传递函数为

$$\Phi(s)=\frac{K_1K_2(\tau s+1)}{s^2+K_1K_2\tau s+K_1K_2}$$

只要K_1，K_2及τ都大于零，系统就是稳定的，并且系统在阶跃输入及扰动作用下的稳态误差均为零。

（2）复合控制

复合控制是一种基于不变性原理的控制方式，可以分为按输入作用补偿和按扰动作用补偿两种形式，这两种补偿分别称为顺馈控制和前馈控制。在控制系统中引入与给定作用和扰动作用有关的附加控制环节而构成的复合控制，可减小或消除给定误差和扰动误差。

按输入作用补偿的复合控制（或称顺馈控制）系统如图3.6.12所示。它是在原反馈控制系统的基础上增加了对输入信号的前馈控制而组成的。图中，$G_{\mathrm{R}}(s)$是输入前馈控制器的传递函数，$E(s)$为控制系统的误差信号。

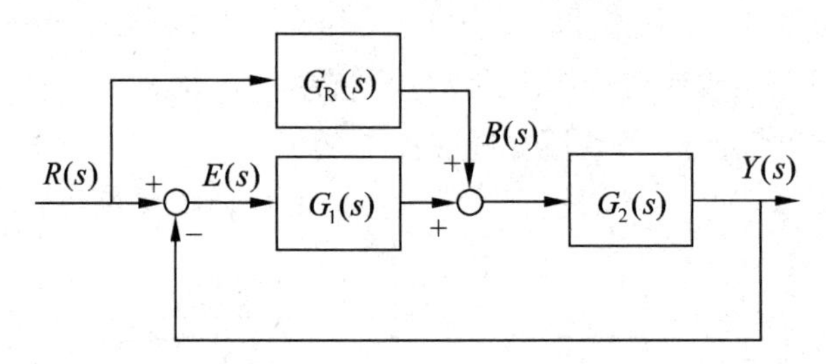

图3.6.12 顺馈控制系统方块图

由图3.6.12可得

$$[E(s)G_1(s)+R(s)G_R(s)]G_2(s)=Y(s)$$
$$R(s)-Y(s)=E(s)$$

由上述两式可得顺馈控制系统的误差为

$$E(s)=\frac{1-G_2(s)G_{\mathrm{R}}(s)}{1+G_1(s)G_2(s)}R(s) \tag{3.6.48}$$

而原反馈控制系统的误差为

$$E_0(s)=\frac{1}{1+G_1(s)G_2(s)}R(s) \tag{3.6.49}$$

比较式（3.6.48）和式（3.6.49），显然在合理选择 G_{R} 时，有 $E(s)<E_0(s)$，也就是说，顺馈控制有助于减小系统的给定误差。如果选择

$$G_{\mathrm{R}}(s)=\frac{1}{G_2(s)} \tag{3.6.50}$$

则控制系统经前馈补偿后的误差为零，即 $E(s)=0$，此时 $Y(s)=R(s)$，输出量完全复现输入量。这种对误差完全补偿的作用称为全补偿，$G_{\mathrm{R}}(s)=1/G_2(s)$ 称为对输入信号误差的完全补偿条件，或称为按给定作用的不变性条件。

按扰动作用补偿的复合控制（或称前馈控制）系统如图 3.6.13 所示。它是在反馈控制系统的基础上增加对扰动输入的前馈控制而成的，用来补偿由于扰动作用引起的稳态误差。图中，$G_{\mathrm{N}}(s)$是扰动前馈控制器的传递函数，$E(s)$为控制系统的误差信号。

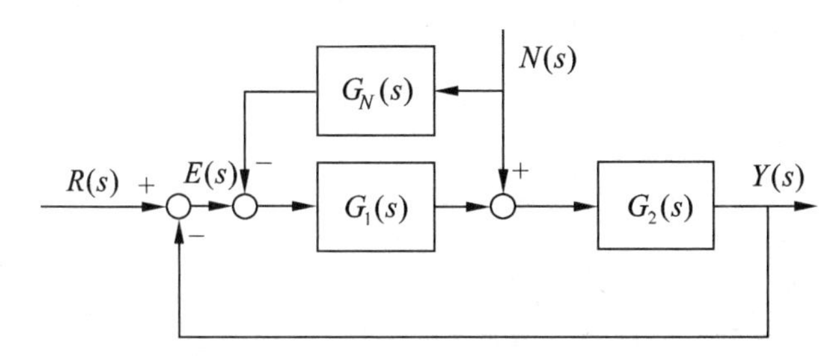

图 3.6.13　前馈控制系统方块图

令 $R(s)=0$，可以写出前馈控制系统的误差表达式为

$$E(s)=-\frac{[1-G_N(s)G_1(s)]G_2(s)}{1+G_1(s)G_2(s)}N(s) \tag{3.6.51}$$

原反馈控制系统的扰动误差为

$$E_0(s)=-\frac{G_2(s)}{1+G_1(s)G_2(s)}N(s) \tag{3.6.52}$$

比较式（3.6.51）和式（3.6.52），显然在合理选择 G_N 时，有 $|E(s)|<|E_0(s)|$，可见前馈控制有助于减小系统的扰动误差。如果选取

$$G_N(s)=\frac{1}{G_1(s)} \tag{3.6.53}$$

则系统经前馈补偿后，可以完全消除扰动信号对系统的影响，$G_N(s)=1/G_1(s)$ 称为对扰动误差的完全补偿条件，或称为按扰动作用下的不变性条件。

实现前馈控制的条件是扰动信号可测量。前馈控制的不足之处是一条前馈通道只能补偿一个扰动信号对系统的影响。

需要指出的是，实际上实现顺馈或前馈全补偿是很困难的，全补偿只是理想情况下的结论。因此，在工程实践中，多采用物理上易于实现的，且能满足系统控制精度要求的近似全补偿或部分补偿条件。

例 3.6.7　考虑如图 3.6.12 所示的顺馈控制复合系统。已知

$$G_1(s)=\frac{k_1}{T_1s+1},\quad G_2(s)=\frac{k_2}{s(T_2s+1)}$$

顺馈补偿环节近似取 $G_R(s)=\tau s$。试求输入信号为斜坡函数时的稳态误差，并讨论该稳态误差与 τ 的关系。

解：系统的闭环传递函数为

$$\Phi(s)=\frac{Y(s)}{R(s)}=\frac{(G_1(s)+G_R(s))G_2(s)}{1+G_1(s)G_2(s)}$$

误差为

$$E(s)=\frac{1-G_2(s)G_R(s)}{1+G_1(s)G_2(s)}R(s)$$

当输入为斜坡信号 $R(s)=B/s^2$ 时，系统的给定稳态误差为

$$e_{ssr}=\lim_{s\to 0}sE(s)=\lim_{s\to 0}s\cdot\frac{1-\dfrac{k_2}{s(T_2s+1)}\tau s}{1+\dfrac{k_1}{T_1s+1}\cdot\dfrac{k_2}{s(T_2s+1)}}\cdot\frac{B}{s^2}=\frac{(1-k_2\tau)B}{k_1k_2}$$

下面讨论 τ 与系统稳态误差之间的关系。

当 $\tau=0$ 时，没有顺馈补偿，系统的给定稳态误差等于 $e_{ssr}=B/k_1k_2$；

当 $0<\tau<1/k_2$ 时，系统还存在给定稳态误差，但比顺馈补偿前要小；

当 $\tau=1/k_2$ 时，系统的给定稳态误差为零，实现了对误差的完全补偿；

当 $\tau>1/k_2$ 时，系统的给定稳态误差为负，属于补偿过度，表示输出量大于输入量。

4．用动态误差系数表示系统的稳态误差

前面讨论了控制系统的静态误差系数（静态位置、速度和加速度误差系数）以及使用这些系数如何计算给定稳态误差，它们分别是针对阶跃、斜坡和抛物线输入信号而言的。用静态误差系数求出的稳态误差是一个数值，或为有限值，或为无穷大，它不能表示稳态误差随时间变化的规律。为此，下面引入动态误差系数的概念。利用动态误差系数法，可以研究输入信号为任意时间函数时系统的稳态误差随时间变化的规律。

假设负反馈控制系统的方块图如图 3.6.1 所示。其误差传递函数为

$$\Phi_E(s)=\frac{E(s)}{R(s)}=\frac{1}{1+G(s)H(s)}\tag{3.6.54}$$

将 $\Phi_E(s)$ 在 $s=0$ 邻域内按泰勒级数展开得

$$\Phi_E(s)=\Phi_E(0)+\dot{\Phi}_E(0)s+\frac{1}{2!}\ddot{\Phi}_E(0)s^2+\cdots\frac{1}{i!}\Phi_E^{(i)}(0)s^i+\cdots\tag{3.6.55}$$

则误差信号可表示为

$$E(s)=\Phi_E(0)R(s)+\dot{\Phi}_E(0)sR(s)+\frac{1}{2!}\ddot{\Phi}_E(0)s^2R(s)+\cdots+\frac{1}{i!}\Phi_E^{(i)}(0)s^iR(s)+\cdots \tag{3.6.56}$$

式（3.6.56）称为误差级数，它是以 $s=0$ 的邻域为收敛域的无穷级数，相当于在时域内 $t\to\infty$ 时成立。因此，对式（3.6.56）进行拉普拉斯反变换，得到的结果就是稳态误差的时域表达式

$$e_{ss}(t)=\Phi_E(0)r(t)+\dot{\Phi}_E(0)\dot{r}(t)+\frac{1}{2!}\ddot{\Phi}_E(0)\ddot{r}(t)+\cdots+\frac{1}{i!}\Phi_E^{(i)}(0)r^{(i)}(t)+\cdots \tag{3.6.57}$$

若令

$$C_i=\frac{1}{i!}\Phi_E^{(i)}(0),\quad i=0,1,2,\cdots \tag{3.6.58}$$

则稳态误差的时域表达式可以写为

$$e_{ss}(t)=\sum_{i=0}^{\infty}C_ir^{(i)}(t) \tag{3.6.59}$$

式中，$C_i(i=0,1,2,\cdots)$ 称为动态误差系数。可见，稳态误差函数表达式既与动态误差系数有关，又与输入信号及其各阶导数有关。习惯上称 C_0 为动态位置误差系数，C_1 为动态速度误差系数，C_2 为动态加速度误差系数。

应当明确的是，“动态”两字的含义是指这种方法可以完整描述系统稳态误差 $e_{ss}(t)$随时间变化的规律，而不是指误差信号中的瞬态分量 $e_{ts}(t)$随时间变化的情况。此外上面给出的误差级数仅在 $t\to\infty$时成立，因此如果输入信号 $r(t)$ 中包含有随时间趋于零的分量，则这些分量不应包含在稳态误差级数表达式中的输入信号及其各阶导数之内。例如，若输入信号为 $r(t)=\sin\omega_0t+e^{-kt}$，则在 $k>0$ 时，输入信号分量 e^{-kt} 将随时间的增长而衰减到零，对稳态误差（当 $t\to\infty$ 时）的影响也减小到零。因此，在式（3.6.59）中的输入信号只考虑正弦信号及其各阶导数就可以了。

动态误差系数法特别适用于输入信号和扰动信号是时间 t 的有限项幂级数的情况。此时稳态误差函数的幂级数也只需取有限几项就足够了。

当控制系统的阶次较高时，按照式（3.6.58）求解各个动态误差系数是不方便的。下面介绍利用多项式除法求动态误差系数的方法。首先将系统的开环传递函数按 s 的升幂排列成下列形式

$$G_k(s)=G(s)H(s)=\frac{K}{s^{\nu}}\cdot\frac{1+b_1s+b_2s^2+\cdots+b_ms^m}{1+a_1s+a_2s^2+\cdots+a_{n-\nu}s^{n-\nu}} \tag{3.6.60}$$

则系统的误差传递函数可写为

$$\Phi_E(s)=\frac{s^{\nu}(a_ns^n+a_{n-1}s^{n-1}+\cdots+a_1s+1)}{s^{\nu}(a_ns^{n-\nu}+a_{n-1}s^{n-\nu-1}+\cdots+a_1s+1)+K(b_ms^m+b_{m-1}s^{m-1}+\cdots+b_1s+1)} \tag{3.6.61}$$

用上式的分母多项式除分子多项式，可得到关于 s 的升幂级数

$$\Phi_E(s)=C_0+C_1s+C_2s^2+C_3s^3+\cdots \tag{3.6.62}$$

于是有

$$E(s)=\Phi_E(s)R(s)=(C_0+C_1s+C_2s^2+C_3s^3+\cdots)R(s) \tag{3.6.63}$$

这是一个无穷级数，比较式（3.6.56）和式（3.6.58）可知，上式中的系数 $C_i(i=0,1,2,\cdots)$就是动态误差系数。下面计算0型、Ⅰ型和Ⅱ型系统的各动态误差系数。

对于0型系统，即当 $\nu=0$ 时，由式（3.6.61）可得系统的误差传递函数为

$$\Phi_E(s)=\frac{1+a_1s+a_2s^2+\cdots+a_{n-1}s^{n-1}+a_ns^n}{(1+K)+(a_1+b_1K)s+(a_2+b_2K)s^2+\cdots} \tag{3.6.64}$$

上式的分子与分母多项式相除，可求得动态位置、速度和加速度误差系数分别为

$$\begin{cases}C_0=\dfrac{1}{1+K}\\ C_1=\dfrac{K(a_1-b_1)}{(1+K)^2}\\ C_2=\dfrac{(a_2-b_2)K}{(1+K)^2}+\dfrac{a_1(b_1-a_1)K}{(1+K)^3}+\dfrac{b_1(b_1-a_1)K^2}{(1+K)^3}\end{cases} \tag{3.6.65}$$

对于Ⅰ型系统，即当 $\nu=1$ 时，由式（3.6.61）可得系统的误差传递函数为

$$\Phi_E(s)=\frac{s+a_1s^2+a_2s^3+\cdots+a_{n-1}s^n+a_ns^{n+1}}{K+(b_1K+1)s+(b_2K+a_1)s^2+\cdots} \tag{3.6.66}$$

同样可以求得其动态位置、速度和加速度误差系数分别为

$$\begin{cases}C_0=0\\ C_1=\dfrac{1}{K}\\ C_2=\dfrac{a_1-b_1}{K}-\dfrac{1}{K^2}\end{cases} \tag{3.6.67}$$

对于Ⅱ型系统，即当 $\nu=2$ 时，误差传递函数为

$$\Phi_E(s)=\frac{s^2+a_1s^3+a_2s^4\cdots+a_{n-1}s^{n+1}+a_ns^{n+2}}{K+b_1Ks+(b_2K+1)s^2+\cdots} \tag{3.6.68}$$

其动态位置、速度和加速度误差系数分别为

$$\begin{cases}C_0=0\\ C_1=0\\ C_2=\dfrac{1}{K}\end{cases} \tag{3.6.69}$$

由上面的计算可以看出，动态位置、速度和加速度误差系数与静态误差系数之间的关系如下：

对于 0 型系统，动态位置误差系数 C_0 和静态位置误差系数 K_p 的关系为

$$C_0=\frac{1}{1+K_\text{p}} \tag{3.6.70}$$

对于Ⅰ型系统，动态速度误差系数 C_1 和静态速度误差系数 K_v 的关系为

$$C_1=\frac{1}{K_\text{v}} \tag{3.6.71}$$

对于Ⅱ型系统，动态加速度误差系数 C_2 和静态加速度误差系数 K_a 的关系为

$$C_2=\frac{1}{K_\text{a}} \tag{3.6.72}$$

例 3.6.8　单位负反馈控制系统的开环传递函数为

$$G_\text{k}(s)=\frac{10}{(0.1s+1)(0.5s+1)}$$

试求输入信号为 $r(t)=t$ 时的稳态误差函数。

解： 写出系统的误差传递函数并将它整理为如式（3.6.62）所示的形式

$$\varPhi_E(s)=\frac{E(s)}{R(s)}=\frac{1}{1+G_\text{k}(s)}=\frac{(0.1s+1)(0.5s+1)}{(0.1s+1)(0.5s+1)+10}$$

$$=\frac{1+0.6s+0.05s^2}{11+0.6s+0.05s^2}=0.091+0.05s+\cdots$$

则误差表达式为

$$E(s)=0.091R(s)+0.05sR(s)+\cdots$$

稳态误差函数为

$$e_\text{ss}(t)=0.091r(t)+0.05r'(t)+\cdots$$

由 $r(t)=t$ 知，$r'(t)=1$，$r''(t)=0,\cdots$，所以系统的稳态误差函数为

$$e_\text{ss}(t)=0.091t+0.05$$

例 3.6.9　若系统 1 和系统 2 的开环传递函数分别为

$$G_\text{k1}(s)=\frac{10}{s(s+1)}，\quad G_\text{k2}(s)=\frac{10}{s(2s+1)}$$

试求其静态误差系数 K_p、K_v 和 K_a 以及动态误差系数 C_0、C_1 和 C_2。当输入信号为

$$r(t)=1+2t+t^2，\quad t>0$$

时，试计算系统的稳态误差及稳态误差随时间变化的规律。

解： 系统 1 和系统 2 均为Ⅰ型系统，由表 3.6.1 可知，它们的静态误差系数是相同的，均为

$$K_{\mathrm{p}}=\infty,\ K_{\mathrm{v}}=10,\ K_{\mathrm{a}}=0$$

然而两个系统的动态误差系数是不同的。对照式（3.6.60）可知，两系统开环传递函数分子分母有理式的系数分别为

系统 1：$\nu=1$，$K=10$，$a_1=1$，$a_2=0$，$b_1=0$，$b_2=0$

系统 2：$\nu=1$，$K=10$，$a_1=2$，$a_2=0$，$b_1=0$，$b_2=0$

由式（3.6.67）可得，系统 1 的动态误差系数为 $C_0=0$，$C_1=0.1$，$C_2=0.09$，系统 2 的动态误差系数为 $C_0=0$，$C_1=0.1$，$C_2=0.19$。

下面计算系统的稳态误差。当输入信号为 $r(t)=1+2t+t^2$ 时，由式（3.6.29），即利用静态误差系数可计算出两系统的稳态误差均为

$$e_{\mathrm{ssr}}=\frac{1}{1+K_{\mathrm{p}}}+\frac{2}{K_{\mathrm{v}}}+\frac{2}{K_{\mathrm{a}}}=\frac{1}{1+\infty}+\frac{2}{10}+\frac{2}{0}=\infty$$

利用动态误差系数计算稳态误差时应先求输入信号的各阶导数。当输入为 $r(t)$ 时，其各阶导数分别为 $r'(t)=2+2t,\ r''(t)=2,\ r'''(t)=0$。由式（3.6.59）可求得两个系统的稳态误差如下：

系统 1 的稳态误差为

$$e_{\mathrm{ssr1}}(t)=\sum_{i=0}^{\infty}C_i r^{(i)}(t)=0+0.1\times(2+2t)+0.09\times 2=0.38+0.2t$$

系统 2 的稳态误差为

$$e_{\mathrm{ssr2}}(t)=\sum_{i=0}^{\infty}C_i r^{(i)}(t)=0+0.1\times(2+2t)+0.19\times 2=0.58+0.2t$$

显然，$\lim\limits_{t\to\infty}e_{\mathrm{ssr1}}(t)=\lim\limits_{t\to\infty}e_{\mathrm{ssr2}}(t)=\infty$。由此可见，利用静态和动态误差系数计算稳态误差所得结果是一致的。利用动态误差系数无须求解微分方程即可得到 $t\to\infty$ 时稳态误差随时间的变化规律。由该例的计算结果可以看出，虽然两个系统的稳态误差都趋向于无穷大，但是趋于无穷大的规律是不同的。

3.7 利用 MATLAB 对控制系统进行时域分析

本节简要介绍利用 MATLAB 软件进行控制系统瞬态响应分析的计算方法。首先讨论控制系统的阶跃响应、脉冲响应、斜坡响应以及其他简单输入信号的响应问题；其次讨论控制系统瞬态性能指标的计算以及稳定性计算问题。

MATLAB 是一种基于矩阵数学与工程计算的软件，目前已成为控制领域最为流行的计算机辅助设计及教学工具软件。应用 MATLAB 软件进行绘图和分析，有两种方法可供选择。一种方法是在 MATLAB 命令窗口（MATLAB Command Window）中输入相关指令，直接获得结果。这种方法输入的指令不能保存，在更改参数或功能时，需重新输入全部指令。另一种方法是在 MATLAB 环境下，将

所有指令编辑为以 m 为后缀的文件（简称 m 文件），m 文件可在 MATLAB 环境下编辑、保存和运行，使用起来较方便。

本节介绍基于时域响应的 MATLAB 函数，着重讨论其基本的调用方式。这些函数的其他特殊用法，请参阅 MATLAB 联机帮助文件。本节中提供的程序片段，都在 MATLAB6.5 环境下调试通过。

3.7.1 用 MATLAB 对系统时域性能进行分析

MATLAB 控制系统工具箱是基于 MATLAB 平台的控制系统建模、分析和设计的专业工具。该工具箱提供了一套针对线性定常系统分析、设计的完整解决方案，是 MATLAB 平台的基本工具之一。利用控制系统工具箱可以建立系统的传递函数、零极点增益等模型，通过对不同模型进行串联、并联、反馈等连接形式，可以建立更加复杂的系统模型。在 MATLAB 平台中的控制系统工具箱中采用的是面向对象的技术，系统的模型是用不同类型的对象来进行描述的，对模型的操作可以转化成对一个对象变量的操作来实现。在系统分析和设计过程中，这种技术大大方便了用户。

1. MATLAB 中 LTI 系统模型的表示

（1）连续时间系统的传递函数模型

线性定常系统是以微分方程进行描述的，对于一个连续时间单输入单输出系统，系统传递函数可以表示如下：

$$G(s)=\frac{Y(s)}{R(s)}=\frac{b_1s^m+b_2s^{m-1}+\cdots b_ns+b_{m+1}}{a_1s^n+a_2s^{n-1}+\cdots a_ns+a_{n+1}} \tag{3.7.1}$$

式中所有的系数均为常数，且 a_1 不等于零。

该系统可以在 MATLAB 中用传递函数对象方便的表示。具体表示方法如下：

① 用两个向量分别表示系统传递函数中分子和分母的系数，这两个向量分别为 num 和 den。

$$\text{num}=[b_1,b_2,\cdots,b_m,b_{m+1}]; \tag{3.7.2}$$

$$\text{den}=[a_1,a_2,\cdots,a_n,a_{n+1}]; \tag{3.7.3}$$

② 生成一个模型对象，该对象由控制系统工具箱内部函数 tf()产生，给 tf()传递合适的参数后，函数会返回一个模型对象。该对象就是所传递参数对应的系统模型。

$$\text{sys}=\text{tf}(\text{num},\text{den}); \tag{3.7.4}$$

这里的 sys 就是 tf 函数所返回的模型对象。后续所有的分析和设计工作，都可以通过操作该模型对象获取。

函数 tf()说明如下:

功能：生成传递函数模型，或者将零极点模型转换成传递函数模型。

格式：sys = tf(num,den)　　（3.7.5）

说明：sys = tf(num,den)生成连续时间系统的传递函数模型。其中 num，den 分别对应系统的分子、分母系数。返回值为一个模型对象。例如，在 MATLAB 命令行中输入以下指令：

```
>>num = [1];
>>den = [1 2 3];
>>sys = tf(num,den)
```

MATLAB 返回如下信息：

```
>>sys =
        1
----------------
    s^2+2s+3
Continuous-time transfer function
```

说明已经生成了一个连续时间传递函数对象 sys，其传递函数为 $G(s)=\dfrac{1}{s^2+2s+3}$。

（2）连续时间系统的零极点增益模型

零极点增益模型相对多项式模型而言是另一种形式的传递函数模型，它将系统传递函数表示成零点、极点以及增益的乘积形式。连续系统零极点增益形式的传递函数可以表示如下：

$$G(s)=K\frac{(s-z_1)(s-z_2)\cdots(s-z_m)}{(s-p_1)(s-p_2)\cdots(s-p_n)} \tag{3.7.6}$$

式中，K 为系统增益，z_m 为系统的零点，p_n 为系统极点。

零极点增益形式的系统可以在 MATLAB 中用传递函数对象的方式表示。具体表示方法如下：

① 用两个向量分别表示系统传递函数中的零点和极点，再用一个变量表示系统增益，这两个向量分别为 z 和 p，增益为 k。

$$z = [z_1, z_2, \cdots, z_m]; \tag{3.7.7}$$

$$p = [p_1, p_2, \cdots, p_n]; \tag{3.7.8}$$

$$k = K \tag{3.7.9}$$

② 对零极点增益形式的系统生成一个模型对象，该对象由控制系统工具箱内部函数 zpk()产生，给 zpk()传递合适的参数后，函数会返回一个模型对象。该对象就是所传递参数对应的系统模型。

$$sys = zpk(z, p, k); \tag{3.7.10}$$

这里的 sys 就是 zpk 函数所返回的模型对象。

函数 zpk()说明如下。

功能：生成零极点增益形式的传递函数模型，或者将其他形式的模型转换成零极点增益形式的传递函数模型。

格式：sys = zpk(z, p, k)　（3.7.11）

说明：sys = zpk(z, p, k)生成连续时间系统的零极点增益形式的传递函数模型。其中 z，p，k 分别对应系统的零点、极点和系统增益。返回值为一个模型对象。

例如，在 MATLAB 命令行中输入以下指令：

```
>>z = 0;
>>p = [1-i 1+i 2];
>>k = -2;
>>sys = zpk(z,p,k)
```

MATLAB 返回如下信息：

```
>>sys =
          -2s
----------------------
  (s-2)(s^2 - 2s + 2)
Continuous-time zerp/pole/gain model
```

说明已经生成了一个连续时间传递函数对象 sys，其传递函数为：$G(s)=\dfrac{-2s}{(s-2)(s^2-2s+2)}$。

不同模型形式可以相互转换，函数 tf2zp()可将传递函数形式的模型对象转换成零极点增益形式的模型对象；同样，函数 zp2tf()可将零极点增益形式的模型对象转换成传递函数形式的模型对象。这也从一个侧面反映了这些模型对象其实都是等价的，可以相互转换。

每种不同形式的系统模型都有相应的对象属性和对象方法，同类对象的属性可以继承。通过对象方法可以存取或者设置对象属性数值。在控制系统工具箱中，tf 对象和 zpk 对象除了具有一些共同的属性外，还有一些各自的特有属性，具体内容可以参考 MATLAB 相关手册。

有一点需要注意，在 MATLAB 中，没有专门用于表示系统时间常数形式的模型生成函数。

2. MATLAB 中的系统建模

控制系统的传递函数计算中，经常涉及不同模块之间的串联、并联、反馈等连接形式，这些都可以通过 MATLAB 中相关的指令进行计算。

1）系统串联

设系统模型是两个子系统通过串联实现的，具体情况如图 3.7.1 所示。

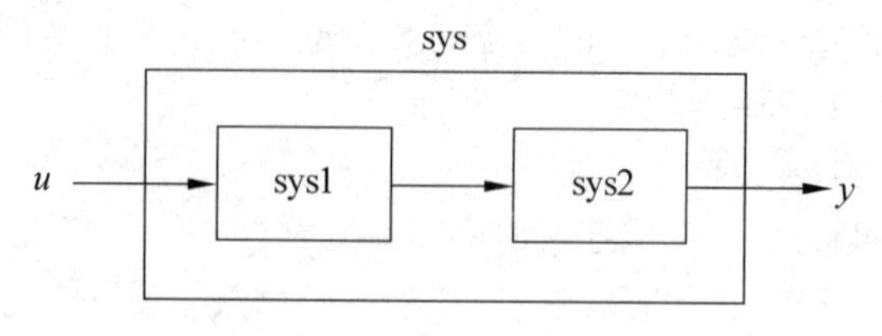

图 3.7.1　两个子系统串联

此时系统总的传递函数可以直接用两个模型传递函数的乘积表示，也可以用函数 series()来生成。

sys = sys1 * sys2;　或者　sys = series(sys1,sys2);　（3.7.12）

这里需要说明一点，既然串联可以直接用乘积来表示，为什么还要专门设计一个 series 函数来实现这个功能呢？原因是函数 series()可以形成更复杂的系统串联形式，并且直接给出系统复杂形式下的传递函数，如图 3.7.2 所示的系统。

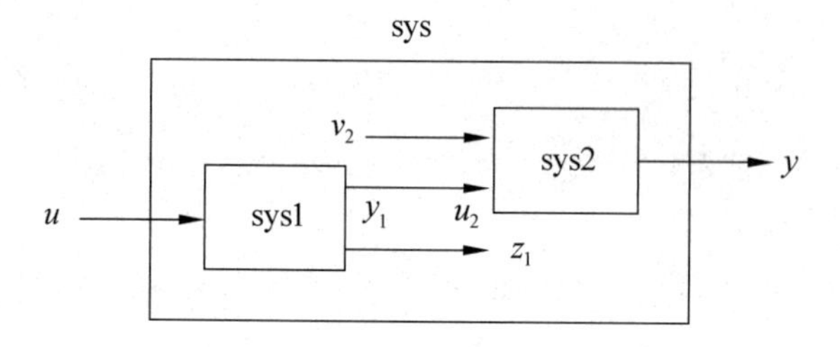

图 3.7.2　复杂形式下的系统

就可以利用 series 函数求出系统的总传递函数。具体方法可以参照相关参考文献。

2）系统并联

设系统模型是两个子系统通过并联实现，具体情况如图 3.7.3 所示。

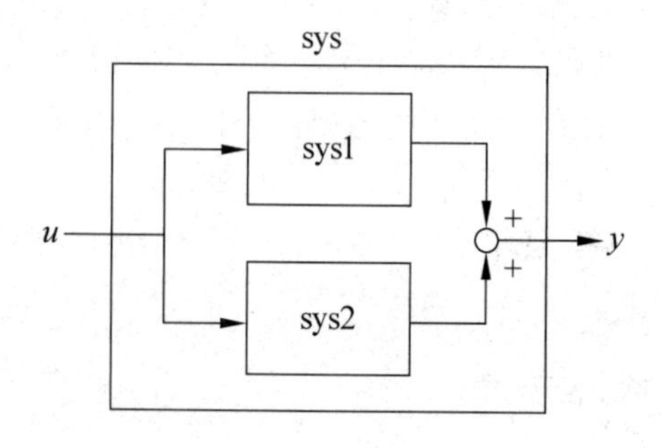

图 3.7.3　两个子系统并联

此时系统的传递函数可以通过两个模型传递函数的相加来表示，也可以用函数 parallel()来生成。

sys = sys1 + sys2;　或者　sys = parallel(sys1,sys2);　　（3.7.13）

与串联相似，函数 parallel()可以生成更加复杂的系统并联形式，应用起来也更加灵活，图 3.7.4 所示系统就可以利用 parallel()方便地计算总的传递函数。

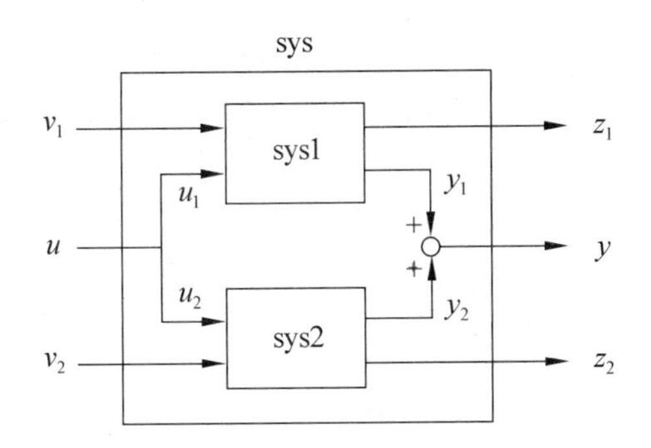

图 3.7.4　传递函数

3）系统反馈

反馈连接是系统连接中最常见的形式，如图 3.7.5 所示。

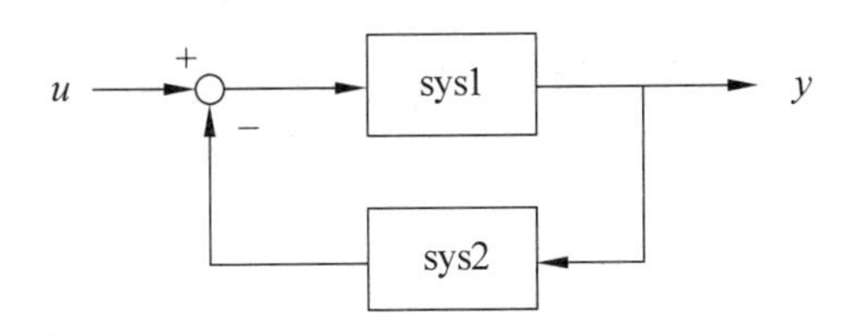

图 3.7.5　反馈连接的系统

系统的传递函数可以利用函数 feedback()直接计算得到：

sys = feedback(sys1,sys2,-1);　　（3.7.14）

如果是正反馈时，可以利用以下指令进行计算：

sys = feedback(sys1,sys2,1);　　（3.7.15）

函数 feedback()说明如下。

功能：生成反馈连接的系统传递函数模型。

格式：sys = feedback(sys1,sys2,sign)　　（3.7.16）

说明：sys = feedback(sys1,sys2,sign)生成 LTI 系统 sys1 和 sys2 的反馈连接系统 sys 传递函数模型。两个子系统必须都是连续时间系统或者都是具有相同采样周期的离散时间系统。其中 sys1 为前向通道传递函数，sys2 为反馈通道传递函数，sign 为反馈的形式，如果是正反馈，sign=+1；如果是负反馈，sign=−1。

3. MATLAB 中的模型转换

MATLAB 平台中提供了一系列模型转换函数，这些函数可以将不同的函数模型转换成需要的形式，这些函数如表 3.7.1 所示。

表 3.7.1 一系列模型转换函数

函 数 名 称	功 能 说 明
residue	将传递函数模型转换成部分分式模型形式
ss2tf	将状态空间模型转换成传递函数模型形式
ss2zp	将状态空间模型转换成零极点增益模型形式
tf2ss	将传递函数模型转换成状态空间模型形式
tf2zp	将传递函数模型转换成零极点增益模型形式
zp2ss	将零极点增益模型转换成状态空间模型形式
zp2tf	将零极点增益模型转换成传递函数模型形式

各个函数的具体使用说明可以直接参考 MATLAB 帮助信息。

4. 系统时域响应及相关性能指标的获得

基于 MATLAB 平台，可以直接实现对相关系统模型的仿真求解。对控制系统而言，其数学模型可以用微分方程或者差分方程的形式给出。因此系统的仿真过程就表现为从给定的初始值和输入信号共同作用的情况下，以数值算法的形式逐步计算系统每个时刻的响应，从而绘制出系统的响应曲线并分析系统的性能。对于 LTI 系统，控制系统工具箱提供了若干个函数来实现对系统的仿真，如系统在单位阶跃和单位脉冲信号作用下的系统响应，可以直接借助相关函数完成性能分析。

控制系统工具箱提供的相关函数如表 3.7.2 所示。

表 3.7.2 控制系统工具箱提供的相关函数

函 数 名 称	功 能 说 明
impulse	计算给定系统在单位脉冲信号作用下的系统脉冲相应，并绘制曲线
initial	计算给定系统在非零初始条件下的零输入响应，并绘制曲线
lsim	计算给定系统在给定输入下的系统响应，计算结果由返回值给出
step	计算给定系统在单位阶跃信号作用下的系统脉冲相应，并绘制曲线

3.7.2 控制系统的时域响应

控制系统的时域响应，主要包括单位阶跃、单位脉冲、单位斜坡、单位加速度响应以及对任意输入信号的响应。MATLAB 控制系统工具箱提供了求解系统时域响应的若干函数，简述如下。

1. 控制系统的单位阶跃和单位脉冲响应

MATLAB 控制系统工具箱提供了一个求解系统单位阶跃响应的函数 step()，其基本调用格式有如下两种

step(sys1,sys2,⋯,t)　或　[y,t]=step(sys1,sys2,⋯,t)　(3.7.17)

第一种调用格式 step(sys1,sys2,⋯,t) 不关心系统阶跃响应的具体数值，仅仅在一张图上绘制出系统 $sys_1, \cdots, sys_n$ 的阶跃响应曲线。t 是时间向量，为可选参数，格式为

t=t0：tspan：tfinal　(3.7.18)

式中，t0 为开始时间，tspan 为时间间隔，tfinal 为结束时间。若指令中不出现时间 t，则系统会自动予以确定。用户还可以指定每个系统响应曲线的颜色、线型及标记等，其调用格式为

step(sys1,'r',sys2,'y--',sys3,'gx',⋯,t)　(3.7.19)

step() 函数的第二种调用格式[y,t]=step(sys1, sys2, ⋯, t)返回系统的单位阶跃响应数据，但不在屏幕上绘制系统的阶跃响应曲线。其中 t 为时间向量，其格式定义同式（3.7.18)。计算机根据用户给出的时间 t，计算出相应的 y 值。若要生成响应曲线，则需使用指令 plot()。在 step() 函数的两种格式中，sys 是系统的传递函数描述。

MATLAB 提供了一个函数 impulse()来实现系统的单位脉冲响应。其基本调用格式为

impulse(sys1,sys2,⋯,t)　或　[y,t]=impulse(sys1,sys2,⋯,t)　(3.7.20)

具体的参数和返回值的含义与 step() 函数相同。

例 3.7.1　单位负反馈控制系统的开环传递函数为

$$G_k(s) = \frac{20000}{s(s+5)(s+200)}$$

试求系统的单位阶跃和单位脉冲响应。

解：系统的闭环传递函数为

$$\Phi(s) = \frac{G_k(s)}{1+G_k(s)} = \frac{20000}{s^3+205s^2+1000s+20000}$$

使用 step() 函数的第一种调用格式，绘制单位阶跃响应曲线。程序如下：

```
num=[0,0,0,20000];
den=[1,205,1000,20000];
t=0:0.05:2.5;
sys=tf (num,den) ;   %定义系统
step (sys,t) ;       % t为可选参数
grid;
```

单位阶跃响应曲线如图 3.7.6（a）所示。若将上面程序中的 step(sys,t) 指令改写为 step(sys,'r*',t)，表示用字符“*”绘制一条红色的曲线，阶跃响应曲线如图 3.7.6（b）所示。

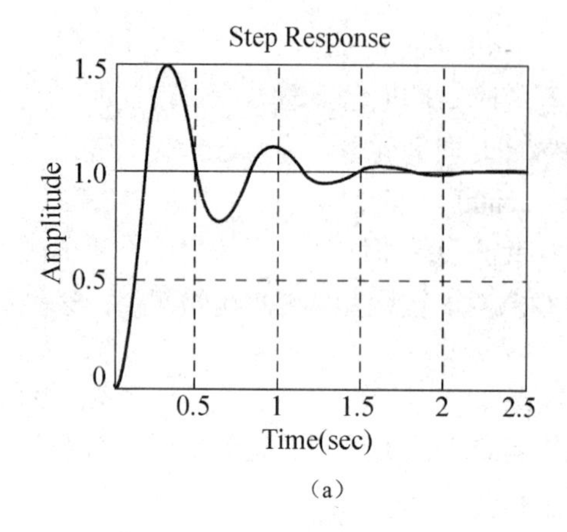

（a）

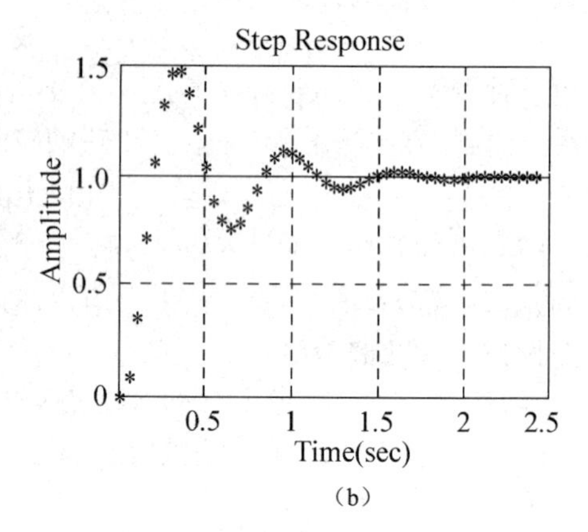

（b）

图 3.7.6 控制系统的单位阶跃响应

若使用 step() 函数的第二种调用格式，可计算该系统阶跃响应的数据。程序片段如下：

```
sys=tf (num,den) ;
[y,t]=step (sys,t)
```

程序执行后，在 MATLAB 命令窗口可以看到单位阶跃响应 y 的数值，结果略。

使用 impulse() 函数可以绘制出该系统的单位脉冲响应曲线。程序如下：

```
num=[0,0,0,20000];
den=[1,205,1000,20000];
t=0:0.05:2.5;
sys=tf (num,den) ;    %定义系统
impulse (sys,t);      % t为可选参数
grid;
```

单位脉冲响应曲线如图 3.7.7（a）所示。若将上面程序中的 impulse(sys,t) 指令改写为 impulse(sys,'bo',t)，表示用字符“o”绘制一条蓝色的曲线，脉冲响应曲线如图 3.7.7（b）所示。

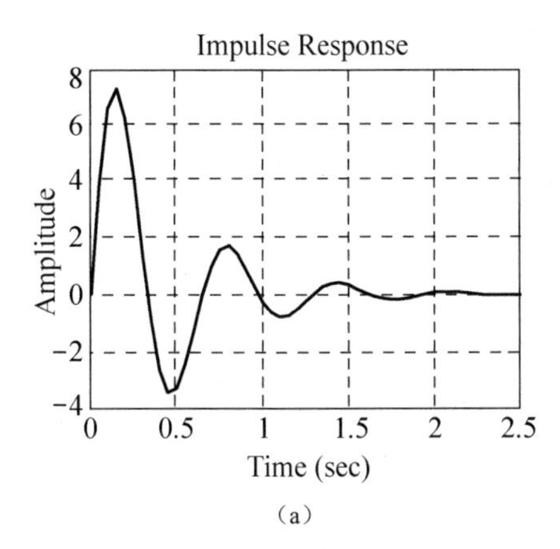

（a）

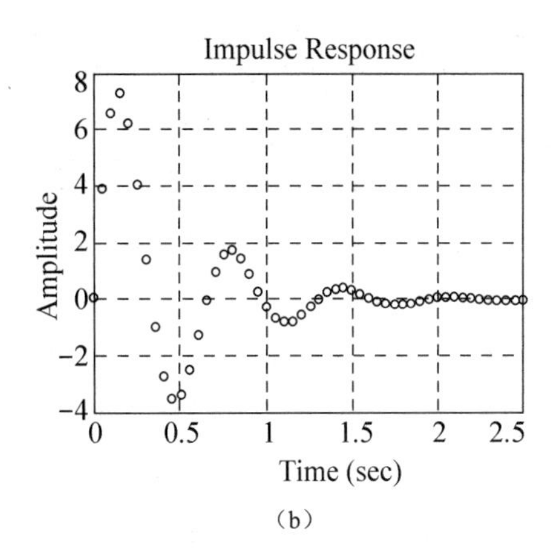

（b）

图 3.7.7　控制系统的单位脉冲响应

上面叙述了用 MATLAB 求控制系统单位阶跃响应和单位脉冲响应的方法。若要求输入信号为非单位值时系统的响应，如 $R(s)=A/s(A\neq 1)$，则只要在上述单位输入的分子表达式（num）的等号右边乘以 A 即可。

$$\text{num}=\text{A}\times[0,0,0,20000]$$

2．控制系统的瞬态性能指标计算

利用 MATLAB 可以很方便地求出系统的主要性能指标，包括上升时间、峰值时间、最大超调量和调整时间等。为了求出这些性能指标，可先利用 [y,t]=step(sys,t) 函数求出单位阶跃响应的具体数值，然后根据性能指标的定义编程计算。

例 3.7.2　考虑由下式表示的高阶系统

$$\Phi(s)=\frac{6.3223s^2+18s+12.811}{s^4+6s^3+11.3223s^2+18s+12.811}$$

试利用 MATLAB 计算系统的上升时间、峰值时间、超调量和调整时间。

解：求解程序如下：

```
num=[0,0,6.3223,18,12.811];
den=[1,6,11.3223,18,12.811];
sys=tf（num,den）;  %定义系统
t=0:0.0005:20;  %定义仿真时间
[y,t]=step（sys,t）,%求单位阶跃响应数值及各点对应的时间
r1=1;while y（r1）<1.00001;r1=r1+1;end;
rise_time=（r1-1）*0.0005  %计算上升时间
[ymax,tp]=max（y）;  %计算最大输出量值
peak_time=（tp-1）*0.0005  %计算峰值时间
```

```
max_overshoot=ymax-1  %计算超调量
s=20/0.0005;while y (s) >0.98 & y (s) <1.02;s=s-1;end;
settle_time= (s-1) *0.0005  %计算调整时间（误差带宽度取2%）
```

计算结果如下：

rise_time =0.8440
peak_time =1.6675
max_overshoot = 0.6182
settle_time =10.0340

3．控制系统的斜坡响应

在 MATLAB 中没有求解斜坡响应的专用指令，但可以利用阶跃响应命令 step() 或 lsim() 命令（具体用法见后介绍）来求斜坡响应。在求传递函数为 $\Phi(s)$ 的系统斜坡响应时，可以先用 s 除 $\Phi(s)$，再利用阶跃响应命令。考虑闭环控制系统 $\Phi(s)=Y(s)/R(s)$，对于单位斜坡输入 $R(s)=1/s^2$，其输出为

$$Y(s)=\Phi(s)R(s)=\frac{\Phi(s)}{s}\cdot\frac{1}{s}$$

例 3.7.3　若系统的传递函数为

$$\Phi(s)=\frac{Y(s)}{R(s)}=\frac{1}{s^3+3s^2+2s+1}$$

试用 MATLAB 求系统的斜坡响应。

解：由于单位斜坡信号为 $R(s)=1/s^2$，因而可以求出系统的输出为

$$Y(s)=\frac{1}{s^3+3s^2+2s+1}\cdot\frac{1}{s^2}=\frac{1}{s(s^3+3s^2+2s+1)}\cdot\frac{1}{s}$$

由上式看出，系统的输出等价于一个单位阶跃信号输入到闭环传递函数为

$$T(s)=\frac{1}{s(s^3+3s^2+2s+1)}$$

的系统响应。因而就可应用上述求取单位阶跃响应的指令来求取系统的单位斜坡响应。求解程序如下：

```
num=[0 0 0 0 1];
den=[1 3 2 1 0];  %根据Φ(s)/s形式输入分子、分母系数
t=0:0.1:8;  %指定计算阶跃响应的时间范围
c=step (num,den,t) ;  %阶跃响应指令
%绘制斜坡输入信号（以"-"表示）和斜坡响应曲线（以"o"表示）
plot (t,c,'o',t,t,'-') ;
```

```
grid on;
xlabel ('Time (sec) ');
ylabel ('r (t) ,y (t) ');
title ('Unit-Ramp Response Obtained by Use of Command "Step" ');
```

响应曲线如图 3.7.8 所示。

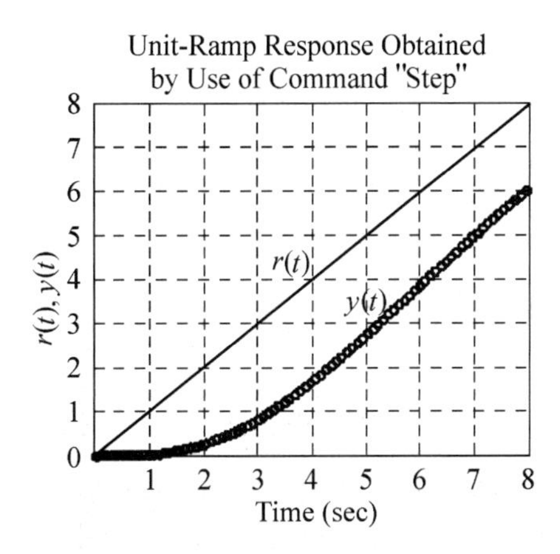

图 3.7.8　应用 step 指令绘制控制系统的单位斜坡响应曲线

4．控制系统对任意输入信号的响应

MATLAB 提供的 *lsim*() 函数可以求解和绘制控制系统在任意输入函数作用下的时间响应。基本调用格式如下：

$$\text{lsim(sys1,sys2,sys3,}\cdots\text{,r,t)} \tag{3.7.21}$$

该指令适用于绘制单输入线性时不变系统的时间响应曲线。其中，sys 表示系统，sys=tf(num, den), num=[b_0, b_1, …, b_m]，den=[a_0, a_1, …, a_n]；r 为任意输入信号；t 为时间向量，如式（3.7.18）定义。例如，利用指令 t = 0:0.01:5，u = sin（t）；lsim（sys,u,t）可以绘制 5s 内控制系统在正弦信号作用下的时间响应曲线。也可以指定响应曲线的颜色、线型和标记，调用格式如下：

$$\text{lsim(sys1,'r',sys2,'y}--\text{',sys3,'gx',}\cdots\text{,r,t)} \tag{3.7.22}$$

lsim() 函数的另一个调用格式为

$$\text{y=lsim(sys1,sys2,sys3,}\cdots\text{,r,t)} \tag{3.7.23}$$

该调用格式返回输出量的数据矩阵 y，但不在屏幕上显示相应的响应曲线。若要显示曲线图形，还要使用指令 plot()。

例 3.7.4　设系统的传递函数为

$$\Phi(s)=\frac{Y(s)}{R(s)}=\frac{1}{s^2+s+1}$$

试用 lsim() 函数求该系统的单位斜坡响应和单位加速度响应。

解：若采用如式（3.7.23）所示的调用格式，可以求出单位斜坡响应的输出量 y 的数值和绘制出响应曲线。单位斜坡响应曲线如图 3.7.5（a）所示。程序如下：

```
num=[0,0,1];
den=[1,1,1];
sys=tf（num,den）;
t=0:0.1:8;
r=t;
y=lsim（sys,r,t）;
plot（t,r,'-',t,y,'o'）
grid
xlabel（'Time（sec）'）;
ylabel（'r（t）,y（t）'）;
title（'Unit-Ramp Response Obtained by Use of Command "lsim"'）;
```

在上述程序中，若将指令 r=t 替换为指令 r = 0.5.* t.* t，则可以求出单位加速度响应的输出量 y 的数值并绘制出响应曲线。单位加速度响应曲线如图 3.7.9（b）所示。

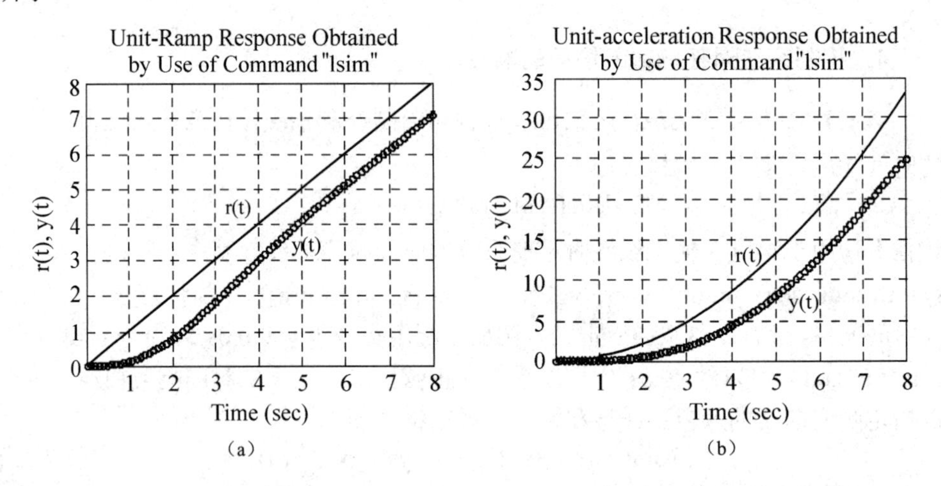

图 3.7.9　应用 lsim 指令绘制控制系统的单位斜坡和单位加速度响应曲线

5. 使用 MATLAB 研究控制系统的稳定性

在 3.5 节中讨论的劳斯稳定性判据是系统稳定性的充分必要条件。如果系统特征方程的每个参数都已给定，通过劳斯判据可以判定特征方程在 s 右半平面上根的数目，从而确定系统的稳定性，但是劳斯判据不能给出特征根的具体数值。利用 MATLAB，可以直接求解系统特征方程的根，根据根的分布来判断系统的稳定性，还可以验证劳斯判据得到的结果。上面介绍的 MATLAB 函数比如 tf2zp()以及求根函数 roots()都可以完成该工作。另外，求得了系统的零点和极点后，还可以判断该系统是否为最小相位系统。所谓最小相位系统，是指系统的零点和极点均在复平面的左半平面。最小相位系统当然是稳定的系统。

例 3.7.5　设某控制系统的传递函数为

$$\Phi(s)=\frac{Y(s)}{R(s)}=\frac{s^2+6s+6}{s^4+3s^3+8s^2+2s+4}$$

试判断其稳定性和是否为最小相位系统。

解：先用 tf2zp() 函数求出系统的零点和极点，然后判断系统的稳定性及是否为最小相位系统。程序如下：

```
num=[0,0,1,6,6];
den=[1,3,8,2,4];
flag1=0;
flag2=0;
[z,p,k]=tf2zp（num,den）;     %计算系统的零点和极点
disp（'系统的零点和极点为：'）; %显示系统的零点和极点
z
p
n=length（p）;
for i=1:n  %判断系统是否稳定
   if real（p（i）>0） flag1=1;end
end
m=length（z）;
for i=1:m  %判断系统是否为最小相位系统
   if real（z（i）>0） flag2=1;end
end
%显示结果
if flag1==1  disp（'该系统不稳定。'）;
else  disp（'该系统稳定。'）;end
if flag2==1  disp（'该系统是非最小相位系统。'）;
else  disp（'该系统是最小相位系统。'）;end
```

计算结果如下：

系统的零点和极点为

$$z=-4.7321$$
$$-1.2679$$

$$
\begin{aligned}
p = &-1.4737 + 2.2638i \\
&-1.4737 - 2.2638i \\
&-0.0263 + 0.7399i \\
&-0.0263 - 0.7399i
\end{aligned}
$$

该系统稳定。该系统是最小相位系统。

若系统的特征方程是某个参数的函数，应用 MATLAB 还可以讨论该参数变化时系统的稳定情况。

例 3.7.6　某控制系统的方块图如图 3.7.10 所示。试用 MATLAB 确定当系统稳定时，参数 K 的取值范围（假设 $K \geqslant 0$）。

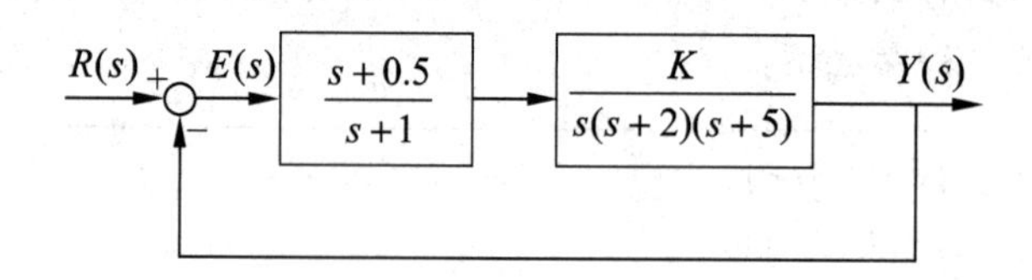

图 3.7.10　控制系统方块图

解：闭环反馈系统的特征方程为

$$1+\frac{K(s+0.5)}{s(s+1)(s+2)(s+5)}=0$$

由上式整理得

$$s^4+8s^3+17s^2+(K+10)s+0.5K=0$$

当特征方程根均为负实根或实部为负的共轭复根时，系统稳定。先假设 K 的大致取值范围，利用 roots() 函数计算这些 K 值下特征方程的根，然后判断根的位置以确定系统稳定时 K 值的取值范围。计算程序如下：

```
K=[0:0.001:100];
m=length (K) ;
for i==1:m
   q=[1,8,17,K (i) +10,0.5*K (i) ];
   p=roots (q) ;
   if max (real (p)) >0 break;end
end
result=sprintf ('系统临界稳定时K值为：K=%7.4f\n',K (i)) ;
disp (result) ;
```

运算结果为

系统临界稳定时 K 值为：K=96.9910

习题

基础型

3.1　设一阶系统的微分方程为

$$T\frac{\mathrm{d}y(t)}{\mathrm{d}t}+y(t)=\tau\frac{\mathrm{d}r(t)}{\mathrm{d}t}+r(t)$$

其中$T>\tau$，且$T-\tau<1$，试证明系统动态性能指标为

延迟时间　$t_d=\left[0.693+L_n\left(\frac{T-\tau}{T}\right)\right]T$

上升时间　$t_r=2.2T$

调整时间　$t_s=\left[3+L_n\left(\frac{T-\tau}{T}\right)\right]T$

3.2　已知一阶环节的传递函数为

$$G(s)=\frac{10}{0.2s+1}$$

若采用负反馈的方法（如图 E3.1 所示），将调整时间t_s减小为原来的 0.1 倍，并且保证总的放大系数不变，试选择k_h和k_o的值。

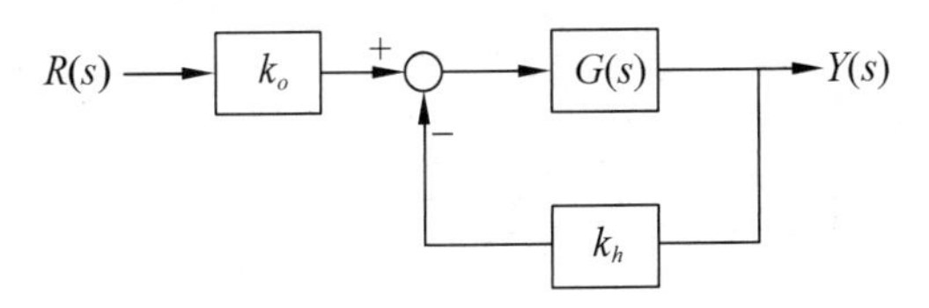

图 E3.1　负反馈结构图

3.3　设闭环系统的传递函数为

$$\Phi(s)=\frac{\omega_n^2}{s^2+2\zeta\omega_n s+\omega_n^2}$$

试在s平面上绘制满足下列要求的特征根分布区域：

（1）$1>\zeta>0.707$，$\omega_n\geqslant 2$

（2）$0.5\geqslant\zeta>0$，$4\geqslant\omega_n\geqslant 2$

（3）$0.707\geqslant\zeta\geqslant 0.5$，$\omega_n\leqslant 2$

3.4　有一位置随动系统，结构图如图 E3.2 所示。$k=40$，$\tau=0.1$。求（1）系统的开环和闭环极点；（2）当输入量$r(t)$为单位阶跃函数时，求系统的自然振荡角频率ω_n，阻尼系数ζ和系统的动态性能指标t_r，t_s，$\sigma\%$。

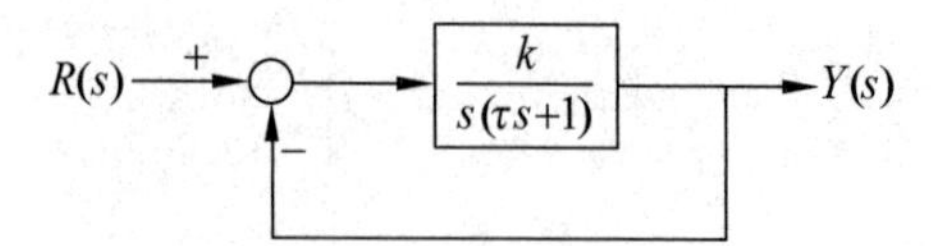

图 E3.2　位置随动系统结构图

3.5　已知一闭环系统为

$$\frac{C(s)}{R(s)}=\frac{36}{s^2+2s+36}$$

通过分析和计算求该系统在单位阶跃响应中的上升时间、峰值时间、最大超调量和调整时间。

3.6　设闭环系统由下列传递函数定义

$$\frac{C(s)}{R(s)}=\frac{6}{s^2+5s+6}$$

试求该系统对下列输入信号 $r(t)$ 的响应 $c(t)$

$$r(t)=1+t$$

输入信号 $r(t)$ 为单位阶跃输入加单位斜坡输入。

3.7　考虑图 E3.3 所示的系统。试证明传递函数 $C(s)/R(s)$ 在右半 s 平面内有一个零点。然后求当 $r(t)$ 为单位阶跃信号时的 $c(t)$。

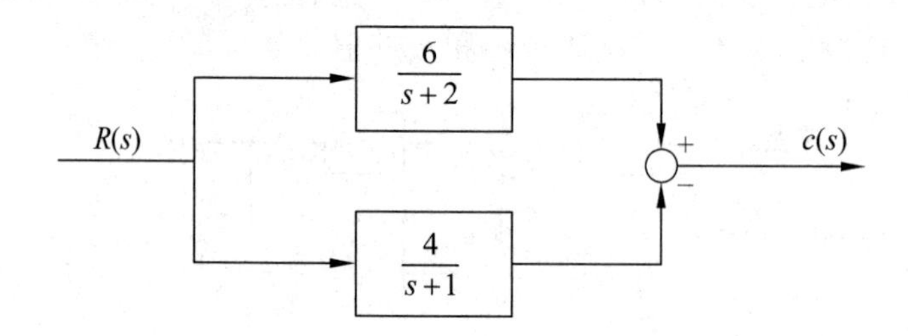

图 E3.3　控制系统结构图

3.8　图 E3.4（a）为系统结构图，图 E3.4（b）为某典型单位阶跃响应曲线。试确定 k_1、k_2 和 a 的值。

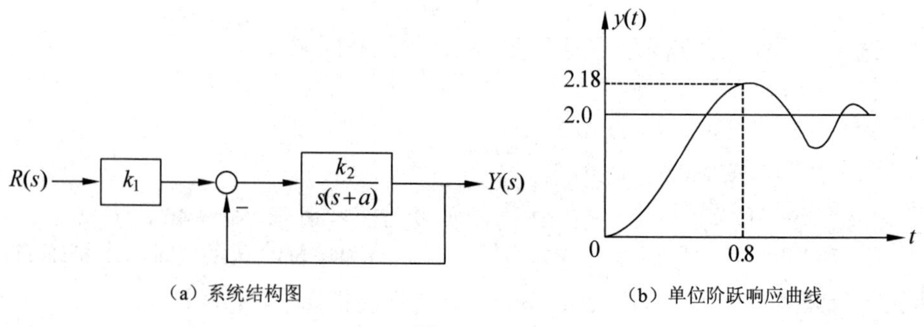

图　E3.4

3.9　已知系统的结构图如图 E3.5 所示。若 $r(t)=2\times 1(t)$，试求：（1）当 $k_f=0$ 时系统的超调量 $\sigma\%$ 和调整时间 t_s；（2）当 $k_f\neq 0$ 时，若要使 $\sigma\%=20\%$，k_f 应为多大？并求出此时的调整时间 t_s；（3）比较上述两种情况，说明内反馈 $k_f s$ 的作用是什么？

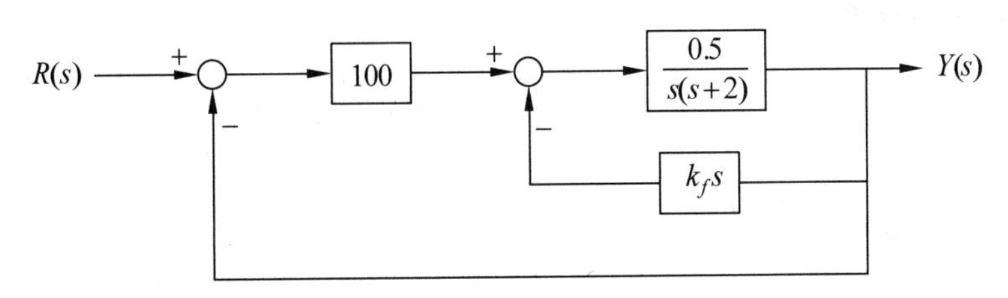

图 E3.5　系统结构图

3.10　某随动系统结构图如图 E3.6 所示。已知 $k_1=40$，$k_2=0.5$，$T=0.2$，$\tau=2$。试求（1）加入速度反馈前后闭环系统的动态性能指标 $\sigma\%$ 和 t_s；（2）为使加入速度反馈后的闭环系统出现临界阻尼的非振荡阶跃响应，τ 应取何值？

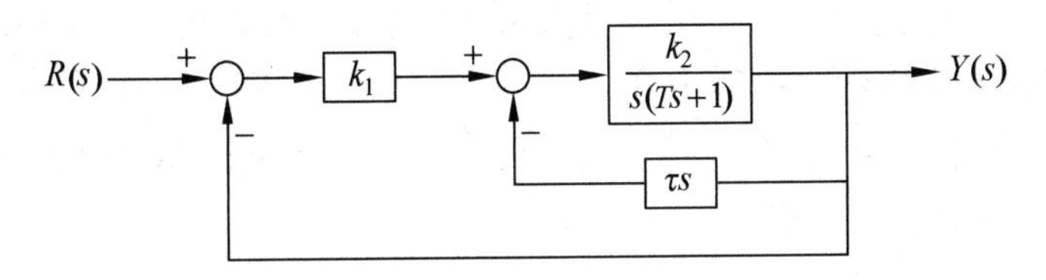

图 E3.6　系统结构图

3.11　某单位反馈随动系统，其开环传递函数为

$$G(s)=\frac{4}{s(s+5)}$$

试求闭环系统的单位脉冲响应和单位阶跃响应。

3.12　已知单位反馈系统的开环传递函数为

$$G(s)=\frac{k}{s(\tau s+1)}$$

（1）试选择 k 及 τ 值以满足以下指标：当输入 $r(t)=1(t)$ 时，系统的动态指标为 $\sigma\%\leq 30\%$，$t_s(\Delta=5\%)\leq 0.3$；

（2）试分析 k 及 τ 变化时对系统动态性能指标的影响：当 k 为常数，τ 为变数；当 k 为变数，τ 为常数；当系统阻尼系数 $\zeta=0.707$ 时，k 及 τ 应保持什么关系？此时的动态性能指标为何？

3.13　闭环系统的特征方程如下，试用劳斯判据判断系统的稳定性，并说明特征根在 s 平面上的分布。

（1）$2s^5 + s^4 - 15s^3 + 25s^2 + 2s - 7 = 0$

（2）$s^5 + s^4 + 5s^3 + 5s^2 + 3s + 7 = 0$

（3）$s^6 + 3s^5 + 9s^4 + 18s^3 + 22s^2 + 12s + 12 = 0$

3.14　系统的结构图如图 E3.7 所示，试判别系统的稳定性。若系统不稳定，求在 s 右半平面的极点数。

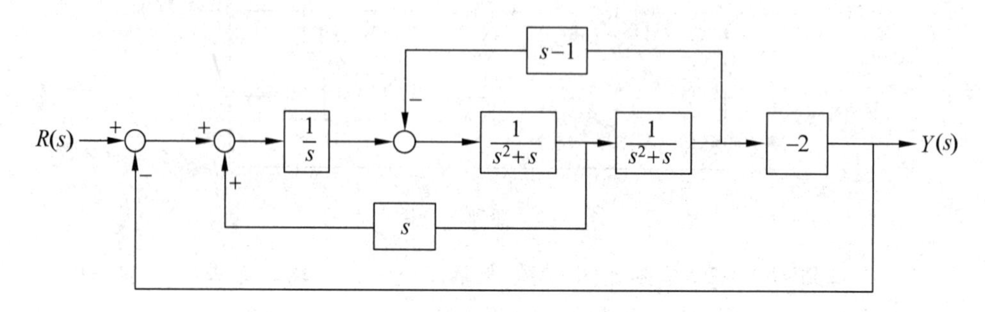

图 E3.7　系统结构图

3.15　闭环控制系统的结构图如图 E3.8 所示。试求满足下列条件的三阶开环传递函数 $G(s)$：（1）$G(s) = k / A(s)$，k 为开环放大系数，$A(s)$为有理式；（2）由单位阶跃信号输入引起的稳态误差为零；（3）闭环系统的特征方程为 $s^3 + 4s^2 + 6s + 10 = 0$。

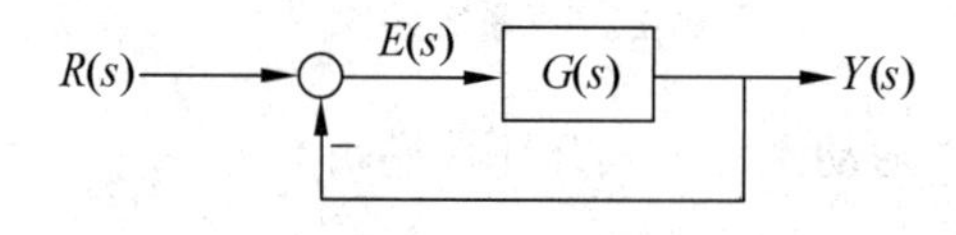

图 E3.8　系统结构图

3.16　一单位反馈控制系统，其开环传递函数为

$$G(s) = \frac{\omega_n^2}{s(s + 2\zeta\omega_n)}$$

当单位阶跃信号输入时，系统的误差函数为

$$e(t) = 1.4\mathrm{e}^{-1.07t} - 0.4\mathrm{e}^{-3.73t}$$

试求系统的阻尼系数 ζ 和自然频率 ω_n，系统的开环传递函数和闭环传递函数，系统的稳态误差。

3.17　一调速系统的结构图如图 E3.9 所示。其中 $k_p = 4$，$k_d = 1$，$T_m = 0.1$，$T_d = 0.01$。（1）求系统的单位阶跃响应及其 $\sigma\%$，$t_s(5\%)$ 和 e_{ss}；（2）如要求稳态误差 $e_{ss} \leqslant 5\%$ 应改变哪个参数？并计算该参数值，$\sigma\%$ 和 t_s。

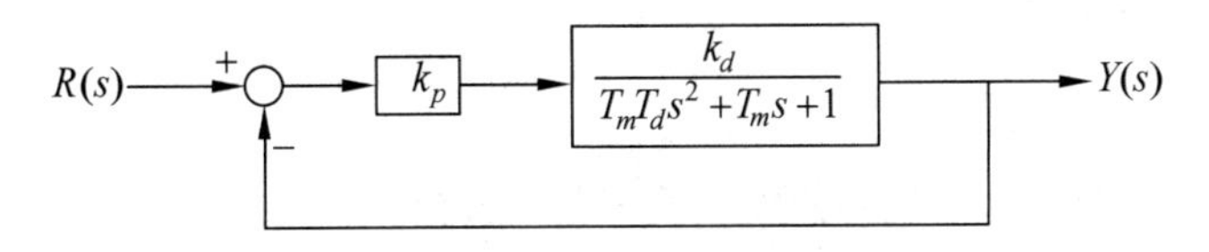

图 E3.9　调速系统结构图

3.18　对如图 E3.10 所示的复合系统，试求前馈补偿传递函数 $G(s)$，使干扰信号 $T(s)$ 对系统输出的影响最小。

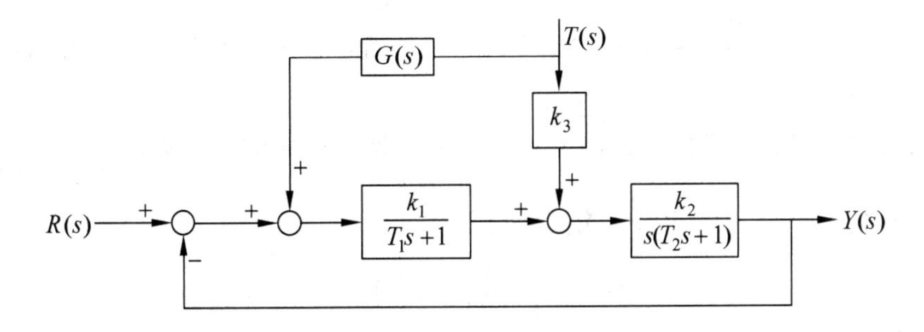

图 E3.10　复合控制系统结构图

3.19　已知反馈控制系统如图 E3.11 所示。试求在单位阶跃输入 $r(t)=1(t)$ 作用下，系统输出的稳态值是多少？静态误差系数是多少？

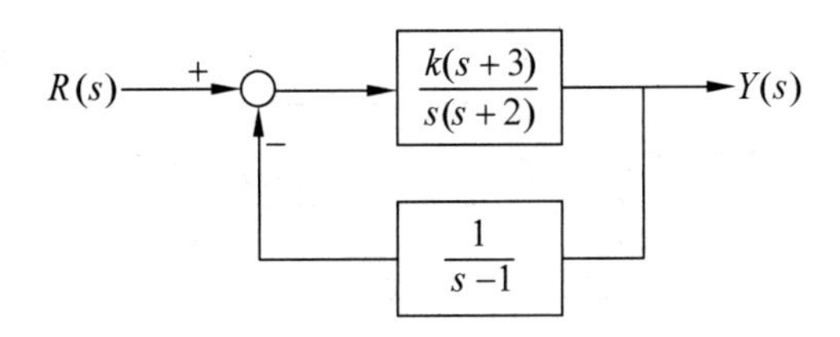

图 E3.11　控制系统结构图

3.20　控制系统如图 E3.12 所示。(1) 当 $r(t)=4+6t$，$f(t)=-1(t)$ 时，求系统的稳态误差 e_{ss}。(2)若想减小扰动 $f(t)$ 引起的稳态误差，应提高哪个放大系数，为什么？

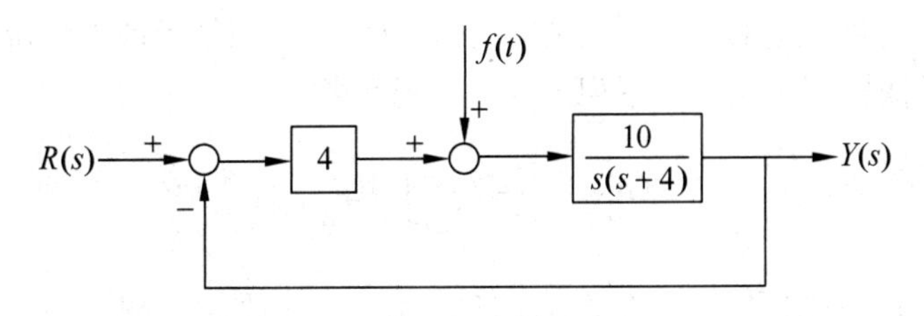

图 E3.12　控制系统结构图

综合型

3.21 某单位反馈随动系统的开环传递函数为

$$G(s)=\frac{20000}{s(s+5)(s+500)}$$

试计算闭环系统的动态性能指标$\sigma\%$和t_s。

3.22 某控制系统由调节对象和调节器组成，如图 E3.13 所示。调节对象的特性为$G_2(s)=\dfrac{\omega_n^2}{s(s+2\zeta\omega_n)}$，试讨论当调节器的特性为（1）比例调节器$G_1(s)=k$；（2）比例微分调节器$G_1(s)=k(1+\tau_d s)$；（3）比例积分调节器$G_1(s)=k\left(1+\dfrac{1}{\tau_i s}\right)$时，调节器特性对系统主要动态性能指标的影响。

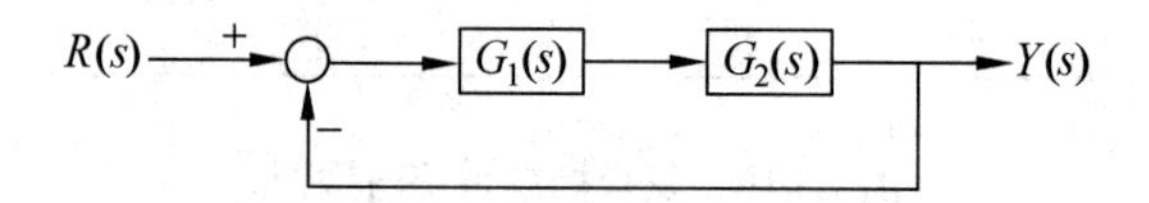

图 E3.13 控制系统结构图

3.23 设控制系统如图 E3.14 所示。试选择k_2，使系统对输入$r(t)$成为Ⅰ型系统。

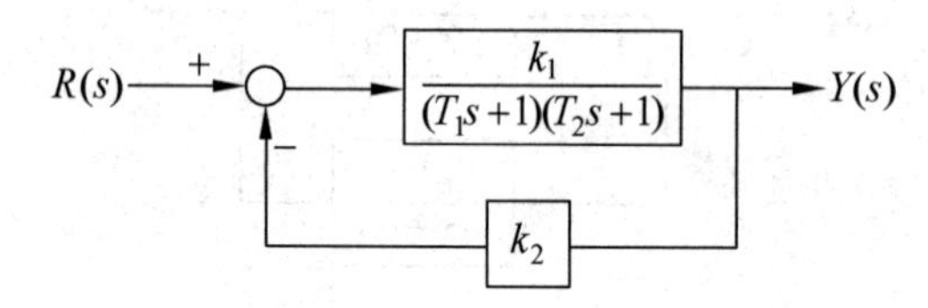

图 E3.14 控制系统结构图

3.24 系统的闭环传递函数为

$$G(s)=\frac{816}{(s+2.74)(s+0.2+\mathrm{j}0.3)(s+0.2-\mathrm{j}0.3)}$$

问该系统是否存在主导极点？若存在，求近似为二阶系统后的单位阶跃响应。

3.25 已知振荡系统具有下列形式的传递函数

$$G(s)=\frac{\omega_n^2}{s^2+2\zeta\omega_n s+\omega_n^2}$$

假设已知阻尼振荡的记录如图 E3.15 所示，试根据记录图，确定阻尼比ζ。

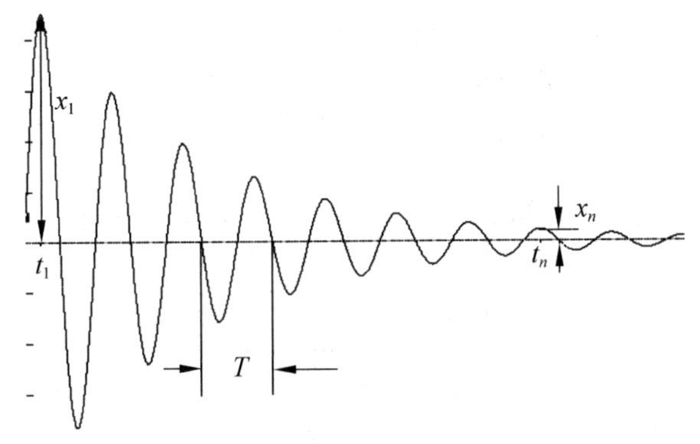

图 E3.15　衰减振荡

3.26　已知单位反馈系统的开环传递函数为

$$G(s)=\frac{5(s+20)}{s(s+4.59)(s^2+3.14s+16.35)}$$

求该系统的单位阶跃响应和时域响应。

3.27　考虑下列特征方程

$$s^4+2s^3+(4+K)s^2+9s+25=0$$

试应用赫尔维茨稳定判据，确定 K 的稳定范围。

3.28　试确定单位反馈控制系统中，K 值的稳定性范围。已知开环传递函数为

$$G(s)=\frac{K}{s(s+1)(s+2)}$$

3.29　已知多项式方程为

$$s^n+a_1s^{n-1}+a_2s^{n-2}+\dots+a_{n-1}s+a_n=0$$

试证明该方程的劳斯阵列的第一列为

$$1,\ \Delta_1,\ \frac{\Delta_2}{\Delta_1},\ \frac{\Delta_3}{\Delta_2},\ \dots,\ \frac{\Delta_n}{\Delta_{n-1}}$$

式中

$$\Delta_r=\begin{vmatrix} a_1 & 1 & 0 & 0 & \dots & 0 \\ a_3 & a_2 & a_1 & 1 & \dots & 0 \\ a_5 & a_4 & a_3 & a_2 & \dots & 0 \\ & & \vdots & & & \\ a_{2r-1} & & \dots & & & a_r \end{vmatrix},\quad n\geq r\geq 1$$

$$a_k=0,\quad k>n$$

3.30　设单位反馈系统的开环传递函数为

$$G(s)=\frac{k}{s\left(1+\frac{1}{3}s\right)\left(1+\frac{1}{6}s\right)}$$

（1）试求闭环系统稳定时k值的取值范围；

（2）若要闭环特征方程根的实部均小于-1，试求k的取值范围。

3.31　设系统结构图如图E3.16所示，试确定闭环系统的稳定性。

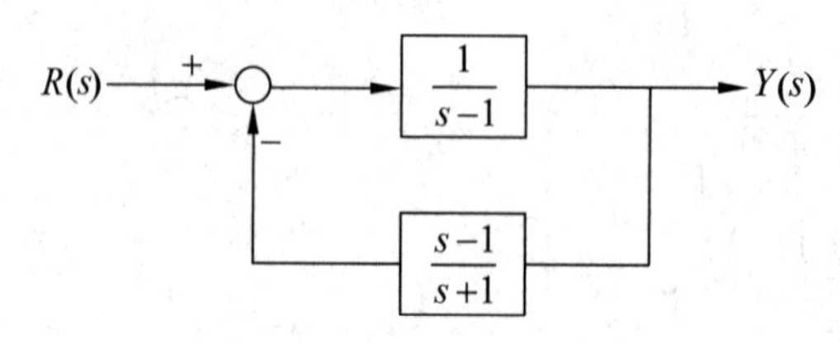

图E3.16　系统结构图

3.32　控制系统如图E3.17所示。求当$\upsilon=0,\ 1,\ 2$时，系统开环放大系数k的稳定域，并说明积分环节数目对系统稳定性的影响。

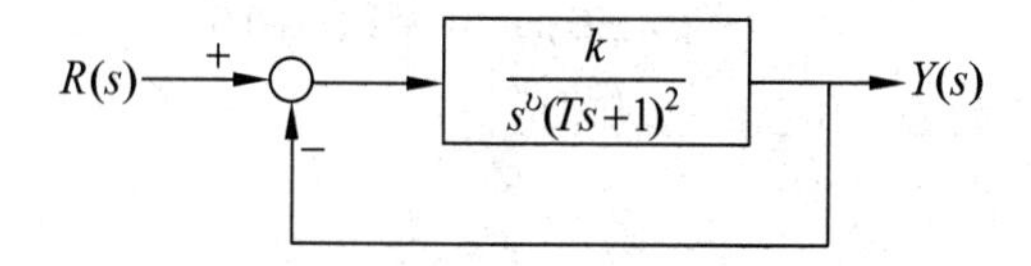

图E3.17　控制系统结构图

3.33　具有单位反馈的随动系统，其开环传递函数为

$$G(s)=\frac{2s+1}{s^2\left(s^2+3s+3\right)}$$

试求系统的静态位置、速度和加速度误差系数。

3.34　一阶、二阶系统的单位阶跃响应的稳态值$y(\infty)$是否一定等于1？为什么？若不为1，对二阶振荡系统响应的性能指标有无影响？为什么？

3.35　设控制系统结构图如图E3.18所示。其中$k_1=2k_2=1$，$T_2=0.25(s)$，$k_2k_3=1$。求：（1）当输入$r(t)=1+t+\dfrac{1}{2}t^2$时，系统的稳态误差。（2）系统的单位阶跃响应表达式。

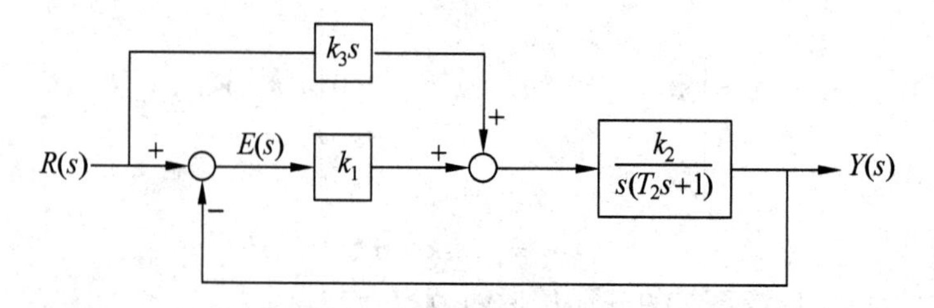

图E3.18　控制系统结构图

3.36　给定一系统可由图E3.19所示的框图来表示。

① 计算斜坡输入时的稳态误差；② 选择合适的K值使阶跃输入尽可能达到

的快速响应。绘制这个系统的零极点图并讨论其影响。你期望阶跃输入有多大？

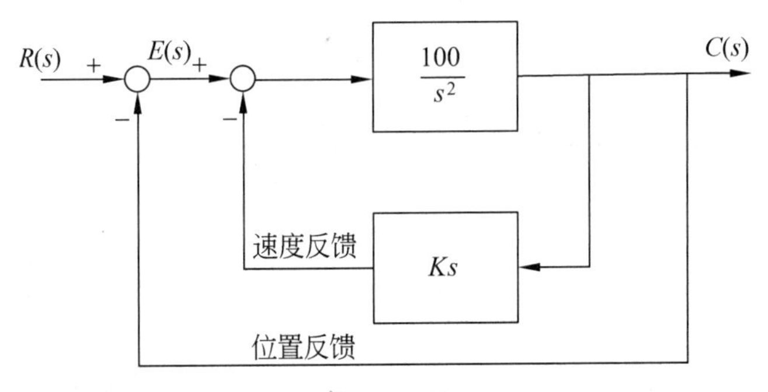

图　E3.19

3.37　控制系统如图 E3.20 所示。误差定义在输入端，扰动信号 $n(t)=2\times 1(t)$。（1）试求 $k=40$ 时，系统在扰动作用下的稳态误差和稳态输出。（2）若 $k=20$，其结果如何？（3）在扰动作用点之前的前向通道中引入一个积分环节 $1/s$，对结果有何影响？在扰动作用点之后的前向通道中引入一个积分环节 $1/s$，结果又如何？

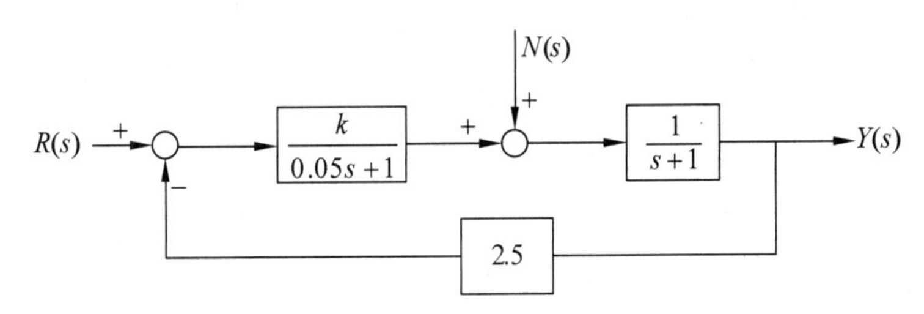

图 E3.20　控制系统结构图

3.38　马达控制系统如图 E3.21 所示。系统参数为 $T=0.1$，$J=0.01$，$k_i=10$。（1）设干扰力矩 $T_d=0$，输入 $\theta_r(t)=t$，试问 k 和 k_t 之值对稳态误差有何影响？（2）设输入 $\theta_r(t)=0$，试问当干扰力矩 T_d 为单位阶跃函数时，k，k_t 之值对稳态误差有何影响？

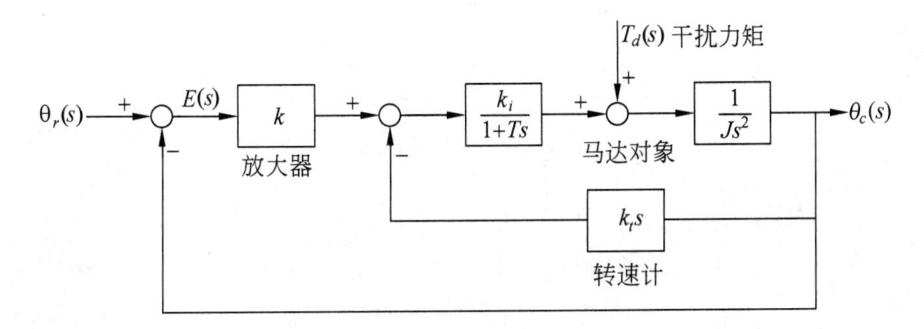

图 E3.21　马达控制系统结构图

3.39 试求如图 E3.22 所示系统的稳态误差值。

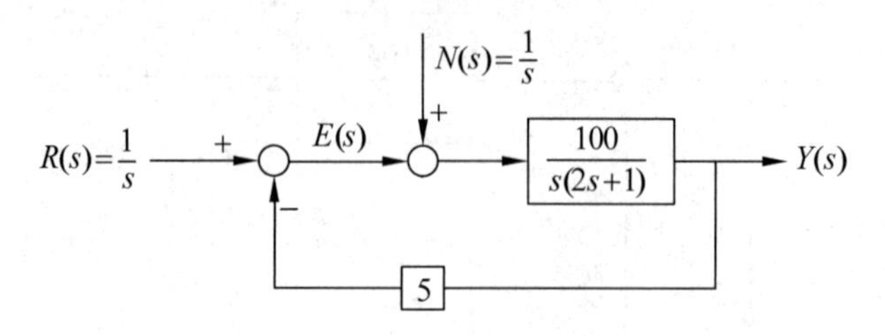

图 E3.22 系统结构图

3.40 设复合系统结构图如图 E3.23 所示，要求：（1）计算当 $n(t)=t$ 时，系统的稳态误差（误差定义见图）；（2）设计 k_c，使系统在 $r(t)=t$ 作用下无稳态误差。

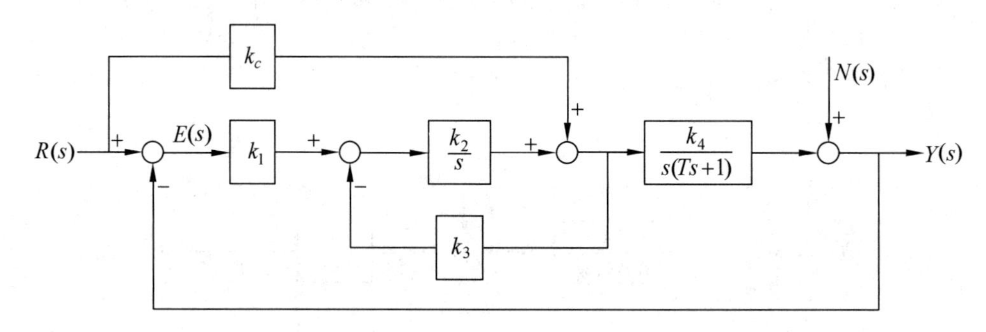

图 E3.23 复合系统结构图

3.41 系统结构图如题图 E3.24 所示。已知 $\zeta=0.2$，$\omega_n=86.6$。（1）试确定 k 取何值时，系统才能稳定；（2）当输入为单位阶跃信号且 k 取最大可能值时，稳态误差是多少？

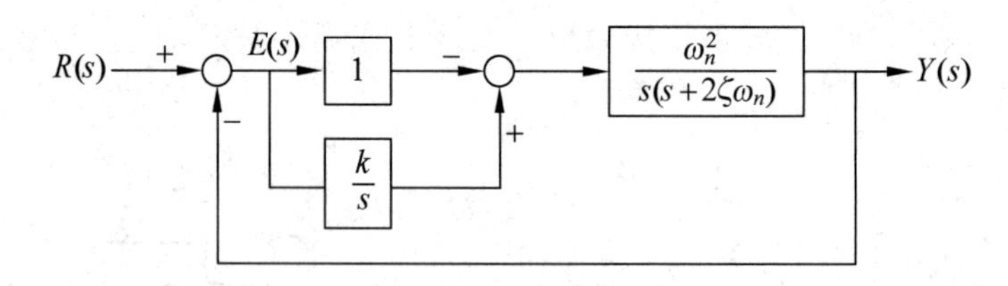

图 E3.24 系统结构图

第4章 线性系统的根轨迹分析法

4.1 引言

第 3 章讨论了控制系统的瞬态和稳态性能指标以及改善系统性能指标的一些方法。一个能够正常运行的控制系统首先应是稳定的，其次它的瞬态和稳态性能指标也应满足特定的要求。即其超调量应维持在给定的范围内，瞬态过程在较短的时间内结束，而且其稳态误差也应尽可能地小。

闭环控制系统的稳定性和时间响应形式由闭环系统特征方程的根，即闭环极点决定，时间响应的大小由系统的闭环零点和闭环极点共同决定。因此，研究闭环特征根在s平面的分布对于分析系统的性能有着重要的意义。也就是说，可以利用系统的闭环极点的分布来间接地研究控制系统的性能。

然而对于高阶系统来说，手工求解闭环特征方程的根较为困难。尤其是当系统的参数（比如开环增益、开环零点和开环极点等）发生变化时，闭环特征根需要重复计算，而且不能看出系统参数变化对闭环特征根分布的影响趋势。控制系统的设计者通常希望借助某种较为简单的方法分析闭环特征根随某个开环参数的变化趋势，从而能够判断闭环控制系统的稳定性，预测系统的性能，并且能够对系统进行校正，以获得期望的性能。

本章介绍的根轨迹法就是这样一种图解分析方法。它的基本思路是：当开环系统的一个或多个参数发生变化时，根据系统的开环零点和极点，借助若干条绘图准则，绘制出闭环特征根变化的轨迹，简称根轨迹。利用根轨迹法可以分析闭环系统的稳定性，计算（或估算）闭环系统的瞬态和稳态性能指标，确定闭环系统的某些参数对系统性能的影响，以及对闭环系统进行校正等。

4.1.1　根轨迹

下面举例说明根轨迹的概念。

例 4.1.1　考虑如图 4.1.1 所示的位置控制系统。电动机产生与误差信号 $E(s)$ 成正比的转矩 $T(s)$，即 $T(s)=AE(s)$；系统负载包括电动机的负载惯量 J 和粘性阻尼 B。试讨论当放大系数 A 从零变化到无穷大时，该位置控制系统的闭环极点的变化情况，并分析系统的时间响应。

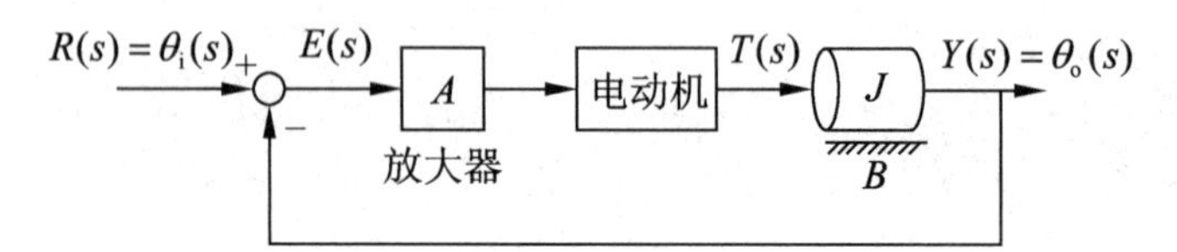

图 4.1.1　位置控制系统原理图

解：位置系统的方块图如图 4.1.2 所示，这是一个单位负反馈控制系统。

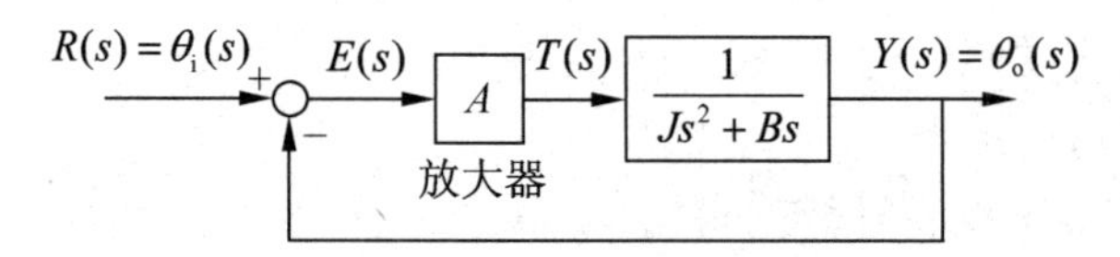

图 4.1.2　位置控制系统方块图

系统的开环传递函数为

$$G_{k}(s)=\frac{A/J}{s(s+B/J)}=\frac{k_{g}}{s(s+a)} \tag{4.1.1}$$

式中 $k_{g}=A/J$，当 A 从零到无穷大变化时，k_{g} 也从零到无穷大变化；$a=B/J$。假设 $a=2$，则有

$$G_{k}(s)=\frac{k_{g}}{s(s+2)} \tag{4.1.2}$$

系统的闭环传递函数为

$$\frac{Y(s)}{R(s)}=\frac{k_{g}}{s(s+2)+k_{g}}=\frac{k_{g}}{s^{2}+2s+k_{g}}$$

该系统为二阶系统，将它整理为标准形式，可得

$$\frac{Y(s)}{R(s)}=\frac{\omega_{n}^{2}}{s^{2}+2\zeta\omega_{n}s+\omega_{n}^{2}} \tag{4.1.3}$$

式中 $\omega_{n}=\sqrt{k_{g}}$，$\zeta=1/\sqrt{k_{g}}$。显然，该位置控制系统的闭环特征根，即闭环极点取决于 k_{g}（或 A）的取值。现在的任务是要确定与所有 k_{g} 值相对应的闭环极点，

并将这些极点画在 s 平面上。

系统闭环特征方程 $s^2+2s+k_g=0$ 的特征根，即系统的闭环极点为

$$s_{1,2}=-1\pm\sqrt{1-k_g} \tag{4.1.4}$$

当 k_g=0 时，两个闭环极点是 s_1=0 和 s_2= –2。比较式（4.1.2）可知，它们等于系统的开环极点。当 k_g=1 时，$s_{1,2}$= –1，闭环极点为一对重极点。当 0<k_g<1 时，闭环极点 $s_{1,2}$ 是负实数，位于 s 平面的负实轴上，其区间分别为（–2，–1）和（–1，0）。当 k_g>1 时，闭环极点是一对共轭复数，为

$$s_{1,2}=-1\pm \mathrm{j}\sqrt{k_g-1} \tag{4.1.5}$$

由式（4.1.5）可知，两个闭环极点的实部都为–1，不随 k_g 变化。这说明 $s_{1,2}$ 位于过（–1，j0）点且平行于虚轴的直线上。

表 4.1.1　部分闭环极点的位置

k_g	0	0.5	1.0	2.0	3.0	…	50.0	…
s_1	–0+j0	–0.293+j0	–1.0+j0	–1.0+j1.0	–1.0+j1.414	…	–1.0+j7.0	…
s_2	–2.0–j0	–1.707–j0	–1.0–j0	–1.0–j1.0	–1.0–j1.414	…	–1.0–j7.0	…

表 4.1.1 列出了 k_g 变化时的部分闭环极点，将它们标在 s 平面上并用曲线连接，可得图 4.1.3 中粗线所示曲线。图中曲线有两个分支，分别表示当 k_g 从零到无穷大变化时，系统两个闭环极点（特征根）变化的轨迹，即根轨迹。从 s 平面原点到根轨迹上任意一点画一条射线，记该射线与负实轴的夹角为 β。对于二阶系统，该夹角称为阻尼角，不难证明 $\beta=\arccos\zeta$，即该夹角仅与二阶系统的阻尼系数 ζ 有关。图中画出了 $k_g=2$ 时的阻尼角 $\beta=45°$，这时系统的阻尼系数 ζ 为 $\sqrt{2}/2$，对应的闭环极点为 $s_{1,2}=-1\pm \mathrm{j}1$。

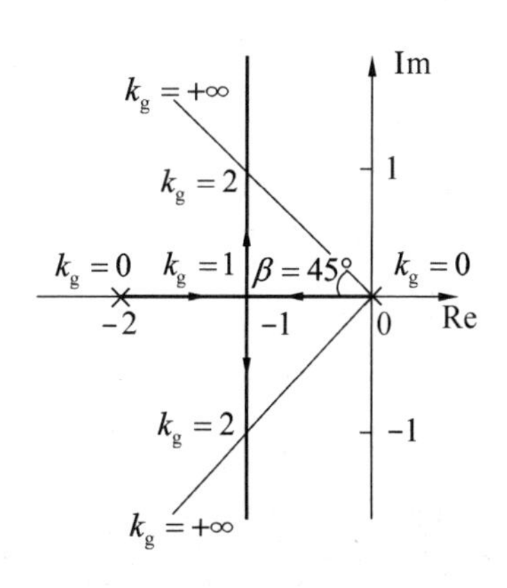

图 4.1.3　闭环特征根的轨迹

一旦获得了控制系统的根轨迹，就可以根据 k_g 值的变化来确定闭环系统性能的变化。当 $0<k_g\leqslant 1$ 时，上述系统的闭环特征根是两个负实数，表明该系统处于过阻尼状态（$k_g=1$ 时为临界阻尼状态），其单位阶跃响应曲线呈单调上升趋势。当 $k_g>1$ 时，系统闭环特征根是共轭复数（假设为 $-\sigma\pm \mathrm{j}\omega_d$），这表明该系统处于欠阻尼状态，其单位阶跃响应曲线呈衰减振荡趋势。重写系统的闭环传递函数

如下：

$$\frac{Y(s)}{R(s)}=\frac{k_{\mathrm{g}}}{(s+\sigma-\mathrm{j}\omega_{\mathrm{d}})(s+\sigma+\mathrm{j}\omega_{\mathrm{d}})} \tag{4.1.6}$$

式中$\sigma=\zeta\omega_{\mathrm{n}}=1$，$\omega_{\mathrm{d}}=\omega_{\mathrm{n}}\sqrt{1-\zeta^2}=\sqrt{k_{\mathrm{g}}-1}$。

在这种情况下，当k_{g}增大时，根据闭环特征根轨迹可以得知该控制系统的性能指标变化如下：

（1）阻尼角增加，阻尼比减小，闭环系统瞬态响应的超调量增大。

（2）阻尼振荡频率ω_{d}增大，系统的振荡加剧。

（3）共轭复数特征根的实部σ保持不变，说明系统的调整时间基本不变。

（4）此时特征根的轨迹是一条垂直线，在该垂线上，根的实部$\sigma=-\zeta\omega_{\mathrm{n}}$是常数，且位于$s$左半平面。这意味着对于该二阶位置控制系统，不管增益k_{g}如何增大，系统总是稳定的。在$k_{\mathrm{g}}>1$的条件下，阶跃响应为$y(t)=A_0+A_1\mathrm{e}^{-\zeta\omega_{\mathrm{n}}t}\sin(\omega_{\mathrm{d}}t+\phi)$。

上面讨论的k_{g}值取正值，当然也有k_{g}是负数的情况。如果k_{g}为负数，则式（4.1.4）表示的闭环特征根只有实数根，特征根的轨迹全部位于实轴上，区间为$0\leqslant s_1<+\infty$，$-\infty<s_2\leqslant-2$。可见，当k_{g}为负数时，总是有一部分特征根在s右半平面。在这种情况下，系统是不稳定的。

从上面例子的讨论可以看出，借助闭环控制系统特征根的轨迹，可以根据增益k_{g}的变化分析系统的稳定性和时间响应的变化。下面给出根轨迹的定义。

根轨迹定义为控制系统的某一参数由零到无穷大变化时，闭环系统的特征根（闭环极点）在s平面上形成的轨迹。

在根轨迹图中，根轨迹用粗实线表示，根轨迹上的箭头表示参变量增大的方向，开环零点和极点在图中分别用“○”和“×”表示。图4.1.3就是式（4.1.3）所示系统的根轨迹图。有了根轨迹图后，就可以选择最适合系统特定性能指标的闭环特征根；通过这些根，可以进一步确定对应的参变量的值，与之对应的系统时间响应也就可以得到了。

然而，对于变化的参变量值，如果用计算的办法获得系统根轨迹，对于高阶系统而言，这个过程就太繁琐了，这大大降低了根轨迹法的实用性。因此，有必要寻找一种简单的方法获得系统的根轨迹。本章介绍的利用图解法获得系统根轨迹就是一种很实用的工程方法。另外，使用计算机工具软件，比如MATLAB，获得系统的根轨迹则更为简便。

4.1.2　根轨迹的幅值和相角条件

设负反馈控制系统的方块图如图 4.1.4 所示。图中 $G(s)$ 和 $H(s)$ 分别是控制系统前向通道和反馈通道的传递函数。将系统的开环传递函数写为如下开环零、极点形式

$$G_{\mathrm{k}}(s)=G(s)H(s)=\frac{k_{\mathrm{g}}(s+z_1)(s+z_2)\cdots(s+z_m)}{(s+p_1)(s+p_2)\cdots(s+p_n)} \tag{4.1.7}$$

或写为

$$G_{\mathrm{k}}(s)=\frac{k_{\mathrm{g}}\prod_{j=1}^{m}(s+z_j)}{\prod_{i=1}^{n}(s+p_i)} \tag{4.1.8}$$

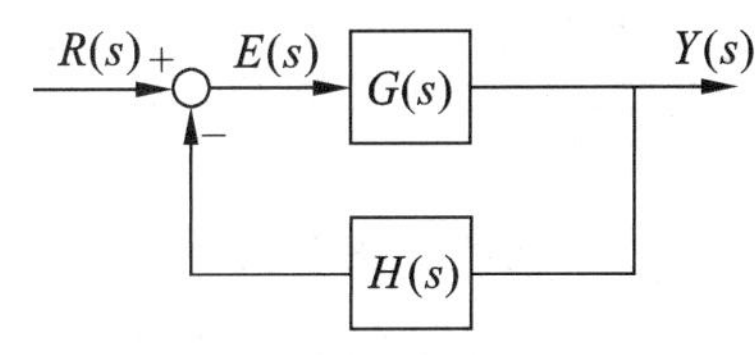

图 4.1.4　负反馈控制系统方块图

式中，$-z_j(j=1\sim m)$、$-p_i(i=1\sim n)$ 分别为控制系统的开环零点和极点，它们可以是实数也可以是共轭复数。开环传递函数分子有理式的阶数是 m，分母有理式的阶数是 n。当系统的开环传递函数写成上述形式时，k_g 称为根轨迹增益；作为参变量，其值从 $k_{\mathrm{g}}=0$ 变化到 $k_{\mathrm{g}}=\pm\infty$。

系统的开环传递函数还可以写成下述时间常数的形式

$$G_{\mathrm{k}}(s)=\frac{K\prod_{j=1}^{m}(\tau_j s+1)}{\prod_{i=1}^{n}(T_i s+1)} \tag{4.1.9}$$

式中，K 称为系统的开环放大系数（或开环增益）。比较式（4.1.8）和式（4.1.9），可知

$$K=\frac{k_{\mathrm{g}}\prod_{j=1}^{m}z_j}{\prod_{i=1}^{n-\nu}p_i} \tag{4.1.10}$$

当无开环零点时，取 $\prod z_j=1$；p_i 对应零值以外的开环极点，ν 为零值开环极点的数目。

绘制根轨迹图的基本方法是根据系统的开环零点、极点以及根轨迹增益 k_{g} 来获得系统闭环极点的轨迹。因此，通常使用式（4.1.8）所示的具有开环零、极点形式的开环传递函数来绘制根轨迹。

由图 4.1.4 可得负反馈控制系统的闭环传递函数为

$$\Phi(s)=\frac{Y(s)}{R(s)}=\frac{G(s)}{1+G(s)H(s)}=\frac{G(s)}{1+G_{\mathrm{k}}(s)} \tag{4.1.11}$$

其闭环特征方程为

$$1+G_{\mathrm{k}}(s)=0 \tag{4.1.12}$$

或写为

$$G_{\mathrm{k}}(s)=-1 \tag{4.1.13}$$

将式（4.1.8）代入式（4.1.13），可得

$$\frac{k_{\mathrm{g}}\prod_{j=1}^{m}(s+z_j)}{\prod_{i=1}^{n}(s+p_i)}=-1 \tag{4.1.14}$$

可见，当根轨迹增益 k_{g} 从零到 $\pm\infty$ 变化时，满足上式的对应于所有 k_{g} 的 s 值就是闭环传递函数的极点。把这些闭环极点在 s 平面上按顺序连接起来，即可得到闭环系统的根轨迹。因此式（4.1.13）或式（4.1.14）称为负反馈闭环控制系统的根轨迹方程。

下面来确定当根轨迹增益 k_{g} 取正值 $(0\leqslant k_{\mathrm{g}}<+\infty)$ 时根轨迹应满足的具体条件。由于式(4.1.14)是关于复变量 s 的方程，因此对于任意的复变量 s，式(4.1.14)都可以写成下面的形式

$$\frac{k_{\mathrm{g}}\prod_{j=1}^{m}|s+z_j|}{\prod_{i=1}^{n}|s+p_i|}\mathrm{e}^{\mathrm{j}\left[\sum_{j=1}^{m}\angle(s+z_j)-\sum_{i=1}^{n}\angle(s+p_i)\right]}=-1 \tag{4.1.15}$$

注意到式（4.1.15）中等号的右边为–1，将–1写成复数形式，得

$$-1=\mathrm{e}^{\mathrm{j}(2k+1)\pi} \tag{4.1.16}$$

式中，$k=0, \pm1, \pm2, \cdots$。于是根轨迹方程式（4.1.14）可等效为下述两式

$$\frac{k_{\mathrm{g}}\prod_{j=1}^{m}|(s+z_j)|}{\prod_{i=1}^{n}|(s+p_i)|}=1 \tag{4.1.17}$$

$$\sum_{j=1}^{m}\angle(s+z_j)-\sum_{i=1}^{n}\angle(s+p_i)=(2k+1)\pi,\quad k=0,\pm1,\pm2,\cdots \tag{4.1.18}$$

式（4.1.17）和式（4.1.18）分别称为当 $k_{\mathrm{g}}\geqslant 0$ 时根轨迹应满足的幅值条件和相角条件。

同样，也可写出当根轨迹增益 k_{g} 取负值 $(-\infty<k_{\mathrm{g}}\leqslant 0)$ 时根轨迹应满足的幅值和相角条件。幅值条件为

$$\frac{|k_g|\prod_{j=1}^{m}|(s+z_j)|}{\prod_{i=1}^{n}|(s+p_i)|}=1 \tag{4.1.19}$$

相角条件为

$$\sum_{j=1}^{m}\angle(s+z_j)-\sum_{i=1}^{n}\angle(s+p_i)=2k\pi,\ k=0,\pm1,\pm2,\cdots \tag{4.1.20}$$

将根据幅值条件和相角条件画出的曲线分别称为等幅值根轨迹和等相角根轨迹，可以证明等幅值根轨迹与等相角根轨迹是正交的。每一个交点表示相应的根轨迹增益 k_g 对应的闭环特征根。绘制根轨迹时，一般先用相角条件绘制出等相角根轨迹图，然后利用幅值条件计算出根轨迹上各点对应的 k_g 值，并标在该点的旁边。

根据式（4.1.18）和式（4.1.20）表示的两种不同的相角条件，可将根轨迹分为两种类型：

（1）180° 等相角根轨迹：复平面上所有满足相角条件式（4.1.18）的点 s 连成的曲线，称为180° 等相角根轨迹，简称根轨迹。

（2） 0° 等相角根轨迹：复平面上所有满足相角条件式（4.1.20）的点 s 连成的曲线，称为 0°等相角根轨迹。

这样，当根轨迹增益从 $k_g=0$ 到 $k_g=\pm\infty$ 变化时，根据根轨迹应满足的相应幅值和相角条件，完全可以确定 s 平面上的根轨迹和根轨迹上各点对应的 k_g 值。

4.1.3　利用试探法确定根轨迹上的点

由于根轨迹上的点满足相角条件，所以可利用相角条件来判断 s 平面上的点是否在根轨迹上。在例 4.1.1 中，系统的开环极点为 $-p_1=0$ 和 $-p_2=-2$ 。假设 s 平面上有任意点 A，如图 4.1.5 所示。记 $-p_1$ 指向 A 点的向量为 s，$-p_2$ 指向 A 点的向量为 $s+2$，向量 s 和 $s+2$ 的相角分别为 ϕ_{A1} 和 ϕ_{A2}，假设 $k_g\geqslant0$，则开环传递函数的相角为

$$\angle\frac{k_g}{s(s+2)}\Big|_{s=A}=-\angle s-\angle(s+2)=-\phi_{A1}-\phi_{A2}$$

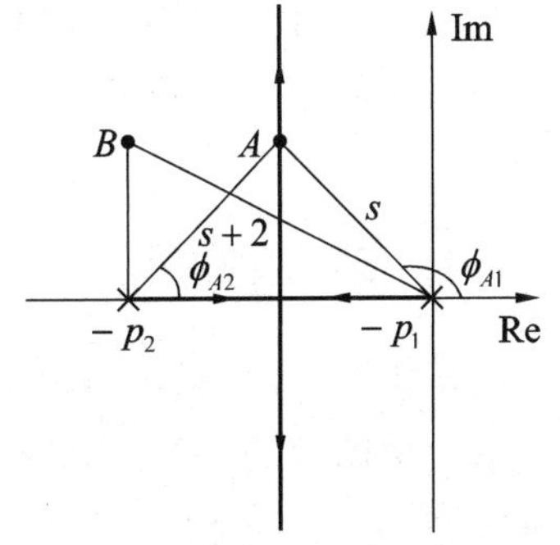

图 4.1.5　用试探法确定根轨迹上的点

根据式（4.1.18）所示的相角条件，如果 $-\phi_{A1}-\phi_{A2}=\pm\pi$，则 A 点是根轨迹上的点。显然，如果 A 点位于[–2，0]区间或位于通过（–1，j0）且平行于虚轴的直线上，那么它就满足相角条件，因

此是根轨迹上的点。对于s复平面上这些范围以外的点，比如B点，显然有

$$\angle \frac{k_g}{s(s+2)}\Big|_{s=B} = -\angle s - \angle(s+2) = -\phi_{B1} - \phi_{B2} \neq \pm\pi$$

不满足相角条件，因此B点不在根轨迹上。这与例 4.1.1 利用解析法获得的结果是一致的。另外，利用幅值条件也可在根轨迹上确定特定点的根轨迹增益k_g。例如，若根轨迹上A点的坐标为（–1，j1），则根据幅值条件式（4.1.17），有

$$\left|G_k(s)\right|_{s=-1+j1} = \frac{k_{gA}}{|s||s+2|_{s=-1+j1}} = 1$$

可求得$k_{gA} = 2$。

4.2 绘制根轨迹的基本规则

上节介绍了根轨迹的基本概念、根轨迹应满足的幅值和相角条件，以及利用解析法和试探法绘制根轨迹的方法。利用解析法和试探法绘制根轨迹对于低阶系统是可行的，但对于高阶系统，绘制过程非常繁琐，不便于实际应用。在实际控制工程应用中，通常使用以相角条件为基础建立起来的一些基本规则来绘制根轨迹。使用这些规则，将有助于减少绘制系统根轨迹的工作量，能够较迅速地画出根轨迹的大致形状和变化趋势。

本节首先讨论以根轨迹增益k_g作为参变量时的 180°和 0°等相角根轨迹的绘制规则，然后介绍系统其他参数作为参变量时的根轨迹绘制方法。

4.2.1 180°等相角根轨迹的绘制规则

负反馈控制系统的典型结构图如图 4.1.4 所示。其开环传递函数和根轨迹方程分别如式（4.1.8）和式（4.1.14）所示。当根轨迹增益k_g大于零时，根轨迹的幅值条件和相角条件分别如式（4.1.17）和式（4.1.18）所示。在这种情况下绘制的根轨迹称为180°等相角根轨迹，下面讨论绘制180°等相角根轨迹的基本规则。

1. 根轨迹的连续性、对称性和分支数

由于实际控制系统闭环特征方程的系数或为已知实数，或为根轨迹增益k_g的函数，所以当k_g从零到无穷大连续变化时，闭环特征根的变化也必然是连续的，故根轨迹具有连续性。

系统闭环特征方程的系数仅与系统的参数有关，对于实际的控制系统来说，

这些参数都是实数，具有实系数的闭环特征方程的根具有共轭复根的形式，必然对称于实轴。根轨迹是闭环特征根的集合，因此根轨迹对称于实轴。

根轨迹是开环系统某一参数从零变化到无穷大时，闭环特征方程的根在 s 平面上变化的轨迹。因此，根轨迹的分支数必然与闭环特征方程根的数目相等。根据根轨迹方程式（4.1.14）可写出系统的闭环特征方程为

$$\prod_{i=1}^{n}(s+p_i)+k_{\mathrm{g}}\prod_{j=1}^{m}(s+z_j)=0 \tag{4.2.1}$$

由式（4.2.1）可知，闭环特征方程根的数目等于 m 和 n 中的较大者，因此根轨迹的分支数等于开环有限零点和极点数目中的大者。在实际的控制系统中，通常有 $n \geqslant m$。综上所述，可得

绘制根轨迹规则 1：根轨迹是对称于实轴的连续曲线，其分支数等于系统开环零点和极点数目中的较大者。

2. 根轨迹的起点和终点

根轨迹的起点是指当根轨迹增益 $k_{\mathrm{g}}=0$ 时闭环极点在 s 平面上的位置，而根轨迹的终点则是当 $k_{\mathrm{g}} \to +\infty$ 时闭环极点在 s 平面上的位置。

将根轨迹方程式（4.1.14）重写如下：

$$\frac{\prod_{j=1}^{m}(s+z_j)}{\prod_{i=1}^{n}(s+p_i)}=-\frac{1}{k_{\mathrm{g}}} \tag{4.2.2}$$

由上式可以看出，在根轨迹的起点处，即当 $k_{\mathrm{g}}=0$ 时，只有当 $s=-p_i$ $(i=1,$ $2,\cdots,n)$ 时，式（4.2.2）方能成立。$-p_i(i=1,2,\cdots,n)$ 为系统的开环极点，即此时闭环极点等于开环极点，或者说闭环极点在 $k_{\mathrm{g}}=0$ 时与开环极点重合，所以根轨迹的起点必位于系统开环极点处。

类似地，在根轨迹的终点处，即当 $k_{\mathrm{g}} \to +\infty$ 时，只有当 $s=-z_j(j=1,2,\cdots,m)$ 时，式（4.2.2）才能成立。$-z_j(j=1,2,\cdots,m)$ 是系统的开环零点。也就是说，当 $k_{\mathrm{g}} \to +\infty$ 时，有 m 个闭环极点与 m 个开环零点重合。所以必有 m 条根轨迹分支的终点在 m 个开环零点处。然而在实际控制系统中，开环传递函数分子多项式次数 m 和分母多项式次数 n 一般满足 $n \geqslant m$。如果 $n>m$，那么剩余的 $n-m$ 条根轨迹分支的终点在哪里呢？答案是剩余的 $n-m$ 条根轨迹分支的终点将在无穷远 $s \to \infty$ 处。这是因为当 $k_{\mathrm{g}} \to +\infty$ 和 $s \to \infty$ 时，根轨迹方程式（4.2.2）也成立

$$\lim_{s\to\infty}\frac{\prod_{j=1}^{m}(s+z_j)}{\prod_{i=1}^{n}(s+p_i)}=\lim_{s\to\infty}s^{m-n}=\lim_{k_g\to\infty}\frac{1}{k_g}=0,\quad n>m$$

如果把无穷远处根轨迹的终点称为无限开环零点，有限数值的开环零点称为有限开环零点，那么可以说根轨迹必终止于开环零点处。从这个意义上讲，开环零点数目与开环极点数目是相等的。

值得注意的是，在绘制除以根轨迹增益k_g以外的其他参数作为参变量的根轨迹时，可能会出现$n<m$的情况。在这种情况下，必有$m-n$条根轨迹分支的起点在无穷远处。这是因为当$k_g\to 0$和$s\to\infty$时，根轨迹方程式（4.2.2）同样成立

$$\lim_{s\to\infty}\frac{\prod_{j=1}^{m}(s+z_j)}{\prod_{i=1}^{n}(s+p_i)}=\lim_{s\to\infty}s^{m-n}=\lim_{k_g\to 0}\frac{1}{k_g}=\infty,\quad n<m$$

如果把无穷远处的起点看作无限开环极点，同样可以说，根轨迹必起始于开环极点。于是有

绘制根轨迹规则2：根轨迹起始于开环极点，终止于开环零点。

3．根轨迹的渐近线

由规则2知，当$n>m$时，应有$n-m$条根轨迹分支的终点在无穷远处。那么，这些根轨迹分支是以怎样的方向趋向无穷远的呢？这些方向可由根轨迹的渐近线确定。可认为当$k_g\to+\infty, s\to\infty$时，渐近线与根轨迹是重合的。确定根轨迹的渐近线包括两个内容，一个是渐近线的倾角（渐近线与实轴的夹角），另一个是渐近线与实轴的交点。

假设在根轨迹上无限远处有一点s（该点是根轨迹的终点，也是渐近线上的点，在该点上有$k_g\to+\infty, s\to\infty$），则复平面上所有开环零点和开环极点指向$s$的向量都可认为是相等的。由于开环零点和极点都对称于实轴，所以这些向量与实轴上的某一有限值点（系统开环零点和开环极点的重心）$-\sigma$指向s的向量也相等，即当$s\to\infty$时有

$$s+z_1=s+z_2=\cdots=s+z_m=s+p_1=s+p_2=\cdots s+p_n=s+\sigma$$

将上式代入根轨迹方程式（4.1.14）得

$$\frac{k_g}{(s+\sigma)^{n-m}}=-1 \tag{4.2.3}$$

以$-1=\mathrm{e}^{\mathrm{j}\pi(2k+1)}$，$k=0, \pm1, \pm2, \cdots$，代入上式并整理得

$$s+\sigma = k_{\mathrm{g}}^{\frac{1}{n-m}} \cdot \mathrm{e}^{\mathrm{j}\pi\frac{2k+1}{n-m}} \tag{4.2.4}$$

式（4.2.4）即是根轨迹的渐近线方程。由式（4.2.4）可知，根轨迹的渐近线是由过坐标原点的直线

$$s = k_{\mathrm{g}}^{\frac{1}{n-m}} \cdot \mathrm{e}^{\mathrm{j}\pi\frac{2k+1}{n-m}}$$

向左平移σ得到的。显然，渐近线与实轴的交点为$-\sigma$，与实轴的夹角为（考虑到角度的周期性）

$$\varphi = \frac{(2k+1)\pi}{n-m},\quad k=0,1,2,\cdots,\quad n-m-1 \tag{4.2.5}$$

下面讨论渐近线与实轴交点$-\sigma$的求法。为此重写式（4.2.3）如下：

$$(s+\sigma)^{n-m} = s^{n-m} + (n-m)\sigma s^{n-m-1} + \cdots = -k_{\mathrm{g}} \tag{4.2.6}$$

重写根轨迹方程式（4.1.14）为

$$s^{n-m} + \left(\sum_{i=1}^{n} p_i - \sum_{j=1}^{m} z_j\right) s^{n-m-1} + \cdots = -k_{\mathrm{g}} \tag{4.2.7}$$

比较式（4.2.6）和式（4.2.7）知，当$s\to\infty$时两式是等价的，其s^{n-m-1}项的系数应相等，所以有

$$(n-m)\sigma = \sum_{i=1}^{n} p_i - \sum_{j=1}^{m} z_j$$

于是根轨迹与实轴的交点$-\sigma$为

$$-\sigma = -\frac{\sum_{i=1}^{n} p_i - \sum_{j=1}^{m} z_j}{n-m} \tag{4.2.8}$$

绘制根轨迹规则 3：如果控制系统的开环极点数n和开环零点数 m 满足$n>m$，则当根轨迹增益$k_{\mathrm{g}}\to+\infty$时，根轨迹的渐近线共有$n-m$条，这些渐近线在实轴上交于一点，其坐标是

$$\left(-\frac{\sum_{i=1}^{n} p_i - \sum_{j=1}^{m} z_j}{n-m},\ \mathrm{j}0\right)$$

其倾角（与实轴的夹角）为

$$\frac{(2k+1)\pi}{n-m},\quad k=0,1,2,\cdots,\quad n-m-1$$

需要说明的是，渐近线表示的是当$|s|>>1$时，根轨迹的变化情况。根轨迹分支可能位于相应的渐近线的一侧，也可能穿过相应的渐近线，从一侧到另一侧。

例 4.2.1　若系统开环传递函数为

$$G_{\mathrm{k}}(s)=\frac{k_{\mathrm{g}}}{s(s+1)(s+5)}$$

试确定根轨迹的分支数，根轨迹的起点和终点；若根轨迹的终点在无穷远处，试求渐近线与实轴的交点和倾角。

解： 由规则 1 可知根轨迹有三条分支。

由规则 2 可知三条根轨迹分支的起点分别在开环极点 0，–1 和–5 处。因为没有开环零点，所以三条根轨迹分支沿三条渐近线趋向无穷远，即根轨迹三条分支的终点均在无穷远处。

由规则 3 可求得渐近线的倾角 φ 为

$$\varphi=\frac{(2k+1)\pi}{n-m}=\begin{cases}60°, & k=0\\180°, & k=1\\300°, & k=2\end{cases}$$

根据倾角的周期性，渐近线的倾角 φ 也可取值为 $\varphi=60°,180°,-60°$。渐近线与实轴的交点为 $-\sigma$

$$-\sigma=-\frac{\sum_{i=1}^{n}p_i-\sum_{j=1}^{m}z_j}{n-m}=-\frac{0+1+5-0}{3-0}=-2$$

根轨迹的渐近线如图 4.2.1 所示。

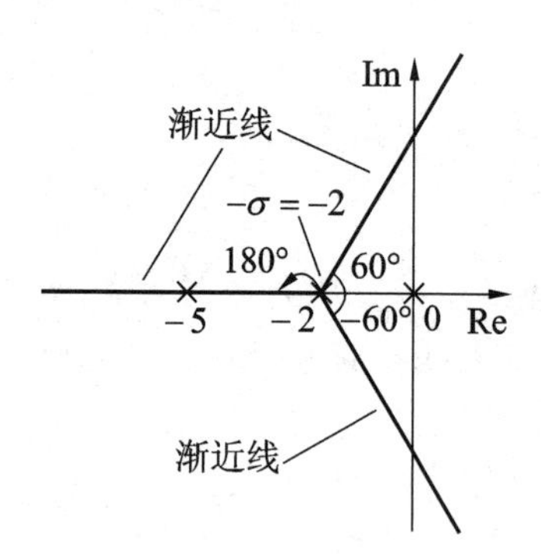

图 4.2.1　根轨迹的渐近线

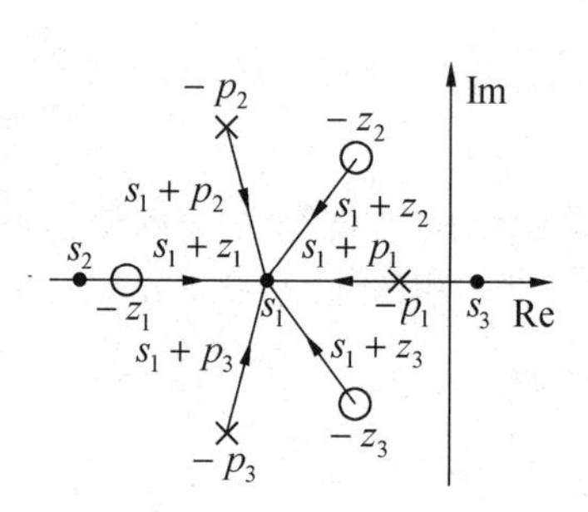

图 4.2.2　实轴上根轨迹判断图

4．实轴上的根轨迹

设控制系统的开环零点和极点的分布如图 4.2.2 所示，则系统的开环传递函数为

$$G_{\mathrm{k}}(s)=\frac{k_{\mathrm{g}}(s+z_1)(s+z_2)(s+z_3)}{(s+p_1)(s+p_2)(s+p_3)}$$

式中，$-p_1$ 为实极点，$-p_2$，$-p_3$ 为一对共轭复数极点，$-z_1$ 为实零点，$-z_2$，$-z_3$ 为一对共轭复数零点。为确定在实轴上属于根轨迹的区间，可先在实轴上的区间 $[-z_1,-p_1]$ 任取一点 s_1，利用根轨迹的相角条件来判断点 s_1 是否位于根轨迹上。

画出所有开环零点和开环极点指向点 s_1 的向量，如图 4.2.2 所示。由图 4.2.2 可看出，位于点 s_1 右边实轴上开环极点 $-p_1$ 指向点 s_1 的向量，其相角 $\angle(s_1+p_1)$ 为 π；而位于点 s_1 左边的实轴上开环零点 $-z_1$ 指向点 s_1 的向量，其相角 $\angle(s+z_1)$ 为 0。而共轭复数极点 $-p_1,-p_2$ 和共轭复数零点 $-z_1,-z_2$ 指向点 s_1 的向量的相角之和 $\angle(s+p_2)+\angle(s+p_3)$ 及 $\angle(s+z_2)+\angle(s+z_3)$ 均为 0。所以有

$$\angle G_{\mathrm{k}}(s)|_{s=s_1}=\angle(s+z_1)+\angle(s+z_2)+\angle(s+z_3)-\angle(s+p_1)-\angle(s+p_2)-\angle(s+p_3)$$
$$=0+0-\pi-0=-\pi$$

根据相角条件，可知点 s_1 是根轨迹上的点。若在实轴上的区间 $(-\infty,-z_1]$ 和 $[-p_1,+\infty)$ 任取点 s_2 和点 s_3，用同样的方法可以确定出点 s_2 和点 s_3 不是根轨迹上的点。由此可见，实轴上的点是不是根轨迹上的点，仅取决于实轴上开环零点和开环极点的分布，与复开环极点和零点的分布无关。如果实轴上某点 s 右边的开环零点和极点数目之和为奇数，则 s 点是根轨迹上的点。在图 4.2.2 中，实轴上根轨迹区间应是 $[-z_1,-p_1]$。

绘制根轨迹规则 4：若实轴上某点右边的开环零点和开环极点数目之和为奇数，则该点是根轨迹上的点。共轭复数开环零点、开环极点对确定实轴上的根轨迹无影响。

5. 根轨迹的分离（会合）点

两条或两条以上根轨迹分支在复平面上某一点相遇后又分开，则称该点为根轨迹的分离（会合）点。由于根轨迹对称于实轴，所以分离（会合）点可以位于实轴也可以位于复平面上。图 4.2.3（a）和图 4.2.3（b）分别为系统

$$G_{\mathrm{k}}(s)=\frac{k_{\mathrm{g}}(s+2)}{s(s+1)}$$

$$G_{\mathrm{k}}(s)=\frac{k_{\mathrm{g}}}{(s^2+8s+20)(s^2+8s+17)}$$

的根轨迹图。在图 4.2.3（a）中，分离（会合）点在实轴上，根轨迹从开环极点 0，-1 处出发，在 A 点相遇分离，到 B 点相遇会合。当 $k_{\mathrm{g}}\to\infty$ 时根轨迹一支趋向开环零点 -2，另一支趋向无穷远。当根轨迹分支在实轴上相交后进入复平面时，习惯上称该相交点为根轨迹的分离点；反之，当根轨迹分支由复平面进入实轴时，它们在实轴上的交点称为会合点。A、B 点分别称为根轨迹在实轴上的分离点和会合点。分离（会合）点还可以共轭复数对的形式出现在复平面中，如图 4.2.3（b）中 A、B

点所示。

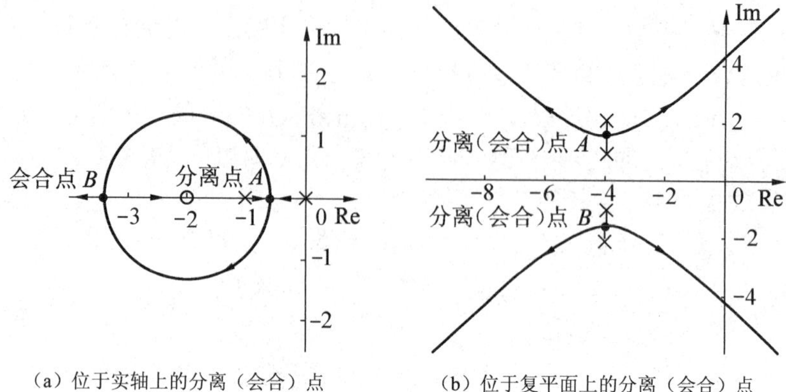

图 4.2.3　根轨迹的分离（会合）点

根轨迹上的分离（会合）点实质上就是闭环特征方程的重根，因而可以用求解方程式重根的方法确定其在复平面上的位置。

现将根轨迹方程式（4.1.14）重写如下：

$$k_g \frac{\prod_{j=1}^{m}(s+z_j)}{\prod_{i=1}^{n}(s+p_i)} = k_g \frac{N(s)}{D(s)} = -1 \tag{4.2.9}$$

式中，$N(s)=\prod_{j=1}^{m}(s+z_j)$，$D(s)=\prod_{i=1}^{n}(s+p_i)$。则系统的闭环特征表达式为

$$F(s) = D(s) + k_g N(s) \tag{4.2.10}$$

设该方程有γ个重根$-\sigma_d$ $(\gamma \geqslant 2)$，其余互异根为$-\sigma_1$，$-\sigma_2$，$\cdots$，$-\sigma_{n-\gamma}$，重根点（即根轨迹上的分离（会合）点）处的根轨迹增益为k_{gd}。则闭环特征表达式可写为

$$\begin{aligned} F(s) &= D(s) + k_g N(s) \\ &= (s+\sigma_1)(s+\sigma_2)\cdots(s+\sigma_{n-\gamma})(s+\sigma_d)^{\gamma} \end{aligned} \tag{4.2.11}$$

式（4.2.11）对s求导得

$$\begin{aligned} F'(s) &= D'(s) + k_g N'(s) \\ &= (s+\sigma_d)^{\gamma}[(s+\sigma_1)(s+\sigma_2)\cdots(s+\sigma_{n-\gamma})]' + \\ &\quad \gamma(s+\sigma_d)^{\gamma-1}[(s+\sigma_1)(s+\sigma_2)\cdots(s+\sigma_{n-\gamma})] \end{aligned} \tag{4.2.12}$$

显然在重根$s=-\sigma_d$处有

$$F(s)=0,\ F'(s)=0$$

即

$$D(s)+k_{\mathrm{gd}}N(s)=0,\ D'(s)+k_{\mathrm{gd}}N'(s)=0 \tag{4.2.13}$$

由式（4.2.13）可得

$$N'(s)D(s)-N(s)D'(s)=0 \tag{4.2.14}$$

$$k_{\mathrm{gd}}=-\frac{D'(s)}{N'(s)}\Big|_{s=-\sigma_{\mathrm{d}}} \tag{4.2.15}$$

或

$$k_{\mathrm{gd}}=-\frac{D(s)}{N(s)}\Big|_{s=-\sigma_{\mathrm{d}}} \tag{4.2.16}$$

式（4.2.14）即是求闭环特征方程的重根点的方程，即根轨迹的分离（会合）点应满足的方程。由式（4.2.15）或式（4.2.16）可求出分离（会合）点对应的根轨迹增益。

需要说明的是，按式（4.2.14）所求的根并非都是实际的分离（会合）点，只有位于根轨迹上的那些点才是实际的分离（会合）点，具体计算时应加以判断。

下面再给出求根轨迹分离（会合）点的另一个方法。将系统的闭环特征方程写成如下形式

$$\prod_{i=1}^{n}(s+p_i)=-k_{\mathrm{g}}\prod_{j=1}^{m}(s+z_j) \tag{4.2.17}$$

在根轨迹的分离（会合）点，即闭环特征方程的重根处，有

$$\frac{\mathrm{d}}{\mathrm{d}s}\left[\prod_{i=1}^{n}(s+p_i)+k_{\mathrm{g}}\prod_{j=1}^{m}(s+z_j)\right]=0$$

重写上式为

$$\frac{\mathrm{d}}{\mathrm{d}s}\prod_{i=1}^{n}(s+p_i)=-k_{\mathrm{g}}\frac{\mathrm{d}}{\mathrm{d}s}\prod_{j=1}^{m}(s+z_j) \tag{4.2.18}$$

将式（4.2.17）除以式（4.2.18）得

$$\frac{\frac{\mathrm{d}}{\mathrm{d}s}\prod_{i=1}^{n}(s+p_i)}{\prod_{i=1}^{n}(s+p_i)}=\frac{\frac{\mathrm{d}}{\mathrm{d}s}\prod_{j=1}^{m}(s+z_j)}{\prod_{j=1}^{m}(s+z_j)}$$

即

$$\frac{\mathrm{d}\left[\ln\prod_{i=1}^{n}(s+p_i)\right]}{\mathrm{d}s}=\frac{\mathrm{d}\left[\ln\prod_{j=1}^{m}(s+z_j)\right]}{\mathrm{d}s}$$

由于

$$\ln\prod_{i=1}^{n}(s+p_i)=\sum_{i=1}^{n}\ln(s+p_i)$$

$$\ln\prod_{j=1}^{m}(s+z_j)=\sum_{j=1}^{m}\ln(s+z_j)$$

所以

$$\sum_{i=1}^{n}\frac{\mathrm{d}\ln(s+p_i)}{\mathrm{d}s}=\sum_{j=1}^{m}\frac{\mathrm{d}\ln(s+z_j)}{\mathrm{d}s}$$

由上式整理得

$$\sum_{i=1}^{n}\frac{1}{s+p_i}=\sum_{j=1}^{m}\frac{1}{s+z_j} \tag{4.2.19}$$

从式（4.2.19）中解出 s，即为根轨迹的分离（会合）点。

若系统没有开环零点，则式（4.2.19）变为

$$\sum_{i=1}^{n}\frac{1}{s+p_i}=0$$

一般来说，若实轴上两相邻开环极点之间有根轨迹，则这两个相邻开环极点之间必有分离点；若实轴上两相邻开环零点（其中一个零点可能是无穷远零点）之间有根轨迹，则这两个相邻开环零点之间必有会合点。下面给出分离角 θ_{d} 的定义。

所谓分离角 θ_{d} 是指根轨迹进入分离（会合）点的切线方向与离开分离（会合）点的切线方向之间的夹角。

假设有 l 条根轨迹分支进入并离开分离（会合）点，则分离角由式（4.2.20）决定。

$$\theta_{\mathrm{d}}=\frac{(2k+1)\pi}{l},\ k=0, 1, 2, \cdots,\ l-1 \tag{4.2.20}$$

绘制根轨迹规则 5：根轨迹的分离（会合）点由式（4.2.14）或式（4.2.19）求解。分离（会合）点对应的根轨迹增益由式（4.2.15）或式（4.2.16）求解。

例 4.2.2 已知单位负反馈控制系统的开环传递函数为

$$G_{\mathrm{k}}(s)=\frac{k(0.25s+1)}{(s+1)(0.5s+1)}$$

试确定实轴上的根轨迹区间，并计算根轨迹的分离（会合）点和分离角，以及分离（会合）点处的根轨迹增益。

解：首先将系统的开环传递函数写为零、极点形式

$$G_{\mathrm{k}}(s)=\frac{k_{\mathrm{g}}(s+4)}{(s+1)(s+2)}$$

式中，$k_{\mathrm{g}}=k/2$ 为根轨迹增益。

根据规则 4，可知实轴上的根轨迹区间应为 $(-\infty,-4]$ 和 $[-2,-1]$。

为求根轨迹的分离（会合）点，令 $N(s)=s+4$，$D(s)=(s+1)(s+2)=s^2+3s+2$，则 $N'(s)=1$，$D'(s)=2s+3$。代入 $N'(s)D(s)-N(s)D'(s)=0$ 中，整理后得

$$s^2+8s+10=0$$

解出上式的根为

$$s_1\approx -1.55\text{，}\quad s_2\approx -6.45$$

根据根轨迹在实轴上的分布，可知 s_1 是实轴上的分离点，s_2 是实轴上的会合点。

分离点和会合点对应的根轨迹增益分别为

$$k_{\mathrm{gd1}}=-\frac{D'(s)}{N'(s)}=-\frac{2s+3}{1}\Big|_{s=-1.55}=0.1$$

$$k_{\mathrm{gd2}}=-\frac{D'(s)}{N'(s)}=-\frac{2s+3}{1}\Big|_{s=-6.45}=9.9$$

分离角为

$$\theta_{\mathrm{d}}=\frac{(2k+1)\pi}{2}=\frac{\pi}{2},\frac{3\pi}{2},\quad k=0,1$$

6．根轨迹的出射角和入射角

当开环零点和开环极点处于复平面上时，根轨迹离开开环极点处的切线方向与正实轴的夹角，称为根轨迹的出射角，即根轨迹的出发角。根轨迹进入开环零点处切线方向与正实轴的夹角，称为根轨迹的入射角，即根轨迹的终止角。

下面以图 4.2.4 所示系统的开环零点和开环极点分布为例，讨论如何求取根轨迹的出射角。图中 $-p_1,-p_2$ 为一对共轭复数极点，$-p_3,-p_4$ 为实数极点，$-z_1$ 为开环零点。现计算开环极点 $-p_1$ 处的出射角 θ_{p_1}。

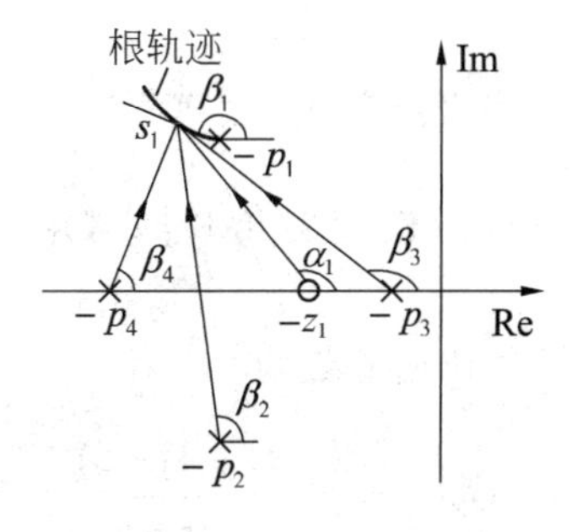

图 4.2.4　计算根轨迹出射角的示意图

由系统的开环零点和开环极点分布，可以写出系统的开环传递函数为

$$G_{\rm k}(s)=\frac{k_{\rm g}(s+z_1)}{(s+p_1)(s+p_2)(s+p_3)(s+p_4)}$$

在靠近开环极点 $-p_1$ 的根轨迹上取一试探点 s_1，则 s_1 应满足相角条件

$$\begin{aligned}\angle G_{\rm k}(s_1)&=\pm(2k+1)\pi\\&=\angle(s_1+z_1)-\angle(s_1+p_1)-\angle(s_1+p_2)-\angle(s_1+p_3)-\angle(s_1+p_4)\\&=\alpha_1-\beta_1-\beta_2-\beta_3-\beta_4\end{aligned}$$

当 $s_1\to -p_1$ 时，$\angle(s_1+p_1)=\beta_1=\theta_{p_1}$ 为开环极点 $-p_1$ 处的出射角。考虑到相角的周期性，出射角 θ_{p_1} 可写为

$$\theta_{p_1}=\pi+\alpha_1-\beta_2-\beta_3-\beta_4$$

推广到一般情况，计算根轨迹上复数开环极点 $-p_k$ 处出射角的一般表达式为

$$\theta_{p_k}=\pi+\sum_{j=1}^{m}\angle(-p_k+z_j)-\sum_{\substack{i=1\\i\neq k}}^{n}\angle(-p_k+p_i) \tag{4.2.21}$$

式中，$\sum\limits_{j=1}^{m}\angle(-p_k+z_j)$ 为所有开环零点指向 $-p_k$ 点所构成向量的相角之和；

$\sum\limits_{\substack{i=1\\i\neq k}}^{n}\angle(-p_k+p_i)$ 为除了 $-p_k$ 点之外的所有开环极点指向 $-p_k$ 点所构成向量的相角之和。

类似地，可以得出计算根轨迹上复数开环零点 $-z_k$ 处的入射角为

$$\theta_{zk}=\pi-\sum_{\substack{j=1\\j\neq k}}^{m}\angle(-z_k+z_j)+\sum_{i=1}^{n}\angle(-z_k+p_i) \tag{4.2.22}$$

式中，$\sum\limits_{\substack{j=1\\j\neq k}}^{m}\angle(-z_k+z_j)$ 为除了 $-z_k$ 点之外的所有开环零点指向 $-z_k$ 点所构成向量的相角之和；

$\sum\limits_{i=1}^{n}\angle(-z_k+p_i)$ 为所有开环极点指向 $-z_k$ 点所构成向量的相角之和。

绘制根轨迹规则 6：根轨迹的出射角和入射角应分别按式（4.2.21）和式（4.2.22）计算。

例 4.2.3　控制系统的开环传递函数为

$$G_{\rm k}(s)=\frac{k_{\rm g}(s^2+4s+5)}{s^2+2s+5}$$

试确定根轨迹离开复数开环极点的出射角和进入复数开环零点的入射角。

解：由给出的传递函数可知，系统的开环极点为：$-p_{1,2}=-1\pm \mathrm{j}2$，开环零点为：$-z_{1,2}=-2\pm \mathrm{j}1$。

现在先求开环极点$-p_1$处的出射角。为此画出系统各开环零点和开环极点（除了开环极点$-p_1$）到$-p_1$的向量，并标出每个向量的相角，分别为α_1、α_2和β_1，如图 4.2.5（a）所示。由于$\alpha_1=45°$，$\alpha_2=\arctan 3\approx 71.6°, \beta_1=90°$。所以，$-p_1$点处的出射角为

$$\theta_{p_1}\approx 180°+45°+71.6°-90°\approx 206.6°$$

考虑到根轨迹的对称性，开环极点$-p_2$的出射角为$\theta_{p_2}\approx -206.6°$。

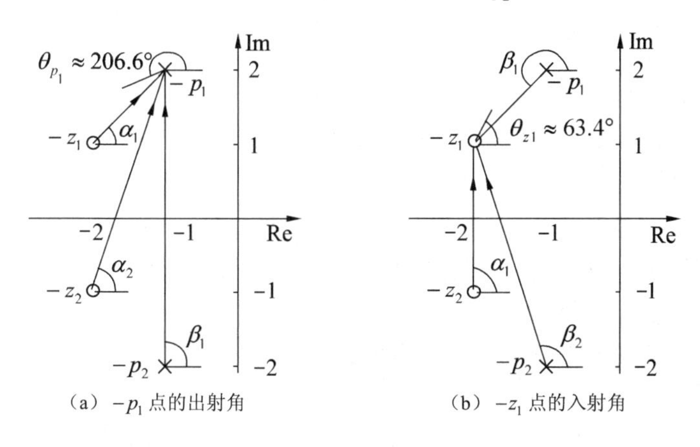

（a）$-p_1$点的出射角　　（b）$-z_1$点的入射角

图 4.2.5　开环极点的出射角和开环零点的入射角

再求开环零点$-z_1$处的入射角。画出系统各开环零点（除了开环零点$-z_1$）和开环极点到$-z_1$的向量，并标出每个向量的相角，分别为α_1、β_1和β_2，如图 4.2.5（b）所示。

由于，$\alpha_1=90°, \beta_1\approx 225°\ \beta_2\approx 108.4°$。所以，$-z_1$点的入射角为

$$\theta_{z_1}\approx 180°-90°+225°+108.4°\approx 423.4°$$

考虑到相角的周期性，$-z_1$点的入射角还可以写为

$$\theta_{z_1}\approx 423.4°-360°\approx 63.4°$$

考虑到根轨迹的对称性，开环零点$-z_2$点的入射角为

$$\theta_{z_2}\approx -63.4°$$

7．根轨迹与虚轴的交点

当根轨迹增益k_{g}变化到某些特定值时，若根轨迹与虚轴相交，表明控制系统有位于虚轴上的闭环极点，即闭环特征方程含有纯虚根$s=\pm \mathrm{j}\omega$，这时的闭环控制系统处于临界稳定状态。因此，正确计算根轨迹与虚轴的交点以及其相应的根

轨迹增益是十分重要的。通常有两种方法可求得根轨迹与虚轴的交点及相应的根轨迹增益。

（1）将$s=\mathrm{j}\omega$代入到系统闭环特征方程式中，得到$1+G_{\mathrm{k}}(\mathrm{j}\omega)=0$，整理得

$$\mathrm{Re}[1+G_{\mathrm{k}}(\mathrm{j}\omega)]+\mathrm{j}\,\mathrm{Im}[1+G_{\mathrm{k}}(\mathrm{j}\omega)]=0 \tag{4.2.23}$$

或写为

$$\begin{cases}\mathrm{Re}[1+G_{\mathrm{k}}(\mathrm{j}\omega)]=0\\ \mathrm{Im}[1+G_{\mathrm{k}}(\mathrm{j}\omega)]=0\end{cases} \tag{4.2.24}$$

通过求解式（4.2.24），可得到根轨迹与虚轴的交点坐标$\mathrm{j}\omega$及其对应的临界根轨迹增益k_{gc}。

（2）应用劳斯稳定性判据也可求得根轨迹与虚轴的交点及相应的根轨迹增益。在使用劳斯判据时会遇到劳斯阵列的某一行全为零的情况，这种情况表明闭环控制系统存在大小相等但位置径向相反的根。这些根包括大小相等而符号相反的实根对、共轭虚根对以及对称于虚轴的共轭复根对。利用劳斯阵列中系数全为零行的上一行系数组成辅助方程，该辅助方程的根即是这些大小相等而位置径向相反的根。

绘制根轨迹规则7：根轨迹与虚轴的交点应根据式（4.2.24）或应用劳斯稳定性判据求解。

例4.2.4 对于例4.2.1所示系统的开环传递函数，试求根轨迹与虚轴的交点及对应的临界根轨迹增益。

解：该系统的根轨迹方程为

$$\frac{k_{\mathrm{g}}}{s(s+1)(s+5)}=-1$$

系统的闭环特征方程为

$$s^3+6s^2+5s+k_{\mathrm{g}}=0$$

下面用两种方法求根轨迹与虚轴的交点及对应的临界根轨迹增益k_{gc}。

方法一：将$s=\mathrm{j}\omega$代入上述闭环特征方程，并整理得

$$-6\omega^2+k_{\mathrm{g}}=0$$

$$-\omega^3+5\omega=0$$

解上述两式得

$$k_{\mathrm{g1}}=0,\ \ \omega_1=0$$

$$k_{\mathrm{g2,g3}}=30,\ \ \omega_{2,3}=\pm\sqrt{5}$$

可知根轨迹与虚轴的交点为$\pm\mathrm{j}\sqrt{5}$，对应的临界根轨迹增益为$k_{\mathrm{gc}}=30$。

方法二：列出闭环特征方程的劳斯阵列如下：

$$
\begin{array}{c|cc}
s^3 & 1 & 5 \\
s^2 & 6 & k_g \\
s^1 & \dfrac{30-k_g}{6} & 0 \\
s^0 & k_g & 0
\end{array}
$$

令劳斯阵列的s^1行全为零，有

$$\frac{30-k_g}{6}=0$$

解得$k_{gc}=30$。列辅助方程为$6s^2+k_{gc}=0$，解得$s=\pm j\sqrt{5}$。由此可见，用上述两种方法得出的结果是一致的。

8. 系统的闭环极点之和与闭环极点之积

将系统的开环传递函数写为如下形式

$$G_k(s)=k_g\frac{\prod_{j=1}^{m}(s+z_j)}{\prod_{i=1}^{n}(s+p_i)}=k_g\frac{s^m+b_{m-1}s^{m-1}+\cdots+b_0}{s^n+a_{n-1}s^{n-1}+\cdots+a_0} \tag{4.2.25}$$

式中，$b_{m-1}=\sum_{j=1}^{m}z_j$，$b_0=\prod_{j=1}^{m}z_j$，$a_{n-1}=\sum_{i=1}^{n}p_i$，$a_0=\prod_{i=1}^{n}p_i$。对应的闭环特征方程为

$$F(s)=s^n+a_{n-1}s^{n-1}+\cdots+a_0+k_g(s^m+b_{m-1}s^{m-1}+\cdots+b_0)=0 \tag{4.2.26}$$

设系统的闭环极点为$-s_1$，$-s_2$，…，$-s_n$，则上式又可写成

$$F(s)=(s+s_1)(s+s_2)\cdots(s+s_n)=s^n+\left(\sum_{i=1}^{n}s_i\right)s^{n-1}+\cdots+\prod_{i=1}^{n}s_i \tag{4.2.27}$$

比较式（4.2.26）和式（4.2.27），可得到如下结论：

（1）当$n-m\geqslant 2$时，$\sum_{i=1}^{n}s_i=a_{n-1}=\sum_{i=1}^{n}p_i$。这表明当根轨迹增益$k_g$由$0\to+\infty$变化时，虽然$n$个闭环极点会随之发生变化，但是闭环极点之和却保持不变，其和等于n个开环极点之和。这意味着一部分闭环极点变大时，另一部分闭环极点必然变小。也就是说，如果一部分根轨迹随着k_g的增大向右移动时，另一部分根轨迹必将随着k_g的增大而向左移动。反之，当一部分根轨迹随着k_g的增大向左移动，则另一部分根轨迹必将随着k_g的增大而向右移动。该规则对判断根轨迹的走向是很有帮助的。

（2）闭环极点之积与开环零点和极点有如下关系

$$\prod_{i=1}^{n} s_i = a_0 + k_g b_0 = \prod_{i=1}^{n} p_i + k_g \prod_{j=1}^{m} z_j \tag{4.2.28}$$

可见，闭环极点之积不是常数，而是与 k_g 成正比。

绘制根轨迹规则 8：当系统满足 $n-m \geqslant 2$ 时，对于任意的根轨迹增益 k_g，系统的闭环极点之和为常数，且等于系统的开环极点之和。

综上所述，在给定系统开环零点和极点的情况下，利用本节介绍的绘制根轨迹的基本规则，可以较迅速地绘制出根轨迹的大致形状和变化趋势。如果对某些重要部分的根轨迹感兴趣，比如靠近虚轴和原点附近的根轨迹，可根据相角条件精确绘制。需要说明的是，根据系统的不同，绘制系统的根轨迹不一定要用到全部绘制规则，有时只用部分规则就可以绘制出完整的根轨迹。

例 4.2.5 对于例 4.2.1 所示系统的开环传递函数，试绘制系统的根轨迹。

解：系统的开环传递函数为

$$G_k(s) = \frac{k_g}{s(s+1)(s+5)}$$

绘制系统根轨迹的步骤如下：

（1）根轨迹的分支数：该根轨迹有三条分支。

（2）根轨迹的起点和终点：根轨迹的起点在开环极点 $0, -1, -5$ 处；终点均在无穷远处。

（3）根轨迹的渐近线：在例 4.2.1 中，已求得根轨迹渐近线的倾角分别为 $-60°$，$60°$ 和 $180°$，与实轴的交点为–2。

（4）实轴上的根轨迹：$(-\infty, -5]$ 和 $[-1, 0]$。

（5）分离（会合）点：由式 $\sum_{i=1}^{3} \frac{1}{s+p_i} = 0$，整理后得 $3s^2 + 12s + 5 = 0$，解得

$$s_1 = -3.5275, \quad s_2 = -0.4725$$

根据实轴上的根轨迹区域可知，$s_1 = -3.5275$ 不是根轨迹的分离（会合）点，$s_2 = -0.4725$ 是根轨迹的分离点。

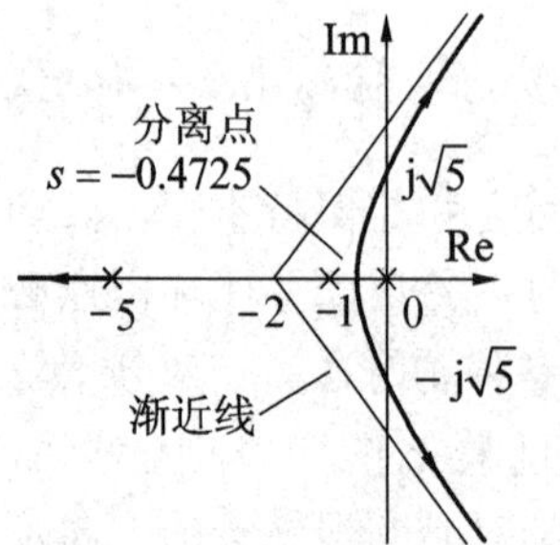

图 4.2.6 系统的根轨迹图

（6）根轨迹与虚轴的交点：在例 4.2.4 中，已求得根轨迹与虚轴的交点为 $s = \pm j\sqrt{5}$，对应的根轨迹增益为 $k_{gc} = 30$。

根据上面的计算，可绘制出系统根轨迹图如图 4.2.6 所示。

图 4.2.7 给出了几种常见的开环零、极点分布及其相应的根轨迹，供绘制概略根轨迹图时参考。

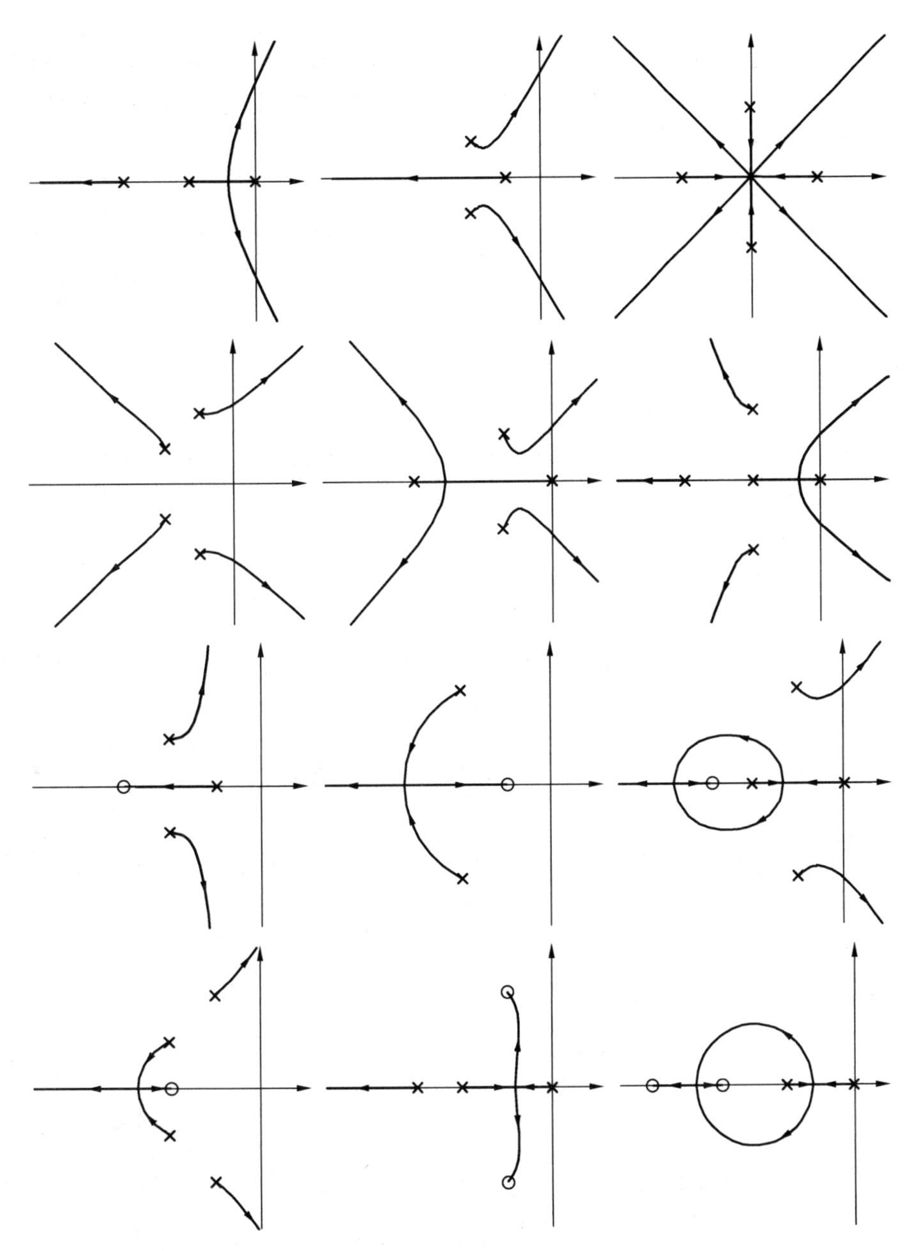

图 4.2.7　常见的开环零、极点分布及相应的根轨迹图

4.2.2　0°等相角根轨迹的绘制规则

对于如图 4.1.4 所示的负反馈控制系统，当根轨迹增益 k_g 为负数（$-\infty < k_g < 0$）时，根轨迹满足式（4.1.19）和式（4.1.20）所示的幅值条件和相角条件，这时绘制的根轨迹称为 0°等相角根轨迹。通过与 180°等相角根轨迹的幅值条件和相角条

件相比可知，两者的幅值条件相同，而相角条件不同。因此，0°等相角根轨迹的绘制规则与180°等相角根轨迹的绘制规则有所不同。与相角条件有关的一些规则需要修改，具体包括：

（1）根轨迹的渐近线

渐近线的倾角为

$$\varphi = \frac{2k\pi}{n-m} \tag{4.2.29}$$

式中，$k = 0, 1, 2, \cdots, n-m-1$。

（2）实轴上的根轨迹

实轴上的某一区域，若其右方开环零点和极点个数之和为偶数（包括0），则该区域必是根轨迹。

（3）根轨迹的出射角和入射角

根轨迹上开环极点$-p_k$处的出射角为

$$\theta_{p_k} = \sum_{j=1}^{m} \angle(-p_k + z_j) - \sum_{\substack{i=1 \\ i \neq k}}^{n} \angle(-p_k + p_i) \tag{4.2.30}$$

式中，$\sum_{j=1}^{m} \angle(-p_k + z_j)$为所有开环零点指向$-p_k$点所构成向量的相角之和；

$\sum_{\substack{i=1 \\ i \neq k}}^{n} \angle(-p_k + p_i)$为除了$-p_k$点之外的所有开环极点指向$-p_k$点所构成向量的相角之和。

根轨迹上开环零点$-z_k$处的入射角为

$$\theta_{z_k} = -\sum_{\substack{j=1 \\ j \neq k}}^{m} \angle(-z_k + z_j) + \sum_{i=1}^{n} \angle(-z_k + p_i) \tag{4.2.31}$$

式中，$\sum_{\substack{j=1 \\ j \neq k}}^{m} \angle(-z_k + z_j)$为除了$-z_k$点之外的所有开环零点指向$-z_k$点所构成向量的相角之和；

$\sum_{i=1}^{n} \angle(-z_k + p_i)$为所有开环极点指向$-z_k$点所构成向量的相角之和。

4.2.3 参量根轨迹

上两节介绍的根轨迹基本绘制规则是以根轨迹增益k_{g}作为参变量而得出的，

这种情况在实际系统中是最常见的。但有时也需要绘制除根轨迹增益 k_g 之外的其他参量（比如时间常数、反馈系数、开环零点和极点等）作为参变量时的根轨迹。这种根轨迹称为参量根轨迹，又称为广义根轨迹。

负反馈控制系统的结构图和开环传递函数分别如图 4.1.4 和式（4.1.8）所示。假设取其中一个开环极点 $-p$ 中的 p 作为参变量，k_g 为常量，则系统的闭环特征方程为

$$\frac{k_g\prod_{j=1}^{m}(s+z_j)}{(s+p)\prod_{i=1}^{n-1}(s+p_i)}=-1 \tag{4.2.32}$$

将上式变形得

$$\frac{p\prod_{i=1}^{n-1}(s+p_i)}{s\prod_{i=1}^{n-1}(s+p_i)+k_g\prod_{j=1}^{m}(s+z_j)}=-1 \tag{4.2.33}$$

或写成

$$\frac{p\prod_{j=1}^{n-1}(s+ze_j)}{\prod_{i=1}^{n}(s+pe_i)}=-1 \tag{4.2.34}$$

式（4.2.34）和根轨迹方程式（4.1.14）具有相同的形式，称为等效根轨迹方程。其等式左边部分相当于某一等效系统的开环传递函数，参变量 p 称为等效根轨迹增益。$-ze_j$，$-pe_j$ 分别称为等效开环零点和开环极点。显然，等效开环零点和开环极点与原系统的开环零点和开环极点是不同的。但由于式（4.2.34）是式（4.2.32）的变形，故等效系统与原系统具有相同的闭环极点。

可以用上两节介绍的基本规则绘制当等效根轨迹增益 p 从 0 到 $\pm\infty$ 变化时等效系统的根轨迹。由于等效系统与原系统有相同的闭环极点，故该根轨迹就是原系统参量 p 的参量根轨迹。当以系统的其他参数作为参变量时，可以采取同样的方法处理。根据上面的讨论，可以将一般系统绘制参量根轨迹的步骤归纳如下（假设参变量为 p）：

（1）列出原系统的闭环特征方程。

（2）以闭环特征方程中不含参量 p 的各项通除特征方程，得到等效系统的根轨迹方程。该方程中原系统的参变量 p 即为等效系统的根轨迹增益。

（3）根据已有的根轨迹绘制规则绘制等效系统的根轨迹，此即原系统的参量根轨迹。

4.2.4　关于180°和0°等相角根轨迹的几个问题

上面所介绍的180°和0°等相角根轨迹的绘制规则是以负反馈控制系统为基础，根据根轨迹增益k_g为正或者为负，应用根轨迹方程的相角条件进行推导的。$0 \leqslant k_g < +\infty$时为180°等相角根轨迹，$-\infty < k_g \leqslant 0$时为0°等相角根轨迹。但是对于如图4.2.8所示的正反馈系统，其结论是不同的。正反馈系统的闭环特征方程为

$$1 - G(s)H(s) = 0 \tag{4.2.35}$$

根轨迹方程为

$$\frac{k_g \prod_{j=1}^{m}(s+z_j)}{\prod_{i=1}^{n}(s+p_i)} = 1 \tag{4.2.36}$$

由上式可知，当$0 \leqslant k_g < +\infty$时，其幅值条件和相角条件满足式（4.1.19）和式（4.1.20），应当按照0°等相角根轨迹的绘制规则绘制根轨迹。当$-\infty < k_g \leqslant 0$时，其幅值条件和相角条件满足式（4.1.17）和式（4.1.18），应当按照180°等相角根轨迹的绘制规则绘制根轨迹。

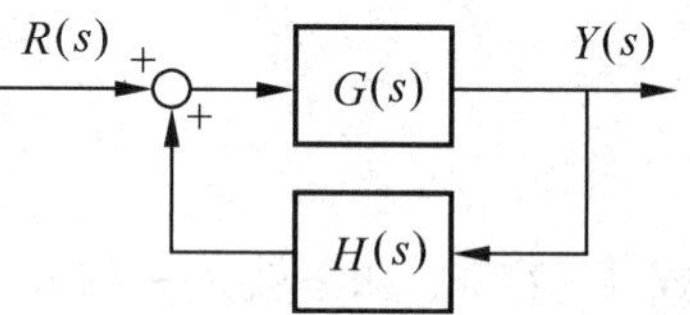

图4.2.8　正反馈系统方块图

在根轨迹的绘制规则中，为方便起见，通常要求将系统开环传递函数$G_k(s)$写成如式（4.1.8）所示的零、极点形式，即将$G_k(s)$的分子和分母写成因子$s+z_i$或$s+p_j$相乘的形式。有些控制系统虽然是负反馈结构，但在其开环传递函数的分子或分母多项式中，s的最高次幂项的系数为负，使系统具有正反馈的性质。如开环传递函数为

$$\frac{k(1-2s)}{(s+2)(s+3)}，\frac{k(-s^2+3s-2)}{s(s^2+2\zeta\omega_n s+\omega_n{}^2)}，k>0$$

的系统均属此类。在绘制根轨迹时，应将它们转换为零、极点形式

$$\frac{k_{g1}(s-0.5)}{(s+2)(s+3)}，\frac{k_{g2}(s^2-3s+2)}{s(s^2+2\zeta\omega_n s+\omega_n{}^2)}，k_{g1}=-2k<0，k_{g2}=-k<0$$

由于k_{g1}，k_{g2}小于零，所以应采用0°根轨迹绘制规则进行绘制。

在绘制根轨迹时，如果没有特别指明，一般认为是绘制负反馈控制系统的根轨迹图，根轨迹增益k_g作为参变量，且大于零。

例 4.2.6　系统的开环传递函数为

$$G_{\mathrm{k}}(s)=\frac{k(As+1)}{s(s+2)(s+3)}$$

k 作为参变量，且 $k\geqslant 0$。当 A 取不同值时，应当如何选择绘制根轨迹的规则？

解：当 $A=0$ 时，系统的开环传递函数为

$$G_{\mathrm{k}}(s)=\frac{k}{s(s+2)(s+3)}=\frac{k_{\mathrm{g}}}{s(s+2)(s+3)}$$

由于 $k_{\mathrm{g}}=k\geqslant 0$，所以应选择 180°等相角根轨迹的绘制规则进行绘制。

当 $A\neq 0$ 时，先将系统的开环传递函数写成如下标准形式

$$G_{\mathrm{k}}(s)=\frac{kA(s+1/A)}{s(s+2)(s+3)}=\frac{k_{\mathrm{g}}(s+a)}{s(s+2)(s+3)}$$

式中：$k_{\mathrm{g}}=kA$，$a=1/A$。根据 A 取值范围的不同，有以下两种情况：

（1）$A>0$ 时，$k_{\mathrm{g}}\geqslant 0$，应选择 180°等相角根轨迹的绘制规则进行绘制。

（2）$A<0$ 时，$k_{\mathrm{g}}\leqslant 0$，应选择 0°等相角根轨迹的绘制规则进行绘制。

4.3　控制系统根轨迹绘制示例

4.2 节介绍了 180°和 0°等相角根轨迹的绘制规则，应用这些规则，能够迅速地绘制出根轨迹的大致形状。为了便于查阅，现将这些规则归纳于表 4.3.1 中。

表 4.3.1　绘制根轨迹的基本规则

规　则	180°等相角根轨迹	0°等相角根轨迹
连续性、对称性和分支数	根轨迹是连续且对称于实轴的曲线，其分支数等于开环有限零点和极点数目中的较大者	根轨迹是连续且对称于实轴的曲线，其分支数等于开环有限零点和极点数目中的较大者
起点和终点	起始于开环极点，终止于开环零点	起始于开环极点，终止于开环零点
渐近线	条数：$n-m$	条数：$n-m$
	与实轴交点：$-\sigma=-\dfrac{\sum_{i=1}^{n}p_i-\sum_{j=1}^{m}z_j}{n-m}$	与实轴交点：$-\sigma=-\dfrac{\sum_{i=1}^{n}p_i-\sum_{j=1}^{m}z_j}{n-m}$
	与实轴夹角：$\varphi=\dfrac{(2k+1)\pi}{n-m},k=0,1,2,\cdots,n-m-1$	与实轴夹角：$\varphi=\dfrac{2k\pi}{n-m},k=0,1,2,\cdots,n-m-1$
实轴上根轨迹	若实轴上某点右边的开环有限零点和有限极点数目之和为奇数，则该点是根轨迹上的点	若实轴上某点右边的开环有限零点和有限极点数目之和为偶数（包括0），则该点是根轨迹上的点

续表

规　　则	180°等相角根轨迹	0°等相角根轨迹
分离（会合）点	分离（会合）点为方程 $N'(s)D(s)-N(s)D'(s)=0$ 或 $\sum_{i=1}^{n}\frac{1}{s+p_i}=\sum_{j=1}^{m}\frac{1}{s+z_j}$ 的根	分离（会合）点为方程 $N'(s)D(s)-N(s)D'(s)=0$ 或 $\sum_{i=1}^{n}\frac{1}{s+p_i}=\sum_{j=1}^{m}\frac{1}{s+z_j}$ 的根
	分离（会合）点处的根轨迹增益：$k_{\text{gd}}=-\frac{D'(s)}{N'(s)}\big\vert_{s=-\sigma_{\text{d}}}$ 或 $k_{\text{gd}}=-\frac{D(s)}{N(s)}\big\vert_{s=-\sigma_{\text{d}}}$	分离（会合）点处的根轨迹增益：$k_{\text{gd}}=-\frac{D'(s)}{N'(s)}\big\vert_{s=-\sigma_{\text{d}}}$ 或 $k_{\text{gd}}=-\frac{D(s)}{N(s)}\big\vert_{s=-\sigma_{\text{d}}}$
出射、入射角	出射角：$\theta_{p_k}=\pi+\sum_{j=1}^{m}\angle(-p_k+z_j)-\sum_{\substack{i=1\\i\neq k}}^{n}\angle(-p_k+p_i)$	出射角：$\theta_{p_k}=\sum_{j=1}^{m}\angle(-p_k+z_j)-\sum_{\substack{i=1\\i\neq k}}^{n}\angle(-p_k+p_i)$
	入射角：$\theta_{z_k}=\pi-\sum_{\substack{j=1\\j\neq k}}^{m}\angle(-z_k+z_j)+\sum_{i=1}^{n}\angle(-z_k+p_i)$	入射角：$\theta_{z_k}=-\sum_{\substack{j=1\\j\neq k}}^{m}\angle(-z_k+z_j)+\sum_{i=1}^{n}\angle(-z_k+p_i)$
与虚轴的交点	令 $s=\text{j}\omega$，代入闭环特征方程求 ω 及 k_{g}；或用劳斯判据求临界稳定时的闭环特征根	令 $s=\text{j}\omega$，代入闭环特征方程求 ω 及 k_{g}；或用劳斯判据求临界稳定时的闭环特征根
闭环特征根之和与之积	$\sum_{i=1}^{n}s_i=\sum_{i=1}^{n}p_i(n-m\geqslant 2)$ $\prod_{i=1}^{n}s_i=\prod_{i=1}^{n}p_i+k_{\text{g}}\prod_{j=1}^{m}z_j$	$\sum_{i=1}^{n}s_i=\sum_{i=1}^{n}p_i(n-m\geqslant 2)$ $\prod_{i=1}^{n}s_i=\prod_{i=1}^{n}p_i+k_{\text{g}}\prod_{j=1}^{m}z_j$

根据上述根轨迹绘制规则，可以画出控制系统完整的根轨迹图。应当指出的是，并不是绘制每一个系统的根轨迹都要使用上述全部基本规则。根据系统的特点，有时只使用部分规则就可以绘制出完整的根轨迹。下面举例说明。

例 4.3.1　已知反馈控制系统的特征方程是

$$1+\frac{k_{\text{g}}s(s+4)}{s^2+2s+2}=0$$

试绘制当 k_{g} 从 $0\to+\infty$ 变化时的根轨迹。

解：根据题目要求，应采用180°等相角根轨迹绘制规则进行绘制。绘制步骤如下：

（1）系统的根轨迹方程为 $\frac{k_{\text{g}}s(s+4)}{s^2+2s+2}=-1$。

（2）系统的开环极点和零点为 $-p_1=-1+\text{j},-p_2=-1-\text{j};-z_1=0,-z_2=-4$。

（3）根轨迹的分支数：根轨迹有两条分支，分别起始于开环极点 $-p_1,-p_2$ 处，终止于开环零点 $-z_1,-z_2$ 处。

（4）实轴上的根轨迹区间为[–4，0]，如图 4.3.1（a）所示。

（5）根轨迹的渐近线：开环极点与开环零点的数目相同，该根轨迹没有渐近线。

（6）分离（会合）点：令 $N(s)=s^2+4s$，$D(s)=s^2+2s+2$。则 $N'(s)=2s+4$，$D'(s)=2s+2$。代入方程 $N'(s)D(s)-N(s)D'(s)=0$，有 $s^2-2s-4=0$，可解得 $s_1\approx-1.24$，$s_2\approx3.24$。根据实轴上根轨迹的分布，可以很容易判断出 $s_1\approx-1.24$ 是根轨迹的会合点，而 $s_2\approx3.24$ 不是根轨迹上的点，应该舍去，即根轨迹没有分离点。会合点对应的根轨迹增益为

$$k_{\mathrm{gd}}=-\left.\frac{D'(s)}{N'(s)}\right|_{s=-1.24}=-\left.\frac{2s+2}{2s+4}\right|_{s=-1.24}\approx0.316$$

（7）出射角：先求开环极点 $-p_1$ 处的出射角。画出各个开环零点和极点（除了 $-p_1$）到 $-p_1$ 的向量，并标出每个向量的相角，分别为 α_1、α_2、β_1，如图 4.3.1（a）所示。由于 $\alpha_1=135°$，$\alpha_2=\arctan(1/3)\approx18.43°$，$\beta_1=90°$。根据式（4.2.21）可得开环极点 $-p_1$ 处的出射角为

$$\theta_{p_1}=\pi+\sum_{j=1}^{2}\alpha_j-\sum_{\substack{i=1\\i\neq2}}^{2}\beta_i\approx180°+135°+18.43°-90°=243.43°$$

或 $\theta_{p_1}\approx-116.57°$。考虑到根轨迹的对称性，开环极点 $-p_2$ 处的出射角为 $\theta_{p_2}\approx-243.43°$，或 $\theta_{p_2}\approx116.57°$。

（8）根轨迹与虚轴的交点：系统的闭环特征方程为 $(1+k_{\mathrm{g}})s^2+(2+4k_{\mathrm{g}})s+2=0$，列出劳斯阵列如下：

$$\begin{array}{c|cc} s^2 & 1+k_{\mathrm{g}} & 2 \\ s^1 & 2+4k_{\mathrm{g}} & 0 \\ s^0 & 2 & 0 \end{array}$$

由于 $k_{\mathrm{g}}\geqslant0$，劳斯阵列中没有全为零的行，因此根轨迹与虚轴没有交点。

根据上面的分析，可以画出该系统的根轨迹如图 4.3.1（b）所示。

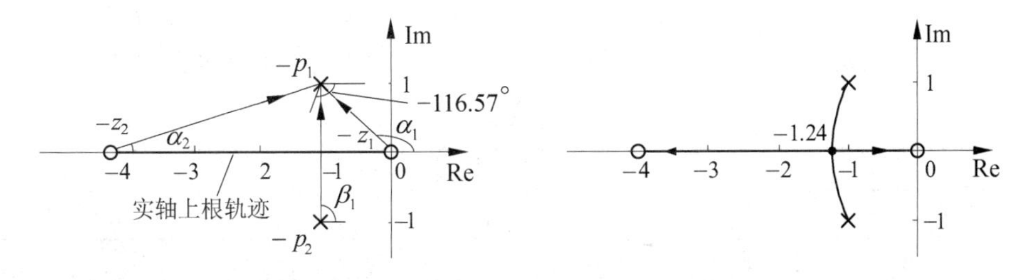

（a）根轨迹参数的计算示意图　　（b）控制系统的根轨迹图

图 4.3.1　例 4.3.1 系统的根轨迹

例 4.3.2 系统的开环传递函数为

$$G_k(s)=\frac{k_g}{s(s+2)[(s+3)^2+16]}$$

试绘制系统的根轨迹。

解：对于本例系统的根轨迹，题目中没有指明 k_g 的取值范围。通常，没有特别指明 k_g 的范围时，按 180°根轨迹绘制规则进行绘制。

（1）系统的根轨迹方程为

$$\frac{k_g}{s(s+2)[(s+3)^2+16]}=-1$$

（2）系统的开环极点分别为 $-p_1=0,-p_2=-2,-p_{3,4}=-3\pm j4$，没有开环零点。

（3）根轨迹的分支数：根轨迹有四条分支，分别起始于开环极点 $-p_1,-p_2,-p_3$ 和 $-p_4$，终止于无穷远处。

（4）实轴上的根轨迹区间为 [–2，0]。

（5）渐近线：由于开环极点数–开环零点数= 4，所以根轨迹有四条渐近线。

渐近线的倾角分别为 $\varphi=\dfrac{(2k+1)\pi}{n-m}=\pm\dfrac{\pi}{4},\ \pm\dfrac{3\pi}{4}$。

与实轴的交点为

$$-\sigma=-\frac{\sum_{i=1}^{n}p_j-\sum_{j=1}^{m}z_i}{n-m}=-\frac{0+2+3+j4+3-j4}{4}=-2$$

（6）分离（会合）点：该例中，由于系统的阶数较高，由式（4.2.14）或式（4.2.19）求解分离（会合）点较为困难，可以用试探的方法估算实轴上的分离（会合）点。由根轨迹在实轴上的区间可知，在实轴上的[–2，0]区间必有一个分离点。为此，将根轨迹方程改写为

$$k_g=-s(s+2)[(s+3)^2+16]=-s(s^3+8s^2+37s+50)$$

在 $s\in[-2,0]$ 区间选择一系列的点，由上式计算出这些点对应的根轨迹增益 k_g 值。计算结果如表 4.3.2 所示。由于选择的点在实轴上，所以分离点处的 k_g 必然具有最大值。也就是说，在 $s\in[-2,0]$ 的范围内，使 k_g 具有最大值的 s 即为分离点坐标。

表 4.3.2　$s\in[-2,0]$ 对应的部分 k_g 值

s	–2.0	–1.8	–1.6	–1.4	–1.2	–1.0	–0.8	–0.6	–0.4	–0.2	0.0
k_g	0.0	6.28	11.49	15.59	18.47	20.0	20.01	18.28	14.57	8.58	0.0

从表 4.3.2 中可以看出：k_g 的最大值为 20.01，这时的分离点约为–0.8。如果希望获得更加准确的结果，可以将 s 的计算间隔进一步细化。

（7）根轨迹与虚轴的交点：闭环系统的特征方程为 $s^4+8s^3+37s^2+50s+k_g=0$，列出劳斯阵列如下：

$$
\begin{array}{c|ccc}
s^4 & 1 & 37 & k_g \\
s^3 & 8 & 50 & \\
s^2 & 30.75 & k_g & \\
s^1 & \dfrac{1537.5-8k_g}{30.75} & & \\
s^0 & k_g & &
\end{array}
$$

令$1537.5-8k_g=0$，得$k_g=192.1875$。列辅助方程式为$30.75s^2+192.1875=0$，解得$s_{1,2}=\pm j2.5$。即根轨迹与虚轴的交点为$s_{1,2}=\pm j2.5$。

（8）出射角：先求开环极点$-p_3$的出射角。画出各个开环零点和极点（除了$-p_3$）到$-p_3$的向量，并标出每个向量的相角，分别为β_1、β_2、β_4，如图 4.3.2（a）所示。由于$\beta_1=180°-\arctan(4/3)\approx126.87°$，$\beta_2=180°-\arctan 4\approx104.04°$，$\beta_4=90°$。根据式（4.2.21）可得开环极点$-p_3$的出射角为

$$\theta_{p_3}=\pi-\sum_{\substack{i=1\\i\neq3}}^{4}\beta_i=180°-(126.87°+104.04°+90°)=-140.91°$$

考虑到根轨迹的对称性，可得开环极点$-p_4$的出射角为$\theta_{p_4}=140.91°$。

根据上面的计算可绘制出 180°等相角根轨迹如图 4.3.2（b）所示。

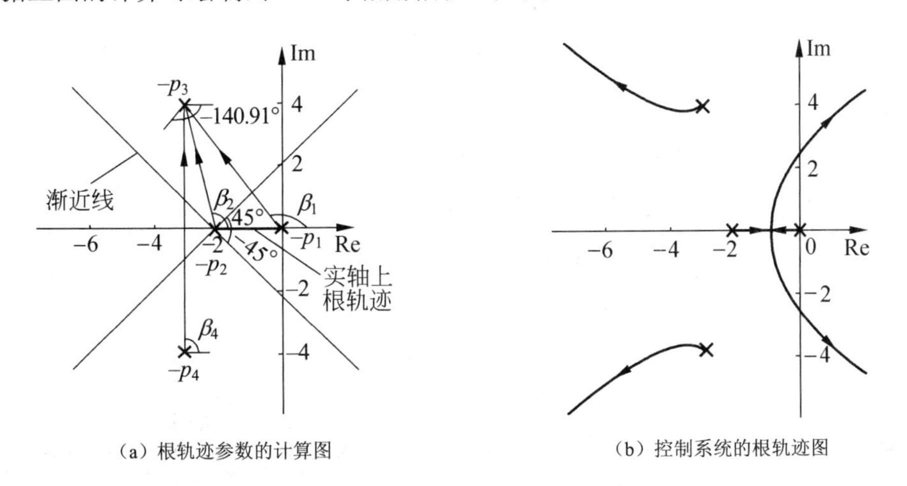

（a）根轨迹参数的计算图　（b）控制系统的根轨迹图

图 4.3.2　例 4.3.2 系统的根轨迹

例 4.3.3　已知负反馈控制系统的开环传递函数为

$$G_k(s)=\frac{k_g(s+1)(s+3)}{s^3}$$

试画出当$-\infty<k_g<+\infty$时的根轨迹。

解：（1）当$0\leqslant k_g<+\infty$时，绘制 180°等相角根轨迹。

① 系统的开环极点和零点分别为 $-p_1=-p_2=-p_3=0;-z_1=-1,-z_2=-3$。

② 根轨迹的分支数：根轨迹有三条分支，分别起始于开环极点 $-p_1,-p_2$ 和 $-p_3$，终止于开环零点 $-z_1,-z_2$ 和无穷远处。

③ 实轴上的根轨迹区间为（$-\infty$，-3]和[-1，0]。

④ 渐近线：由于开环极点数–开环零点数=1，所以根轨迹有一条渐近线。

渐近线的倾角为：$\varphi=\dfrac{(2k+1)\pi}{n-m}=\pi$

与实轴的交点为：$-\sigma=-\dfrac{\sum\limits_{i=1}^{n}p_i-\sum\limits_{j=1}^{m}z_j}{n-m}=-\dfrac{0-(1+3)}{1}=4$

⑤ 分离（会合）点：由式 $\sum\limits_{i=1}^{3}\dfrac{1}{s+p_i}=\sum\limits_{j=1}^{2}\dfrac{1}{s+z_j}$，整理后可得 $s^2+8s+9=0$，解该式得 $s_1=-6.65$，$s_2=-1.35$。$s_1=-6.65$ 在根轨迹上，是会合点；$s_2=-1.35$ 不在根轨迹上，应该舍去。会合点对应的根轨迹增益为

$$k_{\mathrm{gd}}=-\frac{D'(s)}{N'(s)}\bigg|_{s_1=-6.65}=-\frac{3s^2}{2s+4}\bigg|_{s_1=-6.65}\approx 14.27$$

⑥ 根轨迹与虚轴的交点：闭环系统的特征方程为 $s^3+k_{\mathrm{g}}s^2+4k_{\mathrm{g}}s+3k_{\mathrm{g}}=0$，将 $s=\mathrm{j}\omega$ 代入其中并整理得

$$-k_{\mathrm{g}}\omega^2+3k_{\mathrm{g}}=0$$

$$-\omega^3+4k_{\mathrm{g}}\omega=0$$

解得 $k_{\mathrm{g}}=0,\ 3/4;\ \omega=0,\pm\sqrt{3}$。即根轨迹与虚轴的交点为 $s_1=0,\ s_{2,3}=\pm\mathrm{j}\sqrt{3}$。根据上面的计算可绘制出180°等相角根轨迹如图4.3.3（a）所示。

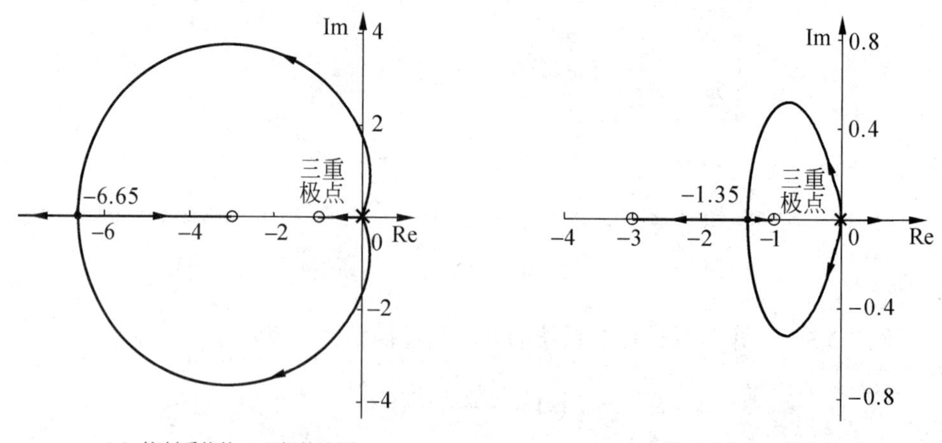

（a）控制系统的180°根轨迹图　　（b）控制系统的0°根轨迹图

图4.3.3　例4.3.3系统的根轨迹

（2）当 $-\infty < k_g \leqslant 0$ 时，绘制 0°等相角根轨迹。

① 实轴上的根轨迹区间为[–3，–1]和 $[0,+\infty)$。

② 渐近线：开环极点数–开环零点数=1，则该根轨迹有一条渐近线。渐近线的倾角为

$$\varphi = \frac{2k\pi}{n-m} = 0°$$

③ 分离（会合）点：计算方法如（1）所示。$s_1 = -6.65$ 不在根轨迹上，应该舍去；$s_2 = -1.35$ 是会合点。

④ 根轨迹与虚轴的交点：闭环系统的特征方程为 $s^3 + k_g s^2 + 4k_g s + 3k_g = 0$。

列劳斯阵列为

$$\begin{array}{c|cc} s^3 & 1 & 4k_g \\ s^2 & k_g & 3k_g \\ s^1 & 4k_g - 3 & 0 \\ s^0 & 3k_g & \end{array}$$

由于 $-\infty < k_g \leqslant 0$，所以劳斯阵列中全为零的行为 $3k_g = 0$。故根轨迹与虚轴的交点即为根轨迹的起点 $s = 0$。

根据上述计算，可画出 0°根轨迹如图 4.3.3（b）所示。

例 4.3.4 系统的方块图如图 4.3.4 所示。（1）确定增益 k 和速度反馈系数 k_h 的值，使闭环极点位于 $-1 \pm j\sqrt{3}$；（2）利用（1）中确定的 k_h 值，画出系统的根轨迹 $(k \geqslant 0)$；（3）利用（1）中确定的 k 值，画出以 k_h 为参量的根轨迹 $(k_h \geqslant 0)$。

解：（1）系统的闭环传递函数为

$$Y(s) = \frac{k}{s^2 + kk_h s + k}$$

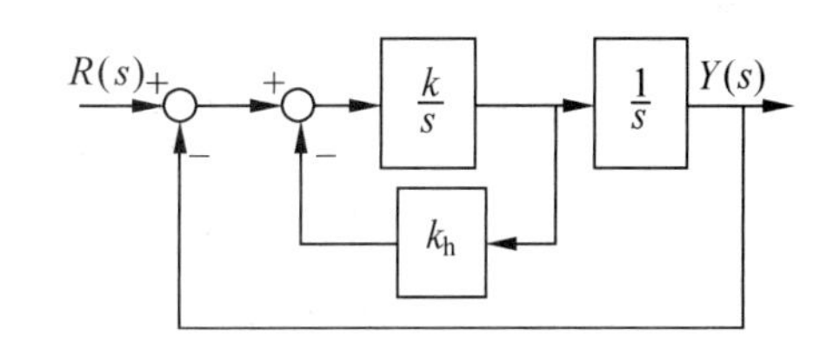

图 4.3.4 系统方块图

闭环极点为

$$s_{1,2} = -\frac{kk_h}{2} \pm j\sqrt{k - \left(\frac{kk_h}{2}\right)^2}$$

对于给定的闭环极点 $s_{1,2} = -1 \pm j\sqrt{3}$，有

$$-1 = -\frac{kk_h}{2}, \quad k - \left(\frac{kk_h}{2}\right)^2 = 3$$

解得

$$k = 4, \quad k_h = 0.5$$

（2）当 $k_h = 0.5$ 时，系统的开环传递函数为

$$G_k = \frac{k}{s(s + 0.5k)}$$

闭环特征方程为

$$1+\frac{k}{s(s+0.5k)}=0$$

显然，以 k 为参变量时的根轨迹为参量根轨迹。下面介绍以 k 为参变量时根轨迹的绘制步骤。将上式变换为等效根轨迹方程为

$$\frac{0.5k(s+2)}{s^2}=-1$$

其等效开环传递函数为

$$G_{\mathrm{k}}'(s)=\frac{0.5k(s+2)}{s^2}=\frac{k_{\mathrm{g}}(s+2)}{s^2}$$

式中，$k_{\mathrm{g}}=0.5k$，为等效根轨迹增益。

① 等效开环极点和零点：$-pe_1=-pe_2=0$，$-ze_1=-2$。

② 根轨迹的分支数：根轨迹有两条分支，分别起始于开环极点 $-pe_1$ 和 $-pe_2$，终止于开环零点 $-ze_1$ 和无穷远处。

③ 实轴上的根轨迹区间为：（$-\infty$，-2]。

④ 渐近线：由于开环极点数–开环零点数=1，所以根轨迹有一条渐近线。

渐近线的倾角为：$$\varphi=\frac{(2k+1)\pi}{n-m}=\pi$$

与实轴的交点为：$$-\sigma=-\frac{\sum_{i=1}^{n}p_i-\sum_{j=1}^{m}z_j}{n-m}=-\frac{0+0-2}{1}=2$$

⑤ 分离（会合）点：由式

$$\sum_{n=1}^{2}\frac{1}{s+pe_i}=\sum_{j=1}^{1}\frac{1}{s+ze_j}$$

整理后可得 $s+4=0$，解该式得 $s_1=-4$。根据实轴上的根轨迹区间可知 s_1 是会合点。会合点对应的根轨迹增益为

$$k_{\mathrm{gd}}=-\left.\frac{D'(s)}{N'(s)}\right|_{s=-4}=-\left.\frac{2s}{0.5}\right|_{s=-4}=16$$

⑥ 根轨迹与虚轴的交点：闭环系统的特征方程为 $s^2+k_{\mathrm{g}}s+2k_{\mathrm{g}}=0$，将 $s=\mathrm{j}\omega$ 代入其中整理后得

$$k_{\mathrm{g}}\omega=0$$

$$-\omega^2+2k_{\mathrm{g}}=0$$

解得 $k_{\mathrm{g}}=0$，$\omega=0$。即根轨迹与虚轴的交点为 $s_1=0$。根据上述分析可绘制出以 $k_{\mathrm{g}}(=0.5k)$ 为参变量的广义根轨迹如图 4.3.5（a）所示。

（3）当 $k=4$ 时，系统的开环传递函数为

$$G_{\mathrm{k}}=\frac{4}{s(s+4k_{\mathrm{h}})}$$

闭环特征方程为

$$1+\frac{4}{s(s+4k_{\mathrm{h}})}=0$$

同样，以 k_{h} 为参变量时的根轨迹为参量根轨迹。以 k_{h} 为参变量时，将上式变换为等效根轨迹方程为

$$\frac{4k_{\mathrm{h}}s}{s^2+4}=-1$$

等效开环传递函数为

$$G_{\mathrm{k}}'(s)=\frac{4k_{\mathrm{h}}s}{s^2+4}=\frac{k_{\mathrm{g}}s}{s^2+4}$$

式中，$k_{\mathrm{g}}=4k_{\mathrm{h}}$，为等效根轨迹增益。根轨迹如图 4.3.5（b）所示（绘制过程略）。

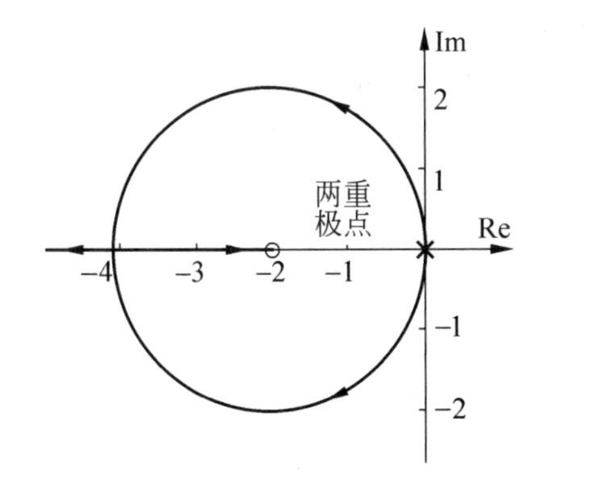

（a）$k_{\mathrm{g}}(=0.5k)$ 为参变量的广义根轨迹

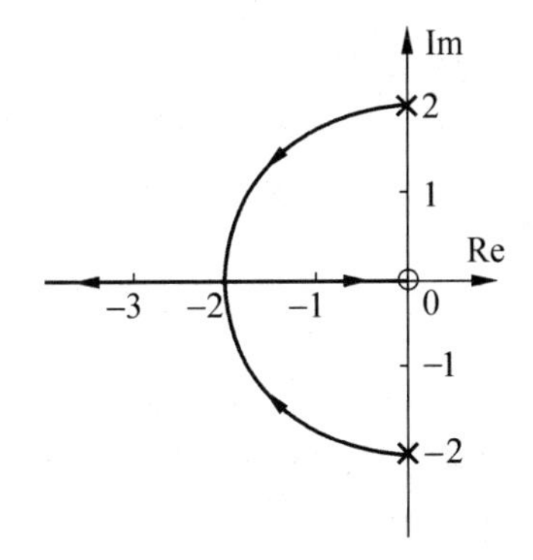

（b）$k_{\mathrm{g}}(=4k_{\mathrm{h}})$为参变量的广义根轨迹

图 4.3.5　例 4.3.4 系统的根轨迹

例 4.3.5　设控制系统的方块图如图 4.3.6（a）所示，试绘制系统的根轨迹。

解：将系统的方块图作等效变换，具体如图 4.3.6（b）和图 4.3.6（c）所示。在图 4.3.6（b）中可以看出，其开环传递函数

$$G_{\mathrm{k1}}(s)=\frac{k(s+1)}{s(s+1)(s+2)}$$

具有公因子 $s+1$，可以互相抵消。抵消后的开环传递函数为

$$G_{\mathrm{k2}}(s)=\frac{k}{s(s+2)}$$

在公因子抵消前后绘制的根轨迹是不同的，抵消后系统特征方程的阶次降低

了一阶。这时的根轨迹图不能表示闭环特征方程的全部根，只能表示抵消化简后的特征方程的根。

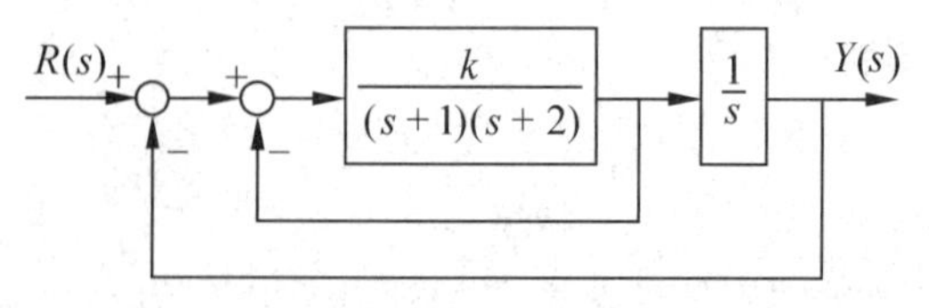

（a）控制系统的方块图

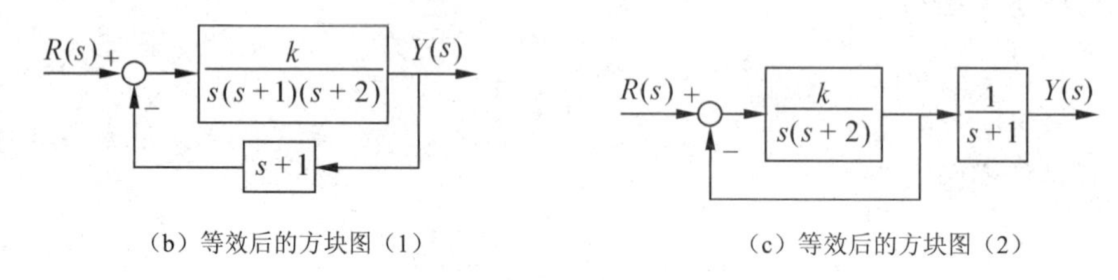

（b）等效后的方块图（1）　　（c）等效后的方块图（2）

图 4.3.6　例 4.3.5 系统的方框图

为了得到全部的闭环极点，必须将开环传递函数 $G_{k1}(s)$ 中抵消掉的极点，加到从开环传递函数 $G_{k2}(s)$ 根轨迹图中得到的闭环极点中去。特别地，从 $G_{k1}(s)$ 中抵消掉的极点是系统的闭环极点，这可以从图 4.3.6（c）中看出。

绘制开环传递函数 $G_{k1}(s)$（公因子 $s+1$ 抵消前）的根轨迹图，如图 4.3.7（a）所示。

（1）开环零、极点：$-p_1=0,-p_2=-1,-p_3=-2$；$-z_1=-1$。

（2）根轨迹的分支数：根轨迹有三条分支。分别从开环极点 $-p_1,-p_3$ 出发，终止于无穷远处；从 $-p_2$ 出发终止于开环零点 $-z_1$ 处。

（3）实轴上的根轨迹：[–2，–1]，[–1，0]。

（4）渐近线：由于开环极点数–开环零点数=2，所以根轨迹有两条渐近线。

渐近线的倾角为：
$$\varphi=\frac{(2k+1)\pi}{n-m}=\frac{\pi}{2}$$

与实轴的交点为：
$$-\sigma=-\frac{\sum_{i=1}^{n}p_i-\sum_{j=1}^{m}z_j}{n-m}=-\frac{0+1+2-1}{2}=-1$$

（5）分离（会合）点：由式 $\sum_{n=1}^{3}\frac{1}{s+p_i}=\sum_{j=1}^{1}\frac{1}{s+z_j}$，整理后得 $s+1=0$，解该式得 $s_1=-1$。根据实轴上根轨迹区间可知 s_1 是分离点。分离点对应的根轨迹增益为

$$k_{gd}=-\left.\frac{D'(s)}{N'(s)}\right|_{s=-1}=-(3s^2+6s+2)\,|_{s=-1}=1$$

（6）根轨迹与虚轴的交点：闭环系统的特征方程为 $s^2+2s+k_g=0$，将

$s = \mathrm{j}\omega$ 代入其中整理后得

$$2\omega = 0$$
$$-\omega^2 + k_g = 0$$

解得 $k_g = 0$，$\omega = 0$，即根轨迹与虚轴的交点为 $s_1 = 0$。

绘制开环传递函数 $G_{k2}(s)$（公因子 $s+1$ 抵消后）的根轨迹图，如图 4.3.7（b）所示（绘制过程略）。图 4.3.7（a）表示了完整的系统根轨迹，而图 4.3.7（b）是不完整的根轨迹图，没有表示出从开环极点–1 到开环零点–1 的根轨迹部分。因此，在遇到系统开环传递函数有零、极点抵消的情况时，可先根据相抵消后的开环传递函数绘制出根轨迹，然后在根轨迹图中补充相抵消的零、极点。

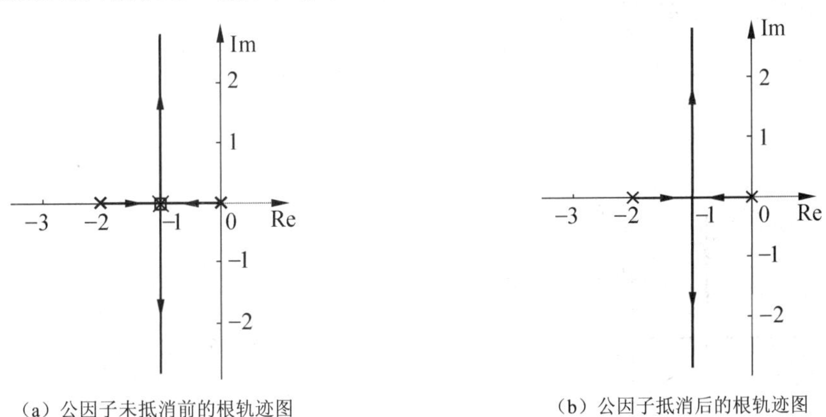

（a）公因子未抵消前的根轨迹图　　（b）公因子抵消后的根轨迹图

图 4.3.7　例 4.3.5 系统的根轨迹图

4.4　基于根轨迹法的系统性能分析

应用根轨迹法可以迅速确定系统在根轨迹增益或某一其他参数变化时闭环极点的位置，从而得到相应的闭环传递函数。此外，可以较为简便地计算（或估算）出系统的各项性能指标，包括系统的稳定性、瞬态和稳态性能指标。本节首先讨论增加开环零、极点对根轨迹的影响，其次讨论条件稳定系统，最后利用根轨迹法估算系统的性能指标。

4.4.1　增加开环零、极点对根轨迹的影响

由于根轨迹是由系统的开环零、极点确定的，因此在系统中增加开环零、极点或改变开环零、极点在 s 平面上的位置，都可以改变根轨迹的形状。实际上，增加开环零点就是在系统中加入超前环节，它产生微分作用；改变开环零点在 s 平面上的位置就会改变微分强度。增加开环极点就是在系统中加入滞后环节，它产生

积分作用或滞后作用；改变开环极点在 s 平面上的位置可以改变积分强弱或滞后程度。因此在系统开环传递函数中引入适当的零、极点，可以改善系统的性能。

1．增加开环零点对根轨迹的影响

以开环传递函数为

$$G_{\mathrm{k}}(s)=\frac{k_{\mathrm{g}}}{s(s+0.8)}$$

的单位负反馈二阶系统为例进行讨论，其根轨迹如图 4.4.1（a）所示。

如果在系统中分别加入一对复数开环零点 $-2\pm \mathrm{j}4$ 或一个实数开环零点 -4，则系统开环传递函数分别变为

$$G_{\mathrm{k}}(s)=\frac{k_{\mathrm{g}}(s+2+\mathrm{j}4)(s+2-\mathrm{j}4)}{s(s+0.8)} \quad 和 \quad G_{\mathrm{k}}(s)=\frac{k_{\mathrm{g}}(s+4)}{s(s+0.8)}$$

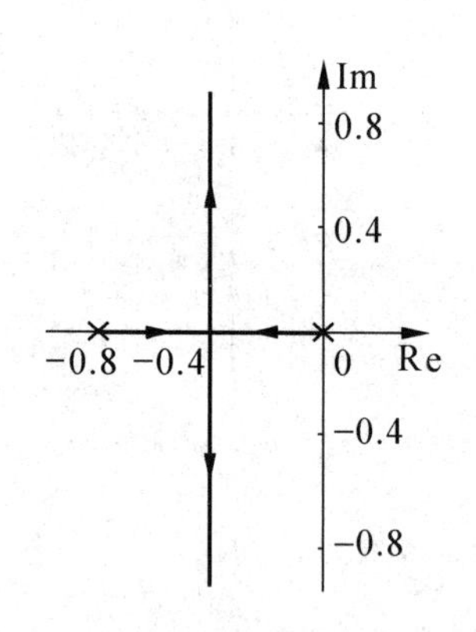

（a）原系统的根轨迹图

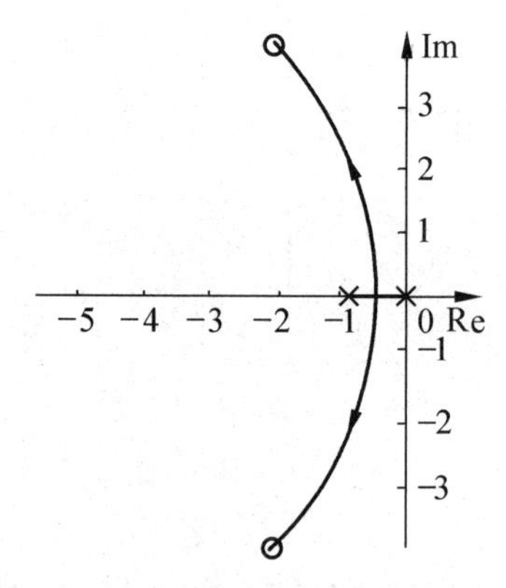

（b）增加开环零点−2±j4 后系统的根轨迹图

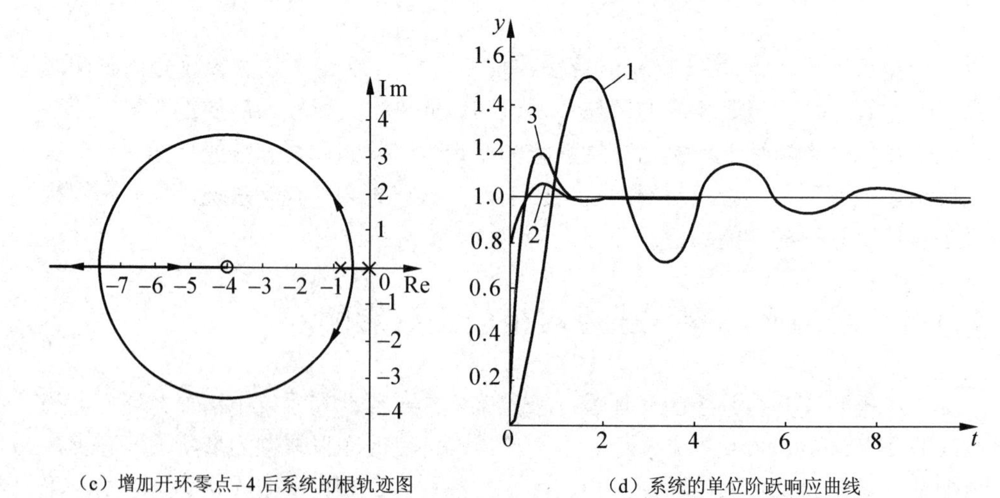

（c）增加开环零点−4 后系统的根轨迹图

（d）系统的单位阶跃响应曲线

图 4.4.1 增加开环零点后系统的根轨迹及其响应曲线

系统的闭环传递函数分别为

$$\frac{k_{\mathrm{g}}(s^2+4s+20)}{(1+k_{\mathrm{g}})s^2+(0.8+4k_{\mathrm{g}})s+20k_{\mathrm{g}}} \quad \text{和} \quad \frac{k_{\mathrm{g}}(s+4)}{s^2+(0.8+k_{\mathrm{g}})s+4k_{\mathrm{g}}}$$

对应的根轨迹分别如图 4.4.1（b）和图 4.4.1（c）所示。

比较如图 4.4.1（a）、（b）和（c）所示的根轨迹，可以看出，加入开环零点后可以减少渐近线的条数，改变渐近线的倾角；随着 k_{g} 的增加，根轨迹的两个分支向 s 左半平面弯曲或移动，这相当于增大了系统阻尼，使系统的瞬态过程时间减小，提高了系统的相对稳定性。另外，加入的开环零点越接近虚轴，系统的性能越好。上述结论可以从这三个系统的单位阶跃响应曲线上得到印证，如图 4.4.1（d）所示。图中绘出了当 $k_{\mathrm{g}}=4$ 时三个系统的单位阶跃响应曲线，曲线 1、2 和 3 分别为原系统、加入开环零点 $-2\pm \mathrm{j}4$ 和 -4 以后系统的单位阶跃响应曲线。可见增加合适的开环零点，可以改善系统的性能。

2．增加开环极点对根轨迹的影响

同样利用上述例子进行讨论。在原系统上分别增加一对复数开环极点 $-2\pm \mathrm{j}4$ 和一个实数开环极点 -4，则系统的开环传递函数分别变为

$$G_{\mathrm{k}}(s)=\frac{k_{\mathrm{g}}}{s(s+0.8)(s+2+\mathrm{j}4)(s+2-\mathrm{j}4)} \quad \text{和} \quad G_{\mathrm{k}}(s)=\frac{k_{\mathrm{g}}}{s(s+0.8)(s+4)}$$

系统的闭环传递函数分别为

$$\frac{k_{\mathrm{g}}}{s^4+4.8s^3+23.2s^2+16s+k_{\mathrm{g}}} \quad \text{和} \quad \frac{k_{\mathrm{g}}}{s^3+4.8s^2+3.2s+k_{\mathrm{g}}}$$

对应的根轨迹分别如图 4.4.2（a）和图 4.4.2（b）所示。

将图 4.4.2（a）和（b）与原始系统根轨迹图 4.4.1（a）相比较，可以看出，加入开环极点后增加了系统的阶数，改变了渐近线的倾角，增加了渐近线的条数。随着 k_{g} 的增加，根轨迹的两个分支向 s 右半平面弯曲或移动，这相当于减小了系统的阻尼，使系统的稳定性变差。另外，由于加入的开环极点和 k_{g} 的不同，系统的闭环主导极点也将不同，系统的性能也会有所不同。对于稳定的系统，闭环主导极点越远离虚轴，即闭环主导极点的实部绝对值越大，系统的调整时间越短。闭环主导极点的虚部绝对值越大，系统振荡越严重，从而会使系统超调量增大，振荡次数增多。通过选择合适的 k_{g} 值，配置出合理的闭环主导极点，就可以获得满意的性能指标。图 4.4.2（c）绘出了当 $k_{\mathrm{g}}=4$ 时各个系统的单位阶跃响应曲线，曲线 1、2 和 3 分别为原系统、增加开环极点 -4 和 $-2\pm \mathrm{j}4$ 后系统的单位阶跃响应曲线。比较图中的曲线 1 和曲线 2，可以明显看出系统 1 的超调量大，振荡激烈，而调整时间短。这表明当 $k_{\mathrm{g}}=4$ 时系统 1 的主导极点的实部绝对值大于系统 2 的实部绝对值，其虚部绝对值也大于系统 2 的虚部绝对值。类似地，也可以分析系

统1和系统3以及系统2和系统3的主导极点分布，请读者自行讨论。

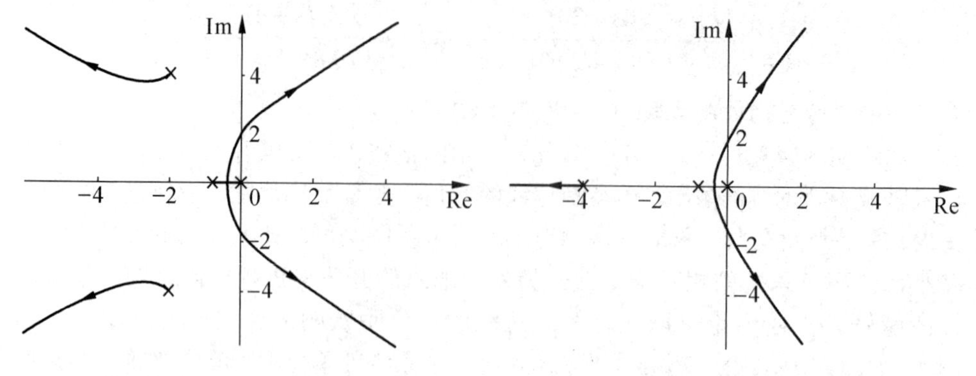

（a）增加开环极点−2±j4后系统的根轨迹 （b）增加开环极点−4后系统的根轨迹

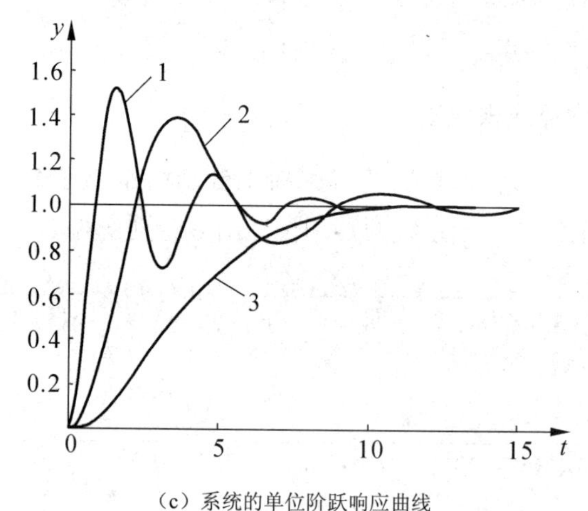

（c）系统的单位阶跃响应曲线

图4.4.2 增加开环极点后系统的根轨迹及其响应曲线

通过上面的讨论，可以得到下述结论：

（1）控制系统增加开环零点，通常使根轨迹向左移动或弯曲，使系统更加稳定，系统的瞬态过程时间缩短，超调量减小。

（2）控制系统增加开环极点，通常使根轨迹向右移动或弯曲，使系统的稳定性降低，系统的瞬态过程时间增加，超调量以及振荡激烈程度由系统的主导极点决定。

4.4.2 条件稳定系统分析

如果根轨迹全部处于s左半平面，则对于所有的根轨迹增益，闭环系统都是稳定的。但是很多系统的根轨迹通常一部分处于s左半平面，而另外一部分处于s右半平面，这意味着对于某些根轨迹增益，闭环系统是稳定的，而对于另外的根轨迹增益，闭环系统是不稳定的。

参数在一定范围内取值才能稳定的系统称为条件稳定系统。对于条件稳定系统，可由根轨迹法确定使系统稳定的参数取值范围。

对于如图 4.4.3（a）所示的控制系统，可以绘制出该系统的根轨迹图，如图 4.4.3（b）所示。由图可知，k_g 仅在一定的范围内，即 $0 < k_g < 15.6$ 和 $67.5 < k_g < 163.6$ 时，根轨迹处于 s 左半平面，系统是稳定的。当 $15.6 < k_g < 67.5$ 和 $k_g > 163.6$ 时，系统是不稳定的。如果 k_g 的取值对应于不稳定的工作状态，则系统有可能遭到破坏。

在工程实际中，条件稳定系统是不能令人满意的，应当设法避免产生条件稳定性问题。这是因为在条件稳定系统中，如果由于某种原因使根轨迹增益超出临界值，则系统将变得不稳定。

适当调整系统的参数或在系统中增加合适的校正网络，可以消除条件稳定性问题。比如在系统的开环传递函数中增加一个零点，即增加一个比例微分环节，通常可使根轨迹向左弯曲。在上例中，如果增加一个零点 -2，则开环传递函数变为

$$G_k(s) = \frac{k_g(s^2+2s+4)(s+2)}{s(s+4)(s+6)(s^2+1.4s+1)}$$

对应的根轨迹如图 4.4.3（c）所示。

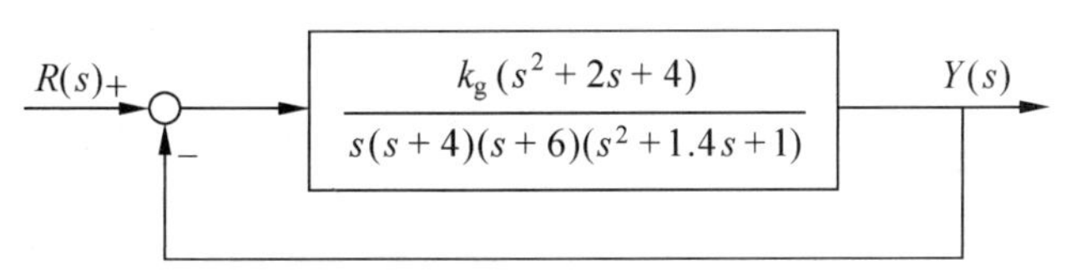

（a）控制系统方块图

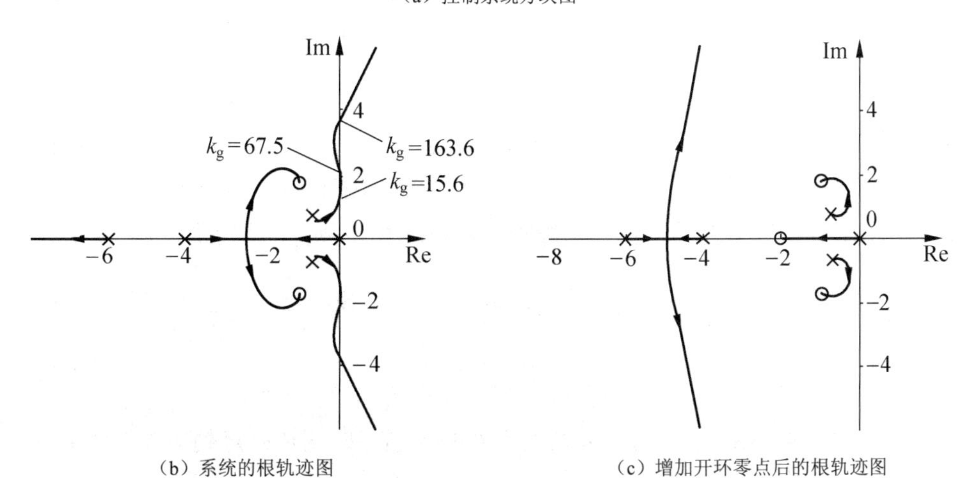

（b）系统的根轨迹图　　（c）增加开环零点后的根轨迹图

图 4.4.3　控制系统的方块图及其根轨迹图

从稳定的角度看，开环系统增加零点–2后，不论根轨迹增益取何值，闭环系统都是稳定的。至于增加开环零点后闭环系统其他性能指标的变化情况，要根据增加的开环零点位置具体分析。

4.4.3 利用根轨迹估算系统的性能

根轨迹分析法和时域分析法的实质是一样的，都可用来分析系统的性能。但是根轨迹法采用的是图解方法，与时域法相比，避免了繁琐的数学计算，又能清楚地看到开环根轨迹增益或其他开环参数变化时，闭环系统极点位置及其瞬态性能的改变情况。根轨迹法用于控制系统的分析和设计十分方便，尤其是对于具有主导极点的高阶系统，使用根轨迹法对系统进行分析较为简便。

对于开环传递函数为

$$G_k(s)=\frac{\omega_n^2}{s(s+2\zeta\omega_n)} \tag{4.4.1}$$

的单位负反馈二阶系统，其闭环传递函数为

$$\Phi(s)=\frac{\omega_n^2}{s^2+2\zeta\omega_n s+\omega_n^2} \tag{4.4.2}$$

假设系统处于欠阻尼状态，则系统的闭环极点为

$$s_{1,2}=-\zeta\omega_n \pm j\omega_n\sqrt{1-\zeta^2} \tag{4.4.3}$$

闭环极点在s平面上的分布如图4.4.4（a）所示。闭环极点与负实轴构成的张角β满足

$$\cos\beta=\frac{\zeta\omega_n}{\left[\left(\sqrt{1-\zeta^2}\omega_n\right)^2+(\zeta\omega_n)^2\right]^{1/2}}=\zeta \tag{4.4.4}$$

由上式可得

$$\beta=\arccos\zeta \tag{4.4.5}$$

β即为阻尼角，构成阻尼角的斜线称为等阻尼线。闭环二阶系统的主要瞬态性能指标是超调量和调整时间。这些性能指标和闭环极点位置的关系如下：

$$\delta\%=e^{-\frac{\pi\zeta}{\sqrt{1-\zeta^2}}}\times100\%=e^{-\pi\cot\beta}\times100\% \tag{4.4.6}$$

$$t_s=\frac{3}{\zeta\omega_n}=\frac{3}{\sigma} \tag{4.4.7}$$

式中，$\cot\beta=\frac{\zeta}{\sqrt{1-\zeta^2}}$；$\sigma$为闭环极点实部的大小，即闭环极点到虚轴的距离。

可见，二阶系统闭环极点的阻尼角β越大，系统的阻尼系数ζ越小，系统的超调量越大。闭环极点离开虚轴的距离越远，系统的调整时间越小。显然，如果

二阶系统的闭环极点处于如图 4.4.4（b）中折线 $ABCD$ 的左边区域，则必有

$$\delta\% \leqslant \mathrm{e}^{-\pi\cot\beta} \times 100\% \tag{4.4.8}$$

$$t_s \leqslant \frac{3}{\sigma} \tag{4.4.9}$$

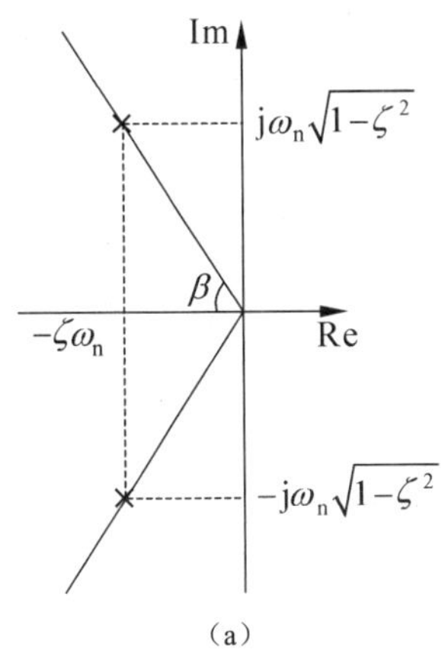

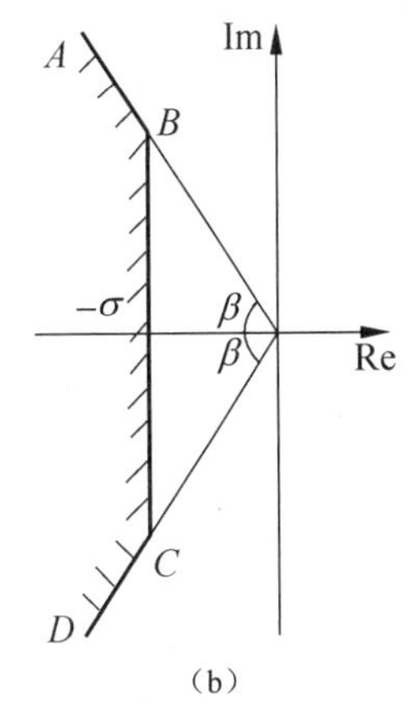

图 4.4.4　二阶系统的闭环极点分布图

在具有主导极点的高阶系统中，可以使用上述方法估算系统的瞬态性能指标。在估算性能指标时，应先确定系统的闭环主导极点（可能是复数或实数形式），将系统简化为以主导极点为极点的二阶系统（或一阶系统），然后再根据二阶系统（或一阶系统）的性能指标来估算。

例 4.4.1　重新考虑导弹航向控制系统（例 2.3.6），其开环传递函数为

$$G_k(s) = \frac{k_g}{s(s+4)(s+6)} \tag{4.4.10}$$

试判断闭环极点 $s_{1,2} = -1.20 \pm \mathrm{j}2.08$ 有无可能成为系统的主导极点。若有，试估算此时闭环系统的超调量和调整时间。

解： 首先绘制出系统的根轨迹，如图 4.4.5（a）所示。

（1）判断闭环极点 $s_{1,2} = -1.2 \pm \mathrm{j}2.08$ 有无可能成为系统的主导极点

为此，先判断该闭环极点是否是根轨迹上的点。由图 4.4.5（b），根据相角条件

$$\begin{aligned}\angle G_k(s_1) &= -\beta_1 - \beta_2 - \beta_3 = -\angle s_1 - \angle(s_1+4) - \angle(s_1+6) \\ &= -\left(180° - \arctan\frac{2.08}{1.2} + \arctan\frac{2.08}{4-1.2} + \arctan\frac{2.08}{6-1.2}\right) = -180°\end{aligned}$$

可知 $s_{1,2}$ 是根轨迹上的点。

然后，判断 $s_{1,2}$ 是否可成为闭环主导极点。根据根轨迹绘制规则：“系统开环极点之和等于系统闭环极点之和”，令系统的另一个闭环极点为 s_3，则

$$-1.2 + \mathrm{j}2.08 - 1.2 - \mathrm{j}2.08 + s_3 = 0 - 4 - 6$$

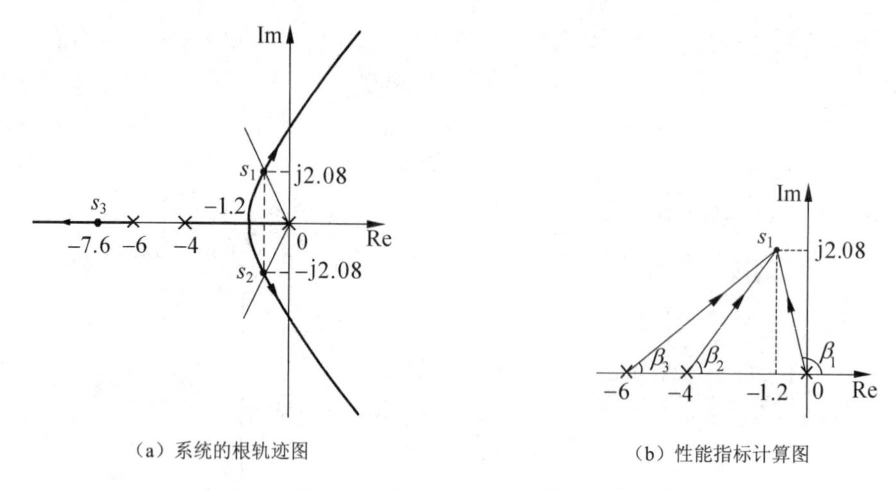

图 4.4.5 例 4.4.1 系统的根轨迹及性能指标计算图

解得$s_3=-7.6$。由$7.6/1.2=6.333>5$，可知 $s_{1,2}$ 可以用作系统的主导极点。闭环极点s_1,s_2和s_3分别如图 4.4.5（a）所示。

对应根轨迹增益可由幅值条件$\left|\dfrac{k_g}{s(s+4)(s+6)}\right|_{s=-7.6}=1$解出，即$k_g\approx 44$。

（2）估算系统的性能指标

系统的闭环传递函数为

$$\Phi(s)=\frac{44}{(s+1.2+\mathrm{j}2.08)(s+1.2-\mathrm{j}2.08)(s+7.6)}$$

化简为

$$\Phi(s)\approx\frac{5.79}{(s+1.2+\mathrm{j}2.08)(s+1.2-\mathrm{j}2.08)}$$

由图 4.4.5（b）可知，$k_g\approx 44$时系统的阻尼角为$\beta=\arctan(2.08/1.2)\approx 60^\circ$。则系统的超调量为$\delta\%=\mathrm{e}^{-\pi\cot\beta}\times 100\%=\mathrm{e}^{-\pi\cot 60^\circ}\times 100\%\approx 16.3\%$，调整时间为

$$t_s=\frac{3}{\sigma}=\frac{3}{1.2}=2.5(\mathrm{s})$$

4.4.4 利用根轨迹计算系统的参数

利用根轨迹法可以求在一定性能指标下的系统参数。本节讨论如何根据系统的瞬态和稳态性能要求确定系统的参数。

例 4.4.2 控制系统如例 4.4.1 所示。（1）试确定能够使闭环系统稳定的根轨迹增益 k_g 的范围；（2）若要求闭环系统的最大超调量$\delta\%\leqslant 16.3\%$，试确定根轨迹增益k_g的范围。

解：重画系统的根轨迹如图 4.4.6 所示。

（1）根轨迹与虚轴的交点为 $\pm \mathrm{j}\sqrt{24}$，对应的根轨迹增益为 $k_{gc}=240$。要使系统稳定，根轨迹增益的范围应为 $k_g<240$。

（2）由于 $\delta\% = \mathrm{e}^{-\pi\cot\beta}\times 100\%$，当$\delta\%\leqslant 16.3\%$时，解得阻尼角 $\beta\leqslant 60°$。在根轨迹图 4.4.6 上画两条与负实轴夹角为 $\beta=60°$ 的直线，与根轨迹交于 A、B 两点。由上例知 A、B 两点是闭环共轭主导极点。这时系统的超调量等于 16.3%。通过求 A、B 两点的坐标，可以确定这时的根轨迹增益 k_g。设 A 点坐标为 $-\sigma+\mathrm{j}\omega$，则

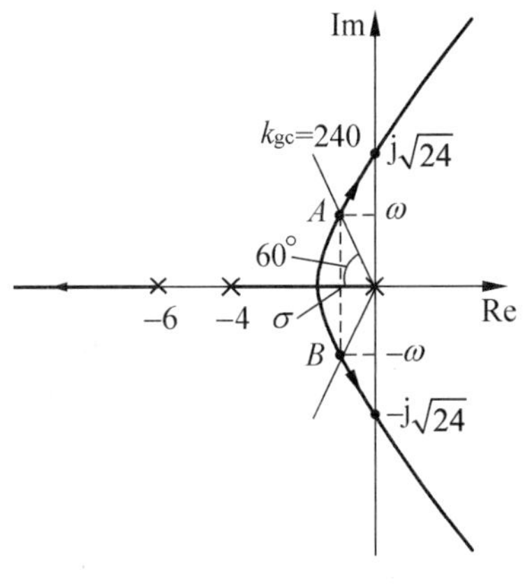

图 4.4.6　控制系统根轨迹图

$$\frac{\omega}{\sigma}=\tan 60°=\sqrt{3}$$

根据相角条件有

$$120°+\arctan\frac{\omega}{4-\sigma}+\arctan\frac{\omega}{6-\sigma}=180°$$

解上述两式得

$$\sigma=1.2,\quad \omega=2.08$$

即 A 点坐标为 $s_A=1.2+\mathrm{j}2.08$。由上例知这时的根轨迹增益 $k_g\approx 44$。若要求超调量 $\delta\%\leqslant 16.3\%$，则 k_g 的范围应为 $0\leqslant k_g\leqslant 44$。

还有一个方法可以求 A 点的坐标和对应的根轨迹增益。先写出系统的闭环特征方程，将 σ 和 ω 的关系式代入其中，再令特征方程的实部和虚部为零，可求出 σ、ω 和对应的 k_g。

通常，在对系统超调量提出要求的同时，还会对调整时间提出要求。这时，应在如图 4.4.4（b）所示的折线 $ABCD$ 以左区域内寻找满足要求的参数。若在该区域内没有根轨迹，则不能满足提出的要求。应在系统中加入适当的校正环节，使根轨迹进入该区域，然后确定满足要求的闭环极点位置及相应的系统参数。

例 4.4.3　单位反馈系统的开环传递函数为

$$G_k(s)=\frac{k_g}{(s+1)^2(s+4)^2}$$

（1）画出根轨迹；（2）能否通过选择 k_g 满足最大超调量 $\delta\%\leqslant 4.32\%$ 的要求？（3）能否通过选择 k_g 满足调节时间 $t_s\leqslant 2\mathrm{s}$ 的要求？（4）能否通过选择 k_g 满足位置误差系数 $K_p\geqslant 10$ 的要求？

解：（1）首先绘制出系统的根轨迹。其步骤如下：

实轴上根轨迹：无；

渐近线：与实轴的交点为 $-\sigma = -2.5$，倾角为 $\varphi = \pm 45°, \pm 135°$；

与虚轴交点：$s = \pm \mathrm{j}2$，临界根轨迹增益 $k_{\mathrm{gc}} = 100$。根轨迹如图 4.4.7 所示。

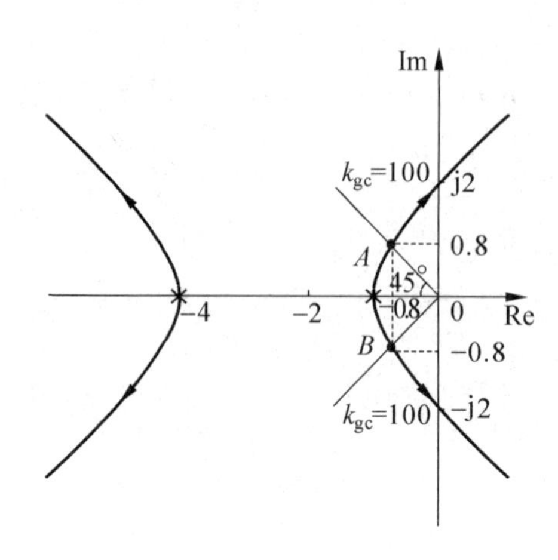

图 4.4.7　控制系统根轨迹图

（2）能否通过选择 k_{g} 满足最大超调量 $\delta\% \leqslant 4.32\%$ 的要求？

假设系统存在一对复数主导极点，则系统可简化为二阶系统，系统的性能可由二阶系统性能指标的相关公式计算。根据 $\delta\% \leqslant 4.32\%$，由式（4.4.6）可得阻尼角为 $\beta = 45°$。画阻尼角为 45°的等阻尼线，与根轨迹交于 A、B 两点，如图 4.4.7 所示。解得 A、B 两点的坐标分别为 $s_{A,B} = -0.8 \pm \mathrm{j}0.8$。另外一对闭环极点为 $s = -4.2 \pm \mathrm{j}0.8$。由于 $4.2/0.8 \approx 5.22$，因此 $s_{A,B} = -0.8 \pm \mathrm{j}0.8$ 是系统的主导极点。

这表明前面的假设是合理的，可以通过选择 k_{g} 满足最大超调量为 $\delta\% \leqslant 4.32\%$ 的要求。这时的 k_{g} 可由幅值条件

$$\left|\frac{k_{\mathrm{g}}}{(s+1)^2(s+4)^2}\right|_{s=-0.8+\mathrm{j}0.8} = 1$$

求得，$k_{\mathrm{g}} = 7.3984$。

（3）能否通过选择 k_{g} 满足调节时间 $t_{\mathrm{s}} \leqslant 2\mathrm{s}$ 的要求？

要求 $t_{\mathrm{s}} \leqslant 2\mathrm{s}$，即 $3/\sigma \leqslant 2$，$\sigma \geqslant 1.5$。这表明只要主导极点位于 s 左半平面，且距离虚轴大于 1.5，即可满足要求。但由根轨迹图可知，在系统稳定的范围内，主导极点的实部绝对值均小于 1，所以不能通过选择 k_{g} 满足 $t_{\mathrm{s}} \leqslant 2\mathrm{s}$ 的要求。

（4）能否通过选择 k_{g} 满足位置误差系数 $K_{\mathrm{p}} \geqslant 10$ 的要求？

根据静态位置误差系数的计算公式（3.6.15），有

$$K_{\mathrm{p}} = \lim_{s \to 0} G_{\mathrm{k}}(s) = \frac{k_{\mathrm{g}}}{16}$$

由（1）知临界根轨迹增益为 $k_{\mathrm{gc}} = 100$，在系统稳定的范围内，位置误差系数 K_{p} 要小于

$$K_{\mathrm{p}} = \frac{k_{\mathrm{gc}}}{16} = \frac{100}{16} = 6.26$$

所以，不能通过选择 k_{g} 满足位置误差系数 $K_{\mathrm{p}} \geqslant 10$ 的要求。

4.5　利用 MATLAB 分析根轨迹

根据 4.2 节给出的绘制根轨迹的基本规则和步骤，可以绘制出根轨迹草图。除手工绘制外，应用计算机 MATLAB 软件还能绘制出精确的根轨迹图。但是不能因此就仅仅依赖于 MATLAB 而忽略了手工绘制近似根轨迹的必要性。通过手工绘制根轨迹是全面理解和应用根轨迹法的基本途径。

本节介绍绘制和分析根轨迹图时用到的 MATLAB 函数。主要函数有 rlocus() 和 rlocfind()，其他相关函数有 tf()，conv() 和 roots() 等。函数 rlocus() 和 rlocfind() 用于绘制和分析根轨迹，函数 tf() 用于形成传递函数，函数 roots() 用于求解有理方程的根。其他函数的功能与用法请参阅 MATLAB 中的相关帮助文档。

1．绘制根轨迹

应用 MATLAB 绘制根轨迹图是以系统的开环传递函数作为基础的。开环传递函数可取下列两种形式之一，一种是零极点形式

$$G_{\mathrm{k}}(s)=\frac{k_{\mathrm{g}}\prod_{j=1}^{m}(s+z_j)}{\prod_{i=1}^{n}(s+p_i)} \tag{4.5.1}$$

另一种是有理式形式

$$G_{\mathrm{k}}(s)=\frac{k_{\mathrm{g}}\left(s^m+\sum_{j=1}^{m}z_j s^{m-1}+\cdots+\prod_{j=1}^{m}z_j\right)}{s^n+\sum_{i=1}^{n}p_i s^{n-1}+\cdots+\prod_{i=1}^{n}p_i} \tag{4.5.2}$$

在以有理式形式表示时，应按 s 降幂顺序排列，中间若有缺项，其系数用零代替。

绘制根轨迹的指令是 rlocus，主要有两种格式

格式一：　rlocus(num，den)　(4.5.3)

格式二：　[r，k] = rlocus(num，den，k)　(4.5.4)

使用格式一时，MATLAB 自动绘制根轨迹，其根轨迹增益是自动生成的，因而应用 MATLAB 绘制根轨迹完全取决于数组 num 和 den 。num 和 den 分别由开环传递函数分子和分母有理式各项系数组成。在格式二中，等号左边和右边分别引入了变量 r 和 k，r 为返回的根轨迹数据，k 为对应的根轨迹增益，结果显示在 MATLAB 命令窗口中。仅使用格式二时，屏幕上不显示根轨迹曲线，显示的只是根轨迹数据矩阵 r 和根轨迹增益 k 。若要显示根轨迹曲线，需再输入指令

plot(r,″)　(4.5.5)

其中″内，可标上′o′、′or′、′x′或其他格式符号。′o′、′or′和′x′分别表示用小圈、红

色小圈或 x 绘制根轨迹，"内字符为默认时，根轨迹由细实线绘制。

例 4.5.1 已知系统的开环传递函数为

$$G_{\mathrm{k}}(s)=\frac{k_{\mathrm{g}}(s+1)(s+3)}{s^3}$$

试用 MATLAB 绘制系统的根轨迹。

解：（1）开环传递函数采用如题给定的形式，按格式一绘制根轨迹。程序片段如下：

```
num = conv ([1 1],[1 3]);
%开环传递函数分子系数数组，因子相乘形式
den = [1 0 0 0];
%开环传递函数分母系数数组，有理式形式
rlocus(num,den) %绘制根轨迹
v=[-8 2 -4 4];
axis(v); %设置X和Y轴的范围
xlabel('Re') %设置X轴的标题
ylabel('Im') %设置Y轴的标题
title('System Roots Locus') %设置根轨迹标题
```

如果需要设置网格，第三句可改写为

```
plot(rlocus(num,den)) %绘制根轨迹
grid on
```

如果使用 tf()函数，则前三句还可以改写为如下形式：

```
num = conv ([1 1],[1 3]);
den = [1 0 0 0];
h = tf(num,den) %构成开环传递函数
rlocus(h)
```

如果将开环传递函数写为有理式形式

$$G_{\mathrm{k}}(s)=\frac{k_{\mathrm{g}}(s^2+4s+3)}{s^3}$$

则前三句可以改写为如下形式

```
num = [0 1 4 3];
den = [1 0 0 0];
plot(rlocus(num,den))
grid on
```

绘制的根轨迹图如图 4.5.1（a）所示。

（2）根轨迹图按格式二绘制时，程序片段如下

```
num = [0 1 4 3];                  %开环传递函数分子系数数组，有理式形式
den = [1 0 0 0];                  %开环传递函数分母系数数组，有理式形式
[r,k] = rlocus(num,den,k)         %计算根轨迹数据矩阵和根轨迹增益
plot(r,'o')                       %绘制根轨迹，以字符'o'画曲线
v=[-8 2 -4 4];axis(v);            %设置X和Y轴的范围
grid on;                          %显示网格
xlabel('Re')                      %设置X轴的标题
ylabel('Im')                      %设置Y轴的标题
title('System Roots Locus')       %设置根轨迹标题
```

根轨迹数据矩阵和根轨迹增益可在 MATLAB 命令窗口中看到，根轨迹在图形界面中显示，如图 4.5.1（b）所示。

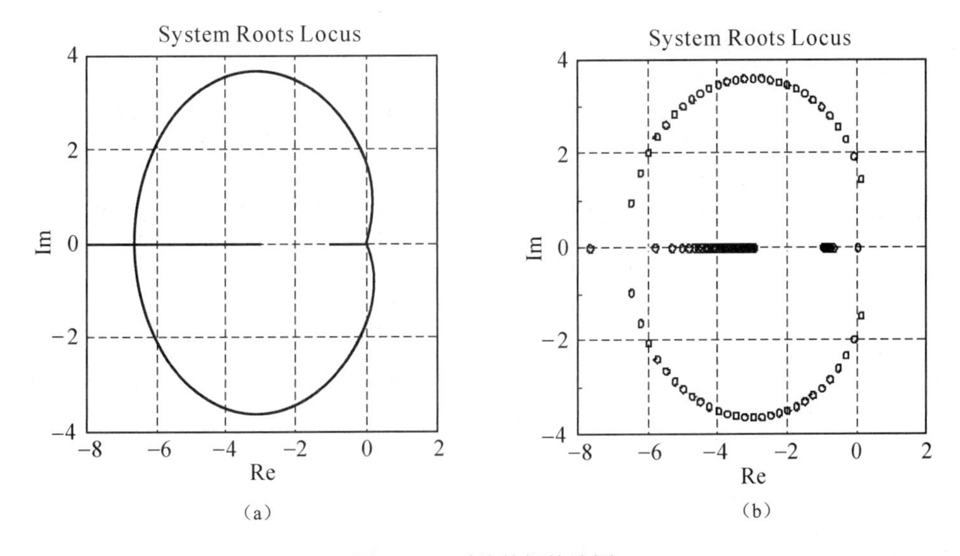

（a）　　（b）

图 4.5.1　系统的根轨迹图

2. 获得根轨迹增益

在 MATLAB 中，常用两种方法获得根轨迹增益。（1）通过编写适当的 MATLAB 程序获得根轨迹增益。（2）调用 rlocfind()函数可获得根轨迹上某点的根轨迹增益。但是只有运行了 rlocus 指令并得到了根轨迹以后，才能合法地调用 rlocfind()函数。运行 rlocfind()函数后，MATLAB 在图形界面上产生“+”提示符，通过鼠标将提示符移动到根轨迹上相应的位置，然后按下鼠标左键，所选的闭环根及对应的根轨迹增益就会在命令窗口中显示。

例 4.5.2　已知单位反馈控制系统的开环传递函数为

$$G_k(s) = \frac{k_g}{s(s+3+\mathrm{j}1)(s+3-\mathrm{j}1)}$$

使用 MATLAB 绘制系统的根轨迹，试求根轨迹上点 0.5358 ± j2.1052 和临界稳定点的根轨迹增益，并求根轨迹与虚轴的交点。

解：（1）绘制系统的根轨迹，程序片段如下：

```
num = [0 0 0 1];
den = conv([1 0],[1 3+sqrt(-1)]);
den = conv(den,[1 3-sqrt(-1)]);
rlocus(num,den);
v = [-8 2 -4 4];axis(v);
```

根轨迹图如图 4.5.2（a）所示。

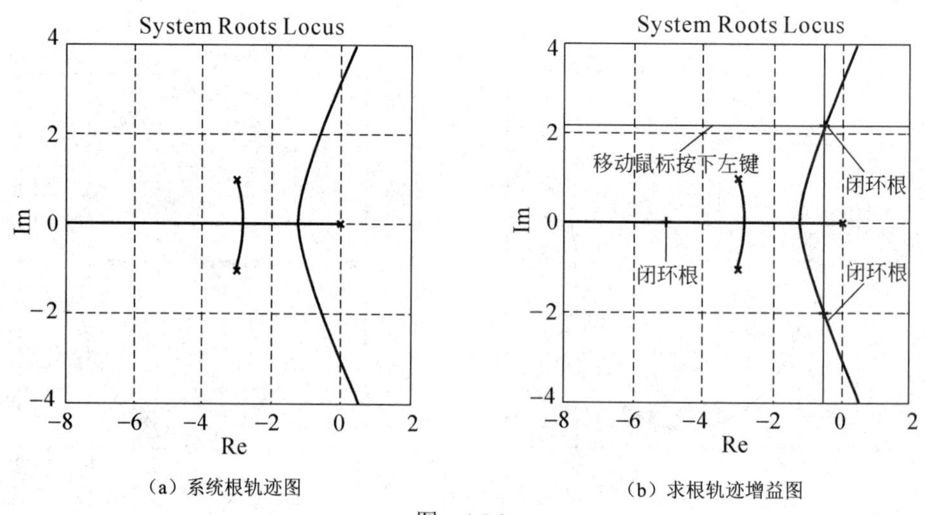

（a）系统根轨迹图　　（b）求根轨迹增益图

图　4.5.2

求点 0.5358 ± j2.1052 对应的根轨迹的增益，程序片段如下：

```
num = [0 0 0 1];
den = conv([1 0],[1 3+sqrt(-1)]);
den = conv(den,[1 3-sqrt(-1)]);
h = inline('abs(s^3+6*s^2+10*s)'); %应用inline函数构造根轨迹增益函数
k = h(-0.5358+2.1052i); %计算该点的根轨迹增益
```

其中，函数 inline()用来构造根轨迹增益函数。计算结果为

```
Inline function:
h(s) = abs(s^3+6*s^2+10*s)
k = 23.2567
```

求临界稳定点的根轨迹增益和根轨迹与虚轴的交点，程序片段如下：

```
num = [0 0 0 1];
den = conv([1 0],[1 3+sqrt(-1)]);
den = conv(den,[1 3-sqrt(-1)]);
k = 0:0.001:62;
[r,k] = rlocus(num,den,k)
%计算临界稳定点的根轨迹增益和与虚轴的交点
[m,n] = size(r);
for i= 1:m
    if real(r(i,1))>0)
        break
    end if
end
%显示临界根轨迹增益和根轨迹与虚轴的交点
disp('The Result is:')
kgc = k(i)  %临界根轨迹增益
sc1 = r(i,2)  %根轨迹与虚轴的交点
sc2 = r(i,3)
```

计算结果为

The Result is:
kgc = 60
sc1 = 0.0000 + 3.1623i
sc2 = 0.0000 – 3.1623i

（2）应用 rlocfind()函数可以在图形界面上直接获得某点的根轨迹增益。

rlocfind()函数的常用调用格式为

$$[k,poles]=rlocfind(num,den) \tag{4.5.6}$$

式中，k 为选择点对应的根轨迹增益，poles 为该根轨迹对应的闭环极点。程序片段如下：

```
num = [0 0 0 1];
den = conv([1 0],[1 3+sqrt(-1)]);
den = conv(den,[1 3-sqrt(-1)]);
rlocus(num,den)
v = [-8 2 -4 4];axis(v);
[k,poles] = rlocfind(num,den)
```

运行该程序后，图形界面上显示“+”提示符，移动鼠标确定一个点，按下左键，在图形界面对应的闭环根处自动标出“+”符，如图 4.5.2（b）所示。同时在命令窗口中就会显示该点的根轨迹增益和对应的闭环根如下：

```
Select a point in the graphics window
Selected_point = –0.5000+2.1739i
k = 24.8916
poles = – 4.9957
        – 0.5022+2.1750i
        – 0.5022–2.1750i
```

3．性能指标分析

应用 MATLAB 计算出根轨迹增益后，可以针对具体的根轨迹增益分析系统的性能。比如，在例 4.5.2 中，当 $k_g = 24.8916$ 时，明显可以看出闭环极点 $-0.5022 \pm j2.1750$ 是系统的闭环主导极点，据此可估算出系统性能指标为

超调量：
$$\delta\% = e^{-\pi\cot\beta} \times 100\% \approx 48.4\%$$

调整时间：
$$t_s = \frac{3}{\sigma} = \frac{3}{0.5022} \approx 5.97$$

还可以绘制系统的单位阶跃响应曲线。在上述参数下，系统的闭环传递函数为

$$\Phi(s) = \frac{24.8916}{s^3 + 6s^2 + 10s + 24.8916}$$

单位阶跃响应曲线如图 4.5.3 所示，程序片段如下：

```
num = [0 0 0 24.8916];
den = [1 6 10 24.8916];
h = tf(num,den);
step(h);
v = [0 10 0 1.5];axis(v);
grid on
```

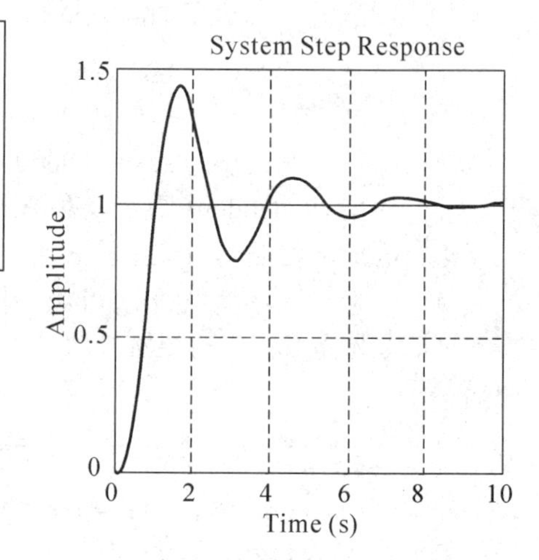

图 4.5.3　单位阶跃响应曲线

从图 4.5.3 可以看出，系统的超调量约为 43%，调整时间约为 6s。通过与用估算方法得到的结果比较，可以得知采用主导极点的概念估算出的系统性能指标具有较高精度。

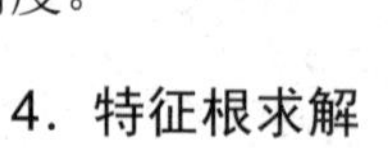

4．特征根求解

MATLAB 提供了求解高阶代数方程根的函数 roots()，其调用格式为

r = roots(d)

式中，r 为代数方程的根，d 为代数方程的系数矩阵。在手工绘制根轨迹时，当系统的特征方程式为高阶方程，且有分离（会合）点时，会遇到高阶方程的求解问题，

手工求解非常困难，甚至不可能。另外，当求指定根轨迹增益对应的闭环特征根时，也会遇到这个问题。采用函数 roots()，求解高阶代数方程的根就变得较为方便。在上例中，若要求根轨迹增益 $k_g = 50$ 时的闭环特征根，则写出这时的闭环特征方程为 $s^3 + 6s^2 + 10s + 50 = 0$。求根程序片段如下：

```
d = [1 6 10 50];
r = roots (d)
```

运行结果为

$$
\begin{aligned}
r = &-5.7690 \\
&-0.1155+2.9417i \\
&-0.1155-2.9417i
\end{aligned}
$$

习题

基础型

4.1　某反馈控制系统的开环传递函数为

$$G_k(s) = \frac{k_g}{s(s+3)(s^2+2s+2)}, \quad k_g \geqslant 0$$

（1）试证明 $s = -2.29$ 和 $s = \pm j1.09$ 是根轨迹上的点；

（2）计算对应的根轨迹增益 k_g。

4.2　某反馈控制系统的开环传递函数为

$$G_k(s) = \frac{k_g}{s(s^2+2s+5)}, \quad k_g \geqslant 0$$

（1）画出该系统根轨迹的渐近线；

（2）求离开开环复极点的根轨迹的出射角；

（3）确定根轨迹增益 k_g 的值，使系统有两个闭环极点位于虚轴之上。

4.3　某反馈控制系统的开环传递函数为

$$G_k(s) = \frac{k_g(s+2)}{s^2+2s+3}, \quad k_g \geqslant 0$$

（1）计算根轨迹的分离（会合）点及对应的根轨迹增益 k_g；

（2）求离开开环复极点的根轨迹的出射角；

（3）证明不在实轴上的根轨迹是圆周的一部分。

4.4　某反馈控制系统的开环传递函数为

$$G_k(s) = \frac{k_g(s+1)}{s^2+4s+5}, \quad k_g \leqslant 0$$

（1）确定实轴上的根轨迹区域；

（2）求进入实轴的根轨迹与实轴的交点；

（3）求离开开环复极点的根轨迹的出射角。

4.5　某反馈控制系统的开环传递函数为

$$G_k(s)=\frac{k_g}{(s+1)(s+3)(s+6)},\quad -\infty<k_g<+\infty$$

（1）确定实轴上的根轨迹区域；

（2）确定渐近线；

（3）求实轴上的分离点；

（4）计算分离点处的根轨迹增益 k_g。

4.6　某控制系统的特征方程为

$$1+\frac{k_g s(s+4)}{s^2+2s+2}=0,\quad k_g\geqslant 0$$

（1）若系统具有两个相同的闭环特征根，求对应的根轨迹增益 k_g；

（2）绘制系统的根轨迹。

4.7　某控制系统的方块图如图E4.1所示，控制器的传递函数 $G_c(s)$ 如下所示。假设根轨迹增益 $k_g\geqslant 0$，试分别绘制各系统的根轨迹，给出详细的计算步骤。

$$G_c(s)=k_g,\quad G_c(s)=k_g(s+1)$$

$$G_c(s)=\frac{k_g(s+1)}{(s+10)},\quad G_c(s)=\frac{k_g(s+1)(s+3)}{s+10}$$

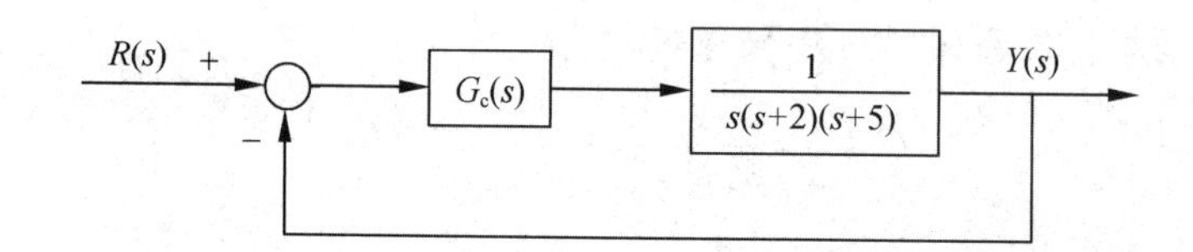

图E4.1　控制系统方块图

4.8　反馈控制系统的开环传递函数分别为

$$G_k(s)=\frac{k_g}{s(s+1)^2},\qquad G_k(s)=\frac{k_g}{(s^2+2s+2)(s+2)}$$

$$G_k(s)=\frac{k_g(s+5)}{s(s+1)(s+4)},\qquad G_k(s)=\frac{k_g(s^2+4s+8)}{s^2(s+4)}$$

$$G_k(s)=\frac{k_g(s+2.5)}{(s^2+2s+2)(s^2+4s+5)},\quad G_k(s)=\frac{k_g(s+1)}{s(s+1)(s^2+4s+16)}$$

试分别绘制当 $-\infty < k_g < +\infty$ 时的根轨迹。

4.9　某随动系统的开环传递函数为

$$G_k(s) = \frac{s+a}{s^2(s+1)}，\ a \geqslant 0$$

试绘制以 a 为参变量的根轨迹。

4.10　某反馈控制系统的开环传递函数为

$$G_k(s) = \frac{s+a}{s(2s-a)}，\ a \geqslant 0$$

试绘制以 a 为参变量的根轨迹，并利用根轨迹分析 a 取何值时闭环系统稳定。

4.11　某单位反馈控制系统的开环传递函数为

$$G_k(s) = \frac{k_g(s+4)}{s^2(s+2)}，\ k_g \geqslant 0$$

（1）绘制该系统的根轨迹，并根据根轨迹说明对所有的 k_g 值（$0 \leqslant k_g < \infty$），该系统总是不稳定的；

（2）在 $s=-a$（$0<a<2$）处增加一个开环零点后，重新绘制根轨迹，并说明新系统是稳定的。

4.12　某反馈控制系统的开环传递函数为

$$G_k(s) = \frac{k_g(s+4)}{(s+1)(s+2)}，\ k_g \geqslant 0$$

（1）绘制该系统的根轨迹，确定能够使闭环系统稳定的 k_g 范围；

（2）在开环传递函数中引入一个积分环节后，重新绘制系统的根轨迹，并确定能够使新系统稳定的 k_g 范围。

4.13　考虑某速度控制系统，其负反馈回路的传递函数为 $H(s)=1$，前向通道传递函数为

$$G(s) = \frac{k_g}{s(s+2)(s^2+4s+5)}$$

（1）绘制以 k_g 为参变量的根轨迹，并验证当 $k_g = 6.5$ 时，系统的主导极点为 $-0.35 \pm \mathrm{j}0.80$；

（2）对于（1）给出的主导极点，计算系统的调整时间 t_s 和超调量 $\delta\%$。

4.14　某单位反馈控制系统的开环传递函数为

$$G_k(s) = \frac{k_g(s+2)}{s(s+1)(s+4)}，\ k_g \geqslant 0$$

若要求其闭环主导极点的阻尼角为 60°，试用根轨迹法确定该系统的超调量 $\delta\%$、调整时间 t_s 和静态速度误差系数 K_v。

4.15　某反馈控制系统的开环传递函数为

$$G_k(s)=\frac{k_g(s+1)}{s(s-1)(s^2+4s+16)},\quad k_g \geqslant 0$$

试绘制系统的根轨迹，并确定能够使闭环系统稳定的 k_g 的范围。

4.16　电梯位置控制系统的开环传递函数为

$$G_k(s)=\frac{k_g(s+10)}{s(s+1)(s+20)(s+50)}$$

当闭环复根的阻尼系数为 $\zeta=0.8$ 时，试确定根轨迹增益 k_g 的取值。

4.17　某单位反馈控制系统的开环传递函数为

$$G_k(s)=\frac{k_g(s+2)}{s(s+1)},\quad k_g \geqslant 0$$

（1）求实轴上的分离点和会合点；

（2）当闭环复根的实部为 -2 时，求出相应的根轨迹增益 k_g 和该闭环复根。

4.18　某反馈控制系统的开环传递函数为

$$G_k(s)=\frac{k_g(2-s)}{s(s+3)},\quad k_g \geqslant 0$$

（1）绘制该系统的根轨迹；

（2）判断点 $s=-2\pm \mathrm{j}\sqrt{10}$ 是否在根轨迹上；

（3）求能够使该系统稳定的 k_g 范围。

4.19　设控制系统的开环传递函数如下所示，试利用 MATLAB 中的 Rlocus() 函数分别绘制当 $-\infty < k_g < +\infty$ 时的系统根轨迹。

（1）$G_k(s)=\dfrac{k_g}{s^3+4s^2+6s+1}$

（2）$G_k(s)=\dfrac{k_g(s^2+s+1)}{s(s^2+4s+6)}$

4.20　某单位反馈控制系统的开环传递函数为

$$G_k(s)=\frac{k_g(s^2+2s+2)}{s(s^2-3s+2)}$$

试利用 MATLAB：

（1）绘制系统的根轨迹；

（2）验证能够使系统稳定的最大 k_g 值为 3.79，并确定相应的闭环极点。

综合型

4.21　某单位反馈控制系统的开环传递函数为

$$G_k(s)=\frac{k_g(s+1)}{s(s-1)(s+4)},\quad k_g \geqslant 0$$

（1）绘制该系统的根轨迹；

（2）根据根轨迹确定能够使该系统稳定的 k_g 范围；

（3）求稳定的闭环复极点的最大阻尼系数。

4.22　某单位反馈控制系统的开环传递函数为

$$G_k(s)=\frac{k_g}{s(s+1)(s+5)},\ k_g \geqslant 0$$

绘制该系统的根轨迹，并根据根轨迹确定：

（1）能否通过选择 k_g 满足最大超调量 $\delta\% \leqslant 5\%$ 的要求？

（2）能否通过选择 k_g 满足调整时间 $t_s \leqslant 5\mathrm{s}$ 的要求？

（3）能否通过选择 k_g 满足稳态速度误差系数 $K_v \geqslant 10$ 的要求？

4.23　某单位反馈控制系统的开环传递函数为

$$G_k(s)=\frac{k_g(s+1)}{s(s-3)}$$

（1）绘制该系统的根轨迹，确定能够使系统稳定的 k_g 范围；

（2）确定能够使系统的单位阶跃响应非振荡的 k_g 范围；

（3）当 $k_g=10$ 时，系统的单位阶跃响应有超调吗？

4.24　某单位反馈控制系统的根轨迹如图 E4.2 所示。

（1）求该系统的闭环传递函数；

（2）试用适当的方法使该系统在任意根轨迹增益下均稳定。

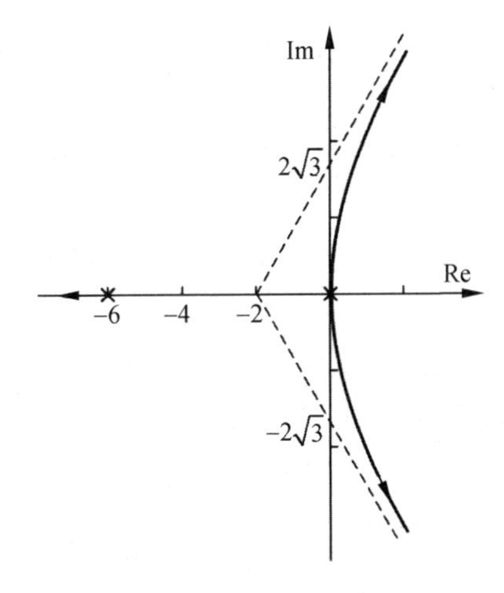

图 E4.2　根轨迹图

4.25　某闭环控制系统的根轨迹及其反馈通路的零、极点分布如图 E4.3 所示。试确定当存在闭环重极点且反馈通路根轨迹增益为 0.01 时的闭环传递函数。

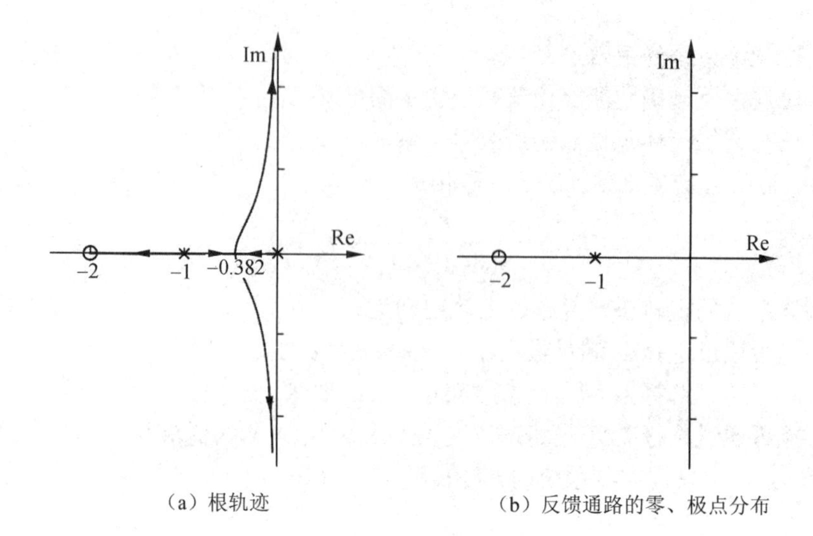

（a）根轨迹　　（b）反馈通路的零、极点分布

图 E4.3　根轨迹及反馈通路零、极点分布图

4.26　某控制系统的结构如图 E4.4 所示。

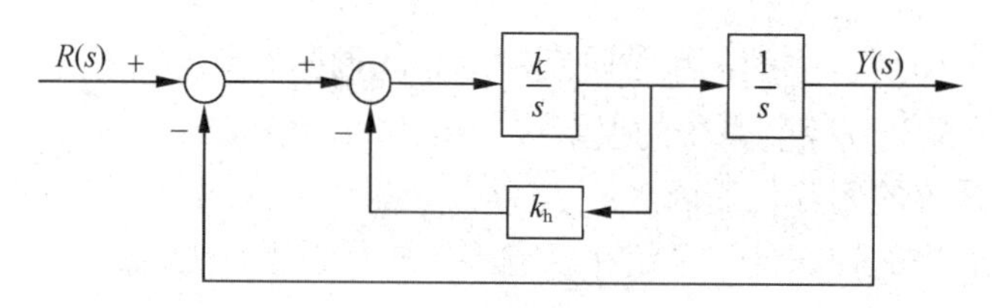

图 E4.4　控制系统方块图

（1）试确定增益 k 的值和速度反馈系统 k_h 的值，使闭环极点位于 $-1\pm j\sqrt{3}$；

（2）利用（1）中求得的 k_h 值，画出以 k 为参变量的根轨迹；

（3）利用（1）中求得的 k 值，画出以 k_h 为参变量的根轨迹，并利用根轨迹讨论速度反馈对系统瞬态性能的影响。

4.27　某控制系统的结构如图 E4.5 所示，试绘制该系统的根轨迹，并分析 k 对系统在阶跃扰动作用下的响应的影响。

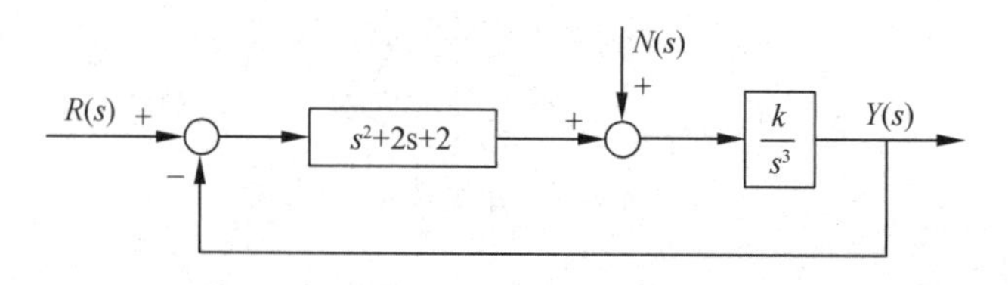

图 E4.5　控制系统方块图

4.28　某控制系统的结构如图 E4.6 所示。

（1）绘制 $0<T<+\infty$ 时的参量根轨迹；

（2）确定系统临界稳定和临界阻尼时的 T 值；

（3）当系统稳定时，计算该系统在单位阶跃输入下的稳态误差。

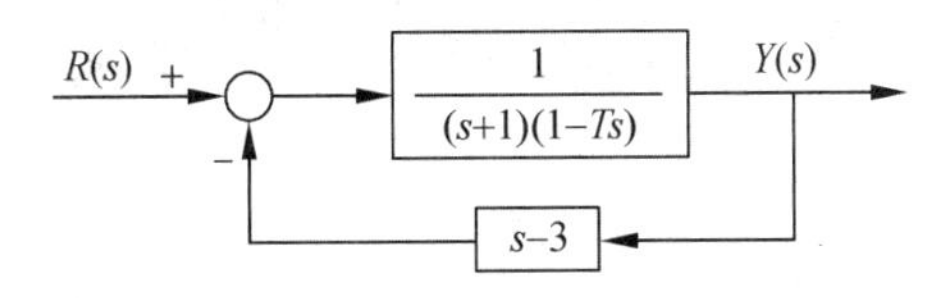

图 E4.6　控制系统方块图

第5章 线性系统的频域分析法

5.1 引言

一个系统性能的好坏，可以采用前面介绍的系统的阶跃响应来衡量，也可以采用系统对于正弦输入信号的响应来进行分析。但是这时分析的并不是某一个频率下的正弦输入信号所对应的系统瞬态响应，而是当频率由低到高，无数个正弦输入信号所对应的系统稳态响应。因此，也将这种响应称为频率响应。频率响应尽管不如阶跃响应那样直观，但同样能够间接地表明系统的特性。通常，将利用频率响应曲线分析系统性能的方法称为频率响应法，该方法与前几章介绍的时域分析法和根轨迹法相同，也是一种系统分析和设计的方法，但它不需要求解系统的微分方程，便可直接根据频率特性曲线分析系统性能，因此频率响应法更具有工程实用价值。

5.2 频率特性的基本概念

5.2.1 定义

系统的频率响应定义为，在正弦函数作用下，系统稳态响应的振幅和相位与所加正弦输入函数之间的依赖关系。具体函数关系式推导如下。

通常，将线性定常系统的传递函数表示为

$$G(s)=\frac{b_m s^m+b_{m-1}s^{m-1}+\cdots+b_1 s+b_0}{s^n+a_{n-1}s^{n-1}+\cdots+a_1 s+a_0}=\frac{N(s)}{D(s)} \tag{5.2.1}$$

假设系统的闭环极点为$-p_1,-p_2,\cdots,-p_n$，无重极点，则可将式（5.2.1）表示为

$$G(s)=\frac{N(s)}{\prod_{i=1}^{n}(s+p_i)}$$

设系统输入 $r(t)=X\sin\omega t$，则其拉普拉斯变换为

$$R(s)=\frac{X\omega}{s^2+\omega^2}=\frac{X\omega}{(s+\mathrm{j}\omega)(s-\mathrm{j}\omega)}$$

于是，系统输出

$$Y(s)=G(s)R(s)=\frac{N(s)}{\prod_{i=1}^{n}(s+p_i)}\cdot\frac{X\omega}{(s+\mathrm{j}\omega)(s-\mathrm{j}\omega)}$$

$$=\sum_{i=1}^{n}\frac{k_i}{s+p_i}+\frac{k_c}{s+\mathrm{j}\omega}+\frac{k_{-c}}{s-\mathrm{j}\omega} \tag{5.2.2}$$

式中 $k_i(i=1,2,\cdots,n)$、k_c 和 k_{-c} 为 $Y(s)$ 在其极点处的留数。对式（5.2.2）求拉普拉斯反变换可得到输出的时域表达式

$$y(t)=\sum_{i=1}^{n}k_i\mathrm{e}^{-p_it}+k_c\mathrm{e}^{-\mathrm{j}\omega t}+k_{-c}\mathrm{e}^{\mathrm{j}\omega t} \tag{5.2.3}$$

假设系统是稳定的，则传递函数 $G(s)$ 的极点都具有非零的负实部。当 $t\to\infty$ 时，上式除了最后两项外，其余各项都将衰减至零。所以 $y(t)$ 的稳态分量 $y_{\mathrm{s}}(t)$ 为

$$y_{\mathrm{s}}(t)=\lim_{t\to\infty}y(t)=k_c\mathrm{e}^{-\mathrm{j}\omega t}+k_{-c}\mathrm{e}^{\mathrm{j}\omega t} \tag{5.2.4}$$

式中待定系数 k_c 和 k_{-c} 可由下式确定

$$k_c=G(s)\cdot\frac{X\omega}{(s+\mathrm{j}\omega)(s-\mathrm{j}\omega)}\cdot(s+\mathrm{j}\omega)\bigg|_{s=-\mathrm{j}\omega}=-\frac{G(-\mathrm{j}\omega)X}{2\mathrm{j}} \tag{5.2.5}$$

$$k_{-c}=G(s)\cdot\frac{X\omega}{(s+\mathrm{j}\omega)(s-\mathrm{j}\omega)}\cdot(s-\mathrm{j}\omega)\bigg|_{s=\mathrm{j}\omega}=\frac{G(\mathrm{j}\omega)X}{2\mathrm{j}} \tag{5.2.6}$$

其中 $G(\mathrm{j}\omega)=G(s)|_{s=\mathrm{j}\omega}$ 是一个复数。于是，可用其模 $A(\omega)=|G(\mathrm{j}\omega)|$ 与相角 $\varphi(\omega)=\angle G(\mathrm{j}\omega)$ 来表示，即

$$G(\mathrm{j}\omega)=|G(\mathrm{j}\omega)|\mathrm{e}^{\mathrm{j}\angle G(\mathrm{j}\omega)}=A(\omega)\mathrm{e}^{\mathrm{j}\varphi(\omega)} \tag{5.2.7}$$

其中

$$\varphi(\omega)=\angle G(\mathrm{j}\omega)=\arctan\left[\frac{G(\mathrm{j}\omega)\text{的虚部}}{G(\mathrm{j}\omega)\text{的实部}}\right]=\arctan\frac{\mathrm{Im}[G(\mathrm{j}\omega)]}{\mathrm{Re}[G(\mathrm{j}\omega)]} \tag{5.2.8}$$

由于 $G(\mathrm{j}\omega)$ 和 $G(-\mathrm{j}\omega)$ 是互为共轭的复数，因此可将 $G(-\mathrm{j}\omega)$ 表示为

$$G(-\mathrm{j}\omega)=|G(-\mathrm{j}\omega)|\mathrm{e}^{-\mathrm{j}\varphi(\omega)}=|G(\mathrm{j}\omega)|\mathrm{e}^{-\mathrm{j}\varphi(\omega)}=A(\omega)\mathrm{e}^{-\mathrm{j}\varphi(\omega)} \tag{5.2.9}$$

将 $G(\mathrm{j}\omega)$ 和 $G(-\mathrm{j}\omega)$ 分别代入式（5.2.5）和式（5.2.6），有

$$k_c=-\frac{X}{2\mathrm{j}}A(\omega)\mathrm{e}^{-\mathrm{j}\varphi(\omega)}$$

$$k_{-c}=\frac{X}{2\mathrm{j}}A(\omega)\mathrm{e}^{\mathrm{j}\varphi(\omega)}$$

将上面求出的待定系数 k_c 和 k_{-c} 代入式（5.2.4）后，可得出系统对于正弦输入信号时，输出的稳态分量

$$\begin{aligned}y_{\mathrm{s}}(t)&=A(\omega)X\frac{\mathrm{e}^{\mathrm{j}[\omega t+\varphi(\omega)]}-\mathrm{e}^{-\mathrm{j}[\omega t+\varphi(\omega)]}}{2\mathrm{j}}\\&=A(\omega)X\sin\left[\omega t+\varphi(\omega)\right]\\&=Y\sin\left[\omega t+\varphi(\omega)\right]\end{aligned}\qquad(5.2.10)$$

其中 $Y=A(\omega)X$ 为稳态响应的幅值。

上述分析表明，对于一个稳定的线性定常系统，加入正弦函数后，它的输出的稳态分量也是一个与输入同频率的正弦函数，只是其幅值放大了 $A(\omega)=|G(\mathrm{j}\omega)|$ 倍，相位移动了 $\varphi(\omega)=\angle G(\mathrm{j}\omega)$，并且 $A(\omega)$ 和 $\varphi(\omega)$ 都是频率 ω 的函数。于是可将系统稳态响应的幅值与正弦输入信号的幅值之比 $\dfrac{Y}{X}=A(\omega)=|G(\mathrm{j}\omega)|$ 定义为系统的幅频特性；将稳态响应与正弦输入信号之间的相位差 $\varphi(\omega)=\angle G(\mathrm{j}\omega)$ 定义为系统的相频特性；将两者结合在一起的向量

$$G(\mathrm{j}\omega)=|G(\mathrm{j}\omega)|\mathrm{e}^{\mathrm{j}\angle G(\mathrm{j}\omega)}=A(\omega)\mathrm{e}^{\mathrm{j}\varphi(\omega)}$$

定义为系统的频率特性。

还可将频率特性 $G(\mathrm{j}\omega)$ 表示为式（5.2.11）的复数形式

$$G(\mathrm{j}\omega)=P(\omega)+\mathrm{j}Q(\omega)\qquad(5.2.11)$$

其中 $P(\omega)=\mathrm{Re}[G(\mathrm{j}\omega)]$ 和 $Q(\omega)=\mathrm{Im}[G(\mathrm{j}\omega)]$ 分别被称为系统的实频特性和虚频特性。幅频特性、相频特性与实频特性、虚频特性之间具有下列关系：

$$P(\omega)=A(\omega)\cdot\cos\varphi(\omega)\qquad(5.2.12)$$

$$Q(\omega)=A(\omega)\cdot\sin\varphi(\omega)\qquad(5.2.13)$$

$$A(\omega)=\sqrt{P^2(\omega)+Q^2(\omega)}\qquad(5.2.14)$$

$$\varphi(\omega)=\arctan\frac{Q(\omega)}{P(\omega)}\qquad(5.2.15)$$

由上述推导过程可以看出，频率特性与传递函数的关系为

$$G(\mathrm{j}\omega)=G(s)\big|_{s=\mathrm{j}\omega}\qquad(5.2.16)$$

由于这种简单关系的存在，频域分析法与利用传递函数的时域分析法在数学上是等价的，因此在系统分析和设计时，这两种分析方法的作用也是类似的。但频域分析法有其独特的优势。

其优势之一在于它可以通过实验测量来获得系统的频率特性曲线，这对于那些内部结构未知以及难以用分析的方法列写动态方程的系统尤为重要。事实上，当传递函数难以用分析的方法得到时，常用的方法是利用对该系统频率特性测试曲线的拟合来得出传递函数模型。此外，在验证推导出的传递函数的正确性时，

也往往采用该传递函数所对应的频率特性同测试结果相比较来判断。

优势之二在于可以采用图形来表示频率特性，这在控制系统的分析和设计中有非常重要的作用。

值得注意的是，频率特性的推导是在线性定常系统稳定的假设条件下得出的。这样如果系统不稳定，则瞬态过程 $y(t)$最终不可能趋于稳态 $y_s(t)$，当然也就无法由实际系统直接观察到这种稳态响应。但从理论上瞬态过程的稳态分量总是可以被分离出来的，而且其规律性并不依赖于系统的稳定性。因此可以扩展频率特性的概念，将频率特性定义为：线性定常系统对正弦输入信号的输出的稳态分量与输入的正弦信号的复数比。因此对于不稳定的系统，尽管无法用实验方法量测到其频率特性，但根据式（5.2.16）总是可以由传递函数得到其频率特性。

5.2.2　频率特性的表示方法

通常可在极坐标和对数坐标中对频率特性进行表示。具体的表示方法如下：

（1）极坐标图，也被称为奈奎斯特（Nyquist）图。它是以频率特性的实部 $\mathrm{Re}[G(\mathrm{j}\omega)]$ 为直角坐标系的横坐标，以其虚部 $\mathrm{Im}[G(\mathrm{j}\omega)]$ 为纵坐标，以 ω 为参变量时的幅值与相位的关系曲线。

（2）对数坐标图，也被称为伯德（Bode）图。它由对数幅频特性和对数相频特性两张图组成。对数幅频特性和对数相频特性都以 $\lg\omega$ 为横坐标，对数幅频特性以 $20\lg A(\omega)$ 为纵坐标，而对数相频特性则以 $\varphi(\omega)$ 为纵坐标。

（3）对数幅相频率特性图，也被称为尼科尔斯（Nichols）图。它是以相位 $\varphi(\omega)$ 为横坐标，以 $20\lg A(\omega)$ 为纵坐标，以 ω 为参变量的一种幅值与相位之间的关系曲线。

5.3　对数坐标图

5.3.1　对数坐标图及其特点

对数坐标图也被称为伯德图，是由对数幅频特性和对数相频特性两条曲线组成。对数坐标图中的自变量是角频率 ω，单位是 rad/s。对数坐标图的横坐标（频率坐标）是按频率 ω 的对数 $\lg\omega$ 进行线性分度的，对数幅频特性的纵坐标按 $20\lg|G(\mathrm{j}\omega)|$ 线性分度，单位是分贝（dB），并用符号 $L(\omega)$ 表示，即

$$L(\omega)=20\lg|G(\mathrm{j}\omega)| \qquad (\mathrm{dB}) \tag{5.3.1}$$

对数相频特性的纵坐标是 $\varphi(\omega)=\angle G(\mathrm{j}\omega)$，按度 (°) 或弧度 (rad) 线性分度。

由此构成的坐标系被称为半对数坐标系。通常将对数幅频特性和对数相频特性曲线画在一起，上下摆放，使用同一个横坐标。

值得注意的是，对数坐标图的横坐标虽然是按频率的对数 $\lg\omega$ 线性分度的，

但为了便于观察仍标以频率ω的值，因此横坐标对ω而言不是线性分度，而是按对数分度的。对数分度和线性分度的对应关系如图 5.3.1 所示。由图 5.3.1 可知，在对数分度中，当ω每变化十倍时，坐标间的距离就变化一个单位长度。通常，将这一个单位的长度称为十倍频程或十倍频，用 dec 表示。类似地，频率ω每变化一倍，横坐标变化 0.301 单位长度，被称为“倍频程”，用 oct 表示。

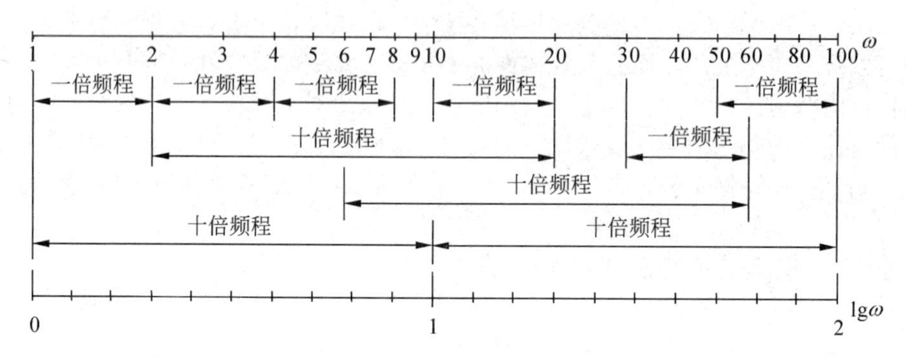

图 5.3.1　对数分度与线性分度之间的关系

采用对数坐标有如下优点。

1. 拓宽频率表示范围

当将频率采用对数分度之后，可以使高频部分的横坐标相对压缩，而低频部分相对展开，从而可以在一张图上标示出较大的频率范围。例如，即使当频率ω变化 10000 倍时，横坐标也只变化了四个单位长度。这样就可在同一幅图上，把低频部分与中高频部分的频率特性同时表示清楚。但应注意，由于$\lg 0 = -\infty$，所以无法在对数坐标轴上标出$\omega = 0$的点。

2. 简化运算

通常传递函数可表示为一些典型环节的乘积。如式（5.3.2）所示：

$$G(s) = \frac{K\prod_{i=1}^{m_1}(1+\tau_i s)\prod_{k=1}^{m_2}(1+2\zeta_k\tau_k s+\tau_k^2 s^2)\mathrm{e}^{-T_\mathrm{d}s}}{s^{\upsilon}\prod_{j=1}^{n_1}(1+T_j s)\prod_{l=1}^{n_2}(1+2\zeta_l T_l s+T_l^2 s^2)} \tag{5.3.2}$$

相应的频率特性为

$$G(\mathrm{j}\omega) = \frac{K\prod_{i=1}^{m_1}(1+\mathrm{j}\tau_i\omega)\prod_{k=1}^{m_2}[(1-\omega^2\tau_k^2)+\mathrm{j}2\zeta_k\tau_k\omega]\mathrm{e}^{-\mathrm{j}T_\mathrm{d}\omega}}{(\mathrm{j}\omega)^{\upsilon}\prod_{j=1}^{n_1}(1+\mathrm{j}T_j\omega)\prod_{l=1}^{n_2}[(1-\omega^2 T_l^2)+\mathrm{j}2\zeta_l T_l\omega]} \tag{5.3.3}$$

于是，可将对数幅频特性和相频特性分别表示为

$$L(\omega)=20\lg\left|G(\mathrm{j}\omega)\right|=20\lg K+\sum_{i=1}^{m_1}20\lg\left|1+\mathrm{j}\tau_i\omega\right|+$$

$$\sum_{k=1}^{m_2}20\lg\left|(1-\omega^2\tau_k^2)+\mathrm{j}2\zeta_k\tau_k\omega\right|-20\times v\lg\left|\mathrm{j}\omega\right|-\sum_{j=1}^{n_1}20\lg\left|1+\mathrm{j}T_j\omega\right|-$$

$$\sum_{l=1}^{n_2}20\lg\left|(1-\omega^2T_l^2)+\mathrm{j}2\zeta_lT_l\omega\right| \tag{5.3.4}$$

$$\phi(\omega)=\angle G(\mathrm{j}\omega)=\angle K+\sum_{i=1}^{m_1}\angle(1+\mathrm{j}\tau_i\omega)+\sum_{k=1}^{m_2}\angle[(1-\omega^2\tau_k^2)+\mathrm{j}2\zeta_k\tau_k\omega]-$$

$$v\angle\mathrm{j}\omega-\sum_{j=1}^{n_1}\angle(1+\mathrm{j}T_j\omega)-\sum_{l=1}^{n_2}\angle[(1-\omega^2T_l^2)+\mathrm{j}2\zeta_lT_l\omega]+\angle\mathrm{e}^{-\mathrm{j}T_\mathrm{d}\omega} \tag{5.3.5}$$

由此可见，采用对数坐标后，可将幅值的乘除运算变换为加减运算，这将使运算得到简化。另一方面，传递函数中典型环节的乘积关系变换为对数坐标图上的加减运算之后，能够明显地反映出各典型环节对总的对数坐标图的影响，因而给控制系统的分析工作带来了很大的方便。

3. 方便绘图

在对数坐标图上，可将对数幅频特性采用分段直线近似表示，这样不仅易于绘制而且还具有一定的精确度。通常可用这种近似的对数坐标图对系统进行分析和设计。如果需要精确的对数坐标图，只需将这种折线近似的对数坐标图进行适当的修正即可。

由式（5.3.4）和式（5.3.5）知，控制系统的频率特性是由典型环节的频率特性组合而成的。因此，为了绘制和研究实际系统的频率特性，首先应当熟悉典型环节的频率特性。

5.3.2 典型环节的对数坐标图

1. 比例环节

比例环节的频率特性为 $G(\mathrm{j}\omega)=K$ ，对数频率特性为

$$L(\omega)=20\lg\left|K\right|=\text{常数}=\begin{cases}>0, & \left|K\right|>1\\=0, & \left|K\right|=1\\<0, & \left|K\right|<1\end{cases} \tag{5.3.6}$$

$$\varphi(\omega)=\angle\left|K\right|=\begin{cases}0^\circ, & K\geqslant 0\\-180^\circ, & K<0\end{cases} \tag{5.3.7}$$

其伯德图如图 5.3.2 所示。

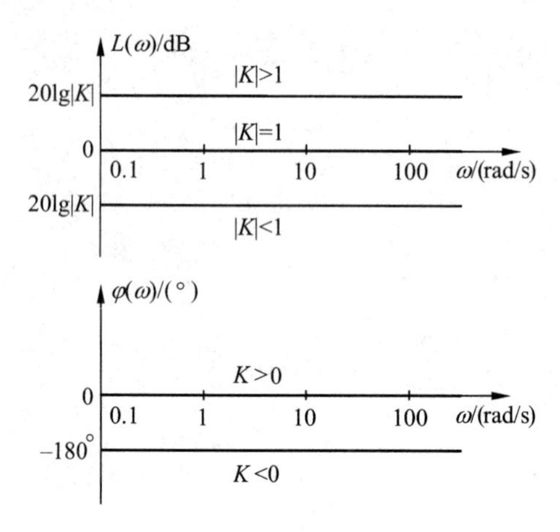

图 5.3.2　比例环节的对数频率特性曲线

2．积分环节

积分环节的频率特性为 $G(\mathrm{j}\omega)=\dfrac{1}{\mathrm{j}\omega}$，对数频率特性为

$$L(\omega)=20\lg\left|\frac{1}{\mathrm{j}\omega}\right|=-20\lg\omega \tag{5.3.8}$$

$$\varphi(\omega)=\angle\left(\frac{1}{\mathrm{j}\omega}\right)=-90° \tag{5.3.9}$$

由于对数坐标图的横坐标是以 $\lg\omega$ 进行线性分度的，因此式(5.3.8)中的 $L(\omega)$ 与 $\lg\omega$ 是线性关系，直线的斜率为 −20dB / dec，即每当频率增加 10 倍时，幅值就下降 20dB。其对数幅频特性如图 5.3.3（a）中曲线 1 所示。由图可知，积分环节的对数幅频特性是过点（1,0），斜率为 −20dB/dec 的直线。

积分环节的相频特性是相角为−90°的直线，与频率无关，如图 5.3.3（b）中曲线 1 所示。

当原点处有 v 个极点，即传递函数含有 $\dfrac{1}{(\mathrm{j}\omega)^{v}}$ 因子时，相应的对数频率特性为

$$L(\omega)=20\lg\left|\frac{1}{(\mathrm{j}\omega)^{v}}\right|=-20\cdot v\lg\omega \tag{5.3.10}$$

$$\varphi(\omega)=-v\times 90° \tag{5.3.11}$$

此时对数幅频特性是过点（1，0），斜率为 $-20\times v$dB/dec 的直线，相频特性是相角为 $-v\times 90°$ 的直线。

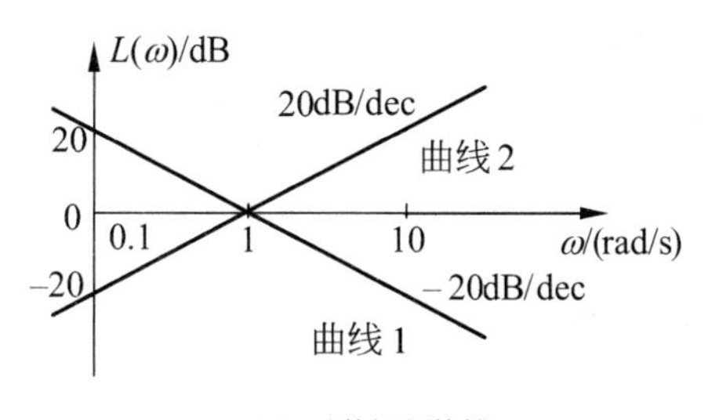

（a）对数幅频特性

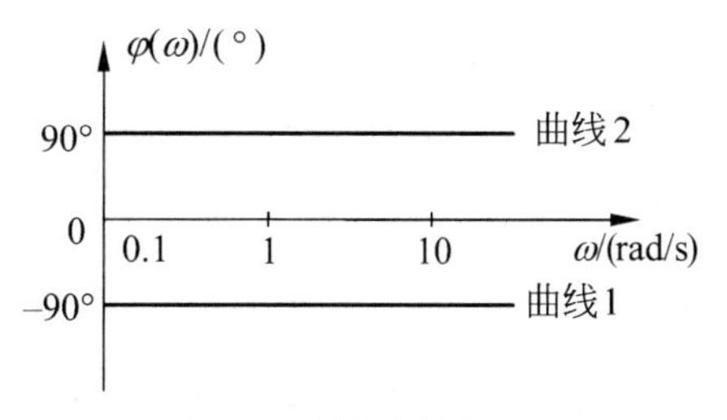

（b）对数相频特性

图 5.3.3　积分和微分环节的对数频率特性曲线

3．微分环节

微分环节的频率特性为 $G(\mathrm{j}\omega)=\mathrm{j}\omega$。对数频率特性为

$$L(\omega)=20\lg|\mathrm{j}\omega|=20\lg\omega \tag{5.3.12}$$

$$\varphi(\omega)=\angle(\mathrm{j}\omega)=90^\circ \tag{5.3.13}$$

微分环节的对数坐标图与积分环节一样，也可用直线表示，只是两者对称于横坐标轴，如图 5.3.3（a）和（b）中的曲线 2 所示。

4．惯性环节

惯性环节的频率特性为 $G(\mathrm{j}\omega)=\dfrac{1}{1+\mathrm{j}T\omega}$，对数幅频特性为

$$L(\omega)=20\lg A(\omega)=20\lg\left|\frac{1}{1+\mathrm{j}T\omega}\right|=-20\lg\sqrt{1+(T\omega)^2} \tag{5.3.14}$$

可近似表示为

$$L(\omega)\approx\begin{cases}-20\lg\sqrt{1+0}=0, & \omega<<1/T\\ -20\lg\sqrt{T^2\omega^2}=-20\lg T\omega, & \omega>>1/T\end{cases} \tag{5.3.15}$$

式（5.3.15）表明当 $\omega<<\dfrac{1}{T}$ 时，$L(\omega)$ 是一条斜率为 0dB/dec 的水平线，而当 $\omega>>\dfrac{1}{T}$ 时，$L(\omega)$ 是一条斜率为–20dB/dec 的直线。这两条相交于频率 $\omega_0=\dfrac{1}{T}$ 处的直线，被称为惯性环节对数幅频特性的渐近线，如图 5.3.4 所示。其交点处的频率 $\omega_0=\dfrac{1}{T}$ 被称为惯性环节的转折频率。

实际上，由渐近线表示的对数幅频特性与精确曲线之间是有误差的。最大误差出现在转折频率 ω_0 处，此时在渐近线上有 $L(\omega_0)=0\text{dB}$，而 $L(\omega_0)$ 的精确值为 $-20\lg\sqrt{2}=-3\text{dB}$。当频率 ω 为不同值时，可计算出误差的大小，如表 5.3.1 所示。由表可知，在 ω_0 左右各一倍频程处（即 $\omega=\omega_0/2$ 和 $\omega=2\omega_0$），精确曲线比渐近线低 1dB。在 ω_0 左右各十倍频程处（即 $\omega=\omega_0/10$ 和 $\omega=10\omega_0$），精确曲线比渐近

线低 0.04dB。由此可见，误差的分布对称于转折频率。于是，精确的对数幅频特性曲线如图 5.3.4 所示。可绘制惯性环节对于对数幅频特性渐近线的误差修正曲线如图 5.3.5 所示。

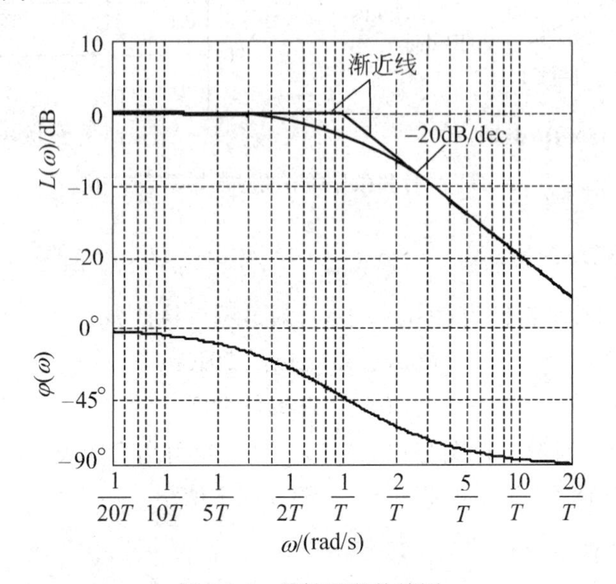

图 5.3.4　惯性环节伯德图

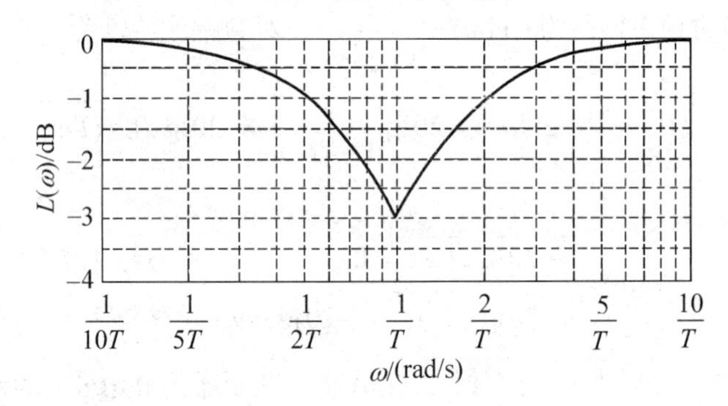

图 5.3.5　惯性环节误差曲线

表 5.3.1　惯性环节幅频特性数据

ωT	0.1	0.2	0.5	1	2	5	10
$L(\omega T)$/dB	−0.04	−0.2	−1	−3	−7	−14.2	−20.04
渐近线/dB	0	0	0	0	−6	−14	−20
误差/dB	−0.04	−0.2	−1	−3	−1	−0.2	−0.04

惯性环节的对数相频特性为

$$\varphi(\omega) = -\arctan T\omega \tag{5.3.16}$$

当频率为 0 时，相角为 0°；转折频率处的相角为 $\varphi(1/T) = -\arctan 1 = -45°$；当频率趋于无穷大时，相角为 −90°。对 $\varphi(\omega)$ 的计算数据如表 5.3.2 所示，由此得到的

对数相频特性 $\varphi(\omega)$ 曲线如图 5.3.4 所示。由图不难看出 $\varphi(\omega)$ 曲线在半对数坐标系中对于 $(\omega_0, -45°)$ 点是斜对称的（例如距 ω_0 左右各十倍频程处的两点 $\varphi(\omega T)\big|_{\omega T=0.1} = -5.7°$ 与 $\varphi(\omega T)\big|_{\omega T=10} = -84.3°$，关于（$\omega_0$，$-45°$）点是斜对称的），这是对数相频特性的一个重要特点。

另外，值得注意的是，当时间常数 T 变化时，对数幅频特性和对数相频特性的形状都没有被改变，只是根据转折频率 $1/T$ 的不同，整条曲线被向左或向右平移了。

表 5.3.2 惯性环节相频特性数据

ωT	0.01	0.02	0.05	0.1	0.2	0.3	0.5	0.7	1.0
φ(ωT)	– 0.6	– 1.1	–2.9	–5.7	–11.3	–16.7	–26.6	–35	– 45
ωT	2.0	3.0	4.0	5.0	7.0	10	20	50	100
φ(ωT)	– 63.4	– 71.5	–76	–78.7	– 81.9	– 84.3	– 87.1	– 88.9	– 89.4

5. 一阶微分环节

一阶微分环节的频率特性为 $G(\mathrm{j}\omega) = (1 + \mathrm{j}T\omega)$，对数频率特性为

$$L(\omega) = 20\lg A(\omega) = 20\lg\left|1 + \mathrm{j}T\omega\right| = 20\lg\sqrt{1+(T\omega)^2} \tag{5.3.17}$$

$$\varphi(\omega) = \arctan T\omega \tag{5.3.18}$$

比较一阶微分环节与惯性环节的对数频率特性表达式可知，两者的函数关系几乎相同，只是符号相反。因此，两者的对数频率特性曲线形状完全相同，只是两者的对数幅频特性对称于横坐标轴 0dB 线，相频特性对称于 0°线，如图 5.3.6 所示。

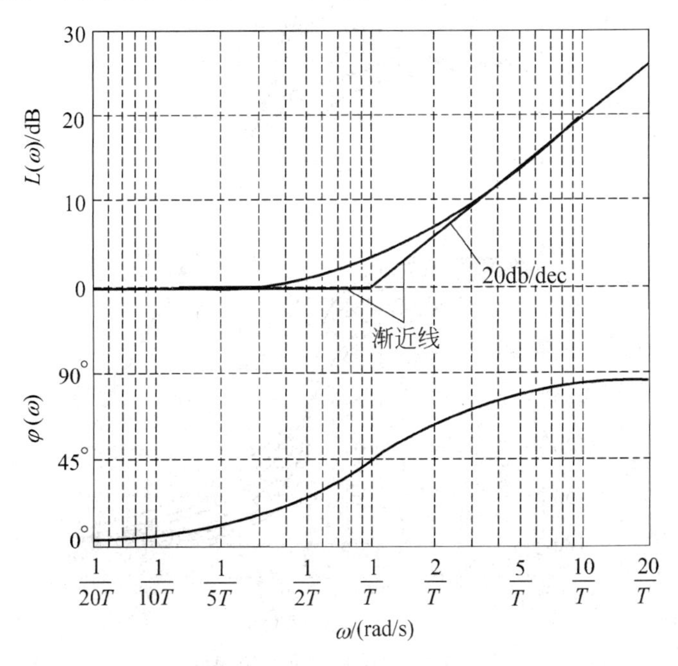

图 5.3.6 一阶微分环节伯德图

6. 振荡环节

振荡环节的频率特性为$G(\mathrm{j}\omega)=[(1-T^2\omega^2)+\mathrm{j}2\zeta T\omega]^{-1}$，对数幅频特性为

$$L(\omega)=20\lg A(\omega)=-20\lg\sqrt{(1-T^2\omega^2)^2+(2\zeta T\omega)^2} \tag{5.3.19}$$

可近似表示为

$$L(\omega)\approx\begin{cases}-20\lg\sqrt{1+0}=0, & \omega<<1/T\\ -20\lg\sqrt{(T\omega)^4}=-40\lg T\omega, & \omega>>1/T\end{cases} \tag{5.3.20}$$

式（5.3.20）表明，可将对数幅频特性$L(\omega)$用两条以$\omega_0=\dfrac{1}{T}$为转折频率的直线构成的渐近线来近似表示。如图 5.3.7 所示，当频率ω大于转折频率ω_0时的渐近线的斜率为-40dB/dec。并且对数幅频特性的渐近线和阻尼系数ζ无关，但精确的对数幅频特性曲线在ω_0处的值却为$-20\lg 2\zeta$，因此在ω_0附近的渐近线的误差将随不同的ζ可能有很大的变化。图 5.3.7 给出了当ζ为不同值时振荡环节的精确曲线。图中可见当ζ比较小时，会出现谐振现象。此时，令

$$\frac{\mathrm{d}A(\omega)}{\mathrm{d}\omega}=-\frac{1}{2}\left[(1-T^2\omega^2)^2+(2\zeta T\omega)^2\right]^{-\frac{3}{2}}\left[4\omega T^2(-1+T^2\omega^2+2\zeta^2)\right]=0$$

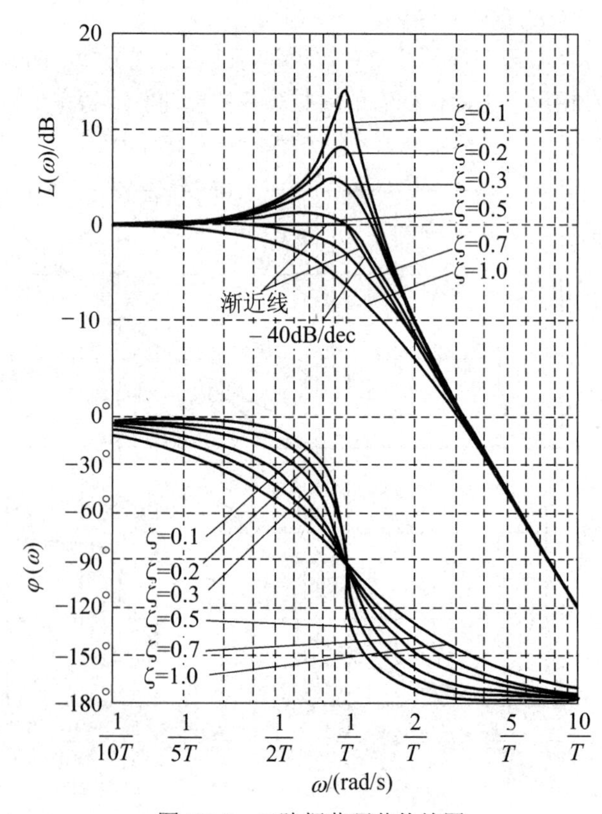

图 5.3.7 二阶振荡环节伯德图

可求出谐振频率

$$\omega_{\mathrm{p}}=\frac{1}{T}\sqrt{1-2\zeta^2} \tag{5.3.21}$$

由式（5.3.21）可见，当$\zeta \leqslant \frac{1}{\sqrt{2}}$时，存在谐振现象，对应的谐振峰值为

$$M_{\mathrm{p}}=A(\omega_{\mathrm{p}})=\frac{1}{2\zeta\sqrt{1-\zeta^2}} \tag{5.3.22}$$

图 5.3.8 给出了振荡环节的对数幅频特性的渐近线的误差曲线，图中横坐标是频率ω，纵坐标是精确曲线与渐近线的误差的分贝值。

由图 5.3.8 可知，当$0.3<\zeta<0.8$时，渐近线与精确曲线间的误差较小，可用渐近线来近似表示对数幅频特性；而当ζ较小的时候，误差较大，不过此时可通过计算谐振频率ω_{p}及谐振峰值M_{p}来对渐近线加以修正。

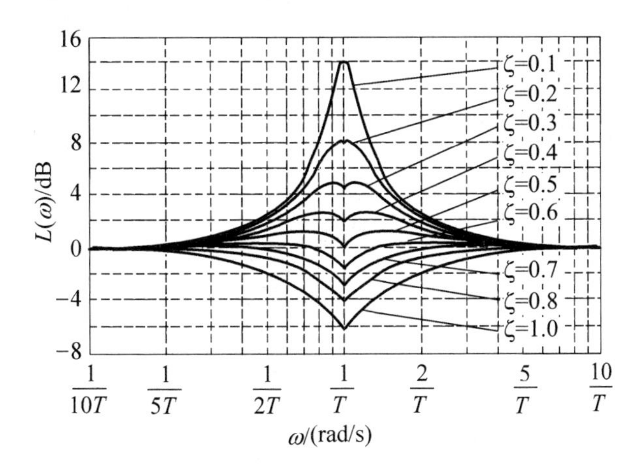

图 5.3.8　二阶振荡环节误差曲线

振荡环节的相频特性为

$$\varphi(\omega)=-\arctan\frac{2\zeta T\omega}{1-T^2\omega^2} \tag{5.3.23}$$

当频率$\omega=0$时，$\varphi(\omega)=0°$；当频率$\omega\to\infty$时，$\varphi(\omega)=-180°$；当频率$\omega=1/T$时，$\varphi(\omega)=-90°$。相频特性的这三点的值与ζ无关，其他频率的相角值均与ζ有关。其关系如图 5.3.7 所示。由图可知对数相频特性对于（$\omega_0,-90°$）点是斜对称的，并且当ζ很小时，在转折频率ω_0附近$\varphi(\omega)$接近突变。

7．二阶微分环节

二阶微分环节的频率特性为$G(\mathrm{j}\omega)=[(1-T^2\omega^2)+\mathrm{j}2\zeta T\omega]$，对数频率特性为

$$L(\omega)=20\lg A(\omega)=20\lg\sqrt{(1-T^2\omega^2)^2+(2\zeta T\omega)^2} \tag{5.3.24}$$

$$\varphi(\omega)=\arctan\frac{2\zeta T\omega}{1-T^2\omega^2} \tag{5.3.25}$$

比较二阶微分环节与振荡环节的对数频率特性的表达式（5.3.24）和式（5.3.25）与式（5.3.19）和式（5.3.23）知，两者表达式的函数关系几乎相同，只是符号相反。所以二阶微分环节与振荡环节的对数幅频特性对称于横坐标轴 0dB 线，相频特性对称于 0°线，如图 5.3.9 所示。

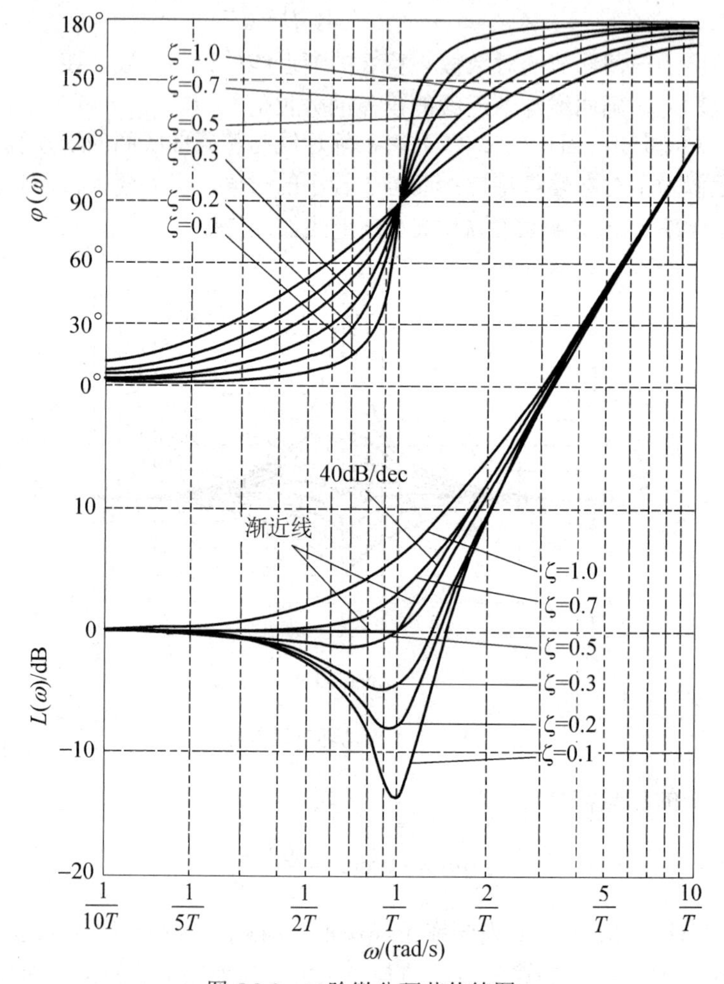

图 5.3.9　二阶微分环节伯德图

8．延迟环节

延迟环节的频率特性为 $G(\mathrm{j}\omega)=\mathrm{e}^{-\mathrm{j}\tau\omega}$，其对数幅频特性为

$$L(\omega)=20\lg A(\omega)=20\lg 1=0\quad(\mathrm{dB}) \tag{5.3.26}$$

相频特性为

$$\varphi(\omega)=-\tau\omega(\mathrm{rad})=-57.3\tau\omega\quad(°) \tag{5.3.27}$$

由此可知，延迟环节的对数相频特性随着频率 ω 的增大，相位滞后越来越大，对数坐标图如图 5.3.10 所示。

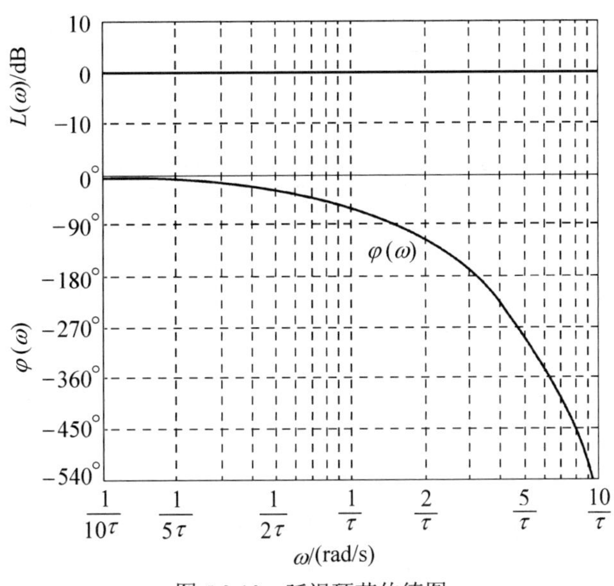

图 5.3.10　延迟环节伯德图

5.3.3　系统的对数频率特性的绘制

在 5.3.2 节中讨论了构成控制系统的各种典型环节的频率特性。在此基础上，本节将介绍控制系统频率特性的绘制方法。

如果在系统分析和设计时，需要使用精确的对数频率特性，则可利用 MATLAB 软件，按照 5.9 节中介绍的方法，绘制所需的系统的对数频率特性曲线。如果只需要近似的对数频率特性曲线，则可先绘制系统的各典型环节的对数频率特性，然后将各典型环节的对数频率特性逐点叠加即可。下面分别讨论手工绘制对数幅频特性和对数相频特性的方法。

对于对数幅频特性而言，由于各典型环节的对数幅频特性的渐近线都是一些不同斜率的直线，故叠加后系统的对数幅频特性曲线的渐近线仍由不同斜率的线段组成。因此，手工绘图时，首先应确定低频渐近线的斜率和位置，然后确定各个转折频率和转折后线段的斜率，再由低频到高频，依次绘出整个系统的对数幅频渐近特性曲线。具体步骤如下。

（1）将 $G(s)$ 变换为如下标准形式

$$G(s)=\frac{K\prod_{i=1}^{m_1}(1+\tau_i s)\prod_{k=1}^{m_2}(1+2\zeta_k\tau_k s+\tau_k^2 s^2)\mathrm{e}^{-T_{\mathrm{d}}s}}{s^{\upsilon}\prod_{j=1}^{n_1}(1+T_j s)\prod_{l=1}^{n_2}(1+2\zeta_l T_l s+T_l^2 s^2)} \tag{5.3.28}$$

式中，$T_{\rm d}$ 为延迟环节的延迟时间；分子和分母多项式的阶次分别为

$$n = v + n_1 + 2n_2 ,\quad m = m_1 + 2m_2$$

（2）求出 $20\lg K$ 的值。明确积分环节的个数 v。

（3）确定各典型环节的转折频率，并按转折频率的大小对各典型环节进行排序，列出表 5.3.3。

表 5.3.3　典型环节的转折频率及渐近线斜率

序号	环节	转折频率	转折频率后斜率	累积斜率
1	比例环节 K		0	0
2	积分环节 $(\mathrm{j}\omega)^{-v}$		$-20v$	$-20v$
3	各个环节	按从小到大排序的转折频率	…	…
…	…		…	…

（4）确定低频渐近线。分析上节给出的典型环节的对数幅频特性渐近线可知，在低频段，除了积分、微分和比例环节以外，所有其他的典型环节的渐近线的斜率都为 0，且与 0dB 线重合。因此，在低频段，系统的对数幅频特性渐近线的斜率为 $-v\times 20$dB/dec，并且该渐近线或其延长线（当在 $\omega<1$ 的频率范围内有转折频率时）穿过点（$\omega=1$，$L(\omega)=20\lg K$）。

（5）绘制中高频渐近线。首先在横坐标轴上将转折频率按从低到高的顺序标出各转折频率。然后，依次在各转折频率处改变直线的斜率，其改变的量取决于该转折频率所对应的典型环节类型，如遇惯性环节，直线斜率将变化–20dB/dec，振荡环节时斜率将变化– 40dB/dec，一阶微分环节时斜率将变化 20dB/dec 等。这样就能得到近似的对数幅频特性。

（6）如果需要，可对上述折线形式的对数幅频特性曲线作必要的修正（主要在各转折频率附近），以得到较准确的曲线。

至于对数相频特性的绘制，通常是先分别画出各典型环节的对数相频特性 $\varphi(\omega)$，然后将曲线相加。实际绘图时，可先写出总的相频特性表达式，然后用计算器每隔十倍频程或倍频程算一个点，用光滑曲线连接即可。

例 5.3.1　已知系统的开环传递函数为 $G(s)=\dfrac{2000(s+1)}{s(s+0.5)(s^2+14s+400)}$，试绘制其对数坐标图。

解：按照上述绘制伯德图的步骤：

（1）将传递函数变换为时间常数形式 $G(s)=\dfrac{10(s+1)}{s(2s+1)(0.0025s^2+0.035s+1)}$，

由此可知，该系统由五个典型环节构成：

$$G_1(s)=10$$

$$G_2(s)=\frac{1}{s}$$

$$G_3(s)=\frac{1}{2s+1}$$

$$G_4(s)=s+1$$

$$G_5(s)=\frac{1}{0.0025s^2+0.035s+1}=\frac{1}{\left(\frac{1}{20}\right)^2 s^2+\left(2\times0.35\times\frac{1}{20}\right)s+1}$$

（2）计算 20lg$K$。

由传递函数 $G(s)$知，$K=10$，于是 201gK=20dB。

（3）对各典型环节转折频率及渐近线斜率列表如表 5.3.4 所示。

表 5.3.4　例 5.3.1 各典型环节转折频率及渐近线斜率

序号	环节	转折频率	转折频率后斜率	累积斜率
1	K			
2	$(\mathrm{j}\omega)^{-1}$		–20	–20
3	$\frac{1}{1+\mathrm{j}2\omega}$	0.5	–20	– 40
4	$1+\mathrm{j}\omega$	1	+20	–20
5	$\frac{1}{(1-0.0025\omega^2)+\mathrm{j}0.035\omega}$	20	–40	–60

（4）确定低频渐近线。

该系统含有一个积分环节，因此，低频渐近线的斜率为–20dB/dec。因为惯性环节 $G_3(s)$ 的转折频率小于 1，所以是其低频渐近线的延长线，而不是其低频渐近线本身过点（$\omega=1$，$L(\omega)=20$），如图 5.3.11 所示。

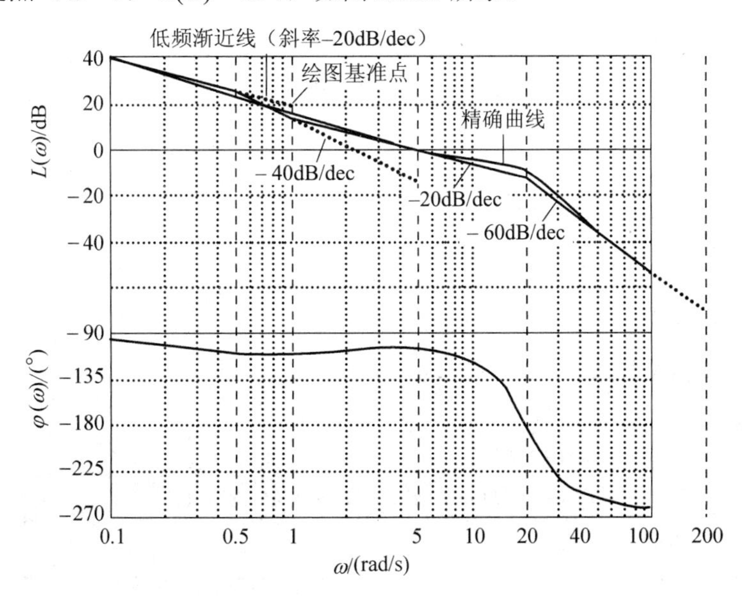

图 5.3.11　例 5.3.1 系统的伯德图

（5）将第（3）步表中的转折频率依次标在横坐标轴上，如图5.3.11所示。从低频渐近线开始，遇到的第一个转折频率是$\omega_{01}=0.5$，由于该转折频率对应的是惯性环节的转折频率，因此渐近线的斜率将由–20dB/dec变为–40dB/dec；第二个转折频率为$\omega_{02}=1$，由于遇到的是一阶微分环节，因此，渐近线的斜率由–40dB/dec变为–20dB/dec，直到转折频率$\omega_{03}=20$时，渐近线的斜率变为–60dB/dec，如图5.3.11所示。

该系统的相频特性为

$$\varphi(\omega)=-90°+\arctan\omega-\arctan 2\omega-\arctan\frac{0.035\omega}{1-0.0025\omega^2}$$

按照$\varphi(\omega)$的表达式计算数据如表5.3.5所示。

表5.3.5 例5.3.1 $\varphi(\omega)$计算数据

ω	0.1	0.2	0.5	1	2	5	10	20	50	100
$\varphi(\omega)$	–95.8°	–104.5°	–109.4°	–110.4°	–106.6°	–106.2°	–117.9°	–181.4°	–252.1°	–262°

由此得到的相频特性如图5.3.11所示。

此时，若应用计算器计算，应注意相频特性表达式中的$-\arctan\dfrac{0.035\omega}{1-0.0025\omega^2}$一项，当$\omega\geqslant 20$时的计算方法。

5.3.4 非最小相位系统对数坐标图

首先给出最小相位和非最小相位系统的定义。最小相位系统是指，在s右半平面上既无极点也无零点，同时无纯滞后环节的系统，相应的传递函数被称为最小相位传递函数；反之，在s右半平面上具有极点或零点，或有纯滞后环节的系统是非最小相位系统，相应的传递函数被称为非最小相位传递函数。

典型的非最小相位环节有如下6种：

（1）比例环节K $(K<0)$；

（2）惯性环节$\dfrac{1}{1-Ts}$ $(T>0)$；

（3）一阶微分环节$1-Ts$ $(T>0)$；

（4）振荡环节$\dfrac{1}{1-2\zeta Ts+T^2s^2}$ $(T>0,\ 0<\zeta<1)$；

（5）二阶微分环节 $1-2\zeta Ts+T^2s^2$ $(T>0,\ 0<\zeta<1)$；

（6）延迟环节 $\mathrm{e}^{-\tau s}$。

其中非最小相位比例环节和延迟环节前面已经介绍过了，这里仅介绍非最小相位惯性环节和一阶微分环节。

非最小相位惯性环节的对数频率特性为

$$L(\omega)=20\lg A(\omega)=20\lg\left|\frac{1}{1-\mathrm{j}T\omega}\right|=-20\lg\sqrt{1+(T\omega)^2}$$

$$\varphi(\omega)=\arctan T\omega$$

其伯德图如图 5.3.12 曲线 1 所示。

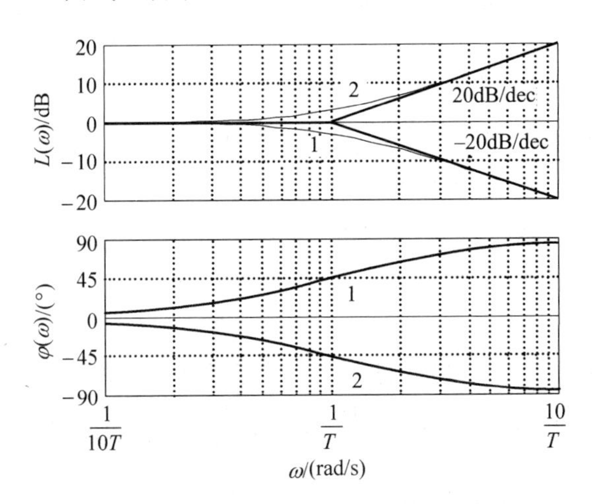

图 5.3.12　非最小相位惯性环节和一阶微分环节的伯德图

非最小相位一阶微分环节的对数频率特性为

$$L(\omega)=20\lg A(\omega)=20\lg\left|1+\mathrm{j}T\omega\right|=20\lg\sqrt{1+(T\omega)^2}$$

$$\varphi(\omega)=-\arctan T\omega$$

其伯德图如图 5.3.12 曲线 2 所示。

由图可见，非最小相位环节的对数幅频特性与同类型的最小相位环节的对数幅频特性相同，而非最小相位环节的对数相频特性是同类型的最小相位环节的对数相频特性取负值。换言之，非最小相位环节的对数相频特性的变化趋势与对数幅频特性的变化趋势不一致，这是非最小相位系统的特点。

当非最小相位环节与最小相位环节一起构成系统时，其频率特性表现出一些特点。现举例说明如下。

设系统的传递函数分别为

$$G_1(s)=\frac{T_2s+1}{T_1s+1}$$

$$G_2(s)=\frac{1-T_2s}{T_1s+1}$$

$$G_3(s)=\frac{T_2s+1}{1-T_1s}$$

$$G_4(s)=\frac{1-T_2 s}{1-T_1 s}$$

$$G_5(s)=\frac{T_2 s+1}{T_1 s+1}\mathrm{e}^{-\tau s}$$

上述 5 个系统的幅频特性都相同，为

$$A_1(\omega)=A_2(\omega)=A_3(\omega)=A_4(\omega)=A_5(\omega)=\frac{\sqrt{1+(T_2\omega)^2}}{\sqrt{1+(T_1\omega)^2}}$$

而相频特性却是不同的，它们分别为

$$\varphi_1(\omega)=\arctan T_2\omega-\arctan T_1\omega$$

$$\varphi_2(\omega)=-\arctan T_2\omega-\arctan T_1\omega$$

$$\varphi_3(\omega)=\arctan T_2\omega+\arctan T_1\omega$$

$$\varphi_4(\omega)=-\arctan T_2\omega+\arctan T_1\omega$$

$$\varphi_5(\omega)=\arctan T_2\omega-\arctan T_1\omega-57.3\times\omega\tau$$

假设 $T_1=10T_2$，$\tau=T_2$，可计算出这五个系统的相频特性的值如表 5.3.6 所示，其中频率 $\omega=\sqrt{10}/T_1$ 为对数坐标中 $\dfrac{1}{T_1}$ 与 $\dfrac{1}{T_2}$ 的几何中点。根据表 5.3.6 中的数据可绘制出图 5.3.13 所示的对数坐标图。

表 5.3.6 不同 ω 时的相频特性的值

ω	$1/10T_1$	$1/T_1$	$\sqrt{10}/T_1$	$1/T_2$	$10/T_2$
$\varphi_1(\omega)$	−5.1°	−39.3°	−54.9°	−39.3°	−5.1°
$\varphi_2(\omega)$	− 6.3°	−50.7°	−90°	−129.3°	−173.7°
$\varphi_3(\omega)$	6.3°	50.7°	90°	129.3°	173.7°
$\varphi_4(\omega)$	5.1°	39.3°	54.9°	39.3°	5.1°
$\varphi_5(\omega)$	−5.7°	− 45°	−73°	−96.6°	−578.1°

由图 5.3.13 可总结出最小相位系统的特点是，在具有相同幅频特性的一类系统中，当频率 ω 从 0 变化至 ∞ 时，系统的相角变化范围最小，且变化的规律与幅频特性的斜率变化趋势一致，如曲线 $\varphi_1(\omega)$ 所示。而非最小相位系统的相角变化范围通常比前者大，如曲线 $\varphi_2(\omega)$、$\varphi_3(\omega)$ 和 $\varphi_5(\omega)$ 所示；或者相角变化范围虽不大，但相角的变化趋势与幅频特性的斜率变化趋势不一致，如曲线 $\varphi_4(\omega)$ 所示。

综上所述，对于最小相位系统，其对数幅频特性的变化趋势和相频特性的变化趋势是一致的（幅频特性的斜率增加或者减少时，相频特性的角度也随之增加或者减少），而非最小相位系统则不然。因而对于最小相位系统而言，由对数幅频特性即可唯一地确定其相频特性。

伯德证明了，对于最小相位系统，对数相频特性在某一频率的相位角和对数幅频特性之间存在下述关系：

$$\varphi(\omega_0)=\frac{1}{\pi}\int_{-\infty}^{\infty}\frac{\mathrm{d}A}{\mathrm{d}u}\ln\coth\left|\frac{u}{2}\right|\mathrm{d}u$$

式中 $\varphi(\omega_0)$ 为系统相频特性在观察频率 ω_0 处的数值，单位为 rad；$u=\ln(\omega/\omega_0)$ 为标准化频率；$A=\ln|G(\mathrm{j}\omega)|$；$\mathrm{d}A/\mathrm{d}u$ 为系统幅频特性的斜率，当 $L(\omega)$ 的斜率等于 20dB/dec 时，$\mathrm{d}A/\mathrm{d}u=1$；函数 $\ln\coth\left|\frac{u}{2}\right|=\ln\frac{\mathrm{e}^{\left|\frac{u}{2}\right|}+\mathrm{e}^{-\left|\frac{u}{2}\right|}}{\mathrm{e}^{\left|\frac{u}{2}\right|}-\mathrm{e}^{-\left|\frac{u}{2}\right|}}$ 为加权函数，其曲线如图 5.3.14 所示。

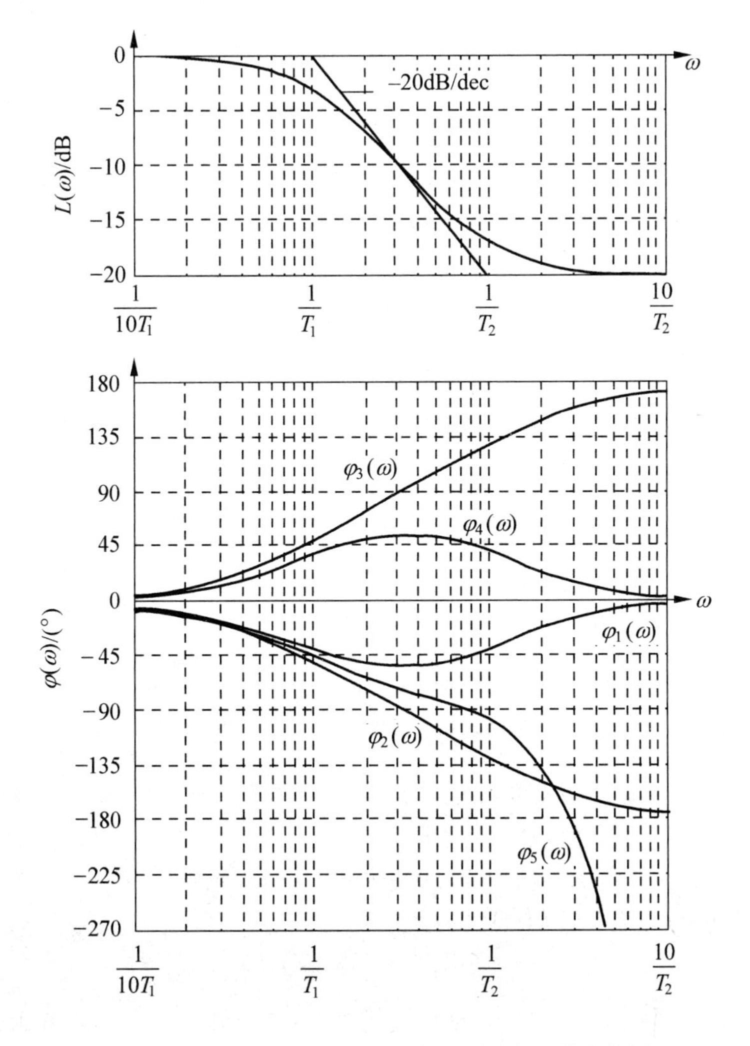

图 5.3.13　最小相位系统和非最小相位系统的对数坐标图

由图 5.3.14 可见，在 $u=0$，即 $\omega=\omega_0$ 处，$\ln\coth\left|\frac{u}{2}\right|\to\infty$，偏离此点，函数 $\ln\coth\left|\frac{u}{2}\right|$ 衰减很快。在 $u=\pm2.3$，即在 ω_0 上下十倍频程处，$\ln\coth\left|\frac{u}{2}\right|=0.2$。由此可知相频特性在 ω_0 处的数值主要取决于在 ω_0 附近的对数幅频特性的斜率。上述公式被称为伯德公式。该式说明对于最小相位系统，其幅频特性与相频特性是紧密联系在一起的，若给定了幅频特性，其相频特性也随之而定；反之亦然。因此，可只根据幅频特性（或相频特性）对其系统性能进行分析；而非最小相位系统则不然，在进行分析或综合时，必须同时考虑其幅频特性与相频特性。

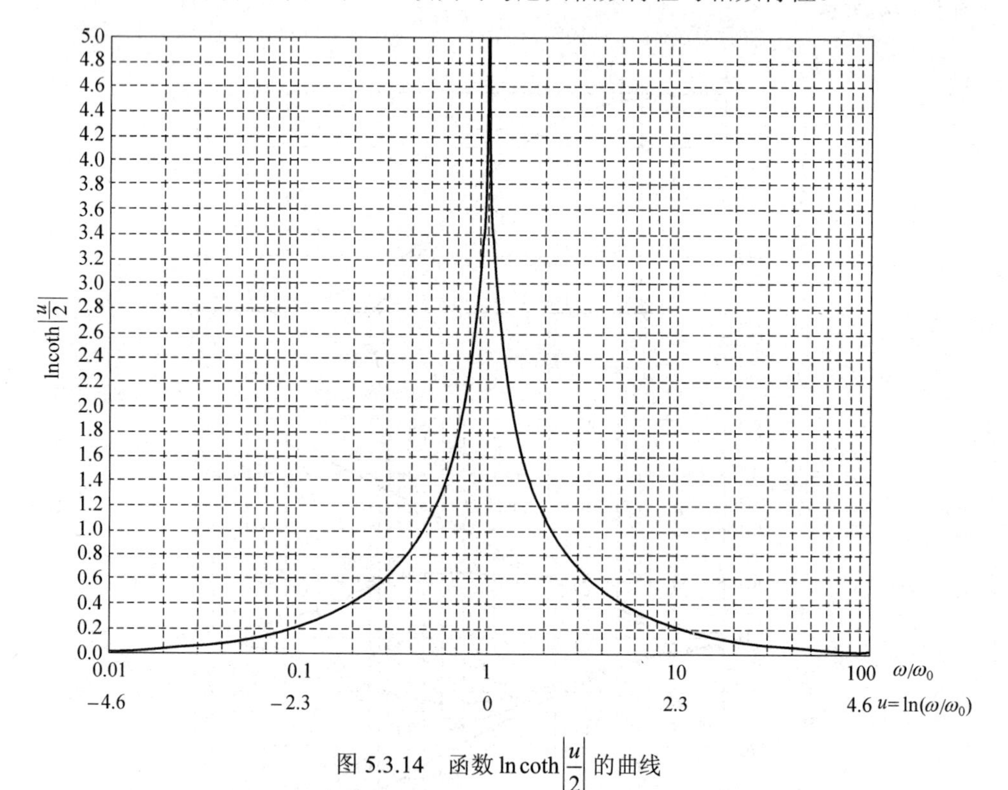

图 5.3.14　函数 $\ln\coth\left|\frac{u}{2}\right|$ 的曲线

例 5.3.2　已知最小相位系统的渐近幅频特性如图 5.3.15 所示，试确定系统的传递函数，并写出系统的相频特性表达式。

解：（1）由于低频段斜率为–20dB/dec，所以该系统含有一个积分环节；

（2）在 $\omega=1$ 处，有 $L(\omega)=15\text{dB}$，可得

$$20\lg K=15，\quad K=5.6$$

（3）在转折频率 $\omega=2$ 处，渐近线斜率由–20dB/dec 变为– 40dB/dec，故系统含有惯性环节 $\dfrac{1}{s/2+1}$；

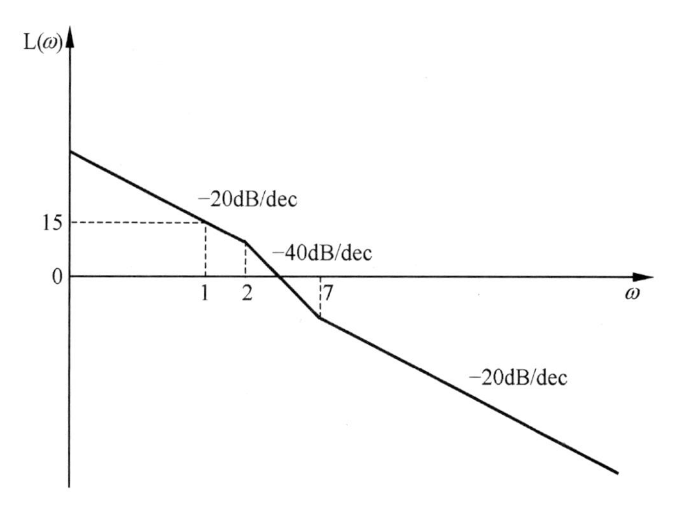

图 5.3.15　例 5.3.2 系统的波德图

（4）在转折频率 $\omega = 7$ 处，渐近线斜率由− 40dB/dec 变为−20dB/dec，故系统含有一阶微分环节 $\frac{s}{7}+1$。

综上所述，系统的传递函数为

$$G(s)=\frac{5.6\left(\frac{1}{7}s+1\right)}{s\left(\frac{1}{2}s+1\right)}$$

频率特性为

$$G(\mathrm{j}\omega)=\frac{5.6\left(1+\frac{\omega}{7}\mathrm{j}\right)}{\mathrm{j}\omega\left(1+\frac{\omega}{2}\mathrm{j}\right)}$$

相频特性为

$$\varphi(\omega)=-90^\circ+\arctan\frac{\omega}{7}-\arctan\frac{\omega}{2}$$

例 5.3.3　已知最小相位系统的渐近幅频特性如图 5.3.16 所示，试确定系统的传递函数。

解：（1）由于低频段斜率为–40dB/dec，所以系统含有两个积分环节。

（2） 在 $\omega = 0.8$ 处，斜率由− 40dB/dec 变为–20dB/dec，故含有一阶微分环节 $\left(\frac{s}{0.8}+1\right)$。

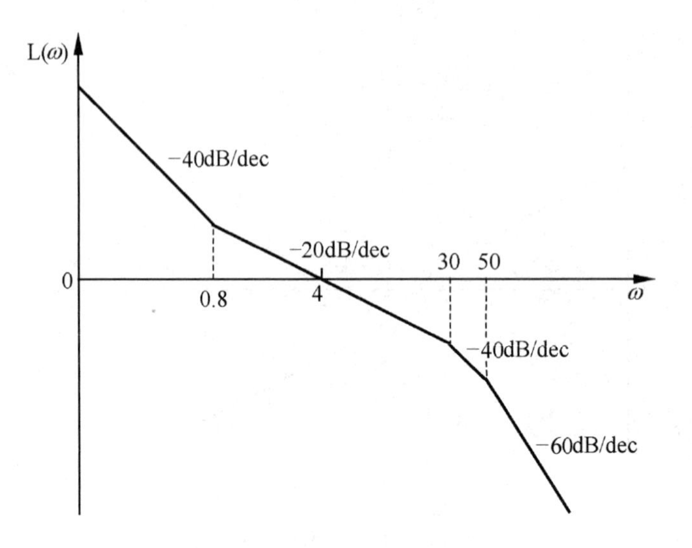

图 5.3.16　例 5.3.3 系统的波德图

（3）在 ω=30 处，斜率由−20dB/dec 变为−40dB/dec，故系统含有惯性环节 $\left(\dfrac{s}{30}+1\right)$；依次类推，在 $\omega=50$ 处，斜率由−40dB/dec 变为−60dB/dec，故含有惯性环节 $\left(\dfrac{s}{50}+1\right)$。

于是，系统的传递函数为

$$G(s)=\frac{K\left(\dfrac{1}{0.8}s+1\right)}{s^2\left(\dfrac{1}{30}s+1\right)\left(\dfrac{1}{50}s+1\right)}$$

对数幅频特性为

$$L(\omega)=20\lg K+20\lg\sqrt{1+\left(\frac{\omega}{0.8}\right)^2}-20\lg\omega^2-20\lg\sqrt{1+\left(\frac{\omega}{30}\right)^2}-20\lg\sqrt{1+\left(\frac{\omega}{50}\right)^2}$$

下面确定增益 K。由图 5.3.16 可知，在 $\omega=4$ 时，有 $L(\omega)=0$，这时利用渐近的对数幅频特性的特点，可得到对数幅频特性的近似表达式为

$$\begin{aligned}L(4)=L(\omega)\big|_{\omega=4}&\approx\left[20\lg K+20\lg\frac{\omega}{0.8}-20\lg\omega^2\right]\bigg|_{\omega=4}\\&=20\lg K+20\lg\frac{4}{0.8}-20\lg 4^2=20\lg\frac{4K}{0.8\times 4^2}=0\end{aligned}$$

由此，可得

$$\frac{K}{0.8\times4}=1$$

于是，比例环节

$$K=3.2$$

系统的传递函数为

$$G(s)=\frac{3.2\left(\dfrac{1}{0.8}s+1\right)}{s^2\left(\dfrac{1}{30}s+1\right)\left(\dfrac{1}{50}s+1\right)}$$

5.3.5　对数幅相图

对数幅相图又被称为尼科尔斯图。它是描述对数幅值增益随相角变化关系的曲线。其特点是：纵坐标为对数幅频特性 $L(\omega)$，单位为分贝（dB），横坐标为相频特性 $\varphi(\omega)$，单位为度（°），均为线性分度，频率 ω 为参变量。由此可知，对数幅相图与伯德图提供了同样的信息。因此，由对数幅相图可以得到伯德图，由伯德图也可以得到对数幅相图。

图 5.3.17 为最小相位系统 $G(\mathrm{j}\omega)=\dfrac{10(s+1)}{s(2s+1)(0.0025s^2+0.0035s+1)}$ 的对数幅相图。

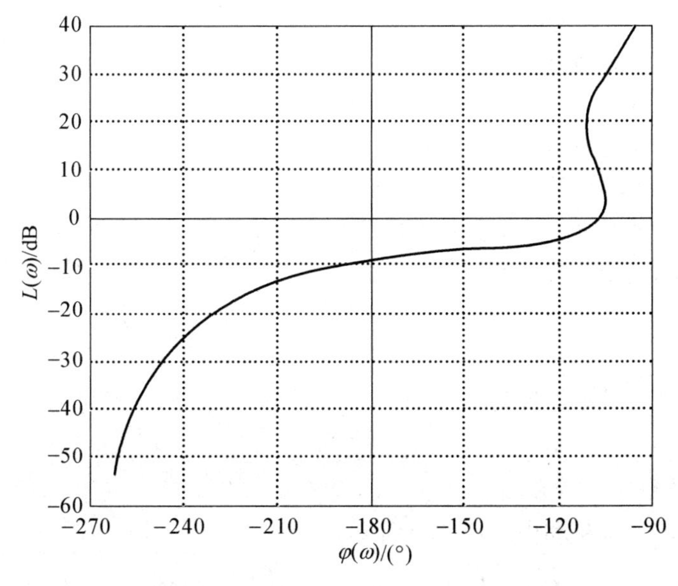

图 5.3.17　例 5.3.1 系统的对数幅相图

利用例 5.3.1 中绘制出的伯德图，将相频特性和对数幅频特性的计算结果分别作为对数幅相图的横坐标和纵坐标，即可方便地得到图 5.3.17 所示的对数幅相图。

5.4　极坐标图

极坐标图又被称为奈奎斯特（Nyquist）图或幅相频率特性。若将频率特性表示为复指数形式，即 $G(\mathrm{j}\omega)=A(\omega)\cdot \mathrm{e}^{\mathrm{j}\varphi(\omega)}$，则极坐标图就是在复平面上当参变量频率 ω 从 $0\to\infty$ 变化时，矢量 $G(\mathrm{j}\omega)$ 的端点轨迹形成的几何图形。该矢量的幅值为 $A(\omega)=|G(\mathrm{j}\omega)|$，相角为 $\varphi(\omega)=\angle G(\mathrm{j}\omega)$。通常规定相角从正实轴开始按逆时针方向为正。若将频率特性表示为实频特性和虚频特性之和的形式，则极坐标图是以实部为直角坐标的横坐标，虚部为纵坐标，以 ω 为参变量的幅值与相位之间的关系曲线。由于幅频特性是 ω 的偶函数，而相频特性是 ω 的奇函数，所以当 ω 从 $0\to+\infty$ 变化时的频率特性曲线与 ω 从 $-\infty\to 0$ 变化时的频率特性曲线是对称于实轴的。因此一般只绘制 ω 从 $0\to+\infty$ 变化时的极坐标图。下面先介绍典型环节的极坐标图。

5.4.1　典型环节的极坐标图

1. 比例环节

比例环节的频率特性为

$$G(\mathrm{j}\omega)=K \tag{5.4.1}$$

实频特性和虚频特性分别为：

$$P(\omega)=K,\quad Q(\omega)=0$$

幅频特性和相频特性分别为：

$$A(\omega)=K,\quad \varphi(\omega)=0$$

极坐标图如图 5.4.1 所示。由图可知，比例环节的极坐标图为实轴上的一点。

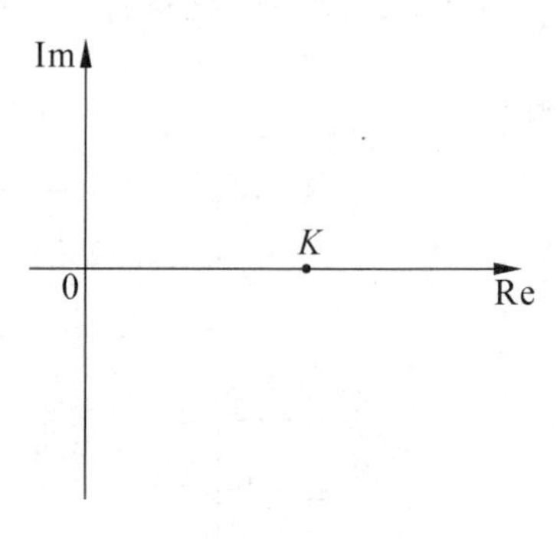

图 5.4.1　比例环节的极坐标图

2. 积分环节

积分环节的频率特性为

$$G(\mathrm{j}\omega)=\frac{K}{\mathrm{j}\omega}=-\mathrm{j}\frac{K}{\omega} \tag{5.4.2}$$

其幅频、相频、实频和虚频特性分别为

$$A(\omega)=\frac{K}{\omega},\quad \varphi(\omega)=\arctan\left(-\frac{K}{\omega}\Big/0\right)=-\frac{\pi}{2}$$

$$P(\omega)=0\text{，}\ Q(\omega)=-\frac{K}{\omega}$$

极坐标图如图 5.4.2 所示。

由图可知，当频率 ω 从 $0^+\to+\infty$ 变化时，特性曲线由虚轴的 $-\infty$ 趋向原点，即与负虚轴重合。若考虑负频率部分，则当频率 ω 从 $-\infty\to0^-$ 变化时，特性曲线由虚轴的原点趋向 $+\infty$，即与正虚轴重合。

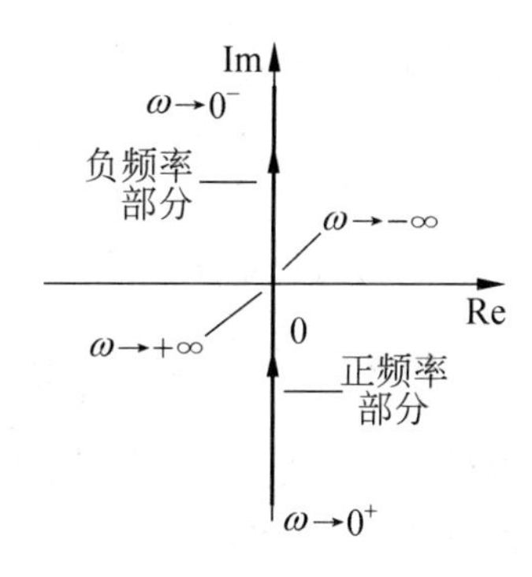

图 5.4.2　积分环节的极坐标图

3．惯性环节

惯性环节的频率特性为

$$G(\mathrm{j}\omega)=\frac{K}{1+\mathrm{j}T\omega} \tag{5.4.3}$$

其幅频、相频、实频和虚频特性分别为

$$A(\omega)=\frac{K}{\sqrt{1+(T\omega)^2}}\text{，}\ \varphi(\omega)=-\arctan T\omega$$

$$P(\omega)=\frac{K}{1+(T\omega)^2}\text{，}\ Q(\omega)=\frac{-KT\omega}{1+(T\omega)^2}$$

当频率 $\omega=0$ 时，$A(\omega)=K$，$\varphi(\omega)=0°$，$P(\omega)=K$ 和 $Q(\omega)=0$；

当频率 $\omega=\dfrac{1}{T}$ 时，$A\left(\dfrac{1}{T}\right)=\dfrac{K}{\sqrt{2}}$，$\varphi\left(\dfrac{1}{T}\right)=-45°$，$P\left(\dfrac{1}{T}\right)=\dfrac{K}{2}$ 和 $Q\left(\dfrac{1}{T}\right)=-\dfrac{K}{2}$；

而当频率 $\omega\to\infty$ 时，$A(\omega)=0$，$\varphi(\omega)=-90°$，$P(\omega)=0$ 和 $Q(\omega)=0$。

由此可绘制惯性环节的极坐标图如图 5.4.3 所示。由图可知，当频率 ω 从 $0\to+\infty$ 时，惯性环节的极坐标图是在第四象限中的半个圆。

当频率 ω 从 $-\infty\to+\infty$ 变化时，极坐标图是一个圆，且对称于实轴。现证明如下：

极坐标图的实频和虚频特性分别为

$$P(\omega)=\frac{K}{1+T^2\omega^2} \tag{5.4.4}$$

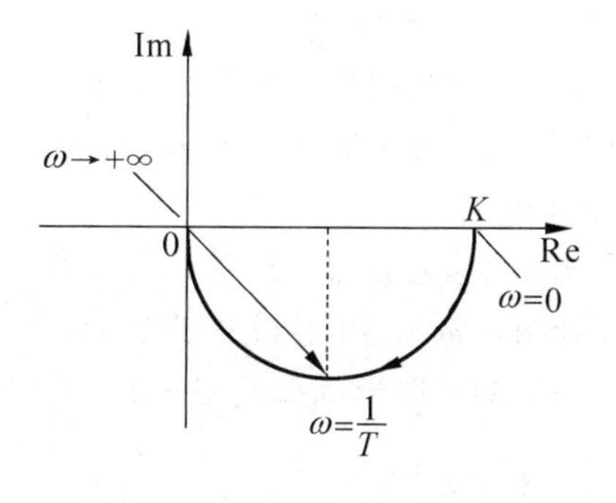

图 5.4.3　惯性环节的极坐标图

$$Q(\omega)=\frac{-KT\omega}{1+T^2\omega^2} \tag{5.4.5}$$

虚频特性与实频特性之比为

$$\frac{Q(\omega)}{P(\omega)}=-T\omega \tag{5.4.6}$$

将式（5.4.6）代入式（5.4.4），有

$$P=\frac{K}{1+\left(\dfrac{Q}{P}\right)^2} \tag{5.4.7}$$

整理后得

$$\left(P-\frac{K}{2}\right)^2+Q^2=\left(\frac{K}{2}\right)^2 \qquad (5.4.8)$$

很显然，式(5.4.8)表示的是一个在 $P-Q$ 的直角坐标平面上，以 $\left(\frac{K}{2},0\right)$ 为圆心，$\frac{K}{2}$ 为半径的圆的方程。并且值得注意的是，当频率 ω 从 $0\to+\infty$ 时，式（5.4.3）描述的是实轴下方的半个圆；而当频率 ω 取负值，即 ω 从 $0\to-\infty$ 时，式（5.4.3）描述的是实轴上方的半个圆。如图 5.4.4 所示。

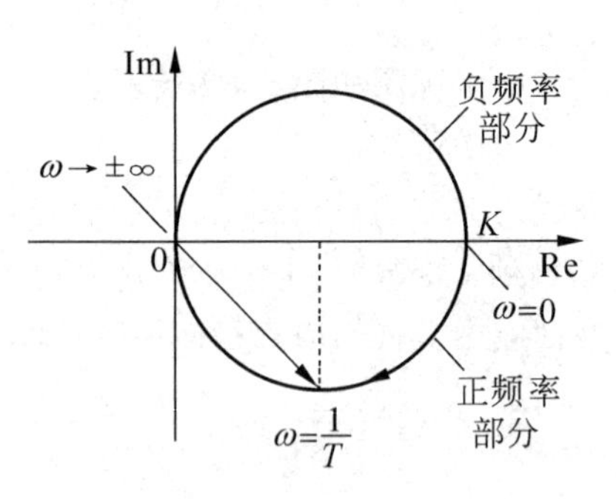

图 5.4.4　当 ω 从 $-\infty\to+\infty$ 时惯性环节的极坐标图

4．振荡环节

振荡环节的频率特性为

$$G(\mathrm{j}\omega)=\frac{1}{(1-T^2\omega^2)+\mathrm{j}2\zeta T\omega} \qquad (5.4.9)$$

这里仅讨论阻尼系数 $0<\zeta<1$ 的情况。此时，振荡环节的幅频、相频、实频、虚频特性分别为

$$A(\omega)=\frac{1}{\sqrt{(1-T^2\omega^2)^2+(2\zeta T\omega)^2}}，\quad \varphi(\omega)=-\arctan\frac{2\zeta T\omega}{1-T^2\omega^2}$$

$$P(\omega)=\frac{1-T^2\omega^2}{(1-T^2\omega^2)^2+(2\zeta T\omega)^2}，\quad Q(\omega)=\frac{-2\zeta T\omega}{(1-T^2\omega^2)^2+(2\zeta T\omega)^2}$$

当频率 $\omega=0$ 时，$A(\omega)=1$，$\varphi(\omega)=0°$，$P(\omega)=1$ 和 $Q(\omega)=0$；

当频率 $\omega=\frac{1}{T}$ 时，$A\left(\frac{1}{T}\right)=\frac{1}{2\zeta}$，$\varphi\left(\frac{1}{T}\right)=-90°$，$P\left(\frac{1}{T}\right)=0$ 和 $Q\left(\frac{1}{T}\right)=-\frac{1}{2\zeta}$；

而当频率 $\omega\to\infty$ 时，$A(\omega)=0$，$\varphi(\omega)=-180°$，$P(\omega)=0$ 和 $Q(\omega)=0$。

当频率 $\omega\geqslant0$ 时，虚频特性 $Q(\omega)\leqslant0$，则表明频率特性曲线位于第三和第四象限；当频率 $\omega<0$ 时，虚频特性 $Q(\omega)>0$，则表明频率特性曲线位于第一和第二象限，于是可绘制振荡环节的极坐标图如图 5.4.5 所示。

实际上，振荡环节的极坐标图除了 $\omega=0$ 和 ∞ 外，其余各点都与阻尼系数 ζ 有关。对应于不同的 ζ 值，系统的频率特性曲线如图 5.4.6 所示。值得注意的是无论对欠阻尼 $(0<\zeta<1)$ 还是过阻尼 $(\zeta>1)$ 的系统，其图形的一般形状都是相同的。并且，对于过阻尼的情况，阻尼系数越大其极坐标图越接近于圆。而当 $\zeta\leqslant\frac{1}{\sqrt{2}}$ 时，会出现谐振现象。详细情况请参见式（5.3.21）和式（5.3.22）。

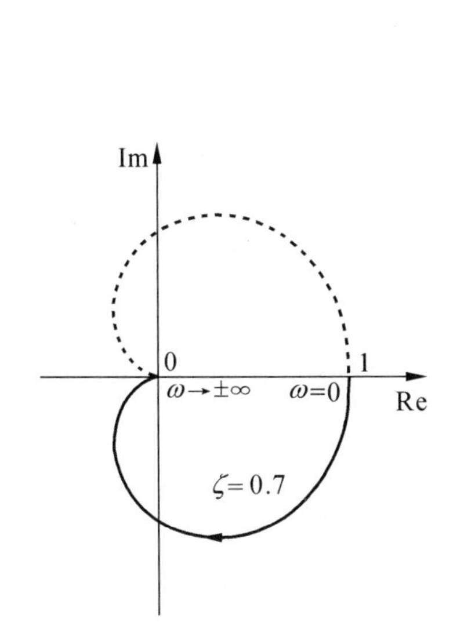

图 5.4.5　振荡环节的极坐标图

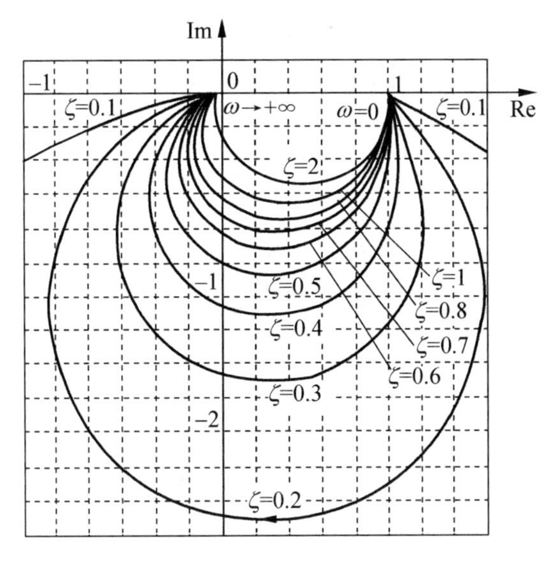

图 5.4.6　不同ζ时振荡环节的极坐标图

5. 微分环节

微分环节包括纯微分、一阶微分和二阶微分三个环节。其频率特性分别为

$$G(\mathrm{j}\omega)=\mathrm{j}\omega \tag{5.4.10}$$

$$G(\mathrm{j}\omega)=1+\mathrm{j}T\omega \tag{5.4.11}$$

$$G(\mathrm{j}\omega)=1-T^2\omega^2+\mathrm{j}2\zeta\omega T \tag{5.4.12}$$

（1）纯微分环节

纯微分环节的幅频、相频、实频和虚频特性分别为

$$A(\omega)=\omega,\quad \varphi(\omega)=\begin{cases}\dfrac{\pi}{2}, & \omega\geqslant 0\\ -\dfrac{\pi}{2}, & \omega<0\end{cases}$$

$$P(\omega)=0,\quad Q(\omega)=\omega$$

极坐标图如图 5.4.7 所示。

由图可知，微分环节的极坐标图，当频率ω从$0\to+\infty$时，特性曲线由原点趋向正虚轴的无穷远处，与正虚轴重合。而当频率ω从$-\infty\to 0$时，特性曲线与负虚轴重合。

（2）一阶微分环节

一阶微分环节的幅频、相频、实频和虚频特性分别为

$$A(\omega)=\sqrt{1+T^2\omega^2}\text{，}\quad \varphi(\omega)=\arctan T\omega$$

$$P(\omega)=1\text{，}\quad Q(\omega)=T\omega$$

其极坐标图如图 5.4.8 所示。

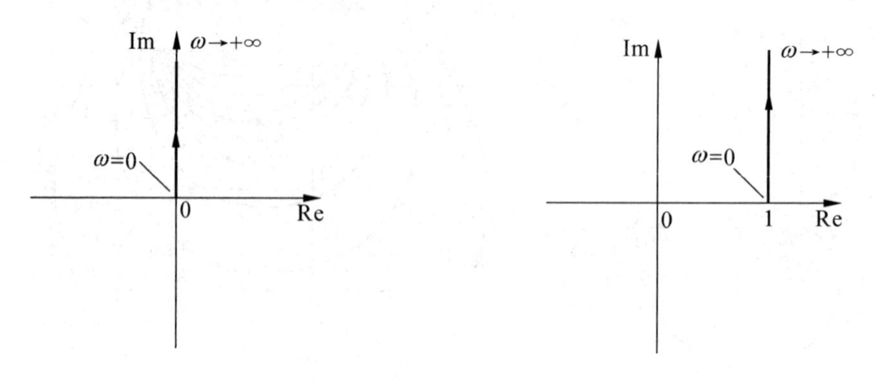

图 5.4.7　纯微分环节的极坐标图　　　图 5.4.8　一阶微分环节的极坐标图

由图可知，一阶微分环节的极坐标图，当频率 ω 从 $0\to+\infty$ 时，特性曲线相当于纯微分环节的特性曲线向右平移一个单位，即为过点(1, j0)，且平行于虚轴的直线。

（3）二阶微分环节

二阶微分环节的幅频、相频、实频和虚频特性分别为

$$A(\omega)=\sqrt{(1-T^2\omega^2)^2+(2\zeta\omega T)^2}\text{，}\quad \varphi(\omega)=\arctan\frac{2\zeta\omega T}{1-T^2\omega^2}$$

$$P(\omega)=1-T^2\omega^2\text{，}\quad Q(\omega)=2\zeta\omega T$$

其极坐标图如图 5.4.9 所示。

6. 延迟环节

延迟环节的频率特性为

$$G(\mathrm{j}\omega)=\mathrm{e}^{-\mathrm{j}\tau\omega} \tag{5.4.13}$$

其幅频特性为

$$A(\omega)=1$$

相频特性为

$$\varphi(\omega)=-\tau\omega \quad \text{(rad)}$$

极坐标图如图 5.4.10 所示。

由图可知，延迟环节的极坐标图为一圆心在原点的单位圆。

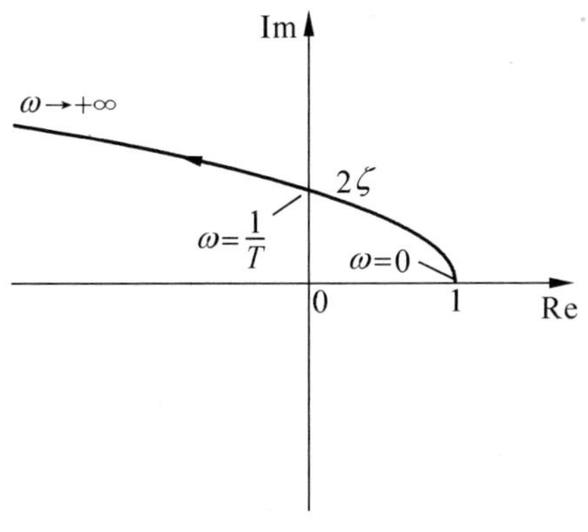

图 5.4.9　二阶微分环节的极坐标图

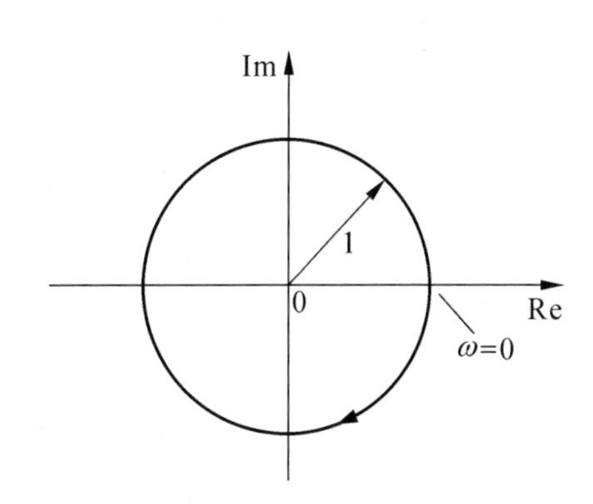

图 5.4.10　延迟环节的极坐标图

5.4.2　开环系统极坐标图的绘制

系统的频率特性有两种，一种是闭环系统从反馈点断开后，开环传递函数 $G(s)$ 所对应的开环频率特性 $G(\mathrm{j}\omega)$；另一种是反馈点不断开，整个系统闭环传递函数 $\varPhi(s)$ 所对应的闭环频率特性 $\varPhi(\mathrm{j}\omega)$。本节将讨论前一种，即系统的开环频率特性。系统的闭环频率特性将在 5.7 节讨论。

与系统的对数频率特性类似，系统的开环极坐标图也有两种绘制方法。一种是利用 MATLAB 软件绘制精确的极坐标图；另一种方法是用手工绘制近似的系统的极坐标图。手工绘图方法如下。

第一步，根据最小相位系统频率特性的特点，确定极坐标图的低频和高频部分的位置和形状。

设系统含有 v 个积分环节，则其相应的频率特性为

$$G(\mathrm{j}\omega)=\frac{K}{(\mathrm{j}\omega)^{v}}\cdot\frac{\prod_{i=1}^{m_1}(\mathrm{j}\tau_i\omega+1)\prod_{k=1}^{m_2}\left[\tau_k^2(\mathrm{j}\omega)^2+2\zeta_k\tau_k(\mathrm{j}\omega)+1\right]}{\prod_{j=1}^{n_1}(\mathrm{j}T_j\omega+1)\prod_{l=1}^{n_2}\left[T_l^2(\mathrm{j}\omega)^2+2\zeta_l T_l(\mathrm{j}\omega)+1\right]} \tag{5.4.14}$$

式中，$m_1+2m_2=m$，为分子多项式的阶次；$v+n_1+2n_2=n$，为分母多项式的阶次，且有 $n\geqslant m$。

当频率 $\omega\to 0$ 时，频率特性的低频段表达式可简化为

$$G(\mathrm{j}\omega)=\frac{K}{(\mathrm{j}\omega)^{v}}$$

故幅频、相频特性分别为

$$A(\omega)=\left|G(\mathrm{j}\omega)\right|=\frac{K}{\omega^{v}}，\quad \varphi(\omega)=-v\frac{\pi}{2}$$

由此可见，低频段的幅值和相角均与积分环节的个数v有关，或者说与系统的型有关。

对于0型系统，$v=0$，有$A(0)=K$，$\varphi(0)=0°$；

对于Ⅰ型系统，$v=1$，有$A(0)=\infty$，$\varphi(0)=-\dfrac{\pi}{2}$；

对于Ⅱ型系统，$v=2$，有$A(0)=\infty$，$\varphi(0)=-2\dfrac{\pi}{2}$；

……

上述分析表明，对于0型系统，极坐标图将起始于$G_k(s)$平面正实轴的某点处；对Ⅰ型系统，极坐标图将起始于$G_k(s)$平面负虚轴的无穷远处；对Ⅱ型系统，极坐标图将起始于$G_k(s)$平面负实轴的无穷远处。如图5.4.11（a）所示。

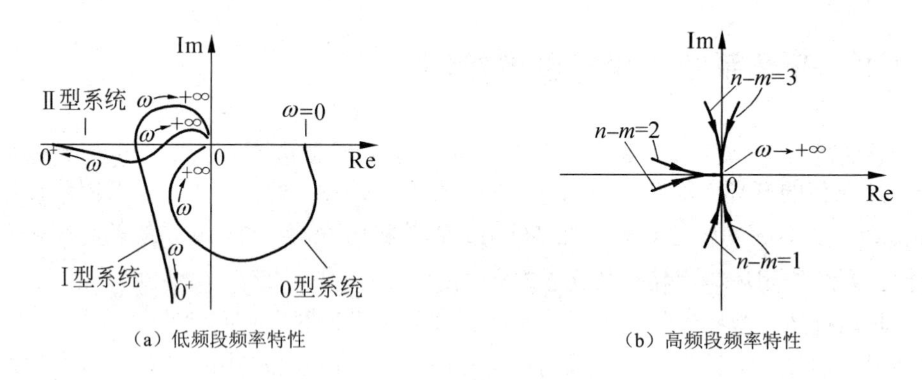

（a）低频段频率特性　　（b）高频段频率特性

图5.4.11　系统极坐标图的起点和终点

因为实际的物理系统总是有惯性且能量是有限的，所以实际的物理系统通常总是$n>m$。因此当$\omega\to+\infty$时，由式（5.4.14）知

$$\lim_{\omega\to+\infty}|G(\mathrm{j}\omega)|=0$$

即极坐标图的终点，当$\omega\to+\infty$时，都收敛于坐标原点。而极坐标图趋于原点的方向则由相频特性决定，此时相频特性为

$$\lim_{\omega\to+\infty}\angle G(\mathrm{j}\omega)=-(n-m)\frac{\pi}{2} \tag{5.4.15}$$

由式（5.4.15）可知，极坐标图在$\omega\to+\infty$时的极限角度与频率特性$G(\mathrm{j}\omega)$的分子、分母的阶次之差有关。

当$n-m=1$时，有$\lim\limits_{\omega\to+\infty}\angle G(\mathrm{j}\omega)=-\dfrac{\pi}{2}$。由此可知，当$\omega\to+\infty$时，极坐标图沿负虚轴趋向原点。

当$n-m=2$时，有$\lim\limits_{\omega\to+\infty}\angle G(\mathrm{j}\omega)=-\pi$。于是，当$\omega\to+\infty$时，极坐标图沿负实轴趋向原点。

当 $n-m=3$ 时，有 $\lim\limits_{\omega\to+\infty}\angle G(\mathrm{j}\omega)=-\dfrac{3\pi}{2}$。于是，当 $\omega\to+\infty$ 时，极坐标图沿正虚轴趋向原点。

依此类推。上述三种情况极坐标图的高频部分的位置和一般形状如图 5.4.11（b）所示。

第二步，对于极坐标图的中频部分，则应根据实频、虚频特性（或相频、幅频特性）确定与坐标轴的交点。

第三步，按频率 ω 从小到大的顺序用光滑曲线将频率特性的低频、中频和高频部分连接起来即可。

5.4.3　非最小相位系统的极坐标图

通常可以将非最小相位系统的频率特性表示为

$$G(\mathrm{j}\omega)=\pm\frac{N(s)\prod\limits_{i=1}^{m-1}(1-\tau_i s)}{D(s)\prod\limits_{j=1}^{n-v}(1-T_j s)} \tag{5.4.16}$$

式中，$\dfrac{N(s)}{D(s)}$ 为最小相位传递函数。

下面讨论非最小相位环节的极坐标图。

1．非最小相位环节

$$G(\mathrm{j}\omega)=1-\mathrm{j}\omega\tau \tag{5.4.17}$$

该环节的实频、虚频、幅频和相频特性分别为

$$P(\omega)=1,\quad Q(\omega)=-\omega\tau$$

$$A(\omega)=\sqrt{1+\omega^2\tau^2},\quad \varphi(\omega)=-\arctan\omega\tau$$

其极坐标图如图 5.4.12 中的曲线 1 所示。为便于比较，图 5.4.12 同时给出了非最小相位环节 $\tau s-1$，以及与其同类型的最小相位环节 $1+\tau s$ 的极坐标图。环节 $\tau s-1$ 和 $1+\tau s$ 的极坐标图分别如图 5.4.12 曲线 2 和曲线 3 所示。

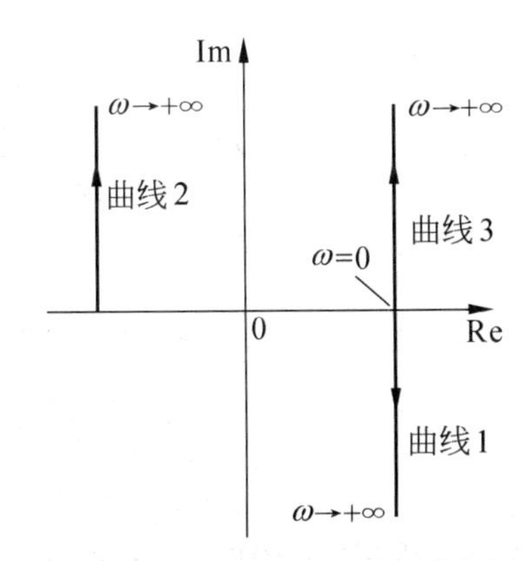

图 5.4.12　$1-\tau s$ 和 $\tau s-1$ 的极坐标图

2．非最小相位环节

$$G(\mathrm{j}\omega)=\frac{1}{1-\mathrm{j}\omega T} \tag{5.4.18}$$

该环节的实频、虚频、幅频和相频特性分别为

$$P(\omega)=\frac{1}{1+\omega^2T^2}，\quad Q(\omega)=\frac{\omega T}{1+\omega^2T^2}$$

$$A(\omega)=\frac{1}{\sqrt{1+\omega^2T^2}}，\quad \varphi(\omega)=\arctan\omega T$$

其极坐标图如图 5.4.13 中的曲线 1 所示。同样在图 5.4.13 中也给出了非最小相位环节 $\frac{1}{Ts-1}$ 和与其同类型的最小相位环节 $\frac{1}{1+Ts}$ 的极坐标图。环节 $\frac{1}{Ts-1}$ 和 $\frac{1}{1+Ts}$ 的极坐标图分别如图 5.4.13 中的曲线 2 和曲线 3 所示。

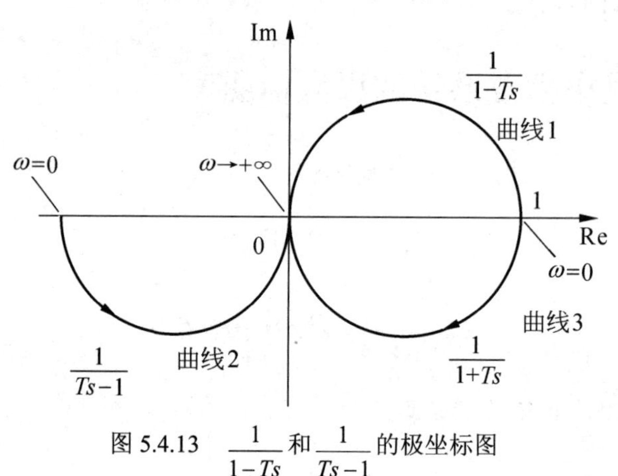

图 5.4.13　$\frac{1}{1-Ts}$ 和 $\frac{1}{Ts-1}$ 的极坐标图

例 5.4.1　已知系统的开环传递函数分别为 $G_1(s)=\frac{1-T_2s}{s(1+T_1s)}$，$G_2(s)=\frac{1+T_2s}{s(1+T_1s)}$，$G_3(s)=\frac{T_2s-1}{s(1+T_1s)}$，试绘制上述三个系统的极坐标图。

解：（1）由已知的开环传递函数可得到第一个系统的开环频率特性为

$$G(\mathrm{j}\omega)=\frac{1-\mathrm{j}\omega T_2}{\mathrm{j}\omega(1+\mathrm{j}\omega T_1)}=\frac{-\omega(T_1+T_2)+\mathrm{j}(\omega^2T_1T_2-1)}{\omega(1+\omega^2T_1^2)} \tag{5.4.19}$$

其实频、虚频、幅频和相频特性分别为

$$P(\omega)=\frac{-(T_1+T_2)}{1+\omega^2T_1^2}，\quad Q(\omega)=\frac{\omega^2T_1T_2-1}{\omega(1+\omega^2T_1^2)}$$

$$A(\omega)=\frac{\sqrt{1+\omega^2T_2^2}}{\omega\sqrt{1+\omega^2T_1^2}}，\quad \varphi(\omega)=-90^\circ-\arctan T_1\omega-\arctan T_2\omega$$

当频率 $\omega=0$ 时，$A(\omega)=\infty$，$\varphi(\omega)=-90^\circ$，$P(\omega)=-(T_1+T_2)$，$Q(\omega)=-\infty$；
当频率 $\omega\to+\infty$ 时，$A(\omega)=0$，$\varphi(\omega)=-270^\circ$，$P(\omega)=0$，$Q(\omega)=0$。

令 $Q(\omega)=0$，可计算出极坐标图与实轴交点处的频率 $\omega=\frac{1}{\sqrt{T_1T_2}}$，交点坐标

为 $P(\omega)=-T_2$。

由此可知，该系统的极坐标图起始于第三象限，距离负虚轴为 T_1+T_2 的无穷远处；从第二象限的正虚轴方向终止于原点；并且与实轴交于点 $(-T_2,0)$。当 T_1=2，T_2=1 时，其极坐标图如图 5.4.14 中的曲线 1 所示。

（2）当 $G_2(s)=\dfrac{1+T_2s}{s(1+T_1s)}$ 时，对应的频率特性为

$$G(\mathrm{j}\omega)=\frac{1+\mathrm{j}\omega T_2}{\mathrm{j}\omega(1+\mathrm{j}\omega T_1)}=\frac{\omega(T_2-T_1)-\mathrm{j}(\omega^2T_1T_2+1)}{\omega(1+\omega^2T_1^2)} \tag{5.4.20}$$

其中

$$P(\omega)=\frac{T_2-T_1}{1+\omega^2T_1^2}，\quad Q(\omega)=-\frac{\omega^2T_1T_2+1}{\omega(1+\omega^2T_1^2)}$$

$$A(\omega)=\frac{\sqrt{1+\omega^2T_2^2}}{\omega\sqrt{1+\omega^2T_1^2}}，\quad \varphi(\omega)=-90°-\arctan T_1\omega+\arctan T_2\omega$$

当频率 $\omega=0$ 时，$A(\omega)=\infty$，$\varphi(\omega)=-90°$，$P(\omega)=T_2-T_1$，$Q(\omega)=-\infty$；当频率 $\omega\to+\infty$ 时，$A(\omega)=0$，$\varphi(\omega)=-90°$，$P(\omega)=0$，$Q(\omega)=0$。此时极坐标图在有限频率范围内与虚轴无交点。但当 $T_1>T_2$ 时，渐近线位于第三象限，例如当 T_1=2，T_2=1 时，极坐标图如图 5.4.14 中的曲线 2 所示；而当 $T_2>T_1$ 时，渐近线位于第四象限，例如当 T_1=1，T_2=2 时，极坐标图如图 5.4.14 中的曲线 3 所示。

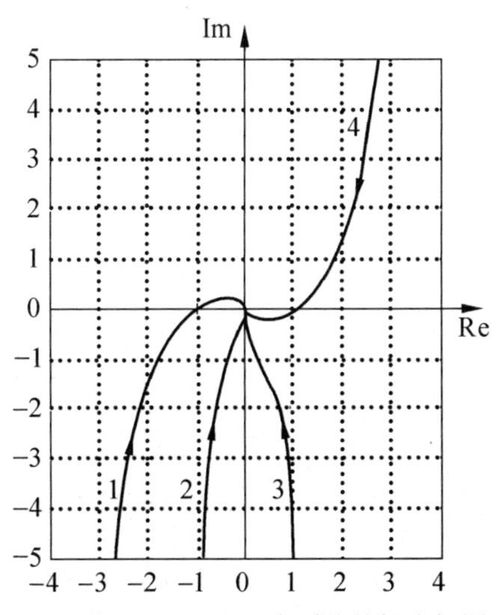

图 5.4.14　例 5.4.1 三个系统的极坐标图

（3）当 $G_3(s)=\dfrac{T_2s-1}{s(1+T_1s)}$ 时，同理，可绘出极坐标图如图 5.4.14 中的曲线 4 所示。其中参数 T_1=2，T_2=1。

5.4.4 增加零、极点对极坐标图的影响

对于最小相位系统，利用后面即将介绍的奈奎斯特判据，可以根据极坐标图对于(−1, j0)的包围情况，直接判断系统的稳定性。因此，讨论增加零、极点对极坐标图形状的影响，对于分析系统稳定性来说是很重要的。

1. 增加有限极点

现在考虑在传递函数 $G_1(s)=\dfrac{K}{T_1s+1}$ 的基础上，增加有限极点，使其变为 $G_2(s)=\dfrac{K}{(T_1s+1)(T_2s+1)}$ 时，极坐标图的变化情况。

对于传递函数 $G_1(s)=\dfrac{K}{T_1s+1}$，其幅频、相频、实频和虚频特性分别为

$$A(\omega)=\frac{K}{\sqrt{1+T_1^2\omega^2}} \tag{5.4.21}$$

$$\varphi(\omega)=-\arctan T_1\omega \tag{5.4.22}$$

$$P(\omega)=\frac{K}{1+T_1^2\omega^2} \tag{5.4.23}$$

$$Q(\omega)=\frac{-KT_1\omega}{1+T_1^2\omega^2} \tag{5.4.24}$$

当频率 $\omega=0$ 时，有 $A(\omega)=K$，$\varphi(\omega)=0$，$P(\omega)=K$，$Q(\omega)=0$；

当频率 $\omega\to+\infty$ 时，有 $A(\omega)=0$，$\varphi(\omega)=-\dfrac{\pi}{2}$，$P(\omega)=0$，$Q(\omega)=0$ 。

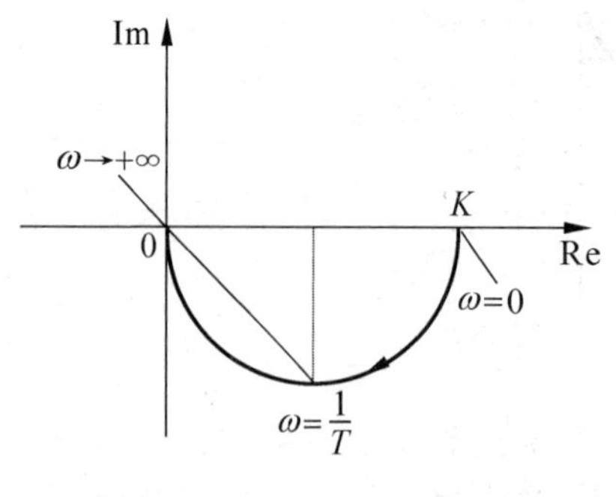

图 5.4.15　$G_1(s)$的极坐标图

于是，其极坐标图如图 5.4.15 所示，为第四象限中的半圆。

当增加有限极点，使传递函数变为 $G_2(s)=\dfrac{K}{(T_1s+1)(T_2s+1)}$ 之后，其幅频、相频、实频和虚频特性变为

$$A(\omega)=\frac{K}{\sqrt{1+T_1^2\omega^2}\sqrt{1+T_2^2\omega^2}} \tag{5.4.25}$$

$$\varphi(\omega)=-\arctan T_1\omega-\arctan T_2\omega \tag{5.4.26}$$

$$P(\omega)=\frac{K(1-T_1T_2\omega^2)}{(1+T_1^2\omega^2)(1+T_2^2\omega^2)} \tag{5.4.27}$$

$$Q(\omega)=\frac{-K\omega(T_1+T_2)}{(1+T_1^2\omega^2)(1+T_2^2\omega^2)} \tag{5.4.28}$$

当频率 $\omega=0$ 时，有 $A(\omega)=K$，$\varphi(\omega)=0$，$P(\omega)=K$，$Q(\omega)=0$；

当频率 $\omega\to+\infty$ 时，有 $A(\omega)=0$，$\varphi(\omega)=-\pi$，$P(\omega)=0$，$Q(\omega)=0$。

令 $P(\omega)=0$，解得 $\omega=\frac{1}{\sqrt{T_1T_2}}$，此时 $Q(\omega)=\frac{-K\sqrt{T_1T_2}}{T_1+T_2}$。

于是，其极坐标图如图 5.4.16 所示，起点未变，形状仍接近半圆；但当频率 $\omega\to+\infty$ 时，相角却增加了 $-90°$，因此极坐标图由第四象限扩展到第三象限。

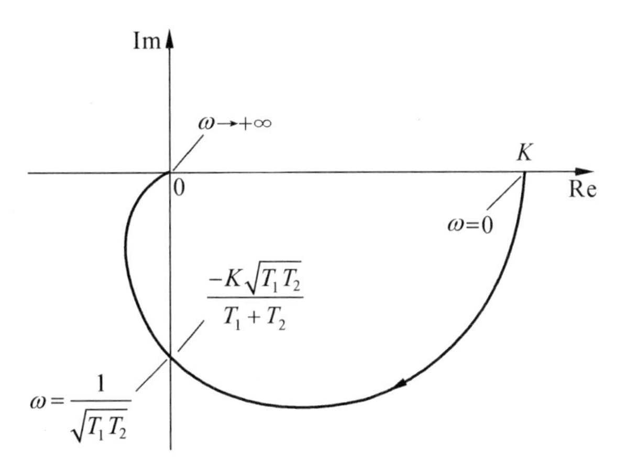

图 5.4.16　$G_2(s)$的极坐标图

如果再增加一个有限极点，使传递函数变为 $G_3(s)=\frac{K}{(T_1s+1)(T_2s+1)(T_3s+1)}$ 时，极坐标图如图 5.4.17 所示。其极坐标图当频率 $\omega=\frac{1}{\sqrt{T_1T_2+T_1T_3+T_2T_3}}$ 时与虚轴相交；当频率 $\omega=0$ 和 $\omega=\sqrt{\frac{T_1+T_2+T_3}{T_1T_2T_3}}$ 时，与实轴相交。

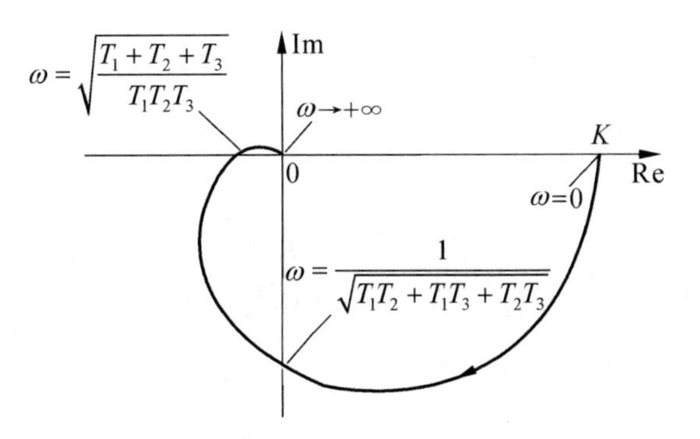

图 5.4.17　$G_3(s)$ 的极坐标图

根据以上分析，可得出结论，如果在传递函数 $G(s)$的基础上增加 n 个有限极点（以时间常数形式出现），则其极坐标图，当 $\omega=0$ 时幅值不变，整条曲线的形状也类似，但当 $\omega\to+\infty$ 时，相角将顺时针转过 $n\pi/2\text{rad}$。

2．增加在原点处的极点

现在仍考虑在传递函数 $G_1(s)=\dfrac{K}{T_1s+1}$ 的基础上增加在原点处的极点。如果增加一个在原点处的极点，使其传递函数变为 $G_2(s)=\dfrac{K}{s(T_1s+1)}$，则其极坐标图由图 5.4.18 中的曲线 1 变为曲线 2。如果再增加一个在原点处的极点，使传递函数变为 $G_3(s)=\dfrac{K}{s^2(T_1s+1)}$，则其极坐标图变为图 5.4.18 中的曲线 3。

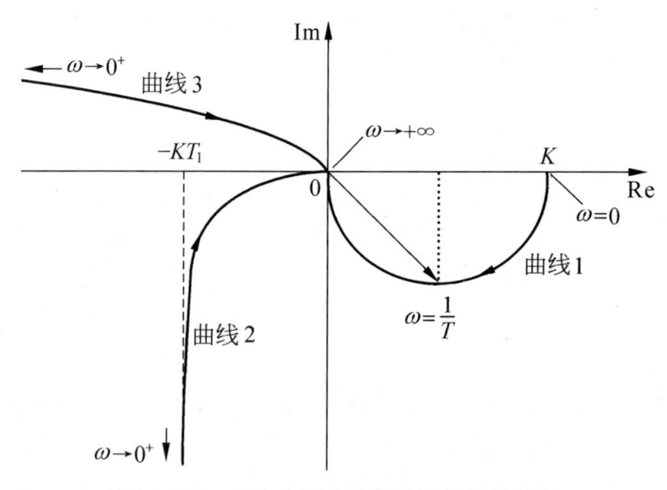

图 5.4.18　增加在原点的极点时的极坐标图

由此可知，如果在传递函数 $G(s)$ 的基础上增加 n 个在原点的极点，也即乘上因子 $\dfrac{1}{s^n}$，则频率特性 $G(\mathrm{j}\omega)$的极坐标图将顺时针转过 $n\pi/2\text{rad}$。并且只要在原点处存在极点，极坐标图在 $\omega=0$ 的幅值就为无穷大。

3．增加有限零点

假设传递函数为

$$G_5(s)=\frac{K}{s(T_1s+1)(T_2s+1)}$$

其中

$$A(\omega)=\frac{K}{\omega\sqrt{1+T_1^2\omega^2}\sqrt{1+T_2^2\omega^2}} \tag{5.4.29}$$

$$\varphi(\omega) = -90° - \arctan T_1\omega - \arctan T_2\omega \tag{5.4.30}$$

$$P(\omega) = \frac{-K(T_1 + T_2)}{(1 + T_1^2\omega^2)(1 + T_2^2\omega^2)} \tag{5.4.31}$$

$$Q(\omega) = \frac{-K(1 - T_1T_2\omega^2)}{\omega(1 + T_1^2\omega^2)(1 + T_2^2\omega^2)} \tag{5.4.32}$$

当频率 $\omega = 0$ 时，有 $A(\omega) = \infty$，$\varphi(\omega) = -90°$，$P(\omega) = -K(T_1 + T_2)$，$Q(\omega) = -\infty$；当频率 $\omega \to +\infty$ 时，有 $A(\omega) = 0$，$\varphi(\omega) = -270°$，$P(\omega) = 0$，$Q(\omega) = 0$。

令 $Q(\omega) = 0$，可解得极坐标图与实轴交点处的频率为 $\omega = \dfrac{1}{\sqrt{T_1T_2}}$，交点为 $P(\omega) = \dfrac{-KT_1T_2}{T_1 + T_2}$。

于是可绘制出极坐标图如图 5.4.19 所示。

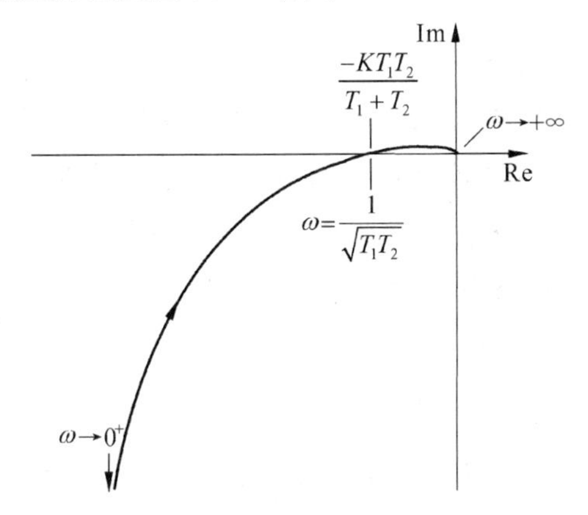

图 5.4.19　$G_5(s)$ 的极坐标图

现在在 $G_5(s)$ 的基础上，增加一个有限零点，使其变为

$$G_6(s) = \frac{K(T_d s + 1)}{s(T_1 s + 1)(T_2 s + 1)}$$

其中

$$A(\omega) = \frac{K\sqrt{1 + T_d^2\omega^2}}{\omega\sqrt{1 + T_1^2\omega^2}\sqrt{1 + T_2^2\omega^2}} \tag{5.4.33}$$

$$\varphi(\omega) = \arctan T_d\omega - 90° - \arctan T_1\omega - \arctan T_2\omega \tag{5.4.34}$$

$$P(\omega) = \frac{-K(T_1 + T_2 - T_d + \omega^2 T_1T_2T_d)}{(1 + T_1^2\omega^2)(1 + T_2^2\omega^2)} \tag{5.4.35}$$

$$Q(\omega) = \frac{-K[1 - \omega^2(T_1T_2 - T_1T_d - T_2T_d)]}{\omega(1 + T_1^2\omega^2)(1 + T_2^2\omega^2)} \tag{5.4.36}$$

当频率 $\omega = 0$ 时，有 $A(\omega) = \infty$，$\varphi(\omega) = -90°$，$P(\omega) = -K(T_1 + T_2 - T_d)$，$Q(\omega) = -\infty$；

当频率 $\omega \to +\infty$ 时，有 $A(\omega)=0$，$\varphi(\omega)=-180°$，$P(\omega)=0$，$Q(\omega)=0$。

令 $Q(\omega)=0$，可求出极坐标图与实轴交点处有 $\omega^2=\dfrac{1}{T_1T_2-T_1T_d-T_2T_d}$。

只有当 $T_1T_2-T_1T_d-T_2T_d>0$，亦即 $T_d<\dfrac{T_1T_2}{T_1+T_2}$ 时，极坐标图才与实轴相交。现假设 $T_1>T_2$，可令 $T_1=aT_2$，其中 $a>1$。于是有

$$\frac{T_1T_2}{T_1+T_2}=\frac{aT_2^2}{(1+a)T_2}=\frac{a}{1+a}T_2$$

因为 $\dfrac{a}{1+a}<1$，所以 $\dfrac{a}{1+a}T_2<T_2$。即满足 $T_1>T_2>T_d$ 时，极坐标图与实轴相交，其交点为

$$P(\omega)=-K\left(\frac{T_1T_2}{T_1+T_2}-T_d\right)$$

极坐标图如图 5.4.20 中的曲线 1 所示。

将图 5.4.20 与图 5.4.19 比较知：有零点的系统的极坐标图与实轴的交点更靠近原点，且当 $\omega \to +\infty$ 时，极坐标图趋于原点时的相角为–180°，而没有零点的系统，趋于原点时的相角为–270°。

当 $T_d \geqslant \dfrac{T_1T_2}{T_1+T_2}$ 时，极坐标图与实轴不相交。此时，极坐标图如图 5.4.20 曲线 2 所示。

另外，当 $T_d \geqslant (T_1+T_2)$ 时，极坐标图将与虚轴相交。令 $P(\omega)=0$，可求出虚轴交点处有 $\omega^2=\dfrac{T_d-(T_1+T_2)}{T_1T_2T_d}$。其极坐标图如图 5.4.20 中的曲线 3 所示。

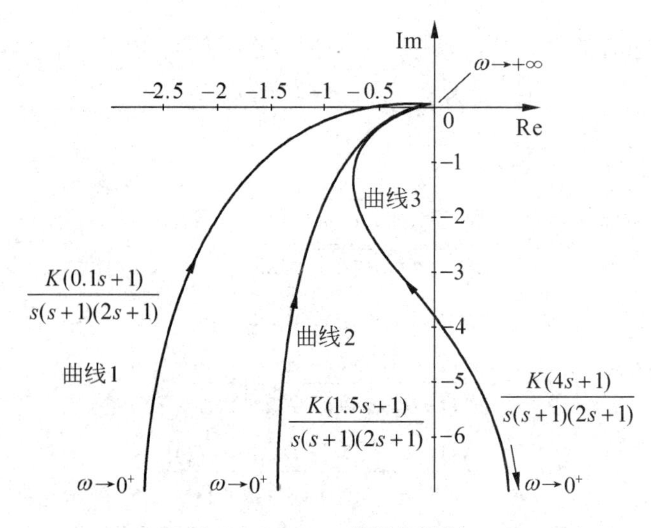

图 5.4.20　$G_6(s)$的极坐标图

5.5 奈奎斯特稳定判据

5.5.1 辐角原理

对于复变函数

$$F(s)=\frac{K(s+z_1)(s+z_2)\cdots(s+z_m)}{(s+p_1)(s+p_2)\cdots(s+p_n)}$$

式中 $-z_i(i=1,2,\cdots,m)$ 为 $F(s)$ 的零点，$-p_j(j=1,2,\cdots,n)$ 为 $F(s)$ 的极点。函数 $F(s)$ 是复变量 s 的单值函数，s 可以在整个 s 平面上变化，对于其上的每一点，除 n 个有限极点外，函数 $F(s)$ 都有唯一的一个值与之对应。$F(s)$ 的值域，也构成一个复平面，我们将其称为 $F(s)$ 平面。这就是说，s 平面上的每一点，除极点之外，依照所给的函数关系，都将映射到 $F(s)$ 平面上的相应点。其中 s 平面上的全部零点都将映射到 $F(s)$ 平面上的原点；s 平面上的极点都会映射到 $F(s)$ 平面上的无限远点；s 平面上除了零、极点之外的普通点，都将映射到 $F(s)$ 平面上除原点之外的有限点。

现用向量 $\boldsymbol{F}(s)$ 表示 s 平面上的点在 $F(s)$ 平面上的映射，于是有

$$\boldsymbol{F}(s)=\left|F(s)\right|\mathrm{e}^{\mathrm{j}\angle F(s)}=\frac{K\prod_{i=1}^{m}\left|s+z_i\right|\mathrm{e}^{\mathrm{j}\angle(s+z_i)}}{\prod_{j=1}^{n}\left|s+p_j\right|\mathrm{e}^{\mathrm{j}\angle(s+p_j)}}=\frac{K\prod_{i=1}^{m}\left|s+z_i\right|}{\prod_{j=1}^{n}\left|s+p_j\right|}\mathrm{e}^{\mathrm{j}\left[\sum_{i=1}^{m}\angle(s+z_i)-\sum_{j=1}^{n}\angle(s+p_j)\right]} \tag{5.5.1}$$

其中辐角为

$$\angle\boldsymbol{F}(s)=\sum_{i=1}^{m}\angle(s+z_i)-\sum_{j=1}^{n}\angle(s+p_j) \tag{5.5.2}$$

现考虑图 5.5.1 所示的 s 平面上既不经过 $F(s)$ 零点也不经过 $F(s)$ 极点的一条封闭曲线 $\varGamma_s$。当 s 沿 $\varGamma_s$ 顺时针方向绕行一周，连续取值时，则会在 $F(s)$ 平面上映射出一条封闭曲线 $\varGamma_F$。在 s 平面上，用阴影表示的区域，称为 $\varGamma_s$ 的内域。由于

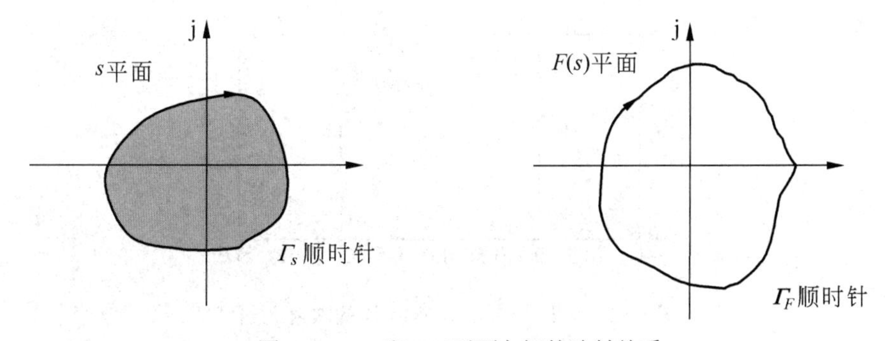

图 5.5.1　s 和 $F(s)$平面之间的映射关系

我们规定沿顺时针方向绕行，所以内域始终处于行进方向的右侧。在 $F(s)$ 平面上，由 Γ_s 映射而得到的封闭曲线 Γ_F 的形状及位置，严格地取决于 Γ_s。在这种映射关系中，不需知道围线 Γ_s 的确切形状和位置，只要知道它的内域所包含的 $F(s)$ 的零点和极点的数目，就可以预知映射 Γ_F 是否包围坐标原点，以及包围原点的次数；反过来，根据已给定的围线 Γ_F 是否包围原点和包围原点的次数，也可以推测出在围线 Γ_s 的内域中有关零、极点数的信息。下面分几种情况讨论。

1. 围线 Γ_s 既不包围 $F(s)$ 的零点也不包围其极点

如图 5.5.2 所示，其中假设 $F(s)=\dfrac{s+2}{s}$，围线 Γ_s 不包围 $F(s)$ 的零点 $-z=-2$ 和极点 $-p=0$。则当 s 沿围线 Γ_s 顺时针变化一周时，因子 $(s+2)$ 和 $(s+0)^{-1}$ 构成的矢量的辐角变化量都为 0°。于是，$\Delta\angle \boldsymbol{F}(s)=\Delta\angle(s+2)-\Delta\angle(s+0)=0°$，即映射 Γ_F 在 $F(s)$ 平面上沿围线 $A'\ B'\ C'\ D'\ E'\ F'\ G'\ H'\ A'$ 变化一周后的辐角变化量应等于 0°。这表明，围线 Γ_F 不包围原点。

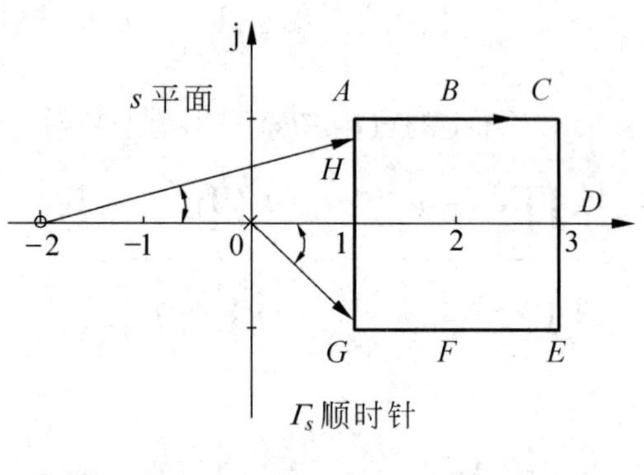

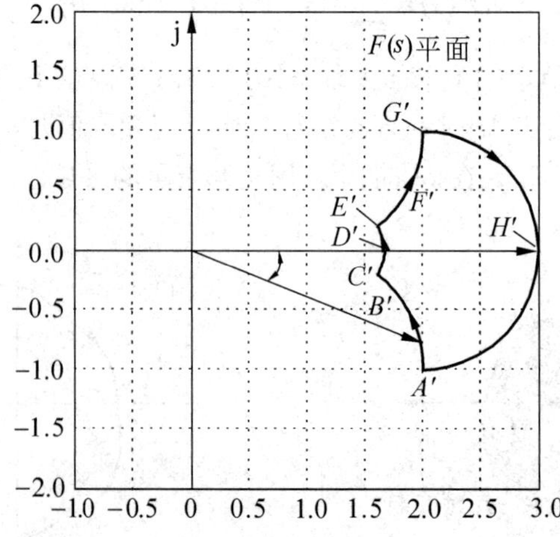

图 5.5.2　s 平面围线在 $F(s)$平面的映射之一

2．围线 Γ_s 只包围 $F(s)$ 的零点不包围其极点

如图 5.5.3 所示，围线 Γ_s 包围 $F(s)$ 的零点 $-z=-2$，不包围其极点 $-p=0$。则当 s 沿 Γ_s 顺时针变化一周时，因子 $(s+2)$ 和 $(s+0)^{-1}$ 构成的矢量的辐角变化分别为–360°和 0°。于是 $\Delta\angle \boldsymbol{F}(s)=\Delta\angle(s+2)-\Delta\angle(s+0)=-360°$，即映射 Γ_F 在 $F(s)$ 平面上顺时针包围原点一周。

同理，当围线 Γ_s 的内域只包含 $F(s)$ 的 Z 个零点时，则在 $F(s)$ 平面上的映射 Γ_F 应顺时针包围原点 Z 次。

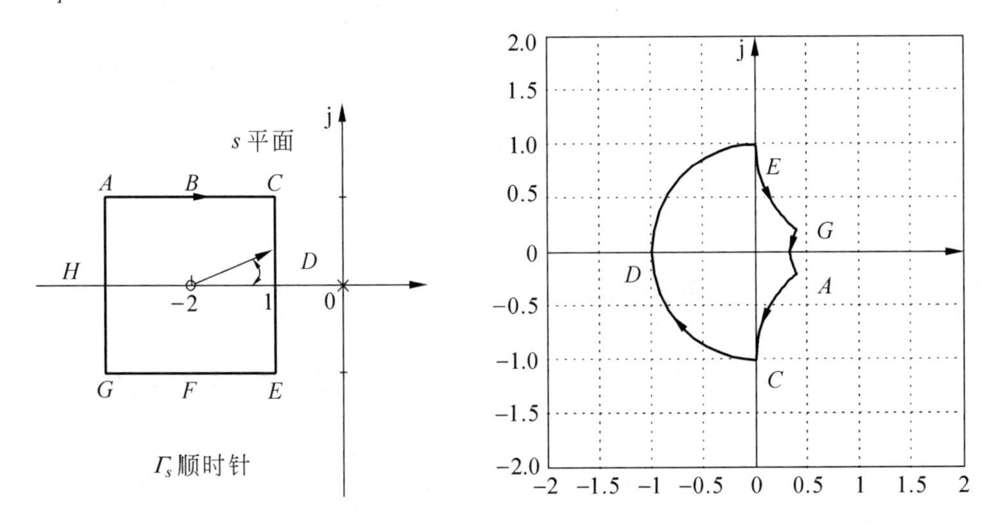

图 5.5.3　s 平面围线在 $F(s)$ 平面的映射之二

3．围线 Γ_s 只包围 $F(s)$ 的极点不包围其零点

如图 5.5.4 所示，围线 Γ_s 包围 $F(s)$ 的极点 $-p=0$，不包围零点时，则当 s 沿 Γ_s 顺时针绕行一周时，因子 $(s+2)$ 和 $(s+0)^{-1}$ 构成的矢量的辐角变化分别为 0°和 $-360°$。于是，$\Delta\angle \boldsymbol{F}(s)=\Delta\angle(s+2)-\Delta\angle(s+0)=360°$，即映射 Γ_F 在 $F(s)$ 平面上逆时针包围原点一周。

同理，当围线 Γ_s 的内域只包含 $F(s)$ 的 P 个极点时，则 Γ_F 应逆时针包围原点 P 次，或者说，Γ_F 顺时针包围原点 $-P$ 次。

4．围线 Γ_s 包围 $F(s)$ 的 Z 个零点和 P 个极点

综上所述，如果围线 Γ_s 包围 $F(s)$ 的 Z 个零点和 P 个极点，那么，当 s 沿 Γ_s 顺时针绕行一周时，Γ_F 应顺时针包围原点 $Z-P$ 次。亦即 Γ_F 顺时针包围原点次数 $N=Z-P$。

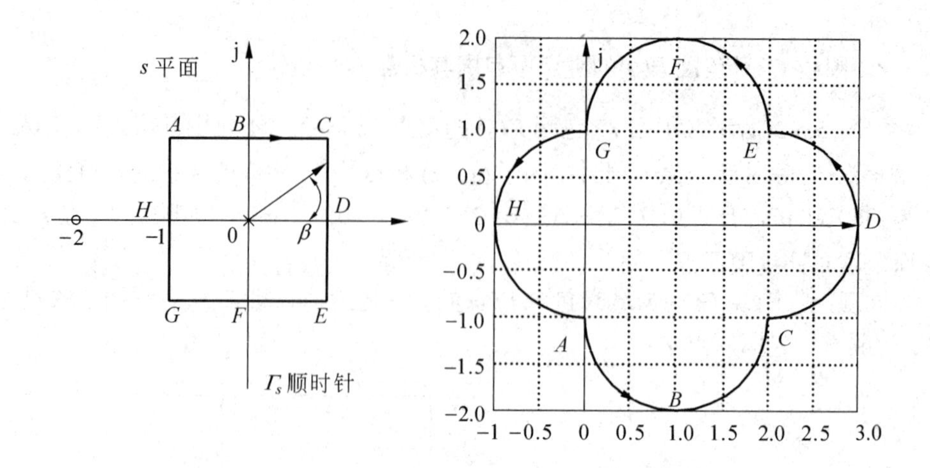

图 5.5.4 s 平面围线在 $F(s)$平面的映射之三

这就是辐角原理。

5.5.2 奈奎斯特稳定判据

奈奎斯特当年就是巧妙地应用了辐角原理才得到了奈奎斯特稳定判据，他的做法是首先构造一个函数 $F(s)$ 。

如图 5.5.5 所示的系统，设 $G(s)=\dfrac{A(s)}{B(s)}$， $H(s)=\dfrac{C(s)}{D(s)}$，则开环传递函数为

$$G_{\mathrm{k}}(s)=\frac{A(s)C(s)}{B(s)D(s)}$$

闭环传递函数为

$$\varPhi(s)=\frac{G(s)}{1+G_{\mathrm{k}}(s)}=\frac{A(s)D(s)}{B(s)D(s)+A(s)C(s)} \qquad (5.5.3)$$

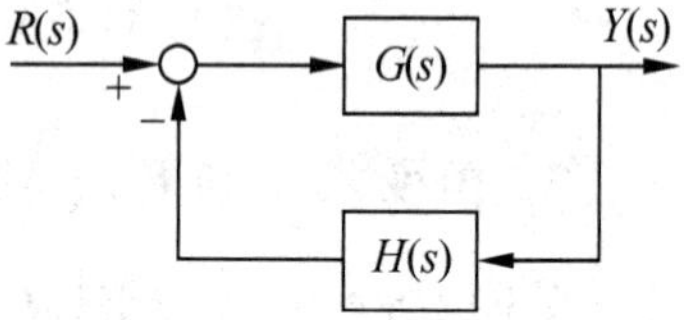

R(s) + − G(s) Y(s) H(s)

图 5.5.5 系统方块图

现在令 $F_1(s)=B(s)D(s)$ ， $F_2(s)=B(s)D(s)+A(s)C(s)$。则 $F_1(s)$ 和 $F_2(s)$ 分别为开环和闭环系统的特征多项式，现以它们之比构成 $F(s)$，有

$$F(s)=\frac{B(s)D(s)+A(s)C(s)}{B(s)D(s)}=1+\frac{A(s)C(s)}{B(s)D(s)}=1+G_{\mathrm{k}}(s) \qquad (5.5.4)$$

即 $F(s)$ 为开环传递函数加 1，由于实际物理系统的开环传递函数分母多项式的阶数 n 总是大于分子多项式的阶数 m，所以 $F(s)$ 的零点数等于其极点数。设 $-z_1$，$-z_2$，…， $-z_n$ 和 $-p_1,-p_2$，…， $-p_n$ 分别为其零、极点，则可将 $F(s)$ 表示为

$$F(s)=\frac{K(s+z_1)(s+z_2)\cdots(s+z_n)}{(s+p_1)(s+p_2)\cdots(s+p_n)}$$

由此可知，$F(s)$ 的零点是闭环传递函数的极点，$F(s)$ 的极点是开环传递函数的极点。

前面我们已经知道闭环系统稳定的充要条件是闭环特征方程的全部特征根的实部为负。要分析系统的稳定性，奈奎斯特面临的问题是当知道开环传递函数的极点，也就是已知 $F(s)$ 的极点位置时，如何判断 $F(s)=1+G_k(s)$ 在 s 右半平面有无零点的问题，也就是闭环传递函数在 s 右半平面有无极点的问题。奈奎斯特发现如果在 s 平面上选择一条能够包围整个 s 右半平面的封闭曲线，则辐角原理就可以被用来分析系统的稳定性问题。于是奈奎斯特选取了如图 5.5.6 所示的各段组成的封闭曲线 Γ_s：

① 正虚轴：$s=\mathrm{j}\omega$，频率 ω 由 0 变化到 $+\infty$；

② 半径为无穷大的右半圆：$s=R\mathrm{e}^{\mathrm{j}\theta}$，$R\to\infty$，$\theta$ 由 $\frac{\pi}{2}$ 变化到 $-\frac{\pi}{2}$；

③ 负虚轴：$s=\mathrm{j}\omega$，频率 ω 由 $-\infty$ 变化到 0。

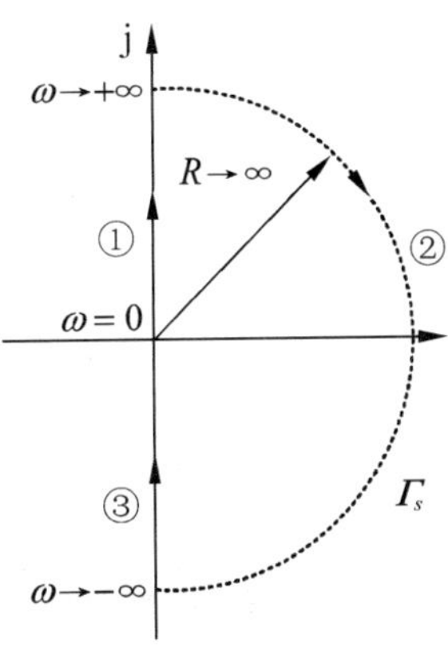

图 5.5.6　奈奎斯特路径

上述封闭曲线 Γ_s 将包围整个 s 右半平面，此封闭曲线被称为奈奎斯特路径。考虑到奈奎斯特路径应不通过 $F(s)$ 的零极点的要求，这里暂且假定 $F(s)$ 没有为零的极点，也即开环系统不含有积分环节。现设 $F(s)=1+G_k(s)$ 在 s 右半平面上的零点数（即闭环特征方程在 s 右半平面的特征根数目）为 Z，极点数（即开环特征方程在 s 右半平面的特征根数目）为 P，则根据辐角原理，当 s 沿前述奈奎斯特路径顺时针移动一周时，映射到 $F(s)$ 平面上的围线 Γ_F 顺时针包围原点的次数为

$$N=Z-P \tag{5.5.5}$$

系统稳定的充分必要条件是在 s 右半平面上的闭环特征方程的根的个数为 0，也就是 $F(s)$ 在 s 右半平面上的零点数为 0，即 $Z=0$，于是系统稳定的充分必要条件是

$$N=-P \tag{5.5.6}$$

下面有两点要说明的问题。

1. 关于 N 的说明

符号 N 表示在 $F(s)=1+G_k(s)$ 平面上，围线 Γ_F 沿顺时针方向包围原点的次数。由于 $G_k(s)$ 和 $F(s)$ 的表达式中只相差一个常数 1，所以只要将 $F(s)$ 平面上的虚轴沿实轴向右平移一个单位，就可以得到 $G_k(s)$ 平面坐标系，于是原来在 $F(s)$ 平面上的映射围线 Γ_F 就变成了在 $G_k(s)$ 平面上的映射围线 Γ_G，如图 5.5.7 所示。

与此相对应，在 $F(s)$ 平面上围线 Γ_F 对原点的包围的说法，应改为在 $G_k(s)$ 平面上围线 Γ_G 对点(−1, j0)的包围。其中 $N>0$ 应表示在 $G_k(s)$ 平面上的围线 Γ_G 顺时针包围 (−1, j0) 点的次数；$N<0$ 表示 Γ_G 逆时针包围 (−1, j0) 点的次数。

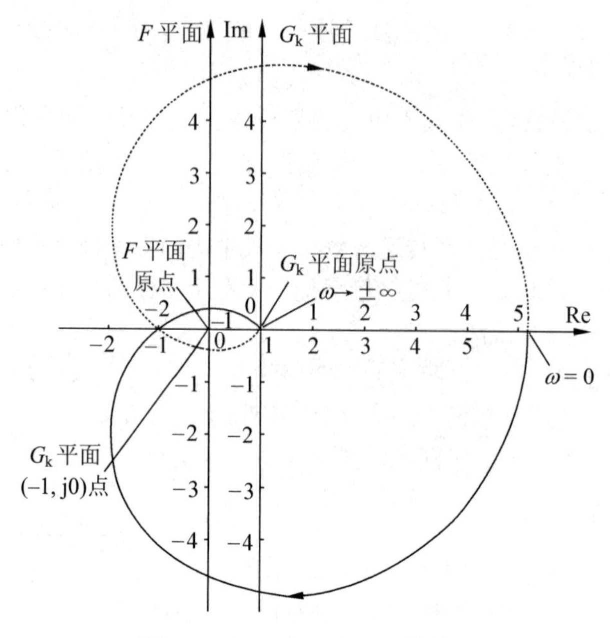

图 5.5.7　$F(s)$和 $G_k(s)$平面的转换

2. 关于 P 的说明

符号 P 表示 $F(s)=1+G_k(s)$ 在 s 右半开平面上的极点数。由 $F(s)$ 的表达式可知$1+G_k(s)$ 的极点就是 $G_k(s)$ 的极点。换言之，P 表示开环传递函数 $G_k(s)$ 在 s 右半开平面上的极点数。当 $G_k(s)$ 在 s 右半开平面上没有极点时，$P=0$，这时由式（5.5.6）可知闭环系统稳定的充分必要条件是 $N=0$。也即对于开环稳定的系统，在 $G_k(s)$ 平面上的围线 $\varGamma_G$ 不包围 $(-1, \text{j}0)$ 点，是其闭环系统稳定的充分必要条件。

这样一来，确定闭环系统稳定性的关键，就在于确定在 $G_k(s)$ 平面上围线 $\varGamma_G$ 是否包围 $(-1, \text{j}0)$ 点。可以证明在 $G_k(s)$ 平面上的围线 $\varGamma_G$ 就是开环频率特性 $G_k(\text{j}\omega)$ 的极坐标图。

现在假定开环传递函数 $G_k(s)$ 为 0 型系统（不含积分环节）

$$G_k(s)=\frac{K_g(s+z_1)(s+z_2)\cdots(s+z_m)}{(s+p_1)(s+p_2)\cdots(s+p_n)} \tag{5.5.7}$$

奈奎斯特路径如图 5.5.6 所示。在 s 平面上，当 s 沿虚轴 $\text{j}\omega$ 变化时，将 $s=\text{j}\omega$ 代入 $G_k(s)$ 中即可得到开环频率特性 $G_k(\text{j}\omega)$（包括正频率部分和负频率部分）。当 s 沿无限大半径 $(|s|=\infty)$ 的半圆部分运动时，将 $s\to\infty$ 代入式（5.5.7），考虑到在 $G_k(s)$ 中有 $n\geqslant m$，可得 $G_k(\infty)=0$，或 $G_k(\infty)=K_g$。这表明当 s 沿半径为无限大的半圆路径运动时，在 $G_k(s)$ 平面上只映射为围线 $\varGamma_G$ 上的一点 $(0, \text{j}0)$ 或 $(K_g, \text{j}0)$。只有当 s 从 s=jω，ω 从 $-\infty$ 到 0 再到 $+\infty$，沿虚轴运动时，才在 $G_k(s)$ 平面上映射出整个围线 $\varGamma_G$，围线 $\varGamma_G$ 被称为奈奎斯特曲线。此时的奈奎斯特曲线 $\varGamma_G$ 就是

$G_k(j\omega)$ 的极坐标图及其镜像的负频率部分。综上所述，当 $G_k(s)$ 在 s 平面的虚轴上不含有极点时，可将奈奎斯特稳定判据表述为

（1）对于开环稳定的系统，$G_k(s)$ 在 s 右半平面上无极点，闭环系统稳定的充分必要条件是奈奎斯特曲线不包围 $(-1,\ j0)$ 点。

（2）对于开环不稳定的系统，$G_k(s)$ 在 s 右半平面上有 P 个极点，闭环系统稳定的充分必要条件是奈奎斯特曲线当 ω 从 $-\infty\to+\infty$ 时，以逆时针方向包围 $(-1,\ j0)$ 点 P 次。

（3）若闭环系统是不稳定的，则该系统在 s 右半平面上的极点数为 $Z=N+P$，这里 N 为奈奎斯特曲线以顺时针方向包围 $(-1,\ j0)$ 点的次数。

推论：若奈奎斯特曲线顺时针方向包围 $(-1,\ j0)$ 点，则不论开环系统稳定与否，闭环系统总是不稳定的。

这里应指出，在奈奎斯特曲线上的行进方向规定为 ω 从 $-\infty\to 0\to+\infty$。所谓不包围 $(-1,\ j0)$ 点，是指行进方向的右侧不包围它。所谓逆时针包围 $(-1,\ j0)$ 点，系指行进方向的左侧包围它。

例 5.5.1　开环系统传递函数为 $G_k(s)=\dfrac{K}{(s+2)(s^2+2s+5)}$，试用奈奎斯特稳定判据判断闭环系统的稳定性。

解：（1）绘制系统的极坐标图

由系统的开环传递函数知其幅频特性和相频特性分别为

$$A(\omega)=\frac{K}{\sqrt{4+\omega^2}\sqrt{(5-\omega^2)^2+4\omega^2}}$$

$$\varphi(\omega)=-\arctan\frac{\omega}{2}-\arctan\frac{2\omega}{5-\omega^2}$$

实频特性和虚频特性分别为

$$P(\omega)=\frac{K(10-4\omega^2)}{(10-4\omega^2)^2+\omega^2(9-\omega^2)^2}$$

$$Q(\omega)=\frac{-K\omega(9-\omega^2)}{(10-4\omega^2)^2+\omega^2(9-\omega^2)^2}$$

当频率 $\omega=0$ 时，$A(\omega)=\dfrac{K}{10}$，$\varphi(\omega)=0°$，$P(\omega)=\dfrac{K}{10}$，$Q(\omega)=0$；

当频率 $\omega\to+\infty$ 时，$A(\omega)=0$，$\varphi(\omega)=-270°$，$P(\omega)=0$，$Q(\omega)=0$。

令 $P(\omega)=0$，解得 $\omega=\sqrt{2.5}$，此时极坐标图与虚轴的交点为 $Q(\sqrt{2.5})=\dfrac{-K}{\sqrt{2.5}\times 6.5}$；

令 $Q(\omega)=0$，解得 $\omega=0$ 和 $\omega=3$，此时极坐标图与实轴的交点为 $P(3)=-\dfrac{K}{26}$。

（2）用奈奎斯特稳定判据分析系统稳定性

当 $K=52$ 时，其奈奎斯特曲线如图5.5.8所示。此时系统的开环极点为-2，$-1\pm \mathrm{j}2$，都在 s 左半平面，所以 $P=0$。从图中可以看出，奈奎斯特曲线顺时针围绕$(-1，\mathrm{j}0)$点2次。所以闭环系统是不稳定的，并且闭环系统在s右半平面的极点数为2。

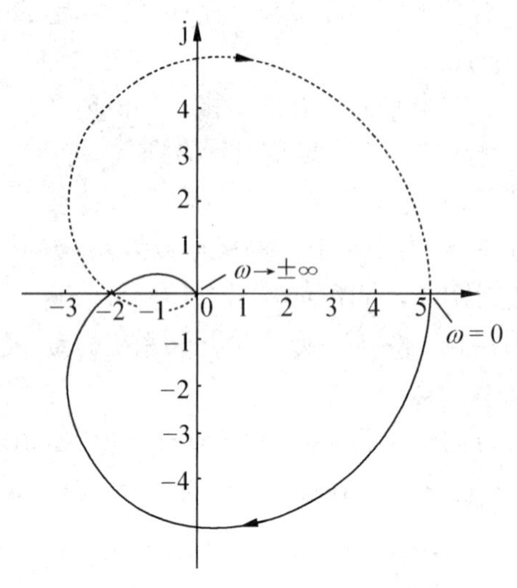

图 5.5.8　例 5.5.1 系统的极坐标图

若要使闭环系统稳定，则要求极坐标图不包围$(-1，\mathrm{j}0)$点。此时，要求与实轴的交点

$$P(3)=\frac{-K}{26}>-1$$

即当 $K<26$ 时，极坐标图不包围$(-1，\mathrm{j}0)$点。

当 $K<0$ 时，原极坐标图将顺时针转过$180°$，此时与负实轴的交点为 $K/10$，若要使奈奎斯特曲线不包围$(-1，\mathrm{j}0)$点，则要求 $K/10>-1$，即 $K>-10$。于是闭环系统稳定的条件为 $-10<K<26$。

上述结论同样可由劳斯-赫尔维茨判据得到。由系统特征方程式

$$s^3+4s^2+9s+10+K=0$$

可知劳斯阵列为

$$\begin{array}{c|cc} s^3 & 1 & 9 \\ s^2 & 4 & 10+K \\ s^1 & \dfrac{26-K}{4} & 0 \\ s^0 & 10+K & \end{array}$$

要使系统稳定，则第一列系数必须大于0。于是得 $-10<K<26$。这说明奈奎斯特稳定判据与劳斯稳定判据是等价的。

5.5.3　开环系统含有积分环节时奈奎斯特稳定判据的应用

对于含有积分环节的系统，可以将其开环传递函数表示为

$$G_{\mathrm{k}}(s)=\frac{K_{\mathrm{g}}\prod\limits_{i=1}^{m}(s+z_i)}{s^{\upsilon}\prod\limits_{j=1}^{n-\upsilon}(s+p_j)}=\frac{K\prod\limits_{i=1}^{m}(\tau_i s+1)}{s^{\upsilon}\prod\limits_{j=1}^{n-\upsilon}(\tau_j s+1)} \tag{5.5.8}$$

此时不能直接应用辐角定理。为使奈奎斯特路径不经过原点处的极点，但仍能包

围整个 s 右半平面，现以原点为圆心做一半径为无穷小的右半圆绕过原点处的极点。于是，奈奎斯特路径将由以下四段组成：

① 正虚轴：$s = \mathrm{j}\omega$，频率 ω 从 $0^+ \to +\infty$；

② 半径为无穷大的右半圆：$s = R\mathrm{e}^{\mathrm{j}\theta}$，$R \to \infty$，$\theta$ 由 $\frac{\pi}{2}$ 变化到 $-\frac{\pi}{2}$；

③ 负虚轴：$s = \mathrm{j}\omega$，频率 ω 由 $-\infty$ 变化到 0^-；

④ 半径为无穷小的右半圆：$s = R'\mathrm{e}^{\mathrm{j}\theta'}$，$R' \to 0$，$\theta'$ 由 $-\frac{\pi}{2}$ 变化到 $\frac{\pi}{2}$。

如图 5.5.9 所示。

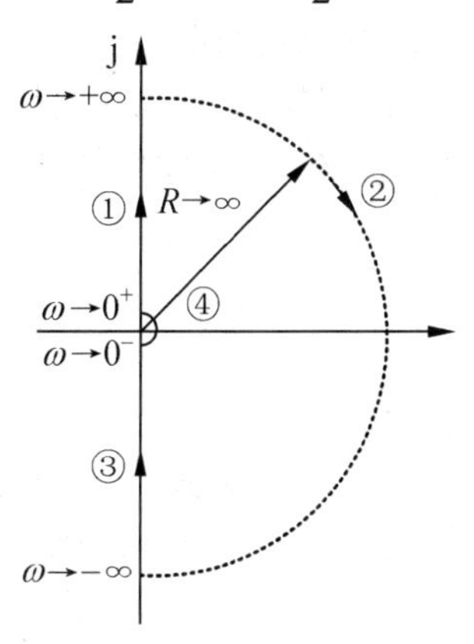

图 5.5.9　开环系统含积分环节时的奈奎斯特路径

对于 I 型或 II 型系统，当 $\omega \to 0^+$ 时，频率特性曲线趋于无穷远处。当 $\omega \to 0^-$ 时，频率特性曲线也趋于无穷远处。频率特性曲线及其镜象在无穷远处的连接线就是图 5.5.9 中的奈奎斯特路径中半径为无穷小的半圆在 $G_\mathrm{k}(s)$ 平面上的映射，如图 5.5.10 所示。现将半径为无穷小的半圆上的点表示为 $s = R'\mathrm{e}^{\mathrm{j}\theta'}$，代入式（5.5.8），当 $R' \to 0$ 时有

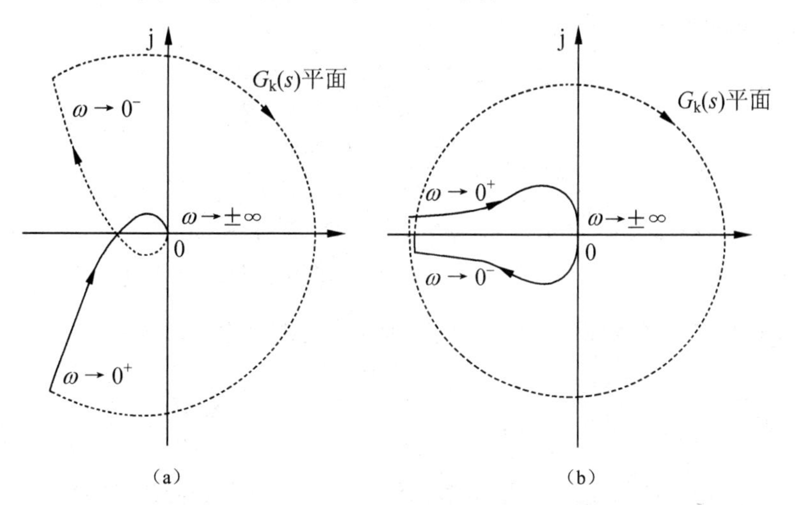

图 5.5.10　I 型、II 型系统的奈奎斯特曲线

$$
\lim_{R'\to 0} G_\mathrm{k}(s)\Big|_{s=R'\mathrm{e}^{\mathrm{j}\theta'}} = \lim_{R'\to 0} \frac{K\prod_{i=1}^{m}(\tau_i R'\mathrm{e}^{\mathrm{j}\theta'}+1)}{(R'\mathrm{e}^{\mathrm{j}\theta'})^{\upsilon}\prod_{j=1}^{n-\upsilon}(T_j R'\mathrm{e}^{\mathrm{j}\theta'}+1)}
$$

$$
= \lim_{R'\to 0} \frac{K}{(R'\mathrm{e}^{\mathrm{j}\theta'})^{\upsilon}} = \infty\,\mathrm{e}^{-\mathrm{j}\upsilon\theta'} = \infty\,\mathrm{e}^{\mathrm{j}\theta_1} \tag{5.5.9}
$$

当θ'由$-\dfrac{\pi}{2}$变化到$\dfrac{\pi}{2}$时，θ_1由$\dfrac{\upsilon\pi}{2}$变化到$-\dfrac{\upsilon\pi}{2}$，相当于奈奎斯特曲线从0^-到0^+顺时针转过$\upsilon\pi$ rad。当$\upsilon=1$时，奈奎斯特曲线从0^-到0^+顺时针转过$180°$，如图 5.5.10（a）所示；当$\upsilon=2$时，奈奎斯特曲线从0^-到0^+顺时针转过$360°$，如图 5.5.10（b）所示。运用上述修改后的奈奎斯特路径及其奈奎斯特曲线，仍可将奈奎斯特稳定判据用于Ⅰ型或Ⅱ型系统。下面举例说明如何利用奈奎斯特稳定判据分析Ⅰ型和Ⅱ型系统的稳定性。

例 5.5.2　重新考虑例 2.3.6 所示的导弹航向控制系统，其开环传递函数为

$$G_{\mathrm{k}}(s)=\frac{K}{s(T_{\mathrm{m}}s+1)(T_{\mathrm{f}}s+1)}$$

其中$T_{\mathrm{m}}>0$，$T_{\mathrm{f}}>0$，试用奈奎斯特稳定判据确定闭环系统稳定时放大系数K的取值范围。

解：（1）绘制系统的极坐标图

由系统的开环传递函数知，系统的幅频特性和相频特性分别为

$$A(\omega)=\frac{K}{\omega\sqrt{1+T_{\mathrm{m}}^2\omega^2}\sqrt{1+T_{\mathrm{f}}^2\omega^2}}$$

$$\varphi(\omega)=-90°-\arctan(T_{\mathrm{m}}\omega)-\arctan(T_{\mathrm{f}}\omega)$$

实频特性和虚频特性分别为

$$P(\omega)=\frac{-K(T_{\mathrm{m}}+T_{\mathrm{f}})}{(1+T_{\mathrm{m}}^2\omega^2)(1+T_{\mathrm{f}}^2\omega^2)}$$

$$Q(\omega)=\frac{-K(1-T_{\mathrm{m}}T_{\mathrm{f}}\omega^2)}{\omega(1+T_{\mathrm{m}}^2\omega^2)(1+T_{\mathrm{f}}^2\omega^2)}$$

当频率$\omega=0$时，有$A(\omega)=\infty$，$\varphi(\omega)=-90°$，$P(\omega)=-K(T_{\mathrm{m}}+T_{\mathrm{f}})$，$Q(\omega)=-\infty$；当频率$\omega\to+\infty$时，有$A(\omega)=0$，$\varphi(\omega)=-270°$，$P(\omega)=0$，$Q(\omega)=0$。

令$Q(\omega)=0$，可解得极坐标图与实轴交点处的频率为$\omega=\dfrac{1}{\sqrt{T_{\mathrm{m}}T_{\mathrm{f}}}}$，交点坐标为$\left(-\dfrac{KT_{\mathrm{m}}T_{\mathrm{f}}}{T_{\mathrm{m}}+T_{\mathrm{f}}},\ 0\right)$。

于是可绘出极坐标图（包括负频率部分以及与奈奎斯特路径中半径为无穷小的半圆在$G_{\mathrm{k}}(s)$平面上的映射），如图 5.5.11 所示。

（2）用奈奎斯特稳定判据分析系统稳定的条件

由于开环系统无右极点（$P=0$），因此系统稳定的充要条件是极坐标图不包围（–1，j0）点，即要求极坐标图与负实轴的交点满足下列关系

$$-1<\frac{-KT_{\mathrm{m}}T_{\mathrm{f}}}{T_{\mathrm{m}}+T_{\mathrm{f}}}<0$$

于是，有

$$0<K<\frac{T_{\mathrm{m}}+T_{\mathrm{f}}}{T_{\mathrm{m}}T_{\mathrm{f}}}=\frac{1}{T_{\mathrm{m}}}+\frac{1}{T_{\mathrm{f}}}$$

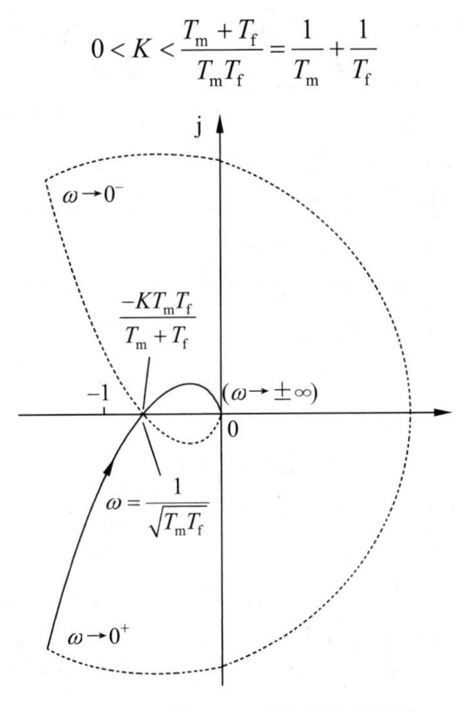

图 5.5.11　例 5.5.2 系统的极坐标图

此结果与例 3.5.10 的结果相同。这说明奈奎斯特稳定判据与劳斯判据是等价的。

例 5.5.3　设 I 型系统的极坐标图如图 5.5.12（a）所示。开环系统在 s 右半平面上没有极点，试用奈奎斯特稳定判据判别系统的稳定性。

解：作出极坐标图的镜像，并用如图 5.5.10（b）所示的右半圆将 $\omega\to0^-$ 和 $\omega\to0^+$ 的极坐标图相连，如图 5.5.12（b）所示。当 s 沿奈奎斯特路径变化一周时，$G_{\mathrm{k}}(s)$ 平面上相应的奈奎斯特曲线包围 $(-1,\ \mathrm{j}0)$ 点的总次数为 0，根据奈奎斯特稳定判据可得，闭环系统是稳定的。

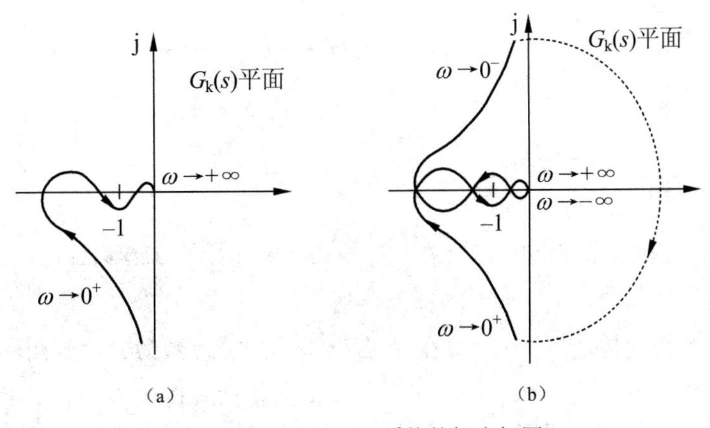

图 5.5.12　例 5.5.3 系统的极坐标图

Ⅲ型以上的控制系统工程上比较少见，但奈奎斯特稳定判据仍然可以应用。

奈奎斯特稳定判据在使用时可能遇到以下两种情况：

（1）若开环系统在虚轴上有极点，应将奈奎斯特路径作相应的改变。如图 5.5.13 所示，在虚轴上的极点处作半径为无穷小的右半圆，使奈奎斯特路径不通过虚轴上的极点，但仍包围整个 s 右半平面，奈奎斯特判据仍可使用。

（2）如果奈奎斯特曲线穿过 $(-1，\mathrm{j}0)$ 点，说明闭环系统处于稳定和不稳定的边界上，即所谓的临界稳定情况，这时闭环系统将有极点位于虚轴上。

通常，在利用奈奎斯特曲线判别闭环系统稳定性时，为简便起见，只需画出 ω 从 $0\to+\infty$ 的频率特性曲线。这时应把确定闭环系统在 s 右半平面的极点数 Z 的公式修改为

$$Z = 2N' + P \tag{5.5.10}$$

式中 P 为开环系统在 s 右半平面上的极点数，N' 为频率 ω 从 $0\to+\infty$ 时，极坐标图顺时针围绕 $(-1,\ \mathrm{j}0)$ 点的次数。对Ⅰ型以上的系统还应考虑当频率 $\omega\to 0$ 时，奈奎斯特路径中的半径为无穷小的四分之一圆在 $G_\mathrm{k}(s)$平面上相对应的映射曲线。

另外频率特性曲线对$(-1，\mathrm{j}0)$点的包围情况还可用其正负穿越情况来表示。如图 5.5.14 所示，当 ω 增加时，频率特性从 s 上半平面穿过负实轴的$(-\infty，-1)$段到 s 下半平面，将此时的频率特性称为对负实轴的$(-\infty，-1)$段的正穿越（这时随着 ω 的增加，频率特性的相角也在增加）。反之被称为负穿越。正穿越意味着频率特性曲线对 $(-1,\ \mathrm{j}0)$ 点的逆时针方向的包围，负穿越意味着顺时针方向的包围。因此，根据正、负穿越次数可将奈奎斯特判据描述如下：

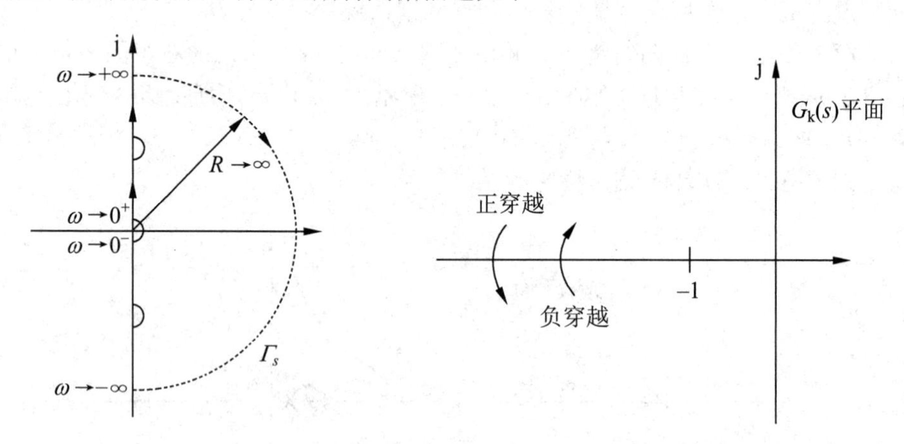

图 5.5.13 虚轴上有极点时的奈奎斯特路径

图 5.5.14 极坐标图上的频率特性的正、负穿越

设开环系统的传递函数 $G_\mathrm{k}(s)$ 在 s 右半平面的极点数为 P，则闭环系统稳定的充要条件是：当 ω 从$-\infty$变化到$+\infty$时，奈奎斯特曲线在实轴$(-\infty，-1)$段的正负穿越次数差为 P。若只采用正频率部分的特性曲线，则正负穿越次数差为 $P/2$。

5.5.4 奈奎斯特稳定判据在伯德图中的应用

开环系统的极坐标图和对数坐标图（伯德图）具有如下的对应关系：

（1）极坐标图上的单位圆对应于对数坐标图上的零分贝线；

（2）极坐标图上的负实轴对应于对数坐标图上的 $-180°$ 的相位线。

因此，极坐标图上的频率特性曲线在$(-\infty，-1)$段上的正负穿越在对数坐标图上的对应关系是：在对数坐标图上 $L(\omega)>0(A(\omega)>1)$ 的范围内，当 ω 增加时，将相频特性曲线从下向上穿过 $-180°$ 相位线称为正穿越。反之称为负穿越。如图 5.5.15 所示。

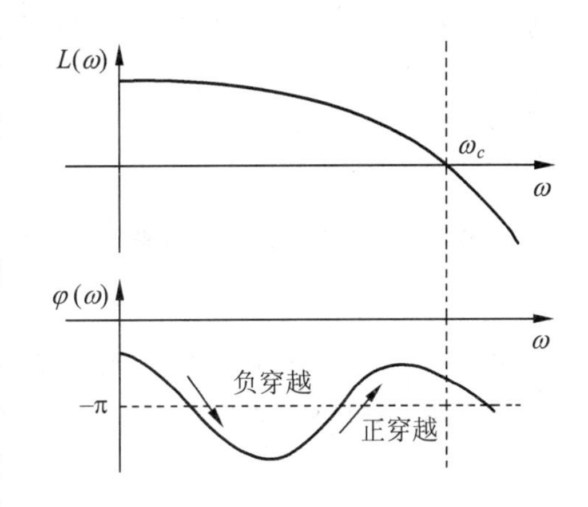

图 5.5.15 伯德图上的频率特性的正、负穿越

根据对数坐标图上频率特性的穿越情况，可将奈奎斯特稳定判据叙述如下：

设开环传递函数 $G_k(s)$ 在 s 右半平面的极点数为 P，则闭环系统稳定的充要条件是：对数坐标图上幅频特性 $L(\omega)>0$ 的所有频段内，当频率增加时，对数相频特性对 $-180°$ 线的正负穿越次数差为 $P/2$。

对于不稳定的系统，其在 s 右半平面上的极点数仍可由式（5.5.10）确定，其中 N' 为负穿越次数减去正穿越次数。

5.5.5 对具有纯延迟的系统的稳定性分析

前面已多次提到过纯延迟环节 $\mathrm{e}^{-T_\mathrm{d}s}$。一般来说，系统中带有纯延迟环节后，其幅频特性不受其影响，而相频特性却增加了一个纯相位滞后，因此，常常会使系统稳定性变差。另外带有纯延迟环节的系统，其特征方程不再是复变因子 s 的有理函数的形式，因此，劳斯判据已不再适用。但由于可以得到带有纯延迟环节系统的频率特性，因此利用奈奎斯特判据可以方便地对这类系统的稳定性进行分析。这也正是奈奎斯特判据的另一个突出优点。

设带有纯延迟环节的反馈控制系统的开环传递函数为

$$G_k(s)=G(s)H(s)=G_1(s)H_1(s)\mathrm{e}^{-T_\mathrm{d}s} \tag{5.5.11}$$

其中 $G_1(s)H_1(s)$ 是常系数的有理函数，T_d 是以秒为单位的纯延迟环节的时间常数。式（5.5.11）表示的系统的幅频特性和相频特性分别为

$$A(\omega)=|G_k(s)|=|G_1(s)H_1(s)| \tag{5.5.12}$$

$$\varphi(\omega)=\angle G_k(s)=\angle G_1(s)H_1(s)-T_d\omega\times 57.3° \quad (5.5.13)$$

由式（5.5.12）和式（5.5.13）可看出，指数项 $e^{-j\omega T_d}$ 的幅值对所有频率均为 1，因此它并不影响 $G_1(s)H_1(s)$的幅值，而是使向量 $G_1(j\omega)H_1(j\omega)$对应于每一个ω的值顺时针转动ωT_d rad。这样原来不含纯延迟环节时稳定的系统，当含有纯延迟环节后，极坐标图就有可能包围(–1，j0)点，变成不稳定的系统。

在控制系统中，随着ω趋于无穷大，$G_1(s)H_1(s)$的幅值一般都会趋于零，因此由式（5.5.11）确定的传递函数的奈奎斯特图，在随着ω趋于无穷大时总是以螺旋状趋于原点，并且与 $G_k(s)$平面的负实轴有无限多个交点。因此，若要使闭环系统稳定，开环系统的极坐标图与实轴的所有交点都必须位于(–1，j0)点的右侧。下面举例说明时间延迟 T_d 对系统稳定性的影响，以及利用奈奎斯特判据分析系统稳定性的方法。

例 5.5.4 已知系统开环传递函数为 $G_k(s)=\dfrac{e^{-\tau s}}{s(s+1)(s+2)}$，试确定临界稳定时的时间延迟$\tau$。

解：为了说明纯延迟环节对稳定性的影响，可画出τ分别为 0，0.8，2，4 时的极坐标图和对数坐标图，分别如图 5.5.16 和图 5.5.17 所示。

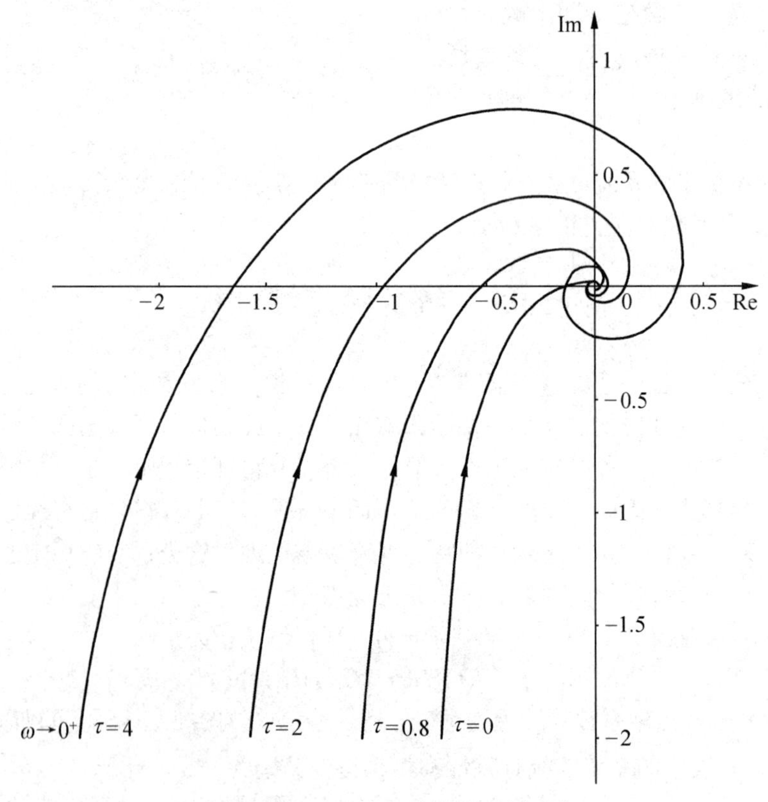

图 5.5.16 例 5.5.4 系统的极坐标图

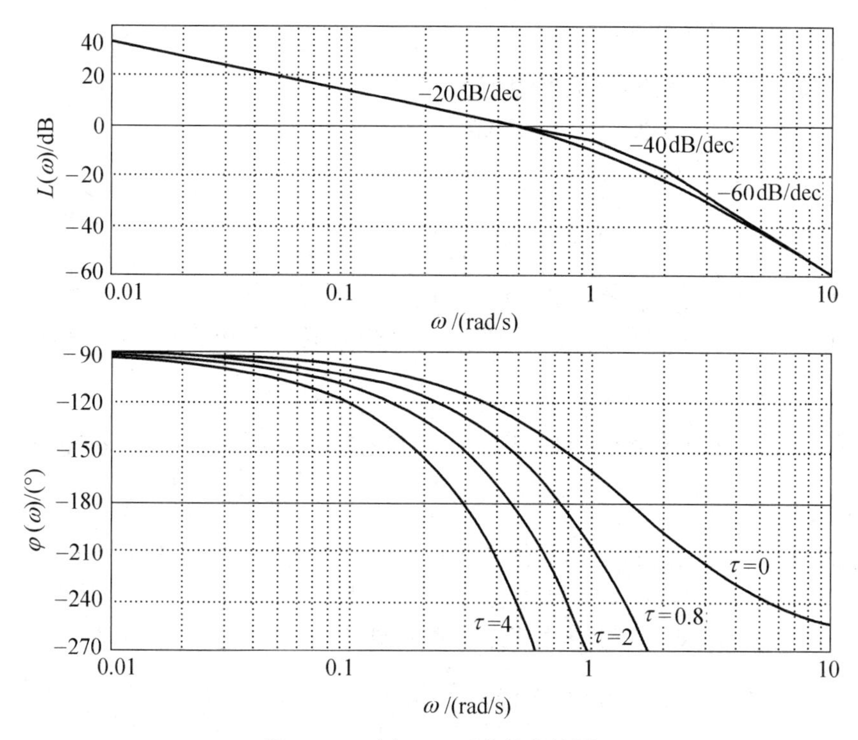

图 5.5.17 例 5.5.4 系统的伯德图

由图可见，当延迟时间 τ 为零时，闭环系统是稳定的。随着 τ 的增加系统的稳定状况随之恶化，当 $\tau = 2$ s 时，系统已经处于不稳定的边缘，此时奈奎斯特图在(−1, j0)点附近穿过负实轴。显然只要 τ 略大于 2，系统就将不稳定。

现确定系统临界稳定时的时间延迟 τ 。

和传递函数 $G_k(s)$ 为有理函数的情况不同，含有延迟环节后不能用解析法求取极坐标图与 $G_k(s)$ 平面负实轴的交点。此时实频特性和虚频特性如下：

$$P(\omega) = \frac{-3\omega\cos\tau\omega + (\omega^2 - 2)\sin\tau\omega}{\omega(1+\omega^2)(4+\omega^2)} \tag{5.5.14}$$

$$Q(\omega) = \frac{(\omega^2 - 2)\cos\tau\omega + 3\omega\sin\tau\omega}{\omega(1+\omega^2)(4+\omega^2)} \tag{5.5.15}$$

很明显，确定与实轴交点的方程已不再是代数方程。而此时的幅频特性和相频特性分别为

$$A(\omega) = \frac{1}{\omega\sqrt{1+\omega^2}\sqrt{4+\omega^2}} \tag{5.5.16}$$

$$\varphi(\omega) = -\frac{\pi}{2} - \arctan\omega - \arctan\frac{\omega}{2} - \tau\omega \tag{5.5.17}$$

分析式（5.5.16）和式（5.5.17）知，延迟环节不影响幅频特性而只影响相频特性。因此可以利用这个特点采用牛顿迭代法求出极坐标图与实轴的交点。具体做法

如下。

令式（5.5.16）幅频特性 $A(\omega)=1$，得到方程

$$\omega^6+5\omega^4+4\omega^2-1=0 \tag{5.5.18}$$

利用牛顿迭代公式

$$\omega_{k+1}=\omega_k-\frac{\omega_k^6+5\omega_k^4+4\omega_k^2-1}{6\omega_k^5+20\omega_k^3+8\omega_k} \tag{5.5.19}$$

可求出极坐标图与实轴的交点频率为 $\omega=0.445747959632$，将 ω 的值代入式(5.5.17)，且令 $\varphi(\omega)=-\pi$，即可求出系统临界稳定时的时间延迟为 $\tau=2.091303066534\approx 2.09$。

例 5.5.5　已知系统的开环传递函数为 $G_\text{k}(s)=\dfrac{K\text{e}^{-s}}{s(s+1)(s+2)}$，确定系统临界稳定时的增益 K。

解： 对于该系统，确定临界稳定时的增益 K 的关键是利用增益 K 不影响系统相频特性，而只影响幅频特性的特点，求取极坐标图与实轴的交点。具体方法如下：

由已知条件可得出系统的幅频和相频特性分别为

$$A(\omega)=\frac{K}{\omega\sqrt{1+\omega^2}\sqrt{4+\omega^2}} \tag{5.5.20}$$

$$\varphi(\omega)=-\frac{\pi}{2}-\arctan\omega-\arctan\frac{\omega}{2}-\omega \tag{5.5.21}$$

令

$$\varphi(\omega)=-\pi$$

可将式（5.5.21）变为

$$\frac{\pi}{2}-\arctan\omega-\arctan\frac{\omega}{2}-\omega=0 \tag{5.5.22}$$

于是，可得到牛顿迭代方程为

$$\omega_{k+1}=\omega_k+\frac{\dfrac{\pi}{2}-\arctan\omega_k-\arctan\dfrac{\omega_k}{2}-\omega_k}{\dfrac{1}{1+\omega_k^2}+\dfrac{2}{4+\omega_k^2}+1} \tag{5.5.23}$$

经过迭代计算，可得到极坐标图与负实轴交点处的频率 $\omega=0.6640429384$。将 ω 的值代入式（5.5.20），并令 $A(\omega)=1$，可得出 $K=1.679806137423$。即当 $K=1.68$ 时，系统临界稳定。

5.6　稳定裕度

前面讨论的是利用奈奎斯特曲线判断系统绝对稳定性的问题，即系统是稳定还是不稳定的。当然控制系统只有稳定才是有用的。但除此之外还有两个问题需

要考虑。首先，由于赖以分析和设计的系统数学模型不可能十分准确，尽管对模型的分析结果是稳定的，而实际系统却可能并不稳定；其次，一个稳定的系统还必须有良好的瞬态响应。从这两方面考虑，则要求系统不仅是稳定的，还应具有一定的安全系数。换句话讲，就是不仅需要关心系统是否稳定，还应关心系统稳定的程度，这就是所谓的相对稳定性。相对稳定性也被称为稳定裕度。

第 3 章中曾经在 s 平面上讨论过分析系统相对稳定性的两种方法。其一是用实部最大的闭环极点和虚轴的距离来衡量系统的相对稳定性；其二是用闭环主导共轭复极点对负实轴的最大张角来衡量系统的振荡性稳定裕度。本节将利用频率响应特性来研究系统的相对稳定性，从中可以看出，奈奎斯特稳定判据不仅可以用来判断闭环系统的绝对稳定性，也可以用来估计系统的相对稳定性。

对于最小相位系统，根据奈奎斯特稳定判据知，如果极坐标图不包围(–1, j0)点，系统就是稳定的；如果包围(–1, j0)点，系统就是不稳定的。因此，可以利用极坐标图与(–1, j0)点的接近程度来衡量系统的相对稳定性。

图 5.6.1 所示为一个最小相位系统当增益 K 为不同值时的极坐标图。由图可知，当 $K=K_3$ 时，极坐标图顺时针包围了(–1, j0)点，因此，闭环系统不稳定。当 K 减小到 K_2 时，极坐标图通过(–1, j0)点，闭环系统处于临界稳定，此时闭环系统在 s 平面的虚轴上有极点。当 K 继续减小到小于临界值后，系统就变成稳定的系统。而且，随着 K 的进一步减小，系统的稳定性将越来越高，即相对稳定性越来越好。

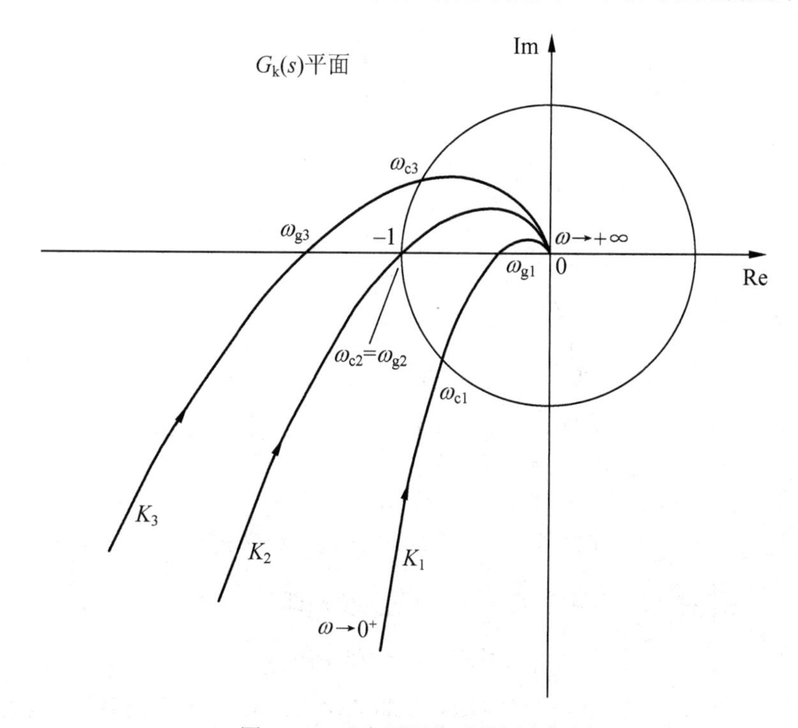

图 5.6.1 K 为不同值时的极坐标图

显然，最小相位系统的极坐标图与(–1，j0)点的接近程度可以分别用极坐标图穿过负实轴的位置，以及极坐标图幅值为 1 时的相角来表示。为此定义极坐标图穿过负实轴（此时 $\varphi(\omega)=-180°$）时对应的频率 $\omega=\omega_g$ 为相角穿越频率；定义幅值 $A(\omega)=1$ 时对应的频率 $\omega=\omega_c$ 为幅值穿越频率。

对于最小相位系统，当极坐标图穿过(–1，j0)点时，系统处于临界稳定状态。这时，有

$$A(\omega_g)=1，\ \varphi(\omega_c)=-180°，且\ \omega_g=\omega_c$$

当极坐标图不包围(–1，j0)点时，系统稳定。此时系统稳定的条件为

当 $A(\omega_c)=1$ 时，$\varphi(\omega_c)>-180°$，同时有当 $\varphi(\omega_g)=-180°$ 时，$A(\omega_g)<1$。

因此，可以利用稳定系统的 $A(\omega_g)$ 和 $\varphi(\omega_c)$ 来表示频率特性曲线与临界点(–1，j0)的接近情况，即系统的相对稳定性。这就是所谓的幅值稳定裕度和相位稳定裕度。下面给出两者的定义。

定义：在相角穿越频率处的幅频特性的倒数被称为幅值稳定裕度，或简称幅值裕度。即

$$K_g=\frac{1}{A(\omega_g)} \tag{5.6.1}$$

幅值稳定裕度在极坐标图上的表示，如图 5.6.2 所示。

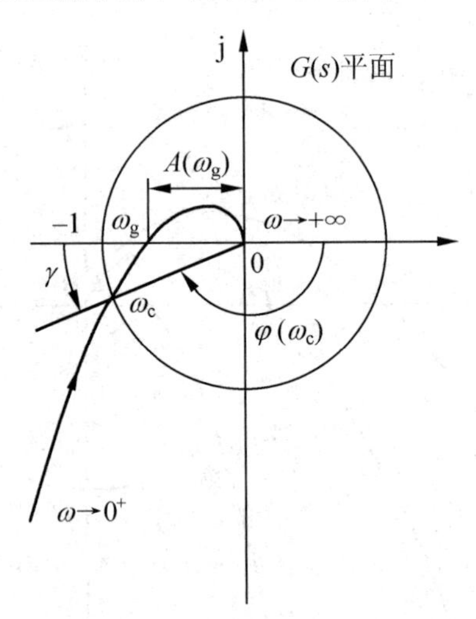

图 5.6.2 极坐标图上的幅值裕度和相位裕度

在对数坐标图上，采用 L_g 表示 K_g 的分贝值，即

$$L_g=20\lg K_g=-20\lg A(\omega_g)$$

L_g 被称为对数幅值稳定裕度或增益稳定裕度，由于 L_g 应用较多，通常直接被

称为幅值稳定裕度，如图 5.6.3 所示。

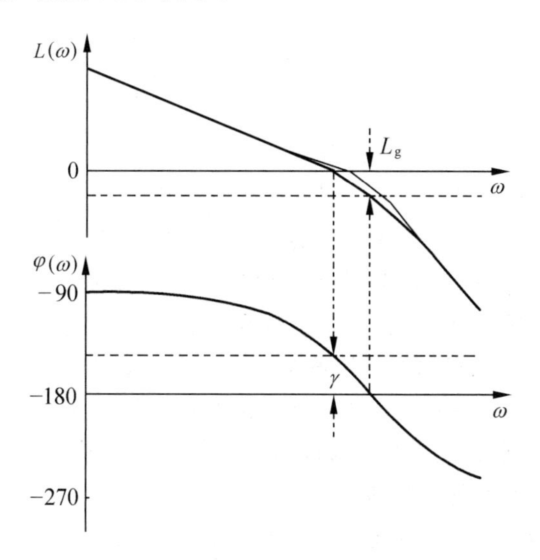

图 5.6.3　伯德图上的幅值和相位裕度

幅值稳定裕度的物理意义在于，对于一个稳定的系统，如果在相角穿越频率 ω_g 处幅值增大 K_g 倍（或对数幅值上升 L_g 分贝），系统将处于临界稳定状态。若幅值增大的倍数大于 K_g，系统将变成不稳定。也就是说，幅值稳定裕度是闭环系统达到不稳定前允许开环增益增加的最大分贝数。

当极坐标图通过(–1，j0)点时，幅值裕度为 0dB。这表明系统已经处于不稳定的边缘，开环增益不能再增加了。当极坐标图在任何非零的有限频率内与负实轴不相交时，由奈奎斯特稳定判据表明系统必然不包围(–1, j0)点，则幅值裕度的分贝值为无穷大，从理论上讲，这意味着在系统出现不稳定之前，开环增益可达到无穷大。

当(–1，j0)点位于极坐标图与负实轴交点的右侧时，系统不稳定，此时 $A(\omega_g)$ 大于 1，根据定义知，对数幅值裕度是负的分贝值。因此，对于最小相位系统，当对数幅值裕度为负时，系统不稳定。而当开环传递函数 $G_k(s)$ 在 s 右半平面有极点时，为了使闭环系统稳定，开环极坐标图必须逆时针包围(–1，j0)点，在这种情况下稳定的系统会产生负的幅值裕度。因此，在利用稳定裕度分析系统的相对稳定性时，应首先确定系统的稳定性。一旦稳定性被确定，幅值裕度的数值便直接表明系统稳定或不稳定的程度，幅值裕度的符号也就没有意义了。

定义：在幅值穿越频率处的相频特性与 –180° 之差被称为相位稳定裕度，或简称相位裕度。即

$$\gamma = \varphi(\omega_c) - (-180^\circ) = 180^\circ + \varphi(\omega_c) \tag{5.6.2}$$

实际上，相位稳定裕度γ是在开环极坐标图上，幅值等于1的矢量与负实轴的夹角，如图5.6.2所示。相位裕度在伯德图上的表示如图5.6.3所示。

相位裕度的物理意义在于，为了保持系统稳定，极坐标图在$\omega = \omega_c$点所允许增加的最大相位滞后。

由相位裕度定义知，如果开环极坐标图包围(–1，j0)点，则增益穿越频率点将位于$G_k(s)$平面的第二象限，因而算出的相位裕度为负。由此可知，对于最小相位系统，当相位裕度为负时，系统不稳定。

幅值裕度反映的是开环增益对闭环系统稳定性的影响，而相位裕度则不一样，它反映了所有影响开环相频特性的系统参数的变化对稳定性的影响。

分析图5.6.1，似乎可以得出幅值裕度大的系统其相位裕度也大的结论。但遗憾的是实际系统往往并非如此。例如图5.6.4所示两个系统的奈奎斯特图，显然具有相同的幅值裕度，然而实际上A轨迹对应的系统比B轨迹对应的系统更稳定。原因就在于除开环增益外，其他某个系统参量（或多个参量）的任何变化都更容易使轨迹B通过或包围(–1，j0)点。而图5.6.5所示系统，其相位裕度较大，而幅值裕度却较小。因此，对于一般的系统需要同时用K_g（或L_g）和γ两种稳定裕度来衡量系统的稳定程度。

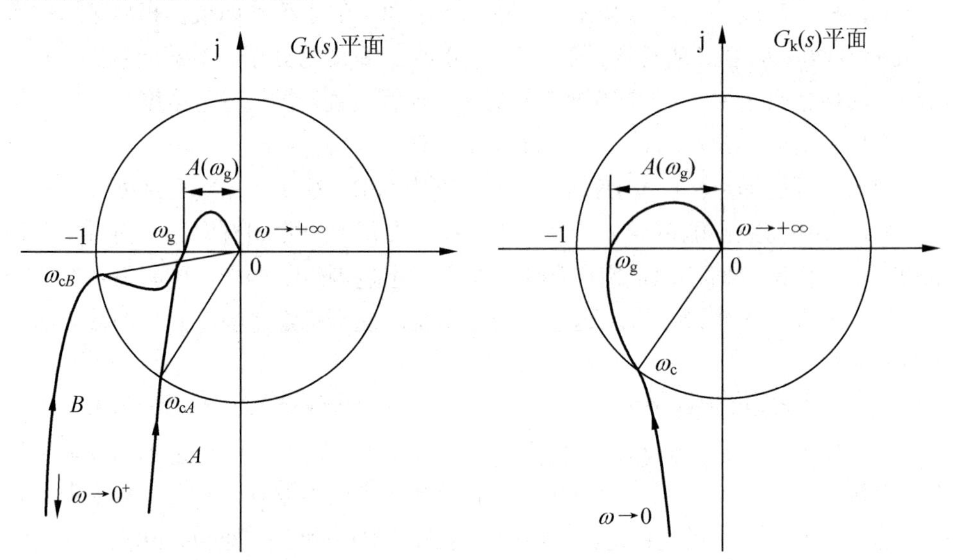

图5.6.4　系统的极坐标图　　　　图5.6.5　系统的极坐标图

利用相位稳定裕度和幅值稳定裕度，只需根据开环频率特性在频率ω_c和ω_g处的相角和幅值便可确定或规定系统的相对稳定性。但是只对这两点加以约束仍有一定的局限性。有可能尽管相位稳定裕度γ和幅值稳定裕度L_g已同时满足，并有足够余量，但$G_k(j\omega)$仍有部分曲线很靠近(–1，j0)点，如图5.6.6所示系统的频率特性就属于这一类。虽然图 5.6.6 所示系统的 K_g 和 γ 都足够大，但闭环系统的相对稳定性依然不好。所以除了利用相位稳定裕度和幅值稳定裕度来衡量系统的相对稳定性之外，另一种相对稳定性的度量指标是闭环幅频特性的谐振峰值 M_p，关于峰值 M_p 将在下一节中讨论。

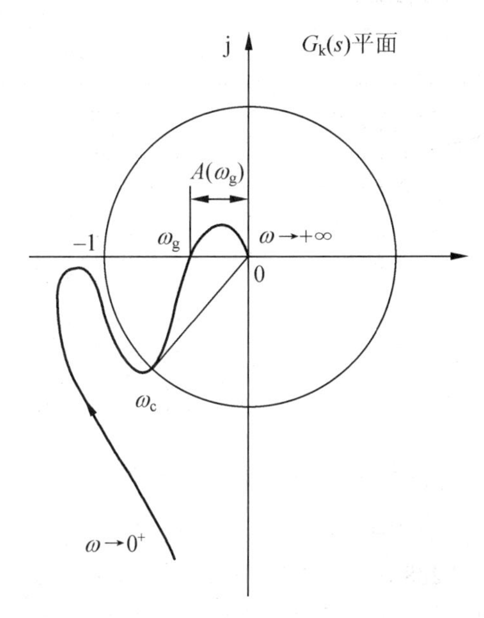

图 5.6.6　系统的极坐标图

对于最小相位系统来说，$L_g > 0$ 和 $\gamma > 0$ 总是同时发生或同时不发生。工程上常常只用相位裕度来表示系统的稳定裕度。

从理论上讲，相位裕度 γ 越大，幅值裕度 L_g 越大，系统的相对稳定性越好。但对实际系统而言，γ 和 L_g 不可能选得太大，一般可取 γ 为 30°～60°，L_g >6dB。

例 5.6.1　已知单位反馈系统的开环传递函数为 $G(s)=\dfrac{K_g}{s(s+1)(s+10)}$，试分别确定 $K_g=3$、$K_g=30$ 和 $K_g=300$ 时的相位裕度。

解：本题传递函数以零极点的形式给出，故应先将其化成以时间常数形式表示的传递函数，以便于绘制伯德图。为此，将 $G(s)$ 变换为

$$G(s)=\frac{K_g/10}{s(s+1)(0.1s+1)}=\frac{K}{s(s+1)(0.1s+1)}$$

式中，$K=K_g/10$ 为系统的开环增益。按题意当 K_g 为 3，30 和 300 时，有 $K=0.3$，$K=3$ 和 $K=30$；当 K 为 0.3，3 和 30 时系统的对数幅频特性曲线分别如图 5.6.7 中的曲线 1，2 和 3 所示，三者的对数相频特性相同。

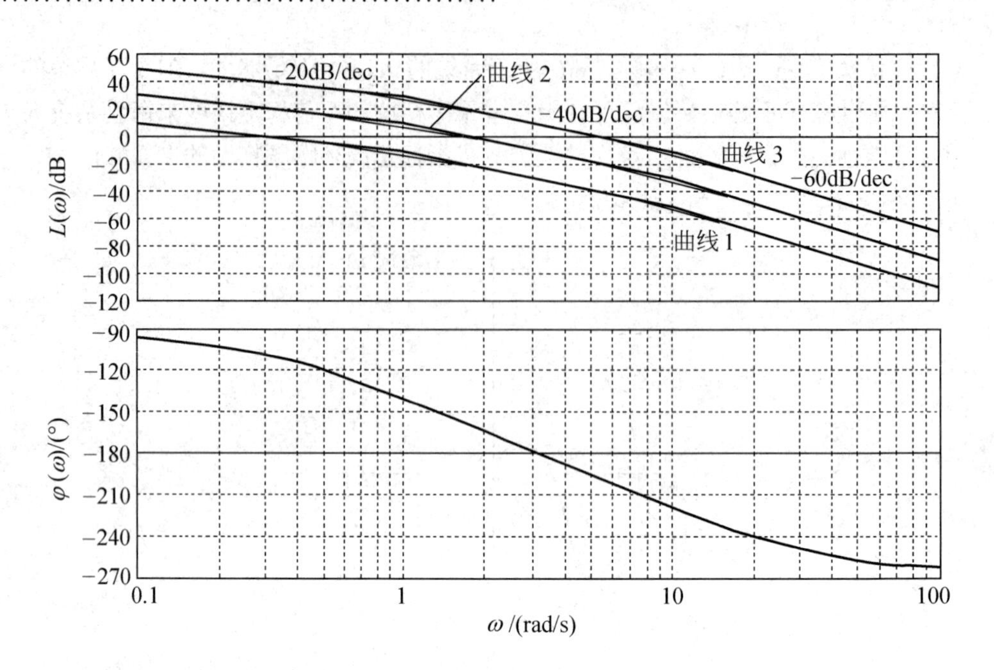

图 5.6.7　例 5.6.1 系统的伯德图

由图 5.6.7 可求出三者的相位裕度。

当 $K=0.3$，$\omega_c=0.288$，$\gamma=72.3°$（折线近似值 $\omega_c=0.3$，近似值 $\gamma=71.6°$）；

当 $K=3$，$\omega_c=1.583$，$\gamma=23.3°$（折线近似值 $\omega_c=1.73$，近似值 $\gamma=20.2°$）；

当 $K=30$，$\omega_c=5.12$，$\gamma=-16°$（折线近似值 $\omega_c=5.48$，近似值 $\gamma=-18.4°$）。

下面计算相位穿越频率 ω_g。为此，令

$$\varphi(\omega)=-90°-\arctan\omega-\arctan 0.1\omega=-180°$$

将上式重写为

$$\arctan\frac{1.1\omega}{1-0.1\omega^2}=90°$$

即

$$\frac{1.1\omega}{1-0.1\omega^2}=\infty$$

于是，有

$$1-0.1\omega^2=0$$

可求出

$$\omega_g=\sqrt{10}=3.16\ (\text{rad/s})$$

由图 5.6.7 可知相角穿越频率点处于幅频特性斜率为−40dB/dec 段。一般而言，当 ω_c 位于 $L(\omega)$ 上斜率为−20dB/dec 的折线段时，系统是稳定的；当 ω_c 位于 $L(\omega)$ 上斜率为−40dB/dec 的折线段时，系统可能稳定也可能不稳定，即使系统稳定，

相位裕度γ也是较小的；当ω_c位于$L(\omega)$上斜率为–60dB/dec 的折线段时，系统一般是不稳定的，除非斜率为–60dB/dec 的折线段非常短，且该段两端所接折线的斜率大于–40dB/dec，如例 5.6.2 所示。但此时系统即使稳定，相位裕度γ也是非常小的。

例 5.6.2　已知系统的开环传递函数为$G(s)=\dfrac{(1.25s+1)^2}{s(5s+1)^2(0.02s+1)(0.005s+1)}$，试确定系统的闭环稳定性。

解：由题目知，系统的频率特性$G(\mathrm{j}\omega)$的转折频率分别为$\omega_1=0.2$，$\omega_2=0.8$，$\omega_3=50$，$\omega_4=200$。其对数幅频特性和相频特性如图 5.6.8 所示。

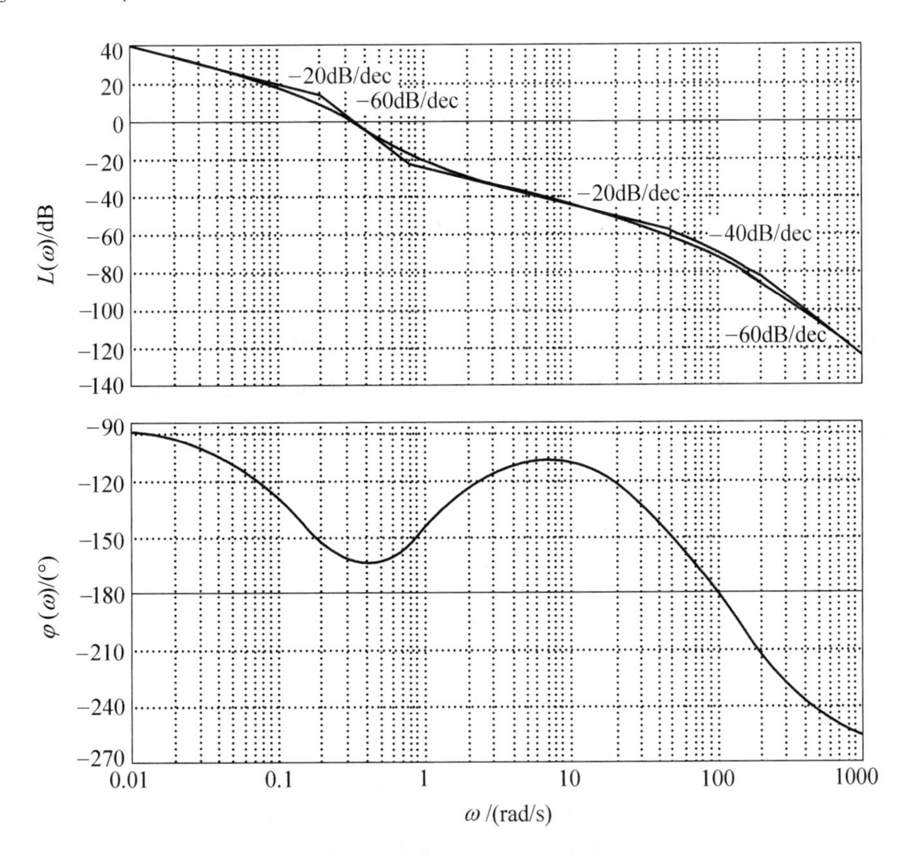

图 5.6.8　例 5.6.2 系统的伯德图

由图 5.6.8 可见，截止幅值穿越ω_c约为 0.3，对应的相位裕度$\gamma=18°$。

5.7　闭环系统的频率特性

在前面几节中给出了绘制系统开环频率特性及利用开环频率特性分析系统稳定性的方法。通常，可将控制系统视为一系列典型环节的组合，利用前面介绍的方法能够容易地绘制出系统的开环频率特性。然而，在对控制系统进行设计时，经常要进行时域性能指标和闭环频域性能指标之间的转换。因此，除了已有的开环频率特性之外，还需要绘制控制系统的闭环频率特性。下面介绍几种常用的利用已有的开环频率特性绘制闭环频率特性的方法。

5.7.1 用向量法绘制闭环频率特性

对于单位反馈系统，闭环系统的频率特性 $\Phi(\mathrm{j}\omega)$ 与开环系统的频率特性 $G(\mathrm{j}\omega)$ 之间的关系为

$$\Phi(\mathrm{j}\omega)=\frac{G(\mathrm{j}\omega)}{1+G(\mathrm{j}\omega)} \tag{5.7.1}$$

闭环系统的幅频特性 $M(\omega)$ 和相频特性 $\alpha(\omega)$ 分别为

$$M(\omega)=\left|\Phi(\mathrm{j}\omega)\right|=\left|\frac{G(\mathrm{j}\omega)}{1+G(\mathrm{j}\omega)}\right| \tag{5.7.2}$$

$$\alpha(\omega)=\angle\Phi(\mathrm{j}\omega)=\angle\frac{G(\mathrm{j}\omega)}{1+G(\mathrm{j}\omega)} \tag{5.7.3}$$

设开环系统频率特性 $G(\mathrm{j}\omega)$ 的极坐标图如图 5.7.1 所示。则当频率 $\omega=\omega_1$ 时，可将图中 A 点的向量表示为

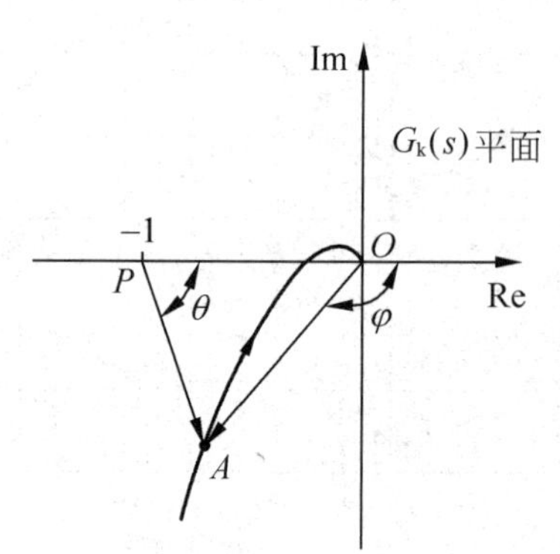

图 5.7.1　开环系统的极坐标图

$$\overrightarrow{OA}=G(\mathrm{j}\omega_1)$$

令点(−1，j0)为 P 点，则可将向量 $\overrightarrow{PA}$ 表示为

$$\overrightarrow{PA}=1+G(\mathrm{j}\omega_1)$$

于是，可用这两个向量之比来表示闭环频率特性，即

$$\Phi(\mathrm{j}\omega_1)=\frac{G(\mathrm{j}\omega_1)}{1+G(\mathrm{j}\omega_1)}=\frac{\overrightarrow{OA}}{\overrightarrow{PA}}$$

其幅频特性和相频特性分别为

$$M(\omega_1)=\left|\Phi(\mathrm{j}\omega_1)\right|=\frac{\left|\overrightarrow{OA}\right|}{\left|\overrightarrow{PA}\right|}$$

$$\alpha(\omega_1)=\angle\Phi(\mathrm{j}\omega_1)=\angle\overrightarrow{OA}-\angle\overrightarrow{PA}=\varphi-\theta$$

因此，如果选择一组 ω 值，可根据系统的开环极坐标图得到一组对应的闭环幅频特性 $M(\omega)$ 和相频特性 $\alpha(\omega)$ 的值。当 ω 从 0 到无穷大范围内变化时，就可绘制出闭环系统的幅频特性和相频特性曲线。

这种方法几何意义明确，容易理解，但绘制过程繁琐。工程上常用下面将要介绍的等 M 圆和等 N 圆的方法，由开环频率特性绘制闭环频率特性。

5.7.2　等幅值轨迹（等 M 圆）和等相角轨迹（等 N 圆）

1. 等幅值轨迹

对于单位反馈系统，将复数形式的开环系统频率特性 $G(\mathrm{j}\omega)=P(\omega)+\mathrm{j}Q(\omega)$ 代入式（5.7.1），有

$$\Phi(\mathrm{j}\omega)=\frac{P+\mathrm{j}Q}{1+P+\mathrm{j}Q} \tag{5.7.4}$$

其闭环幅频特性为

$$\left|\Phi(\mathrm{j}\omega)\right|=\left|\frac{P+\mathrm{j}Q}{1+P+\mathrm{j}Q}\right|=\frac{\sqrt{P^2+Q^2}}{\sqrt{(1+P)^2+Q^2}} \tag{5.7.5}$$

将式（5.7.5）两边平方，整理后得

$$P^2(1-M^2)-2M^2P-M^2+(1-M^2)Q^2=0 \tag{5.7.6}$$

若 $M=1$，式（5.7.6）将变为 $P=-\dfrac{1}{2}$，显然这是通过 $\left(-\dfrac{1}{2},\mathrm{j}0\right)$ 点且平行于虚轴的直线；若 $M\neq1$，则可将式（5.7.6）变换为

$$\left(P-\frac{M^2}{1-M^2}\right)^2+Q^2=\left(\frac{M}{1-M^2}\right)^2 \tag{5.7.7}$$

式（5.7.7）给出的是圆心位于点 $\left(\dfrac{M^2}{1-M^2},\ 0\right)$，半径为 $R=\left|\dfrac{M}{1-M^2}\right|$ 的圆的方程。

如表 5.7.1 所示，对于给定的 M 值，可计算出圆心和半径。利用这些数据，可绘制出等幅值轨迹，又被称为等 M 圆，如图 5.7.2 所示。

表 5.7.1　对于不同幅值时的 M 圆的圆心坐标和半径

M	20lg$M$/dB	圆心横坐标 P	圆心纵坐标 Q	圆半径
0.5	−6.0	0.33	0	0.67
0.7	−3.1	0.96	0	1.37
0.8	−1.9	1.78	0	2.22
1.0	0	∞	0	∞
1.2	1.6	−3.327	0	2.73
1.4	2.9	−2.40	0	1.46
1.6	4.1	−1.64	0	1.03
1.8	5.1	−1.46	0	0.80
2.0	6.0	−1.33	0	0.67
3.0	9.6	−1.13	0	0.38

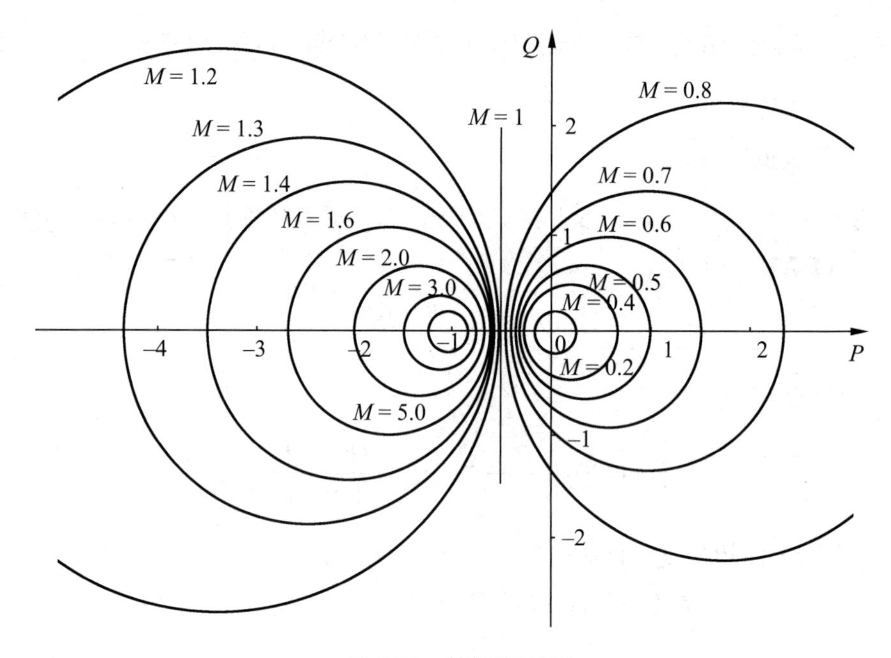

图 5.7.2　等幅值轨迹

分析图 5.7.2 所示的等 M 圆，可以得出如下结论：

当 $M>1$ 时，等 M 圆均位于直线 $P=-1/2$ 的左边，且随着幅值 M 的增大，M 圆越来越小，最后收敛于$(-1,\mathrm{j}0)$点。

当 $M<1$ 时，等 M 圆均位于直线 $P=-1/2$ 的右边，且随着幅值 M 的减小，M 圆越来越小，最后收敛于原点。

2. 等相角轨迹

对于单位反馈系统，由式（5.7.4）知，闭环相频特性为

$$\alpha = \arctan\frac{Q}{P} - \arctan\frac{Q}{1+P} \tag{5.7.8}$$

设 $\tan\alpha = N$，则有

$$N = \tan\left(\arctan\frac{Q}{P} - \arctan\frac{Q}{1+P}\right) = \frac{Q}{P^2+P+Q^2} \tag{5.7.9}$$

整理后得

$$\left(P+\frac{1}{2}\right)^2 + \left(Q-\frac{1}{2N}\right)^2 = \frac{1}{4} + \left(\frac{1}{2N}\right)^2 \tag{5.7.10}$$

式（5.7.10）给出的是圆的方程。其圆心位于$\left(-\frac{1}{2},\frac{1}{2N}\right)$，半径为$\frac{\sqrt{N^2+1}}{2N}$。

对应于不同的角度α，可得到不同的N值。对于某一个给定的N值，根据式(5.7.10)，在$G_k(s)$平面上可绘制出一个圆。对于一组给定值 N，在$G_k(s)$平面上可绘制出一簇等相角轨迹，又称等N圆，如图 5.7.3 所示。

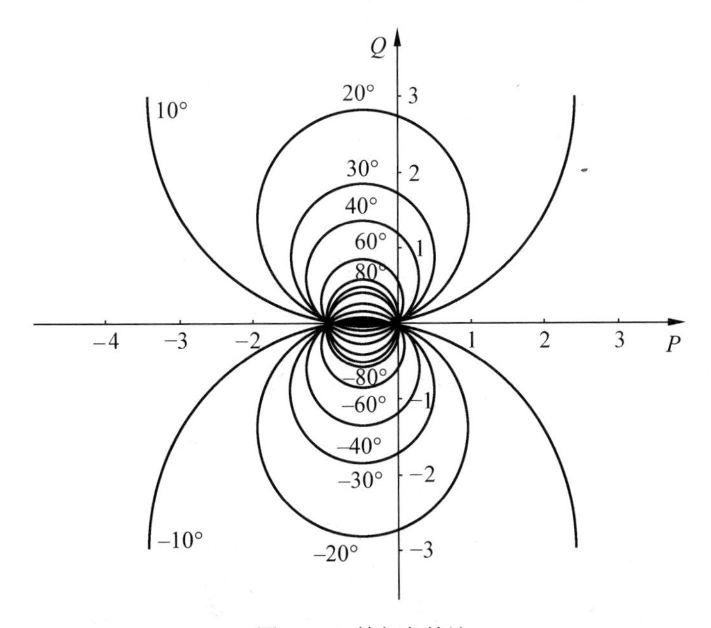

图 5.7.3　等相角轨迹

值得注意的是，由于任何一个角度$\alpha \pm n\cdot 180°$（n为自然数）的正切都相同，所以等N轨迹与等α轨迹不同，等α轨迹不是一个完整的圆。例如在图 5.7.3 中，$\alpha = 40°$的等α轨迹为实轴上方的圆弧，而$\alpha = -140°$的等α轨迹为实轴下方的圆弧，两者合在一起为一个完整的圆。

3．利用等 *M* 圆和等 *N* 圆绘制闭环系统频率特性

利用等 M 圆和等 N 圆可以方便地绘制系统的闭环频率特性。只需分别在绘

有等 M 圆图和等 N 圆图的 $G_k(s)$ 平面上，绘制出开环系统频率特性的极坐标图即可。极坐标图与等 M 圆的交点处给出了一组交点频率和与该组频率相对应的闭环系统的幅值，在以频率 ω 为横坐标轴，幅值 $M(\omega)$ 为纵坐标轴的坐标平面上标出这一组值，再用光滑曲线连接这些点，就可得到闭环系统的幅频特性曲线，如图 5.7.4（b）所示。

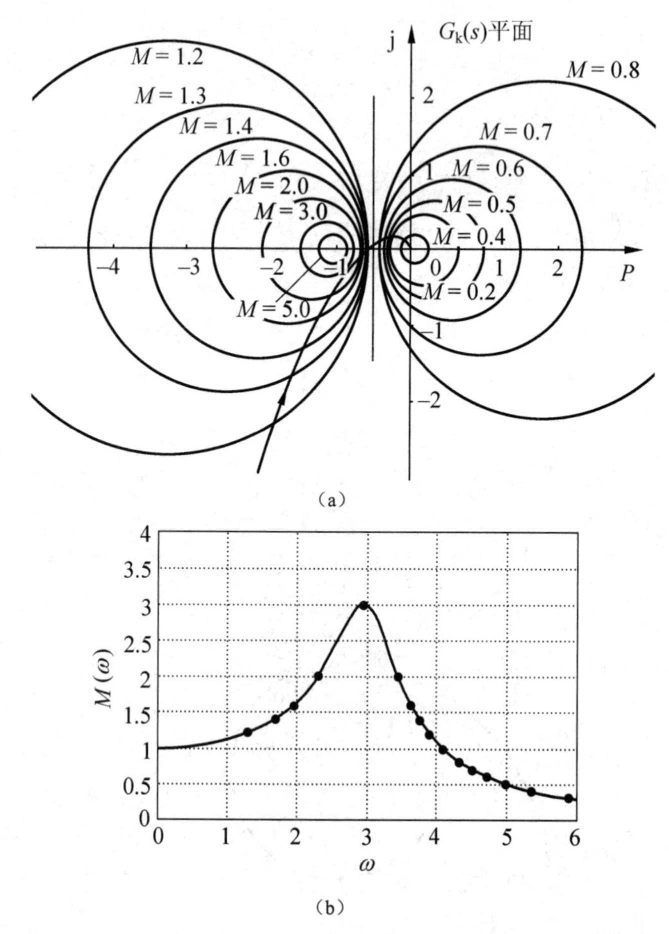

图 5.7.4　等 M 圆上的开环极坐标图和闭环频率特性

极坐标图与等 N 圆的交点处给出了一组交点频率和与该组频率相对应的闭环系统的相角，据此就可以绘制出以 ω 为横坐标，$\alpha(\omega)$ 为纵坐标的闭环系统的相频特性曲线，如图 5.7.5（b）所示。

4．闭环系统频率特性

由图 5.7.4 可知，闭环系统具有低通滤波器的特性，当输入信号的频率较低时，例如 $\omega=0$ 时，$M(0)=1$（在某些情况下可能是 $M(0)\approx 1$）信号畅通无阻；当输入信号的频率很高时，例如 $\omega\to\infty$ 时，$M(0)\to 0$，即输出信号的幅值近似为 0，信号受到了很大的衰减；而当频率 ω 在 $0 \sim +\infty$ 变化时，闭环频率特性曲线 $M(\omega)$ 经过一个峰值 M_p 后会很快下降至 0（在某些情况下，$M(\omega)$ 曲线可能没有峰值，只是单调下降）。通常，将峰值 M_p 称为谐振峰值，出现峰值 M_p 时的频率被称为峰值频率或谐振频率，记为 ω_p。

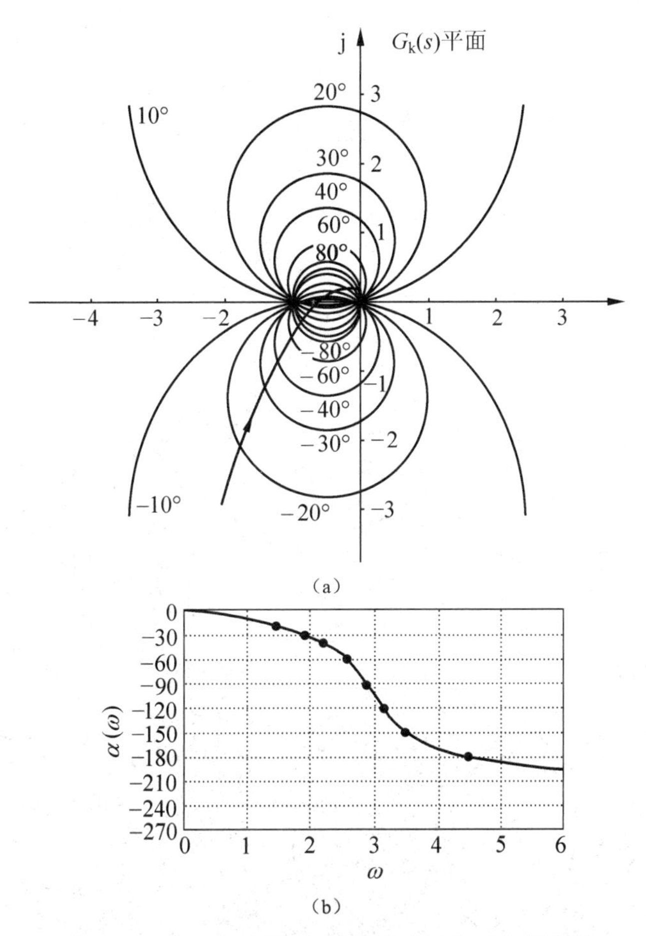

图 5.7.5　等 N 圆上的开环极坐标图和闭环相频特性

由开环极坐标图和等 M 圆绘制闭环幅频特性的过程表明，与极坐标图相切的等 M 圆的值即为谐振峰值。如图 5.7.4 所示，在该例中，极坐标图与 $M = 3.0$ 的圆相切。于是，$M_p = 3.0$，$\omega_p = 2.9\text{rad/s}$。

通常，在闭环系统频率特性中利用谐振峰值 M_p、谐振频率 ω_p、带宽和带宽频率 ω_b 作为性能指标，来衡量闭环系统的性能。

谐振峰值 M_p：系统闭环频率特性幅值的最大值。

谐振频率 ω_p：系统闭环频率特性幅值出现最大值时的频率。

系统带宽和带宽频率：设 $M(j\omega)$ 为系统的闭环频率特性，当幅频特性 $|M(j\omega)|$

下降到$\frac{\sqrt{2}}{2}|M(0)|$时，对应的频率ω_b被称为带宽频率。频率范围$\omega \in [0,\ \omega_b]$被称为系统带宽。

5.7.3 尼科尔斯图

尼科尔斯（Nichols）图，又被称为对数幅相频率特性图。它是以相频特性为横坐标（单位一般为(°)），对数幅频特性为纵坐标（单位一般为 dB），ω为参变量的一种图示法。

仿照在$G_k(s)$平面上绘制等M圆图和等N圆图的方法，在对数幅相平面上也可绘制等幅值轨迹（等M轨迹）和等相角轨迹（等N轨迹）。这就是对数幅相平面上的尼科尔斯图线，如图 5.7.6 所示。

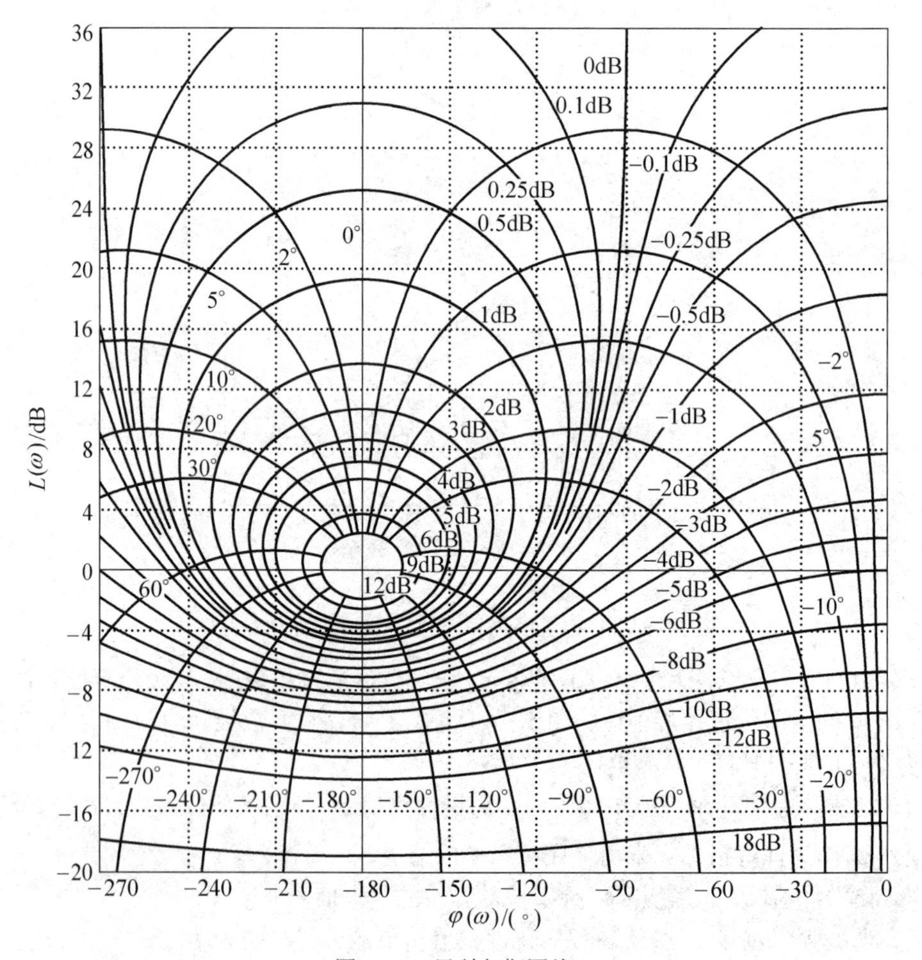

图 5.7.6　尼科尔斯图线

在绘有等 M 轨迹和等 N 轨迹的对数幅相平面上，绘制出开环系统的对数幅相频率特性曲线。该曲线与等 M 轨迹、等 N 轨迹的交点处给出了相应频率下闭环系统的对数幅值和相角。据此可以画出闭环系统的伯德图，如图 5.7.7 所示。由图 5.7.7（a）可知，开环对数幅相特性曲线与 $20\lg M = 5\text{dB}$ 的等 M 轨迹相切，切点的频率为 0.8rad/s。所以，闭环对数幅频特性将出现谐振峰，峰值的对数值为 5dB（即 $20\lg M = 5\text{dB}$，或 $M_{\text{p}} = 1.78$），谐振频率 $\omega_{\text{p}} = 0.8\text{rad/s}$。

由于开环频率特性的幅值与开环增益 K 成正比，而相角 φ 则与 K 无关，因此，当开环增益 K 变化时，开环对数幅相特性仅作上下平移，其形状保持不变。这时，因为开环对数幅相特性曲线与尼科尔斯图线的交点不同，所以由此得到的闭环对数幅频特性及对数相频特性亦将有所不同。

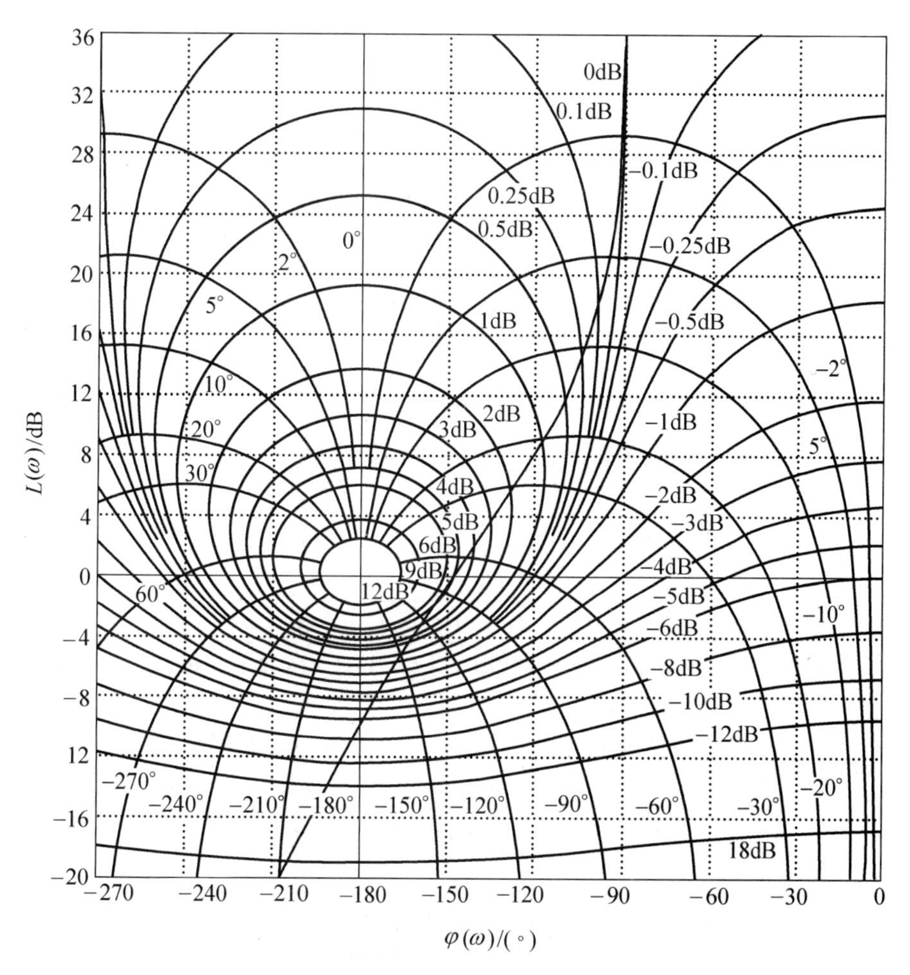

（a）叠加在尼科尔斯图上的开环对数幅相图

图 5.7.7　尼科尔斯图上的开环对数幅相图和闭环系统的伯德图

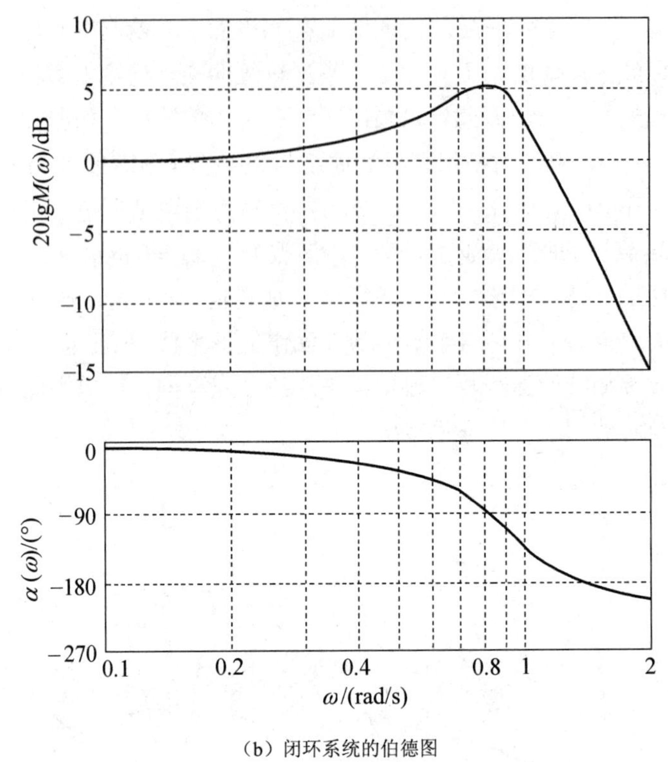

（b）闭环系统的伯德图

图 5.7.7（续）

5.7.4 非单位反馈系统的闭环频率特性

图 5.7.8（a）为非单位反馈系统的方块图，其闭环频率特性为

$$\Phi(\mathrm{j}\omega)=\frac{G(\mathrm{j}\omega)}{1+G(\mathrm{j}\omega)H(\mathrm{j}\omega)}=\frac{G(\mathrm{j}\omega)}{1+G_{\mathrm{k}}(\mathrm{j}\omega)} \tag{5.7.11}$$

式中，$G(\mathrm{j}\omega)$ 为前向通道的频率特性；$G_{\mathrm{k}}(\mathrm{j}\omega)=G(\mathrm{j}\omega)H(\mathrm{j}\omega)$ 为系统的开环频率特性。

可将式（5.7.11）变换为

$$\Phi(\mathrm{j}\omega)=\frac{1}{H(\mathrm{j}\omega)}\cdot\frac{G(\mathrm{j}\omega)H(\mathrm{j}\omega)}{1+G_{\mathrm{k}}(\mathrm{j}\omega)}=\frac{1}{H(\mathrm{j}\omega)}\cdot\Phi'(\mathrm{j}\omega) \tag{5.7.12}$$

式中，

$$\Phi'(\mathrm{j}\omega)=\frac{G_{\mathrm{k}}(\mathrm{j}\omega)}{1+G_{\mathrm{k}}(\mathrm{j}\omega)} \tag{5.7.13}$$

$\Phi'(\mathrm{j}\omega)$ 是开环频率特性为 $G_{\mathrm{k}}(\mathrm{j}\omega)$ 时的单位反馈系统的闭环频率特性，如图 5.7.8（b）所示。

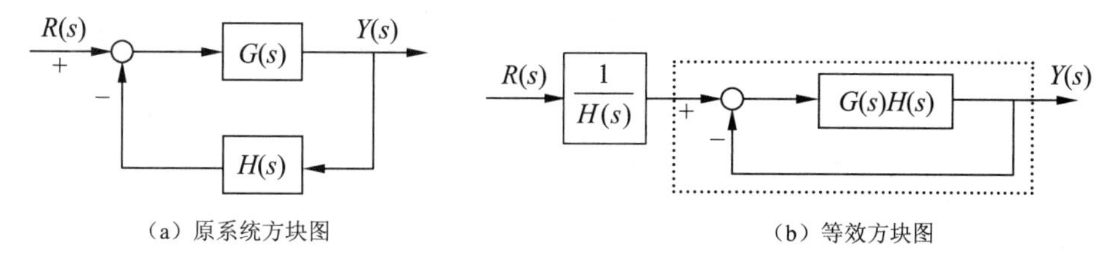

图 5.7.8　反馈系统方块图

由此可知，绘制非单位反馈系统的闭环频率特性的方法是，先根据尼科尔斯图线绘制图 5.7.8（b）虚线框所示的等效单位反馈系统的闭环对数频率特性 $20\lg M'(\omega)$ 和 $\alpha'(\omega)$。然后，在对数坐标图上绘制 $H(\mathrm{j}\omega)$ 的对数幅频特性 $20\lg M_{\mathrm{H}}(\omega)$ 和对数相频特性 $\alpha_{\mathrm{H}}(\omega)$。

根据式（5.7.12）可得非单位反馈系统的闭环对数频率特性为

$$20\lg M(\omega)=20\lg M'(\omega)-20\lg M_{\mathrm{H}}(\omega) \tag{5.7.14}$$

$$\alpha(\omega)=\alpha'(\omega)-\alpha_{\mathrm{H}}(\omega) \tag{5.7.15}$$

最后，再根据式（5.7.14）和式（5.7.15），在对数坐标图上，将等效的单位反馈系统的闭环对数频率特性与反馈通路上的对数频率特性相减，即可绘制出非单位反馈系统的闭环对数频率特性。

5.8　闭环系统性能分析

利用控制系统的频率特性，不仅可以分析闭环系统的稳定性和相对稳定性，而且还可以分析闭环系统的瞬态和稳态性能。前者已在前面介绍，后者将是本节讨论的重点。

在前面几章中，介绍了对控制系统进行分析和设计的频域法和时域法。同时，也给出了衡量控制系统性能的时域指标：超调量 $\delta\%$ 和调整时间 t_{s}；开环频域指标：截止频率 ω_{c} 和相位裕度 γ；以及系统的闭环频域指标：谐振峰值 M_{p}、谐振频率 ω_{p} 和带宽频率 ω_{b}。因此，掌握这些性能指标之间的关系，对于沟通控制系统分析和设计的频域法和时域法是至关重要的。这是本节讨论的另一个重点。

5.8.1　利用频率特性分析系统的稳态性能

1. 利用开环频率特性分析系统的稳态性能

由第 3 章的内容知，可用系统响应的稳态误差来表示控制系统的稳态性能。而对于给定输入信号的系统的稳态误差将取决于系统的类型和开环增益。下面介绍利用开环频率特性——伯德图确定系统的类型和开环增益 K 的方法。

前面在绘制系统伯德图时，已提到开环对数幅频特性曲线的低频渐近线的斜率是由系统含有的积分环节的个数 v 确定的，其斜率为 $-20v$dB/dec；而低频渐近线（或其延长线）与频率 $\omega=1$ 垂直线的交点，其幅值为

$$L(\omega)\big|_{\omega=1}=20\lg K \tag{5.8.1}$$

当系统为0型、Ⅰ型和Ⅱ型系统时，其对数幅频特性如图5.8.1所示。

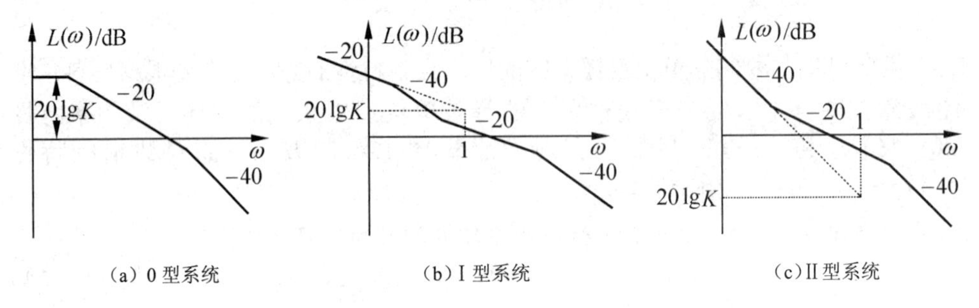

图5.8.1　根据对数幅频特性的低频渐近线(或其延长线)与 $\omega=1$ 垂直线的交点确定 K

因此，根据对数幅频特性的低频渐近线的斜率可确定系统的类型；根据式（5.8.1）可确定系统的开环增益 K。

由对数幅频特性低频渐近线确定开环增益的另一种方法是，利用低频渐近线 $L(\omega)$ 与横坐标轴的交点频率 ω_0 来确定。对于Ⅰ型和Ⅱ型系统，如图5.8.2所示，其低频渐近线与 0dB 线的交点分别为 $\omega_0=K$ 和 $\omega_0=\sqrt{K}$ 。当开环传递函数有 v 个积分环节时，有

$$L(\omega_0)=20\lg K-20v\cdot\lg\omega_0=0 \tag{5.8.2}$$

于是，得 $K=\omega_0^v$。

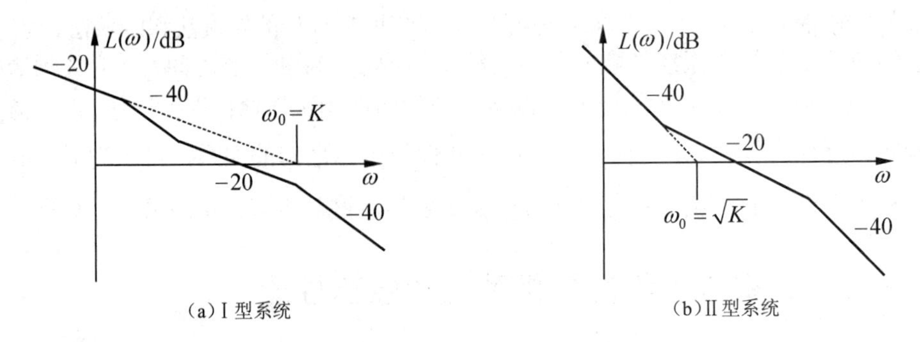

图5.8.2　根据对数幅频特性的低频渐近线(或其延长线)与 0dB 线的交点 ω_0 确定 K

2. 利用闭环幅频特性的零频值 $M(0)$ 分析系统的稳态性能

对于单位阶跃输入信号，根据终值定理可得出系统时域响应的稳态值为

$$c(\infty)=\lim_{t\to\infty}c(t)=\lim_{s\to 0}s\Phi(s)\frac{1}{s}=\lim_{\omega\to 0}\left|\Phi(\omega)\right|=M(0)$$

单位反馈系统的稳态误差为

$$e_{\mathrm{ssr}}=1-c(\infty)=1-M(0)$$

当开环系统含有的积分环节个数 $v=0$ 时，有 $M(0)=\dfrac{K}{1+K}<1$。于是，有

$$e_{\mathrm{ssr}}=1-M(0)=\frac{1}{1+K} \tag{5.8.3}$$

由式（5.8.3）知，开环增益 K 越大，稳态误差越小，且 $M(0)$ 越接近于 1。

当开环系统含有的积分环节个数 $v>0$ 时，有 $M(0)=1$。于是，有

$$e_{\mathrm{ssr}}=1-M(0)=0$$

所以对单位反馈系统而言，可根据闭环频率特性的零频值 $M(0)$ 来确定系统的稳态误差。

5.8.2 频域性能指标与时域性能指标之间的关系

1. 频率尺度与时间尺度的反比关系

若有两个系统的频率特性 $\Phi_1(\mathrm{j}\omega)$ 和 $\Phi_2(\mathrm{j}\omega)$ 具有如下关系

$$\Phi_1(\mathrm{j}\omega)=\Phi_2\left(\mathrm{j}\frac{\omega}{\alpha}\right),\ \alpha>0 \tag{5.8.4}$$

则这两个系统的阶跃响应关系如下

$$h_1(t)=h_2(\alpha t) \tag{5.8.5}$$

这是频率特性的重要性质，它表明频率特性展宽多少倍，输出时间响应将加快多少倍。

例 5.8.1 已知系统 1 和系统 2 的传递函数分别为

$$G_1(s)=\frac{1}{s^2+0.6s+1} \tag{5.8.6}$$

$$G_2(s)=\frac{16}{s^2+2.4s+16} \tag{5.8.7}$$

它们的频率特性和单位阶跃响应，分别如图 5.8.3（a）和（b）中的曲线 1 和曲线 2 所示。

由图 5.8.3（a）的频率特性知，系统 2 的曲线 2 比系统 1 的曲线 1 展宽了 4 倍，而由图 5.8.3（b）知，系统 2 的阶跃响应曲线 2 比系统 1 的阶跃响应曲线 1 加快了 4 倍。正好与上述的频率尺度与时间尺度的反比关系相同。

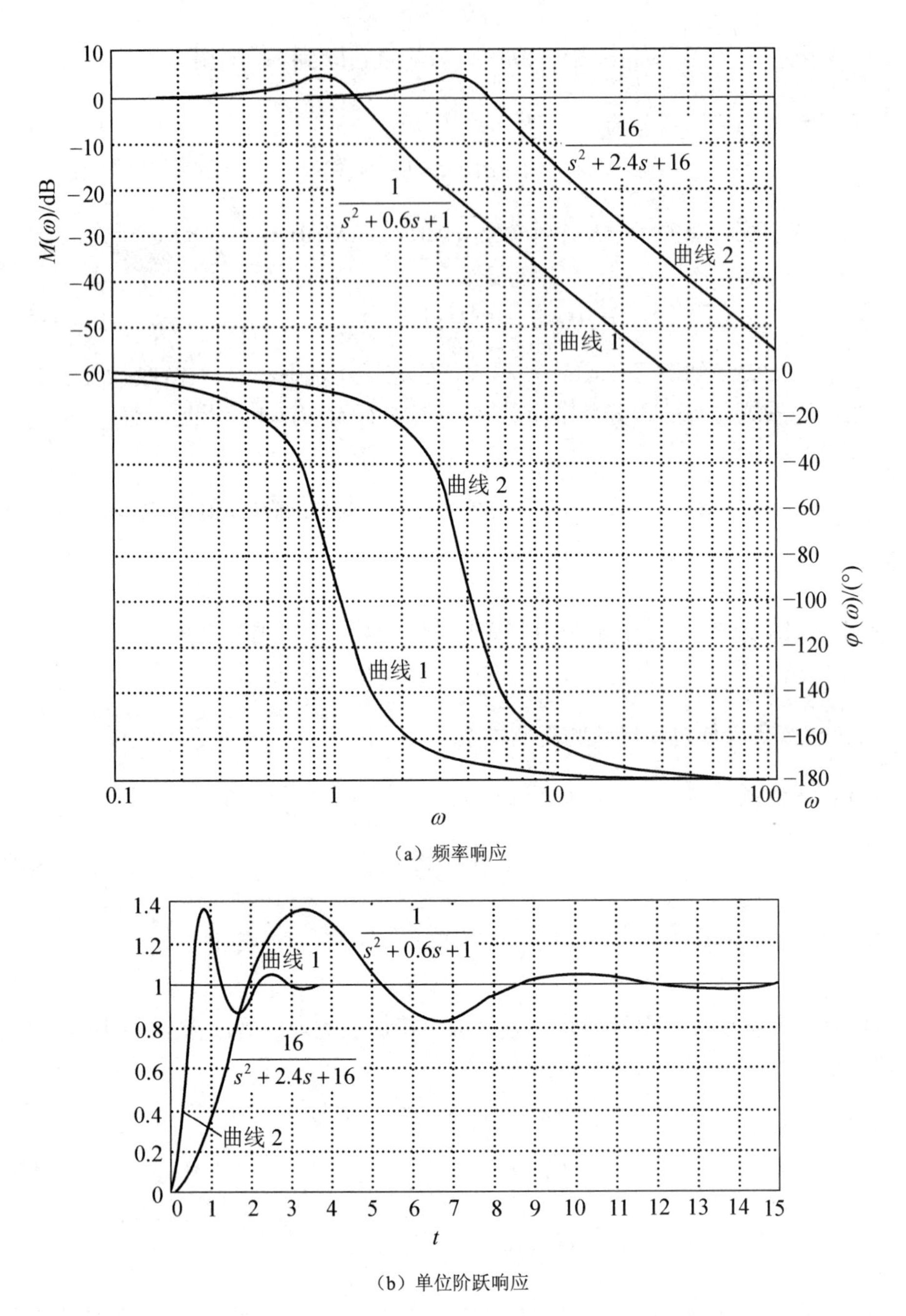

图 5.8.3　例 5.8.1 系统的频率响应和单位阶跃响应

2. 典型二阶系统的开环频域指标与瞬态性能指标之间的关系

开环频域指标指的是幅值穿越频率 ω_c 和相位裕度 γ，而对于欠阻尼的二阶系

统，时域指标超调量 $\delta\%$ 和调整时间 t_s 的表达式分别为

$$\delta\% = e^{-\frac{\zeta\pi}{\sqrt{1-\zeta^2}}} \times 100\% \tag{5.8.8}$$

$$t_s \approx \begin{cases} \dfrac{4}{\zeta\omega_n}, & 当\zeta = 2 时 \\ \dfrac{3}{\zeta\omega_n}, & 当\zeta = 5 时 \end{cases} \tag{5.8.9}$$

分析式（5.8.8）和式（5.8.9）可知，欠阻尼二阶系统的超调量 $\delta\%$ 和调整时间 t_s 是特征量 ζ 和 ω_n 的函数。下面将通过特征量 ζ 和 ω_n 来描述二阶系统开环频域指标与瞬态性能指标之间的关系。

典型二阶系统的开环频率特性为

$$G_k(j\omega) = \frac{\omega_n^2}{(j\omega)(j\omega + 2\zeta\omega_n)} \tag{5.8.10}$$

其开环幅频特性和相频特性分别为

$$A(\omega) = \frac{\omega_n^2}{\omega\sqrt{\omega^2 + (2\zeta\omega_n)^2}} \tag{5.8.11}$$

$$\varphi(\omega) = -90° - \arctan\frac{\omega}{2\zeta\omega_n} = -180° + \arctan\frac{2\zeta\omega_n}{\omega} \tag{5.8.12}$$

令 $A(\omega) = 1$，可得幅值穿越频率为

$$\omega_c = \omega_n\sqrt{\sqrt{4\zeta^4 + 1} - 2\zeta^2} \tag{5.8.13}$$

将 ω_c 的表达式代入式（5.8.12），可得

$$\varphi(\omega_c) = -180° + \arctan\frac{2\zeta}{\sqrt{\sqrt{4\zeta^4 + 1} - 2\zeta^2}}$$

于是，相位裕度为

$$\gamma = 180° + \varphi(\omega_c) = \arctan\frac{2\zeta}{\sqrt{\sqrt{4\zeta^4 + 1} - 2\zeta^2}} \tag{5.8.14}$$

由式（5.8.14）可见，二阶系统的相位裕度 γ 是阻尼系数 ζ 的函数，其关系曲线如图 5.8.4 所示。

由图可知，当 $0 < \zeta \leqslant 0.7$ 时，相位裕度与阻尼系数的关系，可近似为线性关系

$$\zeta = 0.01\gamma \tag{5.8.15}$$

而前面式（5.8.8）表明，超调量 $\delta\%$ 也是 ζ 的单值函数；其关系曲线如图 5.8.5 所示。于是，可绘制出二阶系统的超调量 $\delta\%$ 与相位裕度 γ 的关系曲线如图 5.8.6 所示。

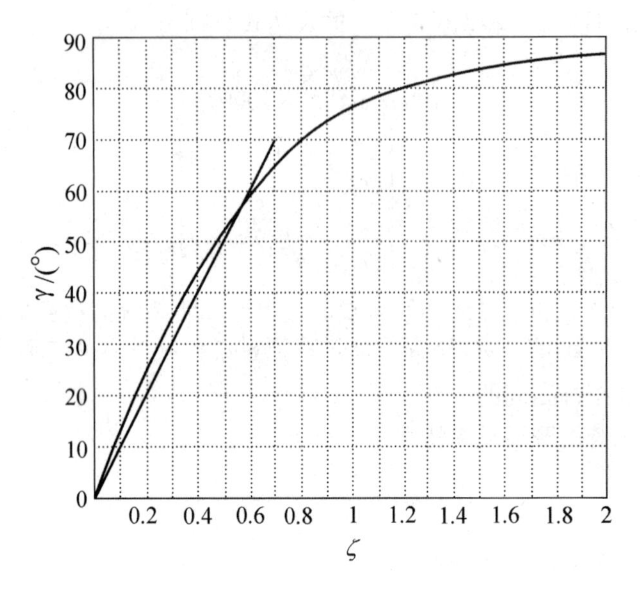

图 5.8.4　欠阻尼典型二阶系统的γ与ζ的关系曲线

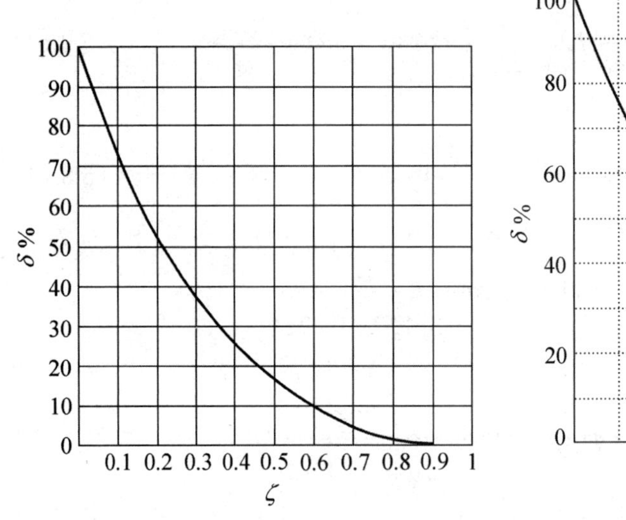

图 5.8.5　欠阻尼典型二阶系统的$\delta\%$与ζ的关系曲线

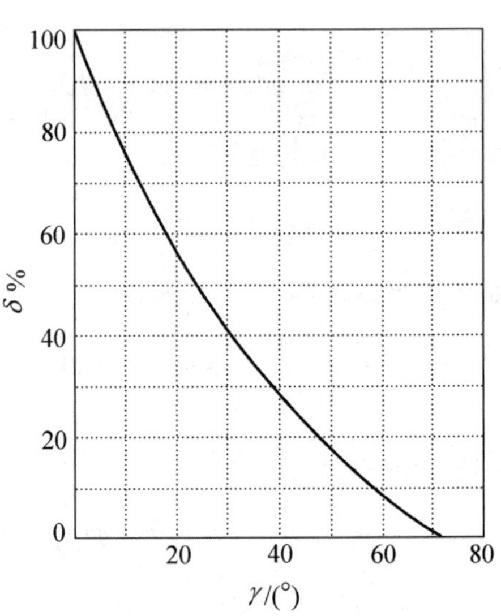

图 5.8.6　欠阻尼二阶系统的$\delta\%$与γ 的关系

由图 5.8.6 可知，超调量$\delta\%$与相位裕度γ之间具有单值的对应关系。且相位裕度γ越小，阶跃响应的超调量便越大，随之对应的系统的相对稳定性也就越差。因此，可用相位裕度来表征系统瞬态响应的相对稳定性。

将式（5.8.13）和式（5.8.14）代入式（5.8.9），可求得调整时间t_s与幅值穿越频率ω_c及相位裕度γ之间的关系为

$$t_s \approx \begin{cases} \dfrac{3}{\zeta\omega_n} = \dfrac{6}{\omega_c} \cdot \dfrac{1}{\tan\gamma}, & \zeta = 5 \\ \dfrac{4}{\zeta\omega_n} = \dfrac{8}{\omega_c} \cdot \dfrac{1}{\tan\gamma}, & \zeta = 2 \end{cases} \tag{5.8.16}$$

由此可绘制出 $t_s\omega_c$ 与 γ 的关系曲线如图 5.8.7 所示。图 5.8.7 表明，$t_s\omega_c$ 随 γ 的增加而单调下降。

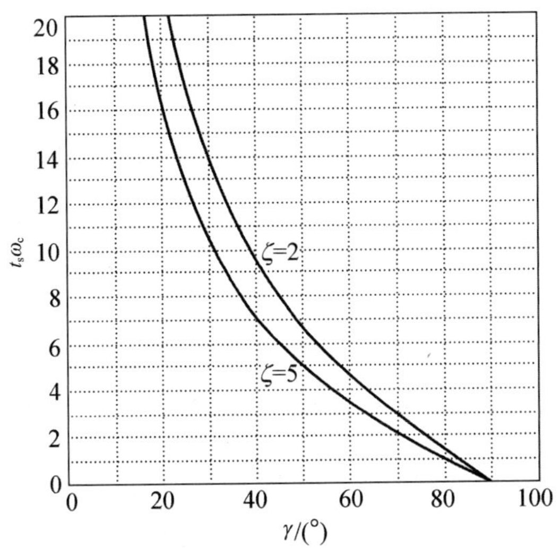

图 5.8.7　欠阻尼二阶系统的 $t_s\omega_c$ 与 γ 的关系曲线

根据图 5.8.7 以及上述频率尺度与时间尺度的反比性质可知，如果系统的相位裕度 γ 固定不变，则瞬态响应的调整时间 t_s 与幅值穿越频率 ω_c 成反比。即 ω_c 越高，t_s 便越短，瞬态响应的快速性就越好。于是可用幅值穿越频率 ω_c 来表征系统瞬态响应的快速性。

3. 欠阻尼二阶系统闭环频域性能指标与瞬态性能指标之间的关系

通常，在闭环频率特性中用谐振峰值 M_p、谐振频率 ω_p 和带宽频率 ω_b 来描述系统性能，将这些指标称为闭环频域指标。下面推导欠阻尼二阶系统的闭环频域指标与特征量 ζ 和 ω_n 之间的关系。

欠阻尼二阶系统的闭环频率特性和幅频特性分别为

$$\Phi(\mathrm{j}\omega) = \frac{\omega_n^2}{(\mathrm{j}\omega)^2 + 2\zeta\omega_n(\mathrm{j}\omega) + \omega_n^2} \tag{5.8.17}$$

$$M(\omega) = \frac{\omega_n^2}{\sqrt{(\omega_n^2 - \omega^2)^2 + (2\zeta\omega_n\omega)^2}} \tag{5.8.18}$$

当 $0 < \zeta < \dfrac{1}{\sqrt{2}}$ 时，令 $\dfrac{\mathrm{d}M}{\mathrm{d}\omega} = 0$，可得

$$\omega_{\mathrm{p}}=\omega_{\mathrm{n}}\sqrt{1-2\zeta^2} \tag{5.8.19}$$

$$M_{\mathrm{p}}=\frac{1}{2\zeta\sqrt{1-\zeta^2}} \tag{5.8.20}$$

当$M(\omega)=\frac{1}{\sqrt{2}}M(0)=\frac{1}{\sqrt{2}}$时，可得带宽频率为

$$\omega_{\mathrm{b}}=\omega_{\mathrm{n}}\sqrt{1-2\zeta^2+\sqrt{2-4\zeta^2+4\zeta^4}} \tag{5.8.21}$$

分析式（5.8.19）和式（5.8.20）可知，当阻尼系数$\zeta>0.707$时，ω_{p}为虚数，这说明系统此时不产生谐振，此时，幅频特性$M(\omega)$将随ω增加单调衰减；当$0<\zeta\leqslant 0.707$时，欠阻尼二阶系统的谐振峰值M_{p}是阻尼系数ζ的单值函数，并随着ζ的减小而不断增大。当$\zeta\to 0$时，有$M_{\mathrm{p}}\to\infty$；而当$0<\zeta\leqslant 0.707$时，谐振频率ω_{p}总是低于无阻尼自然振荡频率ω_{n}和阻尼振荡频率ω_{d}，当$\zeta\to 0$时，有$\omega_{\mathrm{p}}\to\omega_{\mathrm{n}}$。

（1）M_{p}与$\delta\%$的关系

将式（5.8.20）描述的M_{p}与ζ以及超调量$\delta\%$、γ与ζ的函数关系均绘于图5.8.8中，同时也绘制出$\delta\%$与M_{p}的关系曲线如图5.8.9所示，由图中曲线可知，M_{p}越小，系统的阻尼性能越好。而当M_{p}较高时，系统的超调量较大，收敛慢，平稳性较差。当$M_{\mathrm{p}}=1.2\sim1.5$时，由图5.8.9可清楚看到对应的$\delta\%=20\%\sim30\%$，这时的瞬态响应有适度的振荡，平稳性较好。因此，在进行控制系统设计时，常以$M_{\mathrm{p}}=1.3$作为设计依据。

（2）M_{p}，ω_{b}与t_{s}的关系

将式（5.8.21）代入式（5.9.9）可得

$$\omega_{\mathrm{b}}t_{\mathrm{s}}=\begin{cases}\dfrac{3}{\zeta}\sqrt{1-2\zeta^2+\sqrt{2-4\zeta^2+4\zeta^4}},\ \zeta=5\\[2ex]\dfrac{4}{\zeta}\sqrt{1-2\zeta^2+\sqrt{2-4\zeta^2+4\zeta^4}},\ \zeta=2\end{cases} \tag{5.8.22}$$

将式（5.8.22）与式（5.8.20）联立起来，可求出ω_{b}、t_{s}与M_{p}之间的函数关系，其关系曲线如图5.8.10所示。图5.8.10说明，$t_{\mathrm{s}}\omega_{\mathrm{b}}$随$M_{\mathrm{p}}$的增加而单调增加。当$M_{\mathrm{p}}$固定不变时，调整时间$t_{\mathrm{s}}$与带宽频率$\omega_{\mathrm{b}}$成反比。

4. 高阶系统的频域指标与瞬态性能指标之间的关系

由前面的分析可以看到，利用频率响应法分析二阶系统的性能是准确的。但是对于高阶系统，很难建立频域指标与时域指标之间的函数关系式。因此，应用频率响应法只能对高阶系统的瞬态性能作出近似的估算，利用一些经验公式、计算图表或近似关系来估算实际控制系统的性能。

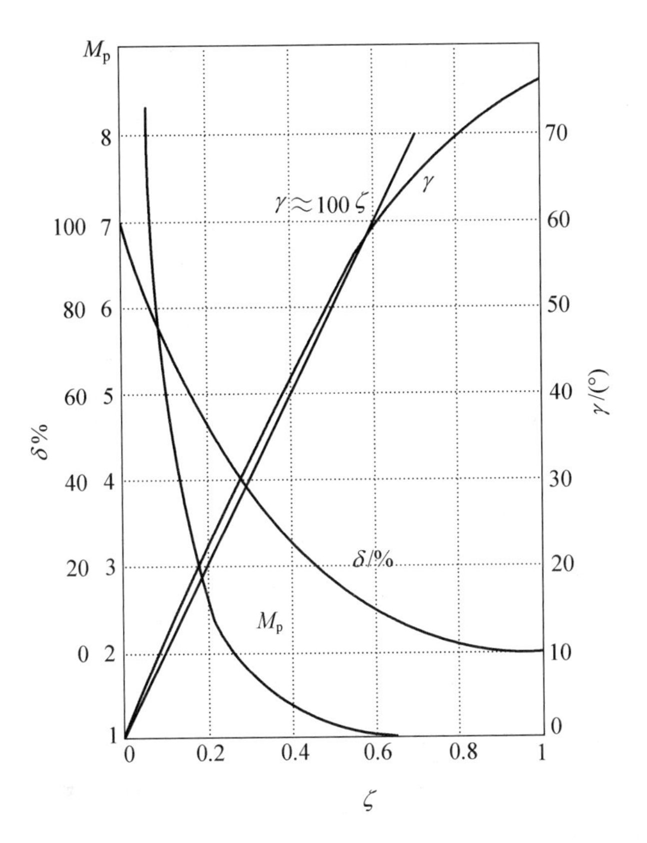

图 5.8.8　M_p，$\delta\%$，γ与ζ之间的关系曲线

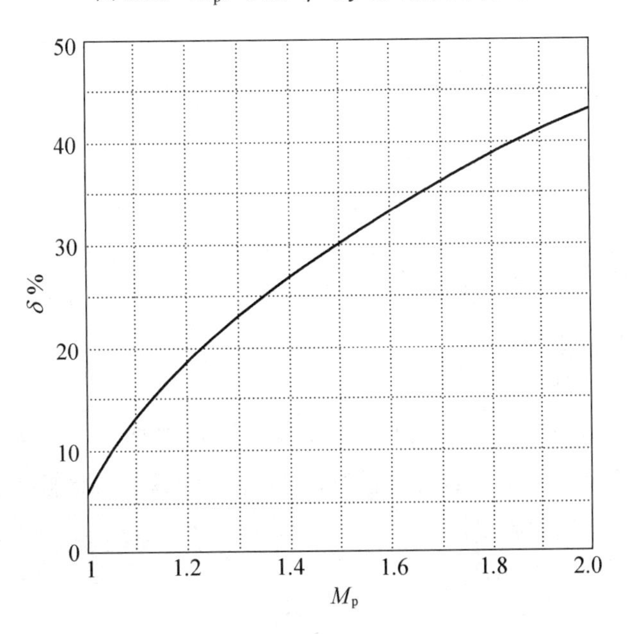

图 5.8.9　二阶系统$\delta\%$与M_p之间的关系曲线

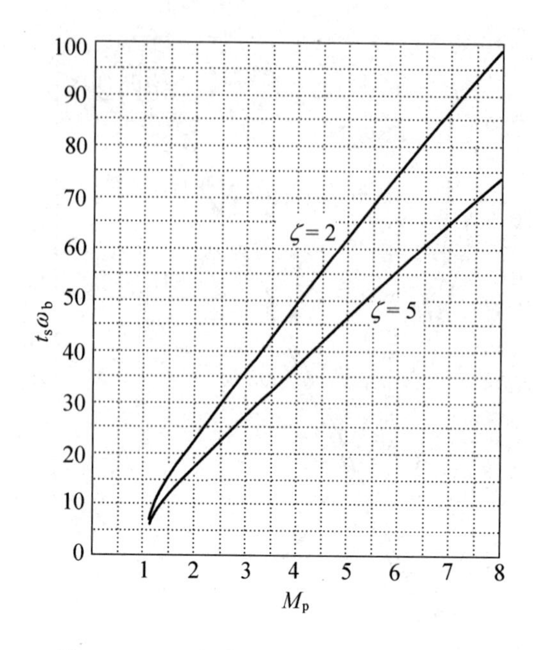

图 5.8.10　二阶系统$\omega_b t_s$与M_p的关系曲线

（1）M_p，ω_c与$\delta\%$及t_s的近似关系

对于实际的高阶系统，其频域指标（谐振峰值M_p和幅值穿越频率ω_c）与时域瞬态性能指标（超调量$\delta\%$和调节时间t_s）之间常用下列估算公式：

$$\delta\% = 0.16 + 0.4(M_p - 1),\quad (1 \leqslant M_p \leqslant 1.8) \tag{5.8.23}$$

$$t_s = \frac{\pi}{\omega_c}\left[2 + 1.5(M_p - 1) + 2.5(M_p - 1)^2\right],\ (1 \leqslant M_p \leqslant 1.8) \tag{5.8.24}$$

其中公式后面的括号内为该式的适用条件。

由式（5.8.23）可知，控制系统瞬态响应的超调量$\delta\%$，将随着谐振峰值M_p的增大而增大。而式（5.8.24）则表明，控制系统瞬态响应的调整时间t_s，通常将随着M_p的增大而拉长；并与幅值穿越频率ω_c成反比。这正是频率尺度与时间尺度成反比性质的必然体现。

（2）M_p与γ的近似关系

如果系统的闭环谐振频率ω_p与开环的幅值穿越频率ω_c比较接近，而且开环相频特性在ω_c附近的变化又比较缓慢时，则单位反馈系统的谐振峰值与相位裕度之间具有下列近似的关系式：

$$M_p = \frac{1}{\sin\gamma} \tag{5.8.25}$$

由此可知，若系统的相位裕度γ较小，则谐振峰值便较大，系统就容易趋于振荡；当$\gamma = 0$时，则$M_p \to \infty$，系统便处于不稳定的边缘。

值得注意的是，由上述这些经验公式或近似关系式可以看出，对于高阶系统而言，频域指标与时域指标之间的定性关系和变化趋势，与欠阻尼二阶系统的相类似。因此，二阶系统中各指标之间的关系和变化趋势，也适用于一般的高阶系统。

（3）根据开环对数幅频特性在ω_c附近的形状估算最小相位系统的瞬态性能

对于最小相位系统，其开环对数幅频特性与相频特性具有单值的对应关系。若要求系统稳定且相位裕度在 30°～60°，则开环对数幅频特性曲线在幅值穿越频率ω_c附近的斜率应大于– 40dB/dec。通常要求开环对数幅频渐近特性曲线在ω_c附近的斜率为–20dB/dec，且保持一定的频率宽度。一般来说，维持此斜率的频率范围越宽，相位裕度便越大，系统瞬态响应的相对稳定性就越好。因此在工程上常常利用最小相位系统这一重要性质，直接根据开环对数幅频渐近特性曲线在ω_c附近的形状，以及在ω_c附近斜率为–20dB/dec 的频带宽度，来估算系统的瞬态性能。

假设高阶系统的典型开环对数幅频特性曲线如图 5.8.11 所示。其传递函数为

$$G_k(s) = \frac{K\left(\dfrac{a}{\omega_c}s+1\right)}{s\left(\dfrac{ab}{\omega_c}s+1\right)\left(\dfrac{1}{c\omega_c}s+1\right)\left(\dfrac{1}{cd\omega_c}s+1\right)} \tag{5.8.26}$$

当$a \geqslant 2$，$b \geqslant 2$，$c \geqslant 2$，$d \geqslant 1$时，其闭环系统的时域性能指标调整时间和超调量可用下式估算

$$t_s \approx (6\sim 8)\frac{1}{\omega_c}, \quad \delta \approx \frac{64+16h}{h-1}$$

式中h为中频段宽度，$h = \dfrac{T_2}{T_3}$。其开环和闭环频率性能指标具有如下关系

$$\gamma = \arcsin\frac{h-1}{h+1}, \quad M_p = \frac{h+1}{h-1}, \quad h = \frac{M_p+1}{M_p-1}, \quad M_p = \frac{1}{\sin\gamma}$$

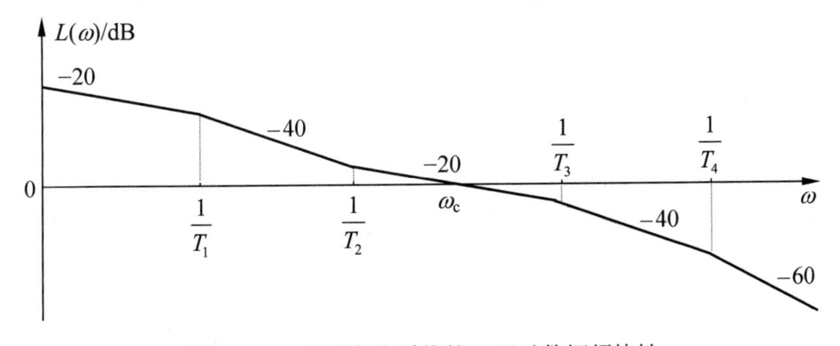

图 5.8.11　典型高阶系统的开环对数幅频特性

5.9 利用 MATLAB 进行系统的频域分析

MATLAB 提供了多种求取并绘制系统频率特性曲线的函数，使用它们可以很方便地绘制控制系统的频率特性图，并对系统进行频率分析或设计。

5.9.1 利用 MATLAB 绘制伯德图（对数坐标图）

MATLAB 提供的函数 bode()，其功能是计算线性定常系统的对数频率特性或绘制伯德图，调用格式为

[mag, phase, w]=bode(num, den, w)　　（5.9.1）

[mag, phase, w]=bode(**A**, **B**, **C**, **D**, iu, w)　　（5.9.2）

[mag, phase, w]=bode(sys, w)　　（5.9.3）

其中式（5.9.1）中 num 和 den 分别为传递函数的分子和分母多项式系数按降幂排列的行向量；式（5.9.2）中 **A**, **B**, **C**, **D** 分别为状态空间模型的系统矩阵、输入矩阵、输出矩阵、前馈矩阵，iu 为一整数，表示要求取的输入信号标号；式（5.9.3）中 sys 可以是传递函数(阵）（tf 模型或 zkp 模型），也可以是状态空间模型(ss 模型)。式中的 w 为频率点构成的向量，该向量最好由下式获得

w = logspace(p, q, n)

该命令执行后可以在 10^p 和 10^q (rad/s) 之间产生 n 个在对数上等距离的频率值构成的向量，若命令中省去 n，则只产生由 50 个频率值构成的向量。

上述 bode() 函数调用返回的 mag 和 phase 分别是对应于所给频率点的幅频特性值和相频特性值，若要利用这些数据绘制伯德图，可用下列命令

subplot(211); semi*log*x(w,20*log10(mag))

subplot(212); semi*log*x(w, phase)

如果对幅频特性和相频特性的具体数值不感兴趣，而希望 bode() 函数能够自动地绘制出系统的伯德图，则可以用如下更简洁的格式调用 bode() 函数。

bode(num, den, w)

bode(**A**, **B**, **C**, **D**, w)

bode(sys, w)

上述调用格式中若省去 w，则该函数会根据系统模型的特性自动选择合适的频率变化范围。

例 5.9.1　已知系统的开环传递函数为 $G(s)=\dfrac{2000(s+1)}{s(s+0.5)(s^2+14s+400)}$，试用

MATLAB 绘制其对数坐标图。

解：利用上述函数绘制对数坐标图时，程序片段为：

```
num=[2000 2000];                     %开环传递函数的分子
den=conv([1 0.5 0],[1 14 400]);      %开环传递函数的分母
bode(num,den)                        %用bode命令绘图
grid
```

其结果如图 5.9.1 所示。

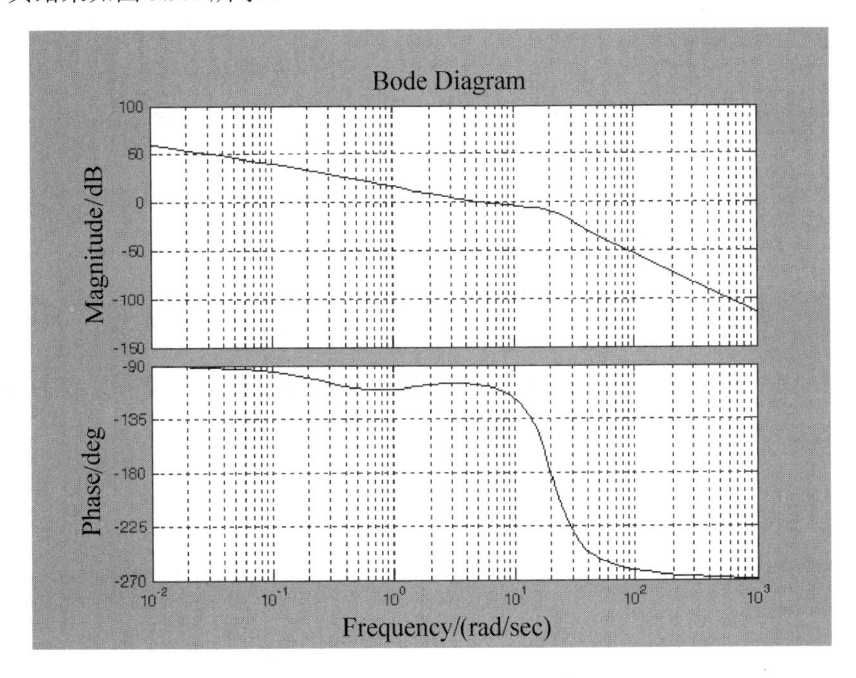

图 5.9.1　例 5.9.1 的伯德图

如果希望绘制频率范围从 0.1rad/s 到 100rad/s 的伯德图，则 MATLAB 程序片段为：

```
num=[2000 2000];                     %开环传递函数的分子
den=conv([1 0.5 0],[1 14 400]);      %开环传递函数的分母
w=logspace(-1,2,100);                %确定频率范围
bode(num,den,w)                      %用bode命令绘图
grid
```

结果如图 5.9.2 所示。

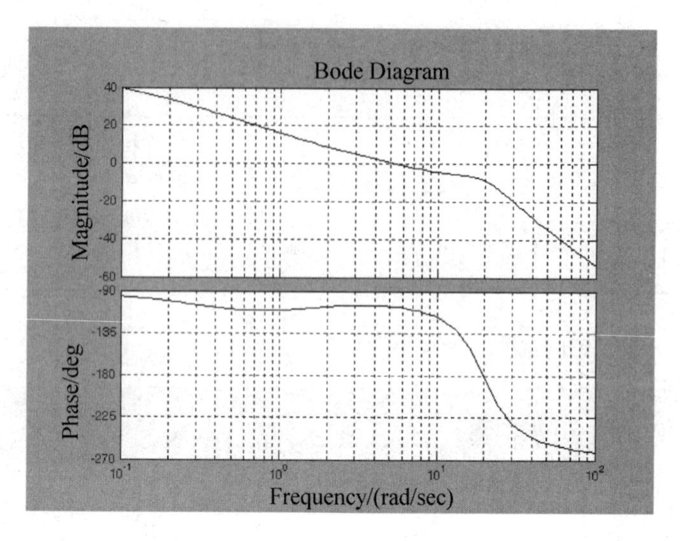

图 5.9.2 例 5.9.1 的伯德图（频率范围为 0.1rad/s 到 100rad/s）

5.9.2 利用 MATLAB 绘制奈奎斯特图（极坐标图）

MATLAB 提供的函数 nyquist()，其功能是计算或绘制线性定常系统的幅相频率特性（即极坐标图或奈奎斯特图），基本调用格式为

[re, im, w]=nyquist(num, den, w)　　（5.9.4）

[re, im, w]= nyquist(**A**, **B**, **C**, **D**, iu, w)　　（5.9.5）

[re, im, w]= nyquist(sys, w)　　（5.9.6）

与上述 bode() 函数比较可知，它们的调用格式是类似的，上面关于 bode() 函数调用格式的说明对 nyquist() 函数仍然适用。所不同的是这时函数调用返回的 re 和 im 分别是对应于所给频率点的实频特性值和虚频特性值，若要利用这些数据绘制奈奎斯特图可用下列命令

plot(re, im)

若采用如下调用格式，则 nyquist() 函数能够自动地绘制出系统的奈奎斯特图。

nyquist(num, den, w)

nyquist(**A**, **B**, **C**, **D**, iu, w)

nyquist(sys, w)

上述调用格式中若省去 w，则该函数会根据系统模型的特性自动选择合适的频率变化范围。需要注意的是，对于 I 型以上系统的极坐标图有可能需要指定频率变化范围或指定图形显示范围才能清楚地绘制出感兴趣部分的图形。

例 5.9.2　已知系统的开环传递函数为 $G(s)=\dfrac{20(s^2+s+0.5)}{s(s+1)(s+10)}$，试用 MATLAB 绘制其极坐标图。

解：利用上述函数绘制极坐标图时，其程序片段为：

```
num=[0 20 20 10];                    %开环传递函数的分子
den=conv([1 1 0],[1 10]);            %开环传递函数的分母
nyquist(num,den)                     %用nyquist()函数绘图
```

其结果如图 5.9.3 所示。

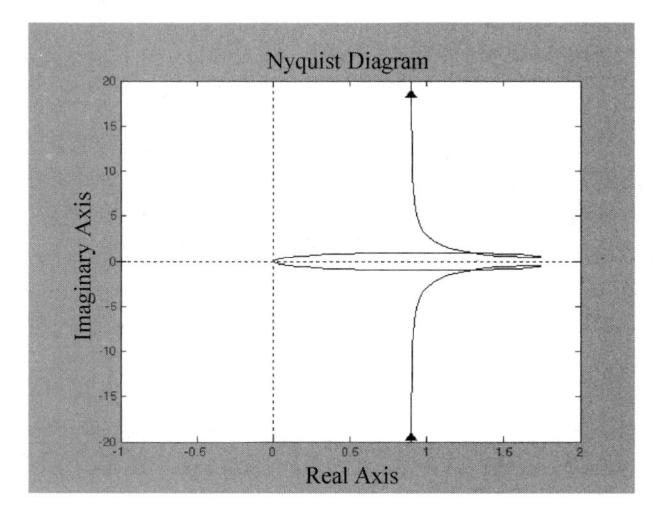

图 5.9.3　例 5.9.2 的奈奎斯特图

为看清细节，则 MATLAB 程序为：

```
num=[0 20 20 10];                    %开环传递函数的分子
den=conv([1 1 0],[1 10]);            %开环传递函数的分母
nyquist(num,den)                     %用nyquist()绘图
v=[-2 3 -3 3];axis(v)                %指定图形显示范围
grid
```

结果如图 5.9.4 所示。

这里应注意，若用 MATLAB 6 以上版本，在 nyquist() 函数后若用 grid 命令将画出以分贝数表示的等 M 轨迹。

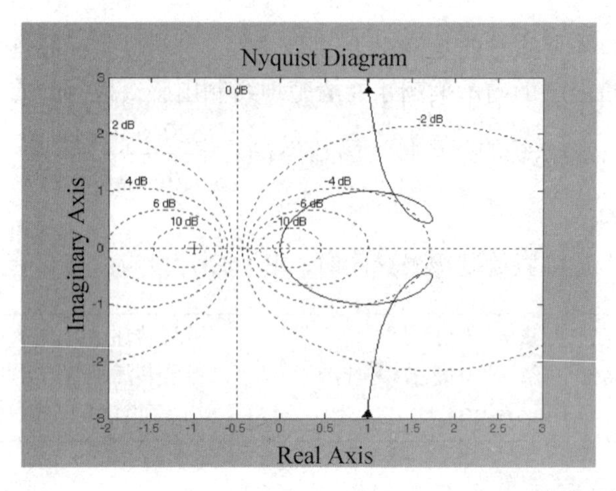

图 5.9.4 例 5.9.2 的奈奎斯特图（图的显示范围变了）

若只需要绘制正频率部分的极坐标图，则 MATLAB 程序片段为：

```
num=[0 20 20 10];                    %开环传递函数的分子
den=conv([1 1 0],[1 10]);            %开环传递函数的分母
[re,im]=nyquist(num,den);            %计算实频特性和虚频特性
plot(re,im)                          %用plot命令绘图
v=[-2 3 -3 1];axis(v)                %指定图形显示范围
grid
title('Nyquist Plot of G(s)=20(s^2+s+0.5)/[s(s+1)(s+10)]')
xlabel('Real Axis')
ylabel('Imag Axis')
```

结果如图 5.9.5 所示。这里应注意的是，当用 plot() 函数绘制奈奎斯特图时，其后的 grid 命令只画出坐标网格线。

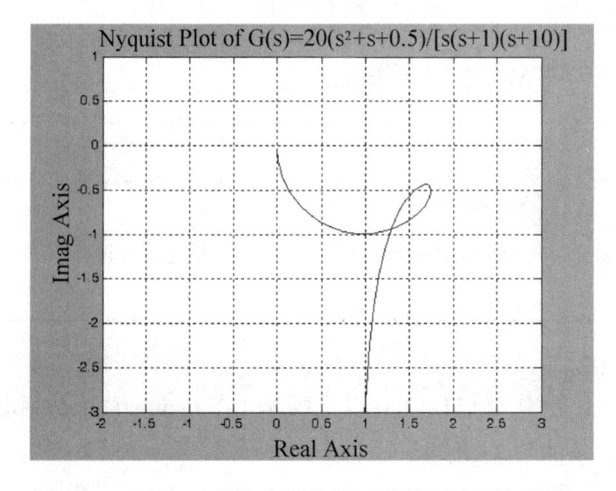

图 5.9.5 例 5.9.2 的奈奎斯特图（只绘制正频率部分）

5.9.3　利用 MATLAB 绘制尼科尔斯图（对数幅相特性图）

利用 MATLAB 中提供的函数 nichols() 和命令 ngrid 可以绘制尼科尔斯图。其中 nichols() 函数的功能是计算或绘制线性定常系统的对数幅相频率特性（即尼科尔斯图），其函数的基本调用格式为

$$[mag, phase] = nichols(num, den, w) \tag{5.9.7}$$

$$[mag, phase] = nichols(A, B, C, D, iu, w) \tag{5.9.8}$$

$$[mag, phase] = nichols(sys, w) \tag{5.9.9}$$

该函数返回的 mag 和 phase 分别是对应于所给频率点的幅频特性值和相频特性值，由此可见该函数的调用格式与 bode() 函数是完全一致的，得出的结果也是相同的。但尼科尔斯图的绘制方法和伯德图不同，一个系统的尼科尔斯图可以由下述命令绘出

plot (phase,20*log10(mag))

然而，绘制尼科尔斯图最简单的方法是按下列方式调用 nichols() 函数

nichols(num, den)

nichols(A, B, C, D, iu)

nichols(sys)

命令 ngrid 的功能是为尼科尔斯图绘制尼科尔斯图线，即由等 M（实际上是等 $20\lg M$）和等 α 曲线所组成的网格线。每条网格线具有相同的闭环幅值（即等 M）或闭环相角（即等 α），网格画在横坐标（相角）范围为 $-360°\sim 0°$，纵坐标(幅值)范围为 $-40\text{dB}\sim 40\text{dB}$ 的区域内。命令的基本格式为

ngrid

例 5.9.3　已知系统的开环传递函数为 $G(s)=\dfrac{2000(s+1)}{s(s+0.5)(s^2+14s+400)}$，试用 MATLAB 绘制其对数幅相图。

解：利用上述函数绘制对数幅相图时，程序片段如下：

```
num=[2000 2000];                    %开环传递函数的分子
den=conv([1 0.5 0],[1 14 400]);     %开环传递函数的分母
nichols(num,den)                    %绘制尼科尔斯图
v=[-270 -90 -40 40];axis(v)
ngrid                               %标出尼科尔斯图线
```

其结果如图 5.9.6 所示。

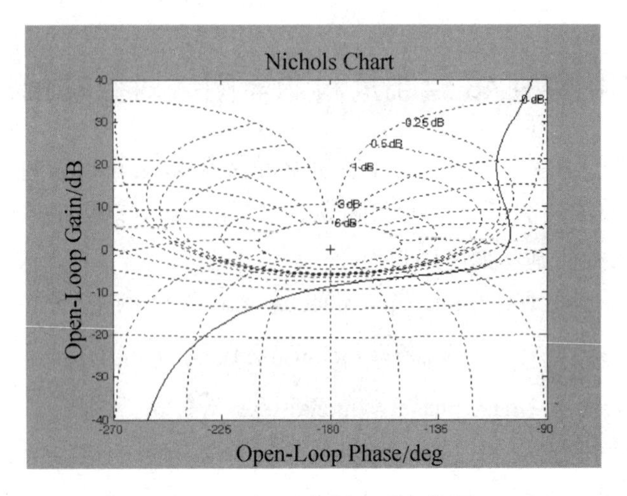

图 5.9.6　例 5.9.3 的尼科尔斯图

5.9.4　利用 MATLAB 绘制具有延迟环节的系统的频率特性

MATLAB 提供的函数 bode() 和 nyquist() 不能直接绘制具有延迟环节系统的伯德图和奈奎斯特图。由于延迟环节不影响系统的幅频特性而只影响系统的相频特性，因此可以通过对相频特性的处理结合绘图函数的应用来绘制具有纯延迟环节系统的伯德图和奈奎斯特图。举例如下。

例 5.9.4　已知系统开环传递函数为 $G_{\mathrm{k}}(s)=\dfrac{\mathrm{e}^{-\tau s}}{s(s+1)(s+2)}$，分别画出 τ 分别为 0，0.8，2，4 时的极坐标图和对数坐标图。

解：（1）绘制对数坐标图的程序为：

```
num=[1];                                   %开环传递函数的分子
den=conv([1 1 0],[1 2]);                   %开环传递函数的分母
w=logspace(-2,1,100);                      %确定频率范围
[mag,phase,w]=bode(num,den,w);             %计算频率特性的幅值和相角
% 利用相频特性求加上延迟环节后的相频特性
phase1=phase-w*57.3*0.8;
phase2=phase-w*57.3*2;
phase3=phase-w*57.3*4;
subplot(211),semilogx(w,20*log10(mag)); %绘制幅频特性
v=[0.01,10,-60,40];axis(v)
grid
%绘制相频特性
```

```
subplot(212),semilogx(w,phase,w,phase1,w,phase2,w,phase3)
v=[0.01,10,-270,-90];axis(v)
%设置坐标轴的标尺属性
set(gca,'ytick',[ -270.0 -240.0 -210.0 -180.0 -150.0
-120.0 -90.0 ])
grid
```

绘制的伯德图如图 5.9.7 所示。

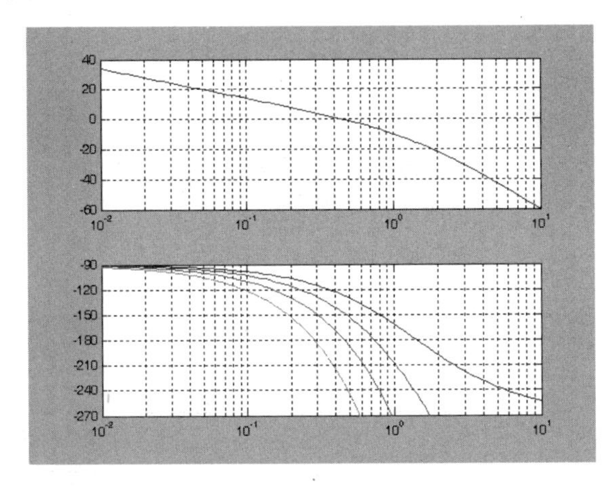

图 5.9.7 例 5.9.4 的伯德图

（2）绘制极坐标图的程序为

```
num=[1];                                  %开环传递函数的分子
den=conv([1 1 0],[1 2]);                  %开环传递函数的分母
w=logspace(-1,2,100);                     %确定频率范围
[mag,phase,w]=bode(num,den,w);            %计算频率特性的幅值和相角
% 利用相频特性求加上延迟环节后的相频特性
phase_d1=phase*pi/180-w*0.8;
phase_d2=phase*pi/180-w*2;
phase_d3=phase*pi/180-w*4;
hold on
%用极坐标曲线绘制函数画出奈奎斯特图
polar(phase*pi/180,mag)
polar(phase_d1,mag)
polar(phase_d2,mag)
polar(phase_d3,mag)
v=[-2.5,1,-2,1];axis(v)
grid
```

其结果如图 5.9.8 所示。

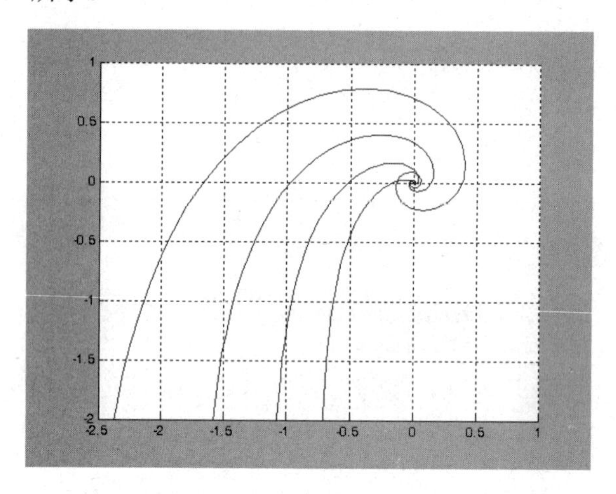

图 5.9.8 例 5.9.4 的极坐标图

系统的极坐标图也可利用幅频特性和相频特性与实频特性和虚频特性的关系来绘制，其程序片段如下：

```
num=[1];                                %开环传递函数的分子
den=conv([1 1 0],[1 2]);                %开环传递函数的分母
w=logspace(-1,2,100);                   %确定频率范围
[re,im,w]=nyquist(num,den,w);
%计算无延迟时的实频特性和虚频特性
[mag,phase,w]=bode(num,den,w);          %计算频率特性的幅值和相角
% 利用相频特性求加上延迟环节后的相频特性
phase_d1=phase*pi/180-w*0.8;
phase_d2=phase*pi/180-w*2;
phase_d3=phase*pi/180-w*4;
%利用MATLAB的点乘运算由幅频特性和相频特性求出实频特性和虚频特性
re1=mag.*cos(phase_d1);
im1=mag.*sin(phase_d1);
re2=mag.*cos(phase_d2);
im2=mag.*sin(phase_d2);
re3=mag.*cos(phase_d3);
im3=mag.*sin(phase_d3);
plot(re,im,re1,im1,re2,im2,re3,im3)
v=[-2.5,1,-2,1];axis(v)
grid
```

本例还可利用式（5.5.14）和式（5.5.15）直接求出幅频特性和相频特性，再用 plot() 函数绘制极坐标图。程序可能稍微复杂些。

5.9.5　利用 MATLAB 求系统的稳定裕度

MATLAB 提供的函数 margin() 可以确定系统的稳定裕度，其基本调用格式为

[Gm, Pm, Wg, Wc]=margin(sys)　　（5.9.10）

[Gm, Pm, Wg, Wc]=margin(mag, phase, w)　　（5.9.11）

margin(sys)　　（5.9.12）

函数的功能是根据线性定常系统的开环模型 sys（传递函数或状态空间模型），或者由 bode() 函数所得到的开环幅频特性和开环相频特性数据，计算单输入单输出系统的增益裕度（Gm）、相位裕度（Pm）以及对应的相角穿越频率（Wg）和幅值穿越频率（Wc）。其中，带有输出变量的调用可以得到系统的增益裕度（注意不是对数值）、相位裕度以及对应的相角穿越频率和幅值穿越频率；若不带输出变量的调用，则可绘制出标有稳定裕度和对应频率值的伯德图。

例 5.9.5　已知系统的开环传递函数为 $G(s)=\dfrac{2000(s+1)}{s(s+0.5)(s^2+14s+400)}$，试用 MATLAB 绘制伯德图，并计算增益裕度（Gm）、相位裕度（Pm）以及对应的相角穿越频率（Wg）和幅值穿越频率（Wc）。

解：利用上述函数计算增益裕度（Gm）、相位裕度（Pm）以及对应的相角穿越频率（Wg）和幅值穿越频率（Wc）时，程序片段为：

```
num=[2000 2000];                          %开环传递函数的分子
den=conv([1 0.5 0],[1 14 400]);           %开环传递函数的分母
%画伯德图并计算增益裕度和相位裕度
margin(num,den)
```

其结果如图 5.9.9 所示。

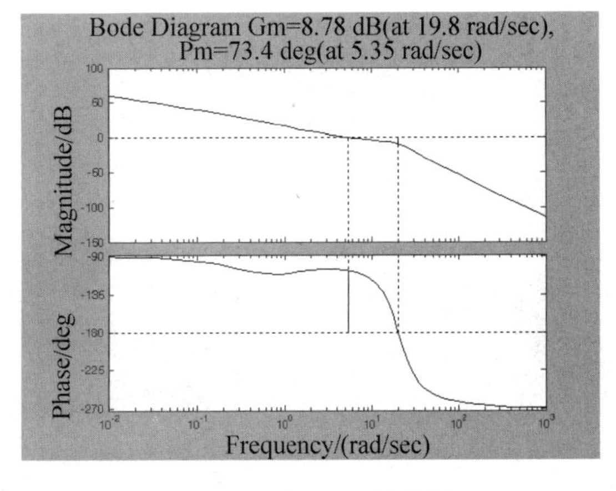

图 5.9.9　例 5.9.4 的结果

5.9.6　利用 MATLAB 求闭环频率特性的谐振峰值、谐振频率和带宽

MATLAB 没有直接求闭环频率特性的谐振峰值、谐振频率和带宽的函数。下面举例说明如何用 MATLAB 求闭环频率特性的谐振峰值、谐振频率和带宽。

例 5.9.6　已知单位反馈系统的开环传递函数为 $G(s)=\dfrac{1}{s(0.5s+1)(s+1)}$，试用 MATLAB 求闭环传递函数的伯德图及其谐振峰值、谐振频率和带宽。

解：利用 MATLAB 绘制伯德图，计算谐振峰值、谐振频率和带宽时，程序片段为：

```
nump=[0 0 0 1];                        %开环传递函数的分子
denp=conv([0.5 1 0],[1 1]);            %开环传递函数的分母
sysp=tf(nump,denp);                    %开环传递函数
sys=feedback(sysp,1);                  %闭环传递函数
w=logspace(-1,1);                      %确定频率范围
bode(sys,w)                            %绘制闭环频率特性伯德图
grid
[mag,phase,w]=bode(sys,w);             %计算闭环频率特性的幅值和相角
[Mp,k]=max(mag);                       %计算幅值的最大值
resonant_peak=20*log10(Mp)             %计算谐振峰值并显示
resonant_frequency=w(k)                %计算谐振频率并显示
n=1;
while 20*log10(mag(n))>-3;n=n+1;       %计算带宽频率并显示
end
bandwidth=w(n)                         %显示带宽
```

上述程序绘制的闭环系统的伯德图如图 5.9.10 所示。

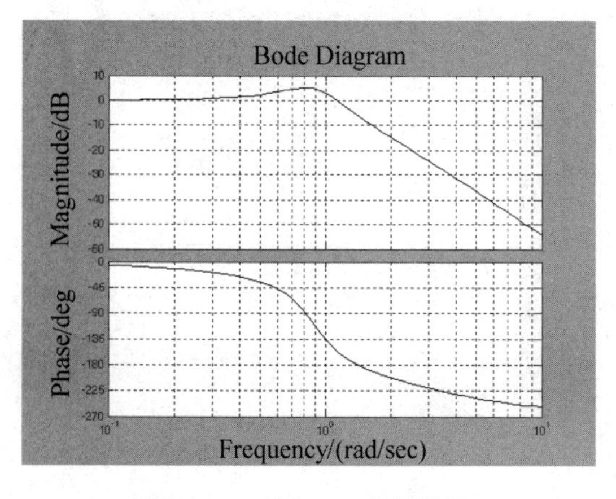

图 5.9.10　例 5.9.6 的伯德图

所计算的谐振峰值、谐振频率和带宽分别为

resonant_peak = 5.2388

resonant_frequency = 0.7906

bandwidth = 1.2649

习题

基础型

5.1　系统方块图如图 E5.1 所示。求在下列输入信号作用下系统的稳态输出 c_{ss} 和稳态误差 e_{ss}。

（1）$r(t)=\sin 2t$

（2）$r(t)=\sin(t+30°)-2\cos(2t-45°)$

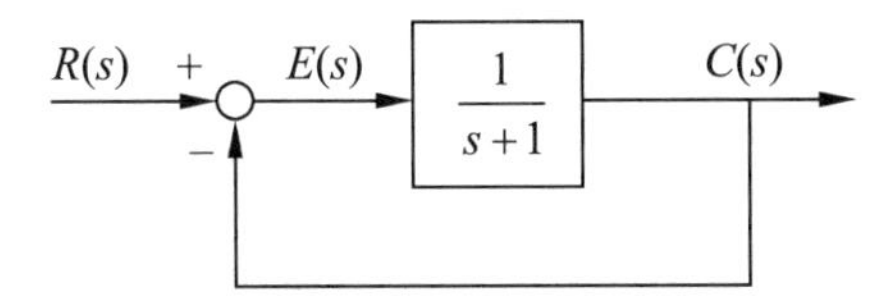

图 E5.1　反馈控制系统的方块图

5.2　若系统的单位阶跃响应为

$$h(t)=1-1.8e^{-4t}+0.8e^{-9t}，\ t\geqslant 0$$

试确定系统的频率特性。

5.3　系统方块图如图 E5.2 所示。当输入 $r(t)=2\sin t$ 时，测得输出 $c(t)=4\sin(t-45°)$，试确定系统的参数 ζ,ω_n。

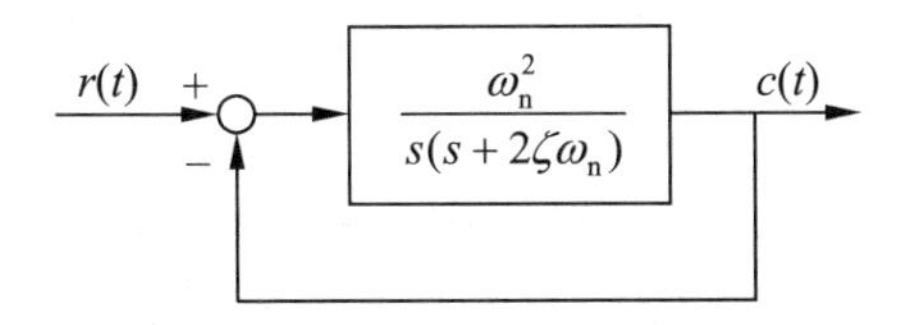

图 E5.2　习题 5.3 的系统方块图

5.4　绘出下列传递函数的对数幅频渐近特性曲线

$$G_1(s)=\frac{50}{(2s+1)(s+5)}$$

$$G_2(s)=\frac{200(s+3)}{(s+5)^2(s+1)(s+0.8)}$$

$$G_3(s)=\frac{40(s^2+s+1)}{s(2s+1)(0.2s+1)(0.05s+1)}$$

$$G_4(s)=\frac{64(s+2)}{s(s+0.5)(s^2+3.2s+64)}$$

$$G_5(s)=\frac{2(0.4s+1)}{s^2(0.1s+1)(0.05s+1)}$$

5.5 设系统的开环对数幅频渐近特性曲线如图 E5.3 所示，系统均为最小相位系统，求其开环传递函数。

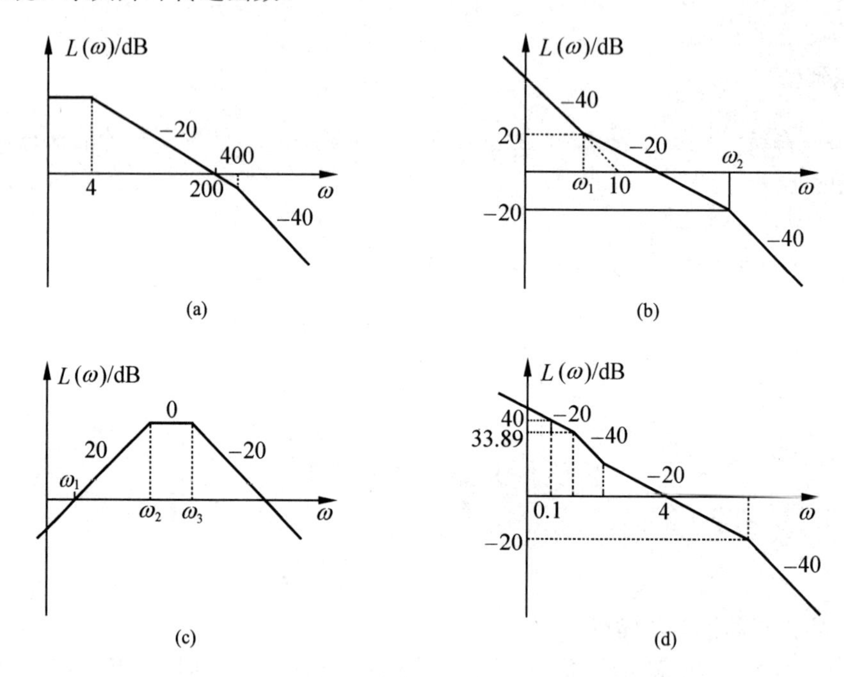

图 E5.3 习题 5.5 的系统开环对数幅频渐近特性

5.6 最小相角系统对数幅频渐近特性如图 E5.4 所示，试确定系统的传递函数。

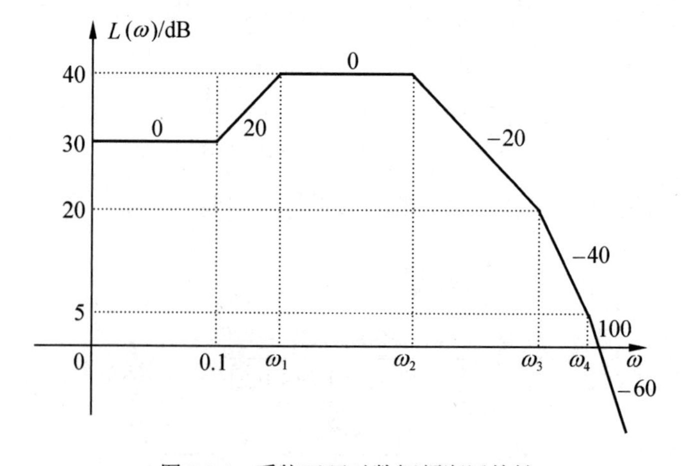

图 E5.4 系统开环对数幅频渐近特性

5.7　试由下述辐角计算公式确定最小相位系统的传递函数

（1）$\varphi(\omega) = -90° - \arctan\omega + \arctan\dfrac{\omega}{3} - \arctan 10\omega$

$A(5) = 2$

（2）$\varphi(\omega) = -180° + \arctan\dfrac{\omega}{5} - \arctan\dfrac{\omega}{1-\omega^2} + \arctan\dfrac{\omega}{1-3\omega^2} - \arctan\dfrac{\omega}{10}$

$A(10) = 1$

5.8　绘制下列系统的极坐标图

（1）$G(s) = \dfrac{10}{s^2(1+0.2s)(1+0.5s)}$

（2）$G(s) = \dfrac{100(1+s)}{s(1+0.1s)(1+0.2s)(1+0.5s)}$

（3）$G(s) = \dfrac{5(s-2)}{s(s+1)(s-1)}$

（4）$G(s) = \dfrac{50}{s(s+5)(s-1)}$

（5）$G(s) = \dfrac{1000(s+1)}{s(s^2+8s+100)}$

5.9　设开环系统极坐标特性曲线如图 E5.5 所示，试判别闭环系统的稳定性，图中，p 表示开环系统在右半平面上极点的个数，v 表示积分环节的个数，若闭环系统不稳定，试计算闭环系统在右半平面的极点数。

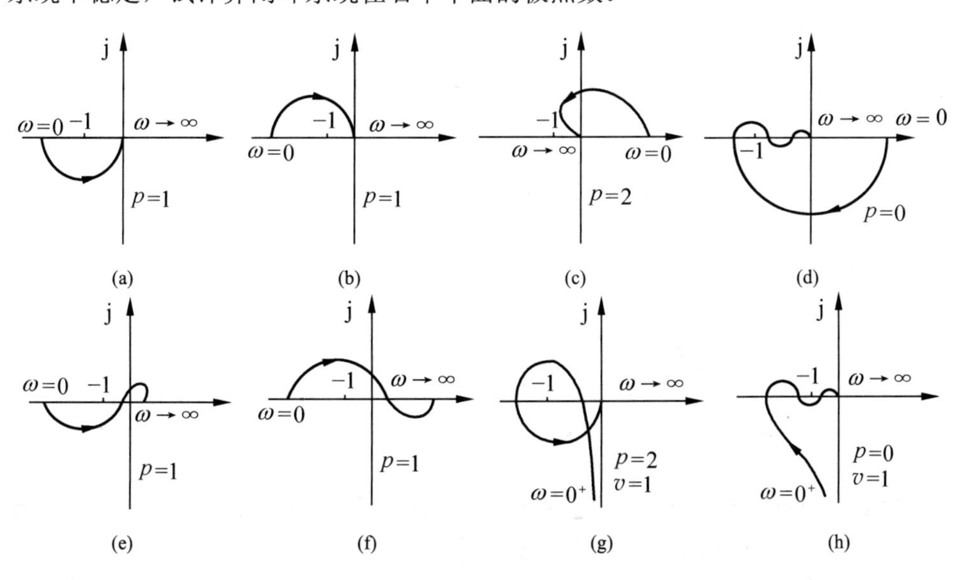

图 E5.5　系统开环极坐标特性曲线

5.10　绘制下列开环系统的极坐标图，利用奈奎斯特稳定判据判别系统稳定

性和比例系数 K 的关系。

$$G_1(s)=\frac{K}{s(0.1s+1)(0.5s+1)}$$

$$G_2(s)=\frac{K}{(s+1)(s+2)(s+3)}$$

$$G_3(s)=\frac{K(2s+1)}{s(s-1)}$$

5.11　已知单位反馈系统的开环传递函数为

$$G(s)=\frac{K\mathrm{e}^{-0.05s}}{(s+1)}$$

试求闭环系统稳定时的临界放大系数。

5.12　设系统的方块图如图 E5.6（a）所示，$G_1(s)$的频率特性曲线如图 E5.6（b）所示，试确定下列情况下为使闭环系统稳定，比例环节的比例系数 K_1 的取值范围。

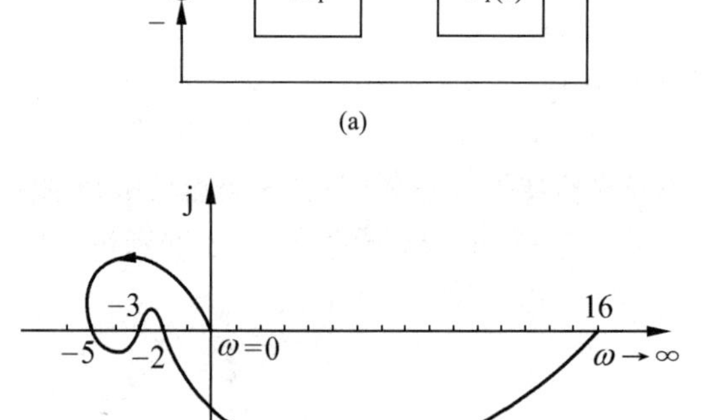

(a)

(b)

图 E5.6　习题 5.12 系统的方块图和极坐标图

（1）$G_1(s)$在 s 右半平面上没有极点；

（2）$G_1(s)$在 s 右半平面上有一个极点；

（3）$G_1(s)$在 s 右半平面上有两个极点；

（4）$G_1(s)$在 s 右半平面上有三个极点。

5.13　已知反馈控制系统方块图如图 E5.7 所示，试用奈奎斯特判据确定闭环系统稳定时 K_h 的取值范围。

5.14　根据题 5.4 绘制的开环系统的对数幅频渐近特性曲线，计算其相位稳定裕度，并据此判断对应闭环系统的稳定性。

5.15　设开环系统传递函数为

$$G(s)=\frac{\tau s+1}{s^2}$$

试计算使相位裕度为 45°的时间常数 τ 值。

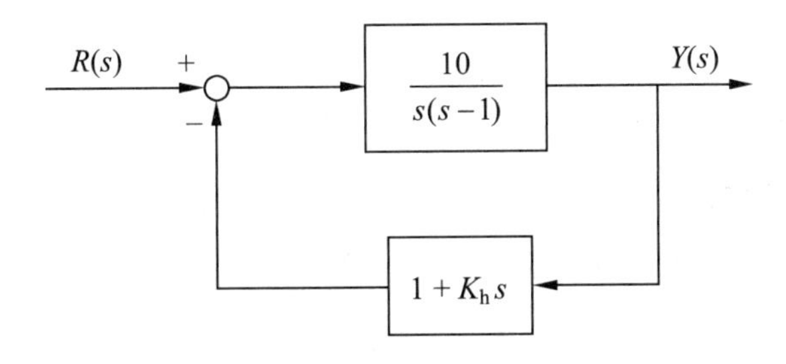

图 E5.7　习题 5.13 系统的方块图

5.16　已知单位反馈系统的开环传递函数为

$$G(s)=\frac{90}{s(0.1s+1)}$$

确定其开环和闭环频域性能指标。

5.17　试分别用开环频率特性指标和闭环频率特性指标估算图 E5.8 所示系统的时域性能指标超调量 $\delta\%$ 和调整时间 t_s。

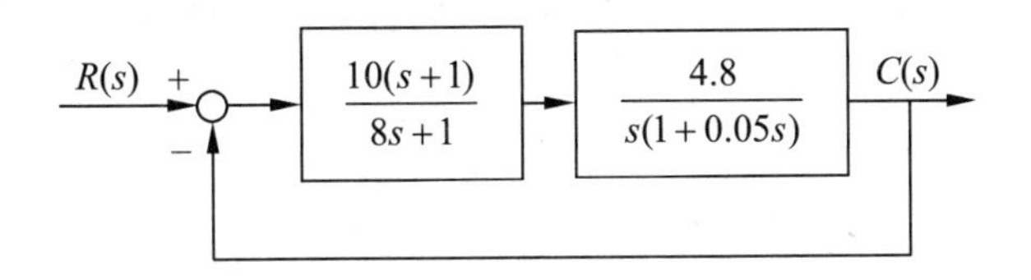

图 E5.8　习题 5.17 系统的方块图

5.18　设单位反馈开环系统的对数幅频特性如图 E5.9 中 A 和 B 所示，试估计闭环系统的时域性能指标。

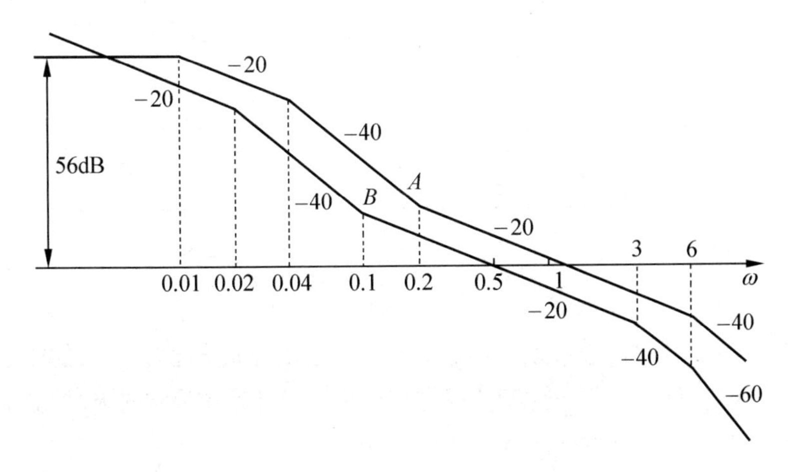

图 E5.9　习题 5.18 系统的对数幅频特性图

提高型

5.19 已知单位反馈控制系统的开环传递函数为 $G_k(s)=\dfrac{K}{s(s+3)(s+5)}$，

（1）用奈奎斯特判据确定使闭环系统稳定的条件；

（2）用奈奎斯特判据确定使全部闭环极点均位于 s 平面左半部且实部的绝对值都大于 1 的条件；

（3）用奈奎斯特判据确定使全部闭环极点均位于 s 平面左半部且全部复极点的阻尼系数都大于 $\dfrac{\sqrt{2}}{2}$ 的条件。

5.20 已知开环传递函数为 $G(s)H(s)=\dfrac{3(s+2)}{s^3+3s+1}$，画出与完整的奈奎斯特路径相对应的奈奎斯特图。

（1）确定相对于 $G(s)H(s)$ 平面的原点的 N，P 和 Z 的值，从而判断开环系统是否稳定；

（2）求取相对于 $(-1, \mathrm{j}0)$ 点的 N，P 和 Z 的值，从而判断闭环系统是否稳定。

5.21 已知系统开环传递函数为

$$G(s)H(s)=\frac{100}{s(s^2+s+1)(s+1)}$$

作出其奈奎斯特图，并由奈奎斯特图判断闭环系统的稳定性。

5.22 已知多回路系统如图 E5.10 所示，

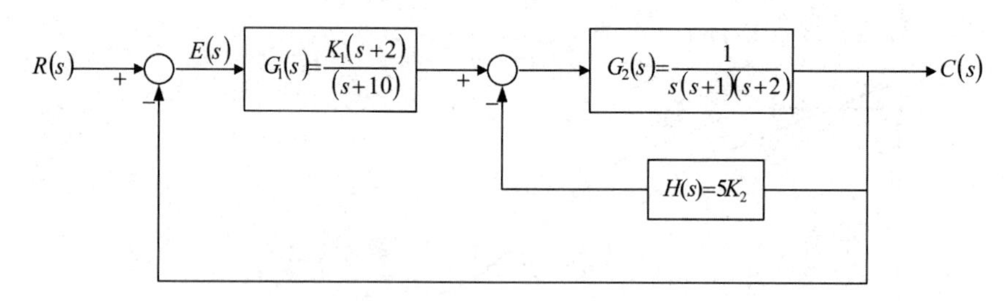

图 E5.10 多环反馈控制系统

（1）当 $K_2=1$ 时，用奈奎斯特稳定判据确定闭环系统稳定时 K_1 的取值范围；

（2）当 $K_1=1$ 时，用奈奎斯特稳定判据确定闭环系统稳定时 K_2 的取值范围。

5.23 单位负反馈系统的开环传递函数为

$$G(s)=\frac{K(s^2+1)}{s(s+5)}$$

用奈奎斯特判据确定使闭环系统稳定的条件。

5.24 设单位负反馈系统的开环传递函数为

$$G_{\mathrm{k}}(s)=\frac{K(1-s)}{s(5s+1)}$$

其中 $K>0$，若选定奈奎斯特路径如图 E5.11 所示。

（1）画出系统与该奈奎斯特路径对应的奈氏曲线（即该奈奎斯特路径在 $G_{\mathrm{k}}(\mathrm{j}\omega)$ 平面中的映射）；

（2）根据所画奈奎斯特曲线及奈奎斯特稳定判据判断闭环系统稳定的条件；当闭环系统不稳定时计算闭环系统在右半 s 平面的极点数。

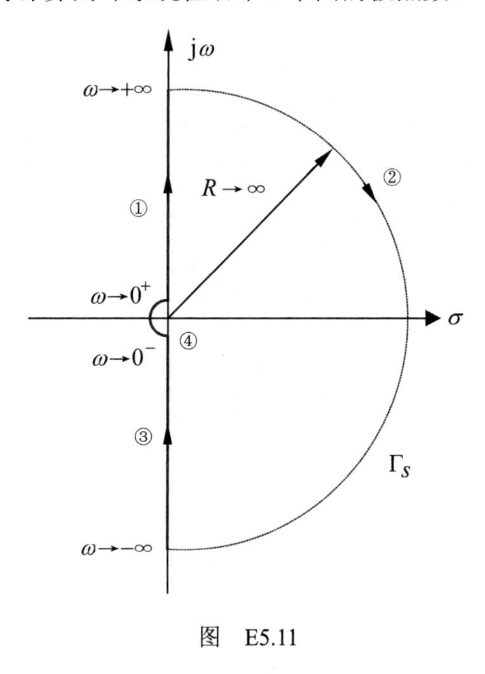

图 E5.11

5.25 某一控制系统开环传递函数的幅频特性 $L(\omega)$ 、相频特性 $\varphi(\omega)$ 及各环节的相频特性 $\varphi_1(\omega)$ ， $\varphi_2(\omega)$ ， $\varphi_3(\omega)$ ， $\varphi_4(\omega)$ 如图 E5.12 所示，求

（1）系统开环传递函数；

（2）用奈奎斯特稳定判据，决定闭环系统稳定时开环增益 K 的取值范围。

5.26 已知系统结构图如图 E5.13（a）所示，其中 $G(s)$ 为最小相位Ⅱ型系统，当 $K=1$ 时， $G(\mathrm{j}\omega)$ 的 Bode 图如图 E5.13（b）所示，试确定闭环系统稳定的 K 值范围，并指出在不稳定的 K 值范围内系统闭环右极点的个数。

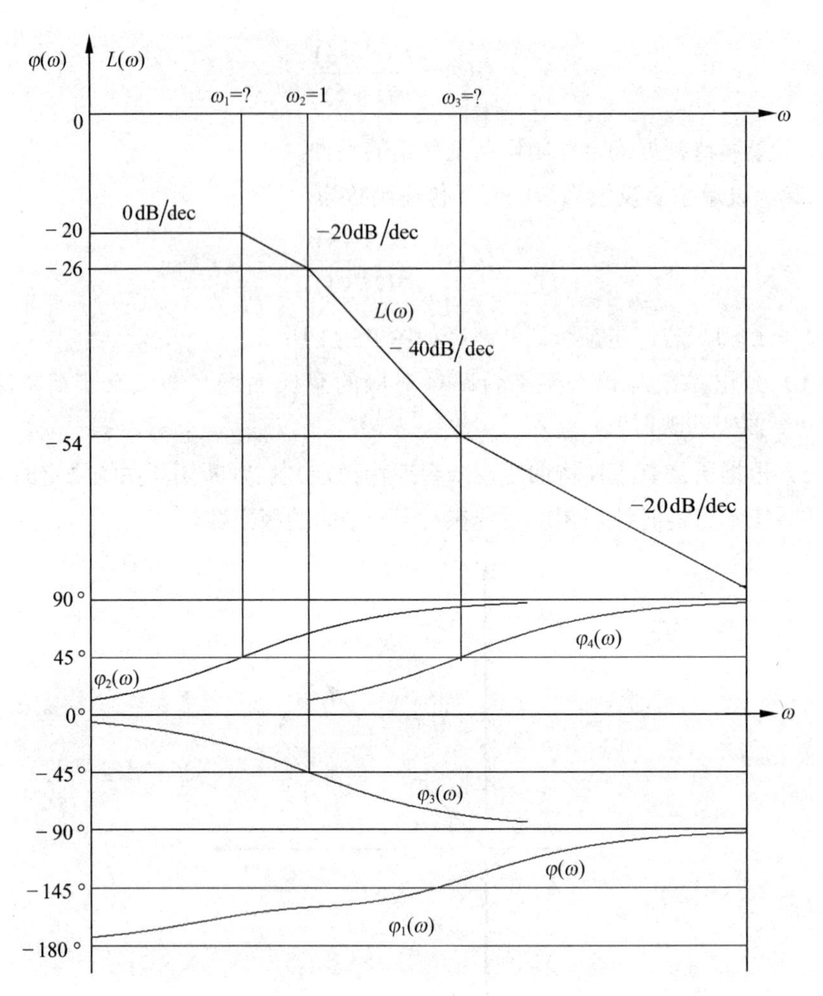
φ(ω)
L(ω)
ω₁=?
ω₂=1
ω₃=?
ω
0
0dB/dec
-20
-26
-20dB/dec
L(ω)
-40dB/dec
-54
-20dB/dec
90°
45°
φ₂(ω)
φ₄(ω)
0°
ω
-45°
φ₃(ω)
-90°
φ(ω)
-145°
φ₁(ω)
-180°

图　E5.12

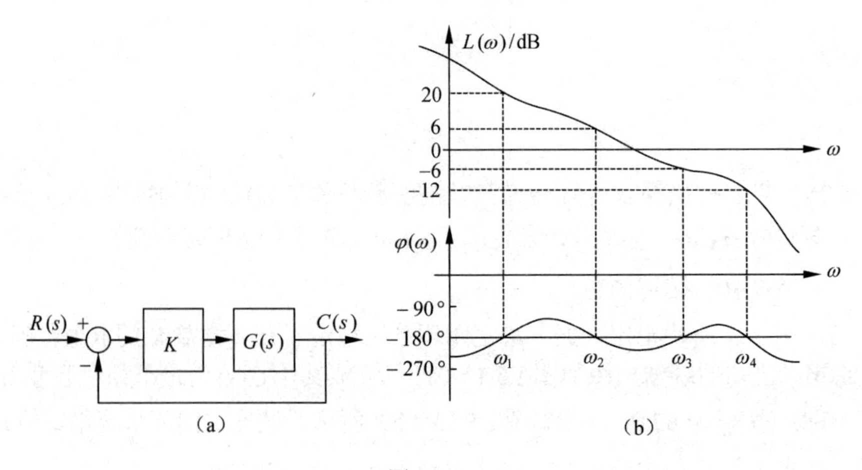
R(s)
+
-
K
G(s)
C(s)
(a)
L(ω)/dB
20
6
0
-6
-12
ω
φ(ω)
ω
-90°
-180°
-270°
ω₁
ω₂
ω₃
ω₄
(b)

图　E5.13

5.27　已知某系统结构图如图 E5.14（a）所示，其中被控对象传递函数 $G_p(s)$ 的渐近对数幅频特性曲线和对数相频特性曲线如图 E5.14（b）所示。

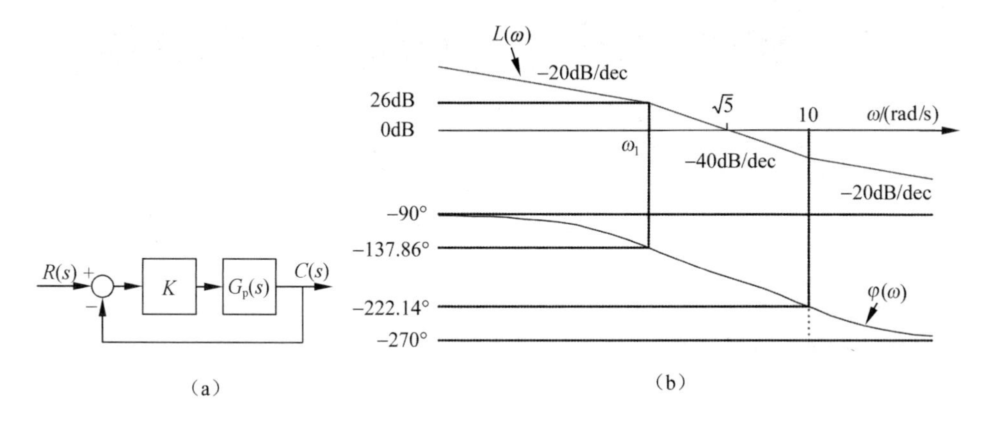

图　E5.14

（1）写出传递函数 $G_p(s)$ 的表达式；

（2）用奈奎斯特稳定判据，确定闭环系统稳定时 K 的取值范围。

5.28　（1）某最小相位系统的开环极坐标图如图 E5.15 所示；

（2）某 I 型 n 阶系统的开环极坐标图也如图 E5.15 所示，该开环传递函数零点数为$(n-3)$，且在左半 s 平面内。

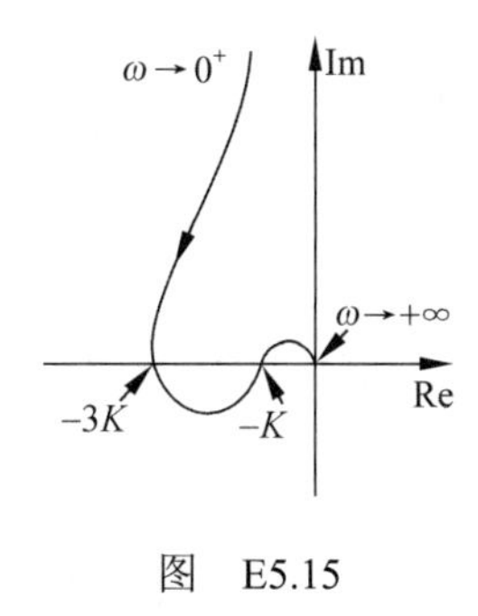

图　E5.15

试用奈奎斯特稳定判据分别判断（1）、（2）两系统稳定的 K 值范围，并指出在不稳定的 K 值范围内，闭环系统在右半 s 平面极点的个数。

第6章

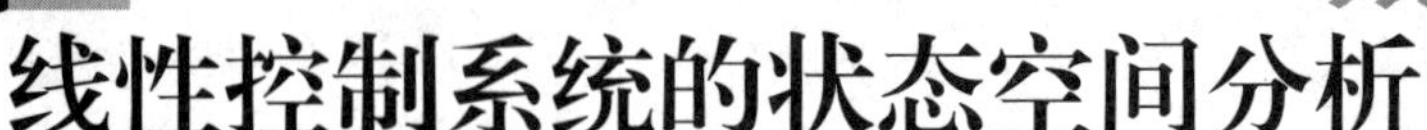

线性控制系统的状态空间分析

6.1 引言

前面几章分别介绍了对线性定常连续控制系统进行分析的时域法、根轨迹法和频率响应法。本章将利用状态空间法对线性连续控制系统进行定量和定性的分析。在定量分析中，将给出系统对给定输入响应的解析表达式，状态转移矩阵的性质和矩阵指数函数的计算方法。在定性分析中，将讨论线性连续系统的状态变量模型的非唯一性及能控性和能观测性。最后，将给出状态空间分析中的设计方法——状态反馈与极点配置。

6.2 线性定常系统的线性变换

前面在2.6节中已提到，对于一个给定的系统，状态变量的选取不是唯一的。对于不唯一的这些状态变量，由于它们描述的是同一个系统的动态特性，包含了同样多的关于这个系统的动态信息，因此可以通过基底的线性变换对它们进行相互转换。通过这种线性变换可以将状态空间表达式变换为某些特殊形式，例如对角线标准型、约当标准型、能控标准型和能观测标准型等。利用这些标准型分析系统的某些性能时，能够使问题得到简化。这正是讨论线性定常系统线性变换的意义所在。

6.2.1 状态变量模型的非唯一性

考虑到一个实际物理系统的状态变量只能取实数，因此我们将状态空间定义为在实数域上的向量空间，其维数为 n，记为 R^n 。当状态空间基底选定后，其空间中的状态向量完全可由在该基底上的坐标 x 来表示。

设$\{\boldsymbol{e}_1 \quad \boldsymbol{e}_2 \quad \cdots \quad \boldsymbol{e}_n\}$为状态空间$R^n$的一组基底（又称老基底），它是一个$n$维列向量，$\boldsymbol{e}_i\ (i=1,\ 2,\ \cdots,\ n)$，那么状态空间$R^n$中的向量$\boldsymbol{\eta}$可表示为

$$\boldsymbol{\eta} = x_1\boldsymbol{e}_1 + x_2\boldsymbol{e}_2 + \cdots + x_n\boldsymbol{e}_n$$

$$= \begin{bmatrix} \boldsymbol{e}_1 & \boldsymbol{e}_2 & \cdots & \boldsymbol{e}_n \end{bmatrix} \begin{bmatrix} x_1 \\ x_2 \\ x_3 \\ \vdots \\ x_n \end{bmatrix} = \begin{bmatrix} \boldsymbol{e}_1 & \boldsymbol{e}_2 & \cdots & \boldsymbol{e}_n \end{bmatrix} \boldsymbol{x} \tag{6.2.1}$$

式中，$\boldsymbol{x}$为向量$\boldsymbol{\eta}$在基底$\{\boldsymbol{e}_1 \quad \boldsymbol{e}_2 \quad \cdots \quad \boldsymbol{e}_n\}$中的表示。

设$\{\bar{\boldsymbol{e}}_1,\ \bar{\boldsymbol{e}}_2,\ \cdots,\ \bar{\boldsymbol{e}}_n\}$也是状态空间$R^n$的一组基底（又称新基底），那么状态向量$\boldsymbol{\eta}$还可以表示为

$$\boldsymbol{\eta} = \begin{bmatrix} \bar{\boldsymbol{e}}_1 & \bar{\boldsymbol{e}}_2 & \cdots & \bar{\boldsymbol{e}}_n \end{bmatrix} \begin{bmatrix} \bar{x}_1 \\ \bar{x}_2 \\ \bar{x}_3 \\ \vdots \\ \bar{x}_n \end{bmatrix} = \begin{bmatrix} \bar{\boldsymbol{e}}_1 & \bar{\boldsymbol{e}}_2 & \cdots & \bar{\boldsymbol{e}}_n \end{bmatrix} \bar{\boldsymbol{x}} \tag{6.2.2}$$

式中，$\bar{\boldsymbol{x}}$为向量$\boldsymbol{\eta}$在基底$\{\bar{\boldsymbol{e}}_1 \quad \bar{\boldsymbol{e}}_2 \quad \cdots \quad \bar{\boldsymbol{e}}_n\}$中的表示。

为了导出$\boldsymbol{x}$和$\bar{\boldsymbol{x}}$之间的关系，首先需要给出两组不同基底中的表示之间的关系。

设新基底中的向量$\bar{\boldsymbol{e}}_i\ (i=1,\ 2,\ \cdots,\ n)$在老基底$\{\boldsymbol{e}_1 \quad \boldsymbol{e}_2 \quad \cdots \quad \boldsymbol{e}_n\}$中的表示为

$$\bar{\boldsymbol{e}}_i = \begin{bmatrix} \boldsymbol{e}_1 & \boldsymbol{e}_2 & \cdots & \boldsymbol{e}_n \end{bmatrix} \begin{bmatrix} p_{1i} \\ p_{2i} \\ \vdots \\ p_{ni} \end{bmatrix},\quad i=1,\ 2,\ \cdots,\ n$$

于是，可以得到新老基底之间的关系为

$$\begin{aligned} \begin{bmatrix} \bar{\boldsymbol{e}}_1 & \bar{\boldsymbol{e}}_2 & \cdots & \bar{\boldsymbol{e}}_n \end{bmatrix} &= \begin{bmatrix} \boldsymbol{e}_1 & \boldsymbol{e}_2 & \cdots & \boldsymbol{e}_n \end{bmatrix} \begin{bmatrix} p_{11} & p_{12} & \cdots & p_{1n} \\ p_{21} & p_{22} & \cdots & p_{2n} \\ \vdots & \vdots & \cdots & \vdots \\ p_{n1} & p_{n2} & \cdots & p_{nn} \end{bmatrix} \\ &= \begin{bmatrix} \boldsymbol{e}_1 & \boldsymbol{e}_2 & \cdots & \boldsymbol{e}_n \end{bmatrix} \boldsymbol{P} \end{aligned} \tag{6.2.3}$$

因为式（6.2.1）和式（6.2.2）表示的是同一个向量，所以它们是相等的。于是，有

$$\begin{bmatrix} \boldsymbol{e}_1 & \boldsymbol{e}_2 & \cdots & \boldsymbol{e}_n \end{bmatrix} \boldsymbol{x} = \begin{bmatrix} \bar{\boldsymbol{e}}_1 & \bar{\boldsymbol{e}}_2 & \cdots & \bar{\boldsymbol{e}}_n \end{bmatrix} \bar{\boldsymbol{x}}$$

将式（6.2.3）代入得到

$$\begin{bmatrix} \boldsymbol{e}_1 & \boldsymbol{e}_2 & \cdots & \boldsymbol{e}_n \end{bmatrix} \boldsymbol{x} = \begin{bmatrix} \boldsymbol{e}_1 & \boldsymbol{e}_2 & \cdots & \boldsymbol{e}_n \end{bmatrix} \boldsymbol{P} \bar{\boldsymbol{x}}$$

比较上式两边，可以得到同一个向量在不同基底中的表示之间的关系为

$$\boldsymbol{x} = \boldsymbol{P}\bar{\boldsymbol{x}} \tag{6.2.4}$$

式（6.2.4）表示的是一种非奇异线性变换关系。

现在考虑线性定常系统

$$\dot{\boldsymbol{x}} = \boldsymbol{A}\boldsymbol{x} + \boldsymbol{B}\boldsymbol{u} \tag{6.2.5a}$$

$$\boldsymbol{y} = \boldsymbol{C}\boldsymbol{x} + \boldsymbol{D}\boldsymbol{u} \tag{6.2.5b}$$

式（6.2.5）是系统在老基底中的状态空间表达式。现在为了得到系统在新基底中的状态空间表达式，对状态变量 $\boldsymbol{x}$ 进行非奇异线性变换 $\boldsymbol{x} = \boldsymbol{P}\bar{\boldsymbol{x}}$，将 $\boldsymbol{x} = \boldsymbol{P}\bar{\boldsymbol{x}}$ 代入式（6.2.5），整理后得到

$$\dot{\bar{\boldsymbol{x}}} = \boldsymbol{P}^{-1}\boldsymbol{A}\boldsymbol{P}\bar{\boldsymbol{x}} + \boldsymbol{P}^{-1}\boldsymbol{B}\boldsymbol{u}$$

$$\boldsymbol{y} = \boldsymbol{C}\boldsymbol{P}\bar{\boldsymbol{x}} + \boldsymbol{D}\boldsymbol{u}$$

于是，可以得到系统在新基底中的状态空间表达式为

$$\dot{\bar{\boldsymbol{x}}} = \bar{\boldsymbol{A}}\bar{\boldsymbol{x}} + \bar{\boldsymbol{B}}\boldsymbol{u} \tag{6.2.6a}$$

$$\boldsymbol{y} = \bar{\boldsymbol{C}}\bar{\boldsymbol{x}} + \bar{\boldsymbol{D}}\boldsymbol{u} \tag{6.2.6b}$$

式中

$$\bar{\boldsymbol{A}} = \boldsymbol{P}^{-1}\boldsymbol{A}\boldsymbol{P}, \quad \bar{\boldsymbol{B}} = \boldsymbol{P}^{-1}\boldsymbol{B}, \quad \bar{\boldsymbol{C}} = \boldsymbol{C}\boldsymbol{P}, \quad \bar{\boldsymbol{D}} = \boldsymbol{D}$$

根据上述推导过程可知，非奇异线性变换矩阵 $\boldsymbol{P}$ 的选择不是唯一的。因此对于同一个系统而言，可以有多个状态向量及状态空间表达式与之对应，这就是状态变量和状态空间表达式的非唯一性。但因为这些状态变量和状态空间表达式描述的又都是同一个系统的动态行为，所以它们是代数等价的。

在上述状态的非奇异线性变换过程中，矩阵 $\boldsymbol{D}$ 不受其变换的影响，这是由于 $\boldsymbol{D}$ 所描述的是系统输入对于输出的直接传输关系，因此，它与系统的内部状态变换无关。

这里值得注意的是，当选择不同的状态变量去描述系统的时域行为时，虽然得到的状态空间表达式不同，但这只不过是数学描述形式上的不同，系统的本质及其基本特性则不会因为数学描述形式的不同而有所改变。可以证明：

（1）系统的特征值在非奇异线性变换前后是相同的，即系统的特征值具有不变性。

（2）系统的传递函数矩阵在非奇异线性变换前后是相同的，即系统的传递函数矩阵具有不变性。这也说明在输入输出特性保持不变的情况下，一个系统的传递函数矩阵可以与多种形式的状态空间表达式相对应。

6.2.2 状态空间表达式的约当标准型

在线性系统的分析与设计中，如果状态空间表达式具有对角线标准型或约当标准型的形式，那么会给问题的求解带来很多方便。

将形如

$$\bar{A} = \begin{bmatrix} \bar{A}_1 & & & 0 \\ & \bar{A}_2 & & \\ & & \ddots & \\ 0 & & & \bar{A}_\ell \end{bmatrix}$$

的矩阵称为约当矩阵。其中

$$\bar{A}_i = \underbrace{\begin{bmatrix} \lambda_i & 1 & 0 & \cdots & 0 & 0 \\ 0 & \lambda_i & 1 & \cdots & 0 & 0 \\ \vdots & \vdots & \vdots & \cdots & \vdots & \vdots \\ 0 & 0 & 0 & \cdots & \lambda_i & 1 \\ 0 & 0 & 0 & \cdots & 0 & \lambda_i \end{bmatrix}}_{m_i} \left.\vphantom{\begin{bmatrix} 1\\1\\1\\1\\1 \end{bmatrix}}\right\} m_i, \quad i = 1, 2, \cdots, \ell$$

被称为约当块。式中 ℓ 是约当块的个数，它等于矩阵 $\bar{A}$ 的独立特征向量的数目。m_i 是每个约当块的阶数。显然有 $m_1 + m_2 + \cdots + m_\ell = n$ 。当系统的状态空间表达式中的系统矩阵 A 为约当矩阵时，则把该状态空间表达式称为约当标准型。

其实，对角线矩阵是约当矩阵的特例。因此也可以认为对角线标准型是约当标准型的特例。

对于给定的状态空间表达式，可以通过线性变换将其变换为对角线标准型或约当标准型。

（1）设线性定常系统为

$$\dot{x} = Ax + Bu \tag{6.2.7a}$$

$$y = Cx + Du \tag{6.2.7b}$$

如果系统矩阵 A 的特征值互异，那么必存在非奇异线性变换矩阵 P，使

$$x = P\bar{x}$$

将原状态空间表达式（6.2.7）变换为对角线标准型

$$\dot{\bar{x}} = \bar{A}\bar{x} + \bar{B}u \tag{6.2.8a}$$

$$y = \bar{C}\bar{x} + \bar{D}u \tag{6.2.8b}$$

式中，有

$$\bar{A} = P^{-1}AP = \begin{bmatrix} \lambda_1 & 0 & \cdots & 0 \\ 0 & \lambda_2 & \cdots & 0 \\ \vdots & \vdots & \vdots & \vdots \\ 0 & 0 & \cdots & \lambda_n \end{bmatrix}$$

$$\bar{B} = P^{-1}B$$

$$\bar{C} = CP$$

$$\bar{D} = D$$

$\lambda_i (i = 1, 2, \cdots, n)$ 是系统的特征值。变换矩阵 $\boldsymbol{P}$ 由系统矩阵 $\boldsymbol{A}$ 的特征向量 $\boldsymbol{v}_1$，$\boldsymbol{v}_2$，…，$\boldsymbol{v}_n$ 构成，可表示为

$$\boldsymbol{P} = [\boldsymbol{v}_1 \quad \boldsymbol{v}_2 \quad \cdots \quad \boldsymbol{v}_n]$$

式中，$\boldsymbol{v}_1$，$\boldsymbol{v}_2$，…，$\boldsymbol{v}_n$ 分别是对应于系统矩阵 $\boldsymbol{A}$ 特征值 $\lambda_1, \lambda_2, \cdots, \lambda_n$ 的特征向量。

系统的特征值和特征向量已在矩阵理论中得到定义，现重复如下：

设矩阵 $\boldsymbol{A}$ 是一个 $n \times n$ 维的矩阵，若在向量空间中存在一非零向量 $\boldsymbol{v}$，使得

$$\boldsymbol{A}\boldsymbol{v} = \lambda \boldsymbol{v} \tag{6.2.9}$$

则称 λ 为矩阵 $\boldsymbol{A}$ 的特征值，任何满足式（6.2.9）的非零向量 $\boldsymbol{v}$ 称为矩阵 $\boldsymbol{A}$ 的对应于特征值 λ 的特征向量。

根据上述定义可以求出矩阵 $\boldsymbol{A}$ 的特征值，为此将式（6.2.9）改写为

$$(\lambda \boldsymbol{I} - \boldsymbol{A})\boldsymbol{v} = 0 \tag{6.2.10}$$

其中，$\boldsymbol{I}$ 是 $n \times n$ 维单位矩阵。式（6.2.10）是一个齐次线性方程，要使这个齐次线性方程有非零解，其必要和充分条件是

$$\det(\lambda \boldsymbol{I} - \boldsymbol{A}) = 0 \tag{6.2.11}$$

由此可知，系统的特征值 λ 就是方程（6.2.11）的解。因此，把方程（6.2.11）称为矩阵 $\boldsymbol{A}$ 的特征方程式，而把行列式 $\det(\lambda \boldsymbol{I} - \boldsymbol{A})$ 的展开式

$$\det(\lambda \boldsymbol{I} - \boldsymbol{A}) = \lambda^n + a_{n-1}\lambda^{n-1} + \cdots + a_1\lambda + a_0$$

称为矩阵 $\boldsymbol{A}$ 的特征多项式。

显然，$n \times n$ 维方阵 $\boldsymbol{A}$ 有 n 个特征值。对于实数方阵 $\boldsymbol{A}$，其 n 个特征值或为实数，或为共扼复数；如果 $\boldsymbol{A}$ 是实数对称方阵，则其 n 个特征值都是实数。

对于下列矩阵

$$\boldsymbol{A} = \begin{bmatrix} 0 & 1 & 0 & \cdots & 0 \\ 0 & 0 & 1 & \cdots & 0 \\ \vdots & \vdots & \vdots & \ddots & \vdots \\ 0 & 0 & 0 & \cdots & 1 \\ -a_0 & -a_1 & -a_2 & \cdots & -a_{n-1} \end{bmatrix} \tag{6.2.12}$$

其特征多项式为

$$\det(\lambda \boldsymbol{I} - \boldsymbol{A}) = \lambda^n + a_{n-1}\lambda^{n-1} + a_{n-2}\lambda^{n-2} + \cdots + a_1\lambda + a_0$$

由此可以看出式(6.2.12)所表示的矩阵 $\boldsymbol{A}$ 的特征多项式的系数 a_{n-1}，a_{n-2}，…，a_1，a_0 与矩阵 $\boldsymbol{A}$ 的最后一行元素具有对应关系，在数学上将形如式（6.2.12）的矩阵称为相伴矩阵或友矩阵。

例 6.2.1　将下列状态空间表达式

$$\dot{\boldsymbol{x}}=\begin{bmatrix}0 & 1 & -1\\ -6 & -11 & 6\\ -6 & -11 & 5\end{bmatrix}\boldsymbol{x}+\begin{bmatrix}0\\0\\1\end{bmatrix}u$$

$$y=[1\quad 0\quad 0]\boldsymbol{x}$$

变换为对角线标准型。

解：第 1 步：计算系统的特征值。

系统的特征值是特征方程式 $\det(\lambda\boldsymbol{I}-\boldsymbol{A})=0$ 的根。求解特征方程式，可得系统的特征值为 $\lambda_1=-1$，$\lambda_2=-2$，$\lambda_3=-3$。

第 2 步：计算特征向量。

与特征值 $\lambda_1=-1$ 相对应的特征向量 $\boldsymbol{v}_1$，可以由下列齐次方程得到

$$(\lambda_1\boldsymbol{I}-\boldsymbol{A})\boldsymbol{v}_1=0$$

即

$$\begin{bmatrix}-1 & -1 & 1\\ 6 & 10 & -6\\ 6 & 11 & -6\end{bmatrix}\begin{bmatrix}\boldsymbol{v}_{11}\\ \boldsymbol{v}_{21}\\ \boldsymbol{v}_{31}\end{bmatrix}=0$$

求解上述方程，可得 $v_{21}=0$，$v_{11}=v_{31}$。为简单起见，令 $v_{11}=1$，于是有 $v_{31}=1$。写成向量形式为

$$\boldsymbol{v}_1=\begin{bmatrix}1\\0\\1\end{bmatrix}$$

同理可得到对应于特征值 $\lambda_2=-2$ 和 $\lambda_3=-3$ 的特征向量 $\boldsymbol{v}_2$ 和 $\boldsymbol{v}_3$ 分别为

$$\boldsymbol{v}_2=\begin{bmatrix}1\\2\\4\end{bmatrix},\quad \boldsymbol{v}_3=\begin{bmatrix}1\\6\\9\end{bmatrix}$$

第 3 步：对状态空间表达式进行非奇异线性变换。

为此令非奇异线性变换矩阵 $\boldsymbol{P}$ 为

$$\boldsymbol{P}=\begin{bmatrix}\boldsymbol{v}_1 & \boldsymbol{v}_2 & \boldsymbol{v}_3\end{bmatrix}=\begin{bmatrix}1 & 1 & 1\\ 0 & 2 & 6\\ 1 & 4 & 9\end{bmatrix}$$

于是，有

$$\overline{\boldsymbol{A}}=\boldsymbol{P}^{-1}\boldsymbol{A}\boldsymbol{P}=\begin{bmatrix}-1 & 0 & 0\\ 0 & -2 & 0\\ 0 & 0 & -3\end{bmatrix}$$

$$\bar{\boldsymbol{b}}=\boldsymbol{P}^{-1}\boldsymbol{b}=\begin{bmatrix}3 & \frac{5}{2} & -2\\ -3 & -4 & 3\\ 1 & \frac{3}{2} & -1\end{bmatrix}\begin{bmatrix}0\\0\\1\end{bmatrix}=\begin{bmatrix}-2\\3\\-1\end{bmatrix}$$

$$\bar{\boldsymbol{c}}=\boldsymbol{cP}=\begin{bmatrix}1 & 1 & 1\end{bmatrix}$$

最后，可得到系统的对角线标准型为

$$\dot{\bar{\boldsymbol{x}}}=\begin{bmatrix}-1 & 0 & 0\\ 0 & -2 & 0\\ 0 & 0 & -3\end{bmatrix}\bar{\boldsymbol{x}}+\begin{bmatrix}-2\\3\\-1\end{bmatrix}u$$

$$y=\begin{bmatrix}1 & 1 & 1\end{bmatrix}\bar{\boldsymbol{x}}$$

（2）设线性定常系统为

$$\dot{x}=\boldsymbol{A}x+\boldsymbol{B}U\text{，}\quad y=\boldsymbol{C}x+\boldsymbol{D}U$$

如果系统矩阵 $\boldsymbol{A}$ 具有重特征值，将分两种情况进行讨论。

一种情况是矩阵 $\boldsymbol{A}$ 虽具有重特征值，但矩阵 $\boldsymbol{A}$ 仍然有 n 个独立的特征向量。也即每个重特征值对应的独立特征向量个数与该特征值的重数相同。对于这种情况就如同特征值互异时一样，仍可把矩阵 $\boldsymbol{A}$ 化为对角线矩阵；另一种情况是矩阵 $\boldsymbol{A}$ 不但具有重特征值，而且其独立特征向量的个数也低于 n。也即矩阵 $\boldsymbol{A}$ 至少有一个重特征值对应的独立特征向量数小于该特征值的重数。对于这种情况，矩阵 $\boldsymbol{A}$ 虽不能被变换为对角线矩阵，但是可以证明能够把矩阵 $\boldsymbol{A}$ 变换为约当矩阵。

那么，如何判断矩阵 $\boldsymbol{A}$ 的重特征值对应的独立特征向量个数是否与该特征值的重数相同呢？为此，线性代数中有如下定理。

定理：对于齐次方程 $\boldsymbol{Ax}=0$，若 $\boldsymbol{A}$ 为 $n\times n$ 维矩阵，并且矩阵 $\boldsymbol{A}$ 的秩 $\operatorname{rank}\boldsymbol{A}=r$，则向量 $\boldsymbol{x}$ 有 $n-r$ 组线性无关的解。

例如，当 $n=5$ 时，齐次方程 $\boldsymbol{Ax}=0$ 可记为

$$\begin{bmatrix}a_{11} & a_{12} & a_{13} & a_{14} & a_{15}\\ a_{21} & a_{22} & a_{23} & a_{24} & a_{25}\\ a_{31} & a_{32} & a_{33} & a_{34} & a_{35}\\ a_{41} & a_{42} & a_{43} & a_{44} & a_{45}\\ a_{51} & a_{52} & a_{53} & a_{54} & a_{55}\end{bmatrix}\begin{bmatrix}x_1\\x_2\\x_3\\x_4\\x_5\end{bmatrix}=0$$

若矩阵 $\boldsymbol{A}$ 的秩 $r=2$，也即 $\operatorname{rank}\boldsymbol{A}=2$，则意味着上述五个方程中只有两个方程是独立的。因此在求解这两个方程时可将 x_3, x_4, x_5 看作是已知数，得

$$x_1=f_1(x_3,x_4,x_5)$$
$$x_2=f_2(x_3,x_4,x_5)$$

若将 x_3, x_4, x_5 取为三组线性无关的值

$$\begin{bmatrix} x_3 \\ x_4 \\ x_5 \end{bmatrix} = \begin{bmatrix} 1 \\ 0 \\ 0 \end{bmatrix}, \quad \begin{bmatrix} x_3 \\ x_4 \\ x_5 \end{bmatrix} = \begin{bmatrix} 0 \\ 1 \\ 0 \end{bmatrix}, \quad \begin{bmatrix} x_3 \\ x_4 \\ x_5 \end{bmatrix} = \begin{bmatrix} 0 \\ 0 \\ 1 \end{bmatrix}$$

则可以得到向量 $\boldsymbol{x}$ 的 $n-r=3$ 组线性无关的解，为

$$\begin{bmatrix} x_1 \\ x_2 \\ x_3 \\ x_4 \\ x_5 \end{bmatrix} = \begin{bmatrix} f_1(1,\ 0,\ 0) \\ f_2(1,\ 0,\ 0) \\ 1 \\ 0 \\ 0 \end{bmatrix}, \quad \begin{bmatrix} x_1 \\ x_2 \\ x_3 \\ x_4 \\ x_5 \end{bmatrix} = \begin{bmatrix} f_1(0,\ 1,\ 0) \\ f_2(0,\ 1,\ 0) \\ 0 \\ 1 \\ 0 \end{bmatrix}, \quad \begin{bmatrix} x_1 \\ x_2 \\ x_3 \\ x_4 \\ x_5 \end{bmatrix} = \begin{bmatrix} f_1(0,\ 0,\ 1) \\ f_2(0,\ 0,\ 1) \\ 0 \\ 0 \\ 1 \end{bmatrix}$$

根据上述定理知，若 λ_i 是矩阵 $\boldsymbol{A}$ 的 m_i 重特征值，则 λ_i 对应的特征向量应满足齐次方程 $(\lambda_i \boldsymbol{I} - \boldsymbol{A})\boldsymbol{v} = 0$，于是矩阵 $\boldsymbol{A}$ 的重特征值 λ_i 对应的独立特征向量 $\boldsymbol{v}$ 的个数为 $n-r$，$r = \mathrm{rank}[\lambda_i \boldsymbol{I} - \boldsymbol{A}]$。

第一种情况：矩阵 $\boldsymbol{A}$ 具有 m 重特征值为 $\lambda_1 = \lambda_2 = \cdots = \lambda_m (m \leqslant n)$，但是 m 重特征值 $\lambda_i (i = 1,2,\cdots,m)$ 对应的独立特征向量仍有 m 个，也即矩阵 $\boldsymbol{A}$ 虽然具有 m 重特征值，但是矩阵 $\boldsymbol{A}$ 仍然有 n 个独立的特征向量。此时，经过非奇异线性变换后，仍然可以将矩阵 $\boldsymbol{A}$ 变换为对角线矩阵

$$\bar{\boldsymbol{A}} = \boldsymbol{P}^{-1}\boldsymbol{A}\boldsymbol{P} = \left[\begin{array}{ccc|ccc} \lambda_1 & & 0 & & & \\ & \ddots & & & \boldsymbol{0} & \\ 0 & & \lambda_1 & & & \\ \hline & & & \lambda_{m+1} & & 0 \\ & \boldsymbol{0} & & & \ddots & \\ & & & 0 & & \lambda_n \end{array}\right] \tag{6.2.13}$$

变换矩阵 $\boldsymbol{P}$ 为

$$\boldsymbol{P} = [\boldsymbol{v}_1 \quad \boldsymbol{v}_2 \quad \cdots \quad \boldsymbol{v}_m \quad \boldsymbol{v}_{m+1} \quad \cdots \quad \boldsymbol{v}_n]$$

式中 $\boldsymbol{v}_1, \boldsymbol{v}_2, \cdots, \boldsymbol{v}_m$ 为 m 重特征根 λ_1 所对应的 m 个独立的特征向量，$\boldsymbol{v}_{m+1}, \boldsymbol{v}_{m+2}, \cdots, \boldsymbol{v}_n$ 为矩阵 $\boldsymbol{A}$ 的 $(n-m)$ 个互异特征值 $\lambda_{m+1}, \lambda_{m+2}, \cdots, \lambda_n$ 所对应的特征向量。

例 6.2.2　设矩阵 $\boldsymbol{A}$ 为

$$\boldsymbol{A} = \begin{bmatrix} 1 & 0 & -1 \\ 0 & 1 & 0 \\ 0 & 0 & 2 \end{bmatrix}$$

试求矩阵 $\boldsymbol{A}$ 的特征值和特征向量，并将 $\boldsymbol{A}$ 变换为约当矩阵。

解： 由矩阵 $\boldsymbol{A}$ 的特征方程式 $\det(\lambda \boldsymbol{I} - \boldsymbol{A}) = 0$，可求出其特征值为 $\lambda_1 = 1, \lambda_2 = 1, \lambda_3 = 2$。这里 λ_1 是矩阵 $\boldsymbol{A}$ 的二重特征值，它的特征向量可由下列方程给出

$$[\lambda_1 \boldsymbol{I}-\boldsymbol{A}]\boldsymbol{v}_1=\begin{bmatrix}0&0&1\\0&0&0\\0&0&-1\end{bmatrix}\begin{bmatrix}v_{11}\\v_{21}\\v_{31}\end{bmatrix}=0$$

由于矩阵$[\lambda_1 \boldsymbol{I}-\boldsymbol{A}]$的秩是 1，因此向量$\boldsymbol{v}$有两个独立的解，它们是

$$\boldsymbol{v}_1=\begin{bmatrix}1\\0\\0\end{bmatrix},\quad \boldsymbol{v}_2=\begin{bmatrix}0\\1\\0\end{bmatrix}$$

而$\lambda_3=2$的特征向量$\boldsymbol{v}_3$为

$$\boldsymbol{v}_3=\begin{bmatrix}-1\\0\\1\end{bmatrix}$$

由此可构成非奇异线性变换矩阵$\boldsymbol{P}$为

$$\boldsymbol{P}=[\boldsymbol{v}_1\quad \boldsymbol{v}_2\quad \boldsymbol{v}_3]=\begin{bmatrix}1&0&-1\\0&1&0\\0&0&1\end{bmatrix}$$

于是，有

$$\overline{\boldsymbol{A}}=\boldsymbol{P}^{-1}\boldsymbol{A}\boldsymbol{P}=\begin{bmatrix}1&0&0\\0&1&0\\0&0&2\end{bmatrix}$$

第二种情况：矩阵$\boldsymbol{A}$的m重特征值只有一个独立的特征向量时的情况。

设矩阵$\boldsymbol{A}$的m重特征值为λ_1，但是，$r=\text{rank}(\lambda_1\boldsymbol{I}-\boldsymbol{A})=n-1$。这就意味着，$m$重特征值$\lambda_1$对应的特征向量$\boldsymbol{v}$满足的齐次方程$(\lambda_1\boldsymbol{I}-\boldsymbol{A})\boldsymbol{v}=0$的解中，只有一个是线性独立的。此时，为了构造变换矩阵$\boldsymbol{P}$，需要引进广义特征向量。

设$\boldsymbol{v}_1^1$为与重特征值λ_1对应的特征向量，$\boldsymbol{v}_1^2 \quad \cdots \quad \boldsymbol{v}_1^m$为与重特征值$\lambda_1$对应的广义特征向量，则这些特征向量由下式确定

$$\begin{cases}(\lambda_1\boldsymbol{I}-\boldsymbol{A})\boldsymbol{v}_1^1=0\\(\lambda_1\boldsymbol{I}-\boldsymbol{A})\boldsymbol{v}_1^2=-\boldsymbol{v}_1^1\\(\lambda_1\boldsymbol{I}-\boldsymbol{A})\boldsymbol{v}_1^3=-\boldsymbol{v}_1^2\\\qquad\vdots\\(\lambda_1\boldsymbol{I}-\boldsymbol{A})\boldsymbol{v}_1^m=-\boldsymbol{v}_1^{m-1}\end{cases}\tag{6.2.14}$$

令非奇异线性变换矩阵$\boldsymbol{P}$为

$$\boldsymbol{P}=\begin{bmatrix}\boldsymbol{v}_1^1 & \boldsymbol{v}_1^2 & \cdots & \boldsymbol{v}_1^m & \boldsymbol{v}_{m+1} & \cdots & \boldsymbol{v}_n\end{bmatrix}$$

式中，$\boldsymbol{v}_{m+1} \quad \cdots \quad \boldsymbol{v}_n$为矩阵$\boldsymbol{A}$的$n-m$个互异特征值的特征向量。则经过非奇异线性变换后，可以将矩阵$\boldsymbol{A}$变换为约当矩阵。

$$\overline{A} = P^{-1}AP = \left[\begin{array}{cccc|ccc} \lambda_1 & 1 & & 0 & & & \\ & \lambda_1 & \ddots & & & & \\ & & \ddots & 1 & & 0 & \\ 0 & & & \lambda_1 & & & \\ \hline & & & & \lambda_{m+1} & & 0 \\ & 0 & & & & \ddots & \\ & & & & 0 & & \lambda_n \end{array}\right]$$

例 6.2.3　试将下列状态方程变换为约当标准型

$$\dot{x} = \begin{bmatrix} 0 & 1 & 0 \\ 0 & 0 & 1 \\ 2 & 3 & 0 \end{bmatrix} x + \begin{bmatrix} 0 \\ 0 \\ 1 \end{bmatrix} u$$

解：第 1 步：计算矩阵 A 的特征值。

由特征方程 $|\lambda I - A| = (\lambda+1)^2(\lambda-2) = 0$ 可得 $\lambda_1 = -1$，$\lambda_2 = -1$，$\lambda_3 = 2$。

第 2 步：求特征向量。对应于二重特征值 $\lambda_1 = -1$ 的特征向量为

$$v_1^1 = \begin{bmatrix} 1 \\ -1 \\ 1 \end{bmatrix}$$

对应于二重特征值 $\lambda_1 = -1$ 的广义特征向量，可以由 $(\lambda_1 I - A)v_1^2 = -v_1^1$ 确定，有

$$v_1^2 = \begin{bmatrix} 1 \\ 0 \\ -1 \end{bmatrix}$$

对应于特征值 $\lambda_3 = 2$ 的特征向量为

$$v_3 = \begin{bmatrix} 1 \\ 2 \\ 4 \end{bmatrix}$$

于是，可以得到非奇异线性变换矩阵，为

$$P = \begin{bmatrix} 1 & 1 & 1 \\ -1 & 0 & 2 \\ 1 & -1 & 4 \end{bmatrix}$$

第3步：变换后的约当标准型中的矩阵 $\bar{\boldsymbol{A}}$ 和 $\bar{\boldsymbol{b}}$ 分别为

$$\bar{\boldsymbol{A}}=\boldsymbol{P}^{-1}\boldsymbol{A}\boldsymbol{P}=\begin{bmatrix}-1 & 1 & 0\\ 0 & -1 & 0\\ 0 & 0 & 2\end{bmatrix}$$

$$\bar{\boldsymbol{b}}=\boldsymbol{P}^{-1}\boldsymbol{b}=\begin{bmatrix}\dfrac{2}{9}\\ -\dfrac{1}{3}\\ \dfrac{1}{9}\end{bmatrix}$$

6.3 线性定常系统的时间响应和状态转移矩阵

在分析控制系统的性能时，经常需要利用状态方程的解。下面将介绍线性定常连续系统状态方程的求解方法。

6.3.1 齐次状态方程的解

齐次状态方程是指输入信号为零时的状态方程，即

$$\dot{\boldsymbol{x}}(t)=\boldsymbol{A}\boldsymbol{x}(t) \tag{6.3.1}$$

求解齐次状态方程式就是求齐次状态方程（6.3.1）满足初始状态

$$\boldsymbol{x}(t)\big|_{t=0}=\boldsymbol{x}(0) \tag{6.3.2}$$

时的解。也就是求解系统由初始状态所引起的自由运动。

在求解齐次状态方程式（6.3.1）之前，首先观察标量微分方程

$$\dot{x}=ax \tag{6.3.3}$$

的解。通常我们在求解方程式（6.3.3）时，首先设其解为

$$x(t)=b_0+b_1t+b_2t^2+\cdots+b_kt^k+\cdots \tag{6.3.4}$$

将所设解的表达式（6.3.4）代入式（6.3.3），可得

$$b_1+2b_2t+3b_3t^2+\cdots+kb_kt^{k-1}+\cdots=a(b_0+b_1t+b_2t^2+\cdots+b_kt^k+\cdots)$$

令上式中等式两边 t 的同幂次项的系数相等，有

$$b_1=ab_0$$

$$b_2=\frac{1}{2}ab_1=\frac{1}{2}a^2b_0$$

$$b_3=\frac{1}{3}ab_2=\frac{1}{3\times 2}a^3b_0$$

$$\vdots$$

$$b_k = \frac{1}{k!}a^k b_0$$

将 $t=0$ 代入方程（6.3.4），有

$$x(0) = b_0$$

因此，方程（6.3.3）的解 $x(t)$ 可写为

$$x(t) = \left(1 + at + \frac{1}{2!}a^2t^2 + \cdots + \frac{1}{k!}a^k t^k + \cdots\right)x(0) = \mathrm{e}^{at}x(0)$$

现在仿照标量微分方程的解法，求解齐次状态方程（6.3.1）。为此设其解为

$$x(t) = b_0 + b_1 t + b_2 t^2 + \cdots + b_k t^k + \cdots \tag{6.3.5}$$

将所设的解代入方程式（6.3.1），有

$$b_1 + 2b_2 t + 3b_3 t^2 + \cdots + kb_k t^{k-1} + \cdots = A(b_0 + b_1 t + b_2 t^2 + \cdots + b_k t^k + \cdots) \tag{6.3.6}$$

根据方程式（6.3.6）可得

$$b_1 = Ab_0$$

$$b_2 = \frac{1}{2}Ab_1 = \frac{1}{2}A^2 b_0$$

$$b_3 = \frac{1}{3}Ab_2 = \frac{1}{3\times 2}A^3 b_0$$

$$\vdots$$

$$b_k = \frac{1}{k!}A^k b_0$$

在式（6.3.5）中令 $t=0$，得

$$x(0) = b_0$$

于是，式（6.3.1）的解为

$$\boldsymbol{x}(t) = \left(\boldsymbol{I} + \boldsymbol{A}t + \frac{1}{2!}\boldsymbol{A}^2t^2 + \cdots + \frac{1}{k!}\boldsymbol{A}^k t^k + \cdots\right)\boldsymbol{x}(0) \tag{6.3.7}$$

式（6.3.7）右边括号里的展开式是 $n\times n$ 维矩阵。由于它与标量指数函数的无穷级数类似，所以我们把它称为矩阵指数函数，记为 $\mathrm{e}^{\boldsymbol{A}t}$，即

$$\mathrm{e}^{\boldsymbol{A}t} = \boldsymbol{I} + \boldsymbol{A}t + \frac{1}{2!}\boldsymbol{A}^2t^2 + \cdots + \frac{1}{k!}\boldsymbol{A}^k t^k + \cdots = \sum_{k=0}^{\infty}\frac{\boldsymbol{A}^k t^k}{k!} \tag{6.3.8}$$

利用矩阵指数函数，可以将齐次状态方程的解表示为

$$\boldsymbol{x}(t) = \mathrm{e}^{\boldsymbol{A}t}\boldsymbol{x}(0),\quad t \geqslant 0 \tag{6.3.9}$$

也可以采用拉普拉斯变换得到这个结果。

将状态方程（6.3.1）两边进行拉普拉斯变换，得到

$$s\boldsymbol{X}(s) - \boldsymbol{x}(0) = \boldsymbol{A}\boldsymbol{X}(s)$$

其中，$\boldsymbol{X}(s) = L\left[\boldsymbol{x}(t)\right]$。对上式进行整理，得到

$$(s\boldsymbol{I}-\boldsymbol{A})\boldsymbol{X}(s)=\boldsymbol{x}(0)$$

用$(s\boldsymbol{I}-\boldsymbol{A})^{-1}$左乘上式两端，可得

$$\boldsymbol{X}(s)=(s\boldsymbol{I}-\boldsymbol{A})^{-1}\boldsymbol{x}(0)$$

于是，有

$$\boldsymbol{x}(t)=L^{-1}[(s\boldsymbol{I}-\boldsymbol{A})^{-1}]\boldsymbol{x}(0) \tag{6.3.10}$$

考虑到

$$(s\boldsymbol{I}-\boldsymbol{A})^{-1}=\frac{\boldsymbol{I}}{s}+\frac{\boldsymbol{A}}{s^2}+\frac{\boldsymbol{A}^2}{s^3}+\cdots$$

上式的拉普拉斯反变换为

$$L^{-1}[(s\boldsymbol{I}-\boldsymbol{A})^{-1}]=\boldsymbol{I}+\boldsymbol{A}t+\frac{\boldsymbol{A}^2t^2}{2!}+\frac{\boldsymbol{A}^3t^3}{3!}+\cdots=\mathrm{e}^{\boldsymbol{A}t} \tag{6.3.11}$$

由式（6.3.10）和式（6.3.11）知，齐次状态方程式（6.3.1）的解为

$$\boldsymbol{x}(t)=\mathrm{e}^{\boldsymbol{A}t}\boldsymbol{x}(0) \tag{6.3.12}$$

与式（6.3.9）的结果相同。但这里式（6.3.11）给出了一种计算矩阵指数函数的方法。

当初始状态为$\boldsymbol{x}(t_0)$，而不是$\boldsymbol{x}(0)$时，齐次状态方程的解可表示为

$$\boldsymbol{x}(t)=\mathrm{e}^{\boldsymbol{A}(t-t_0)}\boldsymbol{x}(t_0)\text{，}\quad t\geqslant t_0 \tag{6.3.13}$$

式（6.3.13）表明了系统从$t=t_0$时的初始状态$\boldsymbol{x}(t_0)$转移到$t>t_0$的任意状态$\boldsymbol{x}(t)$的转移特性，如图6.3.1所示。因此，我们又把矩阵指数函数$\mathrm{e}^{\boldsymbol{A}(t-t_0)}$称为线性定常系统的状态转移矩阵，记为$\boldsymbol{\Phi}(t-t_0)$，于是有

$$\boldsymbol{\Phi}(t-t_0)=\mathrm{e}^{\boldsymbol{A}(t-t_0)} \tag{6.3.14}$$

$$\boldsymbol{\Phi}(t)=\mathrm{e}^{\boldsymbol{A}t} \tag{6.3.15}$$

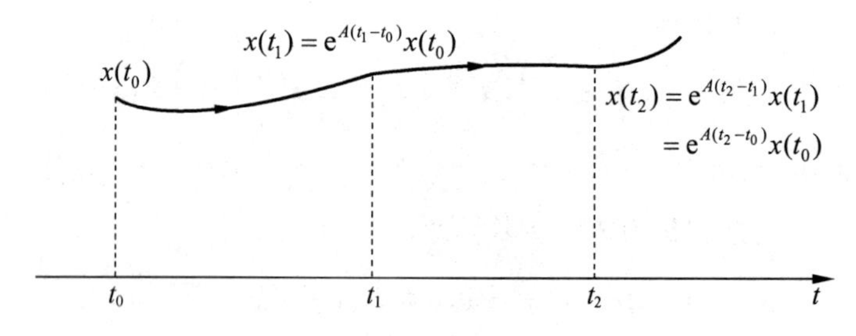

图6.3.1　线性定常系统的状态转移

这样，又可以将齐次状态方程的解式（6.3.12）和式（6.3.13）分别表示为

$$\boldsymbol{x}(t)=\boldsymbol{\Phi}(t)\boldsymbol{x}(0),\quad t\geqslant 0 \tag{6.3.16}$$

$$\boldsymbol{x}(t)=\boldsymbol{\Phi}(t-t_0)\boldsymbol{x}(t_0),\quad t\geqslant t_0 \tag{6.3.17}$$

而状态转移矩阵$\boldsymbol{\Phi}(t)$是线性定常矩阵微分方程式

$$\begin{cases} \dot{\boldsymbol{\Phi}}(t) = \boldsymbol{A}\boldsymbol{\Phi}(t) \\ \boldsymbol{\Phi}(0) = \boldsymbol{I} \end{cases} \tag{6.3.18}$$

的唯一解。它包含了系统自由运动的全部信息。

这里应注意，矩阵指数函数 $\mathrm{e}^{\boldsymbol{A}t}$ 和状态转移矩阵 $\boldsymbol{\Phi}(t)$ 是从两个不同角度提出的概念。矩阵指数函数 $\mathrm{e}^{\boldsymbol{A}t}$ 是指一数学函数的名称，而状态转移矩阵 $\boldsymbol{\Phi}(t)$ 则是指满足矩阵微分方程式（6.3.18）的解。它表征了初始状态 $\boldsymbol{x}(0)$ 对某个时刻 t 的状态 $\boldsymbol{x}(t)$ 的转移特性。对于线性定常系统，其状态转移矩阵 $\boldsymbol{\Phi}(t)$ 的数学表达式就是矩阵指数函数 $\mathrm{e}^{\boldsymbol{A}t}$ 。

状态转移矩阵 $\boldsymbol{\Phi}(t)$ 具有如下性质：

（1）$\boldsymbol{\Phi}(0) = \mathrm{e}^{\boldsymbol{A}\cdot 0} = \boldsymbol{I}$ （6.3.19）

（2）$\dot{\boldsymbol{\Phi}}(t) = \boldsymbol{A}\boldsymbol{\Phi}(t)$

即

$$\frac{\mathrm{d}}{\mathrm{d}t}\mathrm{e}^{\boldsymbol{A}t} = \boldsymbol{A}\mathrm{e}^{\boldsymbol{A}t} \tag{6.3.20}$$

（3）$\boldsymbol{\Phi}(t_2 - t_1)\boldsymbol{\Phi}(t_1 - t_0) = \boldsymbol{\Phi}(t_2 - t_0)$ （6.3.21）

证明：由式（6.3.17），可得

$$\boldsymbol{x}(t_2) = \boldsymbol{\Phi}(t_2 - t_1)\boldsymbol{x}(t_1) \tag{6.3.22}$$

$$\boldsymbol{x}(t_1) = \boldsymbol{\Phi}(t_1 - t_0)\boldsymbol{x}(t_0) \tag{6.3.23}$$

$$\boldsymbol{x}(t_2) = \boldsymbol{\Phi}(t_2 - t_0)\boldsymbol{x}(t_0) \tag{6.3.24}$$

将式（6.3.23）代入式（6.3.22），有

$$\boldsymbol{x}(t_2) = \boldsymbol{\Phi}(t_2 - t_1)\boldsymbol{\Phi}(t_1 - t_0)\boldsymbol{x}(t_0) \tag{6.3.25}$$

比较式（6.3.25）和式（6.3.24），便可得到

$$\boldsymbol{\Phi}(t_2 - t_1)\boldsymbol{\Phi}(t_1 - t_0) = \boldsymbol{\Phi}(t_2 - t_0)$$

证毕。

性质（3）表明，在系统的状态转移过程中，既可以将系统的一步状态转移分解成多步状态转移，也可以将系统的多步状态转移等效为一步状态转移，如图 6.3.1 所示。

（4）$\boldsymbol{\Phi}(t - t_0)$ 必有逆，且其逆为 $\boldsymbol{\Phi}(t_0 - t)$ ，即

$$\boldsymbol{\Phi}^{-1}(t - t_0) = \boldsymbol{\Phi}(t_0 - t) \tag{6.3.26}$$

证明：用 $\boldsymbol{\Phi}(t - t_0)$ 左乘 $\boldsymbol{\Phi}(t_0 - t)$ ，有

$$\boldsymbol{\Phi}(t - t_0)\boldsymbol{\Phi}(t_0 - t) = \boldsymbol{\Phi}(t - t) = \boldsymbol{\Phi}(0) = \boldsymbol{I}$$

再用 $\boldsymbol{\Phi}(t - t_0)$ 右乘 $\boldsymbol{\Phi}(t_0 - t)$ ，也有

$$\boldsymbol{\Phi}(t_0 - t)\boldsymbol{\Phi}(t - t_0) = \boldsymbol{\Phi}(t_0 - t_0) = \boldsymbol{\Phi}(0) = \boldsymbol{I}$$

于是根据矩阵逆阵的定义，便可得式（6.3.26）。

对于齐次状态方程的解式（6.3.17），根据性质（4）可知，

$$x(t_0)=\Phi^{-1}(t-t_0)x(t)=\Phi(t_0-t)x(t)$$

这说明，系统的状态转移在时间上是可以逆转的，也即对于状态而言，既可以正向转移，又可以反向推移。

（5）$\Phi(t_1+t_2)=\Phi(t_1)\Phi(t_2)=\Phi(t_2)\Phi(t_1)$ （6.3.27）

证明：

$$\Phi(t_1+t_2)=\mathrm{e}^{A(t_1+t_2)}=\mathrm{e}^{At_1}\mathrm{e}^{At_2}=\Phi(t_1)\Phi(t_2)$$

$$\Phi(t_1+t_2)=\mathrm{e}^{A(t_2+t_1)}=\mathrm{e}^{At_2}\mathrm{e}^{At_1}=\Phi(t_2)\Phi(t_1)$$

于是，式（6.3.27）得证。

（6）$[\Phi(t)]^n=\Phi(nt)$ （6.3.28）

由性质（5）可以很自然地推导出式（6.3.28）。

6.3.2 非齐次状态方程的解

已知非齐次状态方程为

$$\dot{x}=Ax+Bu \tag{6.3.29}$$

系统的初始状态为 $x(0)$。下面给出利用积分法和拉普拉斯变换法的求解方程式（6.3.29）的过程。

1. 积分法

将式（6.3.29）改写为

$$\dot{x}(t)-Ax(t)=Bu(t)$$

用 e^{-At} 左乘等式两端，有

$$\mathrm{e}^{-At}\left[\dot{x}(t)-Ax(t)\right]=\mathrm{e}^{-At}Bu(t)$$

上述方程可表示为

$$\frac{\mathrm{d}}{\mathrm{d}t}[\mathrm{e}^{-At}x(t)]=\mathrm{e}^{-At}Bu(t) \tag{6.3.30}$$

将式（6.3.30）在时间区间 $[0,t]$ 内积分，有

$$\mathrm{e}^{-At}x(t)\Big|_0^t=\int_0^t\mathrm{e}^{-A\tau}Bu(\tau)\mathrm{d}\tau$$

即

$$\mathrm{e}^{-At}x(t)-x(0)=\int_0^t\mathrm{e}^{-A\tau}Bu(\tau)\mathrm{d}\tau$$

整理后得

$$\begin{aligned}x(t)&=\mathrm{e}^{At}x(0)+\mathrm{e}^{At}\int_0^t\mathrm{e}^{-A\tau}Bu(\tau)\mathrm{d}\tau\\&=\mathrm{e}^{At}x(0)+\int_0^t\mathrm{e}^{A(t-\tau)}Bu(\tau)\mathrm{d}\tau,\ t\geqslant 0\end{aligned}$$

这就是非齐次状态方程式（6.3.29）当初始状态为 $x(0)$ 时的解。该式也可用状态转移矩阵表示为

$$\boldsymbol{x}(t)=\boldsymbol{\Phi}(t)\boldsymbol{x}(0)+\int_0^t \boldsymbol{\Phi}(t-\tau)\boldsymbol{B}\boldsymbol{u}(\tau)\mathrm{d}\tau,\quad t\geqslant 0 \tag{6.3.31}$$

对于更一般的情况，当初始时刻为 t_0 时，有

$$\boldsymbol{x}(t)=\boldsymbol{\Phi}(t-t_0)\boldsymbol{x}(t_0)+\int_{t_0}^t \boldsymbol{\Phi}(t-\tau)\boldsymbol{B}\boldsymbol{u}(\tau)\mathrm{d}\tau,\quad t\geqslant t_0 \tag{6.3.32}$$

通常将式（6.3.32）称为状态转移方程。于是，系统的动态响应可以表示为

$$\boldsymbol{y}(t)=\boldsymbol{C}\boldsymbol{\Phi}(t-t_0)\boldsymbol{x}(t_0)+\boldsymbol{C}\int_{t_0}^t \boldsymbol{\Phi}(t-\tau)\boldsymbol{B}\boldsymbol{u}(\tau)\mathrm{d}\tau,\quad t\geqslant t_0 \tag{6.3.33}$$

式（6.3.33）表明，系统的动态响应由两部分组成，一部分是由初始状态 $\boldsymbol{x}(t_0)$ 引起的零输入响应，另一部分是由输入信号 $\boldsymbol{u}(t)$ 引起的零状态响应。

2．拉普拉斯变换法

对式（6.3.29）进行拉普拉斯变换，有

$$s\boldsymbol{X}(s)-\boldsymbol{x}(0)=\boldsymbol{A}\boldsymbol{X}(s)+\boldsymbol{B}\boldsymbol{U}(s)$$

整理后可以得到

$$(s\boldsymbol{I}-\boldsymbol{A})\boldsymbol{X}(s)=\boldsymbol{x}(0)+\boldsymbol{B}\boldsymbol{U}(s)$$

两边左乘 $(s\boldsymbol{I}-\boldsymbol{A})^{-1}$，有

$$\boldsymbol{X}(s)=(s\boldsymbol{I}-\boldsymbol{A})^{-1}\boldsymbol{x}(0)+(s\boldsymbol{I}-\boldsymbol{A})^{-1}\boldsymbol{B}\boldsymbol{U}(s)$$

利用式（6.3.11）和卷积积分，对上式进行拉普拉斯反变换，可以得到

$$\boldsymbol{x}(t)=\mathrm{e}^{\boldsymbol{A}t}\boldsymbol{x}(0)+\int_0^t \mathrm{e}^{\boldsymbol{A}(t-\tau)}\boldsymbol{B}\boldsymbol{u}(\tau)\mathrm{d}\tau$$

这个结果与积分法所得结果相同。

6.3.3　状态转移矩阵的计算

在求解线性定常系统的状态方程时，首先需要计算状态转移矩阵 $\boldsymbol{\Phi}(t)$，也就是矩阵指数函数 $\mathrm{e}^{\boldsymbol{A}t}$。下面介绍几种常用的计算方法。

1．直接级数求和法

根据矩阵指数函数 $\mathrm{e}^{\boldsymbol{A}t}$ 的定义式（6.3.8），有

$$\mathrm{e}^{\boldsymbol{A}t}=\sum_{k=0}^{+\infty}\frac{t^k\boldsymbol{A}^k}{k!} \tag{6.3.34}$$

式（6.3.34）表示的级数一般不能写成封闭的形式，只能得到数值结果。所以在利用计算机计算矩阵指数函数时，会用到式（6.3.34）。

2．拉普拉斯变换法

对于线性定常系统，由式（6.3.11）知

$$\boldsymbol{\Phi}(t)=\mathrm{e}^{\boldsymbol{A}t}=L^{-1}[(s\boldsymbol{I}-\boldsymbol{A})^{-1}] \tag{6.3.35}$$

这种方法实际上是用拉普拉斯变换法在频域中求解状态方程时得到的。矩阵$(s\boldsymbol{I}-\boldsymbol{A})^{-1}$称为预解矩阵。

3. 特征值、特征向量法

此方法是利用矩阵$\boldsymbol{A}$的标准形式来计算$\mathrm{e}^{\boldsymbol{A}t}$的，下面分两种情况进行讨论。

（1）若矩阵$\boldsymbol{A}$的特征值互异，即特征值为$\lambda_1,\lambda_2,\cdots,\lambda_n$，它们之间互不相同，则有

$$\mathrm{e}^{\boldsymbol{A}t}=\boldsymbol{P}\begin{bmatrix}\mathrm{e}^{\lambda_1 t} & 0 & \cdots & 0\\ 0 & \mathrm{e}^{\lambda_2 t} & \cdots & 0\\ \vdots & \vdots & \ddots & \vdots\\ 0 & 0 & \cdots & \mathrm{e}^{\lambda_n t}\end{bmatrix}\boldsymbol{P}^{-1} \tag{6.3.36}$$

其中，$\boldsymbol{P}$是将矩阵$\boldsymbol{A}$变换为对角线矩阵时的非奇异线性变换矩阵。

证明：若矩阵$\boldsymbol{A}$的特征值互异，则由矩阵$\boldsymbol{A}$的特征向量构成的变换矩阵$\boldsymbol{P}$，使

$$\overline{\boldsymbol{A}}=\boldsymbol{P}^{-1}\boldsymbol{A}\boldsymbol{P}=\begin{bmatrix}\lambda_1 & 0 & \cdots & 0\\ 0 & \lambda_2 & \cdots & 0\\ \vdots & \vdots & \ddots & \vdots\\ 0 & 0 & \cdots & \lambda_n\end{bmatrix}$$

由矩阵指数函数的定义式知

$$\begin{aligned}\mathrm{e}^{\overline{\boldsymbol{A}}t}&=\boldsymbol{I}+\overline{\boldsymbol{A}}t+\frac{1}{2!}\overline{\boldsymbol{A}}^2t^2+\frac{1}{3!}\overline{\boldsymbol{A}}^3t^3+\cdots\\&=\boldsymbol{I}+\boldsymbol{P}^{-1}\boldsymbol{A}\boldsymbol{P}t+\frac{1}{2!}\boldsymbol{P}^{-1}\boldsymbol{A}^2\boldsymbol{P}t^2+\frac{1}{3!}\boldsymbol{P}^{-1}\boldsymbol{A}^3\boldsymbol{P}t^3+\cdots\\&=\boldsymbol{P}^{-1}(\boldsymbol{I}+\boldsymbol{A}t+\frac{1}{2!}\boldsymbol{A}^2t^2+\frac{1}{3!}\boldsymbol{A}^3t^3+\cdots)\boldsymbol{P}\\&=\boldsymbol{P}^{-1}\mathrm{e}^{\boldsymbol{A}t}\boldsymbol{P}\end{aligned}$$

于是，有

$$\mathrm{e}^{\boldsymbol{A}t}=\boldsymbol{P}\mathrm{e}^{\overline{\boldsymbol{A}}t}\boldsymbol{P}^{-1} \tag{6.3.37}$$

由于$\overline{\boldsymbol{A}}$为对角线矩阵，则由矩阵指数函数的定义式知

$$e^{\overline{A}t}=\begin{bmatrix}\sum_{k=0}^{\infty}\frac{1}{k!}\lambda_1^k t^k & 0 & \cdots & 0\\ 0 & \sum_{k=0}^{\infty}\frac{1}{k!}\lambda_2^k t^k & \cdots & 0\\ \vdots & \vdots & \ddots & \vdots\\ 0 & 0 & \cdots & \sum_{k=0}^{\infty}\frac{1}{k!}\lambda_n^k t^k\end{bmatrix}$$

$$=\begin{bmatrix}e^{\lambda_1 t} & 0 & \cdots & 0\\ 0 & e^{\lambda_2 t} & \cdots & 0\\ \vdots & \vdots & \ddots & \vdots\\ 0 & 0 & \cdots & e^{\lambda_n t}\end{bmatrix} \tag{6.3.38}$$

将式（6.3.38）代入式（6.3.37），即可得到式（6.3.36）。证毕。

（2）若 $\boldsymbol{A}$ 具有相同的特征值，则存在非奇异变换矩阵 $\boldsymbol{P}$，将 $\boldsymbol{A}$ 转换为约当矩阵

$$\overline{\boldsymbol{A}}=\boldsymbol{P}^{-1}\boldsymbol{A}\boldsymbol{P}$$

为方便起见，设 $\boldsymbol{A}$ 为 5×5 方阵，其特征值为 λ_1（三重），λ_2（二重），且重特征值 λ_1 和 λ_2 对应的独立特征向量都只有一个，则利用 6.2.2 节中讲过的方法可构造非奇异变换矩阵 $\boldsymbol{P}$，使

$$\overline{\boldsymbol{A}}=\boldsymbol{P}^{-1}\boldsymbol{A}\boldsymbol{P}=\left[\begin{array}{ccc:cc}\lambda_1 & 1 & 0 & & \\ 0 & \lambda_1 & 1 & & 0\\ 0 & 0 & \lambda_1 & & \\ \hdashline & 0 & & \lambda_2 & 1\\ & & & 0 & \lambda_2\end{array}\right] \tag{6.3.39}$$

利用与上述类似的方法，由矩阵指数函数定义式可得

$$e^{\overline{A}t}=\begin{bmatrix}e^{\lambda_1 t} & te^{\lambda_1 t} & t^2e^{\lambda_1 t}/2! & 0 & 0\\ 0 & e^{\lambda_1 t} & te^{\lambda_1 t} & 0 & 0\\ 0 & 0 & e^{\lambda_1 t} & 0 & 0\\ 0 & 0 & 0 & e^{\lambda_2 t} & te^{\lambda_2 t}\\ 0 & 0 & 0 & 0 & e^{\lambda_2 t}\end{bmatrix} \tag{6.3.40}$$

于是，有

$$
\begin{aligned}
e^{\boldsymbol{A}t} &= \boldsymbol{P}e^{\bar{\boldsymbol{A}}t}\boldsymbol{P}^{-1} \\
&= \boldsymbol{P}\left[\begin{array}{ccc:cc}
e^{\lambda_1 t} & te^{\lambda_1 t} & t^2e^{\lambda_1 t}/2! & & \\
0 & e^{\lambda_1 t} & te^{\lambda_1 t} & & 0 \\
0 & 0 & e^{\lambda_1 t} & & \\
\hdashline
 & & & e^{\lambda_2 t} & te^{\lambda_2 t} \\
 & 0 & & 0 & e^{\lambda_2 t}
\end{array}\right]\boldsymbol{P}^{-1}
\end{aligned}
\tag{6.3.41}
$$

这种方法依赖于矩阵特征值与特征向量的求解，特征值与特征向量本身较难计算，而且常常是复数，这就给计算带来了困难。但对某些特殊情况，如对称矩阵，利用这种方法计算 $e^{\boldsymbol{A}t}$ 还是比较方便的。

4．凯莱-哈密尔顿法

根据凯莱-哈密尔顿（Cayley-Hamilton）定理，设 $f(s)$ 为系统的特征多项式，可表示为

$$f(s) = s^n + a_{n-1}s^{n-1} + \cdots + a_1 s + a_0$$

则矩阵 $\boldsymbol{A}$ 满足它自身的特征方程式 $f(\boldsymbol{A}) = 0$，即

$$\boldsymbol{A}^n + a_{n-1}\boldsymbol{A}^{n-1} + \cdots + a_1\boldsymbol{A} + a_0\boldsymbol{I} = 0$$

或

$$\boldsymbol{A}^n = -a_{n-1}\boldsymbol{A}^{n-1} - \cdots - a_1\boldsymbol{A} - a_0\boldsymbol{I} \tag{6.3.42}$$

式（6.3.42）意味着 $\boldsymbol{A}^n$ 可以由 $\boldsymbol{A}^{n-1}, \boldsymbol{A}^{n-2}, \cdots, \boldsymbol{A}$ 的线性组合来表示。反复使用式（6.3.42），则 $\boldsymbol{A}$ 的更高次幂也可由 $\boldsymbol{A}^i (i = 1,\ 2,\ \cdots,\ n-1)$ 的线性组合来表示。于是有

$$e^{\boldsymbol{A}t} = \boldsymbol{I} + \boldsymbol{A}t + \frac{1}{2!}\boldsymbol{A}^2t^2 + \frac{1}{3!}\boldsymbol{A}^3t^3 + \cdots = \alpha_0(t)\boldsymbol{I} + \alpha_1(t)\boldsymbol{A} + \cdots + \alpha_{n-1}(t)\boldsymbol{A}^{n-1} \tag{6.3.43}$$

式中，$\alpha_i(t) (i = 0,\ 1,\ \cdots,\ n-1)$ 为待定系数。

在实际的计算过程中，可根据系统的精度要求，先取 $e^{\boldsymbol{A}t}$ 定义中的前有限项，然后，采用递推的方式确定出 $\boldsymbol{\alpha}_i(t) (i = 0,\ 1,\ \cdots,\ n-1)$。

例 6.3.1 已知 $\boldsymbol{A} = \begin{bmatrix} 0 & 1 \\ -2 & -3 \end{bmatrix}$，求 $e^{\boldsymbol{A}t}$ 表示式（6.3.43）中的 $\boldsymbol{\alpha}_i(t)$。

解：矩阵 $\boldsymbol{A}$ 的特征方程为

$$|\lambda\boldsymbol{I} - \boldsymbol{A}| = \begin{vmatrix} \lambda & -1 \\ 2 & \lambda+3 \end{vmatrix} = \lambda^2 + 3\lambda + 2 = 0$$

根据凯莱-哈密尔顿定理，有

$$\boldsymbol{A}^2 + 3\boldsymbol{A} + 2\boldsymbol{I} = 0$$

所以，有

$$A^2 = -3A - 2I$$

而

$$\begin{aligned} A^3 &= A \cdot A^2 = A(-3A - 2I) \\ &= -3A^2 - 2A = -3(-3A - 2I) - 2A \\ &= 7A - 6I \\ A^4 &= A \cdot A^3 = 7A^2 + 6A \\ &= 7(-3A - 2I) + 6A = -15A - 14I \end{aligned}$$

$$\cdots$$

依此类推，有

$$\begin{aligned} \mathrm{e}^{At} &= I + At + \frac{1}{2!}A^2t^2 + \frac{1}{3!}A^3t^3 + \frac{1}{4!}A^4t^4 + \cdots \\ &= \left(t - \frac{3}{2!}t^2 + \frac{7}{3!}t^3 - \frac{15}{4!}t^4 + \cdots\right)A + \left(1 - t^2 - t^3 - \frac{14}{4!}t^4 + \cdots\right)I \\ &= \alpha_1(t)A + \alpha_0(t)I \end{aligned}$$

所以

$$\alpha_1(t) = t - \frac{3}{2!}t^2 + \frac{7}{3!}t^3 - \frac{15}{4!}t^4 + \cdots$$

$$\alpha_0(t) = 1 - t^2 - t^3 - \frac{14}{4!}t^4 + \cdots$$

上例给出了利用递推法计算待定系数 $a_i(t)$ 的步骤。由此可知，利用式(6.3.43)计算 e^{At}，虽不用计算 A 的特征值，但递推计算过程中容易受累计误差的影响。且当 A 的维数较高时，计算较繁琐。

如果已获得矩阵 A 的 n 个互异的特征值 $\lambda_1, \lambda_2, \cdots, \lambda_n$，则有

$$\begin{bmatrix} \alpha_0(t) \\ \alpha_1(t) \\ \vdots \\ \alpha_{n-1}(t) \end{bmatrix} = \begin{bmatrix} 1 & \lambda_1 & \lambda_1^2 & \cdots & \lambda_1^{n-1} \\ 1 & \lambda_2 & \lambda_2^2 & \cdots & \lambda_2^{n-1} \\ \vdots & \vdots & \vdots & \ddots & \vdots \\ 1 & \lambda_n & \lambda_n^2 & \cdots & \lambda_n^{n-1} \end{bmatrix}^{-1} \begin{bmatrix} \mathrm{e}^{\lambda_1 t} \\ \mathrm{e}^{\lambda_2 t} \\ \vdots \\ \mathrm{e}^{\lambda_n t} \end{bmatrix} \tag{6.3.44}$$

根据式（6.3.44）可计算出矩阵指数函数表达式中的 n 个待定系数 $(i = 0,\ 1,\ \cdots,\ n-1)$，再由式（6.3.43）就可计算出矩阵指数函数 e^{At}。其证明过程如下。

证明：设 λ_1，λ_2，$\cdots$，λ_n 为矩阵 A 的 n 个互异特征值，则根据凯莱-哈密尔顿定理知，式（6.3.43）中的矩阵 A 可用特征值 λ_i 置换。将 $\lambda_i (i = 1,\ 2,\ \cdots,\ n)$ 代入

式（6.3.43），可得到n个线性代数方程式

$$e^{\lambda_i t}=\alpha_0\lambda_i+\alpha_1(t)\lambda_i+\cdots+\alpha_{n-1}(t)\lambda_i^{n-1},\qquad i=1,\ 2,\ \cdots,\ n \tag{6.3.45}$$

即

$$\begin{bmatrix} e^{\lambda_1 t}\\ e^{\lambda_2 t}\\ \vdots\\ e^{\lambda_n t}\end{bmatrix}=\begin{bmatrix}1 & \lambda_1 & \lambda_1^2 & \cdots & \lambda_1^{n-1}\\ 1 & \lambda_2 & \lambda_2^2 & \cdots & \lambda_2^{n-1}\\ \vdots & \vdots & \vdots & \ddots & \vdots\\ 1 & \lambda_n & \lambda_n^2 & \cdots & \lambda_n^{n-1}\end{bmatrix}\begin{bmatrix}\alpha_0(t)\\ \alpha_1(t)\\ \vdots\\ \alpha_{n-1}(t)\end{bmatrix}$$

于是，可得到式（6.3.44）。证毕。

如果$\boldsymbol{A}$的n个特征值中有m重特征值$\lambda_1=\lambda_2=\cdots=\lambda_m$，其余$(n-m)$个特征值$\lambda_{m+1}$，$\lambda_{m+2}$,…，$\lambda_n$互异，则$\boldsymbol{A}$的$(n-m)$个互异特征值均满足方程（6.3.45），可得到$(n-m)$个代数方程式。而对于$\boldsymbol{A}$的$m$重特征值，则有如下$m$个代数方程式。

将λ_1代入式（6.3.45），有

$$e^{\lambda_1 t}=\alpha_0(t)+\alpha_1(t)\lambda_1+\cdots+\alpha_{n-1}(t)\lambda_1^{n-1} \tag{6.3.46}$$

将式（6.3.46）对λ_1求1次导数，得

$$te^{\lambda_1 t}=\alpha_1(t)+2\alpha_2(t)\lambda_1+\cdots+(n-1)\alpha_{n-1}(t)\lambda_1^{n-2}$$

将式（6.3.46）对λ_1求2次导数，得

$$t^2e^{\lambda_1 t}=2\alpha_2(t)+6\alpha_3(t)\lambda_1+\cdots+(n-1)(n-2)\alpha_{n-1}(t)\lambda_1^{n-3}$$

依次类推，将式（6.3.46）对λ_1求$(m-1)$次导数，可以得

$$t^{m-1}e^{\lambda_1 t}=(m-1)!\alpha_{m-1}(t)+m!\alpha_m(t)\lambda_1+\cdots+(n-1)(n-2)\cdots(n-m+1)\alpha_{n-1}(t)\lambda_1^{n-m}$$

综上所述，可以得到n个代数方程，写成矩阵形式为

$$\begin{bmatrix}\frac{1}{(m-1)!}t^{m-1}e^{\lambda_1 t}\\ \vdots\\ \frac{1}{2!}t^2e^{\lambda_1 t}\\ te^{\lambda_1 t}\\ e^{\lambda_1 t}\\ e^{\lambda_{m+1} t}\\ \vdots\\ e^{\lambda_n t}\end{bmatrix}=\begin{bmatrix}0 & \cdots & 0 & 1 & m\lambda_1 & \cdots & \frac{(n-1)(n-2)\cdots(n-m+1)}{(m-1)!}\lambda_1^{n-m}\\ \vdots & & & & & & \vdots\\ 0 & 0 & 1 & 3\lambda_1 & \cdots & & \frac{(n-1)(n-2)}{2!}\lambda_1^{n-3}\\ 0 & 1 & 2\lambda_1 & & \cdots & & (n-1)\lambda_1^{n-2}\\ 1 & \lambda_1 & \lambda_1^2 & & \cdots & & \lambda_1^{n-1}\\ 1 & \lambda_{m+1} & \lambda_{m+1}^2 & & \cdots & & \lambda_{m+1}^{n-1}\\ \vdots & \vdots & \vdots & & & & \vdots\\ 1 & \lambda_n & \lambda_n^2 & & \cdots & & \lambda_n^{n-1}\end{bmatrix}$$

$$\times\begin{bmatrix}\alpha_0(t)\\ \alpha_1(t)\\ \vdots\\ \alpha_{m-3}(t)\\ \alpha_{m-2}(t)\\ \alpha_{m-1}(t)\\ \alpha_m(t)\\ \vdots\\ \alpha_{n-1}(t)\end{bmatrix}$$

从而可以求出n个系数$\alpha_j(t)$，$j=0$，1，2，…，$n-1$为

$$\begin{bmatrix}\alpha_0(t)\\ \alpha_1(t)\\ \vdots\\ \alpha_{m-3}(t)\\ \alpha_{m-2}(t)\\ \alpha_{m-1}(t)\\ \alpha_m(t)\\ \vdots\\ \alpha_{n-1}(t)\end{bmatrix}=\begin{bmatrix}0 & \cdots & 0 & 1 & m\lambda_1 & \cdots & \dfrac{(n-1)(n-2)\cdots(n-m+1)}{(m-1)!}\lambda_1^{n-m}\\ \vdots & & & & & & \vdots\\ 0 & 0 & 1 & 3\lambda_1 & \cdots & & \dfrac{(n-1)(n-2)}{2!}\lambda_1^{n-3}\\ 0 & 1 & 2\lambda_1 & & \cdots & & (n-1)\lambda_1^{n-2}\\ 1 & \lambda_1 & \lambda_1^2 & & \cdots & & \lambda_1^{n-1}\\ 1 & \lambda_{m+1} & \lambda_{m+1}^2 & & \cdots & & \lambda_{m+1}^{n-1}\\ \vdots & \vdots & \vdots & & & & \vdots\\ 1 & \lambda_n & \lambda_n^2 & & \cdots & & \lambda_n^{n-1}\end{bmatrix}^{-1}\times\begin{bmatrix}\dfrac{1}{(m-1)!}t^{m-1}\mathrm{e}^{\lambda_1 t}\\ \vdots\\ \dfrac{1}{2!}t^2\mathrm{e}^{\lambda_1 t}\\ t\mathrm{e}^{\lambda_1 t}\\ \mathrm{e}^{\lambda_1 t}\\ \mathrm{e}^{\lambda_{m+1} t}\\ \vdots\\ \mathrm{e}^{\lambda_n t}\end{bmatrix} \tag{6.3.47}$$

例 6.3.2　已知线性定常系统的系统矩阵为$\boldsymbol{A}=\begin{bmatrix}0 & 1 & 0\\ 0 & 0 & 1\\ -2 & -5 & -4\end{bmatrix}$，求系统的状态转移矩阵$\boldsymbol{\Phi}(t)$。

解：第 1 步：求矩阵$\boldsymbol{A}$的特征值。

由矩阵$\boldsymbol{A}$的特征方程式

$$f(\lambda)=|\lambda\boldsymbol{I}-\boldsymbol{A}|=\begin{vmatrix}\lambda & -1 & 0\\ 0 & \lambda & -1\\ 2 & 5 & \lambda+4\end{vmatrix}=(\lambda+1)^2(\lambda+2)=0$$

求出矩阵 $\boldsymbol{A}$ 的特征值为 $\lambda_1=\lambda_2=-1$，$\lambda_3=-2$，其中 λ_1 为 2 重特征值。

第 2 步：计算状态转移矩阵 $\boldsymbol{\Phi}(t)$。

由式（6.3.47），有

$$\begin{bmatrix}\alpha_0(t)\\ \alpha_1(t)\\ \alpha_2(t)\end{bmatrix}=\begin{bmatrix}0 & 1 & 2\lambda_1\\ 1 & \lambda_1 & \lambda_1^2\\ 1 & \lambda_3 & \lambda_3^2\end{bmatrix}^{-1}\begin{bmatrix}t\mathrm{e}^{\lambda_1 t}\\ \mathrm{e}^{\lambda_1 t}\\ \mathrm{e}^{\lambda_3 t}\end{bmatrix}$$

$$=\begin{bmatrix}0 & 1 & -2\\ 1 & -1 & 1\\ 1 & -2 & 4\end{bmatrix}^{-1}\begin{bmatrix}t\mathrm{e}^{-t}\\ \mathrm{e}^{-t}\\ \mathrm{e}^{-2t}\end{bmatrix}$$

$$=\begin{bmatrix}2t\mathrm{e}^{-t}+\mathrm{e}^{-2t}\\ 3t\mathrm{e}^{-t}-2\mathrm{e}^{-t}+2\mathrm{e}^{-2t}\\ t\mathrm{e}^{-t}-\mathrm{e}^{-t}+\mathrm{e}^{-2t}\end{bmatrix}$$

于是，系统的状态转移矩阵为

$$\boldsymbol{\Phi}(t)=\mathrm{e}^{\boldsymbol{A}t}=\alpha_0(t)\boldsymbol{I}+\alpha_1(t)\boldsymbol{A}+\alpha_2(t)\boldsymbol{A}^2$$

$$=(2t\mathrm{e}^{-t}+\mathrm{e}^{-2t})\begin{bmatrix}1 & 0 & 0\\ 0 & 1 & 0\\ 0 & 0 & 1\end{bmatrix}+$$

$$(3t\mathrm{e}^{-t}-2\mathrm{e}^{-t}+2\mathrm{e}^{-2t})\begin{bmatrix}0 & 1 & 0\\ 0 & 0 & 1\\ -2 & -5 & -4\end{bmatrix}+$$

$$(t\mathrm{e}^{-t}-\mathrm{e}^{-t}+\mathrm{e}^{-2t})\begin{bmatrix}0 & 1 & 0\\ 0 & 0 & 1\\ -2 & -5 & -4\end{bmatrix}^2$$

$$=\begin{bmatrix}(2t\mathrm{e}^{-t}+\mathrm{e}^{-2t}) & (3t\mathrm{e}^{-t}-2\mathrm{e}^{-t}+2\mathrm{e}^{-2t}) & (t\mathrm{e}^{-t}-\mathrm{e}^{-t}+\mathrm{e}^{-2t})\\ (-2t\mathrm{e}^{-t}+2\mathrm{e}^{-t}-2\mathrm{e}^{-2t}) & (-3t\mathrm{e}^{-t}+5\mathrm{e}^{-t}-4\mathrm{e}^{-2t}) & (-t\mathrm{e}^{-t}+2\mathrm{e}^{-t}-2\mathrm{e}^{-2t})\\ (2t\mathrm{e}^{-t}-4\mathrm{e}^{-t}+4\mathrm{e}^{-2t}) & (3t\mathrm{e}^{-t}-8\mathrm{e}^{-t}+8\mathrm{e}^{-2t}) & (t\mathrm{e}^{-t}-3\mathrm{e}^{-t}+4\mathrm{e}^{-2t})\end{bmatrix}$$

5. 信号流图法

为了避免矩阵求逆的计算，可以根据状态方程，画出其对应的信号流图，再利用梅森增益公式计算矩阵指数函数。

对于输入为零的齐次状态方程 $\dot{\boldsymbol{x}}(t)=\boldsymbol{A}\boldsymbol{x}(t)$，其解的拉普拉斯变换形式为

$$\boldsymbol{X}(s)=\boldsymbol{\Phi}(s)\boldsymbol{x}(0) \tag{6.3.48}$$

利用梅森增益公式，在状态方程对应的信号流图上，可以求出以 $\boldsymbol{x}(0)$ 为输入，$\boldsymbol{X}(s)$ 为输出的增益矩阵 $\boldsymbol{\Phi}(s)$ 中的各元素。从而有

$$\mathrm{e}^{\boldsymbol{A}t}=\boldsymbol{\Phi}(t)=L^{-1}[\boldsymbol{\Phi}(s)] \tag{6.3.49}$$

以二阶系统为例，其解的拉普拉斯变换形式为

$$\begin{bmatrix} X_1(s) \\ X_2(s) \end{bmatrix}=\begin{bmatrix} \phi_{11}(s) & \phi_{12}(s) \\ \phi_{21}(s) & \phi_{22}(s) \end{bmatrix}\begin{bmatrix} x_1(0) \\ x_2(0) \end{bmatrix}$$

即

$$X_1(s)=\phi_{11}(s)x_1(0)+\phi_{12}(s)x_2(0) \tag{6.3.50}$$

$$X_2(s)=\phi_{21}(s)x_1(0)+\phi_{22}(s)x_2(0) \tag{6.3.51}$$

在系统状态方程对应的信号流图上，以 $x_1(0)$ 和 $x_2(0)$ 作为输入量，$X_1(s)$ 和 $X_2(s)$ 作为输出量，利用梅森增益公式可以分别求出增益 $\phi_{11}(s)$，$\phi_{12}(s)$，$\phi_{21}(s)$ 和 $\phi_{22}(s)$。然后利用式（6.3.49）即可得到矩阵指数函数 $\mathrm{e}^{\boldsymbol{A}t}$。

例 6.3.3　已知某 RLC 电路的状态空间表达式为

$$\dot{\boldsymbol{x}}=\begin{bmatrix} 0 & -2 \\ 1 & -3 \end{bmatrix}\boldsymbol{x}+\begin{bmatrix} 2 \\ 0 \end{bmatrix}u$$

$$y=\begin{bmatrix} 0 & 3 \end{bmatrix}\boldsymbol{x}$$

试利用信号流图法计算该系统的状态转移矩阵。并计算当 $x_1(0)=x_2(0)=1$，$u(t)=0$ 时的齐次状态方程的解。

解：首先画出该系统状态空间表达式对应的信号流图，如图 6.3.2 所示。为了计算 $\boldsymbol{\Phi}(s)$，需要假设输入 $\boldsymbol{U}(s)$ 为零，略去输入和输出结点，如图 6.3.3 所示。

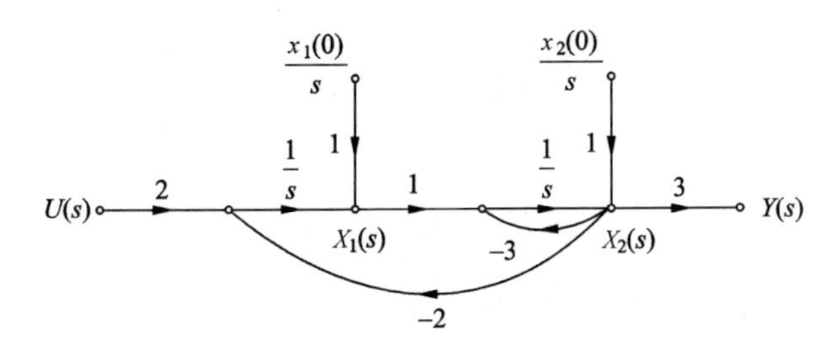

图 6.3.2　RLC 网络的信号流图

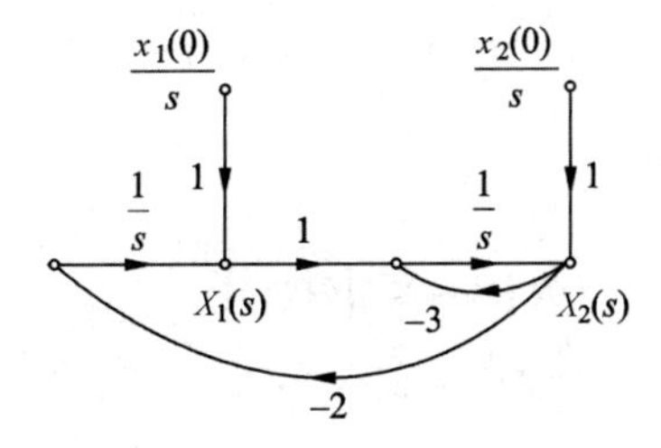

图 6.3.3　计算 $\boldsymbol{\Phi}(s)$ 时的信号流图

利用梅森增益公式。可以得到 $X_1(s)$ 与 $x_1(0)$ 之间的关系为

$$X_1(s)=\frac{1\cdot\Delta_1(s)\cdot[x_1(0)/s]}{\Delta(s)} \tag{6.3.52}$$

其中，$\Delta(s)$ 是信号流图的特征式。由图 6.3.3 知

$$\Delta(s)=1+3s^{-1}+2s^{-2}$$

$\Delta_1(s)$ 是前向通道的余因子式，表达式为

$$\Delta_1(s)=1+3s^{-1}$$

将 $\Delta(s)$ 和 $\Delta_1(s)$ 代入式（6.3.52），便可得到

$$\phi_{11}(s)=\frac{s+3}{s^2+3s+2} \tag{6.3.53}$$

同理，$X_1(s)$ 与 $x_2(0)$ 之间的关系为

$$X_1(s)=\frac{(-2s^{-1})[x_2(0)/s]}{1+3s^{-1}+2s^{-2}}$$

从而有

$$\phi_{12}(s)=\frac{-2}{s^2+3s+2} \tag{6.3.54}$$

类似地有

$$\phi_{21}(s)=\frac{1}{s^2+3s+2} \tag{6.3.55}$$

$$\phi_{22}(s)=\frac{s}{s^2+3s+2} \tag{6.3.56}$$

于是有

$$\boldsymbol{\Phi}(s)=\begin{bmatrix} s+3 & -2 \\ 1 & s \end{bmatrix}\frac{1}{s^2+3s+2}$$

$\boldsymbol{\Phi}(s)$ 的拉普拉斯反变换为

$$\begin{aligned} e^{At}&=\boldsymbol{\Phi}(t)=L^{-1}[\boldsymbol{\Phi}(s)] \\ &=\begin{bmatrix} 2e^{-t}-e^{-2t} & -2e^{-t}+2e^{-2t} \\ e^{-t}-e^{-2t} & -e^{-t}+2e^{-2t} \end{bmatrix} \end{aligned} \tag{6.3.57}$$

当 $x_1(0)=x_2(0)=1$，$u(t)=0$ 时，齐次状态方程的解为

$$\begin{bmatrix} x_1(t) \\ x_2(t) \end{bmatrix} = \boldsymbol{\Phi}(t)\begin{bmatrix} 1 \\ 1 \end{bmatrix} = \begin{bmatrix} \mathrm{e}^{-2t} \\ \mathrm{e}^{-2t} \end{bmatrix}$$

系统对这组初始条件的响应如图 6.3.4 所示。状态变量 $x_1(t)$，$x_2(t)$ 的轨迹如图 6.3.5 所示。

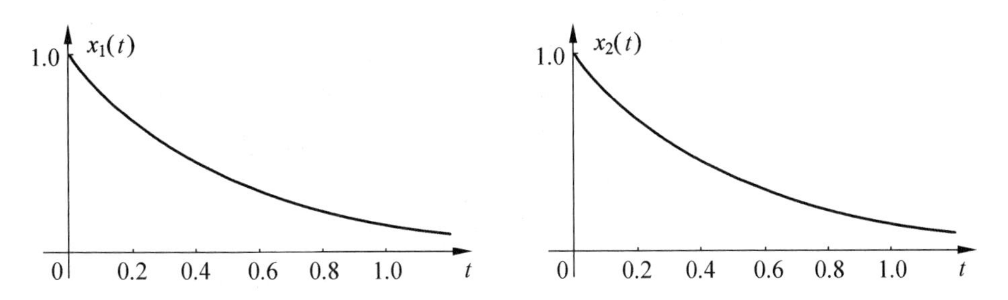

图 6.3.4　当 $x_1(0)=x_2(0)=1$ 时，RLC 网络的状态变量响应

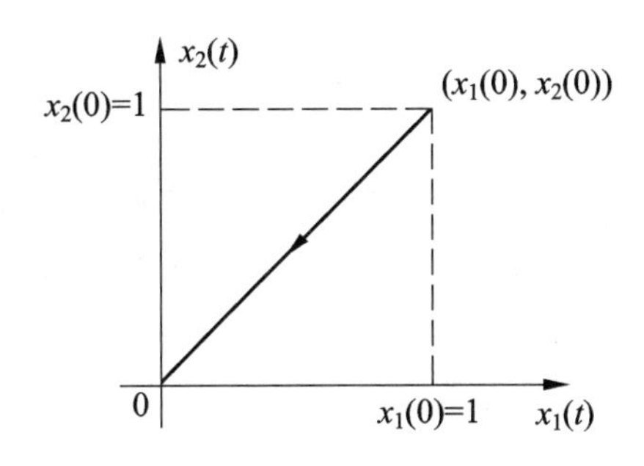

图 6.3.5　状态变量轨迹

6.4　系统的能控性和能观测性

系统的能控性和能观测性是由卡尔曼于 20 世纪 60 年代首先提出的，后来被证明它们是系统的两个基本结构属性。系统的能控性和能观测性对于系统的控制和估计两大类问题的研究起着重要的作用。

由前面几章的内容知，在经典控制理论中是采用传递函数来描述系统的输入、输出特性的。在这种输入输出模型中，只要系统是因果关系并且是稳定的，输出量就一定是可以被控制和被测量的。而在现代控制理论中是采用状态空间模型来描述系统的。在这种模型中，除了输入变量和输出变量外，还引进了状态变量，这就产生了系统内部的状态变量是否都能够得到控制，以及是否都能够通过输出变量被反映出来的问题，这就是系统的能控性和能观测性问题。系统的能控性和能观测性分别定性地描述了系统输入 $\boldsymbol{u}(t)$ 对状态 $\boldsymbol{x}(t)$ 的控制能力和系统输出 $\boldsymbol{y}(t)$

对状态 $\boldsymbol{x}(t)$ 的反映能力。下面先举例直观地说明能控性和能观测性的物理概念。

桥式电路如图 6.4.1 所示。假设外加电压 u 为输入变量，电容 C 上的电压 u_C 为输出变量，选择电感中的电流 i_L 和电容两端的电压 u_C 为系统的状态变量，记为

$$x_1 = i_L$$

$$x_2 = u_C$$

当满足 $R_1R_4 = R_2R_3$ 时，电桥平衡。根据电路知识，如果 $x_2(t_0) = 0$，则不论施加任何输入变量 u，对于所有时间 $t \geqslant t_0$，始终有状态变量 $x_2(t) \equiv 0$。这说明输入 u 只能控制状态 x_1 的变化，而不能控制状态 x_2 的变化，也就是说状态 x_2 是不能被控制的。另一方面，由于 $\boldsymbol{y} = u_C \equiv 0$，因此不能由输出 y 来反映状态变量 x_1 的变化，也就是说状态 x_1 是不能观测的。所以这个系统是不能控和不能观测的。

应当指出，上述对能控性和能观测性的说明只是对这两个概念的直观的描述，只能用于解释和判断非常简单系统的能控性和能观测性。对于一些复杂的系统是不能采用上述方法进行分析的。例如某系统的状态空间表达式为

$$\dot{\boldsymbol{x}} = \begin{bmatrix} 2 & 0 \\ -1 & 1 \end{bmatrix}\boldsymbol{x} + \begin{bmatrix} 1 \\ -1 \end{bmatrix}u$$

$$y = \begin{bmatrix} 1 & 1 \end{bmatrix}\boldsymbol{x}$$

信号流图如图 6.4.2 所示。通过对系统状态空间表达式和信号流图直观的观察，好像输入 u 能控制状态 x_1 和 x_2，而且输出 y 也能够反映状态 x_1 和 x_2 的变化，系统是能控且能观测的。但情况并非如此，实际上该系统是即不能控又不能观测的。要说明这一问题，必须对能控性和能观测性进行深入的研究。下面将给出能控性和能观测性的严格定义和判别方法。

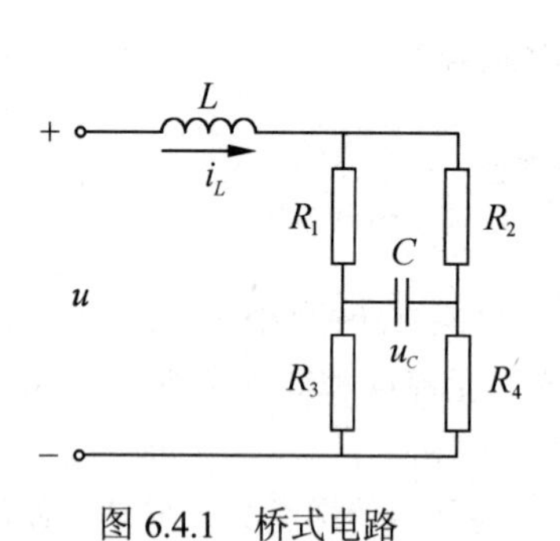

图 6.4.1 桥式电路

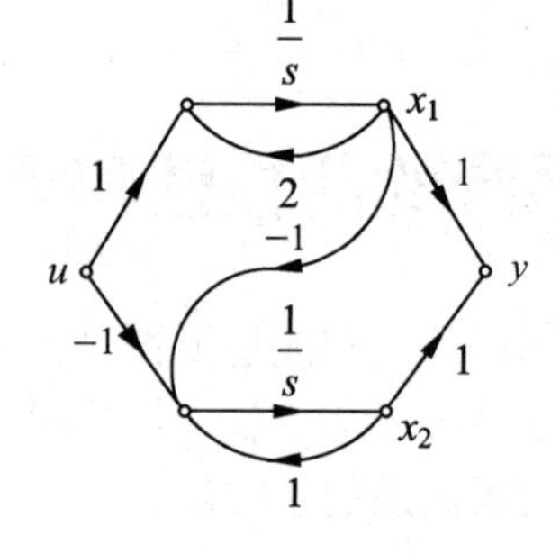

图 6.4.2 某系统的信号流图

6.4.1 线性定常连续系统的能控性

1. 能控性定义

线性定常连续系统

$$\dot{\boldsymbol{x}}=\boldsymbol{A}\boldsymbol{x}+\boldsymbol{B}\boldsymbol{u} \tag{6.4.1}$$

如果存在一个分段连续的输入 $\boldsymbol{u}(t)$，能在有限时间区间$[t_0, t_f]$内，使系统由某一初始状态 $\boldsymbol{x}(t_0)$，转移到指定的任一终端状态 $\boldsymbol{x}(t_f)$，则称此状态 $\boldsymbol{x}(t_0)$ 是能控的。如果系统的所有状态都是能控的，则称此系统是状态完全能控的，或简称系统是能控的。

上述定义可以在二阶系统的状态平面上来加以说明，如图 6.4.3 所示。

假定状态平面中的 $\boldsymbol{p}$ 点能在输入的作用下，转移到任一指定的状态 $\boldsymbol{p}_1, \boldsymbol{p}_2, \cdots, \boldsymbol{p}_n$，那么状态 $\boldsymbol{p}$ 是能控的。如果这样的能控状态充满整个状态空间，即对于任意初始状态都能找到相应的控制输入 $\boldsymbol{u}(t)$，使得在有限的时间区间$\left[t_0, t_f\right]$内，将状态转移到状态空间的任一指定状态，则该系统被称为状态完全能控。

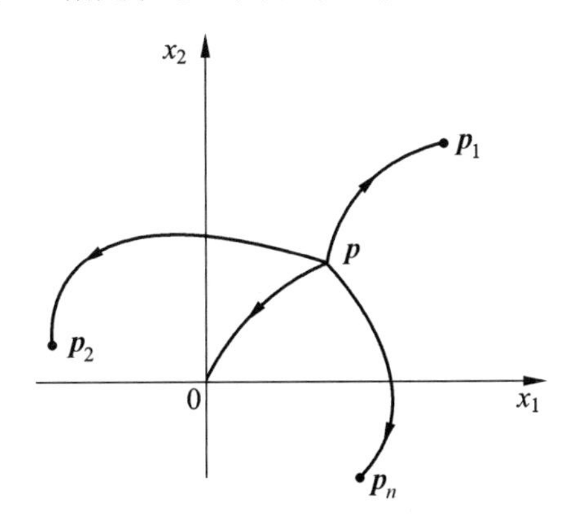

图 6.4.3　系统能控性说明的示意图

对于能控性定义，应注意以下几点：

（1）因为讨论的系统是线性系统，因此在能控性定义中，为计算方便，假定任意的终端状态为状态空间的原点，即 $\boldsymbol{x}(t_f)=0$ 。如果终端状态不是原点，可以将其变换到坐标原点。

（2）由能控性定义知，系统中的某一状态能控和系统的状态完全能控在含义上是不同的。

（3）在能控性定义中，人们关心的只是是否存在某个分段连续的输入 $\boldsymbol{u}(t)$，能否把任意初始状态转移到零，并不要求具体计算出这个输入函数和状态的运动轨迹。

2．能控性判据

下面介绍两种线性定常连续系统能控性的判别准则。一种是直接根据状态方程的 $\boldsymbol{A}$ 阵和 $\boldsymbol{B}$ 阵来判别其能控性；另一种是先将状态方程转换为对角线标准型或约当标准型 $\Sigma=\left(\overline{\boldsymbol{A}}, \quad \overline{\boldsymbol{B}}\right)$，再根据矩阵$\overline{\boldsymbol{B}}$ 来确定系统的能控性。

（1）能控性判据一

判据：线性定常连续系统由（6.4.1）式确定，状态完全能控的充分必要条件是能控性矩阵

$$Q_c = \begin{bmatrix} B & AB & A^2B & \cdots & A^{n-1}B \end{bmatrix}$$

满秩，即 $\text{rank}Q_c = n$。其中 Q_c 是 $n \times nr$ 维的矩阵。下面对单输入系统进行证明。

证明：由状态转移方程（6.3.32）知，单输入系统状态方程 $\dot{x} = Ax + bu$ 的解为

$$x(t) = e^{A(t-t_0)}x(t_0) + \int_{t_0}^{t} e^{A(t-\tau)}bu(\tau)d\tau$$

由能控性定义知，终端状态

$$x(t_f) = 0$$

假设初始时刻 $t_0 = 0$，则有

$$0 = e^{At_f}x(0) + \int_0^{t_f} e^{A(t_f-\tau)}bu(\tau)d\tau$$

即

$$x(0) = -\int_0^{t_f} e^{-A\tau}bu(\tau)d\tau \tag{6.4.2}$$

根据式（6.3.43）可将 $e^{-A\tau}$ 写为

$$e^{-A\tau} = \sum_{k=0}^{n-1}\alpha_k(-\tau)A^k \tag{6.4.3}$$

将式（6.4.3）代入式（6.4.2），整理后可以得到

$$x(0) = -\sum_{k=0}^{n-1}A^k b\int_0^{t_f}\alpha_k(-\tau)u(\tau)d\tau \tag{6.4.4}$$

令

$$\beta_k = \int_0^{t_f}\alpha_k(-\tau)u(\tau)d\tau \tag{6.4.5}$$

则有

$$\begin{aligned} x(0) &= -\sum_{k=0}^{n-1}A^k b\beta_k \\ &= -\begin{bmatrix} b & Ab & \cdots & A^{n-1}b \end{bmatrix}\begin{bmatrix} \beta_0 \\ \beta_1 \\ \vdots \\ \beta_{n-1} \end{bmatrix} \end{aligned} \tag{6.4.6}$$

如果系统是状态完全能控的，那么根据能控性定义知，对任意给定的初始状态 $\boldsymbol{x}(0)$，都能从式（6.4.6）中求解出 β_k。因此，对于式（6.4.6）有 $\boldsymbol{Q}_\mathrm{c}=[\boldsymbol{b}\ \ \boldsymbol{Ab}\ \cdots\ \boldsymbol{A}^{n-1}\boldsymbol{b}]$ 的逆存在。也即矩阵 $\boldsymbol{Q}_\mathrm{c}$ 的秩为 n，此即状态完全能控的必要性。反之，如果矩阵 $\boldsymbol{Q}_\mathrm{c}$ 的秩为 n，那么对于任意的初始状态 $\boldsymbol{x}(0)$，由式（6.4.6）都可以求解出一个对应的输入 $u(t)$，使其终端状态为 0，根据能控性定义知，此时系统状态完全能控。此即充分性。证毕。

例 6.4.1　已知系统的传递函数为

$$\frac{\boldsymbol{Y}(s)}{\boldsymbol{U}(s)}=\boldsymbol{G}(s)=\frac{1}{s^3+a_2s^2+a_1s+a_0}$$

试判断系统的能控性。

解：利用 2.6.2 节中介绍的直接分解法，由传递函数可画出对应的信号流图，如图 6.4.4 所示。

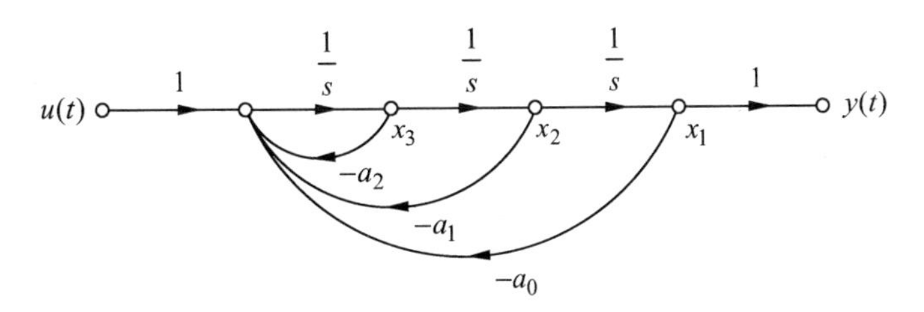

图 6.4.4　例 6.4.1 中系统的信号流图

由信号流图可写出该系统的状态方程为

$$\dot{\boldsymbol{x}}=\begin{bmatrix}0 & 1 & 0\\ 0 & 0 & 1\\ -a_0 & -a_1 & -a_2\end{bmatrix}\boldsymbol{x}+\begin{bmatrix}0\\0\\1\end{bmatrix}u$$

于是，可以得到该系统的能控性矩阵

$$\boldsymbol{Q}_\mathrm{c}=\begin{bmatrix}0 & 0 & 1\\ 0 & 1 & -a_2\\ 1 & -a_2 & (a_2^2-a_1)\end{bmatrix}$$

因为 $\mathrm{rank}[\boldsymbol{Q}_\mathrm{c}]=3$，所以系统状态完全能控。

例 6.4.2　一系统的状态空间表达式为

$$\begin{aligned}\dot{x}_1&=-2x_1+u\\ \dot{x}_2&=-3x_2+dx_1\\ y&=x_2\end{aligned}$$

试确定系统状态完全能控的条件。

解：由系统的状态空间表达式可画出与之对应的信号流图如图 6.4.5 所示。

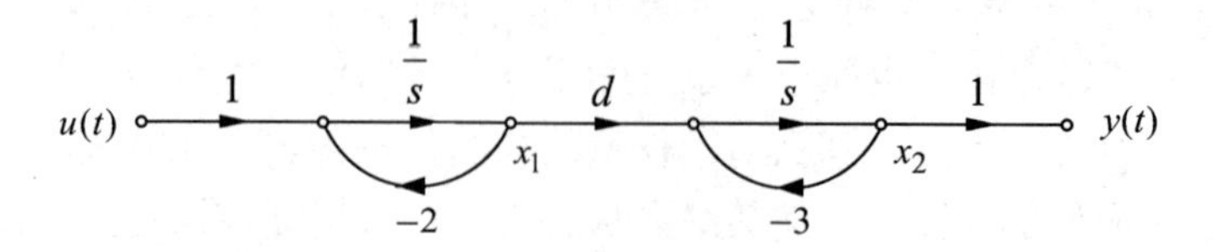

图 6.4.5　例 6.4.2 的信号流图

由信号流图可看出，系统状态完全能控的条件是 $d \neq 0$。因为 $d = 0$ 时，输入 $\boldsymbol{u}$ 没有通道能够到达状态 x_2。

这一结论也可以用能控性判据来证明。该系统的能控性矩阵为

$$\boldsymbol{Q}_{\mathrm{c}} = \begin{bmatrix} 1 & -2 \\ 0 & d \end{bmatrix}$$

有

$$\det[\boldsymbol{Q}_{\mathrm{c}}] = d$$

欲使

$$\operatorname{rank}[\boldsymbol{Q}_{\mathrm{c}}] = 2$$

需有

$$d \neq 0$$

（2）能控性判据二

当系统的特征值互异时，有如下判据：

判据：若式（6.4.1）描述的线性定常系统的特征值 λ_1，λ_2，…，λ_n 互异，则系统状态完全能控的充分必要条件是系统经非奇异线性变换后得到的对角线标准型

$$\dot{\boldsymbol{x}} = \begin{bmatrix} \lambda_1 & & & 0 \\ & \lambda_2 & & \\ & & \ddots & \\ 0 & & & \lambda_n \end{bmatrix} \bar{\boldsymbol{x}} + \bar{\boldsymbol{B}}\boldsymbol{u} \tag{6.4.7}$$

的矩阵 $\bar{\boldsymbol{B}}$ 中不包含元素全为零的行。

这里应注意的是，当系统的 $\boldsymbol{A}$ 阵含有重特征值，而且仍能被变换为对角线矩阵时，上述结论不成立。例如二阶系统有重特征值 λ_1，但仍能被变换为对角线标

准型

$$\dot{\boldsymbol{x}}=\begin{bmatrix}\lambda_1 & 0\\ 0 & \lambda_1\end{bmatrix}\boldsymbol{x}+\begin{bmatrix}b_1\\ b_2\end{bmatrix}u$$

时，虽然$\bar{\boldsymbol{b}}$阵中元素都不为零，但此时，能控性矩阵

$$\boldsymbol{Q}_{\mathrm{c}}=\begin{bmatrix}b_1 & \lambda_1 b_1\\ b_2 & \lambda_1 b_2\end{bmatrix}$$

中两列元素线性相关，所以能控性矩阵$\boldsymbol{Q}_{\mathrm{c}}$不满秩，系统不能控。

当系统含有重特征值时，可以采用下述判据来判别其能控性。

判据：设系统（6.4.1）具有重特征值，其中λ_1（m_1重），λ_2（m_2重），…，λ_k（m_k重），$\sum_{i=1}^{k}m_i=n$；且当$i\neq j$时，$\lambda_i\neq\lambda_j$，也就是说每一个重特征值只用一个约当块表示。则系统状态完全能控的充分必要条件是，系统经非奇异线性变换后的约当标准型

$$\dot{\bar{\boldsymbol{x}}}=\begin{bmatrix}\boldsymbol{J}_1 & & & 0\\ & \boldsymbol{J}_2 & & \\ & & \ddots & \\ 0 & & & \boldsymbol{J}_k\end{bmatrix}\bar{\boldsymbol{x}}+\bar{\boldsymbol{B}}\boldsymbol{u} \tag{6.4.8}$$

中，与每个约当块$\boldsymbol{J}_i(i=1,\ 2,\ \cdots,\ k)$的最后一行相对应的$\bar{\boldsymbol{B}}$矩阵中的所有那些行，其元素不全为零。如果两个约当块有相同的特征值，上述结论不成立。

上述两个判据的基本思想都是对系统进行非奇异线性变换。前者是把状态方程变换成对角线标准型，使变换后的各状态变量之间没有耦合关系，从而使影响每一个状态变量的唯一途径是输入的控制作用。这样，只有$\bar{\boldsymbol{B}}$中不包含元素全为零的行，即每个状态变量都受$\boldsymbol{u}$的控制时，才能保证整个系统的能控性。后者则是把状态方程变换成约当标准型，把n个状态变量按照特征值分成k组，各组之间没有耦合关系。这样要保证系统能控，必须使每组的状态变量都受到$\boldsymbol{u}$的控制。根据约当块的特点，只要其最下部的状态变量受到$\boldsymbol{u}$的控制，则相应于该约当块的一组状态变量都将会受到$\boldsymbol{u}$的控制，所以只要矩阵$\bar{\boldsymbol{B}}$中与每个约当块最后一行相对应的所有那些行的元素不全为零即可。

容易证明，非奇异线性变换不改变系统的能控性。即线性变换后所得的系统$\bar{\Sigma}=(\bar{\boldsymbol{A}},\ \ \bar{\boldsymbol{B}})$的状态能控性与变换前系统$\Sigma=(\boldsymbol{A},\ \ \boldsymbol{B})$的能控性相同。因此，利用线性变换后的系统$\bar{\Sigma}$来判别原系统$\Sigma$的能控性是可行的。

例 6.4.3 已知系统的状态方程为

$$\dot{\boldsymbol{x}}=\begin{bmatrix}-1 & 1 & 0 & 0 & 0\\ 0 & -1 & 1 & 0 & 0\\ 0 & 0 & -1 & 0 & 0\\ 0 & 0 & 0 & -2 & 0\\ 0 & 0 & 0 & 0 & -3\end{bmatrix}\boldsymbol{x}+\begin{bmatrix}0 & 1\\ 0 & 0\\ 1 & 1\\ 2 & 1\\ 1 & 3\end{bmatrix}\boldsymbol{u}$$

试确定系统的能控性。

解：利用能控性判据二来分析该系统的能控性。由状态方程知，与重特征值为 –1 的约当块的最后一行对应的 $\boldsymbol{B}$ 矩阵中的行元素为$[1\quad 1]$，不全为零。且与互异特征值 –2 和 –3 对应的 $\boldsymbol{B}$ 矩阵中的行分别为$[2\quad 1]$和$[1\quad 3]$，都不全为零，则根据能控性判别二知，该系统是状态完全能控的。

3．能控标准型

在前面第 2 章的状态空间模型中，已经提到过能控标准型，现重新定义如下：形如

$$\dot{\boldsymbol{x}}(t)=\begin{bmatrix}0 & 1 & 0 & \cdots & 0\\ 0 & 0 & 1 & \cdots & 0\\ \vdots & \vdots & \vdots & \ddots & \vdots\\ 0 & 0 & 0 & \cdots & 1\\ -a_0 & -a_1 & -a_2 & \cdots & -a_{n-1}\end{bmatrix}\boldsymbol{x}(t)+\begin{bmatrix}0\\ 0\\ \vdots\\ 0\\ 1\end{bmatrix}u(t) \tag{6.4.9a}$$

$$y=\begin{bmatrix}b_0 & b_1 & \cdots & b_{n-1}\end{bmatrix}\boldsymbol{x}(t) \tag{6.4.9b}$$

的状态空间表达式被称为能控标准型。

容易证明，如果系统的状态空间表达式为能控标准型，则该系统一定是能控的。

对于能控标准型，有如下定理。

定理：若线性定常单输入系统

$$\dot{\boldsymbol{x}}=\boldsymbol{A}\boldsymbol{x}+\boldsymbol{b}u \tag{6.4.10a}$$

$$y=\boldsymbol{c}\boldsymbol{x} \tag{6.4.10b}$$

是能控的，则存在非奇异线性变换

$$\boldsymbol{x}=\boldsymbol{T}_{\mathrm{c}}\overline{\boldsymbol{x}} \tag{6.4.11}$$

$$T_c=\left[A^{n-1}b \quad A^{n-2}b \quad \cdots \quad Ab \quad b\right]\begin{bmatrix} 1 & & & & \\ a_{n-1} & \ddots & & 0 & \\ \vdots & \ddots & \ddots & & \\ a_2 & & \ddots & \ddots & \\ a_1 & a_2 & \cdots & a_{n-1} & 1 \end{bmatrix} \tag{6.4.12}$$

将式（6.4.10）化为能控标准型

$$\dot{\overline{x}}=\overline{A}\overline{x}+\overline{b}u \tag{6.4.13a}$$

$$y=\overline{c}\overline{x} \tag{6.4.13b}$$

其中

$$\overline{A}=T_c^{-1}AT_c=\begin{bmatrix} 0 & 1 & 0 & \cdots & 0 \\ 0 & 0 & 1 & \cdots & 0 \\ \vdots & \vdots & \vdots & \ddots & \vdots \\ 0 & 0 & 0 & \cdots & 1 \\ -a_0 & -a_1 & -a_2 & \cdots & -a_{n-1} \end{bmatrix} \tag{6.4.14}$$

$$\overline{b}=T_c^{-1}b=\begin{bmatrix} 0 \\ 0 \\ \vdots \\ 0 \\ 1 \end{bmatrix} \tag{6.4.15}$$

$$\overline{c}=cT_c=\left[b_0 \quad b_1 \quad \cdots \quad b_{n-1}\right] \tag{6.4.16}$$

值得注意的是，上述变换后的系统矩阵 $\overline{A}$ 中的参数 $a_i(i=0, 1, \cdots, n-1)$ 就是由式（6.4.10）所表示的变换前系统的特征多项式

$$f(\lambda)=\left|\lambda I-A\right|=\lambda^n+a_{n-1}\lambda^{n-1}+\cdots+a_1\lambda+a_0$$

的各项系数。而 $b_i(i=0, 1, \cdots, n-1)$ 是 cT_c 相乘的结果，有

$$\begin{cases} b_0=c(A^{n-1}b+a_{n-1}A^{n-2}b+\cdots+a_1b) \\ \quad\vdots \\ b_{n-2}=c(Ab+a_{n-1}b) \\ b_{n-1}=cb \end{cases} \tag{6.4.17}$$

由式（6.4.12）可以看出，线性变换矩阵 T_c 是能控性矩阵 Q_c 的线性组合。对于单输入系统来说，能控性矩阵 Q_c 只有唯一的一组线性无关的列，所以单输入系统的能控标准型是唯一的。但对于多输入系统，由于能控性矩阵 Q_c 中 n 个线性无关向量的选择可以不同，所以其能控标准型不是唯一的。

对于一个线性定常单输入系统，可以根据上述定理，由线性变换建立它的能控标准型，也可以根据 2.6.2 节中介绍的直接分解法建立其能控标准型；还可以

根据系统的传递函数直接得到它的能控标准型，其方法如下：如果线性定常系统传递函数为

$$G(s)=\frac{b_{n-1}s^{n-1}+\cdots+b_1 s+b_0}{s^n+a_{n-1}s^{n-1}+\cdots+a_1 s+a_0}$$

那么，传递函数分母多项式的各项系数就是能控标准型中系统矩阵 $\boldsymbol{A}$ 的最后一行元素的负值，分子多项式的各项系数就是能控标准型中输出矩阵 $\boldsymbol{c}$ 中的元素。

6.4.2 线性定常连续系统的能观测性

在现代控制理论中，一般采用状态的反馈使系统的闭环极点得到任意配置，从而使系统达到期望的性能指标。状态反馈的信号取之于系统的状态变量，但实际上并非所有的状态变量都能从物理上测量到，因此，就需要设计观测器以估计不可测量的状态变量。而设计观测器的前提条件就是系统的状态完全能观测。

1. 能观测性定义

设线性定常连续系统的状态空间表达式为

$$\dot{\boldsymbol{x}}=\boldsymbol{A}\boldsymbol{x} \tag{6.4.18a}$$

$$\boldsymbol{y}=\boldsymbol{C}\boldsymbol{x} \tag{6.4.18b}$$

如果对任意给定的输入 $\boldsymbol{u}$，都存在一有限观测时间 $t_{\mathrm{f}}>t_0$，使得根据 $[t_0,t_{\mathrm{f}}]$ 期间的输出 $\boldsymbol{y}(t)$，能够唯一地确定系统在初始时刻的状态 $\boldsymbol{x}(t_0)$，则称状态 $\boldsymbol{x}(t_0)$ 是能观测的。若系统的每一个状态都是能观测的，则称系统是状态完全能观测的，或简称系统是能观测的。

对于能观测性的定义，应注意以下几点：

（1）之所以在能观测性定义中把能观测性定义为对初始状态的确定，是因为由状态转移方程知

$$\boldsymbol{x}(t)=\mathrm{e}^{\boldsymbol{A}(t-t_0)}\boldsymbol{x}(t_0)+\int_{t_0}^{t}\mathrm{e}^{\boldsymbol{A}(t-\tau)}\boldsymbol{B}\boldsymbol{u}(\tau)\mathrm{d}\tau$$

如果能够确定初始状态 $\boldsymbol{x}(t_0)$，就能够确定所有状态。

（2）能观测和能测量是两个不同的概念。能观测指的是能够根据系统的输出 $\boldsymbol{y}(t)$ 得到有关状态变量的信息，而能测量指的是能够从物理上用仪器或仪表量测到状态变量的信息。例如系统的输出量总是能测量的，也就是说能用仪器或仪表测量到该变量。而状态变量就不一定都是能测量的物理量。

（3）系统的能观测性指的是输出变量对状态变量 $\boldsymbol{x}(t)$的反应能力。因此，方便起见，在研究能观测性时，都是令输入 $u(t)$为零，只考虑式（6.4.18）所描述的

系统。

2．能观测性判据

和能控性判别方法类似，这里也介绍两种判别系统能观测性的判据。

（1）能观测性判据一

判据：线性定常连续系统由式（6.4.18）确定，系统状态完全能观测的充分必要条件是其能观测性矩阵

$$\boldsymbol{Q}_{\mathrm{o}}=\begin{bmatrix}\boldsymbol{C}\\ \boldsymbol{CA}\\ \vdots\\ \boldsymbol{CA}^{n-1}\end{bmatrix}$$

满秩，即 $\operatorname{rank}\left[\boldsymbol{Q}_{\mathrm{o}}\right]=n$。$\boldsymbol{Q}_{\mathrm{o}}$ 为 $nm\times n$ 维矩阵。

证明：当输入 $\boldsymbol{u}(t)=0$ 时，由线性定常连续系统的解 $\boldsymbol{x}(t)=\mathrm{e}^{\boldsymbol{A}t}\boldsymbol{x}(0)$ 知，输出方程为

$$\boldsymbol{y}(t)=\boldsymbol{Cx}(t)=\boldsymbol{C}\mathrm{e}^{\boldsymbol{A}t}\boldsymbol{x}(0) \tag{6.4.19}$$

由式（6.3.43）知

$$\mathrm{e}^{\boldsymbol{A}t}=\sum_{k=0}^{n-1}\alpha_k(t)\boldsymbol{A}^k$$

于是，有

$$\begin{aligned}\boldsymbol{y}(t)&=\sum_{k=0}^{n-1}\alpha_k(t)\boldsymbol{CA}^k\boldsymbol{x}(0)\\&=\begin{bmatrix}\alpha_0(t) & \alpha_1(t) & \cdots & \alpha_{n-1}(t)\end{bmatrix}\begin{bmatrix}\boldsymbol{C}\\ \boldsymbol{CA}\\ \vdots\\ \boldsymbol{CA}^{n-1}\end{bmatrix}\boldsymbol{x}(0)\end{aligned} \tag{6.4.20}$$

根据能观测性定义，系统状态完全能观测是指在有限时间 $0\leqslant t\leqslant t_1$ 内，能根据测量到的输出量 $\boldsymbol{y}(t)$，唯一地确定系统的初始状态 $\boldsymbol{x}(0)$。对于式（6.4.20），如果 $\operatorname{rank}\boldsymbol{Q}_{\mathrm{o}}<n$，那么就不能由 $\boldsymbol{y}(t)$ 确定 $\boldsymbol{x}(0)$。因此，要想根据式（6.4.20）唯一确定 $\boldsymbol{x}(0)$，矩阵 $\boldsymbol{Q}_{\mathrm{o}}$ 的秩必须等于 n。必要性得证。

关于充分性的证明，需假设 $\operatorname{rank}\boldsymbol{Q}_{\mathrm{o}}=n$。由式（6.4.18）知

$$\boldsymbol{y}(t)=\boldsymbol{C}\mathrm{e}^{\boldsymbol{A}t}\boldsymbol{x}(0)$$

用 $\mathrm{e}^{\boldsymbol{A}^{\mathrm{T}}t}\boldsymbol{C}^{\mathrm{T}}$ 左乘上式两端，有

$$\mathrm{e}^{\boldsymbol{A}^{\mathrm{T}}t}\boldsymbol{C}^{\mathrm{T}}\boldsymbol{y}(t)=\mathrm{e}^{\boldsymbol{A}^{\mathrm{T}}t}\boldsymbol{C}^{\mathrm{T}}\boldsymbol{C}\mathrm{e}^{\boldsymbol{A}t}\boldsymbol{x}(0)$$

在 0 到 t 区间，对上式进行积分，得

$$\int_0^t e^{A^T\tau} C^T y(\tau)\,d\tau = \int_0^t e^{A^T\tau} C^T C e^{A\tau} x(0) d\tau \tag{6.4.21}$$

因为输出 $y(t)$ 已知，所以式（6.4.21）左端为一已知量，记为 $z(t)$，有

$$z(t) = \int_0^t e^{A^T\tau} C^T y(\tau) d\tau \tag{6.4.22}$$

现在令

$$W(t) = \int_0^t e^{A^T\tau} C^T C e^{A\tau} d\tau \tag{6.4.23}$$

则式（6.4.21）可写为

$$z(t) = W(t) x(0) \tag{6.4.24}$$

下面用反证法证明矩阵 $W(t)$是非奇异的。如果 $W(t)$是奇异矩阵，即 $|W(t)| = 0$，则有

$$x^T W(t_1) x = \int_0^{t_1} \left\| C e^{At} x \right\|^2 dt = 0$$

这就说明

$$C e^{At} x = 0，\ 0 \leqslant t \leqslant t_1$$

也即

$$\begin{bmatrix} \alpha_0(t) & \alpha_1(t) & \cdots & \alpha_{n-1}(t) \end{bmatrix} \begin{bmatrix} C \\ CA \\ \vdots \\ CA^{n-1} \end{bmatrix} x = 0$$

对于非零的 x，意味着 $\mathrm{rank} Q_o < n$，与假设矛盾。因此，这里有 $|W(t)| \neq 0$，也就是说 $W(t)$ 是非奇异的。于是，由式（6.4.24）可得

$$x(0) = [W(t)]^{-1} z(t) \tag{6.4.25}$$

也就是说，如果 $\mathrm{rank} Q_o = n$，则可由输出 $y(t)$ 唯一地确定初始状态 $x(0)$，系统能观测。此即能观测性判据一的充分性。证毕。

例 6.4.4 分析如图 6.4.2 所示系统的能控性和能观测性。该系统的状态空间表达式为

$$\dot{x} = \begin{bmatrix} 2 & 0 \\ -1 & 1 \end{bmatrix} x + \begin{bmatrix} 1 \\ -1 \end{bmatrix} u$$

$$y = \begin{bmatrix} 1 & 1 \end{bmatrix} x$$

解：在 6.4 节的开始就给出了这个系统，现在采用能控性和能观测性判据来分析该系统的能控性和能观测性。

利用能控性判据一，有

$$Q_c = \begin{bmatrix} 1 & 2 \\ -1 & -2 \end{bmatrix}$$

显然 $\text{rank}\boldsymbol{Q}_c = 1 < 2$，系统不能控。

又利用能观测性判据一，有

$$\boldsymbol{Q}_o = \begin{bmatrix} 1 & 1 \\ 1 & 1 \end{bmatrix}$$

显然 $\text{rank}\boldsymbol{Q}_o = 1 < 2$，系统是不能观测的。

现在对该系统的能控性和能观测性做进一步的具体分析。首先对原系统的状态空间表达式进行线性变换。令 $\overline{x}_1 = x_1 + x_2$，$\overline{x}_2 = x_1 - x_2$，即

$$\overline{\boldsymbol{x}} = \begin{bmatrix} \overline{x}_1 \\ \overline{x}_2 \end{bmatrix} = \begin{bmatrix} 1 & 1 \\ 1 & -1 \end{bmatrix} \begin{bmatrix} x_1 \\ x_2 \end{bmatrix} = \boldsymbol{P}^{-1}\boldsymbol{x}$$

代入原状态空间表达式，得到变换后的状态空间表达式为

$$\dot{\overline{\boldsymbol{x}}} = \begin{bmatrix} 1 & 0 \\ 1 & 2 \end{bmatrix} \overline{\boldsymbol{x}} + \begin{bmatrix} 0 \\ 2 \end{bmatrix} u \tag{6.4.26a}$$

$$y = [1 \quad 0]\overline{\boldsymbol{x}} \tag{6.4.26b}$$

由式（6.4.26）知，输入 u 不能直接控制状态 $\overline{x}_1$，又不能通过状态 $\overline{x}_2$ 对状态 $\overline{x}_1$ 产生影响，因此状态 $\overline{x}_1 = x_1 + x_2$ 是不能控状态；根据式（6.4.26）还可看出，状态 $\overline{x}_2$ 不能直接从 y 中反映出来，又不能通过 $\overline{x}_1$ 对 y 产生影响，因此 $\overline{x}_2 = x_1 - x_2$ 是不能观测的状态。由此可知，子系统 $\dot{\overline{x}}_1 = \overline{x}_1$ 是不能控子系统；子系统 $\dot{\overline{x}}_2 = \overline{x}_1 + 2\overline{x}_2 + 2u$ 是不能观测子系统。也就是说原系统中满足条件 $\dot{x}_1 + \dot{x}_2 = x_1 + x_2$ 的子系统是不能控子系统，而满足条件 $\dot{x}_1 - \dot{x}_2 = 3x_1 - x_2 + 2u$ 的子系统是不能观测子系统。

（2）能观测性判据二

与系统的能控性判别类似，同样可以利用非奇异线性变换将系统的状态空间表达式变换为对角线或约当标准型，再根据相应的输出矩阵 $\overline{\boldsymbol{C}}$ 来判别系统的能观测性。

当系统特征值互异时，有如下判据：

判据：如果线性定常连续系统 $\Sigma = (\boldsymbol{A},\ \boldsymbol{C})$ 具有互异的特征值 λ_1，λ_2，…，λ_n，则系统状态完全能观测的充分必要条件是系统经非奇异线性变换后的对角线标准型

$$\dot{\overline{\boldsymbol{x}}} = \begin{bmatrix} \lambda_1 & & & 0 \\ & \lambda_2 & & \\ & & \ddots & \\ 0 & & & \lambda_n \end{bmatrix} \overline{\boldsymbol{x}} \tag{6.4.27a}$$

$$y = \bar{C}\bar{x} \tag{6.4.27b}$$

中的矩阵 $\bar{C}$ 中不包含元素全为零的列。

对于单输出系统 $\bar{\Sigma} = (\bar{A},\ \bar{C})$，显然只要矩阵 $\bar{C}$ 中不包含零元素，系统就是能观测的。但当系统具有重特征值，仍能够被变换为对角线标准型时，即使所得的矩阵 $\bar{C}$ 中不包含零元素，系统 $\bar{\Sigma}$ 也是不能观测的。

当系统含有重特征值时，判据如下：

判据：设线性定常连续系统 $\Sigma = (A,\ C)$ 具有重特征值，其中，$\lambda_1(m_1$重)，$\lambda_2(m_2$重)，…，$\lambda_k(m_k$重)，$\sum_{i=1}^{k} m_i = n$；且当 $i \neq j$ 时，$\lambda_i \neq \lambda_j$。则系统状态完全能观测的充分必要条件是系统经非奇异线性变换后的约当标准型

$$\dot{\bar{x}} = \begin{bmatrix} J_1 & & & 0 \\ & J_2 & & \\ & & \ddots & \\ 0 & & & J_k \end{bmatrix} \bar{x} \tag{6.4.28a}$$

$$y = \bar{C}\bar{x} \tag{6.4.28b}$$

中，与每个约当块 $J_i(i = 1, 2, \cdots, k)$ 的首行相对应的矩阵 $\bar{C}$ 中的那些列，其元素不全为零。如果两个约当块有相同的特征值，上述结论不成立。

同样，可以证明，非奇异线性变换不改变系统的能观测性。

例 6.4.5　已知系统的状态空间表达式为

（1）
$$\begin{bmatrix} \dot{x}_1 \\ \dot{x}_2 \end{bmatrix} = \begin{bmatrix} -1 & 0 \\ 0 & -2 \end{bmatrix} \begin{bmatrix} x_1 \\ x_2 \end{bmatrix},\quad y = \begin{bmatrix} 0 & 3 \end{bmatrix} \begin{bmatrix} x_1 \\ x_2 \end{bmatrix}$$

（2）
$$\begin{bmatrix} \dot{x}_1 \\ \dot{x}_2 \\ \dot{x}_3 \\ \dot{x}_4 \\ \dot{x}_5 \end{bmatrix} = \begin{bmatrix} 2 & 1 & 0 & 0 & 0 \\ 0 & 2 & 1 & 0 & 0 \\ 0 & 0 & 2 & 0 & 0 \\ 0 & 0 & 0 & -3 & 1 \\ 0 & 0 & 0 & 0 & -3 \end{bmatrix} \begin{bmatrix} x_1 \\ x_2 \\ x_3 \\ x_4 \\ x_5 \end{bmatrix},\quad \begin{bmatrix} y_1 \\ y_2 \end{bmatrix} = \begin{bmatrix} 1 & 1 & 1 & 0 & 0 \\ 0 & 1 & 1 & 1 & 0 \end{bmatrix} \begin{bmatrix} x_1 \\ x_2 \\ x_3 \\ x_4 \\ x_5 \end{bmatrix}$$

试判断上述系统的能观测性。

解：（1）系统矩阵 A 为对角线矩阵，而输出矩阵 C 中的第一列元素为零，由能观测性判据二知，系统不能观测。

（2）系统矩阵 A 为约当矩阵，而 C 阵中与两个约当块的首行对应的列分别为 $[1\ \ 0]^{\mathrm{T}}$ 和 $[0\ \ 1]^{\mathrm{T}}$，不全为零，由能观测性判据二知，系统能观测。

3．能观测标准型

在前面第 2 章已经提到过能观测标准型，现重新定义如下：

形如式（6.4.29）

$$\dot{\overline{\boldsymbol{x}}}(t)=\left[\begin{array}{cccc:c} 0 & \cdots & \cdots & 0 & -a_0 \\ \hdashline 1 & & & & -a_1 \\ & 1 & 0 & & -a_2 \\ & & \ddots & & \vdots \\ & 0 & & & \\ & & & 1 & -a_{n-1} \end{array}\right]\overline{\boldsymbol{x}}(t)+\begin{bmatrix} b_0 \\ b_1 \\ \vdots \\ b_{n-1} \end{bmatrix}u(t) \tag{6.4.29a}$$

$$y(t)=\begin{bmatrix}0 & 0 & \cdots & 0 & 1\end{bmatrix}\overline{\boldsymbol{x}}(t) \tag{6.4.29b}$$

的状态空间表达式称为能观测标准型。

容易证明，如果系统的状态空间表达式为能观测标准型，则系统一定是能观测的。

对于能观测标准型，有如下定理。

定理：若线性定常单输出系统

$$\dot{\boldsymbol{x}}=\boldsymbol{A}\boldsymbol{x}+\boldsymbol{b}u \tag{6.4.30a}$$

$$y=\boldsymbol{c}\boldsymbol{x} \tag{6.4.30b}$$

是能观测的，则存在非奇异线性变换

$$\boldsymbol{x}=\boldsymbol{T}_0\overline{\boldsymbol{x}} \tag{6.4.31}$$

$$\boldsymbol{T}_0^{-1}=\begin{bmatrix} 1 & a_{n-1} & \cdots & a_2 & a_1 \\ 0 & 1 & \cdots & a_3 & a_2 \\ \vdots & \vdots & \ddots & \vdots & \vdots \\ 0 & 0 & \cdots & 1 & a_{n-1} \\ 0 & 0 & \cdots & 0 & 1 \end{bmatrix}\begin{bmatrix} \boldsymbol{c}\boldsymbol{A}^{n-1} \\ \boldsymbol{c}\boldsymbol{A}^{n-2} \\ \vdots \\ \boldsymbol{c}\boldsymbol{A} \\ \boldsymbol{c} \end{bmatrix} \tag{6.4.32}$$

将式（6.4.30）变换为

$$\dot{\overline{\boldsymbol{x}}}=\overline{\boldsymbol{A}}\overline{\boldsymbol{x}}+\overline{\boldsymbol{b}}u \tag{6.4.33a}$$

$$y=\overline{\boldsymbol{c}}\,\overline{\boldsymbol{x}} \tag{6.4.33b}$$

其中

$$\overline{\boldsymbol{A}}=\boldsymbol{T}_0^{-1}\boldsymbol{A}\boldsymbol{T}_0=\begin{bmatrix} 0 & 0 & \cdots & 0 & -a_0 \\ 1 & 0 & \cdots & 0 & -a_1 \\ 0 & 1 & \cdots & 0 & -a_2 \\ \vdots & \vdots & \ddots & \vdots & \vdots \\ 0 & 0 & \cdots & 1 & -a_{n-1} \end{bmatrix} \tag{6.4.34}$$

$$\bar{\boldsymbol{b}}=\boldsymbol{T}_0^{-1}\boldsymbol{b}=\begin{bmatrix} b_0 \\ b_1 \\ \vdots \\ b_{n-1} \end{bmatrix} \tag{6.4.35}$$

$$\bar{\boldsymbol{c}}=\boldsymbol{c}\boldsymbol{T}_0=\begin{bmatrix} 0 & 0 & 0 & \cdots & 1 \end{bmatrix} \tag{6.4.36}$$

变换后的系统矩阵 $\overline{\boldsymbol{A}}$ 中的参数 $a_i(i=0,1,\cdots,\ n-1)$ 是变换前系统矩阵 $\boldsymbol{A}$ 的特征多项式的各项系数。$b_i(i=0,1,\cdots,\ n-1)$ 是 $\boldsymbol{T}_0^{-1}\boldsymbol{b}$ 的相乘结果，具体表达式如式（6.4.17）所示。

由上述定理可知，非奇异线性变换矩阵 $\boldsymbol{T}_0^{-1}$ 是能观测性矩阵 $\boldsymbol{Q}_\text{o}$ 的线性组合，对于单变量系统，$\boldsymbol{Q}_\text{o}$ 有唯一的 n 个线性无关的列，所以单变量系统的能观测标准型是唯一的。但对于多变量系统，由于能观测性矩阵中 n 个线性无关向量的选择可以不同，所以能观测标准型不是唯一的。

6.4.3 能控性、能观测性与传递函数的关系

系统的能控性和能观测性除了可以采用上述方法对其进行分析之外，还可以利用传递函数来进行。可以证明，对于单输入单输出系统，系统能控且能观测的充分必要条件是传递函数的分子、分母多项式没有零、极点对消的情况。但是，对于多输入多输出系统，传递函数矩阵没有零、极点对消只是系统能控且能观测的充分条件。也就是说，对于多输入多输出系统，如果传递函数矩阵没有零、极点对消，那么系统是能控且能观测的；但是如果传递函数矩阵出现零、极点对消时，系统仍有可能是能控且能观测的。

例 6.4.6 线性定常系统的传递函数为

$$\boldsymbol{G}(s)=\frac{\boldsymbol{Y}(s)}{\boldsymbol{U}(s)}=\frac{s+a}{s^3+6s^2+11s+6}$$

（1）指出当 a 为何值时，系统是不能控或者是不能观测的？

（2）建立状态空间表达式，使系统是不能控的。

（3）建立状态空间表达式，使系统是不能观测的。

解：（1）将传递函数 $\boldsymbol{G}(s)$ 变换为

$$\boldsymbol{G}(s)=\frac{s+a}{(s+1)(s+2)(s+3)}$$

当 a=1,2 或 3 时，传递函数将出现零、极点对消的现象，这时系统是不能控或不能观测的。

（2）当$a=1$时，传递函数将出现零、极点对消现象。此时，系统的能观测标准型为

$$\dot{\boldsymbol{x}}=\begin{bmatrix}0 & 0 & -6\\1 & 0 & -11\\0 & 1 & -6\end{bmatrix}\boldsymbol{x}+\begin{bmatrix}1\\1\\0\end{bmatrix}u$$
$$y=\begin{bmatrix}0 & 0 & 1\end{bmatrix}\boldsymbol{x}$$

对于系统的这种能观测标准型，显然系统是能观测的。但是，由于此时传递函数出现了零、极点对消现象，因此，系统是不能控的。

（3）同样的道理，当$a=1$时，系统的能控标准型为

$$\dot{\boldsymbol{x}}=\begin{bmatrix}0 & 1 & 0\\0 & 0 & 1\\-6 & -11 & -6\end{bmatrix}\boldsymbol{x}+\begin{bmatrix}0\\0\\1\end{bmatrix}u$$

$$y=\begin{bmatrix}1 & 1 & 0\end{bmatrix}\boldsymbol{x}$$

此时，系统是能控不能观测的。

这里应注意，当单输入单输出系统的传递函数出现零、极点对消现象时，系统可能是不能控、不能观测或者是既不能控又不能观测的，到底属于哪种情况，将取决于状态变量的选择。

6.4.4　对偶原理

从上述对系统能控性与能观测性的分析中可以看出，两者在概念和形式上都具有很多相似之处，它们之间存在着一种内在的联系。这实际上反映出系统在本质特性上的对偶性，即控制问题与估计问题的对偶性。

定义：对于线性定常系统$\Sigma_1=(\boldsymbol{A}_1,\ \boldsymbol{B}_1,\ \boldsymbol{C}_1)$和$\Sigma_2=(\boldsymbol{A}_2,\ \boldsymbol{B}_2,\ \boldsymbol{C}_2)$，如果满足下列关系：

$$\boldsymbol{A}_2=\boldsymbol{A}_1^{\mathrm{T}} \tag{6.4.37}$$

$$\boldsymbol{B}_2=\boldsymbol{C}_1^{\mathrm{T}} \tag{6.4.38}$$

$$\boldsymbol{C}_2=\boldsymbol{B}_1^{\mathrm{T}} \tag{6.4.39}$$

则把系统Σ_1和系统Σ_2称为互为对偶的系统。

根据对偶系统的对偶关系式可以得出下列结论：

（1）假设$\boldsymbol{G}_1(s)$和$\boldsymbol{G}_2(s)$分别为系统Σ_1和Σ_2的传递函数矩阵，则对偶系统的传递函数矩阵之间具有互为转置的关系，即

$$G_1(s)=[G_2(s)]^{\mathrm{T}}$$

证明：

$$\begin{aligned}G_1(s)&=C_1\left[sI-A_1\right]^{-1}B_1\\&=B_2^{\mathrm{T}}\left[sI-A_2^{\mathrm{T}}\right]^{-1}C_2^{\mathrm{T}}\\&=B_2^{\mathrm{T}}\left[(sI-A_2)^{-1}\right]^{\mathrm{T}}C_2^{\mathrm{T}}\\&=\left[C_2(sI-A_2)^{-1}B_2\right]^{\mathrm{T}}\\&=\left[G_2(s)\right]^{\mathrm{T}}\end{aligned}$$

证毕。

（2）互为对偶的两个系统，其特征方程式相同，即

$$|\lambda I-A_1|=|\lambda I-A_2|$$

对偶原理： 设互为对偶的两个系统为 $\Sigma_1=(A_1,\ B_1,\ C_1)$ 和 $\Sigma_2=(A_2,\ B_2,C_2)$，则当系统 Σ_1 状态完全能控（完全能观测）时，系统 Σ_2 状态完全能观测（完全能控）。

证明： 如果系统 Σ_1 状态完全能控，则能控性矩阵满秩，即

$$\mathrm{rank}\left[Q_{\mathrm{c}}\right]=\mathrm{rank}\left[B_1\quad A_1B_1\quad\cdots\quad A_1^{n-1}B_1\right]=n$$

而系统 Σ_2 的能观测性矩阵 Q_{o} 为

$$Q_{\mathrm{o}}=\begin{bmatrix}C_2\\C_2A_2\\\vdots\\C_2A_2^{n-1}\end{bmatrix}\tag{6.4.40}$$

由对偶关系可知

$$\begin{aligned}Q_{\mathrm{o}}&=\begin{bmatrix}B_1^{\mathrm{T}}\\B_1^{\mathrm{T}}A_1^{\mathrm{T}}\\\vdots\\B_1^{\mathrm{T}}(A_1^{\mathrm{T}})^{n-1}\end{bmatrix}\\&=\left[B_1\quad A_1B_1\quad\cdots\quad A_1^{n-1}B_1\right]^{\mathrm{T}}=Q_{\mathrm{c}}^{\mathrm{T}}\end{aligned}$$

于是，有

$$\mathrm{rank}\left[Q_{\mathrm{o}}\right]=\mathrm{rank}\left[Q_{\mathrm{c}}^{\mathrm{T}}\right]=\mathrm{rank}\left[Q_{\mathrm{c}}\right]=n$$

所以系统 Σ_2 状态完全能观测。反过来，如果系统 Σ_1 状态完全能观测，也可以证明系统 Σ_2 状态完全能控。证毕。

利用对偶原理，可以把对系统能控性的分析转化为对其对偶系统能观测性的分析。

6.5　状态反馈与极点配置

在经典控制理论中，由于采用的数学模型是输入输出模型，因此它只能用输出作为反馈量对系统进行输出反馈控制。而在现代控制理论中，由于采用了系统内部的状态变量来描述系统的动态特性，因而除了可以采用输出反馈外，还可以采用状态反馈对系统进行控制。采用输出反馈和状态反馈的系统结构图分别如图 6.5.1 和图 6.5.2 所示。

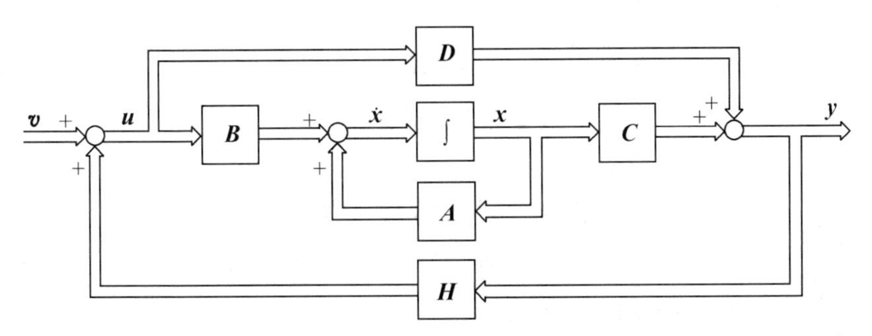

图 6.5.1　采用输出反馈的系统结构图

由于状态空间模型能完整地描述系统的时域行为，因此利用状态反馈时，其信息量大而完整。而系统的输出量中所包含的信息往往不是系统的全部状态信息，因此，有时也将输出反馈看作为是部分状态反馈。本节重点讨论状态反馈。

6.5.1　状态反馈

所谓状态反馈就是将系统的每一个状态变量都乘以相应的反馈系数，之后将其反馈到输入端，与参考输入相加，作为系统的控制输入。采用状态反馈的多输入多输出系统结构图如图 6.5.2 所示。

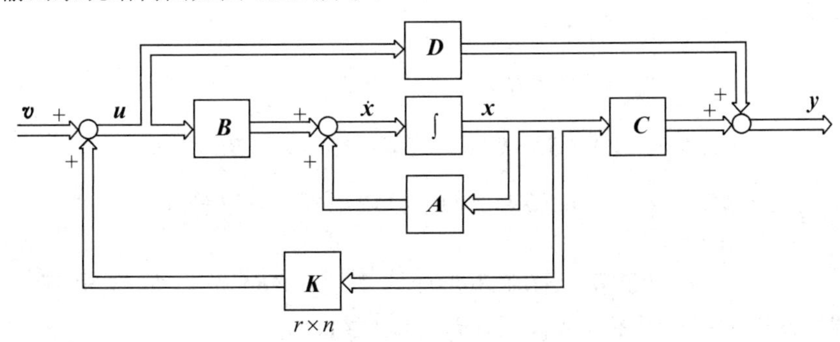

图 6.5.2　采用状态反馈的系统结构图

如图6.5.2所示，系统的状态空间表达式为

$$\dot{\boldsymbol{x}} = \boldsymbol{Ax} + \boldsymbol{Bu} \tag{6.5.1a}$$

$$\boldsymbol{y} = \boldsymbol{Cx} + \boldsymbol{Du} \tag{6.5.1b}$$

其中 $\boldsymbol{x}$ 是 n 维的状态向量；$\boldsymbol{u}$ 和 $\boldsymbol{y}$ 分别为 r 维和 m 维的输入向量和输出向量；$\boldsymbol{A}$、$\boldsymbol{B}$、$\boldsymbol{C}$、$\boldsymbol{D}$ 为具有相应维数的常数矩阵。

现引入状态反馈

$$\boldsymbol{u} = +\boldsymbol{Kx} + \boldsymbol{v} \tag{6.5.2}$$

式中，$\boldsymbol{v}$ 为 r 维的参考输入向量；$\boldsymbol{K}$ 为 $r\times n$ 维的常数反馈增益矩阵。

将式（6.5.2）代入式（6.5.1），可得出采用状态反馈的控制系统的状态空间表达式为

$$\dot{\boldsymbol{x}} = (\boldsymbol{A} + \boldsymbol{BK})\boldsymbol{x} + \boldsymbol{Bv} \tag{6.5.3a}$$

$$\boldsymbol{y} = (\boldsymbol{C} + \boldsymbol{DK})\boldsymbol{x} + \boldsymbol{Dv} \tag{6.5.3b}$$

若 $\boldsymbol{D} = 0$，则有

$$\dot{\boldsymbol{x}} = (\boldsymbol{A} + \boldsymbol{BK})\boldsymbol{x} + \boldsymbol{Bv} \tag{6.5.4a}$$

$$\boldsymbol{y} = \boldsymbol{Cx} \tag{6.5.4b}$$

状态反馈后系统的传递函数矩阵为

$$\boldsymbol{G}(s) = \boldsymbol{C}\left[s\boldsymbol{I} - (\boldsymbol{A} + \boldsymbol{BK})\right]^{-1}\boldsymbol{B} \tag{6.5.5}$$

6.5.2 状态反馈后闭环系统的能控性和能观测性

定理：状态反馈不改变被控系统 $\Sigma = (\boldsymbol{A},\ \boldsymbol{B},\ \boldsymbol{C})$ 的能控性。但并不能保证系统的能观测性不变。

证明：这里只证明能控性不变。要想证明能控性不变，只要证明状态反馈前后能控性判别矩阵同秩即可。

现用符号 $\boldsymbol{Q}_{\text{ck}}$ 表示状态反馈后系统 Σ_{k} 的能控性判别矩阵，则系统 Σ 和状态反馈后系统 Σ_{k} 的能控性判别矩阵分别为

$$\boldsymbol{Q}_{\text{c}} = \begin{bmatrix}\boldsymbol{B} & \boldsymbol{AB} & \boldsymbol{A}^2\boldsymbol{B} & \cdots & \boldsymbol{A}^{n-1}\boldsymbol{B}\end{bmatrix} \tag{6.5.6}$$

$$\boldsymbol{Q}_{\text{ck}} = \begin{bmatrix}\boldsymbol{B} & (\boldsymbol{A}+\boldsymbol{BK})\boldsymbol{B} & (\boldsymbol{A}+\boldsymbol{BK})^2\boldsymbol{B}\cdots(\boldsymbol{A}+\boldsymbol{BK})^{n-1}\boldsymbol{B}\end{bmatrix} \tag{6.5.7}$$

比较式（6.5.6）与式（6.5.7）的两个分块矩阵，可以看到：

第一分块 $\boldsymbol{B}$ 相同。

第二分块 $(\boldsymbol{A}+\boldsymbol{BK})\boldsymbol{B} = \boldsymbol{AB} + \boldsymbol{B}(\boldsymbol{KB})$，其中 $(\boldsymbol{KB})$ 是一常数矩阵，因此 $(\boldsymbol{A}+\boldsymbol{BK})\boldsymbol{B}$ 的列向量可表示成 $[\boldsymbol{B}\quad \boldsymbol{AB}]$ 的线性组合。

同理，第三分块 $(\boldsymbol{A}+\boldsymbol{BK})^2\boldsymbol{B}=\boldsymbol{A}^2\boldsymbol{B}+\boldsymbol{AB}(\boldsymbol{KB})+\boldsymbol{B}(\boldsymbol{KAB})+\boldsymbol{B}(\boldsymbol{KBKB})$ 的列向量亦可用 $[\boldsymbol{B}\quad \boldsymbol{AB}\quad \boldsymbol{A}^2\boldsymbol{B}]$ 的线性组合表示。其余各分块类似。因此可将 $\boldsymbol{Q}_{ck}$ 看作是由 $\boldsymbol{Q}_{c}$ 经过初等变换得到的，而对矩阵作初等变换，并不改变矩阵的秩。所以 $\boldsymbol{Q}_{ck}$ 与 $\boldsymbol{Q}_{c}$ 的秩相同。证毕。

对于状态反馈不能保持系统的能观测性，可作如下解释。以单输入单输出系统 $\Sigma=(\boldsymbol{A},\ \boldsymbol{b},\ \boldsymbol{c},\ d)$ 为例，其传递函数为

$$\boldsymbol{G}(s)=\boldsymbol{c}(s\boldsymbol{I}-\boldsymbol{A})^{-1}\boldsymbol{b}+d \tag{6.5.8}$$

将系统的能控标准型代入上式，得

$$\begin{aligned}\boldsymbol{W}_0(s)&=\frac{b_{n-1}s^{n-1}+b_{n-2}s^{n-2}+\cdots+b_1s+b_0}{s^n+a_{n-1}s^{n-1}+\cdots+a_1s+a_0}+d\\&=\frac{ds^n+(b_{n-1}+da_{n-1})s^{n-1}+\cdots+(b_1+da_1)s+(b_0+da_0)}{s^n+a_{n-1}s^{n-1}+\cdots+a_1s+a_0}\end{aligned} \tag{6.5.9}$$

引入状态反馈后闭环系统的传递函数为

$$\begin{aligned}\boldsymbol{\Phi}(s)&=\boldsymbol{c}\left[s\boldsymbol{I}-(\boldsymbol{A}+\boldsymbol{bk})\right]^{-1}\boldsymbol{b}+d\\&=\frac{\left[(b_{n-1}+da_{n-1})-d(a_{n-1}-k_{n-1})\right]s^{n-1}+\cdots+\left[(b_0+da_0)-d(a_0-k_0)\right]}{s^n+(a_{n-1}-k_{n-1})s^{n-1}+\cdots+(a_1-k_1)s+(a_0-k_0)}+d\\&=\frac{ds^n+(b_{n-1}+da_{n-1})s^{n-1}+\cdots+(b_1+da_1)s+(b_0+da_0)}{s^n+(a_{n-1}-k_{n-1})s^{n-1}+\cdots+(a_1-k_1)s+(a_0-k_0)}\end{aligned} \tag{6.5.10}$$

比较式（6.5.9）和式（6.5.10），可以看出，引入状态反馈后系统的传递函数的分子多项式保持不变，但是改变了分母多项式的每一项系数。这就是说，状态反馈会改变系统的极点，但却不影响系统的零点。这样就有可能使传递函数出现零、极点对消现象，而前面已证明状态反馈不改变系统的能控性，因而，就有可能破坏系统的能观测性。

6.5.3　极点配置

根据上面的分析可知，通过对状态反馈增益矩阵 $\boldsymbol{K}$ 的选择，可以自由地改变闭环系统的特征值，从而将闭环系统的极点配置到 s 平面的期望位置。而控制系统的性能主要取决于闭环系统的极点在 s 平面上的分布情况，因此通过状态反馈，可以使闭环系统获得期望的性能指标。这就是极点配置问题。其实，在经典控制理论中介绍的根轨迹法也是一种极点配置的方法，不过它只是通过一个（或几个）参数的变化而使闭环系统的极点只能沿着某一组特定的根轨迹曲线变化而已。

定理：采用状态反馈对系统 $\Sigma=(\boldsymbol{A},\ \boldsymbol{b},\ \boldsymbol{c})$ 的极点进行任意配置的充要条件

是系统 Σ 完全能控。

证明： 先证充分性。即若系统完全能控，那么通过状态反馈一定能使方程式（6.5.11）成立

$$\det\left[\lambda \boldsymbol{I}-(\boldsymbol{A}+\boldsymbol{bK})\right]=f^{*}(\lambda) \tag{6.5.11}$$

式中，$f^{*}(\lambda)$ 为系统 Σ 的期望的特征多项式，可表示为

$$f^{*}(\lambda)=\prod_{i=1}^{n}(\lambda-\lambda_i^{*})=\lambda^{n}+a_{n-1}^{*}\lambda^{n-1}+\cdots+a_1^{*}\lambda+a_0^{*} \tag{6.5.12}$$

式中，$\lambda_i^{*}(i=1,2,\cdots,n)$ 为系统 Σ 的期望的闭环极点（实数极点或共轭复数极点）。

（1）若 Σ 完全能控，那么一定能将系统 Σ 变换为能控标准型

$$\dot{\overline{\boldsymbol{x}}}=\begin{bmatrix}0 & 1 & 0 & \cdots & 0\\ 0 & 0 & 1 & \cdots & 0\\ \vdots & \vdots & \vdots & & \vdots\\ 0 & 0 & 0 & \cdots & 1\\ -a_0 & -a_1 & -a_2 & \cdots & -a_{n-1}\end{bmatrix}\overline{\boldsymbol{x}}+\begin{bmatrix}0\\0\\ \vdots\\0\\1\end{bmatrix}u \tag{6.5.13a}$$

$$y=\begin{bmatrix}b_0 & b_1 & b_2 & \cdots & b_{n-1}\end{bmatrix}\overline{\boldsymbol{x}} \tag{6.5.13b}$$

即有

$$\dot{\overline{\boldsymbol{x}}}=\overline{\boldsymbol{A}}\overline{\boldsymbol{x}}+\overline{\boldsymbol{b}}u \tag{6.5.14a}$$

$$y=\overline{\boldsymbol{c}}\,\overline{\boldsymbol{x}} \tag{6.5.14b}$$

（2）引入状态反馈。设状态反馈增益矩阵为

$$\overline{\boldsymbol{k}}=\begin{bmatrix}\overline{k}_0 & \overline{k}_1 & \cdots & \overline{k}_{n-1}\end{bmatrix} \tag{6.5.15}$$

则引入状态反馈后的闭环系统的状态空间表达式为

$$\dot{\overline{\boldsymbol{x}}}=(\overline{\boldsymbol{A}}+\overline{\boldsymbol{b}}\,\overline{\boldsymbol{k}})\overline{\boldsymbol{x}}+\overline{\boldsymbol{b}}u \tag{6.5.16a}$$

$$y=\overline{\boldsymbol{c}}\,\overline{\boldsymbol{x}} \tag{6.5.16b}$$

其中

$$\overline{\boldsymbol{A}}+\overline{\boldsymbol{b}}\,\overline{\boldsymbol{k}}=\begin{bmatrix}0 & 1 & 0 & \cdots & 0\\ 0 & 0 & 1 & \cdots & 0\\ \vdots & \vdots & \vdots & & \vdots\\ 0 & 0 & 0 & \cdots & 1\\ -(a_0-\overline{k}_0) & -(a_1-\overline{k}_1) & \cdots & \cdots & -(a_{n-1}-\overline{k}_{n-1})\end{bmatrix}$$

于是，闭环特征多项式为

$$\begin{aligned}f(\lambda)&=\left|\lambda\boldsymbol{I}-(\overline{\boldsymbol{A}}+\overline{\boldsymbol{b}}\,\overline{\boldsymbol{k}})\right|\\&=\lambda^{n}+(a_{n-1}-\overline{k}_{n-1})\lambda^{n-1}+\cdots+(a_1-\overline{k}_1)\lambda+(a_0-\overline{k}_0)\end{aligned} \tag{6.5.17}$$

（3）欲使反馈后系统的闭环极点与给定的期望极点相等，则必须满足

$$f(\lambda)=f^{*}(\lambda)$$

由等式两边同次幂系数对应相等，可以求解出状态反馈增益阵的各系数，需要满足的关系式为

$$\bar{k}_i = a_i - a_i^*, \quad i = 0, 1, \cdots, n-1$$

即

$$\bar{\boldsymbol{k}} = \begin{bmatrix} a_0 - a_0^* & a_1 - a_1^* & \cdots & a_{n-1} - a_{n-1}^* \end{bmatrix} \tag{6.5.18}$$

由于可以任意选择矩阵 $\bar{\boldsymbol{k}}$ 中的状态反馈增益，因此，可以使期望的特征方程式中的 n 个系数 a_i^*，以及与其对应的 n 个闭环极点为任意值。亦即，如果系统是状态完全能控的，则通过状态反馈，可以使闭环系统的极点在 s 平面上得到任意配置。

再证必要性。如果系统 Σ 不是状态完全能控的，即其中有些状态变量不受 $\boldsymbol{u}$ 的控制，那么采用图 6.5.2 所示的状态反馈企图通过 $\boldsymbol{u}$ 来影响那些不能控的极点是不可能的。换句话说，如果极点能够被任意配置，系统 Σ 必须是状态完全能控的。证毕。

这里应注意，虽然上述极点配置定理的证明只是针对单输入单输出系统，但是其结论也适用于多输入多输出系统。

只是，如果系统是状态完全能控的，那么，在单输入单输出系统中按极点配置设计的状态反馈阵有唯一解，而在多输入多输出系统中其解不是唯一的。这是因为对于多输入多输出系统可以导出多种能控标准型的缘故。

对于单输入单输出系统，上述定理充分性的证明过程同时也给出了设计状态反馈增益阵 $\boldsymbol{k}$ 的过程。现将具体设计步骤重新归纳如下：

（1）判断系统 $\Sigma = (\boldsymbol{A}, \ \boldsymbol{b}, \ \boldsymbol{c})$ 的状态能控性。确定能否通过状态反馈使其闭环极点得到任意配置。

（2）由给定的瞬态性能指标或期望的闭环极点确定期望的特征多项式（6.5.12）。

（3）写出系统 $\Sigma = (\boldsymbol{A}, \ \boldsymbol{b}, \ \boldsymbol{c})$ 的能控标准型 $\bar{\Sigma} = (\bar{\boldsymbol{A}}, \ \bar{\boldsymbol{b}}, \ \bar{\boldsymbol{c}})$。对于同一个系统的两种不同的状态空间表达式 Σ 和 $\bar{\Sigma}$ 之间有如下关系式

$$\bar{\boldsymbol{A}}\boldsymbol{R}^{-1} = \boldsymbol{R}^{-1}\boldsymbol{A}, \quad \bar{\boldsymbol{b}} = \boldsymbol{R}^{-1}\boldsymbol{b}, \quad \bar{\boldsymbol{c}}\boldsymbol{R}^{-1} = \boldsymbol{c}$$

根据这组关系式，确定变换矩阵 $\boldsymbol{R}^{-1}$。

（4）确定在能控标准型下闭环系统的特征多项式（6.5.17）。

（5）根据式（6.5.18）计算对于能控标准型的状态 $\bar{\boldsymbol{x}}$ 的反馈增益矩阵 $\bar{\boldsymbol{k}}$。

（6）将 $\bar{\boldsymbol{k}}$ 变换为对于给定状态 $\boldsymbol{x}$ 的反馈增益矩阵 $\boldsymbol{k}$

$$\boldsymbol{k} = \bar{\boldsymbol{k}}\boldsymbol{R}^{-1} \tag{6.5.19}$$

这里应当指出，当系统 $\Sigma = (\boldsymbol{A}, \ \boldsymbol{b}, \ \boldsymbol{c})$ 阶次较高时，通常都是按照上述步骤，

先把系统的状态方程变换为能控标准型 $\bar{\Sigma}=(\bar{A},\ \bar{b},\ \bar{c})$，计算出对于能控标准型的反馈增益矩阵 $\bar{k}$，然后再将 $\bar{k}$ 变换为对于原系统状态 x 的反馈增益矩阵 k；而当系统 $\Sigma=(A,\ b,\ c)$ 阶次较低时，则无需将系统的状态空间表达式 Σ 变换为能控标准型，这时可以直接根据原系统的状态方程计算反馈增益矩阵 k。对此给出如下例题。

例 6.5.1 已知某系统的状态方程为

$$\dot{x}=\begin{bmatrix}-2 & -3\\ 4 & -9\end{bmatrix}x+\begin{bmatrix}3\\ 1\end{bmatrix}u$$

试设计状态反馈矩阵 k 使闭环极点为 $\lambda_{1,2}=-1\pm \mathrm{j}2$。

解：（1）判断给定系统的能控性。

该系统的能控性矩阵为

$$Q_{\mathrm{c}}=\begin{bmatrix}b & Ab\end{bmatrix}=\begin{bmatrix}3 & -9\\ 1 & 3\end{bmatrix}$$

其秩为 2。因此该系统是状态完全能控的，可以通过状态反馈任意配置系统的闭环极点。

（2）确定闭环系统的期望的特征多项式。

闭环系统的期望的极点为 $\lambda_{1,2}^{*}=-1\pm \mathrm{j}2$，由式（6.5.12）可知期望的特征多项式为

$$f^{*}(\lambda)=(\lambda-\lambda_{1}^{*})(\lambda-\lambda_{2}^{*})=\lambda^{2}+2\lambda+5$$

（3）确定状态反馈后闭环系统的特征多项式。

设状态反馈阵为

$$k=\begin{bmatrix}k_1 & k_2\end{bmatrix}$$

可以得到状态反馈后系统的特征多项式为

$$\begin{aligned}f(\lambda)&=\left|\lambda I-(A+bk)\right|\\&=\begin{vmatrix}\lambda+2-3k_1 & 3-3k_2\\ -4-k_1 & \lambda+9-k_2\end{vmatrix}\\&=\lambda^{2}+(11-3k_1-k_2)\lambda+30-24k_1-14k_2\end{aligned}$$

（4）确定使极点得到任意配置的状态反馈矩阵 k。

为此，令

$$f(\lambda)=f^{*}(\lambda)$$

由该表达式中 λ 的同幂次系数相等得

$$\begin{cases}11-3k_1-k_2=2\\ 30-24k_1-14k_2=5\end{cases}$$

根据上述两个方程可以解出

$$\begin{cases} k_1 = 5.61 \\ k_2 = -7.82 \end{cases}$$

于是知，能够任意配置系统闭环极点配置的状态反馈增益矩阵为

$$\boldsymbol{k} = \begin{bmatrix} k_1 & k_2 \end{bmatrix} = \begin{bmatrix} 5.61 & -7.82 \end{bmatrix}$$

例 6.5.2　已知系统方块图如图 6.5.3 所示，试设计状态反馈增益矩阵 $\boldsymbol{k}$，使闭环系统满足下列瞬态性能指标：

（1）超调量 $\delta\% \leqslant 5\%$；

（2）调整时间 $t_s \leqslant 5s$。

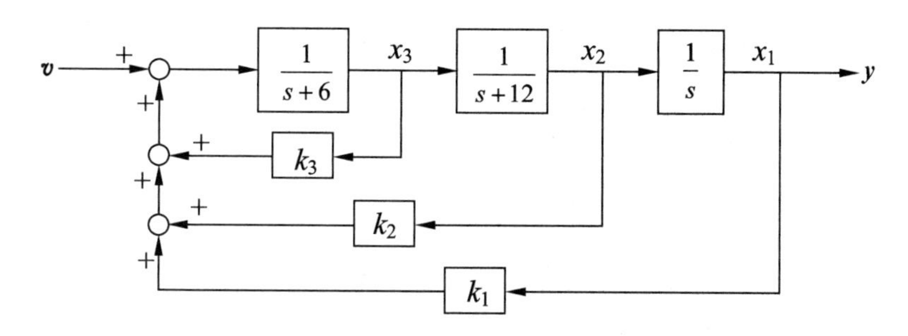

图 6.5.3　例 6.5.2 中系统方块图

解：（1）由题目给出的期望的性能指标确定系统的期望的特征多项式。根据前面第 3 章给出的表达式

$$\delta\% = e^{-\frac{\zeta\pi}{\sqrt{1-\zeta^2}}} \times 100\% \leqslant 5\%$$

和

$$t_s = \frac{3}{\zeta\omega_n} \leqslant 5$$

可以得出

$$\zeta \leqslant 0.707$$

$$\omega_n \geqslant 9$$

为计算方便，取阻尼比 $\zeta = 0.707$，无阻尼自然振荡频率 $\omega_n = 10$，则系统的闭环主导极点为

$$\lambda_{1,2} = -7.07 \pm j7.07$$

极点 λ_3 应选择得远离原点，这里有

$$\lambda_3 = -100$$

因此，期望的特征多项式为

$$f^*(\lambda)=(\lambda+100)(\lambda^2+14.1\lambda+100)$$
$$=\lambda^3+114.1\lambda^2+1510\lambda+10000$$

（2）建立系统的状态空间表达式，以及与之对应的能控标准型，并根据两者之间的关系，确定变换矩阵 $\boldsymbol{R}^{-1}$。

由图 6.5.3 知，系统的状态空间表达式为

$$\boldsymbol{A}=\begin{bmatrix}0 & 1 & 0\\ 0 & -12 & 1\\ 0 & 0 & -6\end{bmatrix},\quad \boldsymbol{b}=\begin{bmatrix}0\\0\\1\end{bmatrix},\quad \boldsymbol{c}=\begin{bmatrix}1 & 0 & 0\end{bmatrix}$$

该系统的能控标准型为

$$\overline{\boldsymbol{A}}=\begin{bmatrix}0 & 1 & 0\\ 0 & 0 & 1\\ 0 & -72 & -18\end{bmatrix},\quad \overline{\boldsymbol{b}}=\begin{bmatrix}0\\0\\1\end{bmatrix},\quad \overline{\boldsymbol{c}}=\begin{bmatrix}1 & 0 & 0\end{bmatrix}$$

根据关系式 $\overline{\boldsymbol{A}}\boldsymbol{R}^{-1}=\boldsymbol{R}^{-1}\boldsymbol{A}$，可以计算出变换矩阵 $\boldsymbol{R}^{-1}$ 为

$$\boldsymbol{R}^{-1}=\begin{bmatrix}1 & 0 & 0\\ 0 & 1 & 0\\ 0 & -12 & 1\end{bmatrix}$$

（3）确定对于能控标准型的闭环系统的特征多项式。为此，令

$$\overline{\boldsymbol{k}}=\begin{bmatrix}\overline{k}_1 & \overline{k}_2 & \overline{k}_3\end{bmatrix}$$

则对于能控标准型而言，系统的特征多项式为

$$f(\lambda)=\left|\lambda\boldsymbol{I}-(\overline{\boldsymbol{A}}+\overline{\boldsymbol{b}}\overline{\boldsymbol{k}})\right|$$
$$=\lambda^3+(18-\overline{k}_3)\lambda^2+(72-\overline{k}_2)\lambda-\overline{k}_1$$

（4）确定反馈增益矩阵 $\overline{\boldsymbol{k}}$。根据 $f(\lambda)=f^*(\lambda)$ 可以求出

$$\overline{\boldsymbol{k}}=\begin{bmatrix}(-10000) & (72-1510) & (18-114.1)\end{bmatrix}$$
$$=\begin{bmatrix}-10000 & -1438 & -96.1\end{bmatrix}$$

（5）最后需将 $\overline{\boldsymbol{k}}$ 变换为对于给定状态 $\boldsymbol{x}$ 的 $\boldsymbol{k}$。

$$\boldsymbol{k}=\overline{\boldsymbol{k}}\boldsymbol{R}^{-1}$$
$$=\begin{bmatrix}-10000 & -280.8 & -96.1\end{bmatrix}$$

例 6.5.3　重新考虑例 2.6.3 中的倒立摆系统。其结构原理图重绘于图 6.5.4，系统的状态空间表达式已在例 2.6.3 中求出，现重写如下：

$$\begin{bmatrix}\dot{x}_1\\ \dot{x}_2\\ \dot{x}_3\\ \dot{x}_4\end{bmatrix}=\begin{bmatrix}0 & 1 & 0 & 0\\ 0 & 0 & -\dfrac{m}{M}g & 0\\ 0 & 0 & 0 & 1\\ 0 & 0 & \dfrac{M+m}{M\ell}g & 0\end{bmatrix}\begin{bmatrix}x_1\\ x_2\\ x_3\\ x_4\end{bmatrix}+\begin{bmatrix}0\\ \dfrac{1}{M}\\ 0\\ -\dfrac{1}{M\ell}\end{bmatrix}u \qquad (6.5.20a)$$

$$\begin{bmatrix} y_1 \\ y_2 \end{bmatrix} = \begin{bmatrix} 1 & 0 & 0 & 0 \\ 0 & 0 & 1 & 0 \end{bmatrix} \begin{bmatrix} x_1 \\ x_2 \\ x_3 \\ x_4 \end{bmatrix} \tag{6.5.20b}$$

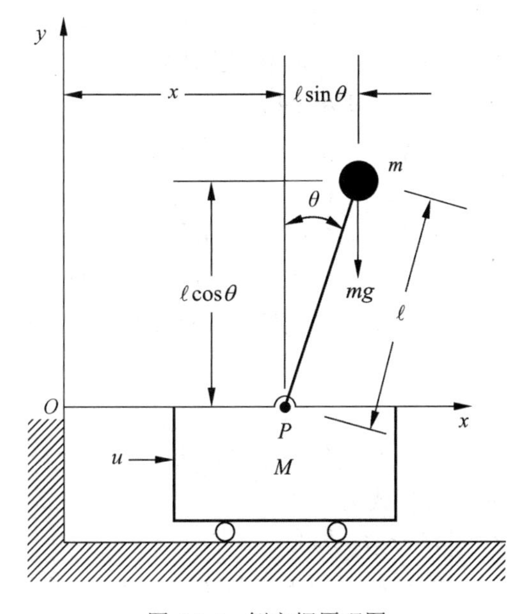

图 6.5.4　倒立摆原理图

若已知 $M = 0.18\text{kg}$，$m = 0.036\text{kg}$，$\ell = 0.32\text{m}$，试分析系统的稳定性，并设计状态反馈使系统的闭环极点位于 $s_1 = -2$，$s_2 = -3$，$s_3 = -2 + \text{j}$，$s_4 = -2 - \text{j}$。

解：（1）分析倒立摆系统的稳定性。

首先为计算方便，令

$$a_1 = \frac{m}{M} g，\quad a_2 = \frac{M+m}{M\ell} g$$

$$b_1 = \frac{1}{M}，\quad b_2 = \frac{1}{M\ell}$$

则可以将式（6.5.20）表示为

$$\begin{bmatrix} \dot{x}_1 \\ \dot{x}_2 \\ \dot{x}_3 \\ \dot{x}_4 \end{bmatrix} = \begin{bmatrix} 0 & 1 & 0 & 0 \\ 0 & 0 & -a_1 & 0 \\ 0 & 0 & 0 & 1 \\ 0 & 0 & a_2 & 0 \end{bmatrix} \begin{bmatrix} x_1 \\ x_2 \\ x_3 \\ x_4 \end{bmatrix} + \begin{bmatrix} 0 \\ b_1 \\ 0 \\ -b_2 \end{bmatrix} u$$

将已知参数代入，得 $a_1 = 1.836$，$a_2 = 36.79$，$b_1 = 5.56$，$b_2 = 17.36$。由该系统的特征方程

$$\begin{aligned} f(\lambda) &= |\lambda \boldsymbol{I} - \boldsymbol{A}| = \lambda^4 - 36.79\lambda^2 \\ &= s^2(s-6.065)(s+6.065) \\ &= 0 \end{aligned}$$

可知，系统有一个特征根位于复平面 S 的右半平面，因此系统是不稳定的。

（2）设计状态反馈，使系统的闭环极点位于期望的位置。

为此，先分析系统的能控性。根据能控性矩阵

$$\boldsymbol{Q}_{\mathrm{c}} = \begin{bmatrix} \boldsymbol{b} & \boldsymbol{Ab} & \boldsymbol{A}^2\boldsymbol{b} & \boldsymbol{A}^3\boldsymbol{b} \end{bmatrix} = \begin{bmatrix} -17.36 & 0 & -638.674 & 0 \\ 5.56 & 0 & 31.873 & 0 \\ 0 & -17.36 & 0 & -638.674 \\ 0 & 5.56 & 0 & 31.873 \end{bmatrix}$$

可知，矩阵 $\boldsymbol{Q}_{\mathrm{c}}$ 的秩为 4，因此系统是能控的，可以利用状态反馈使闭环系统的极点得到任意配置。

假设状态反馈矩阵为

$$\boldsymbol{k} = \begin{bmatrix} k_1 & k_2 & k_3 & k_4 \end{bmatrix}$$

则状态反馈后系统的特征方程式为

$$\begin{aligned} f(\lambda) &= |\lambda \boldsymbol{I} - (\boldsymbol{A} + \boldsymbol{bk})| \\ &= \lambda^4 + (b_2k_4 - b_1k_2)\lambda^3 + (b_2k_3 - b_1k_1 - a_2)\lambda^2 \\ &\quad + (a_2b_1k_2 - a_1b_2k_2)\lambda + (a_2b_1k_1 - a_1b_2k_1) \end{aligned} \tag{6.5.21}$$

而根据已知条件可以得到系统期望的特征方程式为

$$\begin{aligned} f^*(\lambda) &= (\lambda+2)(\lambda+3)(\lambda+2-\mathrm{j})(\lambda+2+\mathrm{j}) \\ &= s^4 + 9s^3 + 31s^2 + 49s + 30 \end{aligned} \tag{6.5.22}$$

令 $f(\lambda) = f^*(\lambda)$，由式（6.5.21）和式（6.5.22）可得

$$\begin{aligned} k_1 &= 0.1735 \\ k_2 &= 0.3 \\ k_3 &= 4 \\ k_4 &= 0.6 \end{aligned}$$

写成矩阵形式为

$$\boldsymbol{k} = \begin{bmatrix} 0.1735 & 0.3 & 4 & 0.6 \end{bmatrix}$$

6.6 状态估计与状态观测器

当利用状态反馈实现闭环极点的任意配置时，需要利用传感器测量状态变量以便实现反馈，但是，在实际系统中，并不是所有的状态变量都能够被测量到。因此，必须设法利用系统的已知信息（输出量 $\boldsymbol{y}$ 和输入量 $\boldsymbol{u}$）重构系统的状态变

量。这种重构状态的方法被称为状态估计，而在确定性系统中是通过观测器对状态进行重构的。

6.6.1 观测器的结构形式

最简单的观测器可以根据实际系统的状态空间表达式 $\Sigma=(\boldsymbol{A},\ \boldsymbol{B},\ \boldsymbol{C})$ 利用计算机模拟实现。在进行状态反馈时，可以利用模拟系统的状态向量 $\hat{\boldsymbol{x}}(t)$ 代替真实系统的状态向量 $\boldsymbol{x}(t)$，如图 6.6.1 所示，这种形式的观测器称为开环观测器。这种开环观测器由于初始状态的偏差，模型不准确以及参数的变化等原因，对于所有的时间 t，不可能使 $\hat{\boldsymbol{x}}(t)$ 恒等于 $\boldsymbol{x}(t)$，即总是存在估计误差

$$\tilde{\boldsymbol{x}}(t)=\boldsymbol{x}(t)-\hat{\boldsymbol{x}}(t) \tag{6.6.1}$$

因此，开环观测器并无实用价值。

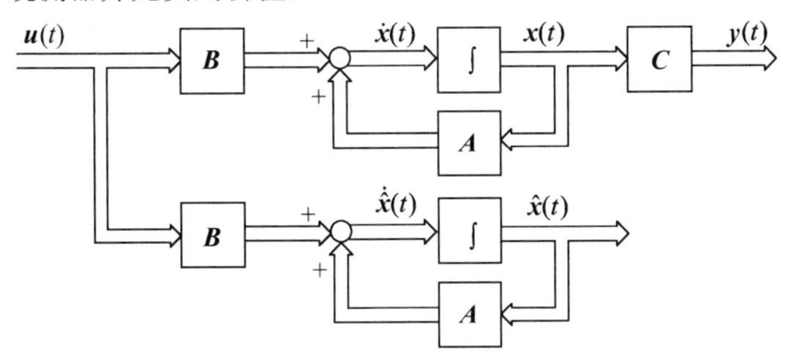

图 6.6.1　开环观测器

如果将可以测量的实际系统的输出量 $\boldsymbol{y}(t)=\boldsymbol{C}\boldsymbol{x}(t)$ 与模拟系统估计的输出量 $\hat{\boldsymbol{y}}(t)=\boldsymbol{C}\hat{\boldsymbol{x}}(t)$ 相比较，将比较的差

$$\tilde{\boldsymbol{y}}(t)=\boldsymbol{y}(t)-\hat{\boldsymbol{y}}(t) \tag{6.6.2}$$

通过增益矩阵 G 反馈到输入端，对系统估计的误差进行校正，就可以得到良好的效果，其结构如图 6.6.2 所示。图 6.6.2 中的观测器称为渐近观测器。

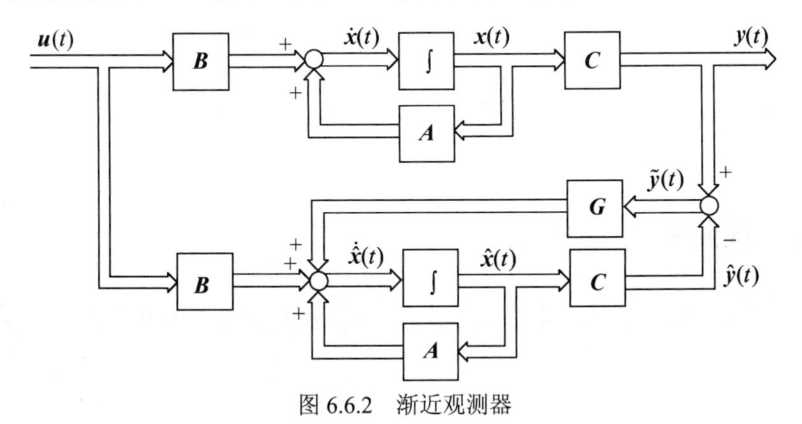

图 6.6.2　渐近观测器

对于图 6.6.2 所示的渐近观测器，设 $\boldsymbol{G}$ 为 $n\times m$ 维的反馈矩阵，则系统的状态估计误差方程为

$$\begin{aligned}\dot{\tilde{\boldsymbol{x}}}&=\dot{\boldsymbol{x}}-\dot{\hat{\boldsymbol{x}}}=(\boldsymbol{A}\boldsymbol{x}+\boldsymbol{B}\boldsymbol{u})-(\boldsymbol{A}\hat{\boldsymbol{x}}+\boldsymbol{B}\boldsymbol{u}+\boldsymbol{G}\tilde{\boldsymbol{y}})\\&=\boldsymbol{A}(\boldsymbol{x}-\hat{\boldsymbol{x}})-\boldsymbol{G}\boldsymbol{C}(\boldsymbol{x}-\hat{\boldsymbol{x}})\\&=[\boldsymbol{A}-\boldsymbol{G}\boldsymbol{C}](\boldsymbol{x}-\hat{\boldsymbol{x}})\\&=\tilde{\boldsymbol{A}}\tilde{\boldsymbol{x}}\end{aligned}\tag{6.6.3}$$

该方程的解为

$$\tilde{\boldsymbol{x}}(t)=\mathrm{e}^{\tilde{\boldsymbol{A}}t}\tilde{\boldsymbol{x}}(0),\quad t\geqslant 0\tag{6.6.4}$$

由式（6.6.4）可以看出，若 $\tilde{\boldsymbol{x}}(0)=0$，则在 $t\geqslant 0$ 的所有时间内有 $\tilde{\boldsymbol{x}}(0)\equiv 0$，即状态估计的值 $\hat{\boldsymbol{x}}$ 与实际状态的值 $\boldsymbol{x}$ 严格相等。若 $\tilde{\boldsymbol{x}}(0)\neq 0$，两者初始值不相等，但如果 $\tilde{\boldsymbol{A}}$ 的特征值均具有负实部，则随着时间的推移，$\tilde{\boldsymbol{x}}$ 将渐近衰减为零，观测器的状态 $\hat{\boldsymbol{x}}$ 将渐近地逼近实际状态 $\boldsymbol{x}$。这样就构成了具有实用价值的渐近的全维状态观测器，由图 6.6.2 可以得到观测器的状态空间表达式为

$$\begin{aligned}\dot{\hat{\boldsymbol{x}}}&=\boldsymbol{A}\hat{\boldsymbol{x}}+\boldsymbol{B}\boldsymbol{u}+\boldsymbol{G}\tilde{\boldsymbol{y}}\\&=\boldsymbol{A}\hat{\boldsymbol{x}}+\boldsymbol{B}\boldsymbol{u}+\boldsymbol{G}\boldsymbol{y}-\boldsymbol{G}\boldsymbol{C}\hat{\boldsymbol{x}}\\&=(\boldsymbol{A}-\boldsymbol{G}\boldsymbol{C})\hat{\boldsymbol{x}}+\boldsymbol{B}\boldsymbol{u}+\boldsymbol{G}\boldsymbol{y}\end{aligned}\tag{6.6.5}$$

其结构如图 6.6.3 所示。

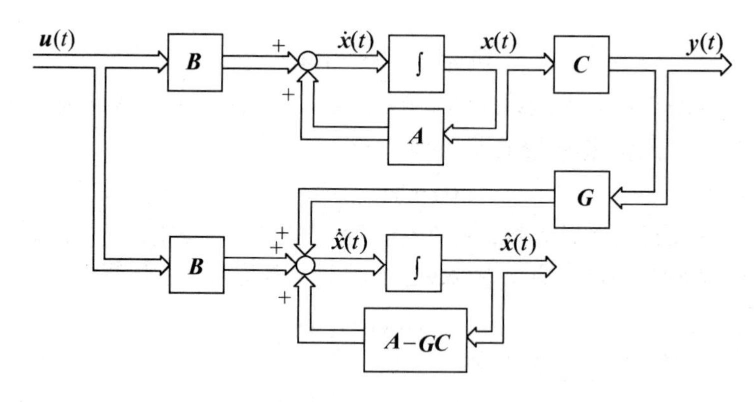

图 6.6.3　全维状态观测器

6.6.2　观测器存在的条件

由以上分析知，要使图 6.6.3 所示的全维状态观测器成为可以实用的观测器，必须使

$$\lim_{t\to+\infty}\tilde{\boldsymbol{x}}(t)=0 \tag{6.6.6}$$

成立，并且 $\tilde{\boldsymbol{x}}(t)$ 应以足够快的速度趋于零，也即观测器的状态 $\hat{\boldsymbol{x}}$ 应以足够快的速度趋近于实际状态 $\boldsymbol{x}$。因此式（6.6.6）称为观测器存在的条件。

根据式（6.6.3）和式（6.6.4）可知，观测器状态 $\hat{\boldsymbol{x}}$ 逼近实际状态 $\boldsymbol{x}$ 的速度取决于 $\boldsymbol{G}$，以及矩阵 $(\boldsymbol{A}-\boldsymbol{GC})$ 特征值的配置。那么对于一个系统而言，是否总存在一个矩阵 $\boldsymbol{G}$，能使矩阵 $\boldsymbol{A}-\boldsymbol{GC}$ 的特征值得到任意配置呢？对此有如下定理。

定理：如果系统 $\Sigma=(\boldsymbol{A},\ \boldsymbol{B},\ \boldsymbol{C})$ 是状态完全能观测的，则可由 $\boldsymbol{G}$ 任意配置矩阵 $(\boldsymbol{A}-\boldsymbol{GC})$ 的特征值。

证明：设系统 $\Sigma=(\boldsymbol{A},\ \boldsymbol{B},\ \boldsymbol{C})$ 是状态完全能观测的，则根据对偶原理，知该系统的对偶系统是状态完全能控的。设其对偶系统为 $\Sigma^*=(\boldsymbol{A}^*,\ \boldsymbol{B}^*,\ \boldsymbol{C}^*)$，由此可得

$$\operatorname{rank}\left[\boldsymbol{Q}_{\mathrm{c}}^*\right]=\operatorname{rank}\left[\boldsymbol{B}^*\quad \boldsymbol{A}^*\boldsymbol{B}^*\quad \boldsymbol{A}^{*2}\boldsymbol{B}^*\quad \cdots\quad \boldsymbol{A}^{*n-1}\boldsymbol{B}^*\right]=n$$

由 6.5 节内容知，因为对偶系统能控，所以可以由状态反馈任意配置其极点。于是，对偶系统的特征方程式的系数可由反馈增益矩阵 $\boldsymbol{K}$ 来任意选择。其特征多项式为

$$\left|\lambda\boldsymbol{I}-(\boldsymbol{A}^*+\boldsymbol{B}^*\boldsymbol{K})\right|=\left|\lambda\boldsymbol{I}-(\boldsymbol{A}^{\mathrm{T}}+\boldsymbol{C}^{\mathrm{T}}\boldsymbol{K})\right|=\left|\lambda\boldsymbol{I}-(\boldsymbol{A}+\boldsymbol{K}^{\mathrm{T}}\boldsymbol{C})^{\mathrm{T}}\right|$$

因为矩阵的转置不改变其行列式的值，所以有

$$\left|\lambda\boldsymbol{I}-(\boldsymbol{A}^*+\boldsymbol{B}^*\boldsymbol{K})\right|=\left|\lambda\boldsymbol{I}-(\boldsymbol{A}+\boldsymbol{K}^{\mathrm{T}}\boldsymbol{C})\right|$$

这样，只要取 $\boldsymbol{K}^{\mathrm{T}}=-\boldsymbol{G}$，就可以得到

$$\left|\lambda\boldsymbol{I}-(\boldsymbol{A}^*+\boldsymbol{B}^*\boldsymbol{K})\right|=\left|\lambda\boldsymbol{I}-(\boldsymbol{A}-\boldsymbol{GC})\right|$$

这就意味着矩阵 $(\boldsymbol{A}-\boldsymbol{GC})$ 的特征值可由 $\boldsymbol{G}$ 来进行任意配置。证毕。

6.6.3　全维观测器的设计方法

对于给定的系统 $\Sigma=(\boldsymbol{A},\ \boldsymbol{B},\ \boldsymbol{C})$，观测器的设计步骤如下：

（1）判断系统 $\Sigma=(\boldsymbol{A},\ \boldsymbol{B},\ \boldsymbol{C})$ 的能观测性。若系统是状态完全能观测的，则一定可以设计全维状态观测器。

（2）观测器的状态方程为式（6.6.5），结构图如图 6.6.3 所示。观测器的反馈矩阵 $\boldsymbol{G}$ 为待设计的增益矩阵。

（3）根据观测器的期望极点确定观测器的期望的特征多项式 $g^*(\lambda)$。

而观测器的期望极点是由观测器的估计状态 $\hat{\boldsymbol{x}}$ 趋近于实际状态 $\boldsymbol{x}$ 的速度决定的。

（4）确定反馈增益矩阵 $\boldsymbol{G}$。为此，令观测器的特征多项式与期望的特征多项式相等，即

$$\left|\lambda\boldsymbol{I}-(\boldsymbol{A}-\boldsymbol{GC})\right|=g^*(\lambda) \tag{6.6.7}$$

除了按照上述步骤进行外，还可以像极点配置那样，先将系统状态空间表达式变换为能观测标准型，确定出能观测标准型下的反馈增益矩阵 $\bar{\boldsymbol{G}}$ 后，再变换为原状态 $\hat{\boldsymbol{x}}$ 的反馈增益矩阵 $\boldsymbol{G}$。不过这里有

$$\boldsymbol{G}=\boldsymbol{T}\bar{\boldsymbol{G}}$$

矩阵 $\boldsymbol{T}$ 是将系统 $\Sigma=(\boldsymbol{A},\ \boldsymbol{B},\ \boldsymbol{C})$ 变换为能观测标准型的非奇异变换矩阵。

例 6.6.1　系统的状态空间表达式为

$$\begin{bmatrix}\dot{x}_1\\ \dot{x}_2\end{bmatrix}=\begin{bmatrix}0 & 1\\ -2 & -3\end{bmatrix}\begin{bmatrix}x_1\\ x_2\end{bmatrix}+\begin{bmatrix}0\\ 1\end{bmatrix}u$$

$$y=\begin{bmatrix}2 & 0\end{bmatrix}\begin{bmatrix}x_1\\ x_2\end{bmatrix}$$

已知该系统的特征值为 -1 和 -2，并欲将观测器的极点配置在 $\lambda_1=\lambda_2=-3$ 处，试设计观测器。

解：先判别系统的能观测性。

为此，有

$$\operatorname{rank}\begin{bmatrix}\boldsymbol{c}\\ \boldsymbol{cA}\end{bmatrix}=\operatorname{rank}\begin{bmatrix}2 & 0\\ 0 & 2\end{bmatrix}=2$$

系统状态完全能观测，因此该系统的观测器存在且其极点可以被任意配置。设反馈增益矩阵 $\boldsymbol{g}=\begin{bmatrix}g_1 & g_2\end{bmatrix}^{\mathrm{T}}$，于是观测器的特征多项式为

$$\left|\lambda\boldsymbol{I}-(\boldsymbol{A}-\boldsymbol{gc})\right|=\begin{vmatrix}\lambda+2g_1 & -1\\ 2+2g_2 & \lambda+3\end{vmatrix}=\lambda^2+(3+2g_1)\lambda+(6g_1+2g_2+2)$$

根据题目给出的欲配置的观测器的极点位置可知，期望的特征多项式为

$$g^*(\lambda)=(\lambda+3)^2=\lambda^2+6\lambda+9$$

令上述两个多项式的对应项系数相等，则有

$$\begin{cases}3+2g_1=6\\ 6g_1+2g_2+2=9\end{cases}$$

解得

$$g_1=1.5,\qquad g_2=-1$$

于是，观测器的状态方程为

$$\begin{bmatrix}\dot{\hat{\boldsymbol{x}}}_1\\ \dot{\hat{\boldsymbol{x}}}_2\end{bmatrix}=\begin{bmatrix}-3 & 1\\ 0 & -3\end{bmatrix}\begin{bmatrix}\hat{\boldsymbol{x}}_1\\ \hat{\boldsymbol{x}}_2\end{bmatrix}+\begin{bmatrix}0\\ 1\end{bmatrix}u+\begin{bmatrix}1.5\\ -1\end{bmatrix}y$$

6.6.4　降维观测器的设计

当观测器需要重构的状态的个数小于系统状态向量的维数时，称为降维状态

观测器。对于有 m 个输出的系统，表明可通过传感器直接测量到系统的 m 个输出变量。通常，这些输出变量是状态变量的线性组合。如果能够经过线性变换，使每个输出变量仅含有一个独立的状态变量的信息，则由这 m 个输出变量描述的状态变量无需使用观测器对其进行重构，而观测器只需要重构另外的 $n-m$ 个状态变量即可。这种观测器被称为 $n-m$ 维状态观测器。

假设系统 $\Sigma=(\boldsymbol{A},\boldsymbol{B},\boldsymbol{C})$ 是能观测的，且状态空间表达式经过非奇异线性变换已经被变换为

$$\begin{bmatrix}\dot{\bar{\boldsymbol{x}}}_1\\ \dot{\bar{\boldsymbol{x}}}_2\end{bmatrix}=\begin{bmatrix}\boldsymbol{A}_{11} & \boldsymbol{A}_{12}\\ \boldsymbol{A}_{21} & \boldsymbol{A}_{22}\end{bmatrix}\begin{bmatrix}\bar{\boldsymbol{x}}_1\\ \bar{\boldsymbol{x}}_2\end{bmatrix}+\begin{bmatrix}\boldsymbol{B}_1\\ \boldsymbol{B}_2\end{bmatrix}\boldsymbol{u} \tag{6.6.8a}$$

$$\bar{\boldsymbol{y}}=\begin{bmatrix}I_m & \vdots & 0\end{bmatrix}\begin{bmatrix}\bar{\boldsymbol{x}}_1\\ \bar{\boldsymbol{x}}_2\end{bmatrix}=\bar{\boldsymbol{x}}_1 \tag{6.6.8b}$$

其中，$\bar{\boldsymbol{x}}_1=[\bar{x}_1 \quad \cdots \quad \bar{x}_m]^{\mathrm{T}},\bar{\boldsymbol{x}}_2=[\bar{x}_{m+1} \quad \cdots \quad \bar{x}_n]^{\mathrm{T}}$，输出矩阵 $\boldsymbol{C}=[\boldsymbol{I}_m \quad \vdots \quad 0]$。$\boldsymbol{I}_m$ 为 $m\times m$ 维的单位矩阵。

此时，输出变量 $\bar{\boldsymbol{y}}$ 可以直接代表系统的前 m 个状态变量 $\bar{\boldsymbol{x}}_1$。因此，只需要构造 $n-m$ 维的状态观测器来估计状态向量 $\bar{\boldsymbol{x}}_2$。展开式（6.6.8），有

$$\dot{\bar{\boldsymbol{x}}}_2=\boldsymbol{A}_{22}\bar{\boldsymbol{x}}_2+\boldsymbol{A}_{21}\bar{\boldsymbol{y}}+\boldsymbol{B}_2\boldsymbol{u} \tag{6.6.9a}$$

$$\dot{\bar{\boldsymbol{y}}}=\boldsymbol{A}_{12}\bar{\boldsymbol{x}}_2+\boldsymbol{A}_{11}\bar{\boldsymbol{y}}+\boldsymbol{B}_1\boldsymbol{u} \tag{6.6.9b}$$

令

$$\boldsymbol{v}=\boldsymbol{A}_{21}\bar{\boldsymbol{y}}+\boldsymbol{B}_2\boldsymbol{u} \tag{6.6.10}$$

由于 $\bar{\boldsymbol{y}}$ 是可以被测量到的，$\boldsymbol{u}$ 又是已知的，因此 $\boldsymbol{v}$ 可以被作为 $n-m$ 维子系统的输入向量。令

$$\boldsymbol{z}=\dot{\bar{\boldsymbol{y}}}-\boldsymbol{A}_{11}\bar{\boldsymbol{y}}-\boldsymbol{B}_1\boldsymbol{u} \tag{6.6.11}$$

则可将 $\boldsymbol{z}$ 作为 $(n-m)$ 维子系统的输出。于是可将式（6.6.9）变换为

$$\dot{\bar{\boldsymbol{x}}}_2=\boldsymbol{A}_{22}\bar{\boldsymbol{x}}_2+\boldsymbol{v} \tag{6.6.12a}$$

$$\boldsymbol{z}=\boldsymbol{A}_{12}\bar{\boldsymbol{x}}_2 \tag{6.6.12b}$$

可以证明，如果原系统 $\Sigma=(\boldsymbol{A},\boldsymbol{B},\boldsymbol{C})$ 是能观测的，则子系统 $\Sigma=(\boldsymbol{A}_{22},\boldsymbol{A}_{12})$ 也是能观测的，于是，可按全维渐近观测器的构造和设计方法，来设计子系统 $\Sigma=(\boldsymbol{A}_{22},\boldsymbol{A}_{12})$ 的观测器。

对于子系统 $\Sigma=(\boldsymbol{A}_{22},\boldsymbol{A}_{12})$，其渐近观测器的结构如图 6.6.4 所示。

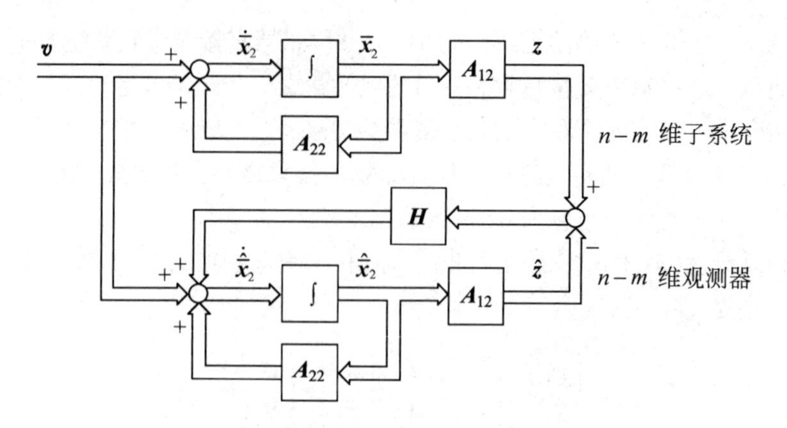

图 6.6.4 $n-m$ 维子系统的渐近观测器

由图 6.6.4 可以得 $n-m$ 维渐近观测器的状态空间表达式为

$$\dot{\hat{\boldsymbol{x}}}_2=\boldsymbol{A}_{22}\hat{\boldsymbol{x}}_2+\boldsymbol{v}+\boldsymbol{H}(\boldsymbol{z}-\hat{\boldsymbol{z}}) \tag{6.6.13a}$$

$$\hat{\boldsymbol{z}}=\boldsymbol{A}_{12}\hat{\boldsymbol{x}}_2 \tag{6.6.13b}$$

其中，$\boldsymbol{H}$ 为 $(n-m)\times m$ 维反馈增益矩阵。将式（6.6.10）和式（6.6.11）代入式（6.6.13），有

$$\dot{\hat{\boldsymbol{x}}}_2=(\boldsymbol{A}_{22}-\boldsymbol{H}\boldsymbol{A}_{12})\hat{\boldsymbol{x}}_2+(\boldsymbol{A}_{21}\overline{\boldsymbol{y}}+\boldsymbol{B}_2\boldsymbol{u})+\boldsymbol{H}(\dot{\overline{\boldsymbol{y}}}-\boldsymbol{A}_{11}\overline{\boldsymbol{y}}-\boldsymbol{B}_1\boldsymbol{u}) \tag{6.6.14}$$

由式（6.6.14）可知，$n-m$ 维渐近观测器的极点将由系统矩阵 $(\boldsymbol{A}_{22}-\boldsymbol{H}\boldsymbol{A}_{12})$ 的特征方程

$$f(\lambda)=\left|\lambda\boldsymbol{I}-(\boldsymbol{A}_{22}-\boldsymbol{H}\boldsymbol{A}_{12})\right|=0 \tag{6.6.15}$$

进行配置。其状态估计的误差方程为

$$\dot{\tilde{\boldsymbol{x}}}_2=\dot{\overline{\boldsymbol{x}}}_2-\dot{\hat{\boldsymbol{x}}}_2=(\boldsymbol{A}_{22}-\boldsymbol{H}\boldsymbol{A}_{12})(\overline{\boldsymbol{x}}_2-\hat{\boldsymbol{x}}_2) \tag{6.6.16}$$

由此可见，只要适当选择反馈增益矩阵 $\boldsymbol{H}$，就可任意配置 $(n-m)$ 维渐近观测器的极点，使误差 $\tilde{\boldsymbol{x}}_2$ 具有满意的衰减速度。

但由于式（6.6.14）中含有导数项 $\dot{\overline{\boldsymbol{y}}}$，将影响要估计的状态 $\hat{\boldsymbol{x}}_2$ 的唯一性。因此，另选状态变量为

$$\boldsymbol{w}=\hat{\boldsymbol{x}}_2-\boldsymbol{H}\,\overline{\boldsymbol{y}} \tag{6.6.17}$$

此时，可将式（6.6.14）变换为

$$\dot{\boldsymbol{w}}=(\boldsymbol{A}_{22}-\boldsymbol{H}\boldsymbol{A}_{12})\boldsymbol{w}+(\boldsymbol{B}_2-\boldsymbol{H}\boldsymbol{B}_1)\boldsymbol{u}+\left[(\boldsymbol{A}_{21}-\boldsymbol{H}\boldsymbol{A}_{11})+(\boldsymbol{A}_{22}-\boldsymbol{H}\boldsymbol{A}_{12})\boldsymbol{H}\right]\overline{\boldsymbol{y}} \tag{6.6.18}$$

而

$$\hat{\boldsymbol{x}}_2=\boldsymbol{w}+\boldsymbol{H}\,\overline{\boldsymbol{y}} \tag{6.6.19}$$

因此，用作状态反馈的所有状态变量分为两部分，一部分是由输出传感器直接测量得到的 $\overline{\boldsymbol{x}}_1=\overline{\boldsymbol{y}}$，另一部分是由 $(n-m)$ 维渐近观测器重构的状态 $\hat{\boldsymbol{x}}_2$。对于所有的

状态变量，有

$$\hat{\bar{x}}=\begin{bmatrix}\bar{x}_1\\ \hat{\bar{x}}_2\end{bmatrix}=\begin{bmatrix}\bar{y}\\ w+H\bar{y}\end{bmatrix}=\begin{bmatrix}0\\ I_{n-m}\end{bmatrix}w+\begin{bmatrix}I_m\\ H\end{bmatrix}\bar{y}$$

$$=\begin{bmatrix}0 & I_m\\ I_{n-m} & H\end{bmatrix}\begin{bmatrix}w\\ \bar{y}\end{bmatrix} \tag{6.6.20}$$

式中，$\mathbf{0}$ 为 $m\times(n-m)$ 维零矩阵。

按照上述方法设计的 $n-m$ 维渐近观测器的结构如图 6.6.5 所示。

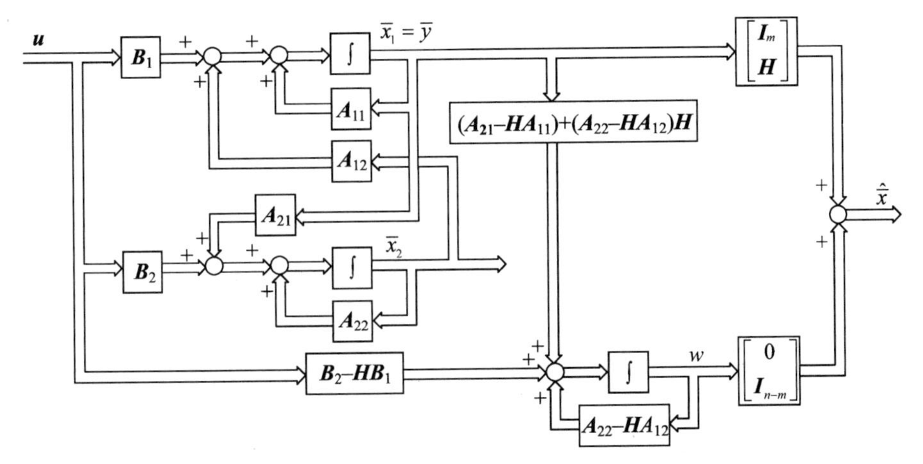

图 6.6.5　变换后的$(n-m)$维渐近观测器

上面讨论的是在状态空间表达式中已经将需要重构的状态变量 x_2 和可以由输出直接测量得到的 x_1 分离开，并且具有式（6.6.8）形式时的情况。如果能观测系统的状态空间表达式 $\Sigma=(A,B,C)$ 不具有式（6.6.8）的形式，则应引入非奇异线性变换将待重构的状态变量分离出来。具体过程如下，令

$$x=T_0\bar{x} \tag{6.6.21}$$

其中，

$$T_0^{-1}=\begin{bmatrix}C\\ C'\end{bmatrix} \tag{6.6.22}$$

C 为 $m\times n$ 维矩阵，C' 为使矩阵 T_0^{-1} 非奇异的任意 $(n-m)\times n$ 维矩阵，将原系统的状态空间表达式变换为

$$\begin{bmatrix}\dot{\bar{x}}_1\\ \dot{\bar{x}}_2\end{bmatrix}=\begin{bmatrix}A_{11} & A_{12}\\ A_{21} & A_{22}\end{bmatrix}\begin{bmatrix}\bar{x}_1\\ \bar{x}_2\end{bmatrix}+\begin{bmatrix}B_1\\ B_2\end{bmatrix}u \tag{6.6.23a}$$

$$\bar{y}=\bar{x}_1=\begin{bmatrix}I_m & \vdots & 0\end{bmatrix}\begin{bmatrix}\bar{x}_1\\ \bar{x}_2\end{bmatrix} \tag{6.6.23b}$$

其中，

$$\begin{cases}\bar{\boldsymbol{A}}=\boldsymbol{T}_0^{-1}\boldsymbol{A}T_0=\begin{bmatrix}\boldsymbol{A}_{11} & \boldsymbol{A}_{12}\\ \boldsymbol{A}_{21} & \boldsymbol{A}_{22}\end{bmatrix}\begin{matrix}m\text{行}\\(n-m)\text{行}\end{matrix} \quad (m\text{列} \quad (n-m\text{列}))\\ \bar{\boldsymbol{B}}=T_0^{-1}\boldsymbol{B}=\begin{bmatrix}\boldsymbol{B}_1\\ \boldsymbol{B}_2\end{bmatrix}\begin{matrix}m\text{行}\\(n-m)\text{行}\end{matrix}\\ \bar{\boldsymbol{C}}=\boldsymbol{C}T_0=\boldsymbol{C}\begin{bmatrix}\boldsymbol{C}\\ \boldsymbol{C}'\end{bmatrix}^{-1}\end{cases} \tag{6.6.24}$$

由恒等式

$$\boldsymbol{C}=\boldsymbol{C}\begin{bmatrix}\boldsymbol{C}\\ \boldsymbol{C}'\end{bmatrix}^{-1}\begin{bmatrix}\boldsymbol{C}\\ \boldsymbol{C}'\end{bmatrix}=\bar{\boldsymbol{C}}\begin{bmatrix}\boldsymbol{C}\\ \boldsymbol{C}'\end{bmatrix}$$

和

$$\boldsymbol{C}=\begin{bmatrix}\boldsymbol{I}_m & \boldsymbol{0}\end{bmatrix}\begin{bmatrix}\boldsymbol{C}\\ \boldsymbol{C}'\end{bmatrix}$$

比较可得

$$\bar{\boldsymbol{C}}=\begin{bmatrix}\boldsymbol{I}_m & \boldsymbol{0}\end{bmatrix}^{m\text{行}} \quad (m\text{列} \quad (n-m)\text{列})$$

由此可见，按照式（6.6.22）构造的非奇异变换矩阵，确实可以将需要重构的状态变量分离出来。对于变换后的状态空间表达式，可按照上述过程设计 $n-m$ 维渐近观测器。现将具体设计步骤总结如下：

第1步，判断系统的能观测性，确定降维观测器的维数 $(n-m)$；

第2步，按照式（6.6.22）构造非奇异变换矩阵 $\boldsymbol{T}_0^{-1}$，将能够由传感器直接测量得到的 m 个状态变量与待重构的 $n-m$ 个状态变量分离开，得到式（6.6.23）；

第3步，建立观测器的期望的特征方程式 $f^*(\lambda)$；

第4步，令式（6.6.15）中的 $f(\lambda)=f^*(\lambda)$，求出反馈增益矩阵 $\boldsymbol{H}$；

第5步，按照式（6.6.18）和式（6.6.19）建立实用的 $n-m$ 维观测器，如图6.6.5所示；

第6步，按照式（6.6.20）得到全部状态变量的估计值；

第7步，利用 $\hat{\bar{\boldsymbol{x}}}=\boldsymbol{T}_0^{-1}\hat{\boldsymbol{x}}$，将 $\hat{\bar{\boldsymbol{x}}}$ 变换到原系统的状态空间中，得到可以作为原系统状态反馈的估计的状态 $\hat{\boldsymbol{x}}$。

例 6.6.2 已知倒立摆系统如图6.5.4所示。其状态空间表达式为

$$\dot{\boldsymbol{x}}=\begin{bmatrix}0 & 1 & 0 & 0\\ 0 & 0 & -a_1 & 0\\ 0 & 0 & 0 & 1\\ 0 & 0 & a_2 & 0\end{bmatrix}\boldsymbol{x}+\begin{bmatrix}0\\ b_1\\ 0\\ b_2\end{bmatrix}u$$

$$y=\begin{bmatrix}1 & 0 & 0 & 0\end{bmatrix}\boldsymbol{x}$$

其中，$a_1=1.836$，$a_2=36.79$，$b_1=5.56$，$b_2=17.36$。试设计降维观测器，使其极点为$-3+\mathrm{j}$，$-3-\mathrm{j}$，-4。

解：（1）判断系统的能观测性。由能观测矩阵

$$\boldsymbol{Q}_{\mathrm{o}}=\begin{bmatrix}\boldsymbol{c}\\ \boldsymbol{cA}\\ \boldsymbol{cA}^2\\ \boldsymbol{cA}^3\end{bmatrix}=\begin{bmatrix}1 & 0 & 0 & 0\\ 0 & 1 & 0 & 0\\ 0 & 0 & -1.836 & 0\\ 0 & 0 & 0 & -1.836\end{bmatrix}$$

知，$\mathrm{rank}\boldsymbol{Q}_{\mathrm{o}}=4$，因此系统是能观测的，可以设计观测器估计系统的状态。

（2）把状态空间表达式重写为

$$\begin{bmatrix}\dot{x}_1\\ \dot{x}_2\\ \dot{x}_3\\ \dot{x}_4\end{bmatrix}=\left[\begin{array}{c:ccc}0 & 1 & 0 & 0\\ \hdashline 0 & 0 & -a_1 & 0\\ 0 & 0 & 0 & 1\\ 0 & 0 & a_2 & 0\end{array}\right]\begin{bmatrix}x_1\\ \hline x_2\\ x_3\\ x_4\end{bmatrix}+\begin{bmatrix}0\\ \hdashline b_1\\ 0\\ -b_2\end{bmatrix}u \tag{6.6.25a}$$

$$y=\left[\begin{array}{c:ccc}1 & 0 & 0 & 0\end{array}\right]\begin{bmatrix}x_1\\ \hline x_2\\ x_3\\ x_4\end{bmatrix} \tag{6.6.25b}$$

根据式（6.6.25）知，由输出可以直接测量得到的状态变量x_1已与待重构的其他 3 个状态变量分离开，因此不必对原系统进行线性变换，状态空间表达式已经符合式（6.6.23）的要求。

$$\boldsymbol{A}_{11}=0,\quad \boldsymbol{A}_{12}=\begin{bmatrix}1 & 0 & 0\end{bmatrix},\quad \boldsymbol{A}_{21}=\begin{bmatrix}0\\ 0\\ 0\end{bmatrix}$$

$$\boldsymbol{A}_{22}=\begin{bmatrix}0 & -a_1 & 0\\ 0 & 0 & 1\\ 0 & a_2 & 0\end{bmatrix},\quad \boldsymbol{b}_1=\begin{bmatrix}0\end{bmatrix},\quad \boldsymbol{b}_2=\begin{bmatrix}b_1\\ 0\\ -b_2\end{bmatrix}$$

（3）由题目知，观测器的期望的特征方程式为

$$\begin{aligned}f^*(\lambda)&=(\lambda+4)(\lambda+3+\mathrm{j})(\lambda+3-\mathrm{j})\\ &=\lambda^3+10\lambda^2+34\lambda+40\end{aligned}$$

（4）设观测器的反馈增益矩阵$\boldsymbol{h}=\begin{bmatrix}h_0 & h_1 & h_2\end{bmatrix}^{\mathrm{T}}$，则由式（6.6.15）知

$$f(\lambda)=\left|\lambda \boldsymbol{I}-\left(\boldsymbol{A}_{22}-\boldsymbol{h}\boldsymbol{A}_{12}\right)\right|$$
$$=\begin{vmatrix}\lambda+h_0 & a_1 & 0\\ h_1 & \lambda & -1\\ h_2 & -a_2 & \lambda\end{vmatrix}$$
$$=\lambda^3+h_0\lambda^2-(a_2+a_1h_1)\lambda-a_1h_2-a_2h_0$$

令 $f(\lambda)=f^*(\lambda)$，有

$$\begin{cases}h_0=10\\ a_2+a_1h_1=-34\\ a_1h_2+a_2h_0=-40\end{cases}$$

由此可求出

$$\boldsymbol{h}=\begin{bmatrix}10 & -39 & -223.31\end{bmatrix}^{\mathrm{T}}$$

（5）按照式（6.6.18）和式（6.6.19），可以建立降维观测器的状态空间表达式为

$$\dot{\boldsymbol{w}}=\begin{bmatrix}-h_0 & -a_1 & 0\\ -h_1 & 0 & 1\\ -h_2 & a_2 & 0\end{bmatrix}\boldsymbol{w}+\begin{bmatrix}b_1\\ 0\\ -b_2\end{bmatrix}u+\begin{bmatrix}-h_0^2-a_1h_1\\ -h_1h_0+h_2\\ -h_2h_0+a_2h_1\end{bmatrix}\overline{y}$$
$$\begin{bmatrix}\hat{x}_2\\ \hat{x}_3\\ \hat{x}_4\end{bmatrix}=\boldsymbol{w}+\begin{bmatrix}h_0\\ h_1\\ h_2\end{bmatrix}\overline{y}$$

将各参数代入上式，可得

$$\dot{\boldsymbol{w}}=\begin{bmatrix}-10 & -1.836 & 0\\ 39 & 0 & 1\\ 223.31 & 36.8 & 0\end{bmatrix}\boldsymbol{w}+\begin{bmatrix}5.56\\ 0\\ -17.36\end{bmatrix}u+\begin{bmatrix}-28.4\\ 167\\ 798\end{bmatrix}\overline{y} \tag{6.6.26}$$

$$\begin{bmatrix}\hat{x}_2\\ \hat{x}_3\\ \hat{x}_4\end{bmatrix}=\boldsymbol{w}+\begin{bmatrix}10\\ -39\\ -223.31\end{bmatrix}\overline{y} \tag{6.6.27}$$

（6）按照式（6.6.20）可得到全部状态变量的估计值为

$$\hat{\boldsymbol{x}}=\begin{bmatrix}0 & 0 & 0\\ 1 & 0 & 0\\ 0 & 1 & 0\\ 0 & 0 & 1\end{bmatrix}\boldsymbol{w}+\begin{bmatrix}1\\ 10\\ -39\\ -223.31\end{bmatrix}\overline{y} \tag{6.6.28}$$

按照上述步骤建立的带有降维观测器的倒立摆系统如图 6.6.6 所示。

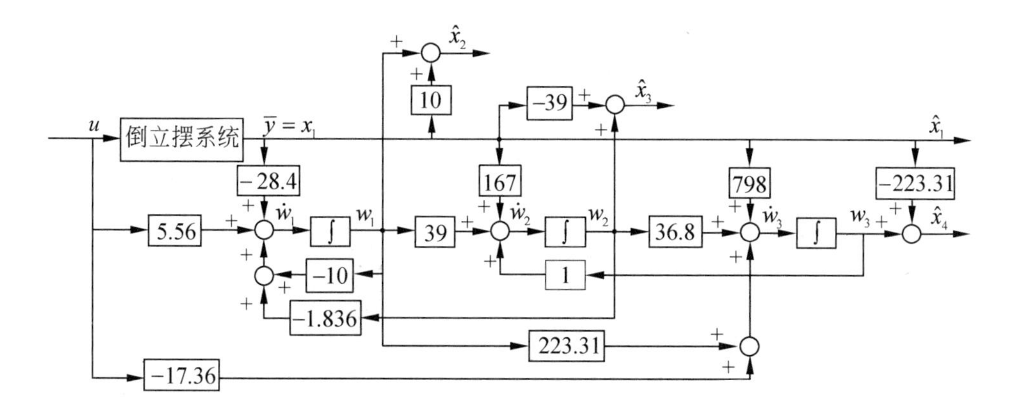

图 6.6.6　带有降维观测器的倒立摆系统

6.6.5　由观测器构成的闭环系统的基本特性

下面将讨论利用观测器的状态估计值 $\hat{\boldsymbol{x}}(t)$ 代替原系统的实际状态 $\boldsymbol{x}(t)$ 构成状态反馈后，其闭环系统的特性发生的变化，以及对系统产生的影响。

为此，首先建立系统闭环的状态空间表达式。由全维观测器构成的闭环系统如图 6.6.7 所示。其中，系统的状态方程为 n 阶，观测器的状态方程也是 n 阶，所以闭环系统为 $2n$ 阶，其输入 $\boldsymbol{v}$ 为 r 维，输出 $\boldsymbol{y}$ 为 m 维。

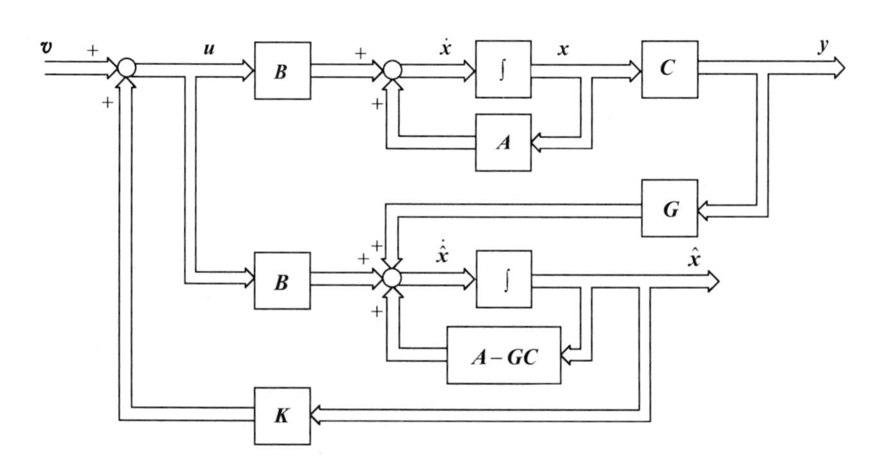

图 6.6.7　由全维观测器构成的闭环系统

系统的状态方程为

$$\dot{\boldsymbol{x}}=\boldsymbol{A}\boldsymbol{x}+\boldsymbol{B}\boldsymbol{u} \tag{6.6.29a}$$

$$\boldsymbol{y}=\boldsymbol{C}\boldsymbol{x} \tag{6.6.29b}$$

观测器的状态方程为

$$\dot{\hat{\boldsymbol{x}}}=(\boldsymbol{A}-\boldsymbol{GC})\hat{\boldsymbol{x}}+\boldsymbol{Bu}+\boldsymbol{Gy} \tag{6.6.30}$$

引入状态反馈

$$\boldsymbol{u}=\boldsymbol{v}+\boldsymbol{K}\hat{\boldsymbol{x}} \tag{6.6.31}$$

后，闭环系统的状态空间表达式为

$$\begin{bmatrix}\dot{\boldsymbol{x}}\\ \dot{\hat{\boldsymbol{x}}}\end{bmatrix}=\begin{bmatrix}\boldsymbol{A} & \boldsymbol{BK}\\ \boldsymbol{GC} & \boldsymbol{A}-\boldsymbol{GC}+\boldsymbol{BK}\end{bmatrix}\begin{bmatrix}\boldsymbol{x}\\ \hat{\boldsymbol{x}}\end{bmatrix}+\begin{bmatrix}\boldsymbol{B}\\ \boldsymbol{B}\end{bmatrix}\boldsymbol{v} \tag{6.6.32a}$$

$$\boldsymbol{y}=\begin{bmatrix}\boldsymbol{C} & 0\end{bmatrix}\begin{bmatrix}\boldsymbol{x}\\ \hat{\boldsymbol{x}}\end{bmatrix} \tag{6.6.32b}$$

为便于讨论，引入如下坐标变换

$$\begin{bmatrix}\boldsymbol{x}\\ \hat{\boldsymbol{x}}\end{bmatrix}=\begin{bmatrix}\boldsymbol{I} & 0\\ \boldsymbol{I} & -\boldsymbol{I}\end{bmatrix}\begin{bmatrix}\boldsymbol{x}\\ \tilde{\boldsymbol{x}}\end{bmatrix} \tag{6.6.33}$$

其中，$\tilde{\boldsymbol{x}}=\boldsymbol{x}-\hat{\boldsymbol{x}}$。于是，有

$$\begin{bmatrix}\dot{\boldsymbol{x}}\\ \dot{\tilde{\boldsymbol{x}}}\end{bmatrix}=\begin{bmatrix}\boldsymbol{A}+\boldsymbol{BK} & -\boldsymbol{BK}\\ 0 & \boldsymbol{A}-\boldsymbol{GC}\end{bmatrix}\begin{bmatrix}\boldsymbol{x}\\ \tilde{\boldsymbol{x}}\end{bmatrix}+\begin{bmatrix}\boldsymbol{B}\\ 0\end{bmatrix}\boldsymbol{v} \tag{6.6.34a}$$

$$\boldsymbol{y}=\begin{bmatrix}\boldsymbol{C} & 0\end{bmatrix}\begin{bmatrix}\boldsymbol{x}\\ \tilde{\boldsymbol{x}}\end{bmatrix} \tag{6.6.34b}$$

下面将讨论闭环系统的基本特性。

1. 对闭环极点进行设计时的分离性

由于线性变换不改变系统的极点，因此，变换前的闭环系统式（6.6.32a）的特征多项式与线性变换后的闭环系统式（6.6.34a）的特征多项式相等。变换前后系统的特征多项式都可表示为

$$\begin{aligned}f(\lambda)&=\begin{vmatrix}\lambda\boldsymbol{I}-(\boldsymbol{A}+\boldsymbol{BK}) & \boldsymbol{BK}\\ 0 & \lambda\boldsymbol{I}-(\boldsymbol{A}-\boldsymbol{GC})\end{vmatrix}\\ &=|\lambda\boldsymbol{I}-(\boldsymbol{A}+\boldsymbol{BK})||\lambda\boldsymbol{I}-(\boldsymbol{A}-\boldsymbol{GC})|\end{aligned} \tag{6.6.35}$$

由式（6.6.35）可以看出，由观测器构成的状态反馈闭环系统的特征多项式等于矩阵$(\boldsymbol{A}+\boldsymbol{BK})$和矩阵$(\boldsymbol{A}-\boldsymbol{GC})$的特征多项式的乘积。亦即由观测器构成的闭环系统的极点等于直接进行状态反馈时$(\boldsymbol{A}+\boldsymbol{BK})$的极点和状态观测器$(\boldsymbol{A}-\boldsymbol{GC})$的极点之总和，而且两者是相互独立的。这一结果在系统的设计中非常有用。这说明观测器的引入并不影响状态反馈增益矩阵$\boldsymbol{K}$对系统极点的配置，而状态反馈的引入也不影响反馈增益矩阵$\boldsymbol{G}$对观测器的极点的配置。因此在含有观测器的反馈系

统设计中，只要系统$\Sigma=(\boldsymbol{A},\ \boldsymbol{B},\ \boldsymbol{C})$是状态完全能控、状态完全能观测的，则可分别独立地对状态反馈以及观测器进行设计。这一性质被称为控制器与观测器的分离性，也被称为分离原理。一般在对系统进行具体设计时，都希望观测器能更快地逼近系统要估计的状态。因此，观测器期望的极点与虚轴的距离一般要比状态反馈期望的极点与虚轴的距离更大。

2．传递函数矩阵的不变性

在不包含观测器的状态反馈系统中，传递函数矩阵为

$$\boldsymbol{G}(s)=\boldsymbol{C}\left[s\boldsymbol{I}-(\boldsymbol{A}+\boldsymbol{BK})\right]^{-1}\boldsymbol{B} \tag{6.6.36}$$

而在由观测器构成的闭环系统中，由式（6.6.34）知，传递函数矩阵为

$$\boldsymbol{G}_{\mathrm{o}}\boldsymbol{G}(s)=\begin{bmatrix}\boldsymbol{C} & 0\end{bmatrix}\begin{bmatrix}s\boldsymbol{I}-(\boldsymbol{A}+\boldsymbol{BK}) & +\boldsymbol{BK}\\ 0 & s\boldsymbol{I}-(\boldsymbol{A}-\boldsymbol{GC})\end{bmatrix}^{-1}\begin{bmatrix}\boldsymbol{B}\\ 0\end{bmatrix}$$

利用矩阵求逆公式

$$\begin{bmatrix}\boldsymbol{D} & \boldsymbol{E}\\ 0 & \boldsymbol{F}\end{bmatrix}^{-1}=\begin{bmatrix}\boldsymbol{D}^{-1} & -\boldsymbol{D}^{-1}\boldsymbol{E}\boldsymbol{F}^{-1}\\ 0 & \boldsymbol{F}^{-1}\end{bmatrix}$$

可得

$$\boldsymbol{G}_{\mathrm{o}}\boldsymbol{G}(s)=\boldsymbol{C}\left[s\boldsymbol{I}-(\boldsymbol{A}+\boldsymbol{BK})\right]^{-1}\boldsymbol{B} \tag{6.6.37}$$

显然有

$$\boldsymbol{G}(s)=\boldsymbol{G}_{\mathrm{o}}\boldsymbol{G}(s)$$

由此可见，由观测器构成的状态反馈闭环系统的传递函数矩阵等于直接进行状态反馈闭环系统的传递函数矩阵。或者说，状态反馈后闭环系统的传递函数矩阵与是否采用观测器估计的状态进行反馈无关。实际上，由于观测器的极点已全部被闭环系统的零点抵消了，因此这类闭环系统是不完全能控的。但由于不能控的部分状态是估计误差$\tilde{\boldsymbol{x}}$，所以这种不完全能控性并不影响系统的正常工作。

6.7　利用 MATLAB 进行状态空间分析

6.7.1　利用 MATLAB 进行数学模型转换

1．由传递函数转换为状态空间表达式

利用函数 tf2ss() 和 zp2ss() 可以分别将系统多项式之比和零极点形式的传递函数转换为状态空间表达式。其基本调用格式如下：

$$[\mathrm{A,B,C,D}]=\mathrm{tf2ss(num,den)} \tag{6.7.1}$$

$$[A,B,C,D]=zp2ss(z,p,k) \tag{6.7.2}$$

例 6.7.1 已知系统多项式之比形式的传递函数为

$$G(s)=\frac{s^2+2s+3}{s^3+3s^2+3s+1}$$

试利用函数 tf2ss() 将其转换为状态空间表达式。

解：利用函数 tf2ss() 将传递函数转换为状态空间表达式时，其程序片段为：

```
num=[1 2 3];      %传递函数分子多项式的系数
den=[1 3 3 1];  %传递函数分母多项式的系数
[A,B,C,D]=tf2ss (num,den)
```

执行结果为

A =

–3	–3	–1
1	0	0
0	1	0

B =

1

0

0

C =

1 2 3

D =

0

例 6.7.2 已知系统零极点形式的传递函数为

$$G(s)=\frac{4(s+1)(s+3)}{s(s+2)(s+4)(s+6)}$$

试利用函数 zp2ss() 将其转换为状态空间表达式。

解：利用函数 zp2ss() 将零极点形式的传递函数转换为状态空间表达式时，其程序片段为：

```
z=[-1;-3];          %传递函数的零点
p=[0;-2;-4;-6];  %传递函数的极点
k=4;
[A,B,C,D]=zp2ss (z,p,k)
```

执行结果为

```
A =
   -10.0000   -4.8990         0         0
     4.8990         0         0         0
    -6.0000   -4.2866   -2.0000         0
          0         0    1.0000         0
B =
     1
     0
     1
     0
C =
     0     0     0     4
D =
     0
```

2. 由状态空间表达式转换为传递函数

利用函数 ss2tf() 和 ss2zf() 可以将系统的状态空间表达式转换为多项式之比或零极点形式的传递函数。其基本调用格式如下：

$$[\mathrm{num},\mathrm{den}]=\mathrm{ss2tf}(\mathrm{A},\mathrm{B},\mathrm{C},\mathrm{D}) \tag{6.7.3}$$

$$[\mathrm{z},\mathrm{p},\mathrm{k}]=\mathrm{ss2zp}(\mathrm{A},\mathrm{B},\mathrm{C},\mathrm{D}) \tag{6.7.4}$$

对于多输入系统，需逐个求取关于各输入量的传递函数，其调用格式为

$$[\mathrm{num},\mathrm{den}]=\mathrm{ss2tf}(\mathrm{A},\mathrm{B},\mathrm{C},\mathrm{D},\mathrm{iu}) \tag{6.7.5}$$

在函数 ss2tf() 中，iu 来指定输入量。例如，如果系统中有三个输入量 u_1、u_2 和 u_3，则 iu 为 1 表示 u_1，iu 为 2 表示 u_2，iu 为 3 表示 u_3。

例 6.7.3　已知系统的状态空间表达式为

$$\dot{\boldsymbol{x}}=\begin{bmatrix}0 & 1\\ 1 & -2\end{bmatrix}\boldsymbol{x}+\begin{bmatrix}0\\ 1\end{bmatrix}u$$
$$y=\begin{bmatrix}1 & 3\end{bmatrix}\boldsymbol{x}+u$$

试利用 ss2tf() 和 ss2zp() 函数将其转换为传递函数形式。

解：利用函数 ss2tf() 和 ss2zp() 将状态空间表达式转换为传递函数时，其程序片段如下：

```
A=[0,1;1,-2];     %状态方程的系统矩阵
B=[0;1];          %状态方程的输入矩阵
C=[1,3];          %输出方程的输出矩阵
D=[1];            %输出方程的前馈矩阵
[num,den]=ss2tf (A,B,C,D)
printsys (num,den,'s')
[z,p,k]=ss2zp (A,B,C,D)
```

执行后可得

```
num =
        1.0000    5.0000    2.0000
den =
        1    2    1
num/den =
        s^2 + 5 s + 2
        -------------
        s^2 + 2 s + 1
z =
      – 0.4384
      – 4.5616
p =
      –1
      –1
k =
        1
```

其中num为传递函数分子多项式的系数，den为传递函数分母多项式的系数。

例 6.7.4 已知系统的状态空间表达式为

$$\dot{\boldsymbol{x}}=\begin{bmatrix}0&1\\1&-2\end{bmatrix}\boldsymbol{x}+\begin{bmatrix}0&1\\1&0\end{bmatrix}\boldsymbol{u}$$

$$y=\begin{bmatrix}1&3\end{bmatrix}\boldsymbol{x}+\begin{bmatrix}0&0\end{bmatrix}\boldsymbol{u}$$

试利用ss2tf()和ss2zp()函数将其转换为传递函数形式。

解：利用函数ss2tf()和ss2zp()将状态空间表达式转换为传递函数时，其程序片段为

```
A=[0 1;1 -2];                  %状态方程的系统矩阵
B=[0 1;1 0];                   %状态方程的输入矩阵
C=[1 3];                       %输出方程的输出矩阵
D=[0 0];                       %输出方程的前馈矩阵
[num,den]=ss2tf(A,B,C,D,1)     %关于输入量u1的有理分式传递函数
printsys(num,den,'s')          %输出控制系统的传递函数
[z,p,k]=ss2zp(A,B,C,D,1)       %关于输入量u1的零极点形式的传递函数
```

执行后可得

```
num =
     0     3     1
den =
    1.0000    2.0000    -1.0000
num/den =
       3 s + 1
    ---------------
    s^2 + 2 s - 1
z =
    -0.3333
p =
    -2.4142
     0.4142
k =
     3
```

```
[num,den]=ss2tf(A,B,C,D,2)     %关于输入量u2的有理分式传递函数
printsys(num,den,'s')          %输出控制系统的传递函数
[z,p,k]=ss2zp(A,B,C,D,2)       %关于输入量u2的零极点形式的传递函数
```

```
num =
     0          1          5
den =
    1.0000     2.0000     -1.0000
num/den =
        s + 5
    ----------------
    s^2 + 2 s - 1
```

```
z =
    -5
p =
   -2.4142
    0.4142
k =
     1
```

6.7.2 利用MATLAB构造组合系统的状态空间表达式

在MATLAB中，可以利用函数series()、parallel()、feedback()得到两个子系统串联、并联和反馈连接后组合系统的状态空间表达式。

例6.7.5 已知两个系统

$$\begin{cases}\dot{\boldsymbol{x}}_1=\begin{bmatrix}0 & 1\\ -1 & -2\end{bmatrix}\boldsymbol{x}_1+\begin{bmatrix}0\\ 1\end{bmatrix}u_1\\ y_1=\begin{bmatrix}1 & 3\end{bmatrix}\boldsymbol{x}_1+u_1\end{cases}$$

$$\begin{cases}\dot{\boldsymbol{x}}_2=\begin{bmatrix}0 & 1\\ -1 & -3\end{bmatrix}\boldsymbol{x}_2+\begin{bmatrix}0\\ 1\end{bmatrix}u_2\\ y_2=\begin{bmatrix}1 & 4\end{bmatrix}\boldsymbol{x}_2\end{cases}$$

求按串联、并联、单位负反馈、单位正反馈连接时的系统状态空间表达式。

解：在MATLAB中，两个系统的连接可直接采用函数series()、parallel()、feedback()等实现。其程序片段为：

```
A1=[0,1;-1,-2];
B1=[0;1];
C1=[1,3];D1=[1];
A2=[0,1;-1,-3];
B2=[0;1];
C2=[1,4];D2=[0];
[A,B,C,D]=series (A1,B1,C1,D1,A2,B2,C2,D2)
[A,B,C,D]=parallel (A1,B1,C1,D1,A2,B2,C2,D2)
[A,B,C,D]=feedback (A1,B1,C1,D1,A2,B2,C2,D2)
[A,B,C,D]=feedback (A1,B1,C1,D1,A2,B2,C2,D2,+1)
```

执行后可得

串联连接：

```
A =
     0     1      0     0
    -1    -3      1     3
     0     0      0     1
     0     0     -1    -2
B =
     0
     1
     0
     1
C =
     1     4     0     0
D =
     0
```

并联连接：

```
A =
     0     1     0     0
    -1    -2     0     0
     0     0     0     1
     0     0    -1    -3
B =
     0
     1
     0
     1
C =
     1     3     1     4
D =
     1
```

负反馈连接：

```
A =
     0     1     0     0
    -1    -2    -1    -4
     0     0     0     1
     1     3    -2    -7
B =
     0
     1
```

```
        0
        1
    C =
        1     3     -1     - 4
    D =
        1
```

正反馈连接：

```
    A =
        0     1     0     0
       -1    -2     1     4
        0     0     0     1
        1     3     0     1
    B =
        0
        1
        0
        1
    C =
        1     3     1     4
    D =
        1
```

6.7.3 利用 MATLAB 计算矩阵指数和时间响应

在 MATLAB 中，可以利用函数 expm() 计算给定时刻的状态转移矩阵，lsim() 函数计算系统的时间响应。其基本调用格式如下：

$$\mathrm{Phi} = \mathrm{expm}(A*t) \tag{6.7.6}$$

$$[y,x] = \mathrm{lsim}(A,B,C,D,u,t,x_0) \tag{6.7.7}$$

其中，t 为求取响应的时刻；Phi 为 t 时刻的矩阵指数函数；y 为 t 时刻的输出响应；x 为 t 时刻的状态响应；u 为系统输入；x_0 为系统初始条件。

例 6.7.6 已知系统的状态空间表达式为

$$\dot{\boldsymbol{x}} = \begin{bmatrix} 0 & -2 \\ 1 & -3 \end{bmatrix}\boldsymbol{x} + \begin{bmatrix} 2 \\ 0 \end{bmatrix}u$$

$$y = [0 \quad 3]\boldsymbol{x}$$

试计算系统的状态转移矩阵，当 $x_1(0) = x_2(0) = 1$，$u(t) = 0$，$t = 0.2$ 时，计算系统的响应；并绘制 $t \in [0,1]$时的系统响应曲线。

解：MATLAB 程序片段为：

```
A=[0 -2;1 -3];
t=0.2;
Phi=expm(A*t)                    %求状态转移矩阵
B=[2;0];
C=[0 3];
D=[0];
x0=[1 1];
t=[0 0.2];
u=0*t;
[y,x]=lsim(A,B,C,D,u,t,x0)  %求系统响应
```

执行后，当 $t=0.2$ 时，系统的状态转移矩阵为

Phi =

$$\begin{matrix} 0.9671 & -0.2968 \\ 0.1484 & 0.5219 \end{matrix}$$

系统响应为

y =

$$\begin{matrix} 3.0000 \\ 2.0110 \end{matrix}$$

x =

$$\begin{matrix} 1.0000 & 1.0000 \\ 0.6703 & 0.6703 \end{matrix}$$

由此可知，用函数 lsim() 求得的 $t=0.2$ 时刻的系统响应为 $x_1(0.2)=x_2(0.2)=0.6703$，$y(0.2)=2.0110$。

绘制系统响应曲线的程序片段如下：

```
t=0.01:0.01:1;
u=0*t;
y=lsim(A,B,C,D,u,t,x0);
plot(t,y,'-')
grid
xlabel('Time(sec)')
ylabel('\ity\rm(\itt\rm)')
```

利用该程序获得的系统响应曲线如图 6.7.1 所示。

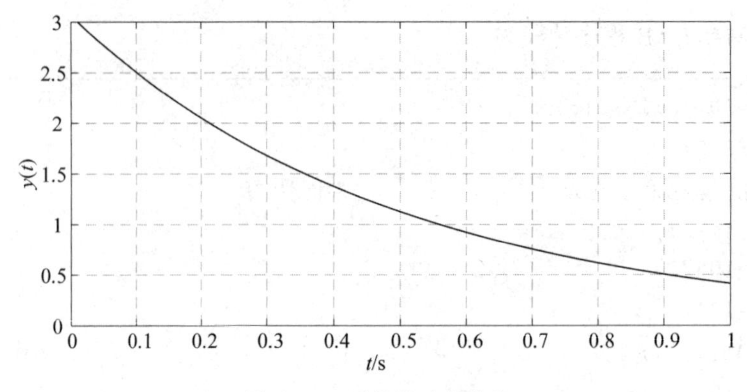

图 6.7.1　系统的响应曲线

6.7.4　利用 MATLAB 分析系统的能控性和能观测性

在 MATLAB 中，可以利用函数 ctrb() 和 obsv() 求出能控性和能观测性矩阵，从而确定系统的能控性和能观测性。其基本调用格式如下：

$$P_{\mathrm{c}} = \mathrm{ctrb}(A,B) \tag{6.7.8}$$

$$Q_{\mathrm{o}} = \mathrm{obsv}(A,C) \tag{6.7.9}$$

其中，P_{c} 为能控性矩阵，Q_{o} 为能观测性矩阵。

例 6.7.7　已知线性定常系统

$$\begin{cases} \dot{\boldsymbol{x}} = \begin{bmatrix} -3 & 1 \\ 1 & -3 \end{bmatrix}\boldsymbol{x} + \begin{bmatrix} 1 & 1 \\ 1 & 1 \end{bmatrix}u \\ y = \begin{bmatrix} 1 & 1 \\ 1 & -1 \end{bmatrix}\boldsymbol{x} \end{cases}$$

试利用 MATLAB 判别系统的能控性和能观测性。

解：MATLAB 程序片段为：

```
A=[-3,1;1,-3];
B=[1,1;1,1];
C=[1,1;1,-1];D=[0];
Pc=ctrb（A,B）;  %求能控性矩阵
rPc=rank（Pc）   %求能控性矩阵的秩
Qo=obsv（A,C）;  %求能观测性矩阵
rQo=rank（Qo）   %求能观测性矩阵的秩
```

执行后得能控性矩阵和能观测性矩阵的秩

rPc =

$$rQo = \begin{matrix} 1 \\ \\ 2 \end{matrix}$$

由于系统阶次为 2，因此这一系统为能观测不能控的系统。

6.7.5　利用 MATLAB 设计状态反馈和状态观测器

1．设计状态反馈

利用 MATLAB 设计状态反馈时，可以根据 6.5 节中介绍的方法，直接编程计算状态反馈增益矩阵，或者先将系统的状态空间表达式转换为能控标准型，然后再设计状态反馈增益矩阵。还可以利用函数 acker() 和 place() 直接得到状态反馈增益矩阵，其基本调用格式如下：

$$K = \text{acker}(A, B, J) \tag{6.7.10}$$

$$K = \text{place}(A, B, J) \tag{6.7.11}$$

其中 K 为状态反馈增益矩阵，A 和 B 分别为状态空间表达式的系统矩阵和输入矩阵，J 是由期望的闭环极点 $\lambda_1^* \quad \lambda_2^* \quad \cdots \quad \lambda_n^*$ 组成的矩阵，即

$$J = \begin{bmatrix} \lambda_1^* & \lambda_2^* & \cdots & \lambda_n^* \end{bmatrix}$$

这里应注意的是，函数 acker() 只适用于单输入系统，并且在使用这个函数时，期望的闭环极点中可以包含多重极点。函数 place() 不仅可以适用于单输入系统，也适用于多输入系统，但这个函数要求在期望的闭环极点中，极点的重数不大于矩阵 B 的秩。也就是说，对于单输入系统，输入矩阵 B 为 $n \times 1$ 维矩阵，在使用函数 place() 时，要求期望的闭环极点中不包含重极点。

值得特别注意的是，无论是函数 acker() 还是函数 place()，在设计状态反馈时，引入的状态反馈控制是 $u = -\boldsymbol{kx}$，而本书前面 6.5 节中使用的状态反馈控制是 $u = \boldsymbol{kx}$，两者相差一个符号。

例 6.7.8　重新考虑例 6.5.3 中的倒立摆系统，试利用 MATLAB 设计状态反馈并绘制初始条件为 $\boldsymbol{x}(0) = \begin{bmatrix} 1 & 0 & 0 & 0 \end{bmatrix}^{\mathrm{T}}$ 时的状态响应曲线。

解：在例 6.5.3 中已经求出系统的状态空间表达式，利用 MATLAB 设计状态反馈时的程序片段为：

```
A=[0 1 0 0;0 0 -1.836 0;0 0 0 1;0 0 36.79 0];
B=[0;5.56;0;-17.36];
J=[-2 -3 -2+i -2-i];  %期望的闭环极点
K=acker (A,B,J)
K=place (A,B,J)
```

执行后可得

K =

  – 0.1737 – 0.2838 – 3.9606 – 0.6093

K =

  – 0.1737 – 0.2838 – 3.9606 – 0.6093

写成矩阵形式为

$$K = [-0.1737 \quad -0.2838 \quad -3.9606 \quad -0.6093]$$

于是，由此得到的状态反馈控制为

$$u = -\boldsymbol{kx} = [0.1737 \quad 0.2838 \quad 3.9606 \quad 0.6093]\boldsymbol{x}$$

结果与例 6.5.3 中相同。

将 $u = -\boldsymbol{kx}$ 代入控制系统的状态空间方程，可得 $\dot{\boldsymbol{x}} = (\boldsymbol{A} - \boldsymbol{Bk})\boldsymbol{x}$，且知 $\boldsymbol{x}(0) = [1 \quad 0 \quad 0 \quad 0]^{\mathrm{T}}$。定义新的状态空间方程如下：

$$\dot{\boldsymbol{x}} = (\boldsymbol{A} - \boldsymbol{Bk})\boldsymbol{x}$$

$$y = \boldsymbol{Ix} + \boldsymbol{Iu}$$

绘制原系统状态变量响应曲线的 MATLAB 程序片段如下：

```
A=[0 1 0 0;0 0 -1.836 0;0 0 0 1;0 0 36.79 0];
B=[0;5.56;0;-17.36];
J=[-2 -3 -2+i -2-i];      %期望的闭环极点
K=[-0.1737 -0.2838 -3.9606 -0.6093];
sys=ss(A-B*K,eye(4),eye(4),eye(4));
t=0:0.01:5;
x=initial(sys,[1;0;0;0],t);
x1=[1 0 0 0]*x';
x2=[0 1 0 0]*x';
x3=[0 0 1 0]*x';
x4=[0 0 0 1]*x';
subplot(4,1,1);plot(t,x1),grid
xlabel('Time(sec)')
ylabel('\itx\rm_1')
subplot(4,1,2);plot(t,x2),grid
xlabel('Time(sec)')
ylabel('\itx\rm_2')
subplot(4,1,3);plot(t,x3),grid
xlabel('Time(sec)')
ylabel('\itx\rm_3')
```

```
subplot(4,1,4);plot(t,x4),grid
xlabel('Time(sec)')
ylabel('\itx\rm_4')
```

利用该程序获得的状态响应曲线如图 6.7.2 所示。

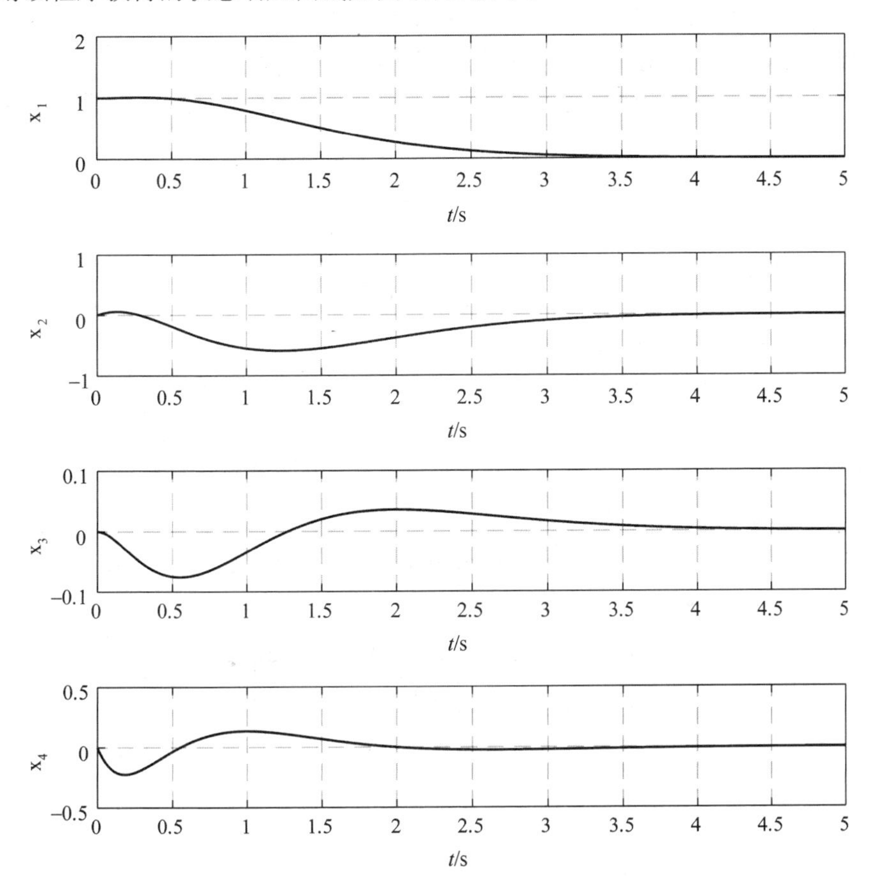

图 6.7.2　初始条件和状态反馈作用下的状态响应曲线

2．设计状态观测器

根据极点配置与观测器设计的对偶性，在 MATLAB 中，同样可以使用函数 acker() 和 place() 来确定观测器增益矩阵 G 。其基本调用格式如下：

$$G = \text{acker}(A^T, C^T, L)^T \tag{6.7.12}$$

$$G = \text{place}(A^T, C^T, L)^T \tag{6.7.13}$$

其中，C 表示系统输出矩阵；L 是观测器期望的特征值组成的矩阵。

例 6.7.9 重新考虑例 6.6.1 中的系统

$$\begin{bmatrix} \dot{x}_1 \\ \dot{x}_2 \end{bmatrix} = \begin{bmatrix} 0 & 1 \\ -2 & -3 \end{bmatrix} \begin{bmatrix} x_1 \\ x_2 \end{bmatrix} + \begin{bmatrix} 0 \\ 1 \end{bmatrix} u$$

$$y = \begin{bmatrix} 2 & 0 \end{bmatrix} \begin{bmatrix} x_1 \\ x_2 \end{bmatrix}$$

试利用 MATLAB 设计状态观测器，使观测器的极点位于 $\lambda_1 = \lambda_2 = -3$。

解：利用 MATLAB 设计状态观测器时，程序片段为：

```
A=[0 1;-2 -3];
C=[2 0];
At=A';                    %求系统矩阵的转置
Ct=C';
L=[-3 -3];                %期望的观测器的极点
K=acker (At,Ct,L)
```

执行后可得

K =

1.5000　　–1.0000

则反馈增益矩阵为 $K = \begin{bmatrix} 1.5 & -1 \end{bmatrix}^T$，与例 6.6.1 中具有相同结果。于是，观测器的状态方程为

$$\begin{bmatrix} \dot{\hat{x}}_1 \\ \dot{\hat{x}}_2 \end{bmatrix} = \begin{bmatrix} -3 & 1 \\ 0 & -3 \end{bmatrix} \begin{bmatrix} \hat{x}_1 \\ \hat{x}_2 \end{bmatrix} + \begin{bmatrix} 0 \\ 1 \end{bmatrix} u + \begin{bmatrix} 1.5 \\ -1 \end{bmatrix} y$$

习题

基础型

6.1 一系统的状态空间表达式为

$$\dot{x} = \begin{bmatrix} 0 & 1 \\ -a & -b \end{bmatrix} x + \begin{bmatrix} 0 \\ d \end{bmatrix} u(t)$$

$$y = 10x_1$$

希望该系统的对角线标准型为

$$\dot{\bar{x}} = \begin{bmatrix} -3 & 0 \\ 0 & -1 \end{bmatrix} \bar{x} + \begin{bmatrix} 1 \\ 1 \end{bmatrix} u$$

$$y = \begin{bmatrix} -5 & 5 \end{bmatrix} \bar{x}$$

求参数 a, b 和 d。

6.2　求下列系统的特征值和特征向量，并将状态空间表达式变换为约当标准型。

（1）

$$\begin{bmatrix}\dot{x}_1\\ \dot{x}_2\end{bmatrix}=\begin{bmatrix}-2 & 1\\ 1 & -2\end{bmatrix}\begin{bmatrix}x_1\\ x_2\end{bmatrix}+\begin{bmatrix}0\\ 1\end{bmatrix}u$$
$$y=\begin{bmatrix}1 & 0\end{bmatrix}\boldsymbol{x}$$

（2）

$$\begin{bmatrix}\dot{x}_1\\ \dot{x}_2\\ \dot{x}_3\end{bmatrix}=\begin{bmatrix}4 & 1 & -2\\ 1 & 0 & 2\\ 1 & -1 & 3\end{bmatrix}\begin{bmatrix}x_1\\ x_2\\ x_3\end{bmatrix}+\begin{bmatrix}3 & 1\\ 2 & 7\\ 5 & 3\end{bmatrix}\boldsymbol{u}$$
$$\begin{bmatrix}y_1\\ y_2\end{bmatrix}=\begin{bmatrix}1 & 2 & 0\\ 0 & 1 & 1\end{bmatrix}\begin{bmatrix}x_1\\ x_2\\ x_3\end{bmatrix}$$

6.3　已知系统的微分方程为

$$\ddot{y}+2\dot{y}+y=\dot{u}+u$$

（1）建立系统的状态空间表达式；

（2）用四种方法求系统的状态转移矩阵。

6.4　两输入两输出系统的信号流图如图 E6.1 所示。增益分别为 k_1 和 k_2。

（1）列写系统的状态空间表达式；

（2）由矩阵 $\boldsymbol{A}$ 求特征方程；

（3）当 $k_1=1$，$k_2=2$ 时，用信号流图法求状态转移矩阵。

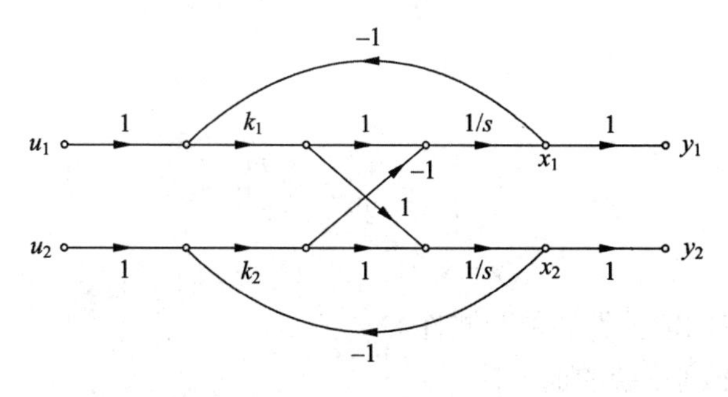

图 E6.1　两变量系统

6.5　已知控制系统状态方程为 $\dot{x}=\boldsymbol{Ax}$，且知

$$当\ \boldsymbol{x}(0)=\begin{bmatrix}1\\ -1\end{bmatrix}时，有\ \boldsymbol{x}(t)=\begin{bmatrix}\mathrm{e}^{-2t}\\ -\mathrm{e}^{-2t}\end{bmatrix}$$

$$当\ \boldsymbol{x}(0)=\begin{bmatrix}2\\-1\end{bmatrix}时，有\ \boldsymbol{x}(t)=\begin{bmatrix}2\mathrm{e}^{-t}\\-\mathrm{e}^{-t}\end{bmatrix}$$

试确定系统的状态转移矩阵 $\boldsymbol{\Phi}(t)$ 和系数矩阵 $\boldsymbol{A}$ 。

6.6　考虑图E6.2所示的RLC电路。其中 $R=2.5\Omega$ ， $L=1/4\mathrm{H}$ ， $C=1/6\mathrm{F}$

（1）根据矩阵 $\boldsymbol{A}$ 求特征方程，判断系统是否稳定；

（2）求此电路系统的状态转移矩阵；

（3）当初始电感电流为0.1A， $V_C(0)=0$ ， $e(t)=0$ 时，求系统响应；

（4）当初始条件为0，且当 $t>0$ ， $e(t)=E$ 为常量时，重做（3）。

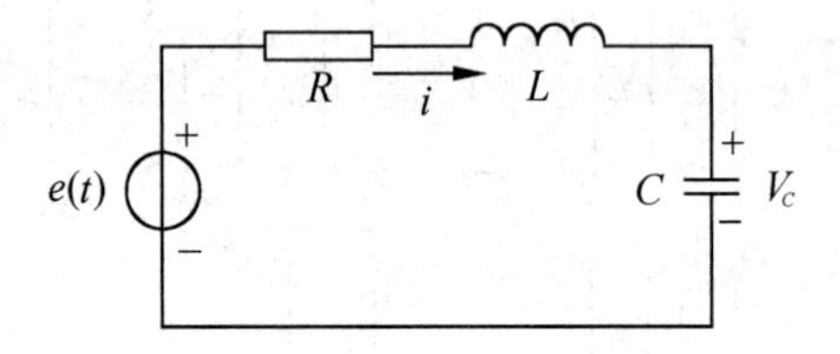

图E6.2　RLC电路

6.7　已知控制系统状态空间表达式为

（1）

$$\dot{x}=\begin{bmatrix}0&1\\0&-3\end{bmatrix}\boldsymbol{x}+\begin{bmatrix}0\\1\end{bmatrix}u$$

$$y=2x_2$$

（2）

$$\dot{x}=\begin{bmatrix}-4&0\\0&-1\end{bmatrix}\boldsymbol{x}+\begin{bmatrix}0\\1\end{bmatrix}u$$

$$y=x_1$$

（3）

$$\dot{x}=\begin{bmatrix}0&1\\-1&2\end{bmatrix}\boldsymbol{x}+\begin{bmatrix}0\\1\end{bmatrix}u$$

$$y=x_1$$

试判断系统的能控性和能观测性。

6.8　判断下列系统的能控性。

（1）

$$\dot{x}=\begin{bmatrix}0&1&0\\0&0&1\\-1&-2&-3\end{bmatrix}\boldsymbol{x}+\begin{bmatrix}1&0\\0&1\\-1&1\end{bmatrix}\boldsymbol{u}$$

（2）

$$\dot{x}=\begin{bmatrix}-2 & 1 & 0 & 0\\ 0 & -2 & 0 & 0\\ 0 & 0 & -3 & 1\\ 0 & 0 & 0 & -3\end{bmatrix}\boldsymbol{x}+\begin{bmatrix}0 & 0\\ 1 & 2\\ 0 & 0\\ 2 & 1\end{bmatrix}\boldsymbol{u}$$

6.9　判断下列系统的能观测性。

（1）

$$\boldsymbol{A}=\begin{bmatrix}2 & 1 & 0\\ 0 & 2 & 0\\ 0 & 0 & -1\end{bmatrix}\qquad \boldsymbol{c}=\begin{bmatrix}0 & 1 & 3\end{bmatrix}$$

（2）

$$\boldsymbol{A}=\begin{bmatrix}-2 & 0 & 0\\ 0 & 1 & 0\\ 0 & 0 & -3\end{bmatrix}\qquad \boldsymbol{C}=\begin{bmatrix}0 & 1 & 1\\ 1 & 0 & 1\end{bmatrix}$$

（3）

$$\boldsymbol{A}=\begin{bmatrix}-1 & 0 & 0\\ 0 & -1 & 0\\ 0 & 0 & 1\end{bmatrix}\qquad \boldsymbol{C}=\begin{bmatrix}1 & -1 & 0\\ 0 & 1 & -1\end{bmatrix}$$

（4）

$$\boldsymbol{A}=\begin{bmatrix}-2 & 0 & 0 & 0\\ 0 & -3 & 1 & 0\\ 0 & 0 & -3 & 1\\ 0 & 0 & 0 & -3\end{bmatrix}\qquad \boldsymbol{c}=\begin{bmatrix}1 & 0 & 1 & 0\end{bmatrix}$$

6.10　一系统的传递函数为

$$\frac{Y(s)}{U(s)}=\frac{(s+a)}{s^4+5s^3+10s^2+10s+4}$$

求实数 a 的值，使系统或者不能观测，或者不能控。

6.11　一系统的方块图如图 E6.3 所示。判断系统的能控性和能观测性。

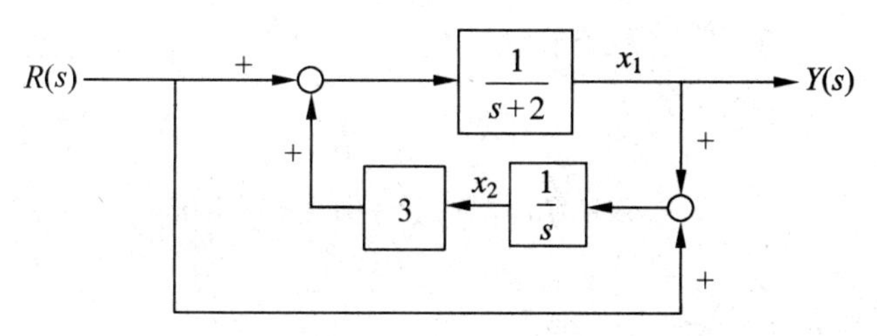

图 E6.3　系统方块图

6.12　已知系统的状态方程为

$$\dot{\boldsymbol{x}} = \begin{bmatrix} 1 & 2 \\ 3 & 1 \end{bmatrix}\boldsymbol{x} + \begin{bmatrix} 1 \\ 0 \end{bmatrix}u$$

试确定状态反馈增益矩阵，使闭环系统的特征值为$-2 \pm \mathrm{j}$。

6.13　一磁悬浮钢球的状态方程为

$$\dot{\boldsymbol{x}} = \begin{bmatrix} 0 & 1 \\ 3 & 0 \end{bmatrix}\boldsymbol{x} + \begin{bmatrix} 1 \\ 0 \end{bmatrix}u$$

设计状态反馈，使系统为临界阻尼，调整时间为2s（2%的误差范围）。

6.14　一反馈系统的传递函数为

$$G(s) = \frac{Y(s)}{U(s)} = \frac{k}{s(s+70)}$$

希望速度误差系数$K_{\mathrm{v}} = 35$，对阶跃输入的超调量为 4%，即$\zeta = \frac{1}{\sqrt{2}}$，调整时间为0.11s（2%的误差范围）。设计一合适的状态反馈以满足上述要求。

6.15　已知线性定常系统

$$\dot{\boldsymbol{x}} = \begin{bmatrix} -1 & -2 & -2 \\ 0 & -1 & 1 \\ 1 & 0 & -1 \end{bmatrix}\boldsymbol{x} + \begin{bmatrix} 2 \\ 0 \\ 1 \end{bmatrix}u$$

$$y = \begin{bmatrix} 1 & 1 & 0 \end{bmatrix}\boldsymbol{x}$$

试设计全维观测器，使其极点为−3, −3, −4。

6.16　一控制系统结构如图E6.4所示。

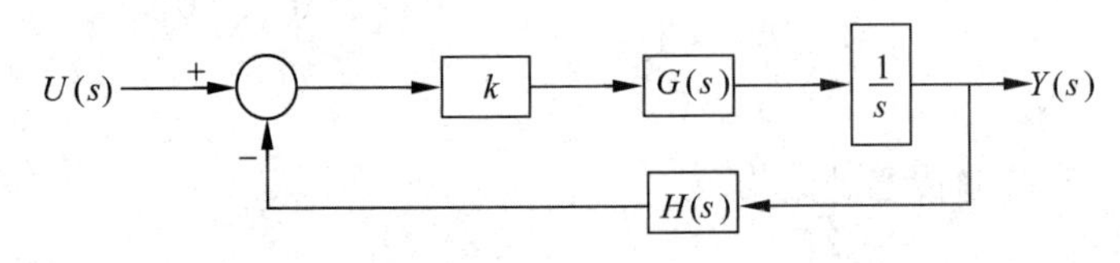

图E6.4　系统结构图

其中$k=1$，$G(s) = \frac{(s+1)^2}{s^2+1}$，$H(s) = 2s+1$。（1）画出相应的信号流图，列写状态空间表达式；（2）确定系统的稳定性；（3）判断系统的能控性和能观性。

6.17　系统的状态方程为

$$\dot{\boldsymbol{x}} = \boldsymbol{A}x + \boldsymbol{B}u = \begin{bmatrix} 1 & 0 & 0 \\ 0 & 2 & 0 \\ 0 & 0 & -5 \end{bmatrix}\boldsymbol{x} + \begin{bmatrix} 1 \\ 1 \\ 0 \end{bmatrix}u$$

（1）该系统是否是渐近稳定的？

（2）该系统是否是状态反馈能镇定的？

（3）设计状态反馈，使期望的闭环极点为 $\lambda_1 = -2 + \mathrm{j}2$，$\lambda_2 = -2 - \mathrm{j}2$，$\lambda_3 = -5$。

综合型

6.18　线性定常系统的状态方程为

$$\begin{bmatrix} \dot{x}_1 \\ \dot{x}_2 \end{bmatrix} = \begin{bmatrix} 0 & 1 \\ -1 & -1 \end{bmatrix}\begin{bmatrix} x_1 \\ x_2 \end{bmatrix} + \begin{bmatrix} 2 \\ 1 \end{bmatrix} u$$

$$y = \begin{bmatrix} 0 & 1 \end{bmatrix}\begin{bmatrix} x_1 \\ x_2 \end{bmatrix}$$

经坐标变换 $X = P\bar{X}$ 后，新、老状态变量间的关系为

$$\begin{cases} \bar{x}_1 = x_2 \\ \bar{x}_2 = -x_1 + x_2 \end{cases}$$

（1）求新基底关于老基底的表示；

（2）求变换后的系统的状态方程；

（3）画出变换前、后系统的信号流图。

6.19　已知系统的微分方程为 $\ddot{y} + 2\dot{y} + y = \dot{u} + u$，当输入量为 $u(t) = \sin t$，初始条件为 $y(0) = 1,\ \dot{y}(0) = 0$ 时，求输出量 $y(t)$。

6.20　已知矩阵 $\boldsymbol{A} = \begin{bmatrix} 3 & 2 \\ 2 & 3 \end{bmatrix}$，试求 $\mathrm{e}^{\boldsymbol{A}}, \sin \boldsymbol{A}, \boldsymbol{A}^{100}$。

6.21　一系统的状态方程为

$$\dot{\boldsymbol{x}} = \begin{bmatrix} -1 & 0 \\ 2 & -3 \end{bmatrix}\boldsymbol{x} + \begin{bmatrix} 0 \\ 1 \end{bmatrix} u(t)$$

求系统的状态转移矩阵 $\boldsymbol{\Phi}(t)$ 和 $\boldsymbol{\Phi}(s)$。

6.22　一盘旋飞行器（飞碟）控制系统可用状态方程描述，其中

$$\boldsymbol{A} = \begin{bmatrix} 0 & 6 \\ -1 & -5 \end{bmatrix}$$

（1）求特征根和所对应的特征向量；

（2）求状态转移矩阵 $\boldsymbol{\Phi}(t)$。

6.23　利用在 $\boldsymbol{AB} = \boldsymbol{BA}$ 条件下 $\mathrm{e}^{(\boldsymbol{A}+\boldsymbol{B})t} = \mathrm{e}^{\boldsymbol{A}t} \cdot \mathrm{e}^{\boldsymbol{B}t}$ 这一性质，确定出 $\dot{\boldsymbol{x}} = \begin{bmatrix} \sigma & w \\ -w & \sigma \end{bmatrix}\boldsymbol{x}$ 的状态转移矩阵。

6.24　已知一系统状态方程的系统矩阵为 $\boldsymbol{A} = \begin{bmatrix} 1 & -2 \\ 2 & -3 \end{bmatrix}$，当 $u(t) = 0$，$x_1(0) = x_2(0) = 10$ 时，求 $x_1(t)$，$x_2(t)$。

6.25　要求用精心设计的控制器通过太阳能收集器环流供暖系统来维持建筑物的温度。一太阳能加热系统可描述为

$$\frac{\mathrm{d}x_1}{\mathrm{d}t} = 3x_1 + u_1 + u_2$$

$$\frac{\mathrm{d}x_2}{\mathrm{d}t} = 2x_2 + u_2 + d$$

其中 x_1 表示距理想平衡状态的温度偏差；x_2 表示储能材料（例如水箱）的温度；u_1 和 u_2 分别表示一般的流体速度和太阳能热量，其传输介质是强制对流的空气；储罐温度的波动用 d 表示。求当 $u_1 = 0$，$u_2 = 1$，$d = 1$，初始条件为 0 时的系统响应。

6.26　一遥控机器人系统的状态空间表达式为

$$\dot{\boldsymbol{x}} = \begin{bmatrix} -1 & 0 & 0 \\ 0 & -2 & 0 \\ 0 & 0 & -3 \end{bmatrix}\boldsymbol{x} + \begin{bmatrix} 1 \\ 1 \\ 0 \end{bmatrix}u$$

$$y = \begin{bmatrix} 1 & 0 & 2 \end{bmatrix}\boldsymbol{x}$$

（1）求传递函数 $G(s) = \dfrac{Y(s)}{U(s)}$。

（2）画出系统的信号流图。

（3）判断系统的能控性和能观测性。

6.27　一系统的传递函数为

$$G(s) = \frac{3s^2 + 4s - 2}{s^3 + 3s^2 + 7s + 5}$$

引入状态反馈，使闭环极点为 $s = -4$，-4 和 -5。

6.28　设系统的传递函数为 $G(s) = \dfrac{(s-1)(s+2)}{(s+1)(s-2)(s+3)}$。试问是否存在状态反馈，将闭环系统的传递函数变为 $G(s) = \dfrac{s-1}{(s+2)(s+3)}$，若能，试确定出反馈增益矩阵。

6.29　已知一个简谐振子的状态方程为

$$\dot{\boldsymbol{x}} = \begin{bmatrix} 0 & 1 \\ -1 & 0 \end{bmatrix}\boldsymbol{x} + \begin{bmatrix} 1 \\ 0 \end{bmatrix}u,\quad y = \begin{bmatrix} 0 & 1 \end{bmatrix}\boldsymbol{x}$$

（1）讨论系统的稳定性。

（2）加输出反馈可否使系统渐近稳定？

（3）加状态反馈则又如何？

6.30　已知系统的传递函数为 $G(s) = \dfrac{2}{s(s+1)}$，若状态不能直接测量到，试采用全维观测器实现状态反馈控制，使闭环系统的传递函数为 $G(s) = \dfrac{2}{s^2 + 2s + 2}$，

取观测器的极点为 -5 ，-5 。画出具有全维观测器的闭环系统的结构图，并确定其传递函数。

6.31　已知一线性定常系统的状态转移矩阵为

$$\phi(t)=\begin{bmatrix}2e^{-t}-e^{-2t} & e^{-t}-e^{-2t}\\ 2e^{-2t}-2e^{-t} & 2e^{-2t}-e^{-t}\end{bmatrix}$$

试求该系统的系统矩阵 $\boldsymbol{A}$。

6.32　图 E6.5（a）所示电网络的输入端电压如图（b）所示，试求电流 $i(t)$的表达式。

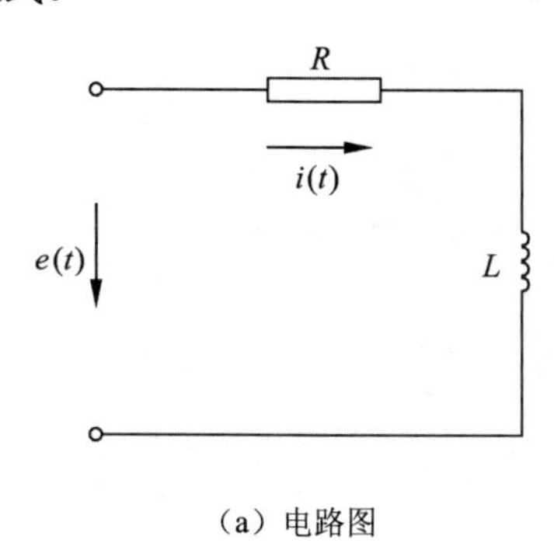

（a）电路图

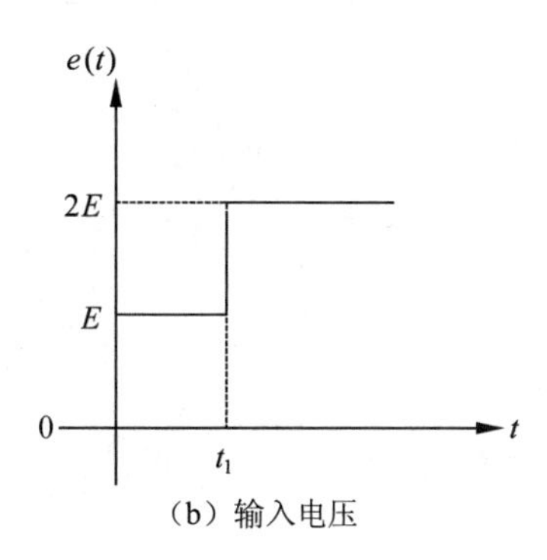

（b）输入电压

图　E6.5

6.33　一系统的微分方程为

$$\frac{d^2y}{dt^2}+2\frac{dy}{dt}+y=\frac{du}{dt}+u$$

其中，y 是输出，u 是输入。

（1）选择相变量作为系统的状态变量，分析系统的能控性和能观性。

（2）选择状态变量为 $x_1=y$ 和 $x_2=\dfrac{dy}{dt}-u$ ，分析系统的能控性和能观性。

（3）分别对上述两种情况进行非奇异变换，分析系统的能控性和能观性。

6.34　一机械系统如图 E6.6 所示，其中，$m_1=m_2=1$，$k_1=k_2=1$ 。

（1）建立状态方程；

（2）求系统的特征根；

（3）试选择适当的 x_i，加入 $u=-k\,x_i$ 后使系统变成稳定的，确定使系统稳定的 k 值。

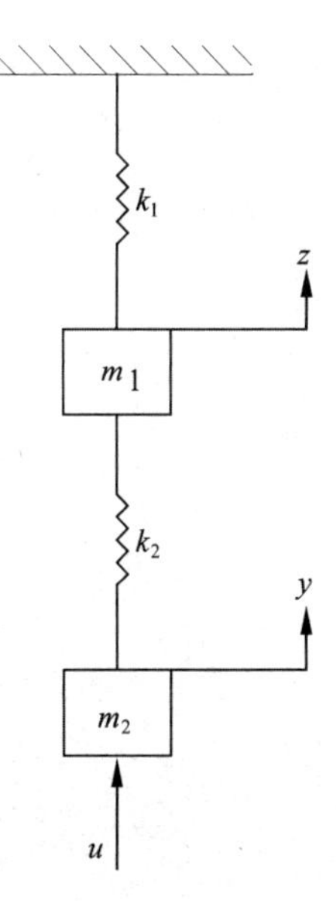

图 E6.6　机械系统

6.35　RLC 电路如图 E6.7 所示，其中 $R = 2.5\Omega$，$L = \frac{1}{4}\text{H}$，$C = \frac{1}{6}\text{F}$，

（1）列写该电路系统的状态空间表达式（以电容器 C 上的电压为输出）；

（2）求系统的状态转移矩阵；

（3）定性地画出系统的单位阶跃响应曲线，分析系统的瞬态性能；

（4）试设计状态反馈，使系统对于单位阶跃输入的超调量为 4%，调整时间为 1s（对于 2%的误差范围）。

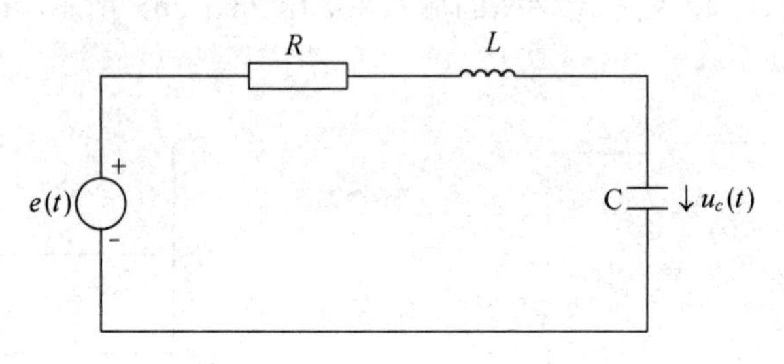

图 E6.7　RLC 电路图

第7章

线性系统的设计方法

7.1 引言

前几章介绍了控制系统的分析方法，并利用这些方法分析了控制系统的稳定性、瞬态性能、稳态性能以及能控性和能观测性。通过这些学习可知，一个令人满意的控制系统首先应是稳定的，它不仅具有理想的瞬态和稳态性能，而且能够抵抗扰动和系统参数变化对系统性能的影响。一般来说，对于一个控制系统，使其获得理想性能指标的最直接的方法是调节系统本身的参数。然而，这种方法通常作用不大。例如，对二阶系统来说，增大开环增益有利于改善稳态性能，但同时会减小其阻尼系数，从而会使瞬态性能变差。因此，大多数情况下不可能只通过调节控制系统本身的参数使其获得满意的性能。于是，为了获得理想的性能就必须对控制系统进行校正，即在控制系统里加装校正装置。按照校正装置在控制系统中的不同位置，控制系统的校正可分为串联校正、并联（或反馈）校正、前馈校正和复合校正四种，具体如图 7.1.1 所示，其中的 $G_c(s)$ 表示校正装置的传递函数。

串联校正将校正装置 $G_c(s)$ 接在系统误差测量点之后和放大器之前，串接于系统前向通道之中，如图 7.1.1（a）所示。并联（或反馈）校正从某些元件引出反馈信号，构成反馈回路，并在内反馈回路内设置校正装置，如图 7.1.1（b）所示。

前馈校正又称为顺馈校正，是一种作用于系统反馈回路之外的校正方式。前馈校正装置通常接在系统输入量与主反馈作用点之间的前向通道上，如图 7.1.1（c）所示。这种校正的作用相当于对输入信号进行整形或滤波。另一种前馈校正如图 7.1.1（d）所示，校正装置接在系统的可测扰动作用点与误差测量点之间，对扰动信号进行直接或间接测量，并经变换后接入系统，形成一条附加的对扰动影响进行校正的通道。前馈校正很少单独作用于开环控制系统，通常作为反馈控制系统的附加校正而组成复合控制系统。

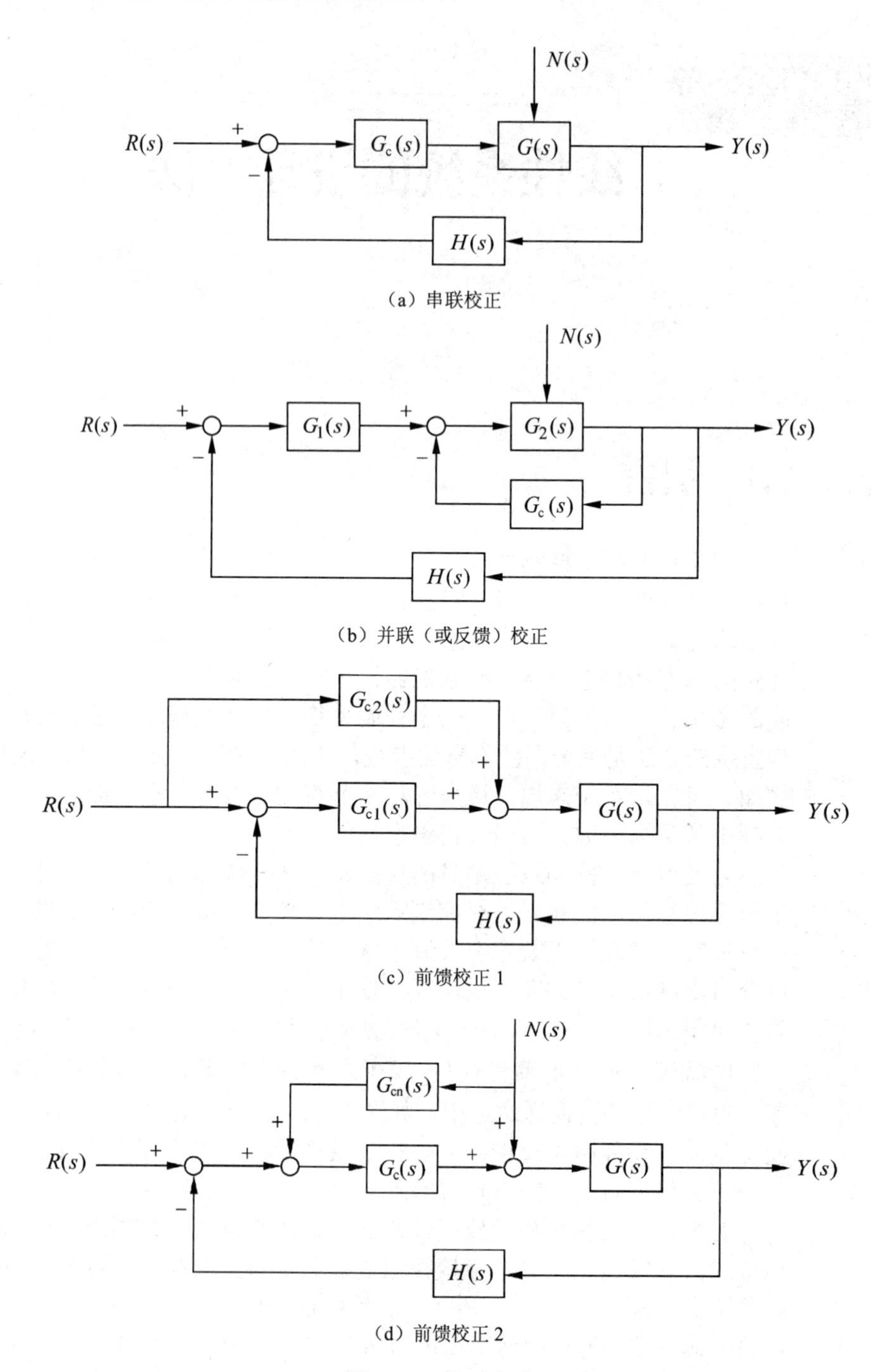

图 7.1.1 校正方式

在控制系统设计中，常用的校正方式为串联校正和并联（或反馈）校正。究竟是选择串联校正还是并联校正，取决于系统中信号的性质、系统中各点功率的大小、可供采用的元件、设计者的经验以及经济条件等。一般来说，串联校正比并联校正简单，但串联校正常常需要附加放大器，以增大增益和提供隔离（为了避免功率损耗，串联校正装置通常安装在前向通路中能量最低的点上）。如果能提供适当的信号，反馈校正需要的元件数目比串联校正少，因为反馈校正时，信号是从能量较高的点传向能量较低的点（这意味着不必采用附加放大器）。本章将重点讨论串联校正。

通过前几章的学习可知，控制系统的瞬态性能和稳态性能经常用时域指标或频域指标来描述。根据给定性能指标的不同形式，可以采用不同的方法对控制系统进行校正。如果性能指标以单位阶跃响应的峰值时间、调整时间、超调量，以及阻尼系数、稳态误差等时域特征量给出时，一般采用根轨迹法校正；如果性能指标以系统的相位裕度、幅值裕度、谐振峰值、闭环带宽、稳态误差系数等频域指标给出时，一般采用频率法校正。无论采用根轨迹法校正，还是采用频率法校正，校正装置的基本特性都是相同的，一般为超前校正、滞后校正和滞后-超前校正。

本章将首先给出串联校正网络的特性，然后介绍采用伯德图和根轨迹进行串联校正的方法，最后介绍工业过程控制系统中普遍使用的 PID 控制器。

这里应注意，设计控制系统校正装置之前，首先要确信已对被控对象进行了尽可能的改善，也即已经不能通过改变被控对象本身来达到该控制系统的性能指标了。实际上，改善控制系统性能的最好、最简单的方法是改变被控对象本身。如果设计者对过程的设计很了解，并且能够改变它，那么系统的性能很容易得到改善。例如，为了改善伺服位置控制器的瞬态行为，经常可以为系统选择一个最好的电机。在飞机控制系统中改变飞机的空气动力学设计，可以改善飞机的瞬态特性。然而，被控对象常常是不能改变的，或者已经做了尽可能的改变，仍然得不到满意的性能。在这种情况下，附加校正装置就变得非常重要了。在以后的内容里，假设已经对被控对象做了尽可能的改善，并且系统的传递函数 $G(s)$ 是不可改变的。

7.2　校正装置及其特性

7.2.1　超前校正装置的特性

超前校正装置具有如下传递函数：

$$G_c(s)=\frac{1+\alpha Ts}{\alpha(1+Ts)}=\frac{s+\dfrac{1}{\alpha T}}{s+\dfrac{1}{T}} \tag{7.2.1}$$

可用图 7.2.1（a）所示的无源网络实现。其中，T 称为时间常数，α 称为衰减因子。它们分别可表示为

$$T=\frac{R_1R_2}{R_1+R_2}C\ ,\quad \alpha=\frac{R_1+R_2}{R_2}>1$$

由式（7.2.1）可知，采用无源超前网络进行串联校正时，整个系统的开环增益要下降α倍，因此需要提高放大器增益加以修正。超前网络的零、极点分布如图7.2.1（b）所示。由于$\alpha>1$，故超前网路的负实零点总是位于负实极点之右，两者之间的距离由常数α决定。

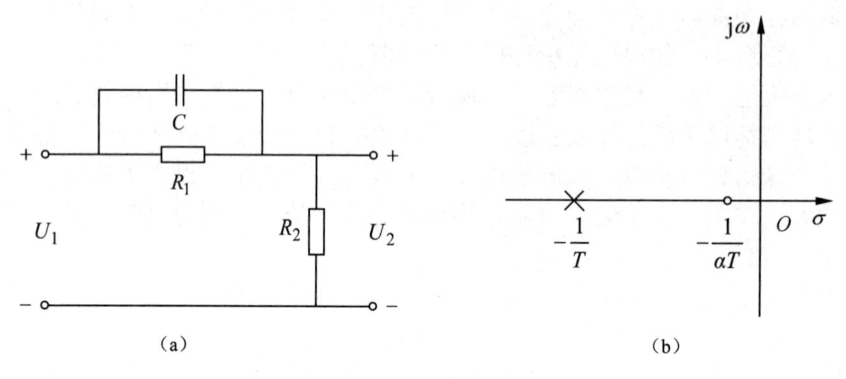

图7.2.1 无源超前网络及其零、极点分布图

根据式（7.2.1）可画出当$\alpha=10$时超前网络的伯德图，如图7.2.2所示。

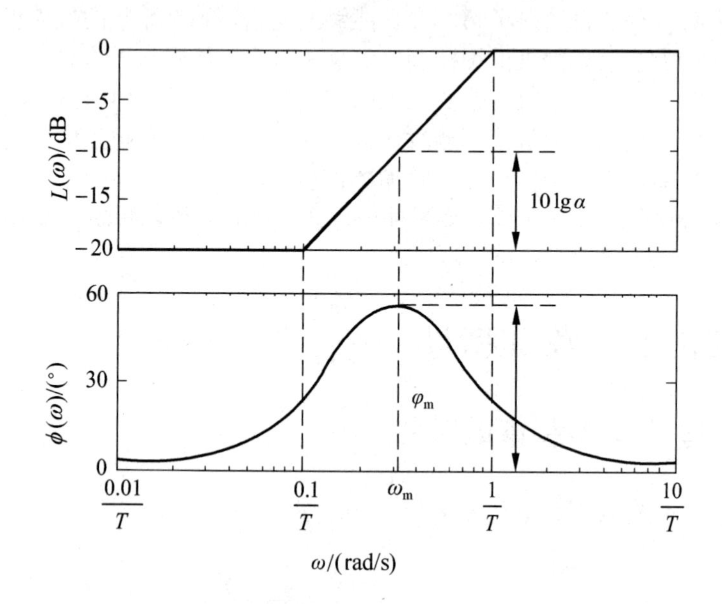

图7.2.2 超前校正网络式（7.2.1）的伯德图，其中$\alpha=10$

显然，超前网络对频率在$1/\alpha T$到$1/T$之间的输入信号有明显的微分作用，在该频率范围内，输出信号相角超前于输入信号，超前网络也由此而得名。观察图7.2.2可以发现，在最大超前频率ω_m处，出现最大超前相位φ_m，且ω_m正好处

于频率$1/\alpha T$和$1/T$的几何中心位置。现证明如下：

由式（7.2.1）可得超前网络的相频特性为

$$\varphi(\omega)=\arctan\alpha T\omega-\arctan T\omega=\arctan\frac{(\alpha-1)\omega T}{1+\alpha T^2\omega^2}\tag{7.2.2}$$

对式（7.2.2）求极值，可以得出最大超前频率ω_{m}为

$$\omega_{\mathrm{m}}=\frac{1}{T\sqrt{\alpha}}\tag{7.2.3}$$

现设ω_1为频率$\dfrac{1}{\alpha T}$和$\dfrac{1}{T}$的几何中心频率，则有

$$\lg\omega_1=\frac{1}{2}\left(\lg\frac{1}{\alpha T}+\lg\frac{1}{T}\right)=\lg\frac{1}{T\sqrt{\alpha}}$$

可见$\omega_1=\dfrac{1}{T\sqrt{\alpha}}$正好与式（7.2.3）完全相同，因此最大超前相位$\varphi_{\mathrm{m}}$确实出现在频率$\dfrac{1}{\alpha T}$和$\dfrac{1}{T}$的几何中心位置上。证毕。

现将式（7.2.3）代入式（7.2.2），可得到最大超前相位为

$$\varphi_{\mathrm{m}}=\arctan\frac{\alpha-1}{2\sqrt{\alpha}}=\arcsin\frac{\alpha-1}{\alpha+1}\tag{7.2.4}$$

由式（7.2.4）可知，最大超前相位φ_{m}仅与衰减因子α有关。α值越大，超前网络的微分效应越强。但$\alpha=\dfrac{R_1+R_2}{R_2}$的最大值受到超前网络物理结构的限制，通常取为 20 左右（这意味着超前网络可以产生的最大相位超前大约为 65°）。

此外，由式（7.2.1）可以得到超前网络在ω_{m}处的对数幅频值为

$$L(\omega_{\mathrm{m}})=20\lg\left|\alpha G_{\mathrm{c}}(\mathrm{j}\omega_{\mathrm{m}})\right|=10\lg\alpha\tag{7.2.5}$$

由图 7.2.2 可看出，超前校正网络基本上是一个高通滤波器（信号的高频部分通过，低频部分被衰减）。

7.2.2　滞后校正装置的特性

滞后校正装置具有如下传递函数：

$$G_{\mathrm{c}}(s)=\frac{1+\beta Ts}{1+Ts}=\beta\frac{s+\dfrac{1}{\beta T}}{s+\dfrac{1}{T}}\tag{7.2.6}$$

可用图 7.2.3（a）所示的无源网络实现，相应的

$$\beta=\frac{R_2}{R_1+R_2}<1,\quad T=(R_1+R_2)C$$

滞后网络的零、极点分布如图 7.2.3（b）所示。因为 $\beta<1$，所以极点比零点更靠近 s 平面的原点。当 $\beta=0.1$ 时，根据式（7.2.6）可画出滞后网络的伯德图，如图 7.2.4 所示。

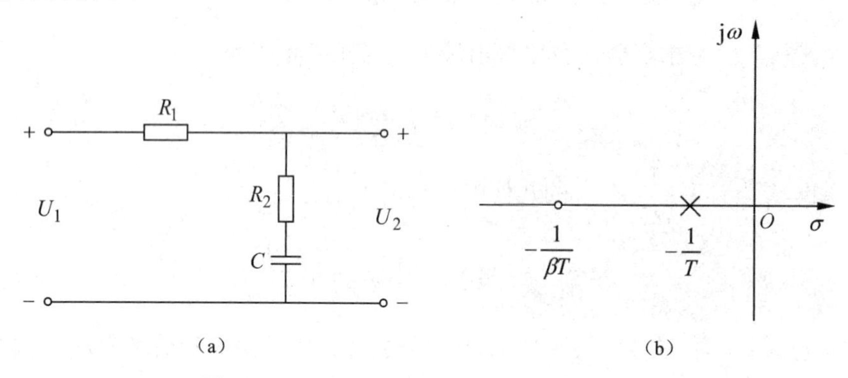

图 7.2.3　无源滞后网络及其零、极点分布图

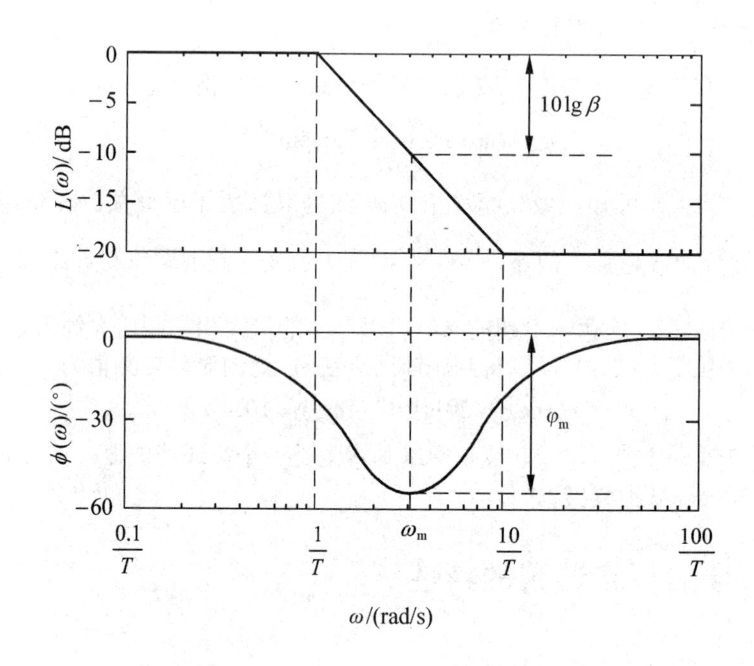

图 7.2.4　滞后校正网络式（7.2.6）的伯德图，其中 $\beta=0.1$

由图 7.2.4 可见，滞后网络在频率 $\frac{1}{T}$ 至 $\frac{1}{\beta T}$ 之间呈积分效应，而对数相频特性呈滞后特性。与超前网络类似，滞后网络的最大滞后相位 φ_m 发生在最大滞后频率 ω_m 处，且 ω_m 正好是频率 $\frac{1}{T}$ 至 $\frac{1}{\beta T}$ 的几何中心位置。φ_m 及 ω_m 的表达式分别为

$$\omega_{\mathrm{m}}=\frac{1}{T\sqrt{\beta}} \tag{7.2.7}$$

$$\varphi_{\mathrm{m}}=\arcsin\frac{1-\beta}{1+\beta} \tag{7.2.8}$$

由图 7.2.4 还可看出，滞后校正网络在低频段的幅值为 0dB，在高频段的幅值为 $20\lg\beta$dB。因此滞后校正网络是一个低通滤波器。

采用无源滞后网络进行串联校正时，主要是利用其高频幅值衰减特性，以降低系统的开环幅值穿越频率，提高系统的相位裕度。因此，应力求避免最大滞后相位发生在校正后系统的开环幅值穿越频率 ω_{c}'' 附近。为了达到这个目的，选择滞后网络参数时，通常应使网络的转折频率 $1/\beta T$ 远小于 ω_{c}''，一般取

$$\frac{1}{\beta T}=\frac{\omega_{\mathrm{c}}''}{10} \tag{7.2.9}$$

7.2.3　滞后-超前校正装置的特性

考虑如图 7.2.5 所示的无源滞后-超前网络，其传递函数为

$$G_{\mathrm{c}}(s)=\frac{(1+T_{\alpha}s)(1+T_{\beta}s)}{T_{\alpha}T_{\beta}s^{2}+(T_{\alpha}+T_{\beta}+T_{\alpha\beta})s+1} \tag{7.2.10}$$

其中

$$T_{\alpha}=R_{1}C_{1},\quad T_{\beta}=R_{2}C_{2},\quad T_{\alpha\beta}=R_{1}C_{2}$$

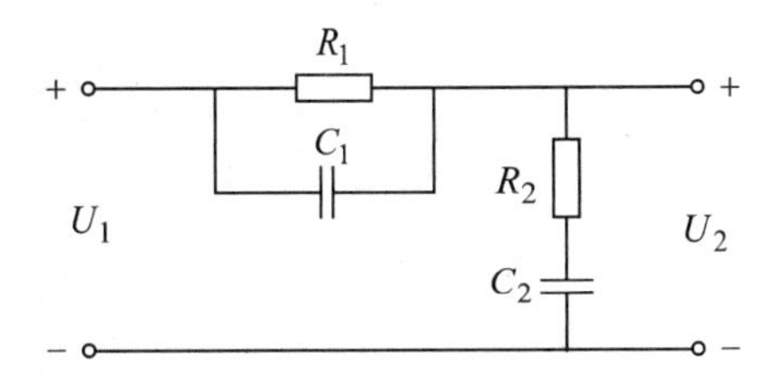

图 7.2.5　无源滞后-超前网络

令式（7.2.10）的传递函数有两个不等的负实数极点，则式（7.2.10）可以写为

$$G_{\mathrm{c}}(s)=\frac{(1+T_{\alpha}s)(1+T_{\beta}s)}{(1+T_{1}s)(1+T_{2}s)} \tag{7.2.11}$$

比较式（7.2.10）和式（7.2.11），可得

$$T_{1}T_{2}=T_{\alpha}T_{\beta}$$

$$T_1 + T_2 = T_\alpha + T_\beta + T_{\alpha\beta}$$

假设

$$T_1 < T_2, \qquad \frac{T_\alpha}{T_1} = \frac{T_2}{T_\beta} = \alpha$$

其中$\alpha > 1$，则有

$$T_1 = \frac{T_\alpha}{\alpha}, \qquad T_2 = \alpha T_\beta$$

于是，无源滞后-超前网络的传递函数可表示为

$$G_c(s) = \frac{(1+T_\alpha s)(1+T_\beta s)}{\left(1+\frac{T_\alpha s}{\alpha}\right)(1+\alpha T_\beta s)} \tag{7.2.12}$$

式中，$\dfrac{1+T_\alpha s}{1+\dfrac{T_\alpha s}{\alpha}}$为网络的超前部分，$\dfrac{1+T_\beta s}{1+\alpha T_\beta s}$为网络的滞后部分。当$\alpha = 10$，$T_\beta = 10T_\alpha$时，滞后-超前校正网络的伯德图如图 7.2.6 所示。

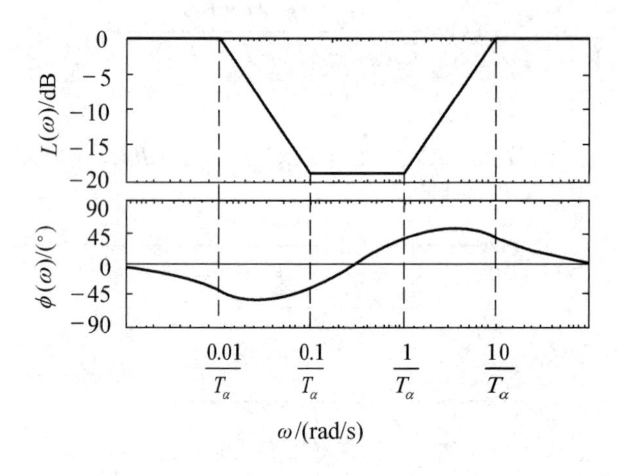

图 7.2.6　滞后-超前校正网络的伯德图

7.3　基于伯德图的系统校正

7.3.1　基于伯德图的相位超前校正

采用伯德图设计相位超前网络优于其他的频率响应方法，原因在于在伯德图的幅频特性曲线上，幅频特性相乘的关系变成了相加的关系。这样，对于串联校

正，只要将相位超前网络的幅频特性加到校正前系统的幅频特性上，就可以得到校正后系统的幅频特性。

相位超前网络串联校正的基本思路是利用其相位超前的特性。为了获得最大的相位超前量，应使超前网络的最大相位超前发生在校正后系统的幅值穿越频率处，即 $\omega_{\mathrm{m}}=\omega_{\mathrm{c}}''$。根据上述设计思想，具体设计步骤如下：

（1）根据稳态误差要求，确定开环增益 K。

（2）利用已确定的开环增益，计算校正前系统的相位裕度 γ。

（3）确定需要对系统增加的相位超前量 φ_{m}，$\varphi_{\mathrm{m}}=\gamma^{*}-\gamma+(5°\sim12°)$。其中 γ^{*} 表示期望的校正后系统的相位裕度。由于增加超前校正装置后，幅值穿越频率会向右方移动，这一变化通常会使相位裕度减小 $5°\sim12°$，所以在计算相位超前量 φ_{m} 时，应额外增加 $5°\sim12°$ 相位超前量。

（4）利用式（7.2.4）确定衰减因子 α。

（5）根据式（7.2.5）确定频率 ω_{m}。具体做法是：确定校正前系统的对数幅值等于 $-10\lg\alpha$ 时的频率，选择此频率作为校正后系统的幅值穿越频率 ω_{c}''。该频率应等于 $\omega_{\mathrm{m}}=\dfrac{1}{T\sqrt{\alpha}}$，最大相位超前量 φ_{m} 就发生在这个频率上。

（6）确定校正网络的参数 T：

$$T=\frac{1}{\omega_{\mathrm{m}}\sqrt{\alpha}} \tag{7.3.1}$$

此时，超前校正网络的转折频率分别为 $\dfrac{1}{T}$ 和 $\dfrac{1}{\alpha T}$。

（7）画出校正后的伯德图，验证相位裕度是否满足要求，必要时重复上述步骤。

（8）最后，提高放大器的增益以抵消 $\dfrac{1}{\alpha}$ 的衰减，并确定无源超前网络图 7.2.1（a）中的参数或用有源网络实现相位超前特性。

例 7.3.1　已知反馈系统的开环传递函数为

$$G(s)=\frac{K}{s(s+2)}$$

试设计超前网络，使系统的稳态速度误差系数 $K_{\mathrm{v}}=20\ \mathrm{s}^{-1}$，相位裕度不小于 $45°$。

解：第 1 步，用满足稳态误差系数的开环增益画出校正前的伯德图，并求出校正前系统的相位裕度。

由题目给出的稳态速度误差系数 $K_{\mathrm{v}}=20$ 知，$K=40$。此时，开环传递函数为

$$G(s)=\frac{20}{s(1+0.5s)}$$

画出校正前的伯德图，如图 7.3.1 中的虚线所示。

由图 7.3.1 可知，校正前系统的幅值穿越频率为 6.2rad/s，相位裕度

$$\gamma = 180° + \varphi(\omega_c) = 18°$$

第 2 步，计算 φ_m 和 α 。因为校正后幅值穿越频率比校正前的幅值穿越频率大，而 φ_m 是按照校正前的幅值穿越频率计算的，所以必须考虑由于幅值穿越频率的增大而造成的 $G(j\omega)$ 的相位滞后量。因此，需要的相位超前量 φ_m 应为：$45° - 18° = 27°$ 再加上小的增量（可将增量选为 10%），即 $27° + 3° = 30°$ 。于是有

$$\frac{\alpha - 1}{\alpha + 1} = \sin 30° = 0.5$$

由此可得 $\alpha = 3$ 。

第 3 步，确定 ω_m 的值。根据式（7.2.5）知超前网络在 φ_m 处的幅值为

$$10\log\alpha = 10\log 3 = 4.8 \text{ (dB)}$$

要想得到最大的相位裕度，必须使 ω_m 与校正后的幅值穿越频率 ω_c 相等，因此校正前的对数幅值等于– 4.8dB 处的频率就是 ω_c 。由图 7.3.1 可知，

$$\omega_m = \omega_c = 8.4 \text{ rad/s}$$

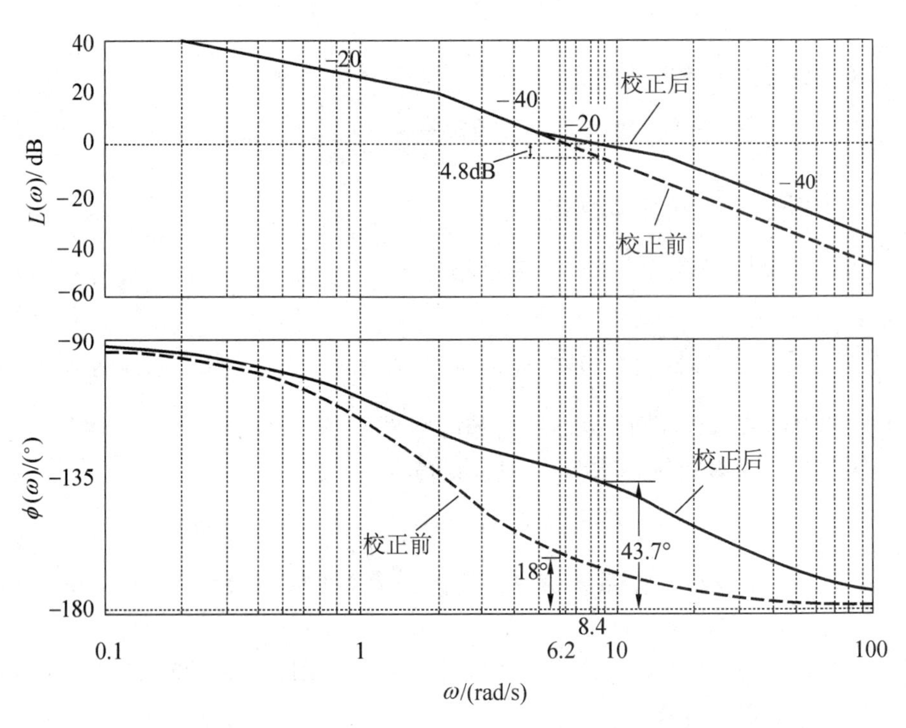

图 7.3.1 例 7.3.1 所示系统在超前校正前后的伯德图

第 4 步，确定超前网络参数 T 。

由式（7.3.1）知

$$T=\frac{1}{\omega_{\mathrm{m}}\sqrt{\alpha}}=\frac{1}{14.4}$$

于是超前校正网络的传递函数为

$$G_{\mathrm{c}}(s)=\frac{1}{3}\frac{1+\frac{1}{4.8}s}{1+\frac{1}{14.4}s}$$

为了抵消 $\frac{1}{\alpha}=\frac{1}{3}$ 的衰减，总的开环增益应提高 3 倍。校正后的开环传递函数为

$$G_{\mathrm{c}}(s)G(s)=\frac{20\left(1+\frac{1}{4.8}s\right)}{s(1+0.5s)\left(1+\frac{1}{14.4}s\right)}$$

校正后的伯德图如图 7.3.1 中的实线所示。

第 5 步，验证相位裕度是否满足要求。为此计算

$$\varphi(\omega_{\mathrm{c}})=-90°-\arctan 0.5\omega_{\mathrm{c}}-\arctan\frac{\omega_{\mathrm{c}}}{14.4}+\arctan\frac{\omega_{\mathrm{c}}}{4.8}=-136.3°$$

$$\gamma=180°+\varphi(\omega_{\mathrm{c}})=43.7°<45°$$

相位裕度不满足要求。出现这种情况的原因是从校正前的幅值穿越频率 $\omega=6.2\ \mathrm{rad/s}$ 到校正后的幅值穿越频率 $\omega=8.4\ \mathrm{rad/s}$，原系统的相位滞后了 7°，而在计算 α 时只增加了 3°的补偿量。如果想要获得 45°的相位裕度，那么 α 值应该增加到 $\alpha=3.5$ 。

由图 7.3.1 可看出，系统经串联校正后，不仅使中频区斜率变为 $-20\mathrm{dB/dec}$，占据一定频带范围，而且也使开环系统的幅值穿越频率增大了。前者会使系统的相位裕度增大，瞬态过程超调量下降；后者会使闭环系统带宽增大，系统响应速度加快。实际上，大多实际运行的控制系统在中频区确实都具有 $-20\mathrm{dB/dec}$ 的斜率，并占据一定频带宽度。

值得注意的是，在有些情况下采用串联超前校正是无效的，它受以下两个因素的限制：

（1）闭环带宽要求。若校正前系统不稳定，为了得到期望的相位裕度，需要超前网络提供很大的相位超前量。这样，超前网络的 α 值必须选得足够大，这会造成校正后系统的带宽过大，使得通过系统的高频噪声幅值很大，可能导致系统失控。

（2）在幅值穿越频率附近相位迅速减小的待校正系统，一般不宜采用串联超前校正。因为随着幅值穿越频率的增大，待校正系统的相位迅速减小，加入串联超前校正后，系统的相位裕度改善不大，很难得到足够的相位超前量。一般情况下，若待校正系统在其幅值穿越频率附近有两个转折频率相差不大的惯性环节，或有一个振荡环节，就会产生这种相位迅速减小的现象。

在上述情况下，系统可采用其他方法进行校正，例如采用两级（或两级以上）的串联超前网络（若选用无源网络，中间需要串接隔离放大器）进行串联超前校

正，或采用滞后网络进行串联滞后校正。

7.3.2　基于伯德图的相位滞后校正

在伯德图上设计相位滞后网络的基本原理是利用滞后网络的高频幅值衰减特性，使校正后系统的幅值穿越频率减小，借助校正前系统在新幅值穿越频率处的相位，使系统获得足够的相位裕度。因此，在设计滞后网络时应避免让最大的相位滞后发生在新幅值穿越频率附近。由于滞后网络的高频衰减特性会使系统带宽减小，从而会降低系统的响应速度，因此，当系统响应速度要求不高而抑制噪声要求较高时，可考虑采用串联滞后校正。此外，当校正前系统已经具备满意的瞬态性能，仅稳态性能不满足指标要求时，也可采用串联滞后校正以提高系统的稳态精度。根据上述设计思想，滞后网络的设计步骤如下：

（1）根据稳态误差要求，确定开环增益 K 。

（2）利用已确定的开环增益，画出校正前系统的伯德图，确定校正前系统的相位裕度和幅值穿越频率 ω_c 。

（3）确定校正后系统的幅值穿越频率 ω_c'' ，使其相位裕度满足要求。

在校正前的对数幅频特性曲线上寻找一个频率点，在这一点上，使其相位等于 $-180°$ 加上 φ ，而 φ 等于期望的相位裕度加上 5°~12°（增加 5°~12°是为了抵消滞后校正网络在校正后系统的幅值穿越频率 ω_c'' 处的相位滞后）。选择此频率作为校正后系统的幅值穿越频率 ω_c'' 。

（4）为了防止由滞后网络造成的相位滞后的不良影响，滞后网络的转折频率必须选择明显低于校正后系统的幅值穿越频率 ω_c'' 。一般选择滞后网络的转折频率

$$\frac{1}{\beta T}=\frac{\omega_c''}{10}$$

这样，滞后网络的相位滞后就发生在低频范围内，从而对校正后系统的相位裕度影响较小。

（5）确定使校正前对数幅频特性曲线在校正后系统的幅值穿越频率 ω_c'' 处下降到 0dB 所必需的衰减量。这一衰减量等于 $-20\lg\beta$ ，从而可确定参数 β 。由此可确定另一转折频率 $\dfrac{1}{T}$ 。

（6）画出校正后系统的伯德图，检验相位裕度是否满足要求。

例 7.3.2　重新考虑例 7.3.1 中的系统，试设计相位滞后网络，使系统稳态速度误差系数 $K_v=20\ \mathrm{s}^{-1}$，相位裕度不小于 45°。

解： 由例 7.3.1 知，满足稳态性能的校正前系统的开环传递函数为

$$G(s)=\frac{20}{s(1+0.5s)}$$

第 1 步，画出校正前系统的伯德图，如图 7.3.2 虚线所示。由图可知，校正

前系统的相位裕度约为 20°，不满足要求。

第 2 步，确定校正后系统的幅值穿越频率 ω_c''，使

$$\varphi(\omega_c'') = -180° + 45° + 5° = -130°$$

由校正前的相频特性曲线可知，当 $\omega_c'' = 1.5\ \text{rad/s}$ 时，$\varphi(\omega_c'') = -126.9°$，满足要求。

第 3 步，由图 7.3.2 知，为了让 ω_c'' 成为校正后系统的幅值穿越频率，校正前的对数幅频特性曲线在频率 ω_c'' 处的幅值需要衰减 20dB。由

$$-20\lg\beta = 20\text{dB}$$

得出

$$\beta = 0.1$$

第 4 步，选转折频率 $\dfrac{1}{\beta T} = \dfrac{\omega_c''}{10}$，将 $\omega_c'' = 1.5$ 代入得 $\dfrac{1}{\beta T} = \dfrac{1.5}{10} = 0.15$。而另一转折频率 $\dfrac{1}{T} = 0.015$，于是滞后网络的传递函数为

$$G_c(s) = \frac{1 + \dfrac{1}{0.15}s}{1 + \dfrac{1}{0.015}s} = \frac{1 + 6.67s}{1 + 66.67s}$$

第 5 步，画出校正后系统的伯德图，如图 7.3.2 实线所示。由图可知相位裕度为 45°，满足要求。

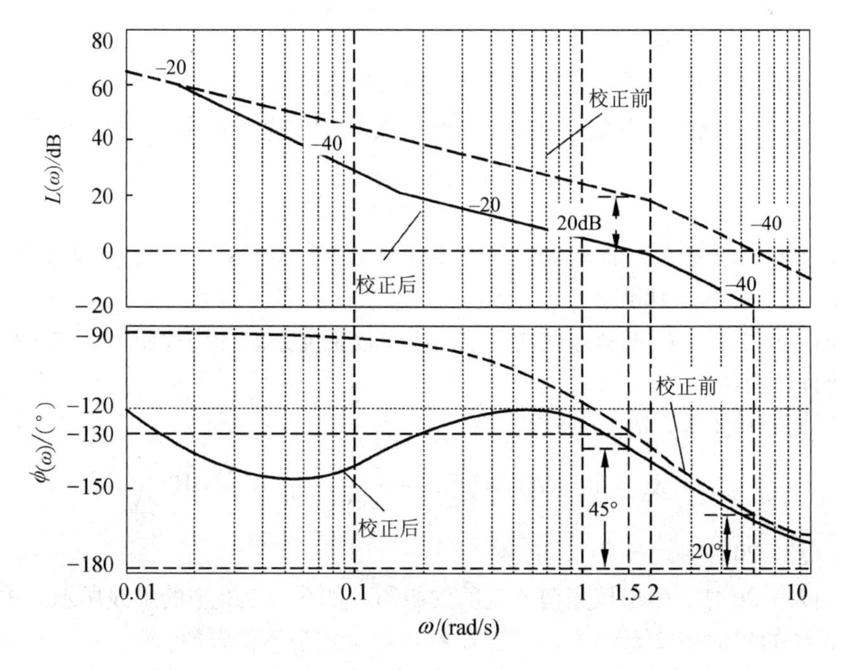

图 7.3.2　例 7.3.2 所示系统在滞后校正前后的伯德图

由例 7.3.2 可看出，滞后校正后系统的对数幅频特性在中频区的斜率也为 $-20\mathrm{dB/dec}$，并占据一定的频带宽度。另外，滞后网络的幅频衰减特性减小了幅值穿越频率，因此，与超前网络相比，滞后网络在满足稳态误差系数的同时，减小了系统的闭环带宽，从而会导致比较缓慢的瞬态响应。实际上，滞后网络是一种低通滤波器，它可使低频信号具有较高的增益，改善稳态性能，同时可以降低较高频率范围内的增益，改善相位裕度。

7.3.3 基于伯德图的滞后-超前校正

这种校正方法兼有滞后校正和超前校正的优点，既能使校正后系统的响应速度加快，超调量减小，又能抑制高频噪声。当校正前系统不稳定，且要求校正后系统具有较高的响应速度、相位裕度和稳态精度时，可以采用串联滞后-超前校正。采用滞后-超前校正的基本原理是利用其超前部分增大系统的相位裕度，同时利用其滞后部分来改善系统的相位裕度或稳态性能。

无源滞后-超前网络的传递函数如式（7.2.12）所示，现重新描述如下：

$$G_{\mathrm{c}}(s)=\frac{(1+T_{\alpha}s)(1+T_{\beta}s)}{\left(1+\dfrac{T_{\alpha}}{\alpha}s\right)(1+\alpha T_{\beta}s)} \tag{7.3.2}$$

式中，$\alpha>1$，$\dfrac{1+T_{\alpha}s}{1+\dfrac{T_{\alpha}}{\alpha}s}$ 为网络的超前部分，$\dfrac{1+T_{\beta}s}{1+\alpha T_{\beta}s}$ 为网络的滞后部分。

下面通过一个例题，说明滞后-超前网络的设计步骤。

例 7.3.3 已知一单位反馈控制系统，其开环传递函数为

$$G(s)=\frac{K}{s(s+1)(s+2)}$$

试设计校正网络，使系统的静态速度误差系数为 $10\mathrm{s}^{-1}$，相位裕度为 50°，增益裕度大于或等于 10dB。

解：第 1 步，根据稳态性能要求，画出校正前系统的伯德图，并求出校正前系统的相位裕度。

根据题目要求，$K_{\mathrm{v}}=10\mathrm{s}^{-1}$，有

$$K_{\mathrm{v}}=\lim_{s\to 0}sG(s)=\lim_{s\to 0}s\frac{K}{s(s+1)(s+2)}=\frac{K}{2}=10$$

于是，$K=20$。

当 $K=20$ 时，画出校正前系统的伯德图，如图 7.3.3 中的虚线所示。求出校正前系统的相位裕度为 −32°，这说明校正前系统是不稳定的。

第 2 步，选择校正后系统的幅值穿越频率。

从校正前 $G(\mathrm{j}\omega)$ 的相频特性曲线可以求出，当 $\omega = 1.5\mathrm{rad/s}$ 时，$\angle G(\mathrm{j}\omega) = -180°$。现在选择校正后系统的幅值穿越频率为 $1.5\mathrm{rad/s}$，这样根据题目要求，在 $\omega = 1.5\mathrm{rad/s}$ 处所需的相位超前量为 50°，因此采用一个单一的滞后-超前网络完全可以做到。

第 3 步，确定滞后-超前校正网络的相位滞后部分的转折频率。

选择相位滞后部分的转折频率 $\dfrac{1}{T_\beta}$（对应于校正网络相位滞后部分的零点）为校正后系统幅值穿越频率的 1/10，即

$$\frac{1}{T_\beta} = \frac{1.5}{10} = 0.15(\mathrm{rad/s})$$

第 4 步，由最大相位超前量 φ_m 确定参数 α。在超前网络中，最大相位超前量 φ_m 由式（7.2.4）确定。重写为

$$\sin\varphi_\mathrm{m} = \frac{\alpha - 1}{\alpha + 1}$$

当 $\alpha = 10$ 时，有 $\varphi_\mathrm{m} = 54.9°$。因为这里需要 50°的相位裕度，所以可选择 $\alpha = 10$。

于是，相位滞后部分的另一转折频率 $\dfrac{1}{\alpha T_\beta}$ 为 $0.015\mathrm{rad/s}$。滞后-超前网络相位滞后部分的传递函数为

$$\frac{1 + \dfrac{1}{0.15}s}{1 + \dfrac{1}{0.015}s} = \frac{1 + 6.67s}{1 + 66.7s}$$

第 5 步，确定滞后-超前网络相位超前部分的传递函数。

因为希望校正后系统的幅值穿越频率为 $\omega = 1.5\,\mathrm{rad/s}$，而由图 7.3.3 可知校正前的对数幅值在 $\omega = 1.5\mathrm{rad/s}$ 处为 13dB。因此，如果滞后-超前校正网络能够在 $\omega = 1.5\mathrm{rad/s}$ 上产生–13dB 的幅值，则 $\omega = 1.5\mathrm{rad/s}$ 将成为校正后系统的幅值穿越频率。根据这一要求，可以画出一条斜率为 $20\mathrm{dB/dec}$，且通过（$1.5\mathrm{rad/s}$，$-13\mathrm{dB}$）点的直线。该直线与 0dB 线及 –20dB 线的交点就是所要求的转折频率。于是，相位超前部分的转折频率分别为 $0.7\mathrm{rad/s}$ 和 $7\mathrm{rad/s}$。

因此，滞后-超前校正网络相位超前部分的传递函数为

$$\frac{1 + \dfrac{1}{0.7}s}{1 + \dfrac{1}{7}s} = \frac{1 + 1.43s}{1 + 0.143s}$$

将校正网络的滞后和超前部分的传递函数组合在一起，可以得到滞后-超前校正网络的传递函数为

$$G_c(s)=\left(\frac{1+1.43s}{1+0.143s}\right)\left(\frac{1+6.67s}{1+66.7s}\right)$$

该校正网络的伯德图如图 7.3.3 所示。校正后系统的传递函数为

$$G_c(s)G(s)=\frac{10(1+1.43s)(1+6.67s)}{s(1+0.143s)(1+66.7s)(1+s)(1+0.5s)}$$

其伯德图也绘制在图 7.3.3 中。由图可知，校正后系统的相位裕度为 50°，增益裕度为16dB，满足性能指标要求。

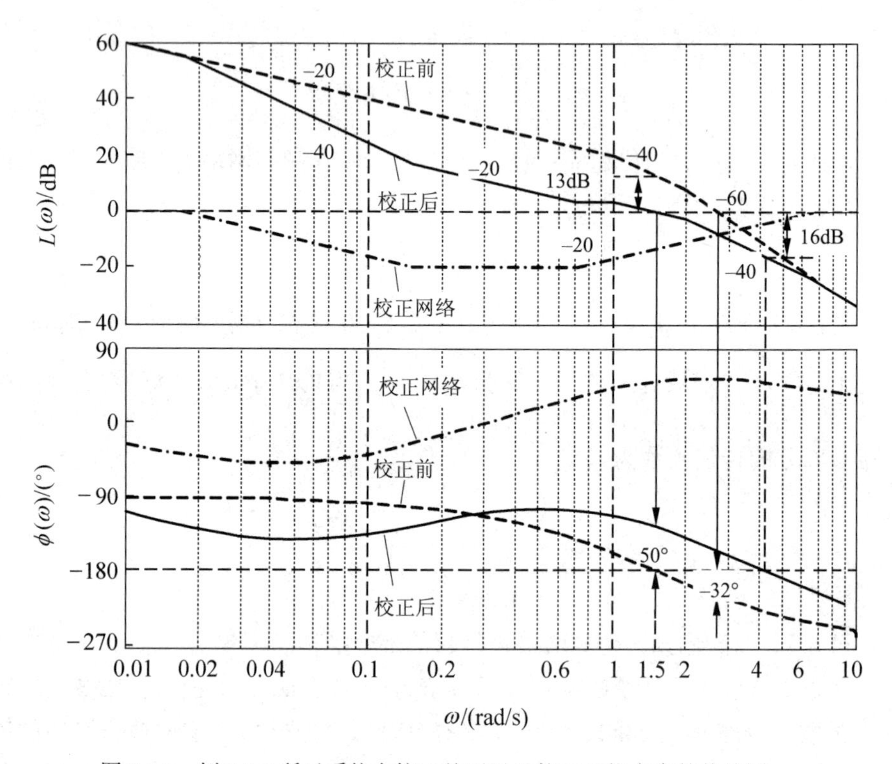

图 7.3.3 例 7.3.3 所示系统在校正前后以及校正网络自身的伯德图

7.3.4 超前、滞后和滞后-超前校正的比较

（1）超前校正利用其相位超前特性，获得系统所需要的相位超前量。滞后校正则是通过其高频衰减特性，使幅值穿越频率减小，借助于原系统在幅值穿越频率处的相位，获得系统所需要的相位裕度。

（2）超前校正通常用来改善稳定裕度，而滞后校正除了可以改善稳定裕度外，还可以提高稳态精度。

（3）超前校正比滞后校正提供更高的幅值穿越频率。比较高的幅值穿越频率

意味着比较大的带宽，从而意味着较短的调整时间。因此，如果希望系统的带宽较大，或者具有快速的响应特性时，应当采用超前校正。

（4）超前校正需要一个附加的增益增量，以抵消超前网络本身的增益衰减。这表明超前校正比滞后校正需要更大的增益。在大多数情况下，增益越大，意味着系统的体积和重量越大，成本也越高。此外，大增益会在系统中产生比较大的信号，从而可能导致系统饱和。

（5）滞后校正降低了系统在高频区的增益，但是并没有降低系统在低频区的增益。由于高频增益降低，系统的总增益可以增大，那么低频增益随之增加，从而可以改善系统的稳态精度。

（6）滞后校正减小了系统的带宽，因此会使系统具有较慢的响应速度，但系统中包含的任何高频噪声都可以得到衰减。

（7）滞后校正会在原点附近引进极、零点组合，这将会在瞬态响应中产生小振幅的长时间拖尾。

（8）如果既需要获得快速响应特性，又需要获得良好的稳态精度，则可以采用滞后-超前校正。通过应用滞后-超前校正，可以使系统的低频增益增大（这意味着改善了稳态精度），同时增大系统的带宽和稳定裕度。

虽然利用超前、滞后或滞后-超前校正装置可以完成大量的实际校正任务，但是对于复杂的系统，采用由这些校正装置组成的简单校正可能得不到满意的结果。因此，必须采用具有不同极、零点配置的各种不同的校正装置。

7.4　基于根轨迹的系统校正

7.4.1　增加零、极点对根轨迹的影响

由第 4 章的内容可知，根轨迹是当系统的某一参数（通常是增益）从零变到无穷大时，系统闭环极点变化的轨迹。而系统的稳定性、瞬态性能又都和系统的闭环极点位置有直接关系。因此，通过改变根轨迹的形状可使系统的闭环主导极点位于期望的位置，从而使系统获得满意的性能。

然而，有时只调整增益并不能获得满意的性能。实际上，在某些情况下，对于所有的增益值，系统可能都是不稳定的。因此，需要引进适当的校正装置来改变原来根轨迹的形状。下面就来讨论在系统中增加极、零点对根轨迹的影响。

1. 增加极点和零点的影响

根据第 4 章的 4.4.1 节中的分析可知，在开环传递函数中增加极点可以使根轨迹在 s 平面上向右方移动，从而降低系统的相对稳定性，增加系统响应的调整时间。

在开环传递函数中增加零点可以使根轨迹向左方移动，从而增加系统的稳定性，减小系统响应的调整时间。实际上，在前向通路传递函数中增加零点，意味着对系统增加微分控制，其效果是在系统中引进超前度，因此加快了瞬态响应。

2．增加开环偶极子对根轨迹的影响

偶极子是指相距很近（和其他零、极点相比）的一对极点和零点。由于这对零极点到根轨迹上任意一点的矢量近似相等，因此它们在幅值条件和相角条件中的作用相互抵消，几乎不会改变根轨迹的形状。也就是说，它们对系统的稳定性和瞬态性能几乎没有影响。但当这对偶极子靠近原点时，可以提高系统的开环增益，从而改善系统的稳态性能。证明过程如下。

设系统的开环传递函数为

$$G(s)=\frac{k_g\prod_{i=1}^{m}(s+z_i)}{s^v\prod_{j=1}^{n-v}(s+p_j)} \tag{7.4.1}$$

式中，k_g为根轨迹增益。为便于分析，将式（7.4.1）写成如下形式

$$G(s)=\frac{k_g\prod_{i=1}^{m}z_i\prod_{i=1}^{m}\left(1+\frac{1}{z_i}s\right)}{\left(\prod_{j=1}^{n-v}p_j\right)s^v\cdot\prod_{j=1}^{n-v}\left(1+\frac{1}{p_j}s\right)}=k'\frac{\prod_{i=1}^{m}(1+\tau_i s)}{s^v\prod_{j=1}^{n-v}(1+T_j s)} \tag{7.4.2}$$

式中，$\tau_i=\frac{1}{z_i}$，$T_j=\frac{1}{p_j}$，则

$$k'=k_g\cdot\frac{\prod_{i=1}^{m}z_i}{\prod_{j=1}^{n-v}p_j} \tag{7.4.3}$$

τ_i和T_j是时间常数，k'是系统的开环增益，它决定了系统稳态误差的大小。如果在原点附近增加一对开环负实偶极子$-z_c$和$-p_c$，且假定$z_c=10p_c$，则系统根轨迹增益k_g不变，但开环增益变为

$$k''=k_g\cdot\frac{\prod_{i=1}^{m}z_i}{\prod_{j=1}^{n-v}p_j}\cdot\frac{z_c}{p_c}=10k'$$

由此可知，开环增益提高了10倍。这表明，若在原点附近增加开环偶极子，且使$|z_c|>|p_c|$，可提高系统的开环增益，改善系统的稳态性能。

7.4.2　基于根轨迹的相位超前校正

利用根轨迹设计相位超前网络时，超前网络的传递函数可表示为

$$G_c(s)=\frac{s+z}{s+p} \tag{7.4.4}$$

其中，$|z|<|p|$，即超前网络的零点比极点更靠近原点。

在设计超前网络时，首先应根据系统期望的性能指标确定系统闭环主导极点的理想位置，然后通过选择校正网络的零、极点来改变根轨迹的形状，使理想的闭环主导极点位于校正后的根轨迹上。具体设计步骤如下：

（1）列出系统的性能指标，将其转换为主导极点的期望位置。

（2）画出校正前的根轨迹，检查期望的闭环主导极点是否位于校正前系统的根轨迹上。

（3）如果需要设计校正网络，那么直接在期望的闭环主导极点的位置下方（或在前两个实极点的左侧）增加一个相位超前网络的实零点。

（4）确定校正网络极点的位置，使期望的闭环主导极点位于校正后的根轨迹上。利用校正网络极点的相角，使得系统在期望的主导极点上满足根轨迹的相角条件。

（5）估计校正后系统在期望的闭环主导极点处的开环增益，计算稳态误差系数。

（6）如果稳态误差系数不满足要求，重复上述步骤。

这里应注意，在第（3）步中最好将超前网络的零点配置在原系统的第 2 个开环实极点的左侧附近，如图 7.4.1 所示，原因如下。

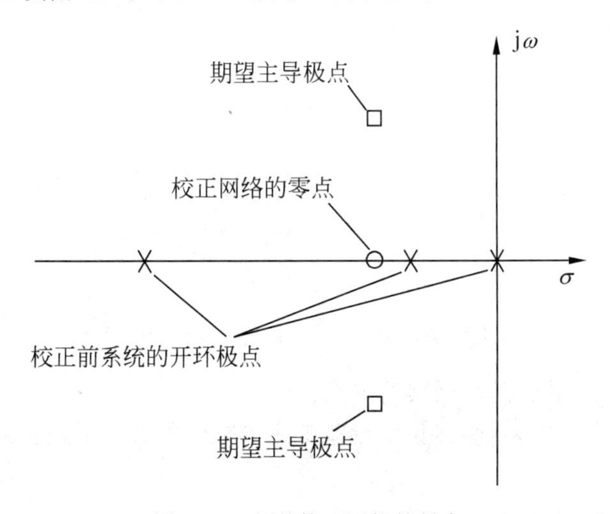

图 7.4.1　超前校正网络的零点

第一，这样做可以避免由于零点的引入改变期望的闭环主导极点的主导特性。如果将超前网络的零点配置在原系统的第2个开环实极点的右侧，那么在该零点的作用下，校正后的系统将具有一个比期望主导极点更靠近原点的闭环极点，从而会影响期望主导极点的主导特性。

第二，因为校正后系统的闭环零点与开环零点相同，所以这样配置校正网络的零点，可以使系统的闭环实极点和实零点更加靠近，从而使与实极点对应的部分分式的留数较小，减小校正网络实极点对系统响应的影响，并进一步保证期望主导极点的主导特性。

下面举例说明利用根轨迹设计相位超前网络的方法。

例 7.4.1 设单位反馈控制系统的开环传递函数为$G(s)=\dfrac{K}{s^2}$，试设计相位超前网络，使系统的调整时间小于4s（对于2%的误差带宽度），超调量不超过35%。

解：第1步，确定期望主导极点位置。

由题目给出的超调量，可得到阻尼系数$\zeta \geqslant 0.32$。而调整时间$T_\mathrm{s}=\dfrac{4}{\zeta\omega_\mathrm{n}}=4$，于是有$\zeta\omega_\mathrm{n}=1$。选择期望主导极点为

$$\gamma_1,\hat{\gamma}_1=-1\pm \mathrm{j}2$$

如图7.4.2所示。此时，$\zeta=0.45$满足题目要求。

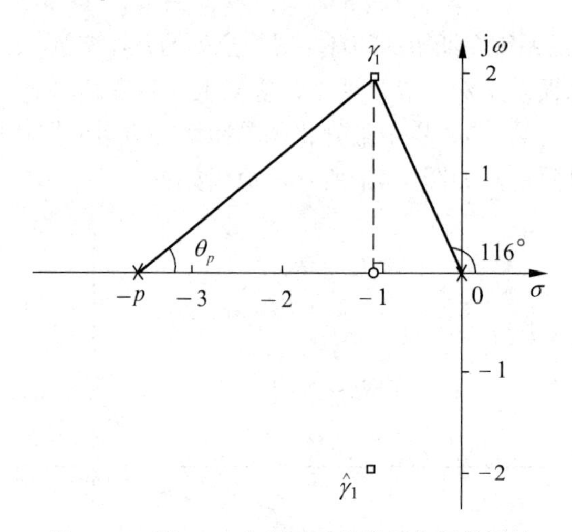

图7.4.2 例7.4.1中所示系统的相位超前设计

第2步，确定相位超前网络的零点。

选择超前网络的零点直接位于期望的主导极点下方，于是有$s=-z=-1$，如图7.4.2所示。

第3步，确定相位超前网络的极点。

为了让期望的主导极点位于校正后根轨迹上，超前网络的极点$-p$应产生一个

相角 θ_p，使得在期望的主导极点处满足根轨迹的相角条件，即

$$90° - 2\times116° - \theta_p = -180°$$

于是有 $\theta_p = 38°$。

在 s 平面上，通过期望主导极点做一条直线，使其与实轴正方向的夹角为 $\theta_p = 38°$，则该直线与实轴的交点 $s = -3.6$ 就是超前网络的极点，$-p = -3.6$，如图 7.4.2 所示。

于是，超前网络的传递函数为

$$G_c(s) = \frac{s+1}{s+3.6}$$

校正后系统的传递函数为

$$G_c(s)G(s) = \frac{k_g(s+1)}{s^2(s+3.6)}$$

由根轨迹的幅值条件可以得到在主导极点处的根轨迹增益为

$$k_g = 8.1$$

稳态加速度误差系数为

$$K_a = \frac{8.1}{3.6} = 2.25$$

系统校正前后的根轨迹如图 7.4.3 所示。系统的单位阶跃响应如图 7.4.4 所示。

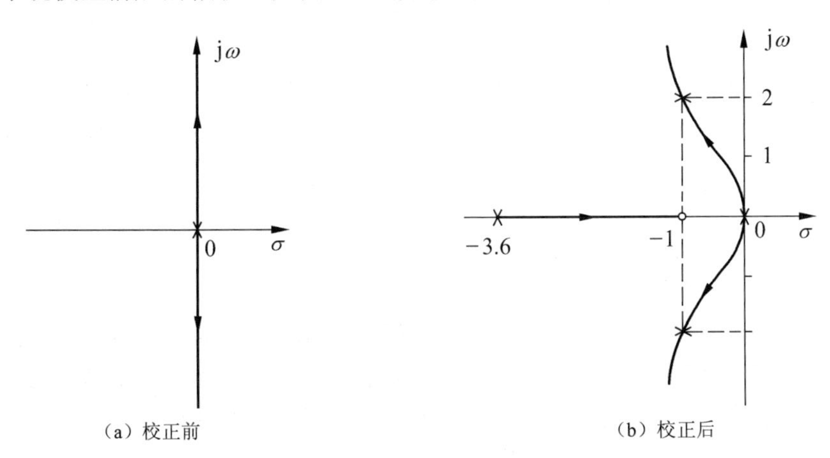

图 7.4.3　例 7.4.1 所示系统在校正前后的根轨迹

由图 7.4.4 可知，校正后系统的超调量为 46%，调整时间为 3.8s（2%的误差带宽度）。超调量与期望值的差别是由零点引起的。对于该例中的系统，校正后系统的性能指标是否满足要求，取决于闭环主导极点的主导特性，以及用无零点的二阶系统近似计算带零点的三阶系统的性能指标的有效性。为了使校正后系统的超调量达到 30%，可以利用前置滤波器（如图 7.1.1（c）所示），以抵消闭环传递

函数中零点的影响。

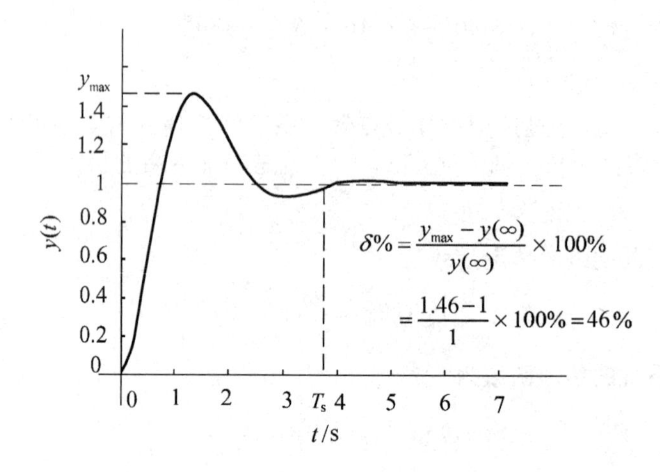

图 7.4.4　例 7.4.1 校正后系统的单位阶跃响应

值得注意的是，在第 2 步选择超前网络零点时，为了计算相角时方便，选择了 $-z=-1$。其实，只要能保证不影响期望主导极点的主导特性，也可选择其他值。例如可以选择 $-z=-2$。

7.4.3　基于根轨迹的相位滞后校正

当系统的稳态性能不满足要求，而期望的主导极点已经位于根轨迹上时，可采用增加开环偶极子的办法来增大开环增益。此时，校正网络的传递函数为

$$G_c(s)=\frac{s+z_c}{s+p_c},\quad |z_c|>|p_c|$$

这样的校正网络也称为滞后校正网络。

由于采用开环偶极子的目的是希望增大系统开环增益，而不希望改变根轨迹的形状，因此应配置偶极子的零点和极点相距很近，而且靠近原点。当偶极子的零点和极点到期望主导极点所构成向量之间的夹角小于 2°时，校正网络的极点和零点几乎重合在一起，从而不会显著影响期望主导极点的主导地位。

设计滞后校正网络的具体步骤如下：

（1）画出校正前系统的根轨迹。

（2）确定系统的瞬态性能指标，在校正前的根轨迹上确定满足这些性能指标的主导极点的位置。

（3）计算期望主导极点所对应的开环增益，以及系统的误差系数。

（4）将校正前系统的误差系数与期望的误差系数进行比较，计算需要由校正网络提供的增加量，此增加量可由校正偶极子的零、极点比值产生。

（5）确定偶极子的极点和零点的位置，使其既具有上面求出的比值，又基本不改变期望主导极点处的根轨迹。

例 7.4.2　重新考虑例 7.3.1 所示系统，其传递函数为 $G(s)=\dfrac{K}{s(s+2)}$，试设计相位滞后校正，使系统的速度误差系数为 20，闭环主导复数极点的阻尼系数 ζ 为 0.45。

解： 第 1 步，画出校正前系统的根轨迹，如图 7.4.5 所示。

第 2 步，确定期望的主导极点。由已知的阻尼系数 $\zeta=0.45$，可求出阻尼角 $\varphi=\arccos\zeta=63.26°$。过原点，以角度 $-63.26°$ 画直线，与校正前根轨迹的交点就是期望的闭环主导极点，如图 7.4.5 所示，期望的闭环主导极点为 $s=-1\pm \mathrm{j}2$。

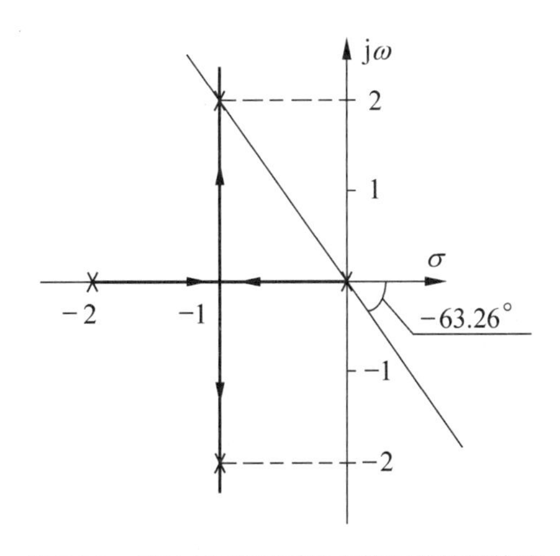

图 7.4.5　例 7.4.2 所示系统在校正前的根轨迹

第 3 步，根据偶极子应提供的开环增益的增加量，确定偶极子的零点和极点的位置。

由根轨迹的幅值条件，可求出系统在期望主导极点处的根轨迹增益为 $K=5$。于是，校正前系统的稳态速度误差系数为

$$K_{\mathrm{v}}=\frac{K}{2}=2.5$$

这样，偶极子的零点与极点的比值应为

$$\left|\frac{z_{\mathrm{c}}}{p_{\mathrm{c}}}\right|=\frac{20}{2.5}=8$$

可以取 $z_{\mathrm{c}}=0.1$，$p_{\mathrm{c}}=0.1/8$。此时，从 $-z_{\mathrm{c}}$ 和 $-p_{\mathrm{c}}$ 到期望主导极点的向量的角度之差大约为 1°。因此，$s=-1\pm \mathrm{j}2$ 仍是主导极点。

校正后系统的开环传递函数为

$$G_{\mathrm{c}}G = \frac{5(s+0.1)}{s(s+2)(s+0.0125)}$$

校正后的根轨迹如图 7.4.6 所示，单位阶跃响应如图 7.4.7 所示。此时系统的超调量为 25%，阻尼系数$\zeta = 0.4$，满足要求。

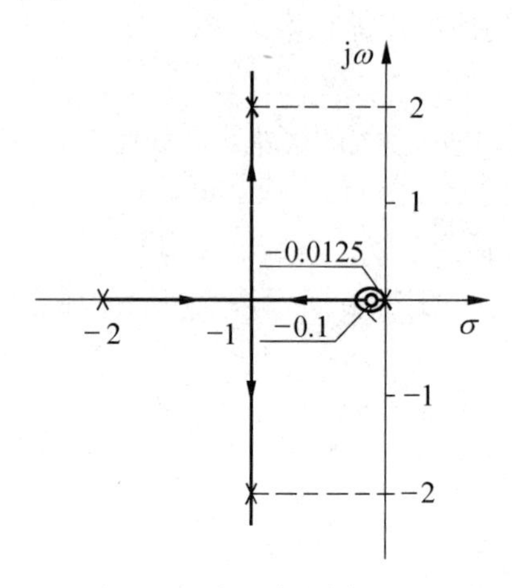

图 7.4.6　例 7.4.2 所示系统在校正后的根轨迹

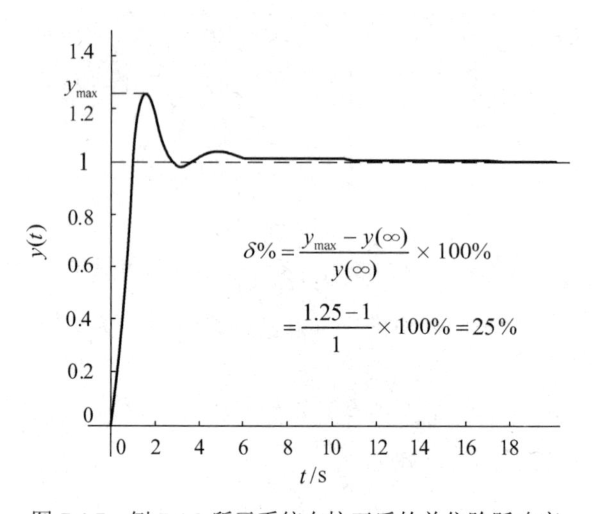

图 7.4.7　例 7.4.2 所示系统在校正后的单位阶跃响应

7.5　PID 控制器

PID 控制器因其能在各种不同的工作条件下保持较好的工作性能，以及结构简单、使用方便等优点，在工业过程控制中得到了广泛的应用。其传递函数为

$$G_{\mathrm{c}}(s) = k_{\mathrm{p}} + \frac{k_{\mathrm{i}}}{s} + k_{\mathrm{d}}s \tag{7.5.1}$$

它由比例控制、积分控制和微分控制组成。

7.5.1　比例控制器

比例控制器的传递函数为

$$G_{\rm c}(s)=k_{\rm p} \tag{7.5.2}$$

它的作用是调整系统的开环增益，提高系统的稳态精度，加快响应速度。

如图 7.5.1 所示的带有比例控制器的标准二阶系统，闭环传递函数为

$$\varPhi(s)=\frac{k_{\rm p}}{T^2s^2+2\zeta Ts+k_{\rm p}}=\frac{1}{\dfrac{T^2}{k_{\rm p}}s^2+\dfrac{2\zeta T}{k_{\rm p}}s+1}$$

此时，系统的时间常数和阻尼系数分别为

$$T'=\frac{T}{\sqrt{k_{\rm p}}}\quad,\quad \zeta'=\frac{\zeta}{\sqrt{k_{\rm p}}}$$

由此可见，当 $k_{\rm p}$ 增大时，时间常数和阻尼系数均减小。这意味着通过适当调整比例控制器参数，既可以提高系统的稳态性能，又可以加快瞬态响应速度。但仅用比例控制器校正系统是不够的，过大的开环增益不仅会使系统的超调量增大，而且会使系统的稳定裕度变小。对高阶系统来说，甚至会使系统变得不稳定。

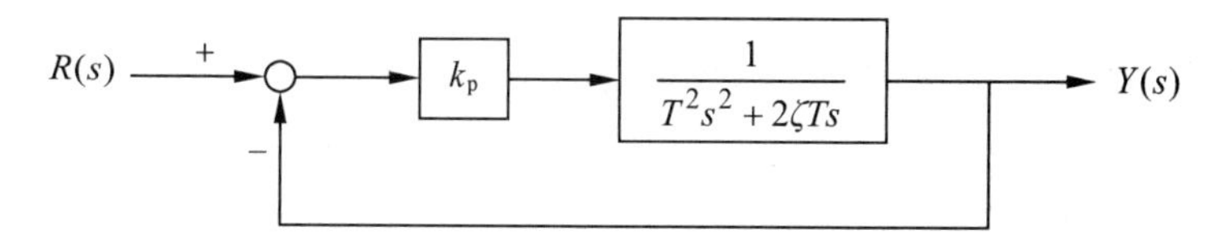

图 7.5.1　带有比例控制器的标准二阶系统

7.5.2　积分控制器

积分控制器的传递函数为

$$G_{\rm c}(s)=\frac{1}{T_{\rm i}s} \tag{7.5.3}$$

$T_{\rm i}$ 为积分时间常数，它的输出量是输入量 $e(t)$ 对时间的积分，即

$$y(t)=\frac{1}{T_i}\int_0^t e(\tau){\rm d}\tau \tag{7.5.4}$$

当输入信号 $e(t)$ 如图 7.5.2（a）所示时，积分器的输出信号 $y(t)$ 如图 7.5.2（b）所示。

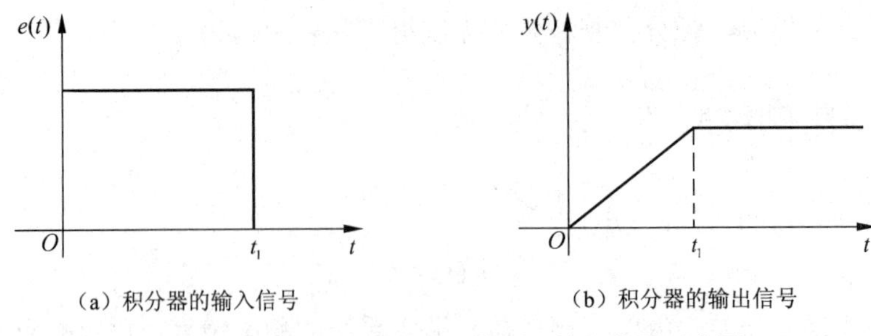

（a）积分器的输入信号　（b）积分器的输出信号

图 7.5.2　积分控制器的输入信号和输出信号示意图

由图 7.5.2 可知，积分控制器有对输入信号进行积累的作用，因此当输入信号为零时，积分控制仍然可以有不为零的输出。正是由于这一独特的作用，它可以用来消除稳态误差。

在控制系统中，采用积分器可以提高系统的型别，消除或减小系统的稳态误差，使系统的稳态性能得到改善。然而，积分控制器的引入会影响系统的稳定性。正如在第 3 章中提到的那样，在这类系统中，只有采用比例加积分控制器才有可能达到既保持系统的稳定性又提高系统的稳态性能的目的。此外，由于积分器是靠对误差的积累来消除稳态误差的，势必会使系统的反应速度降低。因此，积分控制器一般不单独使用，而是和比例控制器一起构成比例积分控制器。

7.5.3　比例积分控制器

比例积分（PI）控制器是一种滞后校正装置。其传递函数为

$$G_c(s)=k_p\left(1+\frac{1}{T_i s}\right) \tag{7.5.5}$$

当 $k_p=1$ 时，$G_c(s)$ 的伯德图如图 7.5.3 所示。由图可见，PI 控制器在零频率处具有无穷大增益，因而改善了系统稳态性能。同时，由于对系统中频和高频特性的影响较小，使系统能基本保持原来的响应速度和稳定裕度。

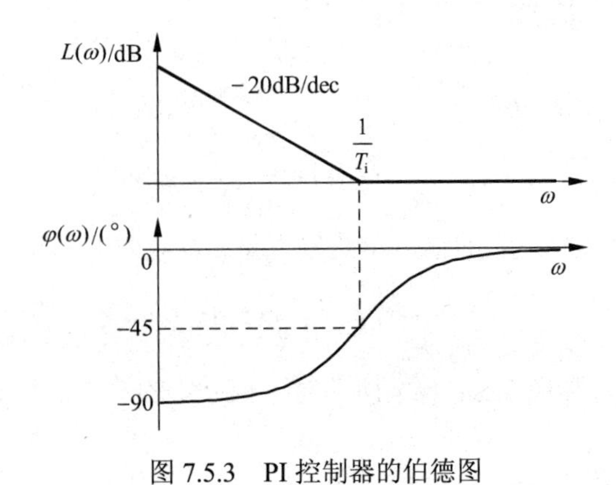

图 7.5.3　PI 控制器的伯德图

7.5.4　比例微分控制器

比例微分（PD）控制器是超前校正装置的一种简化形式。其传递函数为

$$G_c(s) = k_p(1 + T_d s) \tag{7.5.6}$$

当 $k_p = 1$ 时，$G_c(s)$ 的伯德图如图 7.5.4 所示。

从图 7.5.4 中可看出，只要适当地选取微分时间常数，就可以利用 PD 控制器提供的相位超前，使系统的相位裕度增大。而且，由于校正后系统的幅值穿越频率 ω_c 增大，系统的响应速度会变快。然而，当频率 $\omega > 1/T_d$ 时，虽然相位裕度可以增大，但是校正装置的幅值也在继续增加。这种幅值的增加并不是所希望的，因为它放大了可能存在于系统内部的高频噪声。从这个意义上讲，7.2.1 节所介绍的超前校正优于 PD 控制，它可以在提供超前相位的同时，将在高频区的幅值增加量保持在一定范围内。

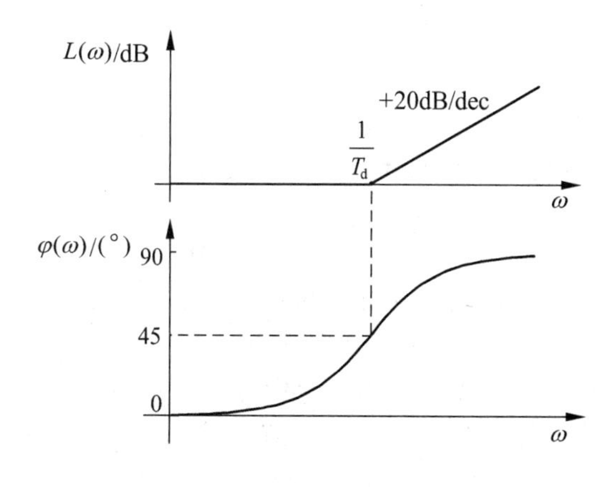

图 7.5.4　PD 控制器的伯德图

7.5.5　比例积分微分控制器

比例积分微分（PID）控制器是一种滞后-超前校正装置，是 PI 控制器和 PD 控制器的组合，其传递函数为

$$G_c(s) = k_p\left(1 + \frac{1}{T_i s} + T_d s\right) \tag{7.5.7}$$

当 $k_p = 1$ 时，伯德图如图 7.5.5 所示。

由图 7.5.5 可看出，在低频区，主要是 PI 控制器起作用，用以提高系统型别，消除或减小稳态误差；在中、高频区，主要是 PD 控制器起作用，用以增大幅值穿越频率和相位裕度，提高系统的响应速度。因此，PID 控制器可以全面地提高

系统的性能。

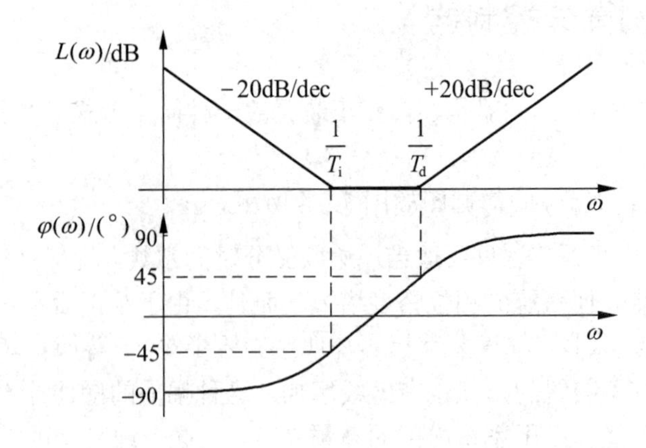

图 7.5.5 PID 控制器的伯德图

习题

基础型

7.1 某单位反馈控制系统的开环传递函数为

$$G(s)=\frac{k}{(s+2)(s+3)}$$

其中 $k=20$。若增加一滞后-超前校正装置

$$G_c(s)=\frac{(s+0.15)(s+0.7)}{(s+0.015)(s+7)}$$

试证明校正后系统的增益裕度是 24dB，相位裕度是 75°。

7.2 某单位反馈控制系统的开环传递函数为

$$G(s)=\frac{k}{s(s+2)(s+4)}$$

若希望闭环主导极点对应的 $\omega_n=3$，$\zeta=0.5$，且 $k_v=2.7$。试证明所需校正装置为

$$G_c(s)=\frac{7.53(s+2.2)}{s+16.4}$$

并确定 k 的值。

7.3 某单位反馈控制系统的开环传递函数为

$$G(s)=\frac{2.5}{s(1+s)(0.25s+1)}$$

为使系统具有 40° 的相位裕度，试确定：

（1）串联相位超前校正装置；

（2）串联相位滞后校正装置；

（3）串联相位滞后-超前校正装置。

7.4　传统双翼飞机的方向控制系统的方块图如图 E7.1 所示。

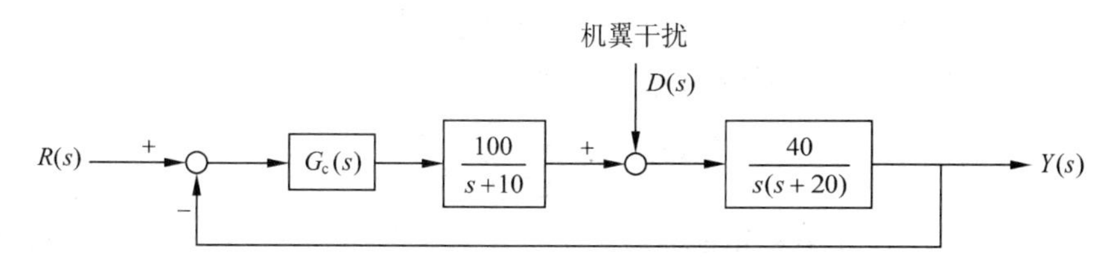

图 E7.1　双翼飞机方向控制系统的方块图

（1）当 $G_c(s)=k$ ，$D(s)=\dfrac{1}{s}$ 时，确定最小的增益 k 值，使单位阶跃干扰的稳态影响小于或等于单位阶跃响应的 5%；

（2）确定当系统采用问题（1）求出的增益时的稳定性；

（3）设计一级相位超前校正网络，使系统的相位裕度为 30°；

（4）设计二级相位超前校正网络，使系统的相位裕度为 55°；

（5）比较（3）和（4）两种系统的带宽。

7.5　登月舱的姿态控制系统由登月舱校正网络和执行机构组成，如图 E7.2 所示，其中忽略了登月舱自身的阻尼。试选择合适的开环增益，并用根轨迹法设计超前校正网络，使系统的阻尼系数为 $\zeta=0.6$ ，调整时间小于 2.5s（取误差带宽度 $\Delta=2$ ）。

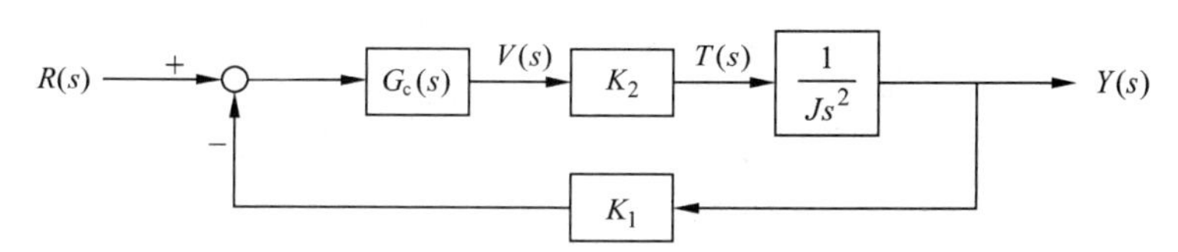

图 E7.2　登月舱姿态控制系统的方块图

7.6　NASA 打算操纵机器人建立一个永久性的月球工作站。在夹持工具的位置控制系统中，

$$H(s)=1$$

$$G(s)=\frac{3}{s(s+1)(0.5s+1)}$$

试确定滞后校正网络 $G_c(s)$ ，使得系统相位裕度为 45°。

7.7　某单位反馈控制系统的开环传递函数为

$$G(s)=\frac{k_g}{s(s+1)(s+5)}$$

试用根轨迹法设计串联相位超前校正装置，使系统满足最大超调量小于5%，调整时间小于5s。

7.8　对于图E7.3所示系统，为使其闭环主导极点位于$-2\pm j3$，速度误差系数$K_v=20$，试用根轨迹法设计串联相位滞后校正装置。

7.9　某单位反馈控制系统的开环传递函数为

$$G(s)=\frac{4.19}{s(s+1)(s+5)}$$

试用根轨迹法设计串联相位滞后网络，使系统的稳态速度误差系数为8.4。

7.10　某单位反馈控制系统的开环传递函数为

$$G(s)=\frac{k}{(s+3)^2}$$

试设计相位滞后网络，使系统对阶跃输入的稳态误差为 4%，相位裕度约为45°。

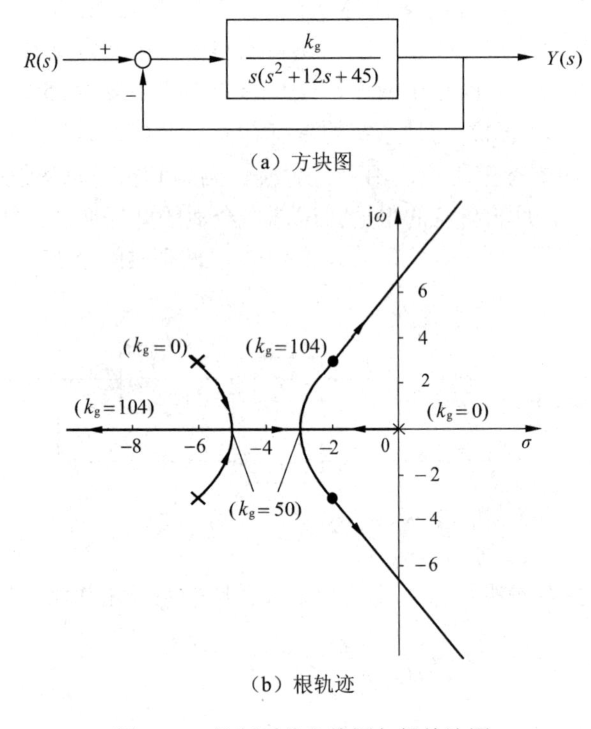

图E7.3　控制系统方块图与根轨迹图

综合型

7.11　对于图E7.4所示的某控制系统方块图，若希望通过反馈校正使系统的相位裕度$\gamma=50°$，试确定反馈校正参数α。

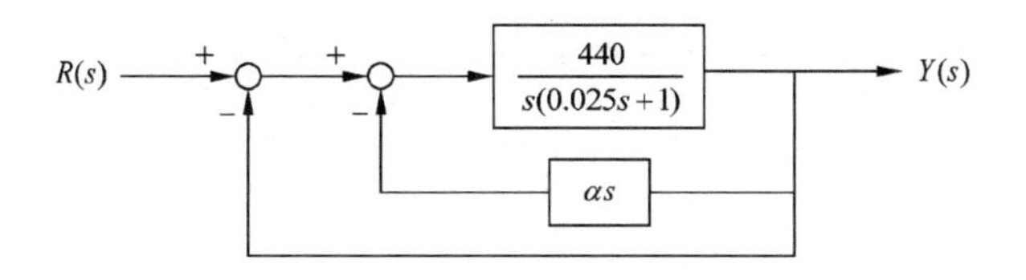

图 E7.4　某控制系统方块图

7.12　某控制系统的结构如图 E7.5 所示，欲通过测速反馈使闭环系统满足如下性能指标：

（1）静态速度误差系数 $K_v \geqslant 5\text{s}^{-1}$；

（2）闭环系统阻尼系数 $\zeta = 0.5$；

（3）调整时间 $t_s \leqslant 3\text{s}$。

试确定前置放大器增益 K_1 及测速反馈系数 K_2。

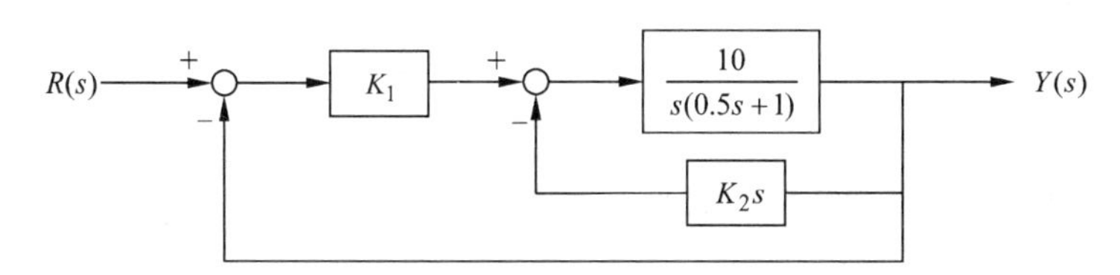

图 E7.5　控制系统方块图

7.13　已知某旋转翼飞机处于直升机模式时的姿态控制系统如图 E7.6 所示。

（1）确定 $K=100$ 时系统的频率响应；

（2）估算系统的增益裕度和相位裕度；

（3）在 $K>100$ 的范围内选择 K 的值，使系统的相位裕度为 40°；

（4）利用（3）中所取的 K 值，计算系统的时间响应 $y(t)$。

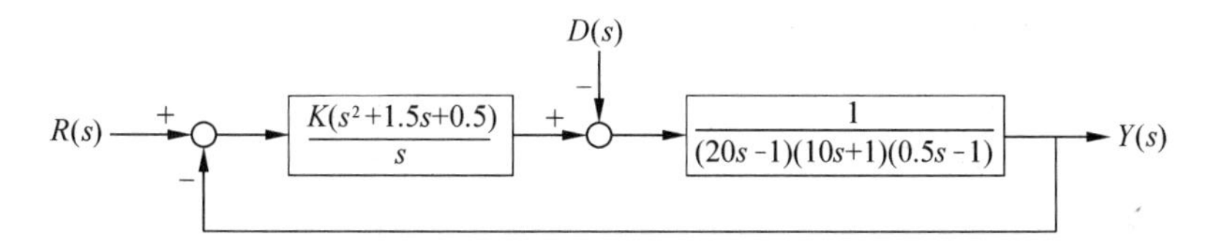

图 E7.6　旋转翼飞机的姿态控制系统

7.14　已知某控制系统的结构如图 E7.7（a）所示，其中的 $G_p(s)$ 为最小相位被控对象，其对数幅频渐近特性曲线如图 E7.7（b）所示；$G_c(s)$ 为最小相位校正装置，其极坐标图如图 E7.7（c）所示。

（1）求传递函数 $G_p(s)$，计算校正前的相位裕度；

（2）求传递函数 $G_c(s)$，指出校正装置 $G_c(s)$的名称；

（3）说明 $G_c(s)$在系统中的作用。

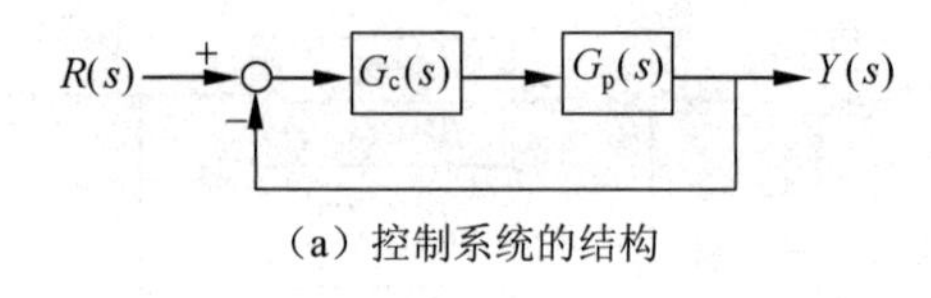

（a）控制系统的结构

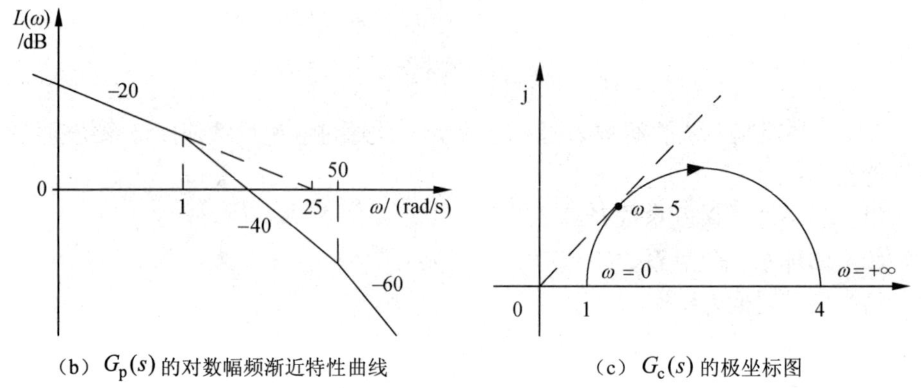

（b）$G_p(s)$ 的对数幅频渐近特性曲线　　（c）$G_c(s)$ 的极坐标图

图 E7.7　控制系统的结构和频率特性

7.15　已知某控制系统具有图 E7.7（a）所示结构，其中的 $G_p(s)$为最小相位被控对象，其对数幅频渐近特性曲线如图 E7.8（a）所示；校正装置 $G_c(s)$对应的电网络如图 E7.8（b）所示。

（1）求传递函数 $G_p(s)$和 $G_c(s)$；

（2）在图 E7.8（a）中补全校正后系统的开环对数幅频渐近特性曲线；

（3）计算比较校正前后的相位裕度和开环放大系数，说明校正环节 $G_c(s)$ 的主要作用。

7.16　已知某最小相位控制系统的开环对数幅频渐近特性曲线如图 E7.9 所示。

（1）确定系统的开环传递函数；

（2）求系统的相位裕度；

（3）若希望在基本不影响系统动态性能的前提下，将其速度误差系数提高 5 倍，请给出串联校正方案（包括校正装置名称和设计思路）。

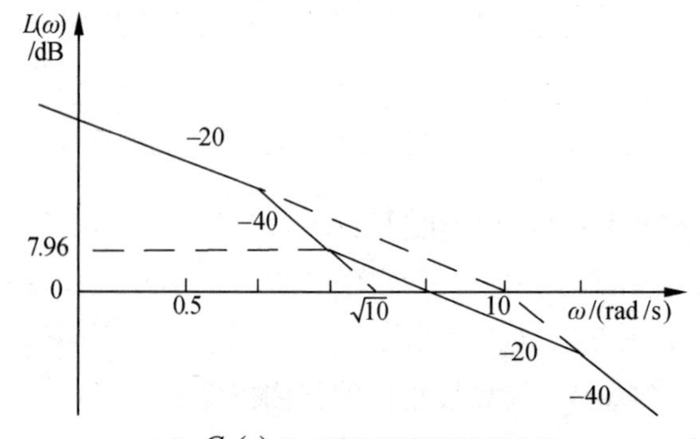

（a）$G_p(s)$ 的对数幅频渐近特性曲线

图 E7.8　控制系统的频率特性和电网络

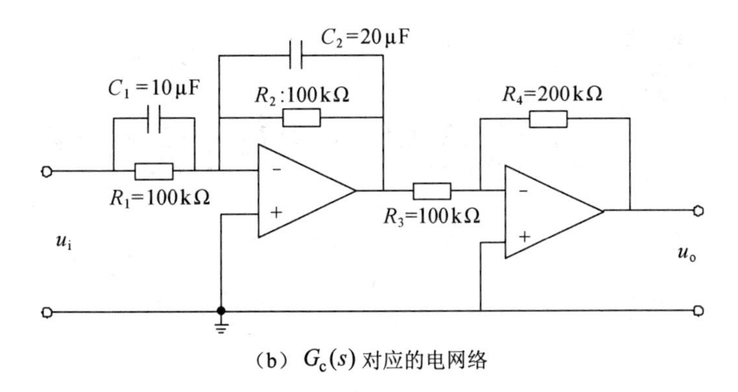

（b） $G_c(s)$ 对应的电网络

图 E7.8（续）

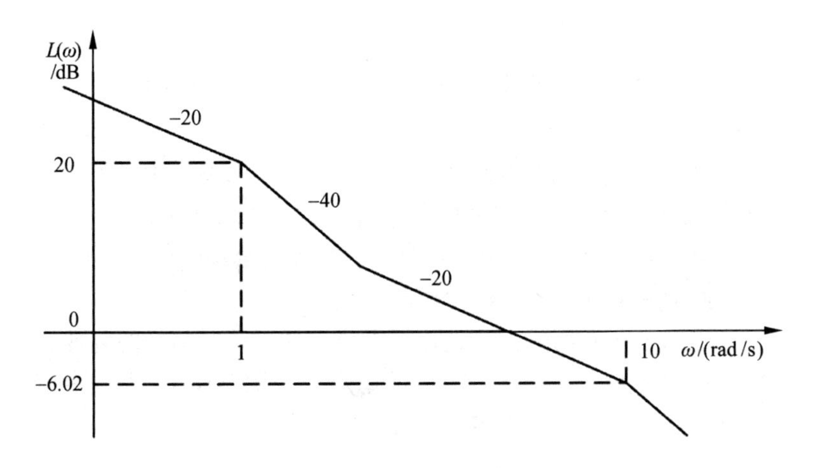

图 E7.9　控制系统的开环对数幅频渐近特性曲线

第 8 章

线性离散控制系统分析

8.1 引言

近年来，随着数字计算机、微处理器的迅速发展和广泛应用，数字控制器在许多场合已经逐步取代了模拟控制器。由于数字控制器接收、处理和传送的都是离散的数字信号，所以相应的系统称为离散控制系统。与连续控制系统相比，离散控制系统具有独特的性能，也有其特有的处理方法。这类方法是在 z 变换理论基础上，把连续系统中的一些概念和方法推广到线性离散系统。

本章主要介绍采样的过程、采样定理、采样信号的复现、z 变换、脉冲传递函数、采样控制系统的稳定性、稳态误差和瞬态响应等采样控制系统分析的基础内容。

8.2 信号的采样

8.2.1 采样过程

图 8.2.1 是一个典型的采样控制系统。通常，测量元件、执行元件和被控对象的输入和输出都是连续信号；而脉冲控制器的输入和输出都为脉冲序列，这类时间上离散而幅度上连续的信号称为离散信号。采样控制系统首先对连续的偏差信号 $e(t)$ 进行采样，然后通过模拟-数字转换器把采样脉冲变成数字信号送给数字计算机，数字计算机根据这些数字信息按预定的控制规律进行运算，最后通过数字-模拟转换器及保持器把运算结果转换成模拟量 $u(t)$去控制被控对象。图中信号 $e(t)$为连续的误差信号，经过采样周期为 T 的采样开关之后，变为一组脉冲序列 $e^*(t)$ 。脉冲控制器对采样误差信号进行处理后，再经过保持器

转换为连续信号 $u(t)$ 去控制被控对象。$e^*(t)$ 和 $u^*(t)$ 为离散信号。

在图 8.2.1 的控制系统中，系统前向通道的偏差信号首先通过采样器转化为采样序列，而后进入后面的脉冲控制器中进行处理。下面根据信号的流向，逐步对采样控制系统进行分析。

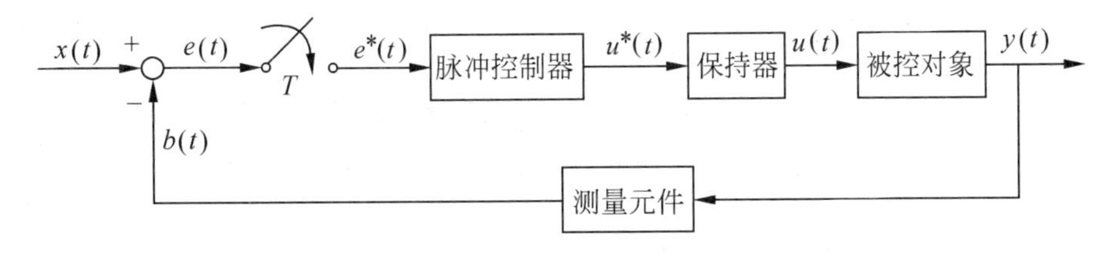

图 8.2.1 采样控制系统

为了对采样系统进行定量研究，需要用数学形式来描述信号的采样和复现过程。将连续信号转换成脉冲信号的过程称为采样，实现采样过程的装置称为采样器。图 8.2.2 为采样过程的示意图。采样器的采样开关 S 每隔一个周期 T 闭合一次，闭合持续时间为 τ（$\tau<<T$）之后每隔一个周期重复一次。采样器的输入 $e(t)$ 为连续信号，输出 $e^*(t)$ 为宽度为 τ 的调幅脉冲序列，如图 8.2.2（c）所示。

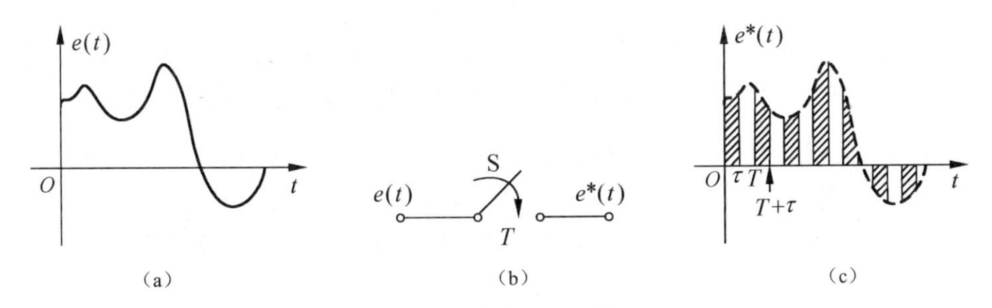

图 8.2.2 采样过程示意图

由于采样器的闭合时间 τ 一般远小于采样周期 T，同时也远小于系统各环节的最大时间常数，因此，在分析采样控制系统时，可以认为 $\tau=0$。在这种情况下，采样器就可以用一个理想采样器来代替，采样过程可以看作一个幅值调制过程。理想采样器相当于一个载波为 $\delta_T(t)$ 的幅值调制器，如图 8.2.3（b）所示，其中 $\delta_T(t)$ 为理想单位脉冲序列。图 8.2.3（c）为理想采样器的输出信号 $e^*(t)$，可以看作是理想单位脉冲 $\delta_T(t)$ 被图 8.2.3（a）所示的连续输入信号 $e(t)$ 进行幅值调制的结果，即

$$e^*(t)=e(t)\delta_T(t) \tag{8.2.1}$$

理想的单位脉冲序列 $\delta_T(t)$ 可以表示为

$$\delta_T(t)=\sum_{k=0}^{\infty}\delta(t-kT) \tag{8.2.2}$$

其中

$$\delta(t-kT)=\begin{cases}1, & t=kT\\0, & t\neq kT\end{cases}\qquad k=0，1，2，\cdots \tag{8.2.3}$$

这里，假设当 $t<0$ 时，$e(t)=0$，这在实际的控制系统中通常都能满足。将式（8.2.2）代入式（8.2.1），采样器的输出信号 $e^*(t)$ 可以表示为

$$e^*(t)=e(t)\sum_{k=0}^{\infty}\delta(t-kT),\quad k=0，1，2，\cdots \tag{8.2.4}$$

因为 $e(t)$ 仅在采样时刻有意义，所以式（8.2.4）可以改写为

$$e^*(t)=\sum_{k=0}^{\infty}e(kT)\delta(t-kT),\quad k=0，1，2，\cdots \tag{8.2.5}$$

对式（8.2.5）两边取拉普拉斯变换，得到采样信号的拉普拉斯变换形式为

$$E^*(s)=\sum_{k=0}^{\infty}e(kT)\,\mathrm{e}^{-kTs}$$

在上述采样过程中，采样间隔的存在使得连续信号中的信息出现了损失，那么如何才能尽量减少信息损失呢？下面就来讨论处理该问题的采样定理。

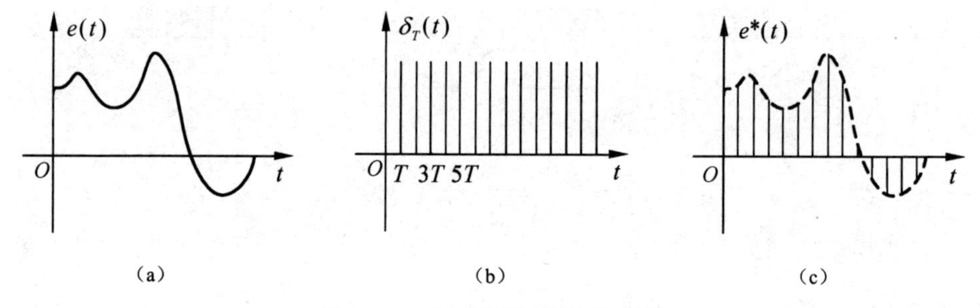

图 8.2.3　理想采样过程的示意图

8.2.2　采样定理

由于采样信号的信息并不等于连续信号的全部信息，所以采样信号的频谱与连续信号的频谱相比，会发生一定的变化。研究采样信号的频谱，就可以找出两者之间的关系。

设连续信号 $e(t)$ 的频谱 $E(\mathrm{j}\omega)$ 为有限带宽，其最大频率为 $\omega_{\max}$，如图 8.2.4（a）所示，可以按照如下过程将其展开成傅里叶级数形式：

$$\delta_T(t)=\sum_{k=-\infty}^{\infty}C_k\mathrm{e}^{\mathrm{j}k\omega_s t} \tag{8.2.6}$$

式中，$\omega_s=2\pi/T$ 为采样（角）频率，C_k 为傅里叶系数，即

$$C_k=\frac{1}{T}\int_{-T/2}^{T/2}\delta_T(t)\mathrm{e}^{-\mathrm{j}k\omega_s t}\,\mathrm{d}t \tag{8.2.7}$$

由式（8.2.1）和式（8.2.2）可知，在区间$[-T/2,\ T/2]$中，$\delta_T(t)$ 仅在 $t=0$ 处等于 1，其余都等于零，所以有

$$C_k=\frac{1}{T}\int_{-T/2}^{T/2}\delta_T(t)\,\mathrm{d}t=\frac{1}{T} \tag{8.2.8}$$

将式（8.2.8）代入式（8.2.6），得

$$\delta_T(t)=\frac{1}{T}\sum_{k=-\infty}^{\infty}\mathrm{e}^{\mathrm{j}k\omega_s t} \tag{8.2.9}$$

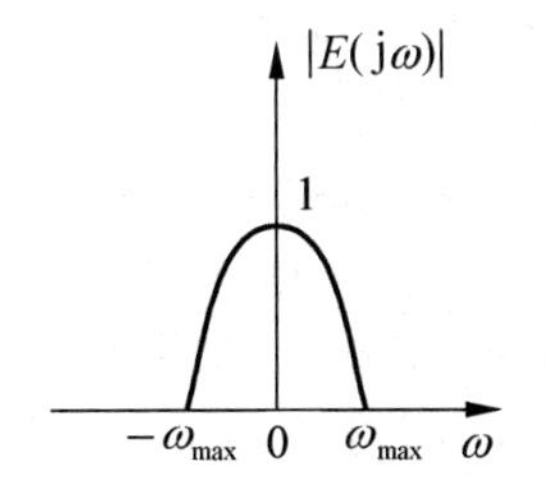

（a）连续信号频谱

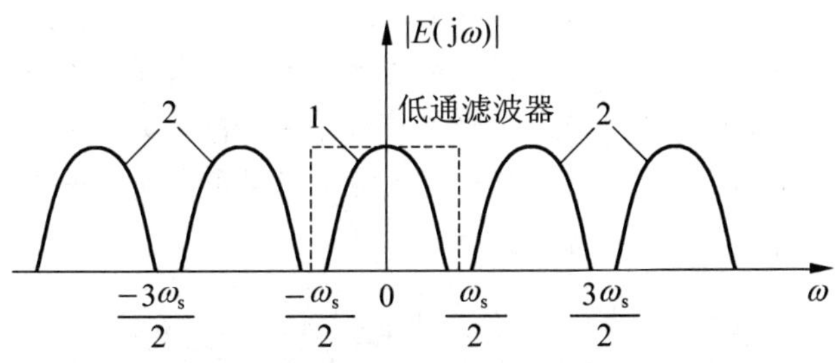

（b）采样信号频谱 $\omega_s>2\omega_{max}$

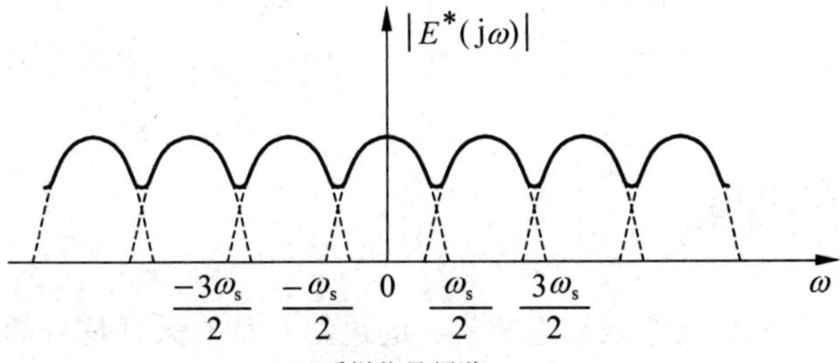

（c）采样信号频谱 $\omega_s<2\omega_{max}$

图 8.2.4　采样前后的信号频谱

再将式（8.2.9）代入式（8.2.1），可得

$$e^*(t)=\frac{1}{T}\sum_{k=-\infty}^{\infty}e(t)\mathrm{e}^{\mathrm{j}k\omega_s t} \tag{8.2.10}$$

对式（8.2.10）两边取拉普拉斯变换，并由拉普拉斯变换的复数位移定理可推出

$$E^*(s)=\frac{1}{T}\sum_{k=-\infty}^{\infty}E(s+\mathrm{j}k\omega_s) \tag{8.2.11}$$

式（8.2.11）显示了理想采样器在频域中的特点。如果 $E^*(s)$ 在 s 右半平面没有极点，则可令 $s=\mathrm{j}\omega$，得到采样器的输出信号 $e^*(t)$ 的傅里叶变换为

$$E^*(\mathrm{j}\omega)=\frac{1}{T}\sum_{k=-\infty}^{\infty}E[\mathrm{j}(\omega+k\omega_s)] \tag{8.2.12}$$

式中，$E(\mathrm{j}\omega)$ 为连续信号 $e(t)$ 的傅里叶变换。

从式（8.2.12）中可以看出，采样器输出信号的频谱 $E^*(\mathrm{j}\omega)$ 是以采样（角）频率 ω_s 为周期的无穷多个频谱之和，如图 8.2.4（b）所示。其中，$k=0$ 部分称为采样频谱的主分量，如图 8.2.4（b）中的曲线 1 所示，它与连续信号的频谱 $E(\mathrm{j}\omega)$ 的形状一致，幅度上改变了 $1/T$ 倍；$k\neq 0$ 的频谱分量都是采样过程中引进的高频分量，称为采样频谱的补分量，如图 8.2.4（b）中的曲线 2 所示。

比较图 8.2.4（b）和（c）可以看出，如果 $\omega_s>2\omega_{max}$，则采样器输出信号的频谱 $E^*(\mathrm{j}\omega)$ 的各频谱分量彼此不会重叠，连续信号的频谱 $E(\mathrm{j}\omega)$ 可完整地保存下来。这样，通过一个如图 8.2.4（b）中虚线所示的理想低通滤波器，滤除所有高频分量后，就能复现出原连续信号 $e(t)$。反之，如果 $\omega_s<2\omega_{max}$，则采样器输出信号的频谱 $E^*(\mathrm{j}\omega)$ 的各频谱分量彼此重叠在一起，无法完整保留连续信号的频谱 $E(\mathrm{j}\omega)$，因而也就不可能复现出原来的连续信号 $e(t)$，如图 8.2.4（c）中所示。

由此可知，要想使采样信号能够复现出原来的连续信号，采样频率 ω_s 和连续信号的最高频率 ω_{max} 之间的关系必须满足

$$\omega_s>2\omega_{max}$$

这就是香农（Shannon）采样定理，它是分析和设计采样控制系统的理论基础。应当指出，香农采样定理只是给出了一个选择采样周期或采样频率的指导原则，它给出的是由采样脉冲序列无失真地再现原连续信号所允许的最大采样周期（最低采样频率）。

8.3 信号的保持

从采样信号中恢复出原来的连续信号的过程，称为采样信号的复现。复现的方法之一就是根据信号的定值外推理论，使用保持器对采样信号进行处理。本节主要介绍零阶和一阶保持器。

8.3.1　零阶保持器

零阶保持器是一类相对简单、实用的信号复现元件，其作用是：使采样信号每一个采样瞬间的采样值一直保持到下一个采样瞬间，从而使采样信号变成阶梯信号。其在每一个采样区间内的值均为常数，且导数为零，这也是零阶保持器的名称由来。零阶保持器的数学表达式为

$$e(kT+\Delta t)=e(kT)\,,\qquad 0\leqslant \Delta t<T \tag{8.3.1}$$

式（8.3.1）表明，零阶保持器是一种按常值外推的保持器。它把前一个采样时刻 kT 的采样值 $e(kT)$ 一直保持到下一个采样时刻 $(k+1)T$，从而把采样信号 $e^*(t)$ 变成了阶梯信号 $e_{\mathrm{h}}(t)$，如图 8.3.1（c）所示。

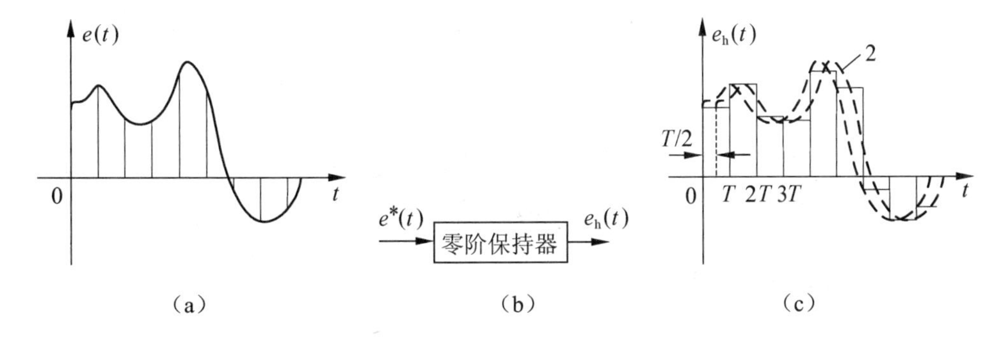

图 8.3.1　零阶保持器的输入输出波形

如果把阶梯信号 $e_{\mathrm{h}}(t)$ 在各区间的中点连接起来，如图 8.3.1（c）中的虚线 2 所示，可得到一条和连续信号 $e(t)$ 曲线形状一致而在时间上滞后的曲线 $e(t-T/2)$。这个滞后时间等于采样周期的一半，即 $T/2$。但相对于一阶保持器而言，零阶保持器的相位滞后较小一些。另外，由于零阶保持器的输出信号是阶梯形的，它包含着高次谐波，与理想复现的连续信号还是有区别的。

零阶保持器的传递函数为

$$G_{\mathrm{h}}(s)=\frac{1-\mathrm{e}^{-Ts}}{s} \tag{8.3.2}$$

在式（8.3.2）中，令 $s=\mathrm{j}\omega$，可以得到零阶保持器的频率特性为

$$G_{\mathrm{h}}(\mathrm{j}\omega)=\frac{1-\mathrm{e}^{-\mathrm{j}\omega T}}{\mathrm{j}\omega}=\frac{\mathrm{e}^{-\frac{1}{2}\mathrm{j}\omega T}\left(\mathrm{e}^{\frac{1}{2}\mathrm{j}\omega T}-\mathrm{e}^{-\frac{1}{2}\mathrm{j}\omega T}\right)}{\mathrm{j}\omega}=T\cdot\frac{\sin(\omega T/2)}{\omega T/2}\cdot\mathrm{e}^{-\frac{1}{2}\mathrm{j}\omega T} \tag{8.3.3}$$

因采样频率 $\omega_{\mathrm{s}}=2\pi/T$，则式（8.3.3）可以表示为

$$G_{\mathrm{h}}(\mathrm{j}\omega)=\frac{2\pi}{\omega_{\mathrm{s}}}\cdot\frac{\sin(\pi\omega/\omega_{\mathrm{s}})}{\pi\omega/\omega_{\mathrm{s}}}\cdot\mathrm{e}^{-\frac{1}{2}\mathrm{j}\pi(\omega/\omega_{s})} \tag{8.3.4}$$

零阶保持器的幅频特性和相频特性如图 8.3.2 所示。从图中可以看出，零阶保持器的幅值随频率的增加而衰减，具有低通滤波特性。只是零阶保持器除了允许采样信号的主频分量通过外，还允许部分高频分量通过，因此由零阶保持器复现的连续信号 $e_h(t)$ 和原连续信号 $e(t)$ 有一定差别。

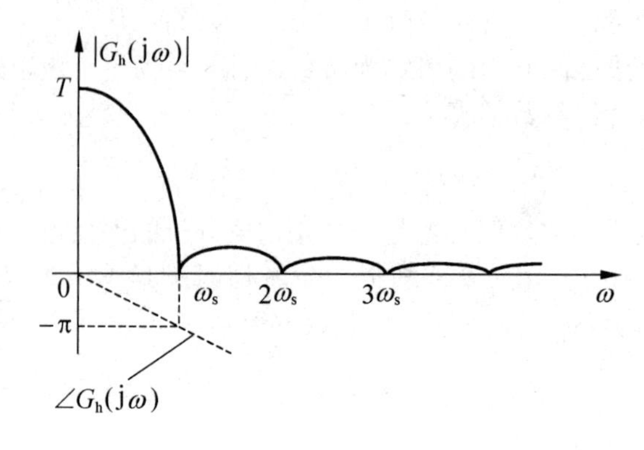

图 8.3.2　零阶保持器的幅频特性和相频特性

总之，零阶保持器相对于其他类型的保持器具有容易实现及滞后时间小等优点，是在数字控制系统中应用最广泛的一种保持器。

8.3.2　一阶保持器

一阶保持器是一种基于两个采样值 $e(kT)$ 和 $e[(k-1)T]$ 按线性外推规律保持脉冲序列 $e^*(t)$ 的保持器。线性外推函数的斜率为 $\{e(kT)-e[(k-1)T]\}/T$，而外推函数为

$$e(kT+\Delta t)=e(kT)+\frac{e(kT)-e[(k-1)T]}{T}\Delta t \tag{8.3.5}$$

式中，$0\leqslant\Delta t<T$。

从式（8.3.5）可得到一阶保持器的时域特性 $g_h(t)$，进一步可以得到相应的频率响应为

$$G_h(\mathrm{j}\omega)=T\sqrt{1+(T\omega)^2}\left(\frac{\sin\frac{\omega T}{2}}{\frac{\omega T}{2}}\right)^2\cdot \mathrm{e}^{-\mathrm{j}(\omega T-\arctan\omega T)} \tag{8.3.6}$$

从式（8.3.6）可见，一阶保持器的滞后相移比零阶保持器大，其平均相移约等于零阶保持器平均相移的两倍。

除了零阶保持器、一阶保持器之外，还有很多高阶保持器。由于这些保持器的原理和实现较复杂，而且相角滞后比零阶保持器更大，因而在控制系统中不常

采用。

上面分析了信号的采样与保持，接下来要讨论离散控制系统的数学模型，不过，在此之前需要了解一些与之相关的 z 变换理论。

8.4　z变换

在连续系统中，拉普拉斯变换作为数学工具，将系统的数学模型从微分方程所表示的时域模型变换成代数方程所表示的 s 域模型，得到了系统的传递函数，从而可以很方便地分析连续系统的性能。但对于拥有采样开关的控制系统，其拉普拉斯变换形式中存在超越函数 e^{-Ts}，这使得在利用拉普拉斯反变换求时域解时变得十分麻烦。为了简化计算，必须寻找一种新的数学工具，这个工具就是 z 变换。

8.4.1　z 变换定义

设连续时间信号 $e(t)$ 是满足拉普拉斯变换条件的，其采样信号为 $e^*(t)$，则采样信号 $e^*(t)$ 可表示为

$$e^*(t)=e(t)\sum_{k=0}^{\infty}\delta(t-kT) \tag{8.4.1}$$

对式（8.4.1）两边作拉普拉斯变换，有

$$E^*(s)=\int_{-\infty}^{\infty}e^*(t)\mathrm{e}^{-st}\mathrm{d}t=\int_{-\infty}^{\infty}\left[\sum_{k=0}^{\infty}e(kT)\delta(t-kT)\right]\mathrm{e}^{-st}\mathrm{d}t$$

$$=\sum_{k=0}^{\infty}e(kT)\int_{-\infty}^{\infty}\delta(t-kT)\,\mathrm{e}^{-st}\mathrm{d}t \tag{8.4.2}$$

根据广义脉冲函数的筛选性质

$$\int_{-\infty}^{\infty}\delta(t-kT)x(t)\mathrm{d}t=x(kT) \tag{8.4.3}$$

有

$$\int_{-\infty}^{\infty}\delta(t-kT)\mathrm{e}^{-st}\mathrm{d}t=\mathrm{e}^{-skT} \tag{8.4.4}$$

则式（8.4.2）可以写为

$$E^*(s)=\sum_{k=0}^{\infty}e(kT)\mathrm{e}^{-skT} \tag{8.4.5}$$

上式中含有指数函数因子 e^{Ts}，是一个超越函数。为便于应用，引入新的变量 z：

$$z=\mathrm{e}^{Ts} \tag{8.4.6}$$

式中，z 为复自变量，T 为采样周期。将其代入式（8.4.5），得到采样信号 $e^*(t)$

的 z 变换定义为

$$E(z)=\sum_{k=0}^{\infty}e(kT)z^{-k} \tag{8.4.7}$$

记作

$$E(z)=Z\left[e^*(t)\right]=Z\left[e(t)\right] \tag{8.4.8}$$

应当指出，z 变换仅是一种在采样拉普拉斯变换中取 $z=\mathrm{e}^{Ts}$ 的变量置换形式，通过这种置换，可将 s 的超越函数转换为 z 的幂级数或 z 的有理分式形式。那么，如何才能够求得一个已知函数的 z 变换形式呢？下面提供了两种方法。

8.4.2 z 变换方法

求离散时间函数的 z 变换有多种方法，下面只介绍常用的两种方法。

1. 级数求和法

将式（8.4.7）展开成级数形式

$$E(z)=e(0)z^0+e(T)z^{-1}+e(2T)z^{-2}+\cdots \tag{8.4.9}$$

这是一个无穷多项的级数，显然，只要知道连续时间函数 $e(t)$ 在各采样时刻的采样值，就可通过式（8.4.9）求取其 z 变换的级数展开式。但级数具有无穷多项，如不能写出闭式，很难在实际中使用。不过对于常用函数的 z 变换式，基本都可以写出闭式形式。

例 8.4.1 试求单位斜坡函数 $1(t)$ 的 z 变换。

解： 因为 $e(t)=1(t)$ 在各个采样时刻的采样值均为 1，即

$$e(nT)=1,\quad n=0,1,2,\cdots,\infty$$

由式（8.4.9），有

$$E(z)=1+z^{-1}+z^{-2}+z^{-3}+\cdots+z^{-n}+\cdots$$

上式中，若 $\left|z^{-1}\right|<1$，则无穷级数是收敛的，利用等比级数求和公式可得

$$E(z)=\frac{1}{1-z^{-1}}=\frac{z}{z-1}$$

2. 部分分式法

利用部分分式法求 z 变换时，先求出已知连续时间函数 $e(t)$ 的拉普拉斯变换 $E(s)$，然后将有理分式函数 $E(s)$ 展开成部分分式之和的形式，使每一部分分式对应一个简单的时间函数，如果这些简单函数的 z 变换是已知的，于是可方便地求出 $E(s)$ 对应的 z 变换 $E(z)$。

例 8.4.2 已知连续函数的拉普拉斯变换为 $E(s)=\dfrac{1}{(s+a)(s+b)}$，试用部分分式法求 $E(z)$ 。

解： 将 $E(s)$ 展成部分分式形式

$$E(s)=\frac{-1}{a-b}\left(\frac{1}{s+a}-\frac{1}{s+b}\right)$$

对上式取拉普拉斯反变换，可得

$$e(t)=\frac{1}{a-b}(\mathrm{e}^{-bt}-\mathrm{e}^{-at})$$

而 $Z\left[\mathrm{e}^{-bt}\right]=\dfrac{z}{z-\mathrm{e}^{-bT}}$ ，$Z\left[\mathrm{e}^{-at}\right]=\dfrac{z}{z-\mathrm{e}^{-aT}}$，所以

$$E(z)=\frac{1}{a-b}\left[\frac{z}{z-\mathrm{e}^{-bT}}-\frac{z}{z-\mathrm{e}^{-aT}}\right]=\frac{1}{a-b}\cdot\frac{z(\mathrm{e}^{-bT}-\mathrm{e}^{-aT})}{z^2-(\mathrm{e}^{-bT}+\mathrm{e}^{-aT})z+\mathrm{e}^{-(a+b)T}}$$

常用函数的 z 变换如表 8.4.1 所示。由表可见，这些函数的 z 变换都是 z 的有理分式，且分母多项式的阶数大于或等于分子多项式的阶数。

表 8.4.1 常用函数的 z 变换表

序号	拉普拉斯变换 $E(s)$	时间函数 $e(t)$	z 变换 $E(z)$
1	e^{-kTs}	$\delta(t-kT)$	z^{-k}
2	1	$\delta(t)$	1
3	$\dfrac{1}{s}$	$1(t)$	$\dfrac{z}{z-1}$
4	$\dfrac{1}{s^2}$	t	$\dfrac{Tz}{(z-1)^2}$
5	$\dfrac{2}{s^3}$	t^2	$\dfrac{T^2z(z+1)}{(z-1)^3}$
6	$\dfrac{1}{s+a}$	e^{-at}	$\dfrac{z}{z-\mathrm{e}^{-aT}}$
7	$\dfrac{1}{(s+a)^2}$	$t\mathrm{e}^{-at}$	$\dfrac{Tz\mathrm{e}^{-aT}}{(z-\mathrm{e}^{-aT})^2}$
8	$\dfrac{a}{s(s+a)}$	$1-\mathrm{e}^{-at}$	$\dfrac{z(1-\mathrm{e}^{-aT})}{(z-1)(z-\mathrm{e}^{-aT})}$
9	$\dfrac{a}{s^2(s+a)}$	$t-\dfrac{1}{a}(1-\mathrm{e}^{-aT})$	$\dfrac{Tz}{(z-1)^2}-\dfrac{z(1-\mathrm{e}^{-aT})}{a(z-1)(z-\mathrm{e}^{-aT})}$
10	$\dfrac{\omega}{s^2+\omega^2}$	$\sin\omega t$	$\dfrac{z\sin\omega T}{z^2-2z\cos\omega T+1}$
11	$\dfrac{s}{s^2+\omega^2}$	$\cos\omega t$	$\dfrac{z(z-\cos\omega T)}{z^2-2z\cos\omega T+1}$

续表

序号	拉普拉斯变换 $E(s)$	时间函数 $e(t)$	z 变换 $E(z)$
12	$\dfrac{\omega}{s^2-\omega^2}$	$\sinh\omega t$	$\dfrac{z\sinh\omega T}{z^2-2z\cosh\omega T+1}$
13	$\dfrac{s}{s^2-\omega^2}$	$\cosh\omega t$	$\dfrac{z(z-\cosh\omega T)}{z^2-2z\cosh\omega T+1}$
14	$\dfrac{\omega^2}{s\left(s^2+\omega^2\right)}$	$1-\cos\omega t$	$\dfrac{z}{z-1}-\dfrac{z(z-\cos\omega T)}{z^2-2z\cos\omega T+1}$
15	$\dfrac{\omega}{\left(s+a\right)^2+\omega^2}$	$\mathrm{e}^{-at}\sin\omega t$	$\dfrac{z\mathrm{e}^{-aT}\sin\omega T}{z^2-2z\mathrm{e}^{-aT}\cos\omega T+\mathrm{e}^{-2aT}}$
16	$\dfrac{s+a}{\left(s+a\right)^2+\omega^2}$	$\mathrm{e}^{-at}\cos\omega t$	$\dfrac{z^2-z\mathrm{e}^{-aT}\cos\omega T}{z^2-2z\mathrm{e}^{-aT}\cos\omega T+\mathrm{e}^{-2aT}}$
17	$\dfrac{b-a}{(s+a)(s+b)}$	$\mathrm{e}^{-at}-\mathrm{e}^{-bt}$	$\dfrac{z}{z-\mathrm{e}^{-aT}}-\dfrac{z}{z-\mathrm{e}^{-bT}}$

8.4.3 z 变换的基本定理

z 变换也有和拉普拉斯变换相类似的一些性质，利用这些性质，可以使一些 z 变换的运算简化，这对于分析和设计采样控制系统是很有帮助的。

1. 线性定理

设连续时间信号 $e_1(t)$、$e_2(t)$ 的 z 变换分别为 $E_1(z)$ 和 $E_2(z)$，且 a_1、a_2 为常数，则有

$$Z\left[a_1e_1(t)+a_2e_2(t)\right]=a_1E_1(z)+a_2E_2(z) \tag{8.4.10}$$

2. 实数位移定理

实数位移定理又称平移定理。实数位移的含义是指整个采样序列在时间轴上左右平移若干采样周期，其中向左平移为超前，向右平移为滞后。实数位移定理描述如下：

设连续时间信号 $e(t)$ 的 z 变换为 $E(z)$，且 $t<0$ 时 $e(t)$ 为零，则有

滞后定理：

$$Z\left[e(t-nT)\right]=z^{-n}E(z) \tag{8.4.11}$$

超前定理：

$$Z\left[e(t+nT)\right]=z^nE(z)-z^n\sum_{k=0}^{n-1}e(kT)z^{-k} \tag{8.4.12}$$

3. 初值定理

设连续时间信号 $e(t)$ 的 z 变换为 $E(z)$ ，并且极限 $\lim\limits_{z\to\infty}E(z)$ 存在，则有

$$e(0)=\lim_{t\to 0}e^*(t)=\lim_{z\to\infty}E(z) \tag{8.4.13}$$

4. 终值定理

设连续时间信号 $e(t)$ 的 z 变换为 $E(z)$ ，且 $(z-1)E(z)$ 的极点全部在 z 平面的单位圆之内，则有

$$e(\infty)=\lim_{t\to\infty}e^*(t)=\lim_{k\to\infty}e(kT)=\lim_{z\to 1}(z-1)E(z) \tag{8.4.14}$$

8.4.4　z 反变换

z 反变换是 z 变换的逆运算。通过 z 反变换，可由象函数 $E(z)$ 求取相应的原函数——采样脉冲序列。也就是说，通过 z 反变换得到的仅是连续时间函数在各采样时刻的函数值。从 z 域函数 $E(z)$ ，求相应的脉冲序列 $e(kT)$ 的过程，记作

$$Z^{-1}[E(z)]=e(kT) \tag{8.4.15}$$

常用的求 z 反变换的方法有两种。

1. 长除法

用 $E(z)$ 的分母去除分子，可以求出按 z^{-k} 降幂排列的级数展开式，然后用 z 反变换求出相应的离散函数的脉冲序列。

$E(z)$ 的一般表达式为

$$E(z)=\frac{b_m z^m+b_{m-1}z^{m-1}+\cdots+b_0}{a_n z^n+a_{n-1}z^{n-1}+\cdots+a_0},\qquad n\geq m \tag{8.4.16}$$

用分母多项式去除分子多项式，并将商按 z^{-1} 的升幂排列，可得

$$E(z)=c_0+c_1z^{-1}+c_2z^{-2}+\cdots=\sum_{k=0}^{\infty}c_k z^{-k} \tag{8.4.17}$$

对式（8.4.17）取 z 反变换，有

$$e^*(t)=c_0\delta(t)+c_1\delta(t-T)+c_2\delta(t-2T)+\cdots+c_k\delta(t-kT)+\cdots \tag{8.4.18}$$

式中的系数 c_k（ $k=0,1,2,\cdots$ ）即为 $e(t)$ 在采样时刻 $t=kT$ 的值 $e(kT)$ 。用长除法可以求得采样序列的前若干项的具体数值，但要求得采样序列的数学解析式通常较为困难，因而不便于对系统进行分析和研究。

例 8.4.3　试求 $E(z)=\dfrac{10z}{z^2-3z+2}$ 的 z 反变换式。

解：将$E(z)$写成z^{-1}的升幂形式，即$E(z)=\dfrac{10z^{-1}}{1-3z^{-1}+2z^{-2}}$，用长除法可以求得

$$E(z)=10z^{-1}+30z^{-2}+70z^{-3}+150z^{-4}+\cdots$$

对上式求z反变换，有

$$e^*(t)=10\delta(t-T)+30\delta(t-2T)+70\delta(t-3T)+150\delta(t-4T)+\cdots$$

由此可见，若要写出$e^*(t)$的一般表达形式往往是很困难的。

2．部分分式法

由已知的象函数$E(z)$求出极点，再将$E(z)/z$展开成部分分式和的形式，即

$$\frac{E(z)}{z}=\sum_{i=1}^{n}\frac{A_i}{z-z_i} \tag{8.4.19}$$

由上式得$E(z)$的表达式为

$$E(z)=\sum_{i=1}^{n}\frac{A_i z}{z-z_i} \tag{8.4.20}$$

最后，逐项求出分式$A_i z/(z-z_i)$所对应的z反变换，再根据这些反变换写出所对应的原函数$e^*(t)$，即

$$e^*(t)=\sum_{i=0}^{n}Z^{-1}\left[\frac{A_i z}{z-z_i}\right]\cdot\delta_T(t) \tag{8.4.21}$$

例8.4.4　求$E(z)=\dfrac{(1-\mathrm{e}^{-2T})z}{(z-1)(z-\mathrm{e}^{-2T})}$的$z$反变换式。

解：由于

$$\frac{E(z)}{z}=\frac{1-\mathrm{e}^{-2T}}{(z-1)(z-\mathrm{e}^{-2T})}=\frac{1}{z-1}-\frac{1}{z-\mathrm{e}^{-2T}}$$

$$E(z)=\frac{z}{z-1}-\frac{z}{z-\mathrm{e}^{-2T}}$$

根据表（8.1）可知，其对应的时间函数为

$$e(t)=1-\mathrm{e}^{-2t}$$

或

$$e^*(t)=\sum_{k=0}^{\infty}(1-\mathrm{e}^{-2kT})\delta(t-kT)$$

8.5　脉冲传递函数

在线性连续系统中，把初始条件为零时系统输出量的拉普拉斯变换与输入量的拉普拉斯变换之比，定义为传递函数。对于线性离散系统，脉冲传递函数的定

义与线性连续系统传递函数的定义类似。

8.5.1　脉冲传递函数的定义

设开环离散系统如图 8.5.1 所示，如果系统的初始条件为零时，输入信号为 $x(t)$，采样后 $x^*(t)$ 的 z 变换函数为 $X(z)$，系统连续部分的输出为 $y(t)$，采样后 $y^*(t)$ 的 z 变换函数为 $Y(z)$，则线性离散系统的脉冲传递函数定义为系统离散输出信号的 z 变换 $Y(z)$ 与输入采样信号的 z 变换 $X(z)$ 之比，并用 $G(z)$ 表示，即

$$G(z)=\frac{Y(z)}{X(z)} \tag{8.5.1}$$

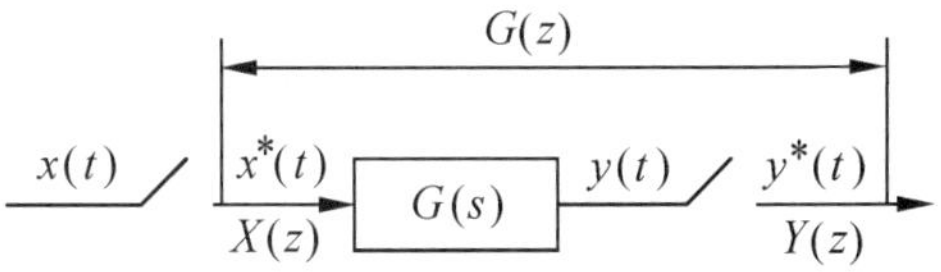

图 8.5.1　开环离散系统的方块图

所谓零初始条件是指，输入脉冲序列 $x(-T)$，$x(-2T)$，…，以及输出脉冲序列 $y(-T)$，$y(-2T)$，…，在 $t<0$ 时都为零。

由式（8.5.1）可求得线性离散系统的输出采样信号为

$$y^*(t)=Z^{-1}[Y(z)]=Z^{-1}[G(z)X(z)] \tag{8.5.2}$$

实际上，许多采样系统的输出往往是连续信号 $y(t)$，而不是离散信号 $y^*(t)$，如图 8.5.2 所示。在这种情况下，可以在系统的输出端虚设一个理想采样开关，如图 8.5.2 中的虚线所示，它与输入采样开关同步动作，而且采样周期相同。如果系统的实际输出 $y(t)$ 比较平滑，且采样频率比较高，则可用 $y^*(t)$ 近似描述 $y(t)$。必须指出，虚设的采样开关是不存在的，它只表明了脉冲传递函数所能描述的只是输出连续信号 $y(t)$ 在各采样时刻的离散值 $y^*(t)$。

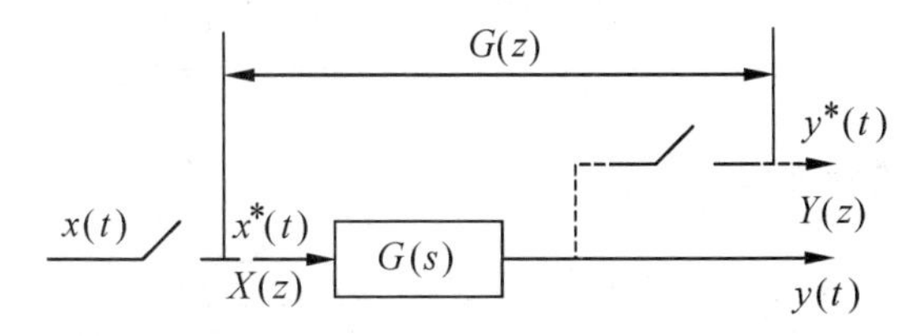

图 8.5.2　实际的开环离散系统

连续系统或元件的脉冲传递函数 $G(z)$可以通过其传递函数 $G(s)$来求取。具体步骤如下：首先对连续传递函数 $G(s)$进行拉普拉斯反变换，求出单位脉冲响应 $g(t)$；然后对 $g(t)$进行采样，求出离散脉冲响应 $g^*(t)$；最后对 $g^*(t)$进行 z 变换，即可得

到该系统的脉冲传递函数 $G(z)$。脉冲传递函数也可由给定连续系统的传递函数，经部分分式法求得。

例 8.5.1 设系统的结构图如图 8.5.2 所示，其中连续部分的传递函数为 $G(s)=\dfrac{1}{s(s+1)}$，试求该系统的脉冲传递函数 $G(z)$。

解：（1）对连续传递函数 $G(s)$进行拉普拉斯反变换，求出脉冲响应 $g(t)$为

$$g(t)=Z^{-1}\left[\frac{1}{s(s+1)}\right]=Z^{-1}\left[\frac{1}{s}-\frac{1}{s+1}\right]=1-\mathrm{e}^{-t} \tag{8.5.3}$$

（2）对 $g(t)$进行采样，求得离散脉冲响应 $g^*(t)$

$$g^*(t)=\sum_{k=0}^{\infty}[1(kT)-\mathrm{e}^{-kT}]\delta(t-kT) \tag{8.5.4}$$

（3）再对 $g^*(t)$进行 z 变换，即可得到该系统的脉冲传递函数 $G(z)$

$$\begin{aligned}G(z)=Z\left[g^*(t)\right]&=\sum_{k=0}^{\infty}[1(kT)-\mathrm{e}^{-kT}]z^{-k}\\&=\sum_{k=0}^{\infty}1(kT)\cdot z^{-k}-\sum_{k=0}^{\infty}\mathrm{e}^{-kT}\cdot z^{-k}\\&=\frac{z}{z-1}-\frac{z}{z-\mathrm{e}^{-T}}=\frac{(1-\mathrm{e}^{-T})z}{z^2-(1+\mathrm{e}^{-T})z+\mathrm{e}^{-T}}\end{aligned} \tag{8.5.5}$$

本例也可由部分分式法求得，即 $G(s)=\dfrac{1}{s}-\dfrac{1}{s+1}$。由 z 变换得

$$G(z)=\frac{z}{z-1}-\frac{z}{z-\mathrm{e}^{-T}}=\frac{(1-\mathrm{e}^{-T})z}{z^2-(1+\mathrm{e}^{-T})z+\mathrm{e}^{-T}}$$

8.5.2 开环采样系统的脉冲传递函数

当开环采样系统由多个环节串联组成时，其脉冲传递函数将根据采样开关的数目和位置的不同而得到不同的结果。下面将针对几种典型情况进行讨论。

1. 串联环节的脉冲传递函数

在连续系统中，串联环节的传递函数等于各环节传递函数之积。但是，对于采样系统而言，串联环节的脉冲传递函数就不一定是这样，这要根据各环节之间有无采样开关而有所不同。

（1）串联环节之间有采样开关

两个串联环节之间有采样开关分隔的情况，如图 8.5.3 所示。

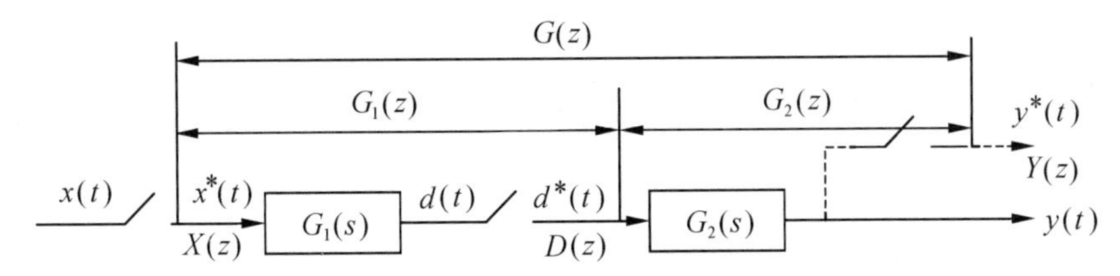

图 8.5.3　串联环节之间有采样开关

当两个串联环节 $G_1(s)$ 和 $G_2(s)$ 之间有采样开关时，根据脉冲传递函数的定义，有 $D(z)=G_1(z)X(z)$，$Y(z)=G_2(z)D(z)$，其中 $G_1(z)$ 和 $G_2(z)$ 分别为 $G_1(s)$ 和 $G_2(s)$ 的脉冲传递函数。由此可得 $Y(z)=G_1(z)\,G_2(z)X(z)$，那么该系统的脉冲传递函数为

$$G(z)=\frac{Y(z)}{X(z)}=G_1(z)\,G_2(z) \tag{8.5.6}$$

式（8.5.6）表明，当两个串联环节之间有采样开关时，其脉冲传递函数等于两个环节各自脉冲传递函数的乘积。这一结论可以推广到有采样开关隔开的 n 个环节串联的情形。

（2）串联环节之间没有采样开关

两个串联环节之间无采样开关的情况，如图 8.5.4 所示。

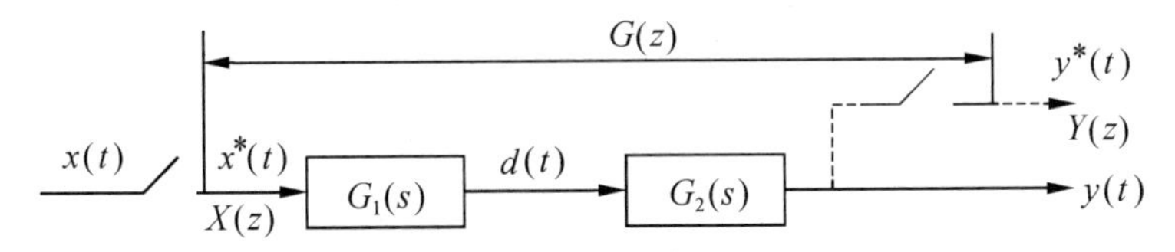

图 8.5.4　串联环节之间无采样开关

当两个串联连续环节 $G_1(s)$ 和 $G_2(s)$ 之间没有采样开关时，系统连续信号的拉普拉斯变换为 $Y(s)=G_1(s)\,G_2(s)X^*(s)$ 式中，$X^*(s)$ 为输入采样信号 $x^*(t)$ 的拉普拉斯变换，即 $X^*(s)=\sum\limits_{k=0}^{\infty}x(kT)\mathrm{e}^{-kTs}$。对输出 $Y(s)$ 进行离散化，并根据采样拉普拉斯变换的性质有

$$Y(s)=\left[G_1(s)\,G_2(s)X^*(s)\right]^*=\left[G_1(s)\,G_2(s)\right]^*X^*(s)\ =G_1G_2^{\ *}(s)X^*(s) \tag{8.5.7}$$

式中

$$G_1G_2^{\ *}(s)=\left[G_1(s)\,G_2(s)\right]^*=\frac{1}{T}\sum_{k=-\infty}^{\infty}G_1(s+\mathrm{j}k\omega_\mathrm{s})\,G_2(s+\mathrm{j}k\omega_\mathrm{s})$$

通常

$$G_1G_2^{\ *}(s)\neq G_1^{\ *}(s)G_2^{\ *}(s)$$

对式（8.5.7）两边取 z 变换，得

$$Y(z)=G_1G_2(z)X(z) \tag{8.5.8}$$

式（8.5.8）中，$G_1G_2(z)$ 表示 $G_1(s)$ 和 $G_2(s)$ 乘积的 z 变换。于是，该系统的脉冲传递函数为

$$G(z)=\frac{Y(z)}{X(z)}=G_1G_2(z) \tag{8.5.9}$$

式（8.5.9）表明，当两个串联环节之间没有采样开关时，系统的脉冲传递函数等于两个环节传递函数乘积后的相应 z 变换。同理，此结论适用于 n 个环节串联且没有采样开关隔开的情形。

通常情况下，$G_1(z)G_2(z)\neq G_1G_2(z)$，从这个意义上说，$z$ 变换无串联性。

2. 零阶保持器的开环脉冲传递函数

设有零阶保持器的开环离散系统如图 8.5.5 所示。图中零阶保持器的传递函数为 $G_h(s)=\dfrac{1-e^{-Ts}}{s}$，$G_p(s)$ 为系统其他连续部分的传递函数。两个串联环节之间没有同步采样开关隔离。

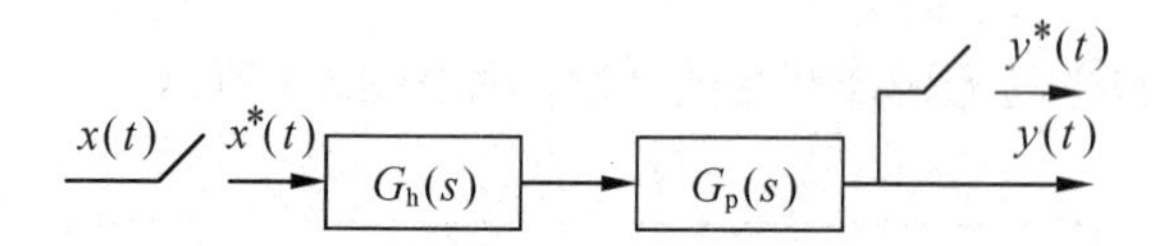

图 8.5.5 有零阶保持器的开环离散系统

系统的脉冲传递函数为 $G(z)=Z\left[G_h(s)\cdot G_p(s)\right]=Z\left[\dfrac{1-e^{-Ts}}{s}\cdot G_p(s)\right]$

根据 z 变换的线性定理有

$$G(z)=Z\left[\frac{1}{s}\cdot G_p(s)\right]-Z\left[\frac{1}{s}\cdot G_p(s)\cdot e^{-Ts}\right] \tag{8.5.10}$$

由 z 变换的实数位移定理，式（8.5.10）的第二项可写为

$$Z\left[\frac{1}{s}\cdot G_p(s)\cdot e^{-Ts}\right]=z^{-1}Z\left[\frac{1}{s}\cdot G_p(s)\right] \tag{8.5.11}$$

将式（8.5.11）代入式（8.5.10），得到系统的脉冲传递函数为

$$G(z)=Z\left[\frac{1}{s}\cdot G_p(s)\right]-z^{-1}Z\left[\frac{1}{s}\cdot G_p(s)\right]=(1-z^{-1})Z\left[\frac{1}{s}\cdot G_p(s)\right]$$

8.5.3 闭环采样系统的脉冲传递函数

在连续系统中，闭环传递函数与相应的开环传递函数之间存在确定的关系，

因而可以用统一的方块图来描述其闭环系统。但在采样系统中，由于采样器在闭环系统中可以有多种配置方式，因而对于采样系统而言，会有多种闭环结构形式。这就使得闭环采样系统的脉冲传递函数没有一般的计算公式，只能根据系统的实际结构具体分析。

图 8.5.6 是一种比较常见的误差采样闭环系统方块图。图中系统的误差为 $E(s)=X(s)-B(s)$，反馈信号为 $B(s)=H(s)Y(s)$，输出信号为 $Y(s)=G(s)E^*(s)$。因此

$$E(s)=X(s)-H(s)G(s)E^*(s) \tag{8.5.12}$$

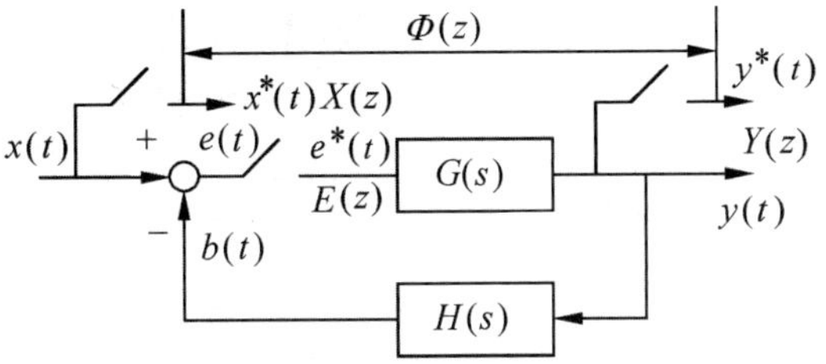

图 8.5.6　误差采样闭环系统方块图

于是误差采样信号 $e^*(t)$ 的拉普拉斯变换为

$$E^*(s)=X^*(s)-HG^*(s)E^*(s) \tag{8.5.13}$$

整理后得

$$E^*(s)=\frac{X^*(s)}{1+HG^*(s)} \tag{8.5.14}$$

由于

$$Y^*(s)=\left[G(s)E^*(s)\right]^*=G^*(s)E^*(s)=\frac{G^*(s)}{1+HG^*(s)}\cdot X^*(s) \tag{8.5.15}$$

对式（8.5.14）及式（8.5.15）取 z 变换，可得

$$E(z)=\frac{X(z)}{1+HG(z)} \tag{8.5.16}$$

$$Y(z)=\frac{G(z)}{1+HG(z)}\cdot X(z) \tag{8.5.17}$$

这里定义

$$\Phi_e(z)=\frac{E(z)}{X(z)}=\frac{1}{1+HG(z)} \tag{8.5.18}$$

为闭环采样系统对于输入量的误差脉冲传递函数。

根据式（8.5.14），定义

$$\Phi(z)=\frac{Y(z)}{X(z)}=\frac{G(z)}{1+HG(z)} \tag{8.5.19}$$

为闭环采样系统对输入量的脉冲传递函数。

式（8.5.18）和式（8.5.19）是研究闭环采样系统时经常用到的两个闭环脉冲传递函数。和连续系统类似，令 $\Phi(z)$ 或 $\Phi_e(z)$ 的分母多项式为零，便可得到闭环采样系统的特征方程

$$D(z)=1+GH(z)=0$$

式中，$GH(z)$ 为开环离散系统的脉冲传递函数。

需要指出的是，闭环采样系统的脉冲传递函数不能由 $\Phi(s)$ 或 $\Phi_e(s)$ 求 z 变换得来，这是因为采样器在闭环系统中的配置形式不唯一。通过类似的方法，可以推导出采样器为不同配置形式的其他闭环采样系统的脉冲传递函数。

例 8.5.2 已知采样控制系统如图 8.5.7 所示，试求系统的闭环脉冲传递函数。

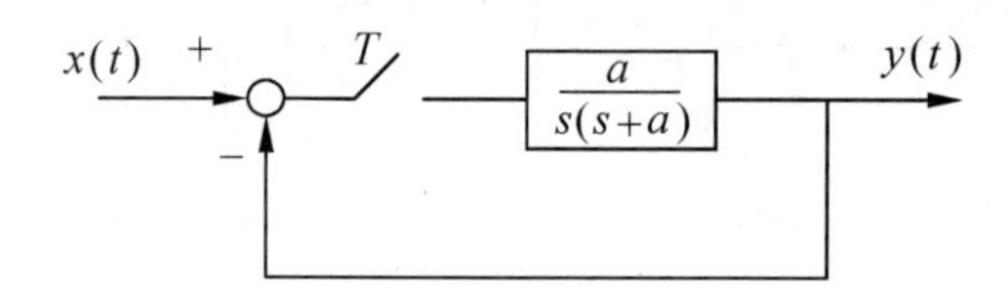

图 8.5.7 例 8.5.2 采样系统方块图

解：系统的开环脉冲传递函数为 $G(z)=Z\left[\dfrac{a}{s(s+a)}\right]=\dfrac{(1-e^{-aT})z}{z^2-(1+e^{-aT})z+e^{-aT}}$，其反馈环节为单位反馈，所以，闭环脉冲传递函数为

$$\frac{Y(z)}{X(z)}=\frac{G(z)}{1+HG(z)}=\frac{G(z)}{1+G(z)}=\frac{\dfrac{(1-e^{-aT})z}{z^2-(1+e^{-aT})z+e^{-aT}}}{1+\dfrac{(1-e^{-aT})z}{z^2-(1+e^{-aT})z+e^{-aT}}}=\frac{(1-e^{-aT})z}{z^2-2e^{-aT}z+e^{-aT}}$$

8.6 离散控制系统的稳定性分析

在经典控制理论中，线性连续系统的稳定性是由闭环系统特征方程的根在 s 平面上的分布位置决定的。如果系统特征方程的根都在 s 左半开平面，即特征根都具有负实部，则系统稳定。是否可以将线性连续控制系统分析中的这些结论应用于采样控制系统呢？根据前面的分析可以知道，采样控制系统的数学模型是建立在 z 变换基础之上的，因此需要先明确 s 平面和 z 平面之间的关系。

8.6.1 *s* 平面和 *z* 平面的映射关系

在前面定义 z 变换时，有式（8.4.6）的关系式

$$z = e^{sT} \tag{8.6.1}$$

式中，T 为采样周期。

式（8.6.1）给出了 s 平面和 z 平面的映射关系，现令

$$s = \sigma + j\omega \tag{8.6.2}$$

将式（8.6.2）代入式（8.6.1），得

$$z = e^{(\sigma + j\omega)T} = e^{\sigma T} \cdot e^{j\omega T} \tag{8.6.3}$$

z 的模和辐角分别为 $|z| = e^{\sigma T}$，$\arg z = \omega T$。s 平面上的虚轴（$\sigma = 0, s = j\omega$）在 z 平面上为

$$|z| = e^{\sigma T} = 1,\ \theta = \omega T \tag{8.6.4}$$

式（8.6.4）表明，s 平面上的虚轴映射到 z 平面上一个圆心在原点的单位圆，且当 ω 从 $-\infty \to +\infty$ 变化时，z 平面上的轨迹会沿着单位圆转过无限多圈。当 ω 从 $0 \to \pi/2T$ 变化时，对应的 z 平面上的 θ 将从 $0 \to \pi/2$，即 z 平面上的轨迹在第一象限沿单位圆从 $z = 1$ 变化到 $z = j$；当 ω 从 $\pi/2T \to \pi/T$ 变化时，对应的 z 平面上的 θ 将从 $\pi/2 \to \pi$，也即 z 平面上的轨迹在第二象限沿单位圆从 $z = j$ 变化到 $z = -1$。依此类推，如图 8.6.1 所示。

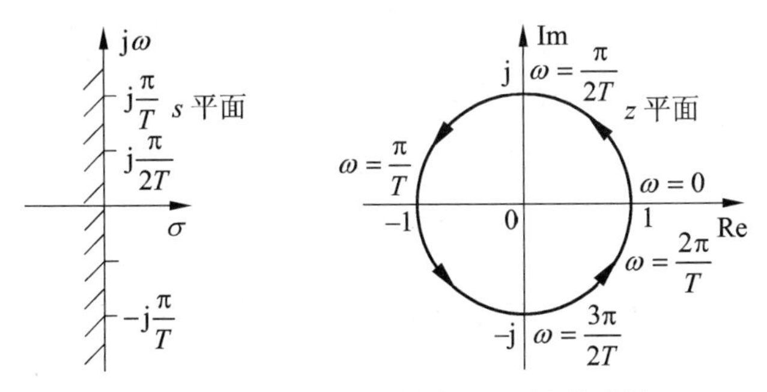

图 8.6.1　s 平面上的虚轴在 z 平面上的映射

在 s 左半开平面上的点，因为 $\sigma < 0$，所以有 $|z| = e^{\sigma T} < 1$，即映射到 z 平面上以原点为圆心的单位圆内；反之，在 s 右半开平面上的点，因为 $\sigma > 0$，所以有 $|z| = e^{\sigma T} > 1$，即映射到 z 平面上以原点为圆心的单位圆外。

8.6.2　采样控制系统的稳定性判据

由以上分析可知，s 平面和 z 平面之间的关系是 s 左半开平面映射到 z 平面上以原点为圆心的单位圆内；s 右半开平面映射到 z 平面上以原点为圆心的单位圆外。也就是说，采样控制系统稳定的条件是：系统特征方程的根都必须在 z 平面的单位圆内；只要其中有一个特征根在单位圆外，系统就不稳定。当有特征根在

z 平面的单位圆上而其他根在单位圆内时，系统就处于临界稳定。

采样控制系统的稳定性条件是否真如上面所说的那样呢？下面用解析方法来分析采样控制系统的稳定条件。设闭环采样系统的脉冲传递函数为

$$\Phi(z)=\frac{Y(z)}{X(z)}=\frac{M(z)}{D(z)} \tag{8.6.5}$$

式中 $D(z)$ 为系统的闭环特征方程式。

假设 $x(t)=1(t)$，即 $X(z)=\dfrac{z}{z-1}$，于是有

$$Y(z)=\Phi(z)\cdot X(z)=\frac{M(z)}{D(z)}\cdot\frac{z}{z-1} \tag{8.6.6}$$

假设 $Y(z)$ 没有重极点，则 $Y(z)$ 可展开为

$$Y(z)=\frac{M(1)}{D(1)}\cdot\frac{z}{z-1}+\sum_{k=1}^{n}\frac{c_k z}{z-p_k} \tag{8.6.7}$$

式中，$p_k(k=1,2,3,\cdots,n)$ 为 $\Phi(z)$ 的极点，即特征方程 $D(z)=0$ 的根。系数 c_k 为

$$c_k=\frac{M(p_k)}{(p_k-1)D'(p_k)}$$

式中，$D'(p_k)=\left.\dfrac{\mathrm{d}D(z)}{\mathrm{d}z}\right|_{z=p_k}$。对式（8.6.7）求 z 反变换，有

$$y(mT)=\frac{M(1)}{D(1)}+\sum_{k=1}^{n}c_k {p_k}^m\,,\qquad m=0,1,2,\cdots \tag{8.6.8}$$

式中第一项为稳态分量，为常数；第二项为瞬态分量，为

$$y_{\mathrm{tt}}(mT)=\sum_{k=1}^{n}c_k {p_k}^m$$

系统若要稳定，当 $m\to\infty$ 时，瞬态分量应为零，即

$$y_{\mathrm{tt}}(mT)=\sum_{k=1}^{n}c_k {p_k}^m\to 0 \tag{8.6.9}$$

从上式可以看出，只有当所有特征根的模 $|p_k|<1$ 时，才能满足式（8.6.9）。如果有任何一个特征根的模大于1，当 $m\to\infty$ 时，$y_{\mathrm{tt}}(mT)$ 就会无限增大，系统则不稳定；如果有个别特征根的模等于1，而其他特征根的模都小于1，则系统处于临界稳定。

上述结论可以推广到 $Y(z)$ 有重根的情况。

例 8.6.1 设采样控制系统的闭环特征方程式为

$$(z^2-0.1z-0.56)(z^2-0.1z-0.3)(z-0.9)=0$$

试判断系统的稳定性。

解： 由系统的闭环特征方程式可知系统的特征根为

$$p_1=0.8,\ p_2=-0.7,\ p_3=-0.5,\ p_4=0.6,\ p_5=0.9$$

因为系统的闭环特征根全部在 z 平面上以原点为圆心的单位圆内，所以该系统稳定。

由上述可知，要分析采样控制系统的稳定性，需要求解其特征根这种直接方法对于一阶、二阶系统还可以采用，但对于高阶系统，求解特征根是比较麻烦的。是否可以像连续系统那样，不求特征根，而是根据特征方程的系数来分析采样控制系统的稳定性呢？下面详细讨论。

8.6.3 劳斯稳定性判据

由第 3 章的内容可知，劳斯稳定性判据是判断线性连续系统稳定的一种简单的代数判据，是否可以将劳斯判据应用于离散控制系统中呢？对于离散控制系统，其特征方程式是以 z 为变量的代数方程，即是 s 的超越方程，因而不能直接应用劳斯稳定性判据。为此，需要寻找一种新的变换，以使 z 平面上的单位圆的圆周映射为新坐标系的虚轴，而圆内部分映射为新坐标系的左半平面，圆外部分映射为新坐标系的右半平面。双线性变换，又称为 w 变换，便满足这种变换要求。

设

$$z=\frac{w+1}{w-1} \tag{8.6.10}$$

于是有

$$w=\frac{z+1}{z-1} \tag{8.6.11}$$

设复变量 z 和 w 分别为 $z=x+\mathrm{j}y$，$w=u+\mathrm{j}v$，将其代入式（8.6.11），得

$$w=\frac{z+1}{z-1}=\frac{(x^2+y^2)-1}{(x-1)^2+y^2}-\mathrm{j}\frac{2y}{(x-1)^2+y^2}=u+\mathrm{j}v \tag{8.6.12}$$

由式（8.6.12）可知，对于 w 平面上的虚轴，有实部 $u=0$，即 $x^2+y^2-1=0$。该式对应 z 平面上以坐标原点为圆心的单位圆。对于 z 平面上以原点为圆心的单位圆内的区域，有 $x^2+y^2<1$，相应的 w 平面的实部 u 满足 $u<0$，即在 z 平面上以原点为圆心的单位圆内的区域对应于 w 平面的左半平面。对于 z 平面上以原点为圆心的单位圆外的区域，有 $x^2+y^2>1$，相应的 w 平面的实部 u 满足 $u>0$，即对应于 w 平面的右半平面。

这样，双线性变换把 z 平面上以原点为圆心的单位圆内的区域，映射为 w 平面的左半平面，把 z 平面上以原点为圆心的单位圆外的区域，映射为 w 平面的右半平面，把 z 平面上以坐标原点为圆心的单位圆映射为 w 平面上的虚轴，如图 8.6.2 所示。

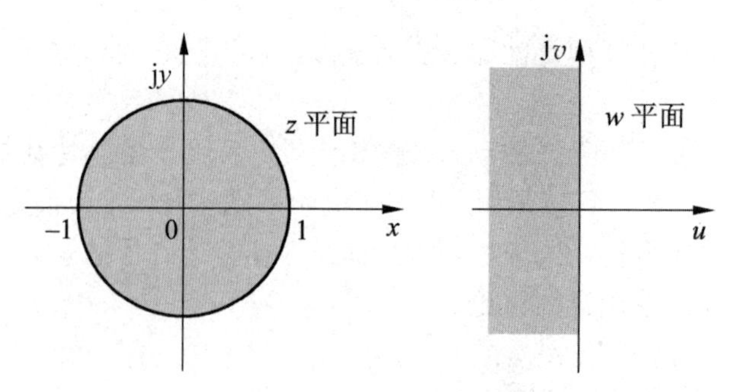

图 8.6.2　z 平面与 w 平面的映射关系

由此可知，采样系统在 z 平面上的稳定条件经过 w 变换后成为：特征方程在 w 平面上的所有特征根均位于 w 平面的左半平面。这种情况正好与在 s 平面上应用劳斯稳定性判据的情况一样，可以根据 w 域中的特征方程系数，直接应用劳斯稳定性判据分析采样系统的稳定性。

例 8.6.2　某采样系统方块图如图 8.6.3 所示。采样周期 $T=0.2\text{s}$ 。试用劳斯稳定性判据确定使系统稳定的 K 值范围。

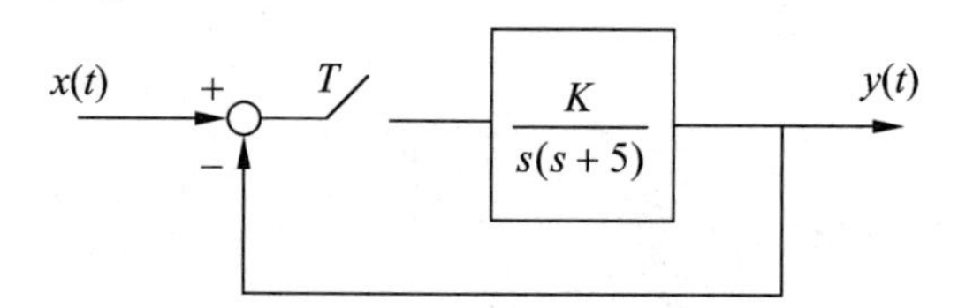

图 8.6.3　例 8.6.2 采样系统方块图

解：系统的开环脉冲传递函数为

$$G(z)=Z\left[\frac{K}{s(s+5)}\right]=Z\left[\frac{K}{5}\left(\frac{1}{s}-\frac{1}{s+5}\right)\right]$$

$$=\frac{K}{5}\left[\frac{z}{z-1}-\frac{z}{z-\mathrm{e}^{-5T}}\right]=\frac{K}{5}\ \frac{(1-\mathrm{e}^{-5T})z}{(z-1)(z-\mathrm{e}^{-5T})}$$

闭环脉冲传递函数为 $\Phi(z)=\dfrac{G(z)}{1+G(z)}$ ，由闭环特征方程 $1+G(z)=0$ ，可得

$$5(z-1)\ (z-\mathrm{e}^{-5T})+K(1-\mathrm{e}^{-5T})z=0$$

令 $z=\dfrac{w+1}{w-1}$ ，并将 $T=0.2\text{s}$ 代入上式，化简后得到

$$0.316Kw^2+3.16w+(6.84-0.316K)=0$$

根据上式列出劳斯表，为

w^2　$0.316K$　　　$6.84-0.316K$

w^1　3.16

w^0　$6.84-0.316K$

为使系统稳定，要求劳斯表中第一列的系数全部为正，于是有 $K>0$ 和 $6.84-0.316K>0$，即 $0<K<21.65$。

从这个例子可以看出，系统中加入采样器之后，当系统开环增益增大超过某一范围时，系统会变得不稳定。通常情况下，当采样频率增大时，采样系统的稳定性会得到改善。这是因为随着采样频率的提高，会使采样系统的工作状况更接近于与之相应的连续系统。在很多情况下，加入采样器后会使系统的稳定性变差，但这也不是绝对的。在某些系统中，例如有很大延时的系统，加入采样器往往还能改善系统的稳定性。

8.7　采样控制系统的稳态误差

在连续系统中，稳态误差可以利用拉普拉斯变换中的终值定理来计算。而采样控制系统与连续系统不同，由于采样控制系统没有唯一的典型结构形式，所以无法给出误差脉冲传递函数的一般计算公式。采样系统的稳态误差需要针对不同形式的采样系统来求取。下面介绍利用 z 变换的终值定理求取采样系统稳态误差的方法。

设单位反馈误差采样系统的方块图如图 8.7.1 所示，其中 $G(s)$ 为连续部分的传递函数，$e(t)$ 为连续误差信号，$e^{*}(t)$ 为采样误差信号。其 z 变换函数为

$$E(z)=X(z)-Y(z)=\Phi_{\mathrm{e}}(z)X(z)=\frac{1}{1+G(z)}X(z)$$

式中，$\Phi_{\mathrm{e}}(z)=\dfrac{E(z)}{X(z)}=\dfrac{1}{1+G(z)}$ 为系统的误差脉冲传递函数。

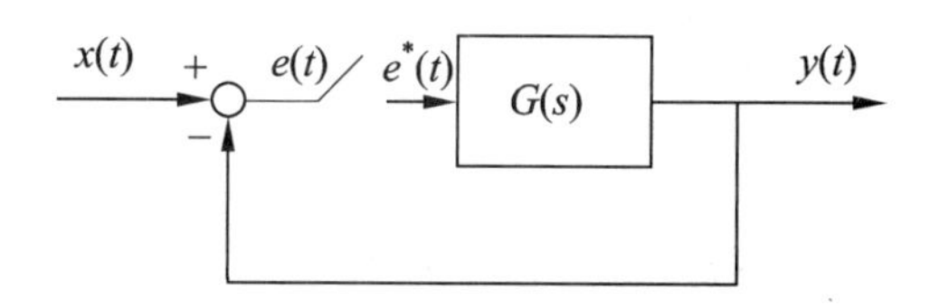

图 8.7.1　单位反馈采样系统

若采样系统是稳定的，即 $\Phi_{\mathrm{e}}(z)$ 的全部极点都在 z 平面上以原点为圆心的单位圆内。在此条件下，可用 z 变换的终值定理求出在输入信号作用下采样系统的稳态误差为

$$e(\infty)=\lim_{t\to\infty}e(t)=\lim_{z\to1}(1-z^{-1})\frac{1}{1+G(z)}X(z)=\lim_{z\to1}\frac{(z-1)X(z)}{z[1+G(z)]}\tag{8.7.1}$$

上式表明，采样系统的稳态误差不仅与系统本身的结构和参数有关，而且与输入信号的形式有关。除此之外，还与离散系统的采样周期有关。

下面分别讨论系统在三种典型输入信号作用下的稳态误差。

1．单位阶跃输入信号

输入信号为单位阶跃函数，即 $x(t)=1(t)$，因为 $X(z)=\dfrac{z}{z-1}$，将其代入式(8.7.1)，得

$$e(\infty)=\lim_{z\to1}\frac{z-1}{z}\frac{z}{z-1}\frac{1}{1+G(z)}=\lim_{z\to1}\frac{1}{1+G(z)}=\frac{1}{K_{\mathrm{p}}} \tag{8.7.2}$$

式中 $K_{\mathrm{p}}=\lim\limits_{z\to1}[1+G(z)]$ 为采样系统的静态位置误差系数。

由式（8.7.2）可知，在单位阶跃输入信号的作用下，采样系统的稳态误差 e_{ss} 与静态位置误差系数 K_{p} 成反比。

当采样系统为Ⅰ型系统，即 $G(s)$ 中包含一个积分环节，$G(z)$ 具有一个 $z=1$ 的极点时，$K_{\mathrm{p}}=\infty$，系统的稳态误差为 $e(\infty)=0$。

2．单位斜坡输入信号

输入信号为单位斜坡函数，即 $x(t)=t$，因为 $X(z)=\dfrac{Tz}{(z-1)^2}$，将其代入式（8.7.1），得

$$e(\infty)=\lim_{z\to1}\frac{T}{(z-1)[1+G(z)]}=\frac{T}{\lim\limits_{z\to1}(z-1)G(z)}=\frac{T}{K_{\mathrm{v}}} \tag{8.7.3}$$

式中 $K_{\mathrm{v}}=\lim\limits_{z\to1}(z-1)G(z)$ 为采样系统的静态速度误差系数。

由式（8.7.3）可知，在单位斜坡输入信号的作用下，采样系统的稳态误差 e_{ss} 与静态速度误差系数 K_{v} 成反比。

当采样系统为Ⅱ型系统，即 $G(s)$ 中包含两个积分环节，$G(z)$ 具有两个 $z=1$ 的极点时，$K_{\mathrm{v}}=\infty$，系统的稳态误差为 $e(\infty)=0$。

3．单位加速度输入信号

输入信号为单位加速度信号时，即 $x(t)=\dfrac{1}{2}t^2$ 时，因为 $X(z)=\dfrac{T^2z(z+1)}{2(z-1)^3}$，将其代入式（8.7.3），得

$$e(\infty)=\lim_{z\to1}\frac{T^2(z+1)}{2(z-1)^2[1+G(z)]}=\frac{T^2}{\lim\limits_{z\to1}(z-1)^2G(z)}=\frac{T^2}{K_{\mathrm{a}}} \tag{8.7.4}$$

式中 $K_{\mathrm{a}}=\lim\limits_{z\to1}(z-1)^2G(z)$ 为采样系统的静态加速度误差系数。

由式（8.7.4）可知，在单位加速度输入信号的作用下，采样系统的稳态误差 e_{ss} 与静态加速度误差系数 K_a 成反比。

当采样系统为III型系统，即 $G(s)$ 中包含三个积分环节，$G(z)$ 具有三个 $z=1$ 的极点时，$K_a=\infty$，系统的稳态误差为 $e(\infty)=0$。

上面讨论了采样系统在三种典型输入作用下的稳态误差，可以看出，采样系统的稳态误差与开环脉冲传递函数 $G(z)$ 中 $z=1$ 的极点数密切相关，与连续部分 $G(s)$ 中 $s=0$ 的极点数相对应。

例 8.7.1　已知采样系统方块图如图 8.7.2 所示。采样周期 $T=0.1\text{s}$，试用稳态误差系数法，求该系统在输入信号 $x(t)=1+t$ 作用下的稳态误差。

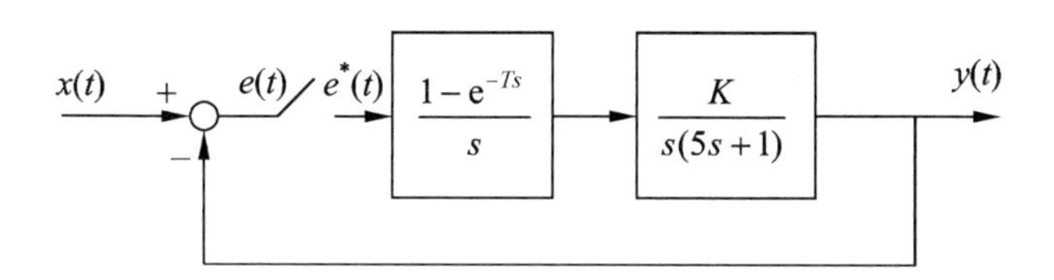

图 8.7.2　例 8.7.1 采样系统方块图

解：系统的开环脉冲传递函数为

$$G(z)=\frac{z-1}{z}\cdot Z\left[\frac{K}{s^2(5s+1)}\right]=\frac{z-1}{z}K\cdot Z\left[\frac{1}{s^2}-\frac{5}{s}+\frac{5}{s+0.2}\right]$$

$$=\frac{z-1}{z}K\left[\frac{Tz}{(z-1)^2}-\frac{5z}{z-1}+\frac{5z}{z-\mathrm{e}^{-0.2T}}\right]$$

将采样周期 $T=0.1\text{s}$ 代入上式并化简得

$$G(z)=\frac{KT}{z-1} \tag{8.7.5}$$

根据式（8.7.5），计算该系统的位置、速度和加速度误差系数分别为

$$K_p=\lim_{z\to1}[1+G(z)]=\frac{z+KT-1}{z-1}=\infty$$

$$K_v=\lim_{z\to1}(z-1)G(z)=KT$$

$$K_a=\lim_{z\to1}(z-1)^2G(z)=0$$

因此，系统在输入信号 $x(t)=1+t$ 作用下的稳态误差为

$$e(\infty)=\frac{1}{K_p}+\frac{T}{K_v}=\frac{1}{K}$$

前面只讨论了单位反馈采样系统在三种典型输入信号作用下的稳态误差的计算，这种方法可以推广到非单位反馈采样系统的稳态误差的计算。只要求出实际系统的误差 z 变换函数，利用终值定理，即可求得相应的稳态误差。

8.8 采样系统的动态性能分析

由线性连续系统理论可知，闭环极点及零点在 s 平面的分布对系统的瞬态响应有很大影响。类似地，闭环脉冲传递函数的极点、零点在 z 平面的分布对系统的动态响应具有重要影响。

设采样系统的闭环脉冲传递函数为

$$\Phi(z)=\frac{Y(z)}{X(z)}=\frac{M(z)}{D(z)}=\frac{b_m z^m+b_{m-1}z^{m-1}+\cdots+b_1 z+b_0}{a_n z^n+a_{n-1}z^{n-1}+\cdots+a_1 z+a_0}$$

$$=\frac{b_m}{a_n}\frac{\prod_{i=1}^{m}(z-z_i)}{\prod_{j=1}^{n}(z-p_j)},\quad m\le n \tag{8.8.1}$$

式中，$z_i(i=1,2,\cdots,m)$ 为闭环零点；$p_j(j=1,2,\cdots,n)$为闭环极点；z_i 和 p_j 既可以是实数，也可以是复数；$M(z)$ 为闭环脉冲传递函数的分子多项式；$D(z)$ 为闭环脉冲传递函数的分母多项式。如果采样系统稳定，则所有闭环极点都应位于 z 平面上以原点为圆心的单位圆内，即 $|p_j|<1$，$(j=1,2,\cdots,n)$。为了分析方便，这里假设系统没有重极点。

当输入信号 $x(t)=1(t)$ 时，$X(z)=\dfrac{z}{z-1}$，系统输出信号的 z 变换为

$$Y(z)=\frac{z}{z-1}\frac{b_m}{a_n}\frac{\prod_{i=1}^{m}(z-z_i)}{\prod_{j=1}^{n}(z-p_j)}=c_0\frac{z}{z-1}+\sum_{j=1}^{n}\frac{c_j z}{z-p_j} \tag{8.8.2}$$

式中，$c_0=\dfrac{M(1)}{D(1)}$，$c_j=\dfrac{M(p_j)}{(p_j-1)\left.\dfrac{\mathrm{d}D(z)}{\mathrm{d}z}\right|_{z=p_j}}$。

式（8.8.2）中，等号右边第一项的 z 反变换为 c_0，它是 $y^*(t)$ 的稳态分量；等号右边第二项的 z 反变换为 $y^*(t)$ 的瞬态分量。

根据系统闭环极点在单位圆内的位置不同，瞬态分量的形式也有所不同，下面分几种情况来讨论。

1. p_j 为正实轴上的闭环单极点

当 p_j 为正实数时，其对应的瞬态分量为

$$y_j^*(t) = Z^{-1}\frac{c_j z}{z - p_j} \tag{8.8.3}$$

对式（8.8.3）求 z 反变换后得

$$y_j(kT) = c_j p_j^{\ k}$$

若令 $a = \frac{1}{T}\ln p_j$，则 $y_j(kT) = c_j \mathrm{e}^{akT}$。因此，当 p_j 为正实数时，它所对应的瞬态分量按指数规律变化：

（1）当 $p_j > 1$ 时，此时闭环极点 p_j 位于 z 平面上以原点为圆心的单位圆外的正实轴上，$a > 0$，$y_j(kT)$ 按指数规律发散（$k = 0$，1，2，3，…，∞）。

（2）当 $0 < p_j < 1$ 时，此时闭环极点 p_j 位于 z 平面上以原点为圆心的单位圆内的正实轴上，$a < 0$，$y_j(kT)$ 按指数衰减。闭环极点 p_j 距离 z 平面坐标原点越近，其对应的瞬态分量衰减越快。

（3）当 $p_j=1$ 时，$a=0$，$y_j(kT)$ 为等幅脉冲序列。

2．p_j 为负实轴上的闭环单极点

在这种情况下，当 k 为偶数时，$p_j^{\ k}$ 为正数；当 k 为奇数时，$p_j^{\ k}$ 为负数。因此，当 p_j 为负实数时，$y_j(kT)$ 为正负交替的双向脉冲序列。

（1）当 $p_j < -1$ 时，此时闭环极点 p_j 位于 z 平面上以原点为圆心的单位圆外的负实轴上，$y_j(kT)$ 是正负交替且发散的脉冲序列。

（2）当 $-1 < p_j < 0$ 时，此时闭环极点 p_j 位于 z 平面上以原点为圆心的单位圆内的负实轴上，$y_j(kT)$ 为正负交替但衰减的脉冲序列。闭环极点 p_j 距离 z 平面坐标原点越近，其对应的瞬态分量衰减越快。

（3）当 $p_j = -1$ 时，$y_j(kT)$ 为正负交替的等幅脉冲序列。

3．p_j 为共轭复数极点

设 p_j、$\overline{p_j}$ 为一对共轭复数极点，

$$p_j = \left|p_j\right|\mathrm{e}^{\mathrm{j}\theta_j}，\ \overline{p_j} = \left|p_j\right|\mathrm{e}^{-\mathrm{j}\theta_j} \tag{8.8.4}$$

其中，θ_j 为共轭复数极点 p_j 的相角。它们对应的瞬态分量为

$$y_j^*(t) = Z^{-1}\left[\frac{c_j z}{z - p_j} + \frac{\overline{c}_j z}{z - \overline{p}_j}\right] \tag{8.8.5}$$

由于$\Phi(z)$的分子多项式和分母多项式的系数都是实数，所以c_j、$\overline{c}_j$为一对共轭复数，令

$$c_j = \left|c_j\right| \mathrm{e}^{\mathrm{j}\varphi_j}\text{，}\ \overline{c}_j = \left|c_j\right| \mathrm{e}^{-\mathrm{j}\varphi_j} \tag{8.8.6}$$

对式（8.8.5）求z反变换后得

$$y_j(kT) = c_j p_j^{\ k} + \overline{c_j p_j}^{\,k} \tag{8.8.7}$$

将式（8.8.4）和式（8.8.6）代入式（8.8.7），有

$$\begin{aligned} y_j(kT) &= \left|c_j\right| \mathrm{e}^{\mathrm{j}\varphi_j} \left|p_j\right|^k \mathrm{e}^{\mathrm{j}k\theta_j} + \left|c_j\right| \mathrm{e}^{-\mathrm{j}\varphi_j} \left|p_j\right|^k \mathrm{e}^{-\mathrm{j}k\theta_j} \\ &= \left|c_j\right|\left|p_j\right|^k [\mathrm{e}^{\mathrm{j}(k\theta_j+\varphi_j)} + \mathrm{e}^{-\mathrm{j}(k\theta_j+\varphi_j)}] = 2\left|c_j\right|\left|p_j\right|^k \cos(k\theta_j + \varphi_j) \end{aligned} \tag{8.8.8}$$

令

$$a_j = \frac{1}{T}\ln\left(\left|p_j\right| \mathrm{e}^{\mathrm{j}\theta_j}\right) = \frac{1}{T}\ln\left|p_j\right| + \mathrm{j}\frac{\theta_j}{T} = \sigma + \mathrm{j}\omega$$

$$\overline{a}_j = \frac{1}{T}\ln\left(\left|p_j\right| \mathrm{e}^{-\mathrm{j}\theta_j}\right) = \frac{1}{T}\ln\left|p_j\right| - \mathrm{j}\frac{\theta_j}{T} = \sigma - \mathrm{j}\omega$$

则式（8.8.8）可表示为

$$\begin{aligned} y_j(kT) &= c_j p_j^{\ k} + \overline{c}_j \overline{p}_j^{\ k} = c_j \mathrm{e}^{a_j kT} + \overline{c}_j \mathrm{e}^{\overline{a}_j kT} \\ &= \left|c_j\right| \mathrm{e}^{\mathrm{j}\varphi_j} \mathrm{e}^{(\sigma+\mathrm{j}\omega)kT} + \left|c_j\right| \mathrm{e}^{-\mathrm{j}\varphi_j} \mathrm{e}^{(\sigma-\mathrm{j}\omega)kT} = 2\left|c_j\right| \mathrm{e}^{\sigma kT}\cos(k\omega T + \varphi_j) \end{aligned} \tag{8.8.9}$$

式中，$\sigma = \frac{1}{T}\ln\left|p_j\right|$，$\omega = \frac{\theta_j}{T}$，$0 < \theta_j < \pi$。

由式（8.8.9）可知，一对共轭复数极点所对应的瞬态分量$y_j(kT)$是按振荡规律变化的，其振荡角频率为θ_j。

（1）当$\left|p_j\right| > 1$时，闭环复数极点位于z平面上以原点为圆心的单位圆外，$\sigma > 0$，$y_j(kT)$为发散的振荡脉冲序列。

（2）当$\left|p_j\right| < 1$时，闭环复数极点位于z平面上以原点为圆心的单位圆内，$\sigma < 0$，$y_j(kT)$为衰减的振荡脉冲序列。闭环极点p_j距离z平面坐标原点越近，其对应的瞬态分量衰减越快。

（3）当$\left|p_j\right| = 1$时，闭环复数极点位于z平面上以原点为圆心的单位圆周上，$\sigma = 0$，$y_j(kT)$为等幅振荡脉冲序列。

综上所述，采样系统的动态性能与闭环极点的分布密切相关。只要闭环极点在以原点为圆心的单位圆内，则所对应的瞬态分量总是衰减的，并且极点越靠近原点，衰减越快。若闭环极点位于以原点为圆心的单位圆内的正实轴上，则对应的瞬态分量按指数规律衰减。若闭环极点位于单位圆内的负实轴上，其对应的瞬态分量为衰减的交替变号的脉冲序列，其角频率为$\omega = \pi/T$。为了使采样控制系

统具有比较满意的瞬态响应性能，闭环脉冲传递函数的极点最好分布在 z 平面的右半单位圆内，并尽量靠近 z 平面的坐标原点。

若闭环脉冲传递函数的极点位于单位圆外，则其对应的瞬态分量是发散的。这意味着闭环采样系统是不稳定的。

8.9　采样控制系统的校正

线性离散系统的设计是将控制系统按离散化进行分析，求出系统的脉冲传递函数，然后按离散系统理论设计数字控制器。本节将研究数字控制器的脉冲传递函数、最少拍控制系统的设计以及数字控制器的确定等问题。

8.9.1　数字控制器的脉冲传递函数

在图 8.9.1 所示线性离散系统中，$D(z)$ 为数字控制器（数字校正装置）的脉冲传递函数，$G(s)$ 为保持器与被控对象的传递函数，$H(s)=1$ 为反馈通道传递函数。

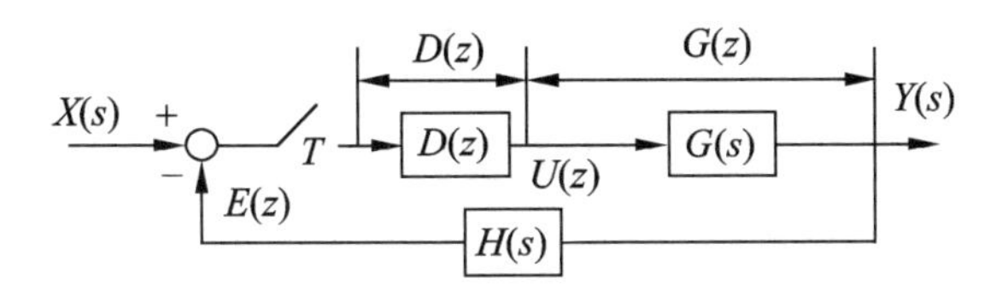

图 8.9.1　具有数字控制器的离散系统

设 $G(s)$ 的 z 变换为 $G(z)$，则图中所示系统的闭环脉冲传递函数为

$$\Phi(z)=\frac{D(z)G(z)}{1+D(z)G(z)}=\frac{Y(z)}{X(z)} \tag{8.9.1}$$

其误差脉冲传递函数为

$$\Phi_{\mathrm{e}}(z)=\frac{1}{1+D(z)G(z)}=\frac{E(z)}{X(z)} \tag{8.9.2}$$

根据以上两式，可以求出数字控制器的脉冲传递函数为

$$D(z)=\frac{\Phi(z)}{G(z)[1-\Phi(z)]}=\frac{1-\Phi_{\mathrm{e}}(z)}{G(z)\Phi_{\mathrm{e}}(z)} \tag{8.9.3}$$

式中 $\Phi_{\mathrm{e}}(z)=1-\Phi(z)$。

离散系统的数字校正问题就是根据对离散系统性能指标的要求，确定闭环脉冲传递函数 $\Phi(z)$ 或误差脉冲传递函数 $\Phi_{\mathrm{e}}(z)$，然后利用式（8.9.3）确定数字控制器的脉冲传递函数 $D(z)$，并加以实现。

8.9.2 最少拍采样控制系统的校正

人们通常把采样过程中的一个采样周期称为一拍。所谓最少拍系统，是指在典型输入信号的作用下，经过最少采样周期，采样误差信号减小到零的采样系统。因此，最少拍系统又称为最快响应系统。

当典型输入信号分别为单位阶跃信号、单位斜坡信号和单位加速度信号时，其 z 变换分别为

当 $x(t)=1(t)$ 时，　　　$X(z)=\dfrac{1}{1-z^{-1}}$

当 $x(t)=t$ 时，　　　$X(z)=\dfrac{Tz^{-1}}{(1-z^{-1})^2}$

当 $x(t)=\dfrac{1}{2}t^2$ 时，　　　$X(z)=\dfrac{T^2z^{-1}(1+z^{-1})}{2(1-z^{-1})^3}$

由此可得到典型输入信号的 z 变换的一般形式为

$$X(z)=\frac{A(z)}{(1-z^{-1})^{v}} \tag{8.9.4}$$

其中，$A(z)$ 为不包含 $(1-z^{-1})$ 的 z^{-1} 的多项式。

最少拍系统的设计原则是，如果系统广义被控对象 $G(z)$ 无延迟且在 z 平面单位圆上及单位圆外均无零、极点，要求选择闭环脉冲传递函数 $\Phi(z)$，使系统在典型输入信号作用下，经最少采样周期后能使输出序列在各采样时刻的稳态误差为零，达到完全跟踪的目的，进而确定所需要的数字控制器的脉冲传递函数 $D(z)$。

根据此设计原则，需要求出稳态误差 $e(\infty)$ 的表达式，将式（8.9.4）代入式（8.9.2）得

$$E(z)=X(z)\Phi_{\mathrm{e}}(z)=\Phi_{\mathrm{e}}(z)\frac{A(z)}{(1-z^{-1})^{v}} \tag{8.9.5}$$

根据 z 变换的终值定理，系统的稳态误差终值为

$$e(\infty)=\lim_{z\to1}(1-z^{-1})X(z)\Phi_{\mathrm{e}}(z)=\lim_{z\to1}(1-z^{-1})\frac{A(z)}{(1-z^{-1})^{v}}\Phi_{\mathrm{e}}(z)$$

为了实现系统无稳态误差，$\Phi_{\mathrm{e}}(z)$ 应当包含 $(1-z^{-1})^{v}$ 的因子，因此设

$$\Phi_{\mathrm{e}}(z)=(1-z^{-1})^{v}\ F(z) \tag{8.9.6}$$

式中，$F(z)$ 为不包含 $(1-z^{-1})$ 的 z^{-1} 的多项式，于是有

$$\Phi(z)=1-\Phi_{\mathrm{e}}(z)=1-(1-z^{-1})^{v}F(z) \tag{8.9.7}$$

为了使求出的 $D(z)$ 简单、阶数最低，可取 $F(z)=1$，由式（8.9.6）及式（8.9.7）知，取 $F(z)=1$ 可使 $\Phi(z)$ 的全部极点都位于 z 平面的原点，这时采样控制系统的

瞬态过程可在最少拍内完成。因此设

$$\Phi_{\mathrm{e}}(z)=(1-z^{-1})^{v} \tag{8.9.8}$$

及

$$\Phi(z)=1-(1-z^{-1})^{v} \tag{8.9.9}$$

式（8.9.8）和式（8.9.9）是无稳态误差的最少拍采样系统的闭环脉冲传递函数。下面分析几种典型输入信号作用的情况。

1. 单位阶跃输入信号

当 $x(t)=1(t)$，$X(z)=\dfrac{1}{1-z^{-1}}$，$v=1$ 时，由式（8.9.8）和式（8.9.9）可得

$$\Phi_{\mathrm{e}}(z)=1-z^{-1},\quad \Phi(z)=z^{-1}$$

$$Y(z)=X(z)\Phi(z)=\frac{z^{-1}}{1-z^{-1}}=z^{-1}+z^{-2}+\cdots+z^{-k}+\cdots$$

基于 z 变换定义，可知最少拍系统在单位阶跃信号作用下的输出序列 $y(kT)$ 为 $y(0)=0$，$y(T)=1$，$y(2T)=1$，$y(3T)=1,\cdots$，$y(kT)=1,\cdots$。其瞬态响应 $y^{*}(t)$ 如图 8.9.2 所示，最少拍系统经过一拍就可完全跟踪输入 $x(t)=1(t)$。该采样系统称为一拍系统，其调整时间 $t_{\mathrm{s}}=T$。

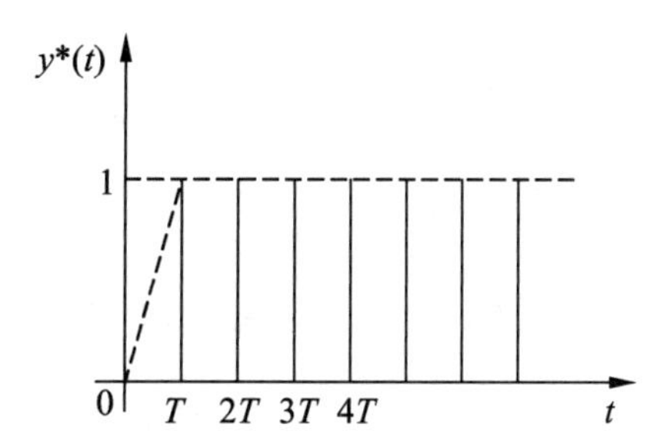

图 8.9.2　最少拍系统的单位阶跃响应

2. 单位斜坡输入信号

当 $x(t)=t$，$X(z)=\dfrac{Tz^{-1}}{(1-z^{-1})^{2}}$，$v=2$ 时，有

$$\Phi_{\mathrm{e}}(z)=(1-z^{-1})^{2},\quad \Phi(z)=2z^{-1}-z^{-2}$$

$$Y(z)=X(z)\Phi(z)=\frac{(2z^{-1}-z^{-2})Tz^{-1}}{(1-z^{-1})^{2}}=2Tz^{-2}+3Tz^{-3}+\cdots+kTz^{-k}+\cdots$$

基于 z 变换定义，可知最少拍系统在单位斜坡信号作用下的输出序列 $y(kT)$ 为 $y(0)=0$，$y(T)=0$，$y(2T)=2T$，$y(3T)=3T,\cdots$，$y(kT)=kT,\cdots$。其瞬态响应 $y^{*}(t)$ 如图 8.9.3 所示，最少拍系统经过二拍就可完全跟踪输入 $x(t)=t$。该采样系统称

为二拍系统，其调整时间 $t_s = 2T$ 。

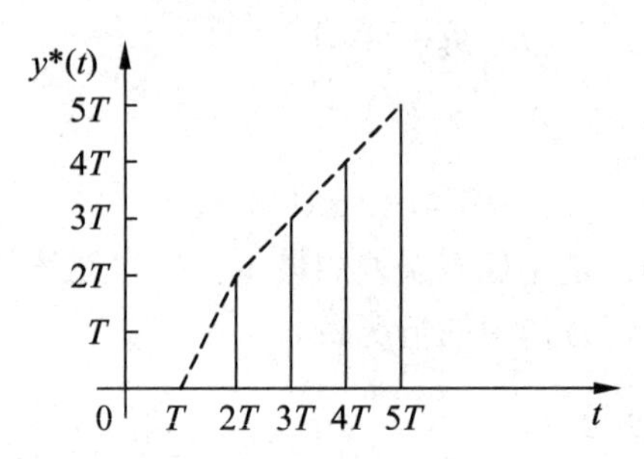

图 8.9.3 最少拍系统的单位斜坡响应

3. 单位加速度输入

当 $x(t)=\dfrac{1}{2}t^2$， $X(z)=\dfrac{T^2z^{-1}(1+z^{-1})}{2(1-z^{-1})^3}$， $v=3$ 时，有

$$\Phi_e(z)=(1-z^{-1})^3\text{，}\quad \Phi(z)=3z^{-1}-3z^{-2}+z^{-3}$$

$$Y(z)=X(z)\Phi(z)=\frac{T^2z^{-1}(1+z^{-1})}{2(1-z^{-1})^3}(3z^{-1}-3z^{-2}+z^{-3})$$

$$=\frac{3}{2}T^2z^{-2}+\frac{9}{2}T^2z^{-3}+8T^2z^{-4}+\cdots+\frac{k^2}{2}T^2z^{-k}+\cdots$$

基于 z 变换定义，可知最少拍系统在单位加速度信号作用下的输出序列 $y(kT)$ 为 $y(0)=0$，$y(T)=0$，$y(2T)=1.5T^2$，$y(3T)=4.5T^2$，$\cdots$，$y(kT)=\dfrac{k^2}{2}T^2$，$\cdots$。其瞬态响应 $y^*(t)$ 如图 8.9.4 所示，最少拍系统经过三拍就可完全跟踪输入 $x(t)=\dfrac{1}{2}t^2$。该采样系统称为三拍系统，其调整时间 $t_s=3T$ 。

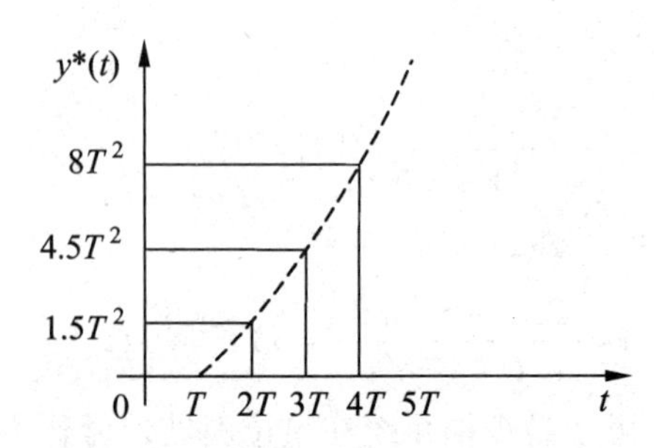

图 8.9.4 最少拍系统的单位加速度响应

例 8.9.1 设采样系统的方块图如图 8.9.1 所示，其中

$$G(s)=\frac{1-\mathrm{e}^{-Ts}}{s}\frac{4}{s(0.5s+1)}$$

已知采样周期 $T=0.5\mathrm{s}$，试求在单位斜坡信号 $x(t)=t$ 作用下最少拍系统的 $D(z)$。

解：由已知条件知，

$$G(z)=Z[G(s)]=\frac{0.736z^{-1}(1+0.717z^{-1})}{(1-z^{-1})(1-0.368z^{-1})}$$

在 $x(t)=t$ 时，有

$$\Phi_{\mathrm{e}}(z)=(1-z^{-1})^2，\quad \Phi(z)=1-\Phi_{\mathrm{e}}(z)=2z^{-1}-z^{-2}$$

$$D(z)=\frac{1-\Phi_{\mathrm{e}}(z)}{G(z)\Phi_{\mathrm{e}}(z)}=\frac{2.717(1-0.368z^{-1})(1-0.5z^{-1})}{(1-z^{-1})(1+0.717z^{-1})}$$

加入数字校正装置后，最少拍系统的开环脉冲传递函数为

$$D(z)G(z)=\frac{2z^{-1}(1-0.5z^{-1})}{(1-z^{-1})^2}$$

系统的单位斜坡响应 $y^*(t)$ 如图 8.9.3 所示，瞬态过程只需两个采样周期即可完成。

如果上述系统的输入信号不是单位斜坡信号，而是单位阶跃信号，情况将有所变化。当 $x(t)=1(t)$ 时，系统的输出信号的 z 变换为

$$Y(z)=X(z)\Phi(z)=\frac{1}{1-z^{-1}}(2z^{-1}-z^{-2})=2z^{-1}+z^{-2}+z^{-3}+\cdots+z^{-k}+\cdots$$

对应的单位阶跃响应如图 8.9.5 所示。由图可见，系统的瞬态过程虽也只需两个采样周期即可完成，但在 $t=T$ 时却出现了 100%的超调量。

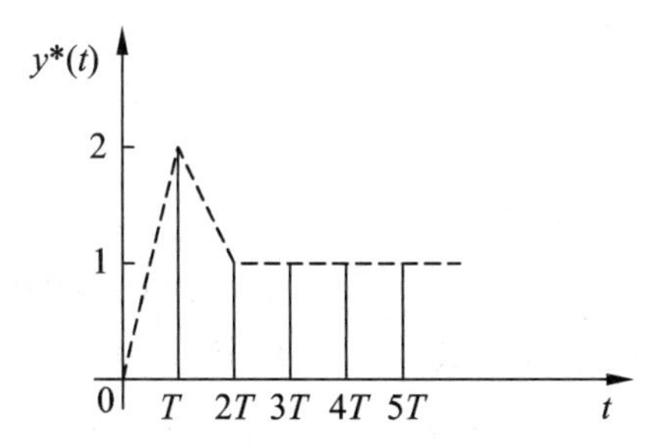

图 8.9.5　例 8.9.1 所示系统的单位阶跃响应

由上例可知，根据一种典型输入信号进行校正而得到的最少拍采样系统，往往不能很好地适应其他形式的输入信号，这使最少拍系统的应用受到很大限制。总之，最少拍系统校正方法比较简单，系统结构也比较容易实现，但在实际应用中存在较大的局限性。首先，最少拍系统对于不同输入信号的适应性较差。针对一种输入信号设计的最少拍系统在遇到其他类型的输入信号时，表现出的性能往往不能令人满意。虽然可以考虑根据不同的输入信号自动切换数字校正程序，但

实际使用中仍觉得不便。其次，最少拍系统对参数的变化也较敏感，当系统参数受各种因素的影响发生变化时，会导致瞬态响应时间的延长。

应当指出，上述校正方法只能保证在采样点处稳态误差为零，而在采样点之间系统的输出可能会出现波动(与输入信号比较)，因而这种系统称为有纹波系统。纹波的存在不仅影响精度，而且会增加系统的机械磨损和功耗，这当然是不希望的。适当地增加瞬态响应时间可以实现无纹波输出的采样系统。由于篇幅所限，这里就不再详述。

习题

8.1　求下列拉普拉斯变换式的 z 变换：

（1）$E(s)=\dfrac{a}{s(s+a)}$　　（2）$E(s)=\dfrac{s+6}{(s+2)(s+4)}$

（3）$E(s)=\dfrac{1-\mathrm{e}^{-s}}{s^2(s+1)}$　　（4）$E(s)=\dfrac{s+1}{s^2}$

8.2　求下列函数的 z 反变换：

（1）$E(z)=\dfrac{z}{z+1}$　　（2）$E(z)=\dfrac{10z}{(z-1)(z-2)}$

8.3　确定下列函数的初值和终值：

（1）$E(z)=\dfrac{z^2}{(z-1)(z-2)}$　　（2）$E(z)=\dfrac{Tz(z+1)}{(z-1)^3}$

（3）$E(z)=\dfrac{z^3+2z^2+z+1}{z^3-z^2-8z+12}$

8.4　根据下列离散系统的闭环特征方程式，判别系统的稳定性，并指出不稳定的极点数。

（1）$z^3-7z^2+5z-39=0$　　（2）$z^3-10z^2-5z+25=0$

（3）$(z+1)(z+2)(z+3)=0$　　（4）$z^2-z+0.632=0$

8.5　某采样控制系统如图E8.1所示，其中 $T=0.1$，$K=1$，$r(t)=t$。求：

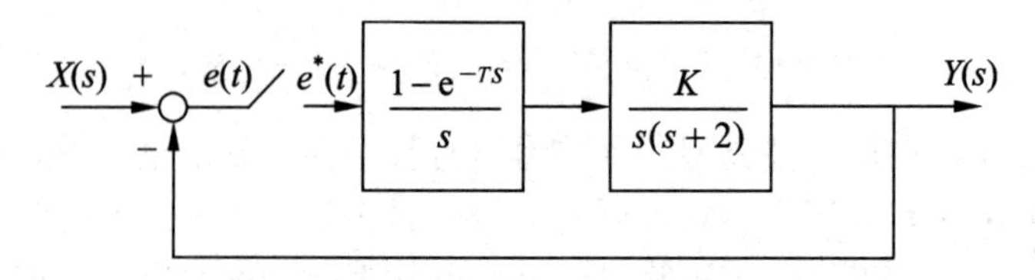

图 E8.1　系统的方块图

（1）系统的闭环脉冲传递函数；

（2）系统稳态误差 $e(\infty)$；

（3）试用劳斯判据确定系统稳定时的 K 值范围。

8.6　某采样控制系统的方块图如图 E8.2 所示，分析系统在下列典型输入作用下的稳态误差。（1）单位阶跃输入；（2）单位斜坡输入；（3）单位加速度输入。

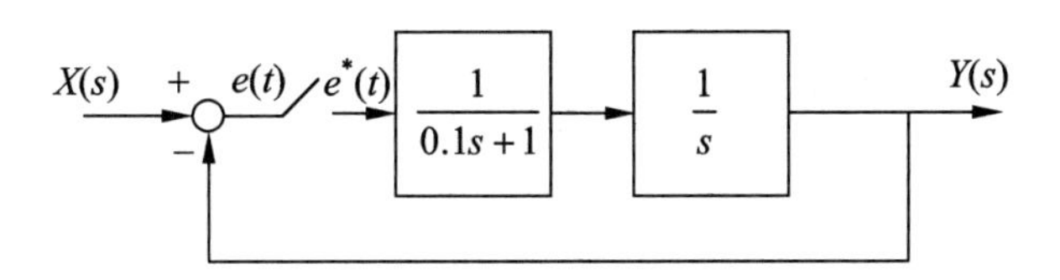

图 E8.2　系统的方块图

8.7　某采样控制系统的方块图如图 E8.3 所示，求系统的临界放大倍数 K。

（1）采样周期 $T = 10\text{s}$；　（2）采样周期 $T = 5\text{s}$；

（3）采样周期 $T = 0.5\text{s}$；　（4）采样周期 $T = 0.2\text{s}$。

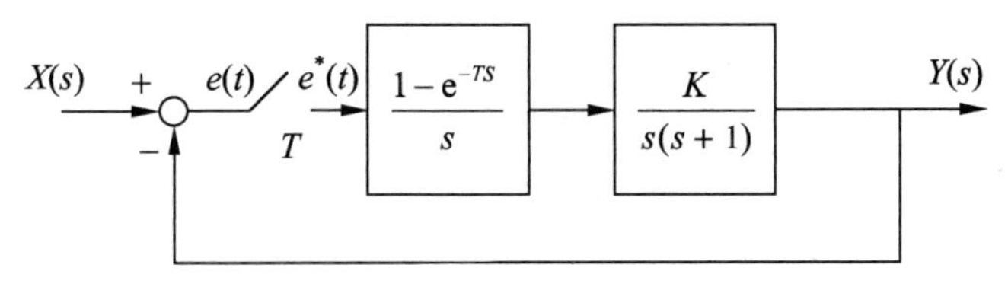

图 E8.3　系统的方块图

8.8　某采样控制系统的方块图如图 E8.4 所示，采样周期 $T = 1\text{s}$，$G_{\mathrm{h}}(s)$ 为零阶保持器，

$$G(s) = \frac{K}{s(0.2s+1)}$$

要求：

（1）当 $K = 5$ 时，分别在 z 域和 w 域中分析系统的稳定性；

（2）确定使系统稳定的 K 值范围。

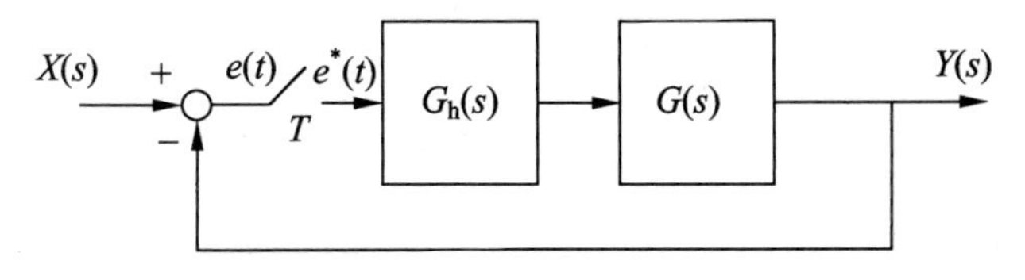

图 E8.4　系统的方块图

8.9　某采样控制系统的方块图如图 E8.5 所示，采样周期 $T = 0.2\text{s}$。试求当 $x(t) = 1 + t + \frac{1}{2}t^2$ 时，系统的稳态误差。

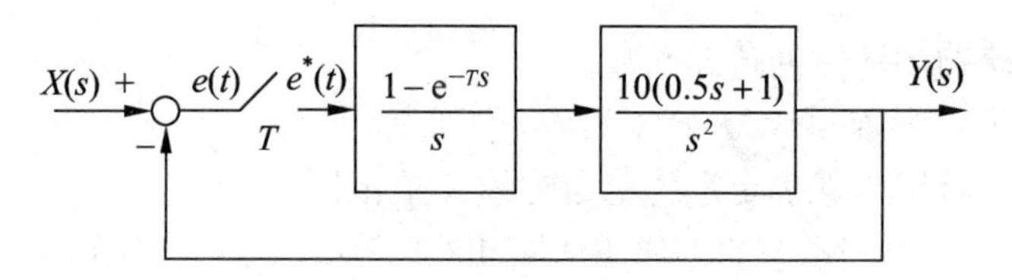

图 E8.5 系统的方块图

8.10 某采样控制系统的方块图如图 E8.6 所示，采样周期 $T = 1$，连续部分传递函数为

$$G_0(s) = \frac{1}{s(s+1)}$$

求：当 $x(t) = 1(t)$ 时，系统无稳态误差、过渡过程在最少拍内结束的数字控制器 $D(z)$。

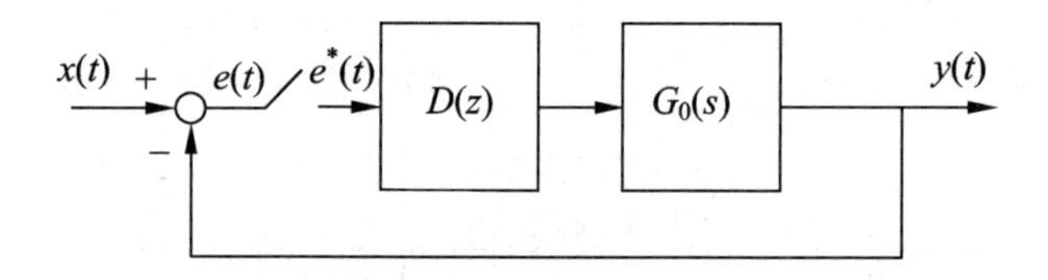

图 E8.6 系统的方块图

第9章

非线性控制系统分析

9.1 引言

在前面各章中研究的都是线性系统。但实际上，任何一个实际的控制系统都存在不同程度的非线性特性，都应属于非线性系统。严格的线性系统实际上是不存在的。所谓的线性系统仅仅是实际系统在忽略了非线性因素后的理想模型。

众所周知，各物理量之间的关系并不完全是线性的，但是为了数学上的简化，往往用线性方程来逼近它们。只要得到的解与实验的结果基本相符，这种简化是可以接受的。非线性特性的影响并不总是负面的，有时为了改善系统的性能或者简化系统的结构，还常常在系统中引入非线性部件或者更复杂的非线性控制器。通常在控制系统中常见的非线性部件有很多种，其中最简单和最普遍的就是继电器，而继电器特性是不能运用小增量线性化来近似为线性特性的。

对于线性系统，描述其运动状态的数学模型是线性微分方程，它的最大优点就在于可以使用叠加原理。而非线性系统，其数学模型是非线性微分方程，叠加原理对于非线性系统是无效的。非线性系统还有一个重要的特性是：系统的响应取决于输入的振幅和形式。例如，一个非线性系统对不同幅值的阶跃输入可能具有完全不同的响应。非线性系统表现出许多与线性系统完全不同的特点，只有熟悉了这些特点，才能灵活运用，以解决实际问题。

9.1.1 非线性系统的特点

非线性系统与线性系统相比，在数学模型、稳定性、平衡状态、频率响应、时间响应等许多方面均存在显著的差别，非线性系统具有线性系统所没有的许多特点，这些差别主要体现在以下几个方面。

1. 数学模型

线性系统的数学模型一般可以用线性微分方程来表示，它是因变量及其各阶导数的线性组合。例如 n 阶线性系统的微分方程为

$$y^{(n)}(t)+a_{n-1}y^{(n-1)}(t)+\cdots+a_1\dot{y}(t)+a_0y(t)=r(t) \tag{9.1.1}$$

线性系统可以应用叠加原理，而对于非线性系统来说，叠加原理不再成立。非线性系统的数学模型是非线性微分方程，方程中除有因变量及其导数的线性项外，还有因变量的幂或其导数的幂等其他函数形式的项。一般来说，没有一个统一的数学形式，可以表示所有的非线性系统特性。

2. 稳定性

线性系统的稳定性完全取决于系统的结构和参数，也就是说稳定性取决于系统的特征值，而与系统的输入信号和初始条件无关。当系统的传递函数无积分环节或系统矩阵 $\boldsymbol{A}$ 非奇异时，线性系统有且只有一个平衡状态。

线性定常系统的稳定性问题在前边已经研究过，由于线性系统只有一个平衡状态，因此线性系统的局部稳定性与全局稳定性是一致的。

非线性系统则不同，非线性系统的稳定性不仅与系统的结构和参数有关，而且与系统的输入信号和初始条件有关。非线性系统可能有一个或多个平衡状态。同一个非线性系统，当输入信号不同（输入信号的函数形式不同，或函数形式相同但幅值不同），或初始条件不同时，该非线性系统稳定性都可能不同。由于一些非线性系统有多个平衡状态，因此非线性系统的局部稳定性与全局稳定性一般是不一致的。

与线性系统比较，非线性系统的稳定性问题要复杂得多。而且，关于非线性系统的稳定性问题，没有一个适用于分析所有非线性系统的通用方法，因此不宜像对待线性系统那样，简单笼统地回答系统是否稳定。在研究非线性系统的稳定性问题时，还必须明确两点：一是指明给定系统的初始状态；二是指明系统相对于哪一个平衡状态来分析稳定性。

3. 系统的零输入响应形式

线性系统的零输入响应形式与系统的初始状态无关。例如在某一初始状态，线性系统的零输入响应为单调收敛的，于是在其他任一初始状态下，该线性系统的零输入响应形式仍然为单调收敛的。

非线性系统的零输入响应形式与系统的初始状态有关。当初始状态不同时，同一个非线性系统可有不同的零输入响应形式。例如具有分段线性特性的非线性增益控制系统，当初始状态小于某个限定值时，系统的零输入响应形式为单调收

敛的，当初始状态大于限定值时，系统的零输入响应形式为振荡收敛形式。

4. 自激振荡或极限环

对于线性定常系统，例如典型二阶线性系统，如果阻尼比$\zeta=0$，在初始状态的激励下，理论上系统的零输入响应为周期振荡$x(t)=X\sin(\omega t+\varphi)$，其振幅$X$取决于初始状态，其角频率$\omega$与系统的参数有关。但是，实际的线性系统要维持某一振幅X_i、某一角频率ω_i的周期振荡不变是不可能的。一是系统的参数会发生变化，即使一个微小的变化，也将导致$\zeta\neq 0$；二是假定系统的参数不变，$\zeta\equiv 0$，然而，系统不可避免地会受到干扰，将使周期振荡的振幅X发生变化，因此，原来的周期振荡不复存在。

而对于非线性系统，在初始状态的激励下，可以产生固定振幅和固定频率的周期振荡，这种周期振荡称为非线性系统的自激振荡或极限环。如果非线性系统有一个稳定的极限环，则它的振幅和频率不受扰动和初始状态的影响。

5. 频率响应

输入量为正弦信号时，对于稳定的线性系统，其稳态输出也是同频率的正弦信号，只是振幅和相位与输入量不同，这就是前面介绍的线性定常系统的频率特性，它表征着线性系统的固有性质。

在正弦输入信号作用下，非线性系统呈现出一些在线性系统中所没有的特殊现象，如跳跃谐振、倍频振荡以及频率捕捉现象等。

（1）跳跃谐振

对于如下非线性微分方程所描述的系统

$$m\ddot{x}+f\dot{x}+kx+k'x^3=P\cos\omega t \tag{9.1.2}$$

在进行实验时，使外作用函数的振幅保持不变，缓慢改变其频率，并观察系统响应的振幅X，可得到如图 9.1.1 所示的频率响应曲线。

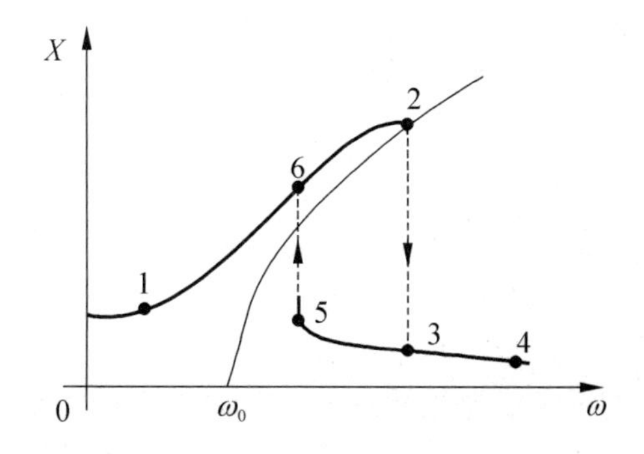

图 9.1.1　跳跃谐振的频率响应曲线

假定$k'>0$，并且从图9.1.1曲线上外作用频率ω较低的点1开始。当频率ω增加时，振幅X也增加，直到点2为止。若频率继续增加，将引起从点2到点3的跳跃，并伴有振幅和相位的改变。此现象称为跳跃谐振。当频率ω再进一步增加时，振幅X将沿着曲线从点3到点4。换一个方向来进行实验，即从高频开始，这时可以观察到，当ω减小时，振幅通过点3逐渐增加，直到点5为止。当ω继续减小，将引起从点5到点6的另一个跳跃，也伴有振幅和相位的改变。在这个跳跃之后，振幅X将随着频率ω的减小而减小，并且沿着曲线从点6趋向点1。因此，响应曲线实际上是不连续的，并且对于频率增加和减小的两种情况，响应曲线上的点则沿着不同的路线移动。这里值得注意的是，为了产生跳跃谐振，阻尼项必须很小，同时外作用函数的振幅也必须要大到足以使系统进入到显著的非线性工作范围。

（2）倍频振荡

在正弦输入信号作用下，有些非线性系统除了产生与输入信号频率相同的振荡以外，还可能产生频率为输入信号频率整数倍的倍频振荡，或者可能产生周期为输入信号周期整数倍的分频振荡。这类振荡只在某些非线性系统中产生，而不会在线性系统中出现，而且它的产生取决于非线性系统的参数、初始条件及输入信号的振幅和频率。

（3）频率捕捉现象

在某些非线性系统中可以观察到一个有趣的现象，这就是频率捕捉现象。对一个能出现频率为ω_0的极限环的系统，如果加入一个频率为ω的周期性外作用，就能观察到差拍现象。当两个频率之间的差别减小时，拍频也减小。在线性系统中，从实验到理论上都能发现当ω趋近于ω_0时，拍频将无限减小。然而，在自激的非线性系统内将会发现，在某个频带内极限环的频率ω_0和外作用频率ω取得同步，或者说，被外作用频率ω所捕捉。此现象通常称为频率捕捉，发生捕捉现象的频带称为捕捉区。

9.1.2 非线性系统的研究方法

由于非线性系统的复杂性和特殊性，使求解非线性微分方程非常困难，目前尚未找到一个研究非线性系统的通用方法，除某些简单的非线性方程可以求得精确解以外，一般只能针对某个具体的非线性系统或相似的某一类非线性系统的方程，在一定的限制条件下，求出其近似解。

目前，工程上常用的分析非线性系统的方法有相平面法、描述函数法，以及分析非线性系统平衡状态稳定性的更一般方法——李雅普诺夫直接法。

下面先介绍工程中常见的一些典型的非线性特性，然后对相平面法和描述函数法进行详细的介绍，至于李雅普诺夫直接法不是本书所要介绍的重点，大家可以参考其他相关书籍。

9.2　常见的典型非线性特性

实际控制系统中存在的非线性环节有许多，如饱和、死区、间隙、摩擦等。在多数情况下，系统中的这些固有的非线性特性将给系统的正常工作和性能带来不利的影响。但是，如果认为凡是非线性均对系统有害无益，这种看法有些偏颇，其实有时为了改善系统的性能，还人为地在系统中加入某些非线性特性。有时为了使系统完成某些功能把系统设计成一个非线性系统，而这种系统比为达到同样功能而设计出的线性系统要优越得多。例如控制信号受约束的时间最优控制，其最优控制律就是双位继电器型特性。

下面简要介绍几种常见的典型非线性环节的基本特性及对系统性能的影响。

1. 饱和非线性

各类饱和放大器、执行元件的功率特性、飞机和舰船的舵、控制电机的转速与控制电压间的特性等，均呈现饱和特性。对于具有饱和非线性特性的系统或元件，当输入量超出线性范围并继续增大时，其输出量趋于一个常数值，如图 9.2.1 所示。

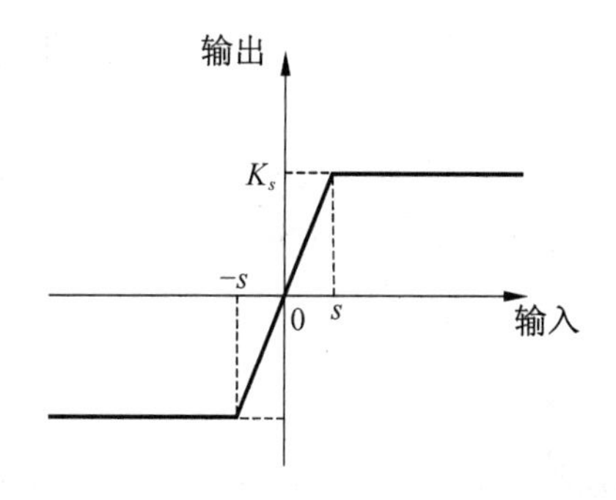

图 9.2.1　饱和非线性特性

饱和非线性对系统性能的影响有如下两点：

（1）如果线性系统的零输入响应为衰减振荡，若在系统中引入饱和非线性，将使系统的零输入响应——衰减振荡的振幅变小，振荡性减弱。

（2）如果线性系统的零输入响应为发散振荡，当在系统中引入饱和非线性时，将使系统的零输入响应由原来的发散振荡变为等幅振荡，即产生自持振荡（极限环）。

2. 死区非线性

死区非线性出现在一些对小信号不灵敏的装置中，如测量元件、执行元件等。其特征为，当输入信号较小时，无输出信号；当输入信号大于死区时，输出信号才随输入信号变化，如图 9.2.2 所示。例如作为执行元件的电动机，当输入电压小于启动电压时，电动机仍处于静止状态，只有当输入电压大于启动电压时，电动机才开始运转。

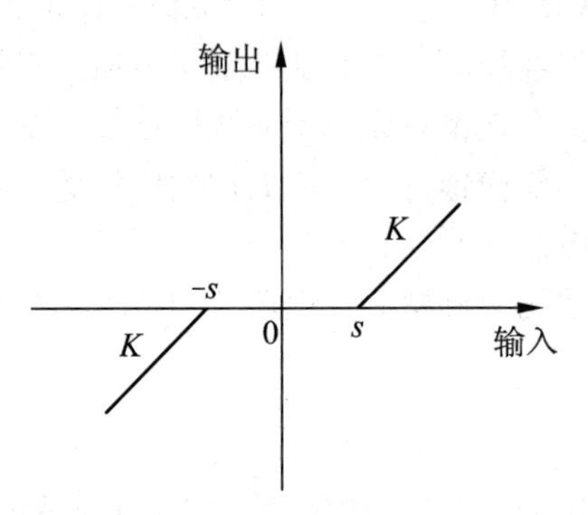

图 9.2.2 死区非线性特性

死区非线性对系统性能的影响如下：

（1）死区非线性可使系统响应的振荡性减弱；

（2）对于跟踪缓慢变化信号的系统，死区非线性将使系统的输出量在时间上产生滞后；

（3）死区非线性给系统稳态性能带来的影响造成了额外的稳态误差；

（4）死区非线性可滤除振荡振幅小于死区的干扰信号，能提高系统的抗干扰能力。

3. 间隙非线性

由于机械加工精度的限制和工艺装配上的需要，间隙的出现是不可避免的。例如机械传动链中，两个啮合齿轮之间的侧隙是常见的间隙非线性。如果主动轮改变运动方向，只有当主动轮反向移动消除间隙后，从动轮才随主动轮运行。间隙非线性特性曲线如图 9.2.3 所示。

间隙非线性对系统性能的影响有：

（1）间隙非线性使系统的频率响应在相位上产生滞后，致使系统的相位裕度变小，加剧系统的振荡性，有时可使系统产生自激振荡、若间隙较大，甚至会使系统变为不稳定。

（2）间隙非线性将使系统的稳态误差加大。

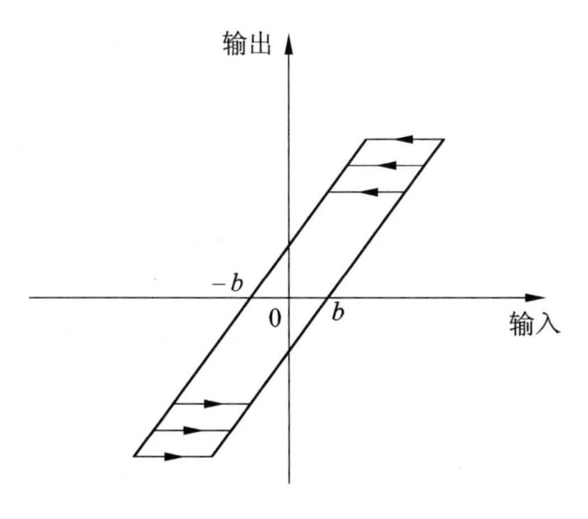

图 9.2.3　间隙非线性特性

4．摩擦非线性

相互接触的两个物体，在接触面上出现的阻碍滑动的力称为摩擦力。摩擦力包括静摩擦力、粘性摩擦力和库仑摩擦力。这类摩擦力的作用方向均与系统运行方向相反。

摩擦非线性对系统性能的影响为，如果控制系统的输入轴作平稳的低速运行，摩擦非线性可能使系统的输出轴作跳跃式的跟踪运动，这种现象称为低速爬行现象。

5．继电器型非线性

继电器是广泛应用于控制系统、保护装置和通信设备中的器件，在控制系统中，常常把继电器作为一个功率增益很大的非线性功率放大器。

继电器的类型有双位继电器、三位继电器、具有滞环和具有死区与滞环的继电器等几种。

（1）双位继电器（图 9.2.4（a））：当输入信号极性变化时，继电器动作，接通反向接点，输出信号的极性随之改变。

（2）具有死区的继电器（图 9.2.4（b））：输入信号的幅值必须大于死区 h，继电器才动作。

（3）具有滞环的继电器（图 9.2.4（c））：由于继电器线圈的磁滞效应，在滞环范围内改变输入信号的极性并不会使继电器输出极性立即改变。

（4）具有死区与滞环的继电器（图 9.2.4（d））：其输入输出特性如图 9.2.4（d）所示，这类继电器特性相对于其他三种继电器特性更为复杂一些，后边还会对其进行详细讨论。

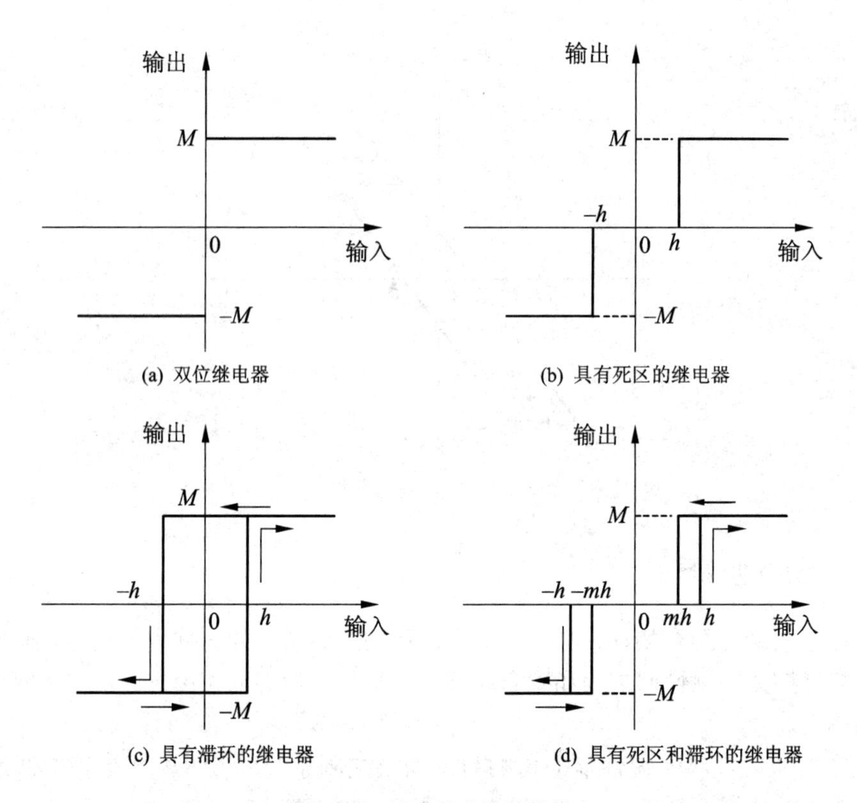

图 9.2.4 继电器非线性特性

继电器型非线性对系统性能的影响如下：

（1）对于线性部分是结构稳定的二阶继电器系统，应用相平面法将会看到，具有滞环的继电器特性的非线性系统存在极限环；

（2）对于线性部分是结构稳定的三阶或三阶以上的继电器系统，应用描述函数法将会看到，各类继电器非线性特性均可能产生自激振荡（极限环）；

（3）把控制器设计成双位继电器型特性，可以获得时间最优控制系统。

9.3 相平面法基础

假设一个二阶系统可以用下列常微分方程描述

$$\ddot{x} = f(x, \dot{x}) \tag{9.3.1}$$

如果令 $x = x_1, \dot{x} = x_2$，则可将式（9.3.1）改写为两个一阶联立微分方程

$$\begin{cases} \dfrac{\mathrm{d}x_1}{\mathrm{d}t} = x_2 \\ \dfrac{\mathrm{d}x_2}{\mathrm{d}t} = f(x_1, x_2) \end{cases} \tag{9.3.2}$$

用第二个方程除以第一个方程，可得

$$\frac{\mathrm{d}x_2}{\mathrm{d}x_1}=\frac{f(x_1,x_2)}{x_2} \tag{9.3.3}$$

这是一个以 x_1 为自变量，以 x_2 为因变量的一阶微分方程，如果能解出该方程，则可以运用式（9.3.2）把 x 和 t 的关系计算出来。因此对式（9.3.1）的研究，可以用研究式（9.3.3）来代替，即式（9.3.1）的解既可用 x 和 t 的关系来表示，也可以用 $x_2(=\dot{x})$和$x_1(=x)$ 的关系来表示。实际上，如果把式（9.3.1）看作一个质点的运动方程，则 x_1 代表质点的位置，x_2 代表质点的速度（因而也代表了质点的动量）。用 x 和 $\dot{x}$ 描述式（9.3.1）的解，也就是用质点的状态（位置和动量）来表示该质点的运动。在物理学中，这种不直接用时间变量而用状态变量表示运动的方法称为相空间方法，也称为状态空间法。在自动控制原理中，把具有直角坐标 x_1 和 x_2（即 x 和 $\dot{x}$ ）的平面叫做相平面。相平面是二维的状态空间。注意：相平面法只适用于研究一阶、二阶系统。本章研究的系统都是二阶系统，它的状态变量只有两个，所以系统的运动可在相平面上表示出来，系统的某一状态对应于相平面上的一点，状态随时间转移的情况对应于相平面上点的移动。相平面上的点随时间变化描绘出来的曲线叫做相轨迹。为了进一步说明相平面和相轨迹的概念，先来研究二阶线性系统的自由运动。

9.3.1　线性系统的相轨迹

设系统的微分方程式如下

$$\ddot{x}+2\zeta\omega_{\mathrm{n}}\dot{x}+\omega_{\mathrm{n}}^2\ x=0 \tag{9.3.4}$$

取相坐标 $\dot{x}$ 、x，则上述方程可化为

$$\begin{cases}\dfrac{\mathrm{d}\dot{x}}{\mathrm{d}t}=-(2\zeta\omega_{\mathrm{n}}\dot{x}+\omega_{\mathrm{n}}^2\ x)\\[2ex]\dfrac{\mathrm{d}x}{\mathrm{d}t}=\dot{x}\end{cases} \tag{9.3.5}$$

或

$$\frac{\mathrm{d}\dot{x}}{\mathrm{d}x}=\frac{-(2\zeta\omega_{\mathrm{n}}\dot{x}+\omega_{\mathrm{n}}^2\ x)}{\dot{x}} \tag{9.3.6}$$

由第 3 章的讨论可知，式（9.3.4）所表示的自由运动，其性质由特征方程根的分布情况来决定，主要有以下几种情况。

1. 无阻尼运动（$\zeta=0$）

这时式（9.3.6）变为

$$\frac{\mathrm{d}\dot{x}}{\mathrm{d}x}=\frac{-\omega_{\mathrm{n}}^2\ x}{\dot{x}} \tag{9.3.7}$$

对式（9.3.7）积分，可得相轨迹方程

$$x^2+\frac{\dot{x}^2}{\omega_n^2}=A^2 \tag{9.3.8}$$

式中，$A=\sqrt{\dfrac{\dot{x}_0^2}{\omega_n^2}+x_0^2}$ 是由初始条件 x_0，$\dot{x}_0$ 决定的常数。当 x_0、$\dot{x}_0$ 取不同值时，式（9.3.8）在相平面上表示一族同心的椭圆，见图 9.3.1，每一个椭圆相当于一个简谐振动。等效于二阶无阻尼系统在不同强度脉冲输入下的等幅振荡输出。

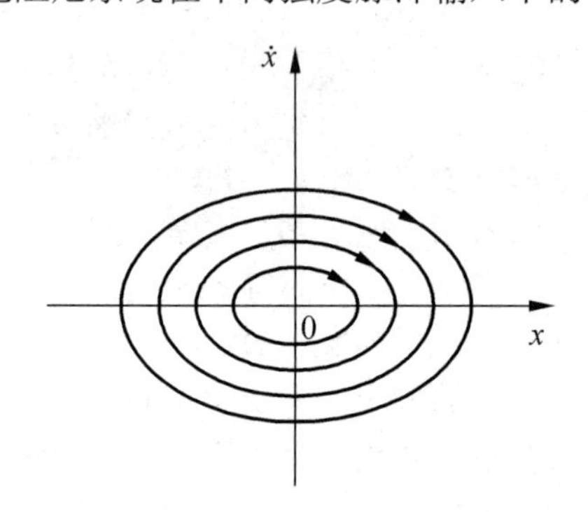

图 9.3.1　无阻尼系统的相轨迹

在相平面的上半平面，$\dot{x}>0$，x 随 t 的增大而增大；在相平面的下半平面，$\dot{x}<0$，x 随 t 的增大而减小。所以相轨迹的方向应是如图 9.3.1 中箭头所示。在相轨迹与横轴交点处，因为有 $\dot{x}=0$，$x\neq 0$，而从式（9.3.7）可知 $\dfrac{\mathrm{d}\dot{x}}{\mathrm{d}x}=\infty$，所以相轨迹垂直地穿过横轴。图 9.3.1 中坐标原点处因为有 $x=\dot{x}=0$，所以 $\dfrac{\mathrm{d}\dot{x}}{\mathrm{d}x}=\dfrac{0}{0}$，相轨迹的斜率不能由该点的坐标值单值地确定，因此这种点叫做奇点。在奇点处，因为速度和加速度都为零，相当于系统的平衡状态。式（9.3.7）的唯一的孤立奇点在坐标原点处，并且奇点附近的相轨迹是一族封闭的曲线，这样的奇点通常称为中心点。

2．欠阻尼运动（$0<\zeta<1$）

当 $0<\zeta<1$ 时，式（9.3.4）的解为

$$x(t)=A\mathrm{e}^{-\zeta\omega_n t}\cos(\omega_d t+\varphi) \tag{9.3.9}$$

式中

$$\omega_d=\omega_n\sqrt{1-\zeta^2}$$

$$A=\frac{\sqrt{\dot{x}_0^2+2\zeta\omega_n x_0\dot{x}_0+\omega_n^2x_0^2}}{\omega_d}$$

$$\varphi = -\arctan\frac{x_0^2 + \zeta\omega_n x_0}{\omega_d x_0}$$

对式（9.3.9）求导数，可得

$$\dot{x}(t) = -A\zeta\omega_n \mathrm{e}^{-\zeta\omega_n t}\cos(\omega_d t+\varphi) - A\zeta\omega_d \mathrm{e}^{-\zeta\omega_n t}\sin(\omega_d t+\varphi) \tag{9.3.10}$$

以 $\zeta\omega_n$ 乘式（9.3.9）两端并和式（9.3.10）相加，可得

$$\dot{x} + \zeta\omega_n x = -A\zeta\omega_d \mathrm{e}^{-\zeta\omega_n t}\sin(\omega_d t+\varphi) \tag{9.3.11}$$

又以 ω_d 乘式（9.3.9）可得

$$\omega_d x = A\omega_d \mathrm{e}^{-\zeta\omega_n t}\cos(\omega_d t+\varphi) \tag{9.3.12}$$

由式（9.3.11）和式（9.3.12）可得

$$(\dot{x} + \zeta\omega_n x)^2 = A^2\omega_d^2\ \mathrm{e}^{-2\zeta\omega_n t} \tag{9.3.13}$$

和

$$-\frac{\dot{x} + \zeta\omega_n x}{\omega_d x} = \tan(\omega_d t+\varphi) \tag{9.3.14}$$

由式（9.3.14）解出 t，并将 t 的表达式代入式（9.3.13），得

$$(\dot{x} + \zeta\omega_n x)^2 + \omega_d^2\ x^2 = c\,\mathrm{e}^{\frac{2\zeta\omega_n}{\omega_d}\arctan\frac{\dot{x}+\zeta\omega_n x}{\omega_d x}} \tag{9.3.15}$$

式中

$$c = A^2\omega_d^2\ \mathrm{e}^{\frac{2\zeta\omega_n\varphi}{\omega_d}}$$

式（9.3.15）就是系统欠阻尼运动时的相轨迹方程式，它表示一族绕在相平面坐标原点上的螺旋线。为了清楚起见，可将式（9.3.15）化为极坐标的形式。

令 $r\cos\theta = \omega_d x$，$r\sin\theta = -(\zeta\omega_n x + \dot{x})$，则式（9.3.15）变为

$$r^2 = c\,\mathrm{e}^{\frac{2\zeta\omega_n}{\omega_d}(-\theta)}$$

或

$$r = \sqrt{c}\,\mathrm{e}^{\frac{\zeta\omega_n}{\omega_d}(-\theta)} \tag{9.3.16}$$

式（9.3.16）即是极坐标中的对数螺旋线方程。因为

$$\tan\theta = -\frac{\zeta\omega_n x + \dot{x}}{\omega_d x} = \tan(\omega_d t+\varphi)$$

所以

$$\theta = \omega_d t + \varphi \tag{9.3.17}$$

由式（9.3.17）和式（9.3.16）可知，θ 随 t 的增大而增大，r 随 t 的增大而减小，即相轨迹的移动方向是从外面向原点接近的。系统欠阻尼运动时不管系统的初始状态如何，相轨迹总是经过一些衰减振荡，最后趋向于平衡状态。此时的相轨迹表示在图 9.3.2 中。坐标原点是一个奇点，它附近的相轨迹是最终收敛于它的对数螺旋线，这种奇点称为稳定的焦点。

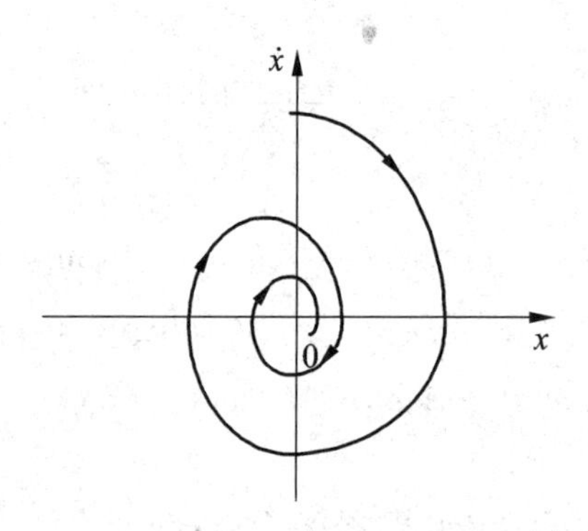

图 9.3.2 系统欠阻尼运动时的相轨迹

3. 过阻尼运动（$\zeta>1$）

在过阻尼情况下，式（9.3.4）的解为

$$x(t)=A_1\,\mathrm{e}^{-q_1t}+A_2\,\mathrm{e}^{-q_2t} \tag{9.3.18}$$

式中

$$q_1=\left(\zeta+\sqrt{\zeta^2-1}\right)\omega_\mathrm{n},\quad q_2=\left(\zeta-\sqrt{\zeta^2-1}\right)\omega_\mathrm{n}$$

$$A_1=\frac{q_2x_0+\dot{x}_0}{q_2-q_1},\qquad A_2=\frac{q_1x_0+\dot{x}_0}{q_1-q_2}$$

由式（9.3.18）可得

$$\dot{x}(t)=-A_1q_1\,\mathrm{e}^{-q_1t}-A_2q_2\,\mathrm{e}^{-q_2t} \tag{9.3.19}$$

将式（9.3.18）分别乘以 q_1、q_2 后和式（9.3.19）相加，得

$$\dot{x}+q_1x=(q_1-q_2)A_2\,\mathrm{e}^{-q_2t} \tag{9.3.20}$$

$$\dot{x}+q_2x=(q_2-q_1)A_1\,\mathrm{e}^{-q_1t} \tag{9.3.21}$$

当初始相点 x_0，$\dot{x}_0$ 满足 $q_1x_0+\dot{x}_0=0$ 时，有 $A_2=0$，于是由式（9.3.20）可得直线方程

$$\dot{x}+q_1x=0$$

它表示了相平面上的一条特殊的相轨迹，如图 9.3.3（a）中的曲线 1 所示。同理，当初始相点满足 $q_2x_0+\dot{x}_0=0$ 时，有 $A_1=0$，则由式（9.3.21）可得直线方程

$$\dot{x}+q_2x=0$$

如图 9.3.3（a）中的曲线 2 所示。

当 A_1 和 A_2 不为零时，求式（9.3.20）的 q_1 次方和式（9.3.21）的 q_2 次方，并将所求得的结果相除，则有

$$(\dot{x}+q_2x)^{q_2}=c(\dot{x}+q_1x)^{q_1} \tag{9.3.22}$$

式中

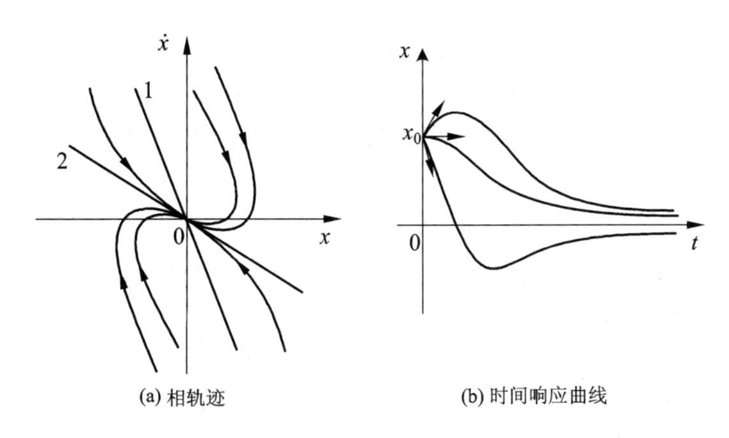

图 9.3.3　系统过阻尼运动时的相轨迹和时间响应曲线

$$c = \frac{(q_2 - q_1)A_1^{q_2}}{(q_1 - q_2)A_2^{q_1}}$$

式（9.3.22）代表了一族通过原点的“抛物线”。实际上，令 $\dot{x} + q_1 x = u$，$\dot{x} + q_2 x = v$，则式（9.3.22）可化为

$$v = c^{1/q_2} u^{q_1/q_2}$$

其中 $q_1 / q_2 > 1$。图 9.3.3（a）表示了式（9.3.22）给出的相轨迹，在给定初始条件下的时间响应曲线如图 9.3.3（b）所示，它是非周期的趋向于平衡状态的过程。图 9.3.3（a）中的坐标原点是一个奇点，这种奇点称为稳定的节点。

4．负阻尼运动

系统在 $-1 < \zeta < 0$ 时的相轨迹也是一族对数螺旋线，但此时相轨迹的移动方向随着 t 增长，运动过程是振荡发散的，其相轨迹表示在图 9.3.4 中，这时奇点 $\dot{x} = x = 0$ 称为不稳定的焦点。系统在 $\zeta < -1$ 时，奇点 $\dot{x} = x = 0$ 称为不稳定的节点。

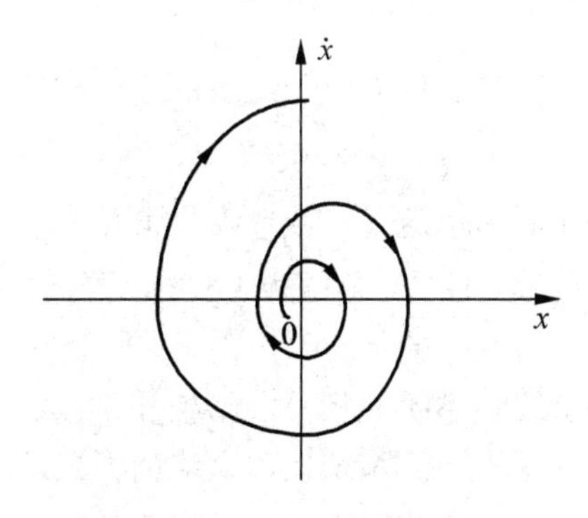

图 9.3.4　系统负阻尼时的相轨迹

现在考虑下列线性方程

$$\ddot{x}+2\zeta\omega_{\mathrm{n}}\dot{x}-\omega_{\mathrm{n}}^{2}x=0$$

在这个方程里，如果把式（9.3.4）中的 $\omega_{\mathrm{n}}^{2}x$ 项看作弹簧的拉力，那么在这里 $-\omega_{\mathrm{n}}^{2}x$ 就相当于是斥力。这时方程的解的形式同已研究过的过阻尼运动的式（9.3.18）相同，即有

$$x(t)=A_{1}\mathrm{e}^{-q_{1}t}+A_{2}\mathrm{e}^{-q_{2}t}$$

然而不同的是，这时 $q_{1}>0$，$q_{2}<0$。完全类似于对过阻尼运动的讨论，同时可得两条特殊的相轨迹

$$\dot{x}+q_{1}x=0 \quad 和 \quad \dot{x}+q_{2}x=0$$

前者是相平面上第二、第四象限的直线，后者是相平面上第一、第三象限的直线，如图 9.3.5 中的曲线 1 和曲线 2。

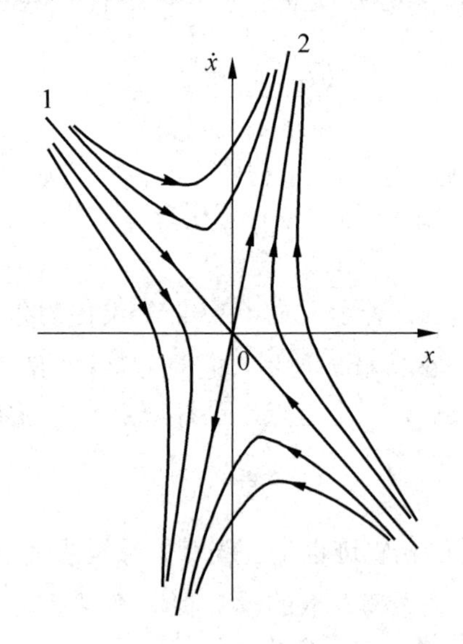

图 9.3.5　$\ddot{x}+2\zeta\omega_{\mathrm{n}}\dot{x}-\omega_{\mathrm{n}}^{2}x=0$ 所对应的相轨迹

同样，对 A_{1}，A_{2} 不为零时进行类似于过阻尼运动时的讨论，最后可得

$$v=c^{1/q_{2}}u^{q_{1}/q_{2}}$$

但这时因为 $q_{1}/q_{2}<0$，所以这是一族“双曲线”，如图 9.3.5 中所示。当 $\zeta=0$ 时，这一族双曲线成为等边双曲线。在图 9.3.5 中，奇点 $\dot{x}=x=0$ 称为鞍点。它所对应的平衡状态显然也是不稳定的。

上面介绍了几种二阶线性系统的相平面结构和奇点类型。大家知道系统特征方程的根在复平面上的位置不同，系统自由运动的形式就不同。这一事实在相平面上反映出来就是特征根的分布情况不同，奇点的类型也就不同，所以在用相平面法研究系统的运动时，奇点的类型应给以特别的注意。图 9.3.6 中给出了特征方程的根在复平面上的位置与奇点类型的对应关系。

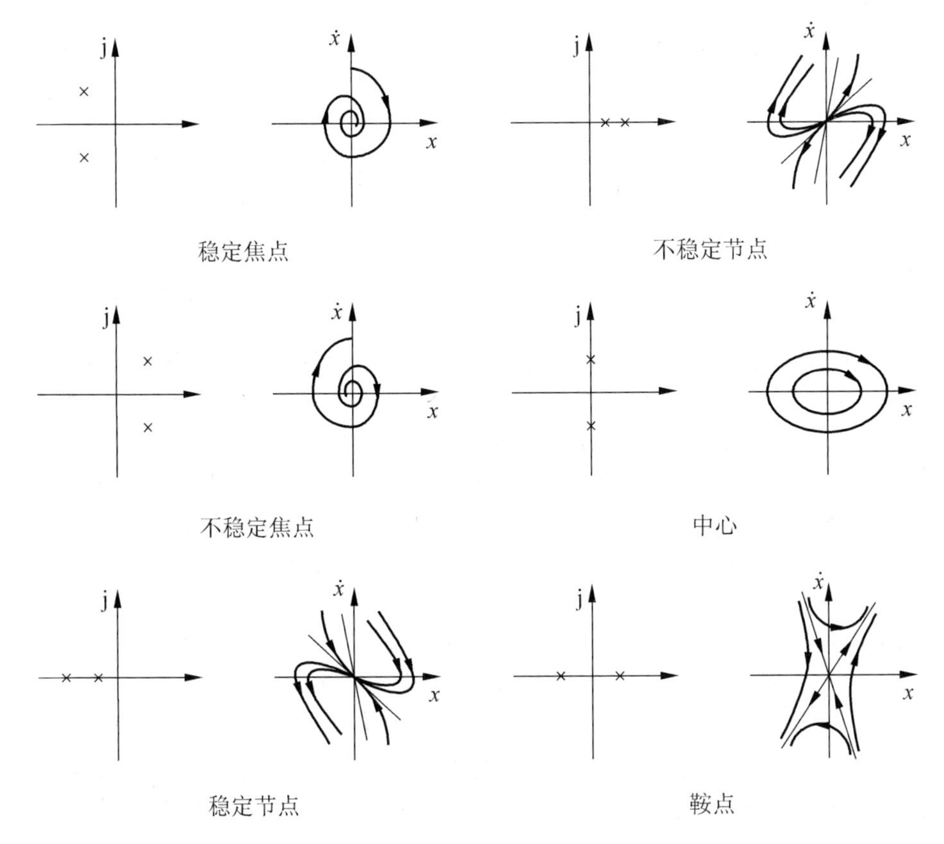

图 9.3.6　特征根位置与奇点类型对应关系

9.3.2　相轨迹作图方法

当系统模型是简单的或分段线性的微分方程时，可以直接采用解析法对系统进行分析，并在相平面中直接画出系统的相轨迹。但绝大多数系统模型的微分方程用解析法求解比较困难，甚至是不可能的，这时应当采用图解法进行分析，图解法可以直接给出相平面上的相轨迹图，避免对系统微分方程直接求解的难题。

图解法通过作图画出系统的相轨迹，它既可以应用于低阶的线性系统中，也可以应用于低阶的非线性系统的分析。工程中常用的图解法有等倾线法和 δ法。下面就来介绍这两种方法。

1. 等倾线法

等倾线法适用于以下微分方程形式的系统中

$$\ddot{x} = f(\dot{x}, x)$$

上式进行变换后可得

$$\frac{\mathrm{d}\dot{x}}{\mathrm{d}x}=\frac{f(\dot{x},x)}{\dot{x}}$$

上式中的$\frac{\mathrm{d}\dot{x}}{\mathrm{d}x}$就是在$x$-$\dot{x}$平面中的相轨迹斜率。现令$\frac{\mathrm{d}\dot{x}}{\mathrm{d}x}$等于$\alpha$，代入上式可得

$$\alpha=\frac{f(\dot{x},x)}{\dot{x}} \tag{9.3.23}$$

式（9.3.23）是一个关于x和$\dot{x}$的方程，在线性系统中，该方程对应一条曲线，这条曲线的特点就是相轨迹通过该曲线上的点的斜率相同，都是α，所以该曲线也称为等倾线。当α取不同的值时，可以在相平面上绘出若干不同的等倾线，相轨迹通过每条不同的等倾线时，其斜率都等于该等倾线所对应的α值。任意给定一个初始条件，即任意给出一个相平面上的起始点，由该点出发的相轨迹可以这样作出来：从该点出发，按照它所在的等倾线上的相轨迹斜率方向作一个小线段，这个线段与下一个等倾线交于一点，再由这个交点出发，按照第二条等倾线上的相轨迹斜率方向再作一个小线段，这个小线段再与第三条等倾线相交，依次连续作下去，就可以得到一条从给定初始条件出发的相轨迹图。

对于线性系统来说，在相平面上通过任意普通点的相轨迹只有一条，因此，起自相平面上任意一点的相轨迹，既可以沿顺时针方向作出，也可以沿逆时针方向作出。图9.3.7中给出了α取不同值时的等倾线以及等倾线法作相轨迹图的示例。

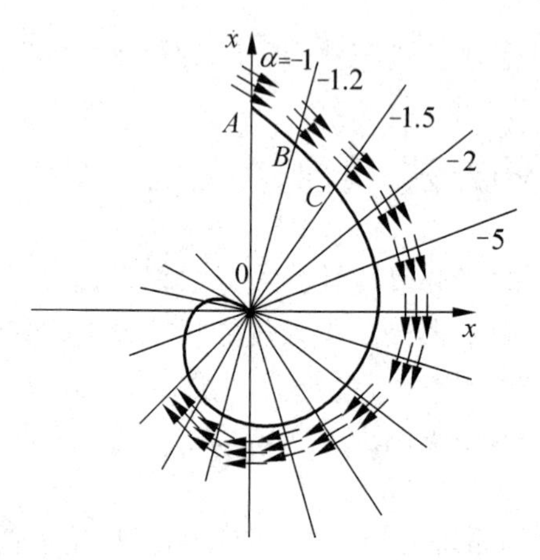

图9.3.7 用等倾线法绘制相轨迹示意图

这里要指出的是，用这种方法作相轨迹时，在作图过程中将产生累积误差，因此作出的相轨迹可能不够准确。为了提高作图的精确度，在作图时要多取些等倾线，特别是在相轨迹的斜率变化比较剧烈的地方，等倾线更要取得密些。当等倾线是直线时，如图9.37所示采用等倾线法还是比较方便的。如果等倾线不是直线，则可以利用下边将要讨论的δ法来绘制相轨迹。

2．δ法

δ法适用于下列形式的系统模型

$$\ddot{x} = f(\dot{x}, x)$$

其中 $f(\dot{x}, x)$ 是单值连续函数。在应用δ法时，需要对上述方程进行变换，对上式两边同时加$\omega^2 x$，得

$$\ddot{x} + \omega^2 x = f(\dot{x}, x) + \omega^2 x \tag{9.3.24}$$

适当选择式中的ω值，使下面定义的δ函数值在所讨论的$\dot{x}$和x取值范围内。δ函数定义如下：

$$\delta(\dot{x}, x) = \frac{f(\dot{x}, x) + \omega^2 x}{\omega^2} \tag{9.3.25}$$

δ函数值取决于变量$\dot{x}$和x，然而当$\dot{x}$和x的变化很小时，$\delta(\dot{x}, x)$可以看作是一个常量δ_1。这样，式（9.3.24）可以写为

$$\ddot{x} + \omega^2 (x - \delta_1) = 0$$

或

$$\frac{\mathrm{d}\dot{x}}{\mathrm{d}x} = \frac{-\omega^2 (x - \delta_1)}{\dot{x}}$$

对上式积分可得

$$\left(\frac{\dot{x}}{\omega}\right)^2 + (x - \delta_1)^2 = \left(\sqrt{\left(\frac{\dot{x}_1}{\omega}\right)^2 + (x_1 - \delta_1)^2}\right)^2 = R^2 \tag{9.3.26}$$

式中，x_1，$\dot{x}_1$ 为给定起始状态。

值得注意的是式（9.3.26）只在对应的所考虑的工作点附近成立。如果把纵坐标取为$\dfrac{\dot{x}}{\omega}$，横坐标取为x，则在该相平面内，式(9.3.26)代表一个圆心在$Q(\delta_1, 0)$，半径为$|P_1Q| = R$的圆。这说明在工作点附近的相轨迹可以用上述圆弧来近似代替，但该圆弧必须足够的短，以确保变量δ的变化很小，如图 9.3.8 所示。

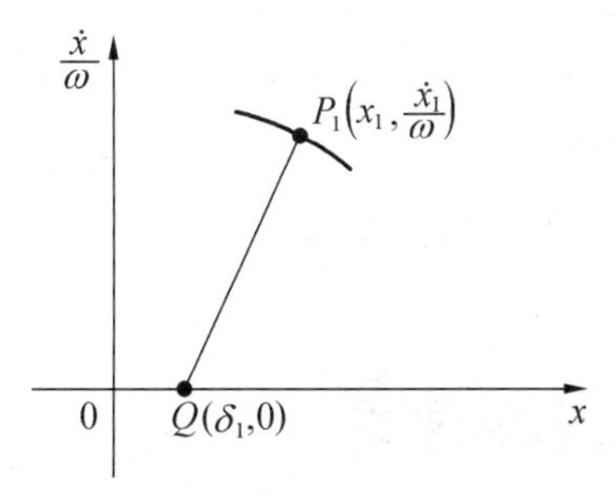

图 9.3.8　δ法绘制相轨迹示意图

下面以一个简单系统为例，说明δ法的使用情况。系统的微分方程为

$$\ddot{x}+\dot{x}+x^3=0 \tag{9.3.27}$$

若已给定初始状态为$x(0)=1$，$\dot{x}(0)=0$，现用δ法作出由该初始状态出发的相轨迹。为此，取$\omega=1$，将式（9.3.27）写为

$$\ddot{x}+x=-\dot{x}-x^3+x$$

则$\delta(\dot{x},x)=-\dot{x}-x^3+x$。

在图9.3.9中，相轨迹起始于$A_1(x=1,\dot{x}=0)$，此时可先取$\delta_1=0$，作出一段过A_1的初始小圆弧，它的圆心在原点，半径为1。为了使作图更加准确，可利用这段小圆弧的x平均值和$\dot{x}$的平均值，求出更准确的δ值。经过几次这样地逼近，就可以得到一个相当准确地δ值。在这个例子中，第一段圆弧$\overset{\frown}{A_1A_2}$的作法如下：首先作圆心在原点，半径为1的圆弧，它和$\dot{x}=-0.1$的直线交于A_2点，A_2点的坐标为$\dot{x}=-0.1$，$x=\sqrt{1-0.1^2}$，取A_1点和A_2点坐标的平均值$\dot{x}_M=-0.05$，$x_M=\left(1+\sqrt{1-0.1^2}\right)/2$代入$\delta(\dot{x},x)$的表达式，可得$\delta$的一个逼近值$\delta_1$为

$$\delta_1=0.05-\left(\frac{1+\sqrt{1-0.1^2}}{2}\right)^3+\frac{1+\sqrt{1-0.1^2}}{2}\approx 0.055$$

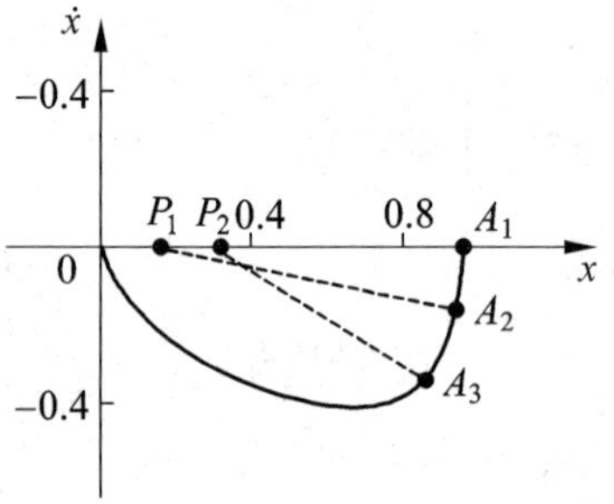

图9.3.9　$\ddot{x}+\dot{x}+x^3=0$在$x(0)=1$，$\dot{x}(0)=0$时的相轨迹

这样第一段圆弧$\overset{\frown}{A_1A_2}$的圆心位于$P_1(x=0.055,\dot{x}=0)$点。用同样的方法可以作出第二段圆弧$\overset{\frown}{A_2A_3}$，其圆心位于$P_2(x=0.37,\dot{x}=0)$点，如此连续作下去，就可得到如图9.3.9中所示的相轨迹。

δ法的应用比较广泛，当系统方程为$\ddot{x}=f(x,\dot{x},t)$的形式时，也可以利用δ法对其进行研究。

9.3.3 由相平面图求时间解

在系统分析时，希望得到的往往是x作为时间t的函数解，而相平面上得到的是$\dot{x}$和x的函数关系，那么如何利用相平面来确定x和t的关系呢？现在来分析

一下相轨迹上坐标为 x_1 的点移动到坐标为 x_2 的位置所需要的时间，该时间可以用下式计算

$$t_2 - t_1 = \int_{x_1}^{x_2} \frac{\mathrm{d}x}{\dot{x}} \tag{9.3.28}$$

这个积分可用近似计算积分的方法求出，因此求时间解的过程是近似计算积分的过程。下面介绍两种确定时间的方法。

1. 用 $1/\dot{x}$ 曲线计算时间

根据相轨迹图，以 x 为横坐标，$1/\dot{x}$ 为纵坐标，画出 $1/\dot{x}$ 曲线，则由式（9.3.28）可知，$1/\dot{x}$ 曲线下的面积就代表了对应的时间间隔，如图 9.3.10 所示相轨迹由 A 到 B 所经历的时间就是图中阴影部分的面积。利用解析法可以求出这一面积。

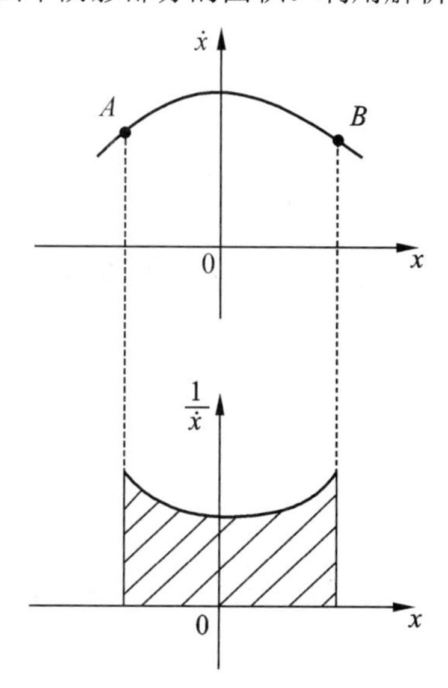

图 9.3.10　用 $1/\dot{x}$ 曲线计算时间

2. 用小圆弧逼近相轨迹计算时间

在这种方法中，相轨迹是用圆心位于实轴上的一系列圆弧来近似的。如图 9.3.11 中相轨迹的 AD 段，可用以 x 轴上的 P、Q、R 点为圆心，以 $|PA|$、$|QB|$、$|RC|$ 为半径的小圆弧来逼近，这样就有

$$t_{AD} = t_{AB} + t_{BC} + t_{CD} \approx t_{\widehat{AB}} + t_{\widehat{BC}} + t_{\widehat{CD}}$$

而每段小圆弧对应的时间，例如 $t_{\widehat{AB}}$ 可以利用式（9.3.28）很方便地计算出来。实际上，令 $\dot{x} = |PA|\sin\theta$，$x = |0P| + |PA|\cos\theta$ 代入式（9.3.28）可得

$$t_{\widehat{AB}} = \int_{\theta_A}^{\theta_B} \frac{-|PA|\sin\theta}{|PA|\sin\theta} \mathrm{d}\theta = \theta_A - \theta_B = \theta_{\widehat{AB}} \tag{9.3.29}$$

式（9.3.29）说明，$t_{\widehat{AB}}$ 在数值上等于 $\widehat{AB}$ 所对应的中心角 $\theta_{\widehat{AB}}$。值得注意的是，$\theta_{\widehat{AB}}$ 是以弧度度量的。

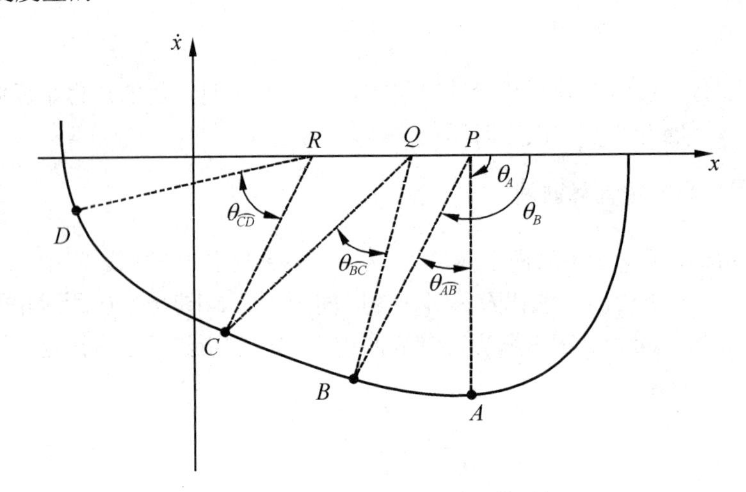

图 9.3.11 用小圆弧近似法计算时间

9.4 非线性控制系统的相平面法分析

非线性系统的分析，一般研究较多的是它的稳定性问题。与线性系统不同，非线性系统的稳定性不仅与系统的结构、参数有关，而且与系统的输入信号和初始条件有关，并且有些非线性系统可能有多个平衡状态，因此分析非线性系统的稳定性问题，必须指明系统所处的初始状态和相对于哪一个平衡状态而言。总之，分析非线性系统的稳定性时，要具体问题具体分析，不能像对待线性系统那样，仅简单笼统地判定系统是否稳定。

下面以一个例题来说明非线性系统分析时的特点。

例 9.4.1 已知二阶非线性系统的微分方程为

$$\ddot{x}+0.5\dot{x}+2x+x^2=0 \tag{9.4.1}$$

（1）试确定系统的平衡点；（2）若初始状态为 A（–3,7），B（–3,4），试分析平衡点的稳定性。

解： 这里要确定系统的平衡点，也即要求解系统的奇点，为此令方程中的 $\ddot{x}=0$ 和 $\dot{x}=0$，求出系统平衡点的坐标为（0,0）和（–2,0）。

系统在平衡点（0,0）附近线性化后得

$$\ddot{x}+0.5\dot{x}+2x=0 \tag{9.4.2}$$

它的两个特征值 $\lambda_{1,2}=-0.25\pm \mathrm{j}1.39$ 是实部为负的共轭复数，因此非线性系统的平衡点（0,0）是稳定焦点。

系统在平衡点（–2,0）附近线性化后得

$$\ddot{x}+0.5\dot{x}-2x=0 \tag{9.4.3}$$

它的两个特征值 $\lambda_1 = 1.186$，$\lambda_2 = -1.686$ 是一正一负的实数，因此非线性系统的平衡点（–2,0）是鞍点。

应用等倾线法在相平面 $[x - \dot{x}]$ 中绘出该系统的相平面图如图 9.4.1 所示。在图中，进入鞍点的两条相轨迹为分界线，它将系统的相图分为两种不同运动的区域。

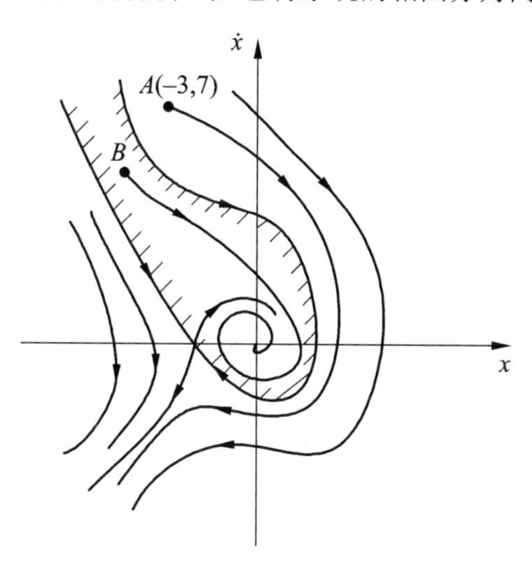

图 9.4.1　二阶非线性系统的相轨迹

设给定系统的两个初始状态点为 *A*（–3,7），*B*（–3,4），相对于平衡点（0,0）来说，系统的稳定性可以分析如下：

系统的初始状态位于点 *A*（–3,7），随着参变量时间 *t* 的增大，状态点沿图示相轨迹运动远离平衡点而趋于无穷远处，因此初始状态 *A*（–3,7）相对于平衡点（0,0）来说，该非线性系统是不稳定的。如果系统的初始状态位于点 *B*（–3,4），随着时间 *t* 的增大，状态点沿图示相轨迹运动而收敛于平衡点（0,0），因此初始状态 *B*（–3,4）相对于平衡点（0,0）来说，该非线性系统是渐近稳定的。

下面将分析几种非线性系统的相轨迹图，以便进一步了解相平面方法的运用，同时也阐明这些非线性特性在系统中所起的作用。

9.4.1　具有分段线性的非线性系统

设非线性系统如图 9.4.2（a）所示，其中非线性放大器 K_N 具有分段线性的特性（图 9.4.2（b）），当误差信号 e 的幅值小于 e_0 时，放大器的增益较小，$K_N = k_1$；当 e 的幅值大于 e_0 时，放大器的增益较大，$K_N = k_2, k_2 > k_1$。系统具有这种分段线性的非线性增益，有利于抑制小振幅的高频噪声。

如图 9.4.2（b）所示，非线性放大器的特性为

$$u = k_1 e\,,\qquad |e| < e_0 \tag{9.4.4a}$$

$$u = k_2 e\,,\qquad |e| > e_0 \tag{9.4.4b}$$

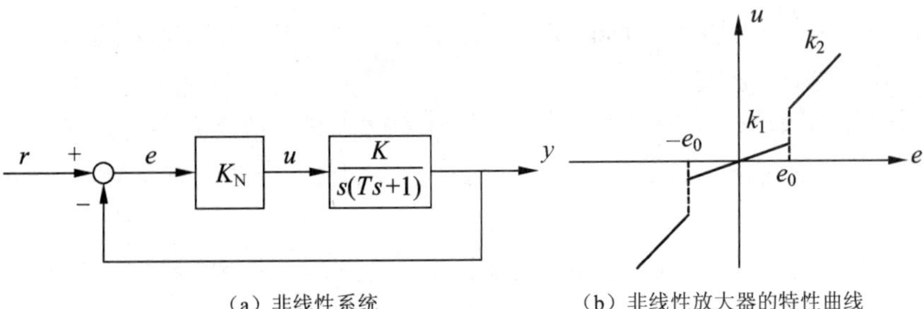

（a）非线性系统　　　　（b）非线性放大器的特性曲线

图 9.4.2　非线性系统及其非线性放大器特性

系统的微分方程为

$$T\ddot{y} + \dot{y} = Ku \tag{9.4.5}$$

系统的误差

$$e = r - y$$

考虑分段线性化特性的影响，系统的方程可改写为

$$T\ddot{e} + \dot{e} + Kk_1 e = T\ddot{r} + \dot{r}, \qquad |e| < e_0 \tag{9.4.6a}$$

$$T\ddot{e} + \dot{e} + Kk_2 e = T\ddot{r} + \dot{r}, \qquad |e| > e_0 \tag{9.4.6b}$$

由式（9.4.6）可以看出，具有分段线性的非线性系统，可用两个不同的线性微分方程来描述，显然这两个线性微分方程所对应的不同区域由方程

$$\begin{cases} e = e_0 \\ e = -e_0 \end{cases} \tag{9.4.7}$$

来划分。式（9.4.7）在相平面$[e - \dot{e}]$内为两条直线，他们将相平面分为三个区域，如图 9.4.3 所示，在 I 区内，系统的相轨迹按式（9.4.6a）运动，在 II 区和 II′ 区内，系统的相轨迹按式（9.4.6b）运动。这种将相平面划分为不同运动区域的曲线，称为分界线或转换线。

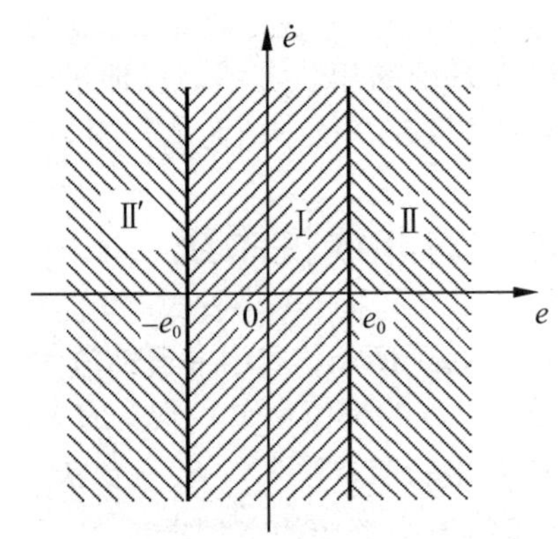

图 9.4.3　相平面被划分为三个区域

假设系统开始处于静止状态，系统的参考输入为阶跃函数 $r(t) = R_0 1(t)$ 或斜坡函数 $r(t) = R_1 t \ (t \geqslant 0)$，则在相平面$[e - \dot{e}]$内可以确定系统相轨迹的起点为

$(e(0), \dot{e}(0))$。

令系统微分方程式（9.4.6）中 $\ddot{e}=0$ 和 $\dot{e}=0$，可以确定 I 区的平衡点坐标为 $\left(\dfrac{T\ddot{r}+\dot{r}}{Kk_1},0\right)$，其 II 区和 II′ 区平衡点的坐标为 $\left(\dfrac{T\ddot{r}+\dot{r}}{Kk_2},0\right)$，并且根据式（9.4.6）的特征方程，可分别确定各区平衡点的类型。

若平衡点位于本区范围内，则该平衡点称为实平衡点或实奇点。若平衡点不位于本区之内，则该平衡点称为虚平衡点或虚奇点。若相轨迹向平衡点收敛，显然相轨迹最终只能到达实平衡点，而不会到达虚平衡点。

例 9.4.2 具有分段线性的非线性系统（图 9.4.2）的参数为 $k_1=0.0625$，$k_2=1$，$K=4$，$T=1$，$e_0=0.2$；假设系统开始处于静止状态，并且有 $r(t)=0.5\cdot 1(t)$，（1）在相平面 $[e-\dot{e}]$ 内画出系统的相轨迹；（2）分析平衡点的稳定性；（3）求系统的稳态误差。

解： 由已知条件知，系统的参考输入为阶跃函数 $r(t)=0.5\cdot 1(t)$。于是 $\dot{r}=\ddot{r}=0\ (t>0)$。

根据前面的分析可知非线性系统的两个线性微分方程为

$$\ddot{e}+\dot{e}+0.25e=0,\quad |e|<0.2 \tag{9.4.8a}$$

$$\ddot{e}+\dot{e}+4e=0,\quad |e|>0.2 \tag{9.4.8b}$$

系统相轨迹图的分界线为

$$\begin{cases} e=0.2 \\ e=-0.2 \end{cases} \tag{9.4.9}$$

式（9.4.9）中的分界线将相平面 $[e-\dot{e}]$ 划分为三个区域，如图 9.4.4 所示，系统的相轨迹在 I 区按线性微分方程式（9.4.8a）运动，在 II 区和 II′ 区则按式（9.4.8b）运动。

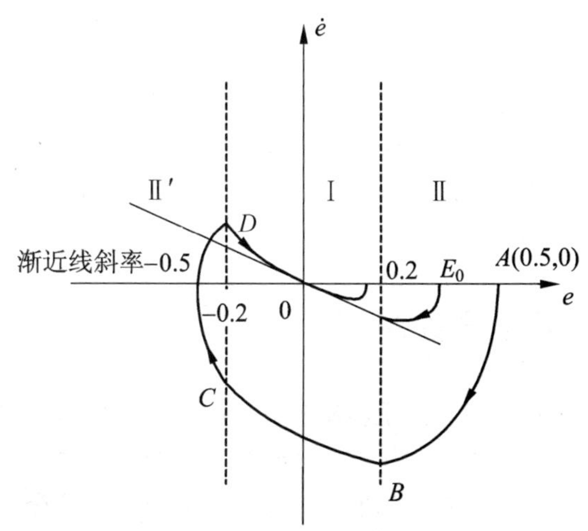

图 9.4.4 非线性系统典型相轨迹

现令式（9.4.8a）中$\ddot{e}=0$和$\dot{e}=0$，可以求出平衡点的坐标为（0,0)，该平衡点位于Ⅰ区内，为一实平衡点。

式（9.4.8a）的特征方程为

$$\lambda^2+\lambda+0.25=0$$

其特征根为$\lambda_1=\lambda_2=-0.5$，是两个实部均为负的实数，故Ⅰ区的实平衡点（0,0）为稳定节点。同时，在Ⅰ区内有一条过平衡点（0,0)、斜率为–0.5的渐近线，具体计标方法由9.3节给出。

再令式（9.4.8b）中$\ddot{e}=0, \dot{e}=0$，求出平衡点坐标为（0,0)，该平衡点位于式（9.4.8b）的Ⅱ区和Ⅱ′区内之外，故式（9.4.8b）的平衡点（0,0）为虚平衡点。

由于式（9.4.8b）的特征方程为

$$\lambda^2+\lambda+4=0$$

其特征根为$\lambda_{1,2}=-0.5\pm \mathrm{j}1.936$，是实部为负的共轭复数，于是式（9.4.8b）的虚平衡点（0,0）为稳定焦点。不同奇点类型对应的相轨迹可以参考图9.3.6。

这时系统相轨迹的起点为

$$e(0^+)=r(0^+)-y(0^+)=0.5-0=0.5$$
$$\dot{e}(0^+)=\dot{r}(0^+)-\dot{y}(0^+)=0$$

系统的相轨迹由起点$A(0.5,0)$出发在Ⅱ区内按式（9.4.8b）运动，相轨迹为螺旋线，到达分界线$e=0.2$时，与该分界线交于B点，这时运动发生转换，相轨迹为抛物线；当该抛物线到达分界线$e=-0.2$时，又与之交于C点，其运动又发生转换，C点为Ⅱ′区相轨迹延伸段的起点，按式（9.4.8b）运动，相轨迹为螺旋线；当此螺旋线到达分界线$e=-0.2$上的D点时运动又发生转换。D点为Ⅰ区相轨迹延伸段的起点，沿抛物线轨迹运动，并趋近于渐近线，最终到达平衡点（0,0)，如图9.4.4所示。

给定系统的初始状态为A点（0.5,0)，相对于平衡点（0,0）来说，非线性系统（9.4.8）是渐近稳定的。

如果系统的参考输入为阶跃函数，则系统的稳态误差为零。

由图9.4.4可知，当非线性系统的初始状态或初始误差$e(0)>E_0$时，系统的误差响应$e(t)$将是振荡收敛形式，如果$e(0)<E_0$，系统的误差响应$e(t)$将是单调收敛形式。

9.4.2 继电器型非线性系统

如果系统中含有继电器，或者系统中具有各种开关装置、接触器和具有饱和特性的高增益放大器等元件，均可视为继电器型非线性元件。具有继电器型非线性特性的非线性系统是常见的一类非线性系统。下面通过几个示例来研究含有继电器型非线性特性的二阶非线性系统。

例 9.4.3　双位继电器二阶非线性系统如图 9.4.5 所示。设系统开始处于静止状态，参考输入为阶跃函数 $r(t)=R_0\cdot 1(t)$，（1）在相平面 $[e-\dot{e}]$ 内画出系统的相轨迹；（2）分析系统平衡状态的稳定性。

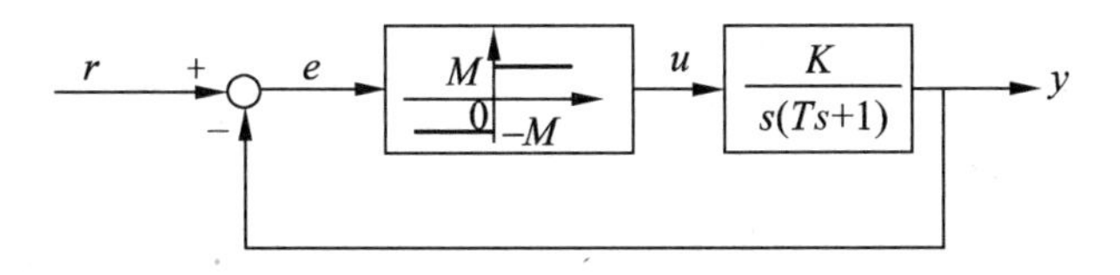

图 9.4.5　双位继电器二阶非线性系统

解：由已知条件知，系统的微分方程为

$$T\ddot{y}+\dot{y}=Ku$$

$$u=\begin{cases} M, & e>0 \\ -M, & e<0 \end{cases}$$

即系统的模型可以表示为

$$T\ddot{e}+\dot{e}=-KM, \quad e>0 \tag{9.4.10}$$

$$T\ddot{e}+\dot{e}=KM, \quad e<0 \tag{9.4.11}$$

于是，分界线方程为

$$e=0$$

分界线（$e=0$）将相平面 $[e-\dot{e}]$ 划分为两个区域。

由式（9.4.10）和式（9.4.11），根据等倾线的定义得到系统的等倾线方程为

$$\begin{cases} \alpha=\dfrac{-\dot{e}-KM}{T\dot{e}}, & e>0 \\ \alpha=\dfrac{-\dot{e}+KM}{T\dot{e}}, & e<0 \end{cases}$$

对上式进行变换后得

$$\begin{cases} \dot{e}=\dfrac{-KM}{T\alpha+1}, & e>0 \\ \dot{e}=\dfrac{KM}{T\alpha+1}, & e<0 \end{cases} \tag{9.4.12}$$

下面来确定相轨迹的渐近线。渐近线是特殊的等倾线，如果等倾线自身的斜率 $\tan\theta$ 与相轨迹通过该等倾线上各点的斜率 α 相等，则该等倾线就是渐近线。

由等倾线式（9.4.12）可知，对应不同 α 值的等倾线，均是平行于 e 轴的一族直线，各等倾线自身的斜率 $\tan\theta$ 均等于零。于是 $\alpha=0$ 的等倾线就是渐近线。

现令 $\alpha=0$，代入等倾线式（9.4.12），得到等倾线方程为

$$\begin{cases} \dot{e}=-KM, & e>0 \\ \dot{e}=KM, & e<0 \end{cases} \tag{9.4.13}$$

这时相轨迹的起点为

$$e(0^+)=r(0^+)-y(0^+)=R_0$$

$$\dot{e}(0^+)=\dot{r}(0^+)-\dot{y}(0^+)=0$$

于是，相轨迹在相平面$[e-\dot{e}]$内的起点坐标为$(R_0,0)$。

可以根据等倾线式（9.4.12）在相平面$[e-\dot{e}]$内画出方向场，状态点由相轨迹起点$A(R_0,0)$开始，沿方向场运动，就可以画出系统的一条相轨迹。如果给定系统的初始状态分别为B、C、D和E点，分别画出系统的相轨迹如图 9.4.6 所示。

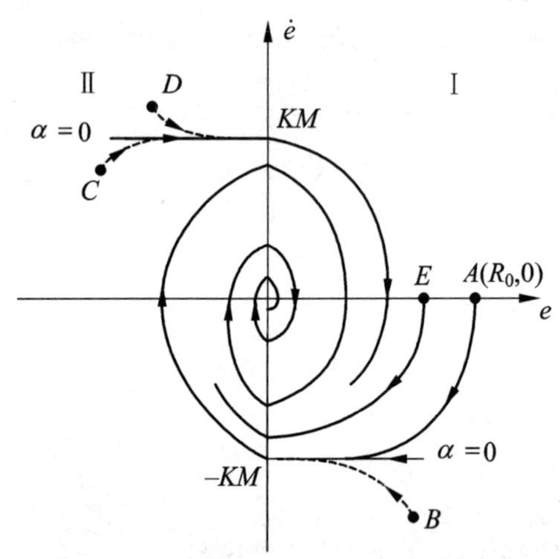

图 9.4.6　例 9.4.3 中非线性系统的相轨迹

由图 9.4.6 的相轨迹可知，在阶跃参考输入作用下或给定任一初始状态，图 9.4.5 的非线性系统在相平面$[e-\dot{e}]$内的相轨迹，随着时间t的增大，逐渐收敛并到达相平面的原点。即对于任一初始状态，非线性系统式（9.4.11）是渐近稳定的，并且该系统的稳态误差为零。

例 9.4.4　三位继电器二阶非线性系统如图 9.4.7 所示。设系统开始处于静止状态，系统的参考输入为阶跃函数$r(t)=R_0\cdot 1(t)$，（1）在相平面$[e-\dot{e}]$内画出系统的相轨迹；（2）分析系统平衡状态的稳定性。

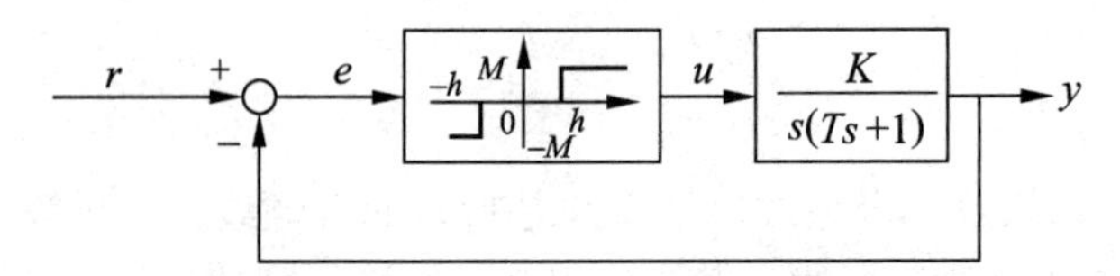

图 9.4.7　三位继电器二阶非线性系统

解： 由图 9.4.7 知，三位继电器特性的数学表达式为

$$u=\begin{cases}M, & e>h\\ 0, & -h<e>h\\ -M, & e<-h\end{cases}\tag{9.4.14}$$

系统的误差为

$$e = r - y$$

系统的微分方程为

$$T\ddot{y} + \dot{y} = Ku$$

考虑到式（9.4.14），系统的微分方程改写为

$$T\ddot{e} + \dot{e} = -KM, \quad e > h \text{（Ⅰ区）} \tag{9.4.15a}$$

$$T\ddot{e} + \dot{e} = 0, \quad -h < e < h \text{（Ⅱ区）} \tag{9.4.15b}$$

$$T\ddot{e} + \dot{e} = KM, \quad e < -h \text{（Ⅲ区）} \tag{9.4.15c}$$

于是，分界线方程为

$$e = h \text{ 和 } e = -h$$

两条分界线将相平面$[e - \dot{e}]$划分为三个区域，各区的系统微分方程分别为（9.4.15a，b，c）。

由系统式（9.4.15），得到系统相轨迹的等倾线方程为

$$\dot{e} = \frac{-KM}{T\alpha + 1} \quad \text{（Ⅰ区）} \tag{9.4.16a}$$

$$\alpha = \frac{-1}{T} \quad \text{（Ⅱ区）} \tag{9.4.16b}$$

$$\dot{e} = \frac{KM}{T\alpha + 1} \quad \text{（Ⅲ区）} \tag{9.4.16c}$$

由式（9.4.16）知，在Ⅱ区内，等倾线的α值均为$\dfrac{-1}{T}$。在Ⅰ区和Ⅲ区内的等倾线均为水平线，其等倾线自身的斜率$\tan\theta = 0$，故令$\alpha = 0$，由式（9.4.16a）和式（9.4.16c），得到Ⅰ区和Ⅲ区的渐近线方程为

$$\dot{e} = -KM \text{（Ⅰ区）和 } \dot{e} = KM \text{（Ⅲ区）}$$

由此可知，三位继电器具有死区特性，其平衡点反映在相平面$[e - \dot{e}]$的 e 轴上为点（$-h, 0$）至点（$h, 0$）的线段，该线段称为系统的平衡线。系统的相轨迹运动到达平衡线上时，便停止运动，系统处于静止状态。

这时相轨迹的起点为

$$e(0^+) = r(0^+) - y(0^+) = R_0$$

$$\dot{e}(0^+) = \dot{r}(0^+) - \dot{y}(0^+) = 0$$

系统在阶跃参考输入作用下，相轨迹由起点（$R_0, 0$）开始，沿方向场运动，至分界线上，运动发生转变，最终到达平衡线上，如图 9.4.8 所示。

由图 9.4.8 的相轨迹可知，图 9.4.7 的非线性系统，在阶跃参考输入作用下，系统是渐近稳定的；并且系统稳态误差的最大值为 h。

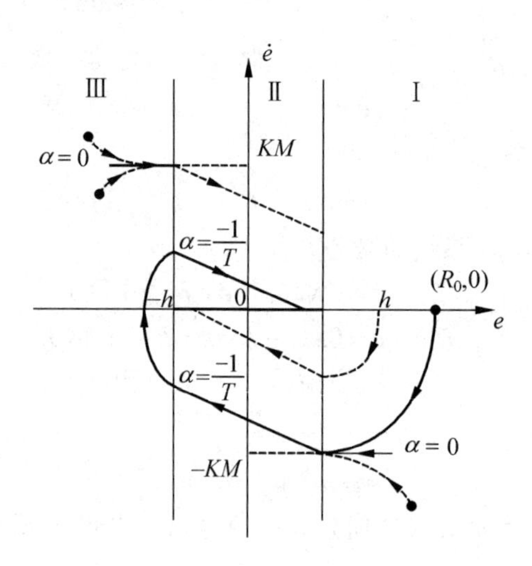

图 9.4.8　例题中非线性系统的相轨迹

比较图 9.4.6 和图 9.4.8 的相轨迹可以看出，继电器中的死区特性可以减弱系统的振荡性，缩短系统的过渡时间。双位继电器系统的稳态误差为零，而三位继电器系统的稳态误差 $e(\infty)=0\sim h$，最大的稳态误差为 h。因此大的死区特性将改善系统的动态特性，即减弱系统的振荡性和缩短系统的调节时间，但是，直接影响系统的稳态性能，使稳态误差变大。

例 9.4.5　具有滞环继电器的二阶非线性系统如图 9.4.9 所示。假设系统开始处于静止状态，系统的参考输入为阶跃函数 $r(t)=R_0\cdot 1(t)$。（1）在相平面 $[e-\dot{e}]$ 内画出系统的相轨迹；（2）分析系统平衡状态的稳定性。

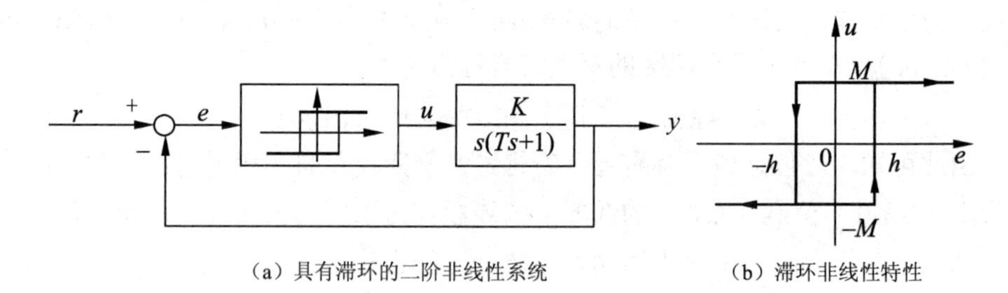

（a）具有滞环的二阶非线性系统　　（b）滞环非线性特性

图 9.4.9　例 9.4.5 系统方块图及滞环非线性特性

解：由图 9.4.9 知，系统中滞环非线性特性的数学表达式为

$$u=\begin{cases}-M, & e<h,\ \dot{e}>0\\ M, & e>h,\ \dot{e}>0\\ M, & e>-h,\ \dot{e}<0\\ -M, & e<-h,\ \dot{e}<0\end{cases}\tag{9.4.17}$$

于是，由式（9.4.17）可得相平面 $[e-\dot{e}]$ 内的分界线方程

$$e = h, \quad \dot{e} > 0$$
$$e = -h, \quad \dot{e} < 0$$

两条分界线将相平面$[e - \dot{e}]$划分为两个区域Ⅰ区和Ⅱ区。

系统的微分方程为

$$T\ddot{y} + \dot{y} = Ku$$

考虑到式（9.4.17），系统的微分方程可写成

$$T\ddot{e} + \dot{e} = -KM, \quad 当 e > h, \dot{e} > 0 \ 或 \ e > -h, \dot{e} < 0 \tag{9.4.18a}$$

$$T\ddot{e} + \dot{e} = KM, \quad 当 e < h, \dot{e} > 0 \ 或 \ e < -h, \dot{e} < 0 \tag{9.4.18b}$$

由系统的微分式（9.4.18），得到相轨迹的等倾线方程为

$$\dot{e} = \frac{-KM}{T\alpha + 1} \quad （Ⅰ区） \tag{9.4.19a}$$

$$\dot{e} = \frac{KM}{T\alpha + 1} \quad （Ⅱ区） \tag{9.4.19b}$$

由于等倾线均是平行于 e 轴的水平线，等倾线自身的斜率均为 $\tan\theta = 0$，于是 $\alpha = 0$ 的等倾线就是相平面图的渐近线。该渐近线的方程为

$$\dot{e} = -KM \ （Ⅰ区） \ 和 \ \dot{e} = KM \ （Ⅱ区） \tag{9.4.20}$$

这时系统的相轨迹的起点为

$$e(0^+) = r(0^+) - y(0^+) = R_0$$
$$\dot{e}(0^+) = \dot{r}(0^+) - \dot{y}(0^+) = 0$$

在相平面$[e - \dot{e}]$内，系统相轨迹的起点坐标为（$R_0, 0$），状态点由该起点沿等倾线所形成的方向场运动，即可得到具有极限环特性的非线性系统的相轨迹如图 9.4.10 所示。

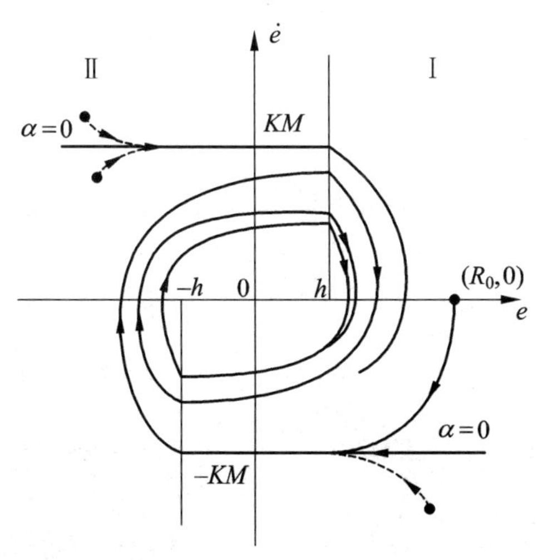

图 9.4.10　例 9.4.5 中非线性系统的相轨迹

由图 9.4.10 可以看出，该非线性系统存在一个极限环，系统的误差响应为一个近似的正弦周期振荡，因此图 9.4.9 所示的非线性系统，在阶跃参考输入作用下或任意的初始状态下，相对于系统的起始静止平衡状态来说，该非线性系统不是渐近稳定的。

9.4.3 速度反馈对非线性系统性能的影响

由第 3 章的内容可知，在线性系统中引入速度反馈可以改善系统的动态特性。但在系统中存在非线性环节的情况下，速度反馈对系统的性能又会产生什么影响呢？

设系统的结构图如图 9.4.11 所示，图中 $\tau < T$ 。

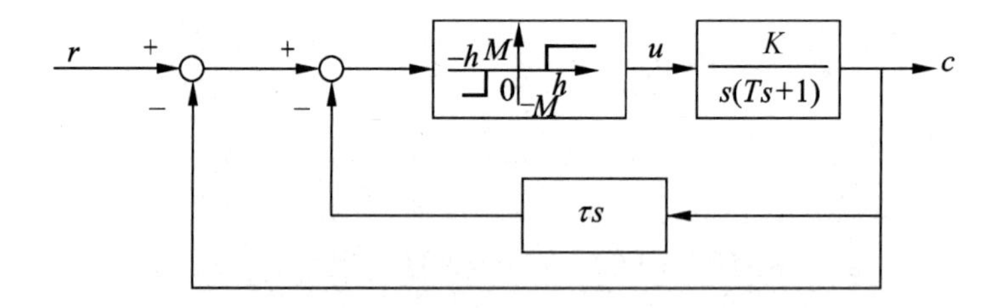

图 9.4.11 有速度反馈的继电器系统

这时系统的微分方程可以表示为

$$T\ddot{c}+\dot{c}=\begin{cases}KM, & c+\tau\dot{c}<-h \\ 0, & |c+\tau\dot{c}|<h \\ -KM, & c+\tau\dot{c}>h\end{cases}$$

相轨迹方程为

$$\begin{cases}\dot{c}=-KM, & c+\tau\dot{c}>h, \dot{c}_0=-KM \\ c=c_0+(\dot{c}_0-\dot{c})T+KMT\ln\left|\dfrac{\dot{c}+KM}{\dot{c}_0+KM}\right|, & c+\tau\dot{c}>h, \dot{c}_0\neq -KM \\ \dot{c}-\dot{c}_0=\dfrac{-1}{T}(c-c_0), & |c+\tau\dot{c}|<h \\ \dot{c}=KM, & c+\tau\dot{c}<-h, \dot{c}_0=KM \\ c=c_0+(\dot{c}_0-\dot{c})T-KMT\ln\left|\dfrac{\dot{c}-KM}{\dot{c}_0-KM}\right|, & c+\tau\dot{c}<-h, \dot{c}_0\neq KM\end{cases}$$

分界线方程分别为 $\tau\dot{c}+c=h$ 和 $\tau\dot{c}+c=-h$ 。根据分界线方程和相轨迹方程可作出系统的相轨迹图，如图 9.4.12 所示。

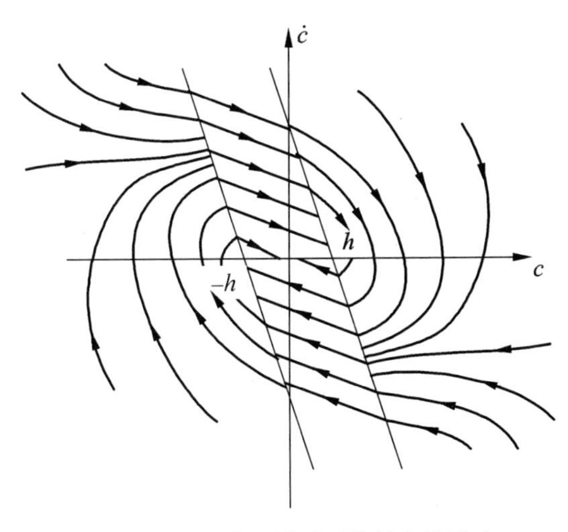

图 9.4.12　速度反馈对系统性能的影响

由图 9.4.12 可以看出，在接入速度反馈后，两条分界线分别绕 c 轴上的 $\pm h$ 点反时针方向转了一个角度 $\varphi=\arctan\tau$。由于分界线反时针方向转动的影响，相轨迹将提前进行转换，这样就使得自由运动的超调量减小，调节时间缩短，也就是说系统的性能将得到改善。由于分界线转过的角度随着速度反馈强度的增大而增大，因此，当 $\tau < T$ 时，系统性能将随着速度反馈强度的增大而得到改善。这里也可以看出，分界线在上半平面向左移动，在下半平面向右移动，将会使系统性能变好。在用相轨迹法分析系统时，分界线与系统性能的这种关系非常重要，利用这种关系不仅可以比较不同系统性能的好坏，而且还可以通过改变分界线的位置来改善系统的性能。

9.5　描述函数

非线性系统的描述函数表示法是线性部件频率特性表示法的一种推广。非线性特性在输入量作正弦变化时，输出量一般都不是同频率的正弦量，但常常是周期变化的函数，其周期与输入信号的周期相同。而一个周期变化的函数在一定条件下可以展开为傅里叶级数形式。例如对于理想继电特性，在正弦信号 $x = X\sin\omega t$ 输入时，它的输出周期性的方波 $y = F(X\sin\omega t)$，方波的频率也是 ω，如图 9.5.1（a）所示。

将 $F(X\sin\omega t)$ 展开为傅里叶级数，可得

$$F(X\sin\omega t) = \frac{4M}{\pi}\left(\sin\omega t + \frac{1}{3}\sin 3\omega t + \frac{1}{5}\sin 5\omega t + \cdots\right)$$

$$= \frac{4M}{\pi}\sum_{n=0}^{\infty}\frac{\sin(2n+1)\omega t}{2n+1} \tag{9.5.1}$$

由上式可知，理想继电特性的输出量中除了包含有与输入的频率相同的谐波分量之外，还有高次谐波分量，它的振幅频谱表示在图 9.5.1（b）中。

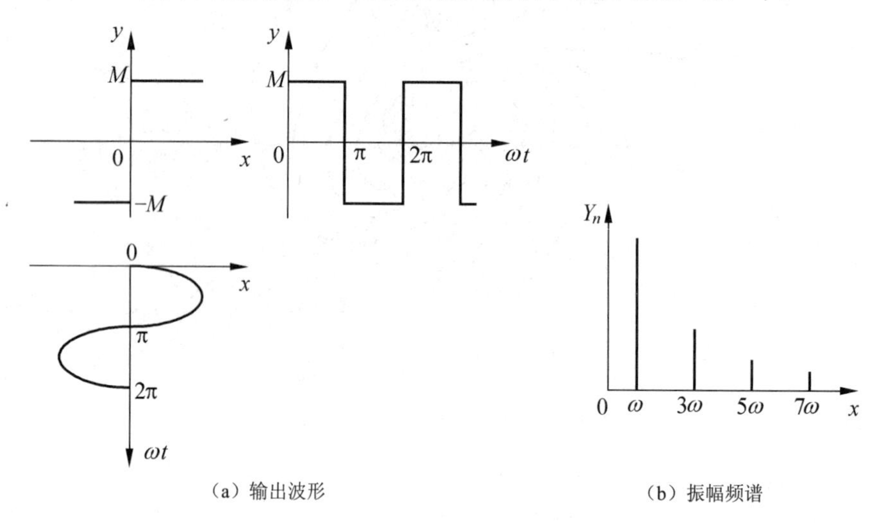

（a）输出波形　　（b）振幅频谱

图 9.5.1　理想继电器特性在正弦输入时的输出波形和振幅频谱

一般情况下，非线性特性在输入信号 $X\sin\omega t$ 作用下，输出 $y(t)$ 可展开成下列傅里叶级数形式

$$y(t)=\frac{A_0}{2}+\sum_{n=1}^{\infty}(A_n\cos n\omega t+B_n\sin n\omega t)=\frac{A_0}{2}+\sum_{n=1}^{\infty}(Y_n\sin(n\omega t+\phi_n)) \tag{9.5.2}$$

其中

$$A_n=\frac{1}{\pi}\int_0^{2\pi}y(t)\cos n\omega t\,\mathrm{d}(\omega t)$$

$$B_n=\frac{1}{\pi}\int_0^{2\pi}y(t)\sin n\omega t\,\mathrm{d}(\omega t)$$

$$Y_n=\sqrt{A_n^2+B_n^2}$$

$$\phi_n=\arctan\frac{A_n}{B_n}$$

如果非线性特性是奇函数，那么 $A_0=0$，式（9.5.2）中的一次谐波分量是

$$y_1(t)=A_1\cos\omega t+B_1\sin\omega t=Y_1\sin(\omega t+\phi_1) \tag{9.5.3}$$

仿照线性部件频率特性的定义，只考虑非线性特性输出的一次谐波分量与输入正弦量的关系，可定义非线性特性的描述函数。非线性特性的描述函数就是当输入是正弦信号 $X\sin\omega t$ 时，输出的一次谐波分量对输入正弦量的复数比，其数学表达式为

$$N=\frac{Y}{X}\angle\phi_1=\frac{\sqrt{A_1^2+B_1^2}}{X}\angle\arctan\frac{A_1}{B_1} \tag{9.5.4}$$

显然，当ϕ_1不为零时，N是一个复数量。

为了说明描述函数的意义，现在研究如下非线性系统

$$y=\frac{1}{2}x+\frac{1}{4}x^3 \tag{9.5.5}$$

其特性曲线如图 9.5.2 所示。

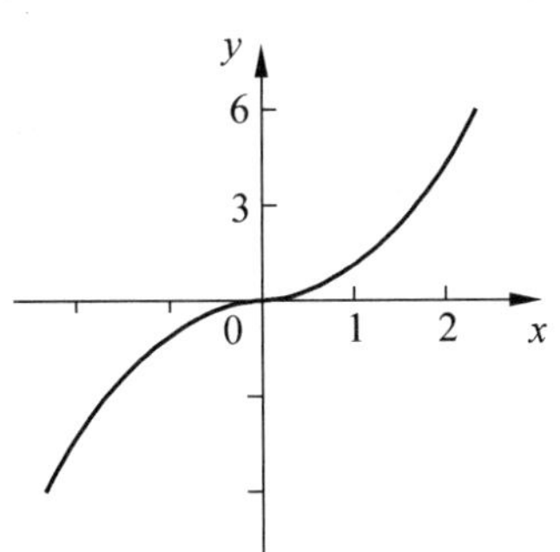

图 9.5.2　$y=\frac{1}{2}x+\frac{1}{4}x^3$ 的输入输出特性

由式（9.5.5）可知，非线性特性是单值奇函数，所以$A_1=0$，$\phi_1=0$。而

$$N=\frac{B_1}{X}=\frac{1}{\pi X}\int_0^{2\pi}\left(\frac{1}{2}x+\frac{1}{4}x^3\right)\sin\omega t\,\mathrm{d}(\omega t)$$

考虑到$x=X\sin\omega t$，故有

$$\begin{aligned}N&=\frac{1}{\pi X}\int_0^{2\pi}\left(\frac{1}{2}X\sin\omega t+\frac{1}{4}X^3\sin^3\omega t\right)\sin\omega t\,\mathrm{d}(\omega t)\\&=\frac{2}{\pi X}\left[\frac{X}{2}\int_0^{\pi}\sin^2\omega t\,\mathrm{d}(\omega t)+\frac{X^3}{4}\int_0^{\pi}\sin^4\omega t\,\mathrm{d}(\omega t)\right]=\frac{1}{2}+\frac{3}{16}X^2\end{aligned}$$

由式（9.5.3）得

$$y_1(t)=\left(\frac{1}{2}+\frac{3}{16}X^2\right)X\sin\omega t \tag{9.5.6}$$

由式（9.5.6）可见，对输出的一次谐波来说，非线性环节相当于一个增益由输入振幅决定的放大环节。也就是说，用描述函数表示非线性特性就是在一次谐波意义下，用斜率随输入振幅而改变的一族直线来代替原有的非线性特性。

下面介绍一些常见的非线性特性的描述函数，计算中所用到的公式如下：

$$A_1=\frac{1}{\pi}\int_0^{2\pi}y(t)\cos\omega t\,\mathrm{d}(\omega t) \tag{9.5.7}$$

$$B_1=\frac{1}{\pi}\int_0^{2\pi}y(t)\sin\omega t\,\mathrm{d}(\omega t) \tag{9.5.8}$$

$$Y_1=\sqrt{A_1^2+B_1^2} \tag{9.5.9}$$

$$\phi_1=\arctan\frac{A_1}{B_1} \tag{9.5.10}$$

$$N=\frac{Y_1}{X}\angle\phi_1=\frac{B_1}{X}+\frac{A_1}{X}\text{j} \tag{9.5.11}$$

式中，X是输入正弦信号的幅值；$y(t)$是非线性特性在正弦信号$X\sin\omega t$作用下的输出。

1．非灵敏特性的描述函数

图 9.5.3 表示了非灵敏特性和它在正弦信号作用下的输出波形。显然，当输入幅值$X<\varDelta$时，输出为零。图中所表示的是$X>\varDelta$的情况。因为非线性特性是单值奇函数，所以$A_0=0$，$A_1=0$，$\phi_0=0$。由图 9.5.3 可知当$X\sin\varphi_1=\varDelta$，$\varphi_1=\arcsin(\varDelta/X)$，于是$B_1$可计算如下：

$$\begin{aligned}B_1&=\frac{4}{\pi}\int_{\varphi_1}^{\pi/2}K(X\sin\omega t-\varDelta)\sin\omega t\,\mathrm{d}(\omega t)\\&=\frac{4KX}{\pi}\left[\int_{\varphi_1}^{\pi/2}\sin^2\omega t\,\mathrm{d}(\omega t)-\frac{\varDelta}{X}\int_{\varphi_1}^{\pi/2}\sin\omega t\,\mathrm{d}(\omega t)\right]\\&=\frac{2KX}{\pi}\left[\frac{\pi}{2}-\arcsin\frac{\varDelta}{X}-\frac{\varDelta}{X}\sqrt{1-\left(\frac{\varDelta}{X}\right)^2}\right]\end{aligned}$$

这里有$X\geqslant\varDelta$。

根据描述函数的定义，可求出非灵敏区的描述函数为

$$N(X)=\frac{B_1}{X}=\frac{2K}{\pi}\left[\frac{\pi}{2}-\arcsin\frac{\varDelta}{X}-\frac{\varDelta}{X}\sqrt{1-\left(\frac{\varDelta}{X}\right)^2}\right]，X\geqslant\varDelta \tag{9.5.12}$$

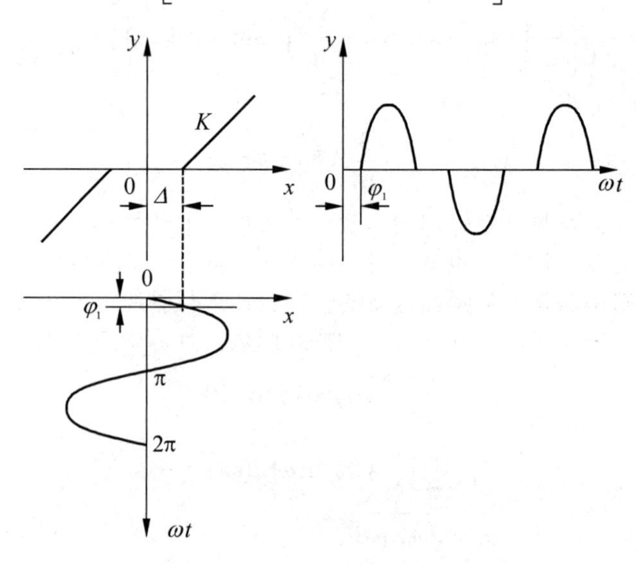

图 9.5.3　非灵敏区特性波形

计算表明，非灵敏特性的描述函数是输入幅值的实值函数，与输入频率无关。当 Δ/X 很小时，$N(X)\approx K$，即输入幅值很大或非灵敏区很小时，非灵敏区的影响可以忽略。

2. 饱和特性的描述函数

图 9.5.4 表示了饱和特性和它在正弦信号输入作用下的输出波形。显然，当 $X<S$ 时，输入与输出完全是线性关系，图中所表示的是 $X\geqslant S$ 的情况。

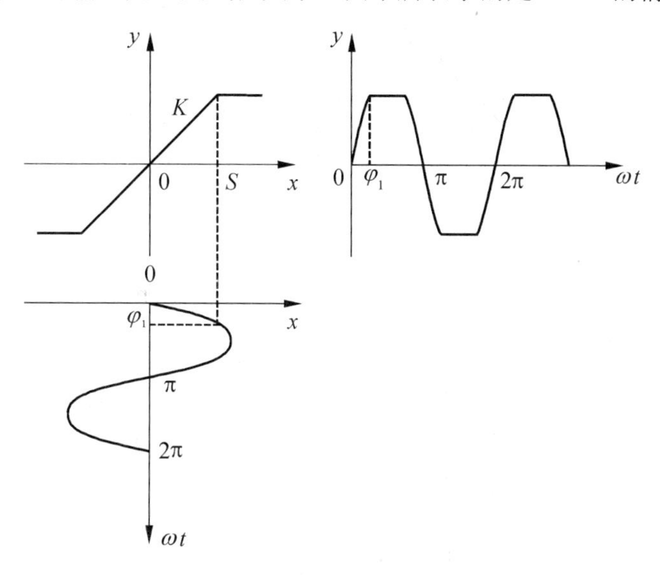

图 9.5.4　饱和特性波形

同理，因为饱和特性是单值奇函数，所以有 $A_0=0, A_1=0, \phi_0=0$，并且由 $X\sin\varphi_1=S$ 可得 $\varphi_1=\arcsin\dfrac{S}{X}$，这时 B_1 的计算如下：

$$
\begin{aligned}
B_1&=\frac{4}{\pi}\left[\int_0^{\varphi_1}KX\sin^2\omega t\,\mathrm{d}(\omega t)+\int_{\varphi_1}^{\pi/2}KS\sin\omega t\,\mathrm{d}(\omega t)\right]\\
&=\frac{4KX}{\pi}\left\{\left[\frac{1}{2}\omega t-\frac{1}{4}\sin 2\omega t\right]\Bigg|_0^{\varphi_1}+\frac{S}{X}(-\cos\omega t)\Big|_{\varphi_1}^{\pi/2}\right\}\qquad X\geqslant S\\
&=\frac{2KX}{\pi}\left[\arcsin\frac{S}{X}+\frac{S}{X}\sqrt{1-\left(\frac{S}{X}\right)^2}\right]
\end{aligned}
$$

由上式可得饱和特性的描述函数

$$
N(X)=\frac{2K}{\pi}\left[\arcsin\frac{S}{X}+\frac{S}{X}\sqrt{1-\left(\frac{S}{X}\right)^2}\right]\qquad X\geqslant S \tag{9.5.13}
$$

由式（9.5.13）可知，饱和特性的描述函数是输入幅值的实值函数，也与输入频率无关。

3．间隙特性的描述函数

图 9.5.5 表示了间隙特性和它在正弦信号作用下的输出波形。显然，当 $X<b$ 时处于间隙之内，输出为零。图中所表示的是 $X\geqslant b$ 的情况。

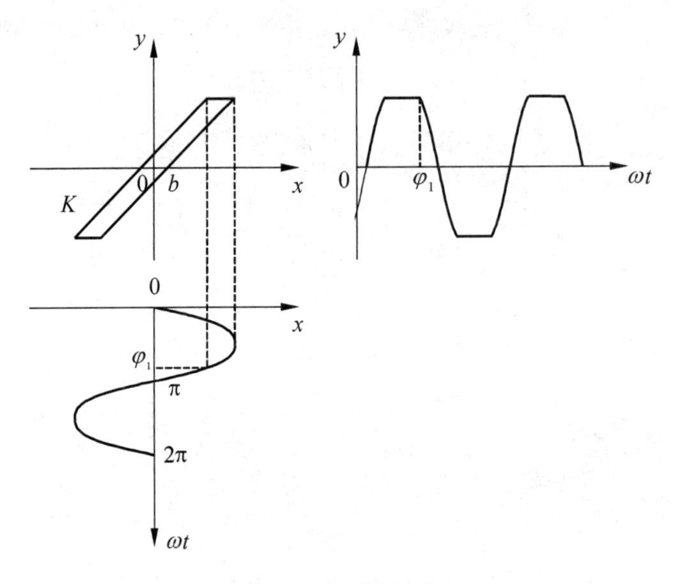

图 9.5.5　间隙特性波形

根据图 9.5.5，可以写出 $y(t)$ 在半个周期内的表达式

$$y(t)=\begin{cases}K(X\sin\omega t-b), & 0\leqslant\omega t<\dfrac{\pi}{2}\\[2mm] K(X-b), & \dfrac{\pi}{2}\leqslant\omega t<\varphi_1\\[2mm] K(X\sin\omega t+b), & \varphi_1\leqslant\omega t<\pi\end{cases}$$

式中 $\varphi_1=\pi-\arcsin\left(1-\dfrac{2b}{X}\right)$。因为间隙特性是多值函数，它在正弦信号作用下的输出 $y(t)$ 既不是奇函数也不是偶函数，所以，A_1，B_1 都要计算，但是从 $y(t)$ 的图形可以看出 $A_0=0$，A_1，B_1 的计算还需按照式（9.5.7）和式（9.5.8）来进行，这里不再赘述。

间隙特性的描述函数

$$N(X)=\frac{B_1}{X}+\mathrm{j}\frac{A_1}{X}$$

$$=\frac{K}{\pi}\left[\frac{\pi}{2}+\arcsin\left(1-\frac{2b}{X}\right)+2\left(1-\frac{2b}{X}\right)\sqrt{\frac{b}{X}\left(1-\frac{b}{X}\right)}\right]+\mathrm{j}\frac{4Kb}{\pi X}\left(\frac{b}{X}-1\right)$$

$$X\geqslant b \tag{9.5.14}$$

由式（9.5.14）可见，间隙特性的描述函数是与输入频率无关，而依赖于输入振幅的复数函数。很明显，对于一次谐波，间隙非线性会引起相角滞后。

4．继电器特性的描述函数

图 9.5.6 表示了具有滞环和非灵敏区的继电特性和它在正弦信号作用下的输出波形。图中表示的是 $X\geqslant h$ 时的情况。

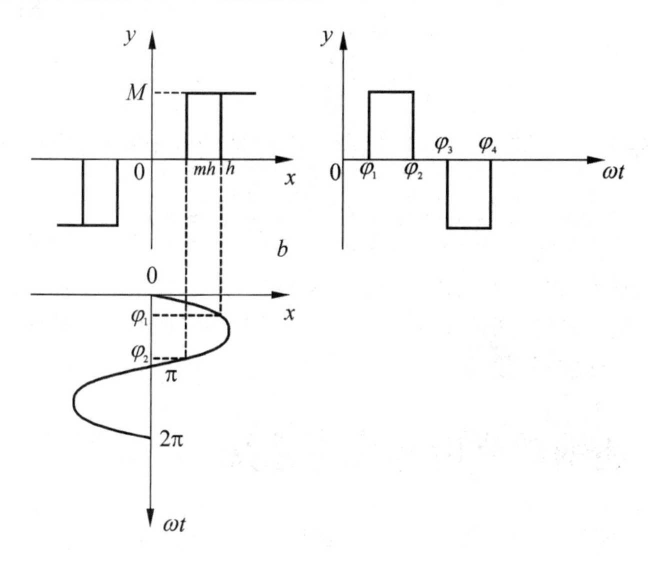

图 9.5.6　继电器特性波形

由图可见 $A_0=0$。其中 $\varphi_1,\varphi_2,\varphi_3,\varphi_4$ 的值由 $X\sin\varphi_1=h$ 及 $X\sin\varphi_2=mh$ 可以计算出来：

$$\varphi_1=\arcsin\frac{h}{X}，\quad \varphi_2=\pi-\arcsin\frac{mh}{X}$$

$$\varphi_3=\pi+\arcsin\frac{h}{X}，\quad \varphi_4=2\pi-\arcsin\frac{mh}{X}$$

这样，由式（9.5.7）和式（9.5.8）可得出 A_1，B_1 为

$$A_1=\frac{2Mh}{\pi X}(m-1)，\quad x\geqslant h$$

$$B_1=\frac{2M}{\pi}\left[\sqrt{1-\left(\frac{mh}{X}\right)^2}+\sqrt{1-\left(\frac{h}{X}\right)^2}\right],\quad x\geqslant h$$

因此，继电特性的描述函数为

$$N(X)=\frac{2M}{\pi X}\left[\sqrt{1-\left(\frac{mh}{X}\right)^2}+\sqrt{1-\left(\frac{h}{X}\right)^2}\right]+\mathrm{j}\frac{2Mh}{\pi X^2}(m-1),\quad x\geqslant h \tag{9.5.15}$$

由式（9.5.15）可知，具有滞环和非灵敏区的继电特性的描述函数和输入信号的频率无关，它是关于输入幅值的复数函数。在上式中，令 $h=0$，可得理想继电特性的描述函数为

$$N(X)=\frac{4M}{\pi X} \tag{9.5.16}$$

在式（9.5.15）中，令 m=1 得到三位置理想继电器特性的描述函数为

$$N(X)=\frac{4M}{\pi X}\sqrt{1-\left(\frac{h}{X}\right)^2},\quad x\geqslant h \tag{9.5.17}$$

在式（9.5.15）中，令 $m=-1$ 可得到具有滞环的继电特性的描述函数为

$$N(X)=\frac{4M}{\pi X}\sqrt{1-\left(\frac{h}{X}\right)^2}-\mathrm{j}\frac{4Mh}{\pi X^2},\quad x\geqslant h \tag{9.5.18}$$

由式（9.5.16）和式（9.5.17）可见，由于这时非线性特性都是单值函数，所以 $N(X)$ 只是输入振幅的实值函数。而 $m=-1$ 时，由于非线性特性是多值的，所以 $N(X)$ 是输入振幅的复数函数。

9.6 用描述函数分析非线性系统

正如前节中所指出的那样，一个非线性环节的描述函数只是表示了该环节在正弦输入下，环节输出的一次谐波分量与输入的关系。显而易见，它不能像线性系统的频率特性那样全面地反映非线性环节的动力学性质。但是在实际应用中，所遇见的问题并不是孤立地研究一个非线性环节，而是研究一个非线性系统的运动，常常研究系统的振荡问题，因此在这种情况下，是有可能用描述函数去近似表示非线性环节的特性的。例如对图 9.6.1 所示的系统，它包含了一个非线性环节，其中 G 代表系统的线性部分。

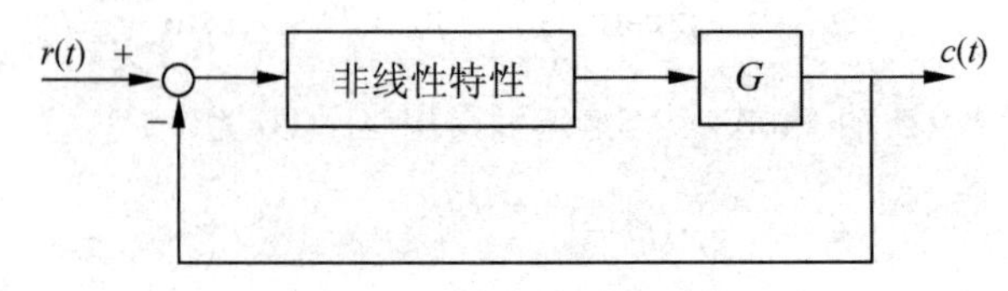

图 9.6.1　非线性控制系统

如果这个系统发生了自激振荡，那么总可以假定非线性环节输入端的振荡是接近于正弦波的形式。这是因为通常线性部分有较大的惯性环节，因此系统具有了低通滤波的特性，非线性环节输出的高次谐波分量，通过线性环节部分时被衰减。如果非线性部分输出中的高次谐波分量与一次谐波比起来很小，线性部分的低通特性又比较好，那么这种假定就更加合理。另外一种情况就是线性部分具有选频特性，即线性部分的幅频特性在某一频率下具有大而尖的谐振峰值，这时系统若发生频率接近于谐振峰值的自激振荡，则假定非线性环节输入端的振荡波形是正弦形式显然也是合理的。这两种情况，都是忽略了高次谐波的影响，只注意一次谐波分量在系统中通信的情况，因而可近似地用描述函数来表示非线性环节的特性。

由上面的叙述可知，描述函数方法主要用于研究系统中的等幅振荡，包括确定系统是否发生振荡；如果振荡发生，又如何确定它的振幅和频率？有时也可以将这种方法推广到研究系统平衡状态的稳定性，以及推广到研究非对称振荡等问题。本节主要讨论用描述函数方法分析系统的自激振荡。

对于图 9.6.1 所示的非线性系统，如果非线性特性的描述函数是 $N(X)$，线性部分的频率特性是 $G(\mathrm{j}\omega)$，则可以写出闭环系统的特征方程为

$$1+N(X)G(\mathrm{j}\omega)=0 \tag{9.6.1}$$

或

$$G(\mathrm{j}\omega)=\frac{-1}{N(X)} \tag{9.6.2}$$

如果对于某一个 X_0 和 ω_0，式（9.6.1）成立，那么系统中将有 $X_0\sin(\omega_0 t)$ 的周期运动。这相当于线性系统中 $G(\mathrm{j}\omega)=-1$ 的条件成立，或者说 $G(\mathrm{j}\omega)$ 曲线在复平面上穿过了临界点（$-1,\mathrm{j}0$）。不过这里相当于临界点是整个 $-1/N(X)$ 曲线。

在实际中通常使用图解法求式(9.6.2)的解。为此，就要在复平面上作出 $G(\mathrm{j}\omega)$ 和 $-1/N(X)$ 这两条曲线，前者就是线性部分的频率特性曲线，后者叫做非线性特性的负倒描述函数曲线。例如对式（9.5.18）所表示的具有滞环的两位置继电特性，它的负倒描述函数为

$$\frac{-1}{N(X)}=\frac{\pi h}{4M}\left(\sqrt{\left(\frac{X}{h}\right)^2-1}+\mathrm{j}\right),\quad x\geqslant h \tag{9.6.3}$$

在实际应用中，常常还引入相对描述函数和负倒相对描述函数的概念。例如对式（9.5.18）的描述函数可作如下的变化

$$\begin{aligned}N(X)&=\frac{M}{h}\left(\frac{4h}{\pi X}\sqrt{1-\left(\frac{h}{X}\right)^2}-\mathrm{j}\frac{h}{X}\right)\\&=\frac{M}{h}\left(\frac{4h^2}{\pi X^2}\sqrt{\left(\frac{X}{h}\right)^2-1}-\mathrm{j}\right)=K_0N_0(X),\quad x\geqslant h\end{aligned} \tag{9.6.4}$$

式中

$$K_0 = \frac{M}{h}$$

$$N_0(X) = \frac{4}{\pi}\left(\frac{h}{X}\right)^2\left(\sqrt{\left(\frac{X}{h}\right)^2 - 1} - \mathrm{j}\right)$$

K_0 包括了这个非线性特性的两个特征参数 M 和 h，称为非线性特性的尺度系数，而 $N_0(X)$ 称为非线性特性的相对描述函数。根据式（9.6.4）所引进的符号，式（9.6.2）可写成

$$K_0 G(\mathrm{j}\omega) = \frac{-1}{N_0(X)} \tag{9.6.5}$$

式（9.6.5）中的 $-1/N_0(X)$ 称为负倒相对描述函数。由式（9.6.4）可知，具有滞环的两位置继电特性的负倒相对描述函数为

$$\frac{-1}{N_0(X)} = \frac{-\pi}{4}\left(\sqrt{\left(\frac{X}{h}\right)^2 - 1} + \mathrm{j}\right),\quad X > h \tag{9.6.6}$$

由上式可见，负倒相对描述函数的特点是，如果把 X/h 作为一个变量，式（9.6.6）的负倒相对描述函数仅是 X/h 的函数，它的函数值和非线性特性的特征参数 M 无关。当 X/h 从 1 变到 $+\infty$ 时，全部函数值可以预先计算出来以便作图使用。

式（9.6.5）表明解式（9.6.2）时，可事先将非线性尺度系数乘到线性部分的频率特性上去。作图时，只要作出 $K_0G(\mathrm{j}\omega)$ 曲线以及根据事先计算出来的数据作出 $-1/N_0(X)$ 曲线，这两条曲线的交点就是式（9.6.2）或式（9.6.1）的解。

9.6.1 自激振荡的确定

系统中如有近似于正弦形式的振荡，它的参数可由 $K_0G(\mathrm{j}\omega)$ 和 $-1/N_0(X)$ 曲线的交点来确定，振幅 X_0 的值可由 $-1/N_0(X)$ 曲线求出，而振荡频率 ω_0 的值可由 $K_0G(\mathrm{j}\omega)$ 曲线求出。如对图 9.6.1 所示系统，如果在复平面上作出的 $K_0G(\mathrm{j}\omega)$ 和 $-1/N_0(X)$ 曲线如同图 9.6.2 所示，这两条曲线有交点 M_1 和 M_2，由 $K_0G(\mathrm{j}\omega)$ 曲线上的频率值可找出交点 M_1 和 M_2 处对应的频率为 ω_{01} 和 ω_{02}，由 $-1/N_0(X)$ 曲线上可找出交点 M_1 和 M_2 处对应的幅值为 X_{01} 和 X_{02}，这表明在一次近似意义下，系统中可能有 $X_{01}\sin\omega_{01}t$ 和 $X_{02}\sin\omega_{02}t$ 的周期运动发生。如果 $K_0G(\mathrm{j}\omega)$ 曲线和 $-1/N_0(X)$ 曲线不相交，那就表明在一次近似意义下没

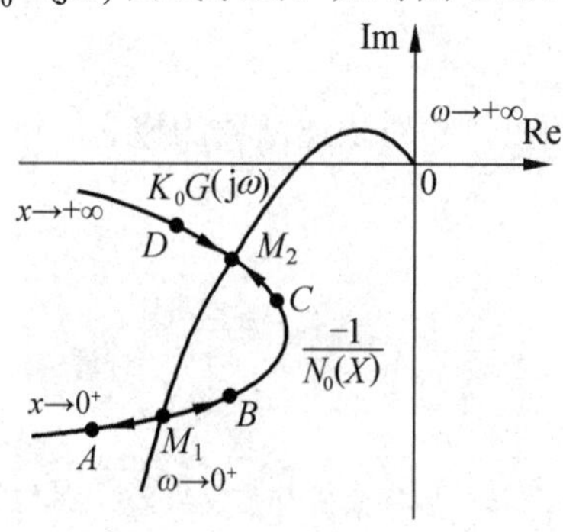

图 9.6.2 稳定性判定

有周期运动。

系统中的自激振荡对应于稳定的周期运动。用上述的图解方法只是确定了系统中可能的周期运动和它的参数，要判断系统中是否存在自振还必须研究周期运动的稳定性。为此，首先研究图 9.6.2 中交点 M_1 处的情况。假定系统最初工作在 M_1 点，即发生了 $X_{01}\sin\omega_{01}t$ 的周期运动，如果给这个运动一个轻微的扰动，使非线性特性的输入幅度稍有增大，它相当于工作点移动到了图中的 B 点。这时 B 点相当于线性系统的（$-1,\mathrm{j}0$）点，而 $K_0G(\mathrm{j}\omega)$ 包围了这点，相当于线性系统开环频率特性曲线包围了（$-1,\mathrm{j}0$）的情况，因此振幅将加大，而且离 X_{01} 越来越远。相反，如果施加的扰动是使非线性特性的输入幅值减小，这时相当于工作点移动到了图中的 A 点，在这种情况下，$K_0G(\mathrm{j}\omega)$ 曲线不包围 A 点，非线性特性输入振幅将会进一步减小，而且离 X_{01} 也越来越远。由以上分析可知，M_1 点处对应的周期运动是不稳定的，其对应的周期运动相当于相平面法中的不稳定极限环，它在系统分析中的意义是给出了非线性系统划分初始扰动的一个界限，当初始扰动小于 X_{01} 时，系统呈现出的运动是向平稳状态收敛；当初始扰动大于 X_{01} 时，系统呈现的是最终趋向于下面所说的振幅为 X_{02} 的自振状态。

接着研究 M_2 处的情况，M_2 点对应的周期运动是 $X_{02}\sin\omega_{02}t$。如果给 M_2 点以轻微的扰动，使非线性特性的输入振幅稍微增大，即工作点移到 D 点，这时由于 $K_0G(\mathrm{j}\omega)$ 不包围 D 点，系统的运动是收敛的，非线性特性的输入振幅要减小。相反，如果给 M_2 点的扰动，是使振幅稍微减小的，即工作点移到 C 点，这时 $K_0G(\mathrm{j}\omega)$ 包围了 C 点，系统处于发散状态，可以使振幅增大，使之回到 M_2 处。这就意味着 M_2 处的振荡对扰动保持了稳定性，周期运动 $X_{02}\sin\omega_{02}t$ 相当于相平面上的稳定极限环，所以 M_2 处对应的是一个自激振荡。

这里值得注意的是，上面所说的周期运动与自振这两个概念是有差别的。通常我们所说的自激振荡是指物理上可以实现的一种周期运动现象，也就是稳定的周期运动。而周期运动是泛指系统微分方程的一个周期解，至于这个解在物理上是不一定能实现的，也就是说在实践中不一定能观测到。在实践中能观察得到的自激振荡现象都是稳定的周期运动。

下面通过例题来说明分析系统自激振荡的方法。

例 9.6.1　考虑图 9.6.3 所示的非线性系统，图中 $M=1.7, h=0.7$。试判断系统是否存在自振；若有自振，求出自振的振幅和频率。

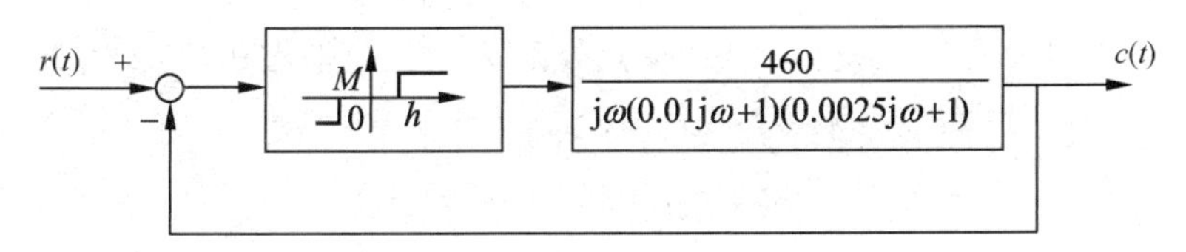

图 9.6.3　具有继电特性的非线性系统

解：根据式（9.5.17）可知图 9.6.3 中非线性特性的描述函数为

$$N(X)=\frac{4M}{\pi X}\sqrt{1-\left(\frac{h}{X}\right)^2}，\quad X>h$$

由上式可得

$$\begin{cases}K_0=\dfrac{M}{h}=\dfrac{1.7}{0.7}=2.43\\[2mm] N_0(X)=\dfrac{4h}{\pi X}\sqrt{1-\left(\dfrac{h}{X}\right)^2}，\quad X>h\\[2mm] \dfrac{-1}{N_0(X)}=\dfrac{-\pi}{4}\dfrac{\left(\dfrac{X}{h}\right)^2}{\sqrt{\left(\dfrac{X}{h}\right)^2-1}}，\quad X>h\end{cases}\tag{9.6.7}$$

式（9.6.7）所表示的负倒相对描述函数的数据如表 9.6.1 所示。

表 9.6.1 负倒相对描述函数数据

$\dfrac{h}{X}$	0.1	0.2	0.3	0.4	0.5	0.6	$1/\sqrt{2}$	0.8	0.9	0.95	1
$\dfrac{-1}{N_0(X)}$	−7.89	−4.18	−2.74	−2.14	−1.81	−1.64	−1.57	−1.64	−2	−2.65	−∞

线性部分频率特性 $G(\mathrm{j}\omega)=|G(\mathrm{j}\omega)|\mathrm{e}^{\mathrm{j}\angle G(\mathrm{j}\omega)}$ 数据如表 9.6.2 所示。

表 9.6.2 线性部分频率特性数据

ω	120	150	180	200	250	300	400
$\lvert G(\mathrm{j}\omega)\rvert$	2.351	1.593	1.132	0.920	0.579	0.388	0.197
$\angle G(\mathrm{j}\omega)$	−156.9	−166.9	−175.2	−180	−190.2	−198.4	−211
$K_0\lvert G(\mathrm{j}\omega)\rvert$	5.708	3.867	2.749	2.234	1.406	0.942	0.478

表 9.6.2 中最后一行是非线性尺度系数 K_0 和 $|G(\mathrm{j}\omega)|$ 的乘积。根据以上两表中的数据，在复平面上可以作出 $K_0G(\mathrm{j}\omega)$ 曲线和 $-1/N_0(X)$ 曲线，如图 9.6.4 所示。图中负倒相对描述函数曲线上的箭头表示了变量 h/X 的增加方向，即 X 的减小方向。由图可知这两条曲线共有两个交点。从 $K_0G(\mathrm{j}\omega)$ 曲线上可找出交点处的频率 $\omega=200$。从 $-1/N(X)$ 曲线上可找出交点处 h/X 的值分别为 0.925 和 0.382，因此可得

$$X_{01}=h/0.925=0.757$$

$$X_{02}=h/0.38=1.842$$

根据稳定性分析可知，$0.757\sin 200t$ 是不稳定的周期运动，而 $1.842\sin 200t$ 是稳定的周期运动。所以系统中存在一个自激振荡，它的振幅为 1.842，频率为 200。当系统的扰动较小时，系统不呈现自振状态，而呈现趋于平衡状态的动态过程，或者说系统的平衡状态在小扰动时是稳定的。由不稳定周期运动的振幅 $X_{01}=0.757$ 可知，如果只有幅值扰动，而扰动小于 0.757 时，系统中的运动都趋向于平衡状态。当幅值扰动大于 0.757 时，系统最终表现出来是自振状态。

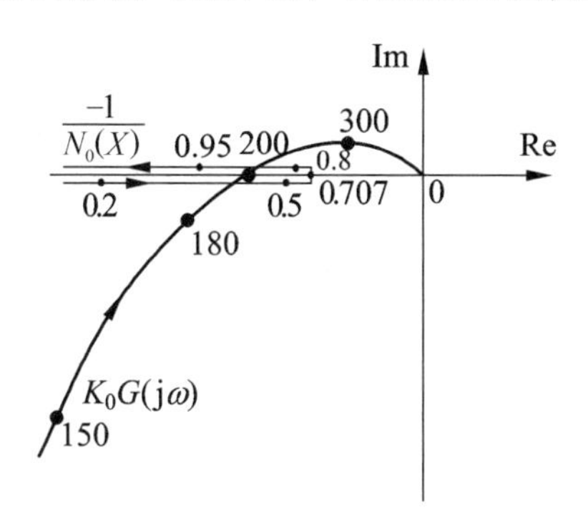

图 9.6.4　例题系统中的 $K_0G(\mathrm{j}\omega)$ 和 $-1/N_0(X)$ 曲线

为了消除自振，可以改变 $K_0G(\mathrm{j}\omega)$，使它和 $-1/N_0(X)$ 曲线不相交，只要减小线性部分的开环增益或者在系统中串联适当的相角超前环节即可达到目的。

例 9.6.2　考虑图 9.6.5 所示的非线性系统，图中 $M=10, h=1$。试判断系统是否存在自振；若有自振，求出自振的振幅和频率。

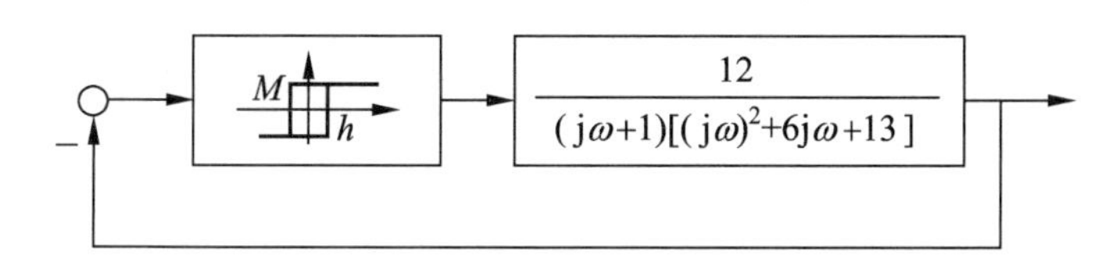

图 9.6.5　具有继电特性的非线性系统

解： 从式（9.5.24）可知图中的非线性环节的负倒相对描述函数，其虚部等于 $-\pi/4$，实部为 $\dfrac{-\pi}{4}\sqrt{\left(\dfrac{X}{h}\right)^2-1}$，相关数据如表 9.6.3 所示。

表 9.6.3　负倒相对描述函数数据

X/h	1	$\sqrt{2}$	2	2.3	2.5	3	4	5	6
$\mathrm{Re}[-1/N_0(X)]$	0	−0.785	−1.36	−1.63	−1.78	−2.22	−3.04	−3.85	−4.65

线性部分的频率特性也可计算出来，如表 9.6.4 所示，其中 $u(\omega)$ 和 $v(\omega)$ 分别是 $K_0G(\mathrm{j}\omega)$ 的实部和虚部。

表 9.6.4 线性部分频率特性数据

ω	0	0.2	0.6	1	1.25	2	2.5	3	4	5
$u(\omega)$	9.23	8.66	5.36	2	0	−1.6	−1.8	−1.76	− 1.2	− 0.7
$v(\omega)$	0	−2.58	−5.71	− 6	−5.13	−3.2	−1.9	−1.06	− 0.14	0.1

然后在复平面上作出 $K_0G(\mathrm{j}\omega)$ 和 $-1/N_0(X)$ 曲线，如图 9.6.6 所示，两条曲线有一个交点，其交点处的 $\omega_0 = 3.2$，$X_0 = 2.3$ 。按照稳定性分析可知系统中有 $2.3\sin 3.2t$ 的自激振荡。

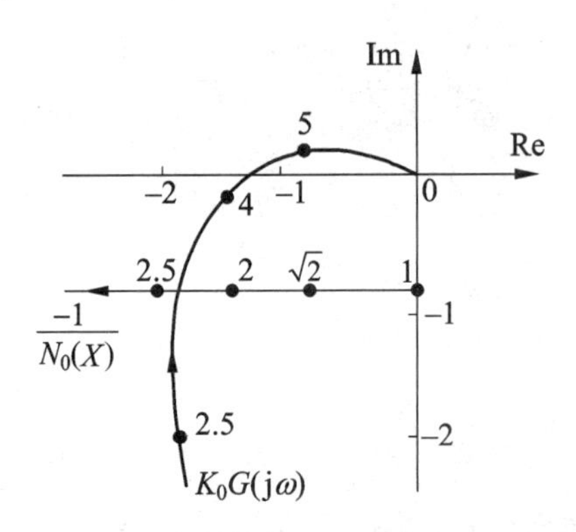

图 9.6.6 例 9.6.2 中系统的 $K_0G(\mathrm{j}\omega)$ 和 $-1/N_0(X)$ 曲线

正如 9.1 节所指出的那样，非线性系统的运动是复杂的。关于运动的稳定性的一般讨论，目前较严格和有效的方法是李雅普诺夫第二方法，在这里介绍的用描述函数研究系统的稳定性的方法，纯粹是建立在线性系统奈奎斯特判据基础上的一种工程近似方法。其基本思想是把非线性特性用描述函数来表示，将复平面上的整个$-1/N_0(X)$曲线理解为线性系统分析中的临界点（−1,j0），这样再将线性系统有关稳定性分析的结论用于非线性系统。

9.6.2 描述函数方法的精确度

前面已经说明了如何用描述函数方法来研究非线性系统。这种方法是线性系统频率域方法的一种推广，在概念上是比较易于理解和应用的，但是因为它是一种近似方法，因此就有一个精确度问题需要讨论。

例如在具有原点对称非线性特性的系统自振问题讨论中，用描述函数法所得到的是正弦解，而实际系统中的振荡是一个比较复杂的周期性波形。要研究描述函数法所得到的解的精确度，就会遇到以下问题：首先要找出精确解，其次选定一些能反映精确解与描述函数解之间差别的精确度指标，并且这个指标要比较容易计算。找精确解的问题虽然有一定的困难，但对具体问题可以用模拟方法或者计算机来进行求解。而比较波形的差别也可以用两个波形的主要性质，例如振幅、频率、均方值或者选择一些更复杂的反映畸变的指标。目前这方面虽然有一些研究，但是至今尚未得到满意的结果，能给描述函数法的精确度作出确切的说明。为了提供描述函数法的精度，有人对描述函数做了一些改变，例如考虑了反馈的非线性特性的信号不只是一次谐波还包括了畸变部分，即高次谐波，这时非线性特性的输出的一次谐波就不是原来只考虑正弦输入下的一次谐波了。这时还定义描述函数为输入输出一次谐波的复数比。显而易见，这种方法将会带来许多计算上的不便。

尽管如此，在工程实际中，在实际经验和实验的基础上，还是经常地采用描述函数方法来研究非线性系统，特别是分析自振问题。正如本节开始时所指出的那样，在系统非线性输出中高次谐波分量比一次谐波小得多，系统线性部分又具有很好的低通滤波特性或选频性能的条件下，系统中非线性特性的输入接近于正弦形式，这时描述函数方法可以给出一个比较符合实际的结果。

另外，因为描述函数法是一次近似意义下的近似方法，同时在具体应用时又是采用图解的方法，因此必然存在图解的精度问题。例如求极限环的振幅和频率，就是由 $K_0G(\mathrm{j}\omega)$ 和 $-1/N_0(X)$ 曲线交点来决定的，如果 $K_0G(\mathrm{j}\omega)$ 和 $-1/N_0(X)$ 曲线几乎垂直的相交，那么描述函数法的结果通常是比较好的；如果 $K_0G(\mathrm{j}\omega)$ 和 $-1/N_0(X)$ 相切或者几乎相切，那么图解的精度便很差，系统中是否存在振荡就要进一步研究。

描述函数法是在研究系统的振荡问题时引入的，当用来对非线性系统进行稳定性分析时精确度就更差了，但是作为一种研究非线性系统的工程方法，由于它常常能提供一些比较符合实际情况的结论，因此还是有实用价值的。

习题

9.1　描述非线性系统的方程为

$$\ddot{x}+\dot{x}+x^2-1=0$$

（1）求系统在相平面 x-$\dot{x}$ 内的平衡点；

（2）在平衡点附近线性化，推导系统的线性化方程；

（3）确定平衡点类型。

9.2　描述非线性系统的方程为

$$\begin{cases}\dot{x}_1=x_2\\ \dot{x}_2=(x_1-1)x_1\end{cases}$$

（1）求系统在相平面 x_1-x_2 内的平衡点；

（2）在平衡点附近线性化，推导系统的线性化方程；

（3）确定平衡点类型；

（4）给定系统的初始状态 $X(0)=\begin{bmatrix}x_1(0)\\x_2(0)\end{bmatrix}=\begin{bmatrix}1\\1\end{bmatrix}$，画出系统的相轨迹。

9.3　描述系统的方程为

$$\begin{cases}\dot{x}_1=x_1+x_2\\\dot{x}_2=2x_1+x_2\end{cases}$$

（1）选定相平面为 x_1 - $\dot{x}_1$，确定系统在相平面 x_1 - $\dot{x}_1$ 内的平衡点；

（2）确定平衡点类型；

（3）在相平面 x_1 - $\dot{x}_1$ 内画出系统的典型相轨迹。

9.4　如图 E9.1 所示系统，参考输入为单位阶跃函数 $r(t)=1(t)$，当 $\Delta=0$ 和 $\Delta=0.1$ 时，分别在相平面 e - $\dot{e}$ 内画出系统的相图。

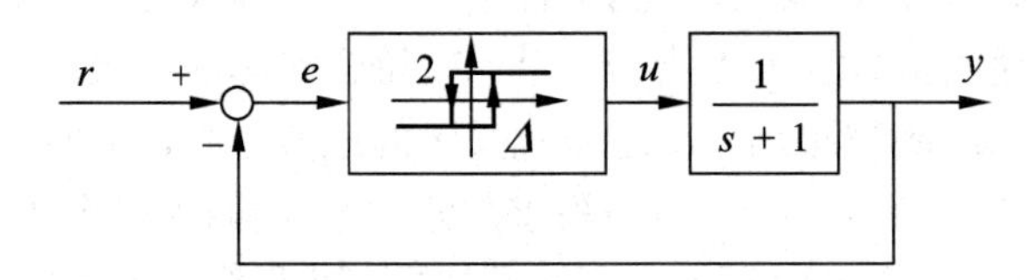

图 E9.1　习题 9.4 系统方块图

9.5　如图 E9.2 所示系统，参考输入为单位斜坡函数 $r(t)=t, t\geqslant 0$，在相平面 e - $\dot{e}$ 内画出系统的典型相轨迹。

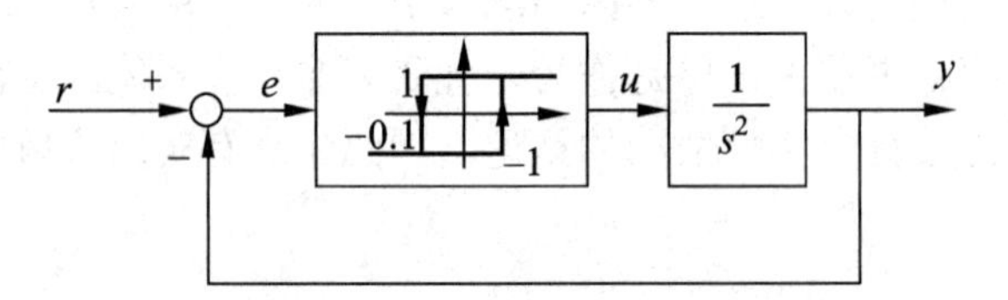

图 E9.2　习题 9.5 系统方块图

9.6　给定系统的初始状态 $e(0)=2, \dot{e}(0)=0$，用等倾线法在相平面 e - $\dot{e}$ 内绘制如图 E9.3 所示系统的相轨迹。

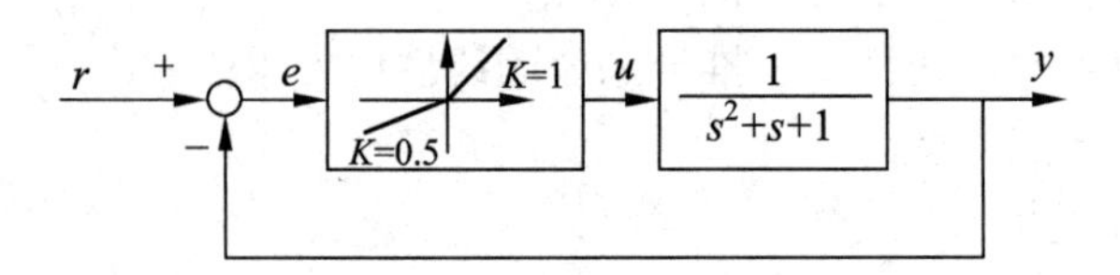

图 E9.3　习题 9.6 系统方块图

9.7　设如图 E9.4 所示系统开始处于静止状态，参考输入为单位阶跃函数 $r(t)=1(t)$，如果速度反馈系数 $K_D=0$ 和 $K_D=1$，在相平面 e - $\dot{e}$ 内分别画出系统的相轨迹。

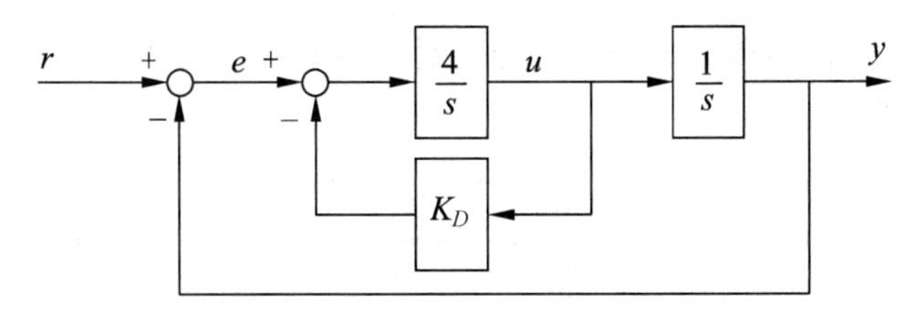

图 E9.4　习题 9.7 系统方块图

9.8　二阶非线性系统的微分方程为

$$\ddot{x}+5\dot{x}+6x+x^2=0$$

（1）在相平面 x - $\dot{x}$ 内确定系统的平衡点；

（2）求非线性系统方程在平衡点邻域内的线性化模型；

（3）确定平衡点类型；

（4）当初始状态分别为 $A(1,-2), B(-7,-1)$ 时，在相平面 x - $\dot{x}$ 内画出系统的相轨迹。

9.9　设非线性系统如图 E9.5 所示，试计算非线性特性的描述函数，并在复平面上画出负导描述函数。

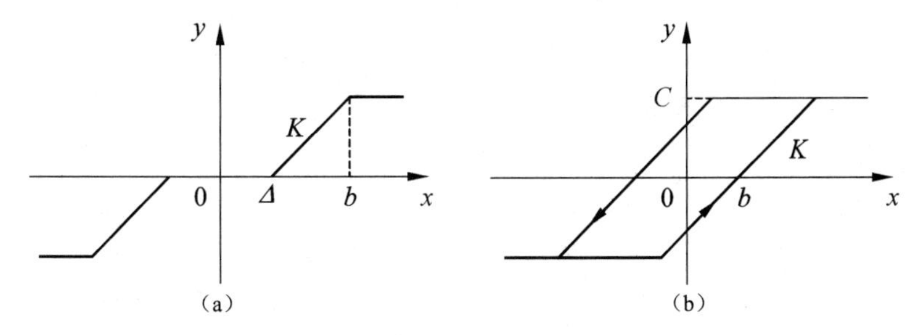

图 E9.5　习题 9.9 系统非线性特性

9.10　设系统如图 E9.6 所示，试求出系统自振的振幅和频率。

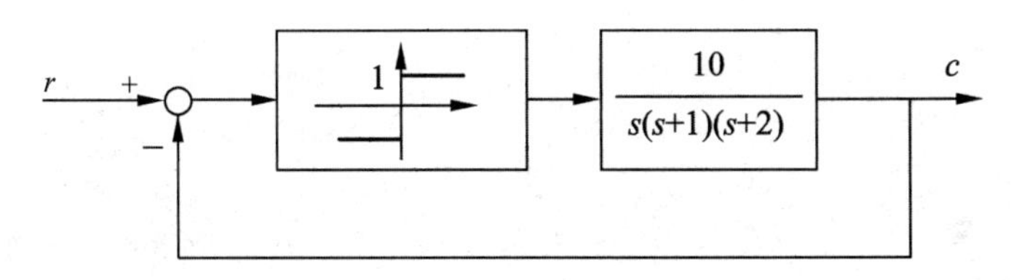

图 E9.6　习题 9.10 系统方块图

9.11　试用描述函数和相平面法分别研究图 E9.7 所示系统的周期运动。

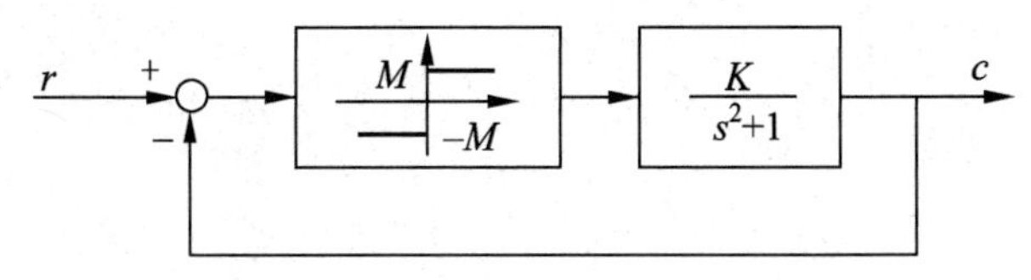

图 E9.7　习题 9.11 系统方块图

9.12 试用描述函数和相平面法分别研究图 E9.8 所示系统，并比较和分析所得到的不同结果。

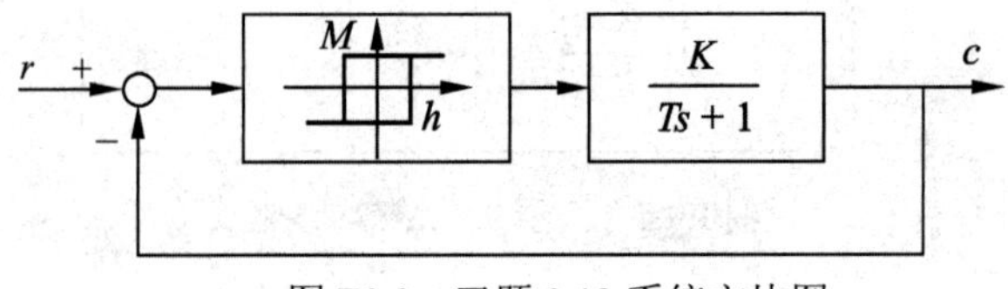

图 E9.8 习题 9.12 系统方块图

附　录

拉普拉斯变换

1. 拉普拉斯变换的定义和公式

如果 $f(t)$ 是时间 t 的函数，当 $t<0$ 时，$f(t)=0$，并设

$$\left|f(t)\right| \leqslant k\,\mathrm{e}^{at} \tag{A.1}$$

式（A.1）中 a 为正数，则对所有实部大于 a 的复数来说，积分

$$\int_0^{\infty} f(t)\mathrm{e}^{-st}\,\mathrm{d}t \tag{A.2}$$

是绝对收敛的，即满足

$$-\infty < \int_0^{\infty} f(t)\mathrm{e}^{-st}\,\mathrm{d}t < \infty$$

这时，就将式（A.2）所示的积分定义为函数 $f(t)$ 的拉普拉斯变换 $F(s)$（简称拉普拉斯变换），即有

$$F(s) = L[f(t)] = \int_0^{\infty} f(t)\mathrm{e}^{-st}\,\mathrm{d}t \tag{A.3}$$

这里，$s=\sigma+\mathrm{j}\omega$ 为复变量。如果 $F(s)$ 已知，则将拉普拉斯反变换定义为

$$L^{-1}[F(s)] = f(t) = \frac{1}{2\pi\,\mathrm{j}}\int_{\sigma-\mathrm{j}\omega}^{\sigma+\mathrm{j}\omega} F(s)\mathrm{e}^{st}\,\mathrm{d}s \tag{A.4}$$

在式（A.4）中，σ 是一比上述定义中的 a 值大的任意实数。也就是说，只要积分路线 $\sigma-\mathrm{j}\omega$ 到 $\sigma+\mathrm{j}\omega$ 在 s 平面中位于 $s=a$ 点的右侧即可。

通常，将积分式（A.3）和式（A.4）称为拉普拉斯变换对。其中 $F(s)$ 是 $f(t)$ 的拉普拉斯变换，也被称为象函数；$f(t)$ 是 $F(s)$ 的拉普拉斯反变换，也被称为原函数。

在拉普拉斯变换定义式（A.3）中，积分下限的零有 0_+（右极限）和 0_-（左极限）之分。对于在 $t=0$ 处连续或只有第一类间断点的函数，右极限 0_+ 型和左极限 0_- 型的拉普拉斯变换是相同的。但对于在 $t=0$ 处有无穷跳跃的函数，例如单位脉冲函数，这两种变换的结果却并不一致。

对于单位脉冲函数，其数学表达式为

$$\delta(t)=\begin{cases}0, & t\neq 0\\ \infty, & t=0\end{cases}$$

且有$\int_{-\infty}^{+\infty}\delta(t)\mathrm{d}t=1$，取单位脉冲函数$\delta(t)$的$0_+$型拉普拉斯变换，有

$$\int_{0_+}^{\infty}\delta(t)\mathrm{e}^{-st}\,\mathrm{d}t=0$$

而单位脉冲函数$\delta(t)$的0_-型的拉普拉斯变换为

$$\int_{0_-}^{\infty}\delta(t)\mathrm{e}^{-st}\,\mathrm{d}t=\int_{0_-}^{0_+}\delta(t)\mathrm{e}^{-st}\,\mathrm{d}t+\int_{0_+}^{\infty}\delta(t)\mathrm{e}^{-st}\,\mathrm{d}t=1$$

由此可知，0_+型拉普拉斯变换并没有反映出单位脉冲函数$\delta(t)$在$[0_-,0_+]$区间内的跳跃特性，而0_-型拉普拉斯变换却包含了这一区间的变化。因此，通常均将拉普拉斯变换看作是0_-型拉普拉斯变换。重写拉普拉斯变换定义式（A.3）：

$$L[f(t)]=F(s)=\int_{0_-}^{\infty}f(t)\mathrm{e}^{-st}\,\mathrm{d}t \tag{A.5}$$

利用式（A.5）可以求出任何函数$f(t)$的拉普拉斯变换。但是在掌握了计算拉普拉斯变换的方法之后，并不需要每次都去推导函数$f(t)$的拉普拉斯变换，通常利用查表的方法可以方便地得到给定函数$f(t)$的拉普拉斯变换。表A.1给出了一些常用时间函数的拉普拉斯变换。

表A.1 拉普拉斯变换对照表

	***f*（*t*）**	***F*（*s*）**
1	单位脉冲函数$\delta(t)$	1
2	单位阶跃函数$1(t)$	$\frac{1}{s}$
3	t	$\frac{1}{s^2}$
4	$\frac{t^{n-1}}{(n-1)!}\quad (n=1,2,3,\cdots)$	$\frac{1}{s^n}$
5	$t^n\quad (n=1,2,3,\cdots)$	$\frac{n!}{s^{n+1}}$
6	e^{-at}	$\frac{1}{s+a}$
7	$t\mathrm{e}^{-at}$	$\frac{1}{(s+a)^2}$
8	$\frac{1}{(n-1)!}t^{n-1}\mathrm{e}^{-at}\quad (n=1,2,3,\cdots)$	$\frac{1}{(s+a)^n}$
9	$t^n\mathrm{e}^{-at}\quad (n=1,2,3,\cdots)$	$\frac{n!}{(s+a)^{n+1}}$

续表

	$f(t)$	$F(s)$
10	$\sin\omega t$	$\dfrac{\omega}{s^2+\omega^2}$
11	$\cos\omega t$	$\dfrac{s}{s^2+\omega^2}$
12	$\sinh\omega t$	$\dfrac{\omega}{s^2-\omega^2}$
13	$\cosh\omega t$	$\dfrac{s}{s^2-\omega^2}$
14	$\dfrac{1}{a}(1-\mathrm{e}^{-at})$	$\dfrac{1}{s(s+a)}$
15	$\dfrac{1}{b-a}(\mathrm{e}^{-at}-\mathrm{e}^{-bt})$	$\dfrac{1}{(s+a)(s+b)}$
16	$\dfrac{1}{b-a}(b\mathrm{e}^{-bt}-a\mathrm{e}^{-at})$	$\dfrac{s}{(s+a)(s+b)}$
17	$\dfrac{1}{ab}\left[1+\dfrac{1}{a-b}(b\mathrm{e}^{-at}-a\mathrm{e}^{-bt})\right]$	$\dfrac{1}{s(s+a)(s+b)}$
18	$\dfrac{1}{a^2}(1-\mathrm{e}^{-at}-at\mathrm{e}^{-at})$	$\dfrac{1}{s(s+a)^2}$
19	$\dfrac{1}{a^2}(at-1+\mathrm{e}^{-at})$	$\dfrac{1}{s^2(s+a)}$
20	$\mathrm{e}^{-at}\sin\omega t$	$\dfrac{\omega}{(s+a)^2+\omega^2}$
21	$\mathrm{e}^{-at}\cos\omega t$	$\dfrac{s+a}{(s+a)^2+\omega^2}$
22	$\dfrac{\omega_{\mathrm{n}}}{\sqrt{1-\zeta^2}}\mathrm{e}^{-\zeta\omega_{\mathrm{n}}t}\sin\omega_{\mathrm{n}}\sqrt{1-\zeta^2}t \quad (0<\zeta<1)$	$\dfrac{\omega_{\mathrm{n}}^2}{s^2+2\zeta\omega_{\mathrm{n}}s+\omega_{\mathrm{n}}^2}$
23	$-\dfrac{1}{\sqrt{1-\zeta^2}}\mathrm{e}^{-\zeta\omega_{\mathrm{n}}t}\sin\left(\omega_{\mathrm{n}}\sqrt{1-\zeta^2}t-\phi\right)$ $\phi=\arctan\dfrac{\sqrt{1-\zeta^2}}{\zeta} \quad \left(0<\zeta<1, 0<\phi<\dfrac{\pi}{2}\right)$	$\dfrac{s}{s^2+2\zeta\omega_{\mathrm{n}}s+\omega_{\mathrm{n}}^2}$
24	$1-\dfrac{1}{\sqrt{1-\zeta^2}}\mathrm{e}^{-\zeta\omega_{\mathrm{n}}t}\sin\left(\omega_{\mathrm{n}}\sqrt{1-\zeta^2}t+\phi\right)$ $\phi=\arctan\dfrac{\sqrt{1-\zeta^2}}{\zeta} \quad \left(0<\zeta<1, 0<\phi<\dfrac{\pi}{2}\right)$	$\dfrac{\omega_{\mathrm{n}}^2}{s(s^2+2\zeta\omega_{\mathrm{n}}s+\omega_{\mathrm{n}}^2)}$

续表

	$f(t)$	$F(s)$
25	$1-\cos\omega t$	$\frac{\omega^2}{s(s^2+\omega^2)}$
26	$\omega t-\sin\omega t$	$\frac{\omega^3}{s^2(s^2+\omega^2)}$
27	$\sin\omega t-\omega t\cos\omega t$	$\frac{2\omega^3}{(s^2+\omega^2)^2}$
28	$\frac{1}{2\omega}t\sin\omega t$	$\frac{s}{(s^2+\omega^2)^2}$
29	$t\cos\omega t$	$\frac{s^2-\omega^2}{(s^2+\omega^2)^2}$
30	$\frac{1}{\omega_2^2-\omega_1^2}(\cos\omega_1 t-\cos\omega_2 t) \quad (\omega_1^2\neq\omega_2^2)$	$\frac{s}{(s^2+\omega_1^2)(s^2+\omega_2^2)}$
31	$\frac{1}{2\omega}(\sin\omega t+\omega t\cos\omega t)$	$\frac{s^2}{(s^2+\omega^2)^2}$

2. 拉普拉斯变换定理

下面介绍常用的拉普拉斯变换定理。

（1）拉普拉斯变换的线性性质

设 $F_1(s)=L[f_1(t)]$，$F_2(s)=L[f_2(t)]$，a 和 b 为常数，则由式（A.3）不难得出

$$L[af_1(t)+bf_2(t)]=aL[f_1(t)]+bL[f_2(t)]=aF_1(s)+bF_2(s) \tag{A.6}$$

（2）微分定理

设 $F(s)=L[f(t)]$，则根据定义可以证明

$$L\left[\frac{\mathrm{d}f(t)}{\mathrm{d}t}\right]=sF(s)-f(0) \tag{A.7}$$

式中 $f(0)$ 是函数 $f(t)$ 在 $t=0$ 时的值。

（3）积分定理

设 $F(s)=L[f(t)]$，则有

$$L\left[\int f(t)\mathrm{d}t\right]=\frac{1}{s}F(s)+\frac{1}{s}f^{(-1)}(0) \tag{A.8}$$

式中 $f^{(-1)}(0)$ 是积分函数 $\int f(t)\mathrm{d}t$ 在 $t=0$ 时的值。

（4）初值定理

若函数 $f(t)$ 及其一阶导数都是可拉普拉斯变换的，则函数 $f(t)$ 的初值为

$$f(0_+)=\lim_{t\to 0_+}f(t)=\lim_{s\to\infty}sF(s) \tag{A.9}$$

即原函数 $f(t)$ 在其自变量 t 趋于零（从正向趋于零）时的极限值，取决于其象函

数 $F(s)$ 在其自变量 s 趋于无穷大时的极限值。

（5）终值定理

若函数 $f(t)$ 及其一阶导数都是可拉普拉斯变换的，则函数 $f(t)$ 的终值为

$$\lim_{t\to\infty} f(t)=\lim_{s\to 0} sF(s) \tag{A.10}$$

即原函数 $f(t)$ 在其自变量 t 趋于无穷大时的极限值，取决于象函数 $F(s)$ 在其自变量 s 趋于零时的极限值。

（6）位移定理

设 $F(s)=L[f(t)]$，则有

$$L[f(t-\tau_0)]=\mathrm{e}^{-\tau_0 s}F(s) \tag{A.11}$$

和

$$L[\mathrm{e}^{at}f(t)]=F(s-a) \tag{A.12}$$

式（A.11）和式（A.12）分别表示实域和复频域中的位移定理。

（7）相似定理

设 $F(s)=L[f(t)]$，则有

$$L\left[f\left(\frac{t}{a}\right)\right]=aF(as) \tag{A.13}$$

式中 a 为实常数。

（8）卷积定理

设 $F_1(s)=L[f_1(t)]$，$F_2(s)=L[f_2(t)]$，则有

$$F_1(s)F_2(s)=L\left[\int_0^t f_1(t-\tau)f_2(\tau)\,\mathrm{d}\tau\right] \tag{A.14}$$

其中，把 $\int_0^t f_1(t-\tau)f_2(\tau)\,\mathrm{d}\tau$ 叫做 $f_1(t)$ 和 $f_2(t)$ 的卷积，可将其表示为 $f_1(t)*f_2(t)$。从式（A.14）可以看出，两个函数的卷积等于它们的象函数的乘积。

表 A.2 列出了拉普拉斯变换的基本性质。

表 A.2　拉普拉斯变换的基本性质

	基本运算	$f(t)$	$F(s)=L[f(t)]$
1	拉普拉斯变换定义	$f(t)$	$F(s)=\int_0^\infty f(t)\mathrm{e}^{-st}\,\mathrm{d}t$
2	位移（实域）	$f(t-\tau_0)1(t-\tau_0)$	$\mathrm{e}^{-\tau_0 s}F(s)$，$\tau_0>0$
3	相似性	$f(at)$	$\frac{1}{a}F\left(\frac{s}{a}\right)$，$a>0$
4	一阶导数	$\frac{\mathrm{d}f(t)}{\mathrm{d}t}$	$sF(s)-f(0)$
5	n 阶导数	$\frac{\mathrm{d}^n}{\mathrm{d}t^n}f(t)$	$s^nF(s)-s^{n-1}f(0)-s^{n-2}f'(0)-\cdots-f^{(n-1)}(0)$

续表

	基本运算	$f(t)$	$F(s)=L[f(t)]$
6	不定积分	$\int f(t)\mathrm{d}t$	$\frac{1}{s}[F(s)+f^{(-1)}(0)]$
7	定积分	$\int_0^t f(t)\mathrm{d}t$	$\frac{1}{s}F(s)$
8	函数乘以 t	$tf(t)$	$-\frac{\mathrm{d}}{\mathrm{d}s}F(s)$
9	函数除以 t	$\frac{1}{t}f(t)$	$\int_s^{\infty}F(s)\mathrm{d}s$
10	位移（频域）	$\mathrm{e}^{-at}f(t)$	$F(s+a)$
11	初始值	$\lim\limits_{t\to 0_+}f(t)$	$\lim\limits_{s\to\infty}sF(s)$
12	终值	$\lim\limits_{t\to\infty}f(t)$	$\lim\limits_{s\to 0}sF(s)$
13	卷积	$f_1(t)*f_2(t)=\int_0^t f_1(\tau)f_2(t-\tau)\mathrm{d}\tau$	$F_1(s)F_2(s)$

3. 拉普拉斯反变换

如上所述，可以利用定义式（A.4）求出 $F(s)$的拉普拉斯反变换。但是，计算式（A.4）中的反演积分相当复杂，因此在控制原理中，通常都是利用拉普拉斯变换对照表来得到拉普拉斯反变换的。在这种情况下，需要将函数 $F(s)$变换为在表 A.1 中所表示的那些形式。如果需要求拉普拉斯反变换的某个象函数 $F(s)$在表中找不到，那么应将它展开成部分分式，把 $F(s)$表示为能够在表中找到的 s 的简单函数形式。

一般来说，象函数 $F(s)$是复变量 s 的有理分式，即 $F(s)$可表示为两个 s 的多项式之比的形式：

$$F(s)=\frac{B(s)}{A(s)}=\frac{b_m s^m+b_{m-1}s^{m-1}+\cdots+b_1 s+b_0}{s^n+a_{n-1}s^{n-1}+\cdots+a_1 s+a_0}$$

式中 $a_0,a_1,\cdots,a_{n-1},b_0,b_1,\cdots,b_m$ 都是实常数；m,n 都是正整数，且有 $m<n$ 。为了将 $F(s)$ 展开成部分分式的形式，需先把 $F(s)$ 写成因式相乘的形式：

$$F(s)=\frac{B(s)}{A(s)}=\frac{K(s+z_1)(s+z_2)\cdots(s+z_m)}{(s+p_1)(s+p_2)\cdots(s+p_n)}\ ,\quad m<n$$

根据 $F(s)$ 有无重极点，可分为两种情况。

（1） $A(s)=0$ 无重根时的情况

这时，可以将 $F(s)$ 展开成下列简单的部分分式之和：

$$F(s)=\frac{B(s)}{A(s)}=\frac{c_1}{s+p_1}+\frac{c_2}{s+p_2}+\cdots+\frac{c_n}{s+p_n} \tag{A.15}$$

式中，$c_k(k=1,2,\cdots,n)$为常数，被称为$F(s)$在极点$-p_k$处的留数，可按式（A.16）进行计算：

$$c_k = \lim_{s\to -p_k}(s+p_k)F(s) \tag{A.16}$$

或

$$c_k = \left[(s+p_k)\frac{B(s)}{A(s)}\right]\Bigg|_{s=-p_k} \tag{A.17}$$

根据拉普拉斯变换的线性性质，由式（A.15）可得出原函数

$$f(t) = L^{-1}[F(s)] = \sum_{k=1}^{n} c_k \mathrm{e}^{-p_k t} \tag{A.18}$$

（2）$A(s)=0$有重根时的情况

设$A(s)=0$有r个重根$-p_1$，则可以将$F(s)$表示为

$$\begin{aligned}F(s) &= \frac{B(s)}{(s+p_1)^r(s+p_{r+1})\cdots(s+p_n)} \\ &= \frac{c_r}{(s+p_1)^r} + \frac{c_{r-1}}{(s+p_1)^{r-1}} + \cdots + \frac{c_1}{s+p_1} + \frac{c_{r+1}}{s+p_{r+1}} + \cdots + \frac{c_n}{s+p_n}\end{aligned} \tag{A.19}$$

式中，$-p_1$为$F(s)$的r重极点，$-p_{r+1},\cdots,-p_n$为$F(s)$的$n-r$个互不相同的极点；可以按照式（A.16）或式（A.17）计算待定系数$c_{r+1},c_{r+2},\cdots,c_n$；而待定系数$c_r,c_{r-1},\cdots,c_1$可由式（A.20）确定：

$$\begin{aligned}c_r &= \lim_{s\to -p_1}(s+p_1)^r F(s) \\ c_{r-1} &= \lim_{s\to -p_1}\frac{d}{ds}[(s+p_1)^r F(s)] \\ &\vdots \\ c_{r-k} &= \frac{1}{k!}\lim_{s\to -p_1}\frac{d^{(k)}}{ds^k}[(s+p_1)^r F(s)] \\ &\vdots \\ c_1 &= \frac{1}{(r-1)!}\lim_{s\to -p_1}\frac{d^{(r-1)}}{ds^{r-1}}[(s+p_1)^r F(s)]\end{aligned} \tag{A.20}$$

这样由式（A.19）可知原函数$f(t)$为

$$\begin{aligned}f(t) &= L^{-1}[F(s)] \\ &= \left[\frac{c_r}{(r-1)!}t^{r-1} + \frac{c_{r-1}}{(r-2)!}t^{r-2} + \cdots + c_2 t + c_1\right]\mathrm{e}^{-p_1 t} + \sum_{i=r+1}^{n} c_i \mathrm{e}^{-p_i t}\end{aligned} \tag{A.21}$$

参 考 文 献

[1] Richard C Dorf, Robert H Bishop. Modern Control Systems[M]. 9th ed. New Jersey: Prentice-hall, 2001.

[2] Gene F Franklin, J David Powell, Abbas Emami-Naeini. Feedback Control of Dynamic Systems[M]. 7th ed. New Jersey: Prentice Hall, 2014.

[3] Charles E Rohrs, James L. Melsa, Donald G. Schultz. Linear Control Systems（International Editions）. McGraw-Hill, 1993.

[4] Benjamin C Kuo, Farid Golnaraghi. Automatic Control Systems（影印版）[M]. 8th ed. 北京：高等教育出版社，2003.

[5] John J D’azzo，Constantine H Houpis. Linear Control System Analysis and Design[M]. 4th ed. 北京：清华大学出版社，2000.

[6] Richard C Dorf，Robert H.Bishop. 现代控制系统[M]. 谢红卫，邹逢兴，等译. 北京：高等教育出版社，2001.

[7] Katsuhiko Ogata. 现代控制工程[M]. 5 版. 卢伯英，于海勋，等译. 北京：电子工业出版社，2017.

[8] 胡寿松. 自动控制原理[M]. 6 版. 北京：科学出版社，2013.

[9] 黄家英. 自动控制原理（上册）[M]. 北京：高等教育出版社，2003.

[10] 高国燊，余文. 自动控制原理[M]. 广州：华南理工大学出版社，1999.

[11] 田玉平. 自动控制原理[M]. 北京：电子工业出版社，2002.

[12] 李友善. 自动控制原理[M]. 3 版. 北京：国防工业出版社，2005.

[13] 蒋大明，戴胜华. 自动控制原理[M]. 4 版. 北京：北方交通大学出版社，2003.

[14] 吴麒. 自动控制原理[M]. 北京：清华大学出版社，1990.

[15] 绪方胜彦. 现代控制工程[M]. 卢伯英，等译. 北京：科学出版社，1976.

[16] 尤昌德. 线性系统理论基础[M]. 北京：电子工业出版社，1985.

[17] 周其节. 自动控制原理[M]. 广州：华南理工大学，1989.

[18] 刘豹. 现代控制理论[M]. 2 版. 北京：机械工业出版社，2000.

[19] 杨自厚. 自动控制原理[M]. 北京：冶金工业出版社，1980.

[20] 张彬. 自动控制原理[M]. 北京：北京邮电大学出版社，2002.

[21] 孙德宝. 自动控制原理[M]. 北京：化学工业出版社，2002.

[22] 戴忠达. 自动控制理论基础[M]. 北京：清华大学出版社，1991.

[23] 王诗宓，杜继宏，窦日轩. 自动控制理论习题集[M]. 北京：清华大学出版社，2002.

[24] 王万良. 自动控制原理[M]. 北京：科学出版社，2001.

[25] 邹伯敏. 自动控制理论[M]. 北京：机械工业出版社，2002.

[26] 张汉全，肖建，汪晓宁. 自动控制理论新编教程[M]. 成都：西南交通大学出版社，2000.

[27] 刘明俊，于明祁，等. 自动控制原理典型题解析与实战模拟[M]. 长沙：国防科技大学出版社，2002.

[28] 欧阳黎明. MATLAB 控制系统设计[M]. 北京：国防工业出版社，2001.

[29] 梅晓榕. 自动控制原理[M]. 北京：科学出版社，2002.

[30] 张爱民，葛思擘，杜行检. 自动控制理论重点难点及典型题解析[M]. 西安：西安交通大学出版社，2002.

[31] 刘明俊，于明祁，杨泉林. 自动控制原理[M]. 长沙：国防科技大学出版社，2000.

[32] 冯巧玲. 自动控制原理[M]. 北京：北京航空航天大学出版社，2003.

[33] 万百五. 自动化（专业）概论[M]. 武汉：武汉理工大学出版社，2002.

[34] 戴先中. 自动化科学与技术学科的内容、地位与体系[M]. 北京：高等教育出版社，2003.

[35] 陈培杰. 一级倒立摆系统稳定性和相轨迹图分析[J]. 襄樊学院学报，2003，02:15-18.

[36] Jyh-Ching Juang, Chen-Tsung Lin, Ying-Wen Jan. Spacecraft robust attitude tracking design: PID control approach; Long-Life Show[C]. American Control Conference, 2002, Proceedings of the 2002 ,Volume: 2, 8-10, May 2002, Pages:1360-1365 vol.2.

[37] 李红英，林逸，宋传学，等. 根轨迹法在控制车辆纵向角振动中的应用[J]. 农业工程学报，1995，04：39-42.

[38] 冯纯伯. 线性系统特征值的计算及其分布[J]. 中国科学 E 辑，1998，05：425-430.

图书资源支持

感谢您一直以来对清华版图书的支持和爱护。为了配合本书的使用，本书提供配套的资源，有需求的读者请扫描下方的“书圈”微信公众号二维码，在图书专区下载，也可以拨打电话或发送电子邮件咨询。

如果您在使用本书的过程中遇到了什么问题，或者有相关图书出版计划，也请您发邮件告诉我们，以便我们更好地为您服务。

我们的联系方式：

地　　址：北京市海淀区双清路学研大厦 A 座 701

邮　　编：100084

电　　话：010－62770175－4608

资源下载：http://www.tup.com.cn

客服邮箱：tupjsj@vip.163.com

QQ：2301891038（请写明您的单位和姓名）

资源下载、样书申请

书圈

扫一扫，获取最新目录

用微信扫一扫右边的二维码，即可关注清华大学出版社公众号“书圈”。